华中昆虫研究

（第十八卷）

王满囷 等 主编

中国农业科学技术出版社

图书在版编目(CIP)数据

华中昆虫研究. 第十八卷 / 王满囷等主编. --北京：中国农业科学技术出版社, 2025.6. --ISBN 978-7-5116-7492-0

Ⅰ.Q968.22-53

中国国家版本馆 CIP 数据核字第 2025HW9066 号

责任编辑	施睿佳　姚　欢
责任校对	王　彦
责任印制	姜义伟　王思文
出 版 者	中国农业科学技术出版社
	北京市中关村南大街 12 号　　邮编：100081
电　　话	(010) 82106631 (编辑室)　　(010) 82106624 (发行部)
	(010) 82109709 (读者服务部)
网　　址	https://castp.caas.cn
经 销 者	各地新华书店
印 刷 者	北京建宏印刷有限公司
开　　本	185 mm×260 mm　1/16
印　　张	35.25
字　　数	815 千字
版　　次	2025 年 6 月第 1 版　2025 年 6 月第 1 次印刷
定　　价	128.00 元

◆◆◆ **版权所有・翻印必究** ◆◆◆

湖北省松滋市鼠类种类监测与分析

郝海波[1]*，许 勇[2]，聂晓培[1]，谭梁飞[3]，刘 卓[1]，曹 滨[1]

(1. 荆州市疾病预防控制中心，荆州 434000；2. 松滋市疾病预防控制中心，荆州 434000；3. 湖北省疾病预防控制中心，武汉 430000)

摘 要：【目的】本论文旨在开展松滋市鼠类种类及其分布情况，其研究为松滋市鼠传疾病风险评估和科学有效防控奠定基础。【方法】采用夹夜法，在松滋市山林、农村居民区、农田等生境开展种类及种群数量的监测。【结果】此次松滋市鼠类调查，共计捕获鼠类共1科4属10种，捕获率为2.55%。山林以社鼠（43.48%）和针毛鼠（39.13%）为主，在农村居民区，以黄胸鼠（60.00%）和小家鼠（37.78%）为主；农田以黑线姬鼠（94.44%）为主。【结论】科学、系统地开展人居环境及周边鼠情监测，有针对性开展鼠密度控制，对于防制鼠传疾病至关重要。

关键词：鼠种；监测；控制

Investigation and Analysis of Rodent Species in Songzi, Hubei Province

Hao Haibo[1], Xu Yong[2], Nie Xiaopei[1], Tan Liangfei[3], Liu Zhuo[1], Cao Bin[1]

(1. *Jingzhou Center for Disease Control and Prevention*, *Jingzhou* 434000, *China*;
2. *Songzi Center for Disease Control and Prevention*, *Jingzhou* 434000, *China*; 3. *Hubei Center for Disease Control and Prevention*, *Wuhan* 430000, *China*)

Abstract:【Objective】To understand the local rodent species and their distribution, and to lay the foundation for later risk assessment of rodent-borne diseases and scientific and effective prevention and control.【Methods】The rodent density survey was carried out in mountain forests, rural residential areas, farmlands and other habitats using the trap-at-night method.【Results】A total of 10 species of rodents from 1 family and 4 genera were captured, with a capture rate of 2.55%. In mountain forests, *Niviventer niviventer* (43.48%) and *Niviventer fulvescens* (39.13%) were dominant; in rural settlements, *Rattus flavipectus* (60.00%) and *Mus musculus* (37.78%) were dominant; and in farmland, *Apodemus agrarius* (94.44%) was dominant.【Conclusion】Scientific and systematic monitoring of the rodent situation in and around human settlements and targeted rodent density control are essential for the prevention and control of rodent-borne diseases.

Key words: Rodent species; Monitor; Controls

松滋市位于荆州市西南部，地形西高东低，兼有山地、丘岗、平原的地貌特征，可概括为"六山一水三分田"。西南山地较高区海拔600~800 m，低山区海拔在200~600 m，峰峦起伏、沟壑纵横；西北部和中部为广阔的丘陵岗地，海拔在100~200 m；

---

* 第一作者：郝海波，副主任医师，主要从事消毒与病媒生物防制；E-mail:15224154@qq.com

参考文献

丰俊,张丽,涂宏,等,2021. 从消除到消除后：中国输入性疟疾的疫情特征、挑战及防止再传播策略[J]. 中国热带医学,21(1)：5-10.

付文博,闫振天,郭静,等,2021. 中国按蚊属蚊虫研究进展[J]. 中国媒介生物学及控制杂志,32(5)：519-525.

李凯杰,尚晓鹏,皮琦,等,2015. 湖北省主要传疟媒介按蚊生态习性及密度分析[J]. 国际医学寄生虫病杂志,42(6)：328-331.

刘起勇,刘小波,2010. 媒介按蚊防控：中国疟疾消除的关键措施[J]. 中国媒介生物学及控制杂志,21(5)：409-413.

皮琦,万伦,钟林峰,等,2022. 2018—2020年武穴市疟疾媒介监测结果分析[J]. 应用预防医学,28(4)：316-323.

万伦,张华勋,李凯杰,等,2021. 2018—2020年湖北省传疟媒介监测分析[J]. 中国寄生虫学与寄生虫病杂志,39(5)：592-598.

万伦,张华勋,夏菁,等,2022. 湖北省雷氏按蚊历史分布区传疟媒介种群调查[J]. 热带医学杂志,22(9)：1270-1274.

魏勇,韦远欢,陈钰蓝,等,2020. 2018—2019年湖北省蚊虫监测及气候因素分析[J]. 现代预防医学,47(19)：3490-3493.

吴修禄,2014. 2006—2013年江陵县疟疾监测结果分析[J]. 江苏预防医学,25(4)：57-59.

夏菁,吴冬妮,朱红,等,2021. 湖北省疟疾控制和消除历程[J]. 中国寄生虫学与寄生虫病杂志,39(5)：565-571.

张志保,李凯杰,吴冬妮,等,2019. 随州市不同时期按蚊种群监测研究[J]. 中国血吸虫病防治杂志,31(2)：185-187.

朱国鼎,曹俊,2019. 全球消除疟疾进展及面临的挑战[J]. 中国血吸虫病防治杂志,19(5)：19-22.

平原湖区海拔在 50 m 以下，平展宽广，河渠纵横，间有湖泊。属于亚热带过渡性季风气候区，四季气候分明，空间气候差异较大。为了解当地鼠种及其分布情况，调查人员于 2019—2023 年期间开展了鼠密度调查工作。

1 材料与方法

1.1 调查地点

调查人员选择卸甲坪乡、刘家场镇、涴水镇等 10 个乡镇，在山地、农村居民区及周边农田各选择若干点开展调查。山地环境选点海拔最高为 555 m、最低为 74 m；农村居民区及周边农田选点海拔均在 30 m 以下。

1.2 调查方法

采用夹夜法，鼠夹选择中号铁板鼠夹（12 cm×6.5 cm）和大号铁板鼠夹（19.5 cm×8.2 cm），诱饵选择生花生米。山地环境选择靠近溪流等水源的地方，每 5 m 布放 1 个鼠夹；农田按每 5 m 放夹 1 个，行距 20~50 m。

1.3 鼠种鉴定

参照《中国啮齿类 啮齿目 鼠科》对捕获的鼠进行分类鉴定（闫萍等，2024）。

2 结果

2.1 总体捕鼠情况

累计布放有效鼠夹 5 687 个，捕获鼠 145 只，捕获率为 2.55%，共 1 科 4 属 10 种。其中山林、农村居民区、农田三种生境捕获率分别为 4.05%、4.84%、1.49%（表1）。

表 1 总体捕鼠情况

生境类型	布放有效夹（个）	捕鼠数（只）	捕获率（%）
山林	1 136	46	4.05
农村居民区	930	45	4.84
农田	3 621	54	1.49
合计	5 687	145	2.55

2.2 不同生境鼠种分布情况

在山林环境捕鼠 46 只，1 科 4 属 7 种，以社鼠（43.48%）和针毛鼠（39.13%）为主；在农村居民区环境捕鼠 45 只，1 科 2 属 3 种，以黄胸鼠（60.00%）和小家鼠（37.78%）为主；在农田捕鼠 54 只，1 科 1 属 2 种，为黑线姬鼠（94.44%）和褐家鼠（5.56%）（表2）。

表 2 不同生境鼠种构成

鼠种	不同生境鼠种分布情况（只）			
	山地	农村居民区	农田	合计
褐家鼠	0	1	3	4

(续表)

鼠种	不同生境鼠种分布情况（只）			
	山地	农村居民区	农田	合计
黄胸鼠	0	27	0	27
小家鼠	0	17	0	17
黑线姬鼠	1	0	51	52
黄毛鼠	1	0	0	1
针毛鼠	18	0	0	18
社鼠	20	0	0	20
大足鼠	2	0	0	2
中华姬鼠	2	0	0	2
安氏白腹鼠	2	0	0	2

3 讨论

鼠类作为重要的病媒生物，可通过直接或间接方式传播病毒、细菌和寄生虫等多种病原体，是肾综合征出血热（HFRS）等主要宿主动物（张亚萍等，2020；刘天等，2023），同时可携带恙螨、蜱等媒介生物。通过调查，掌握了当地不同生境的鼠种密度及分布情况，为后期开展鼠传疾病风险评估和科学有效防控奠定了基础。

调查结果显示，当地鼠种丰富，包含1科4属10种，平均捕获率2.55%。不同生境类型鼠的优势种不同，针毛鼠和社鼠为山地优势种，黄胸鼠和小家鼠为人居环境的优势种，黑线姬鼠为农田优势种。荆州市HFRS疫情处于较高水平（刘天等，2023），科学、系统地开展人居环境及周边鼠情监测，评估鼠传疾病风险，及时开展鼠密度控制，对控制HFRS等疫情至关重要。

参考文献

刘天，阮德欣，姚梦雷，等，2023. 2017—2020年湖北省荆州市肾综合征出血热流行特征及时空聚集性分析［J］. 疾病监测，38（3）：304-309.

闫萍，康东梅，陈永明，等，2024. 河北省鼠疫自然疫源地康保牧场小型鼠种群分布特征分析［J］. 中华卫生杀虫药械，30（3）：251-253.

张亚萍，王文英，李莉莉，等，2020. 我国肾综合征出血热流行病学特征及预防控制研究现状［J］. 中华卫生杀虫药械，26（4）：387-393.

中华人民共和国国家质量监督检验检疫总局，中国国家标准化管理委员会，2009. 病媒生物密度监测方法 鼠类：GB/T 23798—2009［S］. 北京：中国标准出版社.

雨为按蚊提供了丰富的水源，江陵县农作物以水稻、小麦为主，稻田面积大，积水面广阔，这些水源可以成为按蚊繁殖的温床（魏勇等，2020）。夏季是植物生长旺盛的季节，植被茂盛为蚊子提供了良好的栖息环境。同时，人类活动也更加频繁，增加了人类与蚊子接触的机会，也促进了蚊子的繁殖和传播。夏季是防控输入性疟疾传播的关键时期，特别是在按蚊密度高峰期，强化监测和媒介控制措施尤为重要（朱国鼎和曹俊，2019）。

江陵县中华按蚊夜间活动高峰出现在19：00—22：00，该结果与湖北省监测结果一致（万伦等，2021）。中华按蚊的夜间活动规律可能与光线、温度和湿度、宿主活动以及按蚊自身的生物钟调控等多种因素有关。按蚊对光线有较强的敏感性，在白天，阳光强烈，按蚊避光躲在阴暗处，而到了傍晚时分，光线逐渐减弱，为按蚊提供了更适宜的活动环境。在适宜的温度和湿度条件下，按蚊的代谢率和活跃度都会增加，从而促使它们更频繁地外出觅食。人类和其他动物在傍晚时分开始进入休息状态，皮肤暴露面积增加，这为蚊子提供了更多的叮咬机会。此外，此时人们的注意力可能从户外活动转移到室内，减少了驱蚊措施的使用，也增加了被蚊子叮咬的风险。按蚊具有特定的生物钟，在长期的进化过程中，按蚊已经形成了在夜间活动的习性（付文博等，2021），这有助于它们更有效地寻找宿主并繁衍后代。根据捕蚊密度的时段分析，为了减少被按蚊叮咬的风险，建议在傍晚至夜间高峰时段加强防控措施，如增加室外杀虫剂的喷洒频次，以及宣传蚊帐和驱蚊产品的使用。

监测显示，江陵县从2020年开始，按蚊密度发生了改变，2020—2023年中华按蚊密度显著低于2018—2019年，这与气候和环境有着密切的关系。极端天气和环境的不断变化，2020年入夏以来江陵县出现持续降雨和强对流天气，2021年以后夏季温度长期处于35℃以上，特殊的气象与气温变化成为按蚊密度降低的重要因素。牛和猪养殖量的减少和养殖方式的改善，现江陵县内无耕牛养殖，白马寺镇仅余两处圈养牛棚，农田使用无人机大面积喷洒农药，小龙虾价值增高，白马寺镇部分稻田改成虾稻田等，生态环境和农耕条件的改善从一定程度上改变了媒介按蚊孳生栖息环境，降低了媒介按蚊密度。

2018—2023年江陵县按蚊监测仅发现中华按蚊，未发现其他按蚊种类。虽然中华按蚊媒介能量较低，嗜吸牲畜血，但当前耕牛已基本被农机替代，散养家畜的农户也大幅减少。自然垸中的家畜数量大幅下降，血源缺乏时，中华按蚊在其种群数量较大时，仍然可能叮咬人类（皮琦等，2022），且江陵县不时有输入性疟疾病例存在，存在潜在的传播风险。

2018—2023年的监测数据显示，江陵县按蚊密度在夏季中期达到高峰，并且夜间早期为按蚊活动的高峰时段。按蚊作为疟疾的传播媒介，其密度的消长与疟疾的流行强度有很大关系（张志保等，2019）。理解按蚊密度的季节性和时段性变化，有助于制定更为精准的防控策略，从而降低疟疾再传播的风险。针对这些特征，建议在高峰期和高危时段内加强防控策略，防止疟疾输入再传播，巩固消除疟疾成果（丰俊等，2021）。

表1 2018—2023年江陵县室外人诱法捕获中华按蚊情况

年份	捕获按蚊数（只）											合计
	5a	5b	6a	6b	7a	7b	8a	8b	9a	9b	10a	10b	
2018	0	6	27	243	820	390	309	333	67	44	0	0	2 239
2019	2	0	87	147	796	475	622	122	4	23	0	0	2 278
2020	0	2	4	10	0	64	46	18	10	0	0	0	154
2021	0	0	0	0	16	54	0	0	6	18	2	0	103
2022	0	0	3	26	228	8	21	0	18	0	0	0	304
2023	0	0	0	9	69	17	22	8	11	0	0	0	136
合计	2	8	121	442	1 929	1 008	1 020	487	128	69	0	0	5 214

注：a 为上旬；b 为下旬。

2.2 中华按蚊夜间活动时段分析

结果显示，按蚊活动从 19：00 开始上升，活动高峰时段集中在 19：00—22：00，这一时段内捕获的按蚊数量占总捕获量的比例为 49.94%（2604/5214），随后捕获数量逐渐下降，凌晨 5：00 后显著减少（表 2）。

表2 2018—2023年江陵县夜间不同时段捕获中华按蚊情况

年份	捕获按蚊数（只）												合计
	19:00	20:00	21:00	22:00	23:00	24:00	1:00	2:00	3:00	4:00	5:00	6:00	
2018	272	361	273	140	125	198	240	225	155	92	103	55	2 239
2019	310	339	195	267	203	209	262	201	89	57	79	67	2 278
2020	18	44	26	17	16	13	7	1	0	2	4	6	154
2021	10	23	30	7	8	3	3	3	1	2	4	1	103
2022	17	64	75	35	39	7	13	6	2	9	16	6	304
2023	16	17	17	21	16	13	5	6	9	8	2	-	136
合计	643	848	616	497	407	453	530	442	256	171	214	137	5 214

3 结论与讨论

江陵县中华按蚊密度高峰在 7—8 月，该结果与湖北省监测结果一致（万伦等，2021；李凯杰等，2015）。这一季节性趋势也与亚热带地区蚊虫的生活习性相吻合。按蚊密度在夏季显著上升，主要与温度和湿度的增加相关，这一时期气温较高，湿度较大，这种气候条件非常有利于按蚊的生存和繁殖。夏季也是降雨较多的季节，持续的降标准操作程序进行。在特殊天气条件下，捕蚊活动会暂缓，以确保监测数据的可比性。

1.5 数据收集和处理

所有捕获的蚊虫种类和数量均进行详细记录，并根据其时间分布进行分析。年度和月度的捕蚊数据通过 WPS Office Excel 2024 软件进行统计，并绘制密度变化图表，以便直观显示按蚊密度的季节性和时段性特征。使用 SPSS 17.0 软件分析不同年份按蚊密度差异，差异比较采用方差分析，检验水准为 $\alpha=0.05$。

2 结果

2.1 中华按蚊季节性变化分析

结果显示，2018—2023 年江陵县按蚊监测仅发现中华按蚊，未发现其他按蚊种类。按蚊密度从 5 月份开始上升，在每年的 7—8 月达到高峰，尤其在 7 月上旬、7 月下旬和 8 月上旬 3 个时间段内，按蚊密度达到最高值。江陵县 2018—2023 年按蚊平均密度分别为 15.55、15.82、1.07、0.66、2.11、0.94 只/（人·h），不同年份按蚊密度差异有统计学意义（$F=8.486$，$P<0.05$）（图 1）。2018—2023 年全年捕获按蚊数量分别为 2 239 只、2 278 只、154 只、103 只、304 只、136 只，7 月上旬至 8 月上旬时段捕获按蚊数量占总数比例为 75.89%（3 957/5 214）。各年度的捕蚊数量尽管有所不同，但总体趋势相对一致（表 1）。

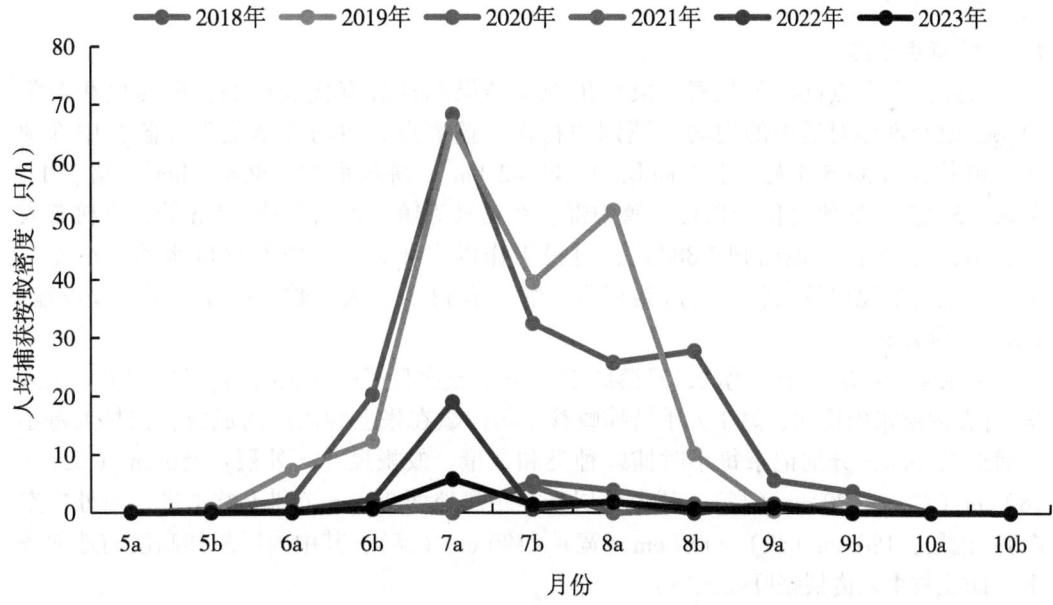

图 1　2018—2023 年江陵县中华按蚊密度季节消长

注：a 为上旬；b 为下旬。

during high-risk periods, to prevent the transmission of imported malaria.

Key words：Malaria；Anopheles mosquitoes；Density；Surveillance

疟疾是全球最重要的传染病之一，尤其在热带和亚热带地区具有广泛的流行历史，按蚊属的蚊种是疟疾的唯一传播媒介，我国已知按蚊60余种，其中主要传疟媒介包括按蚊亚属的中华按蚊（Anopheles sinensis）、雷氏按蚊（Anopheles lesteri）和塞蚊亚属的微小按蚊（Anopheles minimus）、大劣按蚊（Anopheles dirus）4种（刘起勇和刘小波，2010）。湖北省属非稳定性中低度间日疟流行区，历史上主要传播媒介为中华按蚊和雷氏按蚊（万伦等，2022）。江陵县位于鄂中南，地处江汉平原长江中下游荆江河段北岸，东经112°25′，北纬30°02′，属亚热带季风性气候，曾经是间日疟的高流行区，主要传播媒介为中华按蚊，江陵县在1954—1955年和1970—1975年期间，曾有过两次较大的疟疾暴发流行（吴修禄，2014）。经过多年的综合防治，疟疾疫情得到了有效控制，2010年，湖北省正式启动消除疟疾工作（万伦等，2021；夏菁等，2021），自2010年后江陵县无本地疟疾病例报告，2016年江陵县达到消除疟疾目标。然而，目前江陵县仍然有输入性疟疾病例报告，传疟媒介依然存在，监测疟疾传播媒介按蚊的密度及其季节性变化对于防止疟疾输入再传播起到至关重要的作用（万伦等，2021）。本研究旨在通过对2018—2023年江陵县按蚊密度数据的系统分析，为疟疾防控提供有力的技术支撑。

1 材料与方法

1.1 调查点选择

通过在多个点进行预观察，根据预观察结果选择具有代表性的，即居民相对集中，按蚊密度相对适中的白马寺镇荆州村作为监测点。白马寺镇位于江陵县中部地区，镇总人口34 551人，土地面积为149.42 km^2，耕地面积5 866.7 hm^2，猪、牛、羊共2 532头。荆州村位于白马寺镇中部，在白马寺镇街道西部约1 km处，全村有人口1 180人，全村耕地面积3 884亩，村民工作以农业为主，农作物以水稻、小麦为主，属经济情况中等的村。村内共有猪、牛、羊43头，大多数房屋安装了防蚊设施。

1.2 调查方法

采用室外双层叠帐人诱法，日落约20 min后至次日清晨（天亮前）通宵捕蚊，1人坐/卧在内层帐内诱蚊，另1人手持捕蚊管采集停歇在帐上和周围的成蚊，捕蚊人每小时捕捉15 min，分别记录每小时捕蚊种类和数量。蚊帐尺寸，外层：250 cm（长）×180 cm（宽）×180 cm（高），其中外层悬挂距离地面30 cm（利于蚊虫进入内外帐空隙）；内层：180 cm（长）×150 cm（宽）×180 cm（高），其中内层悬挂高度与地面齐平（防止蚊虫入内层帐叮咬人饵）。

1.3 调查时间和频次

每年5—10月，每半个月开展一次，每次调查一晚，全年共12次，除天气条件等特别状况外，每两次监测间隔时间尽量保持在15 d左右。

1.4 质量控制

为了确保数据的准确性，每次捕蚊活动均由经过培训的专业人员操作，并严格按照

江陵县传疟媒介中华按蚊的监测研究

孙 刚[1]*，万 伦[2]*，黄 松[1]**

(1. 江陵县疾病预防控制中心，江陵 434100；
2. 湖北省疾病预防控制中心，武汉 430079)

摘 要：【目的】通过分析2018—2023年江陵县疟疾传播媒介按蚊的密度和季节性变化，探讨输入性疟疾再传播的潜在风险，并为地方公共卫生政策提供科学依据。【方法】2018—2023年5—10月，在江陵县的白马寺镇荆州村通过室外双层叠帐人诱法，监测按蚊密度及种群变化。捕获的按蚊种群和数量按小时进行记录，并进行年度和月度分析。【结果】按蚊密度在7—8月达到高峰，夜间19：00—22：00为捕获率最高的时段。各年度的按蚊密度呈现一定的波动，但总体趋势显示，按蚊在监测期间的活动高峰期相对一致。【结论】江陵县的按蚊密度具有显著的季节性和时段性变化特征。建议在高峰期和高危时段内，采取加强监测、优化防控策略等措施，防止输入性疟疾的再传播。

关键词：疟疾；按蚊；密度；监测

Surveillance of Malaria-transmitting Vectors in Jiangling County From 2018 to 2023

Sun Gang[1]*, Wan Lun[2]*, Huang Song[1]**

(1. *Jiangling Center for Disease Prevention and Control*, *Jiangling* 434100, *China*;
2. *Hubei Center for Disease Prevention and Control*, *Wuhan* 430079, *China*)

Abstract：【Objectives】To analyze the density and seasonal changes of the malaria-transmitting vectors anopheles in Jiangling County from 2018 to 2023, explore the potential risks of transmission of imported malaria, and provide scientific basis for local public health policies. 【Methods】In May to October of each year from 2018 to 2023, the density and population changes of anopheles mosquitoes were monitored in Jingzhou Village, Baimasi Town, Jiangling County applying human trapping method for catching mosquito. The population and quantity of captured mosquitoes were record, and annual and monthly analysis were conduct. 【Results】The density peak of anopheles mosquitoes occurred in July and August. The night activity peak of Anopheles mosquitoes was from 19：00 to 22：00. The density of anopheles mosquitoes showed certain fluctuations in each year, but the activity peak of Anopheles mosquitoes was relatively consistent. 【Conclusions】The density of anopheles mosquitoes in Jiangling County exhibited significant seasonal and temporal variations. Therefore, surveillance should be strengthened and control strategies should be optimized

---

* 第一作者：孙刚，主管技师，主要从事病媒介研究；E-mail：121481161@qq.com
万伦，主管技师，主要从事病媒介研究；E-mail：526177817@qq.com，共同第一作者万伦与第一作者孙刚同等贡献

** 通信作者：黄松；E-mail：408938939@qq.com

277 (1695): 2839-2848.

REGIER J C, ZWICK A, CUMMINGS M P, *et al.*, 2009. Toward reconstructing the evolution of advanced moths and butterflies (Lepidoptera: Ditrysia): an initial molecular study [J]. BMC Evolutionary Biology, 9 (1), 1-280.

SILAMBARASAN K, SUJATHA K, ANITHA JOICE A, *et al.*, 2016. A preliminary report on the butterfly diversity of Kurumpuram Reserve Forest, Marakkanam, Tamil Nadu [J]. Proceedings of the Zoological Society, 69 (2): 255-258.

WALLACE A R, 1876. The Geographical Distribution of Animals [M]. Cambridge: Cambridge University Press.

蒙新区的共有种较少，进一步印证了武汉地区与中国南部的蝴蝶区系更加相似的结论。

利用共布种统计与 Jaccard 相似性系数分析，我们揭示了武汉地区蝴蝶物种与湖北其他区域，特别是九宫山地区之间存在的显著差异。这种差异可能归因于九宫山地区蝴蝶记录相对较少，以及两地间植被类型、海拔等环境因素的显著差异。这些发现不仅凸显了武汉地区蝴蝶多样性的独特性，也预示着该地区的蝴蝶多样性仍具探索潜力，未来进行持续、深入的调查有望发现更多物种。

从生态保护与旅游开发的角度来看，武汉地区拥有丰富的观赏性蝴蝶资源，如大紫蛱蝶、丝带凤蝶、莎菲彩灰蝶等，这为当地生态旅游的开发提供了优越的条件。然而，值得注意的是，当前部分区域为追求景观美化而进行的园林建设活动，如拔除天然草丛和灌木丛，改种单一园艺品种的行为，可能对蝴蝶多样性和整体生态系统健康构成威胁。在推动生态旅游发展的同时，应该兼顾生态保护，确保自然景观的完整性并进行生物多样性的持续维护。如在进行景观建设的时候，尽量使用多种不同的植物，并优先使用本地原生的物种。

参考文献

冯佩，叶穗，张建民，等，2020. 湖北天门地区蝴蝶种类分布及多样性分析［J］. 河南农业大学学报，54（4）：650-656.

顾勇，姜少平，支立锋，2008. 湖北罗田天堂寨蝶类资源初报［J］. 安徽农业科学，36（8）：3294-3295.

黄斌，殷海成，张尚文，2003. 湖北应山自然保护区蝶类多样性及区系的研究［J］. 信阳师范学院学报（自然科学版），16（1）：58-61.

马方舟，徐海根，陈萌萌，等，2018. 全国蝴蝶多样性观测网络（China BON-Butterflies）建设进展［J］. 生态与农村环境学报，34（1）：27-36.

王国秀，骆启桂，陈国生，等，2000. 湖北九宫山自然保护区蝶类调查初报［J］. 华中师范大学学报：自然科学版，31（1）：474-475.

武春生，徐堉峰，2017. 中国蝴蝶图鉴［M］. 福州：海峡出版发行集团海峡书局.

向闱，刘芳遐，王国秀，2006. 大贵寺国家森林公园蝶类资源调查研究［J］. 湖北林业科技，139（1）：21-24.

许国权，段海生，2009. 武汉市木兰天池蝶类资源及区系组成初报［J］. 江汉大学学报：自然科学版，37（4）：103-106.

张立微，张红玉，2016. 蝶类对生境的指示作用研究进展［J］. 生物学杂志，33（3）：88-91.

张荣祖，1999. 中国动物地理［M］. 北京：科学出版社.

中华人民共和国环境保护部，2014. 生物多样性观测技术导则 蝴蝶：HJ 710.9—2014［S］. 北京：中国环境科学出版社.

周尧，1994. 中国蝶类志［M］. 郑州：河南科学技术出版社.

朱建青，谷宇，陈志兵，等，2018. 中国蝴蝶生活史图鉴［M］. 重庆：重庆大学出版社.

INATURELIST，2024. A Community for Naturalists［EB/OL］.（2024.9.1）［2024.10.16］. https://www.inaturalist.org.

MUTANEN M, WAHLBERG N, KAILA L, 2010. Comprehensive gene and taxon coverage elucidates radiation patterns in moths and butterflies［J］. Proceedings of the Royal Society B: Biological Sciences,

(续表)

分布型	种类数	比例
华南-西南	1	0.68%
华中-西南	1	0.68%
华北-青藏	1	0.68%
一区型		
华中	5	3.42%
华南	1	0.68%
合计	146	100%

3.3 物种相似性分析

将武汉地区的蝴蝶物种与同为湖北地区的应山（黄斌等，2003）、天门（冯佩等，2020）、九宫山（王国秀等，2000）、大贵寺（向闯等，2006）及罗田（顾勇等，2008）地区的蝴蝶进行对比。结果表明，武汉地区与罗田地区共有的蝴蝶81种，相似性最高；与九宫山地区共有的蝴蝶21种，相似度最低。具体结果见表4。

表4 武汉地区蝴蝶与湖北其他地区蝴蝶的相似性

	蝶类种数	与武汉地区的共有种数	相似性系数
广水（应山）	67	45	0.27
天门	41	37	0.25
咸宁（九宫山）	39	21	0.13
广水（大贵寺）	72	52	0.32
罗田	109	81	0.47

4 总结与讨论

本研究深入探讨了武汉地区蝴蝶多样性及其生态背景。武汉地区位于北亚热带与暖温带交界地带，因其地势平缓、地形变化较小，加之市区周边丰富的草地、林地和农田资源，为多种植物提供了适宜的生存环境，进而为蝴蝶群落构建了多样化的栖息地。通过样线法在武汉市区及其周边森林公园内的调查及对历史数据的总结，我们共鉴定出蝴蝶5科85属146种，其中蛱蝶科占据显著优势。这一结果表明，武汉地区有较为丰富的蝴蝶资源，其生态环境状况也较为乐观。

区系分析结果显示，武汉地区的蝴蝶种群主要属于东洋种及东洋-古北共布种，同时不乏古北区系的种类，体现了强烈的区系过渡特征，这与武汉位于东洋区与古北区交界，即秦岭-淮河一线的地理位置高度吻合。此外，依据中国动物地理区划，武汉蝴蝶的分布型多为华中、华南、西南区，亦有许多扩散至华北、东北等区域，而与青藏区及

表3 武汉地区蝴蝶在中国地理区划的分布型

分布型	种类数	比例
七区型		
东北-华北-华中-华南-西南-蒙新-青藏	8	5.48%
六区型		
东北-华北-华中-西南-蒙新-青藏	3	2.05%
东北-华北-华中-华南-西南-蒙新	2	1.37%
东北-华北-华中-华南-西南-青藏	2	1.37%
五区型		
东北-华北-华中-华南-西南	15	10.27%
华北-华中-华南-西南-青藏	7	4.79%
东北-华北-华中-蒙新-青藏	3	2.05%
东北-华北-华中-西南-青藏	3	2.05%
东北-华北-华中-华南-青藏	1	0.68%
东北-华北-华中-西南-蒙新	1	0.68%
四区型		
华北-华中-华南-西南	22	15.07%
东北-华北-华中-西南	7	4.79%
华中-华南-西南-青藏	6	4.11%
东北-华北-华中-青藏	3	2.05%
东北-华北-华中-华南	4	2.74%
华中-华南-西南-蒙新	1	0.68%
华北-华中-西南-蒙新	1	0.68%
东北-华北-华中-蒙新	1	0.68%
三区型		
华中-华南-西南	33	22.60%
华北-华中-西南	3	2.05%
东北-华北-华中	3	2.05%
华北-华中-华南	2	1.37%
华北-华中-青藏	1	0.68%
东北-华北-蒙新	1	0.68%
二区型		
华中-华南	4	2.74%

（续表）

中文名及拉丁学名	古北区				东洋区		
	东北区	华北区	蒙新区	青藏区	西南区	华中区	华南区
138. 红翅长标弄蝶 *Telicota ancilla*						+	+
139. 黑脉长标弄蝶 *Telicota linna*					+	+	+
黄室弄蝶属 *Potanthus*							
140. 断纹黄室弄蝶 *Potanthus trachalus*					+	+	+
141. 宽纹黄室弄蝶 *Potanthus pava*						+	+
豹弄蝶属 *Thymelicus*							
142. 豹弄蝶 *Thymelicus leoninus*	+	+	+	+	+	+	
143. 黑豹弄蝶 *Thymelicus sylvaticus*	+	+			+	+	+
赭弄蝶属 *Ochlodes*							
144. 小赭弄蝶 *Ochlodes venata*	+	+		+	+	+	
145. 似小赭弄蝶 *Ochlodes similis*		+		+			
146. 白斑赭弄蝶 *Ochlodes subhyalina*	+	+		+	+	+	

注："+"表示有分布。

3.2　区系分析

所获得的 146 种蝴蝶区系以东洋区、东洋-古北共布种及古北区分布种为主。其中，东洋区分布的蝴蝶共 52 种，占 33.99%；其次为东洋-古北共同分布种 38 种，占 24.84%；再次为古北分布种，共 22 种，占 14.38%。东洋-澳洲-非洲热带区及东洋-古北-非洲热带区分布种各 8 种，各占 5.23%；分布在四个及以上动物地理区的广布种 7 种，占 4.57%；东洋-澳洲区分布的有 6 种，占 3.92%；东洋-非洲热带区及东洋-古北-澳洲区分布的各 2 种，各占 1.31%；东洋-古北-新北分布区的 1 种，占 0.65%。这一结果与武汉地区位于东洋区北侧，与古北区交界处接近的地理情况相符。

根据中国动物地理区划，武汉发现的 146 种蝴蝶中，有 142 种在华中区有分布，116 种在西南区有分布，109 种在华南区有分布，94 种在华北区有分布，57 种在东北区有分布，38 种在青藏区分布，21 种在蒙新区有分布。其分布型有 30 种，种类最多的分布型为华中-华南-西南分布型，共 33 种，占 22.60%；其次为华北-华中-华南-西南分布型，共 22 种，占 15.07%；再次为东北-华北-华中-华南-西南分布型，共 15 种，占 10.27%。其他分布型及数量见表 3。

(续表)

中文名及拉丁学名	古北区				东洋区		
	东北区	华北区	蒙新区	青藏区	西南区	华中区	华南区
122. 梳翅弄蝶 *Ctenoptilum vasava*		+			+	+	
黑弄蝶属 *Daimio*							
123. 黑弄蝶 *Daimio tethys*	+	+			+	+	+
花弄蝶属 *Pyrgus*							
124. 花弄蝶 *Pyrgus maculatus*	+	+			+	+	+
腌翅弄蝶属 *Astictopterus*							
125. 腌翅弄蝶 *Astictopterus jama*					+	+	+
锷弄蝶属 *Aeromachus*							
126. 河伯锷弄蝶 *Aeromachus inachus*	+	+			+	+	+
黄斑弄蝶属 *Ampittia*							
127. 黄斑弄蝶 *Ampittia dioscorides*					+	+	+
稻弄蝶属 *Parnara*							
128. 直纹稻弄蝶 *Parnara guttata*	+	+			+	+	+
129. 曲纹稻弄蝶 *Parnara ganga*		+			+	+	+
130. 幺纹稻弄蝶 *Parnara bada*					+	+	+
谷弄蝶属 *Pelopidas*							
131. 南亚谷弄蝶 *Pelopidas agna*					+	+	+
132. 隐纹谷弄蝶 *Pelopidas mathias*	+	+			+	+	+
133. 近赭谷弄蝶 *Pelopidas subochracea*					+	+	+
孔弄蝶属 *Polytremis*							
134. 黄纹孔弄蝶 *Polytremis lubricans*					+	+	+
135. 黑标孔弄蝶 *Polytremis mencia*						+	
136. 透纹孔弄蝶 *Polytremis pellucida*	+	+				+	+
长标弄蝶属 *Telicota*							
137. 黄纹长标弄蝶 *Telicota ohara*					+	+	+

（续表）

中文名及拉丁学名	古北区				东洋区		
	东北区	华北区	蒙新区	青藏区	西南区	华中区	华南区
酢浆灰蝶属 *Zizeeria*							
109. 酢浆灰蝶 *Zizeeria maha*		+			+	+	+
蓝灰蝶属 *Everes argiades*							
110. 蓝灰蝶 *Everes argiades*	+	+	+	+	+	+	+
毛眼灰蝶属 *Zizina*							
111. 毛眼灰蝶 *Zizina otis*					+	+	+
点玄灰蝶属 *Tongeia*							
112. 点玄灰蝶 *Tongeia filicaudis*		+			+	+	+
妩灰蝶属 *Udara*							
113. 珍贵妩灰蝶 *Udara dilecta*		+			+	+	+
琉璃灰蝶属 *Celastrina*							
114. 琉璃灰蝶 *Celastrina argiolus*	+	+		+	+	+	+
115. 大紫琉璃灰蝶 *Celastrina oreas*				+	+	+	+
紫灰蝶属 *Chilades*							
116. 曲纹紫灰蝶 *Chilades pandava*					+	+	+
五、弄蝶科 Hesperiidae							
趾弄蝶属 *Hasora*							
117. 无趾弄蝶 *Hasora anura* de					+	+	+
118. 纬带趾弄蝶 *Hasora vitta*					+	+	+
绿弄蝶属 *Choaspes*							
119. 绿弄蝶 *Choaspes benjaminii*		+			+	+	+
珠弄蝶属 *Erynnis*							
120. 深山珠弄蝶 *Erynnis montanus*	+	+			+	+	
白弄蝶属 *Abraximorpha*							
121. 白弄蝶 *Abraximorpha davidii*		+			+	+	+
梳翅弄蝶属 *Ctenoptilum*							

(续表)

中文名及拉丁学名	古北区				东洋区		
	东北区	华北区	蒙新区	青藏区	西南区	华中区	华南区
玳灰蝶属 Deudorix							
96. 淡黑玳灰蝶 Deudorix rapaloides						+	+
绿灰蝶属 Artipe							
97. 绿灰蝶 Artipe eryx				+	+	+	+
燕灰蝶属 Rapala							
98. 霓纱燕灰蝶 Rapala nissa	+	+			+	+	+
生灰蝶属 Sinthusa							
99. 生灰蝶 Sinthusa chandrana					+	+	+
梳灰蝶属 Ahlbergia							
100. 尼采梳灰蝶 Ahlbergia nicevillei					+	+	
洒灰蝶属 Satyrium							
101. 大洒灰蝶 Satyrium grandis					+		
红灰蝶属 Lycaena							
102. 红灰蝶 Lycaena phlaeas	+	+		+	+	+	
彩灰蝶属 Heliophorus							
103. 莎菲彩灰蝶 Heliophorus saphir		+			+	+	+
黑灰蝶属 Niphanda							
104. 黑灰蝶 Niphanda fusca	+	+		+	+		
锯灰蝶属 Orthomiella							
105. 中华锯灰蝶 Orthomiella sinensis						+	
雅灰蝶属 Jamides							
106. 雅灰蝶 Jamides bochus					+	+	+
咖灰蝶属 Catochrysops							
107. 咖灰蝶 Catochrysops strabo					+		+
亮灰蝶属 Lampides							
108. 亮灰蝶 Lampides boeticus	+	+			+	+	+

（续表）

中文名及拉丁学名	古北区				东洋区		
	东北区	华北区	蒙新区	青藏区	西南区	华中区	华南区
82. 小红蛱蝶 *Vanessa cardui*	+	+	+	+	+	+	+
琉璃蛱蝶属 *Kaniska*							
83. 琉璃蛱蝶 *Kaniska canace*	+	+			+	+	+
钩蛱蝶属 *Polygonia*							
84. 白钩蛱蝶 *Polygonia c-album*	+	+	+		+	+	+
85. 黄钩蛱蝶 *Polygonia c-aureum*	+	+	+	+	+	+	+
眼蛱蝶属 *Junonia*							
86. 美眼蛱蝶 *Junonia almana*		+			+	+	+
87. 翠蓝眼蛱蝶 *Junonia orithya*					+	+	+
蜘蛱蝶属 *Araschnia*							
88. 曲纹蜘蛱蝶 *Araschnia doris*		+			+	+	
珍蝶属 *Telchinia*							
89. 苎麻珍蝶 *Telchinia issoria*				+	+	+	+
喙蝶属 *Libythea*							
90. 朴喙蝶 *Libythea lepita*	+	+			+	+	+

四、灰蝶科 Lycaenidae

中文名及拉丁学名	东北区	华北区	蒙新区	青藏区	西南区	华中区	华南区
蚜灰蝶属 *Taraka*							
91. 蚜灰蝶 *Taraka hamada*					+	+	+
银灰蝶属 *Curetis*							
92. 尖翅银灰蝶 *Curetis acuta*		+			+	+	+
黄灰蝶属 *Japonica*							
93. 黄灰蝶 *Japonica lutea*	+	+				+	+
玛灰蝶属 *Mahathala*							
94. 玛灰蝶 *Mahathala ameria*					+	+	+
丫灰蝶属 *Amblopala*							
95. 丫灰蝶 *Amblopala avidiena*		+			+	+	+

(续表)

中文名及拉丁学名	古北区				东洋区		
	东北区	华北区	蒙新区	青藏区	西南区	华中区	华南区
电蛱蝶属 *Dichorragia*							
64. 电蛱蝶 *Dichorragia nesimachus*		+			+	+	+
珐蛱蝶属 *Phalanta*							
65. 珐蛱蝶 *Phalanta phalantha*					+	+	+
豹蛱蝶属 *Argynnis*							
66. 云豹蛱蝶 *Argynnis anadyomene*	+	+				+	
67. 斐豹蛱蝶 *Argynnis hyperbius*	+	+	+	+	+	+	+
68. 老豹蛱蝶 *Argynnis laodice*	+	+	+	+	+	+	
69. 绿豹蛱蝶 *Argynnis paphia*	+	+	+	+	+	+	+
70. 青豹蛱蝶 *Argynnis sagana*	+	+			+	+	
线蛱蝶属 *Limenitis*							
71. 扬眉线蛱蝶 *Limenitis helmanni*	+	+	+	+		+	
72. 断眉线蛱蝶 *Limenitis doerriesi*	+	+			+	+	
73. 残锷线蛱蝶 *Limenitis sulpitia*					+	+	+
带蛱蝶属 *Athyma*							
74. 幸福带蛱蝶 *Athyma fortuna*						+	+
环蛱蝶属 *Neptis*							
75. 小环蛱蝶 *Neptis sappho*		+			+	+	+
76. 中环蛱蝶 *Neptis hylas*					+	+	+
77. 啡环蛱蝶 *Neptis philyta*	+	+			+	+	
78. 重环蛱蝶 *Neptis alwina*	+	+			+	+	
斑蛱蝶属 *Hypolimnas*							
79. 金斑蛱蝶 *Hypolimnas missipus*					+	+	+
80. 幻紫斑蛱蝶 *Hypolimnas bolina*					+	+	+
红蛱蝶属 *Vanessa*							
81. 大红蛱蝶 *Vanessa indica*	+	+	+		+	+	+

(续表)

中文名及拉丁学名	古北区				东洋区		
	东北区	华北区	蒙新区	青藏区	西南区	华中区	华南区
47. 幽矍眼蝶 *Ypthima conjuncta*		+			+	+	+
48. 中华矍眼蝶 *Ypthima chinensis*		+				+	+
49. 黎桑矍眼蝶 *Ypthima lisandra*						+	
50. 东亚矍眼蝶 *Ypthima motschulskyi*	+	+				+	+
51. 密纹矍眼蝶 *Ypthima multistriata*					+	+	+
52. 完璧矍眼蝶 *Ypthima perfecta*					+	+	+
尾蛱蝶属 *Polyura*							
53. 二尾蛱蝶 *Polyura narcaea*		+				+	+
螯蛱蝶属 *Charaxes*							
54. 白带螯蛱蝶 *Charaxes bernardus*					+	+	+
迷蛱蝶属 *Mimathyma*							
55. 夜迷蛱蝶 *Mimathyma nycteis*	+	+	+				
闪蛱蝶属 *Apatura*							
56. 柳紫闪蛱蝶 *Apatura ilia*	+	+	+	+		+	
猫蛱蝶属 *Timelaea*							
57. 白裳猫蛱蝶 *Timelaea albescen*		+			+	+	+
58. 猫蛱蝶 *Timelaea maculata*		+		+		+	
窗蛱蝶属 *Dilipa*							
59. 明窗蛱蝶 *Dilipa fenestra*	+	+				+	
白蛱蝶属 *Helcyra*							
60. 银白蛱蝶 *Helcyra subalba*					+	+	+
脉蛱蝶属 *Hestina*							
61. 黑脉蛱蝶 *Hestina assimilis*	+	+		+	+	+	+
62. 拟斑脉蛱蝶 *Hestina persimilis*		+			+	+	+
紫蛱蝶属 *Sasakia*							
63. 大紫蛱蝶 *Sasakia charonda*		+				+	+

(续表)

中文名及拉丁学名	古北区				东洋区		
	东北区	华北区	蒙新区	青藏区	西南区	华中区	华南区
30. 黄尖襟粉蝶 *Anthocharis scolymus*	+	+		+		+	
31. 橙翅襟粉蝶 *Anthocharis bambusarum*						+	
三、蛱蝶科 Nymphalidae							
斑蝶属 *Danaus*							
32. 金斑蝶 *Danaus chrysippus*	+	+			+	+	+
33. 虎斑蝶 *Danaus genutia*				+	+	+	+
暮眼蝶属 *Melanitis*							
34. 暮眼蝶 *Melanitis leda*		+			+	+	+
黛眼蝶属 *Lethe*							
35. 曲纹黛眼蝶 *Lethe chandica*				+	+	+	+
36. 玉带黛眼蝶 *Lethe verma*					+	+	+
37. 连纹黛眼蝶 *Lethe syrcis*	+	+			+	+	+
荫眼蝶属 *Neope*							
38. 蒙链荫眼蝶 *Neope muirheadii*					+	+	+
眉眼蝶属 *Mycalesis*							
39. 小眉眼蝶 *Mycalesis mineus*					+	+	+
40. 稻眉眼蝶 *Mycalesis gotama*		+		+	+	+	+
41. 僧袈眉眼蝶 *Mycalesis sangaica*			+		+	+	+
42. 拟稻眉眼蝶 *Mycalesis francisca*		+			+	+	+
白眼蝶属 *Melanargia*							
43. 黑纱白眼蝶 *Melanargia lugens*						+	
蛇眼蝶属 *Minois*							
44. 蛇眼蝶 *Minois dryas*	+	+	+			+	
矍眼蝶属 *Ypthima*							
45. 阿矍眼蝶 *Ypthima argus*		+			+		
46. 矍眼蝶 *Ypthima baldus*	+	+		+	+		+

(续表)

中文名及拉丁学名	古北区				东洋区		
	东北区	华北区	蒙新区	青藏区	西南区	华中区	华南区
14. 柑橘凤蝶 *Papilio xuthus*	+	+	+	+	+	+	+
15. 金凤蝶 *Papilio machaon*	+	+	+	+	+	+	+
青凤蝶属 *Graphium*							
16. 青凤蝶 *Graphium sarpedon*		+		+	+	+	+
17. 碎斑青凤蝶 *Graphium chironides*					+	+	+
丝带凤蝶属 *Sericinus*							
18. 丝带凤蝶 *Sericinus montelus*	+	+				+	
绢蝶属 *Parnassius*							
19. 冰清绢蝶 *Parnassius citrinarius*	+	+			+	+	
二、粉蝶科 Pieridae							
豆粉蝶属 *Colias*							
20. 东亚豆粉蝶 *Colias poliographus*	+	+					
黄粉蝶属 *Eurema*							
21. 尖角黄粉蝶 *Eurema laeta*	+	+			+	+	+
22. 宽边黄粉蝶 *Eurema hecabe*		+			+	+	+
23. 北黄粉蝶 *Eurema mandarina*	+	+			+	+	+
绢粉蝶属 *Aporia*							
24. 绢粉蝶 *Aporia crataegi*	+	+	+	+			
钩粉蝶属 *Gonepteryx*							
25. 钩粉蝶 *Gonepteryx rhamni*	+	+	+		+	+	
26. 淡色钩粉蝶 *Gonepteryx aspasia*	+	+	+	+		+	
菜粉蝶属 *Pieris*							
27. 东方菜粉蝶 *Pieris canidia*	+	+	+	+	+	+	+
28. 菜粉蝶 *Pieris rapae*		+	+		+		+
29. 黑纹粉蝶 *Pieris melete*	+	+				+	
襟粉蝶属 *Anthocharis*							

祖，1999）的划分方法。使用 Jaccad 相似性系数计算武汉地区和周边地区的蝴蝶区系相似性。

$$C_j = \frac{j}{a + b - j}$$

式中，C_j 为两个地区的 Jaccad 相似性系数；j 为两个地区的共有物种数量；a 为地区 a 的物种数；b 为地区 b 的物种数。

3 结果与分析

3.1 蝴蝶鉴定结果

本研究在武汉地区共采集到蝴蝶成虫标本 254 只，经鉴定共有蝴蝶 146 种，属于 5 科 85 属。其中凤蝶科 6 属 19 种，粉蝶科 6 属 12 种，蛱蝶科 31 属 59 种，灰蝶科 25 属 26 种，弄蝶科 17 属 30 种。武汉地区的蝴蝶名录及分布见表 2。

表 2 武汉地区蝴蝶名录及区系分布

中文名及拉丁学名	古北区				东洋区		
	东北区	华北区	蒙新区	青藏区	西南区	华中区	华南区
一、凤蝶科 Papilionidae							
麝凤蝶属 Byasa							
1. 麝凤蝶 Byasa alcinous		+	+		+	+	+
2. 中华麝凤蝶 Byasa confusus		+		+	+	+	+
3. 灰绒麝凤蝶 Byasa mencius		+			+	+	+
珠凤蝶属 Pachliopta							
4. 红珠凤蝶 Pachliopta aristolochiae		+			+	+	+
凤蝶属 Papilio							
5. 小黑斑凤蝶 Papilio epycides					+	+	+
6. 美姝凤蝶 Papilio macilentus		+			+	+	+
7. 美凤蝶 Papilio memnon					+	+	+
8. 玉带凤蝶 Papilio polytes		+	+		+	+	+
9. 蓝凤蝶 Papilio protenor		+		+	+	+	+
10. 碧凤蝶 Papilio bianor		+			+	+	+
11. 巴黎翠凤蝶 Papilio paris					+	+	+
12. 穹翠凤蝶 Papilio dialis					+	+	+
13. 绿带翠凤蝶 Papilio maackii		+	+		+	+	

境优越,为蝴蝶等昆虫提供了理想的栖息与繁衍场所。本研究聚焦于上述地区,通过实地调查与历史数据整合进行综合分析,旨在系统梳理并评估武汉地区的蝶类资源现状,为蝶类资源的保护策略制定、合理开发利用以及基于蝶类的环境质量评估活动提供坚实的科学依据与基础数据支持。

2 调查内容与方法

2.1 调查内容

本次调查于2020—2024年进行,采取样线法对武汉市马鞍山森林公园、九峰森林公园及青龙山森林公园等绿地的区域开展调查,主要结合公园内不同海拔及生境进行全面的蝴蝶种类调查。本次调查包括了森林、草地、灌木等多种生境,样线信息见表1。

表1 蝶类野外调查样线信息

时间	地点	坐标	海拔(m)	样线长度(m)	生境
20200423	洪山马鞍山	114.440 809 E 30.524 899 N	84	168	林地草地
20210322	黄陂素山寺	114.252 730 E 31.217 496 N	346	200	林地灌木
20210321	黄陂盘龙城	114.213 695 E 30.689 272 N	60	150	草地
20230407	黄陂云雾山	114.213 474 E 31.124 178 N	289	200	林地灌木
20220428	黄陂木兰山	114.395 114 E 31.102 421 N	153	200	林地灌木
20230526	江夏青龙山	114.331 803 E 30.330 218 N	78	200	林地灌木
20220703	蔡甸九真山	113.921 094 E 30.472 509 N	148	200	林地灌木
20220914	洪山九峰	114.496 848 E 30.499 838 N	65	200	林地灌木

2.2 调查方法

调查方法主要参考《生物多样性观测技术导则 蝴蝶》的样线法。对蝴蝶进行拍照或网捕后鉴定,种类确定后原地释放,难以鉴定的种类进行采集并制作标本。

2.3 数据处理

蝴蝶的鉴定及分布参考图鉴(周尧,1994;朱建青等,2018)及网络数据库(iNaturelist,2024),鉴定结果与历史数据(许国权等,2009)结合进行分析。分类地位参考最新的分类构架(Regier等,2009;Mutanen等,2010)。世界动物地理区系采用Wallace的划分方式(Wallace,1876),中国动物地理区采用《中国动物地理》(张荣

of the Yangtze River and lies on the Jianghan Plain. Its urban area and surrounding areas have a variety of ecological greenfield, with abundant biological resources. Butterflies are insects closely related to plant diversity, are very sensitive to the environment, and have ornamental value, which play an important role in environmental quality assessment as biological indicators. Understanding the butterfly fauna in Wuhan is of great significance for biological monitoring-based environmental quality assessment. 【Methods】This study conducted a butterfly diversity survey in multiple areas of Wuhan using transect method from 2020 to 2022, compiled a checklist of butterflies in Wuhan, and conducted a faunistic analysis based on the distribution data. Moreover, Jaccard coefficient was used to compare the similarity of butterfly fauna between Wuhan and other regions in Hubei. 【Results】A total of 146 species of butterflies belonging to 5 families and 85 genera were recorded in Wuhan, with the highest diversity in family Nymphalidae. The faunistic analysis showed that most butterflies in Wuhan are Oriental species or Oriental-Palearctic species. According to China's geographical divisions, these butterflies are mainly distributed in the Central China, South China, and Southwest China regions. 【Conclusion】The high butterfly diversity in Wuhan reflects a good environmental condition. The butterfly fauna in Wuhan shows a transition from the Oriental region to Palearctic region, which is consistent with the geographical location of Wuhan. Compared with other regions in Hubei, there are significant differences in butterfly species, indicating that the butterfly fauna in Wuhan has its own characteristics and has the potential for further enhancement on diversity. We suggest to adopt native plants in the constructions of Wuhan Landscaping, in order to promote the protection of butterfly diversity.

Key words:Biodiversity;Insect;Lepidoptera;Papilionoidea;Nymphalidae;Fauna

1 前言

蝴蝶为昆虫纲鳞翅目成员,是一种广泛分布且常见的昆虫类群。截至2017年的统计数据显示,我国已正式记录蝴蝶种类高达2 153种(武春生等,2017)。蝴蝶不仅以其绚丽多彩的翅膀展现出极高的观赏价值,更在生态系统的维护中扮演着不可或缺的角色,特别是在传粉及食物链构建等关键生态过程中发挥的重要作用。蝴蝶幼虫的食性专一,即取食特定类群的植物,它们与植物进行过长期的协同演化,因此蝴蝶的种类往往与地区植物多样性密切相关(Silambarasan等,2016)。此外,蝴蝶对气候波动及光线变化的敏感性,使其可作为指示生物,为地区环境质量及生态状况的综合评估和动态变化提供参考(张立微等,2016)。随着生态学研究领域的深入及公众对环境质量关注度的提升,利用蝴蝶进行生态评估的调查活动日益频繁且规范化。近年来,我国不仅开始了全国性的蝴蝶观测网络的建设(马方舟等,2018),生态环境部亦颁布了相应的技术导则。

武汉市坐落于湖北省东部,地理位置介于东经113°41′~115°05′、北纬29°58′~31°22′之间,平均海拔约为40 m。地形上属于江汉平原东部、长江中游。武汉属于典型的北亚热带季风型气候,表现为冬冷夏热,四季分明,同时气候湿润,常年雨量丰沛、光照充足,雨、光、热同季。尽管武汉市内人口密集、工业发达,但仍保留如马鞍山森林公园、青龙山森林公园及九峰森林公园等自然绿地与景观。这些区域植被繁茂、生态环

武汉地区蝶类资源调查及区系组成研究[*]

董立坤[1][**]，蒲云海[2]，李辰亮[3]，朱小明[4]，吴　刚[5]，邱　爽[3][***]

(1. 武汉市园林科学研究院植物保护研究所，武汉　430070；
2. 湖北省野生动植物保护总站，武汉　430079；3. 湖北博得文斗科技
服务有限公司，武汉　430070；4. 武汉道大自然工作室，武汉　430070；
5. 湖北省昆虫资源利用与病虫害可持续治理重点实验室，
华中农业大学植物科技学院，武汉　430070)

摘　要：【目的】湖北武汉位于江汉平原，属于长江中游地区，其城区及周边有多个生态环境各异的绿地，生物资源丰富。蝴蝶作为与植被多样性关系密切、对环境敏感且有观赏价值的昆虫，在生态环境评估中具有重要的指示作用。了解武汉地区的蝴蝶区系对基于生物监测的环境质量评估有重要意义。【方法】本研究于2020—2022年间，采用样线法对武汉多个地区进行了蝴蝶多样性调查，制作了武汉地区蝴蝶名录，并基于分布数据对蝶类进行了区系分析。同时，使用Jaccad系数比较了武汉地区与湖北其他地区蝴蝶区系的相似性。【结果】本研究共记录到武汉地区蝴蝶5科85属146种，以蛱蝶科种类最为丰富。区系分析显示武汉地区的蝴蝶多为东洋区分布种或东洋-古北共布种。根据中国地理区划，本地区蝴蝶多分布于华中区、华南区和西南区。【结论】武汉地区蝴蝶多样性较高，反映了良好的环境状况。其蝴蝶区系呈现出东洋区向古北区的过渡特征，与武汉地理位置相吻合。与湖北其他地区相比，蝴蝶的种类存在较大差异，表明武汉地区的蝴蝶区系具有其独特性，且存在进一步提升多样性的潜力。建议在武汉园林建设中采用多种原生植物，以促进蝴蝶多样性的保护。

关键词：生物多样性；昆虫；鳞翅目；凤蝶总科；蛱蝶科；区系研究

Investigation of Resources and Faunistic Composition of Butterflies in Wuhan[*]

Dong Likun[1], Pu Yunhai[2], Li Chenliang[3], Zhu Xiaoming[4], Wu Gang[5], Qiu Shuang[3][**]

(1. *Institute of Plant Protection，Wuhan Academy of Landscape Sciences，Wuhan 430070，China；*
2. *Hubei Provincial Wildlife Conservation Station，Wuhan 430079，China；*
3. *Hubei Broad Nature Technology Service Co.，Ltd.，Wuhan 430070，China；*
4. *Wuhan Dadao Nature Studio，Wuhan 430070，China；*
5. *Hubei Insect Resources Utilization and Sustainable Pest Management Key Laboratory，College of
Plant Science and Technology，Huazhong Agricultural University，Wuhan 430070，China)*

Abstract：【Objectives】Wuhan located in Hubei Province, is situated in the middle reaches

---

[*] 基金项目：中国工程科技发展战略湖北研究院长江流域农业生态系统修复与生态产品价值链构路径（项目编号：HB2023B06）
[**] 第一作者：董立坤，高级工程师，主要从事园林有害生物综合防控、城市生物多样性保护相关研究；E-mail：dlikun@sohu.com
[***] 通信作者：邱爽，E-mail：shirleyqiu@aliyun.com

点监测。

经过对保护区指示物种保护空缺分析，我们认为要做到以下5点。①加强政府监管力度：对城市开发及五道峡国家级自然保护区周边加强管理，保护昆虫栖息地和繁殖场所。②保护区加大农业种植总体规划：减少菜农果农无序种植对自然环境的改变，恢复昆虫原有的栖息地和物种之间的交流。③加强农户、养殖户生态环保意识：化肥农药是把"双刃剑"，加强农户的合理、节制施用，保护生态指示昆虫的栖息和繁殖场所，保护多样性。④促进多部门协调合作，开展昆虫多样性保护工作：对区域生物多样性的评价应采取长期评价和短期评价相结合的方式，组建由林业部门牵头，联合高校和科研院所的县域昆虫生物多样性调查队伍。⑤保护物种：需加强对保护蝴蝶知识的普及，如金裳凤蝶、大二尾蛱蝶，以提高大家对珍稀昆虫的保护。

参考文献

包春泉，胡德胜，丁晓章，等，2013. 森林昆虫多样性指数比较分析［J］. 安徽农学通报，19（7）：53-57.

曹书婷，程香，窦亮，等，2018. 四川峨眉山夏季蝶类调查［J］. 四川动物，37（2）：234-240.

常晓娜，高慧璟，陈法军，等，2008. 环境湿度和降雨对昆虫的影响［J］. 生态学杂志（4）：619-625.

陈晓静，2024. 宜昌市点军区昆虫多样性监测与环境指示物种评估［D］. 武汉：华中农业大学.

杜瑞卿，王庆林，张征田，等，2008. EPT昆虫群落分布与环境因子的相关性［J］. 昆虫学报（3）：336-341.

方健惠，牛犇，骆有庆，等，2010. 以绢蝶为代表的甘肃南部蝶类多样性［J］. 生态学报，30（18）：4976-4985.

顾伟，马玲，丁新华，等，2011. 扎龙湿地不同生境的昆虫多样性［J］. 应用生态学报，22（9）：2405-2412.

郭欣乐，任国栋，崔文霞，等，2017. 河北省不老青山林区鳞翅目多样性初探［J］. 环境昆虫学报，39（2）：357-364.

李强，杨莲芳，吴璟，等，2006. 西苕溪EPT昆虫群落分布与环境因子的典范对应分析［J］. 生态学报（11）：3817-3825.

李巧，涂璟，熊忠平，等，2011. 节肢动物生物指示研究综述［J］. 西北林学院学报，26（4）：155-161.

刘宇琛，2023. 湖北省丹江口市昆虫多样性本底调查与评估［D］. 武汉：华中农业大学.

张翔，卢志兴，王庆，等，2020. 区域景观中生境特异性对昆虫多样性的影响：以西双版纳为例［J］. 中国生态农业学报，29（5）：771-780.

张若男，2020. 陕西省小流域昆虫多样性的调查与分析［D］. 西安：西北大学.

图 1　湖北五道峡国家级自然保护区双翼二翅蜉 C. dipterum 生态照

避极端气温的威胁，金裳凤蝶在五道峡国家级自然保护区有向高海拔栖息和繁殖的趋势。②马兜铃植物分布减少是种群繁衍核心威胁因素：金裳凤蝶 T. aeacus 在国内仅生活在南方湿热地带，而马兜铃则是它们赖以繁衍生息的寄主植物。有了马兜铃，金裳凤蝶才会产卵；产卵后，金裳凤蝶幼虫又以马兜铃为食。马兜铃科植物含有马兜铃酸等有毒物质，不过金裳凤蝶 T. aeacus 幼虫可以将其安全吸收并囤积在自己的体内，至其破蛹成蝶后依然存在，捕食者取食后会造成身体损害，后面就形成记忆和条件反射，避开对金裳凤蝶 T. aeacus 的捕食。这是金裳凤蝶 T. aeacus 在长期进化过程中对自身和种群繁衍的一种取食保护。金裳凤蝶 T. aeacus 在化蛹成蝶前，幼虫食量极大。如果马兜铃遭到破坏，意味着这一片区域的金裳凤蝶幼虫极有可能因为缺少食物而死亡。因此，马兜铃植物是金裳凤蝶种群能够进行繁衍的核心，近年来的人为活动和旅游因素，导致五道峡国家级自然保护区马兜铃寄主植物的生长和繁殖受到影响，直接威胁到金裳凤蝶 T. aeacus 的生存和种群繁衍。③旅游开发威胁到金裳凤蝶的交配和繁殖：近年来，随着社会的发展和人民生活水平的提高，愈来愈多的游客倾向于五道峡国家级自然保护区等原生态较好的区域去度假和旅游，游客的旅游和活动，极大地干扰了金裳凤蝶正常的取食、栖息、交配等行为，对金裳凤蝶 T. aeacus 的栖息和繁殖威胁较大。④人为无意捕捉威胁到金裳凤蝶的种群数量：金裳凤蝶 T. aeacus 属大型凤蝶，观赏价值极高，雄蝶后翅的金黄色，在逆光下看，会呈现出类似珍珠在光照下反射出变幻光彩。随着光线角度的变化，有青、绿、紫色在变幻。金裳凤蝶 T. aeacus 成蝶是广大昆虫爱好者和市民喜爱的昆虫，部分市民因法律意识淡薄而人为无意采集和偷捕，也是 T. aeacus 生存的威胁因子之一。

另外，本次调查发现了水环境 EPT 指示昆虫双翼二翅蜉 C. dipterum，该物种主要在保护区网格 42062606 内小溪边发现，调查过程中该网格人为活动较少，溪流水质洁净，为双翼二翅蜉 C. dipterum 的生存和繁殖提供了良好的生态环境。该物种威胁因素主要是网格周边农户农事活动在不断增加，如部分农户种植的作物和蔬菜会大量使用化肥农药，其残留和渗透可能会威胁到双翼二翅蜉 C. dipterum 生活和繁殖的水域，需要加强重

(续表)

序号	中文名	拉丁学名	保护等级	China-RL 等级
32	白带褐蚬蝶	*A. fylloides*	—	无危 LC
33	碧翠凤蝶	*P. bianor*	—	无危 LC

注：保护等级中，国家Ⅰ级保护动物、国家Ⅱ级保护动物依据《国家重点保护野生动物名录（2021）》；China-RL 依据《中国生物多样性红色名录·无脊椎动物卷（2005）》。

3.3 保护区 EPT 水生指示昆虫调查

此次湖北五道峡国家级自然保护区水生昆虫本底调查，在保护区网格 42062606 内发现 EPT 水生指示昆虫双翼二翅蜉 *Cloeon dipterum*。形态特征：小型种类，体长 8mm 左右。雄虫身体棕色，雌虫橘黄色；雄性成虫复眼陀螺状；前翅前缘棕色，无后翅；尾须一对，长，黑白相间。

蜉蝣被认为是活化石之一。由于敏感度高，蜉蝣数量可作为衡量环境污染程度的标尺，备受生物系统学者关注。蜉蝣身上还具有很多原始昆虫的特征（如原始的翅脉、翅无法折叠、附肢较多等），石炭纪（距今 2.8 亿~3.6 亿年前）化石研究证明，蜉蝣是目前已知最古老的有翅昆虫，堪称昆虫世界的活化石。蜉蝣对缺氧和酸性环境非常敏感，因此一个地区的蜉蝣数量可以作为衡量这个地区环境污染的标尺。北美和欧洲多地的酸雨曾杀死了蜉蝣栖息地的幼虫，使当地鱼群的数量也随之减少，因为蜉蝣幼虫是鱼群的主要食物。现在全球很多国家，包括整个西欧都找不着这种蜉蝣的踪迹，原因就是蜉的幼虫对环境污染的极端敏感。因此，蜉蝣的存在可以作为鉴定水体质量的重要标准，备受生物系统学者关注。

此次在湖北五道峡国家级自然保护区调查，发现了水质健康的指示 EPT 昆虫双翼二翅蜉 *Cloeon dipterum*（图 1），说明保护区生态保护较好，农业和工业开发利用较低，能够保持水流健康污染较少，为水环境指示物种 EPT 昆虫提供良好的栖息地与繁殖场所。

4 结论与讨论

本研究采用样线踏查法、灯光诱集法和马来氏网法三种调查方法，对湖北五道峡国家级自然保护区气候变化指示物种蝴蝶和水环境指示物种 EPT 昆虫进行了大规模的调查。此次大规模调查共计发现了 112 种蝴蝶，其中国家Ⅱ级重点保护蝴蝶 2 种，分别是金裳凤蝶 *Troides aeacus*、黑紫蛱蝶 *Sasakia funebris*。发现了中国物种红色名录蝴蝶 33 种，同时，在保护区发现了水质健康指示昆虫赤腹窗萤 *Pyrocoelia sanguiniventer*、双翼二翅蜉 *Cloeon dipterum*，说明保护区水生态系统水质洁净。

本次调查发现了大批蝴蝶种类，以金裳凤蝶为例，保护区蝴蝶多样性威胁因素如下。①全球气候变暖是威胁因素之一：蝴蝶是变温昆虫，自身不能调节温度，是全球公认的气候变化指示昆虫，因此，金裳凤蝶 *T. aeacus* 受周围环境温度和湿度影响极大。此次调查于五道峡国家级自然保护区发现，随着近年来全球气候变暖，为维持生命活动和种群繁衍，金裳凤蝶在五道峡国家级自然保护区目前的分布区域有缩小趋势，且为躲

表2 湖北五道峡国家级自然保护区红色名录蝴蝶评估表

序号	中文名	拉丁学名	保护等级	China-RL 等级
1	金裳凤蝶	T. aeacus	国家Ⅱ级保护	近危 NT
2	黑紫蛱蝶	S. funebris	国家Ⅱ级保护	易危 VU
3	冰清绢蝶	P. glacialis	—	无危 LC
4	菜粉蝶	P. rapae	—	无危 LC
5	橙黄豆粉蝶	C. fieldii	—	无危 LC
6	大二尾蛱蝶	P. eudamippus	—	无危 LC
7	大红蛱蝶	V. indica	—	无危 LC
8	大卫绢蝶	C. davidis	—	无危 LC
9	大展粉蝶	P. extensa	—	无危 LC
10	点玄灰蝶	T. filicaudis	—	无危 LC
11	靛灰蝶	C. coeligena	—	无危 LC
12	东方菜粉蝶	P. canidia	—	无危 LC
13	断眉线蛱蝶	L. doerriesi	—	无危 LC
14	二尾蛱蝶	P. narcaea	—	无危 LC
15	古眼蝶	P. opalina	—	无危 LC
16	黑绢蛱蝶	C. lhatso	—	无危 LC
17	黑弄蝶	D. tethys	—	无危 LC
18	黑纹粉蝶	P. melete	—	无危 LC
19	红灰蝶	L. phlaeas	—	无危 LC
20	黄带褐蚬蝶	A. fylla	—	无危 LC
21	绿尾大蚕蛾	A. ningpoana	—	无危 LC
22	蓝灰蝶	E. argiades	—	无危 LC
23	蓝美凤蝶	P. protenor	—	无危 LC
24	珞灰蝶	S. orion	—	无危 LC
25	毛眼灰蝶	Z. otis	—	无危 LC
26	拟稻眉眼蝶	M. francisca	—	无危 LC
27	朴喙蝶	L. lepita	—	无危 LC
28	曲纹蜘蛱蝶	A. doris	—	无危 LC
29	小环蛱蝶	N. sappho	—	无危 LC
30	扬眉线蛱蝶	L. helmanni	—	无危 LC
31	云豹蛱蝶	A. anadyomene	—	无危 LC

(续表)

序号	昆虫名称	拉丁学名
97	珞灰蝶	*Scolitantides orion*
98	箭环蝶	*Stichophthalma howqua*
99	华西箭环蝶	*Stichophthalma suffusa*
100	豹弄蝶	*Thymelicus leoninus*
101	黑豹弄蝶	*Thymelicus sylvatica*
102	白裳猫蛱蝶	*Timelaea albescens*
103	猫蛱蝶	*Timelaea maculata*
104	点玄灰蝶	*Tongeia filicaudis*
105	金裳凤蝶	*Troides aeacus*
106	大红蛱蝶	*Vanessa indica*
107	阿矍眼蝶	*Ypthima argus*
108	矍眼蝶	*Ypthima baldus*
109	幽矍眼蝶	*Ypthima conjuncta*
110	密纹矍眼蝶	*Ypthima multistriata*
111	前雾矍眼蝶	*Ypthima praenubila*
112	毛眼灰蝶	*Zizina otis*

3.2 中国物种红色名录物种

本次调查共计发现《中国物种红色名录》收录的蝴蝶有33种，分别为：金裳凤蝶 *T. aeacus*、黑紫蛱蝶 *S. funebris*、白带褐蚬蝶 *A. fylloides*、碧翠凤蝶 *P. bianor*、冰清绢蝶 *P. glacialis*、菜粉蝶 *P. rapae*、橙黄豆粉蝶 *C. fieldii*、大二尾蛱蝶 *P. eudamippus*、大红蛱蝶 *V. indica*、大卫绢蛱蝶 *C. davidis*、大展粉蝶 *P. extensa*、点玄灰蝶 *T. filicaudis*、靛灰蝶 *C. coeligena*、东方菜粉蝶 *P. canidia*、断眉线蛱蝶 *L. doerriesi*、二尾蛱蝶 *P. narcaea*、古眼蝶 *P. opalina*、黑绢蛱蝶 *C. lhatso*、黑弄蝶 *D. tethys*、黑纹粉蝶 *P. melete*、红灰蝶 *L. phlaeas*、黄带褐蚬蝶 *A. fylla*、蓝灰蝶 *E. argiades*、蓝美凤蝶 *P. protenor*、珞灰蝶 *S. orion*、毛眼灰蝶 *Z. otis*、拟稻眉眼蝶 *M. francisca*、朴喙蝶 *L. lepita*、曲纹蜘蛱蝶 *A. doris*、小环蛱蝶 *N. sappho*、扬眉线蛱蝶 *L. helmanni*、云豹蛱蝶 *A. anadyomene*、绿尾大蚕蛾 *A. ningpoana*。其中《国家重点保护野生动物名录》Ⅱ级保护昆虫为金裳凤蝶 *Troides aeacus*、黑紫蛱蝶 *Sasakia funebris*。《国家重点保护野生动物名录》昆虫及《中国物种红色名录物种》见表2。

(续表)

序号	昆虫名称	拉丁学名
70	黄钩蛱蝶	*Nymphalis c-aureum*
71	古眼蝶	*Palaeonympha opalina*
72	红基美凤蝶	*Papilio alcmenor* Felder
73	绿带翠凤蝶	*Papilio maackii*
74	金凤蝶	*Papilio machaon*
75	美姝凤蝶	*Papilio macilentus*
76	宽带凤蝶	*Papilio nephelus*
77	柑橘凤蝶	*Papilio xuthus*
78	择丽凤蝶	*Papilio zelicaon*
79	碧凤蝶	*Papilio bianor*
80	蓝凤蝶	*Papilio protenor*
81	冰清绢蝶	*Parnassius glacialis*
82	古铜谷弄蝶	*Pelopidas conjuncta*
83	白斑眼蝶	*Penthema adelma*
84	东方菜粉蝶	*Pieris canidia*
85	华西黑纹粉蝶	*Pieris erutae*
86	大展粉蝶	*Pieris extensa*
87	菜粉蝶	*Pieris rapae*
88	大二尾蛱蝶	*Polyura eudamippus*
89	二尾蛱蝶	*Polyura narcaea*
90	秀蛱蝶	*Pseudergolis wedah*
91	黄襟弄蝶	*Pseudocoladenia dan*
92	酢浆灰蝶	*Pseudozizeeria maha*
93	花弄蝶	*Pyrgus maculatus*
94	宽带燕灰蝶	*Rapala arata*
95	网眼蝶	*Rhaphicera dumicola*
96	大洒灰蝶	*Satyrium grande*

(续表)

序号	昆虫名称	拉丁学名
43	旖弄蝶	*Isoteinon lamprospilus*
44	美眼蛱蝶	*Junonia almana*
45	翠蓝眼蛱蝶	*Junonia orithya*
46	琉璃蛱蝶	*Kaniska canace*
47	圆翅黛眼蝶	*Lethe butleri*
48	苔娜黛眼蝶	*Lethe diana*
49	黛眼蝶	*Lethe dura*
50	朴喙蝶	*Libythea lepita*
51	断眉线蛱蝶	*Limenitis doerriesi*
52	扬眉线蛱蝶	*Limenitis helmanni*
53	拟戟眉线蛱蝶	*Limenitis misuji*
54	残锷线蛱蝶	*Limenitis sulpitia*
55	双带弄蝶	*Lobocla bifasciata*
56	鹿灰蝶	*Loxura atymnus*
57	红灰蝶	*Lycaena phlaeas*
58	华北白眼蝶	*Melanargia epimede*
59	白眼蝶	*Melanargia halimede*
60	山地白眼蝶	*Melanargia montana*
61	蛇眼蝶	*Minois dryas*
62	拟稻眉眼蝶	*Mycalesis francisca*
63	稻眉眼蝶	*Mycalesis gotama*
64	中环蛱蝶	*Neptis hylas*
65	链环蛱蝶	*Neptis pryeri*
66	断环蛱蝶	*Neptis sankara*
67	小环蛱蝶	*Neptis sappho*
68	娑环蛱蝶	*Neptis soma*
69	宁眼蝶	*Ninguta schrenkii*

(续表)

序号	昆虫名称	拉丁学名
16	虬眉带蛱蝶	*Athyma opalina*
17	中华麝凤蝶	*Byasa confusa*
18	靛灰蝶	*Caerulea coeligena*
19	散纹拓灰蝶	*Caleta elna*
20	黑绢蛱蝶	*Calinaga lhatso*
21	大卫绢蛱蝶	*Calinaga davidis*
22	斑星弄蝶	*Celaenorrhinus maculosa*
23	琉璃灰蝶	*Celastrina argiolus*
24	半黄绿弄蝶	*Choaspes hemixanthus*
25	橙黄豆粉蝶	*Colias fieldii*
26	豆粉蝶	*Colias hyale*
27	东亚豆粉蝶	*Colias poliographus*
28	黑弄蝶	*Daimio tethys*
29	宽边黄粉蝶	*Eurema hecabe*
30	北黄粉蝶	*Eurema mandarina*
31	嘉翠蛱蝶	*Euthalia kardama*
32	蓝灰蝶	*Everes argiades*
33	灰翅串珠环蝶	*Faunis aerope*
34	大陆琉璃小灰蝶	*Glaucopsyche alexis*
35	甜灰蝶	*Glaucopsyche lygdamus*
36	圆翅钩粉蝶	*Gonepteryx amintha*
37	青凤蝶	*Graphium sarpedon*
38	傲白蛱蝶	*Helcyra superba*
39	莎菲彩灰蝶	*Heliophorus saphir*
40	圆睛眼蝶	*Hemadara rurigena*
41	黑脉蛱蝶	*Hestina assimilis*
42	拟斑脉蛱蝶	*Hestina persimilis*

Kaniska canace、残锷线蛱蝶 *Limenitis sulpitia*、嘉翠蛱蝶 *Euthalia kardama* 等；②凤蝶科蝴蝶 12 种，分别是金裳凤蝶 *Troides aeacus*、红基美凤蝶 *Papilio alcmenor*、绿带翠凤蝶 *Papilio maackii*、美姝凤蝶 *Papilio macilentus*、碧凤蝶 *Papilio bianor*、中华麝凤蝶 *Byasa confusa*、青凤蝶 *Graphium sarpedon* 等；③眼蝶科蝴蝶 19 种，分别是密纹矍眼蝶 *Ypthima multistriata*、阿矍眼蝶 *Ypthima argus*、山地白眼蝶 *Melanargia montana*、稻眉眼蝶 *Mycalesis gotama*、宁眼蝶 *Ninguta schrenkii*、华北白眼蝶 *Melanargia epimede*、白眼蝶 *Melanargia halimede* 等；④灰蝶科蝴蝶 15 种，分别是靛灰蝶 *Caerulea coeligena*、琉璃灰蝶 *Celastrina argiolus*、蓝灰蝶 *Everes argiades*、甜灰蝶 *Glaucopsyche lygdamus*、红灰蝶 *Lycaena phlaeas*、酢浆灰蝶 *Pseudozizeeria maha*、珞灰蝶 *Scolitantides orion* 等；⑤粉蝶科蝴蝶 11 种，分别是宽边黄粉蝶 *Eurema hecabe*、黑纹粉蝶 *Artogeia melete*、橙黄豆粉蝶 *Colias fieldii*、东亚豆粉蝶 *Colias poliographus*、北黄粉蝶 *Eurema mandarina*、圆翅钩粉蝶 *Gonepteryx amintha*、东方菜粉蝶 *Pieris canidia*、大展粉蝶 *Pieris extensa*、菜粉蝶 *Pieris rapae* 等；⑥弄蝶科蝴蝶 12 种，分别是白弄蝶 *Abraximorpha*、疑锷弄蝶 *Aeromachus dubius*、黑弄蝶 *Daimio tethys*、双带弄蝶 *Lobocla bifasciata*、黄襟弄蝶 *Pseudocoladenia dan*、豹弄蝶 *Thymelicus leoninus*、黑豹弄蝶 *Thymelicus sylvatica* 等（表 1）。

表 1　湖北五道峡国家级自然保护区蝴蝶名录

序号	昆虫名称	拉丁学名
1	锯白带褐蚬蝶	Abisara bifasciata
2	华南黄带褐蚬蝶	Abisara fylla
3	白带褐蚬蝶	Abisara fylloides
4	黄带褐蚬蝶	Abisara fylla
5	白弄蝶	Abraximorpha
6	疑锷弄蝶	Aeromachus dubius
7	曲纹蜘蛱蝶	Araschnia doris
8	云豹蛱蝶	Argynnis anadyomene
9	斐豹蛱蝶	Argynnis hyperbius
10	潘豹蛱蝶	Argynnis pandora
11	绿豹蛱蝶	Argynnis paphia
12	青豹蛱蝶	Argynnis sagana
13	卧福豹蛱蝶	Argynnis vorax
14	红老豹蛱蝶	Argyronome ruslana
15	黑纹粉蝶	Artogeia melete

观测网络。因此，蝴蝶可指示和反映生态系统质量与气候变化（刘宇琛，2023）。

在水生环境中，可以进行水环境指示的最典型最广泛用昆虫类群是毛翅目、襀翅目和蜉蝣目这三大 EPT 昆虫（李强等，2006），包括石蝇、石蛾、蜉蝣三种都可以对水体环境的污染做出指示作用。水环境指示昆虫主要生活在水环境好的河域中，如果水环境污染严重，昆虫就很难生存（杜瑞卿等，2008）。美国在 20 世纪时就已经开展了利用水生环境昆虫对水体进行质量监测。中国台湾也明确发表了 3 种昆虫可以作为河流环境指示生物，分别为蜻蜓、扁蜉蝣和摇蚊科昆虫。2021 年，北京市水文总站指出 15 种河水生态健康指示物种大部分为螺虾和鱼类，国内迄今为止，应用水生昆虫指示河流健康和水质环境的研究较少，相关研究亟待深入（刘宇琛，2023）。

湖北五道峡国家级自然保护区属北亚热带大陆性季风气候，主要保护对象为北亚热带森林生态系统及其生物多样性，属于森林生态系统类型自然保护区。湖北五道峡国家级自然保护区气候优越，水环境生态健康，保护区蕴藏丰富的陆地及水环境指示昆虫资源。但迄今为止，保护区尚未系统开展生态指示昆虫本底资源的全面调查，保护区气候变化及水生态指示昆虫的相关研究亟须开展。

2 调查内容与方法

2.1 调查内容

调查范围为湖北五道峡国家级自然保护区全域，主要针对五道峡国家级自然保护区不同生境内昆虫种类与数量进行调查，主要采用样线（踏查）法，辅以灯诱法、马氏网法对网格进行调查。覆盖调查区域所有生境（主要包括阔叶林、混叶林、灌木林、草丛、菜园、果园、旱地、河流、居住地、交通要地等）。

2.2 调查方法

昆虫种类调查主要采用样线法，辅以灯诱法、马氏网法。样线法主要根据《县域生物多样性调查与评估技术规定》，结合各调查网格特点，规划好调查线路，每条样线长度不小于 1 500 m。样线调查遵循如下原则：①科学性原则，调查样线应该坚持严谨的科学态度，采取科学的技术方法；②全面性原则，选取调查地点、设定调查路线时，要保证覆盖到五道峡国家级自然保护区全域，覆盖五道峡国家级自然保护区所有生态系统类型以及不同海拔、坡位、坡向等，尽可能多地覆盖较多的调查生境；③重点性原则，在调查过程中针对五道峡国家级自然保护区中生态环境较好、生物多样性较为丰富的生境；④可达性原则，调查路线应根据调查的实地情况有所调整，在保障安全的同时合理规划。

3 调查结果

3.1 蝴蝶种类

本次调查共计发现气候变化指示昆虫蝴蝶共计 112 种（表 1）。①蛱蝶科蝴蝶 34 种，分别是大红蛱蝶 *Vanessa indica*、猫蛱蝶 *Timelaea maculata*、断环蛱蝶 *Neptis sankara*、小环蛱蝶 *Neptis sappho*、中环蛱蝶 *Neptis hylas*、绿豹蛱蝶 *Argynnis paphia*、翠蓝眼蛱蝶 *Junonia orithya*、曲纹蜘蛱蝶 *Araschnia doris*、黑脉蛱蝶 *Hestina assimilis*、琉璃蛱蝶

butterflies are internationally recognized as the most sensitive indicator species for ecological environments. Studying the indicator species of terrestrial and aquatic ecosystem health within the Hubei Wudaoxia National Nature Reserve can highlight the reserve's superior ecological environment. 【Methods】This study employed three survey methods with transect line, light trapping, and Malaise trapping methods to conduct the indicator species, specifically butterflies and aquatic environment indicator EPT insects, within the Hubei Wudaoxia National Nature Reserve. 【Results】A total of 112 butterfly species were identified during this survey, including 33 species listed in Chinese species red list and 2 nationally protected insect species with *Troides aeacus* and *Sasakia funebris*. Additionally, the survey recorded the water quality indicator insects, *Pyrocoelia sanguiniventer* and *Cloeon dipterum*, indicating that higher water quality within the ecosystem of Hubei Wudaoxia National Nature Reserve. 【Conclusion】The Hubei Wudaoxia National Nature Reserve boasts a superior ecological environment that is conducive to the habitat and reproduction of climate change indicator species, specifically butterflies. Furthermore, butterfly diversity is higher in high-altitude areas compared to low-altitude regions. The reserve has clean water quality, which supports the survival and reproduction of EPT aquatic insects. It is recommended that long-term monitoring and protection of ecological indicator species be conducted within the reserve.

Key words: Hubei Wudaoxia National Nature Reserve; Ecological indicator species; Butterflies; *Troides aeacus*; *Sasakia funebris*; *Cloeon dipterum*; *Pyrocoelia sanguiniventer*

1 前言

生物多样性是人类赖以生存和发展的基础研究，气候变化被认为是造成生物多样性变化和丧失的主要威胁因子（刘宇琛，2023）。环境指示生物是指在一定范围内，能够反映并指示环境或环境中某一因子变化的生物（陈晓静，2024）。昆虫作为生物圈最大的一个类群，其受生态环境的影响较大，一般而言，影响昆虫栖息和繁殖的因素有很多，最主要的是气候因素（常晓娜等，2008），因此，研究生态指示昆虫的种类和分布对评估生态环境具有重要意义（张翔等，2021）。

生物监测具有长期性、连续性、综合性、直观性、非破坏性、经济性等特点（王春香等，2007）。指示生物是在生态环境中通过自身内部或外部变化来反映当地生境变化的特有类群（张若男，2020）。因为节肢动物对生境的变化极其敏感，国内外学者多以节肢动物作为环境的指示生物（顾伟等，2011）。李巧等（2011）分析了节肢动物作为环境指示生物的重要性，并说明了目前国内指示生物的研究存在的问题和展望。环境指示昆虫主要包括森林环境指示昆虫、水生环境指示昆虫和农田环境指示昆虫等，部分昆虫种类例如蝴蝶和甲虫等作为指示生物，尤其蝴蝶被认为是代表生物多样性状况和关键生态系统功能的重要指标（刘宇琛，2023），其对于气候变化的反应最为敏感，使蝴蝶成为气候变化研究的理想模型，是一种典型的气候变化指示生物（曹书婷等，2018）。蝴蝶也受到森林结构变化的严重影响，并且具有明显的宿主植物特异性（方健惠等，2010；郭欣乐等，2017）。蝴蝶作为全球公认的高灵敏性气候变化和环境质量指示生物，全球许多发达国家和地区将其纳入生物多样性长期观测。欧洲和美日等发达国家将蝴蝶纳入生物多样性观测长达几十年，中国生态环境部2016年建立了蝴蝶多样性

湖北五道峡国家级自然保护区生态指示昆虫调查与评估

刘 涛[1][**]，李星奎[1]，宋德化[1]，王 波[1]，程传宏[1]，
张学雄[1]，蒲云海[2]，鲁梓怡[3]，赵亦杨[3]，吴 刚[3][***]

（1. 湖北五道峡国家级自然保护区管理局，襄阳 441699；2. 湖北省野生动植物保护总站，武汉 430079；3. 湖北省昆虫资源利用与病虫害可持续治理重点实验室，华中农业大学植物科技学院，武汉 430070）

摘 要：【目的】昆虫是生物圈中种类最大的类群，蝴蝶是国际上公认为最灵敏的陆地生态环境指示物种，研究湖北五道峡国家级自然保护区内陆地和水生态环境健康指示物种可凸显保护区优越的生态环境。【方法】本研究采用样线踏查法、灯光诱集法和马来氏网法三种调查方法，对湖北五道峡国家级自然保护区气候变化指示物种蝴蝶和水环境指示物种 EPT 昆虫进行了大规模的调查。【结果】此次调查共计发现了 112 种蝴蝶，其中中国物种红色名录蝴蝶 33 种，国家 II 级重点保护昆虫 2 种，分别是金裳凤蝶 Troides aeacus、黑紫蛱蝶 Sasakia funebris。同时，在保护区发现了水质健康指示昆虫赤腹窗萤 Pyrocoelia sanguiniventer、双翼二翅蜉 Cloeon dipterum，说明保护区水生态系统水质洁净。【结论】湖北五道峡国家级自然保护区生态环境优越，有利于气候变化指示物种蝴蝶的栖息和繁殖，且高海拔区域蝴蝶种类高于低海拔区域；保护区水质洁净，有利于 EPT 水生昆虫生存和繁殖。建议保护区长期开展生态指示物种的监测与保护。

关键词：湖北五道峡国家级自然保护区；生态指示物种；蝴蝶；金裳凤蝶；黑紫蛱蝶；双翼二翅蜉；赤腹窗萤

Ecological Indicator Insect Survey and Assessment in Hubei Wudaoxia National Nature Reserve[*]

Liu Tao[1], Li Xingkui[1], Song Dehua[1], Wang Bo[1], Cheng Chuanhong[1],
Zhang Xuexiong[1], Pu Yunhai[2], Lu Ziyi[3], Zhao Yiyang[3], Wu Gang[3][**]

(1. Hubei Wudaoxia National Nature Reserve, Xiangyang 441699, China;
2. Hubei Provincial Wildlife Protection Station, Wuhan 430079, China;
3. Hubei Insect Resources Utilization and Sustainable Pest Management Key Laboratory, College of Plant Science and Technology, Huazhong Agricultural University, Wuhan 430070, China)

Abstract：【Objectives】Insects represent the most diverse group within the biosphere, and

---

* 基金项目：中国工程科技发展战略湖北研究院长江流域农业生态系统修复与生态产品价值链构建路径（项目编号：HB2023B06）
** 第一作者：刘涛，助理工程师，主要从事林业/自然保护区和湿地保护，E-mail:766402759@qq.com
*** 通信作者：吴刚；E-mail:wugang@mail.hzau.edu.cn

养殖业使用的化学药物、抗生素和农药来控制疾病和促进生长，这些化学物质可能通过排放到水体或土壤中，对周围的昆虫和其他野生生物产生负面影响，例如，毒害或生态系统中食物链的扰乱。同时，农事活动可能会导致五道峡国家级自然保护区周围生境和寄主植物分布趋于单一化，缺少昆虫栖息地和寄主来源，进一步导致五道峡国家级自然保护区昆虫多样性的降低。③旅游开发伴随的人为干扰：此次对湖北五道峡国家级自然保护区进行昆虫多样性调查的过程中，我们发现在节假日等旅游旺季五道峡国家级自然保护区人流量较高，而景区的开发可能会导致原本连续的生态系统被隔离成片段，这会影响昆虫的迁徙、交流和遗传流动。这种生态断裂对于许多昆虫是非常不利的；并且，引入非原生的植物物种或者通过游客和运输途径带来外来的昆虫物种。这些外来物种有可能成为入侵物种，对本地昆虫多样性构成竞争、捕食或疾病传播的风险。景区的游客活动也会导致生境破坏、垃圾和污染物排放，这些都可能直接或间接影响到周围的昆虫群落。例如，道路和步道的建设可能破坏昆虫的栖息地，游客的踩踏和扰动也可能影响昆虫的行为和生存。

针对湖北五道峡国家级自然保护区昆虫多样性威胁因素，我们提出如下保护建议。①加强政府监管力度：对城市开发及五道峡国家级自然保护区周边加强管理，保护昆虫栖息地和繁殖场所。②上级主管部门加大农业种植总体规划：减少菜农无序种植对自然环境的改变，恢复昆虫原有的栖息地和物种之间的交流。③加强农户、养殖户生态环保意识：化肥农药是把"双刃剑"，加强农户的合理、节制施用，保护昆虫多样性。④促进多部门协调合作，开展昆虫多样性保护工作：对保护区昆虫多样性的评价应采取长期评价和短期评价相结合的方式，组建由林业部门牵头，联合高校和科研院所的专家，长期开展保护区昆虫多样性的监测与多样性保护的研究。

参考文献

陈晓静，2024. 宜昌市点军区昆虫多样性监测与环境指示物种评估［D］. 武汉：华中农业大学.

丁金华，许艳秋，钱晶，2024. 苏南水网地区水域景观破碎化时空演变特征及驱动因子研究：以吴江区为例［J］. 西北林学院学报，39（1）：247-255.

樊乃卿，2015. 全国森林生态系统保护现状与保护等级研究［D］. 北京：北京林业大学.

刘宇琛，肖能文，何帅洁，等，2021. 武陵山区来凤县不同生境下昆虫多样性分析［J］. 植物保护学报，48（3）：697-698.

俞孔坚，李迪华，段铁武，1998. 生物多样性保护的景观规划途径［J］. 生物多样性（3）：45-52.

王一婷，2021. 基于物种与生态系统多样性的云南省自然保护区保护优先性评估［D］. 昆明：云南大学.

张云慧，黄蜂，谭小勇，等，2022. 湖北省黄梅县蝶类资源调查及多样性分析［J］. 植物保护学报，49（4）：1277-1278.

赵彩云，李俊生，罗建武，等，2010. 蝴蝶对全球气候变化响应的研究综述［J］. 生态学报，30（4）：1050-1057.

大；并且调查中受到天气与海拔的影响，导致此网格昆虫多样性较低。

表2 湖北五道峡国家级自然保护区昆虫多样性指数分析表

编号	生境类型	S	N	H'	Ds	E
42062606	林地、河流	79	109	5.591 2	16.626 4	1.279 6
42062607	林地、河流	114	285	4.259 9	19.991 2	0.899 4
42062608	林地、居民地	7	44	1.229 9	1.585 5	0.632 0
42062609	林地、农田	10	52	1.352 3	2.277 8	0.587 3
42062610	林地	3	7	0.955 7	1.027 8	0.869 9
42062611	混合林地	9	27	1.671 2	2.427 3	0.760 6
42062612	林地、河流	44	132	2.777 3	8.806 4	0.733 9
42062617	混合林地、农田	5	17	1.395 5	1.411 8	0.867 1
42062618	混合林地、农田	46	264	3.053 1	8.070 4	0.797 4
42062619	林地	41	58	3.527 1	9.851 1	0.949 8
42062620	河流、混合林地	34	182	2.374 3	6.341 3	0.673 3
42062621	林地、居民地	33	213	2.693 2	5.968 7	0.770 3
42062623	林地、河流	69	179	3.549 6	13.108 7	0.838 3
42062625	林地	13	15	2.523 2	4.431 2	0.983 7

4 结论与讨论

本研究采用样线踏查法、灯光诱集法和马来氏网法三种调查方法，对湖北五道峡国家级自然保护区昆虫种类及多样性进行了大规模的调查。研究结果表明，此次保护区大规模调查共鉴定出13目91科310种昆虫，其中鳞翅目、半翅目和鞘翅目昆虫在五道峡国家级自然保护区昆虫群落中占有优势地位。五道峡国家级自然保护区网格42062606（后坪镇分水岭村）的昆虫Shannon-Wiener多样性指数（H'）和Pielou均匀度指数（E）均最高。Margalef丰富度指数（Ds）最高的网格为42062607后坪镇九池村。

通过对湖北五道峡国家级自然保护区昆虫本底资源调查和多样性分析，我们发现，保护区昆虫多样性面临的主要威胁因素有以下几点。①气候变暖：近年来，全球气候变暖日趋明显，其对气候变化物种影响非常显著（赵彩云等，2010）。蝴蝶作为变温动物，本身不能调节温度，对温度升高反应灵敏，可作为重要的环境指示性物种（张云慧等，2022；刘宇琛等，2021）。本次调查我们发现，保护区高海拔网格内蝴蝶种类较高、数量均高于低海拔网格，高海拔网格也有利于蝴蝶的栖息和繁殖。②化学杀虫剂的过量使用：在调查的过程中，我们发现在五道峡国家级自然保护区周围存在农田，当地农户使用的化学杀虫剂，导致很多传粉昆虫取食施药花粉后中毒死亡。另外，广谱性杀虫剂的滥用更加剧了对昆虫的毒杀作用，化学杀虫剂的过量使用导致了很多昆虫死亡率增加，种群数量急剧减少。并且五道峡国家级自然保护区周围存在农户以小型养殖业为生，养殖业可能导致原生态的栖息地破坏或改变，例如，湿地被填埋或者森林被清除。这种变化可能导致某些昆虫种群的栖息地丧失或分散，从而影响其多样性和丰度。并且虫。主要包括鳞翅目、鞘翅目、半翅目、双翅目、膜翅目等昆虫。在科水平上，科数最多的三个目分别为鳞翅目、鞘翅目、半翅目昆虫，占比分别为28.72%、19.15%、17.02%。在种水平上，五道峡国家级自然保护区种类最多目为鳞翅目占比为37.94%，其次为鞘翅目占比22.51%，半翅目为第三，占比12.86%。由此可知，五道峡国家级自然保护区昆虫优势目为鳞翅目、鞘翅目和半翅目（表1）。

表1 湖北五道峡国家级自然保护区昆虫种类统计表

目名	科数	科占比/%	种数	种占比/%
鳞翅目	27	28.72	118	37.94
鞘翅目	18	19.15	70	22.51
半翅目	16	17.02	40	12.86
双翅目	13	13.83	37	11.90
膜翅目	9	9.57	25	8.04
直翅目	3	3.19	13	4.18
革翅目	2	2.13	2	0.64
蜉蝣目	1	1.06	1	0.32
襀翅目	1	1.06	1	0.32
螳螂目	1	1.06	1	0.32
蜻目	1	1.06	1	0.32
毛翅目	1	1.06	1	0.32
长翅目	1	1.06	1	0.32
合计	94	100	311	100

3.2 保护区昆虫多样性指数分析

通过对五道峡国家级自然保护区网格内昆虫种类进行调查、采集鉴定工作，同时，记录在不同网格中调查的生境、昆虫采集的种类（S）及数量（N），对五道峡国家级自然保护区不同生境昆虫Shannon-Wiener指数（H'）、Marglef丰富度指数（Ds）、均匀度指数（E）进行分析（表2）。

五道峡国家级自然保护区不同网格不同生境类型昆虫多样性指数分析结果表明：①昆虫种类最多的调查为网格42062607、网格42062606和网格42062623，这三个网格采集到的昆虫种类分别为114种、79种、69种。Shannon-Wiener指数（H'）分别为4.2599、5.5912、3.5496；丰富度指数（Ds）分别为19.9912、16.6264、13.1087；均匀度指数分别（E）为0.8994、1.2796、0.8383。②网格42062609调查到的昆虫种类最少，共计调查到10种52只昆虫，Shannon-Wiener指数（H'）为1.3523，Marglef丰富度指数（Ds）为2.2778，均匀度指数（E）为0.5873。网格42062608的主要生境为林地、农田，有大片种植地，生境单一，缺少昆虫栖息地，同时农田种植地使用的农药对昆虫的毒害作用很生动物及其栖息地，属于森林生态系统类型自然保护区。湖北五道峡国家级自然保护区生物资源十分丰富。据统计，保护区有维管束植物189科869属2 060种，有野生脊椎动物93科231属332种。但迄今为止，保护区尚未系统开展昆虫本底资源的全面调查，湖北五道峡国家级自然保护区昆虫本底资源调查和多样性评估亟需开展。

2 调查内容与方法

2.1 调查内容

调查范围为湖北五道峡国家级自然保护区全域，主要针对五道峡国家级自然保护区不同生境内昆虫种类与数量进行调查，主要采用样线（踏查）法，辅以灯诱法、马氏网法对网格进行调查。覆盖调查区域所有生境（主要包括阔叶林、混叶林、灌木林、草丛、菜园、果园、旱地、河流、居住地、交通要地等）。

2.2 调查方法

昆虫种类调查主要采用样线法，辅以灯诱法、马氏网法。样线法主要根据《县域生物多样性调查与评估技术规定》，结合各调查网格特点，规划好调查线路，每条样线长度不小于1 500 m。所得的昆虫标本主要采用传统手段形态学鉴定。

2.3 数据统计

样线法采集到的昆虫经过种类鉴定后，将种类和数量数据利用多样性指数公式进行统计分析，主要采用Shannon-Wiener多样性指数 $H' = -\sum P_i \ln P_i$，Margalef丰富度指数 $D_s = (S-1)/\ln N$，Pielou均匀度指数 $E = H'/\lg S$ 和Simpson指数，来分析五道峡国家级自然保护区不同生境昆虫的丰富度，具体计算如下。

Shannon-Wiener多样性指数，表示的是生物多样性的综合指标，指数越大，说明多样性越高，计算公式如下：

$$H' = \sum P_i \ln P_i, \quad P_i = \frac{n_i}{N} \quad (i = 1, 2, 3, \cdots, S)$$

Margalef丰富度指数，表示群落中物种数目的多少，丰富度指数越大，群落物种数目越多。计算公式如下：

$$D_s = \frac{S-1}{\ln N}$$

Pielon均匀度指数，反映物种个体数目在群落中分配的均匀程度的指数。指数越高表示群落越均匀。计算公式如下：

$$E = \frac{H'}{H_{\max}}, \quad H_{\max} = \ln S$$

以上公式中，n_i 为样线内第 i 个物种的个体数；N 为样线内所有物种的个体数；S 为样线内调查到的物种数；P_i 为第 i 个物种个体数占总个体数 N 的比例，$P_i = n_i/N$。

3 结果与分析

3.1 保护区昆虫群落结构分析

此次湖北五道峡国家级自然保护区昆虫本底调查，共计调查到13目94科311种昆

graphical and ecological environment, which has rich in biological resources. As the largest group in the biosphere, the study of insect baseline resources within the Hubei Wudaoxia National Nature Reserve is of significant importance. 【Methods】 This study conducted a large-scale survey on the species and diversity of insects in Hubei Wudaoxia National Nature Reserve, using transect line method, light trap method. 【Results】 The results indicated that a total of 310 insect species across 91 families and 13 orders were identified. Among these, the orders Lepidoptera, Hemiptera, and Coleoptera were dominant in terms of both family and species richness. The highest Shannon-Wiener diversity index (H') and Pielou evenness index (E) were recorded in grid 42062606 (Shuishui, Houping). The highest Margalef richness index (ds) was found in grid 42062607 (Jiuqi, Houping). 【Conclusion】 The Hubei Wudaoxia National Nature Reserve, characterized by high-altitude forestry, hosts a significant variety of insects. Additionally, the reserve's aquatic ecosystem maintains clean water quality, which supports the survival of aquatic insects. However, the diversity of insects in the reserve faces several threats, including habitat migration to higher altitudes due to global climate change, the extensive use of chemical pesticides by nearby farmers threatening pollinator survival, and tourism development posing risks to insect mating and reproduction.

Key words: Hubei Wudaoxia National Nature Reserve; Insect background survey; Diversity index; Shannon-Wiener index; Margalef richness index; Pielou index

1 前言

生物多样性是人类生存与发展必不可少的要素。保护生物多样性已经成为全球共识，目前生物多样性保护包括两种类型。一是基于物种的优先保护，二是基于生态系统的优先保护（俞孔坚等，1998）。基于物种的优先保护就是对于某一区域，通过物种的生态学指标（分布、特有性、濒危性等），同时结合社会指标和管理指标确定保护价值较高的区域，作为优先保护区域（樊乃卿，2015）。人类的活动对生物多样性的影响在于挤压了生物的栖息地，加剧了景观破碎化（丁金华等，2024），使各种生物的适生性下降，进而影响了全球生物多样性格局（陈晓静，2024）。国内相关研究主要是通过调查评定研究区内珍稀物种和濒危物种的丰富度和受威胁程度以确定优先保护区域。基于生态系统的优先保护是根据区域内各生态系统的情况，选择合适的指标进行评估，确定保护区内需要优先保护的生态系统类型（王一婷，2022）。

生物多样性资源主要包括动物、植物和微生物，已命名的生物有200多万种。目前已知植物有45万种左右、鸟类有9 000多种、鱼类有2万多种，而昆虫种类有100多万种，占据生物多样性观测种类一半以上。昆虫多样性对维持生态平衡、促进生态恢复以及充分发挥生态系统功能有重要意义。昆虫是陆地生态系统的基础，不仅可以为植物传粉、传播种子，保持土壤肥力与结构，作为天敌控制其他生物数量，分解粪便，同时也为其他生物提供了食物来源。同时，生物圈中约有75%的农作物依靠传粉昆虫进行授粉，因此，昆虫资源是保护区核心生物资源库及多样性监测的重要组成部分。

湖北五道峡国家级自然保护区属北亚热带大陆性季风气候，主要保护对象为北亚热带森林生态系统及其生物多样性、珍稀濒危野生植物资源及其原生地、国家重点保护野

湖北五道峡国家级自然保护区昆虫本底调查与多样性评估[*]

刘涛[1][**]，李星奎[1]，宋德化[1]，王波[1]，程传宏[1]，
张学雄[1]，蒲云海[2]，鲁梓怡[3]，赵亦杨[3]，吴刚[3][***]

（1. 湖北五道峡国家级自然保护区管理局，襄阳　441699；
2. 湖北省野生动植物保护总站，武汉　430079；3. 湖北省昆虫资源利用与病虫害可持续治理重点实验室，华中农业大学植物科技学院，武汉　430070）

摘　要：【目的】湖北五道峡国家级自然保护区具有优越的地理环境和生态环境，保护区内生物资源十分丰富。昆虫种类作为生物圈最大的类群，研究湖北五道峡国家级自然保护区昆虫本底资源家底意义重大。【方法】本研究采用样线踏查法、灯光诱集法和马来氏网法三种调查方法，对湖北五道峡国家级自然保护区昆虫种类及多样性进行了大规模的调查。【结果】研究结果表明，此次大规模调查共鉴定出13目91科310种昆虫，其中鳞翅目、半翅目和鞘翅目昆虫的科数和种数在五道峡国家级自然保护区昆虫群落中占有优势地位。五道峡国家级自然保护区昆虫Shannon-Wiener多样性指数（H'）和Pielou均匀度指数（E）最高的网格均为网格42062606（后坪镇分水岭村）。Margalef丰富度指数（ds）最高的网格为42062607（后坪镇九池村）。【结论】湖北五道峡国家级自然保护区高海拔网格林业昆虫较多，同时，保护区水生态系统水质洁净，有利于水生昆虫生存。保护区昆虫多样性威胁因素主要包括全球气候变暖导致栖息地向高海拔迁移、周边农户化学杀虫剂威胁传粉昆虫的生存、旅游开发威胁到昆虫的交配和繁殖等。

关键词：湖北五道峡国家级自然保护区；昆虫本底调查；多样性指数；Shannon-Wiener多样性指数；Marglef丰富度指数；Pielou均匀度指数

Background Survey and Diversity Evaluation of Insect Resources in Hubei Wudaoxia National Nature Reserve[*]

Liu Tao[1], Li Xingkui[1], Song Dehua[1], Wang Bo[1], Cheng Chuanhong[1],
Zhang Xuexiong[1], Pu Yunhai[2], Lu Ziyi[3], Zhao Yiyang[3], Wu Gang[3][**]

(1. *Hubei Wudaoxia National Nature Reserve*, Xiangyang 441699, China;
2. *Hubei Province Wildlife Conservation General Station*, Wuhan 430079, China; 3. *College of Plant Science and Technology, Huazhong Agricultural University*, Wuhan 430070, China)

Abstract：【Objectives】The Hubei Wudaoxia National Nature Reserve, as a superior geo-

---

* 基金项目：中国工程科技发展战略湖北研究院长江流域农业生态系统修复与生态产品价值链构建路径（项目编号：HB2023B06）

** 第一作者：刘涛，助理工程师，主要从事林业/自然保护区和湿地保护；E-mail:766402759@qq.com

*** 通信作者：吴刚，E-mail:wugang@mail.hzau.edu.cn

练，减少工程竞训期对昆虫栖息和繁殖的影响，应及时清理湖面垃圾和漂浮物，减少龙舟基地竞训期湖面污染物对昆虫生长发育和繁殖的影响。

参考文献

陈晓静，2024. 宜昌市点军区昆虫多样性监测与环境指示物种评估［D］. 武汉：华中农业大学.

何卫强，张翔，高舒桐，等，2023. 不同区域尺度下生境类型和环境因子对直翅目昆虫多样性的影响［J］. 西南林业大学学报（自然科学），43（3）：87-95.

刘宇琛，2023. 湖北省丹江口市昆虫多样性本底调查与评估［D］. 武汉：华中农业大学.

刘宇琛，肖能文，何帅洁，等，2021. 武陵山区来凤县不同生境下昆虫多样性分析［J］. 植物保护学报，48（3）：697-698.

王一婷，2021. 基于物种与生态系统多样性的云南省自然保护区保护优先性评估［D］. 昆明：云南大学.

温健，李文华，贾彩娟，等，2015. 深圳梧桐山风景区昆虫资源调查及群落结构分析［J］. 环境昆虫学报，37（3）：517-525.

肖敬禹，何中声，刘金福，等，2021. 武夷山地区生物多样性研究进展［J］. 武夷科学，37（2）：81-92.

张云慧，黄蜂，谭小勇，等，2022. 黄梅县蝶类资源调查及多样性分析［J］. 植物保护学报，49（4）：1277-1278.

赵彩云，李俊生，罗建武，等，2010. 蝴蝶对全球气候变化响应的研究综述［J］. 生态学报，30（4）：1050-1057.

图 3　喻家湖龙舟竞训基地及生境图

类多样，更加有利于昆虫的日常取食，而旱地和交通要道食物资源相对匮乏，旱地更是缺少生物生活所必需的水分，因此昆虫丰富度都不及草地、园地和菜地（曹天棋等，2021）。②温度对昆虫生长和发育的影响：此次调查主要集中在 7—8 月完成的，调查期间温度较高，很多气候指示物种如蝴蝶多栖息在林地和灌木林地，林地和灌木林由于树叶遮蔽，阳光透射率低，温度相对于草地和菜地偏低，因此，昆虫种类尤其是蝴蝶较多（何卫强等，2023）。

本次调查中共鉴定出 9 种中国物种红色名录物种，这 9 种红色名录物种均属于鳞翅目昆虫，分别是直纹稻弄蝶 *P. guttata*、黄斑弄蝶 *A. dioscorides*、猫蛱蝶 *T. maculata*、曲纹蜘蛱蝶 *A. doris*、黄钩蛱蝶 *P. c-aureum*、黑脉蛱蝶 *H. assimilis*、酢浆灰蝶 *P. maha*、亮灰蝶 *L. boeticus*、红灰蝶 *L. phlaeas*，评估等级均为无危，大多分布在草地和灌木林区域。传粉昆虫中华蜜蜂 *Apis cerana*，属于膜翅目蜜蜂科昆虫，分布于菜地中，栖息地和繁殖区为陆生。生态环境指示昆虫是观测环境变化的一项重要指标，本次调查中共鉴定出 3 目 6 科 21 种环境指示类昆虫，陆地生态指示昆虫主要为蝶类，水生指示昆虫主要包括黄蜻 *P. flavescens*、白尾灰蜻 *O. albistylum*、异色灰蜻 *O. melania*、黑丽翅蜻 *R. fuliginosa* 等。

针对喻家湖昆虫多样性威胁因素，我们提出如下保护建议。①加强景区旅游开发监管：对景区游客进出人员和活动加强管理，保护昆虫栖息地和繁殖场所。②种植昆虫寄主植物：在景区内合理种植多种花卉与植物，为昆虫提供充足的食物来源和良好的生活环境，吸引更多有益昆虫来此"定居"，从而增强喻家湖景区的物种多样性，有利于维系生态系统的稳定（温健等，2015）。③加强农户生态环保意识：化学杀虫剂是传粉昆虫生存的重要威胁，喻家湖景区主管部门需要加强宣传，加强农户的合理使用农药频次和用量，保护天敌昆虫（肖敬禹等，2021），加强喻家湖景区生态系统的稳定性和持续性。④加强景区空间的规划和建设管理：对喻家湖景区生态空间进行合理规划，最大程度上保留湿地、林地等适宜昆虫生殖繁衍的场所，营造昆虫的"自然家园"。⑤加强龙舟竞训基地监管：喻家湖龙舟竞训基地竞训时间尽量集中，尽量集中在 4—5 月进行训

猫蛱蝶 *T. maculata*

黄钩蛱蝶 *P. c-aureum*

黑脉蛱蝶 *H. assimilis*

红灰蝶 *L. phlaeas*

图 2　喻家湖中国红色名录物种野外生态图

4　总结与讨论

　　本次调查共采集鉴定昆虫 373 头，属于 7 目 35 科 73 种，其中包括半翅目 8 科 17 种，鞘翅目 6 科 15 种 94 头，蜻蜓目 2 科 11 种 38 头，直翅目 3 科 6 种 53 头，鳞翅目 7 科 14 种 49 头，膜翅目 5 科 6 种 19 头，双翅目 4 科 4 种 16 头。从科数组成层面上，半翅目占比最高，约 22.86%，鳞翅目与鞘翅目紧随其后，分别占比 20%、17.14%，从种数组成层面上，半翅目居于首位，占比 23.29%。喻家湖景区多样性指数和丰富度指数均为半翅目最高，均匀度指数最高的是双翅目。

　　在喻家湖景区不同生境中，草地生境昆虫物种组成最为丰富，包括鞘翅目、蜻蜓目、直翅目、鳞翅目和膜翅目；农田居于第二，包括鞘翅目、膜翅目、鳞翅目、双翅目；其他依次是灌木林、林地、水域和旱地。造成这种现象的原因主要包括以下几点。①食物资源的多寡对昆虫丰富度的影响：草地、蔬菜、园地中食物资源更加充裕，且种

(续表)

目	物种数	总数	H'	ds	J
半翅目	17	104	2.344 1	3.445 0	0.827 4
直翅目	6	53	0.713 7	1.259 4	0.398 3
膜翅目	6	19	1.465 9	1.698 1	0.818 1
蜻蜓目	11	38	0.680 6	2.749 1	0.283 8
双翅目	4	16	1.282 0	1.082 0	0.924 8

3.3 中国物种红色名录物种分析

《中国物种红色名录》将物种评估等级分为9种，包括数据缺乏、无危、近危、易危、濒危、极危、地区灭绝、野外灭绝、灭绝（解焱 2022）。本次调查中，共发现9种中国物种红色名录昆虫，均为鳞翅目昆虫，分别是直纹稻弄蝶 *P. guttata*、黄斑弄蝶 *A. dioscorides*、猫蛱蝶 *T. maculata*、曲纹蜘蛱蝶 *A. doris*、黄钩蛱蝶 *P. c-aureum*、黑脉蛱蝶 *H. assimilis*、酢浆灰蝶 *P. maha*、亮灰蝶 *L. boeticus*、红灰蝶 *L. phlaeas*，评估等级均为无危（LC）（图2）。

湖北武汉东湖国家湿地公园喻家湖景区紧邻武汉市马鞍山国家森林公园，植被十分丰富。其中，猫蛱蝶 *T. maculata* 常在喻家湖林间道路边停息，喜吸食树汁，发生期数量很多，幼虫寄主为朴树，多生活在低矮的灌丛状朴树上；曲纹蜘蛱蝶 *A. doris* 飞翔能力强，飞行快速，直上林冠，长时间活动于林间高层，很少在地面活动。黄钩蛱蝶 *P. c-aureum* 在喻家湖景区较为常见，发生数量大，飞翔较低，一般在灌木林或者低矮寄主植物丛中飞舞；黑脉蛱蝶 *H. Assimilis* 雄成虫飞翔能力强，飞行较高；雌成虫飞行能力较差，飞行较低，其飞行活动主要受到寻找寄主植物和访花补充营养的影响（图2）。

3.4 喻家湖昆虫多样性威胁因素分析

通过对喻家湖景区昆虫本底资源调查和多样性分析，我们发现，喻家湖昆虫多样性面临的主要威胁因素有以下几点。①气候变暖：近年来，全球气候变暖日趋明显，蝴蝶作为变温动物，本身不能调节温度，对温度升高反应灵敏，其对气温的影响非常敏感，可作为重要的环境指示性物种（赵彩云等，2010；张云慧等，2022；刘宇琛等，2021）。本次调查我们发现，2024年7—8月持续高温对喻家湖蝴蝶的栖息、繁殖均造成了威胁。②周边农户化学杀虫剂的过量使用：在调查的过程中，我们发现喻家湖景区附近有农户种植的蔬菜，当地农户使用的化学杀虫剂，导致很多传粉昆虫取食施药花粉后中毒死亡。③人为干扰：此次对喻家湖进行昆虫多样性调查的过程中，我们发现在节假日等旅游旺季喻家湖景区人流量较高，而景区的游客活动会导致生境破坏、垃圾和污染物排放，这些都可能直接或间接影响到周围的昆虫群落。④龙舟竞训基地干扰：在调查过程中，我们发现喻家湖湖面有华中科技大学龙舟竞训基地，竞训基地训练期的活动，对武汉东湖国家湿地公园喻家湖昆虫栖息和繁殖造成了严重的干扰和影响（图3）。

(续表)

中文种名	拉丁学名	保护级别	数据来源	生境类别	China-RL 等级
67. 黄斑细脚胡蜂	*Parapolybia* sp.	—	实地调查	菜地	—
68. 变侧异腹胡蜂	*Parapolybia varia*	—	实地调查	菜地	—
(三十一) 姬蜂科 Ichneumonoidea					
69. 斑翅马尾姬蜂	*Megarhyssa praecellens*	—	实地调查	菜地	—
七、双翅目 Diptera					
(三十二) 水虻科 Stratiomyidae					
70. 亮斑扁角水虻	*Hermetia illucens*	—	实地调查	湖边	—
(三十三) 摇蚊科 Chironomidae non-biting midge					
71. 摇蚊	*Chironomid*	—	实地调查	湖边	—
(三十四) 实蝇科 Tephritidae					
72. 南亚果实蝇	*Bactrocera tau*	—	实地调查	菜地	—
(三十五) 食虫虻科 Asilidae					
73. 短芒切突食虫虻	*Eutolmus brevistylus*	—	实地调查	湖边	—

注：保护级别：依据《国家重点保护野生动物名录》(2021)；China-RL 等级：依据《中国生物多样性红色名录·无脊椎动物卷》(2005) 标准。

3.2 昆虫多样性指数分析

对喻家湖已调查到的昆虫类目进行 Shannon-Wiener 多样性指数（H'）、Margalef 丰富度指数（ds）、Pielou 均匀度指数（J）的计算分析（表2）。Shannon-Wiener 多样性指数（H'）范围区间为 0.680 6～2.344 1，Margalef 丰富度指数（ds）范围区间为 1.082 0～3.445 0，Pielou 均匀度指数（J）范围区间为 0.283 8～0.924 8。Shannon-Wiener 多样性指数（H'）和 Margalef 丰富度指数（ds）最高的是半翅目，Pielou 均匀度指数（J）最高的是双翅目，半翅目随后。半翅目昆虫的各项指数在区域内昆虫群落里较为优势（表2）。

表2 喻家湖昆虫多样性指数分析表

目	物种数	总数	H'	ds	J
鳞翅目	14	49	1.548 3	3.340 3	0.586 7
鞘翅目	15	94	1.374 4	3.081 5	0.507 5

(续表)

中文种名	拉丁学名	保护级别	数据来源	生境类别	China-RL 等级
51. 直纹稻弄蝶	*Pararaguttata Bremeret*	—	实地调查	草地	—
52. 黄斑弄蝶	*Ampittia dioscorides*	—	实地调查	草地	—
(二十二) 蛱蝶科 Nymphalidae					
53. 猫蛱蝶	*Timelaea maculata*	—	实地调查	灌木林	LC
54. 曲纹蜘蛱蝶	*Araschnia doris*	—	实地调查	灌木林	LC
55. 黄钩蛱蝶	*Polygonia c-aureum*	—	实地调查	灌木林	LC
56. 黑脉蛱蝶	*Hestina assimilis*	—	实地调查	灌木林	LC
(二十三) 凤蛾科 Epicopeiidae					
57. 榆凤蛾	*Epicopeia mencia*	—	实地调查	灌木林	—
(二十四) 灰蝶科 Lycaenidae					
58. 酢浆灰蝶	*Pseudozizeeria maha*	—	实地调查	灌木林	—
59. 亮灰蝶	*Lampides boeticus*	—	实地调查	灌木林	—
60. 红灰蝶	*Lycaena phlaeas*	—	实地调查	灌木林	—
(二十五) 灯蛾科 Arctiidae					
61. 荫土苔蛾	*Eilema suffuse*	—	实地调查	林地	—
(二十六) 螟蛾科 Pyralidae					
62. 甜菜白带野螟	*Hymenia recurvalis*	—	实地调查	菜地	—
63. 刺缘排点蕨螟	*Cataclysta marginipuncta*	—	实地调查	菜地	—
六、膜翅目 Hymenoptera					
(二十七) 蚁科 Formicidae					
64. 日本弓背蚁	*Camponotus japonicus*	—	实地调查	旱地	—
(二十八) 蜂科 Apoidea					
65. 蜾蠃蜂	*Eumenid poher wasp*	—	实地调查	草地	—
(二十九) 蜜蜂科 Apidae					
66. 中华蜜蜂	*Apis cerana*	—	实地调查	菜地	—
(三十) 胡蜂科 Vespidae					

(续表)

中文种名	拉丁学名	保护级别	数据来源	生境类别	China-RL 等级
33. 褐斑异痣蟌	*Ischnura senegalensis*	—	实地调查	草地	—
34. 杯斑小蟌	*Agrion femina*	—	实地调查	草地	—
35. 日本黄蟌	*Ceriagrion nipponicum*	—	实地调查	草地	—
36. 黄脊长腹扇蟌	*Coeliccia chromothorax*	—	实地调查	草地	—
37. 翠胸黄蟌	*Ceriagrion auranticum*	—	实地调查	草地	—
38. 长叶异痣蟌	*schnura elegans*	—	实地调查	草地	—
(十六) 蜻科 Libellulidae					
39. 黄蜻	*Pantala flavescens*	—	实地调查	草地	—
40. 白尾灰蜻	*Orthetrum albistylum*	—	实地调查	草地	—
41. 黄翅蜻	*Brachythemis*	—	实地调查	草地	—
42. 异色灰蜻	*Orthetrum melania*	—	实地调查	草地	—
43. 黑丽翅蜻	*Rhyothemis fuliginosa*	—	实地调查	草地	—
四、直翅目 Orthoptera					
(十七) 蟋蟀科 Gryllidae					
44. 蟋蟀	*Gryllidae*	—	实地调查	草地	—
(十八) 螳螂科 Mantodea					
45. 广斧螳螂	*Hierodula petellifera*	—	实地调查	草地	—
(十九) 蝗科 Acrididae					
46. 稻蝗	*Oxya*	—	实地调查	草地	—
47. 疣蝗	*Trilophidia annulata*	—	实地调查	草地	—
48. 短额负蝗	*Atractomorpha sinensis*	—	实地调查	草地	—
49. 剑角蝗	*Acrida*	—	实地调查	草地	—
五、鳞翅目 Lepidoptera					
(二十) 鹿蛾科 Ctenuchidae					
50. 蕾鹿蛾	*Amata germana*	—	实地调查	灌木林	—
(二十一) 弄蝶科 Hesperiidae					

(续表)

中文种名	拉丁学名	保护级别	数据来源	生境类别	China-RL 等级
19. 黄斑盘瓢虫	*Coelophora saucia*	—	实地调查	菜地	—
20. 七星瓢虫	*Coccinella septempunctata*	—	实地调查	菜地	—
21. 马铃薯瓢虫	*Henosepilachna vigintioctomaculata*	—	实地调查	菜地	—
（十）肖叶甲科 Eumolpidae					
22. 黑额光叶甲	*Smaragdina nigrifrons*	—	实地调查	草地	—
23. 甘薯肖叶甲	*Colasposoma dauricum*	—	实地调查	草地	—
（十一）伪叶甲科 Chrysomelidae					
24. 红胸辛伪叶甲	*Xenocera ruficollis*	—	实地调查	草地	—
（十二）叶甲科 Chrysomelidae					
25. 隐头叶甲	*Cryptocephalus*	—	实地调查	菜地	—
26. 黄足黄守瓜	*Aulacophora indica*	—	实地调查	菜地	—
27. 黑额粗足叶甲	*Physosmaregdina nigrifrons*	—	实地调查	菜地	—
28. 柳蓝叶甲	*plagiodera versicolora*	—	实地调查	菜地	—
29. 十星瓢萤叶甲	*Oides decempunctata*	—	实地调查	菜地	—
30. 黄足长跗萤叶甲	*Monolepta gracilipes*	—	实地调查	菜地	—
（十三）天牛科 Cerambycidae					
31. 星天牛	*Anoplophora chinensis*	—	实地调查	林地	—
（十四）叩甲科 Elateridae					
32. 山槽缝叩甲	*Agrypnus montanus*	—	实地调查	旱地	—

三、蜻蜓目 Odonata

（十五）螅科 Coenagrionidae

(续表)

中文种名	拉丁学名	保护级别	数据来源	生境类别	China-RL 等级
3. 瘤缘蝽	*Acanthocoris scaber*	—	实地调查	灌木林	—
4. 点蜂缘蝽	*Riptortuspedestris*	—	实地调查	灌木林	—
5. 稻棘缘蝽	*Cletuspunctiger*	—	实地调查	灌木林	—
(三) 蝽科 Pentatomidae stinkbug					
6. 麻皮蝽	*Erthesina full*	—	实地调查	灌木林	—
7. 蠋蝽	*Arma chinensis*	—	实地调查	灌木林	—
8. 菜蝽	*Eurydema dominulus*	—	实地调查	灌木林	—
9. 锚纹二星蝽	*Eysarcoris montivagus*	—	实地调查	灌木林	—
(四) 龟蝽科 Plataspidae					
10. 筛豆龟蝽	*Megacopta cribraria*	—	实地调查	灌木林	—
(五) 长蝽科 Lygaeidae Schilling					
11. 短翅迅足长蝽	*Metochuab breviatus*	—	实地调查	灌木林	—
(六) 蝉科 Cicadidae					
12. 黑蚱蝉	*Cryptotympana atrata*	—	实地调查	林地	—
13. 蝉	*Cicadidae*	—	实地调查	林地	—
(七) 蜡蝉科 Fulgoridae					
14. 白痣广翅蜡蝉	*Ricanula sublimata*	—	实地调查	林地	—
15. 透明疏广翅蜡蝉	*Euricania clara*	—	实地调查	林地	—
16. 碧蛾蜡蝉	*Geisha distinctissima*	—	实地调查	林地	—
(八) 叶蝉科 Cicadellidae					
17. 宽胫槽叶蝉	*Drabescus ogumae*	—	实地调查	林地	—
二、鞘翅目 Coleoptera					
(九) 瓢虫科 Coccinellidae					
18. 龟纹瓢虫	*Propylaea japonica*	—	实地调查	菜地	—

$$E = \frac{H'}{H_{\max}}, \quad H_{\max} = \ln S$$

以上公式中，n_i 为样线内第 i 个物种的个体数；N 为样线内所有物种的个体数；S 为样线内调查到的物种数；P_i 为第 i 个物种个体数占总个体数 N 的比例。

3 结果与分析

3.1 昆虫群落结构分析

此次湖北武汉东湖国家湿地公园喻家湖昆虫本底调查，共计调查到 7 个目 35 科 73 种昆虫（表 1）。优势科数分别为半翅目、鳞翅目和鞘翅目，分别为 22.86%、20%、17.14%；科数最少的为蜻蜓目，调查期间仅为 5.71%。优势种数分别为半翅目、鞘翅目和鳞翅目，分别为 23.29%、20.55%、19.18%；种数最少的为双翅目，调查期间仅为 5.48%（图 1）。从昆虫种类组成可以看出，半翅目为优势昆虫类群，在科数和物种数上均排首位，鳞翅目、鞘翅目的科数和物种数紧随其后（图 1）。

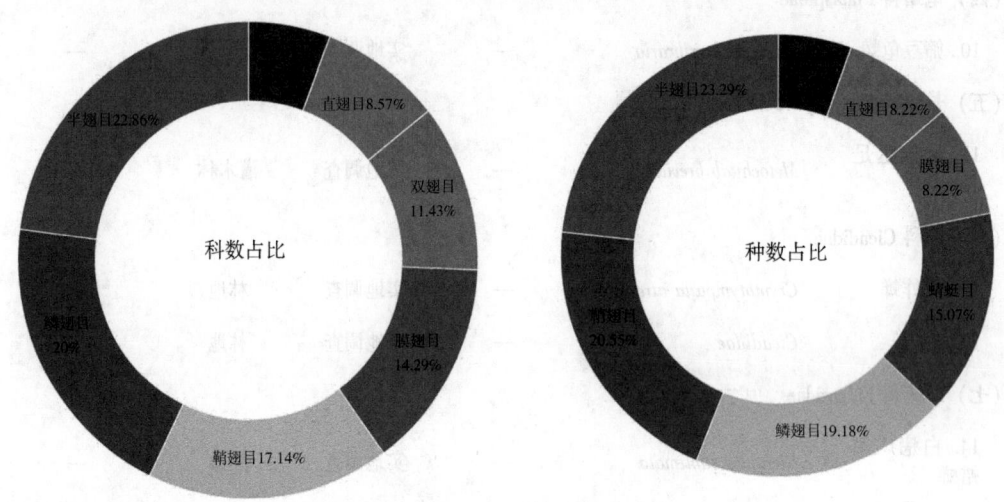

图 1　喻家湖昆虫科数和种数组成

表 1　湖北武汉东湖国家湿地公园喻家湖昆虫名录表

中文种名	拉丁学名	保护级别	数据来源	生境类别	China-RL 等级
一、半翅目 Hemiptera					
（一）网蝽科 Tingidae					
1. 悬铃木方翅网蝽	*Corythucha ciliate*	—	实地调查	林地	—
2. 菊方翅网蝽	*Corythucha marmorata*	—	实地调查	林地	—
（二）缘蝽科 Coreidae					

态恢复以及充分发挥生态系统功能有重要意义。昆虫在生物多样性保护中具有重要地位，然而在全球范围内，相对于大型动物和植物，个体小、数量多、种类复杂的昆虫的物种多样性研究没有得到足够的重视。当前，昆虫多样性研究面临的问题主要表现如下几个方面：①昆虫多样性保护意识不足；②昆虫多样性的研究基础薄弱；③昆虫多样性缺乏多学科交叉融合；④昆虫多样性监测与保护措施投入亟须加强；⑤昆虫资源的保护与利用能力亟待提升（陈晓静，2024）。

湖北武汉东湖国家湿地公园位于湖北省武汉市境内，隶属大东湖景区规划范围，地跨东湖吹笛、落雁景区，水域主要包括团湖、后湖、喻家湖等。东湖国家湿地公园东接武汉三环线，南靠吹笛景区（马鞍山森林公园），西至东湖磨山余脉，北边临近东湖清河桥，武汉东湖风景区面积为61.853 5 km²，湖北武汉东湖国家湿地公园总面积约10.2 km²，其中水域面积6.5 km²，湿地率达63.7%。2008年，武汉东湖国家湿地公园被国家林业局批准为国家级湿地公园建设试点单位。2014年12月，湖北武汉东湖国家湿地公园通过验收，正式成为国家湿地公园。喻家湖是武汉东湖国家湿地公园的重要水域。

2 调查内容与方法

2.1 调查内容

调查范围为湖北武汉东湖国家湿地公园喻家湖景区全域，主要针对喻家湖不同生境内昆虫种类与数量进行调查，主要采用样线（踏查）法，辅以灯诱法进行调查。覆盖调查区域所有生境（主要包括混叶林、灌木林、草丛、菜园、旱地、湖泊、居住地、交通要地等）。

2.2 调查方法

昆虫种类调查主要采用样线法，辅以灯诱法。样线法主要根据《县域生物多样性调查与评估技术规定》，结合各调查网格特点，规划好调查线路，每条样线长度不小于1 000 m。所得的昆虫标本主要采用传统手段形态学鉴定。

2.3 数据统计

样线法采集到的昆虫经过种类鉴定后，将种类和数量数据利用多样性指数公式进行统计分析，主要采用Shannon-Wiener多样性指数、Margalef丰富度指数、Pielou均匀度指数，具体计算如下：

Shannon-Wiener多样性指数，表示的是生物多样性的综合指标，指数越大，说明多样性越高，计算公式如下：

$$H' = \sum P_i \ln P_i, P_i = \frac{n_i}{N} (i=1, 2, 3, \cdots, s)$$

Margalef丰富度指数，表示群落中物种数目的多少，丰富度指数越大，群落物种数目越多。计算公式如下：

$$d_s = \frac{S-1}{\ln N}$$

Pielon均匀度指数，反映物种个体数目在群落中分配的均匀程度的指数。指数越高表示群落越均匀。计算公式如下：

graphical and ecological environment, which has rich in biological resources. Yujia Lake Scenic Area is located in the main urban area of Wuhan. The urbanization process has increasingly affected the habitat and reproduction of insects, which is the largest taxa in the biosphere, in Yujia Lake Scenic Area. Therefore, Background survey and diversity evaluation of insect resources in Yujia Lake are of great significance. 【Methods】This study conducted a large-scale survey on the species and diversity of insects in Yujia Lake, Donghu National Wetland Park, Wuhan, Hubei Province, using transect line method, light trap method. 【Results】The results of the research showed that total of 73 species of insects belonging to 35 families and 7 orders were identified in this large-scale survey. Among them, the families and species of Lepidoptera, Coleoptera, and Hemiptera have a dominant position in the insect community of Yujia Lake Scenic Area. Hemiptera has the highest Shannon-Wiener diversity index (H') and Margalef richness index (ds), while Diptera has the highest Pielou evenness index (J). 【Conclusion】The ecological system of Yujia Lake in Donghu National Wetland Park is stable, with a large number of insect species and quantities. A total of 4 species in *China Species Red List* have been discovered by *Timelaea maculata*, *Araschnia doris*, *Polygona c-aureum*, and *Hestina assimilis*. The threat factors of insect diversity in Yujia Lake mainly include the shrinking of insect habitat caused by global warming, the use of chemical pesticides by surrounding farmers, the traffic around the scenic spot, and human interference during the training period of Loong Boat Training Base.

Key words: Donghu National Wetland Park, Wuhan, Hubei Province; Yujia Lake; Insect background investigation; Sample line inspection method; Light trapping method; Diversity index; Shannon-Wiener diversity index; Margalef richness index

1 前言

生物多样性是人类生存与发展必不可少的要素。生物多样性是生物（动物、植物、微生物）与环境形成的生态复合体以及与此相关的各种生态过程的总和，包括生态系统多样性、物种多样性和基因多样性三个层次。

生物多样性丰富程度已成为衡量一个国家和地区综合能力和可持续发展能力的重要指标。当前，因城市化、人类活动、外来物种入侵、气候变化等因素，导致地球的生物多样性正在快速消失。2021年9月，在第七届世界自然保护大会上，世界自然保护联盟（IUCN）发布了最新的世界濒危物种红色名录，评估了全球物种数量138 374个物种受到威胁的风险，其中38 543个物种"面临不同程度灭绝危险"，902个物种已灭绝，80个物种在野外灭绝。国内相关研究主要是通过调查评定研究区内珍稀物种和濒危物种的丰富度和受威胁程度以确定优先保护区域。基于生态系统的优先保护是根据区域内各生态系统的情况，选择合适的指标进行评估，确定保护区内需要优先保护的生态系统类型（王一婷，2022）。

生物多样性资源主要包括动物、植物和微生物，已命名的生物有200多万种。目前已知植物有45万种左右，鸟类有9 000多种、鱼类有2万多种，而昆虫种类有100多万种，占据生物多样性观测种类一半以上。昆虫主宰着全球的生物多样性，昆虫是目前整个生物圈中最大的一个类群（刘宇琛等，2021）。昆虫多样性对维持生态平衡、促进生

湖北武汉东湖国家湿地公园喻家湖昆虫本底调查与多样性评估*

霍 军[1]**，蒲云海[2]，何帅洁[1]，黄 潇[1]，
王 建[1]，赵亦杨[3]，金世中[3]，吴 刚[3]***

[1. 保绿丰（湖北）生物科技有限公司，武汉 441699；2. 湖北省野生动植物保护总站，武汉 430079；3. 湖北省昆虫资源利用与病虫害可持续治理重点实验室，华中农业大学植物科技学院，武汉 430070]

摘 要：【目的】 湖北武汉东湖国家湿地公园具有优越的地理环境和生态环境，区域内生物资源十分丰富。昆虫种类作为生物圈最大的类群，喻家湖景区位于武汉市主城区，城市化进程对喻家湖景区昆虫栖息和繁殖影响日益严重，研究喻家湖昆虫本底资源及多样性意义重大。**【方法】** 本研究采用样线踏查法、灯光诱集法，对湖北武汉东湖国家湿地公园喻家湖昆虫种类及多样性进行了大规模的调查。**【结果】** 研究结果表明，此次大规模调查共鉴定出 7 个目 35 科 73 种昆虫，其中鳞翅目、鞘翅目、半翅目昆虫的科数和种数在喻家湖景区昆虫群落中占有优势地位。Shannon-Wiener 多样性指数（H'）和 Margalef 丰富度指数（ds）最高的是半翅目，Pielou 均匀度指数（J）最高的是双翅目。**【结论】** 湖北武汉东湖国家湿地公园喻家湖生态系统稳定，昆虫种类和数量较多，共计发现 4 种中国物种红色名录物种，分别是猫蛱蝶 Timelaea maculata、曲纹蜘蛱蝶 Araschnia doris、黄钩蛱蝶 Polygonia c-aureum、黑脉蛱蝶 Hestina assimilis。喻家湖昆虫多样性威胁因素主要包括全球气候变暖导致昆虫栖息地缩小、周边农户化学杀虫剂的使用、景区周边车辆往来、龙舟竞训基地训练期的人为干扰等。

关键词： 湖北武汉东湖国家湿地公园；喻家湖；昆虫本底调查；样线踏查法；灯光诱集法；多样性指数；Shannon-Wiener 多样性指数；Marglef 丰富度指数

Background Survey and Diversity Evaluation of Insect Resources in Yujia Lake in Donghu National Wetland Park, Wuhan, Hubei Province*

Huo Jun[1], Pu Yunhai[2], He Shuaijie[1], Huang Xiao[1],
Wang Jian[1], Zhao Yiyang[3], Jin Shizhong[3], Wu Gang[3]**

[1. Baolvfeng (Hubei) Biotechnology Ltd, Wuhan 441699, China; 2. Hubei Provincial Wildlife Conservation Station, Wuhan 430079, China; 3. College of Plant Science and Technology, Huazhong Agricultural University, Wuhan 430070, China]

Abstract: 【Objectives】The Donghu National Wetland Park in Wuhan, as a superior geo-

---

* 基金项目：中国工程科技发展战略湖北研究院长江流域农业生态系统修复与生态产品价值链构建路径（项目编号：HB2023B06）

** 第一作者：霍军，职称：工程师；主要从事森林与湿地生态保护与恢复方面的研究；E-mail:441535638@qq.com

*** 通信作者：吴刚；E-mail:wugang@mail.hzau.edu.cn

户使用的化学杀虫剂和化肥，对很多传粉昆虫的取食和繁殖造成了很大的影响，在调查过程中，蜜蜂等传粉昆虫最大的威胁因素是化学杀虫剂的大量使用；水生昆虫如以前常见的萤火虫，在调查过程中，在农田和池塘沟渠等水生环境很少见，其主要原因是农田中化肥和农药的大量使用，导致农田萤火虫及其他水生昆虫种类和数量急剧减少。③车辆运输及旅游等人为干扰：此次对湖北五峰后河国家级自然保护区进行昆虫多样性调查的过程中，我们发现在保护区车辆运输较多，同时，在节假日等旅游旺季保护区人流量较高，车辆运输及旅游等人为干扰严重影响了昆虫的栖息和繁殖。针对湖北五峰后河国家级自然保护区昆虫多样性威胁因素，我们提出加强政府监管力度，保护昆虫栖息地和繁殖场所；减少当地果农和菜农不合理使用农药，提高昆虫多样性；加强保护区旅游人为因素和车辆交通等因素破坏了昆虫栖息和繁殖，减少旅游人为因素和车辆交通等因素对昆虫栖息和繁殖的破坏，保护区管理部门进行整体规划，保护昆虫多样性；对保护区昆虫多样性的评价应采取长期评价和短期评价相结合的方式，组建由保护区牵头，联合高校和科研院所的专家，长期开展保护区昆虫多样性的监测与多样性保护的研究。

参考文献

陈晓静，2024. 宜昌市点军区昆虫多样性监测与环境指示物种评估［D］. 武汉：华中农业大学.
杜举，2023. 武汉市蔡甸区昆虫多样性调查与环境指示昆虫评估［D］. 武汉：华中农业大学.
何帅洁，2022. 武陵山区来凤县和鹤峰县昆虫资源调查与多样性研究［D］. 武汉：华中农业大学.
姜轶杰，石志辉，张杰，等，2022. 中国昆虫资源研究60年进展［J］. 植物保护学报，49（1）：76-86.
刘宇琛，肖能文，何帅洁，等，2021. 武陵山区来凤县不同生境下昆虫多样性分析［J］. 植物保护学报，48（3）：697-698.
柳傲，张诗晟，杨中侠，2018. 湖南农业大学校园昆虫的多样性调查［J］. 贵州农业科学，46（7）：53-58.
俞孔坚，李迪华，段铁武，1998. 生物多样性保护的景观规划途径［J］. 生物多样性（3）：45-52.
张云慧，黄蜂，谭小勇，等，2022. 湖北省黄梅县蝶类资源调查及其多样性分析［J］. 植物保护学报，49（4）：1277-1278.
赵彩云，李俊生，罗建武，等，2010. 蝴蝶对全球气候变化响应的研究综述［J］. 生态学报，30（4）：1050-1057.

生态平衡和保持物种多样性起着重要作用。天敌昆虫通过寄生或捕食其他昆虫来控制害虫的数量和蔓延，这对于农田、林区和牧场中的害虫管理至关重要。这类昆虫不仅在防治虫害方面表现出色，还能减少环境污染。天敌昆虫的分类包括捕食性和寄生性两大类。

保护区内常见天敌昆虫种类有蜻蜓目、螳螂目、直翅目、半翅目、广翅目、脉翅目、鞘翅目、长翅目、双翅目、膜翅目中的56科446种天敌昆虫，占昆虫总数的17.84%。螳螂目是一类凶悍的捕食性昆虫，它可以广泛地捕食农、林、果树等植物上的害虫，对于消灭鳞翅目的幼虫效果更显著。瓢虫是人们熟知的在生物防治中应用最为成功的类群，保护区内有瓢虫43种，它们的捕食对象是蚜虫、蚧壳虫、红蜘蛛等。广翅目、脉翅目昆虫等均为有效的捕食性天敌，在保护区中采集到草蛉2种、齿蛉7种、鱼蛉3种、蝶角蛉1种、蝎蛉10种、蚁蛉2种。鞘翅目中的虎甲6种、芫菁3种、步甲32种。寄生性天敌如双翅目中的食蚜蝇26种、寄蝇18种；膜翅目中的姬蜂43种、茧蜂科11种，膜翅目中还有蚁科28种、胡蜂总科、泥蜂总科30种。

4　结论与讨论

本研究采用样线踏查法、灯光诱集法，对湖北五峰后河国家级自然保护区昆虫种类进行了大规模的调查。研究结果表明，此次湖北五峰后河国家级自然保护区昆虫本底调查，共计调查到19目217科2 500种昆虫。主要包括鳞翅目、鞘翅目、半翅目、膜翅目等昆虫。在种水平上，五峰后河国家级自然保护区种类最多目为鳞翅目占比为46.80%，其次为鞘翅目占比22.00%，半翅目为第三，占比12.52%。由此可知，五峰后河国家级自然保护区昆虫优势目为鳞翅目、鞘翅目和半翅目。何帅洁（2022）在武陵山区来凤县和鹤峰县大规模调查中，共发现14个目156科590种昆虫，优势类群分别为鳞翅目、鞘翅目、半翅目、直翅目，其优势类群和湖北五峰后河国家级自然保护区一致，表明鳞翅目、鞘翅目、半翅目为武陵山区占优势昆虫类群。保护区昆虫区系结果表明，东洋种有416种，古北种有318种，广布种有146种，东亚种有1 403种，其中，保护区东亚种有176种。

保护区优势种较多，主要优势种有异色瓢虫 *H. axyridis*、茄二十八星瓢虫 *H. vigintiopunctata*、黑带食蚜蝇 *E. baleatus*、灰带管蚜蝇 *E. cerealis*、长尾管蚜蝇 *E. tenax*、刺槐掌舟蛾 *P. birmicola*、苹掌舟蛾 *P. lavescens*、灰点尺蛾 *P. grisearia*、葡萄天蛾 *A. rubiginosa rubiginosa*、绿尾大蚕蛾 *A. selene ningpoana*、樗蚕 *P. cynthia*、碧凤蝶 *P. bianor*、蓝凤蝶 *P. protenor*、巴黎翠凤蝶 *P. paris*、云豹蛱蝶 *A. anadyomene*、大二尾蛱蝶 *P. eudamippus*、黄色凹缘跳甲 *P. lutea*、枫香凹翅萤叶甲 *P. liquidambar*、蓝胸圆肩叶甲 *H. cyamicolli* 等。

通过对湖北五峰后河国家级自然保护区昆虫本底资源调查和分析，我们发现，保护区昆虫多样性面临的主要威胁因素有以下几点。①全球气候变化：近年来，全球气候变暖日趋明显，其对气候变化物种影响非常显著（赵彩云等，2010）。本次调查我们发现，保护区高海拔区域蝴蝶种类较多、数量均高于低海拔区域，高海拔区域也有利于蝴蝶的栖息和繁殖。②化肥农药的过量使用：在调查的过程中，我们发现在保护区周边农

表2 五峰后河国家级自然保护区昆虫区系组成分析信息表

种类	广布种数量	东洋种数量	古北种数量	东亚种数量		
				中国—日本	中国分布	保护区分布
蜻蜓目	1	5	—	5	23	—
等翅目	—	—	—	—	1	1
螳螂目	—	2	—	—	4	2
脩目	—	—	—	—	—	2
直翅目	6	22	6	2	53	5
革翅目	2	7	2	2	10	—
半翅目	50	128	67	—	129	77
啮目	—	—	—	—	—	1
鞘翅目	20	138	55	84	210	38
广翅目	—	5	—	—	5	—
脉翅目	1	1	4	1	—	5
毛翅目	—	6	—	—	2	1
鳞翅目	50	2	146	273	311	12
双翅目	15	50	13	1	14	12
膜翅目	1	50	25	20	71	20
合计	146	416	318	388	839	176

3.4 保护区传粉昆虫

资源昆虫生物资源是人类维持生存的基本需求，它决定了人们对其持续的收获与消耗，现代不断增长的人口，对生物资源的需求量猛增。因此，需要野生物种资源繁荣昌盛，继续为人类作出重大贡献，这就需要我们必须充分认识到它们的价值和重要作用，采取有效的措施，确保生物资源的再生和永续利用，昆虫资源是自然界最丰富的生物。

喜花昆虫由于其特殊的行为和生物学特性，有很多类群成为重要的传粉昆虫，促进了植物的繁衍与发展。同时，由于植物的生长发展，又为昆虫创造了良好的生存环境，表现出明显的协同进化关系，后河保护区内传粉昆虫主要类群是蜜蜂总科，由于种类性质不同，表现出对不同的植物具有相异的传粉效果。中华蜜蜂 *Apis cerana* 是油茶、柑橘的主要传粉昆虫；水稻上有稻棒腹蜂 *Rhopalomelissa esakii*，玉米上有玉米棒腹蜂 *R. aeae*。油菜上除了中华蜜蜂、意大利蜂，还有黑条蜂、无垫蜂、木蜂等，豆科植物上传粉昆虫更丰富，特别是切叶蜂和雄蜂类表现出明显的优势，食蚜蝇科的昆虫都是喜花昆虫，它是仅次于蜜蜂的传粉昆虫。

3.5 天敌昆虫

天敌昆虫是一类寄生或捕食其他昆虫的昆虫，它们在自然界中大量存在，对于维持

rosthorni、灰点尺蛾 Perenia grisearia、款冬玉米螟 Osrinia seapulalis、宁波卷叶野螟 Sylepla ningpoalis、缀叶丛螟 Locastra muscosalis、宽太波纹蛾 Tethea ampliata、浩波纹蛾 Habrosyne derasa、纵带球须刺蛾 Scopelodes contraca、三线钩蛾 Pseudalbara parula、洋麻圆钩蛾 Cyclidia substigmaria、油茶枯叶蛾 Lebeda nobilis、李枯叶蛾 Gastropacha quercifolia、栎毛虫 Paralebeda plagifera、条背天蛾 Cechenena lineosa、葡萄天蛾 Ampelophaga rubiginosa、绿尾大蚕蛾 Actias selene、樗蚕 Philosamia cynthia、乌闪苔蛾 Paraona staudingeri、白黑华苔蛾 Agylla ramelana、首丽灯蛾 Callimorpha principalis、白雪灯蛾 Spilosoma niveus、角镰须夜蛾 Zanclognatha angulina、胖夜蛾 Orhogonia sera、掌夜蛾 Tiracola plagiata、壶夜蛾 Calptra capucina、碧凤蝶 Papilio bianor、蓝凤蝶 Papilio protenor、巴黎翠凤蝶 Papilio paris、玉斑凤蝶 Papilio helenus、云豹蛱蝶 Argynnis anadyomene、大二尾蛱蝶 Polura eudamippus、云豹蛱蝶 Argynnis anadyomene、秀蛱蝶 Pseudergolis wedah、圆翅钩粉蝶 Gonepteryx amintha、宽边黄粉蝶 Eurema hecabe、大草粉蝶 Aporia largeteaui、黄色凹缘跳甲 Podontia lutea、枫香凹翅萤叶甲 Paleosepharia liquidambar、蓝胸圆肩叶甲 Humba cyamicolli 等。

3.3 保护区昆虫区系分析

区系成分体现区系组成，反映区系性质，揭示区系渊源，每个物种都占有一定的空间和地理区域，是生物进化的必然，生态位和分布区是物种的重要特征之一，每一特定的地理区域，其生物区系由存在于本区的所有物种组成，它反映了地理分布范围、地域不同生态条件、海拔高度等，对物种之间以及地理环境之间的联系和相互关系。

①东洋成分：即典型的东洋区分布种，指在我国南部省份，特别是以西南、华中区南部以及华南区分布为主，国外向南向西分布于印度半岛、中南半岛、马来半岛、斯里兰卡、菲律宾群岛以及印度尼西亚周围群岛等亚热带、热带地区。

②古北成分：在我国秦岭以北特别是东北、华北、西北地区分布，并向国外分布于中亚、西亚、北亚、西伯利亚、欧洲大陆、非洲北部及北美洲等地。

③广布成分：指横跨古北、东洋两大区，甚至多区或全球分布的种。

④东亚成分：东亚指亚洲东部地区，包括中国东南部，朝鲜和日本，其中，根据分布范围的大小，又分为3个等级，即保护区分布、中国分布、中国—日本分布。

保护区昆虫区系分析结果表明，东洋种有416种，古北种有318种，广布种有146种，东亚种有1 403种，其中，保护区东亚种有176种（表2）。就目科而言，不同目科其区系组成有较大差异，反映不同区系组成特点，中国种的西—东分布型如下：膜翅目叶蜂科元叶蜂属 Taxonus、蓬莱元叶蜂 Taxonus formosacolus，它的分布涉及四川峨嵋，福建建阳，浙江天目山、莫干山，显示沿长江流域北纬30°线东西昆虫区系的密切联系；半翅目异蝽科壮异蝽属 Urochela 为中国—喜马拉雅分布属，沿喜马拉雅向西分布于印度，我国产21种，后河保护区分布7种。其中，亮壮异蝽 Urochela distincta、花壮异蝽 Urochela luteovaria 为包括后河保护区在内的东西向分布。叶甲科萤叶甲亚科中隶萤叶甲属 Liroetis，我国已知20种，东起浙江天目山，西至西藏吉隆、聂拉木，沿北纬30°附近呈典型的西—东分布型，西藏3种、横断山区13种、三峡库区3种，加上周边地区有5种、后河保护区1种，由此可看出本属分布中心在横断山。

翅目为第三，占比 12.52%。由此可知，五峰后河国家级自然保护区昆虫优势目为鳞翅目、鞘翅目和半翅目（表1）。

表1 湖北五峰后河国家级自然保护区昆虫种类统计

目名	科数	科占比	种数	种占比
蜉蝣目	1	4	5	0.20
蜻蜓目	8	24	34	1.36
等翅目	1	1	2	0.08
蜚蠊目	4	7	11	0.44
襀翅目	1	5	1	0.04
螳螂目	2	10	8	0.32
脩目	2	2	2	0.08
直翅目	17	72	92	3.68
革翅目	5	16	23	0.92
半翅目	33	254	313	12.52
啮目	1	1	1	0.04
鞘翅目	57	424	550	22.00
广翅目	3	5	1	0.40
长翅目	1	3	9	0.36
脉翅目	4	6	5	0.20
毛翅目	5	5	3	0.12
鳞翅目	42	923	1 170	46.80
双翅目	18	71	73	2.92
膜翅目	12	121	178	7.48

3.2 保护区优势昆虫种类分析

通过对五峰后河国家级自然保护区亚热带自然条件下昆虫种类进行分析，许多昆虫为全区分布，并为后河优势种，主要包括：日本蚱 Tetrix japonica、钻形蚱 Terix subulata、重庆蚱 Tetrix chongqingensis、湖南拟台蚱 Formosatelixoides hunanensis、湖北澳汉蚱 Austrohancockia hubeiensi、异色瓢虫 Harmonia axyridis、茄二十八星瓢虫 Henosepilachna vigintiopunctata、湖北红点唇瓢虫 Chilocorus hubehanus、中华食植瓢虫 Epilachna chinensis、中国癞象 Episomus chinensis、斜纹筒喙象 Lixus obliguivilis、黑带食蚜蝇 Episyrphus baleatus、灰带管蚜蝇 Eristalis cerealis、长尾管蚜蝇 Eristalis tenax、黄色细腹蚜蝇 Sphaerophoria lavescenlis、刺槐掌舟蛾 Phalera birmicola、核桃美舟蛾 Uropyia meticulodina、苹掌舟蛾 Phalera lavescens、黑蕊尾舟蛾 Dudusa sphingformis、掌尺蛾 Amraica supersns、丝绵木金星尺蛾 Abraxas suspecta、黄玟隐尺蛾 Heterolocha subroseata、同尾尺蛾 Ourapteryx similaria、盛尾尺蛾 Ourapleryx virescens、中国巨青尺蛾 Limbatochlamys

降，最终可能导致自然将难以支撑人类生产和生存（张云慧，2024）。人类的活动挤压了生物的栖息地，加剧了景观破碎化，使各种生物的适生性下降（陈晓静，2024）。国内相关研究主要是通过调查评定研究区内珍稀物种和濒危物种的丰富度和受威胁程度以确定优先保护区域。据世界自然基金会发布的《地球生命力报告2020》报告显示，目前全球陆地生物多样性下降趋势明显，全球平均生物多样性完整性指数只有79%，低于安全下限值90%，并且仍在不断下滑（张云慧，2024）。

生物多样性资源主要包括动物、植物和微生物，昆虫是自然界中种类最多的动物，在全世界约140万种已定名的生物中，昆虫约占54%（张云慧，2024），我国昆虫种类约占世界总数的1/10（辛娟，2013）。昆虫多样性研究是生物多样性研究的重要组成部分，其生态指示昆虫能够指示所在地区的环境状况（韩争伟等，2013）。对特定区域内昆虫丰富度及种群动态进行监测能反映该地的环境条件及质量，是生态系统重要的指示物种（许振文等，2023）。许多昆虫对于生境变化具有较高灵敏性，毛翅目、襀翅目和蜉蝣目三大昆虫类群是最典型最广泛用来指示水生环境质量的EPT昆虫类群（杜举，2023）。另外，昆虫多样性对于人类生产有极大的价值，如资源昆虫、传粉昆虫、天敌昆虫和饲料昆虫等（柳傲等，2018；姜轶杰等，2022）。昆虫多样性对维持生态平衡、促进生态恢复以及充分发挥生态系统功能有重要意义。

湖北五峰后河国家级自然保护区作为重要的生态功能区，境内物种资源丰富，在涵养水源、保持水土等方面具有重要作用。但目前对湖北五峰后河国家级自然保护区昆虫基础性研究较少，湖北五峰后河国家级自然保护区昆虫本底资源调查及评估急需开展。

2 调查内容与方法

2.1 调查内容

调查范围为湖北五峰后河国家级自然保护区全域，主要针对五峰后河国家级自然保护区不同生境内昆虫种类与数量进行调查，主要采用样线（踏查）法，辅以灯诱法进行调查。覆盖调查区域所有生境（主要包括阔叶林、混叶林、灌木林、草丛、菜园、果园、旱地、河流、居住地、交通要地等）。

2.2 调查方法

昆虫种类调查主要采用样线法，辅以灯诱法。样线法主要采取样线踏查法，规划好调查线路。所得的昆虫标本主要采用传统手段形态学鉴定。

2.3 数据统计

此次调查主要统计湖北五峰后河国家级自然保护区昆虫种类，优势昆虫类群，昆虫区系、资源昆虫等。

3 结果与分析

3.1 保护区昆虫群落结构分析

此次湖北五峰后河国家级自然保护区昆虫本底调查，共计调查到19目217科2 500种昆虫。主要包括鳞翅目、鞘翅目、半翅目、膜翅目等昆虫。在种水平上，五峰后河国家级自然保护区种类最多目为鳞翅目占比为46.80%，其次为鞘翅目占比22.00%，半

ince has a superior geographic and ecological environments, which has rich in biological resources. Insect species, as the largest taxa in the biosphere, have not been systematically carried out in the Houhe National Nature Reserve. Therefore, it is essential to carry out insect background resource surveys in Houhe National Nature Reserve. 【Methods】In this study, a large-scale survey of insect species and diversity in Houhe National Nature Reserve was conducted using transect line, light trapping methods. 【Results】The results of the study showed that more than 12 000 specimens were collected, and 2 500 species of insects of 19 orders, 217 families and 1 963 genera were identified. Among them, Lepidoptera occupied a dominant position in the insect community, accounting for 46.8%, followed by Hemiptera and Hymenoptera, accounting for 12.52% and 7.48%, respectively. The faunal composition analysis results showed that there are 416 oriental species, 318 palaearctic species, 146 widely species, and 1 403 East Asian species, of which there are 176 East Asian species in the Reserve. 【Conclusion】The water ecosystem of Houhe National Nature Reserve has clean water and abundant water quality indicator EPT insects, which is favorable for the survival of aquatic insects. At the same time, Houhe National Nature Reserve has rich in natural enemy insects, pollinating insects, medicinal insects and other resources. The threat factors to insect diversity in the reserve are mainly the heavy use of chemical pesticides by neighboring farmers that threaten the survival of pollinators, and tourism development that threatens insect mating and reproduction.

Key words: Hubei Wufeng Houhe National Nature Reserve; Insect background survey; Transect line; Light trapping; Phylogenetic analysis; Resource insects; Pollinating insect; Predator insect

1 前言

湖北五峰后河国家级自然保护区地处五峰县境内，位于湘鄂两省交界处，南靠湖南石门壶瓶山国家级自然保护区，西同五峰湾潭镇和国有北风垭林场接壤，东与五峰镇水滩头村、界头村、百溪河村以及国有后河林场交界，北与五峰镇板仓坪村和采花乡栗子坪村毗邻。保护区属北亚热带大陆性季风气候，主要保护对象为北亚热带森林生态系统及其生物多样性、珍稀濒危野生植物资源及其原生地、国家重点保护野生动物及其栖息地，属于森林生态系统类型自然保护区。保护区地处我国生物多样性保护优先区武陵山地区的东段，同时也处于我国植物特有性三大核心区之一的鄂西地区，是北亚热带与中亚热带的过渡带，生态地理位置十分重要，古老子遗物种相当丰富，成为生物避难所和中国特有物种的集中分布区之一。保护区是湖北省第二个森林生态类型的国家级自然保护区，也是长江经济带的天然种质基因库，拥有被赞誉为"中国仅有世界罕见"的"稀有珍贵树种群落"、水丝梨纯林以及珙桐、光叶珙桐林，是北纬30°上的一颗璀璨明珠！

生物多样性在维持气候、涵养水源、社会可持续发展方面起着重要的作用，生物多样性保护已成为全球共识（刘宇琛，2023），生物多样性保护主要是基于物种的优先保护和基于生态系统的优先保护（俞孔坚等，1998）。传统的生物多样性保护主要是在自然保护区中，但目前全球仍面临生物多样性快速丧失的趋势，如果生物多样性持续下

湖北五峰后河国家级自然保护区昆虫本底调查与评估*

王业清[1]**, 朱晓琴[1], 刘 洋[1], 程玉芬[1], 蒲云海[2],
邓长胜[1], 徐 杰[3], 吴 刚[3]***

(1. 湖北五峰后河国家级自然保护区管理局, 宜昌 443413;
2. 湖北省野生动植物保护总站, 武汉 430079; 3. 湖北省昆虫资源利用与病虫害可持续治理重点实验室, 华中农业大学植物科技学院, 武汉 430070)

摘 要:【目的】湖北五峰后河国家级自然保护区具有优越的地理环境和生态环境,保护区内昆虫资源十分丰富。昆虫种类作为生物圈最大的类群,湖北五峰后河国家级自然保护区尚未系统开展昆虫本底资源调查。因此,开展昆虫本底资源调查对保护区生物多样性保护意义重大。【方法】本研究采用样线踏查法、灯光诱集法等调查方法,对湖北五峰后河国家级自然保护区昆虫种类及多样性进行了大规模的调查。【结果】研究结果表明,此次大规模调查共采集标本12 000余号,共鉴定出19目217科1 963属2 500种昆虫,其中鳞翅目在五峰后河国家级自然保护区昆虫群落中占有优势地位,占比46.8%;其次为半翅目和膜翅目昆虫,分别占比12.52%、7.48%。五峰后河国家级自然保护区昆虫区系分析结果表明,保护区昆虫东洋种有416种,古北种有318种,广布种有146种,东亚种有1 403种,其中,保护区东亚种有176种。【结论】湖北五峰后河国家级自然保护区水生态系统水质洁净,水质健康EPT指示昆虫十分丰富,有利于水生昆虫生存。同时,保护区天敌昆虫、传粉昆虫、药用昆虫等资源十分丰富,后期保护区可加大资源昆虫的利用。保护区昆虫多样性威胁因素主要包括周边农户化学杀虫剂的大量使用威胁传粉昆虫的生存、旅游开发威胁到昆虫的交配和繁殖等。

关键词:湖北五峰后河国家级自然保护区;昆虫本底调查;样线法;灯诱法;区系分析;资源昆虫;传粉昆虫;天敌昆虫

Background Survey and Assessment on Insect Diversity in Houhe National Nature Reserve, Wufeng County, Hubei Province*

Wang Yeqing[1], Zhu Xiaoqin[1], Liu Yang[1], Cheng Yufen[1], Pu Yunhai[2],
Deng Changsheng[1], Xu Jie[3], Wu Gang[3]**

(1. Houhe National Nature Reserve Administration, Wufeng County, Hubei Province, Yichang 443413, China; 2. Hubei Provincial Wildlife Protection Station, Wuhan 430079, China; 3. Hubei Insect Resources Utilization and Sustainable Pest Management Key Laboratory, College of Plant Science and Technology, Huazhong Agricultural University, Wuhan 430070, China)

Abstract:【Objectives】Houhe National Nature Reserve in Wufeng County, Hubei Prov-

---

* 基金项目:中国工程科技发展战略湖北研究院长江流域农业生态系统修复与生态产品价值链构建路径(项目编号:HB2023B06)
** 第一作者:王业清,工程师,主要从事自然保护区管理与资源保护研究方面的工作;E-mail:237715063qq.com
*** 通信作者:吴刚;E-mail:wugang@mail.hzau.edu.cn

工作中"卡脖子"问题和一线需求为导向，加强松材线虫病天空地监测、快捷检测、综合防控、疫木处理等核心技术研究（刘冰等，2024）。

3.4 实施生态治理

统筹生态修复与疫情防控，注重搞好"四结合"：一是与油茶产业扩面提质增效行动相结合；二是与森林防火隔离带建设相结合；三是与森林抚育经营相结合；四是与"双重"项目等其他生态工程相结合，加快松林改造，促进森林健康。

3.5 加强宣传动员

继续加大新《中华人民共和国森林法》《关于全面推行林长制的意见》《国务院办公厅关于进一步加强林业有害生物防治工作的意见》《湖北省林业有害生物防治条例》《党政领导干部生态环境损害责任追究办法》等相关政策法规的宣传力度，提高各级政府和相关部门的生态灾害风险防范意识及森防工作社会认知度，构建"政府主导、部门协调、社会参与"的防控格局。

参考文献

国家林业和草原局生物灾害防控中心，2024. 林业有害生物防治信息管理系统 [DB/OL]. [2024-06-30]. http：//os.bdpc.org.cn/.

国家林业和草原局，2024a. 国家林业和草原局公告（2024年第4号）（2024年松材线虫病疫区）[EB/OL]. [2024-02-27]. https：//www.forestry.gov.cn/lyj/1/gsgg/20240227/547473.html.

国家林业和草原局，2024b. 国家林业和草原局公告（2024年第5号）（2024年松材线虫病疫区撤销）[EB/OL]. [2024-02-27]. https：//www.forestry.gov.cn/lyj/1/gsgg/20240227/547472.html.

刘冰，闫佳钰，王朵，等，2024. 2023年全国主要林业有害生物发生情况及2024年发生趋势预测 [J]. 中国森林病虫，43（1）：41-45.

卢修亮，谢天，程相称，等，2023. 美国白蛾在我国发生的世代变化分析 [J]. 生物安全学报，32（1）：1-7.

2.2.6 杨树病虫害

预计下半年发生 4.33 万 hm² 左右,总体呈上升趋势。其中:杨树食叶害虫预计发生 3.33 万 hm²,同比略有上升,7 月中旬出梅以后,高温少雨天气有利于杨树舟蛾繁殖危害,江汉平原行道树、长江防护林沿线及杨树片林要及时预防,谨防局部成灾。杨树蛀干害虫预计发生 0.67 万 hm²,同比略有上升,在江汉平原荆州、潜江、仙桃、天门等年初受冰冻雨雪灾害影响大的区域危害可能偏重,长江防护林、道路绿化林等区域要加强防治。杨树病害预计发生 0.33 万 hm²,同比持平,主要发生在荆州、孝感、咸宁、襄阳等地。

2.2.7 经济林病虫害

预计发生 2.13 万 hm²,总体呈下降趋势,其中:板栗病虫害预计发生 1.87 万 hm²,核桃病虫害预计发生 0.20 万 hm²,油茶病虫害预计发生 0.06 万 hm²,主要发生在黄冈、孝感、十堰、恩施、襄阳、咸宁、黄石等板栗、核桃、油茶产区。

2.2.8 竹类病虫害

以刚竹毒蛾、黄脊竹蝗为主的竹类病虫害预计发生 0.27 万 hm² 左右,同比略有上升,主要发生在咸宁。

2.2.9 鼠兔害

预计发生面积 0.2 万 hm² 左右,同比持平,主要发生在十堰、咸宁、襄阳等地,危害新造林、未成林。

3 防控对策

3.1 压实防控责任

积极落实以林长制为核心的疫情防控责任制度,压实各级林长松材线虫病疫情防控主体责任。坚持实行防治调度机制,采取明察与暗访相结合,跟踪检查和督导,及时发现问题,及时通报,督促整改。

3.2 夯实防控保障

一是加大防治投入。鼓励各地采取措施激励定点加工企业出资除治疫木,进行安全利用,督促落实防治资金,保障疫情防控需要。二是加强基础建设。积极谋划申报林业有害生物综合防控体系建设项目,抓好在建基建项目实施。三是加强疫情防控数字化监管。组织各地全面应用国家松材线虫病疫情防控监管平台,提高监测防控的信息化水平。四是加强技术培训。开展线上线下多层次防治技术培训,切实提升基层队伍业务素质、履职能力。

3.3 强化综合防控

一是加强疫情精准监测。坚持"天空地"三位一体监测模式,开展疫情日常监测和专项普查,及时精准掌握疫情发生发展动态。二是加强疫情封锁监管。抓好"护松 2024"打击涉松材线虫病疫木违法犯罪行为专项整治行动,加强省际间联防联控,坚决切断疫情传播途径。三是加强综合防治。采取物理、化学和生物等综合防治手段,加强松材线虫病、美国白蛾及本土常发性林业有害生物防治,减少传播风险。加强低温雨雪冰冻灾害诱发的天牛、小蠹虫等蛀干害虫防治。四是加强防治技术研究。以解决防控

2 2024年下半年发生趋势预测

2.1 总体发生趋势预测

2.1.1 预测依据

根据气象部门消息，湖北省6月18日入梅，梅雨期全省经历多轮强降雨。7月15日出梅入伏至9月10日，全省大部地区出现高温持续时间长、夜间气温高、局地高温极端的异常气候。依据上述气象条件，根据各地调查情况、上半年主要林业有害生物发生及防治情况、各市州会商意见，综合形成2024年下半年主要林业有害生物发生趋势。

2.1.2 预测结果

预计下半年全省主要林业有害生物发生面积21万hm^2左右，同比略有上升。其中：虫害发生12.47万hm^2左右、病害8.33万hm^2左右、鼠兔害0.20万hm^2左右。总体趋势：一是松材线虫病疫情逐步压缩，但疫情基数大、易反弹，防控形势依然严峻；二是美国白蛾疫情继续得到控制，但传播扩散风险高；三是受年初冰冻雨雪灾害影响，松褐天牛、桑天牛、云斑天牛、华山松大小蠹等蛀干害虫危害可能加重；四是杨树、竹类等食叶害虫发生面积略有上升；五是马尾松毛虫、经济林病虫发生面积下降，危害减轻；六是杨树病害、鼠兔害发生平稳，危害不大。

2.2 主要种类预测

2.2.1 松材线虫病

2024年是"十四五"松材线虫病疫情防控五年攻坚行动第四年，湖北省正在逐步实现"控制一批、压缩一批、拔除一批"的疫情防控目标，防控效果将得到进一步巩固，疫区、疫点、发生面积、死树数量将继续呈下降趋势，疫情发生面积预计控制在7.67万hm^2左右。但全省疫情点多面广、基数较高，拔除疫情和实现无疫情疫区、疫点的疫情容易反弹，加之2024年2月冰冻雨雪灾害，造成了大量松树倒伏、折干，对松材线虫病疫情防控带来不利影响，疫情防控形势仍然严峻。

2.2.2 美国白蛾

预测下半年美国白蛾发生面积0.02万hm^2以内，低于上年同期。经多年有效防控，孝感、随州老疫区境内疫情总体平稳，可防可控，但仍需加强监测，谨防第二、三代危害加重。美国白蛾易随苗木调运、交通工具远距离传播，各地要切实抓好监测调查和检疫监管，外防输入、内防扩散，严防出现新疫情。

2.2.3 马尾松毛虫

预计下半年发生2万hm^2左右，经越冬代、第一代防治后，虫口密度总体降低，但老虫源地黄冈、孝感、武汉、十堰等地要关注虫情动态，防止局部危害。

2.2.4 松褐天牛

预计下半年发生4万hm^2左右，同比有所上升，在武汉、黄冈、咸宁、十堰、荆门、黄石、孝感、宜昌等地可能偏重发生。

2.2.5 华山松大小蠹

预计下半年发生0.03万hm^2，同比略有上升，主要发生在神农架林区及其周边的十堰市竹溪县，宜昌市兴山县，襄阳市保康县等地。

市、蕲春县,咸宁市的通城县、通山县,恩施州的恩施市,黄石市的阳新县等地;木瓜锈病发生 0.08 万 hm^2,同比下降 20.0%,发生在十堰市郧阳区。

1.2.7　竹类病虫害

竹类病虫害主要有黄脊竹蝗、竹笋夜蛾、刚竹毒蛾,上半年发生 0.48 万 hm^2,同比上升 4.3%,以轻度发生为主,主要发生在咸宁市的崇阳县、赤壁市、咸安区、通山县,荆州市的石首市等地。

1.2.8　鼠兔害

鼠兔害主要有草兔、中华鼢鼠。上半年发生 0.24 万 hm^2,同比下降 1.1%,其中:兔害 0.04 万 hm^2、鼠害 0.20 万 hm^2,主要发生在十堰市的竹溪县、郧阳区、郧西县、房县,襄阳市的南漳县、枣阳市,咸宁市的通城县等地。

1.2.9　有害植物

上半年发生 6.78 万 hm^2,同比基本持平,以轻度发生为主。其中葛藤发生面积 6.75 万 hm^2、剑叶金鸡菊 0.01 万 hm^2、加拿大一枝黄花 0.02 万 hm^2。葛藤主要发生在十堰市、宜昌市、黄冈市、襄阳市、黄石市、孝感市、武汉市等地;剑叶金鸡菊仅在孝感市大悟县分布;加拿大一枝黄花在各地零星分布。

1.3　成因分析

1.3.1　异常气候加重林业有害生物发生

气候是影响林业有害生物生长发育重要因素。2023 年 12 月至 2024 年 1 月,全省平均气温较常年偏高,利于病虫害越冬;2 月出现历史罕见冰冻雨雪天气,致使全省多地大量树木倒伏、折干,树势衰弱,抗病虫能力下降;3—4 月,雨热气候适宜,加之马尾松毛虫处于周期性发生高峰期,越冬代马尾松毛虫在鄂东北大别山一带局地危害较重;5 月中旬至 6 月上旬,全省大部高温少雨,导致杨树食叶害虫在江汉平原危害加重。

1.3.2　林分结构不合理,抗病虫能力差

湖北省林分结构以松、杨为主,且多为纯林,为松褐天牛、马尾松毛虫、杨树食叶害虫提供了广阔的生存和繁育环境,而松褐天牛在松林中的广泛分布,有利于松材线虫病的传播扩散。近些年各地大力发展油茶、核桃等经济林产业,大量种植纯林、栽植密度过大,生物多样性低,且外地品种适应性差,导致林分处于亚健康状态,抗性差,为病虫害大发生创造了客观条件。

1.3.3　人为活动加重外来有害生物传播风险

随着经济快速发展,经贸、物流、旅游等活动往来日益频繁,工程建设较多,绿化苗木、花卉、草坪、木材、木质包装材料等异地调运,加大了有害生物跨区域、大范围传播扩散的风险。

1.3.4　重大林业有害生物防控取得实效

各地全面推行林长制,进一步压实政府防治主体责任,强化组织领导,加大资金投入,强力推进松材线虫病、美国白蛾等重大林业有害生物防控,积极开展马尾松毛虫、杨树食叶害虫、经济林病虫害等常发性林业有害生物监测预防,取得了显著的防治效果。

疫情疫区 5 个、疫点 54 个（国家林业和草原局，2024b）。去冬今春，全省组织疫木集中除治，对 115.93 万株病枯死松树进行了清理，防控效果明显。

1.2.2 美国白蛾

据监测调查，上半年美国白蛾第一代幼虫发生面积 248.87 hm²，同比下降 11.5%，以轻度发生为主，主要分布于随州市的广水市、孝感市的大悟县，此外，随州市的随县、孝感市的云梦县、安陆市、应城市、孝昌县、孝南区有零星分布。4月上旬，全省悬挂诱捕器启动成虫性诱监测；5月中旬起进行幼虫专项调查；5月下旬开始，采用人工剪除网幕、背负式喷雾机、车载式喷雾机及无人机喷药等方式实施综合治理，累计预防和防治面积达 1.25 万 hm²，未出现灾害和扰民事件（卢修亮等，2023）。

1.2.3 马尾松毛虫

马尾松毛虫是湖北省广泛分布的周期性松树食叶害虫，一般 5~6 年一个发生高峰，受发生规律及气候影响，近些年呈上升趋势，2004 年上半年发生 7.10 万 hm²，同比上升 30.8%，在鄂东北大别山区黄冈市的英山县、麻城市、罗田县、红安县、浠水县，武汉市的黄陂区，孝感市的大悟县等地发生面积较大，局地危害重。4—6月，各地分别采取直升机、无人机施药及人工地面防治的方式，对越冬代、第一代幼虫及时进行防治，累计防治作业面积 7.27 万 hm²，有效降低了虫情危害。

1.2.4 松褐天牛

松褐天牛是湖北省松材线虫病传播的媒介昆虫，在全省广泛分布，上半年发生 7.57 万 hm²，同比下降 13.2%。主要发生在武汉市的黄陂区、新洲区，随州市的随县，黄冈市的英山县、蕲春县、麻城市、罗田县、红安县，荆门市的东宝区、钟祥市、京山市等地。5月起至今，各地陆续采取直升机、无人机、地面人工施药等方式进行防治，目前累计防治作业面积达 5.28 万 hm²。

1.2.5 杨树病虫害

杨树病虫害在湖北省杨树产区广泛分布，主要有食叶害虫（杨小舟蛾、杨扇舟蛾）、蛀干害虫（云斑天牛、桑天牛）和病害（黑斑病、溃疡病、烂皮病），上半年发生 3.27 万 hm²，同比下降 2.4%，总体以轻度发生为主。其中：杨树食叶害虫发生 2.09 万 hm²，虽然发生面积同比下降 4.1%，但 5 月中旬以来，受高温气候影响，杨小舟蛾第二代在江汉平原潜江市及荆州市的石首市、公安县等地局部发生较重，成灾面积 0.01 万 hm²；杨树蛀干害虫发生 0.96 万 hm²，同比基本持平；杨树病害发生 0.21 万 hm²，同比下降 6.9%。

1.2.6 经济林病虫害

经济林病虫害以板栗、核桃、油茶病虫害为主，上半年发生 1.92 万 hm²，同比下降 38.8%，以轻度发生为主，其中：板栗病虫害发生 1.09 万 hm²，同比下降 50.6%，以板栗剪枝象、栗瘿蜂、板栗疫病为主，主要发生在黄冈市的罗田县、麻城市、红安县、孝感市的大悟县等地。核桃病虫害发生 0.34 万 hm²，同比下降 23.3%，以核桃细菌性黑斑病、核桃长足象、银杏大蚕蛾、核桃举肢蛾为主，主要发生在十堰市的房县、丹江口市、郧西县、竹溪县、郧阳区，宜昌市的兴山县等地；油茶病虫害发生 0.42 万 hm²，同比上升 4.2%，以油茶煤污病、油茶炭疽病为主，主要发生在黄冈市的麻城

pikas was reduced. Through comprehensive research and judgment, it is predicted that the main forestry pests in Hubei province will occur in about 210 000 hm^2 in the second half of 2024, with a slight increase year-on-year. The overall trend is that pine wilt disease and *Hyphantria cunea* will continue to be effectively curbed, but there is a risk of import from other provinces and spread within the province. The damage of stem borers such as *Monochamus alternatus*, *Apriona germari*, *Batocera horsfieldi*, *Dendroctonus armandi* may be aggravated; the occurrence area of leaf-eating pests such as poplar and bamboo increased slightly. The occurrence area of *Dendrolimus punctatus* and economic forest pests decreased, and the damage was reduced. Poplar disease, pika damage occurred smoothly, little harm. In view of the current characteristics, it is suggested to further compact the responsibility of prevention and control, consolidate the guarantee of prevention and control, strengthen comprehensive prevention and control, implement ecological management, and strengthen publicity and mobilization.

Key words: Forestry pests; Occurrence; Trend prediction; Prevention and control measures

林业有害生物对森林资源和生态环境造成了严重破坏，极大地影响了林业经济的健康发展，已成为我国森林面临的主要灾害之一。为了维护森林资源，推动林业持续发展，本文描述了2024年上半年湖北省主要林业有害生物的发生状况与特征，探讨了灾害形成的原因，并对下半年的发展趋势进行了预测，同时提出了相应的防控措施。

1　2024年上半年发生情况

据统计，2024年上半年湖北省主要林业有害生物发生27.61万 hm^2，同比下降2.5%。其中：虫害发生19.53万 hm^2，同比下降3.4%；病害发生1.06万 hm^2，同比下降10.6%；鼠（兔）害发生0.24万 hm^2，同比下降1.1%；有害植物发生6.78万 hm^2，同比基本持平。上半年全省防治作业面积23.06万 hm^2，成灾率控制在0.02‰，无公害防治率达93.9%（国家林业和草原局生物灾害防控中心，2024）（注：每年秋季普查统计松材线虫病发生面积，因此上半年林业有害生物发生防治汇总数据不含松材线虫病。）。

1.1　发生特点

一是重大林业有害生物防控成效明显，松材线虫病疫情逐步得到压缩控制，美国白蛾疫情总体可控。二是常发性林业有害生物此消彼长，马尾松毛虫、杨树食叶害虫、竹类害虫在局部地区危害加重；杨树蛀干害虫、有害植物发生平稳；松褐天牛、杨树病害、经济林病虫害、鼠兔害危害减轻。

1.2　主要种类发生情况

1.2.1　松材线虫病

据2023年秋季普查数据，全省松材线虫病发生面积7.82万 hm^2，病死松树62.3万株，涉及13个市（州）、74个县级疫区、417个乡镇疫点（国家林业和草原局，2024a）。各级党委政府和林业部门高度重视松材线虫病疫情防控工作，深入推进防控攻坚行动，实现疫区、疫点、发生面积和病死松树数量"四下降"。较2022年，疫情发生面积减少0.95万 hm^2，病死松树减少10万株；拔除疫区5个、疫点12个，实现无

湖北省主要林业有害生物2024年上半年发生情况及下半年发生趋势预测

陈 亮[1]*，罗治建[1]，黄贤斌[1]**，戴 丽[1]，古 剑[2]

(1. 湖北省林业有害生物防治检疫总站，武汉 430074；
2. 宜昌市森林病虫防治检疫站，宜昌 443001)

摘 要：2024年上半年湖北省主要林业有害生物发生面积27.61万 hm^2，同比下降2.5%。主要呈现以下特点：一是外来重大林业有害生物防控成效明显，松材线虫病疫情逐步得到压缩控制，美国白蛾疫情总体可控。二是本土常发性林业有害生物此消彼长，马尾松毛虫、杨树食叶害虫、竹类害虫在局部地区危害加重；杨树蛀干害虫、有害植物发生平稳；松褐天牛、杨树病害、经济林病虫害、鼠兔害危害减轻。经综合研判，预测2024年下半年湖北省主要林业有害生物发生21万 hm^2 左右，同比略有上升。总体趋势：松材线虫病、美国白蛾继续得到有效遏制，但存在外省输入、省内扩散的风险。松褐天牛、桑天牛、云斑天牛、华山松大小蠹等蛀干害虫危害可能加重；杨树、竹类等食叶害虫发生面积略有上升；马尾松毛虫、经济林病虫发生面积下降，危害减轻；杨树病害、鼠兔害发生平稳，危害不大。针对当前有害生物发生特点及趋势，建议进一步压实防控责任，夯实防控保障，强化综合防控，实施生态治理，加强宣传动员。

关键词：林业有害生物；发生情况；趋势预测；防控对策

The Occurrence of Major Forestry Pests in Hubei Province in the First Half of 2024 and the Trend Forecast in the Second Half of Year

Chen Liang[1], Luo Zhijian[1], Huang Xianbin[1], Dai Li[1], Gu Jian[2]

(1. Hubei Forestry Pest Control and Quarantine General Station, Wuhan 430074, China;
2. Yichang Forest Pest and Disease Control and Quarantine Station, Yichang 443001, China)

Abstract: In the first half of 2024, the area of major forest pests in Hubei Province was 276 100 hm^2, down 2.5% year-on-year. The main characteristics are as follows: First, the prevention and control of major foreign forest pests has achieved remarkable results. The epidemic situation of pine wilt disease has been gradually compressed and controlled, and the epidemic situation of *Hyphantria cunea* is generally controllable. Second, the local common forestry pests are on the rise, and the harm of masson pine caterpillar, poplar leaf-eating pests and bamboo pests is aggravated in some areas. Poplar stem borer pests and harmful plants occur smoothly; the damage of *Monochamus alternatus* Hope, poplar diseases, economic forest diseases and insect pests, and

---

* 第一作者：陈亮，高级工程师，主要从事林业有害生物监测防治工作。E-mail:65035515@qq.com
** 通信作者：黄贤斌，主要从事林业有害生物防治管理工作。E-mail:1760392826@qq.com

组蛋白去乙酰化酶 Hda1 对球孢白僵菌抗逆和毒力的影响 …………………………………
　　　　　　　　　　　　　　　　　　　　　　　　蔡　青，谢甲涛，姜道宏（425）
景观生态学应用在林业有害生物综合控制方面的研究进展 ………………………………
　　　　　　　　　　　　　　洪承昊，查玉平，陈　亮，张子一，夏剑萍（426）
宜昌市"十四五"期间松材线虫病疫情防控现状与对策 …………………………………
　　　　　　　　　　　　　　谭家林，李金鞠，赵金文，李　强，古　剑（433）
白蚁营养成分与食药用价值研究概况 …………………… 章程阳，黄求应（439）
白蚁智能监测技术的应用与发展现状 …………… 刘玉叶，卢传奇，黄求应（445）
杀虫灯智能化技术发展现状及展望 ………………………………………………
　　　　　　　　　　　　　李明珠，杨　静，王　攀，刘　文，王小平（452）
杀虫灯和粘虫板的田间应用及对天敌昆虫的影响 …… 杨　凯，陈丽慧，魏洪义（459）
基于人工智能的实蝇类害虫图像识别技术研究进展 ………………… 秦嘉炜（468）
草地贪夜蛾抗药性研究进展 ………………………………………………………
　　　　　　　　　　　　付慧男，王　希，罗习滔，罗俊彦，钟　玲，邹志文（477）
小菜蛾的抗药性现状及治理研究 ………………………………………………
　　　　　　　　　　　　　陈思宇，张志林，覃明秋，王乐韵，王小云（488）
桃蛀螟的生长阶段、危害现象和防治措施 ……………………………………
　　　　　　　　　　　　　　　　张译元，程川博，吴丽红，林榕梅（510）
稻飞虱 OBP、CSP 及与水稻挥发性有机化合物的互作研究进展 ………………
　　　　　　　　　　　　　　　　　　　　　　　　　　　　龙玲玲，贺华良（518）
鳞翅目昆虫头部感器种类与功能的研究进展 ………… 叶丽文，魏洪义，陈丽慧（528）
昆虫神经肽研究进展 …… 彭　威，幸诗斯，文　雯，鲍　秀，易雪莹，王　妍（542）

豇豆开花结荚期两种颜色可降解粘虫板的诱捕效果差异 ……………………………………………
…………… 甘夏鹏，程缨子，望　勇，张求东，周华众，王小平，王　攀（306）
几种生物药剂对豇豆蓟马防效初报 ………………………………………
…………… 郭指君，杨连勇，张忠武，孙信成，蒋　万，黄　琳，黄国华（311）
爪哇虫草菌CJ01可湿性粉剂对常德地区豇豆蓟马田间药效评价……………………………
…………………… 陈常瑞，唐　俊，杨连勇，黄　琳，黄国华（319）
江西油茶织蛾危害调查及绿色防控技术研究 ………………………………
………………………………… 陈元生，罗致迪，闫　闯，于海萍（326）
不同药剂及施药方式对牡丹田蛴螬的药效评价 ……………………………
………………………… 王利霞，王淑枝，韩瑞华，张自启，段爱菊（336）
基于再发酵菌渣的双叉犀金龟幼虫人工饲养效果初探 ………… 余光鑫，朱　芬（340）
白星花金龟幼虫对8种物料转化力初步研究 ………………………………
………………………… 王志豪，李永丽，周　洲，贾少康，郭旭阳，林　晨（346）
绿豆象幼虫作为食料繁育异色瓢虫的研究 ……………………………………
………………………… 于静亚，王志华，毛润萍，裴张新，董立坤（351）
两种航空器喷药防治栗实象效果分析 …………………………………………
………………………… 查玉平，张子一，肖云丽，方洪元，洪承昊（357）
基于玉米秸秆生物炭和大蒜肉桂精油的药肥一体化技术研究 …………………
………………………… 卢伟平，邵　明，苏亚飞，黄求应（363）
不同产卵基质对黑水虻产卵生物学的影响 ………………… 魏钦钦，谢文坤（373）
长白山蚂蚁抗菌肽的提取工艺优化及纯化分析 ………………………………
………………………… 李淑萍，余　越，王晓雨，陆　苗，李国政（381）
贝莱斯芽孢杆菌对烟草的促生作用及病虫害防效研究初报 ………………………
………………………… 祝庄品，高晨明，马俊锋，别光军，杨　龙，王小平（401）
烤烟品种（系）CMV抗性鉴定分析报告 …………………………………………
………………………… 李小一，胡日生，罗经仁，李云霞，李宏光，余金龙（408）
江西玉米田草地贪夜蛾幼虫空间分布型和抽样技术研究 …………………………
………………………… 罗俊彦，罗习滔，张　露，王　希，钟　玲，吴义辉，邹志文（412）
湖北省蕲春县蕲艾主要虫害及其发生规律研究 ……………………………
………………………… 夏振洲，王明辉，涂军明，颜鸿远，谈仲川，余仲武，丁凤菊（420）
基于四年性诱监测的豫南茶园灰茶尺蠖和茶毛虫发生动态………… 耿书宝，孙浩瀚，
………… 宋君川，潘鹏亮，洪　枫，金银利，周　洲，张方梅，乔利（421）
茶角胸叶甲成虫触角、口器和足上感受器的扫描电镜观察 ………………………
………………………… 仇　欢，朱　芬，焦　龙，毛迎新（422）
黑水虻用于镉污染修复的潜力评估：毒代动力学和组织动力学分析 ……………
………………………… 张　杰，唐春艳，冯　锐，朱　芬（423）
钙/Ca-ATP酶对重金属镉在黑水虻体内转运的影响 ………… 万雨佳，朱　芬（424）

Transformer-2 在斑翅果蝇生殖调控中的作用 …………………………………………………………
………………………………………………… 鲍　秀，文　雯，王　妍，易雪莹，彭　威（143）
近年来郑州地区实蝇种群动态变化及与气候的关系 …………………………………………………
………………………………………………………… 李元杰，任　尚，许靖宜，崔智慧（153）
南亚果实蝇识别与防治技术 ……………………………………………………………………………
………………………… 韩瑞华，王淑枝，张自启，王利霞，刘长营，田永恒，段爱菊（160）
河南省草地贪夜蛾寄生蜂种类记述 ……………………………………………………………………
………………………… 田彩红，王晓菲，李国平，黄建荣，张俊逸，尹新明，封洪强（167）
光周期对川硬皮肿腿蜂生长发育和生殖的影响 ………………………………………………………
………………………………… 聂梦琴，刘欣莹，韦丽逢，冯寒松，张江涛，刘兴平（177）
江西九岭山国家级自然保护区半翅目和膜翅目昆虫群落结构及区系分析 …………………………
………………………………… 于一鸣，涂　昆，舒　平，陈亮亮，张朝晖，丁永刚，邹志文（187）
蕲艾田蚜虫种群多样性的分子鉴定 ………………………… 常向前，吕　亮，张　舒（198）
瓜蚜蜜露细菌多样性研究 ………………………… 刘　悦，王文荣，彭　宇，赵　耀（203）
MEAM1 烟粉虱取食诱导辣椒蛋白酶抑制剂基因表达 ……………………………………………
………………………………………………… 胡　杰，郭豪博，文雅琪，焦晓国（213）
春季降雨量对小麦吸浆虫的发生程度的影响 …………………………………………………………
………………………… 刘长营，王淑枝，王利霞，韩瑞华，张自启，田永恒，段爱菊（220）
不同小麦品种（系）对小麦吸浆虫抗性鉴定 …………………………………………………………
………………………… 王利霞，刘长营，王淑枝，韩瑞华，张自启，田永恒，段爱菊（224）
不同方法监测水稻稻纵卷叶螟成虫发生效果初探 ……………………………………………………
………………………………… 石永芳，孙贤海，袁　航，常向前，吕　亮，张　舒（228）
不同药剂组合防治水稻二化螟田间药效试验 ………… 曾　俊，沈　青，管维康（233）
美国白蛾在湖北省的发生发展变化分析及防治策略建议 ……………… 张文颖（238）
黄淮海地区的草地贪夜蛾基因型分析 …………………………………………………………………
………………………… 田彩红，王晓菲，李国平，黄建荣，张俊逸，尹新明，封洪强（244）
黄栀子卷叶螟发生规律及防效初试 ………………… 王菊香，陈　亮，洪承昊（255）
不同病原微生物对二化螟越冬幼虫的致死效应 ………………………………………………………
…… 江　婷，凌心仪，曾　林，胡志康，温在豪，何海敏，张万娜，彭英传（259）
基于产卵选择反应的棉铃虫和烟青虫成虫判别函数的构建 …………………………………………
………………………………… 张萌昊，毛杰文，游秀峰，郭线茹，王高平，李为争（266）
柳蓝叶甲卵沉积对柳树防御反应及幼虫生长发育的影响 ……… 黎　斌，鲁　敏（272）
玉米潜在害虫——旋心异跗萤叶甲发生现状的调查及防治建议 ……………………………………
………………………………………… 郭　党，王淑枝，王育红，孟战赢，段爱菊（283）
用 PCR-RFLP 方法鉴别米象和玉米象的研究 ………………………………………………………
………………………………………………… 潘　登，李嘉旭，汤秋玲，毕　洁，贺艳萍（287）
武汉新洲区设施豇豆病虫害绿色防控关键技术 ………… 谢松霖，杨绍丽，殷文涛，万　利，
………………………………… 望　勇，杨　帆，周利琳，蔡　翔，司升云，王　攀（295）

目 录

湖北省主要林业有害生物2024年上半年发生情况及下半年发生趋势预测…………………
………………………………陈 亮，罗治建，黄贤斌，戴 丽，古 剑（1）
湖北五峰后河国家级自然保护区昆虫本底调查与评估…………………………………………
………………王业清，朱晓琴，刘 洋，程玉芬，蒲云海，邓长胜，徐 杰，吴 刚（8）
湖北武汉东湖国家湿地公园喻家湖昆虫本底调查与多样性评估……………………………
……霍 军，蒲云海，何帅洁，黄 潇，王 建，赵亦杨，金世中，吴 刚（16）
湖北五道峡国家级自然保护区昆虫本底调查与多样性评估…………………刘 涛，李星奎，
宋德化，王 波，程传宏，张学雄，蒲云海，鲁梓怡，赵亦杨，吴 刚（29）
湖北五道峡国家级自然保护区生态指示昆虫调查与评估…………………刘 涛，李星奎，
宋德化，王 波，程传宏，张学雄，蒲云海，鲁梓怡，赵亦杨，吴 刚（35）
武汉地区蝶类资源调查及区系组成研究………………………………………………………
…………………董立坤，蒲云海，李辰亮，朱小明，吴 刚，邱 爽（47）
江陵县传疟媒介中华按蚊的监测研究 …………………………孙 刚，万 伦，黄 松（64）
湖北省松滋市鼠类种类监测与分析 …………………………………………………………
………………………郝海波，许 勇，聂晓培，谭梁飞，刘 卓，曹 滨（70）
研究生课程"资源利用与植物保护技术进展"课程思政建设探究
——"矩阵+任务单"模式……朱 芬，黄求应，龚钰华，周 雁，郭晓黎（73）
新农科背景下课程思政元素的挖掘与实践
——以湖南农业大学"农业昆虫学"课程为例 …………高宏帅，贺华良（77）
烯啶虫胺和绿僵菌对黑胸散白蚁运动行为影响 ………张 乐，张晓楠，黄求应（82）
六种白蚁肠道共生疣微菌的系统发育分析………………………………………………………
………………………………梅 承，王梦兰，王 誉，罗 勤，杨 红（93）
饥饿胁迫对花绒寄甲交配行为及生殖适合度的影响 …………………………………………
……………………冯寒松，刘欣莹，韦丽逢，郑晓毅，王钦召，刘兴平（104）
基于MaxEnt模型的地中海实蝇在我国的适生区变化预测 ……………………………………
……………………周 良，王浩然，朱景全，邱辰旭，赵守歧，姜 培，牛长缨（117）
温度对柑橘大实蝇越冬蛹基数和羽化的研究 …………………………………………………
…………………………………陈俊丞，乔 羽，姜成红，潘龙其（127）
*fruitless*在斑翅果蝇求偶和交配行为中的作用 ………………………………………………
…………………………………鲍 秀，文 雯，王 妍，易雪莹，彭 威（133）

前　言

学术交流有利于促进学会学科建设，是彰显学会功能的重要途径。为打破年度学术交流仅是本省昆虫学工作者的局限性，湖北省昆虫学会联合湖南、河南两省昆虫学会，于2001创办了华中昆虫学术研讨会。目前，江西省昆虫学会也加入了华中昆虫学术研讨会。该会议以年为基本周期，根据特殊情况做适当调整，由华中地区几个省轮流主办。研讨会的创办为华中地区科技工作者提供了更好的交流平台，成为集中展示华中地区科研进展、探讨发展方向、促进同行合作的学术品牌。自研讨会创立以来，每届研讨会都会正式出版《华中昆虫研究》。主要聚焦华中地区昆虫研究者在昆虫多样性及系统发育、农林害虫及其天敌的基础理论研究和应用技术、城市昆虫的基础理论研究和应用技术等方面的进展，也会涉及昆虫学相关研究的一些教学创新成果等，对增进华中地区昆虫学工作者的相互了解、推动华中地区昆虫学进步乃至我国昆虫学事业的发展发挥了重要作用。

《华中昆虫研究（第十八卷）》共收集了72篇综述类、研究性及研究摘要的论文。本卷内容丰富，视野开阔，观点新颖，既有近几年昆虫本底调查与多样性评估等方面的基础性研究，也涉及昆虫与植物互作相关分子机制方面的前沿领域研究进展，以期充分展示华中地区昆虫学研究工作的最新进展和发展水平。论文作者单位包含高等院校、科研机构和技术推广部门，论文第一作者既有长期在农林一线工作、经验丰富的专家，也有大量初入昆虫学研究门槛的研究生，是华中地区昆虫研究者联合打造的高质量、有组织科研的具体例证。本卷可作为农林科研单位、农林院校、农林技术推广部门同行的参考资料。

本卷的编辑与审稿得到了昆虫资源利用与害虫可持续治理湖北省重点实验室、水利部白蚁防治重点实验室的支持，在此表示感谢！

《华中昆虫研究（第十八卷）》编委会
2024年12月31日　武汉

《华中昆虫研究（第十八卷）》编委会

主　编：王满囷　黄求应　牛长缨

编　委：（按姓氏笔画为序）

　　　　王高平　王满囷　尹新明　牛长缨

　　　　刘兴平　李有志　黄求应　黄国华

　　　　彭英传　蔡　青　陈亚州　李刚华

　　　　周爱明

研究生课程"资源利用与植物保护技术进展"课程思政建设探究
——"矩阵+任务单"模式*

朱 芬**,黄求应,龚钰华,周 雁,郭晓黎

(华中农业大学植物科学技术学院,武汉 430070)

摘 要:【目的】探索研究生专业课"资源利用与植物保护技术进展"的课程思政教学新模式。【方法】深入挖掘典型思政载体以实现课程内容与思政内容有机融合,构建课程思政矩阵和课程思政任务单。【结果】形成基于"矩阵+任务单"模式的课程思政教学模式。【结论】"矩阵+任务单"式的课程思政模式有助于实现专业教学与思政教育目标的精准对接。

关键词:课程思政;矩阵;任务单;模式

Studies of Construction about the Graduate Course *Resource Utilization and Plant Protection Technology Progress* on the Ideological and Political Dimension: Matrix + Task List mode*

Zhu Fen**, Huang Qiuying, Gong Yuhua, Zhou Yan, Guo Xiaoli

(*College of Plant Science and Technology, Huazhong Agricultural University, Wuhan 430070, China*)

Abstract:【Objectives】To explore a new model on the ideological and political dimension for the graduate course "Resource utilization and plant protection technology Progress".【Methods】Typical ideological and political carriers were used to integrate the disciplinary, ideological, and political content. matrix and task list was one-to-one correspondence.【Results】A model based on "matrix + task list" was formed.【Conclusion】The "matrix + task list" model is helpful to realize the precise connection between professional teaching and ideological and political education goals.

Key words: Course on the Ideological and Political Dimension; Matrix; Mask list; Model

根据全国农业专业学位教育指导委员会文件要求,植物保护领域(2010年4月获批)和农业资源利用领域(2011年4月获批)合并调整为资源利用与植物保护领域,从2018年9月开始招生,旨在为农业资源利用、植物保护、农业生态环境治理等领域的相关行政部门、行业与企事业单位、新型农业经营主体等培养精技术、懂经营、会管理的应用型、复合型高层次人才。在课程设置中,"资源利用与植物保护技术进展"是

---

* 基金项目:华中农业大学研究生培养条件建设项目(2023KC16)
** 通信作者:朱芬,教授,主要从事资源昆虫研究;E-mail:zhufen@mail.hzau.edu.cn

专业必修课之一,也是领域主干课之一。学科基础知识与技术并重是该课程的主要特点,对资源利用与植物保护领域的人才培养具有重要作用。该课程涉及生物学、生物化学、物理学、工程学及生物技术等学科,具有明显的交叉性;还特别强调解决实际问题,因而具有明显的实践性;人们对资源利用与植物保护技术的探索和发展过程中不断涌现新的概念和原理,也突破形成了新技术和新方法,因此课程教学具有鲜明的新颖性和前沿性。习近平总书记在全国高校思想政治工作会议上的讲话中提出,要把思想政治工作贯穿教育教学全过程,构建全员育人,全过程育人格局。本课程建设过程中深入挖掘典型思政载体以实现课程内容与思政内容有机融合,最终提炼形成基于"矩阵+任务单"模式的课程思政教学模式。

1 本课程的教学目标

该课程的教学目标是帮助学生融会贯通学科理论基础即生物多样性理论和生物安全观,掌握生物资源利用的基本原则、途径和方法,了解农业有机废弃物资源利用技术进展、昆虫资源及其利用技术进展、菌物资源及其利用技术进展、植物资源及其利用技术进展、植物保护信息化资源及其利用进展,掌握植物保护常用的生物技术、植物组织培养技术、重组 DNA 技术、分子生物学技术及细胞组织学技术。从国家安全特别是生态安全、资源安全及生物安全的角度剖析如何开展农业资源利用、植物保护及农业生态环境治理,为我国资源利用和植物保护事业的发展献计献策。

2 课程思政建设实践

2.1 分解目标、挖掘元素,构建课程思政矩阵

专业课教师在课程讲授过程中容易沉迷于专业知识本身的科学价值,而忽略专业知识的思政价值,无法有效地将其植入到每一堂课的实际教学环节中。因此,对该课程教学目标进行了分解,剖析章节知识点涉及的思政元素,制定了详实的课程思政矩阵,具体见表1。

表 1 课程思政矩阵

章节内容	思政元素						
	遵纪守法	国家安全	生态文明	三农情怀	农业文化	职业操守	创新精神
绪论及课程概括	○	○	○		○		
生物资源利用的基本原则、途径和方法	○	○	○	○	○	○	○
国家安全视域下的资源利用与植物保护	○	○	○			○	
农业有机废弃物资源利用技术进展		○	○	○		○	
昆虫资源及其利用技术进展		○		○	○	○	○

(续表)

章节内容	思政元素						
	遵纪守法	国家安全	生态文明	三农情怀	农业文化	职业操守	创新精神
菌物资源及其利用技术进展			○	○	○		
植物资源及其利用技术进展		○		○	○		○
植物保护信息化资源及其利用进展		○		○	○		
生物技术与植物保护				○		○	
植物组织培养技术与植物保护							○
重组DNA技术与植物保护							○
分子生物学及细胞组织学技术与植物保护							○

2.2 精准画像、逐一落实，构建课程思政任务单

以专业知识为载体，对思政元素进行精准画像，并提供系列材料，以"润物细无声"的方式将课程思政任务与课后作业巧妙融合，形成一套课程思政任务单，详见表2。

表2 作业与课程思政任务单

内容	作业与思政任务
（1）2021年10月8日我国国务院新闻办公室发表了《中国的生物多样性保护》白皮书。中国将生物多样性保护上升为国家战略，把生物多样性保护纳入各地区、各领域中长期规划，完善政策法规体系，加强技术保障和人才队伍建设，加大执法监督力度，引导公众自觉参与生物多样性保护，不断提升生物多样性治理能力	（1）谈谈中国于2021年将生物多样性保护上升为国家战略的重要性和及时性
（2）2023年中央一号文件首次将"树立大食物观"纳入"抓紧抓好粮食和重要农产品稳产保供"章节，强调要加快构建粮经饲统筹、农林牧渔结合、植物动物微生物并举的多元化食物供给体系	（2）结合课程学习内容，试述"大食物观"的立论依据
（3）2024年中央一号文件为关于学习运用"千村示范、万村整治"工程经验有力有效推进乡村全面振兴的意见，提出我国将进一步加快农业绿色发展步伐、改善农业生态环境	（3）试述植物保护技术在农业有机废弃物资源利用与乡村振兴建设中的体现
（4）在新时代，大食物观的内涵表现在3个方面：调整食物的生产结构，不仅向主粮要食物，更要向副食要食物；扩大食物的来源，除了从耕地，还要从森林江河湖海戈壁合理开发中获取食物；依靠科技创新，实现可持续和高质量的食物供给。落实大食物观是一个系统工程。2023年4月27—29日，中国昆虫产业峰会暨第一届荆门昆虫产业论坛在湖北荆门国际会展中心举行，用"小昆虫"献计于"大食物观"	（4）选取一种昆虫，试述其可能的资源化利用途径和产业化发展方向

(续表)

内容	作业与思政任务
(5) 有些西方国家一直担心中国科技发展起来并且超越他们,所以每次有中国企业发展过快的时候都会打压一下,比如华为和大疆。但光靠"阴谋论"来制裁是没有意义的,因为只要中国科技产品足够强大,那么突围是迟早的事,就像大疆一般,核心技术在自己手里,产品也很出色,占据了美国80%的市场份额,美国想打压也是无力	(5) 浅析我国智慧植保技术发展的现状并列举一个实例
(6) 关于菌物有很多错误的认知,如"颜色鲜艳的蘑菇都是毒蘑菇"。目前世界上广泛应用的关于蘑菇的中毒类型分型由中国人提出,对主要导致中毒的鹅膏属真菌研究有绝对的话语权	(6) 简述我国科学家在蘑菇中毒类型分型方面取得的卓越成就
(7) 植物在生态环境中扮演着重要的角色,植物的多样性决定了生态系统的稳定性和健康程度	(7) 简述我国的植物资源及保护利用现状
(8) 现代生物技术与很多技术相互交叉,例如,新农业、新农科、新型医药、新型资源、新兴材料、新能源和环境保护等众多领域,相互交融	(8) 简述现代生物技术在新农业中的应用及前景

3 "矩阵+任务单"模式的特点

以"资源利用与植物保护技术进展"课程为例,探索"矩阵+任务单"模式,实现了"内容具象化,任务作业化,落实双向化",做到了课程思政元素与专业知识教学内容的同向前进和有机统一。

(1) "思政内容任务化",从遵纪守法、国家安全、生态文明、三农情怀、农业文化、职业操守、创新精神等多个维度,对课程的教学内容进行思政化重构,在真实的专业知识情景中融入思政元素,打破过去非政治类课程的思政教育单一说教化、枯燥化现状。

(2) "思政内容具象化",以课程教学内容为载体,在教学过程中不是为了思政而思政,而是将思政内容与专业知识内容有机地融合起来,让学生在学习过程中潜移默化,接受并认可思政内容,随后在完成作业的过程中形成反思,贯穿课程教学的备课、授课及作业考查全过程,培育德才兼优的专业人才。

(3) "落实双向化",老师对思政元素进行"画像",把不同的元素融入不同的知识章节,落实课程思政的"讲授"过程;学生完成不同章节的作业,落实课程思政的"吸收"过程。

"矩阵+任务单"式的课程思政模式从课程特点与特色出发,挖掘思政元素,付诸课堂实施,有效解决了专业课教师在课程讲授过程中找不到课程中所蕴含的思政价值,无法有效地将其植入到实际课堂教学环节中的问题。设置思政任务单,打破常规思路,更加注重落实,巧妙地助力专业课的思政教育,实现专业教学与思政教育目标的精准对接。

新农科背景下课程思政元素的挖掘与实践
——以湖南农业大学"农业昆虫学"课程为例*

高宏帅**，贺华良

（湖南农业大学植物保护学院，长沙 410128）

摘 要：本文探讨了在新农科背景下《农业昆虫学》课程中思政元素的挖掘与实践。通过分析当前涉农专业课程的思政现状及面临的挑战，归纳了课程中的思政元素，采取了多样化的教学方法，有效地将课程思政融入专业教学中，促进了学生的全面发展和思政素养的提升，为改善涉农专业的教学实践提供了参考。

关键词：新农科；课程思政；农业昆虫学；教学实践

1 新农科背景下涉农专业课程的课程思政现状

自2018年教育部提出"新农科"建设目标以来，针对农业发展和乡村振兴的需求，涉农专业面临深入改革的任务（王维香等，2023）。这不仅要求将现代科学技术融入课程体系和实践教学中，还需要在协同育人方面进行全面改革，以培养满足乡村振兴发展的人才。在这一背景下，习近平总书记在给全国涉农高校的书记校长和专家代表的回信中，进一步强调"以立德树人为根本，以强农兴农为己任"，为涉农专业的思想政治工作指明了方向。而课程思政作为实现"立德树人"根本任务的核心举措，无疑成为改革的重中之重。推动课程思政融入专业教学能更好地构建"三全育人"体系，解决"培养什么样的人、如何培养人以及为谁培养人"的关键问题。在此指导下，各高职院校积极推进课程思政改革，在增强师生凝聚力、规范教学秩序、提升课堂教学水平等方面取得一定成效（赵相莲等，2022；张艳丽等，2024；蒋晴霞，2023）。

然而，在实际的教学目标执行过程中，涉农专业的思政教学仍然面临很多挑战。在实际涉农专业课程教学过程中，专业课学时相对较少，而教学内容却相当丰富，这导致在有限的时间内难以融入思政元素或融入方式十分生硬，未能激发学生的兴趣和参与感。此外，过于追求高分数的趋势可能导致对思政教育重要性的忽视，造成思政教学目标不明确，课堂思政元素单一、数量不足、教育层面浅显等问题（毕宇，2023；薛浩等，2019）。因此，必须重新审视和调整思政教学策略，特别是深入挖掘课程中的思政元素，以实现更高效的课堂学习，增强学生的思政素养和社会责任感。

---

* 基金项目：湖南农业大学教学改革研究项目（XJJG-2024-008）
** 第一作者：高宏帅，讲师，主要从事鳞翅目害虫生物防治相关研究；E-mail:18309246869@163.com

2 "农业昆虫学"课程的特点及教学需求

"农业昆虫学"课程选用的是洪晓月版的第三版教材,内容涵盖了蔬菜害虫、果树害虫、杂粮害虫等共计12章,每类农业害虫又细分为多种需要重点掌握的重大农业害虫。例如,常见的蔬菜害虫有小菜蛾、菜青虫、甜菜夜蛾、斜纹夜蛾、蚜虫、温室白粉虱、烟粉虱等。对于每种害虫,需要从分类地位、分布与为害、寄主范围、危害特点、形态特征、发生规律和防治方法7个方面进行深入掌握。然而,尽管教学内容丰富,但仅有的24个理论学时和12个实验学时显然不足以充分覆盖这些内容,这成为了阻碍课堂思政教学有效实施的主要原因之一。一是目前课堂教学主要采取传统的灌输式教学方式,这种模式不仅难以激发学生的学习兴趣,更不利于思政元素的融入。二是当前课程中的思政元素单一且缺乏深度,这使得思政教育与专业知识学习的结合显得过于生硬,不利于学生的理解和吸收。三是思政融入的方式不够自然和流畅,缺乏与学生实际生活的联系,导致学生难以真正体会到思政教育的意义和价值。综上所述,为了更有效地在"农业昆虫学"课程中融入思政教育,需要重新思考和设计教学内容和方法,尽可能在有限的教学时间内,既能传授专业知识,又能自然地融入课程思政元素,实现专业知识与课程思政的有机结合。

3 当代涉农专业学生的特征

学情分析是保障教学效果的基础环节。通过调查研究,发现当代涉农大学生具有明显的特征,反映了他们在学习和成长环境中的独特背景。首先,这些学生大多属于"00后",成长于物质条件相对优越的"厚物质"时代。这种背景导致部分学生对农业活动的实际了解十分有限。与前辈相比,他们对土地的关注和情感连接明显减弱。尤其是来自城市的学生,对农业生产缺乏基本认知,甚至对农民群体存在一定的偏见,这进一步加深了他们与农业的距离感。其次,尽管选择了涉农专业,许多学生的动机并非出于真正的兴趣或热情(李艳华等,2016)。许多学生可能是因调剂、分数限制或其他外部因素被迫进入该专业。这种被动选择使得他们在学习过程中缺乏内在的动力和主动性,专业知识的学习往往仅停留在表面,缺乏深入的思考和探索。最后,这种缺乏专业认同感和主动性的学习态度,导致学生在基础知识的掌握上不够扎实,专业技能的提升也显得缓慢。这种状态使得他们很难培养出对专业的自豪感和责任感,进一步影响他们的未来发展。因此,有必要结合这些特点进行适应性改革,促进课程思政的融合,以激发学生的学习主动性,增强专业认同感和社会责任感。

4 课程思政元素挖掘及教学实践

4.1 课程思政元素挖掘

"农业昆虫学"是湖南农业大学植物保护学科的必修课程,主要面向二年级本科生。如植物检疫专业每级设有3个班级,共约90名学生。为了有效融入课程思政,我们在教学前期结合课程内容,系统归纳出5个主要的思政模块:科学精神、哲学精神、法治意识、思辨能力和家国情怀,并针对每个模块选择1~2个具体的思政元素进行深入讲解。例如,在"科学精神"模块中,引导学生积极讨论农业害虫是否发现就需立刻防治,以及防治的最佳时机和方案制定时需考虑的综合因素。通过具体案例分析,学生们探索科学研究的严谨性与创新性,增强了对科学精神的理解。在课堂讨论环节结束后,设计相关主题作为学生的思政作业,鼓励他们积极进行素材的搜集与整理。每位学生需汇总所学内容并提交给教师。随后,在下一节课中,随机抽取1~2个小组进行分享,展示他们挖掘的思政内容。这种课程思政元素的挖掘方式通过提升学生对思政问题的关注和激发他们的主观能动性,增强了课堂的互动性与活跃氛围,从而促进了他们的全面发展与思政素养的提升。同时,学生搜集到的丰富案例为教学提供了宝贵资源,形成了良性循环。目前,"农业昆虫学"课程共挖掘到20余个课程思政元素,归纳为5个思政模块(表1)。

表1 "农业昆虫学"课程思政元素

教学内容	思政元素	思政模块
虫情调查	团队协作	科学精神
害虫预测预报	数据分析、模型预测	科学精神
水稻、旱粮等各类虫害暴发	生态平衡、人与自然和谐共生	思辨能力
	保证粮食安全的责任与担当	家国情怀
	制定针对性的防治策略	科学精神
虫害特征识别	实事求是	科学精神
害虫分类	细致观察、精益求精	科学精神
害虫发生规律	生态平衡、环境保护意识	哲学精神
害虫的生活史	生存与环境的关系	思辨能力
	生命的顽强和适应性	思辨能力
	群体和个体密切相关、相互依存	哲学精神
加强植物检疫、防止害虫入侵	防患于未然	科学精神
	检疫工作按照法律法规执行	法治意识
	团队协作	科学精神
	检疫的手段和方法不断创新和完善	科学精神
通过改变耕作方式等进行农业防治	农业的可持续发展	科学精神
利用黄板诱捕等方式进行物理防治	害虫习性的理论与防治方法的实践相结合	科学精神
利用寄生蜂等进行生物防治	生态平衡、环境保护意识	哲学精神
	物种间竞争、合作、寄生	思辨能力
使用化学农药等进行化学防治	生态平衡、环境保护意识	哲学精神
	药量及施药方法按照规定执行	法治意识

(续表)

教学内容	思政元素	思政模块
袁隆平等科学家的优秀事迹	无私奉献、爱国为民	家国情怀
	团队协作	科学精神
	执着追求、坚韧不拔的意志	科学精神

4.2 拓展课程思政融入课堂的途径

传统的灌输式教学往往使专业知识与课程思政的融合显得机械和生硬。为了更有效地将课程思政融入课堂，采用更多创意和互动性的教学方法。分组讨论：这是最常用最方便的一种融入方式，例如在一次讨论中，学生们围绕"农业与生态保护"的话题进行讨论，对治理策略的细节进行反复修订，促进了对课程内容的理解和思考。多媒体教学：播放相关的宣传片，通过视觉和听觉的结合增强学生的情感体验，例如，观看关于农业可持续发展的纪录片，帮助学生更直观地理解相关理念。杰出人物传记分享：通过研究农业领域杰出人物的事迹，激发学生的道德情操和社会责任感。某次课程中，介绍了袁隆平在水稻杂交育种领域几十年如一日的坚持与创新，激发了学生的学习热情。课前引导：通过提出相关社会热点问题，为新课的学习做好铺垫，帮助学生更好地连接课堂内容与实际问题。课堂点评：邀请学生进行课堂点评，提升他们的批判性思维能力，促进自我反思和改进。角色扮演：通过角色扮演的方式，让学生在模拟情境中体验和理解思政内容。例如，在讨论施药成本与粮食损失的关系时，让学生分别扮演农药售卖者、政策制定者和农民，深入探讨各方利益的取舍和平衡。课后学习：布置课程思政相关的课后作业，巩固学生对思政内容的理解和认识。这些多样化的教学方式不仅丰富了课堂内容，还显著增强了学生的参与感和学习效果，促进了他们的全面发展与思政素养的提升。

4.3 教学评价与反思

采用多种评价方式来评估课程思政改革的效果。课堂讨论和学生反馈显示，90%的学生能更好地将思政元素与课堂中所学的专业知识结合，超过80%的学生在问卷调查中表示对农业与生态保护的认识加深，75%感受到思政内容增强了学习动机。同时，课后思政作业也展现出学生对思政内容和知识点讨论有较高的参与度，案例分析也反映出他们对社会责任感有更多的思考。此外，考试成绩也显示参与课程思政改革的学生群体平均成绩有所提升，尤其在思政相关试题上得分率明显提高。

这些结果表明，课程思政的有效融入不仅提升了学生的专业知识水平，还增强了他们的思政素养。这些综合评价方法不仅帮助我们识别学生在思政学习中的真实需求，也为进一步反思和完善课程思政改革提供了反馈和建议。

5 结语

在新农科背景下，通过对"农业昆虫学"课程的思政元素深入挖掘与实践，有效地将课程思政融入专业教学中，促进了学生的全面发展和思政素养的提升。尽管在实施过程中面临诸多挑战，如学时有限和学生对农业的认识不足，但通过多样化的教学方式和互动手段，成功激发了学生的学习兴趣与参与感。这一改革不仅丰富了课程思政元素库，更有助于培养学生的科学精神与社会责任感，为涉农专业的人才培养提供了新的参考。

展望未来，将继续探索课程思政与专业知识的深度结合，并不断优化教学策略与评价机制，以确保课程改革的可持续发展。这一过程不仅有助于提升教学质量，还为学生的全面发展提供了坚实的支持，有望为农业领域的人才培养注入新的动力。

参考文献

毕宇，2023. 新农科背景下涉农专业课程思政建设研究［J］. 黄冈职业技术学院学报，25（6）：64-66.

蒋晴霞，2023. 开展校园龙舟赛的思政内涵与育人成效：基于华东理工大学"校庆杯"龙舟赛的研究［J］. 科教文汇（23）：60-64.

李艳华，胡佳，2016. 农业高职院校学生特点及教育对策分析［J］. 河南农业（9）：8-9.

王维香，赫淇萱，2023. 新农科精神融入农学类课程思政建设［J］. 中南农业科技，44（4）：215-217.

薛浩，郑国华，2019. 数字技术赋能体育课程思政高质量建设：机理、挑战及应对［C］//中国体育科学学会. 第十三届全国体育科学大会论文摘要集.

张艳丽，王琦，林源等，2024. "医学微生物学"课程思政教学探讨［J］. 西部素质教育，10（3）：63-66.

赵相莲，孙晓刚，2022. 新农科背景下地方高等农林院校教学督导评价模式实践与成效：以吉林农业大学园艺学院为例［J］. 特种经济动植物，25（6）：164-167.

烯啶虫胺和绿僵菌对黑胸散白蚁运动行为影响

张 乐*，张晓楠，黄求应**

（华中农业大学植物科学技术学院，武汉 430070）

摘 要：【目的】化学防治是目前使用最广泛的白蚁防治措施，烯啶虫胺是一种高效低毒的杀虫剂，可以作为防治白蚁的候选药剂。病原真菌长期以来都被认为是白蚁生物防治有潜力的候选微生物药剂，目前许多研究集中在使用绿僵菌 Metarhizium anisopliae 测定对白蚁的生物活性。【方法】本研究以黑胸散白蚁 Reticulitermes chinensis 的工蚁为研究对象，通过施加不同浓度的烯啶虫胺和绿僵菌进行实验处理，再利用行为轨迹跟踪系统对黑胸散白蚁运动行为进行记录分析，分析烯啶虫胺和绿僵菌对黑胸散白蚁工蚁运动行为的影响。【结果】结果表明，最高剂量 1 μg/mL 烯啶虫胺药剂处理 24 h、48 h 和 72 h 后黑胸散白蚁的运动距离及运动速度均显著低于对照，而 1 μg/mL 烯啶虫胺药剂处理 24 h、48 h 和 72 h 后黑胸散白蚁的运动转角及角速度均显著高于对照。2×10^8 个/mL 在内的 5 个绿僵菌孢子悬浮液处理 24 h、48 h 和 72 h 后黑胸散白蚁的运动距离、速度、转角和角速度均有起伏变化，但与对照均无显著差异。【结论】烯啶虫胺对黑胸散白蚁的运动行为有显著影响，绿僵菌对黑胸散白蚁的运动行为影响不显著，本研究结果为进一步探索理想的白蚁防治药物奠定了工作基础。

关键词：黑胸散白蚁；烯啶虫胺；绿僵菌；运动行为；白蚁防治

The Effect of Nitenpyram and *Metarhizium anisopliae* on the Movement Behavior of the Termite *Reticulitermes chinensis*

Zhang Yue*, Zhang Xiaonan, Huang Qiuying**

(College of Plant Science and Technology, Huazhong Agricultural University, Wuhan 430070, China)

Abstract:【Objectives】Chemical control is the most widely used termite control measure at present, Nitenpyram is a highly effective and low toxic chemical control measure, which is the most widely used termite control measure at present. And Nitenpyram is a highly effective and low toxic insecticide, which can be used as a candidate agent for termite control. Pathogenic fungi have long been considered as potential candidate microbial agents for Biological pest control of termites. At present, many studies focus on the use of *Metarhizium anisopliae* to determine the biological activity against termites.【Methods】In this study, the workers of *Reticulitermes chinensis* were taken as the research object, and Nitenpyram and *M. anisopliae* of different concentrations

---

* 第一作者：张乐：硕士研究生，主要从事白蚁生物防治研究；E-mail:18131045755@163.com
** 通信作者：黄求应，E-mail:qyhuang2006@mail.hzau.edu.cn

were applied for experimental treatment. Then, the movement behavior of *R. chinensis* was recorded and analyzed using the behavior tracking system, and the effects of Nitenpyram and *M. anisopliae* on the movement behavior of workers of *R. chinensis* were analyzed. 【Results】 The movement distance and movement speed of the termite were significantly lower after the highest dose of 1 μg/mL Nitenpyram treatment for 24 h, 48 h and 72 h, while the movement angle and angular speed of the termite were significantly higher after the treatment of 1 μg/mL Nitenpyram for 24 h, 48 h and 72 h than those of the control. Comparatively, after treatment with 5 spore suspensions of *M. anisopliae*, including 2×10^8 spores/mL, for 24 h, 48 h, and 72 h, the movement distance, speed, rotation angle, and angular velocity of the black chested termite showed fluctuations, but there was no significant difference for them compared to the control. 【Conclusion】 The results showed that Nitenpyram had a significant impact on the movement behavior of the termite. Comparatively, the effect of *M. anisopliae* on the movement behavior of *R. chinensis* is not significant. This study provides a work basis for further exploring ideal insecticides against termites.

Key words: *Reticulitermes chinensis*; Nitenpyram; *M. anisopliae*; Movement Behavior; Termite control

　　黑胸散白蚁 *Reticulitermes chinensis* Snyder 是危害房屋建筑的重要害虫,通常采用预防和灭治相结合的方法来控制该种白蚁的危害。烯啶虫胺 (Nitenpyram) 是一种典型的新烟碱类杀虫剂,新烟碱类物质在环境中的积累会影响传粉媒介昆虫的生存,还对水生生态产生严重影响 (Iturburu *et al*., 2017)。绿僵菌以其环境友好、杀虫方式独特、害虫不易产生抗性、使用范围广等特点,成为了害虫绿色防控中安全有效的微生物杀虫剂之一,而且绿僵菌可作为植物内生菌,在抗虫、促进植物生长等方面起到一定的作用。感染致病真菌可能使白蚁变得虚弱,从而容易成为天敌蚂蚁的猎物。因此,绿僵菌的施用可能直接影响白蚁的种群数量。

　　根据烯啶虫胺和绿僵菌对白蚁的防治作用,猜测是否有可能通过亚致死剂量的烯啶虫胺和一定剂量的绿僵菌来调控白蚁的运动行为,从而抑制白蚁种群的发展。本实验以黑胸散白蚁作为研究对象,利用行为追踪软件,研究并探寻不同剂量烯啶虫胺和绿僵菌对黑胸散白蚁运动行为的影响,这可为进一步探索理想的白蚁防治药物提供科学依据。

1　材料与方法

1.1　供试昆虫

　　黑胸散白蚁工蚁,采自中国武汉华中农业大学狮子山。在 (25±1)℃ 和 (85±5)% RH 的黑暗环境中饲养。待室内饲养 24 h,再挑取活性强、大小一致的成熟工蚁作为供试白蚁。

1.2　试验试剂

　　0.9%生理盐水,四川科伦药业股份有限公司;

　　10%烯啶虫胺水剂,上海沪联生物药业(夏邑)有限公司;

　　绿僵菌,使用金龟子绿僵菌 (*M. anisopliae*,编号:IBCCM321.93)。

1.3 仪器设备

精度 0.0001 g 电子天平，上海浦春计量仪器有限公司；

移液枪，大龙兴创实验仪器（北京）股份公司；

EthoVision XT 动物行为轨迹跟踪系统，北京诺达思信息技术有限责任公司。

1.4 实验方法

1.4.1 烯啶虫胺处理黑胸散白蚁

参照黄求应等（2005）方法，将直径 9 cm 定性滤纸平整地紧贴内壁置于直径 9 cm 培养皿中，分别配制 1 μg/mL、0.5 μg/mL、0.25 μg/mL、0.1 μg/mL 和 0.05 μg/mL 的烯啶虫胺药剂，用 1 mL 刻度移液管移取 1 mL 药剂稀释液自外缘向内中均匀点滴在滤纸上，稍晾干后即加盖备用，蒸馏水为对照。每皿挑选健壮的黑胸散白蚁工蚁 30 只。设置 3 个生物学重复，在（25±1）℃ 和（85±5）% RH 的黑暗条件下进行试验，每天观察并记录工蚁的死亡情况。

1.4.2 观测黑胸散白蚁运动行为的影响

准备一个直径为 12 cm 的干净培养皿，分别在处理后 24 h、48 h 和 72 h，取对照组和处理组的白蚁，将每个重复内的 6 只白蚁同时放入培养皿正中央，用行为追踪仪器连续录制 10 min。随后用 EthoVision XT 软件对处理组和对照组的白蚁进行运动行为的量化分析，记录下所有的参数和运动轨迹。

1.4.3 绿僵菌处理黑胸散白蚁

将直径 9 cm 定性滤纸平整地紧贴内壁放入直径 9 cm 培养皿中，分别配制成 2×10^8 个/mL、2×10^7 个/mL、2×10^6 个/mL、2×10^5 个/mL、2×10^4 个/mL 的孢子悬浮液，背部悬滴使白蚁感染，灭过菌的 0.1% 的吐温 80 溶液冲为对照。每皿挑选健壮的黑胸散白蚁工蚁 30 只。设置 3 个生物学重复，在（25±1）℃ 和（85±5）% RH 的黑暗条件下进行试验，每天观察并记录工蚁的死亡情况。

1.4.4 观测黑胸散白蚁运动行为的影响

准备一个直径为 12 cm 的干净培养皿，分别在处理后 24 h、48 h 和 72 h 的时间，取对照组和处理组的白蚁，将每个重复内 6 只白蚁同时放入培养皿正中央，用行为追踪仪器连续录制 10 min。随后用 EthoVision XT 软件对处理组和对照组白蚁进行运动行为的量化分析，记录下所有的参数和运动轨迹。

1.5 数据分析

使用 IBM SPSS Statistical 19.0 软件对数据进行统计分析，采用单因素 ANOVA 检验比较均值，用 LSD 法分析数据的差异显著性，显著水平为 $P<0.05$，比较处理组和对照组白蚁在注射后不同时间点的行为变化。使用 EthoVision XT 动物行为记录分析系统绘制行为轨迹图，使用 GraphPad Prism 8.0 软件进行图形绘制。

2 结果与分析

2.1 烯啶虫胺对黑胸散白蚁工蚁运动行为的影响

2.1.1 不同浓度烯啶虫胺处理 24 h 后对黑胸散白蚁工蚁运动行为影响

如图 1 所示，烯啶虫胺处理 24 h 后，对照组黑胸散白蚁平均运动距离

（106.311 cm）高于 0.05 μg/mL（82.967 cm）、0.1 μg/mL（72.223 cm）、0.25 μg/mL（52.126 cm）、0.5 μg/mL（52.099 cm）、1 μg/mL（51.228 cm）烯啶虫胺药剂处理的黑胸散白蚁平均运动距离。对照组黑胸散白蚁平均运动转角（18.799 deg）低于 0.05 μg/mL（18.799 deg）、0.1 μg/mL（24.357 deg）、0.25 μg/mL（35.502 deg）、0.5 μg/mL（36.675 deg）、1 μg/mL（39.149 deg）烯啶虫胺药剂处理的黑胸散白蚁平均运动转角。统计分析表明，0.25 μg/mL、0.5 μg/mL、1 μg/mL烯啶虫胺药剂处理 24 h 后黑胸散白蚁的运动距离及运动速度均显著低于对照，而 0.25 μg/mL、0.5 μg/mL、1 μg/mL烯啶虫胺药剂处理 24 h 后黑胸散白蚁的运动转角及角速度均显著高于对照。

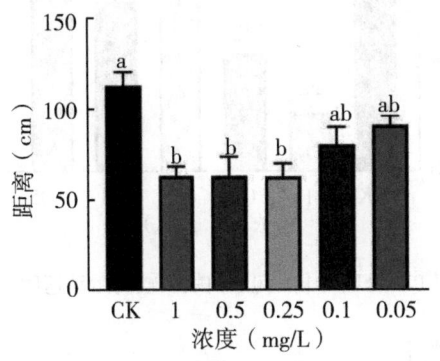

（A）处理24 h黑胸散白蚁工蚁的运动距离

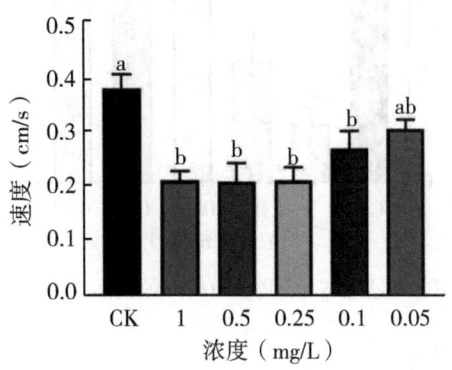

（B）处理24 h黑胸散白蚁工蚁的运动速度

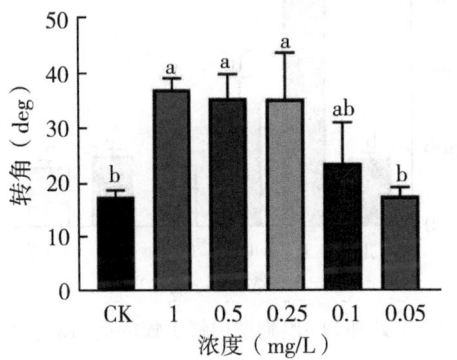

（C）处理24 h黑胸散白蚁工蚁的运动转角

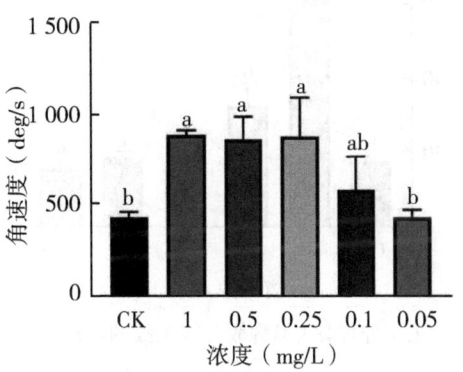

（D）处理24 h黑胸散白蚁工蚁的运动角速度

图 1　烯啶虫胺处理 24 h 后黑胸散白蚁工蚁的运动行为

注：不同小写字母表示差异显著。

2.1.2　不同浓度烯啶虫胺处理48h后对黑胸散白蚁工蚁运动行为影响

如图 2 所示，烯啶虫胺处理 48 h 后，对照组黑胸散白蚁平均运动距离（113.788 cm）高于 0.05 μg/mL（111.165 cm）、0.1 μg/mL（100.097 cm）、0.25 μg/mL（96.687 cm）、0.5 μg/mL（57.712 cm）、1 μg/mL（28.042 cm）烯啶虫胺药剂处理的黑胸散白蚁平均运动距离。0.05 μg/mL烯啶虫胺药剂处理的黑胸散白蚁平均运动转角（16.000 deg）低于对照组（17.976 deg）、0.25 μg/mL（16.576 deg）、

0.1 μg/mL（18.967 deg）、0.5 μg/mL（32.742 deg）、1 μg/mL（66.311 deg）烯啶虫胺药剂处理的黑胸散白蚁平均运动转角。统计分析表明，1 μg/mL、0.5 μg/mL 烯啶虫胺药剂处理 48 h 后黑胸散白蚁的运动距离及运动速度均有显著低于对照；而 1 μg/mL 烯啶虫胺药剂处理 48 h 后黑胸散白蚁的运动转角及角速度显著高于对照。

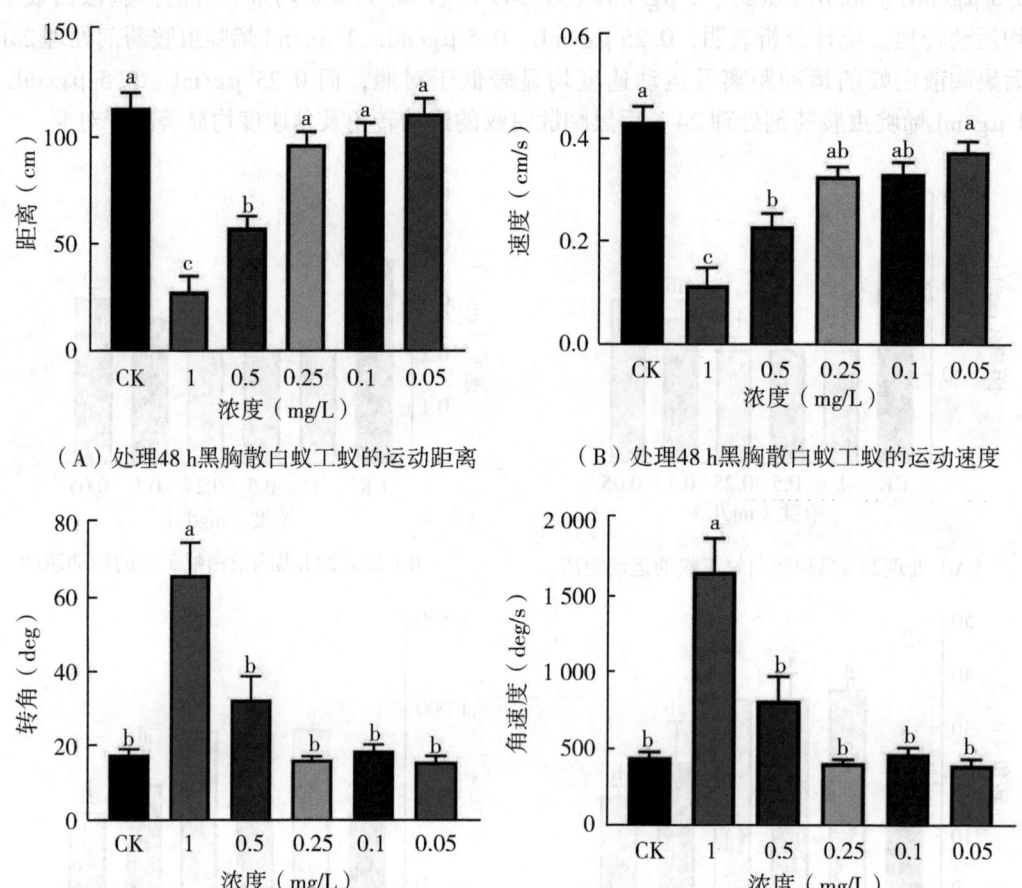

图 2　烯啶虫胺处理 48 h 后黑胸散白蚁工蚁的运动行为

注：不同小写字母表示差异显著。

2.1.3　不同浓度烯啶虫胺处理 72 h 后对黑胸散白蚁工蚁运动行为影响

如图 3 所示，烯啶虫胺处理 72 h 后，0.05 μg/mL 烯啶虫胺药剂处理的黑胸散白蚁平均运动距离（168.255 cm）高于对照组（106.836 cm）、0.1 μg/mL（110.399 cm）、0.25 μg/mL（95.442 cm）、0.5 μg/mL（79.390 cm）、1 μg/mL（45.936 cm）烯啶虫胺药剂处理的黑胸散白蚁平均运动距离。0.05 μg/mL 烯啶虫胺药剂处理的黑胸散白蚁平均运动转角（12.008 deg）低于对照组（17.976 deg）、0.1 μg/mL（14.109 deg）、0.25 μg/mL（15.933 deg）、0.5 μg/mL（23.138 deg）、1 μg/mL（46.237 deg）烯啶虫胺药剂处理的黑胸散白蚁平均运动转角。统计结果表明，1 μg/mL 烯啶虫胺药剂处理

72 h后黑胸散白蚁的运动距离和速度显著低于对照，而0.05 μg/mL烯啶虫胺药剂处理72 h后黑胸散白蚁的运动距离和速度显著高于对照。此外，1 μg/mL烯啶虫胺药剂处理72 h后黑胸散白蚁的运动转角和角速度显著高于对照。

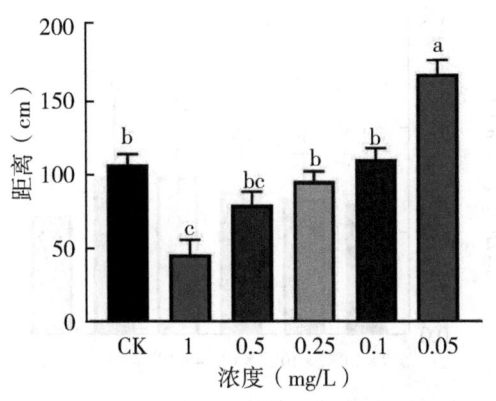

（A）处理72 h黑胸散白蚁工蚁的运动距离

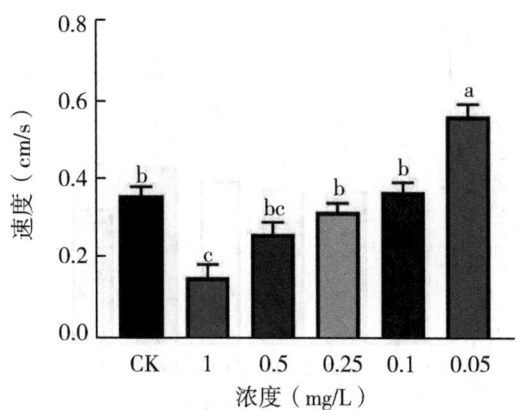

（B）处理72 h黑胸散白蚁工蚁的运动速度

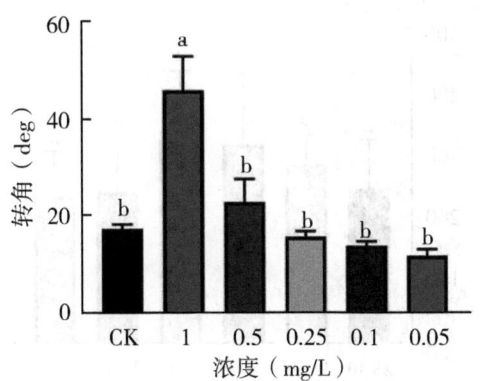

（C）处理72 h黑胸散白蚁工蚁的运动转角

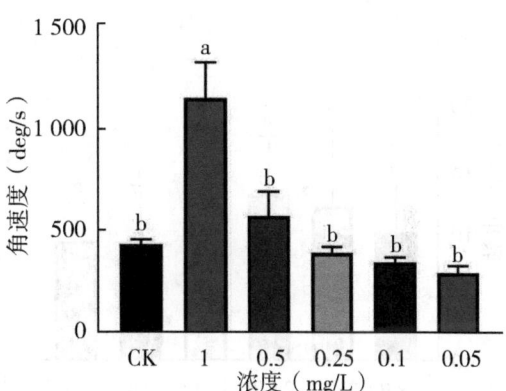

（D）处理72 h黑胸散白蚁工蚁的运动角速度

图3　烯啶虫胺处理72 h后黑胸散白蚁工蚁的运动行为

注：不同小写字母表示差异显著。

2.2　绿僵菌对黑胸散白蚁工蚁运动行为的影响

2.2.1　不同浓度绿僵菌处理24 h后对黑胸散白蚁工蚁运动行为影响

如图4所示，绿僵菌处理24 h后，对照组黑胸散白蚁平均运动距离（3.482 cm）低于 $2×10^8$ 个/mL（3.825 cm）、$2×10^7$ 个/mL（3.957 cm）、$2×10^6$ 个/mL（4.009 cm）、$2×10^5$ 个/mL（4.222 cm）、$2×10^4$ 个/mL（4.602 cm）绿僵菌孢子悬浮液处理的黑胸散白蚁平均运动距离。对照组黑胸散白蚁平均运动转角（9.503 deg）低于 $2×10^8$ 个/mL（10.19 deg）、$2×10^7$ 个/mL（12.20 deg）、$2×10^6$ 个/mL（13.68 deg）、$2×10^5$ 个/mL

(14.69 deg)、$2×10^4$个/mL（9.298 deg）绿僵菌孢子悬浮液处理的黑胸散白蚁平均运动转角。统计结果表明，包括$2×10^8$个/mL在内的5个绿僵菌孢子悬浮液处理24 h后黑胸散白蚁的运动距离、速度、转角和角速度均有起伏变化，但与对照均无显著差异。

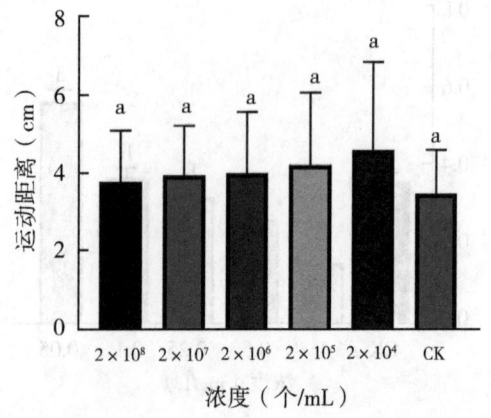

（A）处理24 h黑胸散白蚁工蚁的运动距离

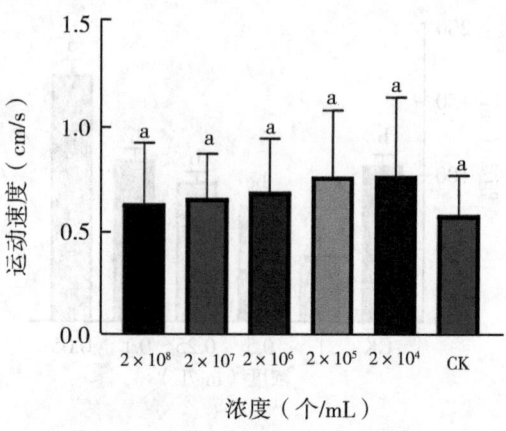

（B）处理24 h黑胸散白蚁工蚁的运动速度

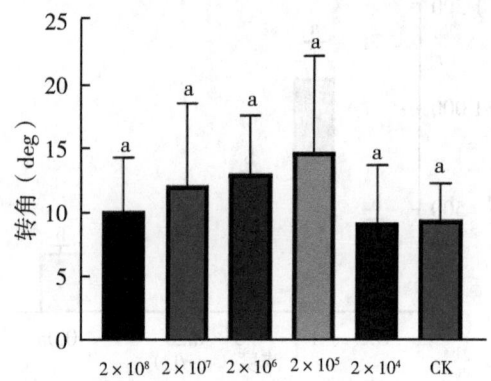

（C）处理24 h黑胸散白蚁工蚁的运动转角

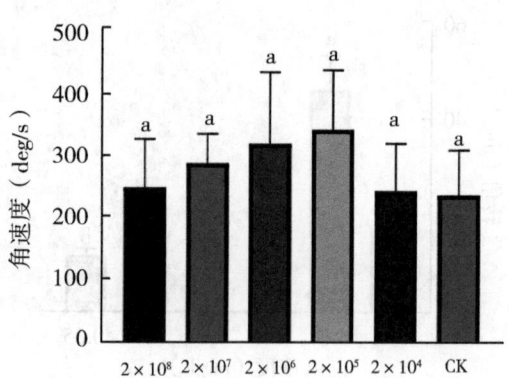

（D）处理24 h黑胸散白蚁工蚁的运动角速度

图4　绿僵菌处理24 h后黑胸散白蚁工蚁的运动行为

注：不同小写字母表示差异显著。

2.2.2　不同浓度绿僵菌处理48 h后对黑胸散白蚁工蚁运动行为影响

如图5所示，绿僵菌处理48 h后，对照组黑胸散白蚁平均运动距离（3.482 cm）低于$2×10^8$个/mL（3.791 cm）、$2×10^7$个/mL（4.594 cm）、$2×10^6$个/mL（4.818 cm）、$2×10^5$个/mL（4.866 cm）、$2×10^4$个/mL（4.941 cm）绿僵菌孢子悬浮液处理的黑胸散白蚁平均运动距离。对照组黑胸散白蚁平均运动转角（17.039 deg）高于$2×10^8$个/mL（11.580 deg）、$2×10^7$个/mL（11.013 deg）、$2×10^6$个/mL（11.106 deg）、$2×10^5$个/mL

（10.745 deg）、$2×10^4$个/mL（11.124 deg）绿僵菌孢子悬浮液处理的黑胸散白蚁平均运动转角。统计结果表明，包括$2×10^8$个/mL在内的5个绿僵菌孢子悬浮液处理48 h后黑胸散白蚁的运动距离、速度、转角和角速度均有起伏变化，但与对照均无显著差异。

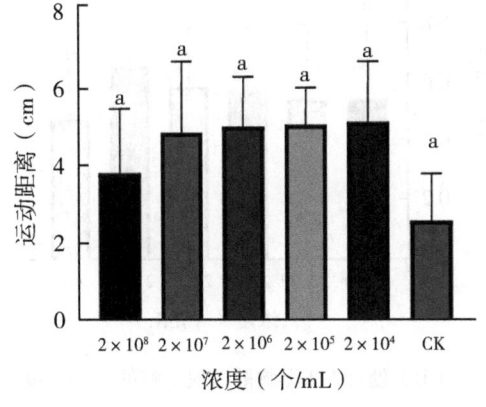

（A）处理48 h黑胸散白蚁工蚁的运动距离

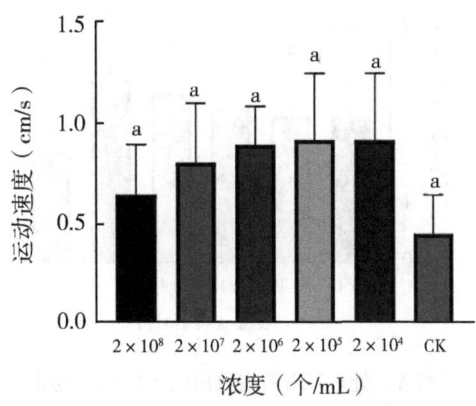

（B）处理48 h黑胸散白蚁工蚁的运动速度

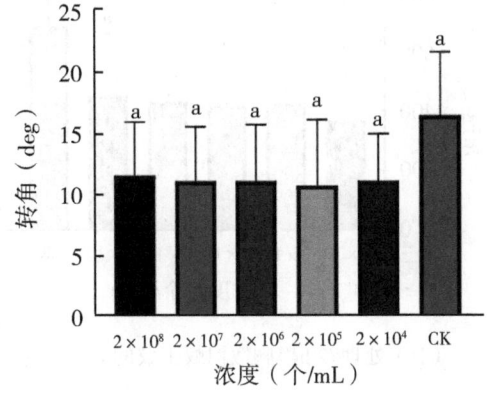

（C）处理48 h黑胸散白蚁工蚁的运动转角

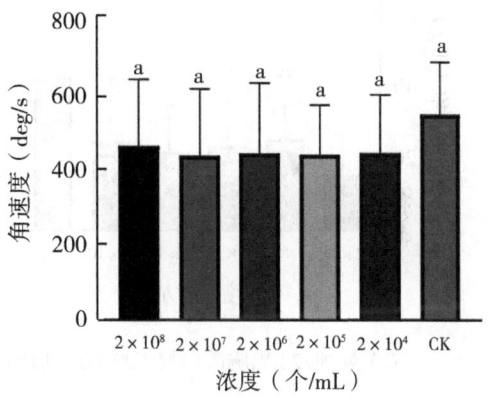

（D）处理48 h黑胸散白蚁工蚁的运动角速度

图5 绿僵菌处理48 h后黑胸散白蚁工蚁的运动行为

注：不同小写字母表示差异显著。

2.2.3 不同浓度绿僵菌处理72 h后对黑胸散白蚁工蚁运动行为影响

如图6所示，绿僵菌处理72 h后，对照组黑胸散白蚁平均运动距离（1.863 cm）低于$2×10^8$个/mL（2.509 cm）、$2×10^7$个/mL（2.516 cm）、$2×10^6$个/mL（2.686 cm）、$2×10^5$个/mL（2.879 cm）、$2×10^4$个/mL（3.008 cm）绿僵菌孢子悬浮液处理的黑胸散白蚁平均运动距离。对照组黑胸散白蚁平均运动转角（44.794 deg）高于$2×10^8$个/mL（15.683 deg）、$2×10^7$个/mL（27.552 deg）、$2×10^6$个/mL（25.497 deg）、$2×10^5$个/mL（19.958 deg）、$2×10^4$个/mL（27.447 deg）绿僵菌孢子悬浮液处理的黑胸散白蚁平均运

动转角。统计结果表明，包括 $2×10^8$ 个/mL 在内的 5 个绿僵菌孢子悬浮液处理 72 h 后黑胸散白蚁的运动距离、速度、转角和角速度均有起伏变化，但与对照均无显著差异。

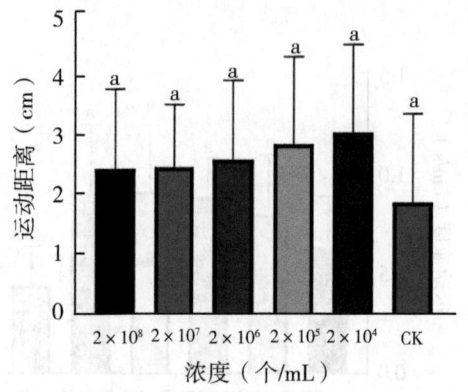

（A）处理 72 h 黑胸散白蚁工蚁的运动距离

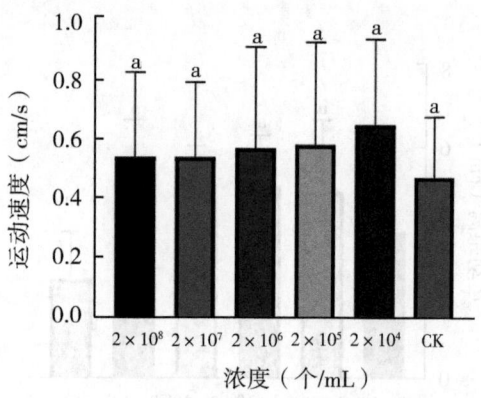

（B）处理 72 h 黑胸散白蚁工蚁的运动速度

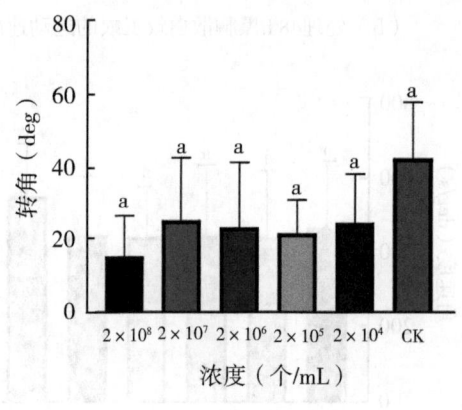

（C）处理 72 h 黑胸散白蚁工蚁的运动转角

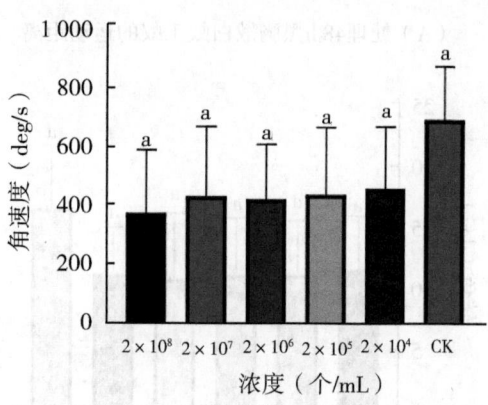

（D）处理 72 h 黑胸散白蚁工蚁的运动角速度

图 6　绿僵菌处理 72 h 后黑胸散白蚁工蚁的运动行为

注：不同小写字母表示差异显著。

3　讨论

我国因白蚁危害造成的经济损失每年超过 30 亿元，它们是园林树木和房屋建筑的重要害虫（Ahmad et al., 2021）。本实验以黑胸散白蚁作为研究对象，通过用不同浓度梯度的烯啶虫胺和绿僵菌，观测分析白蚁的运动距离、速度、转角、角速度，以便明确这两种药物对散白蚁的生物活性。

本实验表明，烯啶虫胺处理 24 h 后，0.25 μg/mL、0.5 μg/mL、1 μg/mL 烯啶虫胺药剂处理的黑胸散白蚁工蚁的运动距离和运动速度随处理浓度增加而变小，且显著低于对照组；0.25 μg/mL、0.5 μg/mL、1 μg/mL 烯啶虫胺药剂处理的黑胸散白蚁工蚁的运动转角和角速度随处理浓度增加而变大，且显著高于对照组。烯啶虫胺处理48 h后，1 μg/mL、0.5 μg/mL烯啶虫胺药剂处理的黑胸散白蚁工蚁的运动距离和运动速度随处理浓度增加而变小，但都低于对照组；1 μg/mL烯啶虫胺药剂处理的黑胸散白蚁工蚁的运动转角和角速度显著高于对照组。烯啶虫胺处理72 h后，1 μg/mL烯啶虫胺药剂处理的黑胸散白蚁工蚁的运动距离和运动速度显著低于对照，运动转角和角速度显著高于对照；0.05 μg/mL烯啶虫胺药剂处理的黑胸散白蚁的运动距离和速度显著高于对照。

本文研究结果发现，$2×10^8$个/mL、$2×10^7$个/mL、$2×10^6$个/mL、$2×10^5$个/mL、$2×10^4$个/mL 5个绿僵菌孢子悬浮液处理24 h、48 h、72 h后黑胸散白蚁的运动距离、速度、转角和角速度均有起伏变化，但与对照均无显著差异。运动可以帮助白蚁收集病原微生物的信息，真菌感染并没有导致白蚁群体的死亡率显著升高，这可能是由于它们的免疫能力。Hassan（2021）发现低浓度如$5×10^3$分生孢子/mL在处理6 h、12 h和24 h后显著提高了白蚁的运动能力，本实验结果也基本符合这一结论。

4 结论

烯啶虫胺对黑胸散白蚁的运动行为有显著影响，其中最高剂量1 μg/mL烯啶虫胺药剂处理24 h、48 h和72 h后黑胸散白蚁的运动距离及运动速度均显著低于对照，而1 μg/mL烯啶虫胺药剂处理24 h、48 h和72 h后黑胸散白蚁的运动转角及角速度均显著高于对照。相比较而言，绿僵菌对黑胸散白蚁的运动行为影响不显著，包括$2×10^8$个/mL在内的5个浓度的绿僵菌孢子悬浮液处理24 h、48 h和72 h后黑胸散白蚁的运动距离、速度、转角和角速度均有起伏变化，但与对照均无显著差异。

参考文献

程冬保，阮冠华，宋晓，2014. 中国白蚁种类调查研究进展［J］. 中华卫生杀虫药械，20（2）：186-190.

高勇勇，陈文清，余树信，等，2018. 3种杀虫剂作为黑翅土白蚁诱杀药剂的效果测定［J］. 中华卫生杀虫药械，24（6）：578-581.

高勇勇，张祖斌，余树信，等，2018. 惰性粉剂对黑翅土白蚁生物活性的测定［J］. 湖北植保（3）：7-9, 15.

黄求应，2006. 黑翅土白蚁觅食行为学基础及诱杀系统的研究［D］. 武汉：华中农业大学.

黄求应，陈文清，高勇勇，等，2017. 一种能诱杀白蚁的肠衣饵剂：CN107047623A［P］. 2017-08-18.

黄求应，薛东，童严严，等，2005. 氟虫腈、吡虫啉作为黑翅土白蚁诱杀药剂的效果［J］. 昆虫知识，42（6）：656-659.

刘婷，夏鹏亮，解晓菲，等，2022. 绿僵菌对植物的促生防虫作用研究进展［J］. 湖北植保（5）：22-26.

农向群，王广君，王以燕，等，2023. 白僵菌和绿僵菌作为防控红火蚁生物农药的潜力及前景［J］. 中国生物防治学报，39（2）：453-461.

AHMAD F, FOUAD H, LIANG S Y, et al., 2021. Termites and Chinese agricultural system: applications and advances in integrated termite management and chemical control［J］. Chinese Journal of Entomology, 28 (1): 2-20.

ALI H R K, HEMEDA N F, ABDELALIEM Y F, 2019. Symbiotic cellulolytic bacteria from the gut of the subterranean termite *Psammotermes hypostoma* Desneux and their role in cellulose digestion [J]. AMB Express, 9 (1): 111.

BOURGUIGNON T, LO N, ŠOBOTNÍK J, et al., 2016. Oceanic dispersal, vicariance and human introduction shaped the modern distribution of the termites *Reticulitermes*, *Heterotermes* and *Coptotermes* [J]. Proceedings of the Royal Society Biological Sciences, 283 (1827): 20160179.

CHOUVENC T, ŠOBOTNÍK J, ENGEL M S, et al., 2021. Termite evolution: mutualistic associations, key innovations, and the rise of Termitidae [J]. Cellular and Molecular Life Sciences, 78 (6): 2749-2769.

GREGORY A, 2021. Signs of Termite Damages. *Entomology* [J]. Ornithology & Herpetology: Current Research, 10 (7): 153.

HASSAN A, 2021. Silencing of *PFK* genes and infection of entomopathogenic fungi altered locomotion and allogrooming behaviors in the termite *Reticulitermes Chinese* Snyder. Doctor dissertation [D]. Wuhan: Huazhong Agricultural University.

HAYNES K F, 1988. Sublethal effects of neurotoxic insecticides on insect behavior [J]. Annual Review of Entomology (33): 149-168.

ITURBURU F G, ZÖMISCH M, PANZERI A M, 2017. Uptake, distribution in different tissues, and genotoxicity of imidacloprid in the freshwater fish *Australoheros facetus* [J]. Environmental Toxicology and Chemistry, 36 (3): 699-708.

LIANG D, WHITE R G, WATERHOUSE P M, 2012. Gene silencing in Arabidopsis spreads from the root to the shoot, through a gating barrier, by template-dependent, nonvascular, cell-to-cell movement [J]. Plant Physiology, 159 (3): 984-1000.

LIU L, LI G, SUN P, et al., 2015. Experimental verification and molecular basis of active immunization against fungal pathogens in termites [J]. Scientific Reports (5): 15106.

PETRÁKOVÁ L, LÍZNAROVÁ E, PEKÁR S, et al., 2015. Discovery of a monophagous true predator, a specialist termite-eating spider (Araneae: Ammoxenidae) [J]. Scientific Reports (5): 14013.

ROISIN M P, ROBERT-GANGNEUX F, CREUZET C, et al., 2000. Biochemical characterization of mitogen-activated protein (MAP) kinase activity in *Toxoplasma gondii* [J]. Parasitology Research, 86 (7): 588-598.

TOMIZAWA M, CASIDA J E, 2003. Selective toxicity of neonicotinoids attributable to specificity of insect and mammalian nicotinic receptors [J]. Annual Review of Entomology (48): 339-364.

WIGHTMAN R M, JANKOWSKI J A, KENNEDY R T, et al., 1991. Temporally resolved catecholamine spikes correspond to single vesicle release from individual chromaffin cells [J]. Proceedings of the National Academy of Sciences, 88 (23): 10754-10758.

YANAGAWA A, YOKOHARI F, SHIMIZU S, 2009. The role of antennae in removing entomopathogenic fungi from cuticle of the termite, *Coptotermes formosanus* [J]. Journal of Insect Science (9): 6.

YANAGAWA A, YOKOHARI F, SHIMIZU S, 2010. Influence of fungal odor on grooming behavior of the termite [J]. Coptotermes formosanus. Journal of Insect Science (10): 141.

六种白蚁肠道共生疣微菌的系统发育分析[*]

梅 承[1,2**]，王梦兰[1]，王 誉[1]，罗 勤[1]，杨 红[1***]

（1. 华中师范大学生命科学学院 遗传调控与整合生物学湖北省重点实验室，武汉　430079；2. 黄冈师范学院，黄冈　438000）

摘　要：【目的】解析六种不同白蚁肠道共生疣微菌的多样性并对疣微菌进行系统发育分析。【方法】应用疣微菌门丰佑菌科 16S rRNA 基因的特异引物对白蚁肠道 DNA 进行 PCR 扩增，对得到的共生疣微菌序列进行系统发育分析。【结果】以木材为食的低等白蚁（lower termite）黄胸散白蚁（*Reticulitermes flaviceps*）、黑胸散白蚁（*Reticulitermes chinensis*）和台湾乳白蚁（*Coptotermes formosanus*）肠道共生疣微菌分别有 6 种、5 种和 3 种，而木食性高等白蚁海南华象白蚁（*Sinonasutitermes hainanensis*）和大锯白蚁（*Microcerotermes crassus*）肠道共生疣微菌分别有 4 种和 3 种，培菌类白蚁黄翅大白蚁（*Macrotermes barneyi*）仅有 2 种共生疣微菌。总体而言，低等白蚁和高等白蚁肠道共生疣微菌的系统发育类型不同，这些克隆在系统发育树上形成了 8 个簇。绝大多数低等白蚁共生疣微菌聚类到簇Ⅰ、簇Ⅳ和簇Ⅴ，而大部分高等白蚁疣微菌聚类到簇Ⅱ和簇Ⅲ。【结论】不同白蚁肠道共生疣微菌的系统发育类型不同，这些差异可能反映了它们在相应宿主中不同的生理生态功能。

关键词：疣微菌门；丰佑菌目；多样性；白蚁

Phylogenetic Diversity of *Verrucomicrobiota* in the Intestinal Tract of Six Termite Species[*]

Mei Cheng[**], Wang Menglan, Wang Yu, Luo Qin, Yang Hong[***]

(1. *School of Life Sciences, Central China Normal University, Hubei Key Laboratory of Genetic Regulation and Integrative Biology, Wuhan 430079, China*；
2. *Huanggang Normal University, Huanggang 438000, China*)

Abstract：【Objectives】The analysis of the phylogenetic diversity of symbiotic *Verrucomicrobiota* in six termite species. 【Methods】The specific primers targeted 16S rRNA genes of *Opitutales* in the family *Verrucomicrobiota* were applied for PCR amplification using DNA extracted from the intestinal tract of the six termite species. The phylogeny of symbiotic *Verrucomicrobiota* was analyzed based on the 16S rRNA genes. 【Results】The results showed that the phylotypes of *Verrucomicrobiota* in wood-feeding lower termites *Reticulitermes flaviceps*, *R. chinensis* and *Coptotermes formosanus* were 6, 5 and 3, respectively, whereas the phylotypes of *Verrucomicrobiota* in wood-feeding higher termites *Sinonasutitermes hainanensis*, *Microcerotermes crassus* were 4 and 3, respec-

---

[*] 基金项目：国家自然科学基金 32270026
[**] 第一作者：梅承，博士，主要从事昆虫肠道微生物组研究；E-mail：442911230@qq.com
[***] 通信作者：杨红；E-mail：hyang@ccnu.edu.cn

tively. Fungus-cultivating termite *Macrotermes barneyi* has only 2 phylotypes. Phylogenetic analysis showed that all the clones formed 8 clusters in the tree. Most of the *Verrucomicrobiota* retrieved from lower termites formed distinct clusters (clusters Ⅰ, Ⅳ, Ⅴ), which was phylogenetically different from *Verrucomicrobiota* obtained from higher termites in clusters Ⅱ and Ⅲ. 【Conclusion】The phylogenetic diversity of symbiotic *Verrucomicrobiota* was different among various termites, which might reflect their ecophysiological functions in corresponding hosts.

Key words：*Verrucomicrobiota*；*Opitutales* symbionts；Diversity；Termites

白蚁属于蜚蠊目（Blattaria），进化上被认为与食木蟑螂有共同的祖先（Inward et al.，2007）。目前，世界上已发现的白蚁种类超过 3 000 种（Brune，2004）。根据不同物种的生物学特性，如食性、肠道结构和生理特性、共生微生物群落和社会组织等差异，白蚁被分为低等白蚁和高等白蚁两大类群（Bourguignon et al.，2011）。低等白蚁共有 6 个科，分别为齿白蚁科（Serritermitidae）、木白蚁科（Kalotermitidae）、草白蚁科（Hodotermitidae）、澳白蚁科（Mastotermitidae）、鼻白蚁科（Rhinotermitidae）以及原白蚁科（Termopsidae）。高等白蚁均属于白蚁科（Termitidae），白蚁科可进一步划分为七个亚科，分别是白蚁亚科（Termitinae）、象白蚁亚科（Nasutitermitinae）、大白蚁亚科（Macrotermitinae）、Sphaerotermitinae 亚科、Foraminitermitinae 亚科、Apicotermitinae 亚科和 Syntermitinae 亚科（Bourguignon et al.，2011）。根据食性和肠道微生物等的特征，所有白蚁可分为四个类群。其中三个类群为白蚁科的高等白蚁，即土食性白蚁、高等木食性白蚁和培菌类白蚁。培菌类白蚁以木材或植物碎屑为食，在其蚁巢中培养担子菌门蚁巢伞属（*Termitomyces*）的真菌帮助白蚁分解木质纤维素。第四个类群为低等木食性白蚁，它们的肠道内栖息着大量的原生动物鞭毛虫，在纤维素降解中发挥了重要作用。低等木食性白蚁可以消化不同的植物材料，如木材、草和植物碎屑等（Arora et al.，2022）。鞭毛虫可能占低等白蚁体重的 1/7~1/3（Breznak et al.，1994），它们能有效地将木质纤维素颗粒降解为乙酸、二氧化碳和氢气，为白蚁提供营养和能量（Breznak et al.，1994）。这些鞭毛虫的表面或细胞质中共生着大量的原核微生物。因此，在以木材为食的低等白蚁中，鞭毛虫、原核微生物和白蚁之间存在着复杂的三重共生关系（Brune et al.，2005）。

疣微菌门于 2001 年被提议作为一个新的细菌门（Garrity et al.，2005）。尽管已从不同环境中分离出疣微菌，但从白蚁肠道中仅获得了少数纯培养株。起初，Hugenholtz 将疣微菌门分为 5 个亚门，随着新种的不断发现，又确立了 1 个新的亚门（Yoon et al.，2011）。它们存在于自然界不同环境中，如海洋（Yoon et al.，2010；Freita et al.，2012）、土壤（Chin et al.，2001；Bergmann et al.，2011；Kielak et al.，2009）、湖泊（Rast et al.，2017）、人类粪便（Derrien et al.，2004）、昆虫肠道（Wertz et al.，2012；Tegtmeier et al.，2018；Isanapong et al.，2012；Isanapong et al.，2013）以及南极洲和贝加尔湖地区温泉等极端环境（Podosokorskaya et al.，2023）。该门细菌占土壤细菌总量的 1.2%~11%（Sangwan et al.，2004；Van et al.，2011），其在土壤中的广泛分布表明它们是陆地生态系统的重要成员。尽管疣微菌在各种生态系统中广泛存在，但人们对它们在不同环境中的功能仍知之甚少。有趣的是，对 15 种蟑螂和 19 种白蚁的细菌群落结构研究表明，所有白蚁肠道中都存在疣微菌门细菌，并且大多数蟑螂肠道也有疣微菌（Dietrich et al., 2014）。疣微菌在不同白蚁肠道细菌中的相对占比为 0.01%~4.23%。尽管疣微菌门细菌的比例不高，但它们在白蚁肠道中可能具有重要的生理功能（Wertz et al., 2012; Kotak et al., 2015; Kotak et al., 2020）。前期研究发现，桑特散白蚁（*Reticulitermes santonensis*）共生鞭毛虫中有疣微菌的分布，而在肠道其他组分如肠液中的游离细菌和后肠肠壁中则没有疣微菌（Yang et al., 2005）。对栖北散白蚁（*R. speratus*）的研究表明，疣微菌是其肠道鞭毛虫 *Trichonympha agilis* 和锐滴虫的核内共生体（Sato et al., 2014）。这些研究表明，疣微菌是白蚁肠道细菌群落的重要组成部分。Wertz 等从黄肢散白蚁（*R. flavipes*）的肠道中分离出了几株疣微菌门的细菌（TAV1-TAV5），进一步研究分析了它们可能的生理功能（Stevenson et al., 2004; Wertz et al., 2012; Kotak et al., 2015; Kotak et al., 2020）。到目前为止，在白蚁肠道中发现的疣微菌门细菌几乎都属于丰佑菌目。本研究分析了来自三个不同类群六种白蚁肠道共生疣微菌的多样性，这有助于我们深入了解疣微菌门细菌在白蚁肠道生态系统中的作用与功能。

1 材料与方法

1.1 白蚁的采集与鉴定

本研究所用的白蚁采集自湖北省武汉市和海南省陵水县及五指山市，如表 1 所示。根据白蚁的形态特征和线粒体细胞色素氧化酶（*CO*Ⅱ）基因对白蚁进行物种鉴定（Huang et al., 2011）。以工蚁作为实验材料，提取其全肠总 DNA。

1.2 疣微菌门细菌 16S rRNA 基因文库的构建

从每个采集的白蚁群落中随机挑取 20 只工蚁，用尖头镊子解剖出整个肠道，以酚-氯仿-异戊醇法提取 DNA（Du et al., 2012）。根据从不同白蚁肠道中获得的宏基因组数据和 16S rRNA 扩增子测序结果，在白蚁肠道内的疣微菌均属于丰佑菌目。本研究设计了丰佑菌目 16S rRNA 基因特异性引物 Ver360F（5′-3′: AGTTTCGAATCATTCA-CAA）。使用 Ver360F 和细菌 16S rRNA 基因通用引物 1492R（5′-3′: TACGGYTACCTT-GTTACGACTT）（Weisburg et al., 1991）以白蚁肠道 DNA 为模板进行扩增。PCR 程序为：首轮 94℃ 2 min，然后 94℃ 30 s，55℃ 30 s，72℃ 2 min 30 个循环，最后一步 72℃ 延伸 10 min。将纯化后的 PCR 产物连接到 pGEM-T easy 载体（Promega，美国），构建疣微菌门细菌的 16S rRNA 基因文库。随机挑取具有插入子的重组质粒克隆，并使用 M13 正向和反向引物对检查插入基因的大小。以限制性内切酶 *Msp* I 和 *Afa* I 对含插入 16S rRNA 基因的克隆进行 RFLP 分析。

1.3 测序和系统发育分析

用 Sanger 测序法对代表不同 RFLP 谱型的克隆分别测序（上海生工生物科技有限公司），所得到的序列用 Seqman 进行编辑。将获得的疣微菌门细菌 16S rRNA 基因序列提交到 GenBank 并进行 Blast 比对，下载 GenBank 数据库中 Blast 到的密切相关序列，将这些序列输入 Clustal X（1.83）进行比对，然后手动检查进行校正。使用 MEGA7.0 中的邻接法（NJ）基于 964 个核苷酸序列构建系统发育树。通过 1 000 次的自举分析来检测系统发育树中各分支节点的可靠性。

1.4 稀释曲线分析

如前所述，基于 RFLP 类型，使用 Analytic Rarefaction 软件对来自六个不同文库的所有克隆进行稀释曲线分析。将具有相同 RFLP 谱型的克隆视为一组。16S rRNA 基因序列相似性大于 97% 的克隆视为相同的系统发育类型（Shi et al., 2015）。

2 结果与讨论

2.1 白蚁种类

本研究所采用的白蚁种类如表 1 所示。黑胸散白蚁（*R. chinensis*）、黄胸散白蚁（*R. flaviceps*）和台湾乳白蚁（*Coptotermes formosanus*）属于鼻白蚁科，它们是以木材为食的低等白蚁。其他三种白蚁隶属于白蚁科，为高等白蚁。其中，黄翅大白蚁（*Macrotermes barneyi*）是培菌类白蚁，而海南华象白蚁（*Sinonasutitermes hainanensis*）和大锯白蚁（*Microcerotermes crassus*）是高等木食性白蚁。这 6 种白蚁代表了除土食性白蚁之外的 3 种不同的白蚁类群（Arora et al., 2022）。

表 1 本研究所用白蚁

白蚁种类	分类	采集地信息	
		地点	经纬度
黄胸散白蚁	鼻白蚁科	海南陵水	109.92, 18.67
黑胸散白蚁	鼻白蚁科	湖北武汉	114.37, 30.48
台湾乳白蚁	鼻白蚁科	海南陵水	109.91, 18.66
大锯白蚁	白蚁科	海南陵水	109.92, 18.66
黄翅大白蚁	白蚁科	海南陵水	109.93, 18.67
海南华象白蚁	白蚁科	海南五指山	109.68, 18.91

2.2 不同白蚁共生疣微菌门细菌的多样性

使用引物 Ver360F/1492R 从白蚁肠道 DNA 中扩增疣微菌门细菌的 16S rRNA 基因。从黄胸散白蚁、黑胸散白蚁、台湾乳白蚁、大锯白蚁、黄翅大白蚁和海南华象白蚁的克隆文库中分别随机选择了 70 个、74 个、70 个、69 个、60 个和 69 个克隆进行进一步分析。用限制性内切酶 *Msp* I 和 *Afa* I 对有正确插入的克隆进行 RFLP 分析，每个 RFLP 谱型选取 1~4 个克隆进行测序。基于 RFLP 谱型的稀释曲线分析表明，挑取克隆的数量足以覆盖各自白蚁肠道中疣微菌门的多样性（图 1）。来自相同 RFLP 的克隆具有相同或高度相似的序列，而来自不同 RFLP 的克隆在序列上表现出较大差异。结果表明，6 种白蚁肠道中疣微菌门细菌的多样性不同。将从不同白蚁肠道获得的疣微菌 16S rRNA 基因序列提交到 GenBank 数据库，登录号为 MN893969-MN893997。

总的来说，以木材为食的白蚁中疣微菌门细菌的多样性高于培菌类白蚁。低等白蚁黄胸散白蚁、黑胸散白蚁和台湾乳白蚁中疣微菌的系统发育类型分别为 6 种、5 种和 3

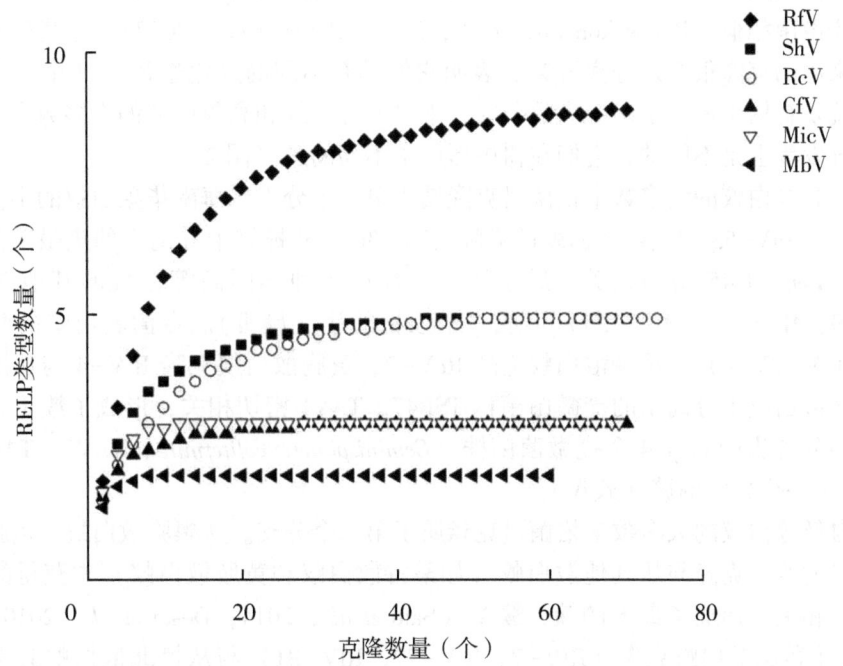

图1 6种白蚁肠道共生疣微菌16S rRNA基因克隆的稀释曲线分析
注：RfV，黄胸散白蚁克隆；ShV，海南华象白蚁克隆；RcV，黑胸散白蚁克隆；CfV，台湾乳白蚁克隆；MicV，大锯白蚁克隆；MbV，黄翅大白蚁克隆。

种，而高等木食性白蚁海南华象白蚁和大锯白蚁分别为4种和3种，培菌类白蚁黄翅大白蚁仅为2种。据报道，低等白蚁的肠道共生细菌与食木蟑螂更为相似，而杂食性蟑螂的肠道微生物与培菌类高等白蚁更为相似（Dietrich et al.，2014）。根据已有的研究，白蚁肠道共生疣微菌主要隶属于丰佑菌科（Opitutaceae），而蟑螂肠道的疣微菌属于疣微菌科（Verrucomicrobiaceae），这可能反映了白蚁和蟑螂肠道中疣微菌门细菌的不同起源和功能。疣微菌在不同白蚁肠道总细菌中的占比也不同。总的来说，低等白蚁中疣微菌在总细菌中的占比高于高等白蚁。低等白蚁内华达古白蚁（Zootermopsis nevadensis）和达尔文澳白蚁（Mastotermes darwiniensis）肠道中的疣微菌占比分别为4.23%和3.74%，而大多数高等白蚁肠道中疣微菌的比例低于0.3%（Dietrich et al.，2014）。低等白蚁肠道中的疣微菌被认为是鞭毛虫细胞的共生菌（Yang et al.，2005；Wertz et al.，2012；Sato et al.，2014），这可能是台湾乳白蚁中共生疣微菌种类比两种散白蚁少的原因。台湾乳白蚁肠道中只有5种鞭毛虫，而大部分散白蚁肠道共生鞭毛虫种类较多，有的散白蚁共生鞭毛虫多达十几种（Jasso et al.，2020）。

2.3 疣微菌的系统发育分析

根据本研究中获得的共生疣微菌16S rRNA基因，结合GenBank数据库中的16S rRNA基因序列，构建了疣微菌门细菌的系统发育树（图2）。从6种白蚁的肠道中总共获得了27个不同的疣微菌门细菌16S rRNA基因。系统发育分析表明，所有这些疣微菌都属于疣微菌纲（Verrucomicrobiae）丰佑菌目，与之前从白蚁、蟑螂、蚂蚁等昆虫中得到的疣微菌相似（Podosokorskaya et al., 2023；Parks et al., 2022）。这些疣微菌与其他环境来源的克隆很好地分离开来，表明它们具有不同的进化途径。27 个丰佑菌目克隆在系统发育树中形成了两个大的分支，来自低等白蚁和高等白蚁的大多数丰佑菌目细菌在系统发育上是不同的，它们在树中形成了不同的簇（图2）。

来自高等白蚁的大多数丰佑菌目克隆属于第一个分支。海南华象白蚁的丰佑菌目克隆 ShV-1、ShV-53 和黄翅大白蚁的克隆 MbV-36 与从蟑螂中分离出的疣微菌菌株 *Ereboglobus luteus* Ho45 密切相关，属于簇Ⅱ。来自 3 种不同高等白蚁的其他 3 个克隆（ShV-99、MicV-1、MbV-25）形成一个独特的簇（簇Ⅲ）。台湾乳白蚁的两个克隆（CfV-11 和 CfV-8）和黑胸散白蚁克隆 RcV-2、黄胸散白蚁克隆 RfV-4 与从黑胸散白蚁、黄肢散白蚁中分离出的疣微菌菌株 TSB47、TAV1 密切相关，形成了簇Ⅰ。从黄肢散白蚁中分离出的另外 4 个疣微菌菌株（*Geminisphaera colitermitum* TAV2、TAV3-TAV5）形成了一个独立的簇（簇Ⅳ）。

来自低等白蚁的大多数丰佑菌目克隆属于第二个分支。从黑胸散白蚁和黄胸散白蚁中分离出的八个克隆与从其他散白蚁（如桑特散白蚁和黄肢散白蚁）中获得的疣微菌克隆密切相关，形成了最大的簇，簇Ⅴ（Sato et al., 2014；Desai et al., 2010）。有趣的是，3 个黄胸散白蚁克隆（RfV-7、RfV-77、RfV-81）与从栖北散白蚁共生鞭毛虫 *T. agilis* 细胞核中得到的疣微菌克隆 RsTaN-K2 和 RsTaN-K1 密切相关，这 3 个黄胸散白蚁克隆是否与鞭毛虫 *T. agilis* 相关需要进一步研究。*T. agilis* 是一种广泛分布在散白蚁肠道中的鞭毛虫（Sato et al., 2014），黄胸散白蚁和黑胸散白蚁的肠道中都含有 *T. agilis*（Song et al., 2021；Mei et al., 2023）。使用丰佑菌目特异性引物，仅能从黑胸散白蚁的鞭毛虫组分扩增出疣微菌。黑胸散白蚁克隆 RcV-3 和黄胸散白蚁克隆 MicV-2 与从低等白蚁 *Cryptotermes secundus*、*Neotermes castaneus* 和 *Incisitermes schwarzi* 中得到的疣微菌克隆密切相关，形成了簇Ⅵ（Desai et al., 2012；Ikeda et al., 2010；Strassert et al., 2012）。从黄胸散白蚁、黑胸散白蚁和海南华象白蚁中获得的 4 个克隆与所有其他克隆分离，形成了一个独特的簇，簇Ⅶ。从台湾乳白蚁中得到的克隆 CfV-1 与 Pelagicoccaceae 科的 *Pelagicoccus albus* 聚在一起，形成了簇Ⅷ。

对来自不同种类的 145 个白蚁样本的宏基因组分析表明，疣微菌主要存在于低等白蚁的肠道中，而在高等白蚁中相对较少（Arora et al., 2022）。一项关于 8 种高等白蚁肠道宏基因组学的研究也支持了这一观点，与本研究一致（Hervé et al., 2022）。低等白蚁和高等白蚁细菌群落中疣微菌的差异可能与其在不同白蚁中的生态生理功能有关。对 *Geminisphaera colitermitum* TAV2、Opitutaceae sp. TAV1 和 TAV3-TAV5 的研究表明，这些疣微菌可能参与白蚁肠道中的氮固定、氨基酸合成、木聚糖降解和游离氧去除等过程（Freitas et al., 2012；Bergmann et al., 2011；Yang et al., 2005；Sato et al., 2014）。对黑胸散白蚁分离株黏滑白蚁球菌 TSB47（*Termitidicoccus mucosus* TSB47）基因组的研究也表明，疣微菌具有固氮、木聚糖降解等潜力。疣微菌与共生原生动物的密切关系表明，它们可能在低等白蚁肠道的固氮和营养代谢中发挥重要作用。

以木材为食的白蚁通常以各种缺乏氮元素的植物材料为食。大多数高等白蚁是土食

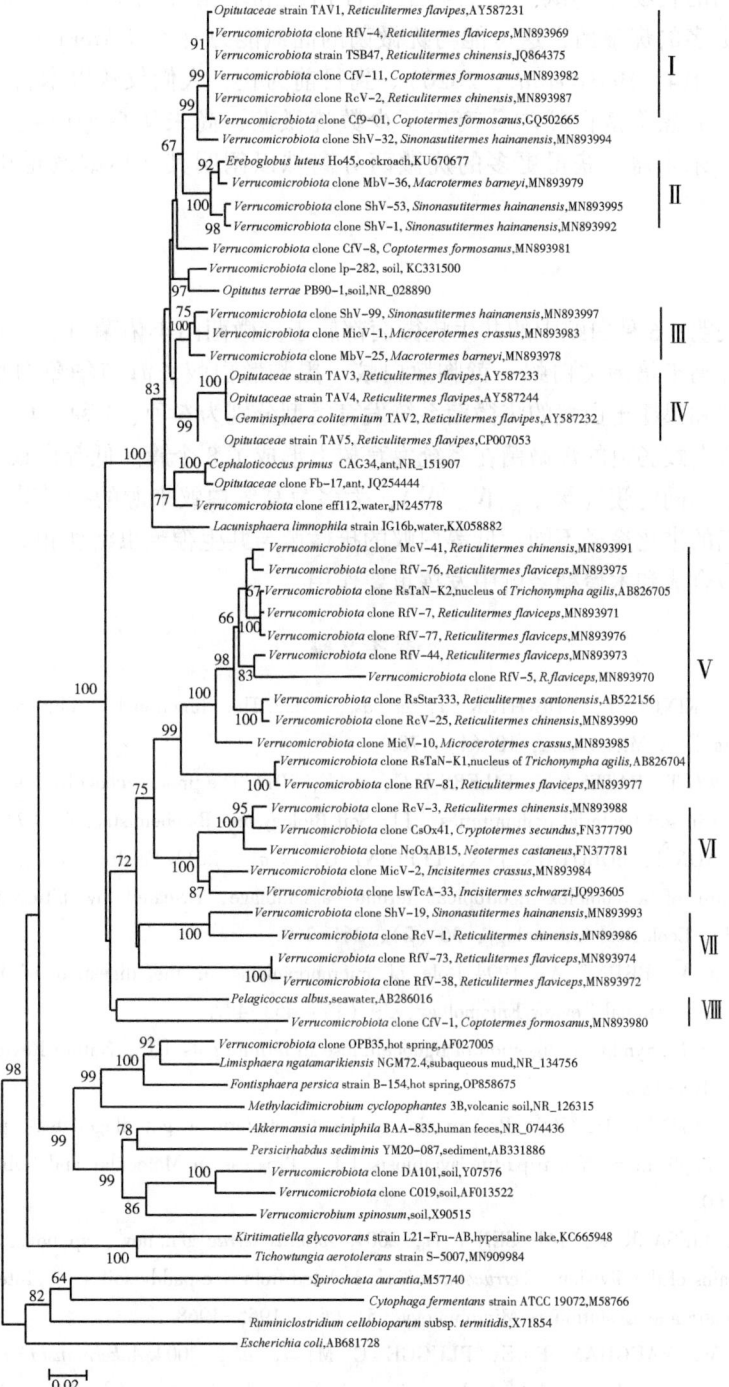

图2 六种白蚁肠道共生疣微菌 16S rRNA 基因的系统发育分析

注：以 MEGA7.0 的邻接法构建系统发育树。标注分支处大于60的自展值，本研究所得到的克隆以粗体表示，标尺为2%的序列差异。

性白蚁，它们的食物中不缺乏氮。与土食性白蚁和培菌类白蚁相比，低等木食性白蚁含有相对更多的疣微菌，这可能与疣微菌的固氮能力有关（Arora et al., 2022; Dietrich et al., 2014; Hervé et al., 2020）。到目前为止，人们仅从以木材为食的低等白蚁黄肢散白蚁和黑胸散白蚁中分离出了少数疣微菌，尚未从高等白蚁中分离到疣微菌门的细菌。未来需要获得更多的疣微菌分离株以阐明其在白蚁肠道中的生理和生态功能。

3 结论

本研究表明，6种白蚁中的共生疣微菌都属于疣微菌门丰佑菌目。木食性白蚁中疣微菌的多样性高于培菌类白蚁。黄胸散白蚁、黑胸散白蚁、海南华象白蚁、台湾乳白蚁、大锯白蚁和黑翅土白蚁的疣微菌系统发育类型分别为6种、5种、4种、3种、3种和2种。来自白蚁肠道的疣微菌在系统发育树上形成了8个簇。低等白蚁来源的大多数疣微菌形成了不同的簇（簇Ⅰ、Ⅳ、Ⅴ），大多数高等白蚁来源的疣微菌则属于簇Ⅱ和Ⅲ，表明它们的进化途径不同。低等白蚁的疣微菌与共生鞭毛虫密切相关，它们可能在固氮、氨基酸合成和木聚糖降解中发挥重要作用。

参考文献

ARORA J, KINJO Y, ŠOBOTNÍK J, et al., 2022. The functional evolution of termite gut microbiota [J]. Microbiome, 10 (1): 78.

BERGMANN G T, BATES S T, EILERS K G, et al., 2011. The under-recognized dominance of Verrucomicrobia in soil bacterial communities [J]. Soil Biology and Biochemistry, 43 (7): 1450-1455.

BOURGUIGNON T, ŠOBOTNÍK JAN, LEPOINT G, et al., 2011. Feeding ecology and phylogenetic structure of a complex neotropical termite assemblage, revealed by nitrogen stable isotope ratios [J]. Ecological Entomology, 36 (2): 261-269.

BREZNAK J A, BRUNE A, 1994. Role of microorganisms in the digestion of lignocellulose by termites [J]. Annual Review Entomology, 39 (1): 453-487.

BRUNE A, 2014. Symbiotic digestion of lignocellulose in termite guts [J]. Nature Review Microbiology, 12 (3): 168-180.

BRUNE A, STINGL U, 2005. Prokaryotic symbionts of termite gut flagellates: phylogenetic and metabolic implications of a tripartite symbiosis [J]. Progress in Molecular and Subcellular Biology, 41: 39-60.

CHIN K J, LIESACK W, JANSSEN P H, 2001. Opitutus terrae gen. nov., sp. nov., to accommodate novel strains of the division 'Verrucomicrobia' isolated from rice paddy soil [J]. International Journal of Systematic and Evolutionary Microbiology, 51 (6): 1965-1968.

DERRIEN M, VAUGHAN E E, PLUGGE C M, et al., 2004. Akkermansia muciniphila gen. nov., sp. nov., a human intestinal mucin-degrading bacterium [J]. International Journal of Systematic and Evolutionary Microbiology, 54 (5): 1469-1476.

DESAI M S, BRUNE A, 2012. Bacteroidales ectosymbionts of gut flagellates shape the nitrogen-fixing community in dry-wood termites [J]. The ISME Journal, 6 (7): 1302-1313.

DESAI M S, STRASSERT F H, MEUSER K, et al., 2010. Strict cospeciation of devescovinid flagellates and *Bacteroidales* ectosymbionts in the gut of dry-wood termites (Kalotermitidae) [J]. Environmental Microbiology, 12 (8): 2120-2132.

DIETRICH C, KÖHLER T, BRUNE A, 2014. The cockroach origin of the termite gut microbiota: patterns in bacterial community structure reflect major evolutionary events [J]. Applied and Environmental Microbiology, 80 (7): 2261-2269.

DU X, LI X, WANG Y, et al., 2012. Phylogenetic diversity of nitrogen fixation genes in the intestinal tract of *Reticulitermes chinensis* Snyder [J]. Current Microbiology, 65: 547-551.

FREITAS S, HATOSY S, FUHRMAN J A, et al., 2012. Global distribution and diversity of marine *Verrucomicrobia* [J]. The ISME Journal, 6 (8): 1499-1505.

GARRITY M G, HOLT J G, 2001. The road map to the manual [M]. In: Boone D R and Castenholz RW. Bergey's Manual of Systematic Bacteriology, 2nd ed. Springer-Verlag. New York, NY. 119-162.

HERVÉ V, LIU P, DIETRICH C, et al., 2020. Phylogenomic analysis of 589 metagenome-assembled genomes encompassing all major prokaryotic lineages from the gut of higher termites [J]. PeerJ, 8: e86.

HUANG Z, CHEN X, SHI Y, et al., 2011. Molecular analysis of some Chinese termites based on mitochondrial cytochrome oxidase (CoII) Gene [J]. Sociobiology, 58 (1): 107-118.

IKEDA-OHTSUBO W, FAIVRE N, BRUNE A, 2010. Putatively free-living 'Endomicrobia' - ancestors of the intracellular symbionts of termite gut flagellates? [J]. Environmental Microbiology Reports, 2 (4): 554-559.

INWARD D, BECCALONI G, EGGLETON P, 2007. Death of an order: a comprehensive molecular phylogenetic study confirms that termites are eusocial cockroaches [J]. Biology Letters, 3 (3): 331-335.

ISANAPONG J, GOODWIN L, BRUCE D, et al., 2012. High-quality draft genome sequence of the *Opitutaceae* bacterium strain TAV1, a symbiont of the wood-feeding termite *Reticulitermes flavipes* [J]. Journal of Bacteriology, 194: 2744-2745.

ISANAPONG J, HAMBRIGHT W S, WILLIS A G, et al., 2013. Development of an ecophysiological model for *Diplosphaera colotermitum* TAV2, a termite hindgut Verrucomicrobium [J]. The ISME Journal, 7 (9): 1803-1813.

JASSO-SELLES D E, MARTINI F D, VELENOVSKY J F, et al., 2020. The complete protist symbiont communities of *Coptotermes formosanus* and *Coptotermes gestroi*: morphological and molecular characterization of five new species [J]. Journal of Eukaryotic Microbiology, 67 (6): 626-641.

KIELAK A, RODRIGUES J L M, KURAMAE E E, et al., 2009. Phylogenetic and metagenomic analysis of *Verrucomicrobia* in former agricultural grassland soil [J]. FEMS Microbiology Ecology, 71 (1): 23-33.

KOTAK M, ISANAPONG J, GOODWIN L, et al., 2015. Complete genome sequence of the *Opitutaceae* bacterium strain TAV5, a potential facultative methylotroph of the wood-feeding termite *Reticulitermes flavipes* [J]. Genome Announcements, 3: e00060-15.

KOTAK M, LIN J Y, ISANAPONG J, et al., 2020. Draft genome sequences of strains TAV3 and TAV4 (*Verrucomicrobia*: *Opitutaceae*), isolated from a wood-feeding termite, and in silico analysis of their polysaccharide degrading enzymes [J]. Microbiology Resource Announcements, 9 (2): e01192-19.

MEI C, SHI Y, WANG Y, et al., 2024. *Termitidicoccus mucosus* gen. nov. sp. nov. a novel *Verrucomicrobiota* species isolated from *Reticulitermes chinensis* gives insights of high adaptability of symbiotic bacteria to termite gut ecosystem [J]. Research in Microbiology, 175 (4): 104173.

PARKS D H, CHUVOCHINA M, RINKE C, et al., 2022. GTDB: an ongoing census of bacterial and archaeal diversity through a phylogenetically consistent, rank normalized and complete genome-based taxonomy [J]. Nucleic Acids Research, 50 (D1): D785-D794.

PODOSOKORSKAYA O A, ELCHENINOV A G, NOVIKOV A A, et al., 2023. *Fontisphaera persica* gen. nov., sp. nov., a thermophilic hydrolytic bacterium from a hot spring of Baikal lake region, and proposal of *Fontisphaeraceae fam.* nov., and *Limisphaeraceae fam.* nov. within the *Limisphaerales ord.* nov. (*Verrucomicrobiota*) [J]. Systematic and Applied Microbiology, 46: 126438.

RAST P, GLÖCKNER I, BOEDEKER C, et al., 2017. Three novel species with peptidoglycan cell walls form the new genus*Lacunisphaera* gen. nov. in the family *Opitutaceae* of the verrucomicrobial subdivision 4 [J]. Frontiers in Microbiology, 8: 202.

SANGWAN P, CHEN X, HUGENHOLTZ P, 2004. *Chthoniobacter flavus* gen. nov., sp. nov., the first pure-culture representative of subdivision two, *Spartobacteria classis* nov., of the phylum *Verrucomicrobia* [J]. Applied and Environmental Microbiology, 70: 5875-5881.

SATO T, KUWAHARA H, FUJITA K, et al., 2014. Intranuclear verrucomicrobial symbionts and evidence of lateral gene transfer to the host protist in the termite gut [J]. The ISME Journal, 8 (5): 1008-1019.

SHI Y, HUANG Z, HAN S, et al., 2015. Phylogenetic diversity of Archaea in the intestinal tract of termites from different lineages [J]. Journal of Basic Microbiology, 55 (8): 1021-1028.

SONG Y Q, ZHANG D, CHEN W, et al., 2021. Phylogenetic identification of symbiotic protists of five Chinese *Reticulitermes* species indicates a cospeciation of gut microfauna with host termites [J]. Journal of Eukaryotic Microbiology, 68 (5): e12862.

STEVENSON B S, EICHORST S A, WERTZ J T, 2004. New strategies for cultivation and detection of previously uncultured microbes [J]. Applied and Environmental Microbiology, 70 (8): 4748-4755.

STRASSERT J F H, KÖHLER T, WIENEMANN T H G, et al., 2012. 'Candidatus Ancillula trichonymphae', a novel lineage of endosymbiotic Actinobacteria in termite gut flagellates of the genus *Trichonympha* [J]. Environmental Microbiology, 14 (12): 3259-3270.

TEGTMEIER D, BELITZ A, RADEK R, et al., 2018. *Ereboglobus luteus* gen. nov. sp. nov. from cockroach guts, and new insights into the oxygen relationship of the genera *Opitutus* and *Didymococcus* (*Verrucomicrobia*: *Opitutaceae*) [J]. Systematic and Applied Microbiology, 41 (2): 101-112.

VAN P, KANT R, PALVA A, et al., 2011. Genome sequence of theVerrucomicrobium *Opitutus terrae* PB90-1, an abundant inhabitant of rice paddy soil ecosystems [J]. Journal of Bacteriology, 193: 2367-2368.

WEISBURG W G, BARNS S M, PELLETIER D A, et al., 1991. 16S ribosomal DNA amplification for phylogenetic study [J]. Journal of Bacteriology, 173 (2): 697-703.

WERTZ J T, KIM E, BREZNAK J A, et al., 2012. Genomic and physiological characterization of the *Verrucomicrobia* isolate *Diplosphaera colitermitum* gen. nov. sp. nov. reveals microaerophily and nitrogen fixation genes [J]. Applied and Environmental Microbiology, 78 (5): 1544-1555.

YANG H, SCHMITT-WAGNER D, STINGL U, et al., 2005. Niche heterogeneity determines bacterial community structure in the termite gut (*Reticulitermes santonensis*) [J]. Environmental Microbiolog, 7 (7): 916-932.

YOON J, 2011. Phylogenetic studies on the bacterial phylum 'Verrucomicrobia' [J]. Microbiology Culture Collection, 27: 61-65.

YOON J, MATSUO Y, MATSUDA S KASAI H, et al., 2010. Cerasicoccus maritimus sp. nov. and Cerasicoccus frondis sp. nov., two peptidoglycan - less marine verrucomicrobial species, and description of Verrucomicrobia phyl. nov., nom. rev [J]. The Journal of General and Applied Microbiology, 56 (3): 213-222.

饥饿胁迫对花绒寄甲交配行为及生殖适合度的影响

冯寒松**，刘欣莹，韦丽逢，郑晓毅，王钦召，刘兴平***

（保护生物学江西省重点实验室，江西农业大学林学院，南昌 330045）

摘 要：【目的】花绒寄甲 *Dastarcus helophoroides* Fairmaire 为天牛类蛀干害虫的优势天敌昆虫。本文探究了饥饿胁迫对花绒寄甲交配行为和生殖适合度的影响，以期为天敌昆虫的室内大规模繁殖提供理论依据。【方法】以受饥饿和未饥饿的雌、雄虫作为试虫，在配偶选择条件下和非配偶选择条件下进行了交配行为的观察，同时在非配偶选择条件下进行了生殖适合度的分析。【结果】在配偶选择实验中，受饥饿和未饥饿的花绒寄甲雌雄虫均偏好与未饥饿的配偶进行交配，交配成功率均明显高于与受饥饿配偶的交配成功率，交配前期受雄虫饥饿状态的影响，而交配持续期不受雌、雄虫饥饿状态的影响。在非配偶选择实验中，花绒寄甲交配成功率、交配前期和交配持续期均受雄虫饥饿状态的影响，而与雌虫的饥饿状态不相关。花绒寄甲雌虫产卵率和卵的孵化率受雌虫饥饿状态的影响，而产卵次数和产卵量受雌、雄虫饥饿状态的影响。【结论】饥饿胁迫对花绒寄甲的择偶偏好、交配行为及生殖适合度具有明显的不利影响。在花绒寄甲大规模饲养过程中，需要提供足够的食物营养以减轻因饥饿导致的生殖产量下降。

关键词：花绒寄甲；配偶选择；交配行为；生殖适合度；饥饿胁迫

Effects of Starvation Stress on Mating Behavior and Reproductive Fitness in *Dastarcus helophoroides* Fairmaire (Coleoptera：Bothrideridae) *

Feng Hansong**, Liu Xinying, Wei Lifeng, Zheng Xiaoyi,
Wang Qinzhao, Liu Xingping***

（*Jiangxi Provincial Key Laboratory of Conservation Biology, College of Forestry, Jiangxi Agricultural University, Nanchang 330045, China*）

Abstract：【Objectives】The parasitic beetle, *Dastarcus helophoroides* Fairmaire is a dominant natural enemy insect of stem boring pest. In order to provide theoretical basis for the mass rearing of this beetle, the effects of starvation stress on the mating behavior and reproductive fitness of this insect were explored in this paper. 【Methods】Both starved and non-starved female and male insects were selected as experimental insects, and their mating behavior were observed and reproduction fitness were analyzed under mate choice trial and non-mate choice trial. 【Results】In mate selection trial, both starved and non-starved males and females preferred to mate with non-starved partners, and their mating success rates were

---

* 基金项目：国家自然科学基金项目（31760106）
** 第一作者：冯寒松，研究生，主要从事森林昆虫研究；E-mail:13576800477@163.com
*** 通信作者：刘兴平；E-mail:xpliu@jxau.edu.cn

significantly higher than those with starved partners. The mating latency was influenced by the male starvation status, while the mating duration was not affected by the starvation status of both females and males. In non-mate selection trial, the rate of mating success, mating latency, and mating duration were all affected by male starvation status, but not by female starvation status. Analysis of the reproductive fitness of this beetle revealed that the proportion of oviposition and fertility were influenced by female starvation status, while the oviposition frequency and total fecundity were influenced by the starvation status of both males and females. 【Conclusion】 These results of this paper confirmed that the starvation stress has a significant adverse effect on the mate selection, mating behavior, and reproductive fitness of this parasitic beetle. Therefore, in the mass rearing schedules of *D. helophoroides*, it is necessary to provide sufficient nutrition to alleviate the decline in reproductive fitness caused by starvation.

Key words: *Dastarcus helophoroides*; Mate selection; Mating behavior; Reproductive fitness; Starvation stress

昆虫的配偶选择和生殖适合度研究是性选择理论和物种进化学中的重要依据，也是昆虫行为学研究中的重要领域（Xu and Wang, 2009; Anholt et al., 2020）。包括昆虫在内的多数物种为了种群延续，具有选择最优质的配偶进行后代繁衍的能力（毕明娟等，2006）。然而，昆虫的生殖受到众多内、外因素的影响（Moore, 2001）。昆虫的生殖需要消耗大量能量（Arnqvist et al., 2005; Himuro et al., 2010），当成虫受到饥饿胁迫时，必须权衡生存和繁殖之间的利益（Hopwood et al., 2013），因而营养状况是影响昆虫生殖的关键外在因素之一（Hopwood et al., 2013）。研究表明，昆虫的配偶选择能力受其饥饿状态的影响，绝大多数受到饥饿胁迫的昆虫更趋向于选择营养条件较优的配偶进行繁殖（Richardson and Smiseth, 2019），然而，也有少数昆虫的配偶选择不受其饥饿状态所影响（Tudor et al., 2018）。此外，饥饿胁迫同样影响昆虫的生殖适合度，多数雌虫的产卵量与孵化率随自身或配偶的饥饿程度增加呈下降趋势（Kyneb and Toft, 2006; Su et al., 2022），也有些雌虫的生殖不受自身或配偶饥饿状态的影响（Richardson et al., 2019）。

花绒寄甲 *Dastarcus helophoroides* Fairmaire 属鞘翅目 Coleoptera 寄甲科 Bothrideridae，是当前我国防治天牛类蛀干害虫的重要天敌种类，尤其在松材线虫病的防治过程中，花绒寄甲对遏制松褐天牛扩散与蔓延发挥了积极的作用（杨忠岐等，2011；杨远亮等，2013）。因此，开展花绒寄甲的室内大规模繁殖技术研究对于扩大该虫的生殖产量，提高生物防治效果等具有积极的作用。目前对花绒寄甲的研究表明，该虫的生殖受雌雄成虫个体大小（郭舟等，2024）、配偶亲缘关系以及交配次数等的影响（钟辉辉等，2024），然而对于成虫的饥饿状态是否影响其配偶选择及生殖适合度仍未见报道。因此，本文以花绒寄甲室内种群作为材料，研究花绒寄甲的配偶选择行为和生殖适合度与雌雄成虫饥饿状态之间的关系，以期为花绒寄甲室内种群的扩繁技术提供理论依据。

1 材料与方法

1.1 供试虫源

花绒寄甲虫源于2016年从江西省环境工程职业学院引进。该虫源采自江西省赣州市野外马尾松林枯病死木内的花绒寄甲成虫。引种至江西农业大学林学院森林保护学养虫室后，置于塑料方形养虫盒内（长×宽×高＝16 cm×12 cm×6 cm）。养虫盒内放置1块中间镂空的木块（长×宽×高＝10 cm×8 cm×3 cm）供成虫休息、1块底部绑有2~3张牛皮纸卡片（长×宽＝8 cm×4 cm）的实心小木块（长×宽×高＝8 cm×4 cm×3 cm）作为雌虫产卵场所。同时，放置1个圆形塑料盖（直径＝3 cm，高＝0.3 cm）作为花绒寄甲人工饲料的容器、1块吸水海绵（长×宽×高＝6 cm×1.5 cm×2 cm）用于成虫水分供给。将养虫盒以80头/盒的成虫密度置于LED型顶置人工气候箱（QHX-300BSH-Ⅲ型，上海新苗医疗器械制造有限公司）中饲养，饲养环境设置为温度（25±1）℃，相对湿度60%±5%，光周期14 L : 10 D。参考颜学武等（2015）的方法调配花绒寄甲成虫饲料并置于养虫盒内。每日更换水和饲料，检查木块底部牛皮纸是否带有卵块。若牛皮纸上带有卵块（称为卵卡），则更换同一规格的牛皮纸固定于实心小木块底部并将卵卡转移至同一环境的人工气候箱中待孵化。当幼虫孵化后，参考 Shi et al. (2020) 的方法，将初孵幼虫接入大麦虫 Zophobas morio (Fabricius) 新鲜虫蛹中（购于广东省广州市荔湾区大麦虫养殖基地），使用勾线笔将3头幼虫接入1头虫蛹内的比例进行人工接虫达到继代繁殖目的。为避免室内种群衰退现象的发生，每年从野外采集一批花寄甲成虫混入室内种群中进行饲养。2023年10月，随机选取该种群中刚羽化的成虫开展试验。

1.2 成虫饥饿胁迫处理

在花绒寄甲成虫羽化当日，参考唐桦等（2007）的方法区分雌、雄虫，之后分别置于塑料培养皿（直径＝10 cm，高＝3 cm）中单独饲养，在培养皿内配置装有吸水棉球的指形管和人工饲料饲喂供试成虫。随后将装有成虫和食物的培养皿置于上述相同环境的人工气候箱中饲养，每日更换饲料和水。待饲养至成虫性成熟后（约25 d），随机选取上述生长健壮且性成熟的雌、雄成虫并人为按性别分别分成2组进行饲养。其中在受饥饿雌虫（starved females，SF）和受饥饿雄虫（starved males，SM）组中，将性成熟的雌雄虫分别单独置于空的培养皿中，不提供任何食物；在未饥饿雌虫（non-starved females，NSF）和未饥饿雄虫（non-starved males，NSM）组中，将雌、雄虫分别单独置于装有吸水棉球的指形管和人工饲的培养皿中进行饲养，并每日更换饲料和水直到实验开始。已有研究表明，花绒寄甲成虫在饥饿2周后体内脂肪等众多生理指标显著减少（胡昕雨，2022），因而在本实验中，所有雌雄成虫在饲养2周后备用。

1.3 实验设计

1.3.1 饥饿胁迫对花绒寄甲配偶选择和交配行为的影响

为验证花绒寄甲成虫在饥饿胁迫后是否影响其配偶选择和交配行为，分别选取单独饲养的受饥饿和未饥饿的雌雄成虫作为测试对象。实验前使用标签纸粘贴供试成虫左右鞘翅处，以区分不同饥饿状态的雌雄成虫。雌性配偶选择实验是随机选择SM和NSM各1头并同时置于空的塑料培养皿中并置于全暗环境下的恒温（25℃）昆虫行为监控室内，静置10 min后，引入SF一头，随即使用小型昆虫行为监控装置进行30 h的连续监测。监测完成后，将监控数据拷贝至移动硬盘内并利用potplayer软件观察供试雌虫的交配行为，记录SF的交配前期、交配对象、交配持续期等指标。相同的方法测定NSF、SM和NSM的交配行为。每种饥饿状态的雌、雄成虫各重复测定40次，观察期内未发生交配行为则在数据分析中排除。

1.3.2 饥饿胁迫对花绒寄甲交配行为的影响

选取单独饲养的受饥饿和未饥饿的雌雄成虫作为测试对象，按照SF×SM、SF×NSM、NSF×SM、NSF×NSM的组合，将1头雌虫和1头雄虫同时转移至空的培养皿内并置于上述相同恒温昆虫行为监控室内进行交配行为观察，相同的方法统计各处理中的交配成功率、交配前期和交配持续期差异。每个处理重复40次，观察期内未发生交配行为则在数据分析中排除。

1.3.3 饥饿胁迫对雌虫生殖产量的影响

待1.3.2中成虫完成一次交配后，立即将其中的雄虫移出培养皿，并将不同饥饿状态的雌虫转移至新的塑料培养皿中，在培养皿内添置绑有牛皮纸的小木块（长×宽×高＝0.5 cm×0.4 cm×0.2 cm）供雌虫产卵。其中受饥饿的雌虫不提供任何食物和水，而未饥饿的雌虫则还需提供成虫饲养相同的食物和水。将实验雌虫移至相同条件下的人工气候箱中，每日利用电子体视镜（江南 NSZ608T，南京江南永新光学有限公司）和Image View软件观察和记录不同饥饿状态下雌虫的产卵量直至雌虫停止产卵。此外，当供试雌虫产卵开始后，每日收集有卵的牛皮纸卡片置于培养皿中，再将培养皿置于上述相同温湿条件下的人工气候箱中，每日观察并记录卵的孵化情况，统计分析不同饥饿状态花绒寄甲雌虫产下的卵的孵化率。

1.4 数据分析

所有数据均使用SPSS 27.0数据处理系统进行分析，百分率数据在分析前进行反正弦平方根转换。交配成功率、产卵率等指标采用卡方检验；交配前期、交配持续期、单雌产卵量和孵化率等指标先进行正态分布检验。若数据满足正态分布时采用一般线性模型（GLM）中双因素方差分析，若数据不满足正态分布时则用采用非参数分析Kruskal-Wallis检验，显著水平均为 $P=0.05$。文中数据以平均值±标准误表示，以Origin 2018进行作图。

2 结果与分析

2.1 饥饿胁迫对花绒寄甲配偶选择和交配行为的影响

如表1所示，在配偶选择条件下，发现受饥饿的雌虫（SF）和正常取食的雌虫（NSF）均偏好与正常取食的配偶交配，其交配成功率（76.92%和82.50%）显著高于受饥饿的配偶（23.08%和17.50%）（SF：$\chi^2=11.31$，$df=1$，$P<0.001$；NSF：$\chi^2=16.90$，$df=1$，$P<0.001$）。在雄虫的配偶选择中，SM同样偏好正常取食的配偶，其交配成功率（71.95%）显著高于受饥饿的配偶（28.21%）（$\chi^2=11.31$，$df=1$，$P=0.006$），而NSM的配偶选择行为不受配偶饥饿状态的影响（$\chi^2=1.524$，$df=1$，$P=0.217$）。表明除正常取食的雄虫外，花绒寄甲的配偶选择行为受配偶饥饿状态的影响。

表1 饥饿胁迫对花绒寄甲成虫配偶选择和交配成功率的影响

处理	选择者	备选配偶（交配成功率,%）		P 值	χ^2
雌性选择	SF	SM（23.08）	NSM（76.92）	<0.001	11.31
	NSF	SM（17.50）	NSM（82.50）	<0.001	16.90
雄性选择	SM	SF（28.21）	NSF（71.95）	0.006	7.41
	NSM	SF（40.48）	NSF（59.52）	0.217	1.524

比较配偶选择条件下的交配前期发现，SF 的交配前期 [（8.35±0.92）h] 要长于 NSF 的交配前期 [（7.57±0.57）h] 且不存在差异（$F=0.628$, $df=1\,117$, $P=0.430$, 图 1A），而受饥饿雄虫（SM）的交配前期 [9.60±1.06）h] 要长于未饥饿雄虫（NSM）的交配前期 [7.07±0.53）h]，但存在明显差异（$F=5.087$, $df=1\,117$, $P=0.026$, 图 1A）。然而，交配前期不受雌雄虫饥饿状态的综合影响（$F=0.217$, $df=1\,117$, $P=0.642$, 图 1A）。进一步对配偶选择条件下的交配持续期发现，雌、雄虫的饥饿状态并不影响其交配持续期（雌虫：$F=2.425$, $df=1\,117$, $P=0.122$；雄虫：$F=0.017$, $df=1\,117$, $P=0.898$；雌雄虫综合作用：$F=0.728$, $df=1\,117$, $P=0.395$; 图 1B）。表明花绒寄甲的交配前期受雄虫饥饿状态的影响。

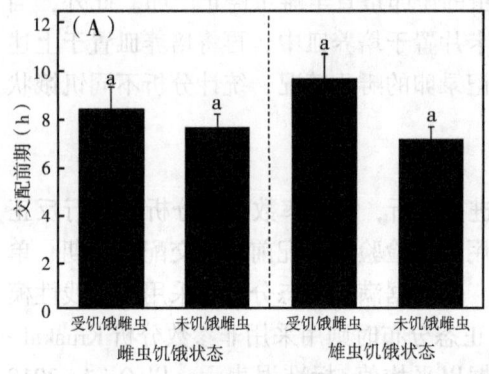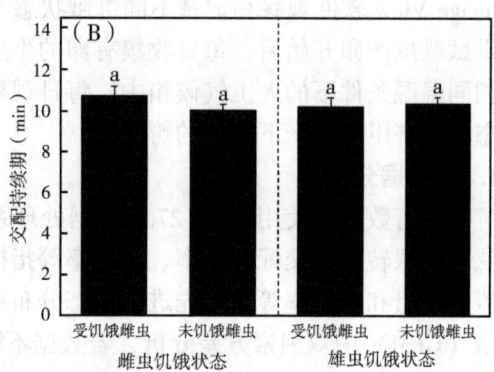

图1 配偶选择条件下饥饿胁迫对花绒寄甲交配前期（A）和交配持续期（B）的影响
注：柱状图中不同小写字母代表差异显著，Two-way ANOVA, $P<0.05$。

2.2 饥饿胁迫对花绒寄甲交配行为的影响

在花绒寄甲非配偶选择实验中，SF 的交配成功率（69.23%）要低于 NSF 的交配成功率（71.43%），但不存在差异（$\chi^2=0.09$, $df=1$, $P=0.765$, 图 2A）；然而，SM 的交配成功率（61.25%）则显著低于 NSM 的交配率（80.00%）（$\chi^2=6.521$, $df=1$, $P=0.011$, 图 2A）。分析花绒寄甲的交配前期发现，SM 的交配前期 [（5.64±0.82）h] 是 NSM 的 2.21 倍，两者存在极显著差异（$F=13.435$, $df=1$, 79, $P=0.000<0.001$, 图 2B），然而该虫的交配前期不受雌虫饥饿状态的影响（$F=1.194$, $df=1$, 79, $P=0.278$, 图 2B）以及雌雄虫饥饿状态的综合影响（$F=0.3645$, $df=1$, 79, $P=0.248$, 图 2B）。进一步比较该虫的交配持续期同样发现，SM 的交配持续期为（11.28±

0.56）min，NSM 的交配持续期为（13.32±0.36）min，两者存在显著差异（$F = 10.589$，$df = 1$，79，$P = 0.002$，图2C），而雌虫的饥饿状态（$F = 3.660$，$df = 1$，79，$P = 0.060$，图2C）以及雌雄虫饥饿状态的综合作用（$F = 0.051$，$df = 1$，79，$P = 0.822$，图2C）并不影响其交配持续期。说明花绒寄甲的交配成功率、交配前期和交配持续期仅受雄虫饥饿状态的影响，而与雌虫饥饿状态以及雌雄虫饥饿状态的综合作用无关。

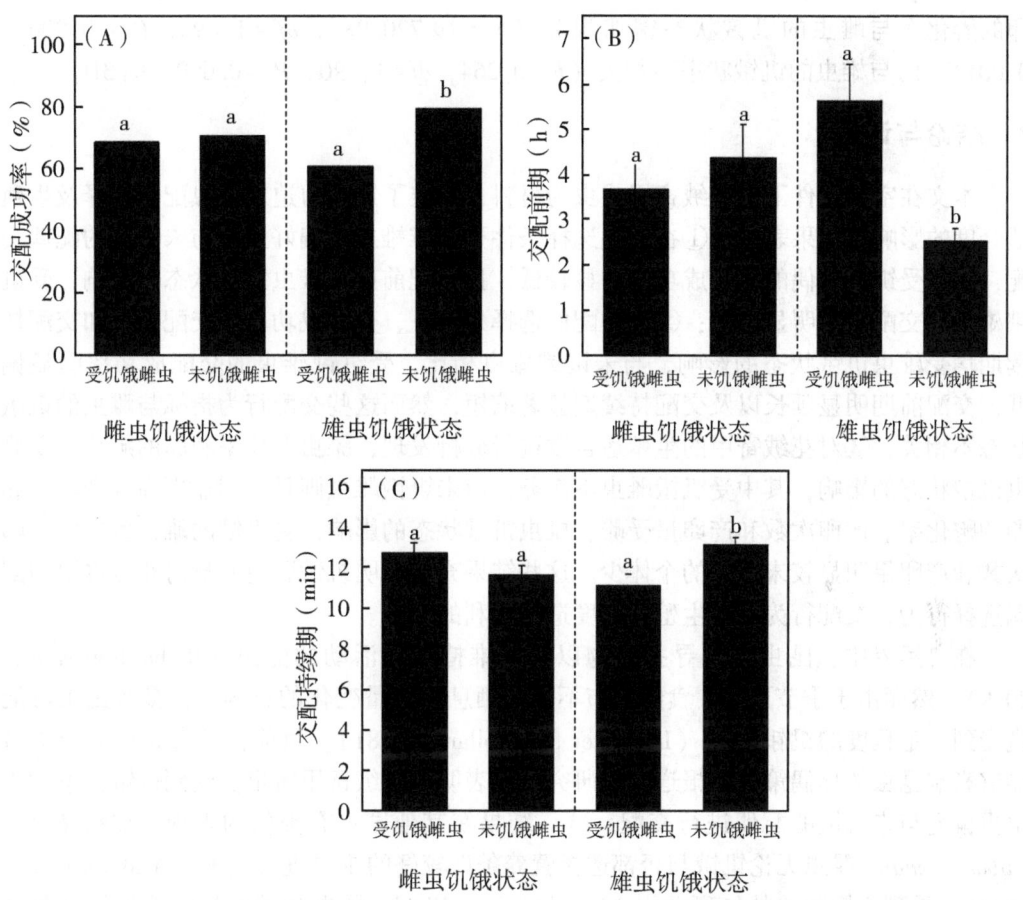

图 2　非配偶选择条件下饥饿胁迫对花绒寄甲交配成功率（A）、交配前期（B）和交配持续期（C）的影响

注：柱状图中不同小写字母代表差异显著，Two-way ANOVA，$P < 0.05$。

2.3　饥饿胁迫对花绒寄甲雌虫生殖适合度的影响

通过比较不同饥饿状态下雌虫的产卵情况发现，尽管不同饥饿状态的雌、雄虫均可发生交配，但 SF 未发生产卵，其产卵率为0，而 NSF 的产卵率达67.27%，两者存在极显著差异（$X^2 = 54.995$，$df = 1$，$P = 0.000 < 0.001$，图3A），但产卵率与雄虫饥饿状态不相关（$X^2 = 0.441$，$df = 1$，$P = 0.507$，图3A）。对观察期内产卵次数的分析发现，未饥饿雌、雄虫的平均产卵次数分别达（10.05±1.39）次和（5.82±1.21）次，而受饥

饿雌、雄虫的产卵次数仅 0 次和（1.88±0.67）次，统计分析表明，花绒寄甲的产卵次数分别受雌、雄虫饥饿状态的影响（雌虫：$F=82.698$, $df=1, 90$, $P=0.000<0.001$；雄虫：$F=17.458$, $df=1, 90$, $P=0.000<0.001$；图 3B）。对观察期内雌虫产卵量进行分析发现，受饥饿雌、雄虫的产卵量分别为 0 粒/雌和（55.88±21.19）粒/雌，明显低于未饥饿雌、雄虫的产卵量［（38 927±67.76）粒/雌和（23 858±55.99）粒/雌］且存在极显著差异（雌虫：$F=49.320$, $df=1, 90$, $P=0.000<0.001$；雄虫：$F=16.338$, $df=1, 90$, $P=0.000<0.001$；图 3C）。进一步对卵的孵化率进行分析发现，卵的孵化率与雌虫的饥饿状态密切相关（$F=19 720.987$, $df=1, 90$, $P=0.000<0.001$），而与雄虫的饥饿状态不相关（$F=0.264$, $df=1, 90$, $P=0.609$；图 3D）。

3 结论与讨论

本文在室内条件下以花绒寄甲成虫为材料，测定了饥饿胁迫对该虫配偶选择及生殖适合度的影响。结果表明，①在配偶选择条件下，雌雄虫均偏好选择与未饥饿的配偶交配，而与受饥饿配偶的交配成功率明显较低，且交配前期受雄虫饥饿状态的影响，受饥饿雄虫的交配前期明显延长；②在非配偶选择条件下，交配成功率、交配前期和交配持续期均受雄虫饥饿状态的影响，与未饥饿雄虫相比，受饥饿雄虫的交配成功率明显偏低，交配前期明显延长以及交配持续期显著缩短，然而这些交配行为指标与雌虫的饥饿状态不相关；③对花绒寄甲的生殖适合度进行分析发现，雌虫产卵率和卵的孵化率受雌虫饥饿状态的影响，其中受饥饿雌虫不产卵，而未饥饿雌虫则具有明显更高的产卵率和卵的孵化率。产卵次数和产卵量受雌、雄虫饥饿状态的影响，受饥饿的雌、雄虫的产卵次数和产卵量明显较未饥饿的个体少。这些结果充分说明饥饿胁迫明显对花绒寄甲的配偶选择行为，交配行为以及生殖适合度造成不利的影响。

在自然界中，昆虫必须寻找食物以获得维持生命活动的能源（Richardson et al., 2019）。然而由于季节更替、食物分布不均、栖息地质量变化的影响，大多数昆虫可能遭受到一定程度的饥饿胁迫（Dempster and Pollard, 1981）。目前，已有大量关于饥饿能够影响昆虫的择偶策略的报道。本研究结果表明，花绒寄甲雌虫及受到饥饿胁迫的雄虫更偏爱与未饥饿的配偶进行交配。这一结果在其他昆虫有类似的表现，如猎蝽 Amphibolus venator 雌虫无论饥饿与否都选择营养条件较好的雄虫进行交配（Asakura et al., 2024），受到饥饿胁迫的红斑葬甲 Nicrophorus vespilloides 雌虫会避免与营养条件较差的雄虫交配（Richardson and Smiseth, 2019），南美实蝇 Anastrepha fraterculus 雌虫也能识别出营养条件较好的雄虫并与之交配（Abraham et al., 2018），处于重度饥饿的水黾 Gerris buenoi 雄虫更偏向于选择生殖力较强的雌虫（Byrne and Rice, 2006）。雌虫选择营养条件较好的雄虫作为交配对象的主要原因可能是营养条件较好的雄虫可以为雌虫提供更丰厚的"婚食"，并愿意将更多能量投入到繁殖中（Hunt et al., 2004；Van et al., 2018；McPherson et al., 2022）。大量研究表明雄虫会将营养资源通过射精的方式传递给雌虫以辅助其完成生殖（Gwynne, 2008）。受到饥饿胁迫的雄虫偏好营养条件较好的雌虫，这可能是因为雄虫可通过选择优质雌虫来增加后代基数以确保自身基因的延续（Nandy et al., 2012；Arbuthnott et al., 2017）。然而，受到饥饿胁迫的黑腹果蝇 Dro-

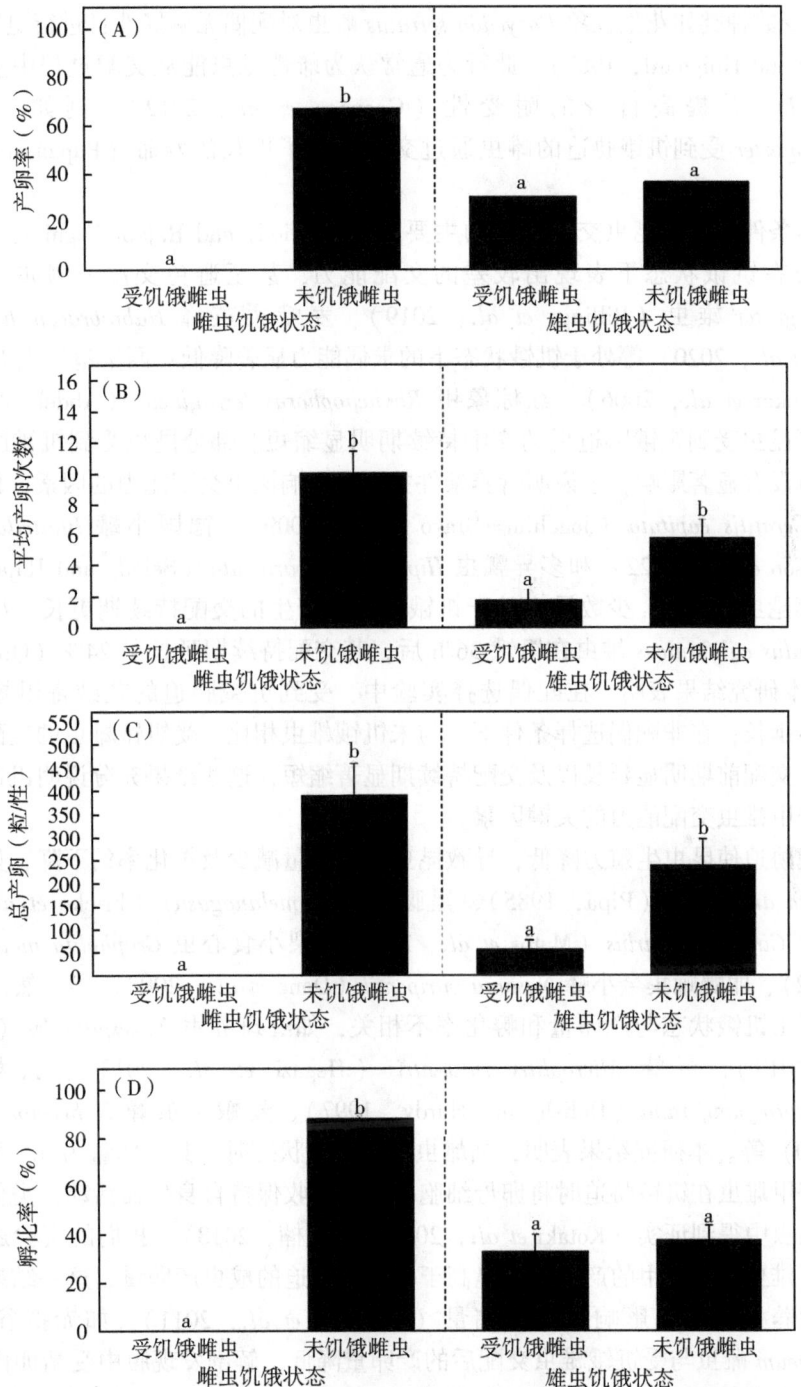

图 3 非配偶选择条件下饥饿胁迫对花绒寄甲产卵率（A）、产卵次数（B）、产卵量（C）和卵孵化率（D）的影响

注：柱状图中不同小写字母代表差异显著，Two-way ANOVA，$P < 0.05$。

sophila melanogaster 雄虫只影响其交配成功率，但并不影响配偶选择（Tudor et al.，2018）。少数种类如花生豆象 *Caryedon serratus* 雌虫对配偶无偏好性且进行更频繁的交配（Boucher and Huignard，1987）。此行为通常认为雌性昆虫能从交配过程中直接或间接获得营养，并提高自身的耐受性（Goenaga et al.，2012），例如，黑腹果蝇 *D. melanogaster* 受到饥饿胁迫的雌虫通过交配获得了更长的寿命（Papanastasiou et al.，2013）。

营养条件是影响昆虫交配行为的主要因素（Seiedy and Rajabi Faghihi，2022）。大多数昆虫在饥饿状态下表现出较差的交配能力，甚至避免交配。例如，黑腹果蝇 *D. melanogaster* 雄虫（Billings et al.，2019）、麦蛾柔茧蜂 *Habrobracon hebetor* 雄虫（Huang et al.，2020）等处于饥饿状态下的求偶能力显著降低；西南龟瓢虫 *Propylea dissecta*（Omkar et al.，2006）、红棕象甲 *Rhynchophorus ferrugineus*（Abdel-Azim et al.，2019）等昆虫受到饥饿胁迫后的交配持续期明显缩短。部分昆虫受到饥饿胁迫后对其交配能力没有显著影响，这说明营养条件并不是影响该虫交配能力的因素，例如，地中海果蝇 *Ceratitis capitata*（Joachim-Bravo et al.，2009）、德国小蠊 *Blattella germanica*（McPherson et al.，2022）和多异瓢虫 *Hippodamia variegata*（Seiedy and Rajabi Faghihi，2022）等昆虫。然而，少数昆虫处于饥饿状态时产生的交配持续期更长，如加州钝绥螨 *Neoseiulus californicus* 雄虫在饥饿 36 h 后，其交配持续期延长了 24%（Qin Lu et al.，2022）。本研究结果表明，在配偶选择实验中，受到饥饿胁迫的花绒寄甲雄虫的交配前期明显延长；在非配偶选择条件下，与未饥饿雄虫相比，受饥饿雄虫的交配成功率明显偏低，交配前期明显延长以及交配持续期显著缩短，这些结果充分说明饥饿胁迫是影响花绒寄甲雄虫交配能力的关键因素。

饥饿胁迫使昆虫生殖力降低，导致昆虫的产卵量减少及孵化率的下降，如美洲大蠊 *Periplaneta americana*（Pipa，1985）、黑腹果蝇 *D. melanogaster*（Fricke et al.，2008）、温带臭虫 *Cimex lectularius*（Matos et al.，2017）、梨小食心虫 *Grapholita molesta*（Su et al.，2022）、丽蝇蛹集金小蜂 *Nasonia vitripenni*（Dong et al.，2008）等。然而也有一些昆虫表现出饥饿状态与产卵量和孵化率不相关，如红斑葬甲 *N. vespilloides*（Richardson et al.，2019）、茧蜂 *Microplitis rufiventris*（Hegazi et al.，2013）、云杉色卷蛾 *Choristoneura fumiferana*（Delisle and Hardy，1997）、麦蛾柔茧蜂 *H. hebetor*（Huang et al.，2020）等。本研究结果表明，当雌虫处于饥饿状态时，其产卵量为 0。可能的原因是花绒寄甲雌虫在饥饿胁迫时将卵母细胞中养分吸收保持自身生命活动，类似的现象也在其他昆虫中得到证实（Kotaki et al.，2016；吕楠楠，2018）。我们的实验还发现，未饥饿雌、雄虫花绒寄甲的产卵量明显高于受饥饿胁迫的成虫产卵量，这一结果充分说明雄虫的营养条件可以影响精子存储量（Abraham et al.，2011），如赤拟谷盗 *Tribolium castaneum* 雌虫与受饥饿雄虫交配后的产卵量降低，解剖发现腹中受精卵内的精子数量和卵巢内未受精的卵子明显低于平均值（Sbilordo et al.，2011）。一些昆虫中如臭虫 *C. lectularius*（Matos et al.，2017）、黑距刺益蝽 *Podisus nigrispinus*（Holtz et al.，2009）、蠋蝽 *Arma chinensis*（张海平等，2017）、大红葬甲 *N. vespilloides*（Richardson et al.，2019）和草地贪夜蛾 *Dastarcus helophoroides*（冯波等，2021）的研究中发现，成虫的饥饿状态并不影响卵的孵化率。然而与这些结果不同的是，花绒寄甲卵的孵化率明显受雌虫饥饿胁迫的影响，产生这一结果的主要原因是受饥饿的雌虫不产卵，而未饥饿雌虫具有较高的卵孵化率，从而说明饥饿胁迫并不影响雄虫的精子受精（Abraham et al.，2011；Kaldun and Otti，2016）。

本研究揭示了饥饿胁迫在花绒寄甲交配行为和生殖适合度中的作用，证实了饥饿胁迫会削弱花绒寄甲成虫的配偶选择能力、交配能力、精子数量和生殖产量等。因而，在开展花绒寄甲室内规模化繁育的过程中，为了确保最大生殖产量，应及时对成虫实施营养补充，避免因饥饿胁迫造成的不利影响。目前的研究表明，饥饿胁迫还会影响昆虫的交配频率、寿命、子代及自身的免疫力等（Triggs and Knell，2012；Csata et al.，2024）。此外，昆虫的生理特征，如日龄、交配经历、体型大小等均被证实为影响生殖的重要因素（Wagner Jr and Harper，2003；Wagner Jr and Basolo，2007；Verburgt et al.，2011；吴婷等，2023），因此，在花绒寄甲大规模繁殖技术开发中，还有众多的科学问题有待进一步的研究和探讨。

参考文献

毕明娟，徐昭焕，翟小伟，等，2006. 昆虫性选择行为研究进展［J］. 华东昆虫学报，15（2）：116-119.

冯波，朱晓明，钟玲，等，2021. 补充营养对草地贪夜蛾成虫存活和繁殖的影响［J］. 中国生物防治学报，37（6）：1172-1178.

郭舟，王钦召，彭观地，等，2024. 成虫体型大小对花绒寄甲生殖及后代发育的影响［J］. 中国生物防治学报，40（1）：33-43.

胡昕雨，2022. 室内饲养条件下花绒寄甲耐饥饿能力及海藻糖相关研究［D］. 杨凌：西北农林科技大学.

吕楠楠，2018. 饥饿胁迫下麦长管蚜的繁殖适应性［D］. 杨凌：西北农林科技大学.

唐桦，杨忠岐，张翌楠，等，2007. 天牛主要寄生性天敌花绒寄甲活体雌雄性成虫的无损伤鉴别［J］. 动物分类学报（3）：649-654.

吴婷，张秋朗，赵庆义，等，2023. 草地贪夜蛾的择偶与生殖力研究［J］. 昆虫学报，66（4）：564-574.

颜学武，嵇保中，周刚，2015. 一种花绒寄甲幼虫人工饲料的饲养效果评价［J］. 南京林业大学学报（自然科学版），39（1）：39-43.

杨远亮，杨忠岐，王小艺，等，2013. 应用花绒寄甲防治松褐天牛［J］. 林业科学（3）：7.

杨忠岐，李建庆，梅增霞，等，2011. 释放花绒寄甲防治危害白蜡的云斑天牛［J］. 林业科学，47（12）：7.

张海平，潘明真，易忠经，等，2017. 短期饥饿处理对蠋蝽寿命、繁殖力及捕食量的影响［J］. 中国生物防治学报，33（2）：159-164.

钟辉辉，李超群，冯寒松，等，2024. 花绒寄甲的交配能力及多次交配对生殖产量的影响［J/OL］. 环境昆虫学报：1-13.

ABDEL-AZIM M M，ALDOSARI S A，SHUKLA P，2019. Factors influencing mating behavior and success in the red palm weevil, *Rhynchophorus ferrugineus* Olivier（Coleoptera：Dryophthoridae）［J］. Neotropical entomology，48：25-37.

ABRAHAM S, DÍAZ V, CASTILLO G M, et al., 2018. Sequential mate choice in the South American fruit fly: the role of male nutrition, female size and host availability on female remating behaviour [J]. Ethology Ecology & Evolution, 30 (4): 348-361.

ABRAHAM S, GOANE L, CLADERA J, et al., 2011. Effects of male nutrition on sperm storage and remating behavior in wild and laboratory Anastrepha fraterculus (Diptera: Tephritidae) females [J]. Journal of Insect Physiology, 57 (11): 1501-1509.

ANHOLT R R H, O'GRADY P, WOLFNER M F, et al., 2020. Evolution of Reproductive Behavior [J]. Genetics, 214 (1): 49-73.

ARBUTHNOTT D, FEDINA T Y, PLETCHER S D, et al., 2017. Mate choice in fruit flies is rational and adaptive [J]. Nature Communications, 8 (1): 13953.

ASAKURA S, KIYOSE K, SUZAKI Y, et al., 2024. Female mate choice is affected by male condition but not female condition in an assassin bug [J]. Ecological Entomology, 49 (3): 368-376.

BILLINGS A C, SCHULTZ K E, HERNANDEZ E A, et al., 2019. Male courtship behaviors and female choice reduced during experimental starvation stress [J]. Behavioral Ecology, 30 (1): 231-239.

BOUCHER L, HUIGNARD J, 1987. Transfer of male secretions from the spermatophore to the female insect in Caryedon serratus (Ol.): analysis of the possible trophic role of these secretions [J]. Journal of Insect Physiology, 33 (12): 949-957.

BYRNE P G, RICE W R, 2006. Evidence for adaptive male mate choice in the fruit fly Drosophila melanogaster [J]. Proceedings of the Royal Society B: Biological Sciences, 273 (1589): 917-922.

CLARK S J, 1988. The effects of operational sex ratio and food deprivation on copulation duration in the water strider (Gerris remigis Say) [J]. Behavioral Ecology and Sociobiology, 23: 317-322.

CSATA E, PÉREZ-ESCUDERO A, LAURY E, et al., 2024. Fungal infection alters collective nutritional intake of ant colonies [J]. Current Biology, 34 (4): 902-909.

DELISLE J, HARDY M, 1997. Male larval nutrition influences the reproductive success of both sexes of the spruce budworm, Choristoneura fumiferana (Lepidoptera: Tortricidae) [J]. Functional Ecology, 11 (4): 451-463.

DEMPSTER J P, POLLARD E, 1981. Fluctuations in resource availability and insect populations [J]. Oecologia, 50: 412-416.

DONG S Z, YE G Y, YAO P C, et al., 2008. Effects of starvation on the vitellogenesis, ovarian development and fecundity in the ectoparasitoid, Nasonia vitripennis (Hymenoptera: Pteromalidae) [J]. Insect Science, 15 (5): 429-440.

FRICKE C, BRETMAN A, CHAPMAN T, 2008. Adult male nutrition and reproductive success in Drosophila melanogaster [J]. Evolution, 62 (12): 3170-3177.

GOENAGA J, MENSCH J, FANARA J J, et al., 2012. The effect of mating on starvation resistance in natural populations of Drosophila melanogaster [J]. Evolutionary Ecology, 26: 813-823.

GWYNNE D T, 2008. Sexual conflict over nuptial gifts in insects. Annu. Rev. Entomol. 53 (1): 83-101.

HEGAZI E, KHAFAGI W, SCHLYTER F, 2013. Egg maturation dynamics of the parasitoid Microplitis rufiventris: starvation speeds maturation in early life [J]. Physiological entomology, 38 (3): 233-240.

HOLTZ A M, ALMEIDA G D, FADINI M A M, et al., 2009. Survival and reproduction of Podisus nigrispinus (Heteroptera: Pentatomidae): effects of prey scarcity and plant feeding [J]. Chilean Journal of Agricultural Research, 69 (3): 468-472.

HOPWOOD P E, MOORE A J, ROYLE N J, 2013. Nutrition during sexual maturation affects competitive ability but not reproductive productivity in burying beetles [J]. Functional Ecology, 27 (6): 1350-1357.

HUANG Y, DAI A, MAO Z, et al., 2020 Effect of supplementary nutrition on the reproduction and mating behaviour of *Habrobracon hebetor* (Hymenoptera: Braconidae) [J]. European Journal of Entomology, 117: 393-399.

HUNT J, BUSSIERE L F, JENNIONS M D, et al., 2004. What is genetic quality? [J]. Trends in ecology & evolution, 19 (6): 329-333.

JOACHIM-BRAVO I S, ANJOS C S, COSTA A M, 2009. The role of protein in the sexual behaviour of males of *Ceratitis capitata* (Diptera: Tephritidae): mating success, copula duration and number of copulations [J]. Zoologia (Curitiba), 26: 407-412.

KALDUN B, OTTI O, 2016. Condition-dependent ejaculate production affects male mating behavior in the common bedbug*Cimex lectularius* [J]. Ecology and Evolution, 6 (8): 2548-2558.

KOTAKI T, KAIHARA K, ANDO Y, et al., 2016. Oosorption in the stink bug Plautia stali: role of juvenile hormone in the induction of oosorption [J]. Physiological Entomology, 41 (2): 127-131.

KYNEB A, TOFT S, 2006. Effects of maternal diet quality on offspring performance in the rove beetle*Tachyporus hypnorum* [J]. Ecological Entomology, 31 (4): 322-330.

LU Q, LV J, WANG E, et al., 2022. Impact of starvation on paternal reproductive investment in *Neoseiulus californicus* [J]. Experimental and Applied Acarology, 87 (1): 1-18.

MATOS Y K, OSBORNE J A, SCHAL C, 2017. Effects of cyclic feeding and starvation, mating, and sperm condition on egg production and fertility in the common bed bug (Hemiptera: Cimicidae) [J]. Journal of Medical Entomology, 54 (6): 1483-1490.

MCPHERSON S, WADA-KATSUMATA A, HATANO E, et al., 2022. Nutritional condition affects tergal gland secretion and courtship success of male cockroaches [J]. Plos One, 17 (8): e0271344.

MOORE P J, MOORE A J, 2001. Reproductive aging and mating: The ticking of the biological clock in female cockroaches [J]. Proceedings of the National Academy of Sciences of the United States of America, 98 (16): 9171-9176.

NANDY B, JOSHI A, ALI Z S, et al., 2012. Degree of adaptive male mate choice is positively correlated with female quality variance [J]. Scientific Reports, 2 (1): 447.

OMKAR, SINGH K, PERVEZ A, 2006. Influence of mating duration on fecundity and fertility in two aphidophagous ladybirds [J]. Journal of Applied Entomology, 130 (2): 103-107.

PAPANASTASIOU S A, NAKAS C T, CAREY J R, et al., 2013. Condition-dependent effects of mating on longevity and fecundity of female medflies: the interplay between nutrition and age of mating [J]. PloS One, 8 (7): e70181.

PIPA R L, 1985. Effects of starvation, copulation, and insemination on oocyte growth and oviposition by *Periplaneta americana* (Dictyoptera: Blattidae) [J]. Annals of the Entomological Society of America, 78 (3): 284-290.

RICHARDSON J, ROSS J, SMISETH P T, 2019. Food deprivation affects egg laying and maternal care but not offspring performance in a beetle [J]. Behavioral Ecology, 30 (5): 1477-1487.

RICHARDSON J, SMISETH P T, 2019. Nutrition during sexual maturation and at the time of mating affects mating behaviour in both sexes of a burying beetle [J]. Animal Behaviour, 151: 77-85.

SBILORDO S H, GRAZER V M, DEMONT M, et al., 2011. Impacts of starvation on male reproductive success in *Tribolium castaneum* [J]. Evolutionary Ecology Research, 13: 347-359.

SEIEDY M, RAJABI FAGHIHI M, 2022. Effect of starvation on the mating behavior of an aphidophagous ladybird beetle, *Hippodamia variegata* Goeze (Coleoptera: Coccinellidae) in laboratory conditions [J]. Journal of Entomological SociEty of iran, 42 (1): 81-85.

SHI H, ZHOU J, CHEN Y, et al., 2020. A comparison of fitness-related traits in the Coleopteran parasitoid *Dastarcus helophoroides* (Coleoptera: Bothrideridae) reared on two factitious hosts [J]. Journal of Economic Entomology, 113 (6): 2634-2640.

SU S, ZHANG X, JIAN C, et al., 2022. Effects of adult feeding treatments on longevity, fecundity, flight ability, and energy metabolism enzymes of *Grapholita molesta* moths [J]. Insects, 13 (8): 725.

TRIGGS A M, KNELL R J, 2012. Parental diet has strong transgenerational effects on offspring immunity [J]. Functional Ecology, 26 (6): 1409-1417.

TUDOR E, PROMISLOW D E, ARBUTHNOTT D, 2018. Past and present resource availability affect mating rate but not mate choice in *Drosophila melanogaster* [J]. Behavioral Ecology, 29 (6): 1409-1414.

VAN DEN BEUKEN T P, SMALLEGANGE I M, 2018. Male nutritional history affects female fecundity in a male-dimorphic mite: Evidence for a nuptial gift? [J]. Evolutionary Ecology, 32: 411-425.

VERBURGT L, FERREIRA M, FERGUSON J W H, 2011. Male field cricket song reflects age, allowing females to prefer young males [J]. Animal Behaviour, 81 (1): 19-29.

WAGNER JR W E, BASOLO A L, 2007. The relative importance of different direct benefits in the mate choices of a field cricket [J]. Evolution, 61 (3): 617-622.

WAGNER JR W E, HARPER C J, 2003. Female life span and fertility are increased by the ejaculates of preferred males [J]. Evolution, 57 (9): 2054-2066.

XU J, WANG Q, 2009. Male moths undertake both pre-and in-copulation mate choice based on female age and weight [J]. Behavioral Ecology & Sociobiology, 63 (6): 801-808.

基于 MaxEnt 模型的地中海实蝇在我国的适生区变化预测[*]

周 良[1][**]，王浩然[1]，朱景全[2]，邱辰旭[1]，赵守歧[2]，姜 培[2]，牛长缨[1][***]

（1. 华中农业大学植物科学技术学院，武汉 430070；
2. 全国农业技术推广服务中心，北京 100125）

摘 要：基于 MaxEnt 模型，对地中海实蝇在历史及未来气候条件下的适生区分布进行了预测，明确其在我国的潜在地理分布范围。结果表明，MaxEnt 模型对地中海实蝇潜在分布区的预测具有很高的准确度，受试者工作特征曲线（ROC 曲线）下的面积（AUC）值为 0.910。在历史气候情景下，地中海实蝇在我国潜在适生区范围较广，主要集中于华中和华南，适生区总面积占我国国土面积的 27.21%。在未来气候情景 SSP126 下，适生区面积整体呈持续下降趋势；在 SSP585 情景下，适生区范围先升后降，并在 2090 年出现回缩。随着全球变暖，地中海实蝇的适生区范围整体上呈现向北扩张的趋势，质心向北迁移。本文分析了地中海实蝇在我国可能发生的区域，为其监测预警提供了科学依据。

关键词：地中海实蝇；潜在地理分布；适生性分析；质心迁移

Prediction of Suitablehabitat of *Ceratitis capitata* in China Based on MaxEnt Model[*]

Zhou Liang[1][**], Wang Haoran[1], Zhu Jingquan[2], Qiu Chenxu[1],
Zhao Shouqi[2], Jiang Pei[2], Niu Changying[1][***]

（1. *College of Plant Science and Technology*, *Huazhong Agricultural University*, *Wuhan* 430070, *China*;
2. *Nationa Agro-Tech Extension and Service Center*, *Beijing* 100125, *China*）

Abstract: In this study, we applied the MaxEnt model to predict the potential geographic distribution of *Ceratitis capitata* in China under both historical and future climate scenarios. The results show that the MaxEnt model offers high predictive accuracy for *C. capitata* potential distribution, with the Area Under Curve (AUC) of 0.910 for the Receiver Operating Characteristic (ROC) curve. Under historical climate conditions, the suitable habitat for *C. capitata* in China is extensive accounting for 27.21% within Chinese land area, primarily covering the central and southern regions. Under the SSP126 future climate scenario, the suitable habitat area is supposed to decline continuously. However, under the SSP585 scenario, the suitable habitat initially increases and then decreases, with a contraction presented by the 2090s. As global temperatures increase, the suitable habitat for Mediterranean fruit fly generally exhibits a northward expansion trend, with the centroid shifting northward. This study identifies potential areas in China

---

[*] 基金项目：国家自然科学基金面上项目（32272529，32472546）；云南省果蔬花入侵害虫防控国际联合实验室专项（202303AP140018）；联合国国际原子能机构国际合作项目（D41030）

[**] 第一作者：周良，硕士，主要从事资源利用与植物保护研究，E-mail:2504239256@qq.com

[***] 通信作者：牛长缨，E-mail:niuchangying@mail.hzau.edu.cn

for *C. capitata* occurrence and provides a basis for monitoring and early warning of this dangerous fruit fly.

Key words: *Ceratitis capitata*; Potential geographical distribution; Suitability analysis; Centroid migration

地中海实蝇 *Ceratitis capitata* 隶属双翅目、实蝇科、小条实蝇属，是全球危害最严重的害虫之一。其适生范围包括热带、亚热带和温带地区，主要分布在非洲板块，尤其撒哈拉以南的非洲国家。该实蝇多食性，为害包括柑橘、杏、苹果、葡萄、辣椒和番茄在内的多种果蔬。其繁殖能力强，成虫在果实上产卵，幼虫孵化后取食为害。此外，幼虫取食后导致果实感染病害而发生腐烂，造成严重的经济损失。

MaxEnt（最大熵模型）是 Steven Phillips 等用 JAVA 语言基于最大熵原理开发的，用于预测物种的潜在地理分布的软件。该模型通过物种的地理经纬度坐标点和实验区域的气候数据进行计算，利用受试者工作特征曲线（receiver operating characteristic curve, ROC）下的面积 AUC（area under curve）值来验证预测精度，并通过线性回归方法筛选环境要素。MaxEnt 对样本数量的要求较低，无须大量的野外数据调查，也不依赖于物种的生物学参数，在分布点较少时也能进行较为精准的预测，因此被认为是稳定的预测模型之一。目前，孙佩珊等使用 MaxEnt 软件初步预测了地中海实蝇在中国的适生区，Li 等通过 GARP 和 MaxEnt 软件进行了类似预测，而李志红等则应用 CLIMEX 模型对地中海实蝇的当前和未来适生区进行了预测。

本文基于地中海实蝇的全球地理分布数据及数据库中的历史（1970—2000 年）和未来（2021—2100 年）气候数据，利用 MaxEnt 3.4.1 模型全面预测了地中海实蝇在历史和未来气候情景（SSP126 和 SSP585）下在中国的适生区。通过 ArcGIS 10.2 软件处理，分析了地中海实蝇适生区的增减变化及其质心迁移。本研究结果为该害虫的监测预警提供了理论依据，有助于保障我国果蔬产业的健康发展。

1 材料与方法

1.1 材料

1.1.1 分布数据

通过全球生物多样性平台（http://www.gbif.org）、国际应用生物科学中心（http://www.cabi.org）及中国知网（http://www.cnki.net）查阅文献，获取地中海实蝇的全球地理分布数据。

1.1.2 生物气候数据

通过气候数据库（https://www.worldclim.org）下载 19 个气候因子数据。历史气候数据选择"1970—2000 年"阶段，图层空间分辨率均为 2.5 arcmin。未来气候数据选择第 6 次国际耦合模式比较计划（CMIP 6）中 BCC-CSM2-MR 模式下的共享社会经济路径（Shared Socio-economic Pathways）SSP126、SSP585，图层空间分辨率均为 2.5 arcmin。

1.1.3 地图数据

在国家基础地理信息中心网（https://www.ngcc.cn）下载 1：1400 万中国地图作

为本研究底图，底图审图号：GS（2020）4619。

1.2 方法

1.2.1 坐标点数据处理与环境数据筛选

汇总不同来源的地中海实蝇坐标点数据，共获取5 215个坐标点。为防止局部地区样本过多导致模型过拟合，使用ArcGIS软件将数据点以10 km为半径进行筛选，保留每个10 km区域内的1个坐标点，从而去除点之间的相关性，最终获得有效坐标点1 128个。

本文选择了19个气候变量、3个地形变量和1个人为因素。由于地形数据集的体量较小，因此对19个气候变量进行了皮尔逊相关性分析，以验证这些变量之间是否存在较强的相关性。通过SPSS软件的相关性分析工具，计算了19个变量（两两组合）间的相关性系数。当相关性系数的绝对值大于0.8时，则认为两者间存在较强相关性。首先利用主成分分析法筛选变量，选取累计方差百分比达到90%的主成分；在此基础上，对相关性系数绝对值大于0.8的变量组合进行贡献值筛选，选择其中贡献率高的环境因子，最终筛选出7个有效环境因子，并导入MaxEnt进行模型构建。表1展示了筛选用于MaxEnt建模的变量。

表1 筛选用于MaxEnt建模的变量

编号	环境变量	中文名
Bio5	Max Temperature of Warmest Month	最暖月的最高温
Bio6	Min Temperature of Coldest Month	最冷月的最低温
Bio7	Temperature Annual Range (BIO5-BIO6)	气温年较差
Bio10	Mean Temperature of Warmest Quarter	最暖季节的平均温
Bio15	Precipitation Seasonality (Coefficient of Variation)	降水季节变异系数
Bio18	Precipitation of Warmest Quarter	最暖季节的降水量
Bio19	Precipitation of Coldest Quarter	最冷季节的降水量
ALT	Altitude	海拔
SLO	Slope	坡度
ASP	Aspect	坡向
FHI	Human footprint index	人类足迹指数

1.2.2 MaxEnt模型的参数设置

将MaxEnt模型与ArcGIS软件相结合，以预测地中海实蝇的适生区范围。在MaxEnt软件中，将随机测试比例设置为25%，其余75%为训练集；最大迭代次数和最大背景点数量均设置为默认值500和10 000，重复运行10次，类型为Subsample；同时，使用刀切法比较所选关键环境变量对模型预测的重要度。

1.2.3 MaxEnt模型的精度评价

将MaxEnt运行结果导入ArcGIS 10.2中，使用转换工具将结果转换为raster格式。

使用 Spatial Analyst Tool 中的重分类工具进行适生区等级划分，采用自然间断点法将适生区划分为四类：非适生区（$P<0.072$）、低适生区（$0.072 \leqslant P<0.20$）、中适生区（$0.20 \leqslant P<0.43$）和高适生区（$P \geqslant 0.43$），其中 P 代表适生性指数，其取值范围在 0~1。

1.2.4 MaxEnt 模型预测准确性评估

利用 ROC 曲线下面积值测试适生性结果的准确性，将该曲线与 X 轴所围成的面积，即 AUC 值，作为评估模型精度的指标。模型精度分为四级：差（$AUC<0.5$）、较差（$0.5 \leqslant AUC<0.8$）、一般（$0.8 \leqslant AUC<0.9$）和好（$0.9 \leqslant AUC<1.0$）。

2 结果与分析

2.1 关键变量

经筛选，影响地中海实蝇分布的 10 个关键环境变量分别为：人类足迹指数 FHI、最冷月的最低温 Bio6、气温年较差 Bio7、最暖季节的平均温 Bio10、最冷季节的降水量 Bio19、最暖季节的降水量 Bio18、坡度 SLO、最暖月的最高温 Bio5、降水季节变异系数 Bio15、坡向 ASP 和海拔 ALT。各关键变量对模型预测的贡献率分别为 62.9%、13.7%、12.0%、4.5%、2.0%、1.6%、1.4%、1.0%、0.4%、0.3%和0.2%。

基于 MaxEnt 模型的刀切法表明，某个因子对物种分布预测的影响越大，其正规化训练增益值越高。图 1 中显示，影响地中海实蝇地理分布预测重要性最高的环境因子是 FHI 人类足迹指数，而最低的是 ALT 海拔。在缺乏该因子的情况下，正规化训练增益值越小则表明其包含的独特性信息越多。图 1 中，FHI 对应的正规化训练增益值最小，说明该因子包含的独特信息最多。

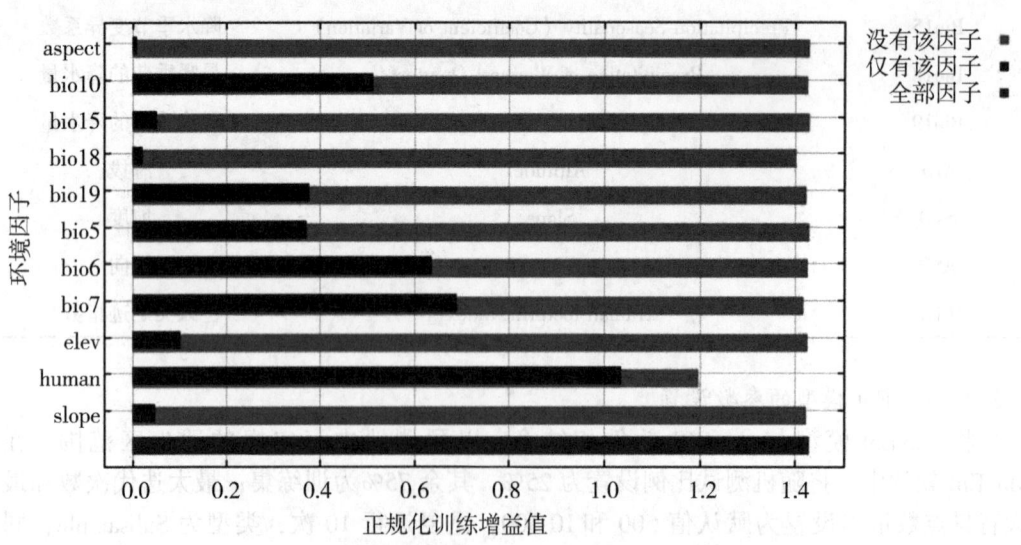

图 1 影响地中海实蝇地理分布的环境因子增益值

2.2 模型精度

模型的准确性依赖于样本的覆盖程度，AUC 是评估模型性能的最佳方法。本文基于 1 128 个地中海实蝇坐标点数据和 10 个主要环境变量，通过 MaxEnt 模拟了地中海实蝇在我国的潜在适生区，共进行了 10 次重复实验，最终获得 AUC 的平均值为 0.910，显示出较高的预测精度（图 2）。

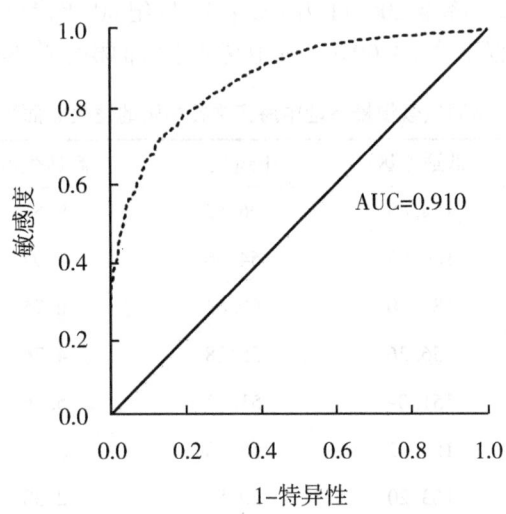

图 2 MaxEnt 模型模拟地中海实蝇在中国潜在适生区的 ROC 曲线及 AUC 值

2.3 历史气候条件下地中海实蝇在中国的适生区

基于 MaxEnt 模型预测结果显示，在当前气候条件下，地中海实蝇在中国的适生区范围主要集中在华南、华中、华东和部分西南地区。其中，高适生区面积为 9.87 万 km^2，占中国总面积 1.03%，主要分布在台湾、上海、浙江、福建和广东的沿海城市，以及云南、贵州和四川等省份的零星地区；中适生区面积为 96.83 万 km^2，占中国总面积的 10.09%，主要集中在四川、浙江、河南、安徽、云南和贵州，以及福建东部、江苏南部和重庆大部分地区；低适生区面积为 154.48 万 km^2，占中国总面积的 16.09%，主要分布安徽、湖南、浙江、湖北、福建、广东、江西和四川，以及广西北部、甘肃东部和河南的大部分地区。

2.4 未来气候下地中海实蝇在中国的适生区

基于 MaxEnt 模型预测，地中海实蝇在中国的分布与历史气候情景下的潜在地理分布相比，未来气候情景（SSP126 和 SSP585）下的潜在分布范围整体呈现下降趋势。在 SSP126 情境下，地中海实蝇的适生区范围初期大幅下降，至 21 世纪 90 年代开始回升，但整体上总适生面积仍呈收缩趋势。在 SSP585 情景下，地中海实蝇的适生区面积持续下降。

具体来说，在 SSP126 情景下，21 世纪 30 年代地中海实蝇在中国的总适生面积为 223.81 万 km^2，较历史气候下降 14.31%；21 世纪 50 年代总适生面积进一步降低至

216.3万 km²，较历史气候总适生面积降低了17.18%，其中高适生区面积减少了51.77%；21世纪70年代总适生面积略增至217.72万 km²；21世纪90年代总适生面积开始回升，达到260.10万 km²，此时的总适生面积较历史气候下降0.41%，其中高适生区面积减少8.11%。

在SSP585情景下，21世纪30年代地中海实蝇在中国的总适生面积为251.99万 km²，较历史气候下降3.52%；21世纪50年代总适生面积减少20.50%；21世纪70年代总适生面积继续下降，降至206.11万 km²；21世纪90年代总适生面积进一步降至96.68万 km²，较历史气候下降63.00%，其中高适生区面积下降88.96%（表2）。

表2 不同气候情景下地中海实蝇在中国的适生区面积 单位：×10⁴ km²

气候情景	低适生区	中适生区	高适生区	总适生区
1970—2000年	154.48	96.83	9.87	261.18
SSP126，21世纪30年代	160.93	54.96	7.92	223.81
SSP585，21世纪30年代	184.60	60.64	6.75	251.99
SSP126，21世纪50年代	156.26	55.28	4.76	216.30
SSP585，21世纪50年代	151.09	51.43	5.16	207.68
SSP126，21世纪70年代	153.32	58.58	5.82	217.72
SSP585，21世纪70年代	163.20	40.53	2.38	206.11
SSP126，21世纪90年代	162.91	88.12	9.07	260.10
SSP585，21世纪90年代	79.43	16.16	1.09	96.68

在21世纪30年代，与历史气候数据下模拟的适生区范围相比，未来气候数据预测下的适生区范围出现下降，河南、安徽和江西适生区明显收缩，其中SSP126情景下的收缩更为显著，广西的适生区域也出现部分回缩。21世纪50年代，河南、安徽和江西适生区范围进一步收缩，湖北、江苏、浙江和湖南也开始收缩，在SSP585情景下收缩范围更广。21世纪70年代，云南南部适生区出现扩张，湖北和湖南适生区则有所回升。然而，在SSP585情景下，广西适生区域开始下降。到21世纪90年代，SSP126情景下适生区范围出现大幅度回升，接近于历史气候情景下的预测；而在SSP585情景下，适生区面积继续下降。

2.5 地中海实蝇在中国的适生区增减和质心迁移

如表3所示，在SSP126气候情景下，21世纪30年代年地中海实蝇在中国的扩张区面积为2.45万 km²，收缩区面积为39.48万 km²，稳定区面积最大为221.53万 km²。新扩张区主要出现在云南北部、西藏和四川等地区。新收缩区主要出现在安徽、河南、河北和湖北等地区。21世纪50年代地中海实蝇在全球的扩张区面积为4.14万 km²，收缩区面积为49.13万 km²，稳定区面积最大为211.88万 km²。扩张区中云南北部、西藏和四川等地区中适生区面积出现回缩，收缩区中安徽、湖南和江西等地区适生区面积增加。21世纪70年代地中海实蝇在全球的扩张区面积为3.54万 km²，收缩区面积为

46.81 万 km², 稳定区面积最大为 214.18 万 km²。扩张区中云南北部、西藏地区适生区面积增加, 四川地区适生区面积继续回缩。收缩区中湖南、湖北、江西和浙江等地区适生区面积增加。21 世纪 90 年代地中海实蝇在全球的扩张面积为 9.63 万 km², 收缩区面积为 10.44 万 km², 稳定区面积最大为 250.57 万 km²。扩张区中北京、宁夏、山东和陕西等地区都出现新扩张区。收缩区中安徽、江西、江苏、河南和湖北等地区适生区面积大幅度上升。

如表 3 所示, 在 SSP585 气候情景下, 21 世纪 30 年代地中海实蝇在中国的扩张区面积为 9.56 万 km², 收缩区面积为 18.29 万 km², 稳定区面积最大为 242.72 万 km²。新扩张区主要出现在云南北部、山东、陕西、山西、宁夏和四川等地区。新收缩区主要出现在安徽、河南、广西和湖北等地区。21 世纪 50 年代地中海实蝇在全球的扩张区面积为 6.58 万 km², 收缩区面积为 60.13 万 km², 稳定区面积最大为 200.86 万 km²。扩张区中宁夏、甘肃等地区中适生区面积继续增加, 收缩区中安徽、山东、河南、湖北和江西等地区适生区面积大幅减少。21 世纪 70 年代地中海实蝇在全球的扩张区面积为 18.16 万 km², 收缩区面积为 73.38 万 km², 稳定区面积最大为 187.59 万 km²。扩张区中甘肃、宁夏、四川、西藏地区和陕西等地区适生区面积进一步扩大。收缩区中广西、重庆和浙江等地区适生区面积减少。21 世纪 90 年代地中海实蝇在全球的扩张区面积为 4.75 万 km², 收缩区面积为 170.34 万 km², 稳定区面积最大为 90.52 万 km²。扩张区中陕西、四川和西藏等地区适生区面积减少。收缩区中安徽、江西、江苏、河南、湖南和湖北等地区适生区面积大幅度下降, 该时期全国适生区面积最小。

在未来气候条件下, 不同时期的地中海实蝇在中国适生区面积变化明显。在 SSP126 气候情景下, 地中海实蝇在中国的扩张区面积逐步增加, 而收缩区面积逐步减少, 稳定区域面积也随之增加。相对而言, 在 SSP585 气候情景下, 地中海实蝇的扩张区面积先增后减, 收缩区面积快速增加, 稳定区域急剧下降。

表 3 不同气候情景下地中海实蝇在中国的适生区面积增减变化 单位: ×10⁴km²

气候情景	时期	扩张区	收缩区	稳定区
SSP126	21 世纪 30 年代	2.45	39.48	221.53
	21 世纪 50 年代	4.14	49.13	211.88
	21 世纪 70 年代	3.54	46.81	214.18
	21 世纪 90 年代	9.63	10.44	250.57
SSP585	21 世纪 30 年代	9.56	18.29	242.72
	21 世纪 50 年代	6.58	60.13	200.86
	21 世纪 70 年代	18.16	73.38	187.59
	21 世纪 90 年代	4.75	170.34	90.52

地中海实蝇在全球适生区的分布不规则, 因此需要通过质心定义来计算和分析当前及未来不同气候情景下地中海实蝇适生区的质心及其迁移变化, 以观察适生区的动态变

化。在当前气候条件下，地中海实蝇在中国的质心地理坐标为（28°31′23″N，109°01′22″E），该质心位于贵州省。

如表4所示，在SSP126情景下，21世纪30年代地中海实蝇的质心向西南方向迁移至（28°00′51″N，108°58′37″E），与当前气候下的质心位置相比，迁移距离为5.26 km。到21世纪50年代，质心则向东北方向迁移至（28°23′59″N，109°05′37″E），迁移距离为14.88 km。进入21世纪70年代，地中海实蝇的质心继续向西南方向迁移，位置为（27°53′38″N，108°18′37″E），此时与当前气候下的质心相比，迁移距离为79.4 km。最后，在21世纪90年代，地中海实蝇的质心向东北方向迁移至（28°18′01″N，109°01′35″E），迁移距离为8.99 km。

如表4所示，在SSP585情景下，与当前气候条件下相比，21世纪30年代地中海实蝇的质心向西北方向迁移至（28°35′40″N，108°42′35″E），迁移距离为39.9 km。到21世纪50年代，地中海实蝇的质心继续向正南方向迁移，位置为（28°20′04″N，108°41′33″E），迁移距离为38.09 km。21世纪70年代时，地中海实蝇的质心继续向西北方向迁移，迁移至（28°45′55″N，107°28′31″E），迁移距离为221.01 km。最后，在21世纪90年代，地中海实蝇的质心继续向南偏东方向迁移至（27°16′34″N，107°12′59″E），迁移距离为202.64 km。

表4 不同气候情景下地中海实蝇在中国的质心迁移

时期	维度	经度	方向	逐步迁移距离（km）	与历史气候相比（km）
1970—2000年	28°31′23″N	109°01′22″E			
SSP126，21世纪30年代	28°00′51″N	108°58′37″E	西南	5.26	5.26
SSP585，21世纪30年代	28°35′40″N	108°42′35″E	西北	39.90	39.90
SSP126，21世纪50年代	28°23′59″N	109°05′37″E	东北	19.07	14.88
SSP585，21世纪50年代	28°20′04″N	108°41′33″E	正南	9.48	38.09
SSP126，21世纪70年代	27°53′38″N	108°18′37″E	西南	88.94	79.41
SSP585，21世纪70年代	28°45′55″N	107°28′31″E	西北	183.51	221.00
SSP126，21世纪90年代	28°18′01″N	109°01′35″E	东北	80.93	8.99
SSP585，21世纪90年代	27°16′34″N	107°12′59″E	南偏东	52.26	202.64

3 结论与讨论

基于地中海实蝇的全球分布数据和气候数据，通过MaxEnt模型确定其主要分布区域为华中、华南、华东及部分西南地区，高适生区主要集中在广东、福建和江苏等地。人类足迹指数和最冷月的最低温是影响地中海实蝇潜在分布的主导气候因素。人类活动不仅改变了环境条件，还为地中海实蝇的传播提供了有利的生存空间，因此人类活动对其扩散具有显著促进作用。相反，最冷月的最低温则限制了地中海实蝇的生殖和活动，使得在寒冷气候条件下，其种群增长受到抑制。有研究表明，在0℃冷藏10 d或在2℃冷藏16 d的条件下，可以有效杀死水果中的地中海实蝇幼虫和卵，进一步表明低温对该物种生存的制约作用。在未来气候情境下，地中海实蝇适生区几何中心向西北方向偏移，且存在小幅度的北移趋势。

作为检疫性有害生物，地中海实蝇备受全球关注。目前，对其适生区预测研究相对较少，大部分集中于当前气候条件下的简单预测。本文综合考虑了人类影响和环境因素，基于MaxEnt模型预测了地中海实蝇在当前和未来的潜在地理分布，分析了适生区的增减变化及质心迁移。孙佩珊等的研究结果显示，地中海实蝇的适生区主要集中在西南和南方地区，这与本文的预测范围一致。本文发现，地中海实蝇的适生区在时间尺度上呈现南方适生区收缩、北方轻微扩张的趋势，这与已有研究提出的气候变暖有利于植食性昆虫种群增长和地理扩张的结论相符。

本文虽然基于MaxEnt模型预测了地中海实蝇在中国的适生区分布，但影响其扩散分布的因素不仅包括大尺度的气候因素，还涉及物种自身的生物学特性、种间关系、对气候变暖和寄主品种物候变化的适应性、天敌以及人类的具体活动和全球贸易往来等[21,22]。因此，未来研究应对这些因素进行综合分析。

参考文献

陈李林，钟文玉，胡海琴，等，2024. 气候变化情景下茶丽纹象甲在中国的潜在适生区预测 [J/OL]. 环境昆虫学报：1-20 [2024-07-11]. http：//kns.cnki.net/kcms/detail/44.1640.Q.20240202.0900.002.html.

方焱，马晨，魏亚东，等，2022. 低温处理在植物检疫中的研究进展 [J]. 中国植保导刊，42 (5)：74-78.

郭发城，王玉丽，欧阿力别克·巴依朱马，等，2024. 基于MaxEnt模型的气候变化下杏树鬃球蚧在中国的潜在地理分布预测 [J]. 生物安全学报（中英文），33 (1)：60-67.

李通，王云明，刘珏廷，等，2024. 烟草甲在我国的潜在地理分布 [J]. 应用昆虫学报，61 (1)：162-168.

李志红，2015. 生物入侵防控：重要经济实蝇潜在地理分布研究 [M]. 北京：中国农业大学出版社.

刘孝贤，韩鹏，张鑫，等，2021. 番茄潜麦蛾地理分布范围及越冬边界预测 [J]. 生态学杂志，40 (10)：3243-3251.

李倩，赵守歧，刘慧，等，2023. 无花果蜡蚧在中国的潜在分布区预测 [J]. 中国植保导刊，43 (7)：86-92.

马晨，刘慧，朱景全，等，2022. 南瓜实蝇在中国的潜在地理分布研究 [J]. 中国植保导刊，42 (7)：96-100.

秦誉嘉，2017. 橘小实蝇在全球的种群结构、定殖风险及潜在分布研究 [D]. 北京：中国农业大学.

秦誉嘉，蓝帅，赵紫华，等，2019. 迁飞性害虫草地贪夜蛾在我国的潜在地理分布 [J]. 植物保护，45 (4)：43-47.

孙佩珊，姜帆，张祥林，等，2017. 地中海实蝇入侵中国的风险评估 [J]. 植物保护学报，44

(3)：436-444.

王俊伟，李志红，陈洪俊，等，2009. 蜜柑大实蝇在中国的适生性研究 [J]. 植物检疫，23（1）：1-4.

王雅男，万方浩，沈文君，2007. 外来入侵物种的风险评估定量模型及应用 [J]. 昆虫学报（5）：512-520.

王运生，谢丙炎，万方浩，等，2007. ROC 曲线分析在评价入侵物种分布模型中的应用 [J]. 生物多样性（4）：365-372.

吴艳，王洪峰，穆立蔷，2022. 物种分布模型的研究进展与展望 [J]. 高师理科学刊，42（5）：66-70.

夏岩，杨艳，刘军和，2022. 基于 MaxEnt 模型的河南省美国白蛾适生性分析 [J]. 湖南农业科学（12）：66-70.

萧野，2015. 别随意带水果入境 可怕的蔬果杀手地中海实蝇 [J]. 环境与生活（Z1）：66-69.

杨会枫，2017. 基于 MaxEnt 和 GARP 的新疆典型毒害草潜在布区分析 [D]. 乌鲁木齐：新疆大学.

张国伟，2023. 果蔬杀手：地中海实蝇 [J]. 中国海关（2）：49.

张源，秦誉嘉，赵紫华，等，2021. 沙漠蝗在中国的潜在地理分布 [J]. 植物保护学报，48（1）：90-95.

周良，牛长缨，曹震，等，2023. 气候变化背景下柑橘大实蝇在我国的潜在地理分布 [J]. 中国植保导刊，43（12）：92-97.

LI B N, MA J, HU X N, *et al*., 2009. Potential geographicaldistributions of the fruit flies *Ceratitis capitata*, *Ceratitis cosyra* and *Ceratitis rosa* in China [J]. Journal of Economic Entomology, 102（5）：1781-1790.

温度对柑橘大实蝇越冬蛹基数和羽化的研究

陈俊丞[1]*，乔　羽[2]，姜成红[1]，潘龙其[1]

(1. 宜昌市农业科学研究院，宜昌　443009；
2. 宜都市农业科技服务推广中心，宜昌　443000)

摘　要：【目的】柑橘大实蝇是柑橘类果树的重要害虫，发生面积大，危害损失重，本文旨在研究温度对其越冬蛹的基数和羽化的影响。【方法】以宜都市近3年的柑橘大实蝇越冬蛹基数调查和羽化监测观测，研究其在宜都市范围内的发生规律。【结果】冬季低温柑橘大实蝇越冬蛹基数下降，3—4月较高温度会导致其成虫羽化高峰提前，同时，适温可以提高羽化率。【结论】温度影响柑橘大实蝇越冬蛹基数和羽化率，本研究为宜都柑橘大实蝇的羽化监测和防治提供依据。

关键词：柑橘大实蝇；越冬蛹基数；羽化；温度

Study on the Overwintering Pupae and Emergence of *Chinese Citrus-fly* based on Temperature

Chen Juncheng[1], Qiao Yu[2], Jiang Chenghong[1], Pan Longqi[1]

(1. *Yichang Academy of Agricultural Sciences, Yichang 443009, China*; 2. *Yidu Agricultural Science and Technology Service Extension Center, Yichang 443000, China*)

Abstract：【Objectives】*Chinese citrus-fly* is an important serious pest of citrus fruit trees. The number and emergence of overwintering pupae are affected by temperature. 【Methods】In this study, the occurrence of *Chinese citrus-fly* was studied by investigating the overwintering pupae and monitoring the emergence of *Chinese citrus-fly* adults in Yidu City for 3 years. 【Results】The number of overwintering pupae decreased when the temperature was lower in winter. The higher temperature in March and April would lead to the advance of the peak of adult emergences, and the suitable temperature could improve the adult emergence rate. 【Conclusion】Temperature affected the number of overwintering pupae, and emergence rate of larvae in *B. minax*, which will provide evidence for adult occurrence monitoring and control in Yidu.

Key words：*Chinese citrus-fly*; Overwintering pupae; Adult eclosion; Temperature; Monitoring

柑橘大实蝇是柑橘类果树的重要害虫，也是国家公布的对内检疫性害虫之一，属双翅目实蝇科（杨文寿等，2013）。柑橘大实蝇是寡食性害虫，寄主仅限于柑橘类，幼虫的蛀果率通常达到5%~20%，危害重的地区高达50%，甚至绝产（岑有青，2021）。成

---

* 第一作者：陈俊丞，农艺师，主要从事水稻植保观测及水稻抗性鉴定研究；E-mail:cwar41@163.com

虫在柑橘果实的内皮层产卵，卵孵化后众多幼虫聚食一个瓤瓣，一个瓤瓣取食完后再集体转食下一瓣果瓤。被害果未熟先黄、提早掉落，也有产卵痕明显的青果，均丧失商品性（汪兴鉴等，1995；张小亚，2007；宫庆涛，2012）。柑橘大实蝇近距离飞行扩散能力很强，仅取食和产卵时停留在果树上，导致化学防控非常困难，而一旦防治不及时易造成大面积危害，严重影响柑橘的品质（王玉芹，2022）。柑橘大实蝇在我国四川、湖南、湖北、云南、重庆和广西等柑橘主产区危害广泛，严重影响了我国柑橘产业的健康发展（牛长缨，2021）。

柑橘是宜都市的主要经济作物，是本地农民的重要收入来源，2024 年宜都市柑橘种植总面积超过 2 万 hm^2，年产量 67.86 万 t，年产值在 23.5 亿元以上，"宜都蜜柑"跻身中国地理标志产品，获评 2023 年果品区域公用品牌价值 49.12 亿元。做好柑橘大实蝇监测预警与联防联控对全市柑橘产业守住稳产底线、提升质量高线具有重要的意义。宜都市政府部门多年来高度重视检疫性害虫柑橘大实蝇的防治工作，每年投入市级防治资金 100 万元以上，积极推广应用柑橘大实蝇综合防治技术。本文通过近 3 年的柑橘大实蝇越冬蛹基数调查和羽化监测观测，明确了全市柑橘大实蝇的发生规律，为宜都市柑橘大实蝇综合防治提供理论支撑。

1 材料与方法

1.1 越冬蛹基数调查

根据宜都市柑橘大实蝇虫果危害率发生情况，将柑橘园划分为轻、中、重三种不同类型，每个乡镇每种类型选择 3~5 个橘园，每个橘园面积不小于 667 m^2，于每年 3 月下旬至 4 月中旬柑橘大实蝇成虫羽化出土前，在全市 10 个乡镇柑橘大实蝇发生区域范围内调查柑橘大实蝇越冬蛹基数。采取 5 点取样，每点 1 m^2，挖取 5~8 cm 表土，调查柑橘大实蝇越冬蛹活虫数，计算出柑橘园每 667 m^2 活蛹数。根据各乡镇轻、中、重三种不同类型橘园的面积比例计算出乡镇和全市柑橘大实蝇发生区域橘园加权平均每 667 m^2 活蛹数。

1.2 羽化监测观测

在全市 10 个乡镇各设置 1 个虫情监测观测点，监测观测点建设 1 个羽化监测池。各乡镇当年的柑橘大实蝇防治工作完成后，捡拾蛆果存集掩埋于羽化监测池，为来年羽化监测提供活蛹，监测池上用孔径 2 mm 以下的纱网覆盖，并用木条将池面压平，四周封严。羽化监测池存集蛆果数量应保证翌年可供观测羽化出土的活蛹量不低于 2 000 头。从翌年 5 月初开始每天观察埋蛹羽化出土情况，实时监测，直至 5 月下旬至 6 月上旬连续 7 d 不再有成虫羽化出土为止。柑橘大实蝇羽化出土率分别达到 20%、50%、80% 时，分别为成虫羽化出土始盛期、高峰期、盛末期。

1.3 气象监测

监测相应年度宜都市气象数据（数据来源：https://en.tutiempo.net/），计算蛹越冬、蛹发育和成虫羽化盛期间的日平均温度，分析柑橘大实蝇羽化率、蛹发育和羽化盛期（始盛日、高峰日和盛末日）与该地的平均温度的关系。数据统计、整理采用 WPS Office（2011 版）。

2 结果与分析

2.1 越冬蛹基数调查结果

由图1可知,2022年宜都市枝城镇、高坝洲镇柑橘大实蝇发生区域橘园加权越冬蛹基数最高,分别为33.4头/667 m^2、24.6头/667 m^2,随后逐年降低,到2024年所有乡镇橘园加权越冬蛹基数均降至10头/667 m^{2}以下,姚家店镇、红花套镇加权越冬蛹基数始终保持在较低水平,越冬蛹基数保持在3头/667 m^{2}以下。2022—2024年越冬蛹基数分别为12.12头/667 m^2、7.58头/667 m^2、4.98头/667 m^2,可能与2021—2023年冬季(12月、1月、2月)温度有关,2021—2023年冬季平均温度分别为6.64℃、6.28℃、4.61℃,在特定短时低温条件下,柑橘大实蝇蛹具备更高的存活率,而2023年冬季持续低温则导致部分柑橘大实蝇越冬蛹死亡。

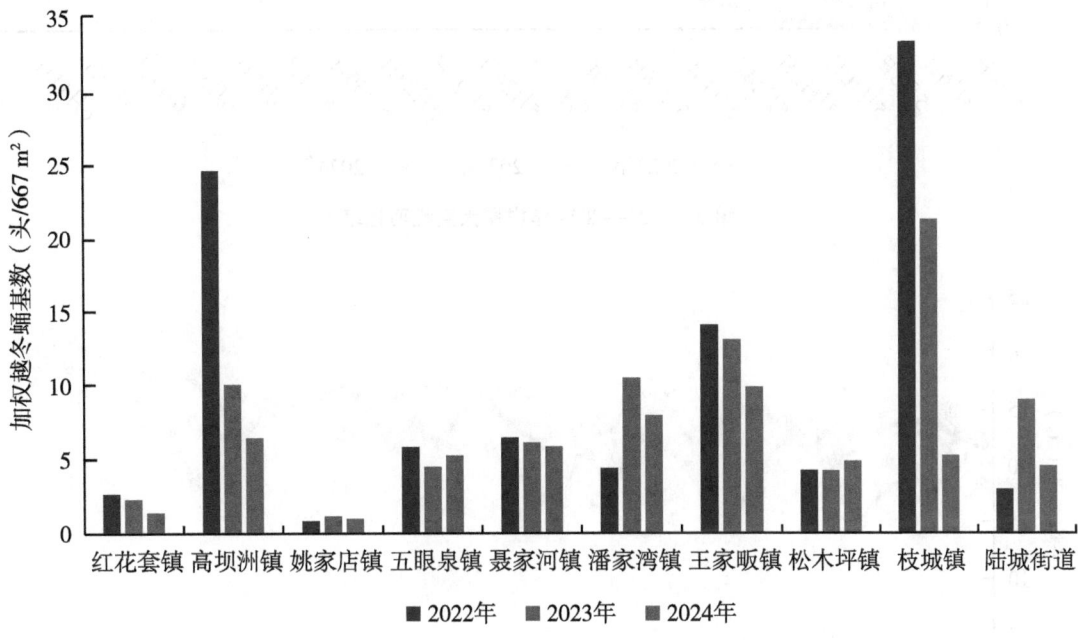

图1 宜都市各乡镇大实蝇越冬蛹基数

2.2 大实蝇羽化监测

2022—2024年柑橘大实蝇羽化率如图2所示,羽化始盛日分别为5月20日、5月13日、5月10日;羽化高峰日为5月25日、5月20日、5月14日;盛末日为5月31日、6月3日、5月19日;羽化盛期历时分别为11 d、20 d、9 d,其中2023年5月21—23日受到低温的影响,盛期历时较长。2022—2024年柑橘大实蝇羽化率分别为82.63%、80.80%、99.35%,2024年羽化率远远高于2022年和2023年,是因为2024年羽化盛期期间温度始终维持在20℃以上且比较平稳,适合柑橘大实蝇羽化(图3)。

3 结论与讨论

成虫羽化时间的迟早随年份不同而异,即成虫羽化始盛日、高峰日和盛末日迟早不

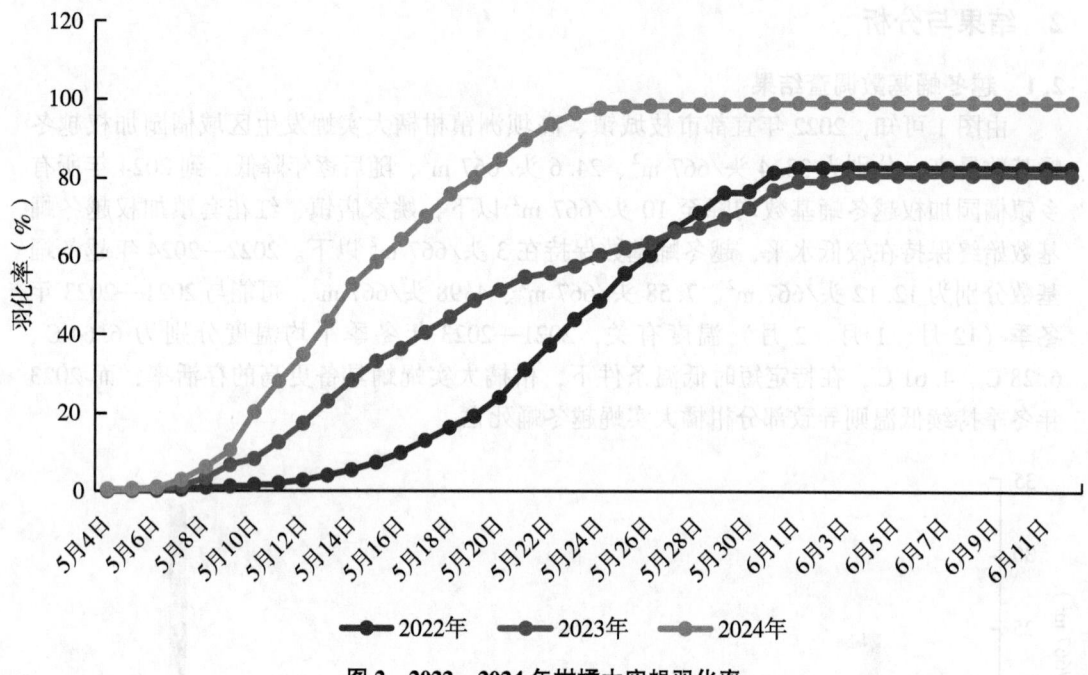

图 2　2022—2024 年柑橘大实蝇羽化率

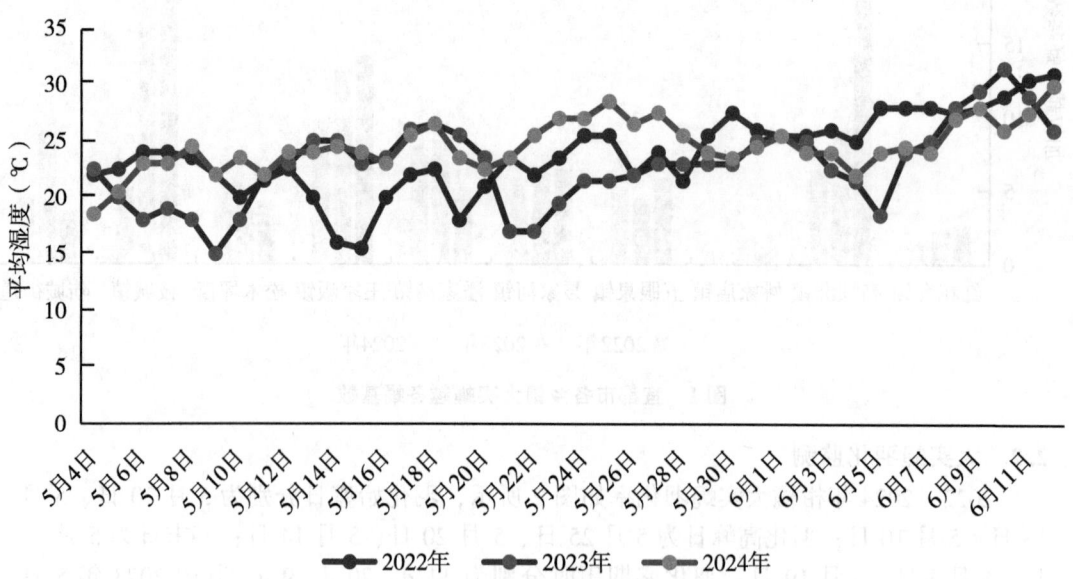

图 3　2022—2024 年宜都柑橘大实蝇羽化期间日平均温度

同，如 2022—2024 年度成虫的高峰日分别在 5 月 25 日、5 月 20 日、5 月 14 日，其中以 2024 年成虫的羽化高峰日，较 2022 年和 2023 年提前较多，其中较 2022 年提前达 11 d。唐松等研究表明（唐松，2012），柑橘大实蝇蛹发育的主要因素与温度有关，与湿度、降水量、光照等无显著关系，柑橘大实蝇蛹的发育起点温度为 10.57℃（陈振中，2018），2022年、2023年和2024年的3—4月平均温度分别为14.42℃、15.82℃、16.43℃，在一定范围内温度较高的年份，羽化期相对提前，因此2024年羽化期相对提前天数最多。

实时掌握柑橘大实蝇的越冬蛹基数和羽化动态，是综合防治柑橘大实蝇的理论基础（金爱华等，2023；赵毓潮等，2002；Dorji et al.，2006）。本研究分析2022—2024年柑橘大实蝇越冬蛹基数、羽化动态与温度的关系，结果与前人的研究结果基本一致（唐松等，2012；陈振中，2018）。一般认为柑橘大实蝇成虫的羽化盛期与诱集盛期不一致，诱集盛期较羽化盛期迟滞18~23 d（Dorji et al.，2006；宫庆涛等，2012），因此，综合防治柑橘大实蝇最佳时间为羽化盛期后的20 d左右。研究发现柑橘大实蝇发生盛期，其成虫往往聚集在柑橘园和林木的交界带，有趋向性扩散和分布的特性（李杖黎等，2012；Wang et al.，2016；陈艳等，2023），因此，对其防治时可更多地将喷药点或诱蝇球设置在靠近柑橘园和林木的交界带。

综合防治柑橘大实蝇为生产实践中的重要举措。其中，农业防治措施包括选择抗性品种、翻耕灭蛹、清洁田园、病果集中处理、果实套袋和土壤处理等，物理防治包括安装柑橘大实蝇食物诱剂、诱蝇球等（汪兴鉴等，1995；兰杰等，2009；陈艳等，2023），生物防治包括雄虫灭杀、不育虫释放、天敌释放等，若其他防治手段无法有效控制柑橘大实蝇危害时，可采用化学防治。使用化学防治时，各地要因地制宜，灵活掌握，化学农药种类的选择、配置、施用次数和安全间隔期等应符合规定。在"预防为主，综合防治"植保方针引领下，优先推广应用绿色防控与统防统治的综合新植保技术模式，将虫情监测观测、气象监测与绿色防控、统防统治等技术融为一体，才能达到安全、绿色、高效的总目标。

参考文献

岑有青，2021. 柑橘大实蝇的防治技术思考［J］. 南方农业（5）：59-60，67.

陈艳，曾泉，王长青，等，2023. 枝江市柑橘大实蝇发生规律及绿色防控关键技术［J］. 湖北植保（5）：74-76.

陈振中，2018. 柑橘大实蝇蛹滞育的解除及其寄生蜂生物学［D］. 武汉：华中农业大学.

宫庆涛，2012. 柑橘大实蝇食物引诱剂与防治药剂筛选研究［D］. 重庆：西南大学.

宫庆涛，武可明，唐松，等，2012. 柑橘大实蝇羽化出土及橘园成虫诱集动态研究［J］. 生物安全学报（2）：153-158.

金爱华，甘涛，陈玉，等，2023. 长江上中游柑橘大实蝇成虫发生期监测［J］. 湖北植保（2）：59-61.

兰杰，李传仁，万宝荣，等，2009. 大实蝇食物诱剂对柑橘大实蝇的诱杀能力测试［J］. 中国南方果树（3）：51.

李杖黎，李涛，石章红，等，2012. 柑橘大实蝇成虫的时空分布与产卵规律［J］. 华中农业大学学报（5）：609-612.

唐松，宫庆涛，豆威，等，2012. 温度、土壤含水量和埋蛹深度对柑橘大实蝇羽化的影响［J］. 植物保护学报（2）：137-141.

汪兴鉴，罗禄怡，1995. 桔大实蝇的研究进展［J］. 昆虫知识（5）：310-315.

王玉芹, 赵希兰, 孟祥玉, 等, 2022. 枝江市柑橘大实蝇无人机防控项目技术方案 [J]. 果农之友 (4): 53-55.

杨文寿, 李传仁, 兰杰, 等, 2013. 柑橘大实蝇的扩散方式及扩散历史 [J]. 长江大学学报（自科版）(11): 8-11, 109.

张小亚, 2007. 柑橘大实蝇 (*Bactrocera minax*) 生物学、行为学及防治研究 [D]. 武汉: 华中农业大学.

赵毓潮, 郭士占, 张植敏, 2002. 柑橘大实蝇成虫羽化期和越冬蛹死亡率的观察 [J]. 植物检疫 (6): 339-340.

DORJI C, CLARKE A R, DREW R A I, 2006. Seasonal phenology of *Bactrocera minax* (Diptera: Tephritidae) in western Bhutan [J]. Bulletin of Entomological Research, 96 (5): 531-538.

WANG S Q, ZHANG H Y, LI Z L, 2016. Small-scale spatio-temporal distribution of *Bactrocera minax* (Enderlein) (Diptera: Tephritidae) using probability kriging [J]. Neotropical Entomology, 45 (5): 453-462.

fruitless 在斑翅果蝇求偶和交配行为中的作用*

鲍　秀**，文　雯，王　妍，易雪莹，彭　威***

（湖南师范大学，蛋白质化学与鱼类发育生物学教育部重点实验室，淡水鱼类发育生物学国家重点实验室，动物肠道功能调控湖南省重点实验室，湖南省动物肠道生态与健康国际科技创新合作基地，长沙　410081）

摘　要：【目的】*fruitless*（*fru*）是昆虫求偶和交配行为中的关键基因，但其在斑翅果蝇 *Drosophila sukuzii* 中的功能尚不清楚。本研究旨在明确 *fru* 在斑翅果蝇求偶交配行为中的作用，进一步明确 *fru* 的生物学意义。【方法】利用 NCBI 查找斑翅果蝇 *fru* 基因序列，对其编码蛋白的结构域进行预测。通过实时荧光定量 PCR（RT-qPCR）技术检测该基因在斑翅果蝇不同发育阶段和不同组织的表达量。合成 *fru* 基因 dsRNA 后注入初羽化 1 d 的斑翅果蝇雄成虫胸部进行 RNAi，分别于注射后 48 h 和 72 h 取样检测 *fru* 基因的相对表达量，并对 *fru* 基因干扰后 72 h 的雄虫进行求偶交配行为观察，测定其交配指数和交配持续时间。【结果】斑翅果蝇 *fru* 基因 cDNA 全长 3 929 bp，编码 673 个氨基酸序列。该基因所编码的蛋白具有特殊结构域，分别为一个 BTB（Broad-complex, Tramtrack and Brica-bric）结构域和四个低复杂性区域（low complexity region）。RT-qPCR 结果发现，初羽化雄成虫和性成熟雄成虫 *fru* 基因表达量显著高于初羽化雌虫和性成熟雌成虫。相较于注射 ds*EGFP* 对照组，注射 ds*fru* 的 RNAi 处理组的雄性求偶时间延长，且交配指数下降，说明 *fru* 基因在雄性斑翅果蝇的求偶交配行为中发挥着重要作用。【结论】本研究结果为明确 *fru* 基因在斑翅果蝇求偶和交配行为中的功能提供依据，并为开发靶向求偶交配的害虫绿色防控技术提供技术支撑。

关键词：斑翅果蝇；*fruitless*；求偶行为；交配指数；RNAi

Role of *fruitless* Gene in Courtship and Mating Behaviors in *Drosophila sukuzii**

Bao Xiu**, Wen Wen, Wang Yan, Yi Xueying, Peng Wei***

(*Key Laboratory of Protein Chemistry and Developmental Biology of Fish*, *Ministry of Education*, *State Key Laboratory of Developmental Biology of Freshwater Fish*, *Hunan Provincial Key Laboratory of Animal Intestinal Function and Regulation*, *Hunan International Joint Laboratory of Animal Intestinal Ecology and Health*, *Hunan Normal University*, *Changsha 410081*, *China*)

Abstract：【Objectives】*fruitless*（*fru*）is the key gene for courtship and mating behaviors in insects, but its specific role in *Drosophila sukuzii* is still unclear. The aim of this study is to charac-

---

* 基金项目：国家自然科学基金项目（32300394）；湖南省优秀青年基金项目（2024JJ4028）；联合国粮农组织和国际原子能署项目（D44003）；湖南省自然科学基金项目（2022JJ40269）；湖南省大学生创新创业训练计划项目（S202410542207）；湖南师范大学大学生创新创业训练计划项目（2023074）

** 第一作者：鲍秀，研究生，主要从事昆虫行为学研究，E-mail：2488292826@qq.com

*** 通信作者：彭威，E-mail：weipeng@hunnu.edu.cn

terize the role of *fru* in courtship and mating behaviors in *D. sukuzii* and to further clarify its biological significance. 【Methods】The *fru* sequence of *D. sukuzii* was found from NCBI, and the structural domain of its encoded protein was predicted. The variations of gene expression levels in different developmental stages and different tissues of *D. sukuzii* were analyzed by realtime fluorescent quantitative PCR (RT-qPCR). The *fru* dsRNA was synthesized, and injected into the thorax of the 1-day-old adults. The relative expression level of *fru* was examined at 48 h and 72 h after the injection of dsRNA. At 72 h after injection, the courtship and mating behaviors including the mating index and duration were examined. 【Results】The full-length cDNA of *D. sukuzii fru* gene is 3 929 bp in length, encoding 673 amino acids. The encoded protein has unique domains including one BTB domain and four low complexity regions. The RT-qPCR results revealed that the expression of *fru* gene was higher in both mature and virgin male adults than in mature and virgin female adults, respectively. *D. sukuzii* male adults in the RNAi group which injected with ds*fru* engaged significantly longer time in the courtship behavior and had decreased mating index as compared to the male adults in the negative control group which injected with ds*EGFP*, suggesting that *fru* gene plays important roles in regulating courtship and mating behaviors of male *D. sukuzii*. 【Conclusion】The results of this study not only provide a basis for clarifying the role of *fru* gene in the courtship and mating behavior of *D. sukuzii*, but also provide technical support for the development of green pest control technology targeting courtship and mating.

Key words: *Drosophila sukuzii*; *fruitless*; Courtship behavior; Mating index; RNAi

求偶行为对于一个物种来说是非常重要的，是动物的本能行为之一。求偶是指雌雄两性一方为了求得配偶而做出一系列行为吸引另一方的过程（Quiley et al.，2018）。从进化的角度来看，化学感知是最古老的，是所有生物共同的，其周围充满同种或异种个体和环境发出的气味（Khallaf et al.，2021）。化学交流是同种识别、求偶、攻击、聚集和回避等社会行为的基础。许多动物包括昆虫都是依靠化学线索来定位和选择合适的交配对象，从而实现成功交配繁殖。昆虫的化学交流涉及化学信号如信息素的发射和感知，需要参与信息素生物合成和感知的不同器官的相互协调（Wyatt et al.，2010）。

动物界的性别分化几乎都由性激素和性别决定基因控制（Ji et al.，2024）。哺乳动物中Y染色体的性别决定区（the sex-determining region of the Y chromosome，*Sry*）控制生殖腺（睾丸或卵巢）的分化与发育，使其合成并分泌性激素，从而控制性发育和行为（Gubbay et al.，1990）。在果蝇和许多其他昆虫中，性别分化以细胞自主的方式直接由性别决定基因控制（Christiansen et al.，2002）。黑腹果蝇 *Drosophila melanogaster* 性别决定级联的启动取决于X染色体剂量。雌性中双倍X染色体剂量启动 *Sex-lethal*（*Sxl*）基因的转录激活，从而编码有功能的SXL蛋白（Erickson and Quintero，2007）。功能SXL蛋白调控 *transformer*（*tra*）基因pre-mRNA的剪接产生有功能的Tra蛋白。Tra与RNA结合蛋白Transformer-2（Tra-2）结合调控 *doublesex*（*dsx*）和 *fruitless*（*fru*）基因pre-mRNA的性别特异性剪接，从而产生 *dsx* 和 *fru* 雌雄特异亚型。Dsx^{F}蛋白以及Dsx^{M}和Fru^{M}蛋白分别调控雌雄果蝇的性别分化（Bell et al.，1991；Inoue et al.，1990）。

斑翅果蝇 *Drosophila sukuzii* 因其雄成虫翅膀顶端具有黑斑而命名，也需通过求偶交配来产生后代。雄性斑翅果蝇求偶时首先会对雌性进行追逐,当两者距离较近雄性将表现出定向的振翅、腹部向前靠近,并用前肢轻轻触碰雌虫。若雌虫同意进行交配则雄虫将攀附在雌虫后方,并用前肢紧紧抱住雌虫开始交配(熊焰等,2023)。斑翅果蝇属于农业害虫,其成虫大多以新鲜果为生,雌虫会将卵产于一些果皮较软的水果中,幼虫在果实内发育生存,以果肉为食,给果园造成巨大损失。近年来的研究发现,不同昆虫通过不同基因调控求偶和交配行为。斑翅果蝇作为一种对浆果作物造成严重损失的农业害虫,*fru* 对其求偶交配行为的调控机制尚不明确。因此,本文对斑翅果蝇雄虫 *fru* 基因在求偶交配行为中的作用进行研究,旨在为防控包括斑翅果蝇在内的农业害虫提供理论基础和技术支撑。

1 材料与方法

1.1 供试昆虫

本实验使用的斑翅果蝇来自湖南师范大学生命科学学院,斑翅果蝇在大小为 24 mm×95 mm 聚苯乙烯的果蝇培养管中饲养于人工气候培养箱,并建立室内种群。斑翅果蝇的饲养条件为温度 (27±0.5)℃,相对湿度 70%±5%,光周期 14L∶10D。

1.2 斑翅果蝇饲料的制作

成虫饲料配方:1 000 mL 水、7 g 琼脂、40 g 蔗糖、60 g 玉米粉、13.25 mL 尼泊金甲酯(10%)、6 mL 磷酸(8.3%)。

制作方法:将所有配料在锅中混合(不包括尼泊金甲酯和磷酸),用电磁炉加热,煮至沸腾,为防止饲料变糊,在加热过程中要不断搅拌饲料。待锅中的饲料煮沸之后,持续加热 10 min,保持饲料沸腾,以消灭饲料中的细菌。灭菌后,将饲料置于室内降温,当饲料的温度在 60~70℃ 时,加入防腐剂[尼泊金甲酯(10%)和磷酸(8.3%)],最后分装饲料于小管中,用布盖住放置一夜,防止饲料被落入杂质污染,第二天塞上棉塞,放入 18℃ 房保存。

1.3 RNA 提取和 cDNA 合成

本实验使用 Trizol 法提取斑翅果蝇不同发育时期和不同组织中的总 RNA,不同发育时期样本包括:胚胎、幼虫、蛹、初羽化雌雄成虫、性成熟雌雄成虫。不同组织包括:头部、胸部、脂肪体、肠道、卵巢、精巢、马氏管,每个样本设置 3 个生物学重复。

使用超微量分光光度计对所提取的不同样本中的总 RNA 纯度与浓度进行检测。

根据 TaKaRa 公司的反转录试剂盒 PrimeScript™ RT Reagent Kit(Perfect Real Time)以提取的总 RNA 为模板合成 cDNA 第 1 链。反应参数为 37℃ 反转录反应 15 min,85℃ 灭活反转录酶 5 s,最后 4℃ 保温 1 min。将合成好的 cDNA 置于 -20℃ 保存。

1.4 斑翅果蝇 *fru* 基因的 cDNA 克隆

采用 Primer Premier 6.0 设计正反引物 T7-*fru*-F 和 T7-*fru*-R(表1),以雄成虫总 cDNA 为模板进行 PCR 扩增,PCR 扩增的体系为 50 μL,具体需要向 PCR 管中加入 25 μL 2×Rapid Taq Master Mix,19 μL ddH$_2$O,2 μL 10 mmol/L 正向引物,2 μL 10 mmol/L 的反向引物,2 μL 总 cDNA。反应条件为 94℃ 预变性 3 min,94℃ 变性 3 s,55℃ 退火 30 s,72℃ 延伸 1 min,循环 35 次,然后 72℃ 延伸 10 min,最后 4℃ 保存。通

过琼脂糖凝胶电泳分离 fru DNA 条带,并切胶回收,将所得到的 DNA 溶液置于-20℃保存或用于后续试验。

表1 引物序列

引物名称	序列	作用
T7-fru F	GGATCCTAATACGACTCACTATAGGCTGCCAATTCGCCGTATT	RNAi
T7-fru R	GGATCCTAATACGACTCACTATAGGCTGCTGCTGATAGTG	RNAi
T7-EGFP F	GGATCCTAATACGACTCACTATAGGGCAACGGTGTGGACTTTGAC	RNAi
T7-EGFP R	GGATCCTAATACGACTCACTATAGGGCGGCTGGTTCTTCAGATAGTT	RNAi
Q fru F	TCCGTGATCTCCACATCC	RT-qPCR
Q fru R	CTGCTGCTGCTGATAGTG	RT-qPCR
RP49 F	CTGCCCACCGGATTCAAG	RT-qPCR
RP49 R	CGATCTCGCCGCAGTAAAC	RT-qPCR

1.5 dsRNA 的合成及注射

利用 T7 RiboMAX™ Express RNAi System（Promega）合成斑翅果蝇 fru 基因与 EGFP 基因 dsRNA，合成好的 dsRNA 置于-80℃超低温冰箱备用。

利用显微注射仪将 dsfru 和 dsEGFP 注入初羽化斑翅果蝇雄成虫胸部，注射量为 1 μg/头，每个处理共注射 50 头雄成虫。在注射后 48 h 和 72 h 提取整虫总 RNA，采用 RT-qPCR 检测 RNA 干扰效率。将注射 dsRNA 72 h 后的雄成虫与野生型的雌成虫置入放有饲料的果蝇培养管中进行配对,然后仔细观察 2 h 内雌雄求偶交配行为并统计交配频率和交配持续时间。

1.6 数据分析

RT-qPCR 实验每个处理设置 3 个生物学重复，且每个样品设置 2 个技术重复；依据 RT-qPCR 检测结果应用 $2^{-\Delta\Delta CT}$ 法计算基因相对表达量。行为学实验每个处理设置 3 个生物学重复，每个生物学重复含 7 对雌雄试虫。实验结果用 Excel 表统计，采用单因素方差分析（one-way ANOVA）及 Bonferroni 事后多重比较进行差异显著性分析，并用 GraphPad Prism 5.0 作图。

2 结果与分析

2.1 斑翅果蝇 fru 基因序列分析

在 NCBI 网站上查找斑翅果蝇性别决定基因 fru 的 mRNA 序列（LOC108017849），斑翅果蝇 fru 基因 cDNA 全长 3 929 bp，ORF 长度为 2 022 个核苷酸，编码 673 个氨基酸序列。将该基因所编码的氨基酸序列在 SMART（http：//smart.embl-heidelberg.de/）蛋白预测网站上，预测了斑翅果蝇 Fru 蛋白的特殊结构域：即斑翅果蝇 Fru 蛋白序列中有一个 BTB（Broad-complex, Tramtrack and Brica-bric）结构域和 4 个低复杂性区域（low complexity region）（图1A）。使用 MEGA 软件对斑翅果蝇、黑腹果蝇、冈比亚按蚊 Anopheles gambiae、橘小实蝇 Bactrocera dorsalis 的 Fru 蛋白序列进行序列比对，发现它们都存在 BTB 结构，BTB 结构域是 fru 基因的特点，且其 N 端非常保守（陈瑶瑶等，2020）（图1B）。

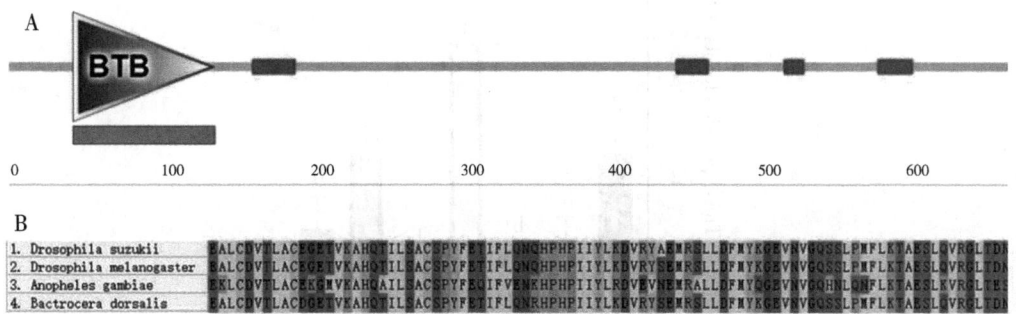

图1 斑翅果蝇 fru 基因结构域分析（A）以及昆虫物种间 Fru 结构域的序列比对（B）

2.2 fru 基因在斑翅果蝇不同发育时期和组织中的表达情况

RT-qPCR 结果显示不同发育时期的斑翅果蝇 fru 基因表达量具有显著差异，其在幼虫时期表达量最高（图2），表明幼虫阶段可能是其求偶环路形成关键发育时期。初羽化雄成虫和性成熟雄成虫 fru 基因表达量显著高于初羽化雌虫和性成熟雌成虫，且性成熟雄成虫中 fru 基因表达量是性成熟雌成虫中两倍左右（图2），以上结果表明 fru 基因可能在雄性斑翅果蝇中发挥性别特异性作用。

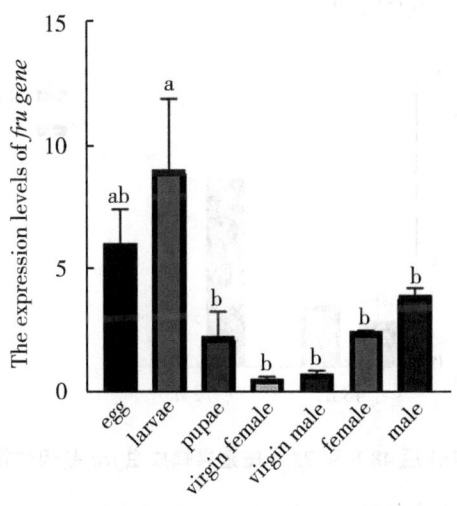

图2 斑翅果蝇 fru 基因在不同发育时期的表达量

不同组织中的 RT-qPCR 实验结果显示肠道中的 fru 表达量最高，精巢中 fru 表达量远远高于卵巢，由此推测 fru 可能在斑翅果蝇雄性生殖系统中发挥作用（图3）。此外，fru 基因在斑翅果蝇头部中的表达量也较高，推测其与雄性特异性神经元发育相关（图3）。

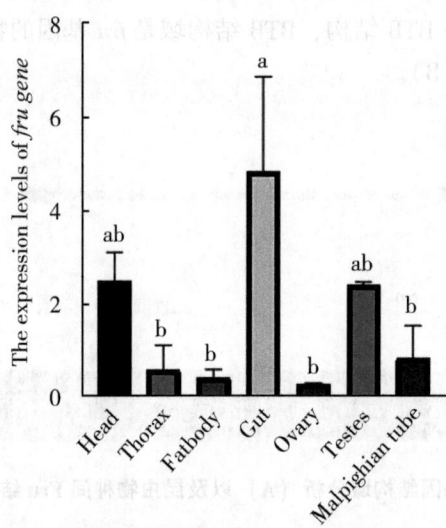

图 3 斑翅果蝇 fru 基因在成虫不同组织中的表达量

2.3 fru 基因干扰效率及在求偶行为中的作用检测

如图 4 所示，RT-qPCR 检测结果表明，注射 ds*EGFP* 48 h 的对照组和注射 ds*fru* 48 h 的处理组中 *fru* 基因表达量并无显著性差异。而相较于注射 ds*EGFP* 72 h 的对照组，注射 ds*fru* 72 h 的处理组中 *fru* 基因的表达水平显著下降（$P<0.05$），因此后续行为学实验选择在干扰后 72 h 统计交配结果。

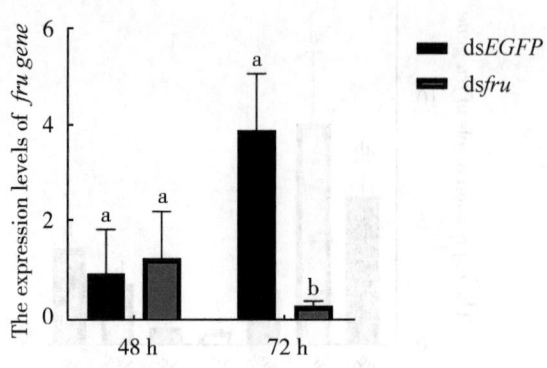

图 4 RNAi 后 48 h 和 72 h 斑翅果蝇成虫 fru 基因的相对表达量

据观察可知，斑翅果蝇求偶时，雄性首先会对雌性进行追逐，跟随在后。接近雌性时，雄性保持翅膀靠近腹部，并振翅，而雌性会被雄性的振翅所吸引。雌性被振翅的雄性包围时，如果较为平和，雄性会趁机舔舐雌性的生殖器。待时机成熟时，雄性会爬上雌性背部尝试交配（陈瑶瑶等，2020）。

将已注射 ds*fru* 和 ds*EGFP* 的雄成虫分别与野生型雌成虫配对进行求偶交配实验。结果表明注射 ds*fru* 处理组雄虫求偶指数显著低于注射 ds*EGFP* 对照组雄虫（图 5A），同时注射 ds*fru* 处理组雄虫相较于注射 ds*EGFP* 对照组雄虫其交配所花费的时间显著提高（图5B）。其原因可能是 *fru* 基因表达量降低抑制雄性性二态分化，导致雄性生殖功能异常以及求偶交配行为减弱，表明 *fru* 基因在斑翅果蝇求偶交配行为中发挥着重要作用。

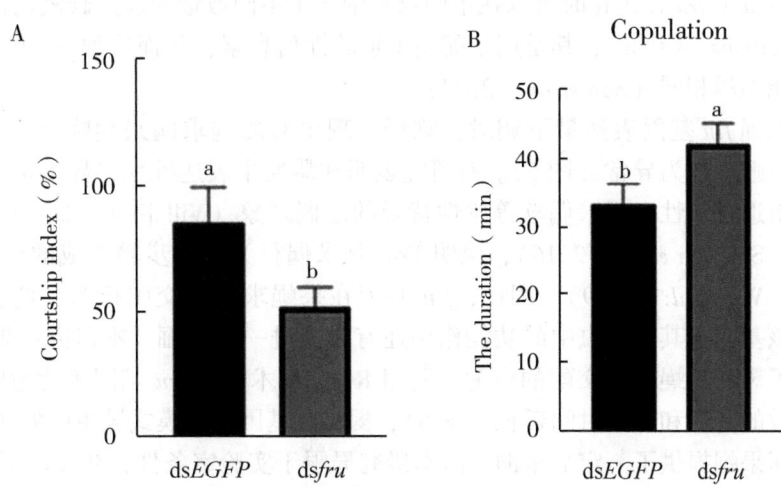

图5 RNAi 干扰 *fru* 基因对斑翅果蝇成虫交配指数（A）和交配持续时长（B）的影响

3 讨论

双翅目昆虫黑腹果蝇作为一种模式生物是研究性别决定和生殖的代表（刘雅婷等，2015）。*fru* 基因在果蝇中的研究已非常系统，其在调控果蝇的求偶行为中起到关键作用（Ebru and Barry, 2005）。*fru* 基因位点包含一个复杂的转录单元，具有多个启动子和可选择的剪接异构体，其中一种涉及雄性性别调控通路的可变剪接异构体参与雄性求偶行为，其他可变剪接异构体则不具有性别特异性（Salvemini et al., 2010; Sato et al., 2019）。*fru* 的 P1 转录本仅在神经系统中被检测到，其性别特异性蛋白产物 Fru^M 在约 2000 个神经元中表达，促进神经元结构和功能雄性化（Dornan et al., 2005）。Fru^M 蛋白在 BTB 结构域上游具有雄性特异的长约 101 个氨基酸的 N 末端（陈瑶瑶等，2020）。研究表明 Fru^M 蛋白在雄性的求偶行为中至关重要（Telonis-Scott et al., 2009; Ito et al., 2016）。*fru* 基因在斑翅果蝇各个发育阶段表达量并不相同，相较于初羽化雄成虫，*fru* 基因在斑翅果蝇性成熟雄成虫中的表达量显著上升（图2），可以推测 *fru* 基因可能参与斑翅果蝇的雄性求偶交配行为。*fru* 基因在斑翅果蝇头部中的表达量也很高，表明其对神经系统的发育起到重要作用（Anand et al., 2001; Song and Taylor, 2003）。*fru* 基因在斑翅果蝇精巢中的表达量显著高于卵巢，表明 *fru* 基因在雄性生殖系统发育中发挥重要作用。对果蝇的研究发现，由于雌性果蝇 *fru* 基因 5′ 端保留了一段三次重复的 13 bp 核苷酸序列，此序列能被 Tra/Tra-2 蛋白复合体识别，从而使得 *fru* 基因在雌性中不能编码功能蛋白，故 *fru* 基因主要在雄性中发挥特异功能（Nagoshi et al., 1988; Demir and Dickson, 2005; Billeter et al., 2006)。

黑腹果蝇 fru 基因突变后，雄性果蝇间会出现求偶现象，甚至突变型雄性果蝇对同性的求偶欲望高过对雌性的求偶欲望（Gill, 1963），但是这一现象在我们对斑翅果蝇的求偶与交配行为的观察中并未出现。此外，fru 突变黑腹果蝇无法完成交配（Gill, 1963），而在斑翅果蝇中交配时间虽然延长，但是能完成交配。出现这种现象的原因可能是因为昆虫中 fru 在进化时可以在不同物种中产生不同数量的表皮碳氢化合物（cuticular hydrocarbons, CHCs），其是用于配偶识别的性信息素，从而导致 fru 基因在不同物种中的功能不尽相同（Sun et al., 2023）。

斑翅果蝇 fru 基因表达量下调时，雄蝇表现出对雌蝇求偶兴趣降低，交配时间延长，交配失败等行为异常（图5）。有研究表明在雌性中表达雄性特异 Fru^M 蛋白能够使雌蝇展现出追逐雄性、唱求偶歌等雄性特异的求偶现象（Villella et al., 1997; Zhou et al., 2015; Shirangi et al., 2016），说明 Fru^M 是求偶行为某些步骤形成的开关（Sato et al., 2019; Wu et al., 2019）。因此，fru 基因在果蝇求偶和交配行为中的影响至关重要，但是该基因在其他昆虫中的功能作用还有需要进一步挖掘。本研究结果阐述了 fru 基因参与了斑翅果蝇雌雄交配的行为，利用 RNAi 技术敲低 fru 基因表达量时，斑翅果蝇交配指数的降低和求偶时间延长（图5），揭示该基因在非模式昆虫中的功能保守性，为防控斑翅果蝇提供了一定的帮助。但本研究局限于实验室条件，初步验证了 fru 基因在斑翅果蝇求偶和交配行为中的作用，并没有考虑到自然条件下多种生态因子如天敌、环境因子的影响，因此还需进一步结合这些条件进行研究与验证。

参考文献

陈瑶瑶, 古枫, 钟国华, 等, 2020. fruitless 在桔小实蝇求偶和交配行为中的作用 [J]. 昆虫学报, 63（8）: 924-931.

刘雅婷, 谢文, 张友军, 2015. 昆虫性别决定机制研究进展 [J]. 昆虫学报, 58（4）: 437-444.

时红, 熊焰, 施米, 等, 2023. 斑翅果蝇求偶行为的研究 [J]. 应用昆虫学报, 60（1）: 140-149.

ANAND A, VILLELLA A, RYNER L C, et al., 2001. Molecular genetic dissection of the sex-specific and vital functions of the Drosophila melanogaster sex determination gene fruitless [J]. Genetics, 158（4）: 1569-1595.

ASAHINA K, WATANABE K, DUISTERMARS B J, et al., 2014. Tachykinin-expressing neurons control male-specific aggressive arousal in Drosophila [J]. Cell, 156: 221-235.

BELL L R, HORABIN J I, SCHEDL P, et al., 1991. Positive autoregulation of sex-lethal by alternative splicing maintains the female determined state in Drosophila [J]. Cell, 65（2）: 229-239.

BILLETER J C, RIDEOUT E J, DORNAN A J, et al., 2006. Control of male sexual behavior in Drosophila by the sex determination pathway [J]. Current Biology, 16（17）: R766-R776.

CHEN D, SITARAMAN D, CHEN N J, et al., 2017. Genetic and neuronal mechanisms governing the sex-specific interaction between sleep and sexual behaviors in Drosophila [J]. Nat. Commun, 8（1）: 154.

CHRISTIANSEN A E, KEISMAN E L, AHMAD S M, et al., 2002. Sex comes in from the cold: the integration of sex and pattern [J]. Trends Genet, 18（10）: 510-516.

DEMIR E, DICKSON B J, 2005. *fruitless* splicing specifies male courtship behavior in *Drosophila* [J]. Cell, 121 (5): 785-794.

DORNAN A J, GAILEY D A, GOODWIN S F, 2005. GAL4 enhancer trap targeting of the *Drosophila* sex determination gene *fruitless* [J]. Genesis 42 (4): 236-246.

ERICKSON J W, QUINTERO J J, 2007. Indirect effects of ploidy suggest X chromosome dose, not the X: A ratio, signals sex in *Drosophila* [J]. PLoS Biol, 5 (12): e332.

GILL K S, 1963. A mutation causing abnormal courtship and mating behavior in males of *Drosophila melanogaster* [J]. American Zoologist, 3: 507.

GUBBAY J, COLLIGNON J, KOOPMAN P, et al., 1990. A gene mapping to the sex-determining region of the mouse Y chromosome is a member of a novel family of embryonically expressed genes [J]. Nature, 346 (6281): 245-250.

HALL J C, 1997. Portions of the central nervous system controlling reproductive behavior in *Drosophila Melanogaster* [J]. Behav Genet (7): 291-312.

HALL J C, 1978. Courtship among males due to a male-sterile mutation in *Drosophila melanogaster* [J]. Behavior Genetics, 8 (2): 12-41.

INOUE K, HOSHIJIMA K, SAKAMOTO H, SHIMURA Y, 1990. Binding of the *Drosophila sex lethal* gene product to the alternative splice site of transformer primary transcript [J]. Nature, 344: 461-463.

ITO H, SATO K, KONDO S, et al., 2016. *Fruitless* represses robo1 transcription to shape male-specific neural morphology and behavior in *Drosophila* [J]. Curr. Biol., 26 (12): 1532-1542.

JI X, WANG L, LI X, et al., 2024. Hormonal control of *fruitless* expression and male sexual orientation in *Drosophila* [J]. The Innovation Life, 2 (1): 100060.

KHALLAF M A, CUI R, WEIßFLOG J, et al., 2021. Large-scale characterization of sex pheromone communication systems in *Drosophila* [J]. Nat. Commun., 12 (1): 4165.

NAGOSHI R N, MCKEOWN M, BURTIS K C, et al., 1988. The control of alternative splicing at genes regulating sexual differentiation in *D. melanogaster* [J]. Cell, 53 (2): 229-236.

PAN Y, BAKER B S, 2014. Genetic identification and separation of innate and experience-dependent courtship behaviors in *Drosophila* [J]. Cell, 156 (1): 236-248.

QUILEY C, FUSANI L, 2018. Courtship and mating [M] //SKINNER M K. Encyclopedia of reproduction (second edition). Oxford. Academic Press.

RYNER L C, GOODWIN S F, CASTRILLON D H, et al., 1996. Control of male sexual behavior and sexual orientation in *Drosophila* by the *fruitless* gene [J]. Cell, 87 (6): 1079-1089.

SATO K, GOTO J, YAMAMOTO D, 2019. Sex mysteries on the fly courtship master regulator *fruitless* [J]. Front. Behav. Neurosci., 13: 245.

SHIRANGI T R, WONG A M, TRUMAN J W, et al., 2016. *Doublesex* regulates the connectivity of a neural circuit controlling *Drosophila* male courtship song [J]. Dev. Cell, 37 (6): 533-544.

SONG H J, TAYLOR B J, 2003. *fruitless* Gene is required to maintain neuronal identity in evenskipped-expressing neurons in the embryonic CNS of *Drosophila* [J]. Journal of Neurobiology, 55 (2): 115-133.

TELONIS-SCOTT M, KOPP A, WAYNE M L, et al., 2009. Sexspecific splicing in *Drosophila*: widespread occurrence, tissue specificity and evolutionary conservation [J]. Genetics, 181 (2): 421-434.

VILLELLA A, GAILEY D A, BERWALD B, et al., 1997. Extended reproductive roles of the *fruitless* gene in *Drosophila melanogaster* revealed by behavioral analysis of new *fru* mutants [J]. Genetics, 147 (3): 1107-1130.

WU S, GUO C, ZHAO H, et al., 2019. Drosulfakinin signaling in *fruitless* circuitry antagonizes P1 neurons to regulate sexual arousal in *Drosophila* [J]. Nat. Commun., 10 (1): 4770.

WYATT T D, 2010. Pheromones and signature mixtures: Defining species-wide signals and variable cues for identity in both invertebrates and vertebrates [J]. J. Comp. Physiol. A, 196: 685-700.

ZHOU C, FRANCONVILLE R, VAUGHAN A G, et al., 2015. Central neural circuitry mediating courtship song perception in male *Drosophila* [J]. eLife, 4: e08477.

Transformer-2 在斑翅果蝇生殖调控中的作用*

鲍 秀**，文 雯，王 妍，易雪莹，彭 威***

（湖南师范大学，蛋白质化学与鱼类发育生物学教育部重点实验室，淡水鱼类发育生物学国家重点实验室，动物肠道功能调控湖南省重点实验室，湖南省动物肠道生态与健康国际科技创新合作基地，长沙 410081）

摘 要：【目的】Transformer-2（tra-2）是昆虫性别决定中的关键基因，但其在斑翅果蝇 Drosophila sukuzii 中的功能尚不清楚。本研究旨在明确 tra-2 在斑翅果蝇生殖调控中的作用，进一步明确 tra-2 的生物学意义。【方法】利用 NCBI 查找斑翅果蝇 tra-2 基因序列，对其编码蛋白的结构域进行预测。通过实时荧光定量 PCR（RT-qPCR）技术检测该基因在斑翅果蝇不同发育阶的表达量。合成 tra-2 基因 dsRNA 后注入初羽化 1 d 的斑翅果蝇雌虫胸部进行 RNAi，分别于注射后 48 h 和 72 h 取样检测 tra-2 基因的相对表达量，将注射 dsRNA 2 d 后雌成虫与同批次羽化 2 d 的未交配雄成虫交配，交配后第二天开始计算产卵量和卵孵化率，DAPI 染色检测雌虫卵巢发育情况。【结果】斑翅果蝇 tra-2 序列基因全长 825 bp，可编码 274 个氨基酸。该基因所编码的蛋白具有特殊结构域，分别为 1 个 RRM（RNA recognition motif）结构域和 4 个低复杂性区域（low complexity region）。RT-qPCR 结果发现，初羽化雌雄成虫间以及性成熟雌雄成虫间 tra-2 基因表达量并无显著差异。相较于注射 dsEGFP 对照组，注射 dstra-2 的 RNAi 处理组的雌性产卵量和卵孵化率更低，卵巢中卵细胞数量减少，表明 tra-2 基因在雌性斑翅果蝇生殖调控中发挥着重要作用。【结论】本研究结果为明确 tra-2 基因在斑翅果蝇生殖调控中的功能提供了依据。

关键词：斑翅果蝇；Transformer-2；生殖调控；RNAi

Role of Transformer-2 Gene in Reproductive Regulation in *Drosophila sukuzii**

Bao Xiu**, Wen Wen, Wang Yan, Yi Xueying, Peng Wei***

(Key Laboratory of Protein Chemistry and Developmental Biology of Fish, Ministry of Education, State Key Laboratory of Developmental Biology of Freshwater Fish, Hunan Provincial Key Laboratory of Animal Intestinal Function and Regulation, Hunan International Joint Laboratory of Animal Intestinal Ecology and Health, Hunan Normal University, Changsha 410081, China)

Abstract:【Objectives】Transformer-2 (tra-2) is the key gene for sex determining in insects, but its specific role in *Drosophila sukuzii* is still unclear. The aim of this study is to character-

---

* 基金项目：国家自然科学基金项目（32300394）；湖南省优秀青年基金项目（2024JJ4028）；联合国粮农组织和国际原子能署项目（D44003）；湖南省自然科学基金项目（2022JJ40269）；湖南省大学生创新创业训练计划项目（S202410542207）；湖南师范大学大学生创新创业训练计划项目（2023074）

** 第一作者：鲍秀，研究生，主要从事昆虫行为学研究；E-mail:2488292826@qq.com

*** 通信作者：彭威，E-mail:weipeng@hunnu.edu.cn

ize the role of *tra-2* in reproductive regulation in *D. sukuzii* and to further clarify its biological significance. 【Methods】 The *tra-2* sequence of *D. sukuzii* was found from NCBI, and the structural domain of its encoded protein was predicted. The variations of gene expression levels in different developmental stages of *D. sukuzii* were analyzed by realtime fluorescent quantitative PCR (RT-qPCR). The *tra-2* dsRNA was synthesized, and injected into the thorax of the 1-day-old female adults. The relative expression level of *tra-2* was examined at 48 h and 72 h after the injection of dsRNA. At 48 h after injection, the female adults were mated with unmated 2-day-old male adults. The egg laying and hatchability were calculated from the second day after mating. The development of female ovary was detected through DAPI staining. 【Results】 The full-length of *D. sukuzii tra-2* gene is 825 bp in length, encoding 274 amino acids. The encoded protein has unique domains including one RRM domain and four low complexity regions. The RT-qPCR results revealed that the expression level of *tra-2* gene was not significant difference between virgin male and female adults, as well as between mature male and female adults. The number of egg laying and hatchability were significantly lower in the females which injected with ds *tra-2*, and the females which injected with ds *tra-2* had less oocyte compared to the females which injected with ds*EGFP*, suggesting that *tra-2* gene plays important roles in regulating reproduction of female *D. sukuzii*. 【Conclusion】 The results of this study provide a basis for clarifying the role of *tra-2* gene in the reproductive regulation of *D. sukuzii*.

Key words: *Drosophila sukuzii*; *Transformer-2*; Reproductive regulation; RNAi

昆虫性别决定机制多种多样，雌雄性别决定通常发生在胚胎发育早期（Bachtrog et al., 2014）。昆虫性别决定通常由级联基因性别特异转录控制，*transformer*（*tra*）和 *transformer-2*（*tra-2*）基因性别决定级联中的关键基因，其通过选择性剪接调控下游靶标基因的差异表达（Butler et al., 1986; Boggs et al., 1987; Bachtrog et al., 2014; Bopp et al., 2014; Ruggiero et al., 2023）。雌性黑腹果蝇 *Drosophila melanogaster* 中双倍 X 染色体导致 *Sex-lethal*（*Sxl*）基因在早期合子大量转录，促进 *tra* 基因雌性特异性剪接，TRA 和 TRA-2 蛋白复合物调控下游 *doublesex*（*dsx*）和 *fruitless*（*fru*）基因雌性特异表达，从而调控雌性分化。雄性黑腹果蝇中单倍 X 染色体导致 *tra* 转录本编码一个短的无功能的 TRA 多肽，*dsx* 和 *fru* 基因在缺少功能 TRA 蛋白下进行雄性特异表达从而导致雄性性别分化（Meccariello et al., 2019）。

与果蝇不同，地中海实蝇 *Ceratitis capitata* 中 *maleness-on-the-Y*（*MoY*）基因是雄性性别决定所必需（Meccariello et al., 2019）。地中海实蝇 XX 胚胎中 *tra* 启动正反馈的雌性特异剪接回路产生有功能的 TRA 蛋白，TRA 和 TRA-2 蛋白复合物调控 *dsx* 和 *fru* 基因雌性特异表达，导致雌性分化。此外，TRA 和 TRA-2 蛋白复合物结合至 *tra* 基因上调控其雌性特异转录，从而维持雌性性别（Lagos et al., 2007）。XY 胚胎中 *MoY* 基因直接或间接地抑制 *tra* 功能，*dsx* 和 *fru* 基因在缺少功能 TRA 蛋白下进行雄性特异表达，从而促进雄性发育。破坏或过表达 *MoY* 可分别使 XY 胚胎雌性化或 XX 胚胎雄性化（Pane et al., 2002; Meccariello et al., 2019）。

将 *tra-2* 基因 dsRNA 注射到地中海实蝇和家蝇 *Musca domestica* 胚胎中，导致雌性个体完全逆转为可育的雄性个体，表明 *tra-2* 在雌性发育中至关重要（Burghardt et al.,

2005；Salvemini et al.，2009）。tra-2 基因的敲低也影响雄性生殖系统发育（Amrein et al.，1990；Mattox and Baker，1991；Suzuki et al.，2012；Liu et al.，2015），并影响几种昆虫的雌性繁殖力或性腺发育（Burghardt et al.，2005；Schetelig et al.，2012；Pomerantz and Hoy，2015）。其原因可能是由 dsx 选择性剪接变化引起，因为 DSX 蛋白已被证明参与生殖器信号通路和性腺的调节，此外，dsx 基因还调控赤拟谷盗 Tribolium castaneum 和黑腹果蝇卵黄蛋白基因表达（Shukla and Palli，2012；Clough et al.，2014；Oliver et al.，1993；Ahmad and Baker，2002；Gorfinkiel et al.，2003；DeFalco et al.，2008）。家蚕 Bombyx mori tra-2 基因不参与 dsx pre-mRNA 性别特异选择性剪接的调控，但 tra-2 是家蚕卵巢和精巢正常发育所必需的（Toshimori et al.，1979）。

斑翅果蝇 Drosophila sukuzii 分布广泛，繁殖能力极强，是一种对浆果作物造成严重威胁的农业害虫（Hauser，2011）。斑翅果蝇 tra-2 基因还没有得到鉴定，其在调控生殖中的作用未知。因此，对 tra-2 基因在斑翅果蝇生殖调控中的作用进行研究，将为运用基因工程方法防治斑翅果蝇提供技术指导，并为研究其他双翅目的 tra-2 基因功能提供理论基础。

1 材料与方法

1.1 供试昆虫

本实验使用的斑翅果蝇来自湖南师范大学生命科学学院实验室培养，斑翅果蝇饲养于果蝇培养管中，并建立室内种群。斑翅果蝇的饲养条件为温度（27±0.5）℃，相对湿度 70%±5%，光周期 14L：10D。

1.2 饲料制作

成虫饲料配方：1 000 mL 水、7 g 琼脂、40 g 蔗糖、60 g 玉米粉、13.25 mL 尼泊金甲酯（10%）、6 mL 磷酸（8.3%）。饲料配制好后分装至果蝇培养管，盖上棉布静置一晚，次日塞上棉塞，放入 18℃ 房保存。

诱卵饲料配方：50 mL 葡萄汁、100 mL 水、4.5 g 琼脂、2.25 mL 尼泊金甲酯（10%）。配制好后分装至培养皿，冷却后置于 4℃ 保存。使用时可在食物表面涂上酵母，诱导果蝇产卵。

1.3 Tra-2 基因序列分析

用 MEGA 11.0 软件对 tra-2 基因进行序列分析，提交 ORF finder 标注开放阅读框。从 NCBI 中寻找具有代表性的昆虫 TRA-2 蛋白序列，使用 MEGA 11.0 软件进行序列比对。

1.4 RNA 提取和 cDNA 合成

本实验使用 Trizol 法提取斑翅果蝇总 RNA，包括注射 dsRNA 后 48 h 和 72 h 的雌成虫整虫样本和不同发育时期样本：胚胎、幼虫、蛹、初羽化雌雄成虫、性成熟雌雄成虫，每个样本设置 3 个生物学重复。将合成好的 RNA 置于 -20℃ 保存。

根据 TaKaRa 公司的反转录试剂盒 PrimeScript™ RT Reagent Kit（Perfect Real Time）以提取的总 RNA 为模板合成 cDNA 第 1 链。反应参数为 37℃ 反转录反应 15 min，85℃ 灭活反转录酶 5 s，最后 4℃ 保温 1 min。将合成好的 cDNA 置于 -20℃ 保存。

1.5 斑翅果蝇 tra-2 基因扩增

采用 Primer Premier 6.0 设计正反引物 T7-tra-2-L 和 T7-tra-2-R（表1），以雌成虫总 cDNA 为模板进行 PCR 扩增，PCR 扩增的体系为 50 μL。PCR 反应体系为 94℃预变性 3 min，94℃变性 3 s，55℃退火 30 s，72℃延伸 1 min，循环 35 次，然后 72℃延伸 10 min，最后 4℃保存。通过琼脂糖凝胶电泳分离 tra-2 DNA 条带，并根据胶回收试剂盒 SanPrep Column DNA Gel Extraction Kit 进行切胶回收，将所得到的 DNA 溶液置于 -20℃保存或用于后续试验。

表1 引物序列

引物名称	序列	作用
T7-tra-2-L	GGATCCTAATACGACTCACTATAGGGTCGGACTTCGATTACCAT	RNAi
T7-tra-2-R	GGATCCTAATACGACTCACTATAGGGGCTACGATAATTGTCAGT	RNAi
T7-EGFP L	GGATCCTAATACGACTCACTATAGGGCAACGGTGTGGACTTTGAC	RNAi
T7-EGFP R	GGATCCTAATACGACTCACTATAGGGCGGCTGGTTCTTCAGATAGTT	RNAi
Q tra-2 L	GGCTTCTGCTTCATCTACT	RT-qPCR
Q tra-2 R	GCGTTGGGTTATGGAGTA	RT-qPCR
RP49 L	CTGCCCACCGGATTCAAG	RT-qPCR
RP49 R	CGATCTCGCCGCAGTAAAC	RT-qPCR

1.6 dsRNA 的合成及注射

根据 T7 RiboMAX™ Express RNAi System（Promega）试剂盒以胶回收产物为模板合成斑翅果蝇 tra-2 基因与 EGFP 基因 dsRNA，合成好的 dsRNA 置于 -80℃超低温冰箱备用。

利用显微注射仪将 dstra-2 和 dsEGFP 注入初羽化 1 d 的斑翅果蝇雌成虫胸部，各注射 50 头雌成虫，注射量为 1 μg/头。分别在注射后 48 h 和 72 h 提取整虫总 RNA，采用 RT-qPCR 检测 RNA 干扰效率。将注射 dsRNA 2 d 后雌成虫与同批次羽化 2 d 的未交配雄成虫交配。对注射 tra-2 dsRNA 和 EGFP dsRNA 交配后的雌虫检测产卵量和卵孵化率：每隔 1 d 将雌虫转移至新饲养瓶中，统计空瓶中卵数，连续统计 6 d。将包含受精卵的饲养瓶置于 29℃培养箱，统计孵化的幼虫数量，每个处理重复 3 次。

1.7 DAPI 染色

制片：单独解剖注射 dsRNA 24 h 和 72 h 后雌成虫的卵巢，PFA（400 μL PFA+400 μLPBS）固定液固定 1 h 后，500 μL PBT 冲洗 15 min，加二抗（2 μL DAPI+200 μL PBT）室温避光 1 h，500 μL PBT 冲洗 15 min，重复四次，吸出 PBT，加 PBS，最后在涂上荧光防淬灭剂的玻片上铺片，制好片放 4℃保存。DAPI 染色卵巢，在荧光显微镜下观察卵巢发育情况。

1.8 数据分析

RT-qPCR 实验每个处理设置 3 个生物学重复，且每个样品设置 2 个技术重复；依据RT-qPCR检测结果应用$2^{-\triangle\triangle CT}$法计算基因相对表达量。实验每个处理设置3个生物学重复,每个生物学重复含7对雌雄试虫。实验结果用Excel表统计,采用单因素方差分析(one-way ANOVA)及Bonferroni事后多重比较进行差异显著性分析,并用GraphPad Prism 5.0作图。

2 结果与分析

2.1 斑翅果蝇 *tra-2* 基因序列分析

在NCBI(https://www.ncbi.nlm.nih.gov/)网站上查找斑翅果蝇性别决定基因 *tra-2* 的mRNA序列(MF142759),*tra-2* 序列基因全长825 bp,开放阅读框长度为825 bp,可编码274个氨基酸。将该基因所编码的氨基酸序列在SMART(http://smart.embl-heidelberg.de/)蛋白预测网站上,预测了斑翅果蝇TRA-2蛋白的特殊结构域:即斑翅果蝇TRA-2蛋白序列中有一个富含精氨酸和丝氨酸RNA识别结构域(RNA recognition motif, RRM)和4个低复杂性区域(low complexity region)(图1A)。使用MEGA软件对斑翅果蝇、黑腹果蝇、拟果蝇 *Drosophila simulans*、暗果蝇 *Drosophila obscura*、橘小实蝇 *Bactrocera dorsalis* 的TRA-2蛋白序列进行序列比对,发现它们都存在RRM结构域(图1B),且RRM结构域两侧都存在两个多精氨酸/丝氨酸双肽区(RS)(王晓兰,2020)。以上说明不同物种之间 *tra-2* 基因同源性较高,推断 *tra-2* 基因功能保守性较高。

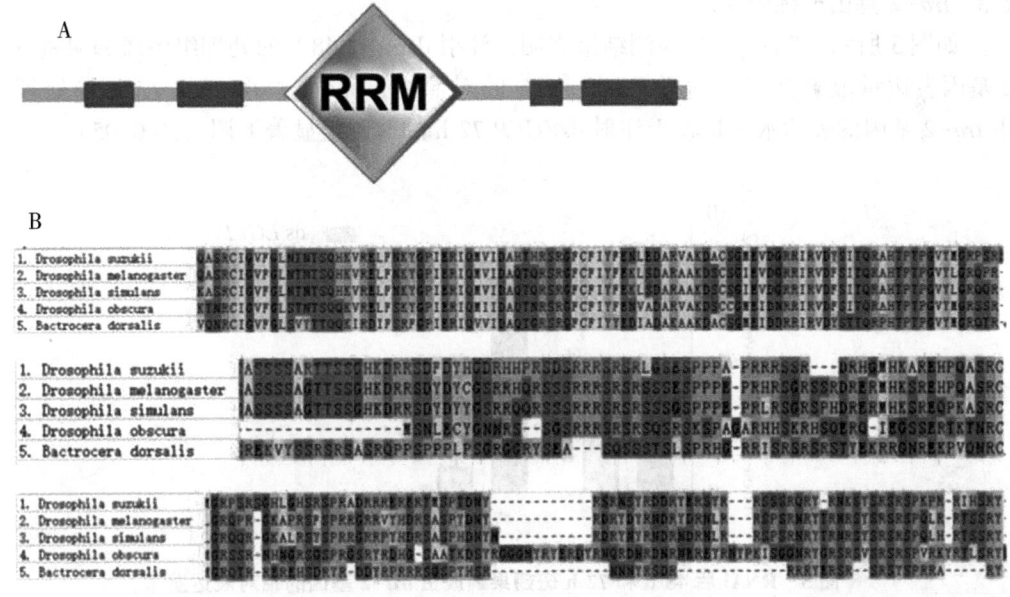

图1 斑翅果蝇 *tra-2* 基因结构域分析(A)以及昆虫物种间 *tra-2* 结构域的序列比对(B)

2.2 *tra-2* 基因在斑翅果蝇不同发育时期的表达情况

RT-qPCR结果显示不同发育时期的斑翅果蝇 *tra-2* 基因表达量具有显著差异,其表达量在胚胎时期最高,表明 *tra-2* 可能参与早期胚胎性别决定。*tra-2* 基因在斑翅果蝇雌雄成虫的表达量并无显著性差异（图2），表明 tra-2 基因并非性别特异基因，其在雌雄个体中均会表达，但 tra-2 和 tra 在雌性中共同调控下游靶标基因表达和性别分化（Burghardt et al., 2005; Salvemini et al., 2009）。

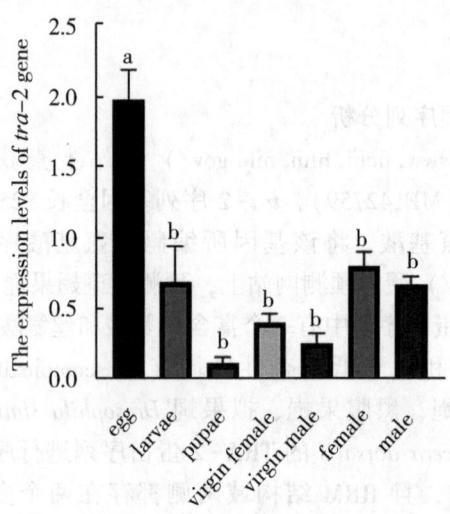

图 2　斑翅果蝇 tra-2 基因在不同发育时期的表达量

2.3　tra-2 基因干扰效率

如图3所示，RT-qPCR 检测结果表明，注射 dstra-2 48 h 的处理组中斑翅果蝇 tra-2 基因表达量显著高于注射 dsEGFP 48 h 的对照组，而注射 dstra-2 72 h 的处理组中 tra-2 基因的表达水平相较于注射 dsEGFP 72 h 的对照组显著下调（$P<0.05$）。

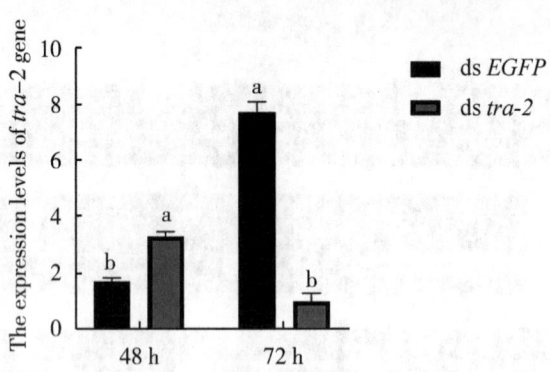

图 3　RNAi 后 48 h 和 72 h 斑翅果蝇成虫 tra-2 基因的相对表达量

2.4　产卵量及孵化率统计

将注射 dsRNA 2 d 后雌成虫与同批次羽化 2 d 的未交配雄成虫交配，交配后第二天开始计算产卵量和卵孵化率。结果显示注射 dstra-2 第一天和第二天雌虫产卵量显著低于 dsEGFP 第一天和第二天雌虫产卵量，而在注射 dstra-2 和 dsEGFP 后第三天至第六天的处理组和对照组雌虫产卵量并无显著性差异（图4A）。注射 ds*tra-2* 第一天、第四天和第六天卵孵化率显著低于 ds*EGFP* 第一天、第四天和第六天卵孵化率（图4B）。以上结果表明敲低 *tra-2* 基因表达可能影响雌性生殖能力，*tra-2* 在调控雌性发育过程中发挥重要作用。

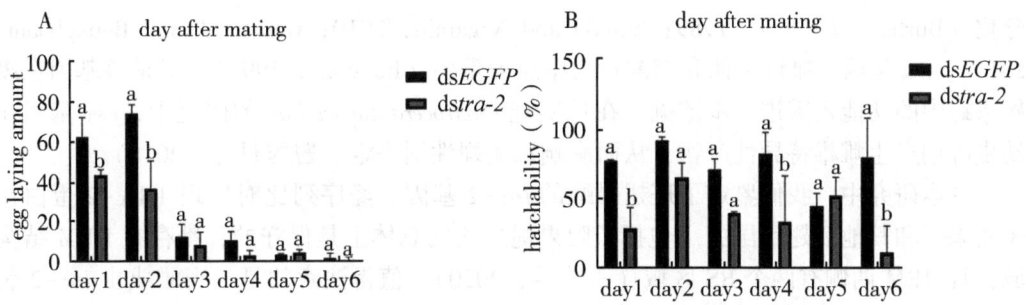

图 4　RNAi 后斑翅果蝇雌虫的产卵量（A）及卵孵化率（B）

2.5　RNAi 干扰后卵巢 DAPI 染色

注射 dsRNA 24 h 和 72 h 后雌成虫卵巢 DAPI 染色结果表明，注射 ds*tra-2* 和 ds*EGFP* 24 h 后雌虫卵巢发育并无差异（图5A、图5B），而注射 ds*tra-2* 72 h 后雌成虫卵巢中卵细胞数量显著少于注射 ds*EGFP* 72 h 后雌成虫卵巢卵细胞数（图5C、图5D），表明敲低 *tra-2* 表达抑制了雌性卵巢的发育，导致其卵巢发育不完全。

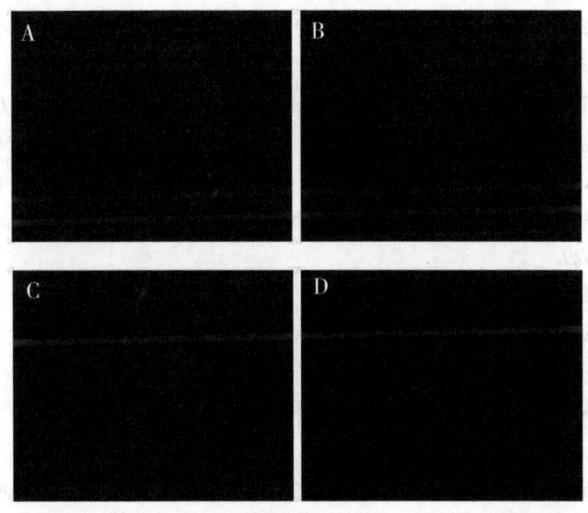

图 5　RNAi 后 ds*EGFP* 和 ds*tra-2* 斑翅果蝇雌虫 24 h（A，B）和 72 h（C，D）的卵巢

3　讨论

果蝇 *tra-2* 基因研究已非常系统，其在调控性别决定方面起着关键作用（Boggs *et al*., 1987；Ruggiero *et al*., 2023）。在雌性果蝇中，*tra* 和 *tra-2* 基因编码 TRA 和 TRA-2

蛋白形成 TRA/TRA-2 复合物，TRA/TRA-2 复合物通过调控下游 *dsx* 和 *fru* pre-mRNA 雌性特异选择性剪接产生 DSX^{F}蛋白（Pane et al.，2002；Ruiz et al.，2007）。雄性果蝇由于缺少功能性 TRA/TRA-2 复合物，*dsx* 和 *fru* pre-mRNA 进行雄性特异选择性剪接产生 DSX^{M}蛋白和 FRU^{M}蛋白（Liu et al.，2015；Laohakieat et al.，2016）。*dsx* 基因是昆虫中高度保守的转录因子，DSX^{F}蛋白和 DSX^{M}蛋白通过调控下游靶标基因控制体细胞性别分化（Burtis and Baker，1989；Shukla and Nagaraju，2010；Geuverink and Beukeboom，2014）。*fru* 基因在雄性求偶和交配行为中至关重要（Ito et al.，1996），但是该基因在斑翅果蝇中的功能还需进一步挖掘。在瓜实蝇 *Bactrocera cucuribitae* 的研究中，*dsx* 基因在幼虫晚期产生雌雄特异性产物，从而影响瓜实蝇性别决定（曾秀丹等，2018）。

在本研究中，我们鉴定了斑翅果蝇的 *tra-2* 基因。经序列比对发现 TRA-2 蛋白在斑翅果蝇和其他双翅目昆虫（包括黑腹果蝇）之间总体上是保守的，都存在 RRM 结构域，且 RRM 两侧有两个 RS 区域（王晓兰，2020）。值得注意的是，当雌成虫 *tra-2* 表达被干扰时，雌成虫的产卵量以及卵孵化率都出现显著降低，经 DAPI 染色后发现 *tra-2* 敲低后导致雌成虫卵巢中的卵细胞数量显著下降，表明 *tra-2* 基因对于斑翅果蝇雌虫卵巢发育和繁殖力都至关重要。本研究为全面了解斑翅果蝇 *tra-2* 基因在雌虫生殖调控中的作用以及发展基于靶向 *tra-2* 基因的斑翅果蝇绿色防控提供理论依据和技术支撑。

参考文献

王晓兰，2020. 韭菜迟眼蕈蚊性别决定关键基因 *tra2* 的克隆及功能探索［D］. 泰安：山东农业大学.

曾秀丹，龚治，彭正强，等，2018. 瓜实蝇性别决定基因 *tra-2* 的克隆及表达分析［J］. 热带作物学报，39（4）：739-743.

AHMAD S M, BAKER B S, 2002. Sex-specific deployment of FGF signaling in *Drosophila* recruits mesodermal cells into the male genital imaginal disc［J］. Cell, 109（5）：651-661.

AMREIN H, MANIATIS T, NOTHIGER R, 1990. Alternatively spliced transcripts of the sex determining gene *tra-2* of Drosophila encode functional proteins of different size［J］. EMBO J., 9（11）：3619-3629.

BACHTROG D, MANK J E, PEICHEL C L, et al., 2014. Tree of sex consortium, sex determination: Why so many ways of doing it?［J］. PLOS Biol., 12（7）：e1001899.

BOGGS R T, GREGOR P, IDRISS S, et al., 1987. Regulation of sexual differentiation in *D. melanogaster* via alternative splicing of RNA from the *transformer* gene［J］. Cell, 50（5）：739-747.

BOPP D, SACCONE G, BEYE M, 2014. Sex determination in insects: variations on a common theme［J］. Sex Dev 1 March, 8（1-3）：20-28.

BURGHARDT G, HEDIGER M, SIEGENTHALER C, et al., 2005. The *transformer-2* gene in Musca domestica is required for selecting and maintaining the female pathway of development［J］. Dev. Gene. Evol., 215：165-176.

BURTIS K C, BAKER B S, 1989. *Drosophila doublesex* gene controls somatic sexual differentiation by producing alternatively spliced mRNAs encoding related sex-specific polypeptides［J］. Cell, 56（6）：997-1010.

BUTLER B, PIRROTTA V, IRMINGER-FINGER I, et al., 1986. The sex-determining gene *tra* of *Drosophila*: Molecular cloning and transformation studies [J]. EMBO J, 5 (13): 3607-3613.

CLOUGH E, JIMENEZ E, KIM Y A, et al., 2014. Sex-and tissue-specific functions of *Drosophila doublesex* transcription factor target genes [J]. Dev. Cell, 31 (6): 761-773.

DEFALCO T, CAMARA N, LE BRAS S, et al., 2008. Nonautonomous sex determination controls sexually dimorphic development of the *Drosophila* gonad [J]. Dev. Cell, 14 (2): 275-286.

GEUVERINK E, BEUKEBOOM L W, 2014. Phylogenetic distribution and evolutionary dynamics of the sex determination genes *doublesex* and *transformer* in insects [J]. Sex. Dev., 8 (1-3): 38-49.

GORFINKIEL N, SANCHEZ L, GUERRERO I, 2003. Development of the *Drosophila* genital disc requires interactions between its segmental primordia [J]. Development (Cambridge, England), 130 (2): 295-305.

HAUSER M, 2011. A historic account of the invasion of *Drosophila suzukii* (Matsumura) (Diptera: Drosophilidae) in the continental United States, with remarks on their identification [J]. Pest Management Science, 67 (11): 1352-1357.

ITO H, FUJITANI K, USUI K, et al., 1996. Sexual Orientation in *Drosophila* is Altered by the Satori Mutation in the Sex-Determination Gene *Fruitless* that Encodes a Zinc Finger Protein with a BTB Domain [J]. Proceedings of the National Academy of Sciences of the United States of America, 93 (18), 9687-9692.

LAGOS D, KOUKIDOU M, SAVAKIS C, et al., 2007. The *transformer* gene in *Bactrocera oleae*: The genetic switch that determines its sex fate [J]. Insect Mol. Biol., 16 (2): 221-230.

LAOHAKIEAT K, AKETARAWONG N, ISASAWIN S, et al., 2016. The study of the *transformer* gene from Bactrocera dorsalis and B. correcta with putative core promoter regions [J]. BMC Genet. 17, 34-34.

LIU G, WU Q, LI J, et al., 2015. RNAi-mediated knock-down of *transformer* and *transformer* 2 to generate male-only progeny in the oriental fruit fly, *Bactrocera dorsalis* (hendel) [J]. PLoS One, 10: e0128892.

MATTOX W, BAKER B S, 1991. Autoregulation of the splicing of transcripts from the *transformer*-2 gene of *Drosophila* [J]. Genes Dev., 5 (5): 786-796.

Meccariello A, Salvemini M, Primo P, et al., 2019. *Maleness-on-the-Y (MoY)* orchestrates male sex determination in major agricultural fruit fly pests [J]. Science, 365 (6460): 1457-1460.

OLIVER B, KIM Y J, BAKER B S, 1993. *Sex-lethal*, master and slave: a hierarchy of germline sex determination in *Drosophila* [J]. Development (Cambridge, England), 119 (3): 897-908.

PANE A M, SALVEMINI P, DELLI BOVI C, et al., 2002. The transformer gene in *Ceratitis capitata* provides a genetic basis for selecting and remembering the sexual fate [J]. Development, 129: 3715-3725.

PERROTTA M M, LUCIBELLI F, MAZZUCCHIELLO S M, et al., 2023. Female sex determination factors in *Ceratitis capitata*: Molecular and structural basis of TRA and TRA2 recognition [J]. Insects, 14 (7): 605.

POMERANTZ A F, HOY M A, 2015. RNAi - mediated knockdown of *transformer* - 2 in the predatory mite Metaseiulus occidentalis via oral delivery of double - stranded RNA [J]. Exp. Appl. Acarol., 65: 17-27.

RUIZ M F, et al., 2007. The gene transformer of Anastrepha fruit flies (Diptera, Tephritidae) and its evolution in insects [J]. PLoS One, 2 (11): e1239.

SALVEMINI M, ROBERTSON M, ARONSON B, et al., 2009. *Ceratitis capitata transformer*-2 gene is required to establish and maintain the autoregulation of *Cctra*, the master gene for female sex determination [J]. Int. J. Dev. Biol., 53 (1): 109-120.

SCHETELIG M F, MILANO A, SACCONE G, et al., 2012. Male only progeny in Anastrepha suspensa by RNAi-induced sex reversion of chromosomal females [J]. Insect Biochem. Mol. Biol., 42 (1): 51-57.

SHUKLA J N, NAGARAJU J, 2010. *Doublesex*: A conserved downstream gene controlled by diverse upstream regulators [J]. J. Genet., 89: 341-356.

SHUKLA J N, PALLI, S R, 2012. *Doublesex* target genes in the red flour beetle, *Tribolium castaneum* [J]. Sci. Rep., 2 (1): 948.

SUZUKI M G, SUZUKI K, AOKI F, et al., 2012. Effect of RNAi-mediated knockdown of the Bombyx mori *transformer*-2 gene on the sex-specific splicing of Bm *dsx* pre-mRNA [J]. Int. J. Dev. Biol., 56 (9): 693-699.

TOSHIMORI K, IWASHITA T, OURA C, 1979. Cell junctions in the cyst envelope in the silkworm testis, *Bombyx mori* Linne [J]. Cell Tissue Res., 202: 63-73.

近年来郑州地区实蝇种群动态变化及与气候的关系*

李元杰[1]**，任　尚[1]，许靖宜[1]*，崔智慧[2]

(1. 郑州市动植物防疫检疫中心，郑州　450000；2. 郑州市气象局，郑州　450000)

摘　要：实蝇类害虫寄主广泛，危害较大，摸清其种群动态是防控的关键。笔者通过2015—2023年郑州地区实蝇类害虫的系统监测数据及相关，年度和月度气候因子数据的归纳分析，初步掌握了实蝇类害虫在郑州地区的种群动态以及主要影响气候因子，为科学防控提供依据。

关键词：实蝇；种群动态；气候因子；相关性；郑州地区

The Dynamic Changes of Fruit fly Population and its Relationship with Climate in Zhengzhou Area in Recent Years*

Li Yuanjie[1]**, Ren Shang[1], Xu Jingyi[1]*, Cui Zhihui[2]

(1. Zhengzhou Animal and Plant Disease Control and Quarantine Center, Zhengzhou 450000, China;
2. Zhengzhou Meteorological Bureau, Zhengzhou 450000, China)

Abstract: Fruit fly pests have a wide range of hosts and cause significant damage, so understanding their population dynamics is crucial for prevention and control. Through the systematic monitoring data of fruit fly pests in Zhengzhou area from 2015 to 2023, as well as the inductive analysis of related annual and monthly climatic factors, the author has initially grasped the population dynamics of fruit fly pests in Zhengzhou area and the main climatic factors affecting them, providing a basis for scientific prevention and control.

Key words: Fruit fly; Population dynamics; Climate factors; Relevance; Zhengzhou area

实蝇隶属双翅目 Diptera 实蝇科 Tephritidae，世界已知约500属4 500余种（White et al.，1992）。部分实蝇是危害水果和蔬菜的重要有害生物，这类害虫在果蔬的国际贸易中受到普遍关注，多将其列为检疫性有害生物而置于相关的法规中（梁广勤等，2008）。实蝇类害虫以雌成虫在新鲜的水果、蔬菜内产卵，幼虫蛀食瓜果内取食寄主组织，造成组织腐烂、失去食用价值。郑州作为全国性的重要交通枢纽，近年来随着物流贸易迅速发展，荔枝、芒果、龙眼等多种热带水果大量流通，增加了实蝇的传入风险，同时郑州地区近年来年均气温有所升高，降水量也有所增加，随着种植业结构调整，瓜果类作物面积逐年增加，再加上实蝇具有较强的环境适应能力，这些都为实蝇的入侵及生存、扩张提供有利条件（黄洁芳和张永江，2023）。当前郑州市部分区域的桃、梨、

---

* 基金项目：郑州市农业科技示范推广项目（2024ZZNY01005）
** 第一作者：李元杰，工程师，主要从事植物检疫研究；E-mail：jie_li@sina.com

柿子、枣、番茄、南瓜、苦瓜、西葫芦等瓜果作物受实蝇的危害呈扩展趋势。郑州市植保植检部门对实蝇类有害生物的监测与防控工作十分重视，近年来持续开展实蝇类有害生物的系统监测，本研究是郑州实蝇种群动态研究的一部分，旨在探究郑州地区实蝇种群动态与气象因素的关系，为进一步科学研判实蝇在郑州的发生趋势及制定防治策略提供科学依据。

1 材料和方法

1.1 实蝇监测数据的获取

实蝇类有害生物的监测与防控是郑州市植保植检部门常年开展的一项重要工作，全市常年设置监测点30个以上，笔者选择其中5个监测点，分别位于郑州东西南北中五个方位，作为本文数据系统数据来源。每个监测点设置两个诱捕器，一个的诱剂为诱蝇醚（methyl eugenol，ME），为橘小实蝇专用，另一个诱剂为瓜实蝇引诱剂（cuelure，CUE）（徐洁莲等，2004），诱捕器和诱剂均购自江苏常州生化研究所公司。诱捕器每周调查一次。每次调查将诱捕器内的实蝇带回实验室内，逐一鉴定实蝇种类、记录实蝇成虫数量，文中数据为5个监测点两个诱捕器的合并数据之后的加权平均数据。

1.2 主要气象因子数据的获取

气象资料来自郑州国家基本气象站，主要包括2015—2023年的年平均气温、年极端最高温、年极端最低温、年度降水量、每年的月平均气温、月极端最高气温、月极端最低气温、月均降水量。

1.3 分析方法

运用主成分分析法（唐守正，1990）对气象因子进行因子分析，选出主成分的标准是主成分占信息量的90%以上。将气象因子与定点监测各年度实蝇成虫数量及月度虫量均值进行相关分析，得出其种群变动和气候因子间的相关系数。数据的分析和绘制采用GraphPad Prism、WPS Excel软件处理。

2 结果与分析

2.1 主要实蝇种类及发生情况

2015—2023年的连续系统监测表明，郑州市当前主要实蝇种类有四种，分别为橘小实蝇 *Bactrocera dorsalis*（Hendel），属双翅目Diptera，实蝇科Tephritidae，寡鬃实蝇亚科Dacinae，果实蝇属 *Bactrocera*；瓜实蝇 *Zeugodacus cucurbitae*，属于双翅目Diptera，实蝇科Tephritidae，镞实蝇属 *Zeugodacus*；具条实蝇 *Zeugodacus scutellata*（Hendel），又称宽带果实蝇，隶属双翅目Diptera 实蝇科Tephritidae，果实蝇属 *Bactrocera*；三点棍腹实蝇 *Dacus*（*Callantra*）*trimacula*（Wang）属于双翅目Diptera 实蝇科Tephritidae，棍腹实蝇属 *Callantra*（梁广勤等，2008；张南南，2012）。总体上实蝇在郑州地区呈季节性发生，主要是夏秋两季发生，每年5月中下旬始见，7—8月虫量逐渐上升，于9—10月形成增长高峰，11月种群迅速下降，12月至翌年4月监测不到实蝇成虫活动。通过对定点监测的逐年数据的整理，发现四种实蝇的种群占比动态变化如图1所示。

从图1可以看到，橘小实蝇在郑州地区是优势种群，对其他实蝇有明显的竞争优

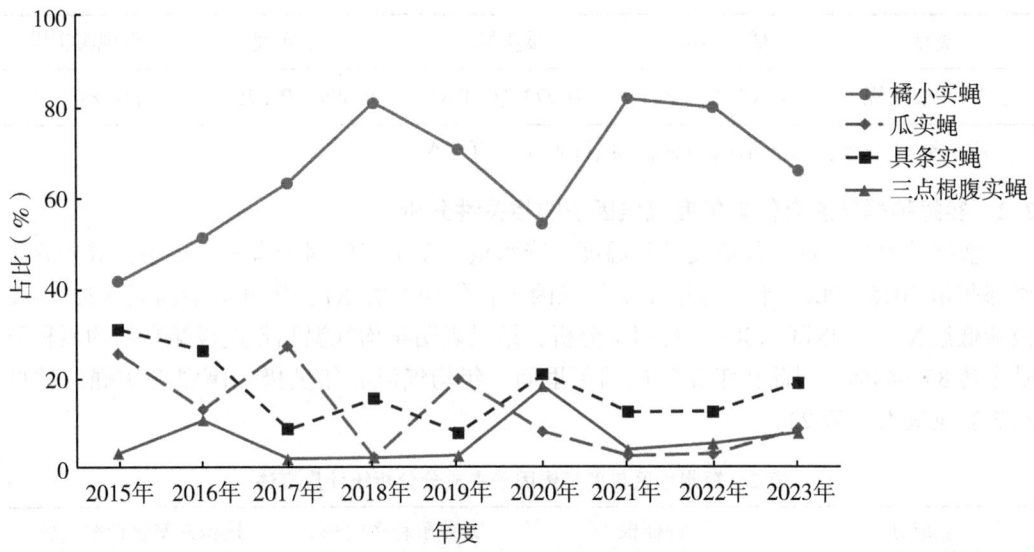

图 1 2015—2023 年四种实蝇种群发生占比动态

势,其他三种实蝇和橘小实蝇种群之间有一定的此消彼长现象。研究表明,橘小实蝇属于实蝇中竞争能力较强的种类(成新跃和徐汝梅,2003),只要多个实蝇种群均在适宜的条件下发生竞争,橘小实蝇具有很强的竞争优势。但与其他实蝇的种间竞争,其强度都不足以抑制对方的发生;而且在对方更适宜而不适宜橘小实蝇的条件下,对方也可能一定时期内反败为胜(刘慧等,2015)。譬如在美国的夏威夷,地中海实蝇本身是1910年左右传入并分布于整个夏威夷的主要害虫,自从1945年左右橘小实蝇入侵该地区后,逐步成为了沿海地区的优势种群,沿海地区的大部分地中海实蝇被后入侵的橘小实蝇取代,地中海实蝇则被局限于更加寒冷的高海拔地区(刘慧等,2016;马骏等,2009)。这在郑州地区也有类似表现,瓜实蝇和橘小实蝇由郑州市植保植检部门分别于2010年和2012年首次监测到以来种群数量均是由少到多,由区域点片发生到逐渐扩散,显然其属入侵品种,瓜实蝇虽然较橘小实蝇的首次监测到时间更早,但瓜实蝇的蔓延扩散速度和范围却不及橘小实蝇。相关分析(表1)表明橘小实蝇与其他三种实蝇种群发生均呈负相关,具条实蝇与三点棍腹实蝇、瓜实蝇种群发生呈一定正相关性。实蝇的种间竞争这一现象若能被进一步揭示,将会对实蝇类害虫的入侵指标及种群动态变化提供研究依据。这有待于进一步深入研究。

表 1 四种实蝇种群动态之间的相关性分析

类型	橘小实蝇	瓜实蝇	具条实蝇	三点棍腹实蝇
橘小实蝇	1(0.000***)	-0.641(0.063*)	-0.776(0.014**)	-0.401(0.284)
瓜实蝇	-0.641(0.063*)	1(0.000***)	0.123(0.753)	-0.272(0.478)
具条实蝇	-0.776(0.014**)	0.123(0.753)	1(0.000***)	0.409(0.275)

(续表)

类型	橘小实蝇	瓜实蝇	具条实蝇	三点棍腹实蝇
三点棍腹实蝇	-0.401 (0.284)	-0.272 (0.478)	0.409 (0.275)	1 (0.000***)

注：***、**、*分别代表1%、5%、10%的显著性水平。

2.2 实蝇种群年度变化与年度气候因子的相关性分析

实蝇的生长发育及种群变动与温度、降水量等多个气象因子有关，现用主成分分法对郑州市2015—2023年，每年4个气象因子：年均气温 X_1、年度极端高温 X_2、年度极端低温 X_3、年度降水 X_4 进行因子分析，结果表明年均气温和年度极端高温的累积贡献率达85.944%，因此在年度气候因子里面，年均气温和年度极端高温对实蝇的种群动态影响最大（表2）。

表2　郑州地区年度气候因子主成分分析统计量描述

成分	特征根	方差解释率（%）	累积方差解释率（%）
X_1	2.076	51.911	51.911
X_2	1.361	34.032	85.944
X_3	0.432	10.809	96.753
X_4	0.130	3.247	100.000

从图2可以看到，近九年来郑州市的年极端最高温、年均温均是呈上升趋势，对图2数据进行相关分析表明，实蝇种群的年发生量（Y）与年度气温数据呈正相关，相关性从大到小依次为年度极端低温、年度极端高温、年度均温，与年降水量负相关（表3）。年度降水量大并不利于实蝇种群发生，因为降水过多不利于实蝇成虫活动和实蝇幼虫入土及化蛹。

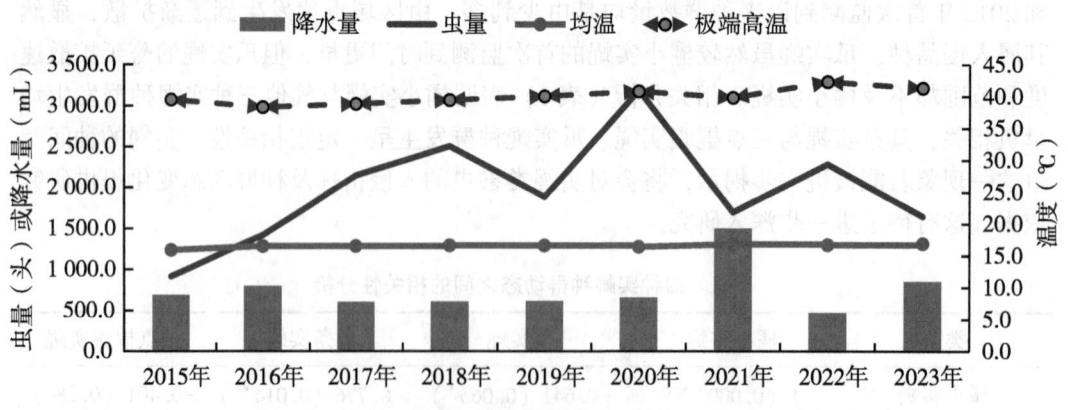

图2　2015—2023年郑州地区定点实蝇监测虫量与年度气候因子关系表

表3 2015—2023年定点实蝇监测虫量与年度气候因子的Spearman相关性分析

成分	X1	X2	X3	X4	Y
X1	1（0.000***）	0.471（0.201）	-0.261（0.498）	0.202（0.603）	0.025（0.949）
X2	0.471（0.201）	1（0.000***）	0.417（0.265）	-0.067（0.865）	0.283（0.460）
X3	-0.261（0.498）	0.417（0.265）	1（0.000***）	-0.683（0.042**）	0.367（0.332）
X4	0.202（0.603）	-0.067（0.865）	-0.683（0.042**）	1（0.000***）	-0.617（0.077*）
Y	0.025（0.949）	0.283（0.460）	0.367（0.332）	-0.617（0.077*）	1（0.000***）

注：***、**、*分别代表1%、5%、10%的显著性水平。

2.3 实蝇种群月度变化与月度气候因子的相关性分析

先用主成分分析法对郑州市2015—2023年，每年内4个月度气象因子：月度均温X1、月度极端高温X2、月度极端低温X3、月降水X4进行因子分析，从表4中可以看到X1、X2是主成分，累积方差达到91.953%。

表4 郑州地区月度气候因子主成分分析统计量描述

成分	特征根	方差解释率（%）	累积方差解释率（%）
X1	3.638	72.753	72.753
X2	0.96	19.199	91.953
X3	0.362	7.241	99.194
X4	0.041	0.806	100

研究表明，橘小实蝇的生长发育需要的温度范围为15~34℃，最适温度为18~30℃（宫庆涛等，2022）。在此也以橘小实蝇为例，选取2015—2023年固定监测点中橘小实蝇监测数据月度均值与气象数据月度均值数据进行分析（图3），从图3中可以看出，郑州地区12月至翌年4月平均气温低于20℃，最低气温低于0℃，这期间未监测到实

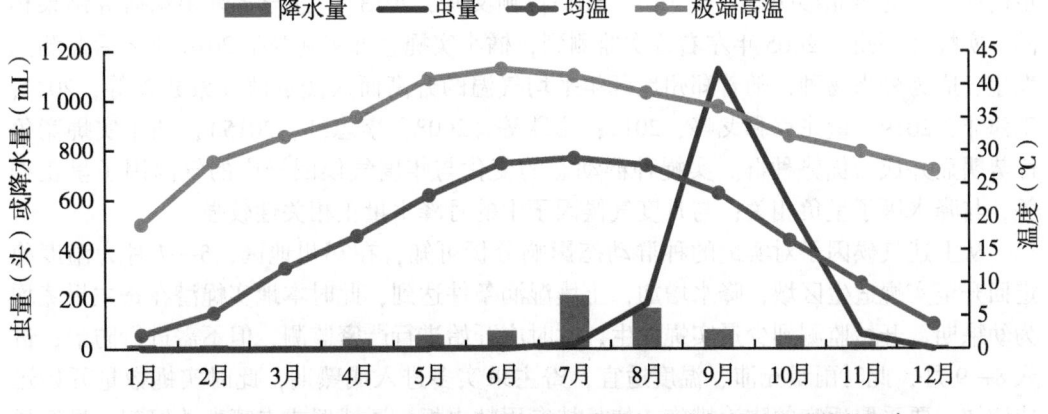

图3 2015—2023年郑州地区定点实蝇监测虫量与月度气候因子均值数据表

蝇成虫，显然这个温度不适宜实蝇生存，这一时期也没有适合的瓜果成熟可作为实蝇的寄主食物来源。在 11 月，虽然平均气温低于 20℃，且 11 月最低气温低于 0℃，但仍能监测到实蝇成虫，推测应当是每年的末代实蝇成虫具有较强的适应性，这也与 9 月、10 月郑州本土应季的果品如苹果、柿子、石榴等进入秋季成熟收获期为实蝇提供大量的寄主食物来源有关（郭腾达等，2022；宫庆涛等，2022）。从降水量上看，7 月、8 月的较高降水量为后续 9 月、10 月实蝇的虫量上升创造了适宜的空气湿度和土壤湿度条件。

将数据进行相关分析表明（表5），橘小实蝇的月度发生与月度均温、月度极端高温、月度极端低温、月度降水量均呈一定的正相关性，正相关性强弱依次为月降水量、月度最低温、月度均温、月度最高温。

表 5　郑州地区橘小实蝇月度发生量与月度气象因素的 Spearman 相关性分析

参数	均温	最高温	最低温	降水量	虫量
均温	1（0.000***）	0.97（0.000***）	0.984（0.000***）	0.902（0.000***）	0.544（0.068*）
最高温	0.97（0.000***）	1（0.000***）	0.944（0.000***）	0.83（0.001***）	0.443（0.149）
最低温	0.984（0.000***）	0.944（0.000***）	1（0.000***）	0.904（0.000***）	0.617（0.032**）
降水	0.902（0.000***）	0.83（0.001***）	0.904（0.000***）	1（0.000***）	0.718（0.009***）
虫量	0.544（0.068*）	0.443（0.149）	0.617（0.032**）	0.718（0.009***）	1（0.000***）

注：***、**、* 分别代表 1%、5%、10% 的显著性水平。

3　结论与讨论

实蝇的种群动态与气候条件关系紧密，适宜的温度和降水是影响该虫种群变动的主要因素。郑州地处中原内陆，位于东经 112°42′~114°14′；北纬 34°16′~34°58′之间，属北温带大陆性季风气候，四季分明，年均气温 15.6℃。7 月最热，平均 27.9℃；1 月最冷，平均 1.1℃；年均降水量 657.3 mm、无霜期 220 d，年日照时数约 1 888.4 h。从历史气候条件来说并不是实蝇类害虫的适宜生活区域，但随着气候条件的变化，实蝇类害虫的适生区北界北移明显（李志红，2015；顿文峰，2013），这与笔者跟踪研究结果相同。实蝇在郑州市 2005 年左右首次监测到，橘小实蝇、瓜实蝇等是 2010 年之后监测到发生，应为外来物种，随着郑州地区年平均气温的升高而入侵定殖（蔡普默等，2022；王添非，2019；董兆克和戈峰，2011；吕欣等，2008；李志红，2015），橘小实蝇竞争优势明显并成为优势种群。实蝇种群动态的变化与年度气候因子中的气温因子呈正相关，与降水因子呈负相关；与月度气候因子中的月降水量正相关性较强。

从上述气候因子对实蝇的种群动态影响分析可知，在郑州地区，5—7 月为温度稳定回升至实蝇适生区域，降水增加，土壤湿润条件达到，此时本地实蝇潜在寄主果蔬均为幼果期，开始监测到少量实蝇发生，此时应开始进行严密监测，但不需要防治；进入 8—9 月，此时雨量充沛、温度适宜，寄主果实多进入成熟期，此时实蝇数量开始迅速增加，要采取适宜的防治措施，如悬挂专用粘虫板、诱捕器或点喷毒杀饵剂、进行果实套袋等，以压低虫口基数，减轻为害。10—11 月，随着气温下降、降水减少，实蝇发生量迅速减少，活动能力变弱。此阶段除了枣等晚熟寄主果实仍需采取防治措施外，其余作物不需要开展防治工作，只需要进行田园清洁，清除落果、烂果并进行妥善处理（金扬秀等，2022）。

参考文献

蔡普默，赵梦婷，宋蕴哲，等，2022. 基于历史数据探究气候变暖对我国瓜实蝇物候的影响［J］. 中国瓜菜，35（9）：64-72. DOI：10. 16861/j. cnki. zggc. 2022. 0215.

成新跃，徐汝梅，2003. 昆虫种间表观竞争研究进展［J］. 昆虫学报，46（2）：237-243.

董兆克，戈峰，2011. 温度升高对昆虫发生发展的影响［J］. 应用昆虫学报，48（5），1411-1148.

顿文峰，2013. 柑橘主要实蝇害虫的适生区变化趋势分析及预警系统的建立与应用［D］. 武汉：华中农业大学.

宫庆涛，李素红，张坤鹏，等，2022. 橘小实蝇发生与环境关系研究进展［J］. 植物检疫，36（5）：17-26. DOI：10. 19662/j. cnki. issn1005-2755. 2022. 05. 002.

郭腾达，孙瑞红，叶保华，等，2022. 橘小实蝇发生特点及影响因素研究进展［J］. 中国果树（4）：5-10. DOI：10. 16626/j. cnki. issn1000-8047. 2022. 04. 002.

黄洁芳，张永江，2023. 桔小实蝇研究进展［J］. 落叶果树，55（1）：68－71，3. DOI：10. 13855/j. cnki. lygs. 2023. 01. 018.

金扬秀，张德满，谢传峰，等，2022. 桔小实蝇绿色防控技术研究进展［J］. 植物检疫，36（3）：1-6. DOI：10. 19662/j. cnki. issn1005-2755. 2022. 03. 001.

李志红，2015. 生物入侵防控：重要经济实蝇潜在地理分布研究［M］. 北京：中国农业出版社.

梁广勤，梁帆，赵菊鹏，等，2008. 中国实蝇检疫研究概况［J］. 环境昆虫学报，30（4）：361-369.

刘慧，陈泽铭，侯柏华，等，2015. 桔小实蝇和番石榴实蝇幼虫取食阶段的种内竞争［J］. 环境昆虫学报，37（6）：1163-1169.

刘慧，侯柏华，马骏，2016. 橘小实蝇与番石榴实蝇卵及蛹的种间竞争［J］. 生物安全学报，25（3）：185-188.

吕欣，韩诗畴，徐洁莲，等，2008. 广州桔小实蝇（*Bactrocera dorsalis*（Hendel））发生动态及气象因子［J］. 生态学报（4）：1850-1856.

马骏，林进添，陈洪俊，等，2009. 种间竞争在实蝇入侵中的作用［J］. 环境昆虫学报，31（4）：361-364.

唐守正，1990. 多元统计分析［M］. 北京：中国农业出版社.

王涤非，2019. 橘小实蝇危害区域北移的原因及防控对［J］. 中国果树（3）：102－104. DOI：10. 16626/j. cnki. issn1000-8047. 2019. 03. 028.

徐剑莲，欧剑峰，韩诗畴，等，2004. 引诱剂在综合防治桔小实蝇作用中的评估［J］. 昆虫天敌，26（4）：145-149.

张南南，2012. 中国寡鬃实蝇亚科部分物种的形态分类及其分子系统发育研究［D］. 福州：福建农林大学.

WHITE I M, EISON-HARRIS M M, 1992. Fruit flies of economic significance: their identification and bionomics [M]. London: CAB International.

南亚果实蝇识别与防治技术

韩瑞华*，王淑枝，张自启，王利霞，刘长营，田永恒，段爱菊

（洛阳市农林科学院，洛阳 471023）

摘 要：南亚果实蝇是我国进境植物检疫性害虫，严重危害南瓜等瓜菜类果蔬，常导致严重的经济损失。为了精准识别和有效防控南亚果实蝇，详细介绍了南亚果实蝇的形态特征、危害症状、发生规律，并结合实践提出了植物检疫、农业防治、诱杀成虫、化学防治等防治措施。

关键词：南亚果实蝇；形态特征；危害症状；发生规律；防治措施

Identification and Control Technology of *Bactrocera tau* (Walker)

Han Ruihua, Wang Shuzhi, Zhang Ziqi, Wang Lixia,
Liu Changying, Tian Yongheng, Duan Aiju

(*Luoyang Academy of Agricultural and Forestry Sciences*, *Luoyang* 471023, *China*)

Abstract: *Bactrocera tau* is an imported plant quarantine pest in China, which seriously harms fruits and vegetables such as pumkins and often leads to serious economic losses. In order to accurately identify and effectively control the *Bactrocera tau*, the morphological characterence patterns of the *Bactrocera tau* were introduced in detail. Based on practice, prevention and control measures such as plant quarantine, agricultural contol, adult rtapping, and chemical control were proposed.

Key words: *Bactrocera tau*; Morphological characteristics; Symptoms of harm; Occurrence pattern; Preventive measures

南亚果实蝇又称南瓜实蝇，俗名瓜蛆、蹦蹦虫、黄蜂子，隶属于双翅目实蝇科果实蝇属，是一种重要的检疫性害虫（方焱等，2015；李志文等，2022；王敏等，2024）。近年来在洛阳市部分县（区）西瓜、南瓜和黄瓜上危害严重，对当地产业发展造成严重影响。该实蝇寄主植物广泛，为害16科80余种植物，主要为害瓜果类蔬菜，尤其喜食葫芦科植物，西瓜、甜瓜、南瓜、黄瓜、丝瓜、苦瓜、冬瓜、番茄、茄子等作物受害严重（曾宪儒等，2019；陆春显等，2020；毛红彦等，2020）。经过近3年对该虫监测与防治技术研究，形成了南亚果实蝇识别与防治技术初步成果，以期引起瓜农朋友对南亚果实蝇危害的重视，加强危害防范，减少危害损失。

---

* 第一作者：韩瑞华，助理研究员，主要从事农作物病虫害防治与技术推广；E-mail：ruihuahan@126.com

1 形态特征

1.1 成虫

雌成虫体长 12.0~13.0 mm，雄成虫 9~10 mm（图1、图2）。体黄褐色，中胸、背板棕褐色，有 3 条明显黄色条斑，中间黄斑前端尖锐、末端圆钝，两侧黄斑细长型。小盾片为黄色，具一狭窄的暗褐色基带。翅前缘带狭窄，在翅端扩宽成一椭圆形斑。

腹部大部分黄色或黄褐色，背板侧缘狭黑色。第 2 节和第 3 节背板具黑色基带，第 2 节的基带在背板侧中断，第 3 节的完整。第 3~5 节背板中央有一黑色中纵带与第 3 节背板黑色横带相交成"T"形，第 4 节和第 5 节两侧具黑色短条带，且不与中纵带相连。

雄虫第 5 腹板后缘略凹，雌虫产卵管基节的长度接近第 4、第 5 节背板长度之和，端部尖锐。

图 1 雌成虫

图 2 雄成虫

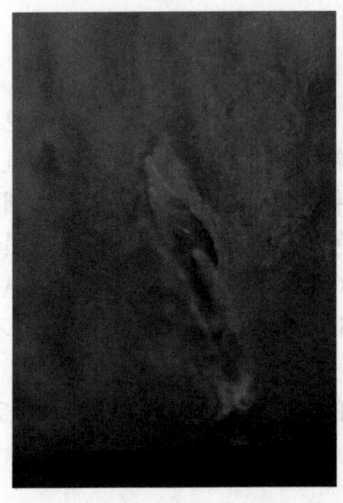
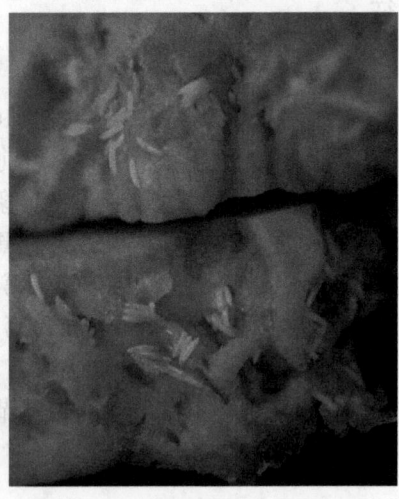

图 3 卵

1.2 卵

香蕉状，乳白色，长 0.8~1.2 mm，一端钝圆，另一端尖并略向内弯曲（图 3）。

图 4 幼虫

1.3 幼虫

幼虫共 3 龄，乳白色或淡黄色，蛆形。前端小而尖，后端大而圆（图 4）。刮吸式口器，呼吸系统属两端气门式。

1.4 蛹

长 5~7 mm。椭圆形，黄褐色，体躯有较浅的分节（图 5）。

2 危害症状

雌成虫以产卵管刺破瓜果表皮，产卵于果实内部（图 6）。卵在果实内孵化成幼虫，在幼果内取食果肉、果瓤，受害重时，致瓜果脱落，整瓜被蛀食一空，全部腐烂；受害

图5 蛹

轻时，瓜果虽不脱落，但生长不良，畸形，摘下贮存数日即腐烂（图7至图9）。瓜果腐烂后，幼虫从腐烂瓜果中弹跳到周围土表入土化蛹。

实蝇是洛宁县露地西瓜重要害虫，近年来危害有加重的趋势，由于其危害隐蔽，前期不易发现，瓜成熟收获后才被发现，瓜农损失严重。针对近年来洛宁露地西瓜实蝇危害严重，西瓜成熟期田间采集虫瓜室内饲养观察，田间放置诱集监测，查明了危害西瓜的实蝇为南亚果实蝇。南亚果实蝇危害西瓜识别特征：西瓜表面凹凸不平，后期蛆瓜表皮发黄，没有观察到成虫产卵时侵入的孔洞，瓜皮坚硬，一个成年人站在西瓜上面也不会破裂；打开虫瓜，瓜瓤木质化严重，幼虫蛀食瓜瓤，西瓜内部形成空腔（图8）。幼虫不能咬破瓜皮钻出瓜内入土化蛹，必须有外力使瓜破裂，幼虫通过弹跳从瓜内入土化蛹，幼虫弹跳高度可达 20~30 cm，老熟幼虫入土后 1~4 d 化蛹，平均虫体长为 1.11 cm，蛹平均长度 0.81 cm。

图6 成虫在南瓜幼瓜上产卵

3 发生规律

河南省一年发生危害代数不详。每年的 4—11 月田间可以诱集到成虫，西瓜上幼虫

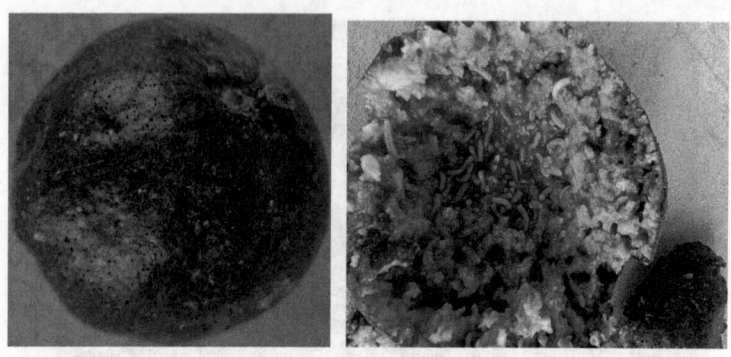

图 7　幼虫危害南瓜

图 8　幼虫危害西瓜

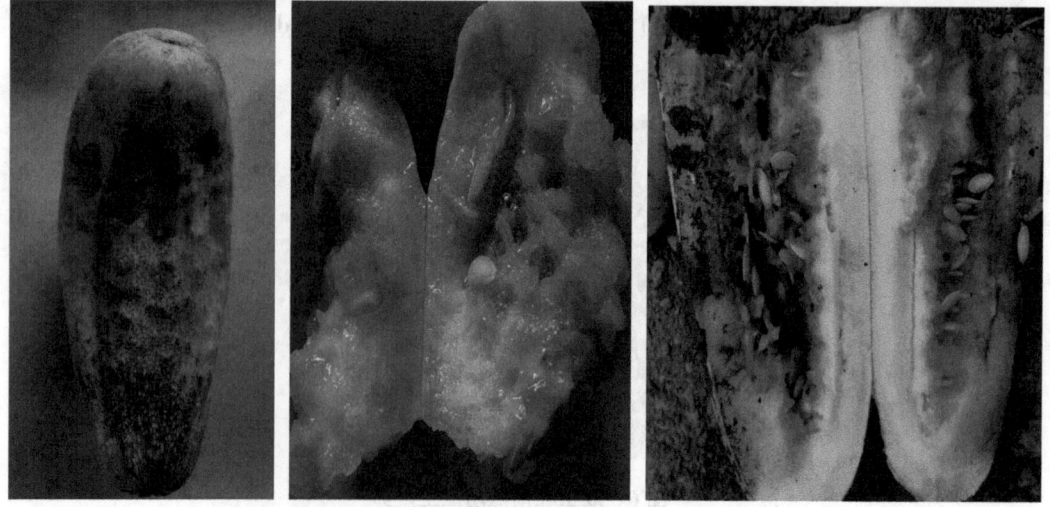

图 9　幼虫危害黄瓜

危害高峰期在6—8月，南瓜危害高峰期在8—10月。6月以后田间陆续有老熟幼虫入土化蛹,当年蛹可以出土,11月以后老熟幼虫入土化蛹越冬。成虫晴天喜飞翔在瓜田,阴雨天躲藏在瓜叶及杂草下面。成虫繁殖力强,一般在10:00前和16:00后寻找寄主产卵,雌成虫将产卵管刺入瓜内约4 mm,把卵产在幼果内,幼虫孵化后,即开始钻进寄主果肉内取食,直至发育成熟。每个果内幼虫少则几头至几十头,多则达几百至上千头。老熟幼虫一般从果实中钻出脱果落地入土化蛹,也有极少数幼虫在果内化蛹。南亚果实蝇成虫具有一定的迁飞、趋光、趋嫩和寄主选择等习性。

4 防治措施

4.1 加强检疫

严禁从疫区调运受害果实,防止虫害蔓延。做好现场检疫,对从疫区输入的葫芦科、茄科的果实及其他水果,连同包装物和运输工具,实行严格的检疫措施。

建立和完善南亚果实蝇的监测网络,在水果批发市场和集散地、水果和蔬菜基地,其他具有检疫性实蝇传入条件的地区或场所,或与害虫发生地、易感区相邻的地带,设点悬挂含各类引诱剂的诱捕器,来监测可能入侵的危险性或其他重要实蝇害虫的动态,一旦发现重大疫情时,迅速而果断地加以封锁,以彻底根除其外来害虫于定居或暴发之前。

4.2 农业防治

适当早播,采用地膜覆盖栽培,使瓜类提早开花,坐瓜期与成虫产卵期错开,减少成虫产卵;冬前深耕,将越冬蛹翻入深层无法出土,或裸露于地表暴晒致死、冻死及被天敌取食;幼瓜开花坐果后,及时用草叶遮盖幼瓜,防止成虫产卵;果实套袋防护,对经济价值较高的水果,可在果实膨大前,用塑料袋或纸质袋进行套袋,以防止害虫寄生;田间发现蛆瓜,应及时摘除,带出田园,用药剂集中处理或碾压深埋,减少虫源。

4.3 诱杀成虫

色板诱杀:利用实蝇类害虫的趋黄性,在果园悬挂黄板进行诱杀,每亩悬挂20~30块,悬挂于植株外围距地面1.0~1.5 m的高度。

毒饵诱杀:用香蕉皮、菠萝皮或南瓜煮熟后发酵40份,90%敌百虫晶体0.5份,香精1份,加水调成糊状毒饵,直接装入容器挂于瓜园,每亩20点,诱杀成虫。

利用实蝇引诱剂诱杀成虫,瓜园悬挂诱捕器或诱集瓶对成虫进行诱杀,减少田间落卵量,保护幼瓜。

4.4 化学防治

土壤处理:选用15%毒·辛颗粒剂、2%噻虫·氟氯氰颗粒剂或1.2%氯虫苯·氟氯氰颗粒剂每亩2~3 kg,在整地前均匀撒施于地表,随后旋耕整地;在成虫出土时,拌细土对瓜园进行地面撒施,以杀死羽化成虫;幼虫入土化蛹时,拌细土均匀撒施地表,可杀死入土的幼虫。

喷雾处理:在成虫盛发期,于10:00前或16:00后,用2.5%多杀霉素悬浮剂1 000倍液、4.5%高效氯氟氰菊酯水乳剂2 000倍液或4.2%高氯·甲维盐微乳剂2 000倍液等,每隔5~7 d用药1次,交替使用,连续喷2~3次。

参考文献

陈运康，梅宇宇，杨中侠，等，2022. 湖南瓜类实蝇的发生及其关键气象影响因子 [J]. 湖南农业大学学报（自然科学版），48（4）：443-448.

方焱，李志红，秦萌，等，2015. 南亚果实蝇对我国南瓜产业的潜在经济损失评估 [J]. 植物检疫（3）：28-33.

李月红，夏声广，王敏，等，2022. 不同实蝇粘虫板对桔园内实蝇的诱杀效果 [J]. 中国南方果树，51（5）：35-37.

李志文，彭恋，陈越华，等，2022. 南亚实蝇成虫空间分布型及抽样技术 [J]. 植物保护，48（2）：69-77.

陆春，赵岩，2020. 河南内乡重要经济作物实蝇种群动态分析 [J]. 中国果树（6）：41-45，54.

毛红彦，丁华锋，焦永吉，等，2020. 2013—2017 年河南省南亚果实蝇种群动态监测 [J]. 植物检疫，1：82-84.

毛红彦，赵岩，丁华锋，等，2019. 河南省重要实蝇的种群动态监测 [J]. 中国植保导刊，11：77-83.

王敏，夏声广，吕雄新，等，2024. 不同食诱剂与诱捕器组合及不同颜色诱捕器对南亚果实蝇的诱杀效果试验 [J]. 上海蔬菜（1）：51-54.

王奕婷，白强，陈红松，等，2022. 瓜实蝇和南亚果实蝇在我国的分布差异 [J]. 环境昆虫学报，44（5）：1170-1175.

曾宪儒，覃江梅，龙秀珍，等，2019. 我国主要瓜类实蝇的生物防治研究进展 [J]. 应用昆虫学报，56（3）：416-425.

河南省草地贪夜蛾寄生蜂种类记述[*]

田彩红[1][**]，王晓菲[3]，李国平[1]，黄建荣[1]，张俊逸[1,2]，尹新明[2][***]，封洪强[1][***]

(1. 河南省农业科学院植物保护研究所，河南省农作物病虫害防治重点实验室，农业农村部华北南部作物有害生物综合治理重点实验室，河南省作物保护国际联合实验室，河南省生物农药工程研究中心，郑州 450002；2. 河南省害虫绿色防控国际联合实验室，河南农业大学植物保护学院，郑州 450002；3. 郸城县农业科学研究所，郸城 477150)

摘 要：【目的】草地贪夜蛾 *Spodoptera frugiperda* 是我国的重大入侵农业害虫，对多种作物都有危害作用，其具有超强的繁殖能力和迁飞能力，我国面临的防控压力巨大。为了了解河南省草地贪夜蛾寄生性天敌种类及寄生情况，为草地贪夜蛾的可持续防控提供科学依据。【方法】从2019—2024年连续5年在河南省东部、南部、西部和北部等16个被草地贪夜蛾危害的玉米田间，收集被寄生的草地贪夜蛾幼虫和卵块，带回实验室内饲养以获取寄生蜂，并对寄生蜂进行形态鉴定，通过合成细胞色素C氧化酶亚基Ⅰ（cytochrome c oxidase subunitⅠ）(COⅠ) 引物，获得了不同种寄生蜂的 COⅠ 基因（COⅠ序列矩阵的长度为565 bp），使用 ClustalX 对获得的序列进行对比，在 NCBI (httD//blast.ncbi.nlm.nih.gov/Blast.cgi) 和 BOLD (Barcode of Life Database) (http://www.barcodinglife.org) 进行序列对比确定。【结果】统计出河南省内以草地贪夜蛾为宿主的寄生蜂种类有淡足侧沟茧蜂 *Microplitis pallidipes*、螟黄赤眼蜂 *Trichogramma chilonis*、台湾甲腹茧蜂 *Chelonus formosanus*，为将来挖掘本地寄生蜂资源防治入侵害虫草地贪夜蛾提供科学依据。

关键词：河南省；草地贪夜蛾；寄生蜂；形态鉴定；DNA条形码鉴定

Identification of Parasitic Bee Resources of *Spodoptera frugiperda* in Henan Province[*]

Tian Caihong[1][**], Wang Xiaofei[3], Li Guoping[1], Huang Jianrong[1],
Zhang Junyi[1,2], Yin Xinming[2][***], Feng Hongqiang[1][***]

(1. Plant Protection Institute of Henan Academy of Agricultural Sciences, Key Laboratory of Crop Pest Control of Henan Province, Key Laboratory of Integrated Pest Management of Crops in Southern North China of Ministry of Agriculture and Rural Affairs, International Joint Laboratory of Crop Protection of Henan Province, Bio-pesticide Engineering Research Center of Henan Province, Zhengzhou 450002, China; 2. International Joint Laboratory for Green Control of Pests in Henan Province, College of Plant Protection, Henan Agricultural University, Zhengzhou 450002, China; 3. Dancheng County Institute of Agricultural Sciences, Dancheng 477150, China)

Abstract：【Objectives】*Spodoptera frugiperda* is a major invasive agricultural pest in China,

---

[*] 基金项目：国家重点研发计划 (2021YFD1400701)；河南省科技攻关项目 (232103810016)；河南省优势学科培育联合基金培育项目；河南省农业科学院2025年自主创新项目 (2025ZC52)；河南省重大专项 (201300111500)；河南省农业科学院科技创新团队 (2024TD30)；国家产业技术体系 (CARS-27)；河南省联合基金 (235101610045)

[**] 第一作者：田彩红，研究生，主要从事害虫绿色防控研究；E-mail:caihongtian@126.com

[***] 通信作者：尹新明，E-mail:xinmingyin@hotmail.com

invaded Yunnan in 2019 and has since spread rapidly to several provinces, reaching Henan in May of the same year. *S. frugiperda* is harmful to a wide range of crops and has a high reproductive and migratory capacity, making control pressure enormous. Parasitic wasps are its main parasitic natural enemies. 【Methods】 In order to investigate the parasitic wasp resources in Henan Province, the parasitic wasps were collected from the maize fields infested with the *S. frugiperda* in Xinyang, Nanyang, Luohe, Xuchang, Xinxiang and Kaifeng, and brought back to the laboratory for rearing to obtain parasitic wasps. The *CO*I genes of different species of parasitoid wasps were obtained by synthesizing cytochrome c oxidase subunit Ⅰ (COⅠ) primers (COⅠ sequence matrix length 565 bp) and comparing the obtained sequences using ClustalX, which is available at NCBI (httD//blast.ncbi.nlm.nih.gov/Blast.cgi) and BOLD (Barcode of Life Database) (http://www.barcodinglife.org) to identify the parasitic wasp species that use the *S. frugiperda* as hosts in Henan Province. including *Microplitis pallidipes*, *Trichogramma chilon* and *Chelonus formosanus*. 【Results】 Our study provided a scientific basis for the future exploitation of local parasitic wasp resources to control *S. frugiperda*.

Key words: Henan Province; *Spodoptera frugiperda*; Parasitic wasp; Morphological identification; DNA barcode identification

草地贪夜蛾 *Spodoptera frugiperda*，又被称作秋黏虫，属于鳞翅目夜蛾科中的灰翅夜蛾属。草地贪夜蛾是世界上最常见的十大植物害虫之一，这种昆虫的幼虫主要以重要的谷类作物为食，如玉米、水稻、小麦等，对农业造成的经济损失无法估量。其成虫具有迁飞习性，能够长距离、大范围扩散到其他区域。成虫繁殖能力强，5 d 内能产卵200余粒，幼虫主要取食作物的叶片，进食量大，生长迅速，30 多天就能完成一代。草地贪夜蛾原产自美洲热带地区，2016 年在非洲出现，至 2019 年短短 3 年时间它已经扩散至非洲和亚洲的数十个国家和地区（王磊等，2019）。草地贪夜蛾自 2018 年 12 月入侵我国后迅速蔓延，对我国粮食生产和农业发展构成巨大威胁。2019 年 1 月，在我国云南省江城县第一次发生危害，随后迅速扩散至云南省多地以及我国其他 20 多个省份和地区（李国平等，2019），2019 年 5 月在河南省初次发现草地贪夜蛾的侵害。河南地处中原，是粮食大省，是草地贪夜蛾自南向北迁飞的重要扩繁和中转场所（孙旭军等，2021），所以河南省也是不可忽略的重点防治地区。防治草地贪夜蛾常用的方法有化学防治、生物防治等（杨普云等，2019），目前，主要采取应急化学防治方法，但由于化学农药的施用和过度或不当的使用，已经检测出草地贪夜蛾对多种化学农药具有抗药性（崔丽等，2019），而且化学农药的使用对生态环境也造成了严重的污染，因此探索入侵地天敌资源将成为防治草地贪夜蛾的重要方式。

寄生蜂是一类寄生性昆虫，分类学上属于膜翅目，在害虫生物防治上具有非常重要的地位。寄生蜂种类多，种群数量也很大，个体之间形态各异，虫体间的长度差异也较大。寄生蜂的寄生方式可以分为内、外寄生或者幼虫寄生、成虫寄生、卵寄生和蛹寄生。还可以根据寄生蜂对寄主范围的选择分为专一寄生、盗寄生和重寄生（侯照远和严福顺，1997）。全世界已知的寄生蜂有 75 科 12 万种，物种种群相当丰富，中国大约已知有 8 600 种，但未知种类依旧很多。大多数寄生蜂以昆虫为食，因此他们可以作为害虫的防治天敌,寄生蜂在害虫生物防治和害虫自然控制中具有非常重要的意义。在我国,利用寄生蜂来控制田间害虫即"以虫治虫"早有记载。在1932年,为了控制桑螟的危害,祝汝佐在田间释放桑螟卵寄生蜂来防治桑螟,这是我国初次利用寄生蜂作为天敌昆虫来防治田间害虫的实验(祝汝佐,1934)。20世纪末,我国寄生蜂分类得到了很好的发展,以分类研究为基础为害虫生物防治提供了重要的资料支持(时敏等,2020)。利用寄生蜂作为天敌昆虫防治作物害虫全国各地早有研究,但对于草地贪夜蛾的寄生蜂种类还有待研究。

在自然界中,草地贪夜蛾有非常多的天敌昆虫,如寄生蜂、寄生蝇、蜡等。寄生蜂是十分重要的天敌昆虫,在成功利用的害虫天敌种类中占2/3以上,具有非常重要的地位。据统计,目前草地贪夜蛾已知的天敌寄生蜂有10科121种(阎世江等,2020),绝大多数分布在美洲地区。北美洲的寄生蜂主要是长距姬小蜂 *Euplectrus platyhypenae*、夜蛾黑卵蜂 *Telenomus remus* 和缘腹绒茧蜂 *Cotesia marginiventris*(Meagher et al.,2016);在中美墨西哥等地草地贪夜蛾的主要寄生蜂有茧蜂 *C. insularis* 和内茧蜂 *Rogas vaughani*(Ruíz-Nájera RE et al.,2007),脊茧蜂 *Aleiodes laphygmae* 以及黑唇姬蜂 *Campoletis sonorensis*(Wyckhuys and O'Neil,2006);南美洲草地贪夜蛾的主要寄生蜂为瘦姬蜂属 *Ophion* sp. 和悬茧蜂 *Meteorus laphygmae*(Meagher et al.,2016)。目前,我国已经发现16种寄生蜂可以防治草地贪夜蛾(宁素芳等,2019),其中夜蛾黑卵蜂 *Telenomus remus*、螟黄赤眼蜂 *Trichogramma chilonis*(谢丽玲等,2022)等主要以卵寄生的方式寄生草地贪夜蛾;菜粉蝶盘绒茧蜂 *Cotesia glomerata*(宁素芳等,2019)和斯氏侧沟茧蜂 *Microplitis similis*(田良恒等,2021)等主要以幼虫寄生的方式寄生草地贪夜蛾。寄生蜂在国外被用来防治草地贪夜蛾已经多年了,证实了寄生蜂可以作为草地贪夜蛾的天敌昆虫来防治草地贪夜蛾的危害。在我国其他省份,对于利用寄生蜂防治草地贪夜蛾已鉴定明确,因此在河南省调查草地贪夜蛾寄生蜂资源具有重要意义。

为了查明河南省草地贪夜蛾寄生蜂的种类,本文通过在河南省被草地贪夜蛾危害的多个地区玉米田采集被寄生蜂寄生的草地贪夜蛾幼虫或者卵块,在室内饲养来获得寄生蜂的样本,运用形态学鉴定和DNA条形码技术对寄生蜂进行物种鉴定,为河南省获得草地贪夜蛾优势寄生蜂提供科学依据。

1 材料与方法

1.1 样品来源

将从河南省16个地方采集的已经被寄生蜂寄生的草地贪夜蛾的卵块和幼虫,并带回室内饲养,饲以玉米苗,视饲料的新鲜程度适时添加。将寄生在草地贪夜蛾卵块和幼虫上的寄生蜂的茧收集起来,待其羽化后制成干标本或保存于无水乙醇中备用。整个试验过程在人工气候养虫室内[温度为18~26℃,相对湿度(RH)为61%~93%]进行。在不同地区获得的同种寄生蜂标本中,分别选取1头以上的成虫标本作为凭证标本用于形态鉴定和分子检测,样品信息见表1。TG1菌种由本研究室保存。

表1 标本采集信息

地点	经纬度	草地贪夜蛾数量（头）	草地贪夜蛾虫态	出寄生蜂数量（头）
南阳市农业科学院实验基地	112.428 107° E, 32.907 882° N	10	幼虫	17
信阳市平桥区明港镇杨楼村	114.051 670° E, 32.495 022° N	1	幼虫	18
信阳浉河区游河乡乔庙村	114.006 407° E, 32.203 517° N	9	幼虫	18
河南省禹州市詹庄村	113.441 119° E, 34.208 405° N	1	幼虫	17
小冀镇张后线东段	113.772 339° E, 35.177 981° N	28	幼虫	20
新乡原阳县河南现代农业研究开发基地	113.704 651° E, 35.005 324° N	1	卵块	17
新乡县七里营镇中国农业科学院基地	113.771 666° E, 35.139 830° N	1	幼虫	17
开封祥符区陈留镇大寺村	114.551 297° E, 34.669 750° N	1	卵块	17
漯河市农业科学院试验基地	114.012 199° E, 33.583 604° N	15	幼虫	1
郸城县汲冢镇后黄楼村	115.126 780° E, 33.682 961° N	1	卵块	20
太康县城郊乡王荆玄行政村	114.845 123° E, 34.098 164° N	15	幼虫	14
新郑市城关乡西贾庄村	113.683 741° E, 34.374 102° N	1	卵块	1
洛阳洛宁县景阳镇南洞村	111.537 339° E, 34.343 021° N	2	幼虫	16
驻马店汝南县天顺农业高新技术专业合作社	114.316 674° E, 32.747 727° N	2	卵块	15
濮阳县旗盛种植农民专业合作社	115.125 661° E, 35.751 641° N	4	卵块	12
三门峡市湖滨区磁钟乡寺庄村	111.327 627° E, 34.747 509° N	2	卵块	14
淮阳县祥泰家庭农场	114.991 800° E, 33.676 404° N	2	卵块	5

1.2 形态鉴定

成蜂样本用超景深三维显微镜（基恩士 VHX-500F，基恩士有限公司，日本）拍照，观察记录寄生蜂的形态特征。在超景深显微镜下观察标本的形态，选取各地收集到的寄生蜂标本，在河南省农业科学院实验室进行物种鉴定；在超景深显微系统下进行拍照，并对成虫主要外部形态特征进行描述。

1.3 DNA 条形码鉴定

1.3.1 寄生蜂基因组 DNA 提取

首先准备一个无菌离心管，将寄生蜂放入其中，加入液氮后迅速用研磨棒将寄生蜂充分研磨成细胞悬液，参照天根 DNA 提取试剂盒说明书进行，提取样品基因组 DNA。具体为，首先加入缓冲液 GA 200 μL，并用漩涡混合仪（艾卡 Vortex，艾卡仪器设备有限公司，中国）振荡样品至完全悬浮。加入 4 μL 的 RNaseA 溶液，再将样品振荡 15 s，在室温下静置 5 min。静置后放入 Proteinase K 溶液 20 μL，用手振荡使其混合均匀，在 56℃的温度下静置（1~3 h），为使样品组织快速且彻底溶解，可每小时颠倒样品 2~3 次，使样品充分混合均匀直至组织完全溶解。反应完全后如管盖内壁有水珠可以用离心机（赛默飞世尔 Micro17，赛默飞世尔科技有限公司，美国）简短离心去除。加入 200 μL GB 缓冲溶液，颠倒样品使其混合均匀，在恒温水浴锅（郑州探索者 HH-ZK8，郑州探索者实验室设备有限公司）中 70℃水浴 10 min，该步加入试剂后一般会出现白色絮状沉淀，在 70℃恒温水浴锅里水浴后白色沉淀会消失即溶液变为澄清，对实验不会造成影响。加入 200 μL 无水乙醇，重复操作漩涡混合仪振荡 15 s，使样品混合均匀，此时大概率会产生絮状物，不会对实验造成影响，如管盖和内壁上有水珠可再次离心。把 CB3 吸附柱放入收集管中，将溶液和絮状物用移液枪转移至吸附柱中，使用离心机设置为 12 000 r/min 离心 30 s，离心后倒掉废液并将吸附柱 CB3 放回收集管中。在吸附柱 CB3 中加入 500 μL 缓冲液 GD，用原有条件离心，倒掉废液。加入 PW 漂洗液 600 μL，原条件再次离心，把废液倒掉。再加入 600 μL 漂洗液 PW，操作方法同上。将吸附柱 CB3 放回收集管后用离心机 12 000 r/min 离心 2 min，倒掉收集管中残余的废液。吸附柱 CB3 残余的漂洗液需要彻底晾干则需在室温下放置 5~10 min，晾干后将吸附柱换一个干净的无菌离心管，向吸附柱中加入洗脱缓冲液 TE 25 μL，应在吸附膜的中间位置悬空滴加，室温下放置 3 min，用离心机 12 000 r/min 离心 2 min，离心后将离心管中的溶液吸出，再重复一次上一步的操作。DNA 样品收集至离心管中。

1.3.2 PCR 扩增与序列测定

PCR 总体积为 25 μL。每个反应由 18.7 μL ddH$_2$O，2.5 μL Buffer，2 μL dNTP，0.3 μL Taq，正向引物 0.5 μL，反向引物 0.5 μL 和 DNA 模板 0.5 μL 组成。引物序列为 LCO1490：5′-ATTCAACCAATCATAAAGATATTGG-3′和 HCO2198：5′-TAAACTTCT-GGATGTCCAAAAAATCA-3′扩增各个样品的目的基因序列。PCR 反应体系为 25 μL，DNA 模板 1 μL，dNTPs（2.5 mmol/L）2 μL，上下游引物（20 μmol/L）各 1 μL，10× PCR buffer（含有 Mg^{2+}）2.5 μL，TaqDNA polymerase（5 U/μL）0.5 μL，ddH$_2$O 17.0 μL。PCR 反应条件为：预变性为 95℃，1 min；变性 94℃，1 min；退火 55℃，1 min；延伸 72℃，1 min；33 个循环；最后 72℃延伸 10 min。

1.3.3 PCR 产物回收

取全部的 PCR 产物在 1%琼脂糖凝胶上进行电泳，电泳后在紫外灯下用刀切下含目的 DNA 条带的凝胶，应注意少切目的 DNA 条带边缘的凝胶可以提高回收率。切胶时操作速度要迅速主要是为了防止 DNA 在紫外灯下受到损伤（王春等，2005）。将切下的胶块切碎主要目的是缩短后续胶溶解的时间，并放置于已称重的 1.5 mL 无菌小试管中，再称重，利用差减法可以得知胶块的重量，通过 1 mg = 1 μL 可以得知胶块的体积。利用 TaKaRa 凝胶回收试剂盒进行胶回收，先向小试管中加入 3 个体积量的胶块溶解液 Buffer GM 混匀后室温放置至完全溶解，期间应不断振荡混匀。如果凝胶已经溶解，溶液是橙色或粉红色而不是黄色，可以加入 10 mL，3M 醋酸钠溶液（pH 值 = 5.2）以恢复黄色；如分离的 DNA 片段小于 400 bp 还需要加入浓度为 20%的异丙醇。将吸附柱放入收集管中，把溶液转移到吸附柱中，并使用离心机（赛默飞世尔 Micro17，赛默飞世尔科技有限公司，美国）在12 000 r/min的条件下离心1 min，离心后倒掉收集管中的废液。如果回收率低，将废液加回吸附柱，并重复上一步以提高回收率。加入700 μL的Buffer WB试剂，原条件离心30 s，弃掉滤液，该步再重复一次。倒掉废液后以原条件再次离心1 min。将吸附柱换放在一个新的1.5 mL无菌离心管中，向吸附柱滴入30 μL Elution Buffer，注意应在膜的中心部位悬空加入，静置1 min，再用离心机12 000 r/min离心1 min即可洗脱DNA。

1.3.4 感受态细胞TG1的制备

本实验室保存的TG1菌种37 ℃，180 r/min在摇床中活化后，划线培养，第一天挑取单斑接种至5 mL Luria-Bertani（LB）培养基中，放在全温摇床（上海福马QYC-200，上海福马实验设备有限公司，中国）中摇过夜。第二天，吸取5 μL菌液转接于5 mL LB培养基中，摇床中234 r/min摇至菌液OD值0.6~0.8，取1.5 mL菌液，加入EP管中，离心机设置为4 000 r/min离心5 min，离心后丢弃上清液并吸出残留的液体。加入0.2 mol/L $CaCl_2$ 200 μL混合均匀然后放在冰中冰浴30 min，再次使用离心机，条件依然是4 000 r/min离心5 min，离心后倒掉上层清液并且吸干残余液体。加入0.2 mol/L $CaCl_2$ 200 μL混匀，过夜即可使用。

1.3.5 目的基因的克隆

基因克隆所用试剂购自宝生物工程（大连）有限公司，首先在无菌微量离心管中加入ddH_2O（灭菌水）3 μL，PMD18-T 1 μL，胶回收产物DNA模板1 μL配置成全量为5 μL的体系，再加入5 μL Solution Ⅰ，在16℃的恒温恒湿培养箱（北京中兴伟业DH-420，北京中兴伟业仪器有限公司，中国）中放置30 min完成。将全部体系加入至100 μL TG1感受态细胞中，将样品放在冰中30 min进行冰浴。冰浴后，将样品置于42℃恒温水浴锅（郑州探索者HH-ZK8，郑州探索者实验室设备有限公司，中国）中45 s进行热激。结束后再冰浴1 min。然后向样品中加入LB培养基890 μL，放在37℃，140 r/min的全温摇床（上海福马QYC-200，上海福马实验设备有限公司，中国）上进行培养，一般振荡培养45 min即可；在超净工作台（苏净安泰HS-840，苏州安泰空气技术有限公司，中国）中，取100 mL LB培养基加100 μL氨苄抗生素（100 μg/mL），混匀后即可倒板，等待凝固后取上述所配溶液100 μL进行涂板，37℃恒温恒湿培养箱倒置过夜培养。过夜后在超净工作台中进行挑菌，选择形状完整、表面光滑且周围无杂菌的白色菌斑进行挑取，挑菌后将挑菌的枪头一起放入大试管中，且大试管应提前装好5 mL LB培养基的。将试管放入设置为200 r/min，37℃的全温摇床中振荡过夜。将完成振荡培养的菌液进行分装，将分装的200 μL菌液送去上海生工有限公司进行测序，每个寄生蜂样品送5个克隆进行测序。

2 结果与分析

2.1 淡足侧沟茧蜂形态特征和种类鉴定

DNA序列为：tgcaccccgtgctgtatttccctcaattgtgggaaggccaagacatcaaggtgtaatggttggtatgggacaaa-aagactcatatgtaggagatgaagcccaatcaaagagaggtatccttactcttaaatacccaatcgaacacggtatcgttaccaactgggatga-catggaaaaatttggcatcacactttctacaatgaactccgagttgcacctgaagaacatccagtgctccttactgaggctcctttgaacccaa-

aagctaatcgtgagaagatgacgcagattatgtttgaaactttcaacacacctgctatgtacgtcgctatccaagctgtgctttctctctacgcttct-
ggtcgtactactggtatcgttcttgattccggagatggtgtttctcacacagtacccatctacgagggttacgctctacctcacgctatccttcgtct-
cgactggctggtcgtgatctcaccgattaccttatgaagatcctcactgagagaggatactctttcaccaccactgccgagcgtgaaatcgttc-
gtgacatcaaagaaaaactttgctacgttgctcttgactttgaacaagaaatggccaccgctgcatcatcatcaagcttggaaaagagctacga-
actt

通过该蜂的 DNA 序列使用 BLAST：Basic Local Alignment Search Tool 进行对比，对比结果表明为"淡足侧沟茧蜂"。

淡足侧沟茧蜂属膜翅目 Hymenoptera 茧蜂科 Braconidae 小腹茧蜂亚科 Microgastrinae 该蜂虫体为黑色、有光泽且有白色绒毛，翅呈透明色、翅脉为褐色，胫节及跗节为褐色且胫节略微泛白（图1）。

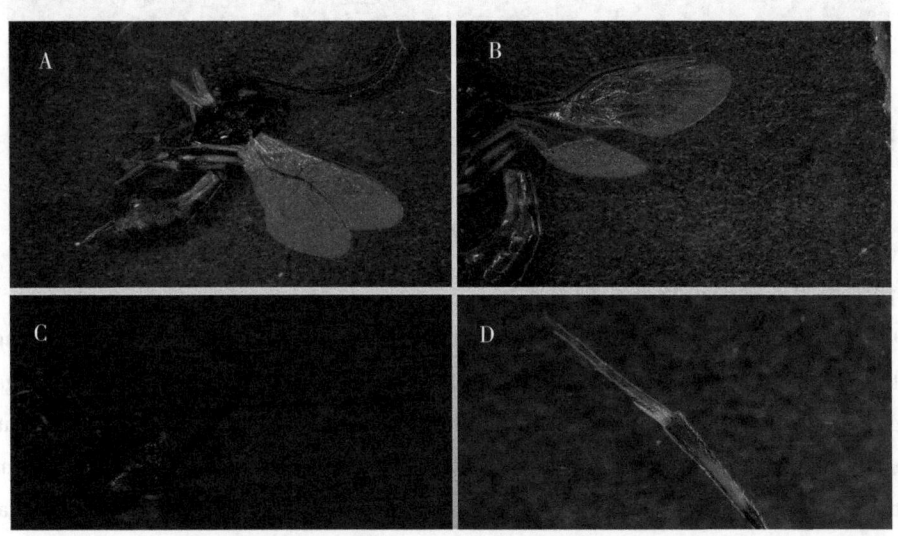

A：体，侧面观；B：翅；C：头、胸背面观；D：后足跗节。
图1 淡足侧沟茧蜂 *Microplitis pallidipes*

2.2 螟黄赤眼蜂形态特征和种类鉴定

测序获得的 DNA 序列为：tgtggccaccaacaaacataaagatattggtattttgtatttattttggtatgtgagcagga-
attgtaggtttatcaataagaataattattcgtttagaattaggaaatcctggttctttaattggaaatgatcaaatttataattctattgttacaagtcat-
gcttttaataattttttttttgtgatacctgttataatgggaggttttggaaattatttaattccattaatattaggaagacctgatatagcttttccacg-
aataaataatataagattttgattattacctccaagattaatattattactatcaagaatatttattggaactggtacaggtacagggtgaactgtttat-
ccacctttatcttctaatttatctcataggggaccttcagttgatttatcaattttttctttacatattgctggggtttcttcaattataggttcaattaattt-
attacaacaatttaaatataaaaatttataaaattgaattaatttctttatttttcttgggctatattattaacagcaatttattattattatctttaccagtt-
ttagctggagcaattacaatattattgtttgatcgaaatttaaatacttcttttttga

通过该蜂的 DNA 序列使用 BLAST：Basic Local Alignment Search Tool 进行对比，对比结果表明为"螟黄赤眼蜂"。

螟黄赤眼蜂：膜翅目 Hymenoptera 赤眼蜂科 Trichogrammatidae，该蜂虫体呈现暗黄色，其中胸盾片为褐色，且腹部中央具暗黄色窄横带，触角较其他寄生蜂短，胫节及跗节为暗褐色，胫节 2/3 白色（图 2）。

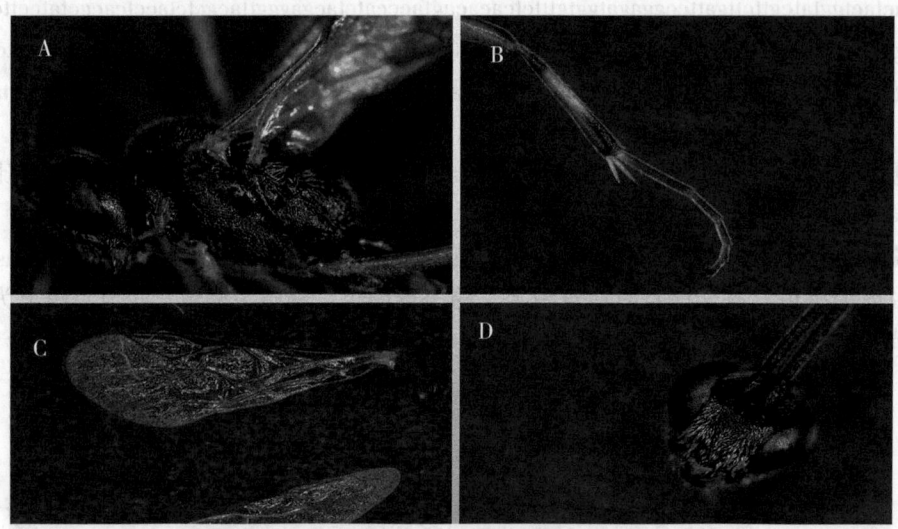

A：头、胸侧面观；B：后足跗节；C：翅；D：头。
图 2 螟黄赤眼蜂 *Trichogramma chilonis*

2.3 台湾甲腹茧蜂形态特征和种类鉴定

DNA 序列：aagatattggtatattatattctatctttggtatatgatgtggattttttggtttatctttaagattattaattcgaatagaatt-aagagttttgggtagtttatttttaaatgatcaattgtataatagaattgtgactatacatgcttttattataatttttttatagttataccttattatgattggt-ggttttggtaattgattagttccattaatattaggattacctgatataattttcctcgaataaataatataagattttgttattaattccttctttaatttt at-taatttaggtggatttgttaatataggtgttggtactggttgaactgtttatccaccattatctttattaataggacatagggaatttcagttgatataa-gaattttttctttacatcttgctggtatatcatcaattataggatcaattaattttattgttactatttaaatacttgaataaaattaaattttatagataaat-ttcctctttttgtttgatctgttttattactacagttttattattattatcttacctgttttggctggagcaattacaatattattaagagatcgaaatttaaa-tacaagtttttt

通过该蜂的 DNA 序列使用 BLAST：Basic Local Alignment Search Tool 进行对比，对比结果表明为"台湾甲腹茧蜂"。

台湾甲腹茧蜂：膜翅目 Hymenoptera 茧蜂科 Braconidae 甲腹茧蜂属 *Chelonus* Panzer，该蜂虫体呈现黑色，翅为透明，其胫节及跗节为褐色（图 3）。

3 结论与讨论

通过对收集到的河南省 16 个地方的寄生蜂标本形态对比和利用 *CO*Ⅰ 基因通用引物对寄生蜂样本进行序列扩增，使用 ClustalX 对获得的序列进行对比，在 NCBI（httD//blast.ncbi.nlm.nih.gov/Blast.cgi）和 BOLD（Barcode of Life Database）（http://www.barcodinglife，org）进行序列对比确定，结果发现在河南省发现 3 种草地贪夜蛾的寄生蜂，分别是：淡足侧沟茧蜂 *Microplitis pallidipes*、螟黄赤眼蜂 *Trichogramma chilonis*、台湾甲腹茧蜂 *Chelonus formosanus*。

通过在河南省南阳市、信阳市、许昌市、新乡市、开封市、漯河市等地被草地贪夜

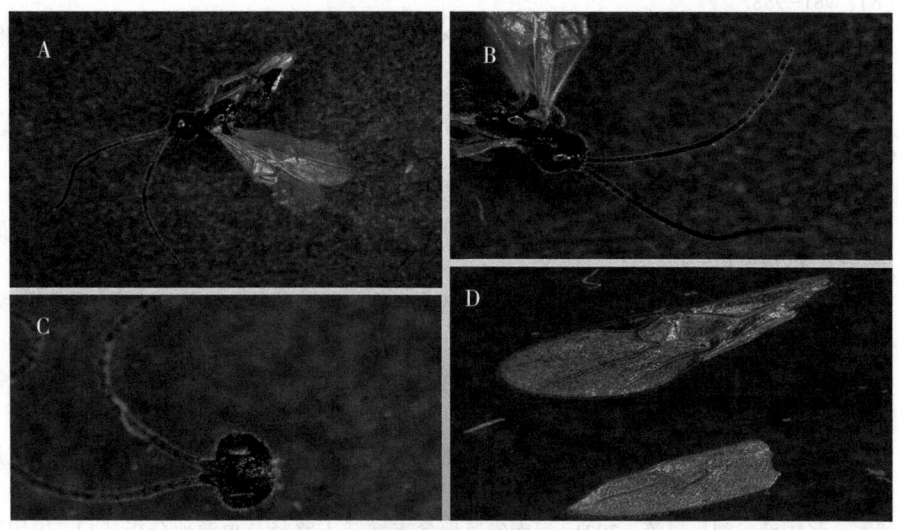

A：体，侧面观；B：头，触角，背面观；C：头，正面观；D：翅。
图 3　台湾甲腹茧蜂 *Chelonus formosanus*

蛾危害的玉米田间，采集被寄生蜂寄生的草地贪夜蛾幼虫和卵块，通过室内饲养制作成标本。运用形态学与 DNA 条码技术结合，在河南省内共发现了 3 种草地贪夜蛾的寄生蜂，分别是淡足侧沟茧蜂 *M. pallidipes*、螟黄赤眼蜂 *T. chilonis*、台湾甲腹茧蜂 *C. formosanus*，该研究的发现证明了寄生蜂可以作为天敌昆虫在草地贪夜蛾的防治上起到重要作用。

自 2019 年，草地贪夜蛾侵入我国云南省以来短短两年多的时间已经扩散至我国二十多个省份，并逐步在我国定殖，其扩散速度不容小觑。在美洲和非洲地区已经发生过多起草地贪夜蛾的虫灾，造成了严重的经济损失。因此，对草地贪夜蛾的防治应该引起高度重视。化学防治是目前防治草地贪夜蛾最为有效且常用的方法，但是草地贪夜蛾已经对传统的杀虫剂，如拟除虫菊酯类和有机磷类等产生了抗药性（冯清等，2021），此外化学杀虫剂造成了严重的环境污染。因此，大力发展生物防治技术是大势所趋。

生物防治主要是利用天敌昆虫、性信息素等方法科学地对害虫进行控制（陈秀琴等，2021），主要分为三类：以虫治虫、以鸟治虫和以菌治虫。相对于杀虫剂类农药和其他非生物防治病虫害方法对环境的危害，生物防治的最大优势是对环境友好。草地贪夜蛾的天敌资源在国外很多国家都有研究，经过多年的实验与实践发现草地贪的天敌昆虫种类非常丰富，在防治效果上也非常好。利用寄生蜂防治草地贪夜蛾属于生物防治中的以虫治虫，使用寄生蜂来控制草地贪夜蛾对农业发展至关重要。本研究发掘出河南省内草地贪夜蛾的 3 种寄生蜂，可为我国草地贪夜蛾的天敌资源在以后的研究上打下良好的基础，同时也推动了生物防治技术在我国农业上的应用。

参考文献

陈秀琴，刘其全，田新湖，等，2021. 草地贪夜蛾生物防治研究进展［J］. 福建农业学报，6

(8): 981-988.

崔丽, 芮昌辉, 李永平, 等, 2019. 国外草地贪夜蛾化学防治技术的研究与应用 [J]. 植物保护, 45 (4): 7-13.

冯清, 李万华, 彭剑艳, 等, 2021. 草地贪夜蛾综合防控技术研究进展 [J]. 湖北植保, 4: 6-10.

侯照远, 严福顺, 1997. 寄生蜂寄主选择行为研究进展 [J]. 昆虫学报, 40 (1): 94-107.

李国平, 姬婷婕, 孙小旭, 2019. 入侵云南草地贪夜蛾种群对5种常用BT蛋白的敏感性评价 [J]. 植物保护, 45 (3): 15-20.

卢辉, 唐继洪, 吕宝乾, 等, 2019. 草地贪夜蛾的生物防治及潜在入侵风险 [J]. 热带作物学报, 40 (6): 1237-1244.

宁素芳, 周金成, 张柱亭, 等, 2019. 贵州省黔东南地区发现草地贪夜蛾的5种寄生性天敌及其两种重寄生蜂 [J]. 植物保护, 45 (6): 39-42.

时敏, 唐璞, 王知知, 等, 2020. 中国寄生蜂研究及其在害虫生物防治中的应用 [J]. 应用昆虫学报, 57 (3): 491-548.

孙旭军, 张国彦, 刘一, 等, 2021. 河南省草地贪夜蛾迁入路径及虫源地分析 [J]. 应用昆虫学报, 58 (3): 579-591.

田良恒, 张利芬, 白素芬, 等, 2021. 棉铃虫齿唇姬蜂对入侵害虫草地贪夜蛾的寄生效能 [J]. 河南农业大学学报, 55 (3): 442-447.

王春, 陈琳玲, 许灿新, 等, 2005. 简便快速的PCR产物回收方法 [J]. 南华大学学报, 33 (1): 109-111.

王磊, 陈科伟, 陆永跃, 2019. 我国草地贪夜蛾入侵扩张动态与发生趋势预测 [J]. 环境昆虫学报, 41 (4): 683-694.

谢丽玲, 何瞻, 龙秀珍, 等, 2022. 两种草地贪夜蛾卵寄生蜂的田间寄生作用调查 [J]. 植物保护, 48 (1): 265-271.

阎世江, 张京社, 刘洁, 2020. 草地贪夜蛾的生物防治研究进展 [J]. 天津农林科技, 4 (1): 4-5.

杨普云, 朱晓明, 郭井菲, 等, 2019. 我国草地贪夜蛾的防控对策与建议 [J]. 植物保护, 45 (4): 1-6.

祝汝佐, 1934. 白蚕(桑螟)卵寄生蜂之考查及其在杭州之放饲试验 [J]. 浙江省昆虫局年刊 (3): 163-170.

MEAGHER R L, NUESSLY G S, NAGOSHI R N, et al., 2016. Parasitoids attacking fall armyworm (Lepidoptera: Noctuidae) in sweet corn habitats [J]. Biological Control, 95: 66-72.

RUÍZ-NÁJERA R E, MOLINA O J, CARPENTER J E, et al., 2007. Survey for hymenopteran and dipteran parasitoids of the fall armyworm (Lepidoptera: Noctuidae) in Chiapas, México [J]. Journal of Agricultural and Urban Entomology, 24 (1): 35-42.

WYCKHUYS K A G, O'NEIL R J, 2006. Population dynamics of *Spodoptera frugiperda* Smith (Lepidoptera: Noctuidae) and associated arthropod natural enemies in Honduran subsistence maize [J]. Crop Protection, 25 (11): 1180-1190.

光周期对川硬皮肿腿蜂生长发育和生殖的影响*

聂梦琴**,刘欣莹,韦丽逢,冯寒松,张江涛,刘兴平***

(保护生物学江西省重点实验室,江西农业大学林学院,南昌 330045)

摘 要:【目的】本文探讨了光周期对川硬皮肿腿蜂生长发育和生殖的影响,明确光周期在该虫生长发育中的作用,以期为天敌昆虫的室内大规模繁育技术提供理论指导。【方法】以麻竖毛天牛为替代寄主,在室内恒定温湿度下,通过设置13个不同光周期,观察川硬皮肿腿蜂在替代寄主上的产卵量以及后代各虫态的发育历期。【结果】川硬皮肿腿蜂的产卵量和卵孵化率受光周期的影响,随着光照时间的缩短,平均产卵量和卵的孵化率呈增加趋势且均存在显著差异。在后代的个体发育中,随光照时间的缩短,卵的发育历期呈缩短趋势,幼虫和蛹的发育历期呈延长趋势,同样具有显著差异,而产卵前期和成虫羽化率不受光周期的影响。【结论】光周期影响川硬皮肿腿蜂的生长发育和繁殖,其中短光照促进该蜂的产卵和卵的孵化,加速卵的发育,而长光照则加速了幼虫和蛹的发育。

关键词:川硬皮肿腿蜂;光周期;生长发育;生殖适合度;人工繁育

Effect of Photoperiod on Development and Reproduction of *Scleroderma sichuanensis* Xiao*

Nie Mengqin**, Liu Xinying, Wei Lifeng,
Feng Hansong, Zhang Jiangtao, Liu Xingping***

(*Jiangxi Provincial Key Laboratory of Conservation Biology, College of Forestry, Jiangxi Agricultural University, Nanchang 330045, China*)

Abstract:【Objectives】In order to provide theoretical guidance for indoor mass breeding techniques of parasitic wasp, *Scleroderma sichuanensis* Xiao, the effects of photoperiod on the growth, development, and reproduction of this insect were clarified in this paper. 【Methods】The females *S. sichuanensis* were inoculated into the factitious host, *Thyestilla gebleri* Faldermann, and the reproductive fitness and offspring development were observed at thirteen different photoperiods under constant condition of temperature and humidity. 【Results】The egg production and hatching rate of this parasitic wasp were affected by the photoperiod, showing an significant increasing trend with shortening of the light exposure time. Furthermore, the developmental period of eggs tended to shorten significantly, while the developmental period of larvae and pupae tended to lengthen significantly with decreasing the light exposure time. However, the pre-oviposition duration and adult emergence rates were not affected by these photoperiods. 【Conclusion】These

---

* 基金项目:国家自然科学基金项目(31760106)
** 第一作者:聂梦琴,研究生,主要从事森林昆虫研究;E-mail:jxaunmq0127@163.com
*** 通信作者:刘兴平;E-mail:xpliu@jxau.edu.cn

results demonstrate that the growth, development, and reproductive fitness of the parasitic wasp *S. sichuanensis* were influenced by photoperiod. Short photoperiod may promote egg production and hatching rate, and accelerate development of eggs, while long photoperiod may accelerate the development of larvae and pupae.

Key words：*Scleroderma sichuanensis* Xiao；Photoperiod；Growth and Development；Reproductive fitness；Artificial breeding

川硬皮肿腿蜂 *Scleroderma sichuanensis* Xiao 属膜翅目 Hymenoptera 肿腿蜂科 Bethylidae 天牛肿腿蜂属 Sclerderma，是继管氏肿腿蜂 *S. guani* Xiao et Wu 后发现的另一种寄生于粗鞘双条杉天牛 *Semanotus sinoauster* Gressitt 幼虫的天敌昆虫（胡霞等，2005）。这种天敌昆虫具有较强的搜索能力和攻击能力，同时寄主范围广、寄生率高、繁殖能力强。不仅如此，川硬皮肿腿蜂也有较强的抗逆性，无论是在高温还是低温的环境下，该虫都能够快速适应（周祖基，1999）。目前，川硬皮肿腿蜂已在松褐天牛 *Monochamus alternatus* Hope、星天牛 *Anoplophora chinensis* (Forster)、双条杉天牛 *S. bifasciatus* Motschulsky、花椒虎天牛 *Clytus valiandus* Fairmaire 等林木蛀干害虫的防治中起到关键作用（张犀和周祖基，2007）。国内外对川硬皮肿腿蜂进行了生物学特性（申莉莉等，2002；闫蓉，2023；杨桦等，2013）、人工繁育（吴广等，2019；陈桂芳等，2019）、害虫防治（李伟平和蓝巧美，2020；姜勇等，2015；李霞，2020）等多方面的研究。然而，关于川硬皮肿腿蜂对光周期适应性的研究尚未报道。因此，进一步探究光周期变化对川硬皮肿腿蜂生长发育和繁殖的影响，有助于我们更深入地了解该寄生蜂的生物学特性，并为天敌昆虫的扩繁提供理论指导。

1 材料与方法

1.1 供试虫源

试验所用的川硬皮肿腿蜂原始种群于 2023 年 6 月下旬引种于遵义师范学院生物与农业科技学院贵州省赤水河流域动物资源保护与应用研究重点实验室，将带回的原始种群用麻竖毛天牛 *Thyestilla gebleri* Faldermann 幼虫作为替代寄主进行继代繁育，放入江西农业大学森林保护学实验室进行饲养，建立稳定的实验室种群后用于实验。

1.2 饲养方法

参照曾垂惠等（1997）的人工接虫方法进行接虫，接虫比例为蜂虫比 3∶1。接虫时，先将天牛幼虫置于玻璃指形管（规格：直径 1 cm，高 5 cm）中，再将川硬皮肿腿蜂雌性成虫通过试管移到盛有天牛幼虫的指形管中，之后将指形管放入塑料养虫盒（规格：长×宽×高 = 20 cm×15 cm×7 cm）中，置于 LED 型顶置人工气候箱中，环境条件设置为温度（25±1）℃，相对湿度 70%±5%，光周期 12 L∶12 D。

1.3 实验设计

1.3.1 不同光周期对川硬皮肿腿蜂生殖的影响

当上述实验种群中的川硬皮肿腿蜂羽化后，随机选取刚羽化且生长健壮的雌性成虫作为试验昆虫，以蜂虫比为 1∶1 的比例采取 1.2 相同的人工接虫方法，将川硬皮肿腿蜂接到新鲜麻竖毛天牛幼虫中并置于相同温湿度的人工气候箱中进行饲养,光周期分别设置为 0 L:24 D、2 L:22 D、4 L:20 D、6 L:18 D、8 L:16 D、10 L:14 D、12 L:12 D、14 L:10 D、16 L:8 D、18 L:6 D、20 L:4 D、22 L:2 D、24 L:0 D。每个光周期作为一个处理,每个处理设置 30 次重复。每日观察该蜂的产卵情况。当雌蜂开始产卵后,每日记录其产卵量直至产卵结束。当有卵开始孵化时,记录各处理不同重复间卵的孵化数量,统计其孵化率。当孵出的幼虫经寄生取食化蛹羽化后,记录每个处理中不同重复羽化的成虫数量,统计各处理中的羽化率。

1.3.2 不同光周期对川硬皮肿腿蜂后代生长发育的影响

待上述不同处理中雌蜂开始产卵后,记录首次产卵时间和最后产卵时间。当卵开始孵化时,记录卵的首次孵化时间以及最后孵化时间。当幼虫孵出后,观察和记录幼虫化蛹时间。当有成虫羽化时,记录其羽化时间。统计每一处理中川硬皮肿腿蜂的产卵前期、卵历期、幼虫历期和蛹历期。其中产卵前期为接蜂至观察到第 1 粒卵被产出的间隔期。卵历期为第 1 粒卵产出至第 1 头幼虫孵化的间隔期;幼虫历期为第 1 头幼虫孵化至第 1 个茧出现的间隔期;蛹历期为第 1 个茧出现至第 1 头成蜂羽化的间隔期;幼期历期为第 1 粒卵产出至第 1 头成蜂羽化的间隔时间。

1.4 数据分析

所有数据均用 Excel 2016 进行记录整理,数据分析均使用 SPSS 26.0 数据处理系统进行统计。文中所有数据在进行分析前使用 Shapiro-Wilk 检验数据正态性,百分率数据在分析前进行反正弦平方根转换。川硬皮肿腿蜂的生殖产量指标如产卵量、卵的孵化率和成虫羽化率等,各虫态的发育历期指标如产卵前期、卵历期、幼虫历期、蛹历期等均采用单因素方差分析 ANOVA、Tukey's HSD 检验或 Kruskal-Wallis 检验。此外,对长光照与短光照条件下生殖产量指标和发育历期指标均采用独立样本 T 检验。分析结果采用 Origin2024 作图,数据以平均值±标准误表示。

2 结果与分析

2.1 光周期对川硬皮肿腿蜂生殖的影响

2.1.1 产卵量

对不同光周期条件下川硬皮肿腿蜂的产卵量进行比较发现,该蜂的产卵量随着暗期时间的增加而增加($F=5.860$, $df=12, 267$, $P=0.000<0.001$,图1)。其中,在短光周期 10 L:14 D 时该蜂的产卵量最大,平均达到(64.76 ± 1.81)粒/雌,而在长光周期 22 L:2 D 时产卵量最小,平均仅为(50.92 ± 1.61)粒/雌。进一步分析长光照和短光照对川硬皮肿腿蜂产卵量的影响发现,该蜂在长光照条件下的平均产卵量为(53.56 ± 0.76)粒/雌,而在短光照条件下的产卵量平均达(61.05 ± 0.87)粒/雌,二者具极显著差异($t=-6.492$, $df=263$, $P=0.000<0.001$)。这些结果说明,长光照抑制川硬皮肿腿蜂的产卵,而短光照则促进该蜂的产卵。

2.1.2 孵化率

对不同光周期条件下川硬皮肿腿蜂卵的孵化率进行比较,结果表明随着暗期时间的增加,该蜂卵的孵化率在 69%~87%且存在显著差异(Kruskal-Wallis:$H=26.542$,

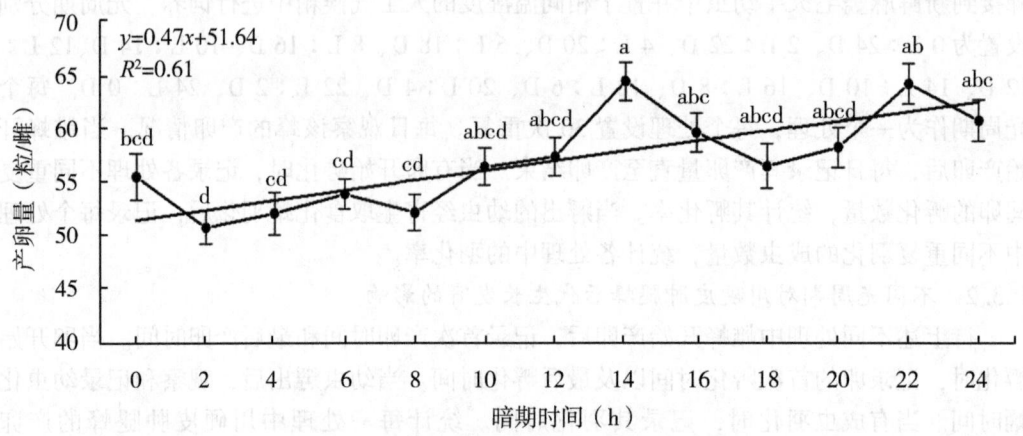

图1 光周期对川硬皮肿腿蜂产卵量的影响

注：图中不同小写字母代表差异显著，ANOVA，$P < 0.05$。

$df = 12$，$P = 0.009$，图2）。在光周期 12 L : 12 D 和 4 L : 20 D 下，该蜂的卵孵化率最高，平均分别达到了 86.97%±1.71% 和 86.86%±1.71%。而在 22 L : 2 D 条件下，该蜂的卵孵化率最小，平均仅为 69.14%±0.03%。进一步比较长光照与短光照条件下的川硬皮肿腿蜂卵的孵化率发现，短光照的卵孵化率（80.90%±1.09%）略高于长光照的卵孵化率（78.43%±1.51%），但无明显差异（$t = -0.575$，$df = 243$，$P = 0.566$）。这一结果同样表明，短光照有利于川硬皮肿腿蜂卵的孵化。

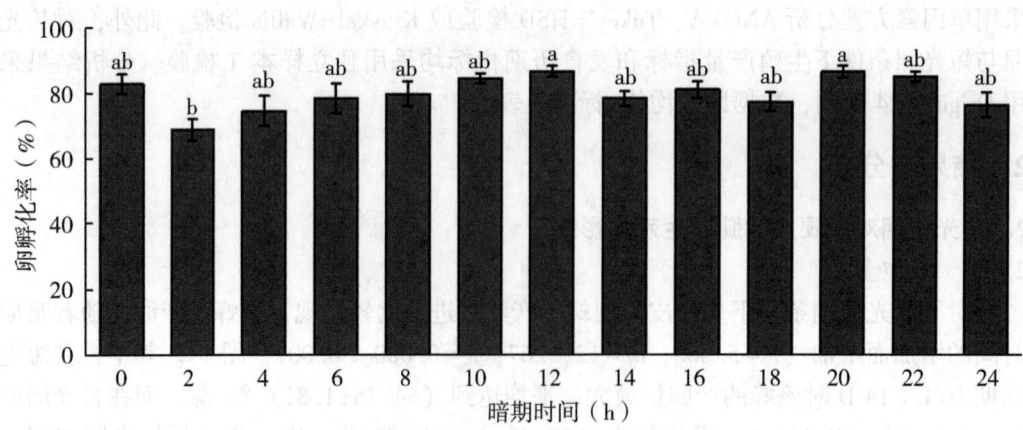

图2 光周期对川硬皮肿腿蜂的孵化率的影响

注：图中不同小写字母代表差异显著，ANOVA，$P < 0.05$。

2.2 光周期对川硬皮肿腿蜂后代生长发育的影响

2.2.1 卵的发育

在室内对川硬皮肿腿蜂的卵在不同光周期条件下进行人工饲养，结果如表1所示。光周期 14 L : 10 D 时，川硬皮肿腿蜂的产卵前期最短为（6.84±0.29）d，而光周期 20 L : 4 D时，寄生蜂的产卵前期最长为（7.40±0.26）d。方差分析表明不同光周期对该虫的产卵前期没有显著影响（ANOVA：$F=0.478$, $df=12$, 310, $P=0.927$，表1）。进一步比较长光照和短光照条件下寄生蜂的产卵前期可知长光照和短光照对寄生蜂的产卵前期影响不显著（$t=-0.353$, $df=249$, $P=0.724$，图3A）。

表1 不同光周期下川硬皮肿腿蜂后代的发育历期

光周期	产卵前期（d）	卵历期（d）	幼虫历期（d）	蛹历期（d）
24∶0	7.02±0.27 a	5.98±0.14 bcd	6.64±0.20 abc	15.83±0.16 ab
22∶2	7.07±0.30 a	6.74±0.18 a	6.38±0.13 d	16.37±0.12 ab
20∶4	7.40±0.26 a	6.12±0.18 abc	6.85±0.27 abc	15.62±0.20 b
16∶8	6.94±0.24 a	5.88±0.16 bcd	6.48±0.16 bc	16.22±0.20 ab
14∶10	6.84±0.29 a	5.68±0.08 bcd	6.54±0.15 bc	16.20±0.19 ab
12∶12	7.04±0.23 a	5.86±0.12 bcd	6.72±0.15 abc	16.02±0.17 ab
10∶14	7.02±0.16 a	5.63±0.08 cd	6.57±0.12 bc	15.92±0.13 ab
8∶16	6.98±0.19 a	5.72±0.12 bcd	6.86±0.15 abc	16.02±0.19 ab
6∶18	7.27±0.17 a	5.91±0.15 bcd	6.76±0.13 abc	16.16±0.15 ab
4∶20	7.25±0.20 a	5.59±0.13 cd	6.34±0.17 d	16.41±0.20 ab
2∶22	7.12±0.17 a	6.03±0.12 bcd	7.09±0.11 ab	16.04±0.16 ab
0∶24	7.17±0.16 a	5.54±0.06 d	7.27±0.16 a	16.46±0.20 a

注：表中数据为平均值±标准误，同一列中不同小写字母表示差异显著（产卵前期：ANOVA, Tukey's HSD 检验，$P<0.05$；卵历期：Kruskal-Wallis 检验，$P<0.05$）。

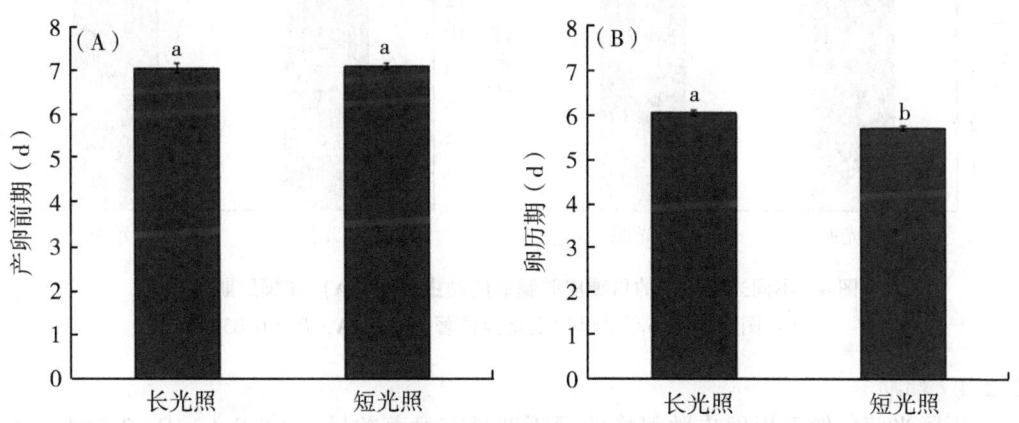

图3 不同光周期下的川硬皮肿腿蜂的产卵前期（A）和卵历期（B）

注：图中不同小写字母代表差异显著，ANOVA, $P<0.05$。

2.2.2 卵历期

对不同光周期下寄生蜂的卵历期进行分析可知，不同光周期对该虫的卵历期具有显著影响（Kruskal-Wallis：$H=57.119$，$df=12$，$P=0.000<0.001$，表1）。其中当光周期22 L : 2 D时，寄生蜂的卵历期最长，达到了（6.74±0.18）d，而当光周期0 L : 24 D时，其卵历期最短，为（5.54±0.06）d。同时可知，该虫的卵历期随着光照时间的减少而缩短，从光周期24 L : 0 D的（5.98±0.14）d缩短至光周期0 L : 24 D的（5.54±0.06）d，降幅为7%。进一步比较其卵历期在长光照和短光照条件下的情况可知，在短光照条件下，寄生蜂卵历期的发育速率显著快于长光照条件（$t=4.279$，$df=341$，$P=0.000<0.001$，图3B）。其中在短光照条件下该虫卵历期需要（5.74±0.05）d，在长光照条件下，则需要（6.08±0.06）d。这一结果表明短光照有利于加速卵的发育。

2.2.3 幼虫历期

不同的光周期下，寄生蜂幼虫历期的长短同样也受光周期变化的影响且差异显著（Kruskal-Wallis：$H=37.971$，$df=12$，$P=0.000<0.001$，表1）。当光周期2 L : 22 D时，寄生蜂的幼虫历期最长，达到（7.27±0.16）d，而在光周期22 L : 2 D和6 L : 18 D时，寄生蜂的幼虫历期均较低，分别为（6.38±0.13）d和（6.34±0.17）d，显示该虫的幼虫历期随光照时间的缩短呈延长趋势。进一步比较长光照和短光照条件下寄生蜂的幼虫历期，结果显示存在显著差异（$t=-2.931$，$df=318$，$P=0.004$，图4A）。在短光照条件，该幼虫的发育历期需要（6.89±0.80）d，而在长光照条件下，则需要（6.60±0.95）d。

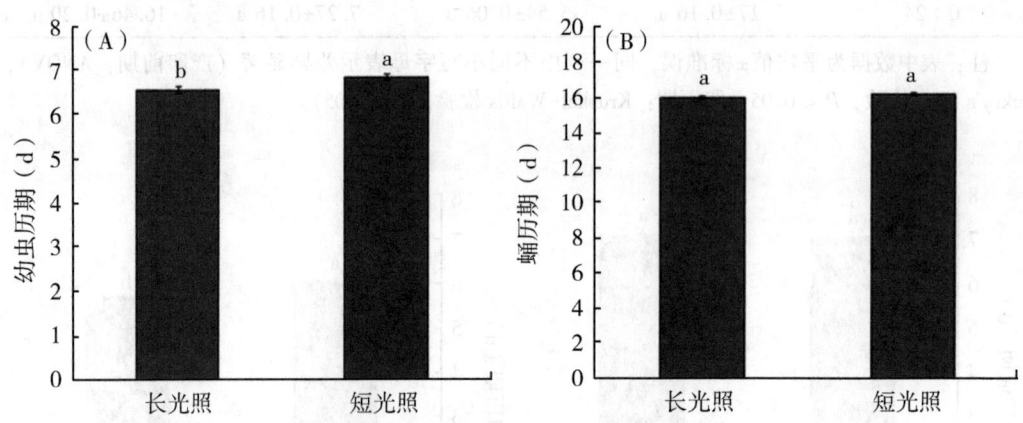

图4 不同光周期下的川硬皮肿腿蜂的幼虫历期（A）和蛹历期（B）

注：图中不同小写字母代表差异显著，ANOVA，$P<0.05$。

2.2.4 蛹期

不同光照条件下川硬皮肿腿蜂的蛹历期具有显著差异（ANOVA：$F=2.004$，$df=12,343$，$P=0.023$）。当光周期20 L : 4 D时，寄生蜂的蛹历期最短，仅有（15.62±0.20）d，而在光周期2 L : 22 D时，川硬皮肿腿蜂的蛹历期最长，达到（16.46±0.20）d，显示出川硬皮肿腿蜂的蛹历期随光照时间的缩短而延长。进一步比较长光照和短光照条件下寄生蜂的蛹历期，结果显示在长光照和短光照条件下，寄生蜂的蛹历期差异不显著（$t=-1.923$，$df=328$，$P=0.055$，图4B）。

2.2.5 羽化率

光周期对川硬皮肿腿蜂的羽化率没有显著影响（ANOVA：$F=0.532$，$df=12, 229$，$P=0.882$，图 5），不同光周期下的羽化率为 71%~81%。其中，寄生蜂羽化率最大是出现在光周期 0 L：24 D，达到 80.45%±3.82%，而寄生蜂羽化率最小值出现在光周期 16 L：8 D，为 70.66%±3.65%。进一步比较长光照和短光照条件下的成虫羽化率发现，尽管两者无显著差异（$t=-1.166$，$df=218$，$P=0.245$），但短光照条件下的成虫羽化率（77.99%±1.47%）要高于长光照条件下的成虫羽化率（75.491%±0.54%）。

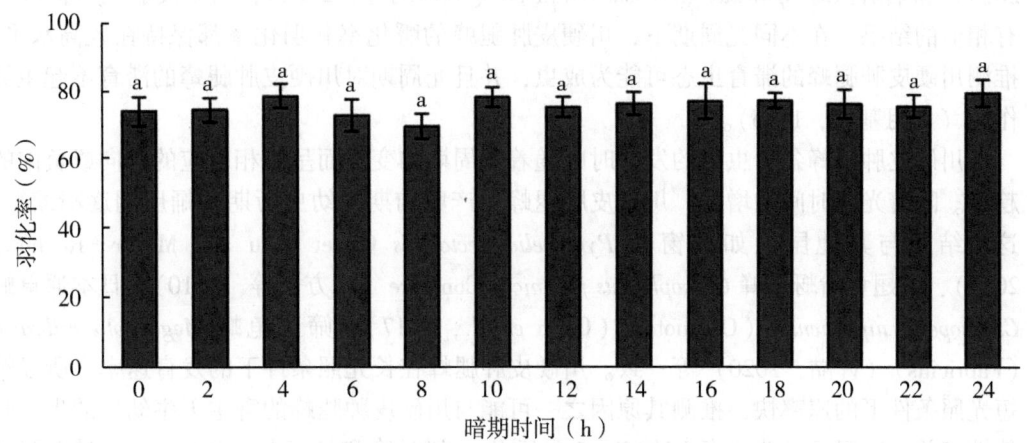

图 5 光周期对川硬皮肿腿蜂羽化率的影响

注：图中不同小写字母代表差异显著，ANOVA，$P<0.05$。

3 结论与讨论

作为自然界中较为稳定的环境因子，光照的周期性变化与季节变化息息相关。昆虫对光周期的感应是昆虫对季节变化进行准确预测的重要基础之一。因此，光周期是调控昆虫生长发育、繁殖等行为的重要因子之一（Zerbino et al., 2013）。本研究结果表明，光周期对川硬皮肿腿蜂的生长发育和生殖有着明显影响。在测定范围内，寄生蜂的产卵前期、幼虫历期、蛹历期随着光照时间的减少而呈现逐渐延长的趋势，但是寄生蜂的卵历期则相反，随着光照时间的减少而逐渐缩短。光周期对川硬皮肿腿蜂的羽化率则没有显著影响。光周期变化对川硬皮肿腿蜂的生殖影响主要体现在产卵量和孵化率上。不同光周期下，寄生蜂的产卵量变化显著，在光周期 10 L：14 D 时产卵量最多，总体呈现出产卵量随着光照时间的减少而逐渐上升的趋势。光周期的变化对寄生蜂孵化率的影响显著。当光照时长在 12~22 h，寄生蜂的孵化率随着光照时长的增加而逐渐减小。而当光照时长小于 12 h 时，寄生蜂的孵化率则是随着光照时间的减少而呈现出逐渐下降的趋势。

在本试验中，川硬皮肿腿蜂的产卵量随着光照时间的减少而呈现逐渐增加的趋势。这一结果与华北大黑鳃金龟 *Holotrichia oblita* Faldermann 相似（Xie et al., 2021）。寄生蜂出现这种情况，可能是因为在长光照下，天牛幼虫寄主发生变质，为了获取充足能量，母蜂取食产出的卵而导致的结果（周祖基等，1997）。川硬皮肿腿蜂的孵化率在不同光周期下差异显著。许多昆虫与川硬皮肿腿蜂不同，光周期对它们的孵化率没有显著影响，如莲草直胸跳甲 *Agasicles hygrophila* Selman et Vogt（王苑馨等，2016）和黏虫 *Mythimna separata*（Walker）（王熠等，2019）等昆虫。也有昆虫与川硬皮肿腿蜂相似，如叉角厉蝽 *Eocanthecona furcellata*（Wolff）（姚明勇等，2020）、虎斑蝶 *Danaus genutia*（Cramer）（陈祯和周成理，2019）等。研究表明，众多寄生蜂的羽化率相对较高且不受光周期的影响，如食蚜蝇姬蜂 *Diplozon laetatorius*（Fabricius）（程予奇等，2019）和烟蚜茧蜂 *Aphidius gifuensis* Ashmead（吴珂珂等，2022），川硬皮肿腿蜂同样具有相似的结果。在不同光周期下，川硬皮肿腿蜂的孵化率和羽化率都保持在较高水平，推测川硬皮肿腿蜂的滞育虫态可能为成虫，并且光周期对川硬皮肿腿蜂的滞育不起主导作用（周祖基等，1995）。

川硬皮肿腿蜂各个虫态的发育时间随着光周期的变化而呈现相对应的正向或负向的趋势。随着光照时间的增加，川硬皮肿腿蜂的产卵前期、幼虫历期和蛹历期逐渐缩短。这些结果与其他昆虫如胸窗萤 *Pyrocoelia pectoralis* Oliver（Fu and Meyer-Rochow，2013）、斑翅食蚧蚜小蜂 *Coccophagus japonicus* Compere（张方平等，2010）、日本通草蛉 *Chrysoperla nipponensis*（Okamoto）（Chen et al.，2017）、筛豆龟蝽 *Megacopta cribraria*（Fabricius）（许喆，2020）等一致。川硬皮肿腿蜂在长光照条件下的发育速率之所以较短光照条件下的速率快，推测其原因之一可能与川硬皮肿腿蜂的寄主天牛幼虫的生物学特性有关。麻竖毛天牛在每年的7—8月孵化（刘时第和杨云芳，1965），此时光照时间是一年中光照时间最长的时候。大批量天牛幼虫的出现为川硬皮肿腿蜂寄生、生长发育提供了充足的营养，川硬皮肿腿蜂的种群得以大量繁殖。

除了光周期外，光波长、光强度等也对昆虫的生物特性有影响（闫硕等，2014；黄彤彤等，2019）。在昆虫的视觉系统中，存在着多种视蛋白分子，它们在昆虫的取食、交配等方面发挥着重要的作用（Porter et al.，2012）。研究表明，经过不同光照条件的处理，昆虫的视蛋白基因的表达也受到不同程度的影响（薛彧媛等，2018）。昆虫通过视觉系统感受外界光照强度的变化，其生长发育和繁殖也相对应做出适应性的变化（Liao et al.，2017；乔利等，2023）。除了光强度外，光波长对昆虫的生物学特性也影响显著（Ali et al.，2016；Taniyama and Hori，2022）。因此，光波长和光强度对川硬皮肿腿蜂的影响值得今后进一步深入的研究和探讨。

参考文献

陈桂芳，马超，杨清钰，2016. 川硬皮肿腿蜂人工繁殖技术规范 [J]. 农业与技术，35（19）：111-113.

陈祯，周成理，2019. 光周期和温度对虎斑蝶卵、幼虫及蛹存活的影响 [J]. 环境昆虫学报，42（4）：938-943.

程予奇，谭琳，伍绍龙，等，2019. 温度和光周期对黑带食蚜蝇蛹及食蚜蝇姬蜂羽化的影响 [J]. 贵州农业科学，47（4）：56-59，173.

胡霞，周祖基，蒋学建，2005. 川硬皮肿腿蜂幼虫龄期的划分 [J]. 四川动物（4）：99-101.

黄彤彤，李梦瑶，杨小凡，等，2019. 光波长、刺激时长和性别结构对龟纹瓢虫趋光性的影

响 [J]. 植物保护学报, 46 (6): 1270-1276.

姜勇, 贾廷彬, 何兴炳, 等, 2015. 巨桉云斑天牛生物防治技术研究 [J]. 四川林业科技, 36 (4): 45-48.

李伟平, 蓝巧美, 2020. 浅谈松材线虫病的发生及防治措施 [J]. 现代农业研究, 26 (4): 91-92.

李霞, 2020. 川硬皮肿腿蜂与中华甲虫蒲螨协同防治天牛类蛀干害虫技术研究 [J]. 防护林科技 (1): 48-49, 52.

刘时第, 杨云芳, 1965. 麻天牛的初步观察和防治试验 [J]. 华北农学报 (4): 67-68.

乔利, 赵筱岑, 陈磊, 等, 2023. LED 光照对灰茶尺蠖成虫保护酶活性的影响 [J]. 昆虫学报, 66 (11): 1510-1517.

申莉莉, 周祖基, 杨伟, 等, 2002. 川硬皮肿腿蜂的胚胎发育 [J]. 昆虫知识 (6): 453-455, 485.

王熠, 庞士海, 纪薇, 等, 2019. 光周期对黏虫生长发育和生殖的影响 [J]. 植物保护学报, 46 (3): 542-548.

王苑馨, 赵龙龙, 谢静静, 等, 2016. 光周期对莲草直胸跳甲生长发育和繁殖的影响 [J]. 植物保护学报, 43 (4): 648-655.

吴广, 王蕊蕊, 熊翅鸿, 等, 2019. 黄粉虫蛹不同处理方式对人工繁育川硬皮肿腿蜂的影响 [J]. 广西林业科学, 48 (1): 123-126.

吴珂珂, 顾钢, 赖荣泉, 等, 2022. 光周期和温湿度对烟蚜茧蜂寄生能力和繁殖的影响 [J]. 昆虫学报, 65 (11): 1488-1497.

许喆, 2020. 筛豆龟蝽对光环境适应性及其生理机制研究 [D]. 长春: 吉林农业大学.

薛彧媛, 彭文菊, 刘芬, 等, 2018. 不同光照对黏虫视蛋白基因表达的影响 [J]. 华中昆虫研究, 14: 282-287.

闫蓉, 2023. 不同刺激条件对川硬皮肿腿蜂嗅觉学习记忆的影响 [D]. 成都: 四川农业大学.

闫硕, 李慧婷, 朱威龙, 等, 2014. 光强度对棉铃虫交配行为的影响 [J]. 昆虫学报, 57 (9): 1045-1050.

杨桦, 杨伟, 杨春平, 等, 2013. 三种杀虫剂亚致死浓度对川硬皮肿腿蜂繁殖和搜寻行为的影响 [J]. 生态学报, 33 (5): 1405-1412.

姚明勇, 周昌, 王岚, 等, 2020. 光周期对叉角厉蝽生长发育及繁殖的影响 [J]. 西南师范大学学报 (自然科学版), 45 (3): 109-114.

曾垂惠, 杨德敏, 叶伟军, 等. 1997. 川硬皮肿腿蜂的人工繁育技术研究 [J]. 四川林业科技 (3): 16.

张方平, 符悦冠, 彭正强, 等, 2010. 温度和光周期对斑翅食蚜蝇小蜂发育与繁殖的影响 [J]. 生态学报, 30 (5): 1280-1286.

张犀, 周祖基, 2007. 驯化川硬皮肿腿蜂生物防治松褐天牛 [J]. 四川林业科技 (4): 16-20.

周祖基, 1999. 川硬皮肿腿蜂研究概述 [J]. 四川林业科技 (3): 59-61.

周祖基, 杨伟, 曾垂惠, 等, 1997. 川硬皮肿腿蜂生物学特性的研究 (膜翅目: 肿腿蜂科) [J]. 林业科学 (5): 475-480.

周祖基, 曾垂惠, 杨德敏, 等, 1995. 四川硬皮肿腿蜂生物学特性的初步观察. 1995 年全国生物防治学术讨论会: 96.

ALI A, RASHID M A, HUANG Q Y, et al., 2016. Effect of UV-A radiation as an environmental stress on the development, longevity, and reproduction of the oriental armyworm, *Mythimna separata* (Lepidoptera: Noctuidae) [J]. Environmental Science and Pollution Research International, 23 (17): 17002-17007.

CHEN Z Z, LIU L Y, LIU S Y, et al., 2017. Response of *Chrysoperla nipponensis* (Okamoto) (Neuroptera: Chrysopidae) under long and short photoperiods [J]. Journal of Insect Science, 17 (2): 35.

FU X H, MEYER-ROCHOW VB, 2013. Larvae of the firefly *Pyrocoelia pectoralis* (Coleoptera: Lampyridae) as possible biological agents to control the land snail *bradybaena ravida* [J]. Biological Control, 65 (2): 176-183.

LIAO X H, SHI L, LIU W F, et al., 2017. Effects of light Intensity on the flight behaviour of adult*Tirumala limniace* (Cramer) (Lepidoptera: Nymphalidae: Danainae) [J]. Journal of Insect Behavior, 30 (2): 139-154.

PORTER M L, BLASIC J R, BOK M J, et al., 2012. Shedding new light on opsin evolution [J]. Proceedings Biological Sciences, 279 (1726): 3-14.

REZIK S Y, VAGHINA N P, 2011. Photoperiodic control of development and reproduction in *Harmonia axyridis* (Coleoptera: Coccinellidae) [J]. European Journal of Entomology, 108 (3): 385-390.

TANIYAMA K, HORI M, 2022. Lethal effect of blue light on Asian tiger mosquito, *Aedes albopictus* (Diptera: Culicidae) [J]. Scientific Reports, 12 (1): 10100.

XIE M H, ZHONG Y Z, LIN L L, et al., 2021. Effect of photoperiod on longevity, food consumption, and reproduction of *Holotrichia oblita* (Coleoptera: Scarabaeidae) [J]. Environmental Entomology, 50 (5): 1151-1157.

ZERBINO M S, ALTIER N A, PANIZZI A R, 2013. Effect of photoperiod and temperature on nymphal development and adult reproduction of *Piezodorus guildinii* (Heteroptera: Pentatomidae) [J]. Florida Entomologist, 96 (2): 572-582.

江西九岭山国家级自然保护区半翅目和膜翅目昆虫群落结构及区系分析*

于一鸣[1]**，涂 昆[2]，舒 平[2]，陈亮亮[2]，张朝晖[2]，丁永刚[2]，邹志文[1]***

(1. 南昌大学生命科学学院，南昌 330031；
2. 九岭山国家级自然保护区管理局，靖安 330600)

摘 要：【目的】昆虫是动物界最为丰富的类群，半翅目与膜翅目是其中的主要类群。江西九岭山国家级自然保护区物种资源丰富，本文对该两类昆虫的种类组成、群落结构及区系分布特征进行了分析。【方法】采用样线踏查、网捕和灯诱等方法，于2019年至2022年针对九岭山国家级自然保护区内半翅目与膜翅目昆虫资源开展野外调查，并进行了种类鉴定。【结果】结果表明，保护区内共记录半翅目昆虫45科84属393种，膜翅目昆虫27科117属236种；从属种多度角度分析，二者构成类群较小且数量较多，群落结构稳定；从属种比值分析，二者均有丰富度较高、优势度明显的特点。通过区系分析，在世界动物地理区划中，保护区内的半翅目昆虫和膜翅目昆虫均主要分布于东洋界和古北界，占比分别为50.64%和70.76%；在中国动物地理区划中，半翅目昆虫在华中区-西南区-华南区占比较大，其余区划分布较为均匀，膜翅目昆虫在华中区-华南区-西南区-华北区占主导，表明保护区的物种丰富度较高。【结论】九岭山国家级自然保护区半翅目与膜翅目昆虫种类繁多，物种多样性指数较高。同时，结果也为保护区的管理和保护提供科学依据，有助于制定合理的保护策略。

关键词：江西九岭山；半翅目；膜翅目；群落结构；区系分析

Community Structure and Faunal Analysis of Hemiptera and Hymenoptera Insects in Jiangxi Jiulingshan National Nature Reserve*

Yu Yiming[1]**, Tu Kun[2], Shu Ping[2], Chen Liangliang[2], Zhang Zhaohui[2], Ding Yonggang[2], Zou Zhiwen[1]***

(1. College of Life Science, Nanchang University, Nanchang 330031, China;
2. Jiulingshan National Nature Reserve Administration, Jing'an 330600, China)

Abstract：【Objectives】Insects are the most abundant groups in the animal kingdom, and Hemiptera and Hymenoptera are the main groups. Jiangxi Jiuling Mountain National Nature Reserve is rich in species resources. In this paper, the species composition, community structure and faunal distribution characteristics of these two types of insects were analyzed.【Methods】From 2019 to

---

* 基金项目：江西省重点研发计划（20212BBF63042，20203BBF63041）；国家自然科学基金（31860601）；南昌大学自然科学跨学科创新基金（9167-28220007-YB2105）
** 第一作者：于一鸣，研究生，主要从事昆虫多样性及系统发育研究；E-mail:2631853723@qq.com
*** 通信作者：邹志文，E-mail:zouzhiwen@ncu.edu.cn

2022, field investigation and species identification of Hemiptera and Hymenoptera insect resources in Jiulingshan National Nature Reserve were carried out by means of line transect, net trap and light trap. 【Results】The results showed that a total of 393 species of Hemiptera insects belonging to 84 genera in 45 families and 236 species of Hymenoptera insects belonging to 117 genera in 27 families were recorded in the reserve. From the perspective of genus and species abundance, the two constitute a small group and a large number of groups, and the community structure is stable; from the analysis of the ratio of genera and species, both of them have the characteristics of high richness and obvious dominance. Through faunal analysis, in the world zoogeographic regionalization, the Hemiptera and Hymenoptera insects in the reserve are mainly distributed in the Oriental and Palaearctic realms, accounting for 50.64% and 70.76%, respectively; In the zoogeographical regionalization of China, Hemiptera insects account for a large proportion in Central China-Southwest China-South China, and the rest are evenly distributed. Hymenoptera insects dominate in Central China-South China-Southwest China-North China, indicating that the species richness of the reserve is high. 【Conclusion】There are many species of Hemiptera and Hymenoptera in Jiulingshan National Nature Reserve, and the species diversity index is high. At the same time, the results also provide a scientific basis for the management and protection of protected areas and help to formulate reasonable protection strategies.

Key words: Jiangxi Jiulingshan; Hemiptera; Hymenoptera; Community Structure; Faunal Analysis

　　昆虫纲是节肢动物门最大的纲，也是动物界中数目和种类最多的纲，是动物界最为丰富的类群，目前已知的物种数超过100万，但是仍有很多的物种未被发现（王琦等，2019）。昆虫是生物多样性的重要组成部分，在维持生态平衡方面起重要作用，也是研究物种多样性较为理想的实验材料，同时也在医学、生物防治等方面发挥出重要作用（广春梅等，2022），近年来人们越来越重视昆虫多样性的监测与保护（李红等，2021）。半翅目 Hemiptera 与膜翅目 Hymenoptera 昆虫种类丰富，是生态系统的重要组成部分。半翅目昆虫多为植食性，一些种类还可传播植物病害，可能会对农林生产造成一些危害，部分肉食性也是多种害虫的重要天敌，可用于生物防治；膜翅目昆虫的食性多样，社会行为复杂（例如蚂蚁、蜜蜂的群体组织活动），为农作物传粉，保障农作物产量（李俊洁等，2021）。同时部分膜翅目昆虫会寄生在害虫卵内和直接捕食害虫，有利于生物防治（李少鹏等，2021）。

　　江西九岭山国家级自然保护区物种资源丰富，生境复杂多变，保护区内生物多样性与生态环境紧密联系（李振基，2009）。目前，九岭山保护区内昆虫资源调查数据仍为2009年综合科学考察，而针对半翅目与膜翅目昆虫本底资源的调查既更新了保护区昆虫名录，又有利于了解昆虫的物种多样性、群落结构等，为保护区的生态环境质量评价提供了可靠依据。因此，本研究开展了对保护区内半翅目与膜翅目昆虫资源的专项调查，并对其物种组成、种群结构及区系分布特征进行了分析，补充了九岭山保护区半翅目与膜翅目的昆虫资源。

1 研究区概况

　　江西九岭山国家级自然保护区位于江西省靖安县境内，地处鄱阳湖平原与洞庭湖平原之间，位于九岭山脉的东段腹地。属森林生态系统类型自然保护区，森林覆盖率高，以中亚热带低海拔区域的典型原生性常绿阔叶林、丘陵河流湿地生态系统和珍稀野生动植物为主要保护对象，为众多野生动植物提供适宜的栖息环境。丰富的生物多样性和独特的生态系统，具有非常重要的生态功能。

2 材料与方法

2.1 昆虫采集时间与地点

2019—2022 年，本团队在江西九岭山国家级自然保护区中的宝峰保护站、大杞山保护站、青山保护站和璪都保护站的巡护路线、林间小道、沟谷等选取了 8 条动物出现频率较高的样线进行人工踏查，每季度每条样线开展一次以上的人工踏查。

2.2 昆虫采集与标本制作

昆虫的采集主要采用网捕法和灯诱法的方式采集昆虫，网捕法主要操作为挥舞捕虫网，将捕捉后的放入自制的乙醚毒瓶中或使其丧失飞行能力后放入三角袋中；灯诱法是在 18：00 至次日 5：00 利用高压汞灯和灯诱帐篷，将昆虫引诱到帐篷上进行捕捉。

将捕捉的昆虫置于展翅板上，进行展翅和姿势调整，利用昆虫针进行针插，放入烘箱干燥处理，存于标本盒中用于后续的鉴定。

2.3 昆虫鉴定

依据《中国昆虫生态大图鉴》（张巍巍等，2011）、《昆虫图谱》《中国动物志》等文献书籍资料，并借助显微拍照合成系统高清拍照进行标本鉴定，确定物种名称，部分有疑问的物种通过咨询专家方式定种。

2.4 区系归属调查

通过查阅资料确定已鉴定的半翅目和膜翅目昆虫在全球各国和中国各地的地理分布地点，再分别按照中国动物地理区划（张荣祖等，1978）和世界动物地理区划（Russel W A，2018）进行区系划分，并进行数量及比例的统计与分析。

2.5 数据处理与分析

对半翅目和膜翅目昆虫名录进行统计和归类，分析昆虫群落物种组成、昆虫属、种多度及在世界动物地理区和中国动物地理区的分布及所占比例。

3 结果与分析

3.1 九岭山自然保护区半翅目与膜翅目昆虫群落组成

本次研究在江西省九岭山国家级自然保护区共计采集半翅目昆虫 45 科 84 属 393 种。其中蝽科 Pentatomidae 共采集到 5 属 71 种，占比为 18.07%，为半翅目昆虫中的优势科，缘蝽科 Coreidae 昆虫采集到 3 属 29 种，盾蚧科 Diaspididae 昆虫采集到 3 属 24 种，占比依次为 7.38%、6.11%。蜍蝽科 Ochteridae、花蝽科 Anthocoridae、菱蜡蝉科 Gixiidae、袖蜡蝉科 Derbidae、木虱科 Psyllidae 和胶蚧科 Kerriidae 均只采集到 1 种（表1）。

在保护区共计采集膜翅目昆虫 27 科 117 属 236 种。其中姬蜂科 Ichneumonidae 共计有 25 属 42 种，占比为 17.80%，物种数最多。其次姬小蜂科 Eulophidae 共采集 19 属 20

种，占比为 8.47%。叶蜂科 Tenthredinidae、茧蜂科 Braconidae、蜜蜂科 Apidae 占比均为 7.20%。扁叶蜂科 Pamphiliidae、茎蜂科 Cephidae、广肩小蜂科 Eurytomidae、金小蜂科 Pteromalidae，均只采集到 2 种。另突瓣叶蜂科 Nematidae 只采集到 1 种（表 2）。

表 1　九岭山国家级自然保护区半翅目昆虫群落物种组成

科	属		种		属种比值系数
	数量	百分比/%	数量	百分比/%	
负子蝽科	1	1.19	2	0.51	0.50
蝎蝽科	2	2.38	4	1.02	0.50
仰蝽科	2	2.38	2	0.51	1.00
蜍蝽科	1	1.19	1	0.25	1.00
划蝽科	2	2.38	5	1.27	0.40
黾蝽科	1	1.19	3	0.76	0.33
龟蝽科	4	4.76	18	4.58	0.22
土蝽科	2	2.38	3	0.76	0.67
盾蝽科	4	4.76	12	3.05	0.33
荔蝽科	4	4.76	8	2.04	0.50
兜蝽科	2	2.38	7	1.78	0.29
蝽科	5	5.95	71	18.07	0.07
同蝽科	2	2.38	8	2.04	0.25
异蝽科	1	1.19	6	1.53	0.17
缘蝽科	3	3.57	29	7.38	0.10
长蝽科	3	3.57	12	3.05	0.25
红蝽科	1	1.19	3	0.76	0.33
网蝽科	2	2.38	6	1.53	0.33
猎蝽科	3	3.57	17	4.33	0.18
姬蝽科	1	1.19	3	0.76	0.33
花蝽科	1	1.19	1	0.25	1.00
盲蝽科	1	1.19	8	2.04	0.13
尺蝽科	1	1.19	2	0.51	0.50
蝉科	2	2.38	13	3.31	0.15
角蝉科	1	1.19	3	0.76	0.33
沫蝉科	3	3.57	11	2.80	0.27

(续表)

科	属 数量	属 百分比/%	种 数量	种 百分比/%	属种比值系数
尖胸沫蝉	3	3.57	12	3.05	0.25
叶蝉科	2	2.38	20	5.09	0.10
菱蜡蝉科	1	1.19	1	0.25	1.00
袖蜡蝉科	1	1.19	1	0.25	1.00
象蜡蝉科	1	1.19	3	0.76	0.33
广翅蜡蝉科	1	1.19	6	1.53	0.17
蛾蜡蝉科	1	1.19	2	0.51	0.50
蜡蝉科	2	2.38	2	0.51	1.00
飞虱科	2	2.38	17	4.33	0.12
木虱科	1	1.19	1	0.25	1.00
粉虱科	1	1.19	4	1.02	0.25
瘿绵蚜科	1	1.19	2	0.51	0.50
群蚜科	2	2.38	4	1.02	0.50
蚜科	3	3.57	21	5.34	0.14
粉蚧科	1	1.19	8	2.04	0.13
胶蚧科	1	1.19	1	0.25	1.00
链蚧科	1	1.19	2	0.51	0.50
蚧科	1	1.19	4	1.02	0.25
盾蚧科	3	3.57	24	6.11	0.13
	84		393		0.21

表2 九岭山国家级自然保护区膜翅目昆虫群落物种组成

科	属 数量	属 百分比/%	种 数量	种 百分比/%	属种比值系数
扁叶蜂科	1	0.85	2	0.85	0.50
茎蜂科	2	1.71	2	0.85	1.00
蕨叶蜂科	3	2.56	4	1.69	0.75
突瓣叶蜂科	1	0.85	1	0.42	1.00
叶蜂科	11	9.40	17	7.20	0.65
蔺叶蜂科	2	1.71	4	1.69	0.50

(续表)

科	属		种		属种比值系数
	数量	百分比/%	数量	百分比/%	
三节叶蜂科	2	1.71	8	3.39	0.25
姬蜂科	25	21.37	42	17.80	0.60
茧蜂科	9	7.69	17	7.20	0.53
蚜茧蜂科	2	1.71	7	2.97	0.29
小蜂科	4	3.42	12	5.08	0.33
长尾小蜂科	2	1.71	3	1.27	0.67
广肩小蜂科	1	0.85	2	0.85	0.50
蜜蜂科	6	5.13	17	7.20	0.35
金小蜂科	2	1.71	2	0.85	1.00
姬小蜂科	19	16.24	20	8.47	0.95
跳小蜂科	4	3.42	7	2.97	0.57
蚜小蜂科	3	2.56	8	3.39	0.38
赤眼蜂	2	1.71	12	5.08	0.17
土蜂科	2	1.71	3	1.27	0.67
蚁科	5	4.27	7	2.97	0.71
蜾蠃科	1	0.85	7	2.97	0.14
胡蜂科	1	0.85	6	2.54	0.17
马蜂科	1	0.85	6	2.54	0.17
泥蜂科	2	1.71	6	2.54	0.33
隧蜂科	2	1.71	3	1.27	0.67
切叶蜂科	2	1.71	11	4.66	0.18
	117		236		0.50

3.2 九岭山自然保护区半翅目与膜翅目昆虫属、种数量

本研究将半翅目与膜翅目各科所含的属、种数划分为1、2~5、5~10、11~15和16及以上5个等级，比较分析各科在属、种数量等级中所占比例（图1、图2）。结果表明，半翅目与膜翅目各科的属数主要分布在1~5个，半翅目未出现6个及以上；半翅目与膜翅目各科的种数主要分布在2~10个。表明保护区内半翅目与膜翅目构成类群较小且数量多。

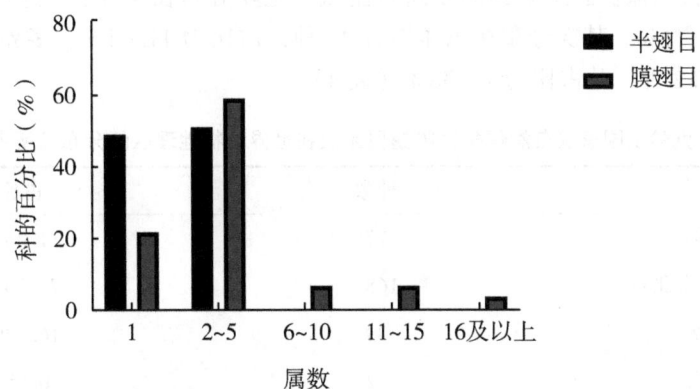

图1 江西九岭山国家级自然保护区昆虫优势属的数量等级与科的关系

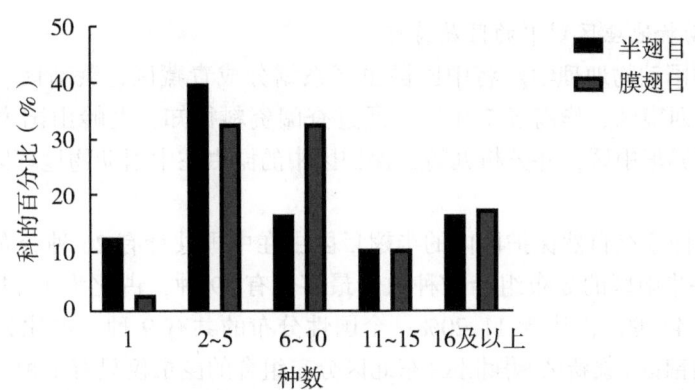

图2 江西九岭山国家级自然保护区昆虫优势类群种的数量等级与科的关系

3.3 保护区内半翅目与膜翅目昆虫区系特征

3.3.1 世界动物地理区划中的区属特征

在九岭山自然保护区中采集到的半翅目昆虫，世界区系分布主要以东洋界和古北界为主，有199种共属东洋界和古北界，占比50.64%；其次有135种属东洋界，占比34.35%；多界物种有47种，占比11.96%；全球分布的共有12种，占比为3.05%（表3）。

表3 九岭山国家级自然保护区半翅目昆虫在世界动物地理区的分布及所占比例

区系	种数	占比
东洋界	135	34.35%
东洋界+古北界	199	50.64%
多界	47	11.96%
全球分布	12	3.05%
总计	393	100.00%

在九岭山自然保护区采集到的膜翅目昆虫，主要分布在东洋界+古北界，共有168种，占比为70.76%。其次分布在东洋界有27种，占比为11.44%。多界、全球分布的依次为39种和2种，共占比为17.38%（表4）。

表4 九岭山国家级自然保护区膜翅目昆虫在世界动物地理区的分布及所占比例

区系	种数	占比
东洋界	27	11.44%
东洋界+古北界	168	70.76%
多界	39	16.53%
全球分布	2	0.85%
总计	236	100.00%

3.3.2 中国动物地理区划中的区属特征

根据《中国动物地理学》将中国昆虫区系划分成青藏区、蒙新区、华北区、东北区、华中区、西南区、华南区7个区。通过查阅资料得知，九岭山国家级自然保护区全境属于东洋界华中区，并分析九岭山保护区中的昆虫在中国动物地理区划中的区系结构特征。

在九岭山国家级自然保护区内的半翅目昆虫在中国共计有26种分布组合，其中华中区+西南区+华南区的分布组合物种数量最多，有49种，占比为12.47%；仅在华中区分布的共有44种，占比为11.20%；全国性分布的共有9种，占比为2.29%；华中区+华南区+西南区+蒙新区+华北区+东北区分布组合的昆虫仅只有1种（表5）。

表5 九岭山国家级自然保护区半翅目昆虫在中国动物地理区的分布及所占比例

序号	中国动物地理分布	种数	占比
1	华中区+华南区+西南区+蒙新区+华北区+东北区	1	0.25%
2	华中区+华南区+华北区+青藏区	4	1.02%
3	华中区+蒙新区	7	1.78%
4	华中区+西南区+青藏区	7	1.78%
5	华中区+华南区+东北区	9	2.29%
6	华中区+华南区+华北区+东北区+蒙新区+青藏区+西南区	9	2.29%
7	华中区+华南区+西南区+蒙新区+青藏区+华北区	9	2.29%
8	华中区+华南区+西南区+青藏区	9	2.29%
9	华中区+西南区+华北区+东北区+华南区	9	2.29%
10	华中区+华南区+西南区+蒙新区+青藏区	10	2.54%
11	华中区+华北区+蒙新区	11	2.80%

(续表)

序号	中国动物地理分布	种数	占比
12	华中区+蒙新区+华北区+东北区	11	2.80%
13	华中区+西南区+华北区	13	3.31%
14	华中区+东北区	14	3.56%
15	华中区+蒙新区+华南区+华北区	14	3.56%
16	华中区+西南区+蒙新区	14	3.56%
17	华中区+华南区+西南区+蒙新区	15	3.82%
18	华中区+华北区+东北区	16	4.07%
19	华中区+华北区+西南区+蒙新区	16	4.07%
20	华中区+华南区+西南区+华北区	16	4.07%
21	华中区+西南区	17	4.33%
22	华中区+蒙新区+华北区+华南区+西南区	18	4.58%
23	华中区+华南区+华北区	20	5.09%
24	华中区+华南区	31	7.89%
25	华中区	44	11.20%
26	华中区+西南区+华南区	49	12.47%
	总计	393	100.00%

九岭山保护区膜翅目昆虫在中国动物地理区共有22种分布组合，其中华中区+华南区+西南区+华北区的分布组合中数量最多，共有77种，占比为32.63%。其次为华中区+华南区+西南区的分布组合，共有35种，占比为14.83%；西南区、华中区+华南区+蒙新区+华北区、华中区+西南区+华北区+东北区、华中区+华南区+西南区+青藏区+华北区+东北区这4种分布组合的昆虫均仅只有1种（表6）。

表6 九岭山国家级自然保护区膜翅目昆虫在中国动物地理区的分布及所占比例

序号	中国动物地理分布	种数	占比
1	华中区	2	0.85%
2	西南区	1	0.42%
3	华中区+华南区	18	7.63%
4	华中区+西南区	3	1.27%
5	华中区+华北区	16	6.78%
6	华中区+华南区+西南区	35	14.83%
7	华中区+华南区+华北区	26	11.02%

（续表）

序号	中国动物地理分布	种数	占比
8	华中区+西南区+华北区	5	2.12%
9	华中区+华北区+东北区	9	3.81%
10	华中区+华南区+西南区+青藏区	2	0.85%
11	华中区+华南区+西南区+华北区	77	32.63%
12	华中区+华南区+蒙新区+华北区	1	0.42%
13	华中区+华南区+华北区+东北区	5	2.12%
14	华中区+西南区+华北区+东北区	1	0.42%
15	华中区+青藏区+华北区+东北区	2	0.85%
16	华中区+华南区+西南区+蒙新区+华北区	2	0.85%
17	华中区+华南区+西南区+青藏区+华北区	3	1.27%
18	华中区+华南区+西南区+华北区+东北区	15	6.36%
19	华中区+华南区+西南区+蒙新区+青藏区+华北区	2	0.85%
20	华中区+华南区+西南区+蒙新区+华北区+东北区	7	2.97%
21	华中区+华南区+西南区+青藏区+华北区+东北区	1	0.42%
22	华中区+华南区+西南区+蒙新区+青藏区+华北区+东北区	3	1.27%
	总计	237	100.00%

4 结论与讨论

江西九岭山国家级自然保护区昆虫资源丰富，共计采集半翅目昆虫45科84属393种，膜翅目昆虫27科117属236种。保护区内半翅目和膜翅目昆虫的构成类群较小且数量较多，群落结构稳定，有利于充分利用能量（吴鸿等，2000）。半翅目各科中，大部分的属种比值系数稍高于总属种比值系数0.21，蜡亚科在半翅目中极具有代表性，属种比值系数越小表明群落物种丰富度越高（王朝英等，2020）；膜翅目中姬蜂科 Ichneumonidae（25属42种）属、种数均最高，且属种比值系数（0.6）稍高于总属种比值系数（0.5）。半翅目和膜翅目昆虫在灯诱法的捕捉下数量及种类稍有不足，主要以样线踏查为主。

在世界地理区系中，九岭山保护区半翅目和膜翅目昆虫均以东洋界+古北界共有种为主，其中是半翅目昆虫的区属特征更偏向于东洋界，这与多个地区蜡类、蝉类相似（孙昱等，2023），两目昆虫区属特征的共同点均与调查区域所处地理位置紧密联系，而差异则可能归因于扩散能力的不同。在中国动物地理区划中将华中区新纪录的物种纳入华中区进行分析（杨远发等，2022），九岭山保护区内的半翅目昆虫无明显主导，分布较为均匀，膜翅目昆虫由华中区+华南区+西南区+华北区主导，表现出保护区的物种丰富度较高。

  昆虫在生态系统中占据重要地位，是食物链的基础，有着传粉、分解等功能。在农业生产、科学研究和生物防治等都有着重要作用（彩万志等，2011）。昆虫资源的调查有助于了解该地区生态系统结构，监测和评估生态环境变化，促进农业可持续发展，推动科学研究。本研究对九岭山保护区内的半翅目和膜翅目昆虫资源进行了调查与分析，更新了保护区的半翅目和膜翅目昆虫名录，为保护区的生态环境质量评价提供了可靠依据。但由于保护区内森林覆盖率高，生境复杂多变，生态环境丰富多样。所捕获的昆虫大多是源自白天人工踏查以及夜晚灯诱捕捉，对于土壤、树冠、山涧中的类群调查仍不够全面，需进一步的调查。

参考文献

彩万志，庞雄飞，花保祯，等，2011. 普通昆虫学（第二版）[M]. 北京：中国农业大学出版社.

广春梅，王洪亮，张玉华，等，2022. 临夏太子山国家级自然保护区昆虫多样性调查 [J]. 现代农业科技（20）：149-152.

李红，杜元军，2021. 沂水国家湿地公园昆虫资源调查与分析 [J]. 中国林副特产（4）：70-72.

李俊洁，刘欢欢，吴杨雪，等，2021. 中国半翅目昆虫多样性和地理分布数据集 [J]. 生物多样性，29（9）：1154-1158.

李少鹏，丛林，姜海燕，等，2021. 高格斯台罕乌拉自然保护区膜翅目昆虫多样性调查 [J]. 现代园艺，44（17）：19-21. DOI：10.14051/j.cnki.xdyy.2021.17.006.

李振基，2009. 江西九岭山自然保护区综合科学考察报告 [M]. 北京：科学出版社.

孙昱，2023. 青藏高原东缘蝉科昆虫多样性及地理分布研究 [D]. 杨凌：西北农林科技大学.

王朝英，李丹，赵萍，2020. 贵州蝽亚科昆虫名录和区系研究（半翅目：异翅亚目：蝽科）[J]. 凯里学院学报，38（6）：65-73.

王琦，李长波，冯淑连，等，2019. 陕西省汉江湿地自然保护区昆虫资源调查与分析 [J]. 生物资源，41（5）：434-438.

吴鸿朱，徐华潮，2000. 浙江龙王山昆虫物种多样性研究 [J]. 浙江林学院学报（3）：3-8.

杨远发，涂磊，邹杨，等，2022. 九岭山国家级自然保护区蜘蛛多样性与区系分布特征 [J]. 南昌大学学报（理科版），46（5）：563-569.

张海周，王正军，张向欣，2009. 野鸭湖湿地自然保护区地表昆虫多样性分析 [J]. 首都师范大学学报（自然科学版），30（6）：31-34，44.

张荣祖，赵肯堂，1978. 关于《中国动物地理区划》的修改 [J]. 动物学报（2）：196-202.

张巍巍，李元胜，2011. 中国昆虫生态大图鉴 [M]. 重庆：重庆大学出版社.

蕲艾田蚜虫种群多样性的分子鉴定*

常向前**，吕　亮，张　舒***

（湖北省农业科学院植保土肥研究所，农业农村部华中作物有害生物综合治理重点实验室，农作物重大病虫草害防控湖北省重点实验室，武汉　430064）

摘　要：利用 Illumina NovaSeq 平台，基于线粒体 COⅠ 基因序列，对蕲春县蕲艾 Artemisia argyi 田蚜虫种群多样性进行分子鉴定及分析。结果表明，蕲春县不同地点均以艾小长管蚜 Macrosiphoniella yomogifoliae 为主要种群，相对比例超过 50%，其他蚜虫包括艾蚜 Aphis kurosawai、缢管蚜属蚜 Rhopalosiphum cerasifoliae；蕲艾田生境内其他植物寄主如油菜 Brassica napus、野菊花 Chrysanthemum indicum、李子树 Prunus salicina 上基本没有艾小长管蚜或艾蚜，油菜上蚜虫种群以菜缢管蚜 Lipaphis erysimi 为优势种，野菊花上以菊小长管蚜 Macrosiphoniella sanborni 为优势种，李子树上以桃粉大尾蚜 Hyalopterus arundiniformis 为优势种群。

关键词：蕲春；艾草；蚜虫；COⅠ 基因

Molecular Identification of Aphid Population Diversity on *Artemisia argyi* in Qichun*

Chang Xiangqian**, Lü Liang, Zhang Shu***

(*Hubei Key Laboratory for Crop Diseases & Insect Pests & Weeds Control*, *Key Laboratory of Central China Integrated Pests Management on Crops of Ministry of Agricultural and Rural Affairs*, *Institute of Plant Protection and Soil Science*, *Hubei Academy of Agricultural Sciences*, *Wuhan* 430064, *China*)

Abstract: Based on Illumina NovaSeq platform, and mitochondrial COⅠ gene sequence, the population diversity of aphids on *Artemisia argyi* in Qichun was identified and analyzed. The results showed that *Macrosiphiniella yomogifoliae* was the main population in different places of Qichun County, with a relative proportion of >50%, and other aphids were *Aphis kurosawai* and *Rhopalosiphum cerasifoliae*; Other plant hosts such as *Brassica napus*, *Chrysanthemum indicum* and *Prunus salicina* in the fields of *A. argyi* were basically free of *M. yomogifoliae* or *A. kurosawai*. *Lipaphis erysimi* was the dominant species on *Brassica napus*, *Macrosiphiniella sanborni* was the dominant species on *C. indicum*, and *Hyalopterus arundiformis* was the dominant species on *P. salicina*.

Key words: Qichun; *Artemisia argyi*; Aphid; COⅠ gene

蕲春县地处湖北东部，大别山南麓，长江中游北岸，是湖北省药材大县。蕲艾，被

---

* 基金项目：小宗作物（蕲艾）用药评价项目
** 第一作者：常向前；E-mail:whcxq2013@163.com
*** 通信作者：张舒；E-mail:ricezs6410@163.com

称为"艾草之王",广泛分布于蕲春县各地,是获得国家地理标志产品认证的地道中药材。2023年,蕲春县蕲艾种植面积达23万亩,蕲艾生产企业达600余家,全县蕲艾产业综合产值超128亿元。但是随着蕲艾规模种植的发展,蕲艾病虫害逐年加重。特别是蚜虫为害严重时,导致艾草幼嫩头部形成"龙头"状,引起叶片煤污病,导致中下部叶片提早死亡,严重影响蕲艾产量和品质,限制了蕲艾产业的发展(邹春华等,2020;邹春华等,2022)。田间调查发现,蕲艾田蚜虫种类较多,常混合发生,并且每种蚜虫多型、多态;同时由于蕲艾作为小宗作物,蕲艾蚜虫相关的形态学文献较少,仅依据形态特征较难开展蚜虫物种鉴定(Hebert et al.,2003;Foottit et al.,2008;汪珍春等,2013;廖文宇等,2019)。DNA条形码是应用单一基因片段序列来区分物种的快速鉴定方法(陈苗苗等,2015;鞠倩等,2019),因此利用基于线粒体 COI(细胞色素 C 氧化酶亚基Ⅰ)基因的 DNA 条形码技术,对蕲艾田蚜虫种群多样性进行分子鉴定及分析,以期为蕲艾蚜虫的绿色防控提供依据。

1 采样地点和鉴定方法

1.1 采样地点

四个采样地点分别在蕲春县的刘塝村、席盘石村、五斗地村、大河口村的蕲艾田,每个采样点蕲艾种植时间均超过3年。采样时,在每个采样地点随机挑选5~10株蕲艾,将各株蕲艾整个植株上的所有蚜虫用细毛笔轻轻扫落入1个离心管中,作为一个样本。每个采样地获得1个样本。

蕲艾田生境内常有少量的其他植物寄主如油菜 *Brassica napus*、野菊花 *Chrysanthemum indicum*、李子树 *Prunus salicina*。在蕲春县刘塝村,对于这些植物上发生的蚜虫种群也分别进行采集,作为3个寄主样本。

1.2 鉴定方法

分别提取各样本 DNA,PCR 扩增线粒体 COI 基因,与蚜虫蚜科 Aphididae COI 基因库比对。COI 基因扩增引物上、下游序列分别为:(5′-GGWACWGGWTGAAC-WGTWTAYCCYCC-3′);(5′-TANACYTCNGGRTGNCCRAARAAYCA-3′)。PCR 反应体系为25 μL,其中 DNA 0.5 μL,5×Buffer 5 μL,dNTPs 2 μL,上下游引物各0.5 μL,TaqDNA 聚合酶0.2 μL,ddH$_2$O 补至25 μL。PCR 反应条件为:94℃预变性3 min;98℃ 10 s,55℃ 5 s,72℃ 20 s,35个循环;72℃延长10 min。取5 μL PCR 扩增产物进行电泳。检测成功样品送百易汇能科技有限公司测序,测序平台为 Illumina NovaSeq。对蚜虫种的比对标准以最近共同祖先(Lowest Common Ancestor,LCA)算法来进行,阈值 e<10^{-5}。

2 结果与结论

2.1 总体分析

7个采样本蚜虫线粒体 COI 基因目的片段长度均为313 bp,见图1。

2.2 不同地点蕲艾上蚜虫种群多样性分析

四个采样地点(刘塝村、席盘石村、五斗地村、大河口村)均以艾小长管蚜 *Mac-*

rosiphoniella yomogifoliae 为主要种群，相对比例超过 50%，最高为五斗地村占比为 97%，各采样地均出现艾蚜 *Aphis kurosawai*、缢管蚜属蚜 *Rhopalosiphum cerasifoliae* 等蚜虫，见图 2。

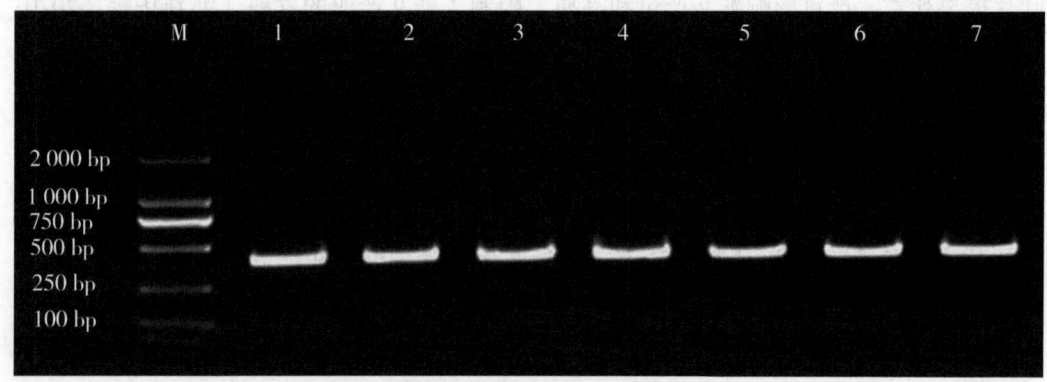

图 1　7 个蚜虫种群样本 *COI* 基因扩增效果

注：图中 1~7 分别表示样本，1. 刘塝村；2. 席盘石村；3. 五斗地村；4. 大河口村；5. 油菜；6. 野菊花；7. 李子树。

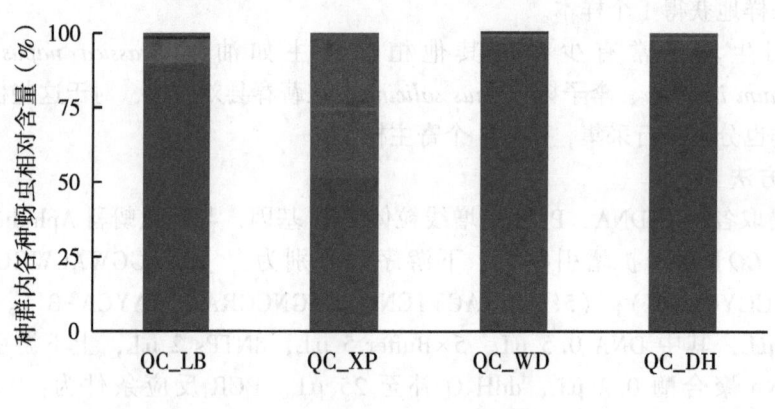

图 2　不同采样地点蕲艾上蚜虫种群内各种蚜虫比例

注：图中横轴上 QC_LB、QC_XP、QC_WD、QC_DH 分别为刘塝村、席盘石村、五斗地村、大河口村；图例中各蚜虫分别为艾小长管蚜 *Macrosiphoniella yomogifoliae*、艾蚜 *Aphis kurosawai*、缢管蚜属蚜 *Rhopalosiphum cerasifoliae*、钉侧棘斑蚜 *Tuberculatus capitatus*、桃蚜 *Myzus persicae*。

2.3 蕲艾田其他植物上蚜虫种群多样性分析

蕲艾田生境内其他少量植物寄主如油菜、野菊花、李子树上基本没有艾小长管蚜或艾蚜，油菜上蚜虫种群以菜缢管蚜 *Lipaphis erysimi* 为优势种，野菊花上以菊小长管蚜 *Macrosiphoniella sanborni* 为优势种，李子树上以桃粉大尾蚜 *Hyalopterus arundiniformis* 为优势种群，见图3。

因此蕲春县各地蕲艾田均以艾小长管蚜 *M. yomogifoliae* 为优势蚜虫种群，但尚有蚜虫如瘤蚜属蚜虫未鉴定出，需要进一步研究。

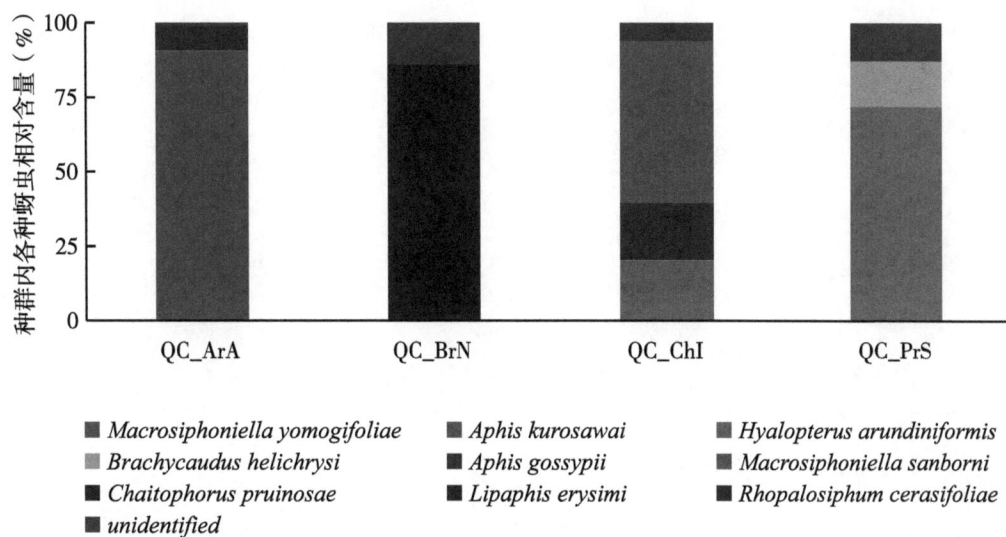

图3 蕲艾田生境内其他植物上蚜虫种群内各种蚜虫比例

注：图中横轴上 QC_ArA、QC_BrN、QC_ChI、QC_PrS 分别为蕲艾（刘塝村）、油菜、野菊花、李子树；图例中各蚜虫为艾小长管蚜 *Macrosiphoniella yomogifoliae*、艾蚜 *Aphis kurosawai*、桃粉大尾蚜 *Hyalopterus arundiniformis*、李短尾蚜 *Brachycaudus helichrysi*、棉蚜 *Aphis gossypii*、菊小长管蚜 *Macrosiphoniella sanborni*、毛蚜属蚜 *Chaitophorus pruinosae*、菜缢管蚜 *Lipaphis erysimi*、缢管蚜属蚜 *Rhopalosiphum cerasifoliae*、桃蚜 *Myzus persicae*。

参考文献

陈苗苗，郭荣，张金良，等，2015. 基于种特异性 COI 标记的新入侵种甘蓝粉虱快速鉴定技术 [J]. 昆虫学报，58（5）：579-586.

鞠倩，曲明静，杜龙，等，2019. 基于种特异性 COI 标记的花生蚜快速鉴定技术 [J]. 花生学报，48（4）：8-13.

廖文宇，吴海龙，张诗晟，等，2019. 长沙地区7种寄主蚜虫的快速鉴定及其亲缘关系分析 [J]. 中国植保导刊，39（6）：12-21.

汪珍春，王小兰，郑毅胜，等，2013. DNA 条形码快速鉴定广州常见菊花蚜虫 [J]. 环境昆虫学报，35（6）：764-771.

邹春华，李小兵，何世民，等，2022. 蕲艾主要病虫害及其绿色防控技术 [J]. 湖北植保（1）：72-73，80.

邹春华,袁卫东,李小兵,等,2020. 蕲艾蚜虫的田间防治药剂筛选试验 [J]. 湖北植保 (4):17-18, 24.

FOOTTIT R G, MAW H E L, VON DOHLEN C D, et al., 2008. Species identification of ahpids (Insecta: Hemiptera: Aphididae) through DNA barcodes [J]. Mol. Ecol. Res., 8 (6): 1189-1201.

HEBERT P D N, CYWINSKA A, BALL S L, et al, 2003. Biological identifications through DNA barcodes [J]. Proc. R. Soc. Lond. B, 270 (1512): 313-321.

瓜蚜蜜露细菌多样性研究*

刘悦[1]**，王文荣[1]，彭宇[2]，赵耀[1]***

（1. 湖北大学生命科学学院，生物催化与酶工程国家
重点实验室，武汉 430062；2. 湖北大学资源环境学院，区域
开发与环境响应湖北省重点实验室，武汉 430062）

摘 要：【目的】旨在探究瓜蚜蜜露的细菌群落多样性及其组成。【方法】本研究采用16S rRNA 基因测序技术，对瓜蚜蜜露和瓜蚜体内细菌群落的组成及多样性进行了分析和比较。【结果】瓜蚜蜜露样品的主要细菌类群包括不动杆菌属（*Acinetobacter*）和泛菌属（*Pantoea*）。在瓜蚜样品中，不动杆菌属（*Acinetobacter*）、布赫纳氏菌属（*Buchnera*）和杀雄菌属（*Arsenophonus*）占据主要地位。总体而言，瓜蚜和蜜露样品的细菌组成具有较高的相似性，尤其是在丰度较高的共有菌属中，包括不动杆菌属（*Acinetobacter*）、泛菌属（*Pantoea*）、假单胞菌属（*Pseudomonas*）和葡萄球菌属（*Staphylococcus*）等。Alpha 多样性分析表明，蜜露中的优势菌群比例较高，物种丰富度相对较低。【结论】瓜蚜蜜露中细菌种类丰富，其菌落组成与瓜蚜体内的细菌高度相似。本研究揭示了蜜露细菌群落的复杂性和多样性，为挖掘蜜露中的关键微生物并解析其生物学功能和潜在应用奠定了理论基础。

关键词：瓜蚜；蜜露；微生物；高通量测序；优势菌群

Study on the Bacterial Diversity in the Honeydew of *Aphis gossypii*

Liu Yue[1]**, Wang Wenrong[1], Peng Yu[2], Zhao Yao[1]***

(1. *State Key Laboratory of Biocatalysis and Enzyme Engineering, School of Life Sciences, Hubei University, Wuhan 430062, China*; 2. *Hubei Key Laboratory of Regional Development and Environmental Response, Faculty of Resources and Environmental Science, Hubei University, Wuhan 430062, China*)

Abstract: 【Objectives】This study aims to investigate the bacterial community diversity and composition in the honeydew of the melon aphid (*Aphis gossypii*). 【Methods】Using 16S rRNA gene sequencing, we analyzed and compared the composition and diversity of bacterial communities in the honeydew and body of the melon aphid. 【Results】The dominant bacterial genera in the honeydew samples included *Acinetobacter* and *Pantoea*. In contrast, the aphid samples were primarily composed of *Acinetobacter*, *Buchnera*, and *Arsenophonus*. Overall, the bacterial compositions of the honeydew and aphid samples exhibited a high degree of similarity, especially among the shared and abundant genera such as *Acinetobacter*, *Pantoea*, *Pseudomonas* and *Staphy-*

---

* 基金项目：国家自然科学基金（32302339）
** 第一作者：刘悦；E-mail:lyue@stu.hubu.edu.cn
*** 通信作者：赵耀；E-mail:zhaoyao@hubu.edu.cn

lococcus. Alpha diversity analysis revealed a higher proportion of dominant bacterial groups in the honeydew, with relatively lower species richness.【Conclusion】The honeydew of the melon aphid harbors a diverse array of bacterial species, with a community composition highly similar to that within the aphid body. This study not only highlights the complexity and diversity of the honeydew's bacterial community but also provides a theoretical foundation for exploration of key microorganisms in the honeydew and the elucidation of their biological functions and potential applications.

Key words: *Aphis gossypii*; Honeydew; Microorganisms; High-throughput sequencing; Dominant bacterial communities

昆虫体内广泛存在着多种细菌，这些细菌与昆虫形成了紧密的共生关系，共同维持昆虫的生命活动，例如，它们能够为宿主昆虫提供其自身无法合成但至关重要的必需氨基酸，并参与昆虫的解毒代谢、防御机制以及信息素的合成（Jing et al.，2014；Hamss et al.，2024）。此外，昆虫的粪便中也含有大量的细菌，这些细菌在生态系统中同样扮演着重要的角色。例如，葡萄粉蚧（*Maconellicoccus hirsutus* 和 *Nipaecoccus viridis*）蜜露中的细菌能够有效协助寄生蜂 *Anagyrus dactylopii* 迅速且准确地定位宿主，从而在控制害虫种群和维持生态平衡方面发挥重要作用（Fand et al.，2020）。

瓜蚜（*Aphis gossypii*），又称棉蚜，隶属半翅目（Hemiptera）蚜科（Aphididae），是一种全球性的农业害虫。它们危害棉花、黄瓜、甜瓜等多种植物，体型微小，呈淡绿色或黄色，通过吸食植物汁液获取养分，导致植株生长受阻、叶片卷曲变形，严重影响植物的生长发育和产量（司升云等，2021）。蜜露是瓜蚜取食植物汁液后排泄的富含糖分的副产物，通常呈黏稠状，色泽透明或浅黄色，常在植物叶片上形成可见的液滴。蚜虫蜜露在生态系统中具有重要作用（Leroy et al.，2011），其释放的挥发性化合物能够吸引捕食者和寄生性天敌昆虫，增强它们对害虫的搜索和捕食能力（Buitenhuis et al.，2004；Verheggen et al.，2008；Higashida et al.，2022）。此外，蜜露还为这些天敌提供糖类和氨基酸等营养物质（Hogervorst et al.，2007；Ali et al.，2024），进一步增强了天敌在生态系统中的捕食和寄生效率。

瓜蚜体内的细菌种类丰富多样，它们不仅参与蚜虫的营养代谢，还可能影响蚜虫的生长和繁殖能力（Zhang et al.，2019；Zhang et al.，2021）。研究表明，瓜蚜蜜露中也含有丰富的细菌群落（Liu et al.，2024），这些细菌可能源自蚜虫体内，或者是在蜜露排泄后受到环境中微生物的影响（Darby and Douglas，2003）。蜜露中的细菌能够产生特定的挥发性有机化合物，这些化合物对天敌昆虫具有吸引作用（Buitenhuis et al.，2004；Jing et al.，2014；Zhang et al.，2023；Liu et al.，2024）。例如，瓢虫和寄生蜂可能被蜜露细菌释放的挥发物吸引，从而更容易发现并捕食或寄生蚜虫（Leroy et al.，2012；Goelen et al.，2020）。通过这些化学信号，蜜露细菌在自然界中协助调节天敌与害虫之间的关系，维持生态系统的平衡。

然而，目前关于蜜露与瓜蚜体内细菌之间关系的研究还相对较少。鉴于此，本文采用 16S rRNA 基因高通量测序技术，旨在揭示蜜露中的细菌多样性及其构成，并初步分析瓜蚜体内细菌与蜜露细菌之间的潜在联系。本研究有助于理解蜜露的微生物生态功能，并为害虫生物防治提供科学依据。

1 材料与方法

1.1 供试昆虫

瓜蚜采集于华中农业大学棉田。将采集的瓜蚜带回实验室内饲养并维持种群，实验条件设定为 L：D=16：8，相对湿度为60%±5%，温度为（25±2）℃。本实验采集棉花叶片上50头体型大小一致的瓜蚜成蚜，设置6个生物学重复。样本经液氮速冻处理后，立即置于-80℃冰箱中保存备用。

1.2 瓜蚜蜜露收集

制备1.8%质量分数的琼脂溶液，将灭菌后的琼脂倒入直径9 cm的培养皿中，待其凝固。凝固后，采集新鲜棉花叶片，将叶片正面贴于琼脂培养基上，并将约500头瓜蚜接种到叶片背面。用湿润的棉花包裹叶柄部分，再用保鲜膜密封，盖上培养皿盖，倒置放入气候箱中（闫文静等，2020）。48 h后，用1 mm×100 mm的毛细管收集瓜蚜分泌的蜜露，并将其转移至1.5 mL的离心管中，作为新鲜蜜露。同时，按照相同方法，将未接种瓜蚜的健康棉花叶片放置在琼脂平板上，收集保鲜膜上凝结的水珠，作为空白对照。分别收集新鲜瓜蚜蜜露和空白对照各20 μL。

1.3 DNA提取及高通量测序

将瓜蚜样本置于裂解介质管中，先用75%酒精冲洗3次，再用无菌水冲洗3次。随后，使用Fast DNA Spin Kit For Soil试剂盒［安培医疗器械贸易（上海）有限公司］，按照试剂盒说明书中的步骤，从瓜蚜全虫及蜜露中提取基因组DNA。得到各样本的DNA纯化产物后，通过对1%琼脂糖凝胶进行质量评估。随后，将所有样本DNA进行16S rRNA基因高通量测序，PCR扩增采用16S rRNA基因通用引物338F（5′-ACTCCTACGGGAGGCAGCAG-3′）和806R（5′-GGACTACHVGGGTWTCTAAT-3′）。

1.4 数据分析

使用Usearch软件平台对OTU代表序列在97%的相似度水平下进行分类分析，并基于该分析结果统计每组样本的群落物种组成；采用SPSS中的单因素方差分析（ANOVA）分析组间Alpha多样性的差异，对于具备方差齐性的数据，用LSD检验进行分析；对于不具备方差齐性的数据，进行对数转换后，用LSD检验进行分析微生物群落的丰富度和多样性。PCoA基于加权UniFrac距离计算，采用相似性分析（ANOSIM），进行各样本之间细菌群落相似性比较。本研究中的序列保存在GenBank短读档案（SRA）中，登录号为PRJNA854322。

2 结果与分析

2.1 测序数据质量评估

19个实验样本的16S rRNA基因通过Illumina MiSeq平台进行测序，原始序列数为1 034 194条。经过质量过滤和嵌合序列去除后，获得了872 995条序列，按97%的相似性阈值共划分为932个操作分类单元（OTUs）。各样本经抽平后，最终有效序列数为2 300条，得到675个OTUs。本次测序采用最小样本序列数进行抽样，以此进行后续分析。

图1显示，瓜蚜、蜜露及对照样本的Sobs和Shannon稀释曲线表明，随着测序深度的增加，OTUs数量曲线逐渐趋于平稳。这说明测序数据量充足，测序深度合理，能够覆盖瓜蚜和蜜露细菌群落的大部分序列信息。

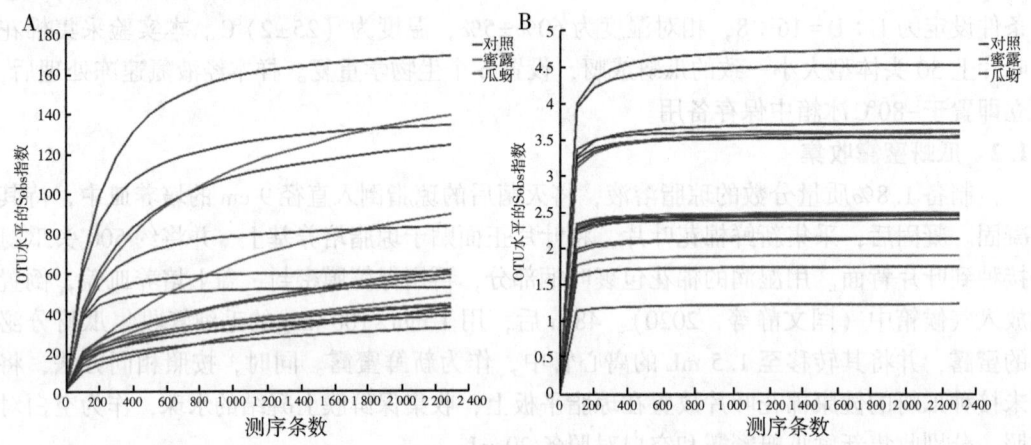

图1 瓜蚜、蜜露及对照细菌群落OTUs丰度稀释曲线

注：横坐标代表随机抽取的测序量；纵坐标代表观察到的物种数量（Sobs）或多样性指数（Shannon指数）。在OTU水平上对各样本稀释曲线进行比较。图A为Sobs稀释曲线，图B为Shannon稀释曲线。

2.2 瓜蚜和蜜露Alpha多样性分析

Alpha多样性指数是评估生态系统中微生物状态的关键参数，能够反映微生物群落的丰富度和多样性。其中，Ace指数和Chao1指数主要反映群落的丰富度，Shannon指数和Simpson指数则衡量群落的多样性。表1数据显示，各组间的Ace指数无显著差异（$P=0.355$），说明不同处理组的微生物群落丰富度差异不大。相比蜜露组及其对照组，瓜蚜组的Chao1指数显著降低，表明瓜蚜体内的细菌群落丰富度明显低于蜜露及其对照组。Shannon指数分析显示，瓜蚜组与蜜露组之间多样性无显著差异（$P=0.119$）。Simpson指数分析结果与Shannon指数一致，瓜蚜组与蜜露组之间无显著差异（$P=0.215$），对照组的Simpson指数显著低于瓜蚜组和蜜露组（$P<0.001$）。这些结果表明蜜露样本的细菌多样性高于瓜蚜样本。此外，Coverage指数反映了样品的覆盖度，所有样本的Coverage值均超过99%，进一步证明了测序结果的可靠性，能够准确反映瓜蚜和蜜露样本中的细菌群落情况。

表1 各样本的Alpha多样性分析

样本	OUT丰度指数		OTU多样性指数		覆盖率
	Ace	Chao 1	Shannon	Simpson	
对照	87.72±40.07[a]	87.81±40[a]	3.77±0.53[a]	0.04±0.02[a]	99.83%

(续表)

样本	OUT 富度指数		OTU 多样性指数		覆盖率
	Ace	Chao 1	Shannon	Simpson	
蜜露	70.99±26.38[a]	70.68±33.96[a]	2.18±0.54[b]	0.19±0.06[b]	99.36%
瓜蚜	54.93±45.35[a]	40.38±16.12[b]	1.71±0.38[b]	0.28±0.13[b]	99.62%

注：物种丰富度指数和物种多样性指数为平均值±标准差（Mean±SD），覆盖度以均值表示。分析计算了各样本组在属水平上的物种丰富度和多样性指数。组间 Alpha 多样性指数的差异采用 LSD 检验进行单因素方差分析。不同字母表示组间差异显著（$P < 0.05$）。

2.3 Beta 多样性分析

通过主坐标分析（PCoA），我们对瓜蚜、蜜露及对照样本的微生物群落在属水平上进行了相似性和差异性分析。结果显示，三组样本的数据点在各自组内聚集，说明样本生物学重复性较好。在 PCoA 图中，瓜蚜样本与蜜露样本的距离较近，表明二者的微生物群落组成相似性较高。相比之下，瓜蚜样本及其蜜露样本与对照样本之间的距离明显较远，反映出它们与对照样本的微生物群落组成存在显著差异（图2）。

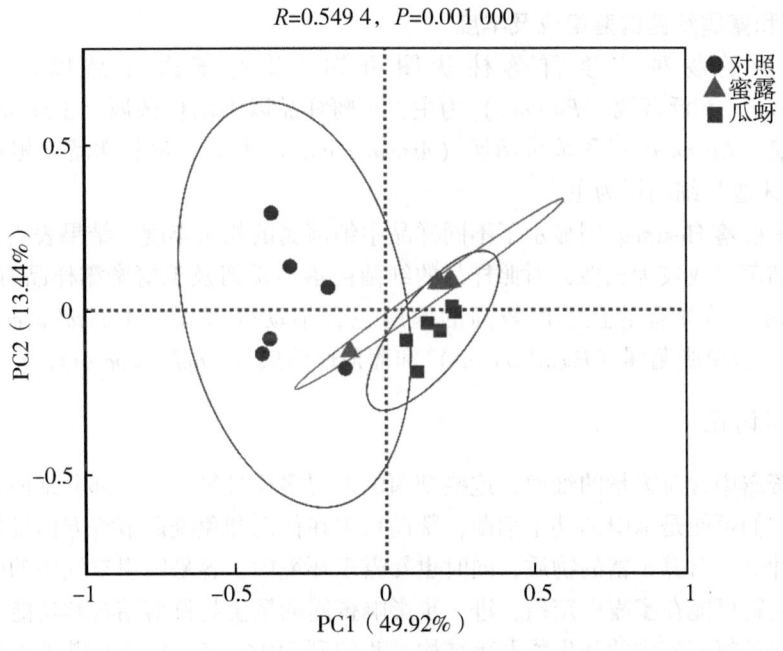

图 2　PCoA 分析

注：横坐标和纵坐标的刻度表示相对距离。百分比表示主坐标轴对样本组成差异的解释度。不同分组的样本用不同颜色的点表示，样本点之间的距离越近，表明样本的物种组成越相似。

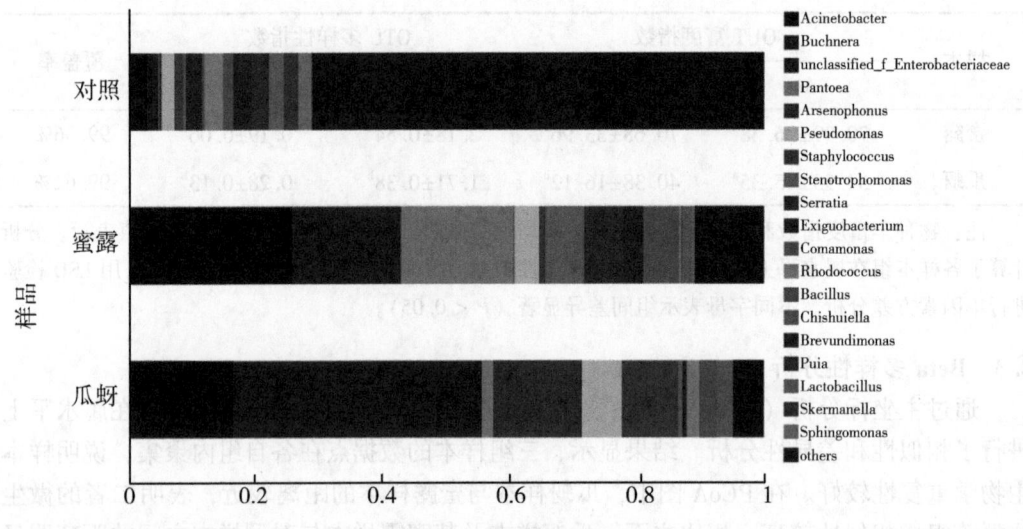

图 3 细菌群落柱状图

注：横坐标中柱子长度代表物种在该样本中所占的比例。在属水平上对物种丰度进行分析。相对丰度低于 0.02 的标记为"其他"。

2.4 瓜蚜和蜜露细菌群落组成及丰度

由图 3 的物种丰度群落柱状图可知，瓜蚜蜜露样品以不动杆菌属（*Acinetobacter*）和泛菌属（*Pantoea*）为主，瓜蚜样品以不动杆菌属（*Acinetobacter*）、布赫纳氏菌属（*Buchnera*）和杀雄菌属（*Arsenophonus*）为主。对照样品以相对丰度低于 0.02 的"其他"细菌属为主。

图 4 中群落 Heatmap 图显示了不同样品中细菌属的相对丰度。结果表明，瓜蚜和蜜露样品的细菌组成较为相似，对照样品的细菌群落与瓜蚜及瓜蚜蜜露样品有较大差异。瓜蚜和蜜露样品共有的且丰度较高的菌属包含不动杆菌属（*Acinetobacter*）、泛菌属（*Pantoea*）、假单胞菌属（*Pseudomonas*）和葡萄球菌属（*Staphylococcus*）。

3 结论与讨论

瓜蚜蜜露中含有大量的细菌，这些细菌的来源多样且复杂。一部分细菌直接来自瓜蚜体内，它们可能是瓜蚜的共生细菌，帮助宿主在代谢和免疫调节等方面发挥作用。蜜露作为一种高度营养丰富的物质，同时也暴露于环境中，容易吸引空气中的微生物。这些外源微生物可能在蜜露中定殖，进一步影响蜜露的微生物群落结构和功能。

为探明瓜蚜蜜露中的微生物群落结构，我们利用 16S rRNA 基因测序技术对瓜蚜和蜜露中的细菌进行了详细分析。Alpha 多样性分析结果表明，瓜蚜蜜露样本相较于对照样本，其优势菌群所占比例较高，但物种丰富度较低。这与研究假设一致：在对照组中，由于缺乏瓜蚜蜜露提供的能量来源，一些细菌无法繁殖成为优势菌群。而在瓜蚜样本中，优势菌群比例明显高于蜜露样本，但物种丰富度低于后者，推测这与蜜露暴露于空气中接触更多环境微生物有关。PCoA 分析结果显示，瓜蚜和蜜露样本因细菌组成高

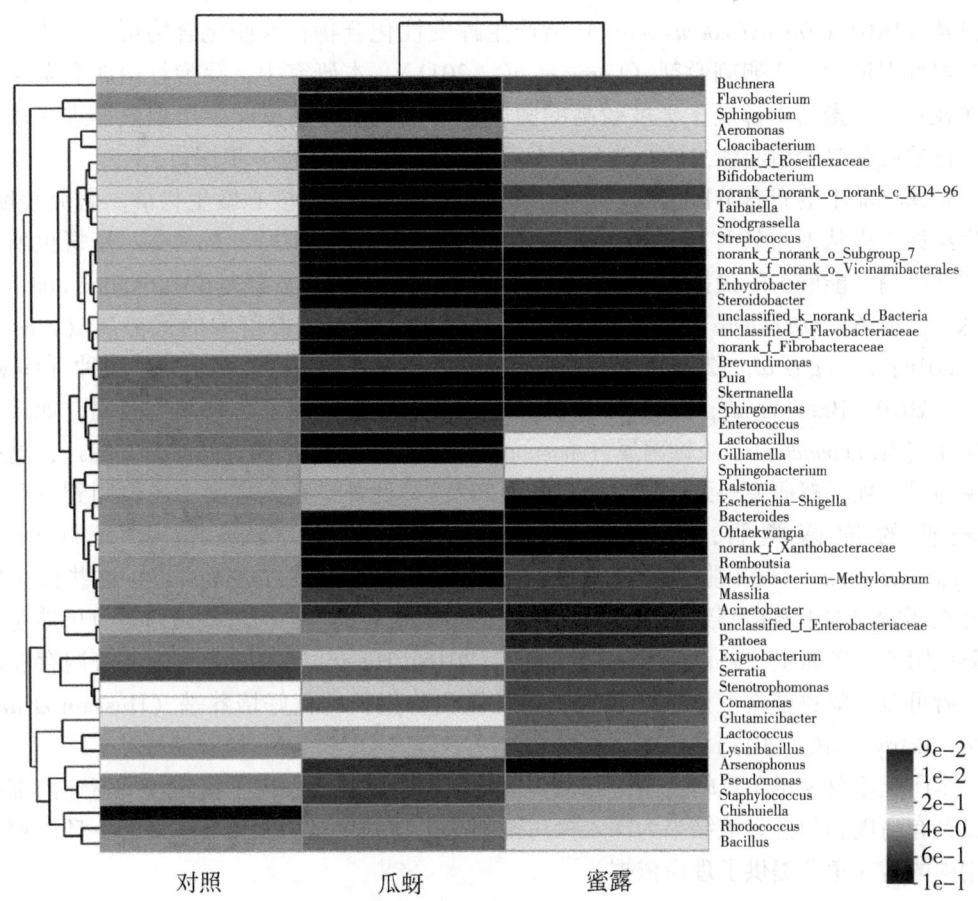

图 4　细菌群落 Heatmap 图

注：在属水平上进行分析，图中右侧为不同颜色梯度代表的丰度数值，蓝色数值最低，红色数值最高，通过不同颜色的色块来展示样本中不同物种的丰度情况。

度相似而紧密聚集，而对照样本的细菌群落与瓜蚜和蜜露样本存在较大差异。此外，PCoA 结果还显示，对照样本的生物重复分布较为分散，表明对照组的细菌群落较为随机，可能受环境因素影响较大。

蜜露中细菌组成分析显示，丰度较高的菌属包括不动杆菌属（*Acinetobacter*）、泛菌属（*Pantoea*）、假单胞菌属（*Pseudomonas*）、葡萄球菌属（*Staphylococcus*）和寡养单胞菌属（*Stenotrophomonas*）和芽孢杆菌属（*Bacillus*）。其中，芽孢杆菌属、假单胞菌属和葡萄球菌属与昆虫行为相关。例如，枯草芽孢杆菌（*Bacillus subtilis*）能产生挥发物（Kai *et al.*, 2009），蜡样芽孢杆菌（*Bacillus cereus*）对瓜实蝇（*Bactrocera cucurbitae*）有吸引作用（Mishra *et al.*, 2018），坚强芽孢杆菌（*Bacillus flexus*）能产生挥发性有机物，吸引雌性寄生蜂，协助寄生蜂定位猎物（Fand *et al.*, 2020；Van Neerbos *et al.*, 2022）。此外，表皮葡萄球菌（*Staphylococcus epidermidis*）产生的挥发性

化合物可以调节昆虫的行为反应（Verhulst et al.，2009）。从豌豆蚜蜜露中分离得到的松鼠葡萄球菌（*Staphylococcus sciuri*）能产生挥发性化合物，这些化合物可以作为有效的食蚜蝇引诱剂和产卵刺激剂（Leroy et al.，2011）。本研究中，芽孢杆菌属和葡萄球菌属在瓜蚜和蜜露中都属于丰度较高的菌属，其是否能对昆虫产生影响值得进一步研究。这些细菌是否引起瓢虫的行为反应及其确切来源，尚需进一步探讨。

蜜露样品中的布赫纳氏菌属（*Buchnera*）是瓜蚜样品的核心微生物群。研究表明，共生细菌可以从蚜虫转移至蜜露中（Darby and Douglas，2003）。*Buchnera* 是蚜虫所必需的共生菌，能够为蚜虫提供植物韧皮部汁液中所缺乏的必需氨基酸（Skaljac and Vilcinskas，2016）。*Buchnera* 也是以往研究中发现的瓜蚜细菌群落中的优势属（Zhao et al.，2016；Zhang et al.，2021）。此外，一些蚜虫个体携带一个或多个共生菌种（Oliver et al.，2010；Brady et al.，2014）。我们的蚜虫样本中也发现了几种共生菌属，如不动杆菌属（*Acinetobacter*）、杀雄菌属（*Arsenophonus*）和假单胞菌属（*Pseudomonas*），这一结果与另一项瓜蚜研究一致（Zhang et al.，2021）。此外，蜜露样品中还检测到一些丰度较低的细菌类群，如谷氨酸杆菌属（*Glutamicibacter*）、微小杆菌属（*Exiguobacterium*）、气单胞菌属（*Aeromonas*）、鞘脂菌属（*Sphingobium*）。这些微生物通常在环境样本中被检测到，虽然不能排除遗传因素的影响，但这些细菌更有可能是通过环境附着在蜜露上（Zytynska and Weisser，2016；Hu et al.，2020）。这些普遍存在的细菌有可能在蚜虫蜜露上繁殖，因为蜜露是微生物生长的良好培养基（Hussain et al.，1974；Leroy et al.，2011）。

本研究不仅揭示了瓜蚜蜜露中细菌群落的结构特征，还发现了蜜露与瓜蚜体内细菌组成具有高度相似性。该结果为深入探讨蜜露微生物的生态功能及其在瓜蚜—环境相互作用中的潜在角色提供了理论依据。

参考文献

司升云，望勇，杨帆，等，2021. 湖北地区芋田主要害虫棉蚜的识别与防治［J］. 长江蔬菜（21）：55-56.

闫文静，张玉栋，吴娜，等，2020. 棉长管蚜和棉蚜对其蜜露的选择性反应［J］. 江苏农业科学，48（16）：130-134.

ALI J, ABBAS A, ABBAS S, et al., 2024. Honeydew: A keystone in insect-plant interactions, current insights and future perspectives［J］. Journal of Applied Entomology, 148（6）：727-733.

BRADY C M, ASPLEN M K, DESNEUX N, et al., 2014. Worldwide populations of the aphid *Aphis craccivora* are infected with diverse facultative bacterial symbionts［J］. Microbial Ecology, 67：195-204.

BUITENHUIS R, MCNEIL J N, BOIVIN G, et al., 2004. The role of honeydew in host searching of aphid hyperparasitoids［J］. Journal of Chemical Ecology, 30：273-285.

DARBY A, DOUGLAS A, 2003. Elucidation of the transmission patterns of an insect-borne bacterium［J］. Applied and Environmental Microbiology, 69（8）：4403-4407.

FAND B B, AMALA U, YADAV D S, et al., 2020. Bacterial volatiles from mealybug honeydew exhibit kairomonal activity toward solitary endoparasitoid *Anagyrus dactylopii*［J］. Journal of Pest Science,

93: 195-206.

GOELEN T, SOBHY I S, VANDERAA C, et al., 2020. Volatiles of bacteria associated with parasitoid habitats elicit distinct olfactory responses in an aphid parasitoid and its hyperparasitoid [J]. Functional Ecology, 34 (2): 507-520.

HAMSS H, MARUTHI M N, OMONGO C A, et al., 2024. Microbiome diversity and composition in *Bemisia tabaci* SSA1-SG1 whitefly are influenced by their host's life stage [J]. Microbiological Research, 278: 127538.

HIGASHIDA K, YANO E, TAKABAYASHI J, et al., 2022. Volatiles from eggplants infested by *Aphis gossypii* induce oviposition behavior in the aphidophagous gall midge *Aphidoletes aphidimyza* [J]. Arthropod-Plant Interactions, 16 (1): 45-52.

HOGERVORST P A, WÄCKERS F L, ROMEIS J, 2007. Effects of honeydew sugar composition on the longevity of *Aphidius ervi* [J]. Entomologia Experimentalis et Applicata, 122 (3): 223-232.

HUSSAIN A, FORREST J, DIXON A, 1974. Sugar, organic acid, phenolic acid and plant growth regulator content of extracts of honeydew of the aphid *Myzus persicae* and of its host plant, *Raphanus sativus* [J]. Annals of Applied Biology, 78 (1): 65-73.

HU Z, SU D, LI D, et al., 2020. Diversity of secondary endosymbionts among different geographical populations of the grain aphid, *Sitobion avenae* (Fabricius) (Hemiptera: Aphididae) in China [J]. Entomologia Generalis, 40 (3): 253-262.

JING X, WONG A C N, CHASTON J M, et al., 2014. The bacterial communities in plant phloem-sap-feeding insects [J]. Molecular Ecology, 23 (6): 1433-1444.

KAI M, HAUSTEIN M, MOLINA F, et al., 2009. Bacterial volatiles and their action potential [J]. Applied Microbiology and Biotechnology, 81: 1001-1012.

LEROY P D, HEUSKIN S, SABRI A, et al., 2012. Honeydew volatile emission acts as a kairomonal message for the Asian lady beetle *Harmonia axyridis* (Coleoptera: Coccinellidae) [J]. Insect Science, 19 (4): 498-506.

LEROY P D, SABRI A, HEUSKIN S, et al., 2011. Microorganisms from aphid honeydew attract and enhance the efficacy of natural enemies [J]. Nature Communications, 2 (1): 348.

LEROY P D, WATHELET B, SABRI A, et al., 2011. Aphid-host plant interactions: does aphid honeydew exactly reflect the host plant amino acid composition? [J]. Arthropod-Plant Interactions, 5: 193-199.

LIU J, XIAO D, LIU Y, et al., 2024. Chemical cues from honeydew-associated bacteria to enhance parasitism efficacy: from laboratory to field assay [J]. Journal of Pest Science, 97 (2): 873-884.

MISHRA M, SHARMA K, SUBRAMANIAN S, 2018. Characterization of culturable gut bacterial isolates from wild population of melon fruit fly (*Bactrocera cucurbitae*) and assessing their attractancy potential for sustainable pest management [J]. Phytoparasitica, 46 (5): 583-594.

OLIVER K M, DEGNAN P H, BURKE G R, et al., 2010. Facultative symbionts in aphids and the horizontal transfer of ecologically important traits [J]. Annual Review of Entomology, 55 (1): 247-266.

SKALJAC M, VILCINSKAS A, 2016. Bacterial symbionts of aphids (Hemiptera: Aphididae) [M]. Biology and Ecology of Aphids. Boca Raton: CRC Press.

VAN NEERBOS F A C, DEWITTE P, WÄCKERS F, et al., 2022. Bacterial volatiles elicit differential olfactory responses in insect species from the same and different trophic levels [J]. Insect Science, 30

(5): 1464-1480.

VERHEGGEN F J, ARNAUD L, BARTRAM S, et al., 2008. Aphid and plant volatiles induce oviposition in an aphidophagous hoverfly [J]. Journal of Chemical Ecology, 34: 301-307.

VERHULST N O, BEIJLEVELD H, KNOLS B G, et al., 2009. Cultured skin microbiota attracts malaria mosquitoes [J]. Malaria Journal, 8: 1-12.

ZHANG G, FU Y, SHAO Y, et al., 2023. Semiochemicals produced by microbes in mealybug honeydew attract fire ants [J]. Journal of Agricultural and Food Chemistry, 71 (42): 15456-15465.

ZHANG S, LUO J, WANG L, et al., 2019. Bacterial communities in natural versus pesticide-treated *Aphis gossypii* populations in North China [J]. Microbiology open, 8 (3): e00652.

ZHANG S, SU H, JIANG W, et al., 2021. Symbiotic microbial studies in diverse populations of *Aphis gossypii*, existing on altered host plants in different localities during different times [J]. Ecology and Evolution, 11 (20): 13948-13960.

ZHAO Y, ZHANG S, LUO J Y, et al., 2016. Bacterial communities of the cotton aphid *Aphis gossypii* associated with Bt cotton in northern China [J]. Scientific Reports, 6 (1): 22958.

ZYTYNSKA S E, WEISSER W W, 2016. The natural occurrence of secondary bacterial symbionts in aphids [J]. Ecological Entomology, 41 (1): 13-26.

MEAM1 烟粉虱取食诱导辣椒蛋白酶抑制剂基因表达

胡 杰,郭豪博,文雅琪,焦晓国

(湖北大学生命科学学院,生物催化与酶工程国家重点实验室,武汉 430062)

摘 要:【目的】植物体内蛋白酶抑制剂(Protease inhibitors,PIs)主要参与防御病原物和植食性害虫为害以及应对非生物胁迫。但关于辣椒受 MEAM1 烟粉虱为害后,PIs 的诱导和功能研究鲜见,相关研究有待深入。【方法】本研究拟通过对辣椒 PIs 的 cDNA 序列进行聚类分析,并运用 qRT-PCR 比较 MEAM1 烟粉虱(Middle East-Asia Minor 1)取食辣椒与对照未受害辣椒叶片 PIs 生物合成基因表达量差异,探究 PIs 在辣椒防御 MEAM1 为害过程中发挥作用。【结果】研究结果显示,辣椒体内的 PI-II 类型基因进化保守,MEAM1 烟粉虱取食可以诱导辣椒 PIs 生物合成相关基因表达显著上调。【结论】推测辣椒 PIs 在辣椒防御 MEAM1 烟粉虱为害过程中发挥重要作用。

关键词:蛋白酶抑制剂;辣椒;MEAM1 烟粉虱;诱导抗性;序列分析

Pepper Previously Infested by MEAM1 Whiteflies Induced the Relative Expressive Levels of the Protease Inhibitor Genes

Hu Jie, Guo Haobo, Wen Yaqi, Jiao Xiaoguo

(*State Key Laboratory of Biocatalysis and Enzyme Engineering, School of Life Sciences, Hubei University, Wuhan 430062, China*)

Abstract:【Objectives】The protease inhibitors (PIs) in plants mainly function in defense against pathogens and herbivores, and adaptive response to abiotic stress as well. However, the induced biosynthesis and function of PIs in pepper upon infested by MEAM1 *Bemisia tabaci* whiteflies need further investigation.【Methods】In this study, we conducted cluster analysis on the cDNA sequences of PIs in pepper plant *Capsicum annuum*, and analyzed the expression levels of the *PI* genes between two treatments of pepper plants.【Results】Here, our results indicated that PI-II type genes of pepper were conserved in evolution. Significant transcriptional differences were obtained in the biosynthesis pathway genes of PIs in pepper between different treatments.【Conclusion】Our results provide a possible biological strategy against MEAM1 whitefly.

Key words: Protease inhibitors; Pepper plant; MEAM1 whitefly; Induced resistance; Sequence analysis

历经数百万年协同演化,植物逐渐形成一套精密而有效的防御体系以应对植食性昆虫的取食为害(Schuman and Baldwin,2016)。害虫取食或产卵行为相关的物理和化学刺激作为"预警信息"被植物精准感知与识别后能够激活茉莉酸(jasmonic acid,JA)、水杨酸(salicylic acid,SA)和乙烯(ethylene,ET)等信号级联反应,引起下游相关防御基因的表达与抗虫物质的合成，从而使植物表现出对害虫的抗性（Erb et al.，2012）。在众多抗虫物质中，防御蛋白是一类能够直接作用于害虫，并导致其死亡或阻碍其正常生长发育的物质，主要包括苯丙烷类代谢途径酶、氨基酸降解酶、糖结合蛋白和病程相关蛋白，还包括一些潜在的植物毒性蛋白，如 Hevein-like protein、Chitinase 和 Lectin 等（禹海鑫等，2015）。其中，蛋白酶抑制剂（protease inhibitors，PIs）是一类普遍存在于植物组织中的小分子防御蛋白，其在贮藏器官中的总量通常高达总蛋白的10%，一般根据酶的活性位点及其氨基酸序列的同源性可将其分为丝氨酸、半胱氨酸、天冬氨酸和金属蛋白酶抑制（张娜等，2022）。各种植物蛋白酶抑制剂不仅是植物体内的贮藏蛋白，也是内源性蛋白酶调节因子，广泛参与了种子萌发和休眠以及抵御环境胁迫等多种植物生理生化过程（程仲毅和薛庆中，2003）。此外，大量研究发现蛋白酶抑制剂抗虫作用十分显著，其作用机制是能够直接抑制昆虫消化道蛋白酶的活性，从而破坏了昆虫正常的消化吸收功能，扰乱其对营养物质的摄取和利用，最终抑制了昆虫的正常生长发育，进而使植物表现出明显的抗虫性（Jongsma and Beekwilder，2011）。

烟粉虱 *Bemisia tabaci* 是世界范围发生的重大入侵性害虫，可通过直接取食和传播病毒为害大部分农业与园艺植物（Morin et al.，2024）。近年来通过行为学和分子系统学研究发现烟粉虱有至少 36 个在形态上没有显著差异，但遗传上具有明显差异的隐种组成（Wang et al.，2017）。在众多烟粉虱隐种中，MEAM1（Middle East-Asia Minor 1）自 20 世纪 90 年代中期入侵我国后已在近二十多个省份暴发成灾，每年给农业生产造成巨大的经济损失（褚栋和张友军，2018）。辣椒是我国重要的蔬菜，而烟粉虱是辣椒上的重要害虫，为害严重时可造成辣椒的减产和品质下降，进而影响其商品性（杨爱民，2014）。然而，当前对烟粉虱的防控仍严重依赖于化学农药，由此带来的环境污染以及耐药性等问题日益突出，因此寻找安全、持久和广谱的抗虫手段已成为害虫防治研究的重点，蛋白酶抑制剂是其中一个重要的研究方向。迄今为止，已对多种植物蛋白酶抑制剂的抗虫作用和机制、转基因植株的获得，以及害虫对植物蛋白酶抑制剂的适应性策略等进行了大量研究，但有关蛋白酶抑制剂介导的辣椒应对烟粉虱的诱导抗性研究较少。鉴于利用蛋白酶抑制剂的防御特性进行害虫防控是一种潜在的有效手段，本研究旨在了解 MEAM1 烟粉虱是如何影响辣椒蛋白酶抑制剂介导的诱导抗性，预期结果对了解烟粉虱与辣椒相互作用规律以及研发蔬菜害虫绿色防控新技术，进而提高辣椒的安全品质均具有十分重要的意义。

本研究拟对辣椒与其他茄科植物（马铃薯、番茄和烟草）的蛋白酶抑制剂氨基酸序列进行比对和聚类分析；对 MEAM1 烟粉虱取食不同时间点的辣椒蛋白酶抑制剂合成基因转录水平的动态变化情况进行实时荧光定量 PCR（quantification real-time PCR，qRT-PCR）测定，旨在探讨蛋白酶抑制剂介导的辣椒应对烟粉虱的诱导抗性机制，以期为绿色防控设施辣椒上的烟粉虱虫害提供新策略。

1 材料与方法

1.1 材料

供试昆虫与植物：MEAM1 烟粉虱隐种由湖北省农业科学院植保土肥研究所提供，

将烟粉虱装入养虫笼内，置于自然光照、温度为（25±1）℃和相对湿度为50%~70%的温室中饲养，用营养生长期的甘蓝饲喂，使用RAPD-PCR技术每隔3~4代检测烟粉虱纯度。辣椒品种为杭椒，种子由中国农业科学院蔬菜花卉研究所提供，将种子播于直径15 cm营养钵后置于温室内，温室控制条件同上，待辣椒苗长到5~6叶期后供试。试验前所有辣椒均保证未感染病虫害，未喷洒农药，并定期使用一致的水肥进行培育。

试剂及仪器：Trizol试剂（Invitrogen）、反转录试剂盒（ABclonal）、Hieff UNICON® Power qPCR SYBR Green Master Mix（Yeasen）、CFX Connect荧光定量PCR仪（Bio-Rad）。

1.2 方法

1.2.1 多物种蛋白酶抑制剂合成基因的聚类分析

为明确辣椒蛋白酶抑制剂合成基因 *CaPIs* 与茄科其他物种在进化上的亲缘关系，将辣椒 *CaPI2*、*CaPI4*、*CaPI5* 和 *CaPI6* 推导的氨基酸序列与马铃薯 *Solanum tuberosum*、番茄 *Solanum lycopersicum* 和烟草 *Nicotiana tabacum* 3个物种的氨基酸序列采用CLUSTALW软件进行多序列比对，采用Mega 11.0软件以邻接法进行聚类分析，重复1 000次。

1.2.2 烟粉虱取食对辣椒叶片蛋白酶抑制剂合成基因转录水平的影响

本实验包含2个处理，即未受害辣椒（对照组）和MEAM1虫害辣椒（处理组）。选取每株辣椒的两片主叶，每片主叶夹单个自制微虫笼（高1 cm，直径3 cm），处理组中的每个微虫笼分别接入25只MEAM1烟粉虱，对照组中的微虫笼不接入烟粉虱。处理12 h、36 h和72 h后，采用qRT-PCR技术对侵染叶片部位以上未受侵染的系统叶（离微虫笼最近的叶片）和相同位置的未受害辣椒的系统叶进行蛋白酶抑制剂合成基因转录水平的测定。按照Trizol试剂（Invitrogen）说明书的要求提取待测叶片中的总RNA后对其纯度和完整性进行测定。纯度和完整性符合要求后利用反转录试剂盒（ABclonal）进行cDNA合成。随后采用CFX Connect荧光定量PCR仪（Bio-Rad）进行qRT-PCR。反应制备如下：20倍稀释的cDNA模板液1 μL，5 μL Hieff UNICON® Power qPCR SYBRGreen Master Mix（Yeasen），特异性引物400 nmol/L，剩余体积为ddH$_2$O。选取 *EF1*（*elongation factor 1*）作为内参基因。qRT-PCR反应程序为初始变性95℃ 30 s，随后重复40次，每次95℃ 5 s和60℃ 30 s。每种处理设4个生物学重复，每个生物学重复设3个技术重复。下机得到的Cq值（或Ct值，Thresholdcycle，阈值循环值）采用Schmittgen和Livak（2008）描述的$2^{-\Delta\Delta Ct}$方法进行分析。待测基因为蛋白酶抑制剂合成基因（*PI2*、*PI4*、*PI5*、*PI6*），其特异性引物序列详见表1。

表1 辣椒蛋白酶抑制剂基因引物序列

基因	Forward (5'-3')	Reverse (5'-3')
CaPI2	CCAGAGTAGTGAAGGCGCAA	CATGGCTTGACCCAGACCTT
CaPI4	ACCAACACGAAAGACCGTCA	GCGACCACTTGTGTTTCACC
CaPI5	TTGGGGTACCATCTGCGTTT	TGCTGTAACTGGAGAACCATTCA
CaPI6	ATGTGGTGGCAATTGGGGAA	TGTTCCTGCAACAACCTGAC
EF1	CCTGGACAGATTGGAAATGG	GACCTCCTGTCGATCTTGGT

1.3 数据分析

使用 SPSS 13.0 进行数据分析。对两组处理不同蛋白酶抑制剂基因表达数据的比较采用独立样本 t 检验，$P<0.05$ 时具有统计学差异。数据采用 SigmaPlot 10.0 作图。

2 结果与分析

2.1 多物种蛋白酶抑制剂合成基因的聚类分析

聚类分析结果显示，辣椒 *CaPI2*、*CaPI4*、*CaPI5* 和 *CaPI6* 位于同一分支，与其他茄科如马铃薯 *S. tuberosum*（AAZ94181.1）和番茄 *S. lycopersicum*（NP 001311403.1）划分在 Potato type-qⅡ类型，聚为一类（图1）。

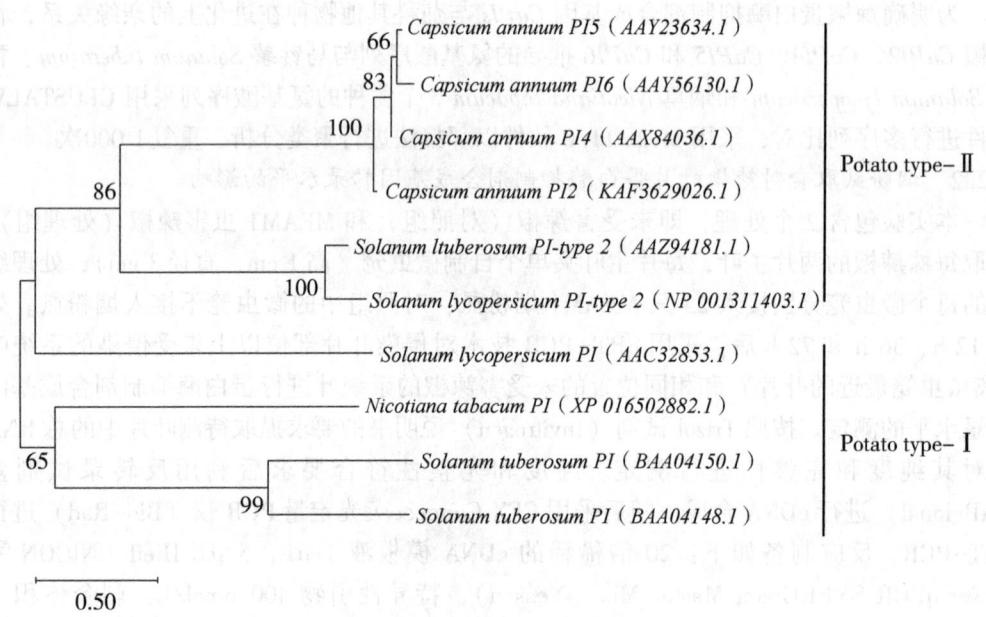

图1 以邻接法构建辣椒 *PIs* 与其相关物种的系统发育树

2.2 烟粉虱取食对辣椒叶片蛋白酶抑制剂合成基因转录水平的影响

与健康辣椒相比，MEAM1 虫害辣椒蛋白酶抑制剂合成基因 *PI2* 的表达量在 12 h（$t_6=-2.658$, $P=0.038$）显著上调（图2A）；*PI4* 的表达量在 36 h（$t_6=-5.381$, $P=0.002$）显著上调，但 72 h 后显著下调（$t_6=2.965$, $P=0.025$）（图2B）；*PI5* 的表达量在 12 h（$t_6=-2.763$, $P=0.033$）和 36 h（$t_6=-5.381$, $P=0.002$）均显著上调（图2C）；*PI6* 的表达量在 12 h（$t_6=-2.650$, $P=0.038$）、24 h（$t_6=-3.684$, $P=0.010$）和 36 h（$t_6=-4.493$, $P=0.004$）均显著上调（图2D）。

3 讨论

研究表明，植物蛋白酶抑制剂能够抑制各类昆虫消化蛋白酶的水解，扰乱昆虫正常的生长发育，表现出明显的抗虫性（Zhu-Salzman and Zeng, 2015）。早在 1987 年，研

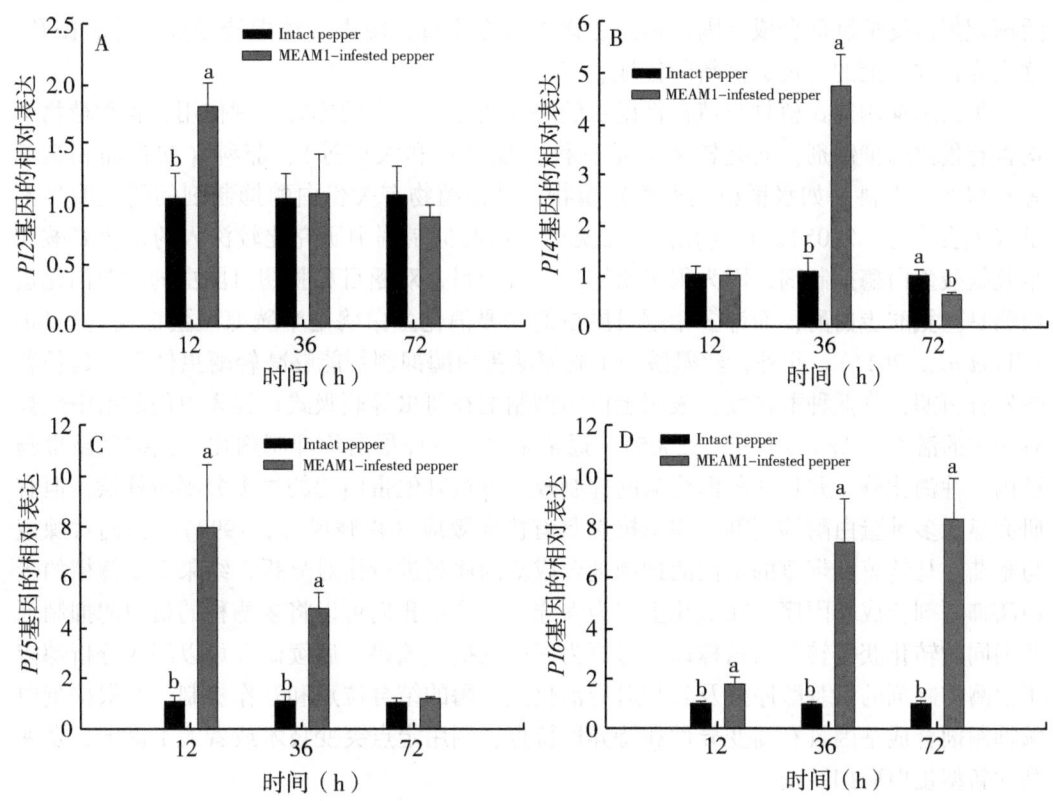

图 2　蛋白酶抑制剂基因 PI2（A）、PI4（B）、PI5（C）和 PI6（D）在两处理辣椒叶片中的表达

注：不同字母表示差异显著。

究人员将豇豆胰蛋白酶抑制剂基因转入烟草并表达成功，产生的蛋白酶抑制剂达到烟草叶片总蛋白含量的 1%，转基因植株对烟芽夜蛾（*Heliothis virescens*）幼虫具有明显的抗性，自此为植物蛋白酶抑制剂的抗虫性研究和利用开辟一条新的途径（Hilder *et al.*，1987）。随后，研究人员又将马铃薯蛋白酶抑制剂基因 *PI-1* 和 *PI-2* 以及番茄蛋白酶抑制剂基因转入烟草并表达成功，转基因植株对后续烟草天蛾（*Manduca sexta*）的生长发育和存活率产生明显的抑制作用（Johnson *et al.*，1989）。

已有研究表明，植食性昆虫的取食行为能够激活植物蛋白酶抑制剂合成基因，从而影响植物的抗虫水平（Wari *et al.*，2022）。例如，本地种二斑叶螨（*Tetranychus urticae*）取食番茄能够诱导蛋白酶抑制剂含量升高，而外来入侵性的伊氏叶螨（*Tetranychus evansi*）取食番茄能够抑制蛋白酶抑制剂的合成（Sarmento *et al.*，2011）。类似地，二化螟（*Chilo suppressalis*）取食也能诱导水稻中蛋白酶抑制剂合成基因的高表达，从而使得水稻对该虫表现出明显的诱导抗性（Lu *et al.*，2014）。我们前期已经证明了 MEAM1 烟粉虱侵染甘蓝（*Brassica oleracea*）能够诱导酚类抗虫物质累积，且总蛋白含量相较于健康辣椒显著升高，据此可以推测蛋白酶抑制剂有可能在甘蓝应对该虫害的诱导抗性机制中发挥了重要作用（Hu et al.，2022）。本研究发现MEAM1烟粉虱能够激活辣椒蛋白酶抑制剂合成基因，从而恶化了寄主质量，使虫害辣椒诱导抗性显著提升，这也为在甘蓝上的发现提供新的佐证。

蛋白酶抑制剂在植物与植食性昆虫的协同演化过程中发挥着关键作用，各种植物中均含有蛋白酶抑制剂，研究较多的是豆科（如豇豆和大豆等）、茄科（如番茄和烟草等）以及禾本科（如水稻和小麦等）植物，其他植物有关蛋白酶抑制剂的研究明显不足（刘会香等，2005）。目前在四种常见的蛋白酶抑制剂中研究比较深入的是丝氨酸和半胱氨酸蛋白酶抑制剂，因为很多鳞翅目、直翅目、双翅目和膜翅目昆虫的主要消化蛋白酶是丝氨酸蛋白酶，而许多鞘翅目昆虫的主要消化蛋白酶是半胱氨酸蛋白酶（Volpicella et al.，2011）。此外，丝氨酸和半胱氨酸蛋白酶抑制剂能够减轻蚜虫体重，延长若蚜发育历期，降低种群密度，表明蛋白酶抑制剂在蚜虫等刺吸式口器害虫的防治中也具有一定的潜力（Azzouz et al.，2005）。通常来说，一种蛋白酶抑制剂往往只抑制昆虫肠道内一种消化酶，并且一种消化酶的抑制效应可被其他蛋白酶的过多分泌所补偿，但有研究显示多种蛋白酶抑制剂对害虫抗性具有协同效应（卢晓风等，1998）。我们对辣椒与番茄、马铃薯及烟草的蛋白酶抑制剂合成基因序列进行比对分析，结果显示辣椒的蛋白酶抑制剂合成基因序列在演化上较为保守，这提示我们可以将多物种的蛋白酶抑制剂基因同时转化获得转基因植株以获得更为广谱的抗虫效果。后续研究可以深入分析辣椒蛋白酶抑制剂的氨基酸序列及其与对应消化蛋白酶的结合位点和互作机制，并根据蛋白酶抑制剂合成基因具有高变异性和特异性特点，利用定点突变技术或者人工修饰，发展高效新型蛋白酶抑制剂。

综上所述，本研究发现相较于健康辣椒，MEAM1虫害辣椒蛋白酶抑制剂合成基因 $PI2$、$PI4$、$PI5$、$PI6$ 在各时间点均不同程度地上调，表明辣椒能够识别烟粉虱的危害，进而激活蛋白酶抑制剂介导的诱导抗性。烟粉虱是典型的刺吸式口器害虫，其从韧皮部汁液中摄取的小分子游离氨基酸含量远高于分子含量较大的蛋白质，但有研究证明蛋白酶抑制剂对其营养代谢仍具有负面作用，且该作用涉及的生理生化机制目前仍不清楚。同时，蛋白酶抑制剂也会影响其免疫系统以及与内共生菌相互作用等，但哪种作用方式在其抗刺吸式口器害虫中占主导地位目前并不清楚，相关机制也不明确。鉴于植物蛋白酶抑制剂对刺吸式口器害虫作用的独特性，深入研究并开发出专门针对这类害虫的绿色防治手段将具有很好的应用前景。

参考文献

程仲毅，薛庆中，2003. 植物蛋白酶抑制剂基因结构、调控及其控制害虫的策略 [J]. 遗传学报（8）：790-804.

褚栋，张友军，2018. 近10年我国烟粉虱发生为害及防治研究进展 [J]. 植物保护（5）：51-55.

刘会香，张星耀，2005. 植物蛋白酶抑制剂及其在林木抗虫基因工程中的应用 [J]. 林业科学（3）：148-157.

卢晓风，夏玉先，裴炎，1998. 植物蛋白酶抑制剂在植物抗虫与抗病中的作用 [J]. 生物化学与生物物理进展（4）：328-333.

杨爱民，周福才，胡其靖，等，2014. 烟粉虱对辣椒产量和品质的影响 [J]. 扬州大学学报（农业与生命科学版）（1）：86-89.

禹海鑫，叶文丰，孙民琴，等，2015. 植物与植食性昆虫防御与反防御的三个层次 [J]. 生态学杂志（1）：256-262.

张娜，刘志伟，刘德广，2022. 植物蛋白酶抑制剂的抗虫性研究进展 [J]. 植物保护（6）：238-247，277.

AZZOUZ H, CHERQUI A, CAMPAN E D, et al., 2005. Effects of plant protease inhibitors, oryzacystatin I and soybean Bowman-Birk inhibitor, on the aphid *Macrosiphum euphorbiae* (Homoptera, Aphididae) and its parasitoid *Aphelinus abdominalis* (Hymenoptera, Aphelinidae) [J]. Journal of Insect Physiology, 51 (1)：75-86.

ERB M, MELDAU S, HOWE G A, 2012. Role of phytohormones in insect-specific plant reactions [J]. Trends in Plant Science, 17 (5)：250-259.

HILDER V A, GATEHOUSE A M R, SHEERMAN S E, et al., 1987. A novel mechanism of insect resistance engineered into tobacco [J]. Nature, 330 (6144)：160-163.

HU J, LU J T, YANG N N, et al., 2022. Avoidance of previously infested cabbage by MEAM1 cryptic species of *Bemisia tabaci* species complex [J]. Journal of Pest Science, 96 (1)：81-92.

JOHNSON R, NARVAEZ J, AN G, et al., 1989. Expression of proteinase inhibitors I and II in transgenic tobacco plants：effects on natural defense against *Manduca sexta* larvae [J]. Proceedings of the National Academy of Sciences of the United States of America, 86 (24)：9871-9875.

JONGSMA M A, BEEKWILDER J, 2011. Co-evolution of insect proteases and plant protease inhibitors [J]. Current Protein and Peptide Science, 12 (5)：437-447.

LU J, LI J C, JU H P, et al., 2014. Contrasting effects of ethylene biosynthesis on induced plant resistance against a chewing and a piercing-sucking herbivore in rice [J]. Molecular Plant, 7 (11)：1670-1682.

MORIN S, ATKINSON P W, WALLING L L, 2024. Whitefly-plant interactions：an integrated molecular perspective [J]. Annual Review of Entomology, 69 (1)：503-525.

SARMENTO R A, LEMOS F, BLEEKER P M, et al., 2011. A herbivore that manipulates plant defence [J]. Ecology Letters, 14 (3)：229-236.

SCHMITTGEN T D, LIVAK K J, 2008. Analyzing real-time PCR data by the comparative CT method [J]. Nature Protocols, 3 (6)：1101-1108.

SCHUMAN M C, BALDWIN I T, 2016. The layers of plant responses to insect herbivores [J]. Annual Review of Entomology, 61 (1)：373-394.

VOLPICELLA M, LEONI C, COSTANZA A, et al., 2011. Cystatins, serpins and other families of protease inhibitors in plants [J]. Current Protein and Peptide Science, 12 (5)：386-398.

WANG X W, LI P, LIU S S, 2017. Whitefly interactions with plants [J]. Current Opinion in Insect Science, 19：70-75.

WARI D, ABOSHI T, SHINYA T, et al., 2022. Integrated view of plant metabolic defense with particular focus on chewing herbivores [J]. Journal of Integrative Plant Biology, 64 (2)：449-475.

ZHU-SALZMAN K, ZENG R S, 2015. Insect response to plant defensive protease inhibitors [J]. Annual Review of Entomology, 60 (1)：233-252.

春季降雨量对小麦吸浆虫的发生程度的影响*

刘长营**,王淑枝,王利霞,韩瑞华,张自启,田永恒,段爱菊***

(洛阳市农林科学院,洛阳 471022)

摘 要:【目的】小麦吸浆虫是一种在我国局部地区间歇性暴发的小麦害虫,本文研究春季降雨量对其发生程度的影响。【方法】通过淘土、黄板诱集和剥查麦穗幼虫掌握小麦吸浆虫发生程度,分析春季不同时段降雨量对其影响。【结果】春季降雨对小麦吸浆虫的发生影响较大,春季降雨量很小时严重影响小麦吸浆虫成虫出土,小麦被害率很低。除降雨量外上年小麦吸浆虫落土虫量也影响小麦吸浆虫的发生。

关键词:小麦害虫;吸浆虫;降雨量

The Impact of Spring Rainfall on the Occurrence of Wheat Midge*

Liu Changying**, Wang Shuzhi, Wang Lixia, Han Ruihua,
Zhang Ziqi, Tian Yongheng, Duan Aiju***

(*Luoyang Academy of Agriculture and Forestry*, Luoyang 471022, China)

Abstract:【Objectives】The wheat midge is an intermittently eruptive pest in some local areas of China. This study investigates the impact of spring rainfall on its occurrence. 【Methods】The occurrence of wheat midge was determined by soil sifting, yellow board trapping, and dissection of wheat spikes to check for larvae, and the impact of rainfall at different stages of spring was analyzed. 【Results】Spring rainfall has a significant effect on the occurrence of wheat midge. Very little spring rainfall severely affects the emergence of adult wheat midges, resulting in a very low infestation rate. Rainfall and the number of wheat midges that fell to the ground in the previous year also affect the occurrence of wheat midges.

Key words: Wheat pests; Midge; Rainfall

小麦吸浆虫是小麦上的重要害虫,主要发生在黄河流域陕西、河南和河北等几个省份麦区(刘万才等,2016)。常见种类有麦红吸浆虫 *Sitodiplosis mosellana* Géhin 和麦黄吸浆虫 *Contarinia tritici*(Kirby),在我国以麦红吸浆虫为主。小麦吸浆虫以幼虫潜伏在小麦颖壳内吸食正在灌浆的汁液,造成麦粒瘪疮、空壳或霉烂而减产,具有很大的危害性,一般减产10%~20%,重者减产30%~50%,甚至颗粒无收(武予清等,2014)。小麦吸浆虫是一种难以防控的农业害虫,发生危害具有隐蔽性、间歇性、局部性和暴发

---

* 基金项目:国家小麦产业技术体系资助 CARS-03
** 第一作者:刘长营;E-mail:lynyky@126.com
*** 通信作者:段爱菊;E-mail:lysnks@126.com

性的特点。自 20 世纪中期以来，小麦吸浆虫在我国出现了 3 次大发生，分别在 20 世纪 50 年代，20 世纪 80—90 年代和 21 世纪初期（段云等，2013）。常年发生面积约 200 万 hm^2，重发年份 1994 年达 277 万 hm^2（刘万才等，2016）。

为了解春季降雨对小麦吸浆虫发生情况的影响程度，作者通过对 2021—2023 年的春季降雨数据和 755 个小麦品种的吸浆虫发生情况进行了分析，结果如下。

1 材料与方法

1.1 试验地情况

调查地点为我院设在河南省洛阳市洛宁县底张乡西磨头村的不同小麦品种对吸浆虫抗性鉴定试验田，常年麦红吸浆虫危害较重。参试材料共 755 个小麦品种，由国家小麦产业技术体系提供。小区长 1m，每品种种植 2 行。10 月中旬播种，播前淘土调查表层土壤小麦吸浆虫虫量，三年虫口基数分别为每样方（10 cm×10 cm×20 cm）5.3 头、7.9 头、3.5 头。

1.2 田间虫量调查

淘土调查：3 月中旬在试验地棋盘式 10 点取样，每样方大小 10 cm×10 cm×20 cm，土样编号后分别置于塑料袋内带到室内淘土。

黄板监测：于 4 月初至 5 月初在试验地均匀放置 10 个黄板，每 7 d 取下黄板调查虫量，更换新黄板。

1.3 吸浆虫危害情况调查

在小麦乳熟期（老熟幼虫入土前）每品种随机取 30 穗，带回实验室按穗逐粒剥查幼虫，记录每穗幼虫数。

1.4 气象数据

气象资料由洛宁县农业部门提供。

2 结果与分析

2.1 2021—2023 年春季当地降雨量

从表 1 中 3、4 月降雨量进行分析：2021 年 3—4 月降雨 132.8 mm，比常年降雨量 55.6 mm 量高 138.8%，尤其是 4 月降雨量达 109.7 mm，比常年降雨量高 209.9%；2022 年 3—4 月降雨仅 24.6 mm，不足常年降雨量 55.6 mm 的一半。2023 年 3—4 月降雨 56.2 mm，与常年相近。

表 1 2021—2023 年春季降雨量

年份	3 月		4 月		5 月		合计	
	降雨量（mm）	距平率（%）	降雨量（mm）	距平率（%）	降雨量（mm）	距平率（%）	降雨量（mm）	距平率（%）
2021	23.1	14.4	109.7	209.9	24.8	-55.6	157.6	41.5
2022	8.9	-55.9	15.7	-55.6	16.6	-70.3	41.2	-63.0

(续表)

年份	3月		4月		5月		合计	
	降雨量（mm）	距平率（%）	降雨量（mm）	距平率（%）	降雨量（mm）	距平率（%）	降雨量（mm）	距平率（%）
2023	14.4	−28.7	41.8	18.1	102.2	83.2	158.4	42.2
常年	20.2	—	35.4	—	55.8	—	111.4	—

2.2 2021—2023年吸浆虫发生情况

2.2.1 淘土数据

由于3年中2021年小麦吸浆虫发生量相对较高，所以2022年土壤中幼虫和茧的量较大，10样方有虫92头，高于其他两年；而2022年发生量极少，因此2023年的初始虫源就较少，但也没有像2022年成虫发生量那样比上一年大幅降低，这应该是部分小麦吸浆虫幼虫条件不合适不出土造成的（表2）。

表2 2021—2023年小麦吸浆虫淘土调查结果

年份	茧	幼虫	合计
2021	53	15	68
2022	71	21	92
2023	36	4	40

注：10点取样数据（头/10点）。

2.2.2 黄板数据

从表3对小麦吸浆虫成虫的诱集结果可以看出，3年中2021年的诱集成虫量最大，其次是2023年，2022年数量极少，10个黄板一个月仅诱到4头。从月份诱集虫量看，2021年是4月21—27日的虫量最大，单周虫量达20头，占5周虫量的近50%；2023年5月5—11日诱集虫量最多，单周虫量达22头，占5周虫量的近1/3。结合淘土结果看，2022年的淘土虫量最多，但黄板诱集的成虫却远远少于另外两年，这说明在本年度幼虫没有顺利羽化。

表3 2021—2023年小麦抽穗前后小麦吸浆虫黄板诱集调查结果　　（头/10个黄板）

年份	4月7—13日	4月14—20日	4月21—27日	4月28至5月4日	5月5—11日	合计
2021	7	8	29	13	2	59
2022	2	0	2	0	0	4
2023	7	4	2	1	22	36

注：10点取样数据（头/10个黄板）。

2.2.3 剥查情况

从剥查结果可以看出，2011年感虫品种最多，755个品种中感虫品种达487个，占比 64.5%；其次是 2023 年感虫品种 262 个，占比 34.7%；2022 年吸浆虫极端减少，仅有 40 个品种感虫。

表 4　755 个小麦品种剥查吸浆虫调查结果

项目	2021 年	2022 年	2023 年
总虫量（头）	4 531	128	2 912
平均虫量（头/品种）	6.00	0.17	3.86
最大虫量（头/品种）	118	17	668
有虫品种（个）	487	40	262
品种有虫率（%）	64.5	5.3	34.7

注：每品种调查 30 穗。

2.3　春季降雨量与小麦吸浆虫发生程度关系

从 2021—2023 年三年春季降雨量和小麦吸浆虫的淘土、黄板及穗部剥查结果看，春季降雨对小麦吸浆虫的发生影响较大。2021 年虫量相对较大，所以 2022 年淘土调查幼虫量在三年中最大，但是该年度春季降雨量较常年大幅减少，导致吸浆虫出土成虫很少，结果从黄板诱虫量和小麦被害率可以看出。

除了降雨量，上年落土虫量也影响小麦吸浆虫的发生。2021 年和 2023 年的春季降雨量相近，但 2021 年淘土虫量明显大于 2023 年，这造成 2021 年小麦吸浆虫的发生显著重于 2023 年。

参考文献

段云，蒋月丽，苗进，等，2013. 麦红吸浆虫在我国的发生、危害及防治 [J]. 昆虫学报，56（11）：1359-1366.

刘万才，刘振东，黄冲，等，2016. 近 10 年农作物主要病虫害发生危害情况的统计和分析 [J]. 植物保护，42（5）：1-9.

武予清，苗进，巩中军，等，2014. 小麦吸浆虫的生物学、生态学及防治研究进展 [J]. 应用昆虫学报，51（6）：1450-1458.

不同小麦品种（系）对小麦吸浆虫抗性鉴定*

王利霞**，刘长营，王淑枝，韩瑞华，张自启，田永恒，段爱菊***

（洛阳市农林科学院，洛阳 471022）

摘 要：种植抗虫品种是控制小麦吸浆虫最经济有效的措施。为鉴定筛选抗虫品种，本研究选取755个小麦品种（系），于2021—2023年在小麦吸浆虫常年危害较重的豫西地区进行抗虫性鉴定。结果表明，2021—2023年小麦吸浆虫均发生较轻，三年的受害品种分别为487个、40个、262个，分别占全部品种的64.5%、5.3%和34.7%；受害最重品种估计损失率分别为2.04%、0.27%和18.27%。

关键词：小麦品种；小麦吸浆虫；抗性鉴定

Different Wheat Varieties (Lines) for the Identification of Resistance to Wheat Midge*

Wang Lixia**, Liu Changying, Wang Shuzhi, Han Ruihua, Zhang Ziqi, Tian Yongheng, Duan Aiju***

(Luoyang Academy of Agriculture and Forestry, Luoyang 471022, China)

Abstract: Planting resistant varieties is the most economical and effective measure to control wheat midge. This study selected 755 wheat varieties (lines) and conducted pest resistance identification in the Henan West region, where wheat midge has been a serious problem for many years, from 2021 to 2023. The results showed that the wheat midge occurred lightly in 2021—2023, with the number of affected varieties being 487, 40, and 262 respectively, accounting for 64.5%, 5.3%, and 34.7% of all varieties; the estimated loss rate of the most severely affected varieties was 2.04%, 0.27%, and 18.27% respectively.

Key words: Wheat varieties; Wheat midge; Resistance identification

小麦吸浆虫是小麦上的重要害虫，主要发生在黄河流域麦区的陕西、河南和河北等几个省份（刘万才等，2016）。常见种类有麦红吸浆虫 *Sitodiplosis mosellana* Géhin 和麦黄吸浆虫 *Contarinia tritici*（Kirby），在我国以麦红吸浆虫为主。小麦吸浆虫以幼虫潜伏在颖壳内吸食正在灌浆的汁液，造成麦粒瘪疮、空壳或霉烂而减产，具有很大的危害性，一般减产10%~20%，重者减产30%~50%，甚至颗粒无收（武予清等，2014）。

小麦吸浆虫是一种难以防控的农业害虫，发生危害具有隐蔽性、间歇性、局部性和

---

* 基金项目：国家小麦产业技术体系资助 CARS-03
** 第一作者：王利霞；E-mail: lysnks@126.com
*** 通信作者：段爱菊；E-mail: lysnks@126.com

暴发性的特点。自 20 世纪中期以来，小麦吸浆虫在我国出现了 3 次大发生，分别在 20 世纪 50 年代，20 世纪 80—90 年代和 21 世纪初期（段云等，2013）。小麦吸浆虫常年发生面积为 200 万 hm^2，重发年份 1994 年达 277 万 hm^2（刘万才等，2016）。

生产上推广的种植品种大多不抗麦红吸浆虫，而种植抗虫品种是控制小麦吸浆虫最经济有效的措施。因此鉴定筛选抗虫品种供生产上利用是当务之急，同时也为抗虫育种提供抗源材料（屈振刚等，2011）。洛阳市农林科学院多年来一直在做不同品种小麦抗吸浆虫鉴定工作，现将 2021—2023 年鉴定结果总结如下。

1 材料与方法

1.1 田间虫量前期调查

淘土调查：3 月中旬在试验地棋盘式 10 点取样，每样方大小 10 cm×10 cm×20 cm，土样编号后分别置于塑料袋内带到室内淘土调查虫量。

黄板监测：于 4 月初至 5 月初在试验地均匀放置 10 个黄板，每 7 d 取下黄板调查虫量，更换新黄板。

1.2 不同品种抗虫性调查

1.2.1 参试品种与材料

共 755 个小麦品种和材料，由国家小麦产业技术体系提供。

1.2.2 鉴定圃田间设计

鉴定圃设在河南省洛阳市洛宁县底张乡西磨头村常年冬小麦田麦红吸浆虫较重发生的地块，每年 10 月中旬播种，播前淘土调查平均每样方（10 cm×10 cm×20 cm）三年虫量分别为 5.3 头、7.9 头、3.5 头。小区长 1m，每品种种植 2 行。

记录小麦出苗期、抽穗期和扬花期。

1.2.3 品种抗性分级指标

在小麦乳熟期（老熟幼虫入土前）每品种随机取 30 穗，带回实验室按穗逐粒剥查幼虫，按下式（1）计算各品种的估计损失率（L）。求出当年所有参加鉴定品种的平均估计损失率（L'），再计算各个品种的相对比值 L/L'，按表 1 对各品种进行抗性分级。（GB-T 24501—2—2009）

$$L = \frac{W}{G \times C} \times 100 \tag{1}$$

式中：

L——小麦吸浆虫估计损失率；

W——检查穗上总虫数；

G——检查穗粒数；

C——吸浆虫幼虫吃完一粒麦粒所需头数的理论值，其中麦红吸浆虫为 4，麦黄吸浆虫为 6，当地为麦红吸浆虫。

表 1　小麦品种材料对吸浆虫抗性分级表

等级	抗性评价	L/L'
0	免疫	0
1	高抗	>0, ≤0.2
2	中抗	>0.2, ≤0.5
3	低抗	>0.5, ≤1.0
4	感虫	>1.0, ≤1.5
5	高感	>1.5

2　结果与分析

2.1　2021—2023 年天气与吸浆虫发生概况

从表 2 可以看出，2021—2023 年小麦吸浆虫均发生较轻，尤其是 2022 年发生极其轻微。三年结果对比，2021 年感虫率最高，755 个品种中感虫的有 487 个品种，占比 64.5%；其次是 2023 年感虫的有 262 个，占比 34.7%；2022 年发生感虫率最低，仅有 40 个品种感虫，占比 5.3%。

表 2　2021—2023 年不同小麦品种对麦红吸浆虫抗性鉴定结果

项目	2021		2022		2023	
	品种数	占比（%）	品种数	占比（%）	品种数	占比（%）
免疫	268	35.5	715	94.7	493	65.3
高抗	56	7.4	0	0	10	1.3
中抗	112	14.8	0	0	106	14.0
低抗	120	15.9	0	0	54	7.2
感虫	54	7.2	0	0	18	2.4
高感	145	19.2	40	5.3	74	9.8

结合 3、4 月降雨量进行分析：2021 年 3、4 月降雨 132.8 mm，小麦各品种感虫率为 64.5%；2022 年 3、4 月降雨 24.6 mm，小麦各品种感虫率 5.30%。2023 年 3、4 月降雨 56.2 mm，感虫率 34.70%（表 3）。可以看出抽穗前及抽穗期降雨量偏少不利于吸浆虫发生。

表 3　2021—2023 年 3、4 月降雨量（mm）

年份	3 月	4 月
2021	23.1	109.7
2022	8.9	15.7
2023	14.4	41.8

2.2 不同品种抗虫性比较

对比三年数据可以看出，2022年吸浆虫发生轻微；2021年和2023年中度发生。对比2021年和2023年，两年受害品种分别为487个和262个，2021年明显多于2023年。对比受害较重品种可以看出，2023年虽然受害品种数量少于2021年，但2023年高感品种受害程度明显重于2021年，2023年受害最重品种估计损失率达18.27%，远高于2021年的2.04%，严重程度排行第六的邯6172，估计损失率为2.26%，仍高于2021年最严重品种。

具体到每一年。2021年755个供试品种中有吸浆虫危害的品种487个，其中高抗品种55个，中抗品种113个，低抗品种122个，感虫品种52个，高感品种145个。所有供试品种平均损失率 $L' = 0.126\%$，其中品种17179受害最重，估计损失率 $L = 2.04\%$，抗虫性综合评判指标 $L/L' = 16.2$；其次是川麦1434，$L = 1.97\%$，$L/L' = 15.6$。

2022年受害品种只有40个。所有供试品种平均损失率 $L' = 0.004\%$，受害最重的184估计损失率仅为0.27%。

2023年受害品种262个，其中高抗品种10个，中抗品种106个，低抗品种54个，感虫品种18个，高感品种74个。所有供试品种平均损失率 $L' = 0.096\%$，山农15危害最重，估计损失率 $L = 18.27\%$，$L/L' = 196.1$；其次是黔麦22，$L = 3.29\%$，$L/L' = 34.1$。

3 讨论

2022年总体小麦吸浆虫发生量很小，多数品种没有受吸浆虫危害，平均损失率 L' 极端偏小，导致感虫品种即使仅有一头虫危害，L/L' 指标也表现为高感，这说明虫量过少时感虫品种全部表现为高感，难以区分抗虫性强弱。

近几年小麦吸浆虫发生显著轻于2000年前后，这不利于进行田间的抗虫鉴定。然而鉴于小麦吸浆虫是间歇性暴发害虫，对抗性育种及抗性鉴定工作仍不能轻视，为保障鉴定的准确性，自然虫源少时田间吸浆虫抗性鉴定需辅以辅接虫鉴定等手段进行。

参考文献

段云, 蒋月丽, 苗进, 等, 2013. 麦红吸浆虫在我国的发生、危害及防治 [J]. 昆虫学报, 56 (11): 1359-1366.

刘万才, 刘振东, 黄冲, 等, 2016. 近10年农作物主要病虫害发生危害情况的统计和分析 [J]. 植物保护学报, 42 (5): 1-9.

屈振刚, 温树敏, 屈赟, 等, 2011. 小麦品种抗麦红吸浆虫鉴定与抗性分析 [J]. 植物遗传资源学报, 12 (1): 121-124.

武予清, 苗进, 巩中军, 等, 2014. 小麦吸浆虫的生物学, 生态学及防治研究进展 [J]. 应用昆虫学报, 51 (6): 1450.

中华人民共和国国家质量监督检验总局, 中国国家标准化管理委员会, 2009. 小麦条锈病, 吸浆虫防治技术规范 第2部分: 小麦吸浆虫: GB/T 24501.2-2009 [S]. 北京: 中国标准出版社.

不同方法监测水稻稻纵卷叶螟成虫发生效果初探

石永芳[1]*，孙贤海[1]，袁 航[1]，常向前[2]，吕 亮[2]，张 舒[2]**

(1. 湖北省石首市农业技术推广中心，石首 434400；
2. 湖北省农业科学院植保土肥研究所，武汉 430064)

摘 要：水稻稻纵卷叶螟是水稻上重要的迁飞性害虫，除灯诱外，食诱、性诱和田间赶蛾是监测其发生动态的有效手段。本研究以稻纵卷叶螟为研究对象，通过食诱、性诱和田间赶蛾三种方法，测试了稻纵卷叶螟的虫情动态。研究结果表明，三种监测方法均能准确地预测出蛾高峰，但各有所长，食诱雄虫和雌虫均可诱杀，最大程度减少稻纵卷叶螟的危害；性诱专一性好、持效期长，较适于大面积时使用；人工赶蛾，虽费时费力，但能较好反映田间真实情况。生产中建议三种方法综合使用，当田块面积较大时推荐使用性诱作为监测和防治工具，食诱可作为防治稻纵及其他稻田害虫的有利辅助手段。当田块面积较小时，可以利用田间赶蛾，查卵为主的方法进行监测，做到及时进行防控。

关键词：水稻；稻纵卷叶螟；食诱；性诱；赶蛾

Study on the Effect of Different Methods to Monitor the Occurrence of Rice Leaf Roller Borer Adult

Shi Yongfang[1]*, Sun Xianhai[1], Yuan Hang[1],
Chang Xiangqian[2], Lü Liang[2], Zhang Shu[2]**

(1. The Center of Agricultural Technology Extension of Jingzhou County, Shishou City, Hubei province, Shishou 434400, China; 2. Insect Pests and Weeds Control, Institute for plant protection & soil fertilizer, Hubei academy of agricultural sciences, Wuhan 430064, China)

Abstract: *Cnaphalocrocis medinalis* Guenee is an important migratory pest on rice. In addition to light trapping, food trapping; sex trapping; moth catching are effective means to monitor occurrence dynamics. Taking *Cnaphalocrocis medinalis* as the research object, the author tested the insect dynamics of *Cnaphalocrocis medinalis* by three methods: food trapping; sex trapping; moth catching. The results showed that the three monitoring methods could accurately predict the peak of moths, but each had its own advantages. Both male and female moths could be trapped by feeding, and the harm of *Cnaphalocrocis medinalis* was reduced to the greatest extent. Sex trapping has good specificity and long duration, and is more suitable for use in large areas; artificial moth, although time-consuming and laborious, but can better reflect the real situation in the field. It is recommended to use three methods in production. When the field area is large, sex

---

* 第一作者：石永芳；E-mail: 1140814542@qq.com
** 通信作者：张舒；E-mail: ricezs6410@163.com

attractant is recommended as a monitoring and control tool, and food attractant can be used as a favorable auxiliary means to control rice longitudinal and other rice pests. When the damaged area is small, to prevent and control in time, we can catch the moths and check eggs.

Key words: Rice; *Cnaphalocrocis medinalis*; Food trapping; Sex trapping; Moth catching

稻纵卷叶螟[*Cnaphalocrocis medinalis*（Guenee）]是水稻上重要的迁飞性害虫之一，2023年稻纵卷叶螟在石首市中等偏重至大发生，对水稻生产构成很大威胁。及时准确地监测稻纵卷叶螟的发生动态是做好稻纵卷叶螟防控的关键。大田生产上常采用性诱、灯诱和田间系统赶蛾法等监测方法来掌握其成虫的发生动态，为防控提供参考（李宽等，2022；姚海峰等，2018；徐丽君等，2013；曾伟等，2012；陈德福，2011；姚士桐等，2011；眭丹，2011）。近年来，食物诱集技术也得到了广泛推广和应用（赵忆宁等，2021）。有鉴于此，本研究设计了食诱、性诱以及传统的田间赶蛾监测稻纵卷叶螟的发生动态试验，探索生物食诱剂用于水稻上稻纵卷叶螟预测预报的可行性，从而为大面积推广提供理论依据。

1 材料与方法

1.1 试验地基本情况

试验安排在石首市高基庙镇保贞堂村进行，试验面积2 000 m^2。该试验田水肥及栽培管理条件一致，水稻生长均匀。前茬为双季早稻。

1.2 供试药剂

稻纵卷叶螟食诱剂由深圳百乐宝生物农业科技有限公司提供，有效成分含量为2g/包（主要成分配比为柠檬烯∶水杨酸甲酯∶樟脑=1∶2.5∶0.5）；每2周更换一次。

稻纵卷叶螟性诱剂由宁波纽康生物技术有限公司提供，有效成分含量为740 μg/诱芯，（主要成分为顺13-十八碳烯醛∶顺11-十八碳烯醛∶顺13-十八碳烯醇∶顺11-十八碳烯醇=500∶60∶120∶60=500∶60∶120∶60），诱芯载体类型为PVC毛细管；每月更换一次。

食诱和性诱监测均使用钟罩倒置漏斗式诱捕器（螟蛾类标准化诱捕器）。

1.3 参试作物

水稻，双季晚稻，品种为扬泰优5009。

1.4 监测对象

水稻稻纵卷叶螟[*Cnaphalocrocis medinalis*（Guenee）]，发生世代为五（3）代至六（4）代。

1.5 试验方法

试验设置食诱、性诱和赶蛾3个处理。处理1：性诱。每块田安插1个诱捕器（每个诱捕器安装一根试验诱芯），诱捕器固定在杆子上，底边离地面0.5~0.8 m，离田埂5 m左右。诱捕器放置于田边方便操作的稻田中，每个诱捕器间隔25 m左右，田埂走向与当地季风风向垂直。要求摆放一条线、间距一致、高度一致。处理2：食诱。每块田安插2个诱捕器（每个诱捕器放置一包食物料包），安装的步骤和方法同性诱。处理

3：赶蛾。每日 09：00 左右赶蛾并调查诱捕器虫量，赶蛾面积 66 m²。

1.6 试验时间和调查方法

试验从 8 月 10 日开始在稻田插放诱捕器，试验时间 43 d。8 月 14 日开始第一次调查，接着每隔 2~4 d 调查 1 次，9 月 21 日调查结束。每次调查分别记录各诱捕器中的稻纵卷叶螟总蛾数、雌蛾数和雄蛾数，并调查记录诱集的杂虫种类和数量，每次调查后清空诱捕器中的蛾子，各处理均未更换诱芯，食物料包和性诱诱芯每 3 周更换一次。

1.7 数据处理及统计方法

性诱和食诱数据以 3 个诱捕器的日平均值计算，赶蛾数据以每 66 m² 的蛾量为准。本试验所有数据统一使用 Excel 进行处理和作图。

2 结果与分析

2.1 不同监测方法下稻纵卷叶螟数量动态变化

采用食物诱集、性诱剂诱集和田间系统赶蛾监测稻纵卷叶螟各代次种群消长规律，稻纵卷叶螟的成虫数量消长动态见图 1。图 1 可见，在持续 43 d 的试验调查中出现多个明显的诱蛾高峰，食诱、性诱赶蛾均有明显高峰，并且峰期在 7 d 内波动。

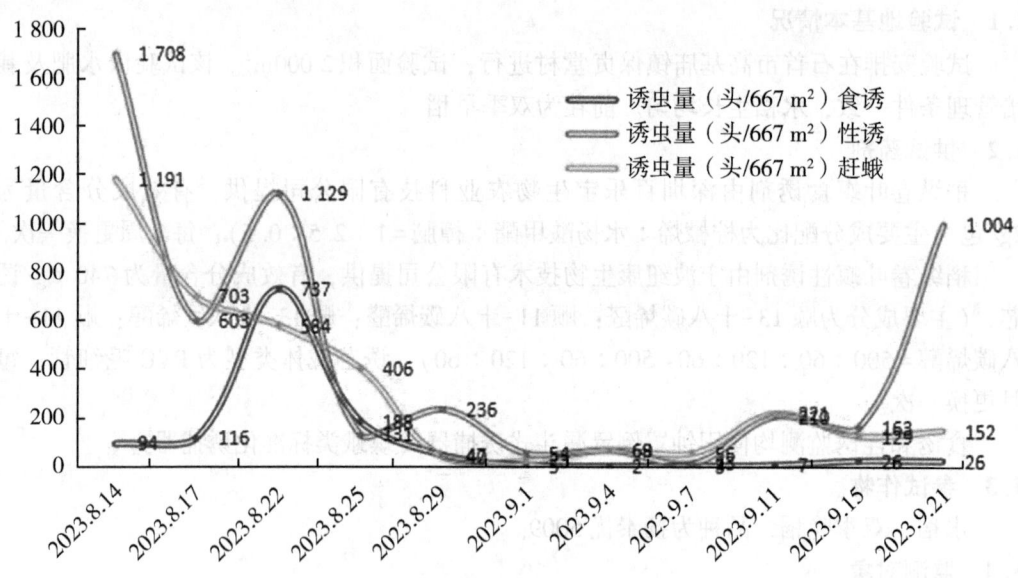

图 1　三种监测方法下稻纵卷叶螟数量消长动态

2.2 各代蛾高峰出现时间

由图 1 还可知，从 8 月 10 日至 9 月 21 日结束，试验主要是对稻纵卷叶螟的五（3）代和六（4）代进行调查，性诱、食诱和田间赶蛾的峰期基本一致，晚稻田稻纵卷叶螟五（3）代蛾高峰日为 8 月 22 日。在性诱中，六（4）代蛾高峰日为 9 月 21 日，而对于食物诱集，无明显高峰期。对于赶蛾未出现蛾高峰，可能主要是由于后期水稻株高逐渐变高且隐蔽，在赶蛾的时候，稻纵卷叶螟成虫多处于稻株下面，无法清楚识别。

在六（4）代中，食诱和赶蛾高峰期不明显，这可能是在该时期水稻处于扬花期，食物料包的主要成分也是根据成虫具有补充营养的特点对花香敏感而制成的含有独特花香的料包,而稻田的扬花期植物散发的气味对在一定程度上干扰了食物诱捕器诱集的效果,也使得稻纵卷叶螟无法精准定位含食物诱捕器的位置。

对于水稻生长前期,三种方法均作为可以监测和防治稻纵卷叶螟的手段,但对于后期,食物诱集和田间赶蛾的方式不太理想。以上3种方式性诱的诱虫数量最多,且能很好地监测每代的蛾峰期,但是使用时后期也要保证诱捕器高度接近于水稻稻株才能更好确保诱集效果。

2.3 食诱雌雄蛾比例及准确性

不同时间食诱的稻纵卷叶螟雌雄蛾及杂虫数量详见表1。从表1中共11次的调查结果可知,共诱集雄蛾569头、雌蛾628头,雌雄蛾比1.2∶1。稻纵卷叶螟五(3)代蛾高峰日为8月22日。

11次调查中诱集的杂种种类最高时11种,最低时也有6种,杂种主要有豆野螟、斜纹夜蛾和稻苞虫等害虫,以及蜜蜂、茧蜂等益虫。

表1 不同时间食诱的稻纵卷叶螟雌雄蛾及其他昆虫数量

调查日期	成虫数	雄蛾数	雌蛾数	其他昆虫种类	其他昆虫总数
	头/诱捕器	头/诱捕器	头/诱捕器	种/诱捕器	头/诱捕器
2023.8.14	31.3±21.01	22.3±13.43	9.0±9.54	9	26.0±2.65
2023.8.17	38.7±16.29	25.3±14.57	13.3±4.93	8	18.3±0.58
2023.8.22	245.7±38.55	124.3±22.9	121.3±16.29	10	48.7±21.03
2023.8.25	62.7±18.77	32±7.94	30.7±11.02	7	32.3±12.86
2023.8.29	15.7±8.08	8.7±6.51	7.0±1.73	8	16.3±8.5
2023.9.1	1.7±1.53	1.0±1.0	0.7±1.15	6	11.0±7.0
2023.9.4	0.7±1.15	0.7±1.15	0.0±0.0	8	13.3±6.51
2023.9.7	1.0±1.73	1.0±1.73	0.0±0.0	6	25.3±12.1
2023.9.11	2.3±1.15	1.7±0.58	0.7±0.58	10	35.7±18.61
2023.9.15	8.7±1.15	5.7±0.58	3.0±1.73	10	33.0±18.61
2023.9.21	8.7±3.51	4.7±2.31	4.0±1.73	11	36.7±13.23

3 小结与讨论

通过三种田间监测试验结果得出,食物诱杀既可诱杀雄虫,也可诱杀雌虫,发展前景广阔(曾娟等,2021)。可以很大程度上减轻稻纵卷叶螟危害,另外还可诱杀其他有害蛾(杨志香等,2022),但容易受天气影响,导致食物诱剂持效性不强,后期气味逐渐变淡,且经常诱集蜜蜂等益虫。性诱剂作为一种新型的生物测报工具,具有使用方便、无毒无害、专一性较强、计数方便等特点(姚士桐等,2011),持效期长,降低劳动强度,但其适于大面积时使用,小面积使用效果不理想;田间人工赶蛾,是田稻纵卷叶螟常见的监测手段,不仅费时费力,且容易受气候环境影响,存在一定弊端(姚海峰等,2018),前期能较好反映田间真实情况,但后期植株生长变高、植株冠层较密,高温栖息在植株中下层的稻纵卷叶螟在赶蛾监测时无法被瞬时全部赶出(徐丽君等,2013),导致监测数据与实际差异较大。综上所述,根据各种监测方法的优缺点,建议三种方法综合使用,当田块面积较大时推荐使用性诱作为监测和防治工具,食诱可作为防治稻纵卷叶螟及其他稻田害虫的有利辅助手段。当田块面积较小时,可以利用田间赶蛾,查卵为主的方法进行监测,做到及时进行防控。为较好监测整个植物生育期的稻纵卷叶螟成诱,防止后期稻纵卷叶螟诱虫卷叶危害,也可以前期使用性诱、食诱、田间赶蛾查卵中的一种或多种配合使用,后期则以食诱和性诱中的一种或多种配合使用,达到全方位监测和防控的目的。

参考文献

陈德福,2011. 稻纵卷叶螟几种监测方法准确性分析 [J]. 耕作与栽培(5):38,42

李宽,郑能文,蒋敏华,等,2022. 不同监测方法对水稻稻纵卷叶螟的监测效果 [J]. 浙江农业科学,63 (10):2364-2367.

眭丹,2018. 性诱剂在稻纵卷叶螟测报中的应用研究 [J]. 现代农业科技 (12):104-105.

徐丽君,邵益栋,汤露萍,等,2013. 性信息素诱集法与赶蛾法监测稻纵卷叶螟比较研究 [J]. 现代农业科技 (2):126-127,130.

杨志香,朱凤,王健生,等,2022. 食诱剂和性诱剂对稻纵卷叶螟的防控效果 [J]. 中国植保导刊 (2):38-40.

姚海峰,仇智灵,阮弋飞,等,2018. 水稻稻纵卷叶螟性诱监测与田间赶蛾和灯诱监测效果的比较 [J]. 浙江农业科学,59 (5):775-777,779.

姚士桐,方志峰,陆志杰,等,2011. 不同监测方法对田间稻纵卷叶螟成虫的监测效果 [J]. 中国植保导刊,31 (5):31-32.

曾娟,张涛,王立颖,等,2021. 食诱剂监测稻纵卷叶螟种群动态初报 [J]. 植物保护,47 (4):203-214.

曾伟,王居友,2012. 不同方法监测稻纵卷叶螟成虫效果初探 [J]. 四川农业科技 (4):42-43.

赵忆宁,张婷婷,汤露萍,等,2021. 生物食诱剂监测稻纵卷叶螟试验研究 [J]. 上海农业科技 (6):117-118,120.

不同药剂组合防治水稻二化螟田间药效试验

曾 俊,沈 青,管维康

(孝感市农业技术推广中心,孝感 432100)

摘 要:【目的】二化螟是水稻种植常见的钻蛀性害虫,在孝感市一年发生三代,主要以幼虫在水稻茎、鞘内钻蛀取食,形成枯鞘,影响水稻产量。【方法】本研究设置了6种药剂组合喷施处理,单因素方差分析结合邓肯氏新复极差多重比较。【结果】结果表明,20%乙基多杀菌素 WG 12 g/667 m²、20%乙基多杀菌素 WG 8 g/667 m² + 92%乙酰甲胺磷 WG 50 mL/667 m²、5%阿维菌素 EC 150 mL/667 m²、20%乙基多杀菌素 WG 6 g/667 m² + 5%阿维菌素 EC 100 mL/667m²、20%乙基多杀菌素 WG 12 g/667 m² 轮换5%阿维菌素 EC 150 mL/667 m²、20%氯虫苯甲酰胺 SC 20 mL/667 m² 药后20 d 的防效分别为98.19%、83.54%、72.90%、79.84%、97.64%、66.00%。【结论】6种药剂组合均对水稻二化螟有一定防效,20%乙基多杀菌素 WG 12 g/667 m² 防效较好,20%乙基多杀菌素 WG 12 g/667 m² 与5%阿维菌素 EC 150 mL/667 m² 轮换施药防效与其相当,无显著差异,可延缓抗药性的产生,值得应用推广。

关键词:药剂防治;水稻;二化螟

Field Efficacy Trials of Different Pesticide Combinations for Controlling Rice Stem Borer

Zeng Jun, Shen Qing, Guan Weikang

(Xiaogan City Agricultural Technology Extension Center, Xiaogan 432100, China)

Abstract:【Objectives】The rice stem borer, *Chilo suppressalis*, is a common boring pest in rice cultivation, which occurs three generations a year in Xiaogan City. Its larvae mainly feed on rice stems and sheaths, forming dead sheaths and affecting rice yield.【Methods】This study set up six pesticide combinations for spraying treatment, combined with one-way analysis of variance and Duncan's new repolarization multiple comparison.【Results】The results showed that the 20-day control effects of 20% ethyl fungicide WG at 12 g/667 m², 20% ethyl fungicide WG at 8 g/667 m² + 92% acetamiprid WG at 50 mL/667 m², 5% avermectin EC at 150 mL/667 m², 20% ethyl fungicide WG at 6 g/667 m² +5% avermectin EC at 100 mL/667 m², 20% ethyl fungicide WG at 12 g/667 m² with 5% avermectin EC at 150 mL/667 m², and 20% chlorfenapyr SC at 20 mL/667 m² were 98.19%, 83.54%, 72.90%, 79.84%, 97.64%, and 66.00%, respectively.【Conclusion】All six combinations of pesticides have certain control effects on *C. suppressalis*, with 20% ethyl fungicide WG at 12 g/667 m² having better control effect. The rotation application of 20% ethyl fungicide WG at 12 g/667 m² and 5% avermectin EC at 150 mL/667 m² has similar control effect, with no significant difference, which can delay the development of drug resistance and is worthy of application and promotion.

Key words: Chemical control; Rice; *Chilo suppressalis*

二化螟 Chilo suppressalis（Walker）是鳞翅目草螟科禾草螟属昆虫，又名钻心虫、蛀心虫、蛀杆虫等，是我国农业农村部公布的一类农作物十大害虫之一，也是孝感市水稻种植为害最为严重的常发性害虫之一，对水稻产量危害极大（钟乐荣等，2024；刘华林等，2005）。二化螟主要以幼虫在水稻茎、鞘内钻蛀取食，形成枯鞘。幼虫2龄后开始蛀食稻茎，形成枯心、白穗和虫伤株，导致严重减产（刘梦泽等，2014）。目前，化学防治是控制二化螟危害的重要途径，但由于防治药剂的选择必须综合考虑对于钻蛀性害虫的防治效果、粮食作物较低的用药成本，以及水田用药的环境友好性等多个因素，防治用药相对单一，抗药性发展迅速（罗南清，2006；姜卫华，2011；姚晓明等，2024）。为筛选出更加低毒高效的药剂品种，延缓抗性的发展，为大面积推广应用提供依据，我中心于2024年开展了6种药剂组合防治水稻二化螟药效试验。

1 材料与方法

1.1 试验田概况

试验田位于孝感市孝南区毛陈镇，肥力中等，品种为玮两优8612。4月7日机插秧，5月11日孝感市第一代二化螟进入卵孵始盛期，再生稻、早稻开始出现二化螟危害症状。试验田于5月15日开始施药，施药时水稻处于分蘖初期。选取长势及栽培管理高度一致的3块相邻再生稻田作试验田，每块田的面积均为1亩，合计5亩，每块田平均划分为7个小厢，共35个小厢。

1.2 试验药剂

20%乙基多杀菌素WG（科迪华农业科技有限公司，美国）、92%乙酰甲胺磷WG［安道麦（北京）农业科技有限公司，中国］、5%阿维菌素EC（深圳诺普信作物科学股份有限公司，中国）、20%氯虫苯甲酰胺SC（科迪华农业科技有限公司，美国）。

1.3 试验设计

试验共设7个处理：①20%乙基多杀菌素WG 12 g/667 m²；②20%乙基多杀菌素WG 8 g/667 m² + 92%乙酰甲胺磷WG 50 mL/667 m²；③5%阿维菌素EC 150 mL/667 m²；④20%乙基多杀菌素WG 6 g/667 m² + 5%阿维菌素EC 100 mL/667 m²；⑤20%乙基多杀菌素WG 12 g/667 m² 轮换 5%阿维菌素EC 150 mL/667 m²；⑥20%氯虫苯甲酰胺SC 20 mL/667 m²；⑦清水对照（CK）。5次重复，随机区组排列。单个小区面积95 m²，共计35个小区。

1.4 试验方法

试验田第一次施药时间为2024年5月15日，第二次施药时间为2024年5月25日，喷雾器械为电动喷雾器，亩兑水量为45 kg，均匀喷施。第一次药后20 d（6月4日）调查枯心率，计算防效。采用平行跳跃法进行抽样调查，每小区调查20点，每点10丛，记录分蘖数和枯心数，计算枯心率和防治效果。

1.5 防效计算公式

参考刘万才等（2010）和刘梦泽等（2011）方法计算防效。

$$枯心率（\%）=\frac{处理区枯心数}{处理区随机10丛水稻分蘖数 \times 20}\times 100$$

$$防治效果（\%）=\frac{清水对照区平均枯心率-处理区枯心率}{清水对照区平均枯心率}\times100$$

1.6 数据统计与分析

采用单因素方差分析（One-way ANOVA），结合邓肯氏新复极差多重比较检验不同药剂处理对水稻二化螟防效的差异显著性，应用数理分析软件 SPSS 19.0 分析数据。

2 结果与分析

六种药剂防治水稻二化螟的枯心率及防效分析数据见表1，采用数理统计分析软件 SPSS 进行方差分析和邓肯氏新复极差多重比较。20%乙基多杀菌素 WG 12 g/667 m^2、20%乙基多杀菌素 WG 8 g/667 m^2 + 92%乙酰甲胺磷 WG 50 mL/667 m^2、5%阿维菌素 EC 150 mL/667 m^2、20%乙基多杀菌素 WG 6 g/667 m^2 + 5%阿维菌素 EC 100 mL/667 m^2、20%乙基多杀菌素 WG 12 g/667 m^2 轮换 5%阿维菌素 EC 150 mL/667 m^2、20%氯虫苯甲酰胺 SC 20 mL/667 m^2 药后 20 d 的防效分别为 98.19、83.54%、72.90%、79.84%、97.64%、66.00%。其中 20%乙基多杀菌素 WG 12 g/667 m^2 和 20%乙基多杀菌素 WG 12 g/667 m^2 与 5%阿维菌素 EC 150 mL/667 m^2 轮换施药防效最高，显著优于其他处理，两者间差异不显著。

3 结论与讨论

本文探究了 6 种不同药剂组合对水稻二化螟的田间防效。试验结果表明，20%乙基多杀菌素 WG 12 g/667 m^2 防效较好，20%乙基多杀菌素 WG 12 g/667 m^2 与 5%阿维菌素 EC 150 mL/667 m^2 轮换施药防效与其相当，无显著差异。

氯虫苯甲酰胺为作用鱼尼丁受体的双酰胺类杀虫剂，对于鳞翅目害虫幼虫高效（郑雪松等，2012；唐涛等，2014；徐鹿等，2023）。但由于近年来的广泛使用，部分地区二化螟幼虫已对氯虫苯甲酰胺产生较高水平的抗性，这与吴聪等在浙江兰溪游埠镇和水亭乡的研究结果一致（吴聪等，2023）。本研究表明，氯虫苯甲酰胺单剂对二化螟防效不佳，不建议单独使用。

乙基多杀菌素是原美国陶氏益农公司开发于20世纪90年代的一种生物杀虫剂，具有杀虫谱广、高效、低毒、低残留、对人和非靶标动物安全、对环境无毒害等优点，已进入《绿色食品农药使用准则》目录（马丽等，2020）。乙基多杀菌素对于二化螟幼虫的抗性水平较低（吴聪等，2023），在水稻二化螟、蓟马以及蔬菜上多种鳞翅目害虫均有较好的表现，值得推广应用（孙杨等，2020；郭小艳等，2023；张凯等，2024）。本研究结果表明，20%乙基多杀菌素 WG 12 g/667 m^2 防效较好，20%乙基多杀菌素 WG 12 g/667 m^2 与 5%阿维菌素 EC 150 mL/667 m^2 轮换施药防效与其相当，无显著差异，也可延缓抗药性的产生，建议推广应用。

表 1 六种药剂防治水稻二化螟的枯心率及防效分析

序号	防治药剂	I 枯心数	I 枯心率(%)	II 枯心数	II 枯心率(%)	III 枯心数	III 枯心率(%)	IV 枯心数	IV 枯心率(%)	V 枯心数	V 枯心率(%)	防效(%)	差异显著性
1	20%乙基多杀菌素 WG 12 g/667 m²	12	0.23	3	0.06	0	0.00	4	0.08	3	0.06	98.19±0.59	a A
2	20%乙基多杀菌素 WG 8 g/667 m² + 92%乙酰甲胺磷 WG 50 mL/667 m²	93	1.78	66	1.30	72	1.40	29	0.58	18	0.50	80.33±0.95	b B
3	5%阿维菌素 EC 150 mL/667 m²	83	1.59	79	1.56	91	1.76	38	0.77	47	0.98	72.90±5.93	cd BC
4	20%乙基多杀菌素 WG 6 g/667 m² + 5%阿维菌素 EC 100 mL/667 m²	102	1.95	76	1.50	71	1.38	25	0.50	25	0.52	79.84±2.06	bc B
5	20%乙基多杀菌素 WG 12 g/667 m² 轮换 5%阿维菌素 EC 150 mL/667 m²	13	0.25	9	0.18	8	0.16	4	0.08	2	0.04	97.64±0.25	a A
6	20%氯虫苯甲酰胺 SC 20 mL/667 m²	133	2.55	97	1.91	163	3.16	59	1.19	37	1.12	65.90±3.84	d C
7	CK	614	11.76	315	6.20	463	8.97	132	2.66	97	2.01	0.00	
	分蘖数 (200 丛)	5 220		5 080		5 160		4 960		4 820			

注：表中防效数据为平均值±标准误，数值后不同的大写字母表示在 $P < 0.01$ 水平下比较；数值后不同的小写字母表示在 $P < 0.05$ 水平下比较。

参考文献

郭小艳，孔飞扬，梁锋，等，2023. 乙基多杀菌素和烯啶虫胺等10种药剂防治甘蔗蓟马田间药效试验［J］. 世界农药，45（8）：52-56.

姜卫华，2011. 二化螟的抗药性及综合防治研究［D］. 南京：南京农业大学.

刘华林，刘梦泽，李星洲，等，2005. 孝感市水稻二化螟抗药性治理对策研究［J］. 湖北植保（4）：32-34.

刘梦泽，万荣，胡惠娟，等，2011. 十三种药剂防治水稻二代二化螟药效比较［J］. 湖北植保（5）：25-26.

刘梦泽，万荣，卢光文，等，2014. 高温干旱稻田无水层条件下十种药剂防治二代二化螟药效试验［J］. 湖北植保（1）：11-12.

刘万才，丁伟，姜玉英，2010. 主要农作物病虫害测报技术规范应用手册［M］. 北京：中国农业出版社.

罗南清，2006. 水稻二化螟持续大发生危害加重的原因及防治对策［J］. 湖南农业科学（3）：96-98.

马丽，董现义，刘刚，2020. 乙基多杀菌素在我国蔬菜作物上的登记、应用及发展建议［J］. 浙江农业科学，61（10）：2085-2087.

孙杨，胡妍月，秦文婧，等，2020. 乙基多杀菌素与三氟苯嘧啶桶混对水稻穗期主要害虫的防效评价［J］. 生物灾害科学，43（3）：244-248.

唐涛，符伟，王培，等，2016. 不同类型杀虫剂对水稻二化螟及稻纵卷叶螟的田间防治效果评价［J］. 植物保护，42（3）：222-228.

吴聪，郑伟康，陈镓豪，等，2023. 6种杀虫剂对二化螟抗药性监测与田间防效初探［J］. 农药，62（11）：844-848.

徐鹿，孙杨，刘宝生，等，2023. 二化螟对双酰胺类杀虫剂抗性的分子机制研究进展［J］. 农药学学报，25（2）：257-266.

姚晓明，翟婧，孙健，等，2024. 主动型释放器喷射性信息素对二化螟虫量的影响及应用效果［J］. 中国植保导刊，44（7）：59-63，68.

张凯，徐元媛，高尚，等，2024. 生物农药乙基多杀菌素的研究进展［J］. 现代农药，23（2）：39-44.

郑雪松，时立波，茹李军，等，2012. 鱼尼丁受体及以其为靶标的杀虫剂［J］. 现代农药，11（3）：1-6.

钟乐荣，梁中卫，黄蕊，等，2024. 几种杀虫剂对水稻二化螟的田间防治效果［J］. 湖南农业科学（5）：79-81.

周颖杰，周琼，丁盛，2022. 几种杀虫剂对水稻二化螟的防治效果试验［J］. 湖北植保（2）：51-53.

美国白蛾在湖北省的发生发展变化分析及防治策略建议

张文颖

（湖北生态工程职业技术学院，武汉 430200）

摘 要：美国白蛾是原产于北美地区的世界性植物检疫性害虫，自2016年发现入侵湖北以来，严重威胁湖北省的生态安全。本文根据2016—2024年该虫的发生扩散情况，分析了美国白蛾入侵湖北省以来的发生扩散过程，调查了其危害树种，并根据湖北省防治该虫的工作实际，总结了其主要的防治措施，形成了湖北地区防治历。

关键词：美国白蛾；生物安全；防治策略

Change in Voltinism Increases the Spread of *Hyphantria cunea* and Suggestions of Control Strategies in Hubei Province

Zhang Wenying

(*Hubei Ecology Polytechnic College，Wuhan 430200，China*)

Abstract：The fall webworm, *Hyphantria cunea* (Drury), is a quarantine pest native to North America that may be found world-wide. It has posed a serious threat to the ecological security of Hubei province since it was discovered in 2016. This analysis was based on 2016—2024 nation-wide monitoring, the harmful tree species were investigated. According to the actual work of the pest control in Hubei Province, the main control measures were summarized and the control calendar was formed.

Key words：*Hyphantria cunea*；Biosafety；Control strategy

美国白蛾 *Hyphantria cunea* (Drury) 是最严重的外来入侵有害生物之一，具有食性复杂、寄主广泛、危害严重、繁殖力强、传播途径广等特点，危害的农林作物品种达300多种，对园林树木、经济林、行道树、农田防护林、农村居民房前屋后零星树木等造成严重的危害。

1 美国白蛾在湖北省的发生传播概况

2016年8月，首次在湖北省孝感市安陆市陈店乡高岗村、大悟县大新镇大新村、窑河村发现美国白蛾幼虫零星危害，折合面积约3亩。当年，在潜江市、襄阳市襄州区、枣阳市、宜城市、广水市诱捕到美国白蛾成虫，均未发现幼虫和危害。

2017年，湖北省美国白蛾发生面积增至0.873万亩，新增孝感市孝南区、孝昌县、云梦县、应城市4个县级行政疫区。2018年，美国白蛾发生面积继续增加至1.212万亩，增幅达 38.86%，新增随州市随县 1 个县级行政疫区。在经历 2016 年传入、2017 年定殖、快速繁殖后，美国白蛾在湖北省孝感市、随州市成功定殖，并以两地为中心向周边开始扩散。基本呈现出"一年入侵、两年蓄势、三年爆发"的态势。

自 2019 年起，在湖北省各级政府、林业部门等的共同努力下，全省美国白蛾发生面积开始逐年下降，至 2024 年，各年度发生面积依次为 0.99 万亩、0.9 万亩、0.773 万亩、0.772 万亩、0.669 万亩和 0.373 万亩（图1），降幅达 62.3%，期间，襄阳市宜城市、潜江市 2 个疫区撤销［国家林业和草原局公告（2019 年第 6 号）］。全省美国白蛾的发生区域主要集中在鄂东北，呈现出由点状到线状再到点状的发生态势，且随着发生面积的减少，发生区域的虫口密度总体走向偏低，发生程度以轻度发生为主。

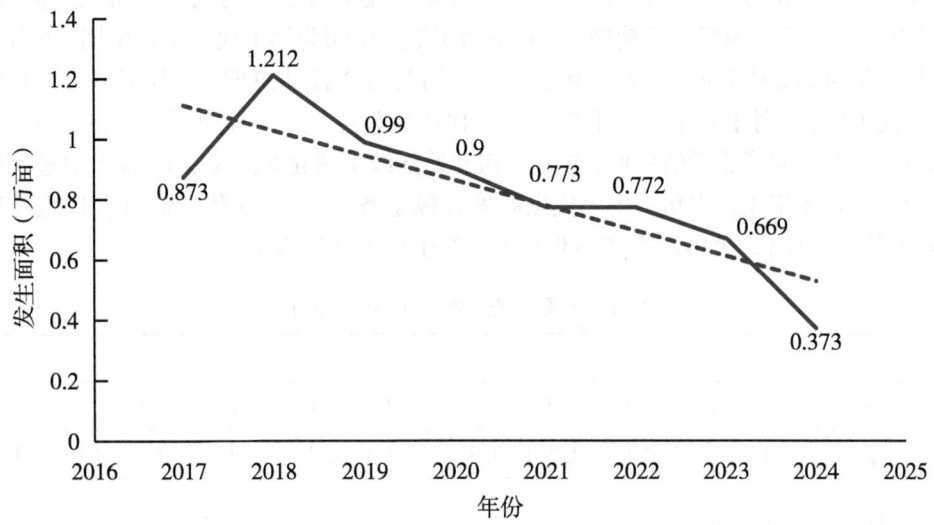

图 1　2017—2024 年湖北省美国白蛾发生面积

2021 年、2023 年，在非疫区的武汉市东西湖区分别诱捕到 5 头和 3 头越冬代成虫，通过持续排查，未发现幼虫。2022 年，在非疫区的武汉市东西湖区、新洲区、江岸区分别诱捕到少量越冬代和第一代成虫，但均未发现幼虫。武汉市地处江汉平原中部，东与黄冈市的团风县、鄂州市的华容区、梁子湖区、黄石市的大冶市接壤，南与咸宁市的嘉鱼、咸安区相连，西与仙桃市毗邻，北与孝感市的孝南区、孝昌县、大悟县、黄冈市的红安县、麻城市相接，是中部地区的物流中心和农林产品集散地，而位于北部的东西湖区、黄陂区、新洲区与湖北省美国白蛾疫区孝感市的孝昌县、孝南区、大悟县以及黄冈市的红安县自然相连，由此可见，美国白蛾自北传入武汉市的可能性非常大（张文颖等，2019），务必高度重视，及时做好疫情监测工作。

2　美国白蛾在湖北省的发生世代数及生活史

李淑贤等（2009）等基于 GARP 生态位模型及信息扩散理论研究认为，美国白蛾在中国的适生区分布范围是：97.80~132.11°E，21.20~46.33°N 和 76.00~94.66°E，36.81~41.8°N（新疆的部分地区），湖北省地处东经 108°21′42″~116°07′50″，北纬 29°

01′53″~33°06′47″，处于美国白蛾的适生区。美国白蛾是一种高温适生昆虫，在37℃高温下，仍有80%以上的卵能正常孵化，幼虫在42℃和45℃下高温下仍能存活一段时间（卢修亮等，2023）。湖北省地处长江中游，是南北气候过渡带，具有四季分明、降水充沛、冬冷夏热、雨热同季的特点。年平均气温15~18℃，7月最热，除高山地区外平均气温27~29℃；极端最高气温达40℃以上，且夏季最长，平均达121 d，因此，湖北省的夏季高温对美国白蛾的正常生长一般不造成影响。

研究发现，美国白蛾在湖北孝感市（大悟县、安陆市）1年发生3代，少量存在第4代，但不能完成发育历期。以蛹在树皮裂缝、地面枯枝落叶层或表土层内越冬。越冬代成虫4月中旬始见，4月下旬至5月初大量出现，4月下旬至5月上旬开始产卵，5月上旬至6月中旬为第1代幼虫发生期，5月中旬至6月上旬为幼虫网幕危害高峰期，6月中旬至6月下旬为第1代蛹期，6月下旬至7月中旬为第1代成虫发生期。6月下旬至7月中旬为第2代卵期，7月上旬至8月上旬为第2代幼虫期，7月下旬至8月中旬为第2代蛹期，8月上旬至8月下旬为第2代成虫发生期。8月中下旬成虫产卵，8月下旬至9月下旬为第3代幼虫期，9月下旬开始陆续下树化蛹越冬，10月上旬进入化蛹高峰期，直到翌年4月中旬。第1代虫态发育较整齐，第2、3代虫态有世代重叠现象（闵水发等，2018）。美国白蛾在湖北发生区的生活史详见表1。

表1 美国白蛾生活史（湖北地区）

代数	1月 上中下	2月 上中下	3月 上中下	4月 上中下	5月 上中下	6月 上中下	7月 上中下	8月 上中下	9月 上中下	10月 上中下	11月 上中下	12月 上中下
越冬代	(0)(0)(0)	(0)(0)(0)	(0)(0)(0)	(0)(0)								
第1代				++ +	· · --- -- 0 0	+ ++						
第2代						· --- - 0 0 0	+++					

（续表)

代数	1			2			3			4			5			6			7			8			9			10			11			12		
	上	中	下	上	中	下	上	中	下	上	中	下	上	中	下	上	中	下	上	中	下	上	中	下	上	中	下	上	中	下	上	中	下	上	中	下
第3代																						·	·	-	-	-	-	0	0	0	(0)	(0)	(0)	(0)	(0)	(0)

注：·卵，-幼虫，0蛹，+成虫，()越冬。

3 美国白蛾在湖北省的危害树种

美国白蛾在湖北省主要发生区的取食树种主要有桑树、法国梧桐、榆树、柿树、樱花、杨树、泡桐、枫杨、白蜡、水杉、刺槐、臭椿、合欢、构树、柳树、海棠等，其中，危害严重的树种有：桑树、法国梧桐、榆树、柿树、枫杨、泡桐。调查发现这些受害树木的部分树冠被网幕覆盖，树叶全部被食光，说明美国白蛾对上述树种嗜好。取食较少的树种有：水杉、刺槐、臭椿、合欢、海棠。

4 湖北省美国白蛾防控措施

根据湖北省美国白蛾生活史观测结果和防控工作实践，湖北省总结了一套切实可行的防治措施，其中，针对美国白蛾疫情一旦入侵定居繁殖成功，将会造成较大的生态灾害、经济损失和社会影响的严峻的防控形势，切实做好监测预警，及时发现疫情，迅速封锁扑灭，是阻止疫情入侵蔓延的主要措施。基本遵循老的疫情发生区按照"控制危害、降低虫口、压缩范围、逐步根除"的防控策略积极开展防治，新的疫情发生区按照"打速决战、打歼灭战、不打持久战"的思路，做到"及时发现，及时根除"，这与马茁等（2018）的研究结果吻合。结合湖北省美国白蛾发生实际，具体可采用以下防治措施。

4.1 生物防治

4.1.1 应用微生物防治美国白蛾

在美国白蛾第1代、第2代2~4龄幼虫期，应用0.25%阿维菌素+Bt 32 000 IU/mg悬浮剂稀释2 000~3 000倍液防治，5~7 d后校正死亡率可达92.77%~96.39%（闫水发等，2019）。应用核型多角体病毒（HycuNPV）防治，施药后3 d幼虫开始死亡，10 d死亡率达到50%以上，13~14 d后，幼虫死亡率达到高峰期，15 d后累积死亡率高于91%（张文颖等，2020）。

4.1.2 应用仿生药剂防治

在美国白蛾第1代、第2代2~4龄幼虫期，应用0.3%苦参碱水剂2 000倍液、20%虫酰肼悬浮剂4 000倍液、5‰印楝素乳油2 000倍液3种仿生药剂防治，校正死亡率均在95%以上，且采取交替用药，还可避免产生抗药性，能有效降低美国白蛾造成的危害（曾文豪等，2020）。

4.1.3 利用天敌防治美国白蛾

利用白蛾周氏啮小蜂防治美国白蛾，在老熟幼虫和化蛹初期，分别放蜂1次，放蜂量为美国白蛾幼虫数量的5倍，连续放蜂防治两代美国白蛾，可将其种群数量有效控制，天敌的总寄生率达到92.67%（杨忠岐等，2005）。

在湖北孝感，放蜂最佳虫期为美国白蛾老熟幼虫期和化蛹初期（第1代化蛹初期6月15日左右，第2代化蛹初期7月25日左右），按1头白蛾幼虫释放3~5头周氏啮小蜂的比例进行放蜂，连续释放3年。

4.1.4 应用信息素防治

利用美国白蛾性信息素，在轻度发生区成虫期（6月下旬至7月中旬第1代成虫发生期，8月上旬至8月下旬第2代成虫发生期）诱杀雄性成虫，导致雌雄比例严重失调，减少雌雄间的交配概率，使下一代虫口密度大幅下降。春季世代诱捕器设置高度以树冠下层枝条（2.0~2.5 m）处，夏季世代以树冠中上层（5~6 m）处设置为宜。每100 m设1个诱捕器，诱集半径为50 m。

4.2 人工防治

卵期防治：在卵期人工摘除带卵的叶片，集中销毁、深埋处理。

幼虫期防治：根据美国白蛾4龄幼虫前吐丝结网并聚集在网幕中取食的特性，采取人工剪除网幕并就地销毁。在2~3龄幼虫网幕盛期，发现网幕后，用高枝剪剪下处理。

蛹期防治：根据美国白蛾老熟幼虫下树化蛹的习性，用麦秸、谷草等在树干1.0~1.5 m高处围成上松下紧的草把，诱集老熟幼虫在其中化蛹，并集中销毁。晚秋、初春季节，在树洞、树皮缝、枯枝落叶、树周围砖石、瓦块下，挖越冬蛹并集中消灭。

成虫期防治：美国白蛾越冬代成虫发生较整齐，飞翔力弱，清晨和傍晚多栖息在建筑物的墙壁、树干、草地上，可进行人工捕杀。

4.3 物理防治

利用美国白蛾成虫的趋光性、以黑光灯进行成虫诱杀，以减少成虫交尾和产卵。在成虫期，于距地面2~3 m高处悬挂杀虫灯，每天从19：00至次日6：00开灯诱杀美国白蛾成虫。

综上，按照时间顺序和美国白蛾发育阶段，总结出了湖北省美国白蛾防治历，详见表2。

表2 湖北省孝感美国白蛾防治历

虫期	世代数				防治部位	防治方法
	越冬代	第1代	第2代	第3代		
成虫期	4月中旬至5月上旬	6月下旬至7月中旬	8月上旬至8月下旬		树干、墙壁、草地、电线杆等	1. 清晨和傍晚组织人工捕杀成虫 2. 设置黑光灯诱杀成虫 3. 信息素诱杀

(续表)

虫期	世代数				防治部位	防治方法
	越冬代	第1代	第2代	第3代		
卵期		4月下旬至5月上旬	6月下旬至7月中旬	8月中旬至8月下旬	树冠中上部外围树叶背面,第2、3代防治部位较高	组织人工摘除卵块
网幕初见期至4龄幼虫期		5月上旬至6月中旬	7月上旬至8月上旬	8月中旬至9月下旬	树冠中下部,第2代防治部位较高	1. 人工摘除网幕 2. 喷洒HycuNPV、Bt、白僵菌等生物制剂防治 3. 喷洒仿生药剂防治 4. 喷洒化学药剂防治
5~7龄幼虫分散期		6月上旬至6月下旬	7月下旬至8月上旬	9月下旬至10月中旬	树冠外围	树干绑草把诱杀下树的老熟幼虫和蛹
蛹期		6月中旬至6月下旬	7月下旬至8月中旬	9月下旬至翌年4月上旬	树洞、树皮缝、枯枝落叶、树周围砖石、瓦块下	1. 释放周氏啮小蜂 2. 组织人工挖蛹

4.4 化学防治

每年5—6月美国白蛾的第1代幼虫期,是化学防治的关键时期。对幼虫活性较高的药剂有:联苯菊酯、高效氯氟氰菊酯、高效氯氰菊酯、甲氰菊酯等。幼虫破网之前用4.5%高效氯氰菊酯+甲维盐加水稀释1 000倍液进行防治(李修柱,2015)。幼虫破网后,可在树冠上喷洒溴氰菊酯等拟除虫菊酯类农药1 500~2 000倍液,具有良好防效。

参考文献

李修柱,2015. 美国白蛾的发生规律及防治措施 [J]. 现代农业科技(19):154-155.

卢修亮,谢天,程相称,等,2023. 美国白蛾在我国发生的世代变化分析 [J]. 生物安全学报,32(1):1-7.

闵水发,曾文豪,陈益娴,等,2018. 美国白蛾在湖北孝感市的生物学特性与防治措施 [J]. 湖北林业科技,47(5):30-33.

闵水发,朱艾红,曾文豪,等,2019. 2种苏云金杆菌剂型防治美国白蛾效果分析 [J]. 湖北林业科技,48(6):27-30.

杨忠岐,王小艺,钟欣,等,2005. 白蛾周氏啮小蜂可持续控制美国白蛾的研究 [J]. 林业科学,41(5):72-80.

曾文豪,吕晓君,赵玉清,等,2020. 3种仿生药剂防治美国白蛾幼虫试验初报 [J]. 湖北林业科技,49(5):39-42.

张文颖,闵水发,黄芳,等,2020. 美国白蛾核型多角体病毒防治美国白蛾林间药效试验 [J]. 湖北林业科技,49(6):23-25,74.

张文颖,闵水发,毛燕,2019. 美国白蛾入侵武汉市的风险分析及防控对策 [J]. 湖北林业科技,48(2):31-33.

黄淮海地区的草地贪夜蛾基因型分析

田彩红[1]*,王晓菲[3],李国平[1],黄建荣[1],
张俊逸[1,2],尹新明[2]**,封洪强[1]**

(1. 河南省农业科学院植物保护研究所,河南省农作物病虫害防治重点实验室,农业农村部华北南部作物有害生物综合治理重点实验室,河南省作物保护国际联合实验室,河南省生物农药工程研究中心,郑州 450002;
2. 河南省害虫绿色防控国际联合实验室,河南农业大学植物保护学院,郑州 450002;3. 郸城县农业科学研究所,郸城 477150)

摘 要:【目的】黄淮海地区地处我国的中部,暖温带和亚热带气候兼具,是入侵害虫草地贪夜蛾的重点防范区,原产地美国的多种寄主植物在我国黄淮海地区多有种植。明确入侵黄淮海玉米产区的草地贪夜蛾基因类型,对其追根溯源阐明其迁飞来源,明确其生态适应性,进而用于指导生产防控意义重大。【方法】通过对入侵黄淮海地区 12 个地区的草地贪夜蛾采用线粒体细胞色素 C 氧化酶亚基 I 基因(cytochrome c oxidase subunit I,COI)的分子标记和位于 Z 染色体上的磷酸甘油醛异构酶基因(triose-phosphate isomerase,Tpi)的分子标记,并将两种标记结合分析。【结果】基于 COI 基因的分子标记显示除了采自开封市的祥符区吕寨村和龙亭区柳园口乡柳园村两地的草地贪夜蛾基因型为水稻型之外,其余 11 个地区皆为玉米型。基于 Tpi 基因的分子标记表明,入侵黄淮海地区的草地贪夜蛾全为玉米型。【结论】入侵黄淮海地区的草地贪夜蛾为玉米型,极少部分为水稻型或者杂合型,基因型的确定明确草地贪夜蛾的主要危害作物为玉米,为迁入迁出黄淮海地区的草地贪夜蛾的监测和防控提供了科学依据。

关键词:草地贪夜蛾;重点防范区;基因型;玉米型;水稻型

Genotype Analysis of *Spodoptera frugiperda* in Huang-Huai-Hai Region

Tian Caihong[1]*, Wang Xiaofei[3], Li Guoping[1], Huang Jianrong[1],
Zhang Junyi[1,2], Yin Xinming[2]**, Feng Hongqiang[1]**

(1. *Plant Protection Institute of Henan Academy of Agricultural Sciences, Key Laboratory of Crop Pest Control of Henan Province, Key Laboratory of Integrated Pest Management of Crops in Southern North China of Ministry of Agriculture and Rural Affairs, International Joint Laboratory of Crop Protection of Henan Province, Bio-pesticide Engineering Research Center of Henan Province, Zhengzhou 450002, China;
2. International Joint Laboratory for Green Control of Pests in Henan Province, College of Plant Protection, Henan Agricultural University, Zhengzhou 450002, China; 3. Dancheng County Institute of Agricultural Sciences, Dancheng 477150, China*)

Abstract:【Objectives】The Huang-Huai-Hai region is located in the central part of China,

---

* 第一作者:田彩红;E-mail:caihongtian@126.com
** 通信作者:尹新明;E-mail:xinmingyin@hotmail.com
封洪强;E-mail:Feng_hq@163.com

with both warm temperate and subtropical climates. It is a key prevention area for the invasive pest—*Spodoptera frugiperda*. A variety of host plants originating in the United States are planted in the Huang-Huai-Hai corn producing areas of China. It is of great significance to clarify the gene types of *S. frugiperda* invading in Huang-Huai-Hai maize producing areas, trace its origin, clarify its ecological adaptability, and then guide this insect species'prevention and control. 【Methods】The molecular markers of mitochondrial cytochrome c oxidase subunit I (*CO*I) gene and triose-phosphate isomerase (*Tpi*) gene on Z chromosome were used to analyze *S. frugiperda* in 12 invaded areas of Huang-Huai-Hai region. 【Results】The molecular markers based on the *CO*I gene showed that the genotypes of *S. frugiperda* collected from Lvzhai Village, Xiangfu District and Liuyuan Village, Liuyuankou Township, Longting District in Kaifeng City were rice-type, and the other 11 regions were maize-type. Molecular markers based on the *Tpi* gene showed that the *S. frugiperda* invading in the Huang-Huai-Hai region were all maize-type. 【Conclusion】The *S. frugiperda* invading in the Huang-Huai-Hai region is maize type, and a very small part is rice type or heterozygous type. The determination of the genotype indicates that the main hazard crop of *S. frugiperda* is maize, which provides a scientific basis for the monitoring and prevention of *S. frugiperda* migrating to and out of the Huang-Huai-Hai region.

Key words: *Spodoptera frugiperda*; Huang-Huai-Hai region; Genotype analysis; Maize type; Rice type

草地贪夜蛾 *Spodoptera frugiperda*（J. E. Smith），广泛分布于美洲大陆，是当地重要的农业害虫，可为害76科353种植物（Fotso *et al.*，2020）。该虫2018年12月入侵我国云南西部地区（张磊等，2019），已在我国西南、华南地区周年繁殖为害，当地虫源仍陆续北迁为害（Chapman *et al.*，2017；Cock *et al.*，2017；陈辉等，2020）。从2016年在非洲发现草地贪夜蛾，后向东经东亚、南亚等地区逐渐向我国边境蔓延，2018年12月，云南省境内首次发现草地贪夜蛾危害现象（杨学礼等，2019），2019年5月10日首次在河南省信阳市浉河区一春玉米田发现草地贪夜蛾危害（李国平等，2019），之后在晚播玉米上也发现了草地贪夜蛾的严重危害。该虫具有迁飞能力强特点（吴秋琳等，2019），另外，该虫食性杂，繁殖能力强（吴道慧等，2021），严重威胁我国粮食生产安全（Andrew *et al.*，2019）。

黄河流域是全国的粮食主产区，地处草地贪夜蛾"三区四带"防控策略的关键区，加强该区域阻击防控对减少"北迁南回"虫源、保粮增收意义特殊。河南省地处黄河流域核心区，玉米常年种植面积333万hm^2，冬小麦种植面积567万hm^2，水稻种植面积也超60万hm^2（刘桂珍等，2020；张香粉等，2020），是草地贪夜蛾的重点防范区，目前，入侵河南省的草地贪夜蛾遗传类型尚未见报道。由于该虫是入侵种类，幼虫低龄期很难与其他鳞翅目害虫区别，且传统的形态学鉴定只能鉴定物种，所以我们需要通过基因层面来判断其生物类型，从而有效地对其预测预警并制定针对不同作物的有效区域防控策略。采用线粒体细胞色素C氧化酶亚基I基因（cytochrome c oxidase subunit I，*CO*I）的分子标记和位于Z染色体上的磷酸甘油醛异构酶基因（triose-phosphate isomerase，*Tpi*）分子标记相结合的方法，并将两种标记鉴定方法结合起来，来确保鉴定结果的精确性（张磊等，2019a）。

本研究从河南省的信阳市平桥区小杜庄、河南省信阳市浉河区、驻马店遂平县农业科学研究所试验基地、漯河市农业科学院、商丘市柘城县小刘庄、禹州市詹庄村、郑州市惠济区申庄村、河南省新乡市平原新区的河南现代农业研究开发基地、周口市太康县常营镇前河村、开封市祥符区吕寨村、开封市龙亭区柳园口乡柳园村、新乡县七里营镇的中国农业科学院新乡综合试验基地12个地区玉米田采集草地贪夜蛾虫源，利用 $CO\ I$ 和 Tpi 两个基因片段对草地贪夜蛾进行分子鉴定并进行生物学分析。

1 材料与方法

1.1 试验材料

本试验从河南省12个地区的采集虫源的具体信息见表1。

表1 本研究所用草地贪夜蛾虫源样本信息

样品名称	采集地点	采集时间 (年-月-日)	经纬度	虫态	寄主植物	数量
XinyangP	信阳市平桥区	2019-06-12	114.08 N, 32.41E	幼虫	春玉米	24
XinyangS	信阳市浉河区	2019-05-10	114.06 N, 32.12 E	幼虫	春玉米	32
Zhumadian	驻马店市遂平县	2019-09-10	114.01N, 33.15E	幼虫	夏玉米	124
Luohe	漯河市农业科学院试验基地	2019-06-12	114.01N, 33.58E	幼虫	春玉米	26
Shangqiu	商丘市柘城县	2019-08-12	115.31 N, 34.18 E	幼虫	夏玉米	92
Yuzhou	禹州市朱阁乡	2020-08-27	113.44 N, 34.21 E	幼虫	夏玉米	168
Huiji	郑州市惠济区	2019-08-07	113.761N, 34.88E	幼虫	夏玉米	180
Haas	新乡市平原新区河南现代农业研究开发基地	2020-10-17	35.01N, 113.42E	幼虫	晚播玉米	120
Taikang	周口市太康县	2019-09-10	114.63N, 34.14E	幼虫	夏玉米	89
KaifengX	开封市祥符区	2020-08-22	114.69 N, 34.83E	幼虫	夏玉米	150
KaifengL	开封市龙亭区	2020-08-22	114.39N, 34.89E	幼虫	夏玉米	124
Qiliying	新乡县七里营镇	2020-09-08	113.77N, 35.13E	幼虫	晚播玉米	43

1.2 基因组 DNA 提取及 PCR 扩增

使用 Multisource Genomic DNA Miniprep Kit（AxyPrep）提取基因组 DNA，具体方法是：每个地区的虫源中选取 20 头草地贪夜蛾（$n=20$）（Jing et al., 2020）。用液氮在研钵中将虫体快速研磨至匀浆，再按照试剂盒说明书进行基因组 DNA 的提取，得到的 DNA 放置 −20℃ 保存，作为接下来的 PCR 扩增模板。COI 和 Tpi 的引物设计参考张磊（2019）的序列（张磊等，2019），扩增 COI 和 Tpi 的引物由生工生物工程（上海）股份有限公司合成，引物序列如表 2 所示。

表 2 扩增 COI 和 Tpi 基因片段的引物序列

引物名称	引物序列（5′–3′）	目的基因	扩增片段长度（bp）
SFCOⅠF	TTCGAGCTGAATTAGGGACTC	COI	790
SFCOⅠR	GATGTAAAATATGCTCGTGT	COI	
SFTPIF	GGTGAAATCTCCCCTGCTATG	Tpi	386~390
SFTPIR	AATTTTATTACCTGCTGTGG	Tpi	

PCR 扩增使用 Premix Taq™（TaKaRa）试剂盒进行。PCR 扩增体系为 25 μL，如下所示：DNA 模板与正反向引物（引物浓度为 10 umol/L）均为 1 μL，Premix Taq 试剂为 12.5 μL，ddH$_2$O 为 9.5 μL。PCR 的反应程序为：94℃ 预变性 3 min；94℃ 变性 1 min，56℃ 退火 1 min，72℃ 延伸 3 min，33 个循环；72℃ 延伸 10 min。将扩增产物使用 1% 的琼脂糖凝胶电泳检测，选取余下的 PCR 产物送至生工生物工程（上海）股份有限公司测序，每个样品各挑取 3 次 PCR 反应分别测序，以确保试验的具有可重复性。

1.3 数据分析

本研究中河南省的 12 个地区的草地贪夜蛾亚型的鉴定参考已经发表的 COI 基因和 Tpi 基因序列的玉米型和水稻型单倍型特点（Rodeny et al., 2011）。采用 DNAStar 软件对测序数据进行分析（Clewley et al., 1995），通过对河南省 12 个不同虫源地的样品利用 COI 基因和 Tpi 基因标记并比对分析其序列，去除过滤低质量的序列。从 GenBank 数据库发布的 Spodoptera frugiperda COI 基因和 Tpi 基因的核苷酸序列，与测序分析数据进行 clustal omega（https://www.ebi.ac.uk/Tools/msa/clustalo/）比对分析差异位点分析，进而明确其寄主型。

2 结果与分析

2.1 目的基因片段的扩增

1% 的琼脂糖凝胶电泳检测表明，COI 基因和 Tpi 基因条带整齐无杂带，COI 基因大小约为 790 bp，Tpi 基因大小为 380 bp 左右，与预测的基因片段长度一致（图 1）。测序结果和峰图校正分析表明扩增条带完全正确。

2.2 COI 基因序列比对与单倍型分析

对来自河南省 12 个不同地理区系的样品利用 COI 基因标记序列进行比对，结果表

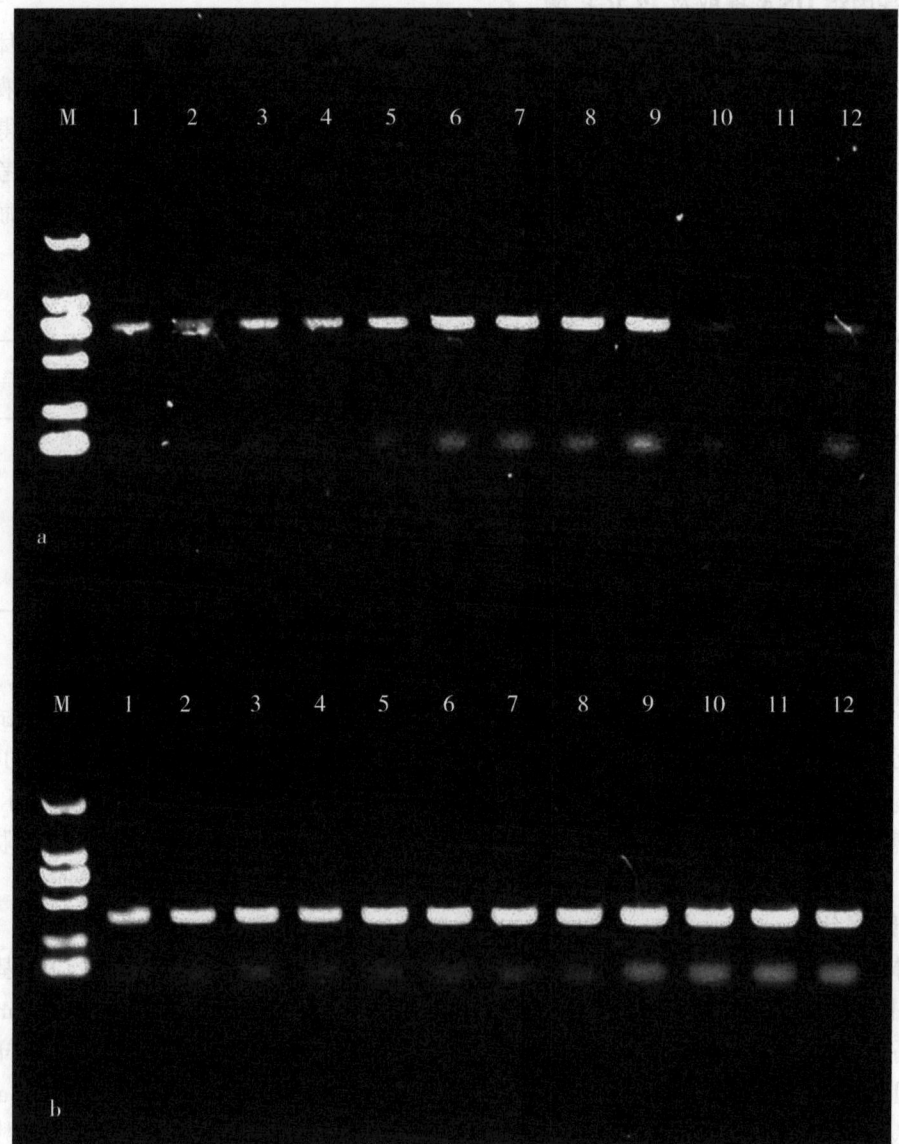

a：COI 基因 PCR 扩增条带；b：Tpi 基因 PCR 扩增条带；M：分子量标准；条带 1~12 分别代表了 12 个不同的草地贪夜蛾采集地。

图 1　河南省 12 个地区种群的草地贪夜蛾的 PCR 扩增产物琼脂糖凝胶电泳图

明，12 个地理区系的 COI 基因片段长度均为 789 bp，12 个地区来源中的每 20 个样本测序数据完全一致，不同地区的序列中有 23 个碱基的变异（图 2）。来源于开封市祥符区和龙亭区柳园口乡的序列和来自美国佛罗里达草地贪夜蛾的玉米型种群序列相似性为 100%，其他 10 个地区的种群序列中，除了来自禹州种群在 48 和 80 的碱基位点具有突变外，其余的 9 个种群和美国佛罗里达州的草地贪夜蛾水稻型种群（HM136602）一致性达 100%。依据玉米型和水稻型遗传分类（张磊等，2019b），来自河南 12 个地区种群序列玉米型和水稻型在总样本中所占比例分别为 16.70%和 83.33%。

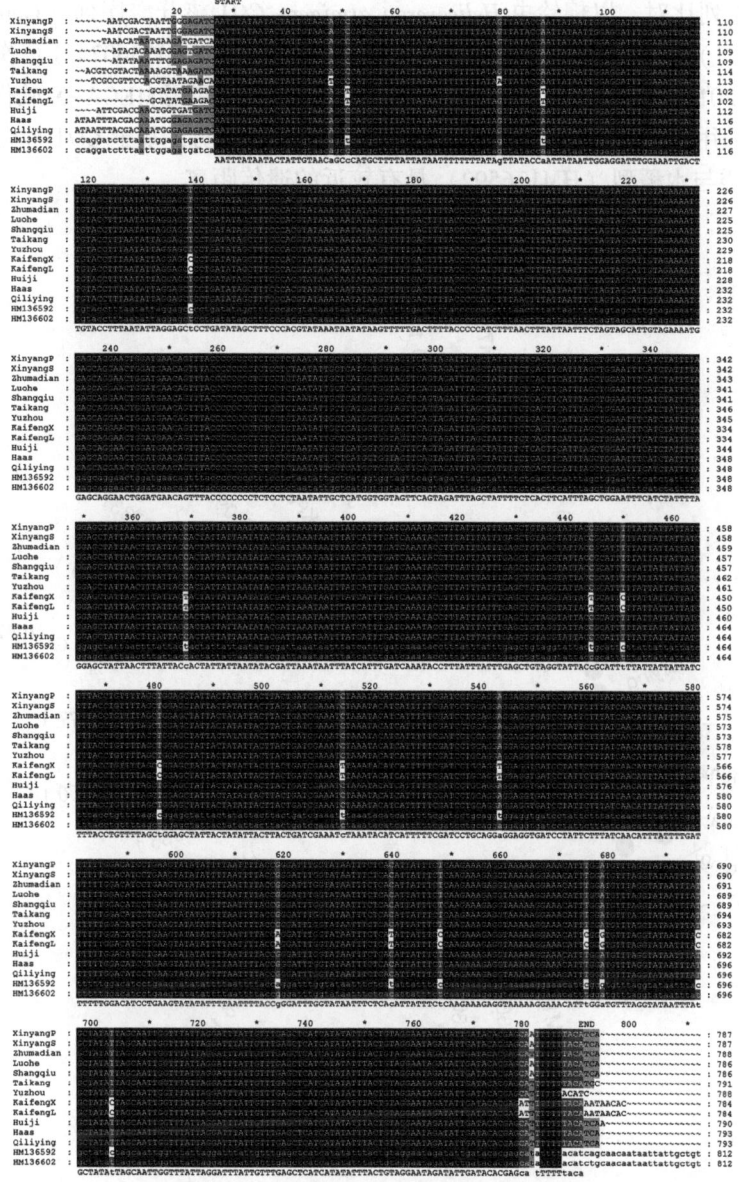

图 2　河南省 12 个地理区系的草地贪夜蛾 COI 基因与玉米型（HM136592）和水稻型（HM136602）的多重联配

注：信阳市平桥区小杜庄—XinyangP；信阳市浉河区—XinyangS；驻马店遂平县—Zhumadian；漯河市农业科学院试验基地—Luohe；商丘市柘城县—Shangqiu；禹州市朱阁乡—Yuzhou；郑州市惠济区—Huiji；新乡市平原新区河南现代农业研究开发基地—Haas；周口市太康县—Taikang；开封市祥符区—KaifengX；开封市龙亭区—KaifengL；新乡县七里营镇—Qiliying；HM136592 和 HM136602 分别代表玉米型和水稻型。黑色表示 100%相似性；灰色表示 80%相似性。图中 START 代表手工拼接序列的起始点，END 代表手工拼接序列的终止点。

根据本研究测定 12 个地区的 COⅠ 序列，与从 NCBI 已经发表的 *Spodoptera frugiperda* COⅠ 核苷酸序列比对，以棉铃虫 *Helicoverpa armigera* COⅠ 核苷酸序列（GenBank 登录号为 GU188273.1）和斜纹夜蛾 COⅠ 核苷酸序列（GenBank：HM756074.1）作为外源序列（徐丽娜等，2019；王亚如等，2020；Jin *et al.*，2021），利用 MEGA-X 软件（Stecher *et al.*，2020）采用最大似然法构建系统进化树（图 3），表明，基于 COⅠ 标记的河南省的 12 个地理种群与水稻型（HM136592）具有较近的遗传距离。

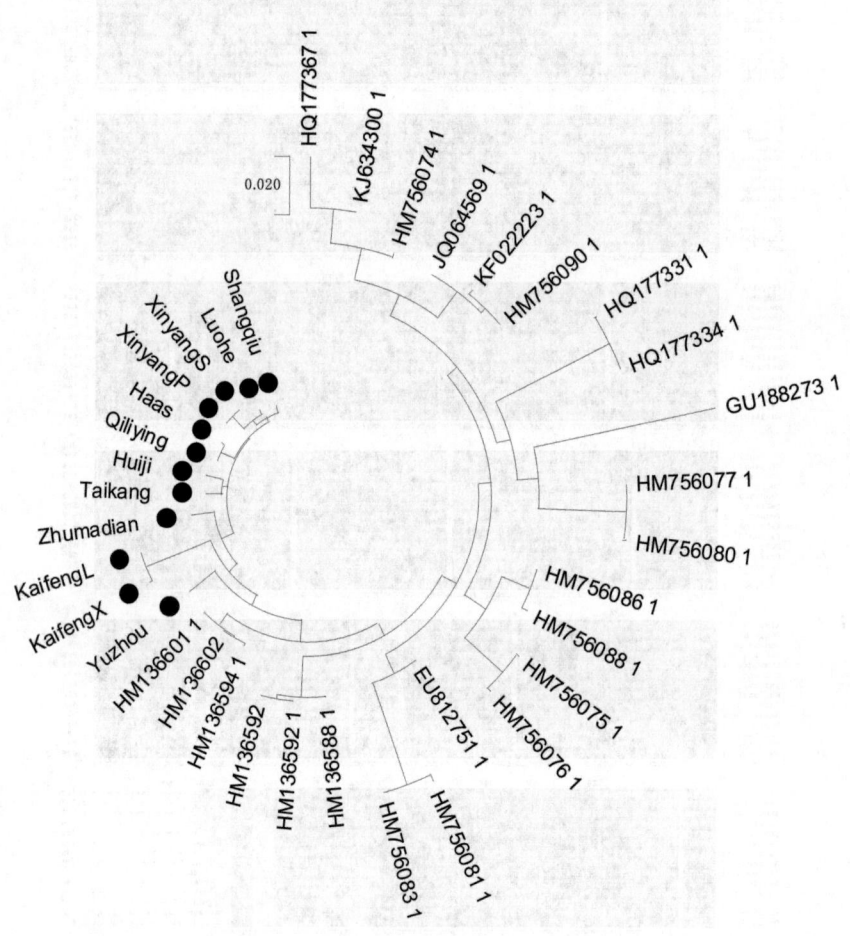

图 3 最大相似法构建的基于 COⅠ 基因核苷酸序列系统进化树（MEGA X，1 000 次重复）

注：不同来源的昆虫 COⅠ 基因及 GenBank 登录号参考图 2，不同地区草地贪夜蛾采集地在图中以黑色圆点标识，遗传距离以比例尺标识。

2.3 *Tpi* 基因序列比对与单倍型分析

通过比对不同地区样品的 *Tpi* 基因序列，针对玉米型和水稻型 10 个差异单倍型位点进行分析，入侵河南省的草地贪夜蛾样品的 *Tpi* 基因内含子 3 的第 174 和第 175 差异单倍型位点存在 2 种不同类型。144 个玉米单倍型（AT）、77 个样本为水稻单倍型、19

个样本为杂合型（表3）。

表3 *Tpi* 基因内含子174和175差异单倍型位点类型

样品名称	采集地点	不同单倍型样品数量（头）		
		玉米单倍型（AT）	水稻单倍型（GA）	杂合型（AT/GA）
XinyangP	信阳市平桥区	12	6	2
XinyangS	信阳市浉河区	16	4	0
Zhumadian	驻马店市遂平县	13	2	5
Luohe	漯河市农业科学院试验基地	11	8	1
Shangqiu	商丘市柘城县	15	5	0
Yuzhou	禹州市朱阁乡	13	2	5
Huiji	郑州市惠济区	14	5	1
Haas	新乡市平原新区河南现代农业研究开发基地	15	5	0
Taikang	周口市太康县	14	3	3
KaifengX	开封市祥符区	2	18	0
KaifengL	开封市龙亭区	3	17	0
Qiliying	新乡县七里营镇	16	2	2
合计		144	77	19

注：样品名称参考图2。

对来源于河南省12个地区的草地贪夜蛾所有样品的 *Tpi* 基因序列进行分析，根据Nagoshi等对草地贪夜蛾 *Tpi* 基因的研究（Nagoshi *et al*., 2010），所测样品应该是玉米单倍型。

3 讨论

草地贪夜蛾，原产于美洲的多食性重大害虫，近年来已经蔓延到非洲和亚洲的许多国家。2018年12月入侵我国云南西部地区，2019年5月首次在河南省信阳发现危害玉米苗（李国平等，2019），由于入侵我国的草地贪夜蛾食性杂、食量大，繁殖快、善迁飞及天敌控制作用弱等特点（Andrew *et al*., 2019），明确入侵河南省的草地贪夜蛾的种群遗传特征，为重点防范区草地贪夜蛾的虫源迁入迁出进行监测预警提供早期依据，对该入侵重大害虫遗传溯源提供参考，对统防统治制定靶向防治策略意义重大。

本研究使用分子标记方法对入侵河南省的草地贪夜蛾基因型进行了分析，所选取的 *CO* I 和 *Tpi* 两个基因片段在12个地区中的所有样品均得到较好的扩增，实际上，田间利用形态区别草地贪夜蛾幼虫及其近似种具有很大挑战性，经常导致识别错误，尤其是对于早期的低龄幼虫，利用 *CO* I 基因可以很好地对在河南发生的草地贪夜蛾进行快速鉴定，对于针对入侵害虫草地贪夜蛾的防控，以阻止其蔓延具有科学指导意义。基于

COⅠ基因的测序数据表明入侵河南省的草地贪夜蛾多为水稻型，开封地区两个地点试虫为玉米型。基于 Tpi 基因的测序结果表明：入侵河南省的草地贪夜蛾为玉米型。基于 COⅠ基因的研究结果与入侵安徽省和福建省草地贪夜蛾的遗传结构具有相似的效果（徐丽娜等，2019；王亚如等，2020；Jin et al.，2021），即：水稻型占有主导，玉米型次之，在草地贪夜蛾入侵北上过程中，在中国复杂的景观生态结构中，小部分个体发生了变异，但是，大多数草地贪夜蛾个体仍然为水稻型。早在 1985 年，Pashley 等根据草地贪夜蛾对玉米和水稻的取食嗜好，将之分为玉米型和水稻型（Pashley et al.，1985）。本研究的样本全部在玉米田中获得，基因型鉴定结果却不全是玉米型，说明两种基因间可能并不存在生殖隔离（Dumas et al.，2015；Nagoshi et al.，2019），最终后代出现了纯玉米型或者纯水稻型或者玉米水稻杂合型，在河南省更大区域捕获草地贪夜蛾样本，进行全区域样本分析以更加明确其遗传结构，需要将来进一步研究。

本研究中，基于 COⅠ基因和 Tpi 基因的序列分析出现了遗传结构不一致的情况，南非和印度的草地贪夜蛾不同地理种群也存在这种情况，基于 COⅠ基因分析主要为水稻型，基于 Tpi 基因基因分析则主要为玉米型（Nagoshi et al.，2019），因我国的草地贪夜蛾虫源多由缅甸迁入（Wu et al.，2020），基于 COⅠ基因和 Tpi 基因鉴定的不一致可能是在经过长途迁徙和复杂的生境条件下，不同基因型间杂交的结果（Nagoshi et al.，2010；Nagoshi et al.，2017）。有待于将来进一步深入研究。

草地贪夜蛾作为一个新的入侵物种，随着时间的推移，在河南省温室和露地多作物景观格局下，也有可能在当地越冬，如若监测和防控不力，将对河南乃至我国的农作物安全生产产生重大影响。本研究对入侵河南省的草地贪夜蛾遗传结构的鉴定，对做好该虫的监测与防控工作，靶向防治，杜绝外迁提供了前期科学依据。

参考文献

陈辉，武明飞，刘杰，等，2020. 我国草地贪夜蛾迁飞路径及其发生区划 [J]. 植物保护学报，47（4）：747-757.

李国平，王亚楠，李辉，等，2019. 河南省苗期玉米田草地贪夜蛾幼虫与常见其他种类害虫的识别特征 [J]. 中国生物防治学报，35（5）：747-754.

刘桂珍，刘海静，邓士政，等，2020. 2019 年河南省秋作物生产形势及品种利用情况 [J]. 种业导刊（2）：9-16.

王亚如，蔡香云，庄家祥，等，2020. 入侵福建的草地贪夜蛾的分子鉴定 [J]. 植物保护，46（4）：189-193.

吴道慧，李宜儒，王思勤，等，2021. 玉米及玉米田 3 种杂草对草地贪夜蛾生长发育和产的影响 [J]. 植物保护，47（2）：116-121.

吴秋琳，姜玉英，吴孔明，2019. 草地贪夜蛾缅甸虫源迁入中国的路径分析 [J]. 植物保护，45（2）：1-6.

徐丽娜，胡本进，苏贤岩，等，2019. 入侵安徽省草地贪夜蛾的遗传分析 [J]. 植物保护，45（5）：47-53.

杨学礼，刘永昌，罗茗钟，等，2019. 云南省江城县首次发现迁入我国西南地区的草地贪夜蛾 [J]. 云南农业（1）：72.

张磊, 靳明辉, 张丹丹, 等, 2019b. 入侵云南草地贪夜蛾的分子鉴定 [J]. 植物保护, 45 (2): 19-24.

张磊, 柳贝, 姜玉英, 等, 2019a. 中国不同地区草地贪夜蛾种群生物型分子特征分析 [J]. 植物保护, 45 (4): 20-27.

张香粉, 2021. 2020 年河南省秋作物生产形势及品种利用情况 [J]. 种业导刊 (1): 8-15.

ANDREW S, 2019. China seeks predator to stop voracious caterpillar. Scientists scramble to find ways to halt the fall armyworm's march across the country [J]. Nature, 570 (286): 10-1038.

CHAPMAN D, PURSE B V, ROY H E, et al., 2017. Global trade networks determine the distribution of invasive non-native species [J]. Global Ecology and Biogeography, 26 (8): 907-917. doi. org/10. 1111/geb. 12599.

CLEWLEY J P, 1995. Macintosh sequence analysis software DNA Star's Laser Gene [J]. Molecular Biotechnology, 3: 221-224.

COCK M J W, BESEH P K, BUDDIE A G, et al., 2017. Molecular methods to detect *Spodoptera frugiperda* in Ghana, and implications for monitoring the spread of invasive species in developing countries [J/OL]. Scientific reports, 7 (1): 4103. doi: 10. 1038/s41598-017-04238-y.

DUMAS P, LEGEAI F, LEMAITRE C, et al., 2015. Spodoptera frugiperda (Lepidoptera: Noctuidae) host-plant variants: two host strains or two distinct species [J]. Genetica, 143 (3): 305-316. doi: 10. 1007/s10709-015-9829-2.

FOTSO K A, HANNA R, DOUMTSOP F A, et al., 2019. *Spodoptera frugiperda* Smith (Lepidoptera: Noctuidae) in Cameroon: Case study on its distribution, damage, pesticide use, genetic differentiation and host plants [J]. PLoS One, 14 (4): e0215749. doi: 10. 1371/journal. pone. 0215749.

JIN M, TAO J, LI Q, et al., 2021. Genome editing of the SfABCC2 gene confers resistance to Cry1F toxin from *Bacillus thuringiensis* in *Spodoptera frugiperda* [J]. Journal of Integrative Agriculture, 20 (3): 815-820. doi: 10. 1016/S2095-3119 (19) 62772-3.

JING D, GUO J, JIANG Y, et al., 2020. Initial detections and spread of invasive *Spodoptera frugiperda* in China and comparisons with other noctuid larvae in cornfields using molecular techniques [J]. Insect Science, 27 (4): 780-790. doi: 10. 1111/1744-7917. 12700.

NAGOSHI R N, 2010. The fall armyworm triose phosphate isomerase (*Tpi*) gene as a marker of strain identity and interstrain mating [J]. Annals of the Entomological Society of America, 103 (2): 283-292.

NAGOSHI R N, DHANANI I, ASOKAN R, et al., 2019. Genetic characterization of fall armyworm infesting South Africa and India indicate recent introduction from a common source population [J/OL]. PLoS One, 14 (5): e0217755. doi: 10. 1371/journal. pone. 0217755.

NAGOSHI R N, KOFFI D, AGBOKA K, et al., 2017. Comparative molecular analyses of invasive fall armyworm in Togo reveal strong similarities to populations from the eastern United States and the Greater Antilles [J]. PLoS One, 12 (7): e0181982. doi: 10. 1371/journal. pone. 0181982.

PASHLEY D P, JOHNSON S J, SPARKS A N, 1985. Genetic population structure of migratory moths: the fall armyworm (Lepidoptera: Noctuidae) [J]. Annals of the Entomological Society of America, 78 (6): 756-762. doi: 10. 1093/aesa/78. 6. 756.

RODENY N, NAGOSHI J, ROBERT L. Use of DNA barcodes to identify invasive armyworm *Spodoptera* species in Florida [J]. Journal of Insect Science, 11 (154): 1-11. doi: 10.

1673/031.011.15401.

STECHER G, TAMURA K, KUMAR S, 2020. Molecular Evolutionary Genetics Analysis (MEGA) for macOS [J]. Molecular Biology and Evolution, 37 (4): 1237 – 1239. doi: 10.1093/molbev/msz312.

WU Q, JIANG Y, LIU J, *et al.*, 2020. Trajectory modeling revealed a southwest – northeast migration corridor for fall armyworm *Spodoptera frugiperda* (Lepidoptera: Noctuidae) emerging from the North China Plain [J]. Insect Science, 28 (3): 649–661. doi: 10.1111/1744–7917.12852.

黄栀子卷叶螟发生规律及防效初试

王菊香[1]*，陈　亮[2]，洪承昊[3]**

(1. 新洲区森林病虫害防治检疫站，武汉　430400；2. 湖北省林业有害生物防治检疫总站，武汉　430074；3. 湖北省林业科学研究院，武汉　430075)

摘　要：卷叶螟为黄栀子的主要病虫害，以幼虫取食幼嫩叶为害，影响夏、秋梢的正常生长和花芽的形成，导致黄栀子种实减产。本试验用12%噻虫·高氯氟悬浮剂、25%甲维·灭幼脲悬浮剂、3%啶虫脒微乳剂三种药剂、两种防治方法、四个纯林小班进行黄栀子卷叶螟防效试验，为科学应急防治黄栀子卷叶螟提供理论依据。

关键词：黄栀子；卷叶螟；防效对比

黄栀子俗称红果树或山栀子（杨艳等，2017），是茜草科栀子属植物（吴雪芬等，2004），高1.5~2 m，常绿灌木，嫩枝常被短毛，枝圆柱形、灰色、花芳香，果实和根为一种中药材，具有泻火除烦、清热利尿、凉血解毒等功效；还可用果实加工天然黄色素（桂明东，1993）。广泛分布于我国湖北、江苏、浙江、福建、台湾、广东、广西和云贵川等地，国外日本、朝鲜等国也有分布和栽培（谢季崧等，2014）。为振兴乡村经济，大力发展多种经营模式，湖北等地现有大面积岗地种有大量的黄栀子灌木，以采摘黄栀子果实入药增加农民的收入。人工种植一般栽培于温和地区海拔1 000 m以下的山区丘陵地带的疏林下或林缘空旷地。

栀子卷叶螟（*Archernius tropicalis* Walker），属鳞翅目、螟蛾科，是危害黄栀子的重要害虫，一年发生多代，幼虫取食嫩叶、新芽和果皮，为害严重影响栀子夏梢、秋梢生长和花芽的形成，使次年产量下降（肖永良等，2006）。

武汉新洲属北亚热带季风气候区，区内辖有楼寨岗、叶顾岗、长岭岗、仓阳岗，属典型岗地。黄栀子卷叶螟在新洲地区一年发生四代，由于近年持续干旱天气的影响，黄栀子卷叶螟在新洲地区发生严重。本文选用市售常见三种药物，开展防治卷叶螟效果对比，为科学防治提供技术数据。

1　材料和方法

1.1　研究地概况

武汉新洲全区共种植黄栀子218 hm²，其中乔灌混植160 hm²、纯林58.2 hm²，涉及邾城、潘塘、徐古、三店旧街、凤凰、阳逻等7个街镇21个行政村。本试验选在潘塘街和徐古街进行。徐古街、潘塘街位于湖北省武汉市新洲区东北部，东与团风县贾庙

---

* 第一作者：王菊香；E-mail：359535781@qq.com

** 通信作者：洪承昊；E-mail：45014687@qq.com

乡毗邻，南与道观河管理处、旧街街道，西与三店街道相邻，北与麻城市夫子河、白果镇接壤。徐古街面积8 588.77 hm²，林地面积3 280.57 hm²，占比38.2%，东南部为低山，西北部为岗地。潘塘街面积6 022.69 hm²，林地面积879.39 hm²，占比14.6%，全部为岗地，且与徐古的岗地相连，形成一个东高西低的楔形。低山区以马尾松、山杉、油茶为主，岗地以湿地松和黄栀子、板栗、桃经济林为主，黄栀子均为2018年前后栽植。

试验地均为岗地类型，试验样区为纯林。

1.2 试验材料

选用市售常见三种药剂：处理1为噻虫·高氯氟悬浮剂，有效成分：3.2%高效氯氟氰菊酯+8.8%噻虫嗪，生产商为江西众和化工有限公司，使用剂量按20 g/亩施用；处理2为甲维·灭幼脲悬浮剂，有效成分：24.8%灭幼脲+0.2%甲氨基阿维菌素苯甲酸盐，生产商为安阳市安林生物化工有限责任公司，使用剂量按30 g/亩剂量施用；处理3为啶虫脒微乳剂，有效成分：含量3%，生产商为天津市华宇农药有限公司，使用剂量按40 mL/亩剂量施用；处理4为空白对照；各处理重复3次。

无人机型号：大疆T30植保无人机，载重量30 kg。

1.3 调查方法

在样地内，设置定点样株，按照每旬观察的方法，记录虫态和危害特征。并采集样品进行形态学观察。

1.4 试验方法

试验选择在害虫发生期，7—8月期间进行，避免前后有雨的天气情况开展施药。各处理均采用无人机进行飞防，速度均为5 m/s的速度，飞行高度控制在5~8 m。每个处理选择三块大小基本一致的小区进行，喷洒1次。具体见表1。

表1　处理及样地情况调查表

样地编号	小区编号	面积（hm²）	药剂名称	药剂用量
一	1	1		
一	2	1	噻虫·高氯氟	20 g/亩
一	3	0.86		
二	1	0.9		
二	2	0.9	甲维·灭幼脲	30 g/亩
二	3	0.81		
三	1	2		
三	2	2.1	啶虫脒	40 mL/亩
三	3	2.1		
四	1	1		
四	2	1	CK	—
四	3	1		

采用整株调查的方法。防治前一天调查虫口密度，防治三天后作防效调查。调查方法：每个小班任意抽取 3 行，每行连续调查 10 株，统计整株树上卷叶螟活体幼虫数量，计算虫口减退率和校正虫口减退率，用以代表该小班的发生情况和防治情况。

$$虫口减退率（\%）=\frac{防治前虫口数-防治后虫口数}{防治前虫口数}\times 100$$

$$校正虫口减退率（\%）=\frac{处理区虫口减退率-对照区虫口减退率}{100-对照区虫口减退率}\times 100$$

2 结果与分析

2.1 发生规律

武汉新洲地区黄栀子卷叶螟一年发生四代，世代重叠现象严重，以幼虫在枯枝、落叶中结薄茧越冬，翌年 3 月气温回升陆续恢复取食，4 月上旬越冬代幼虫开始化蛹，4 月中、下旬羽化产卵，5 月中旬出现一代幼虫，一直为害到 6 月上、中旬。7 月上旬、中旬至 8 月中旬是第二代幼虫的盛发期，第三代幼虫 9 月上、中旬出现，一直危害至 11 月上中旬，第四代幼虫（越冬代）于 11 月下旬又陆续结薄茧相继进入越冬休眠期。

2.2 防效对比

从表 2 可知，啶虫脒防治效果最优，防治后有虫株率分别仅为 20%、20% 和 10%，平均虫口密度由 5.8 头/株，8.4 头/株和 5.9 头/株下降至 0.3 头/株、0.2 头/株和 0.1 头/株。校正虫口减退率最高可达 98.31%。防治效果其次是噻虫·高氯氟，防治后平均虫口密度由 8.8 头/株、4.9 头/株和 5.4 头/株下降至 0.2 头/株、0.2 头/株和 0.3 头/株，校正虫口减退率最高可达 97.73%。防效相对最差的是甲维·灭幼脲，但校正虫口减退率依然可达 80% 以上。

表 2 防治处理效果统计

药剂	重复处理	防治前 有虫株率（%）	防治前 平均虫口密度（头/株）	防治后 有虫株率（%）	防治后 平均虫口密度（头/株）	校正虫口减退率（%）
噻虫·高氯氟	1	100	8.8	20	0.2	97.73
噻虫·高氯氟	2	60	4.9	10	0.2	95.92
噻虫·高氯氟	3	70	5.4	30	0.3	94.44
甲维·灭幼脲	1	90	7	40	0.8	88.57
甲维·灭幼脲	2	90	6.6	30	0.9	86.36
甲维·灭幼脲	3	80	6.2	30	0.9	85.48
啶虫脒	1	70	5.8	20	0.3	94.83
啶虫脒	2	90	8.4	20	0.2	97.62
啶虫脒	3	80	5.9	10	0.1	98.31

(续表)

药剂	重复处理	防治前		防治后		校正虫口减退率（%）
		有虫株率（%）	平均虫口密度（头/株）	有虫株率（%）	平均虫口密度（头/株）	
CK	1	70	4.4	70	4.4	—
	2	100	8.1	100	8.1	—
	3	80	5.8	80	5.8	—

2.3 防效分析

（1）甲维·灭幼脲具有胃毒、触杀功能以及微弱的熏蒸作用，卷叶螟因卷叶取食，有膜状保护，故选择药剂时认为应选择有胃毒、触杀、内吸功能的药物。

（2）拟除虫菊酯类农药是防治栀子卷叶螟的常用药剂，连续使用之后，栀子卷叶螟会产生抗药性风险，建议采用多种药剂交替使用，或使用如噻虫·高氯氟等复合制剂防治，能达到有效的防治效果。

（3）根据栀子卷叶螟以幼虫在枯叶中结薄茧越冬的特点，冬季结合修剪，宜采取清除残枝落叶，集中烧毁以消灭越冬虫源。另外，栀子卷叶螟成虫有较强的趋光性，可使用灯光诱杀成虫，不但能降低农药使用费用，更使产品质量得以提高。

参考文献

桂明东，1993. 发展黄栀子大有可为 [J]. 江西林业科技（6）：36-44.

吴雪芬，陈立人，韩鹰，2004. 栀子花黄化病的发生和防治 [J]. 上海农业科技（4）：1.

肖永良，王沫，王文乔，等，2006. 栀子卷叶螟的发生规律及防治研究 [J]. 中药材，29（12）：1268-1270.

谢李崧，黄玉芬，黎军发，2014. 栀子栽培技术 [J]. 现代园艺（21）：36-37

杨艳，汤玉喜，唐洁，等，2017. 黄栀子研究综述 [J]. 绿色科技（21）：2.

不同病原微生物对二化螟越冬幼虫的致死效应[*]

江婷[1,2**]，凌心仪[1]，曾林[1]，胡志康[1]，温在豪[1]，
何海敏[1]，张万娜[1]，彭英传[1***]

(1. 江西农业大学 昆虫研究所，南昌 330045；
2. 江西省经济作物研究所，南昌 330043)

摘要：【目的】为评估不同病原微生物对二化螟越冬幼虫的致死效应，寻找具有开发潜力的病原微生物。【方法】本实验培养了大肠杆菌 *Escherichia coli*、苏云金芽孢杆菌 *Bacillus thuringiensis*、白僵菌 *Beauveria bassiana*，采用孢子悬浮液喷雾处理采集的二化螟越冬幼虫，通过观察病原微生物处理后的二化螟的致死表型和致死率，筛选能够高效侵染二化螟越冬幼虫的病原微生物。【结果】大肠杆菌对二化螟越冬幼虫无明显致死效应。苏云金芽孢杆菌和白僵菌对二化螟幼虫具有较好的致死效应，二化螟幼虫感染白僵菌后虫体僵硬，全身慢慢布满白色菌丝；感染苏云金芽孢杆菌的二化螟幼虫虫体变软，全身颜色逐渐变深发黑。两株白僵菌 Bb84 和 Bb88 的致死效果最好，60 d 致死率达到 79.17% 和 86.11%，半数致死时间 LT_{50} 分别为 29.36 d 和 23.19 d；苏云金芽孢杆菌 KN11 在观察前期（30 d 内）的致死效果与白僵菌相当，但后期致死效果显著低于白僵菌，60 d 致死率为 50.7%，半致死时间 LT_{50} 值为 46.89 d。【结论】结果表明，白僵菌和苏云金芽孢杆菌对二化螟的防治具有较好的应用前景，其中白僵菌杀虫持效期更长，具有更为优异的可持续控制效果，可作为二化螟越冬幼虫生物防治的开发方向。

关键词：二化螟；苏云金芽孢杆菌；白僵菌；大肠杆菌；致死效应

Lethal Effect of Different Pathogenic Microorganisms on Overwintering Larvae of the Rice Stem Borer, *Chilo suppressalis*[*]

Jiang Ting[1,2**], Ling Xinyi[1], Zeng Lin[1], Hu Zhikang[1],
Weng Zaihao[1], He Haimin[1], Zhang Wanna[1], Peng Yingchuan[1***]

(1. *Institute of Entomology, Jiangxi Agricultural University, Nanchang* 330045, *China*;
2. *Jiangxi Cash Crops Research Institute, Nanchang* 330043, *China*)

Abstract:【Objectives】To estimate the lethal effects of different pathogenic microorganisms on the overwintering larvae of *C. suppressalis*, and to find the pathogenic microorganisms with potential for development.【Methods】In this study, *E. coli*, *B. thuringiensis* and *B. bassiana* were cultured. The collected overwintering larvae of the *C. suppressalis* were treated with spore

---

[*] 基金项目：国家重点研发计划"双季稻绿色丰产增效及产业化技术研发与集成示范"（2023YFD2301300）；国家自然科学基金（32102223）、江西省自然科学基金（20224BAB215019）
[**] 第一作者：江婷，E-mail：jiangting0315@126.com
[***] 通信作者：彭英传，E-mail：ycpeng@jxau.edu.cn

suspension spray. By observing the lethal phenotype and mortality of the *C. suppressalis* treated with pathogenic microorganisms, the pathogenic microorganisms that can efficiently infect the overwintering larvae of the *C. suppressalis* were screened. 【Results】 *E. coli* had no significant lethal effect on the overwintering larvae of *C. suppressalis*. *B. thuringiensis* and *B. bassiana* had a better lethal effect on the *C. suppressalis* larvae, in which the *C. suppressalis* larvae stiffened and covered with white hyphae gradually. The larvae infected with *B. thuringiensis* become soft and become dark and black. The two strains of *B. bassiana*, Bb84 and Bb88, had the best lethal effect, the 60-day mortality rates were 79.2% and 86.1%, and the half-lethal time LT_{50} was 37.3 and 27.6 days. The lethal effect of *B. thuringiensis* KN11 was similar to that of *B. bassiana* in the early period (within 30 days), but significantly lower than that of *B. bassiana* in the late period (the 60-day lethality rate was only 50.7%, the half-lethal time LT_{50} was about 56.3 days). 【Conclusion】 The results showed that the *B. bassiana* and *B. thuringiensis* had good application prospects for the control of the *C. suppressalis*, and the *B. bassiana* had longer effective period and more excellent sustainable control effect, which could be used as the development direction for the biological control of the overwintering larvae of *C. suppressalis*.

Key words: *Chilo suppressalis*; *Bacillus thuringiensis*; *Beauveria bassiana*; *Escherichia coli*; Lethal Effect

二化螟 *Chilo suppressalis*（Warker）属鳞翅目（Lepidoptera）草螟科（Pyralide），是水稻上的常发性主要害虫之一。在水稻各生育期，均以幼虫蛀茎进行一株多头群集或一头多株转移危害，在水稻分蘖期会造成水稻枯心苗和枯鞘，抽穗期、孕穗期造成枯孕穗和白穗，灌浆期、乳熟期造成半枯穗和虫伤株，影响水稻水分和养分的输送，使稻米品质、产量下降，严重阻碍农业发展（赫思聪等，2024）。在长期的二化螟防治过程中，以化学农药防治为主体的综合治理被广泛推广，但频繁使用单一的化学药剂导致二化螟抗药性水平增加，同时难以避免地产生农药残留、环境污染等一系列生态问题。因此，为减缓化学农药的负面效应，紧扣国家提出的"两减"政策，亟须创新科学、可持续发展的害虫防治手段，进一步推进现代绿色农业建设（姚英娟等，2013）。

昆虫病原微生物是广泛存在于自然界并能调控昆虫种群数量动态的一类重要自然资源，包括真菌、细菌、病毒和线虫等。作为一种新型生物防控技术，具有对人畜低毒、选择性高、持效久、不易产生抗性等优点（张鹏飞等，2020）。近年来，昆虫病原微生物的研究越来越受到世界各国和地区学者的关注。报道发现以球孢白僵菌 *Beauveria bassiana*、绿僵菌 *Metarhizium anisopliae* 为代表的昆虫病原真菌能有效防治稻飞虱、玉米螟 *Ostrinia furnacalis* 和烟粉虱 *Bemisia tabaci* 等害虫发生（王艳秋等，2014；张正坤等，2015；朱欢欢等，2015）；采用苏云金杆菌 *Bacillus thuringiensis* G033A 和金龟子绿僵菌 CQMa421 土壤处理防治黄曲条跳甲 *Phyllotreta striolata* 具有较好的防效（曹春霞等，2020）；病毒方面，核型多角体病毒是草地贪夜蛾 *Spodoptera frugiperda*、茶尺蠖 *Ectropis obliqua* 和松毛虫 *Dendrolimus punctatus* 等鳞翅目害虫生物防治的主要研究热点之一（吕亮等，2021；张欣欣等，2021；王金昌等，2021）。目前已经开发利用的病原微生物仍非常有限，随着生态环保的需要，昆虫病原微生物的研发显示出越来越重要的潜力。

当前关于二化螟的病原微生物研究主要集中在室内白僵菌、绿僵菌、蜡蚧菌等病原真菌高毒力菌株的筛选,如李美君等从罹病致死的二化螟分离筛选出两种高致病力病原真菌:渐狭蜡蚧菌 *Lecanicillium attenuatum* 和球孢白僵菌(李美君等,2019)。二化螟主要以老熟幼虫在稻蔸中滞育越冬,其越冬种群基数较大,对早稻田块危害严重(陈丽媛等,2013)。然而,针对病原微生物侵染二化螟越冬幼虫的研究相对匮乏。因此,本研究将利用培养的大肠杆菌、苏云金芽孢杆菌、白僵菌处理二化螟的越冬幼虫,调查这三类病原微生物对二化螟越冬幼虫的致死效应,以期筛选出对二化螟越冬幼虫具有高毒力的病原微生物,为应用生物防治手段减轻二化螟越冬幼虫翌年的潜在危害提供参考依据,为下一步开发高效防治二化螟的病原微生物资源奠定基础。

1 材料与方法

1.1 二化螟的采集与饲养

本实验所用二化螟越冬幼虫采自江西农业大学试验田晚稻残茬,采集时间为 2020 年 10 月底至 11 月初。挑取龄期大小一致的二化螟越冬幼虫单头放置于上下两端塞有湿润的脱脂棉球口径 12 mm、容量 5 mL 的移液管吸头中,管中放一段新鲜水稻茎秆用于二化螟钻蛀取食,将分装好的幼虫统一放入装有一定灭菌水的移液管吸头盒(140 mm×106 mm×167 mm)中,放置于室外自然条件下,以便二化螟自然滞育越冬。

1.2 病原微生物的培养

本实验选取 4 种病原微生物用于试验处理,分别为病原细菌大肠杆菌 *Escherichia coli* Trans T1(北京全式金)和苏云金芽孢杆菌 KN11(武汉科诺生物),病原真菌白僵菌 Bb84 和 Bb88(安徽农业大学)。病原细菌和白僵菌分别采用固体 LB 培养基和 PDA 培养基进行培养,接菌操作均在超净工作台(SWCJ-JD)无菌环境下进行,然后放在恒温培养箱(LRH-250-GS 型)中持续培养。病原细菌在 30℃培养 2~3 d,白僵菌在 25℃培养 15 d 左右,最后将培养后的菌株置于 4℃冰箱保存备用。

1.3 病原微生物对二化螟越冬幼虫的致病性测定

用无菌刀或小药匙将上述培养好的菌株分生孢子刮到含 0.5‰吐温-80 的无菌水中,充分震荡混匀,再通过无菌医用纱布过滤,筛去初始悬浮液中的菌丝体,最后获得纯孢子悬浮液。利用血球计数板对孢子浓度进行计数,最后统一配制成浓度为 $1.0×10^8$ 孢子/mL 的孢子悬浮液处理二化螟越冬试虫,以不含孢子的 0.5‰吐温-80 的无菌水为对照。采用喷雾法将不同的孢子悬浮液均匀喷洒在供试越冬幼虫虫体上,然后将处理后的幼虫单头移入全新消毒的透明吸头中,于自然条件下放置。由于二化螟越冬幼虫已进入滞育越冬状态,无需取食水稻茎秆,幼虫可钻入棉花与吸头管壁间,便于直接观察处理后二化螟的感染死亡状态。每个菌株设 4 个重复,每个重复 48 头滞育幼虫。由于冬季气温较低,感染率较慢,每隔 10 d 观察并记录试虫死亡情况,共观察 60 d。

1.4 表型观察拍照

选取有感染表型的试虫,利用体式显微镜(TS-75X)及其成像系统,拍摄二化螟越冬幼虫被病原微生物侵染死亡后的感染症状。

1.5 数据处理

参照农药致死中量的概率值计算方法,将剂量变量替换为时间变量,对本试验数据

的致死时间 LT_{50} 及其置信区间进行计算。利用软件 SPSS 19.0 的单因素方差（ANOVA）分析不同处理间以及不同时间点的二化螟感染死亡率之间的显著性差异。不同小写字母表示不同处理间具有显著性差异（$P < 0.05$）。

2 结果与分析

2.1 病原微生物对二化螟越冬的致死表型观察

对白僵菌 Bb84 和 Bb88 感染二化螟越冬幼虫的致死表型观察发现：感染初期，虫体颜色变为灰褐色，幼虫反应迟钝，生命力不强；之后，幼虫虫体上长出白色气生菌丝，并快速长出无数分生孢子，随时间推移包裹了整个虫体，如同覆盖白粉，虫体较僵硬（图1A~E）。

对苏云金芽孢杆菌 KN11 感染二化螟越冬幼虫的致死表型观察发现：感染苏云金芽孢杆菌的幼虫随时间推移虫体颜色逐渐加深变为黑褐色，虫体变软，触碰易破损流液（图1F）。

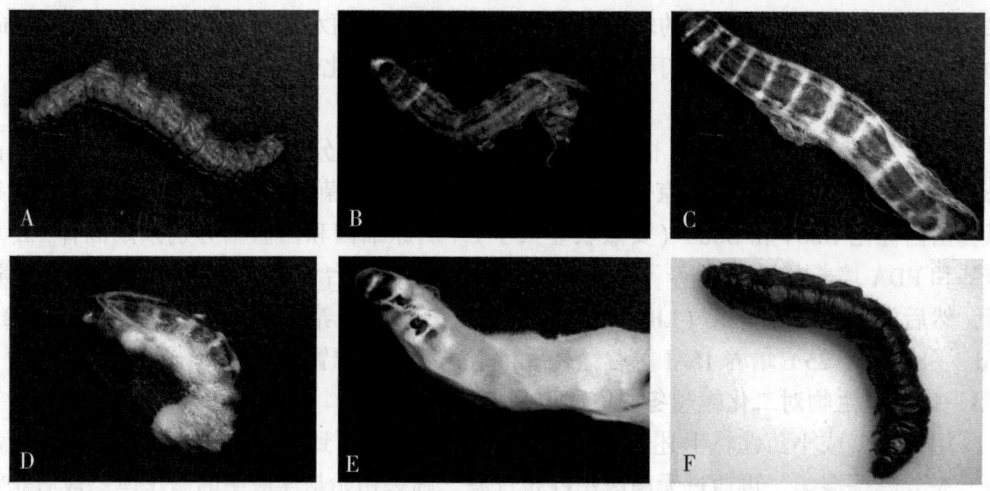

图1 二化螟越冬幼虫感染白僵菌（A~E）和苏云金芽孢杆菌（F）的症状

2.2 病原微生物对二化螟越冬幼虫的致死率差异分析

在菌液浓度为 $1.0×10^8$ 孢子/mL 时，整个观察期间四组处理中，大肠杆菌 Trans T1 对二化螟越冬幼虫的致死率与对照组无明显差异。而白僵菌 Bb84 和 Bb88 与苏云金芽孢杆菌 KN11，对二化螟越冬幼虫显示出一定的致死效应。随着观察天数增加，致死率不断上升，累计致死率在 60 d 分别达到 79.17% 和 86.11%，对二化螟越冬幼虫具有较高的致死效应（图2）。苏云金芽孢杆菌 KN11 菌株在观察前期（30 d 内）对二化螟越冬幼虫的致死效应与白僵菌相当，但后期死亡率上升得较为缓慢，最终累计致死率为 50.69%，显著低于白僵菌菌株。白僵菌 Bb88 和 Bb84 与苏云金芽孢杆菌 KN11 的 LT_{50} 值分别为 23.19 d、29.36 d 和 46.89 d（表1），苏云金芽孢杆菌 KN11 的半数致死时间明显延长。

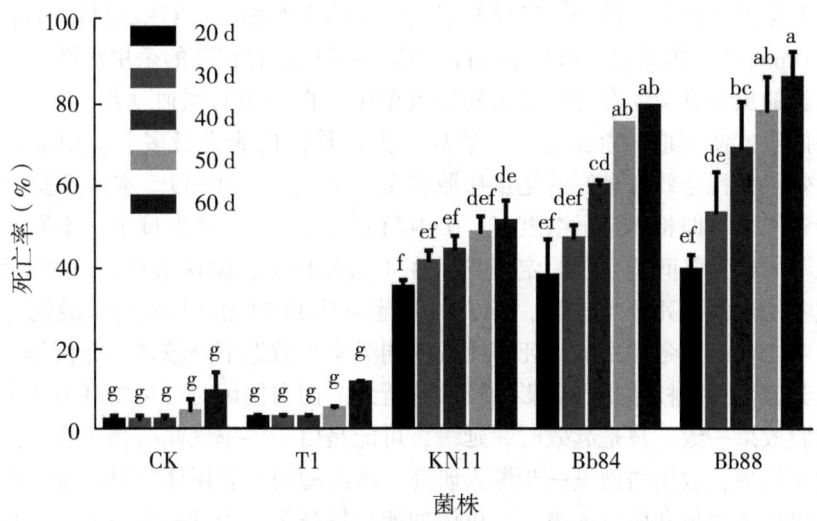

图 2 二化螟越冬幼虫感染病原微生物的致死率

表 1 不同病原微生物对二化螟越冬幼虫的半数致死时间（LT_{50}）

菌株	LT_{50}（d）	95%置信区间
Bb88	23.19	14.02, 30.07
Bb84	29.36	21.45, 35.80
KN11	46.89	40.63, 54.13

3 讨论与结论

病原微生物在自然界中不仅种类丰富，而且对环境友好，具有较大的开发前景，其作为生物防治害虫的重要手段被广泛应用。如果能有效开发利用这部分昆虫病原微生物资源，可以帮助缓解化学防治的压力，提高农业可持续发展能力，具有较大开发前景。近年来，二化螟的发生及危害情况日趋严重，而二化螟的越冬幼虫是早春第一代二化螟的主要来源，是来年害虫暴发的主要来源，对早稻田的危害严重。利用病原微生物的生物防治手段对二化螟越冬幼虫的致死效应可有效降低早春二化螟的暴发情况，降低虫源基数，减少对早稻田的危害。

实验结果表明白僵菌与苏云金芽孢杆菌是二化螟越冬幼虫的高致病力菌株，起效较快，具有较好开发前景。同类实验中，白僵菌处理二化螟幼虫的毒力测试实验中幼虫 10 d 的致死率可超过 60%，半致死时间 LT_{50} 在 5~6 d（洪勇等，2015）。采用苏云金芽孢杆菌处理二化螟幼虫的毒力测试实验中，高毒菌株 5 d 致死率可超过 60%（张鑫琳等，2014）。而本实验以二化螟越冬幼虫为实验对象，实验时间也为冬季至春季，在室温条件下饲养，故气温相对其他实验更低，表现出来的致死率上升速率也更慢。故本实验延长观察期至 60 d，以 10 d 为观察间隔时间。结果发现苏云金芽孢杆菌与白僵菌在低温条件下，虽然致死率上升速度减慢，但随时间的延长，仍能表现出较高致死率。

苏云金芽孢杆菌是一种分布广泛的革兰氏阳性土壤细菌，对鳞翅目（Lepidoptera）、双翅目（Diptera）、鞘翅目（Coleoptera）等很多害虫具有较高的杀虫活性。白僵菌是一种子囊菌类的虫生真菌，在诸多昆虫病原真菌中，白僵菌对温血动物无害，易于培养、原料价格低廉方便获取、杀虫谱广、致病性强，是国内研究最多、应用最广，经济效益、生态效益、社会效益最好的昆虫病原真菌（刘健等，2003）。本次实验结果表明在相同实验条件下，即相同孢子浓度（$1.0×10^8$孢子/mL）、温度湿度下，不同菌株之间和同种菌株不同株系之间均存在一定差异。在4组处理中，菌株KN11、Bb84和Bb88对二化螟越冬幼虫的致死率均较强，其中白僵菌菌株Bb84和Bb88效果最优。但苏云金芽孢杆菌对二化螟越冬幼虫的致死率比其他同类实验数据下降较多，分析是由于冬季气温较低，苏云金芽孢杆菌受气温影响较敏感所致。而白僵菌对二化螟越冬幼虫的致死率与同类实验效果一致，只是起效时间延缓，可能是由于冬季气候减缓了病原微生物对二化螟的致死效果，故仍需做进一步深入研究。本实验通过利用体式显微镜初步观察了真菌在二化螟虫体生长和萌发的情况，虫体的死亡特征等，为进一步研究病原真菌对二化螟的侵染能力和入侵机理提供了一定的理论依据。同时，由于利用苏云金芽孢杆菌和白僵菌防治二化螟越冬幼虫报道较少，本文进一步为苏云金芽孢杆菌和白僵菌对二化螟的生物防治提供了一定的应用空间和思路。

综上所述，白僵菌和苏云金芽孢杆菌对二化螟越冬幼虫具有较好的致死效应。冬季低温条件下，其致死速率虽然较慢，但越冬期间的总体致死率较高，对水稻二化螟越冬幼虫的生物防治具有指导意义。

参考文献

曹春霞，黄大野，姚经武，等，2020. 昆虫病原菌防治萝卜黄曲条跳甲田间应用技术［J］. 中国生物防治学报，36（6）：987-991.

陈丽媛，陈俊晖，杨虎，等，2013. 江西宜春二化螟越冬基数与冬后成虫的发生［J］. 生物灾害科学，36（4）：359-362.

赫思聪，周淑香，李丽娟，等，2024. 二化螟危害水稻产量损失研究［J］. 应用昆虫学报，61（1）：157-161.

洪勇，林华峰，岳霄霄，等，2015. 几种杀虫真菌对二化螟幼虫的毒力测定与高毒力菌株的分子鉴定［J］. 应用昆虫学报，52（3）：702-711.

李美君，白庆荣，臧连生，等，2019. 水稻二化螟病原真菌鉴定及其致病力［J］. 中国生物防治学报，35（1）：63-69.

刘健，陈洪章，李佐虎，2003. 白僵菌杀虫剂生产工艺研究状况与展望［J］. 中国生物防治学报，19（2）：86-90.

吕亮，陈娇，郭志敏，等，2021. 苜蓿银纹夜蛾核型多角体病毒（AcMNPV）对草地贪夜蛾幼虫的杀虫活性及生防效果［J］. 华中农业大学学报，40（5）：46-53.

王金昌，靳亮，占智高，等，2021. 松毛虫质型多角体病毒悬浮剂防治马尾松毛虫田间药效实验［J］. 江西科学，39（3）：402-404.

王艳秋，洪勇，岳霄霄，等，2014. 二化螟幼虫病原真菌的分离纯化及其对烟粉虱和褐飞虱的毒

力研究 [J]. 环境昆虫学报, 36 (6): 943-950.

姚英娟, 徐雪亮, 徐荣仔, 等, 2013. 不同药剂混配组合对二化螟的防治效果 [J]. 华中农业大学学报, 32 (4): 43-47.

张鹏飞, 袁善奎, 张龙, 2020. 昆虫病原微生物及其在蝗灾治理中的应用 [J]. 环境昆虫学报, 42 (3): 529-544.

张欣欣, 唐美君, 肖强, 2021. 茶尺蠖的克星——茶尺蠖核型多角体病毒 [J]. 中国茶叶, 43 (7): 32-34.

张鑫琳, 于洪春, 房丹丹, 等, 2014. 二化螟高毒力苏云金杆菌菌株的筛选 [J]. 北方园艺, 16: 112-114.

张正坤, 孟鑫睿, 张佳诗, 等, 2015. 吉林省球孢白僵菌遗传多样性与亚洲玉米螟化性相关性分析 [J]. 中国生物防治学报, 31 (6): 836-844.

朱欢欢, 陈洋, 万品俊, 等, 2017. 共生菌 Arsenophonus、水稻品种和温度对褐飞虱黄绿绿僵菌发病率的影响 [J]. 中国水稻科学, 31 (6): 643-651.

基于产卵选择反应的棉铃虫和烟青虫成虫判别函数的构建*

张萌昊[1]**,毛杰文[1],游秀峰[1,2],郭线茹[1,3],王高平[1,3],李为争[1,3]***

(1. 河南农业大学植物保护学院,郑州 450046; 2. 河南省新型农药创制与应用重点实验室,郑州 450046; 3. 河南省害虫绿色防控国际联合实验室,郑州 450046)

摘 要:【目的】 多食性的棉铃虫 *Helicoverpa armigera*(Hübner)和寡食性的烟青虫 *Helicoverpa assulta*(Guenée)是鳞翅目实夜蛾属的两个近缘种,形态方面非常相似。本文拟基于二者产卵选择反应的差异,构建二者的判别函数。**【方法】** 选择棉花、番茄、辣椒、烟草、玉米、花生为供试植物,在二项选择测试装置中测试棉铃虫和烟青虫的交配雌蛾在不同环境下的产卵选择反应。然后根据产卵选择反应的不同指标,构建两种昆虫的判别函数。**【结果】** 棉铃虫和烟青虫基于产卵选择反应的判别函数为 $y = 29.79 x_1 + 5.57 x_2 - 18.24$。式中,$x_1$ 表示番茄与洁净空气配对时,番茄和洁净空气一侧的落卵量之比;x_2 表示烟草和棉花配对时,烟草和棉花上的落卵量之比。如果 $y>10$ 则判定为棉铃虫,$y<-10$ 则判定为烟青虫。**【结论】** 根据棉铃虫和烟青虫的生态学习性构建的判别函数,可以进行精确分类,尤其适用于大田光源捕获的鳞片缺失的雌蛾。

关键词: 棉铃虫; 烟青虫; 产卵选择反应; 判别函数

Establishment of the Discriminant Function of *Helicoverpa armigera* and *H. assulta* (Lepidoptera: Noctuidae) Moths Based on Ovipositional Choice Response*

Zhang Menghao[1]**, Mao Jiewen[1], You Xiufeng[1,2],
Guo Xianru[1,3], Wang Gaoping[1,3], Li Weizheng[1,3]***

(1. College of Plant Protection, Henan Agricultural University, Zhengzhou 450046, China; 2. Henan Provincial Key Laboratory of Pesticide Innovation and Application, Zhengzhou 450046, China; 3. Henan International Laboratory for Green Pest Control, Zhengzhou 450046, China)

Abstract:【Objectives】 The generalist *Helicoverpa arnigera* (Hübner) and the specialist *Helicoverpa assulta* (Guenée), two sibling species belonging to Noctuidae, Lepidoptera, have very similar morphology. The authors intend to establish the discriminant function of these two species based on their ovipositional choice response. **【Methods】** We selected cotton, tomato, hot pepper, tobacco, corn, and peanut plants as test plant species, and measured the

---

* 基金项目:河南农业大学自然科学类青年创新基金项目(KJCX2018A12)
** 第一作者:张萌昊; E-mail:Zhang_mh2001@163.com
*** 通信作者:李为争; E-mail:wei-zhengli@163.com

ovipositional choice responses of the mated females of these two noctuids under different environments in a dual-choice apparatus. Then we established the discriminant function based on different criteria of ovipositional response. 【Results】 The discriminant function could be expressed as follow: $y = 29.79 x_1 + 5.57 x_2 - 18.24$. In the formula, x_1 represents the ratio of eggs deposited on tomato and control when the two options were paired, and x_2 represents the ratio of eggs deposited on tobacco and cotton when the two options were paired. When y was higher than 10, the subjects were discriminated as *H. armigera*, and when y was lower than-10, the subjects were discriminated as *H. assulta*. 【Conclusion】 The two noctuid moths could be precisely discriminated according to their ecological habits, and this function is specially applied to the discriminant of scale-lost females such as those caught by field light.

Key words: *Helicoverpa armigera*; *Helicoverpa assulta*; Ovipositional choice response; Discriminant function

棉铃虫 *Helicoverpa armigera* 和烟青虫 *H. assulta* 是鳞翅目实夜蛾属的两种近缘种昆虫，也是研究寄主利用差异的遗传基础及多食性昆虫和寡食者性信息素进化的模式昆虫（Wang and Dong, 2001; Liu et al., 2012）。两种昆虫的成虫和幼虫形态相似，但食性差异较大。棉铃虫可以取食30多个科的200余种植物，而烟青虫只能取食茄科的烟草、辣椒和几种酸浆属植物（Liu et al., 2012）。烟草为棉铃虫和烟青虫共同嗜食（Zong et al., 2007）。此外，烟青虫和棉铃虫均用顺-9-十六碳烯醛和顺-11-十六碳烯醛作为性信息素成分，但比例大致相反，分别是93∶7和3∶97（Wang et al., 2005; Zhao et al., 2006）。

有研究表明，多食性烟芽夜蛾、棉铃虫、寡食性烟青虫存在功能相似的植物气味感觉神经元类型，功能相似的嗅觉感受器有保守性或重现性，独立于食性的进化（Stranden et al., 2003）。在选择性和非选择性条件下，辣椒果实中的E-辣椒素对烟青虫均有产卵刺激活性（Lee et al., 2006）。当全幼虫期饲喂含辣椒素的饲料时，烟青虫死亡率下降。含有辣椒素饲料上棉铃虫生长速度不受影响，烟青虫生长速度加快。辣椒素增加了棉铃虫近似可消化性和摄入食物转化效率；但不显著影响烟青虫任何营养指标。在5龄前期，采用辣椒素注射法测试极性毒性，发现辣椒素对烟青虫的急性毒性比棉铃虫和谷实夜蛾低。注射亚致死剂量辣椒素造成棉铃虫蛹重下降，但烟青虫蛹重不下降（Ahn et al., 2011; Zhu et al., 2020）。烟青虫在番茄上产卵，但切叶或盆栽植株不支持初孵幼虫生长，所有取食番茄绿果的3龄幼虫在6龄前死亡。但棉铃虫却可以大量蛀食番茄的青果实（Wu et al., 2006）。

但是，此前的研究并未以定量的方式探明棉铃虫和烟青虫在大量寄主范围内的分化情况。在本文中，作者选择了棉花、烟草、番茄、辣椒、花生、玉米6种常见的大面积种植的农作物，在屏蔽接触性感觉的二项选择条件下，测试了棉铃虫和烟青虫的交尾雌蛾在不同植物配对下的产卵选择，构建了二者的判别函数。

1 材料与方法

1.1 供试昆虫

供试棉铃虫和烟青虫为麦胚基人工饲料纯化7代以上的种群。饲养环境为15 L∶9

D（暗期为 23：00 至次日 8：00）、二级变温［光期（30±2）℃、暗期（28±2）℃］、70%相对湿度。羽化后成虫分种类和性别之后移入单独饲养笼内，饲喂 10%蔗糖溶液。测定时选取羽化后第 4 d、处于产卵盛期的健康活泼雌蛾，与新羽化雄蛾配对后接入生物测定装置（刘婷，2013）释放区，进行产卵测试。

1.2 供试植物

供试植物包括烟草 *Ncotiana tabacum*（品种：NC89）、花生 *Arachis hypogaea*（品种：8130）、玉米 *Zea mays*（品种：5422）、辣椒 *Capsicum annum*（品种：中蔬 6 号）、番茄 *Solanum lycopersicum*（品种：粉都女皇）和棉花 *Gossypium arboreum*（品种：中棉 GK-12）6 种，均按常规种植于河南农业大学科教园区。待株高达到一定高度后移栽到口径 10 cm，高度 12 cm 的花盆中，定期施肥灌水使植株生长健壮。测定时取长势良好、无病虫为害、生长发育一致的盆栽植株作为供试材料。

1.3 生物测定

用有机玻璃圆管制作专用的二项选择式产卵反应测定装置（刘婷，2013）。简言之，该装置包括成虫释放区、参照植株放置区和处理植株放置区 3 个主要部分。成虫释放区为直径 7 cm、长度 100 cm 的有机玻璃圆管，圆管两端绑上纱布后与植株放置区连接。

每次测定前，选择株高 30 cm 左右的植株，根据试验设计分别放入植株放置区；在成虫释放区圆管两端绑上新纱布，均匀喷洒蒸馏水后作为产卵基质；在成虫释放区圆管中部放入直径 1.5 cm、高度 0.5 cm 的玻璃皿，内置脱脂棉浸透 10%蔗糖水作为成虫饲料。然后在成虫释放区圆筒中部，接入 5 对成虫（棉铃虫和烟青虫分开测试），连接生物测定装置并遮光处理，24 h 后分别记录两端纱布上的卵量。

第一组为不同寄主植物与洁净空气的配对试验，分别测定雌成虫对烟草、棉花、玉米、花生、番茄和辣椒 6 种寄主植物气味的产卵选择反应，每种昆虫的每个处理重复 10~13 次。

第二组试验以棉铃虫和烟青虫共同嗜好的寄主植物烟草为参照，将其他 5 种寄主植物与烟草分别配对进行测定，每处理重复 10~13 次。

进行每组产卵选择测定时，于每日 18：00 将植株放入两端的圆筒底部中央，在桥接圆管中放入 5 对烟夜蛾成虫，两端的纱布上均匀喷洒少许清水，连接抽气泵和进气泵，整个装置再用黑布遮盖，24 h 后记录纱布上落卵量。

1.4 统计分析

计算下述 11 种测试环境下，每组释放的昆虫在配对选项的落卵量比值，分别是番茄 vs. 对照，玉米 vs. 对照，辣椒 vs. 对照，棉花 vs. 对照，烟草 vs. 对照，烟草 vs. 棉花，烟草 vs. 玉米，烟草 vs. 花生，烟草 vs. 辣椒，烟草 vs. 番茄。在 SPSS 19.0 统计软件中构建棉铃虫和烟青虫的判别函数。分组变量为事先已经精确分类的棉铃虫和烟青虫，分组变量为上述 11 个指标。采用步进式变量筛选方法，具体方法是 Wilk's λ，即组间平方和与组内平方和比值最大原则。

2 结果与分析

从表1可以看出,棉铃虫和烟青虫产卵选择分化主要表现在两种测试环境,即番茄 vs. 对照 ($\lambda = 0.0110$, $F_{1,18} = 1618.91$, $P<0.0001$) 和烟草 vs. 番茄 ($\lambda = 0.6353$, $F_{1,18} = 10.33$, $P = 0.0048$)。

表1 组均值的均等性的检验

处理	Wilks 的 Lambda	F	$df1$	$df2$	Sig.
番茄 vs. 对照	0.011 0	1 618.907 5	1	18	0.000 0
玉米 vs. 对照	0.906 6	1.853 3	1	18	0.190 2
辣椒 vs. 对照	0.998 1	0.033 4	1	18	0.857 0
棉花 vs. 对照	0.912 9	1.718 2	1	18	0.206 4
花生 vs. 对照	0.879 4	2.468 0	1	18	0.133 6
烟草 vs. 对照	0.974 9	0.463 0	1	18	0.504 9
烟草 vs. 棉花	0.979 2	0.382 1	1	18	0.544 2
烟草 vs. 玉米	0.899 5	2.011 6	1	18	0.173 2
烟草 vs. 花生	0.971 5	0.528 4	1	18	0.476 6
烟草 vs. 辣椒	0.873 2	2.613 0	1	18	0.123 4
烟草 vs. 番茄	0.635 3	10.332 6	1	18	0.004 8

表2给出了典型判别式函数系数和分类函数系数。棉铃虫和烟青虫基于产卵选择反应最终构建的 Fisher 判别函数为 $y = 29.79 \times \left(\dfrac{番茄}{对照}\right) + 5.57 \times \left(\dfrac{烟草}{番茄}\right) - 18.24$。

在实践中,也可以采用贝叶斯判别函数,将两个指标分别代入下述两个公式,观察哪种昆虫的得分较高,来对物种进行鉴定。

棉铃虫:$y = 919.32 \times \left(\dfrac{番茄}{对照}\right) + 197.83 \times \left(\dfrac{烟草}{番茄}\right) - 485.89$

烟青虫:$y = 170.28 \times \left(\dfrac{番茄}{对照}\right) + 57.91 \times \left(\dfrac{烟草}{番茄}\right) - 27.44$

表2 典型判别式函数系数和分类函数系数

处理	典型判别式函数系数	分类函数系数	
		棉铃虫	烟青虫
番茄 vs. 对照	29.794	919.322	170.277
烟草 vs. 棉花	5.565	197.833	57.913
(常量)	−18.235	−485.888	−27.439

3 结论与讨论

棉铃虫和烟青虫的寄主分化是众所周知的，也大致了解了烟青虫是茄科专食性害虫而棉铃虫的寄主范围非常宽泛。然而，这些认识都没有做到量化的水平。本文采用屏蔽产卵器触觉的二项选择式行为测试装置，在大量的植物配对条件下深入研究了棉铃虫和烟青虫的产卵选择反应分化问题，并采用判别分析构建了二者的 Fisher 判别函数和贝叶斯判别函数，是采用生态学习性对两近缘种夜蛾进行分类的首次尝试。

从本文得到的结果可以看出，单纯从嗅觉的角度来看，棉铃虫和烟青虫的寄主分化主要表现在番茄和空气配对条件下的产卵选择，以及烟草和棉花配对条件下的产卵选择。有可能这两种夜蛾产卵器与植物叶片接触之后的触觉，在最终的产卵中起着决定性作用，但本文使用纱布作为标准化的产卵基质，屏蔽了接触后的感觉信息。

此外，在组均值的均等性检验结果中，我们发现最显著的两个指标是番茄 vs. 空气对照和烟草 vs. 番茄。但最终构建的方程中，只采用了第一个指标，而没有采用第二个指标，而原本并不显著的烟草 vs. 棉花这个指标，却被引入到了最终的判别函数中。这可能是由于，Wilk 检验是分指标进行的，而最终构建的判别函数必须考虑 11 个指标之间是否具有共线性的问题。番茄 vs. 空气对照和烟草 vs. 番茄这两个指标，很可能存在着严重的共线性。单纯从嗅觉信息而言，棉铃虫和烟青虫在对番茄气味的产卵选择方面，构成了最重要的分化。这一点尤其值得我们继续研究，因为棉铃虫作为茄科植物的专食性昆虫，理论上如果发生了食性的拓展，最有可能拓展到和烟草、辣椒同样属于茄科植物的番茄上。但实际测定结果表明，烟青虫寄主转移到番茄上的可能性微乎其微，因为不仅仅是番茄中的番茄苷不支持烟青虫幼虫的发育，而且雌蛾拒绝在番茄上产卵，构成了番茄作为烟青虫非寄主的第一道屏障。

参考文献

刘婷, 2013. 棉铃虫 *Helicoverpa armigera*（Hübner）在多寄主植物气味环境中的寄主选择行为 [D]. 郑州：河南农业大学.

AHN S J, BADENES-PÉEREZ F R, HECKEL D G, 2011. A host-plant specialist, *Helicoverpa assulta*, is more tolerant to capsaicin from *Capsicum annuum* than other noctuid species [J]. Journal of Insect Physiology, 57 (9): 1212-1219.

LEE H S, HIEU T T, AHN Y J, 2006. Oviposition-stimulating activity of-capsaicin identified in *Capsicum annuum* fruit and related compounds towards *Helicoverpa assulta* [J]. Chemoecology, 16: 153-157.

LIU Z D, SCHEIRS J, HECKEL D G, 2012. Trade-offs of host use between generalist and specialist *Helicoverpa* sibling species: adult oviposition and larval performance [J]. Oecologia, 168: 459-469.

STRANDEN M, LIBLIKAS I, KÖNIG WA, et al., 2003. (-)-Germacrene D receptor neurones in three species of heliothine moths: structure-activity relationships [J]. Journal of Comparative Physiology A, 189: 563-577.

WANG C Z, DONG J F, 2001. Interspecific hybridization of *Helicoverpa armigera* and *H. assulta* (Lepidoptera: Noctuidae) [J]. Chinese Science Bulletin, 46: 489-491.

WANG H L, ZHAO C H, WANG C Z, 2005. Comparative study of sex pheromone composition and biosynthesis in *Helicoverpa armigera*, *H. assulta* and their hybrid [J]. Insect Biochemistry and Molecular Biology, 35 (6): 575-583.

WU K J, GONG P Y, YUAN Y M, 2006. Is tomato plant the host of the oriental tobacco budworm, *Helicoverpa assulta* (Guenée)? [J]. Acta Entomologica Sinica, 49 (3): 421-427.

ZHAO X C, YAN Y H, WANG C Z, 2006. Behavioural and electrophysiological responses of *Helicoverpa assulta*, *H. armigera*, their F1 hybrids and backcross progenies to sex pheromone component blends [J]. Journal of Comparative Physiology A, 192: 1037-1047.

ZHU J, TIAN K, REILLY C A, *et al.*, 2020. Capsaicinoid metabolism by the generalist *Helicoverpa armigera* and specialist *H. assulta*: Species and tissue differences [J]. Pesticide Biochemistry and Physiology, 163: 164-174.

ZONG N, WANG C Z, 2007. Larval feeding induced defensive response in tobacco: comparison of two sibling species of *Helicoverpa* with different diet breadths [J]. Planta, 226 (1): 215-224.

柳蓝叶甲卵沉积对柳树防御反应及幼虫生长发育的影响

黎斌，鲁敏

（湖北大学生命科学学院生物催化与酶工程国家重点实验室，武汉 430062）

摘 要：【目的】昆虫卵沉积可诱导植物对其幼虫的防御反应。以往的研究主要集中在草本植物的防御机制上，然而关于杨柳科植物如何应对昆虫卵沉积并进行自我防御的研究仍然较少。本研究结合植物防御基因研究、生物测定和叶片染色技术，探讨了鞘翅目昆虫柳蓝叶甲 Plagiodera versicolora 卵沉积对柳树（Salix matsudana cv. 'Zhuliu'）的影响，分析了植物抗性及转录组水平的相互作用。【方法】通过台盼蓝和DAB染色、转录组分析以及qRT-PCR验证，评估卵沉积对柳树叶片的影响，并结合生物测定分析幼虫表现。【结果】染色结果显示卵沉积区域的细胞死亡和活性氧积累显著增加。转录组结果表明，柳蓝叶甲卵沉积导致与植物应激和代谢反应相关的转录水平发生改变。与未有卵沉积的叶片相比，卵沉积的叶片在幼虫取食后表现出苯丙烷类生物合成和植物激素信号通路基因的轻微上调。生物测定结果表明，柳蓝叶甲在柳树上卵沉积后，幼虫的生长发育受到抑制，表明卵沉积可能增强了柳树对幼虫的抗性。【结论】本研究通过结合转录组分析和生物测定，揭示了柳蓝叶甲卵沉积能够诱导柳树的防御反应，并在幼虫取食过程中增强了植物的抗性。

关键词：柳蓝叶甲；柳树；卵沉积；转录组分析；植物防御

Effects of *Plagiodera versicolora* Egg Deposition on Willow Defense Responses and Larval Growth and Development

Li Bin*, Lu Min**

(State Key Laboratory of Biocatalysis and Enzyme Engineering, School of Life Sciences, Hubei University, Wuhan 430062, China)

Abstract: 【Objective】 Insect egg deposition can induce plant defenses against their larvae. Previous studies have primarily focused on the defense mechanisms of herbaceous plants; however, little is known about how plants in the Salicaceae family respond to insect egg deposition and defend themselves. This study combines plant defense gene research, bioassays, and leaf staining techniques to investigate the effects of egg deposition by the coleopteran insect *Plagiodera versicolora* on willow (*Salix matsudana* cv. 'Zhuliu'), analyzing the interactions between plant resistance and transcriptomic responses. 【Methods】 We assessed the impact of egg deposition on willow leaves using transcriptomic analysis, qRT-PCR validation, and trypan blue and DAB staining. Additionally, bioassays were conducted to evaluate larval performance. 【Results】 Transcriptomic analysis revealed that egg deposition by *P. versicolora* altered the expression of genes associated with plant stress and metabolic responses. Staining results showed significant increases in cell death and reactive oxygen species accumulation in the egg deposition area. Compared to leaves without egg deposition, those with eggs exhibited a slight upregulation of phenylpropanoid biosynthesis and phytohormone signaling genes after larval feeding. Bioassay results demonstrated that egg deposition on willow reduced larval growth and development, suggesting that prior oviposition may enhance willow resistance to larvae. 【Conclusion】 This study, through the combination of transcriptomic analysis and bioassays, reveals that egg deposition by *P. versicolora* induces defense responses in willow, enhancing resistance during larval feeding.

Key words: Plagiodera versicolora; Willow; Egg deposition; Transcriptomic analysis; Plant defense

柳蓝叶甲（*Plagiodera versicolora* Laicharting）属于鞘翅目叶甲科（Coleoptera: Chrysomelidae），又称柳圆叶甲（张莉莉等，2016），是危害杨柳科植株叶片及嫩梢的主要害虫之一。它的分布范围特别广，使亚洲、欧洲和北非等地遭受严重虫害问题，在我国主要的分布地区有湖北、湖南、江苏、四川、山西以及东北三省等地（刘何生等，2015）。柳蓝叶甲生活史包括四个阶段：卵、幼虫、蛹和成虫。卵孵化到幼虫3~4 d；幼虫期又分为4个龄期，每个龄期之间伴有脱皮现象，共三次，幼虫期8~10 d；然后进行化蛹，蛹期3~5 d；蛹羽化后形成成虫，成虫存活时间长，存活时间2~3周，成虫雌雄异体，雌虫体型略大于雄虫，成虫羽化2~3 d便可以进行交配产卵。柳蓝叶甲主要以幼虫和成虫危害杨柳科植物的幼嫩叶片。幼虫仅取食叶片上表皮与叶肉，仅残留网状叶脉，致使叶片常卷曲变褐而枯死，1~2龄幼虫主要是群集危害，3龄幼虫会分散取食。成虫沿叶缘取食，咬食叶片成缺刻或孔洞，严重影响林木的生长使植物失去园林观赏价值，并造成非常严重的经济损失（Urban，2005）。

随着柳蓝叶甲为害程度的加剧，研究和开发有效的防治措施成为重要的科研课题。近年来，国内外对柳蓝叶甲的形态特征、生物学习性及防治方法等方面已有大量研究（徐养诚等，2021；丁小菊等，2017；张丽丽等，2013）。传统防治方法包括化学防治、生物防治和物理防治，化学农药虽能有效控制柳蓝叶甲的种群数量，但其对环境的不利影响和害虫抗药性的增加使得其应用受到了限制。而生物防治则主要通过天敌昆虫、病原微生物等手段对柳蓝叶甲进行控制，这些手段具有较好的生态兼容性，但在实际应用中仍面临挑战。基于植物-昆虫互作机制的调控，尤其是通过了解昆虫卵沉积对植物防御反应的影响，或为害虫防治提供新的思路。

昆虫卵沉积不仅是昆虫生命周期的关键环节之一，也对寄主植物的生理状态产生深远影响（Hilker and Fatouros，2015）。已有研究表明，许多植物能够通过感知昆虫卵沉积来启动一系列防御反应，这些防御反应不仅能够直接影响昆虫卵的孵化，还可以在幼虫孵化前增强植物的抗性，抑制其后续为害（Beyaert *et al.*，2011）。卵沉积诱导的植物防御反应可能包括物理防御（如过敏性反应、组织坏死）、化学防御（如次生代谢物的合成）以及与其他生物防御信号通路的相互作用。这种植物对卵沉积的防御机制已在许多草本植物中得到了深入研究，例如拟南芥、番茄等植物均被证明能够通过卵沉积信号诱导抗虫反应（郭丽，2023；周金明，2016；Little，2007）。然而，关于木本植物尤其是杨柳科植物如何应对昆虫卵沉积并产生防御反应的研究仍然较为匮乏。

本研究通过结合植物防御基因研究和生物测定手段，系统探讨了柳蓝叶甲卵沉积对杨柳科植物柳树（*Salix matsudana* cv. 'Zhuliu'）的影响。我们重点分析了柳树在受到卵沉积后的防御基因表达变化及其对幼虫生长发育的影响，旨在揭示卵沉积如何诱导植物防御反应并增强对后续昆虫取食的抗性。通过本研究，我们希望能够为理解昆虫卵沉积与杨柳科植物的互作机制提供新的理论依据，并为未来开发基于植物防御机制的害虫防治策略提供指导。

1 材料与方法

1.1 供试虫源与寄主植物

每年 3 月中旬气温回升时，土壤中越冬的柳蓝叶甲开始慢慢钻出。本实验所用到的柳蓝叶甲均采集于湖北省武汉市沙湖公园（30°34′N，114°19′E），将采集得到的各生命阶段的柳蓝叶甲均带回实验室进行饲养。使用规格为 20 cm×10 cm×8 cm 一次性塑料盒，在盖子上打孔，盒底铺上湿润的滤纸，使用新鲜的柳树叶片进行饲喂。饲养条件设置为：温度 26℃±1℃，湿度 65%±5%，光周期为 16 h∶8 h（光照∶黑暗）。为了使柳蓝叶甲能在竹柳植株上顺利进行产卵实验，每天对实验室所饲养的柳蓝叶甲成虫更换新鲜柳树嫩叶，更换叶片后于次日 13∶00 左右，选取交配过且即将产卵的柳蓝叶甲雌成虫，其腹部膨大明显。使用笔刷将挑选的柳蓝叶甲雌成虫放置于柳树叶片上使其自由活动产卵。待产卵结束后将其放回饲养盒中，取食新鲜嫩叶后次日还可继续产卵。

一年生竹柳（*Salix matsudana* cv. 'Zhuliu'）购自中国武汉的轩宇花卉园艺场。竹柳被栽种于 7 L 的花盆中，使用 3∶1∶1 比例混合的营养土、珍珠岩和蛭石作为基质，并移入温室进行培育[温度 26℃±1℃，相对湿度 60%±5%，光照条件为 16 h 光照∶8 h 黑暗（L16∶D8）]。柳树在温室中生长 6 周后用于实验。

1.2 叶片染色测定

选择柳蓝叶甲卵沉积叶片，待卵即将孵化时（约 72 h），使用笔刷或镊子将卵轻轻从叶片上移除。取下柳树叶片，清理表面后待测，分别进行台盼蓝染色和 DAB 染色，来检测叶片细胞存活及活性氧累积情况。

1.2.1 台盼蓝染色

本实验使用 Servicebio 植物台盼蓝染液套装（G1020）进行测定，植株叶片中的死细胞或者细胞膜破损的部位会呈深蓝色，其他部位近乎无色。具体方法如下：

a）将植物台盼蓝染液 A 按 1∶1 比例与无水乙醇稀释，取出叶片，漂洗 5 次后吸干水分，浸入稀释液中室温避光染色 2~6 h；

b）取出叶片，漂洗 5 次后吸干水分，浸入植物台盼蓝染液 B 中处理 3~16 h；

c）取出叶片，漂洗 5 次后吸干水分，放入 20 mL 植物台盼蓝染液 C 中保存 30 min，拍照记录结果。

1.2.2 DAB 染色

本实验使用 Servicebio 植物过氧化氢 DAB 法染色试剂盒（G1022）进行测定，染色后有过氧化氢聚集的叶片部位呈棕色至深棕色。具体方法如下：

a）DAB 染色液：将 100 mg DAB 溶于 100 mL 磷酸缓冲液中，4℃避光保存，溶解时避光，溶液一周内有效；

　　b) 将叶片置于 DAB 染色液中，常温避光染色 4~6 h，直至阳性部位呈深棕色；

　　c) 取出叶片，漂洗 3~5 次后吸干水分，置于 95% 乙醇中 40℃ 脱色 3~16 h，期间可更换新鲜乙醇；

　　d) 脱色完成后漂洗叶片 3~5 次，吸干后置于 DAB 保存液中浸泡 30 min，拍照保存，样本可在保存液中常温保存一周。

1.3　叶片总 RNA 提取、cDNA 文库构建和 Illumina 测序

使用 Trizol 法提取叶片组织总 RNA，使用核酸蛋白分析仪检测 RNA 样品纯度和浓度，并通过凝胶电泳检测其样品完整性和纯度。每个样本约 2 mg 总 RNA 用于 cDNA 文库的构建。通过 Illumina® Stranded mRNA 制备 cDNA 文库，然后使用 Illumina Novaseq 6000 平台进行测序。测序送至上海美吉生物医药科技有限公司进行。

1.4　差异表达基因的 GO 分类和富集分析

差异表达基因的 GO（Gene Ontology, http：//www.geneontology.org/）分类及富集分析。对差异表达基因进行 GO 注释，并将所得结果绘制上下调基因 GO 注释柱形图。使用 BLAST2GO 程序获得独特组装转录本的 GO 注释，用于描述生物过程、分子功能和细胞组分。对差异基因进行 KEGG 功能显著性富集分析，使用 KOBAS（http：//kobas.cbi.pku.edu.cn/home.do）进行 KEGG PATHWAY 富集分析，使用 Fisher 精确检验进行计算。为控制计算假阳性率，采用 BH（FDR）方法进行多重检验，经过校正的 P 值（Corrected P-Value）以 0.05 为阈值，满足此条件的 KEGG 通路定义为在差异表达基因中显著富集的 KEGG 通路。

1.5　差异基因的实时荧光定量 PCR 验证分析

为了检验测序数据准确性使用 qRT-PCR 对差异表达基因进行验证。使用 HiScript Ⅲ 1st Strand cDNA Synthesis Kit（+gDNA wiper）将 1.4 提取的总 RNA 反转录为 cDNA，使用 AceQ Universal SYBR qPCR Master Mix 试剂盒进行实时荧光定量 PCR 验证。根据 GenBank 数据库中公布的基因序列，利用 Primer Premier 5.0 软件设计引物，以 actin 为内参基因，引物信息见表 1。PCR 反应体系 20 μL：2×AceQ Universal SYBR qPCR Master Mix 10 μL，上、下游引物各 0.4 μL，cDNA 2 μL，RNase-free ddH$_2$O 7.2 μL。PCR 反应程序：95℃ 10 min；95℃ 15 s，60℃ 60 s，共 40 个循环；于 65~95℃ 进行熔解曲线分析。采用 $2^{-\Delta\Delta Ct}$ 法计算基因的相对表达量

1.6　柳蓝叶甲产卵后植株对幼虫生长发育的影响

为了明确柳蓝叶甲产卵后柳树植株对幼虫生长发育的影响，我们使用卵沉积和无卵沉积的植株在幼虫取食后对其生长发育情况进行测定。待卵即将孵化时（约 72 h），使用笔刷或镊子将卵轻轻移除后，立即将 10 头新孵化的幼虫放置在叶片的产卵部位，让幼虫自由取食，对照组做同样的处理。每组采用 3 个重复。每天记录幼虫死亡率。每 2 d 用电子天平（BT1251, Sartorius Scientific Instruments，中国）测量体重。

表1 用于柳树 qRT-PCR 测定的引物

基因	引物名称	引物序列（5′-3′）
WRKY	WRKY_F	TGGTTTTGGCAGTGACCAGG
	WRKY_R	TGGTGGCTTGCGGAGAAAAA
CPIN	CPIN_F	CTCCTCTTCATCGCTGTA
	CPIN_R	GTCTTTCAAGTCCTCTATCG
AOS	AOS_F	CTACCGAGTTCTGTCCTA
	AOS_R	CGTGACTTGAGGAGATAG
NIM1	NIM1-F	CTGATGAATGCTCCAGATC
	NIM1-R	CATCTCAGTCTCTTCCATG
MPK	MPK_F	GAGGAGCATTGTCAGTAC
	MPK_R	CGCATATCTTCAGGTCAC
OXI1	OXI1_F	CCTGAAGAATCCGATGAAG
	OXI1_R	CTCCTGAACGAGAAAGAC

1.7 统计分析

生存曲线比较采用 Log-rank (Mantel-Cox) test 对柳蓝叶甲幼虫取食有卵沉积和无卵沉积叶片后的存活率进行分析。采用单因素方差分析（One-way ANOVA），结合 Tukey's 法检验有和没有柳蓝叶甲卵沉积的柳树与幼虫体重的关系。采用 $2^{-\Delta\Delta CT}$ 方法分析基因表达谱；每个基因使用3个重复。为了评估 qRT-PCR 数据和测试基因表达值，使用 IBM SPSS Statistics 26.0 统计软件包对测量数据进行统计，单因素方差分析（ANOVA）进行计算，随后 Tukey's 检验用于不同组间的事后比较。使用 GraphPad Prism 9.0 作图。

2 结果分析

2.1 柳蓝叶甲卵沉积后的叶片染色分析

在柳蓝叶甲卵沉积竹柳叶片后，并未在叶片卵沉积部位观察到叶片突起、干燥或脱落等直接表型变化，通过观察发现柳蓝叶甲卵的孵化时间也都在 72 h 左右。所以我们认为，柳蓝叶甲产卵于叶片后并未引起叶片对卵的直接防御。随后对叶片卵沉积部位的细胞存活和该部位的活性氧积累情况分别使用台盼蓝染色和 DAB 染色进行测定。结果显示，柳蓝叶甲产卵部位的叶片在卵沉积 3 d 后台盼蓝染色该部位叶片呈现深蓝色，说明细胞大量死亡（图1A）；DAB 染色进行测定会导致叶片呈现棕色，说明叶片卵沉积部位的活性氧显著积累（图1B）。说明柳蓝叶甲卵沉积会导致竹柳叶片部位的细胞死亡，并且还会导致叶片部位活性氧累积，这可能会对卵及幼虫的生长发育造成影响。

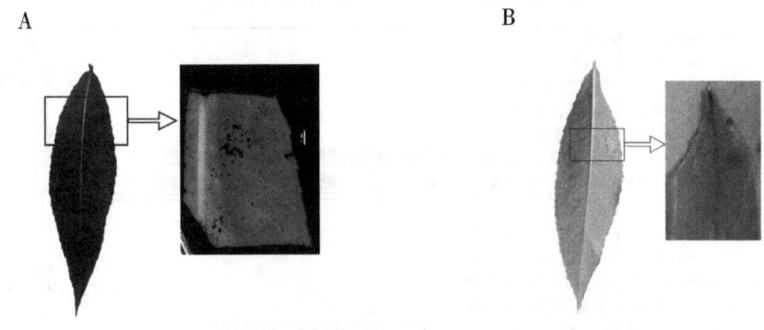

A. 台盼蓝染色；B. DAB 染色。
图 1 柳蓝叶甲卵沉积部位叶片染色

2.2 柳蓝叶甲卵沉积后的叶片差异表达基因功能注释及富集分析

在 GO 功能分析中，DEG 被成功地分为 20 类（E vs. C）（图 2B）。在这些类别中，转录本数量最多的生物过程类别是"细胞和代谢过程"和"生物调控和刺激反应"（图 2A）。KEGG 富集分析中单基因表达量最高的途径是核糖体，其次是苯丙素的生物合成，以及淀粉和蔗糖的代谢（图 2B）。

2.3 相关基因表达量的 qRT-PCR 鉴定分析

为了分析柳蓝叶甲卵沉积及幼虫取食损伤诱导后柳树叶片相关基因的表达模式，利用 qRT-PCR 对卵沉积和幼虫取食损伤的叶片进行验证。在 response to wounding、defense response、hormone metabolic process 和 phenylpropanoid biosynthesis 这几个类别中，选取 GO 和 KEGG 中显著性水平较高的 8 个 unigenes 进行测定。

与对照组（C）相比，柳蓝叶甲卵沉积处理 3 d 后（E），半胱氨酸蛋白酶抑制剂（CPIN）和 H_2O_2 相关基因 WRKY22 在显著升高。植物激素水杨酸（SA）相关基因 NIM1 以及茉莉酸（JA）相关氧化信号诱导基因 1（OXI1）在卵沉积植物中显著增加（E）。茉莉酸（JA）相关基因 AOS 和乙烯相关基因丝裂原活化蛋白激酶（MAPKs）在卵沉积后没有显著的变化，但是在卵沉积后幼虫取食（EF）会显著升高（图 3）。

2.4 柳蓝叶甲产卵后植株对幼虫生长发育的影响

对柳树上柳蓝叶甲的卵孵化率进行测定。结果显示，叶片上的产卵数为（20.80±1.23）粒，卵几乎都在 72 h 左右孵化，孵化率为 100%。这也说明了柳蓝叶甲产卵于柳树叶片后没有引起植物对卵的直接防御。

为了探究柳蓝叶甲产卵后的柳树对幼虫生长发育的影响，分别测定了幼虫在无卵沉积植株和卵沉积植株上的存活率和体重。存活率结果分析显示，有卵沉积的叶片上的幼虫死亡率明显高于无卵沉积的叶片（Mantel-Cox 检验，$P = 0.004$）（图 4A）。体重测定结果分析显示，幼虫取食卵沉积叶片后体重在第 2 d 没有明显的变化，但是在第 4 d 和第 6 d 都显著低于取食无卵沉积叶片的幼虫（图 4B）。

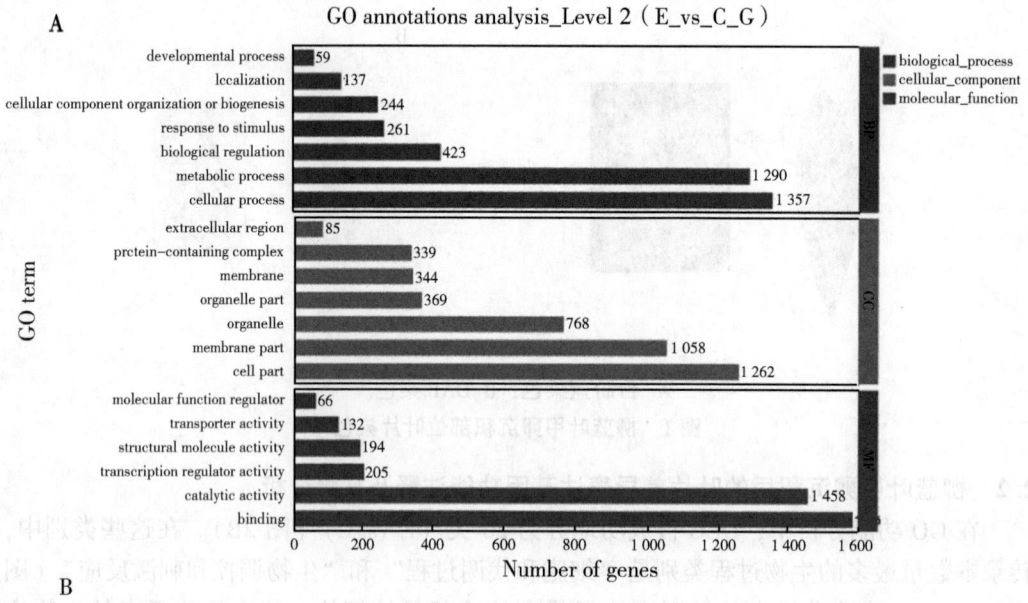

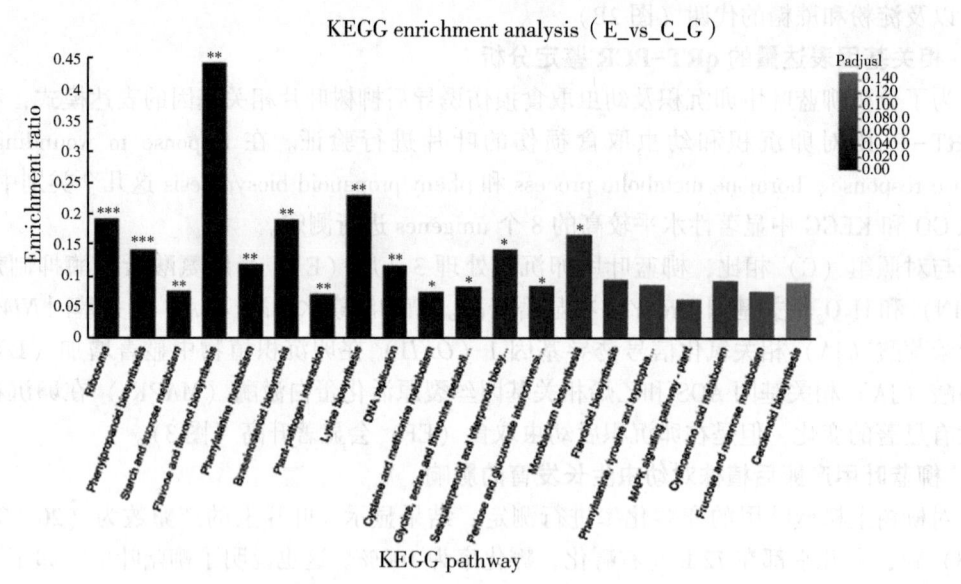

A. 卵沉积诱导 E 与对照组 C 叶片 GO 注释类别；
B. 卵沉积诱导 E 与对照组 C 叶片的 KEGG 富集。

图 2　差异基因注释及富集

3　结论与讨论

在大多数昆虫物种中，一般认为卵是直接暴露在环境中的第一个生命阶段，通常把雌成虫将卵从母体中排出，附着于植物器官上这一现象称为昆虫卵沉积。其中，叶蝉、

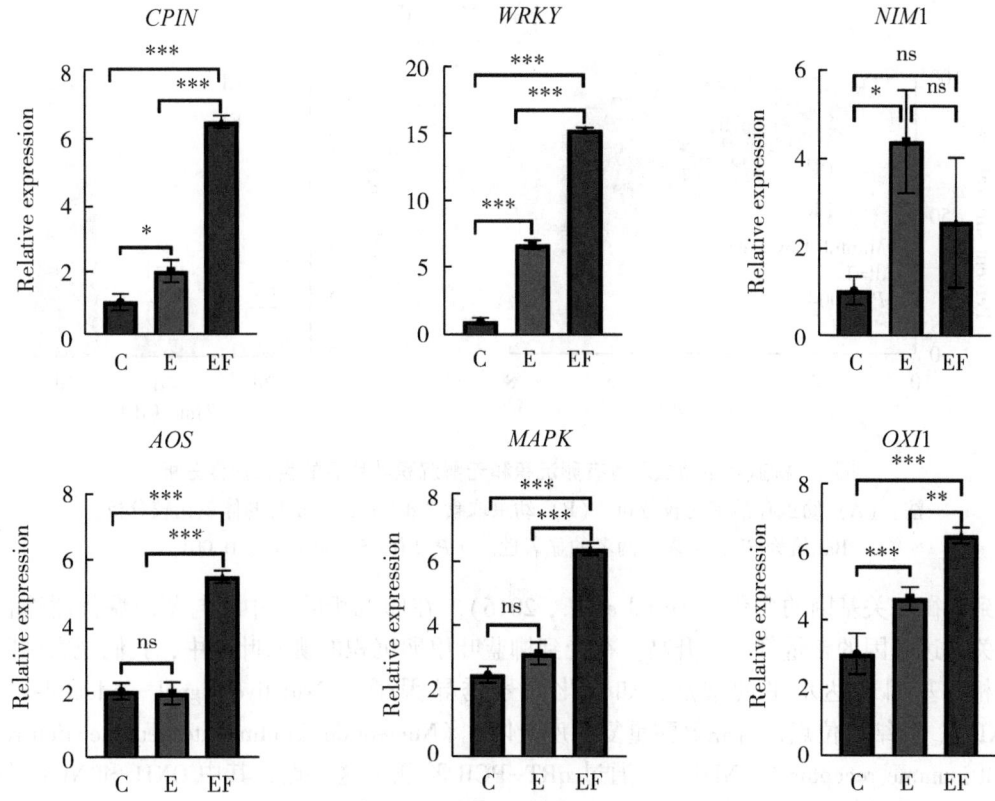

图 3 相关基因 qRT-PCR 验证分析

注：qRT-PCR 分析柳树叶片中 6 个候选基因在 3 种处理下的表达情况。
＊表示两者的显著性。＊ $P < 0.05$，＊＊ $P < 0.01$，＊＊＊ $P < 0.001$。

甲虫、蝴蝶等多个昆虫物种的产卵行为已被证明会诱发其寄主植物的防御反应，并对昆虫产生负面影响。昆虫产卵可作为早期受损信号诱导植株产生直接或间接抗性（Reymond，2013；Griese et al.，2021）。

本研究表明柳树在受到柳蓝叶甲卵沉积后，并没有在叶片上观察到植物对昆虫卵的直接防御反应，也没有对卵的孵化造成显著影响。但是我们对柳蓝叶甲卵沉积部位的柳树叶片染色观察到叶片细胞大量死亡，活性氧也显著积累。产卵部位的叶片通常会产生过敏反应、坏死、过度生长产生肿瘤或直接产生杀卵物质等，从而导致卵的干燥、脱落、压碎等。研究表明，昆虫卵沉积可以作为植物防御的诱导信号，诱导产卵部位产生超敏反应（Hypersensitive response），即 HR 反应（夏启中，2005）。例如，欧洲粉蝶虫卵在拟南芥叶片上的沉积能诱导活性氧的产生、胼胝质的形成，甚至会导致植物细胞的死亡（Little et al.，2007）。

随后我们特别关注了柳树叶片防御相关基因的表达。结果表明，在分别受到柳蓝叶甲卵沉积和幼虫取食损伤后的竹柳叶片转录组中，观察到与植物防御相关的基因及次生代谢物合成相关基因显著变化。同样，拟南芥和榆树叶片在受到昆虫产卵损伤时，也观

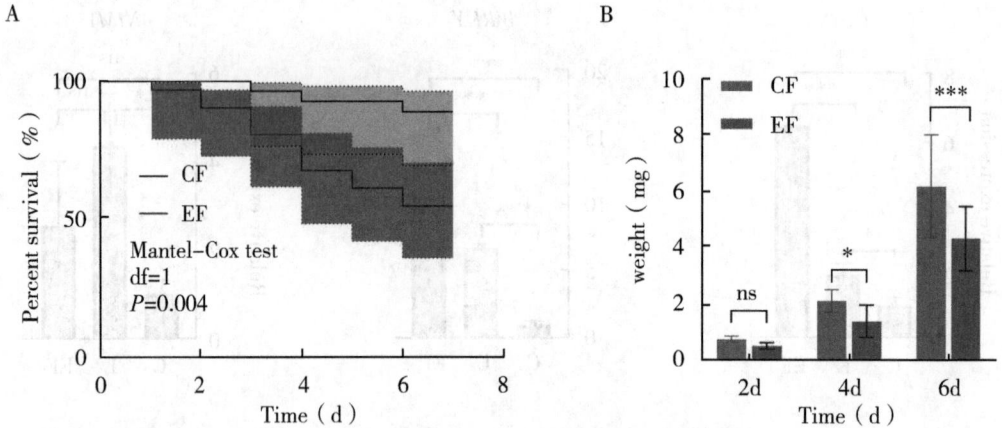

图 4　柳蓝叶甲幼虫取食有卵沉积和无卵沉积叶片后的生长发育分析
注：(A) 幼虫存活率比较分析；(B) 幼虫取食 2 d、4 d、6 d 时的体重比较分析。
Bar 值为 SD，* 表示两者的显著性。* $P < 0.05$，*** $P < 0.001$。

察到防御相关基因的变化（Austel et al., 2016）。在卵沉积叶片中，与苯丙烷代谢途径相关表达基因的含量都有所升高。在受到柳蓝叶甲卵沉积的柳树叶片中，我们观察到防御相关基因表达水平的增加，如氧化信号诱导因子（Oxidative signal-inducible 1, OXI1）、和结合位点富含亮氨酸重复免疫受体 1（Nucleotide-binding site Leucine-rich repeat immune receptor 1, NIM1）。通过 qRT-PCR 验证了这一点，其中 OXI1 和 NIM1 的增加具有显著性差异。研究表明，OXI1 与植物的活性氧 ROS 的积累密切相关，OXI1 蛋白激酶已成为 ROS 积累和应对侵袭下抗病性之间的潜在作用因子，其表达水平的调控在介导适当的防御反应中非常重要，OXI1 在植物中表达的变化会导致对生物营养型病原体的易感性增强。OXI1 在柳蓝叶甲卵沉积后表达量显著增加，这也与先前使用 DAB 和 NBT 染色的结果一致，导致了柳树叶片中活性氧的积累。NIM1 控制着参与合成 SA 的 PR 基因的激活，并在连接 JA 和 SA 信号途径中发挥着关键作用，在拟南芥中，NIM1 已被确定为系统获得性抗性（SAR）的关键调节因子。茉莉酸信号转导途径在虫害诱导的植物防御反应中起着非常重要的作用。丙二烯氧化合酶（allene oxide synthase, AOS）是茉莉酸合成途径中的关键酶，它催化 LOX（lipoxygenase）的产物 13-HPOT（hydroperoxide linolenic acid）脱水产生丙二烯氧化物，经过一系列反应后最终生成茉莉酸。

植食性昆虫在植物上产卵也预示着幼虫取食为害即将开始，大量研究表明，被卵沉积的植株在幼虫孵化之前就已经开始准备抵御进食的幼虫。本研究显示，柳蓝叶甲卵沉积后的柳树会增加植株对幼虫的抗性。幼虫在卵沉积植株上的存活率显著降低，并且在 4 d、6 d 时幼虫体重都显著低于未有卵沉积的植株。总体而言，这些研究结果与之前的研究结果相似，即当植食性昆虫取食之前有卵沉积的植株时，昆虫幼虫的生长发育会显著受到抑制。

柳蓝叶甲卵沉积对柳树防御反应及幼虫生长发育的影响，进一步证实了卵沉积不仅能诱导植物的防御基因表达,还能增强植物对随后的幼虫取食的抵抗能力。通过对柳树转录组的分析,我们揭示了多个与防御反应相关的基因显著上调,尤其是氧化信号诱导因子(OXI1)和 NIM1 等关键调控因子的表达变化,与活性氧积累和茉莉酸信号途径紧密相关。同时,实验表明,卵沉积显著抑制了幼虫的存活率和生长速度,进一步验证了植物的防御机制在昆虫产卵后被有效激活。

这些结果不仅为理解柳树等木本植物对昆虫卵沉积的反应提供了新的视角,也为未来研究其他木本植物的防御机制奠定了基础。考虑到植食性昆虫在全球农业和生态系统中的重要性,深入探讨卵沉积引发的植物防御反应,有助于为生物农药和抗虫作物的开发提供理论依据和实践指导。未来的研究可进一步扩展至更多种类的植物和昆虫,深入探讨不同环境条件下植物防御反应的差异,以及这类反应如何影响昆虫的种群动态和生态平衡。

参考文献

丁小菊,2017. 循化县天然林柳蓝叶甲的危害特点及防治措施[J]. 现代农业科技(6):140,142.

郭丽,陈海波,武承旭,等,2023. 植食性昆虫产卵诱导寄主植物抗虫机制研究进展[J]. 应用昆虫学报,60(2):463-474.

刘何生,唐国顺,杨玉杰,等,2015. 柳树虫害柳蓝叶甲和柳蛎蚧的发生与防治[J]. 现代农村科技(17):28.

夏启中,吴家和,张献龙,2005. 与植物超敏反应(HR)相关的细胞编程性死亡[J]. 华中农业大学学报(1):97-103.

徐养诚,刘贝,李东育,2021. 伊犁地区柳蓝叶甲生物学特性、发生规律与防治措施[J]. 湖北农机化(8):86-87.

张莉莉,王炳峰,赵国红,2016. 吉林市柳蓝叶甲发生规律与防治技术[J]. 吉林林业科技,45(4):61-62.

张丽丽,武艳岑,宋利和,等,2013. 园林食叶害虫柳蓝叶甲的发生与防治[J]. 黑龙江农业科学(3):163-164.

周金明,颜静,尤珂珂,等,2016. 水稻防御信号 NO 对褐飞虱产卵刺激的响应[J]. 环境昆虫学报,38(6):1078-1083.

AUSTEL N, EILERS E J, MEINERS T, et al., 2016. Elm leaves 'warned' by insect egg deposition reduce survival of hatching larvae by a shift in their quantitative leaf metabolite pattern [J]. Plant, Cell & Environment, 39(2):366-376.

BEYAERT I, KÖPKE D, STILLER J, et al., 2011. Can insect egg deposition 'warn' a plant of future feeding damage by herbivorous larvae? [J]. Proceedings of the Royal Society B: Biological Sciences, 279(1726):101-108.

GRIESE E, CAARLS L, BASSETTI N, et al., 2021. Insect egg-killing: A new front on the evolutionary arms-race between brassicaceous plants and pierid butterflies [J]. New Phytologist, 230(1):341-353.

HILKER M, FATOUROS N E, 2015. Plant responses to insect egg deposition [J]. Annual Review of Entomology, 60(1):493-515.

LITTLE D, GOUHIER-DARIMONT C, BRUESSOW F, et al., 2007. Oviposition by pierid butterflies triggers defense responses in arabidopsis [J]. Plant Physiology, 143 (2): 784-800.

REYMOND P, 2013. Perception, signaling and molecular basis of oviposition-mediated plant responses [J]. Planta, 238 (2): 247-258.

URBAN J, 2005. Contribution to the knowledge of development and harmfulness of imported willow leaf beetle (*Plagiodera versicolora*) (Coleoptera, Chrysomelidae) [J]. Journal of Forest Science, 51 (11): 481-507.

玉米潜在害虫——旋心异跗萤叶甲发生现状的调查及防治建议

郭 党**，王淑枝，王育红，孟战赢，段爱菊

（洛阳市农林科学院，洛阳 471023）

摘 要：【目的】为了明确旋心异跗萤叶甲在洛阳市宜阳县的发生现状和防治方法。【方法】通过对田间实地调查和资料查阅的方法。【结果】明确了旋心异跗萤叶甲在洛阳市宜阳县的发生现状，同时对该虫的危害症状和发生特点及形态特征进行了描述，并提出了防治建议。

关键词：玉米害虫；旋心异跗萤叶甲；发生现状；田间调查；防治方法

Investigation and Control Suggestions on the Current Status of Potential Pests of Corn-*Apophylia flavovirens*（Fairmaire）*

Guo Dang**, Wang Shuzhi, Wang Yuhong, Meng Zhanying, Duan Aiju

（Luoyang Academy of Agricultural and Forestry Sciences, Luoyang 471023, China）

Abstract：【Objectives】In order to clarify the occurrence status and control methods of *Apophylia flavovirens*（Fairmaire）in corn fields in Yiyang County, Luoyang City.【Method】By conducting multiple field surveys and data searches.【Result】The occurrence status of *Apophylia flavoviruses*（Fairmaire）in Yiyang County, Luoyang City was clarified, and the harmful symptoms, occurrence characteristics, and morphological features of the insect were described. Prevention and control suggestions were also proposed.

Key words：Corn pest; *Apophylia flavovirens*（Fairmaire）; Current situation; Field investigation; Control recommendations

旋心异跗萤叶甲 *Apophylia flavovirens*（Fairmaire）又名玉米旋心虫，俗称玉米蛀虫、黄米虫、钻心虫等，为鞘翅目叶甲科昆虫（丁征宇等，2005）。主要分布在我国辽宁、吉林、陕西、河北等北方地区玉米主产区危害玉米，还可危害高粱、谷子等禾本科作物。陕西省报道了旋心异跗萤叶甲还可危害丹参（陈川等，2010）。旋心异跗萤叶甲在河南省发生危害面积较小，1998年报道在洛阳市洛宁、宜阳、汝阳等县不同程度发生（郭石山等，1998）。2005年报道了在洛阳栾川县发生情况（丁征宇等，2005）。但最近10余年洛阳市未报道有该虫危害的情况，然而2023年洛阳市宜阳县莲庄乡玉田发现了2亩玉米苗期玉米苗出现丛生现象，经仔细观察和文献比对，为玉米旋心异跗萤叶甲

---

* 基金项目：国家玉米产业技术体系项目（CARS-02-69）
** 第一作者：郭党，E-mail:13693834056@139.com

在茎基部危害所致，被害株达到30%，减产50%左右。2024年进一步由于玉米旋心异跗萤叶甲危害面积达到了30余亩，严重的地块被害株率达到50%以上。因此该害虫对洛阳市玉米的危害形成蔓延之势，应引起政府部门的高度关注。为了明确该害虫的发生特点，作者于2023—2024年宜阳县玉米苗期对该害虫的田间的危害症状及发生特点进行了调查，以期为该虫的科学防控提供科技支撑。

1 调查方法

调查选择在洛阳市宜阳县莲庄乡源丰家庭农场玉米田，于2023年在玉米播种后每周在田间观察，调查玉米苗期由于旋心异跗萤叶甲危害玉米的田间症状，危害虫株率，危害面积。同时将幼虫带回实验室用玉米细嫩茎秆饲喂至羽化为成虫，观察幼虫、蛹以及成虫形态特征。同时查阅相关文献，明确该虫发生特点和危害情况。

2 结果与分析

2.1 危害症状和发生特点

旋心异跗萤叶甲幼虫田间危害症状如图1。旋心异跗萤叶甲幼虫多潜伏于玉米苗根根际附近，从玉米苗茎基部蛀入或基部和叶鞘间缝隙间蛀内取食，蛀孔处颜色变褐色。蛀孔深度一般为1~2 cm。危害较轻时，叶片上出现排孔、花叶，玉米苗长势较弱；危害较重时，玉米苗出现萎蔫、心叶枯死或叶片卷缩，植株畸形，不能正常生长。大部分玉米植株由于旋心异跗萤叶甲危害，在茎基部出现玉米苗分蘖，导致玉米苗丛生现象，当地人称为"君子兰"苗。一般单株有幼虫1~2头，虫口密度大时，每株有4~5头幼虫。并转株危害习性，转株性较强。

图1 旋心异跗萤叶甲幼虫田间危害症状

调查发现，旋心异跗萤叶甲对玉米苗的危害主要在6月中旬开始，一般在6月中下旬出现田间症状，6月初左右播种的玉米田块危害较轻，6月中旬至7月上旬播种的玉米田块危害较重。玉米危害严重田块虫株率达到60%以上，面积达到10余亩，距危害严重田块2~3 km的玉米田块发生较轻，虫株率达5%左右。在更远距离玉米田块未发现旋心异跗萤叶甲的危害症状，但与2023年发现该虫危害的玉米面积明显有扩大的趋势。7月下旬在玉米田间开始出现成虫的飞行。据资料查阅，旋心异跗萤叶甲在洛阳1年发生1代（郭石山等，1998）。

2.2 形态特征

旋心异跗萤叶甲幼虫和成虫如图2。成虫体长 6~10 mm，整个虫体遍布浓密的黄褐色细毛，头部黑褐色，胸节和鞘翅上长有小刻点，鞘翅有光泽，呈绿色或翠绿色，前胸黄色，宽大于长，中间和两侧有凹陷。足黄色。雌虫腹末呈半卵圆形，略超过鞘翅末端，雄虫则不超过翅鞘末端。卵为椭圆形，长约 0.6 mm，卵壳光滑，初产黄色，孵化前变为褐色。

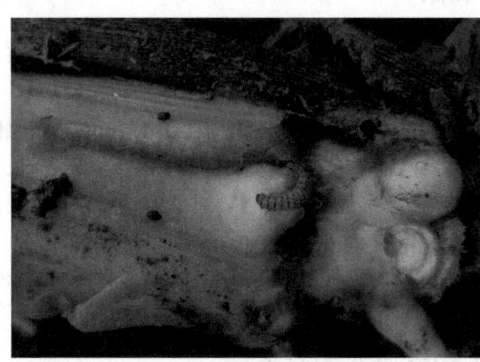

图 2 旋心异跗萤叶甲的幼虫（左）和成虫（右）

幼虫老熟时虫体长约 10 mm，头部为褐色，腹部为黄色或浅黄色，中胸一直到腹部的末端每一节上都长有红褐色的毛片。老熟幼虫体长 8~11 mm。黄色，头部褐色，体共 11 节，各节体背排列着黑褐色斑点，前胸盾板黄褐色。中胸至腹部末端每节均有红褐色毛片，中、后胸两侧各有 4 个，腹部 1~8 节两侧各有 5 个。臀节臀板呈半椭圆形，背面中部凹陷，腹面也有毛片凸起。蛹为黄色裸蛹，长 6 mm（刘文玲，2014）。

3 防治建议

3.1 农业措施

在危害严重田块应实行与花生、甘薯、蔬菜等非禾本科作物进行轮作，避免重茬，可大大减轻玉米旋心异跗萤叶甲的危害。不同玉米品种抗旋心异跗萤叶甲的能力有一定差异，在玉米旋心异跗萤叶甲发生严重的地块尽量选择种植抗虫品种（高文武等，2015）。

3.2 药剂防治

加强成虫防治与幼虫防治相结合的药剂防治方法。成虫防治应在成虫发生初期至发生盛期结合玉米病害防治进行药剂喷洒，降低田间成虫基数，从而降低成虫田间产卵量。药剂可选用 90% 敌百虫晶体 1 000 倍液、3.5% 氟腈·溴乳油 1 500 倍液、7.5% 鱼藤酮乳油 800 倍液、10% 氯氰菊酯乳油 2 500 倍液、2.5% 溴氰菊酯（敌杀死）乳油 3 000~4 000 倍液交替喷施，7~10 d 1 次，连续 2~3 次。

幼虫防治可以选择土壤处理、拌种处理以及地上部药剂处理等方法进行防治。土壤处理可选用 1% 联苯菊酯·噻虫胺颗粒剂每亩 5~6 kg 在翻耕土壤或硬茬播种时随种施入。拌种处理可选用 12% 氯虫·联苯悬浮种衣剂按 4 g/kg 种子用量进行玉米种包衣。

地上部药剂处理可以在玉米幼苗期每亩用25%甲萘威（西维因）可湿性粉剂，或用2.5%的敌百虫粉剂1~1.5 kg，拌细土20 kg，搅拌均匀后，在幼虫危害初期（玉米幼苗期）顺垄撒在玉米根周围、杀伤转移危害的害虫（刘文玲，2014）。还可以选用90%晶体敌百虫1 000倍液，或用80%敌敌畏乳油1 500倍液喷雾，40.7%毒死蜱乳油1 500倍液喷施植株下部或灌根防治。

参考文献

陈川，李兴权，文耀东，等，2010. 为害丹参的新害虫：旋心异跗萤叶甲 [J]. 植物医生，23（4）：27-28.

丁征宇，马新丽，陈爱琴，等，2005. 旋心异跗萤叶甲的发生规律与防治策略 [J]. 中国植保导刊（7）：16-17.

高文武，徐国佳，陈皓，2016，2015年辽宁省玉米旋心虫危害症状与防治措施 [J]. 现代农业科技（3）：165，168.

郭石山，蔡娟，李杏山，等，1998. 玉米旋心虫生物学特性及防治研究 [J]. 河北农业大学学报（2）：59-62.

刘文玲，2014. 玉米旋心虫发生与防治对策 [J]. 现代农业（7）：23.

用 PCR-RFLP 方法鉴别米象和玉米象的研究*

潘 登[1]**，李嘉旭[2]，汤秋玲[2]，毕 洁[2]，贺艳萍[2]***

（1. 湖南省储备粮管理有限公司，长沙 410005；2. 武汉轻工大学食品科学与工程学院，武汉 430023）

摘 要：【目的】根据线粒体 DNA 上的 Cyt b 基因的序列差异，应用 PCR-RFLP 技术鉴定近缘且外形相近的米象 *Sitophilus oryzae* Linnaeus 和玉米象 *Sitophilus zeamais* Motschulsky，从而提高储粮害虫防治的精准性。【方法】本文分别对米象与玉米象的成虫 Cyt b 基因片段进行 PCR 扩增、测序，并分析两物种该基因片段的限制性内切酶位点差异，根据 PCR 产物酶切图谱的差异来进行物种鉴定。【结果】两种害虫成虫的 Cyt b 基因片段长度均为 596 bp，序列同源性为 85.23%，差异明显。碱基转换发生 62 次，颠换发生 26 次，转换/颠换比为 2.4。两物种该片段内有 EcoR Ⅰ 和 Dra Ⅰ 两种限制性内切酶酶切位点差异，本文对米象和玉米象成虫的 Cyt b 基因片段的 EcoR Ⅰ 和 Dra Ⅰ 两种限制酶的酶切图谱差异进行了验证，确立了米象和玉米象成虫的分子鉴定方法。【结论】通过 PCR-RFLP 方法可以快速准确地鉴定米象与玉米象，为两种害虫的精准防治奠定基础。

关键词：米象；玉米象；Cyt b 基因；PCR-RFLP

Identification of *Sitophilus oryzae* Linnaeus and *Sitophilus zeamais* Motschulsky based on PCR-RFLP*

Pan Deng[1]**, Li Jiaxu[2], Tang Qiuling[2], Bi Jie[2], He Yanping[2]***

(1. Hunan Provincial Grain Reserve Management Co., Ltd, Changsha, 410005, China; 2. School of Food Science and Engineering, Wuhan Polytechnic University, Wuhan, 430023, China)

Abstract:【Objectives】Based on the sequence variations of the Cyt b gene in mitochondrial DNA, identification of the closely related and similarly shaped *Sitophilus oryzae* Linnaeus and *Sitophilus zeamais* Motschulsky using PCR-RFLP technology, thereby enhancing the accuracy of pest control in stored grains.【Methods】In this paper, the adult Cyt b gene fragments of *Sitophilus oryzae* and *Sitophilus zeamais* were PCR amplified and sequenced respectively, and analyzed the differences in the restrictive endoclease sites of the gene fragment of the two species, and species identification was made based on the differences in the zymograms of the PCR products.【Results】The length of the Cyt b gene fragment of the adult insects of both pests was about 596 bp, and the sequence homology was 85.23%, with obvious differences. Base conversion occurred 62 times, inversion occurred 26 times, and the conversion/inversion ratio was 2.4. There were

---

* 基金项目：大宗粮油精深加工省部共建教育部重点实验室开放课题（DZLY2023006）
** 第一作者：潘登；E-mail:465680437@qq.com
*** 通信作者：贺艳萍；E-mail:heyp@whpu.edu.cn

differences between the two restrictive endocutase sites of *Eco*R Ⅰ and *Dra* Ⅰ in the fragment of the two species. This paper verified the differences in the zymograms of *Eco*R Ⅰ and *Dra* Ⅰ of the *Cyt* b gene fragments of *Sitophilus oryzae* and *Sitophilus zeamais* adults, and established the molecular identification of *Sitophilus oryzae* and *Sitophilus zeamais* adults. 【Conclusion】Through the PCR-RFLP method, the *Sitophilus oryzae* and *Sitophilus zeamais* can be quickly and accurately identified, laying the foundation for the accurate prevention and control of the two pests.

Key words: *Sitophilus oryzae*; *Sitophilus zeamais*; *Cyt* b gene; PCR-RFLP

米象 *Sitophilus oryzae* Linnaeus 和玉米象 *Sitophilus zeamais* Motschulsky 是属于鞘翅目 Coleoptera 象甲科 Curculionidae 的两种主要蛀蚀性害虫，两种害虫十分近缘，并且形态上极其相似，很难辨别（吕剑秋，1980；张凌芳等，2018）。米象及玉米象通过代谢活动会使粮堆温湿度升高，影响粮食品质，甚至使粮食霉变产生有害物质，会造成粮食的严重损失（王殿轩等，2018；张蒙等，2021）。因此，这两种害虫是粮食储藏和加工过程中的重要防治对象。尽管二者的发生环境和形态相似，但是玉米象相较于米象有更强的扩散和繁殖能力，同时两者的抗药性存在显著差异（杨志远和吴国雄，1981）。因此储粮过程中，对二者的准确区分，是防治成功的重要基础。

DNA 条形码技术不同于传统的分类技术，DNA 条形码技术是通过测定某个或某几个基因的序列实现对种类的鉴定（Hebert and Gregory, 2005），具有准确性高、重复性好、速度快、操作简单的优点，不会受到生物个体的性别、发育阶段的影响（汪亚杰等，2017；Letsiou *et al.*, 2024）。对于一些近缘很难通过传统的分类技术区分的储粮害虫，DNA 条形码技术更加快速有效。DNA 条形码技术在昆虫学领域的研究已逐步深入，多项昆虫国际条形码计划先后开展，极大地丰富了昆虫条形码序列信息库（Flook *et al.*, 1995）。*CO* Ⅰ（Hebert and Gregory, 2005；Marullo *et al.*, 2020），*CO* Ⅱ（张蒙等，2021），*Cyt* b（石蕊，2021），16S *rDNA*（Yang *et al.*, 2013；王静，2021），28S *rRNA*（赵琳琳等，2018）等基因在昆虫分类鉴定方面已经有了广泛的应用。DNA 条形码技术与酶切技术相结合可快速准确进行害虫种类鉴定（顾杰等，2010；刘聪等，2012；张汉松等，2014）。线粒体基因序列差异是鉴别物种的最重要标准（Roe and Sperling, 2007），*Cyt* b 基因是位于线粒体 DNA 上的细胞色素 b 基因，是重要的功能蛋白编码基因，该基因的编码区进化相对缓慢，序列比较保守，且长度适宜，具有很高的物种鉴定可靠性（Jagielski *et al.*, 2018）。

本文对米象和玉米象的 *Cyt* b 基因片段进行 PCR 扩增、纯化、测序，分析序列差异和限制性内切酶酶切位点的区别，选取酶切位点特异的限制性内切酶对 PCR 产物进行酶切，通过酶切图谱差异来实现对米象和玉米象的快速、准确鉴定。

1 材料与方法
1.1 供试昆虫

供试害虫米象和玉米象（图 1）均在本实验室长期饲养，经准确鉴定的两种害虫成虫在饲养瓶中分别单独饲养，日常饲养和挑选时避免交叉，并定期在显微镜下抽查，保证物种的单一性。米象和玉米象所用的饲料均为干净的小麦，将小麦用水洗净后放置于 65℃ 的电热鼓风干燥箱中消毒 120 min，调整小麦含水量至 12%~14%，后放置于冰箱中一昼夜后方可使用，害虫饲养在温度为（30±1）℃和湿度为70%±5%的培养箱中。

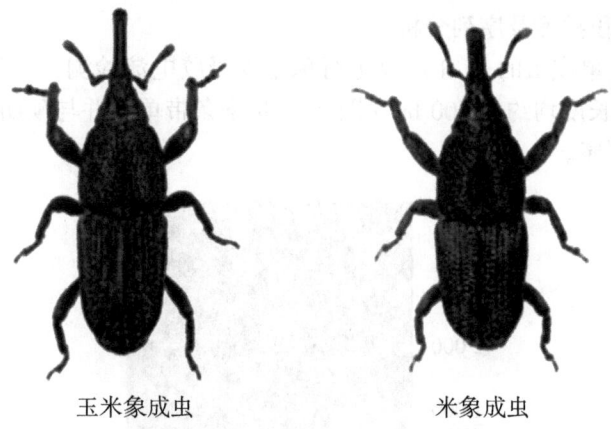

玉米象成虫　　　　　　　米象成虫

图1　玉米象、米象成虫形态对比图
(参考国家粮食和物资储备局储粮害虫图谱2019)

1.2　实验方法

1.2.1　DNA粗提物提取

取单头米象和玉米象的成虫，洗净后用组织匀浆器进行匀浆研磨，选用TaKaRa的Mighty AmpTM Genotyping Kit试剂盒提取DNA粗提物，提取后将DNA粗提物置于-20℃保存备用。

1.2.2　PCR扩增和序列测定

拟扩增的目的片段是mtDNA中$Cyt\ b$基因，扩增的上下游引物参考代金霞等（2008）所使用的$Cyt\ b$ F和$Cyt\ b$ R一对引物，$Cyt\ b$ F 5′-TGAGGACAAATATCATTTT-GAGGW-3′，$Cyt\ b$ R 5′-ACTGGTCGAGCTCCAATTCATGT-3′，由湖南艾科瑞生物工程有限公司合成。PCR反应的总体积为50 μL，反应体系为：25 μL 2×Buffer，1.5 μL上游引物$Cyt\ b$ F，1.5 μL下游引物$Cyt\ b$ R，3 μL DNA粗提液，1 μL DNA Polymerase，18 μL RNase-free water。PCR反应条件为94℃加热4 min，然后进行以下3个温度的35次PCR循环：94℃变性45 s，50℃退火1 min，72℃延伸1 min，最后72℃延伸5 min，PCR产物保存于4℃。将扩增的PCR产物交由武汉勤达创新生物科技有限公司进行双向测序。

1.2.3　序列比对及限制性内切酶酶切位点分析

将PCR产物序列在Genbank上进行BLAST比对，对PCR产物进行验证，用DNA-MAN软件6.0版本（Lynnon BioSoft）对米象和玉米象的成虫的$Cyt\ b$基因序列进行比对，用MEGA11（version 11.0）软件（Flook et al.，1995）分析两者的第一位点、第二位点、第三位点（三联体密码子5′端依次为第一位点、第二位点、第三位点）的碱基替换，即转换（嘌呤被嘌呤替换，或嘧啶被嘧啶替换）和颠换（嘌呤被嘧啶替换，或嘧啶被嘌呤替换），并比较两者的限制性内切酶酶切位点。

2 结果与分析

2.1 *Cyt*b 基因片段扩增及序列分析

对米象和玉米象成虫的 PCR 产物进行琼脂糖凝胶电泳检测，结果表明，二者成虫的 *Cyt* b 基因片段长度均约为 600 bp（图 2）。扩增条带单一并与预期大小一致，对这 2 个产物分别进行测序。

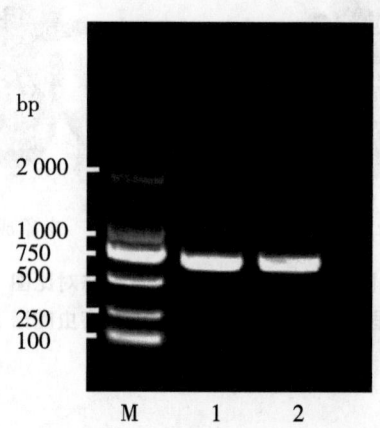

M 为 DL 2000DNA Marker；1 为米象成虫；2 为玉米象成虫。
图 2 米象和玉米象的 *Cyt* b 基因片段 PCR 产物电泳结果

测序结果在 Genbank 上进行 BLAST 比对，分别与已发表的米象和玉米象的 *Cyt* b 片段一致，说明扩增结果正确。用 DNAMAN 软件进行序列比对，两物种之间的序列同源性为 85.23%，有明显差异。

米象和玉米象 *Cyt* b 基因的核苷酸碱基组成见表 1。米象核苷酸碱基 A、T、C、G 的组成分别为 40.8%、30.2%、10.2%、18.8%，玉米象核苷酸碱基 A、T、C、G 的组成分别为 41.3%、31.4%、10.1%、17.3%；米象和玉米象的 A+T 含量大致相同，分别为 71.0% 和 72.7%。

米象和玉米象 *Cyt* b 基因的核苷酸碱基替换值见表 2。有 508 个相同碱基对，转换（si=62）的发生次数约为颠换（sv=26）的发生次数的 2.4 倍。序列间的转换主要发生在 T/C 间，颠换主要发生在 A/T 间。转换和颠换都是在第一位点发生的频率最高，转换在第二位点的发生频率最低，颠换在第三位点的发生频率最低。第一位点的替换频率（63）最高，占总替换数的 71.6%，第二位点的替换频率（6）最低，占总替换数的 6.8%。R 值（转换碱基对/颠换碱基对）由大到小依次为第三位点>第二位点=第一位点，分别是 18、2、2。由图 3 得知在 *Cyt* b 基因区的 596 个碱基位点中，变异位点有 88 个，占比约为 14.8%。

表 1 米象和玉米象 *Cyt* b 基因碱基组成

物种	碱基数（bp）	碱基组成（%）				
		A	T	C	G	A+T
米象	596	40.8	30.2	10.2	18.8	71.0
玉米象	596	41.3	31.4	10.1	17.3	72.7

表 2 米象和玉米象 *Cyt* b 基因碱基替换值

位点	ii	si	sv	R	TT	TC	TA	TG	CT	CC	CA	CG	AT	AC	AA	AG	GT	GC	GA	GG	合计
平均频次	508	62	26	2	166	5	13	3	4	56	0	0	0	0	207	30	1	0	23	79	596
第一位点	136	40	23	2	59	2	12	3	1	1	0	0	7	0	68	21	1	0	16	8	199
第二位点	193	4	2	2	42	1	1	0	0	23	0	0	1	0	88	3	0	0	0	40	199
第三位点	179	18	1	18	65	2	0	0	3	32	0	0	1	0	51	6	0	0	7	31	198

注：ii 为相同碱基对；si 为转换碱基对；sv 为颠换碱基对；R 为转换碱基对/颠换碱基对。

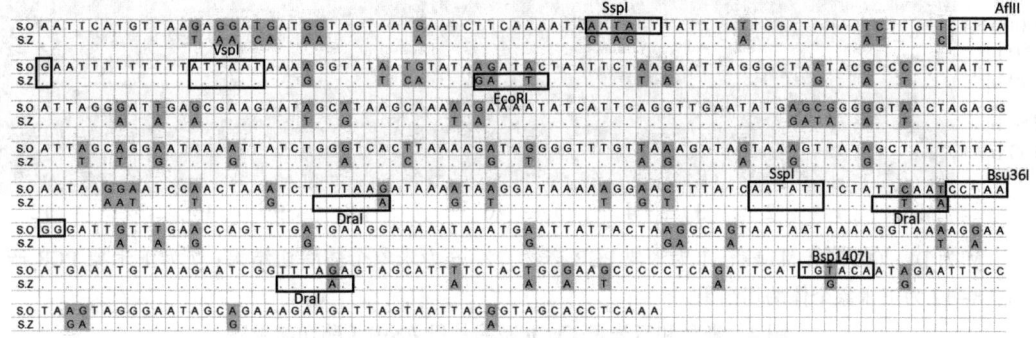

SO 为米象；SZ 为玉米象。

图 3 米象和玉米象 *Cyt* b 基因变异及限制性内切酶位点

2.2 限制性内切酶酶切位点分析

使用 DNAMAN 软件分析米象和玉米象 *Cyt* b 基因片段的酶切位点，结果表明，这一片段酶切位点丰富，米象有 6 个酶切位点，玉米象有 7 个酶切位点（图 3），同一种酶切结果具有显著差异的有 *Eco*R I 和 *Dra* I 两种，两种限制性酶酶切后的片段大小如表 3。对 *Eco*R I 和 *Dra* I 进行酶切电泳，通过对米象和玉米象各 5 头成虫进行验证，*Eco*R I 酶切电泳图中，米象 *Cyt* b 基因片段未被切割，显示为一条带，玉米象 *Cyt* b 基因片段被酶切成为 482 bp 和 114 bp 两部分，显示为两条带（图 4）；限制酶 *Dra* I 酶切电泳图中，米象 *Cyt* b 基因片段未被切割，显示为一条带，玉米象 *Cyt* b 基因片段被酶切成为 337 bp、45 bp、108 bp、106 bp 四部分（图 5），45 bp 的小片段由于分子量太小而不容易显示，108 bp 和 106 bp 两段分子量相近的片段，电泳条带重叠，因此玉米象该酶切电泳图谱显示为两条带。

结果表明,米象和玉米象该段 $Cyt\ b$ 基因片段的这 2 种酶切图谱清晰且差异明显,可以准确对这两种害虫的成虫进行物种鉴定。

表 3 米象和玉米象 $Cyt\ b$ 基因限制性酶酶切片段结果分析

物种	限制性酶酶切后片段大小/bp	
	EcoR I	Dra I (Aha III)
米象	596	596
玉米象	114	337
		45
		108
	482	106

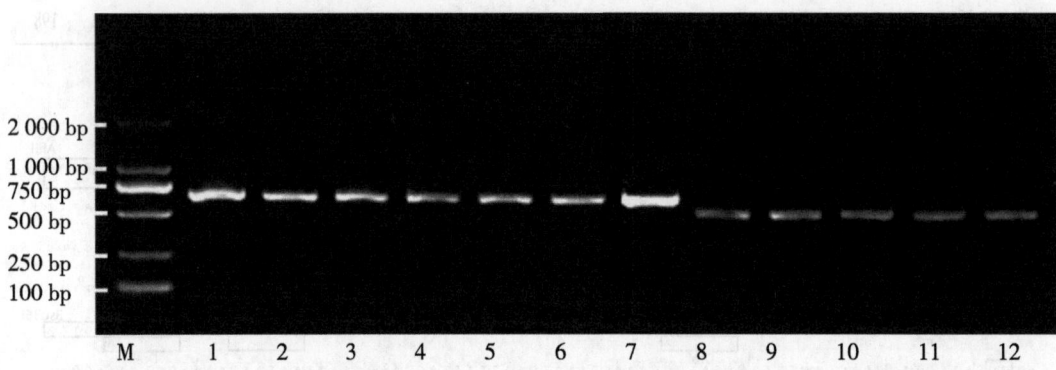

M 为 DL 2000DNA Marker;1 为米象 PCR 产物;2~6 为米象个体酶切结果;7 为玉米象 PCR 产物;8~12 为玉米象个体酶切结果。

图 4 米象和玉米象 $Cyt\ b$ 基因片段 EcoR I 酶切结果

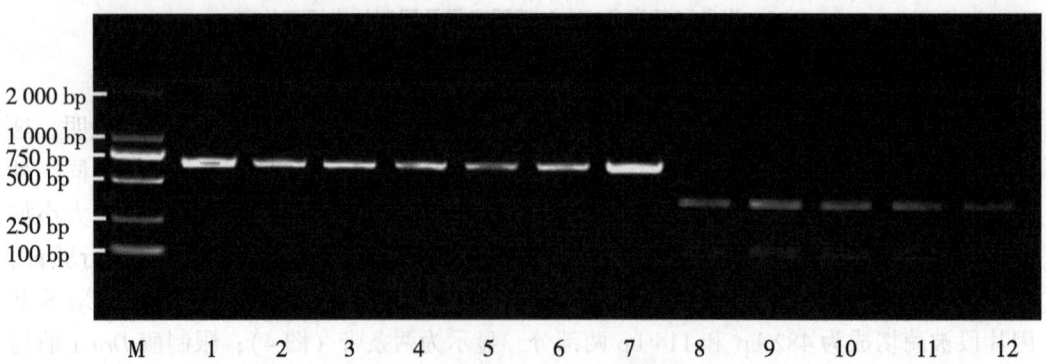

M 为 DL 2000DNA Marker;1 为米象 PCR 产物;2~6 为米象个体酶切结果;7 为玉米象 PCR 产物;8~12 为玉米象个体酶切结果。

图 5 米象和玉米象 $Cyt\ b$ 基因片段 Dra I 酶切结果

3 结论与讨论

本文对米象和玉米象两组储粮近缘害虫的 $Cyt\ b$ 基因进行了分析，并通过 PCR-酶切图谱差异实现对两组储粮近缘害虫的快速、准确鉴定。米象和玉米象用同一对引物扩增的 $Cyt\ b$ 基因片段大小一致，序列同源性为 85.23%，差异明显。碱基转换发生 62 次，颠换发生 26 次，转换/颠换比为 2.4。两物种该片段内有 EcoR Ⅰ 和 Dra Ⅰ 这 2 种限制性内切酶存在差异，实验验证了米象和玉米象成虫的 $Cyt\ b$ 基因片段的 EcoR Ⅰ 和 Dra Ⅰ 两种限制酶的酶切图谱差异，确立了米象和玉米象的分子鉴定方法，这种方法同样可以鉴定两种害虫的成虫和幼虫。

通过基因片段的酶切图谱进行物种鉴定比通过测序进行鉴定更加经济、方便、快速，米象和玉米象两组近缘害虫的 $Cyt\ b$ 基因片段都具有多个酶切差异位点，可通过多个酶切图谱进行鉴定，避免 PCR 扩增偶然错配等因素导致的酶切位点改变引起的错误鉴定。通过传统方法对储粮害虫的形态进行区分和鉴别不仅难度高同时还要花费较多的时间精力，导致传统鉴定方法在鉴定和分类上存在一定的局限（李青青等，2010）；而该方法在实际应用中可以快速判断害虫的种类，对症下药，高效地实现米象与玉米象的治理，同时推进生物防治技术的应用。

参考文献

代金霞，张大治，杨俊杰，2008. 拟步甲科部分种类 $Cyt\ b$ 基因序列比较及系统发育分析 [J]. 宁夏大学学报（自然科学版）（1）：74-77.

顾杰，王莉萍，毛雅琴，等，2010. 鹰嘴豆象与四纹豆象的分子检测技术 [J]. 植物保护学报，37（3）：211-216.

江亚杰，汪中明，张涛，等，2017. 基于 DNA 条形码技术的储粮害虫碎片鉴定研究 [J]. 中国粮油学报，32（8）：131-135.

李青青，李地艳，段焰青，等，2010. DNA 条形码在鳞翅目昆虫中的应用 [J]. 生命科学，22（4）：307-312.

刘聪，蒋湘，樊武疆，等，2012. 花斑皮蠹和黑斑皮蠹（鞘翅目：皮蠹科）的快速分子鉴定 [J]. 北京农学院学报，27（2）：27-30.

吕剑秋，1980. 玉米象和米象的区别 [J]. 应用昆虫学报（3）：131.

王殿轩，谭永清，白春启，等，2018. 我国部分省区储粮场所中主要害虫发生分布调查及其防治重点 [J]. 河南工业大学学报（自然科学版），39（2）：93-97.

王静，2021. 中国竹子叶蝉 DNA 条形码研究 [D]. 贵阳：贵州大学.

杨志远，吴国雄，1981. 对米象、玉米象分布的初步调查 [J]. 河南工业大学学报（自然科学版）（2）：83-84.

张汉松，冯照军，程超，2014. 基于 $28S\ rRNA$ 基因的 PCR-RFLP 分析对赤拟谷盗与杂拟谷盗进行分子鉴定 [J]. 环境昆虫学报，36（2）：171-175.

张凌芳，鲁玉杰，王争艳，等，2018. 玉米象和米象交配行为研究 [J]. 河南工业大学学报（自然科学版），39（6）：99-104.

张蒙，赵艳艳，鲁玉杰，等，2021. 基于线粒体 CO Ⅰ 和 CO Ⅱ 基因的米象与玉米象的分子鉴定 [J]. 中国粮油学报，36（10）：174-180.

赵琳琳, 翟仙敦, 张振, 等, 2018. 基于 28S rRNA 基因序列对洛阳地区嗜尸性蝇类的分子鉴定 [J]. 法医学杂志, 34 (2): 114-119.

ANG QIANQIAN, ZHAO SHUO, KUC EROVAZ, et al., 2013. Rapid molecular diagnosis of the stored-product psocid Liposcelis corrodens (Psocodea: Liposcelididae): species-specific PCR primers of 16S rDNA and CO I [J]. Journal of Stored Products Research, 54: 1-7.

FLOOK P K, ROWELL C H F, GELLISSEN G, 1995. The sequence, organization, and evolution of the Locusta migratoria mitochondrial genome [J]. Journal of Molecular Evolution, 41: 928-941.

HEBERT P D N, GREGORY T R, 2005. The promise of DNA barcoding for taxonomy [J]. Systematic Biology, 54 (5): 852-859.

JAGIELSKI T, GAWOR J, BAKUŁA Z, et al., 2018. Cyt b as a new genetic marker for differentiation of Prototheca species [J]. Journal of Clinical Microbiology, 56 (10): 10.1128/jcm.00584-18.

LETSIOU S, MADESIS P, VASDEKIS E, et al., 2024. DNA Barcoding as a Plant Identification Method [J]. Applied Sciences, 14 (4): 1415.

MARULLO R, MERCATI F, VONO G, 2020. DNA barcoding: a reliable method for the identification of thrips species (Thysanoptera, Thripidae) collected on sticky traps in onion fields [J]. Insects, 11 (8): 489.

ROE A D, SPERLING F A H, 2007. Patterns of evolution of mitochondrial cytochrome c oxidase I and II DNA and implications for DNA barcoding [J]. Molecular Phylogenetics and Evolution, 44 (1): 325-345.

武汉新洲区设施豇豆病虫害绿色防控关键技术*

谢松霖[1]**,杨绍丽[2],殷文涛[1],万 利[3],望 勇[2],
杨 帆[2],周利琳[2],蔡 翔[2],司升云[2],王 攀[2]***

(1. 武汉市新洲区农业技术推广服务中心,武汉 431400;2. 武汉市农业科学院蔬菜研究所,武汉 430345;3. 湖北省植物保护总站,武汉 430070)

摘 要:【目的】为提升武汉新洲区设施豇豆病虫害绿色防控技术水平,有效遏制豇豆生产中禁限用农药使用和农药残留超标问题。【方法】通过开展田间系统调查和系列绿色防控试验研究,明确设施豇豆病虫害种类,筛选适合本地区设施豇豆的绿色防控技术。【结果】系统调查了设施豇豆的主要病虫害种类及其为害特点,结合设施栽培和病虫害发生特点,摸索出适合本地区设施豇豆的全生育期绿色防控关键技术。探索建立了一套以早期预警为前提,新型农业防治为基础,以物理防治和生物防治等环境友好型防治措施为主的全生育期绿色防控技术体系。【结论】该体系可大幅减少化学农药投入,有效控制豇豆的农药残留,并可整体提升本地区设施豇豆病虫害综合防控水平,为进一步促进本地区豇豆生产安全提供保障。

关键词:豇豆;病虫害;农药残留;绿色防控;减药控残

Key Technology of Green Control of Pests and Diseases of *Vigna unguiculata* in Xinzhou district, Wuhan

Xie Songlin[1]**, Yang Shaoli[2], Yin Wentao[1], Wan Li[3], Wang Yong[2], Yang Fan[2], Zhou Lilin[2], Cai Xiang[2], Si Shengyun[2], Wang Pan[2]***

(1. *Wuhan Xinzhou District Agricultural Technology Extension Service Center*, *Wuhan* 431400, *China*;
2. *Institute of Vegetables*, *Wuhan Academy of Agricultural Sciences*, *Wuhan* 430345, *China*;
3. *Hubei Plant Protection*, *Wuhan* 430070, *China*)

Abstract:【Objectives】In order to improve the technical level of green prevention and control of cowpea pests and diseases in Xinzhou District, Wuhan, and effectively curb the use of prohibited pesticides and excessive pesticide residues in cowpea production.【Methods】In recent years, through systematic investigation and a series of field experiments, the main diseases and pests in facility cowpea were identified, and the green control technology suitable in facility cowpea in this area was screened.【Results】The main diseases and pests in the production process of facility cowpea and their harm characteristics have been systematically sorted

---

* 基金项目:国家重点研发计划项目(2023YFD1401200);湖北省豇豆病虫害绿色防控技术试验示范与模式集成研究项目(2024);武汉市农业科学院创新体系项目(JCZX202401-2)
** 第一作者:谢松霖,E-mail:934716896@qq.com
*** 通信作者:王攀,E-mail:wangpan1228@hotmail.com

out. Combining the characteristics of facility cultivation and the occurrence characteristics of diseases and pests, the key technologies for green prevention and control of facility cowpea in the whole growth period have been explored and established.【Conclusion】The green control technology system for the whole growth period based on agricultural control and environmental friendly control measures such as physical control and biological control can greatly reduce the input of chemical pesticides, effectively control the pesticide residues of cowpea, and improve the comprehensive prevention and control level of cowpea diseases and pests in the facilities in the region, providing a guarantee for further promoting the safety of cowpea production in the region.

Key words: Vigna unguiculata; Pests and diseases; Pesticide residues; Green prevention and control; Reducing pesticide use and controlling residues

豇豆（Vigna unquiculata）为豆科一年生草本植物，其营养价值丰富，是重要的"菜篮子"产品。豇豆是无限花序作物，花果同期，根系发达，再生能力弱，喜温且具有一定耐热性，在20~25℃的环境下生长良好（韦丽华，2024）。豇豆具"边开花、边结果、边施药、边采收"的特性，加之用药频次高，病虫抗药性上升快，容易出现多次用药、过量用药的问题。近十年农产品质量安全例行抽检监测发现，豇豆农药残留合格率一直不高，严重威胁老百姓"舌尖上的安全"。2021年农业农村部等七部门部署启动食用农产品"治违禁 控药残 促提升"三年行动，2022年农业农村部提出豇豆农药残留突出问题攻坚治理方案，凸显豇豆安全生产的技术难度。因此，如何在降低农残的同时又不损失豇豆的产量和商品价值，仍然是解决豇豆安全生产的技术瓶颈。

新洲区位于武汉东部水陆门户，是武汉市最大的豇豆生产和加工基地。近年来，随着设施农业的快速发展，设施春茬豇豆的种植面积逐年扩大。新洲地区的设施春茬豇豆栽培多以拱形钢架塑料大棚为主，以钢材等材料为骨架，以塑料薄膜为透光覆盖材料，采用深沟高畦栽培，畦面单行双株种植，定植前铺设滴灌带和地膜，并在大棚内挂爬藤网供爬蔓。设施豇豆品种选用种衣剂处理的高产优质种子。一般于1月中旬进行穴盘育苗（设施大棚+中棚+小拱棚+地热丝），2月上旬移栽，4月上中旬开始采收，至6月中下旬结束。

然而，设施栽培的温湿度和光照条件的特殊性均与豇豆病虫害的发生密切相关，导致设施豇豆病虫害多发重发，豇豆病虫害防控难度大（马帅和黄魁建，2023）。研究表明豇豆花蕾期气温25~30℃、湿度50%~80%食料充足的情况下，豆荚螟发生严重（胡静荣等，2024）；在豇豆开花结荚期气温在16~22℃高湿的情况下，豇豆锈病发生严重（陈伟达等，2016）。同时，豇豆种植以小农户分散生产为主，过度依赖化学农药且用药频繁，花果同期、采摘间隔短，豇豆农药残留问题突出（邱幼红等，2023），对农产品安全、生态环境以及人体健康构成了潜在威胁。因此，探索并建立一套科学、高效、环保的绿色防控技术体系，成为了当前设施豇豆安全生产亟待解决的关键问题。

为更好地治理本区域的豇豆农残问题，对武汉新洲区设施春茬豇豆主要病虫害发生种类开展了系统调查，并通过开展系列田间试验进行绿色防控关键技术的筛选，探索建立了一套一套以早期预警为前提，新型农业防治为基础，以物理防治和生物防治等环境友好型防治措施为主的全生育期绿色防控技术体系，可大幅减少化学农药投入，有效控制豇豆的农药残留，并可整体提升本地区设施豇豆病虫害综合防控水平，为进一步促进本地区豇豆生产安全和高质量发展提供保障。

1 设施豇豆主要病虫害发生种类与田间识别诊断

1.1 设施豇豆主要病虫害发生种类

通过近几年对本区设施豇豆的田间系统调查，武汉新洲区设施春茬豇豆的主要病害有：根腐病、枯萎病、锈病、炭疽病、白粉病、煤霉病等；主要虫害有：蓟马、豆蚜、烟粉虱、斑潜蝇、甜菜夜蛾、叶螨、豆荚螟等，设施春茬豇豆各生育期发生的主要病虫害种类见表1。其中，重点防控对象以根腐病、锈病、蓟马、叶螨为主，兼顾枯萎病、豆蚜、甜菜夜蛾等。

表1 武汉新洲区设施春茬豇豆各生育期主要病虫害种类

生育期		主要病虫害
播种前期	/	蛴螬等地下害虫、蓟马等
播种期	2月中上旬至3月上旬	土传病害以预防为主；蛴螬等地下害虫
苗期	3月上旬至4月上旬	根腐病、枯萎病等；烟粉虱、斑潜蝇、甜菜夜蛾、蓟马、豆蚜等
抽蔓期	4月上旬至4月下旬	根腐病、枯萎病等；蓟马、豆蚜、粉虱、甜菜夜蛾等
开花结荚期	4月中下旬至6月上旬	锈病、炭疽病、白粉病等；蓟马、豆荚螟、甜菜夜蛾、叶螨、粉虱等

1.2 设施豇豆主要病虫害田间识别症状

在设施豇豆的栽培过程中，识别并了解主要病虫害的症状对于及时采取有效的病虫害防控措施至关重要。不同种类的病害和虫害往往具有不同特定的症状，这些症状包括但不限于叶片上的斑点、萎蔫、畸形、脱落，根部腐烂，以及昆虫的侵害痕迹等。准确识别设施豇豆重点防控病虫害田间症状（图1），不仅有助于农户及时发现并应对病虫害，更为采取科学合理的绿色防控策略提供了依据。

2 设施豇豆主要病虫害绿色防控技术措施

豇豆病虫害防控要始终贯彻"预防为主，综合防治"的植保方针，采取"源头控制、压前控后、科学选药、因时施药"的防控策略。本文结合新洲区设施豇豆的栽培特点及病虫害发生特点，通过试验筛选出适合于本地区的设施豇豆主要病虫害全生育期绿色防控技术，各项绿色防控技术的应用时期、目的及分类见表2。

A. 豆蚜；B. 豆荚螟（豇豆荚螟）；C. 甜菜夜蛾；
D. 蓟马（普通大蓟马）；E. 叶螨（红蜘蛛）；F. 斑潜蝇；G. 枯萎病；
H. 锈病；I. 根腐病；J. 炭疽病；K. 疫病；L. 白粉病。

图1 设施豇豆主要病虫害田间识别症状

表2 设施豇豆主要病虫害全生育期绿色防控技术措施

时期	目的	技术措施	防治措施类别
播种前期	健康栽培	合理轮作、翻耕晒垡、清洁田园	农业防治
	培育壮苗	优选抗病虫品种	农业防治
		种子包衣或药剂拌种处理	化学防治
	防控蓟马和地下害虫等	撒施金龟子绿僵菌颗粒剂	生物防治
	防控蓟马、蚜虫等	地膜覆盖	理化诱控
	防控蓟马、斑潜蝇、粉虱等	防虫网阻隔	理化诱控

(续表)

时期	目的	技术措施	防治措施类别
幼苗期	培育壮苗	深沟高畦，畦面单行双株种植	农业防治
	防控根腐病、枯萎病等	膜下滴灌冲施微生物菌剂、免疫诱抗剂	生物防治
	防控甜菜夜蛾等	昆虫性信息素诱杀	理化诱控
抽蔓期	防控蚜虫、蓟马、斑潜蝇等	悬挂诱虫板（黄板、蓝板）诱杀	理化诱控
	防控枯萎病、根腐病等	膜下滴灌冲施微生物菌剂、免疫诱抗剂	生物防治
	防控烟粉虱、叶螨等	化学农药精准防控	化学防治
	防控甜菜夜蛾等	昆虫性信息干扰交配	理化诱控
开花结荚期	防控蚜虫、蓟马、斑潜蝇等	悬挂诱虫板（黄板、蓝板）诱杀	理化诱控
	增强植株抗逆性等	膜下滴灌冲施免疫诱抗剂	生物防治
	对症防控病虫害	化学农药精准防控	化学防治
	防控白粉病、蚜虫、叶螨、蓟马、斑潜蝇、豆荚螟、甜菜夜蛾等	优先使用生物农药	生物防治
采收期	防控蚜虫、蓟马、斑潜蝇等	悬挂诱虫板（黄板、蓝板）诱杀	理化诱控
	防控豆荚螟、甜菜夜蛾等	昆虫性信息素诱杀	理化诱控
	对症防控病虫害	化学农药精准防控	化学防治
		采收期安全用药	

注：根据病虫预测和发生情况选择相应的防控技术措施。

设施豇豆主要病虫害绿色防控技术主要以农业防治为基础，优先选用物理防治和生物防治措施，科学合理使用化学防治措施。结合本区域特色，对各项防治措施具体描述如下。需要注意的是，在关键生育期选用高效低风险化学农药，但需严格执行安全间隔期制度，最终实现安全、有效、经济、简便、环保的绿色防控目标。

2.1 农业防治

农业防治措施主要包括：协调抗病虫品种（种苗）、合理轮作、科学栽培管理、翻耕晒垡等，主要强化健康栽培，减轻病虫害发生程度。

（1）选用抗病虫品种（种苗）。选用适宜武汉新洲气候条件的抗（耐）性强、适应市场的品种，如：春季龙优888、龙翔春风得意、宏达翠玉长美、宏达翠美长豇豆等，根据春季设施栽培需求，精选种子，温烫浸种或药剂拌种或种子包衣等进行种子处理，防治豇豆幼苗期的种传病害、土传病害和地下害虫等，采用集中育苗，培育无病虫种苗。

（2）合理轮作。与非豆科作物轮作，轮作种植小葱、叶菜类（茼蒿）等作物，保持适宜豇豆种植的良性土壤环境（赵性宝和曹孔元，2022）。

（3）科学栽培管理。春季移栽苗定植期在1月底至2月初，采用深沟高畦栽培，保持适宜种植密度，科学水肥管理，施足基肥，多施有机肥和微生物菌肥，适量施用氮肥，增施磷钾肥。及时清理病残体、败叶、杂草，集中深埋或堆沤处理，降低病虫基数。

（4）翻耕晒垡。播种前，彻底清洁田园，深翻土地30 cm，晾地5~7 d。

2.2 理化诱控

理化诱控措施主要包括：种植前期的阻隔措施（地膜、防虫网等）和生长期的防控措施（诱虫板、性信息素等）。

（1）地膜覆盖。采用可降解银黑双色地膜覆盖，四周用土封严盖实，膜下铺滴灌带。银色朝上既可驱避蓟马、蚜虫等害虫，又可防止蓟马、斑潜蝇等入土化蛹或阻止土中的蛹羽化，降低虫口基数，黑色朝下还可防控杂草生长（吴丹淼，2024）。

（2）防虫网阻隔。根据靶标害虫发生情况，在不同设施条件（温室的出入口、塑料大棚的裙边）采用40~60目防虫网进行包围覆盖。大棚内需配套通风排水和遮阳的设施建设，能满足豇豆生长需要的气候环境条件，又能阻隔豆荚螟、甜菜夜蛾、斜纹夜蛾、烟粉虱等害虫，有效减轻害虫危害损失，减少施药防治次数和农药使用量（毕义炳，2023）。

（3）诱虫板诱杀。在非天敌释放的地块，悬挂黄板诱杀烟粉虱、蚜虫、斑潜蝇等成虫，悬挂蓝板或添加蓟马信息素的蓝板诱杀蓟马，一般20~30张/亩，黄板、蓝板在棚内呈"W"形分布，根据豇豆生育期调整诱虫板的高度，苗期高出植株顶部15~20 cm，生长中后期悬挂在植株中上部随着诱虫板黏性下降及时更换（刘江利和任引峰，2022）。

（4）昆虫性信息素诱杀。安装性信息素诱捕器诱杀斜纹夜蛾、甜菜夜蛾、豆野螟等成虫，放置1个/200 m² 专用诱捕器，每只诱捕器内放1枚诱芯，每30 d更换1次诱芯，诱杀效果显著（邵斌，2023；闫东林，2024）。需根据豇豆生育期调整诱捕器进虫口的高度，高于植株顶部15~20 cm，开花结荚期以后诱捕器进出口高出地面1~1.5 m。

2.3 生物防治

生物防治措施主要包括：种植前的土壤处理和生长期的生物农药防治措施。

（1）土壤处理。整地时，每667 m² 使用金龟子绿僵菌颗粒剂5~10 kg兑细土进行均匀撒施后打湿垄面，防治地下害虫和土壤中残存的蓟马的"蛹"。播种或定植前，对土传病害较重的地块，选用木霉菌、芽孢杆菌等微生物菌剂进行土壤处理；枯萎病、根腐病等发病初期，可用贝莱斯芽孢杆菌（MH24）、哈茨木霉菌或多粘类芽孢杆菌等微生物菌剂进行膜下滴灌冲施。

（2）免疫诱抗。在苗期、伸蔓期、开花结荚，采用膜下滴灌冲施氨基寡糖素等免疫诱抗剂，以及贝莱斯芽孢杆菌（MH24）、哈茨木霉菌或多粘类芽孢杆菌等微生物菌剂，以提高植株抗病虫能力（阮盈盈和刘峰，2020）。

（3）生物农药。针对设施豇豆白粉病、蚜虫、叶螨、蓟马、斑潜蝇、豆荚螟和甜菜夜蛾等主要病虫害，优先选用生物农药进行防治（廖兴茂等，2022；向娟等，2023），生物农药的选择与使用方法见表3和表4。

2.4 化学防治

科学选择高效、低风险的化学农药。根据病虫害发生情况，及时精准用药防治。按照农药标签严格控制用药剂量和用药次数，严格遵守安全间隔期，并注意轮换使用不同作用机制的农药，严禁使用国家禁限用农药（李兴需等，2024）。在害虫始发期或轻度发生期，优先选用生物农药进行防控；在害虫始盛期或中度发生期，以及害虫发生高峰期或重度发生区，采用生物农药与化学农药复配进行联合防控（表3和表4）。

表3 设施豇豆主要病害及部分登记农药

病害名称	登记推荐农药	类别	制剂施用量（667 m²）	安全间隔期（d）	最多使用次数	使用方法
锈病	50%硫磺·锰锌可湿性粉剂	矿物质、二硫代氨基甲酸酯类	250~280 g	3	3	喷雾
	29%吡萘·嘧菌酯悬浮剂	琥珀酸脱氢酶抑制剂、甲氧基丙烯酸酯类	45~60 mL	3	3	喷雾
	20%噻呋·吡唑酯悬浮剂	琥珀酸脱氢酶抑制剂、甲氧基丙烯酸酯类	40~50 mL	3	3	喷雾
	40%腈菌唑可湿性粉剂	三唑类	13~20 g	5	3	喷雾
	75%戊唑·嘧菌酯水分散粒剂	三唑类、甲氧基丙烯酸酯类	10~15 g	7	2	喷雾
	60%唑醚·锰锌水分散粒剂	二硫代氨基甲酸盐类	80~100 g	14	3	喷雾
炭疽病	325 g/L苯甲·嘧菌酯悬浮剂	三唑类、甲氧基丙烯酸酯类	40~60 mL	7	3	喷雾
	43%氟菌·肟菌酯悬浮剂	琥珀酸脱氢酶抑制剂、甲氧基丙烯酸酯类	20~30 mL	3	2	喷雾
	1%蛇床子素水乳剂	生物农药	200~250 mL	—	—	喷雾
	0.3%苦参碱水剂	生物农药	160~200 mL	—	—	喷雾

注：根据病害发生的情况选用1~3种农药进行防治，注意轮换使用不同类别的农药。

表4 设施豇豆主要虫害及部分登记农药

虫害名称	登记推荐农药	类别	制剂施用量（667 m²）	安全间隔期（天）	最多使用次数	使用方法
豆荚螟	32 000 IU/mg苏云金杆菌可湿性粉剂	生物农药	75~100 g	—	—	喷雾
	30%茚虫威水分散粒剂	噁二嗪类	6~9 g	3	1	喷雾

(续表)

虫害名称	登记推荐农药	类别	制剂施用量（667 m²）	安全间隔期（天）	最多使用次数	使用方法
豆荚螟	25%乙基多杀菌素水分散粒剂	生物合成农药	12~14 g	7	2	喷雾
	50%二嗪磷乳油	有机磷类	50~70 mL	5	1	喷雾
	4.5%高效氯氟菊酯乳油	拟除虫菊酯类	30~40 mL	3	1	喷雾
	10%溴氰虫酰胺可分散油悬浮剂	双酰胺类	14~18 mL	3	3	喷雾
	5%氯虫苯甲酰胺悬浮剂	双酰胺类	20~60 mL	5	1	喷雾
	15%氯虫苯·高氟氯悬浮剂	双酰胺类	10~18 mL	2	1	喷雾
	14%氯虫·高氯氟微囊悬浮剂	双酰胺类、拟除虫菊酯类	15~20 mL	5	2	喷雾
	3%甲氨基阿维菌素苯甲酸盐微乳剂	大环内酯类	6~8 mL	3	1	喷雾
甜菜夜蛾	300亿PIB/g甜菜夜蛾核型多角体病毒水分散粒剂	生物农药	2~5 g	—	—	喷雾
	80亿孢子/mL金龟子绿僵菌CQMa421可分散油悬浮剂	生物农药	40~60 mL	—	—	喷雾
斑潜蝇	60 g/L乙基多杀菌素悬浮剂	生物合成农药	50~58 mL	3	2	喷雾
	10%溴氰虫酰胺可分散油悬浮剂	双酰胺类	14~18 mL	3	3	喷雾
蓟马	100亿孢子/g金龟子绿僵菌油悬浮剂	生物农药	25~35 g	—	—	喷雾
	0.5%苦参碱水剂	生物农药	100~120 mL	—	—	喷雾
	10%多杀霉素悬浮剂	生物农药	12~15 mL	5	1	喷雾
	25%噻虫嗪水分散粒剂	新烟碱类	15~20 g	3	1	喷雾
	10%溴氰虫酰胺可分散油悬浮剂	双酰胺类	33.3~40 mL	3	3	喷雾
	5%啶虫脒乳油	氯代烟碱类	30~40 mL	3	1	喷雾
	30%虫螨·噻虫嗪悬浮剂	吡咯类、新烟碱类	30~40 mL	5	1	喷雾
	45%吡虫啉·虫螨腈悬浮剂	烟碱类、吡咯类	15~20 mL	5	1	喷雾

(续表)

虫害名称	登记推荐农药	类别	制剂施用量（667 m²）	安全间隔期（天）	最多使用次数	使用方法
蓟马	6.8%多杀·甲维盐悬浮剂	生物农药、大环内酯类	10~12 mL	7	1	喷雾
	3%甲氨基阿维菌素苯甲酸盐微乳剂	大环内酯类	6~8 mL	3	1	喷雾
	30%虫螨腈·唑虫酰胺悬浮剂	吡咯类、吡唑酰胺类	20~30 mL	7	1	喷雾
	12%联苯·呋虫胺悬浮剂	拟除虫菊酯类、新烟碱类	25~30 mL	3	1	喷雾
	40%氟啶·噻虫嗪悬浮剂	吡啶乙基苯酰胺类、新烟碱类	8~10 mL	5	1	喷雾
	11.8%甲维·氟虫酰微乳剂	大环内酯类、吡啶酰胺类	15~25 mL	7	1	喷雾
	22.4%螺虫·噻虫啉悬浮剂	季酮酸类化合物、新烟碱类	30~40 mL	3	2	喷雾
	22.4%螺虫乙酯悬浮剂	季酮酸类化合物	25~30 mL	7	1	喷雾
蚜虫	10%溴氰虫酰胺可分散油悬浮剂	双酰胺类	33.3~40 mL	3	3	喷雾
	1.5%除虫菊素水乳剂	生物农药	120~160 mL	—	—	喷雾
	1.5%苦参碱可溶液剂	生物农药	30~40 mL	—	—	喷雾
	50 g/L双丙环虫酯可分散液剂	丙烯类	10~16 mL	3	2	喷雾
	24%阿维·氟啶悬浮剂	大环内酯、吡啶酰胺类	20~30 mL	3	1	喷雾
粉虱	25%噻虫嗪水分散粒剂	新烟碱类	10~12 g	3	1	喷雾
	10%溴氰虫酰胺可分散油悬浮剂	双酰胺类	43~57 mL	3	3	喷雾
	10%啶虫脒乳油	烟碱类	30~40 mL	3	1	喷雾
	50 g/L双丙环虫酯可分散液剂	丙烯类	10~16 mL	3	2	喷雾
	3.2%阿维菌素乳油	大环内酯类	22.5~45 mL	5	3	喷雾
	5%甲氨基阿维菌素苯甲酸盐微乳剂	大环内酯类	3.5~4.5 mL	5	2	喷雾
叶螨	1.5%苦参碱可溶液剂	生物农药	30~40 mL	10	1	喷雾
	43%联苯肼酯悬浮剂	联苯肼类	20~30 mL	5	1	喷雾

注：根据害虫发生的情况选用1~3种农药进行防治，注意轮换使用不同类别的农药。

3　小结与展望

为解决豇豆农药残留超标问题，全国农业技术推广服务中心组织制定了豇豆病虫害绿色防控技术方案，明确了防控策略、防控对象和防治措施，对我国豇豆安全生产具有重要的指导意义。行业标准《豇豆主要病虫害绿色防控技术规程》（NY/T 4023—2021）规定了豇豆病虫害绿色防控的原则及绿色防控技术等。然而，该技术方案和技术规程是针对全国的，技术方案繁多复杂，操作性不强。受湖北雨水多、湿度大、农户分散生产、小面积种植等因素的影响，病虫害发生规律变化大，多种绿色防控技术难以推广应用。本文针对本区域设施豇豆的栽培特点及全生育期主要病虫害发生规律，筛选出系列适用的绿色防控技术，并探索组装成以农业防治为基础，综合采用新型物理防治、生物防治、高效靶标化学防治相结合的绿色防控技术体系，此技术体系可显著降低豇豆对化学农药的依赖，从而减少豇豆农药投入，降低农药残留风险，保障消费者"舌尖上的安全"。

尽管绿色防控技术在豇豆上的应用具有巨大的优势和前景，但在大面积推广应用时面临着一些挑战。首先，绿色防控技术体系有待优化。目前设施豇豆病虫害绿色防控技术体系主要基于当前栽培特点和病虫害发生规律，且主要是对现有技术的配套组装，其中，抗性品种少，生物农药见效缓慢且防效不高，化学防控占比相对偏高等问题，为缓解因农药滥用、农药过量使用而影响豇豆产量和品质，需不断探索新的精准高效的绿色防控技术（唐林佳等，2024；覃凤清等，2024）。其次，绿色防控技术的实际防效不高。绿色防控技术实际防控效果受到气候变化、土壤类型、栽培方式、设施类型以及病虫害发生情况等的复合影响（徐枫，2023；胡静荣等，2024），因此需对病虫害的发生动态和抗药性开展长期监测，并适时调整、完善和优化绿色防控技术体系。最后，绿色防控应用的意愿不强。由于农业防控、生物防控等绿色防控技术，见效缓慢，防效不明显，加上豇豆产品的价格波动较大，小规模农户承担风险的能力低，新技术的推广应用存在着较大的经济风险，种植户对绿色防控技术的使用积极性不高。

为了更好地推广应用绿色防控技术，农业部门要加大对生态调控、理化诱控和生物防治等绿色防控理念的宣传，使公众进一步认识到绿色防控技术的重要性和必然性，同时，通过各种途径比如举办培训班、编制技术手册、开展田间示范、短视频宣传等，提升公众对绿色防控技术的认可度和接受度，科学指导农户合理用药、轮换用药、安全用药（姜鹏等，2024）。科研人员充分利用先进的生物技术研发新型高效安全的生物农药、生物导弹等绿色防控产品，不断构建多元的综合防控体系，与推广部门共同推动绿色防控技术的广泛应用和深入发展（史彩华等，2023）。

参考文献

毕义炳，2023. 豇豆病虫害的绿色防控与农残治理对策［J］. 安徽农学通报，29（22）：105-108.
陈伟达，刘琴，陈禅友，2016. 豇豆锈病研究进展［J］. 江汉大学学报（自然科学版），44（6）：509-513.
胡静荣，史彩华，吴明月，等，2024. 豇豆荚螟生物生态学特性与绿色防控研究进展［J/

OL]. 环境昆虫学报. （网络首发：https://link.cnki.net/urlid/44.1640.Q.20240802.1749.006）

姜鹏, 聂继云, 刘明雨, 等, 2024. 我国豇豆农药登记产品和残留限量分析及相关建议 [J]. 中国瓜菜, 37（1）：11-17.

廖兴茂, 郑诗琪, 李波, 等, 2022. 豇豆高产高效栽培技术 [J]. 西北园艺（7）：18-20.

刘江利, 任引峰, 2022. 豇豆高产栽培技术 [J]. 西北园艺（1）：13-14.

李兴需, 王芸, 刘倩, 等, 2024. 武汉地区豇豆秋茬栽培技术要点 [J]. 长江蔬菜（9）：44-47.

马帅, 黄魁建, 2023. 我国豇豆用药和病虫害防治现状及对保障蔬菜质量安全的建议 [J]. 世界农药, 45（4）：13-21.

覃凤清, 郑岸萍, 王玉桂, 等, 2024. 豇豆绿色防控技术对产品安全与品质的影响研究 [J]. 现代食品, 30（8）：40-42.

邱幼红, 秦冲, 刘松, 等, 2023. 武汉蔡甸区豇豆主要病虫害绿色防控关键技术 [J]. 长江蔬菜（23）：50-52.

阮盈盈, 刘峰, 2020. 木霉菌生物防治作用机制与应用研究进展 [J]. 浙江农业科学, 61（11）：100-104.

邵斌, 2023. 豇豆栽培技术与病虫害防治 [J]. 种子科技, 41（23）：112-114.

史彩华, 谢文, 吴明月, 等, 2023. 豆大蓟马生物生态学特性与绿色防控技术研究进展 [J]. 应用昆虫学报, 60（6）：1643-1653.

唐林佳, 汤雪莲, 蒋志斌, 等, 2024. 桂北豇豆网棚设施栽培技术 [J]. 长江蔬菜（7）：27-29.

韦丽华, 2024. 豇豆栽培技术和病虫害绿色防控技术 [J]. 种子科技, 42（2）：71-73.

吴丹森, 2024. 豇豆大棚早春绿色栽培技术 [J]. 种子科技, 42（4）：83-85.

向娟, 赵超, 彭名超, 等, 2023. 四川地区豇豆主要病虫害发生及绿色防控技术 [J]. 四川农业科技（1）：40-43.

徐枫, 2023. 豇豆产品质量安全存在的问题与对策 [J]. 种子科技, 41（21）：135-137.

闫东林, 2024. 豇豆农药残留突出问题攻坚治理防控措施 [J]. 长江蔬菜（7）：51-53.

赵性宝, 曹孔元, 2022. 长豆角常见病害及绿色防控技术 [J]. 上海蔬菜（1）：47-48.

豇豆开花结荚期两种颜色可降解粘虫板的诱捕效果差异*

甘夏鹏[1]**，程缨子[1]，望　勇[2]，张求东[3]，周华众[3]，王小平[1]，王　攀[2]***

（1. 华中农业大学植物科学技术学院，武汉　430070；2. 武汉市农业科学院蔬菜研究所，武汉　430345；3. 湖北省植物保护总站，武汉　430070）

摘　要：【目的】本研究旨在为豇豆害虫的防治提供指导，比较蓝色粘虫板和紫色粘虫板对蓟马等害虫的诱捕效果及对主要天敌的影响。【方法】在豇豆开花结荚期设置蓝色粘虫板和紫色粘虫板两种处理，研究两种颜色色板对蓟马、斑潜蝇、草蛉、寄生蜂及食蚜蝇的诱捕效果。【结果】蓝色粘虫板对蓟马的平均诱捕量高于紫色粘虫板。在7月18日至20日和7月27日至29日，蓝色粘虫板对斑潜蝇的诱捕效果显著优于紫色粘虫板。然而，对于草蛉、寄生蜂和食蚜蝇等天敌昆虫，两种颜色粘虫板的诱捕效果均较低且无显著差异。【结论】蓝色粘虫板和紫色粘虫板均可有效防控豇豆田中的蓟马和斑潜蝇，对天敌昆虫的影响相对较小。

关键词：豇豆；蓟马；粘虫板；诱捕效果

Differences in Field Trapping Effects Between Two Color-degradable Sticky Traps During Cowpea Flowering-pod Stage*

Gan Xiapeng[1]**, Cheng Yingzi[1], Wang Yong[2], Zhang Qiudong[3], Zhou Huazhong[3], Wang Xiaoping[1], Wang Pan[2]***

（1. College of Plant Science and Technology, Huazhong Agricultural University, Wuhan 430070, China; 2. Institute of Vegetables, Wuhan Academy of Agricultural Sciences, Wuhan 430345, China; 3. Hubei Plant Protection, Wuhan 430070, China）

Abstract:【Objectives】This study aims to provide guidance for the prevention and control of cowpea insect pests, and to compare the trapping effects of blue and purple sticky traps on thrips and their main natural enemies.【Methods】Two treatments of blue and purple sticky traps were set up during cowpea flowering-pod stage to study the trapping effects on thrips, *Liriomyza sativae*, lacewings, parasitoids and hoverflies.【Results】The average trapping amount of the blue sticky trap on thrips was higher than that of the purple sticky trap. From July 18th to 20th and July 27th to 29th, the effectiveness of the blue sticky trap on *Liriomyza sativae* was significantly better than that of purple sticky trap. However, for natural enemy insects such as lacewings, parasitoids and hoverflies, the trapping effects of the two color-sticky traps were low and there was

---

* 基金项目：国家重点研发计划（2023YFD1401200）；湖北省豇豆病虫害绿色防控技术试验示范与模式集成研究项目（2024）

** 第一作者：甘夏鹏，E-mail：g2737284288@126.com

*** 通信作者：王攀，E-mail：wangpan1228@hotmail.com

no significant difference.【Conclusion】Blue and purple sticky traps could effectively control thrips and *Liriomyza* sp. in cowpea fields, and had little effect on natural enemy insects.

Key words：Cowpea；Thrips；Sticky trap；Trapping effect

豇豆，属一年生蔓生植物，是武汉地区重要的越夏蔬菜之一（李兴需等，2024）。目前，豇豆虫害发生严重，蓟马已成为豇豆地的主要害虫之一，严重影响产量（邱海燕等，2017）。随着蓟马抗药性的增强，传统的化学防控效果不佳，因此探索新的蓟马等害虫防治新方法至关重要。其中，色板诱捕技术因其操作简便、成本低廉且环境友好成为重要的监测和防治手段。目前，色板诱捕技术已被广泛应用于蓟马的诱杀（Blackmer *et al.*，2007；陈俊谕等，2017）。此外，该技术能根据蓟马捕获数量掌握其发生动态，为科学合理的田间用药提供依据，有助于降低生产成本和减少农药残留。

研究表明，色板颜色对害虫的诱捕效果影响显著。例如，黄板对番茄温室内蓟马的诱集效果最好，其次为蓝板（朱金粲等，2021）。在辣椒田中，蓝板对蓟马的诱捕效果优于黄板（邱宁宏等，2022）。其次，挂板的方式也会影响粘虫板的诱虫效果。露天豇豆田中每亩挂 21 块蓝板，板下端距地面 1 m，面朝南挂置，效果最佳（云天海等，2012）。在实际生产中，可根据豇豆生育期的变化灵活变换挂板高度。此外，信息素的添加可显著提高色板对害虫的诱捕效果（田新湖等，2021）。因此，在实际应用中，应根据害虫种类和环境条件选择合适的色板，并调整挂板方式以达到最佳防治效果。

本研究在豇豆开花结荚期比较了可降解的紫色粘虫板和蓝色粘虫板对蓟马等害虫的诱捕效果，并分析了两种色板对天敌昆虫的影响，以期为利用新型粘虫色板防控豇豆害虫提供科学依据。

1 材料与方法

1.1 试验地概括

试验地点位于湖北省武汉市农业科学院蔬菜研究所（114°47′N，30°71′W），试验田块总长 48 m，总宽 16 m，露地栽培豇豆品种为夏之恋（南京绿领种业有限公司），定植时间为 4 月 20 日。

1.2 试验材料

本试验采用粘虫色板为市售普特菲德蓟马信息素粘虫板，生产厂家为四川瑞进特科技有限公司。粘虫色板分为蓝色和紫色，可降解材料，规格为 13 cm×25 cm，含蓟马信息素。

1.3 试验方法

试验共 2 个处理，分别为紫色粘虫板和蓝色粘虫板。每处理重复 4 次。粘虫板距地高度 1.5 m。每行挂 2 块不同颜色粘虫板，间距 6 m，重复之间间隔 2 垄，错位挂置。试验期间，每 3 d 统计一次不同粘虫色板上的蓟马、斑潜蝇、草蛉、寄生蜂和食蚜蝇数量，并更换新的粘虫板，连续调查 8 次。

1.4 数据分析

使用 SPSS 19.0 软件对收集的数据进行统计分析，采用独立样本 t 检验进行显著性分析。

2 结果与分析

2.1 粘虫色板诱捕昆虫种类

在豇豆开花结荚期内，两种粘虫色板诱捕到的昆虫种类主要有蓟马、斑潜蝇、叶蝉、实蝇类、丽蝇类和麻蝇类等，并有少量甜菜夜蛾、菜粉蝶、直纹稻苞虫等鳞翅目成虫。此外，也诱捕到少量草蛉、寄生蜂、食蚜蝇等天敌昆虫。两种粘虫色板诱捕在诱捕种类上不存在差异。

2.2 两种粘虫板对豇豆重要害虫诱杀效果

在豇豆开花结荚期内，蓝板对蓟马的平均诱捕量均高于紫板（图1），7月30日至8月1日两种粘虫色板对蓟马的诱捕效果存在显著性差异（表1）。蓝板对斑潜蝇的诱捕效果在7月18—20日和7月27—29日显著优于紫板，其余统计时期内差异不显著。

2.3 不同粘虫板对天敌的诱杀效果

在豇豆开花结荚期内，两种粘虫色板对草蛉、寄生蜂和食蚜蝇的诱捕数量均较少（表2），且没有显著差异。

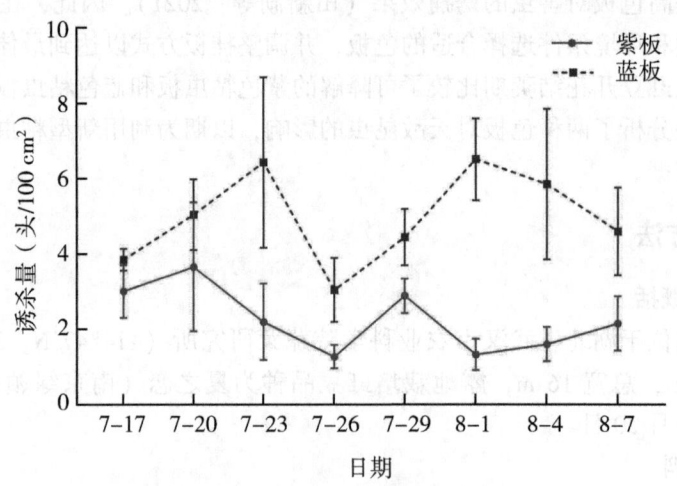

图1 粘虫板在各时期对蓟马的诱杀量

表1 不同时期粘虫板对主要害虫的单位面积诱杀量 单位：头/100 cm²

害虫	颜色	7月17日	7月20日	7月23日	7月26日	7月29日	8月1日	8月4日	8月7日
蓟马	紫	3.00±0.70a	3.65±1.71a	2.19±1.01a	1.27±0.31a	2.88±0.46a	1.33±0.41a	1.60±0.45a	2.15±0.72a
	蓝	3.85±0.29a	5.04±0.94a	6.42±2.26a	3.04±0.85a	4.44±0.75a	6.50±1.09b	5.84±2.00a	4.60±1.16a

（续表）

害虫	颜色	7月17日	7月20日	7月23日	7月26日	7月29日	8月1日	8月4日	8月7日
斑潜蝇	紫	1.12±0.56a	0.15±0.06a	0.15±0.11a	0.27±0.16a	0a	0a	0a	0a
	蓝	1.00±0.13a	0.69±0.18b	0.08±0.04a	0a	0.07±0.02b	0.12±0.07a	0a	0a

注：表中数据为平均值±标准误，同列数据后标有不同字母表示差异显著（$P<0.05$，独立样本 t 检验）。

表2　不同时期粘虫板对主要天敌昆虫的单位面积诱杀量　　单位：头/100 cm²

天敌	颜色	7月17日	7月20日	7月23日	7月26日	7月29日	8月1日	8月4日	8月7日
草蛉	紫	0a	0a	0.08±0.04a	0a	0a	0.02±0.02a	0a	0a
	蓝	0a	0a	0.04±0.04a	0a	0.02±0.02a	0.02±0.02a	0a	0a
寄生蜂	紫	0a	0.04±0.04a	0.08±0.04a	0.08±0.04a	0.07±0.04a	0.04±0.03a	0a	0a
	蓝	0a	0a	0.02±0.02a	0a	0.07±0.05a	0a	0a	0a
食蚜蝇	紫	0a	0a	0a	0a	0a	0.02±0.02a	0a	0.05±0.05a
	蓝	0.04±0.04a	0.04±0.04a	0a	0a	0a	0.04±0.03a	0a	0a

注：表中数据为平均值±标准误，同列数据后标有不同字母表示差异显著（$P<0.05$，独立样本 t 检验）。

3　结论与讨论

本研究初步比较分析了可降解的蓝色粘虫板和紫色粘虫板在豇豆田中对主要害虫蓟马及其他害虫如斑潜蝇的诱捕效果，以及对天敌昆虫如草蛉、寄生蜂和食蚜蝇的影响。结果表明，可降解的蓝色粘虫板对蓟马诱捕效果整体上优于紫色粘虫板，尤其在部分时间段内诱捕量显著高出紫色粘虫板，揭示了色板颜色在害虫防控中的重要作用，并为田间害虫监测和管理提供了有价值的参考。此外，两种颜色的粘虫板对天敌昆虫的诱捕影响相对较小，说明使用色板防控蓟马等害虫的同时对生态系统中有益昆虫的影响较小。

色板诱捕效果除受颜色因素的影响外，还可能受色板的挂置方式以及是否添加信息素作物种类、害虫种类以及田间环境条件等多种因素影响。如悬挂高度为1.5 m，添加信息化合物异烟酸甲酯白色粘虫板与空白对照相比对黄胸蓟马的诱捕效果显著提高（陈艺欣等，2023）。粘虫板大小、形状以及试验地的气候条件也会导致西花蓟马对色板的趋性发生变化（董华芳等，2018）。因此，在实际应用中，需要根据具体情况灵活调整使用策略。可降解的粘虫色板对豇豆害虫的防控作用，可进一步探讨不同地域条件下色板的最佳应用方式，以及色板的最佳挂置高度和间距，从而优化害虫的监测和防控效果。同时，研究色板诱捕技术与其他非化学防治措施的联合应用效果，也可能为害虫综合管理提供更为有效和环境友好的解决方案。

参考文献

陈俊谕，牛黎明，李磊，等，2017. 不同颜色粘虫板对花蓟马的田间诱集效果 [J]. 环境昆虫学报，39 (5)：1169-1176.

陈艺欣，林硕，田厚军，等，2023. 4 种信息化合物对枇杷园黄胸蓟马及有益昆虫诱捕评价 [J]. 福建农业学报，38 (4)：461-467.

董华芳，周正东，许延波，等，2018. 不同颜色粘虫板对西昌市草莓西花蓟马的诱集效果比较 [J]. 安徽农业科学，46 (19)：156-158.

李兴需，王芸，刘倩，等，2024. 武汉地区豇豆秋茬栽培技术要点 [J]. 长江蔬菜 (9)：44-47.

米娜，2019. 两种蓟马趋光规律及不同波长色板田间诱捕效果评价 [D]. 北京：中国农业科学院.

濮利罡，陈伟国，孙海燕，等，2023. 黄色和蓝色粘虫板对桑蓟马及桑粉虱的诱集效果比较 [J]. 蚕桑通报，54 (2)：32-35.

邱海燕，付步礼，唐良德，等，2017. 豇豆蓟马发生规律及防治药剂筛选的研究 [J]. 中国农学通报，33 (19)：138-142.

邱宁宏，陈军，邵昌余，等，2022. 黄、蓝粘虫板对辣椒田主要害虫的诱集效果 [J]. 中国植保导刊，42 (9)：62-65.

田新湖，胡启镔，谢锦秀，等，2021. 不同色板和信息素选择性诱杀茶棍蓟马试验 [J]. 中国茶叶，43 (11)：45-48, 55.

夏红军，丁春霞，傅建炜，等，2011. 不同色板对果树害虫及天敌的引诱作用差异 [J]. 中国农学通报，27 (19)：287-290.

叶娜，2024. 豇豆蓟马药剂防治效果对比试验 [J]. 西北园艺 (3)：41-43.

云天海，肖日新，吴月燕，等，2012. 蓝板诱杀技术在豇豆蓟马防控上的应用 [J]. 中国蔬菜 (5)：32.

张永利，2018. 粘虫色板在设施蔬菜上的应用技术 [J]. 现代农业 (11)：35.

朱金籴，焦书升，高艳，等，2021. 不同颜色粘虫板对温室番茄主要害虫的诱集效果研究 [J]. 农业科技通讯 (1)：217-220.

BLACKMER L J, BYERS A J, RODRIGUEZ-SAONA C, 2007. Evaluation of color traps for monitoring Lygus spp.: Design, placement, height, time of day, and non-target effects [J]. Crop Protection, 27 (2): 171-181.

几种生物药剂对豇豆蓟马防效初报

郭指君[1]，杨连勇[1]，张忠武[1]，孙信成[1]，蒋　万[1]，黄　琳[1]，黄国华[2]

(1. 常德市农林科学研究院蔬菜科学研究所，常德　415000；
2. 湖南农业大学植物保护学院，长沙　410000)

摘　要：【目的】生产上豇豆蓟马发生严重，为科学防治、实现绿色生产，经田间防治试验，以期筛选出对蓟马防治效果优良的生防药剂。【方法】本研究通过叶面喷雾法，以清水为对照，评价不同生物药剂对蓟马成虫和若虫的田间药效。【结果】结果表明：对蓟马成虫防效，药后14 d，四种药剂的防效均呈下降趋势，苦参碱和蓟马专用助剂还保持在50.00%以上，氯虫苯甲酰胺防效出现负值；对蓟马若虫，药后14 d，蓟马专用助剂防效上升到79.42%，苦参碱防效保持在60.00%以上。【结论】从整体防效看，防治若虫速效性最好的是氯虫苯甲酰胺，其次是满必击，但满必击的持效性差，蓟马专用助剂和苦参碱的持效性较好；从总虫口数的防效来看速效性较好的前三位是满必击、苦参碱、氯虫苯甲酰胺，苦参碱和蓟马专用助剂的持效性最好，满必击次之。

关键词：生物药剂；豇豆蓟马；防效

蓟马是目前危害豇豆最严重的害虫之一，可危害整个生育期，造成的损失可达20%~80%，我国对豇豆造成主要危害的蓟马种类有普通大蓟马（吴圣勇等，2024；叶火春等，2020）、豆大蓟马、花蓟马、棕榈蓟马、黄胸蓟马、端大蓟马、花蓟马、豇豆毛蓟马等（叶佳琴等）。据报道，在物理防治上，采用绿色防虫网对豇豆蓟马阻隔作用可达89.3%以上（罗丰等，2014）；悬挂虚拟波长为435~450 nm的蓝板对花蓟马诱集效果较好，其中圆形蓝板优于长方形、三角形和正方形，且挂置高度为0.6 m时诱集到的虫口数量最多（陈俊谕等，2017）。在生物药剂防治上，采用剂量为60 g/L乙基多杀菌素药后1 d防效为82.0%，持效期为7~10 d（黄立飞等，2024）；在化学药剂防治上，采用剂量为64.13 g/hm^{2}的甲维盐和复配药剂（5.7%甲维盐 51.3~64.13 g/hm^2 + 0.5%苦参碱 6.75 g/hm^2）对豇豆蓟马的防效较好（张永芳等，2023）。

本研究采用氯虫苯甲酰胺、苦参碱、蓟马专用助剂、满必击4种生物药剂开展豇豆蓟马防控试验，以期筛选出对蓟马防治效果优良的生防药剂。

1　材料与方法

1.1　材料

供试豇豆材料为长豇337，由常德市农林科学研究所提供。

供试药剂有氯虫苯甲酰胺（美国富美实公司）、苦参碱（河北中保绿农作物科技有限公司）、蓟马专用助剂（重庆聚立信生物工程有限公司）、满必击（海南桔槟维生物科技有限公司）。

1.2 方法
1.2.1 试验设计

试验于2023年5—6月在湖南省常德市武陵区青年北路新安路口市蔬菜科学研究所基地进行，选用土壤条件基本一致的地块作为试验小区，肥水管理同大田。5月9日播种，5月17日移栽，垄长32 m，宽1.6 m包沟，双行种植，104穴/行。试验地整个试验期间未施用任何供试药剂以外的农药。按随机区组设计，4次重复，小区面积20 m²，在蓟马始盛期施药1次，背负式手动喷雾器喷雾法，具体方案见表1。

表1 供试药剂方案设计

处理	药剂	推荐剂量	小区配方细则
B	蓟马专用助剂	300倍	4.5 mL药剂+1 350 mL水
F	满必击	600倍	2.3 mL药剂+1 350 mL水
K	氯虫苯甲酰胺	10 mL/亩	0.5 mL药剂+1 350 mL水
L	苦参碱	90 mL/亩	2.7 mL药剂+1 350 mL水
S	清水		1 350 mL

1.2.2 调查方法

采用五点取样法，每个小区内取5个点，每个点一株豇豆，并做好标记。在施药前调查全株蓟马虫口基数，施药后1 d、3 d、5 d、8 d和14 d各调查一次蓟马活虫数。药效计算方法：

$$虫口减退率（\%）=\frac{药前虫口数-药后虫口数}{药前虫口数}\times 100$$

$$防治效果（\%）=\frac{处理区虫口减退率-对照区虫口减退率}{100\%-对照区虫口减退率}\times 100$$

1.3 数据分析

试验数据采用Excel 2010软件进行录入整理，利用GraphPad Prism 5.0将数据绘制成图例，使用SPSS 26.0软件进行数据的差异显著性、相关性分析，使用Duncan's多重比较做数值间比较，显著性检验在0.05的水平上进行。图中不同字母表示差异显著（$P<0.05$）。

2 结果与分析

2.1 田间蓟马虫口数动态情况

如图1所示，在施用药剂1 d后若虫和成虫数都急剧下降，施用满必击的小区在第5 d后虫口数开始大幅回升，施用蓟马专用助剂的小区在第14 d仍保持较低的若虫虫口数。其他都在第8 d后出现激增，第14 d时施用满必击的小区虫口数甚至超过对照组4头。

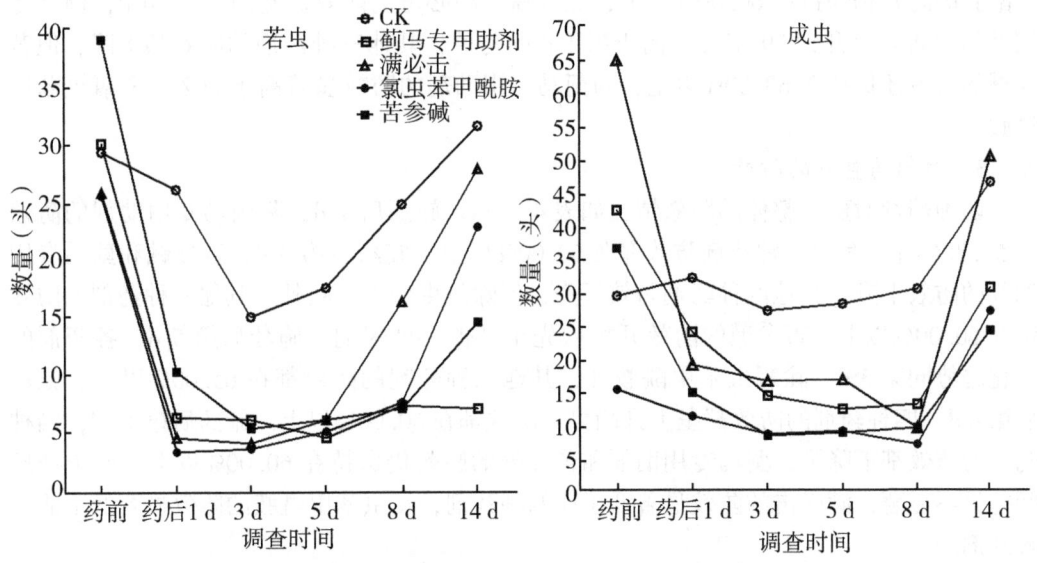

图 1　田间蓟马成虫、若虫虫口数情况

2.2　四种药剂对蓟马的防效

2.2.1　对蓟马成虫的防效

四种药剂对蓟马成虫的防效情况如表 2 所示。施药后 1 d，满必击、苦参碱的防治效果超过 60.00%，二者差异未达显著，蓟马专用助剂、氯虫苯甲酰胺的防效显著低于前两种药剂。施药后 3 d，苦参碱的防效上升至 75.31%；满必击的防效下降；蓟马专用助剂的防效从第 1 d 的 46.31% 上升至 62.91%；氯虫苯甲酰胺也从第 1 d 的 31.29% 上升至 38.88%，但防效显著低于其他三种药剂。施药后 5 d，苦参碱和满必击的防效下降，但仍超过 70.00%；蓟马专用助剂的防效持续上升至 67.92%，三者差异不显著；氯虫苯甲酰胺防效开始减退，显著低于前三种药剂，但防效高于第 1 d。施药后 8 d，四种药剂的防效均呈上升趋势，达各药剂的防效最大值，防效大小排序为：满必击>苦参碱>蓟马专用助剂>氯虫苯甲酰胺，氯虫苯甲酰胺为 55.62%，显著低于满必击，与其他两种药剂的防效差异不显著。施药后 14 d，四种药剂的防效均呈下降趋势，苦参碱和蓟马专用助剂还保持在 50.00% 以上，氯虫苯甲酰胺防效出现负值，显著低于其他三种药剂。

2.2.2　对蓟马若虫的防效

四种药剂对蓟马若虫的防效情况如表 3 所示。施药后 1 d，四种药剂的防效均在 65.00% 以上，差异不显著，氯虫苯甲酰胺达 84.66%。施药后第 3 d，除苦参碱外都呈下降趋势，除蓟马专用助剂防效为 57.61% 外，其他药剂防效仍大于 65.00%，各处理间差异不显著。施药后第 5 d，苦参碱的防效持续上升，蓟马专用助剂也呈上升趋势，但不及第 1 d 的防效，其他两种药剂的防效下降，氯虫苯甲酰胺的防效保持在 65.00% 以上，满必击的防效低于 60.00%，各处理间差异不显著。施药后第 8 d，除苦参碱的防效继续上升外，其他三种药剂的防效都呈下降趋势，苦参碱、蓟马专用助剂、氯虫苯甲酰胺的防效仍保持在60.00%以上，显著高于满必击的防效。施药后第14 d，蓟马专用助剂的防效上升到79.42%，高于第1 d的防效，其他三种药剂的防效都下降，但苦参碱的防效还保持在60.00%以上，与蓟马专用助剂的防效显著高于满必击和氯虫苯甲酰胺。

2.2.3 对蓟马整体的防效

四种药剂对蓟马整体的防效情况如表4所示。施药后1 d，除蓟马专用助剂的防效为57.88%外，其他三种药剂防效都在60.00%以上。施药后第3 d，苦参碱和蓟马专用助剂的防效上升，其他两种药剂防效下降，但除氯虫苯甲酰胺外，其他三种药剂的防效都在60.00%以上，苦参碱的防效开始领先于其他三种药剂。施药后第5 d，各药剂的变化趋势同第3 d，除氯虫苯甲酰胺外，其他三种药剂的防效都在65.00%以上。施药后第8 d，四种药剂的防效都呈上升趋势，防效都在60.00%以上。施药后第14 d，四种药剂的防效都下降了，蓟马专用助剂和苦参碱的防效仍保持在60.00%以上，两个处理间差异不显著，满必击的防效显著低于前两种药剂，氯虫苯甲酰胺的防效显著低于前三种药剂。

综上所述，本试验中在豇豆上防治蓟马，四种药剂有一定的效果，对成虫速效性和持效性都较好的是满必击，苦参碱的持效性优秀且防效较稳定，其次是蓟马专用助剂。防治若虫速效性最好的是氯虫苯甲酰胺，其次是满必击，但满必击的持效性差，蓟马专用助剂和苦参碱的持效性较好。从总虫口数的防效来看速效性较好的前三位是满必击、苦参碱、氯虫苯甲酰胺，苦参碱和蓟马专用助剂的持效性最好，满必击次之。

3 结论与讨论

针对豇豆蓟马，生物药剂具有一定灭杀效果。本研究中对蓟马成虫防效，药后14 d，四种药剂的防效均呈下降趋势，苦参碱和蓟马专用助剂还保持在50.00%以上，氯虫苯甲酰胺防效出现负值；对蓟马若虫，药后14 d，蓟马专用助剂防效上升到79.42%，苦参碱防效保持在60.00%以上。从整体防效看，防治若虫速效性最好的是氯虫苯甲酰胺，其次是满必击，但满必击的持效性差，蓟马专用助剂和苦参碱的持效性较好；从总虫口数的防效来看速效性较好的前三位是满必击、苦参碱、氯虫苯甲酰胺，苦参碱和蓟马专用助剂的持效性最好，满必击次之。这与张永芳等（2024），邱海燕等（2017）报道生物药剂苦参碱对豇豆蓟马有一定的毒杀作用，7 d后防效在60.00%以上的结果相一致。溴氰虫酰胺用药量为60 g a.I./hm，喷施后5 d、7 d、10 d对豇豆蓟马的防治效果分别达91.84%、93.46%、94.49%，其防治效果好，且持效性好（桑松等，2014）。0.3%印楝素乳油800倍液，或0.3%苦参碱水剂800倍液等；金龟子绿僵菌CQMa421对烟蓟马也表现出较强的快速击倒及控制作用，可作为绿色防控的推荐药剂（田翠玲等，2021）。

生物药剂或化学药剂添加助剂，可以显著提高防控效果。如采用乙基多杀菌素+氯虫苯甲酰胺、蓟马速溶+氯虫苯甲酰胺，同时放置蓝色粘虫板对豇豆蓟马的防控有显著效果（叶娜，2024）。使用25%噻虫嗪水分散粒剂防治豇豆蓟马，添加助剂Silwet stik或迈丝防治效果分别提高了8.84%和6.58%；施药5 d后防效均分别提高4.04%~8.55%和10.37%~12.25%，防治效果明显提高（王潇楠等，2022）。

表2 四种药剂对田间蓟马成虫的防效

药剂	1 d 减退率/%	1 d 防效/%	3 d 减退率/%	3 d 防效/%	5 d 减退率/%	5 d 防效/%	8 d 减退率/%	8 d 防效/%	14 d 减退率/%	14 d 防效/%
蓟马专用助剂	40.32 efgh	46.31 efgh	63.64 abcd	62.91 bcde	69.65 abc	67.92 abcd	66.89 abc	68.08 abcd	27.00 ghi	54.30 cdefg
满必击	70.32 abc	72.22 abc	74.09 abc	71.90 abc	73.03 abc	71.70 abc	85.29 a	85.74 a	20.19 hij	49.51 defgh
氯虫苯甲酰胺	26.16 ghi	31.29 h	44.22 defg	38.88 fgh	40.42 efgh	37.62 gh	54.11 cdef	55.62 bcdefg	−78.76 l	−12.93 i
苦参碱	60.53 bcde	63.03 bcde	77.93 ab	75.31 ab	75.91 abc	74.56 ab	73.73 abc	74.74 ab	32.56 fgh	56.96 bcdef
CK	−10.17 k	—	6.72 ijk	—	4.54 jk	—	−3.11 k	—	−59.61 l	—

表3 四种药剂对田间蓟马若虫的防效

药剂	1 d 减退率/%	1 d 防效/%	3 d 减退率/%	3 d 防效/%	5 d 减退率/%	5 d 防效/%	8 d 减退率/%	8 d 防效/%	14 d 减退率/%	14 d 防效/%
蓟马专用助剂	77.86 ab	74.53 ab	78.30 ab	57.61 b	83.51 a	72.37 ab	75.45 ab	71.23 ab	77.33 ab	79.42 ab
满必击	80.74 a	77.71 ab	83.45 a	67.97 ab	75.04 ab	58.66 ab	37.51 d	25.75 c	−6.68 f	0.89 d
氯虫苯甲酰胺	86.33 a	84.66 a	84.70 a	70.04 ab	79.10 a	65.62 ab	69.94 ab	64.34 ab	11.49 e	17.89 cd
苦参碱	70.35 ab	66.49 ab	85.64 a	72.47 ab	84.53 a	74.00 ab	79.61 a	76.58 ab	61.38 bc	64.42 ab
CK	11.26 e	—	48.40 cd	—	39.84 d	—	14.95 e	—	−7.96 f	—

表 4 四种药剂对田间蓟马的整体防效

药剂	1 d		3 d		5 d		8 d		14 d	
	减退率/%	防效/%	减退率/%	防效/%	减退率/%	防效/%	减退率/%	防效/%	减退率/%	防效/%
蓟马专用助剂	57.55 de	57.88 bc	71.39 abcd	61.06 abc	76.39 abc	69.50 abc	71.35 abcd	69.77 abc	47.88 e	61.24 abc
满必击	73.36 abc	73.29 ab	76.96 abc	68.20 abc	73.82 abc	66.19 abc	71.31 abcd	69.29 abc	12.52 gh	34.18 d
氯虫苯甲酰胺	63.93 cd	63.75 abc	69.68 abcd	57.54 bc	64.84 cd	54.73 c	64.13 cd	61.89 abc	-22.25 i	8.24 e
苦参碱	66.54 bcd	66.65 abc	81.77 a	74.19 a	80.19 ab	74.41 a	78.11 abc	77.03 a	48.15 e	61.19 abc
CK	0.28 h	—	27.41 f	—	22.28 fg	—	5.73 h	—	-33.85 i	—

从其他防治手段上看，生产上采用烟草叶和生石灰各取 1 kg，分别加 40 kg 水搅匀，24 h 后用纱布过滤，取清水使用，对豇豆蓟马有一定防效（司升云等，2017）。以虫治虫和以菌治虫可在一定程度上控制豇豆上蓟马的数量。生防菌对蓟马的防治效果也很好，可利用白僵菌、绿僵菌、蜡蚧轮枝菌等进行防治（王雅卉等，2011；袁盛勇，2011）；联合应用生防菌和天敌，天敌携菌协同防治蓟马，如利用巴氏新小绥螨携带白僵菌增强对西花蓟马防治（吴圣勇，2014）。杀虫剂与蓝板引诱剂联合应用，不仅发挥了蓝板对蓟马的高效诱杀效果，还提高了不同杀虫剂对蓟马的防治效果；两者联合的防效较杀虫剂单独处理平均提高了 10%（田厚军等，2024）。

综上所述，生产上豇豆蓟马防控采取多种手段综合防治效果要好，如采用防虫网覆盖+蓝板诱杀+生物药剂+助剂，菜地四周栽植利于益虫栖息的植物，涵养益虫等。但本研究及相有关文献尚未有相关报道，这为今后继续开展综合防控提供了思路。

参考文献

陈俊谕，牛黎明，李磊，等，2017. 不同颜色粘虫板对花蓟马的田间诱集效果 [J]. 环境昆虫学报，39（5）：1169-1176.

黄立飞，苏治友，王欢廷，等，2024. 广西豇豆蓟马发生规律及防治药剂筛选 [J]. 中国瓜菜，37（4）：121-126.

罗丰，袁廷庆，柯用春，等，2014. 不同颜色防虫网对豇豆生长特性、产量及蓟马发生量的影响 [J]. 南方农业学报，45（9）：1584-1588.

邱海燕，付步礼，唐良德，等，2017. 豇豆蓟马发生规律及防治药剂筛选的研究 [J]. 中国农学通报，33（19）：138-142.

桑松，张珂，王培丹，等，2014. 溴氰虫酰胺防治豇豆蓟马的效果 [J]. 贵州农业科学，42（3）：69-70.

司升云，张宏军，冯夏，等，2017. 中国蔬菜害虫原色图谱 [M]. 北京：中国大百科全书出版社.

田翠玲，关秀敏，高庆刚，等，2021. 金龟子绿僵菌 CQMa421 防治棉蓟马田间药效试验研究 [J]. 农药科学与管理，42（10）：46-49.

田厚军，赵建伟，林硕，等，2024. 引诱剂与杀虫剂联合使用对茄子黄胸蓟马的防治效果 [J]. 中国生物防治学报，40（2）：266-273.

王潇楠，王思威，常虹，等，2022. 两种喷雾助剂对噻虫嗪防治豇豆上蓟马的减施增效作用 [J]. 农药学学报，24（2）：368-375.

王雅卉，郑长英，王俊平，2011. 球孢白僵菌对西花蓟马成虫的毒力及体表侵染的扫描电镜观察 [J]. 中国生物防治学报，27（3）：324-330.

吴圣勇，2014. 白僵菌尧巴氏新小绥螨和西花蓟马间的互作关系研究 [D]. 北京：中国农业科学院.

吴圣勇，谢文，刘万才，等，2024. 我国豇豆蓟马研究进展及综合防控措施 [J]. 植物保护，50（2）：10-18.

叶火春，王琴，闫超，等，2020. 甲维盐与啶虫脒对豇豆蓟马的联合毒力及田间防效 [J]. 热带农业科学，40（2）：76-81.

叶佳琴，李定银，岳文波，等，2023. 贵州省豇豆上蓟马发生新动态及防控 [J]. 长江蔬菜，13：

52-55.

叶娜, 2024. 豇豆蓟马药剂防治效果对比试验 [J]. 西北园艺 (3): 41-43.

袁盛勇, 孔琼, 张宏瑞, 等, 2011. 蜡蚧轮枝菌对西花蓟马成虫和若虫的毒力测定 [J]. 北方园艺 (10): 131-133.

张永芳, 赵劲宇, 王华, 2023. 5.7%甲氨基阿维菌素微乳剂和0.5%苦参碱防治豇豆蓟马的药效试验 [J]. 安徽农学通报, 29 (12): 98-102.

爪哇虫草菌 CJ01 可湿性粉剂对常德地区豇豆蓟马田间药效评价[*]

陈常瑞[1][**]，唐 俊[1]，杨连勇[2]，黄 琳[2]，黄国华[1][***]

(1. 湖南农业大学植物保护学院，长沙 410000；
2. 常德市农林科学研究院蔬菜科学研究所，常德 415000)

摘 要：【目的】为明确爪哇虫草菌 CJ01 可湿性粉剂对常德地区豇豆上蓟马的田间防治效果，以期筛选出对蓟马防治效果优良的生防药剂。【方法】本研究通过叶面喷雾法，以乙基多杀菌素悬浮剂、金龟子绿僵菌 CQMa421 可分散油悬浮剂作为对照药剂，评价不同浓度爪哇虫草菌 CJ01 可湿性粉剂对蓟马成虫和若虫的田间药效。【结果】药后 1 d，150 g/亩爪哇虫草菌 CJ01 可湿性粉剂防效最好，药后 5 d 防效达到 90.70%，显著高于两种对照药剂。150 g/亩爪哇虫草菌 CJ01 可湿性粉剂对若虫防效在药后 8 d 达到最高，防治效果达到 88.56%，显著高于乙基多杀菌素悬浮剂和金龟子绿僵菌 CQMa421 可分散油悬浮剂。【结论】150 g/亩爪哇虫草菌 CJ01 可湿性粉剂防效优于乙基多杀菌素悬浮剂和金龟子绿僵菌 CQMa421 可分散油悬浮剂，100 g/亩爪哇虫草菌 CJ01 可湿性粉剂防效与乙基多杀菌素悬浮剂相当，可见爪哇虫草菌 CJ01 可湿性粉剂有望成为防治豇豆上蓟马的理想药剂。

关键词：爪哇虫草菌 CJ01 可湿性粉剂；普通大蓟马；杀虫剂；田间药效

Field Efficacy Evaluation of Cordyceps javanica CJ01 Wettable Powder on Cowpea Thrips in Changde area

Chen Changrui, Tang Jun[1], Yang Lianyong[2], Huang lin[2], Huang Guohua[1]

(1. *College of Plant Protection, Hunan Agricultural University, Changsha 410000, China*;
2. *Changde Vegetable Research Institute, Changde 415000, China*)

Abstract:【Objectives】This study aims to determine the field control effect of Cordyceps javana CJ01 wettable powder on thrips on cowpea in Changde area, and to screen out the biocontrol agents with good control effect on thrips.【Methods】In this study, the field efficacy of different concentrations of Cordyceps javanica CJ01 wettable powder on adults and nymphs of thrips were evaluated by foliar spray method, using ethyl polycidin suspension and Metarhizium anisopliae CQMa421 dispersible oil suspension as control agents.【Results】On the 1st day after administration, 150 g/mu wettable powder of Cordyceps javanica CJ01 had the best control effect, and the control effect reached 90.70% on the 5th day after administration, which was significantly higher

---

[*] 基金项目："十四五"国家重点研发计划项目（2024YFD1400100）；国家大宗蔬菜产业技术体系项目（CARS-23-C08）
[**] 第一作者：陈常瑞，E-mail：1394249050@qq.com
[***] 通信作者：黄国华，E-mail：ghhuang@hunan.edu.cn

than the two control agents. The control effect of 150 g/mu wettable powder of Cordyceps javanica CJ01 on nymphs reached the highest at 8 days after administration, and the control effect reached 88.57%, which was significantly higher than that of the two control agents. 【Conclusion】 The control effect of 150 g/mu of Cordyceps javanica CJ01 wettable powder is better than that of ethyl polycidin suspension and Metarhizium anisopliae CQMa421 dispersible oil suspension, and the control effect of 100 g/mu of Cordyceps javanica CJ01 wettable powder is equivalent to that of ethyl polycidin suspension. It can be seen that the wettable powder of Cordyceps javanica CJ01 is expected to be an ideal agent for controlling thrips on cowpea.

Key words: Cordyceps javanica CJ01 wettable powder; *Megalurothrips usitatus*; Insecticide; Efficacy

豇豆（*Vigna unguiculata*）在湖南省种植面积大约150万亩（含春、秋两季），占湖南省蔬菜播种总面积的8%，总产量约187.5万t，总产值约45亿元，是湖南重要的豆类蔬菜作物（谭亮萍等，2020）。蓟马是目前危害豇豆最严重的害虫之一，可危害豇豆整个物候期，造成的损失可达20%~80%，在我国对豇豆造成主要危害的蓟马种类为普通大蓟马（吴圣勇等，2024；叶火春等，2020）。普通大蓟马 *Megalurothrips usitatus*（Bagnall）又名豆大蓟马、豆花蓟马，属缨翅目 Thysanoptera 蓟马科 Thripidae 大蓟马属 *Megalurothrips*，通过锉吸式口器取食豇豆幼嫩组织的汁液，造成豇豆叶片萎缩与畸形，花朵不能正常开放，果实黑头、黑尾，影响豇豆的产量与品质（范咏梅等，2013；罗亚丽等，2020）。

目前蓟马的主要防治手段为化学防治，有机磷、有机氯、拟除虫菊酯、新烟碱以及多杀菌素类杀虫剂被广泛应用，但普通大蓟马集中在花内为害，生活隐蔽，药剂难达靶标，60%以上的豇豆种植户盲目过量使用各种杀虫剂，使蓟马长期暴露在杀虫剂的选择压力下，靶标敏感性下降，同时普通大蓟马具有历期短、繁殖力强能营孤雌生殖等有利于进化的特征，导致害虫抗药性逐年增强（唐良德等，2016；谭亮萍等，2020；邱海燕；2022）。除化学防治外，生物防治也是控制蓟马危害的重要措施，虫生真菌是防治蓟马的生物防治手段之一，虫生真菌防治蓟马不易产生抗性且持续控制种群数量，已知对蓟马具有控害潜力的虫生真菌有球孢白僵菌 *Beauveria bassiana*、金龟子绿僵菌 *Metarhizium anisopliae* 和玫烟色拟青霉 *Isaria fumosorosea* 等，发掘可用虫生真菌资源对减缓普通大蓟马抗药性增加具有重要意义（吴圣勇等，2024）。

爪哇虫草菌 *Cordyceps javanica* 属丝孢科棒孢霉属，通过菌丝侵染寄主表皮，侵入寄主血腔后摄取寄主体内的营养物质，使寄主昆虫的虫体感菌后死亡（汤永玉等，2023）。本课题组从罹病死亡的烟粉虱虫体上分离得到一株对蓟马具有高效、特异和稳定杀虫活性的虫生真菌，分类命名为爪哇虫草菌 CJ01，制成20亿孢子/g 爪哇虫草菌 CJ01 可湿性粉剂，以乙基多杀菌素和金龟子绿僵菌 CQMa421 为对照药剂，通过评价爪哇虫草菌 CJ01 可湿性粉剂对普通大蓟马的田间防治效果，为防治蓟马危害提供新的生防思路。

1 材料与方法

1.1 试验条件

2023年7—8月，于湖南省常德市武陵区青年北路新安路口常德市蔬菜科学研究所（111°44′10″E，29°1′45.840″N）豇豆田中进行田间试验，防治对象为豇豆上的普通大蓟马，供试的豇豆品种为长豇337。试验时豇豆处于开花结荚期，长势均匀，试验小区土壤类型为中性偏酸沙土，各小区水肥管理、移栽期、种植密度、生育期、水层管理均匀一致，且符合当地科学的农业实践。

1.2 供试药剂

60 g/L乙基多杀菌素悬浮剂（SC），购自科迪华农业科技有限公司；80亿孢子/mL金龟子绿僵菌CQMa421可分散油悬浮剂（OD），购自重庆聚立信生物工程有限公司；蓟马专用助剂，购自重庆聚立信生物工程有限公司；20亿孢子/g爪哇虫草菌CJ01可湿性粉剂（WP），由湖南农业大学植物保护学院，植物病虫害生物学与防控湖南省重点实验室提供。

1.3 田间药效试验

1.3.1 试验设计

农药剂量参考药剂防治蓟马的田间推荐剂量，以清水为对照。60 g/L乙基多杀菌素悬浮剂设50 mL/亩；80亿孢子/mL金龟子绿僵菌CQMa421可分散油悬浮剂设80 mL/亩；爪哇虫草菌CJ01可湿粉剂设50 g/亩、100 g/亩、150 g/亩3个处理，设清水为空白对照，每处理重复4次，试验共6个处理，小区采用随机区组排列，每个小区面积20 m²，双行种植，将药剂按照试验设计稀释后均匀喷洒全株，施药当天平均气温35℃，平均相对湿度58%。

1.3.2 药效调查

在药前1 d和在药后1 d、3 d、5 d、8 d和14 d调查豇豆上活虫数。调查采用五点取样法，每个小区内取5个点，每点一株豇豆，每株调查5朵豇豆花，计算虫口减退率及防治效果。

$$虫口减退率（\%）= \frac{药前虫口数 - 药后虫口数}{药前虫口数} \times 100$$

$$防治效果（\%）= \frac{处理区虫口减退率 - 对照组虫口减退率}{100\% - 对照组虫口减退率} \times 100$$

1.4 数据分析

采用SPSS软件（IBM SPSS Statistics 27.0.1）进行数据处理，采用单因素Duncan's新复极差法对各药剂处理数据间进行差异显著性分析。

2 结果与分析

2.1 不同药剂对豆大蓟马成虫的田间防治效果

金龟子绿僵菌CQMa421油悬浮剂、乙基多杀菌素悬浮剂及3种不同浓度梯度爪哇虫草菌CJ01可湿性粉剂对普通大蓟马成虫的田间防效结果见表1。

表1 药剂防治豇豆蓟马成虫田间药效实验结果

供试药剂	施药剂量	虫口基数	防效（%）				
			1 d	3 d	5 d	8 d	14 d
爪哇虫草菌CJ01可湿性粉剂	50 g/亩	106.00	22.81±9.52b	71.29±7.66bc	76.26±4.62bc	62.36±12.47b	30.63±6.81b
	100 g/亩	108.50	51.55±11.89a	80.44±10.03ab	83.54±7.97ab	78.61±11.23a	53.59±16.98a
	150 g/亩	35.00	53.93±12.98a	85.94±4.08a	90.70±2.85a	83.83±10.41a	62.97±11.87a
金龟子绿僵菌CQMa421油悬浮剂	80 mL/亩	32.50	16.44±6.59b	64.29±7.45c	67.25±3.09c	23.73±6.74c	19.86±9.72b
乙基多杀菌素悬浮剂	50 mL/亩	50.50	44.17±9.66a	65.50±11.30c	65.04±17.23c	60.39±5.50b	24.14±10.92b
清水		92.50	—	—	—	—	—

注：药前虫口基数为4次重复的平均值；表中数据为平均值±标准误，同列数据后不同小写字母表示差异显著（$P<0.05$）。

药后1 d，100 g/亩和150 g/亩的爪哇虫草菌CJ01可湿性粉剂防治效果较高，分别为51.55%和53.93%，与乙基多杀菌素悬浮剂50 mL/亩防效无明显差异，显著高于另一对照药剂金龟子绿僵菌CQMa421油悬浮剂80 mL/亩的防效。药后3 d，各药剂处理的防效均有提升，爪哇虫草菌CJ01可湿性粉剂50 g/亩的防效上升最快达到71.29%，爪哇虫草菌CJ01可湿性粉剂100 g/亩处理和爪哇虫草菌CJ01可湿性粉剂150 g/亩处理的防效均显著高于两个对照药剂。药后5 d，金龟子绿僵菌CQMa421油悬浮剂对蓟马成虫的防效达到最高，爪哇虫草菌CJ01可湿性粉剂各浓度处理防效均达到75%以上，其中爪哇虫草菌CJ01可湿性粉剂150 g/亩防治效果最好，对蓟马成虫的防治效果为90.70%。药后8 d，三种药剂防效开始下降，爪哇虫草菌CJ01可湿性粉剂100 g/亩和150 g/亩的防效均显著高于对照药剂，金龟子绿僵菌CQMa421油悬浮剂的防效下降明显。药后14 d，爪哇虫草菌CJ01可湿性粉剂100 g/亩和150 g/亩的防效仍高于两种对照药剂。

2.2 不同药剂对豆大蓟马若虫的田间防治效果

金龟子绿僵菌CQMa421油悬浮剂、乙基多杀菌素悬浮剂及3种不同浓度梯度爪哇虫草菌CJ01可湿性粉剂对豇豆蓟马若虫的田间试验结果见表2。

表2 药剂防治豇豆蓟马若虫田间药效实验结果

供试药剂	施药剂量	虫口基数	防效（%）				
			1 d	3 d	5 d	8 d	14 d
爪哇虫草菌 CJ01 可湿性粉剂	50 g/亩	50.50	58.91±4.35bc	52.67±7.69c	64.73±1.49bc	46.86±5.64c	37.37±15.83b
	100 g/亩	33.00	66.58±8.35ab	71.41±10.42ab	80.83±5.80ab	67.15±1.89b	48.31±9.91ab
	150 g/亩	40.00	78.46±16.30a	79.67±7.29a	85.75±2.37a	88.56±6.03a	64.90±22.42a
金龟子绿僵菌 CQMa421 油悬浮剂	80 mL/亩	27.00	48.32±9.96c	48.08±9.50c	50.06±21.39c	69.41±5.65b	27.18±11.23b
乙基多杀菌素悬浮剂	50 mL/亩	25.50	51.65±8.42bc	65.41±1.10b	61.07±15.76c	54.61±10.42c	26.70±12.57b
清水 blank	—	38.25	—	—	—	—	—

注：药前虫口基数为4次重复的平均值；表中数据为平均值±标准误，同列数据后不同小写字母表示差异显著（$P<0.05$）。

药后 1 d，爪哇虫草菌 CJ01 可湿性粉剂 150 g/亩的防治效果为 78.46%，均显著高于两种对照药剂。药后 3 d，爪哇虫草菌 CJ01 可湿性粉剂 100 g/亩、150 g/亩的防治效果均高于 70%，显著高于金龟子绿僵菌 CQMa421 油悬浮剂，爪哇虫草菌 CJ01 可湿性粉剂 150 g/亩防效显著高于乙基多杀菌素防效。药后 5 d，爪哇虫草菌 CJ01 可湿性粉剂 50 g/亩、100 g/亩、150 g/亩的防效均显著高于两种对照药剂。药后 8 d，爪哇虫草菌 CJ01 可湿性粉剂 150 g/亩的防效达到最高，显著高于其他处理。药后 14 d，爪哇虫草菌 CJ01 可湿性粉剂 150 g/亩的防效仍显著高于其他处理，其他处理间防效无明显差异。

3 结论与讨论

本试验以对蓟马具有较高防效的乙基多杀菌素悬浮剂和金龟子绿僵菌 CQMa421 油悬浮剂作为对照药剂，评价爪哇虫草菌 CJ01 可湿性粉剂对普通大蓟马成虫和若虫的田间防效。田间药效试验结果表明，爪哇虫草菌 CJ01 可湿性粉剂对普通大蓟马成虫和若虫的防效随使用浓度的增加而逐渐升高。150 g/亩爪哇虫草菌 CJ01 可湿性粉剂处理防效与 100 g/亩处理防效无显著性差异，显著高于与 50 g/亩处理防效。

田间试验结果显示，爪哇虫草菌 CJ01 可湿性粉剂防效优于两组对照药剂处理。药后 1 d 100 g/亩、150 g/亩爪哇虫草菌 CJ01 可湿性粉剂对蓟马成虫、若虫防效在 50% 以上，与对照药剂乙基多杀菌素悬浮剂防效相当。施药后 3 d、5 d、8 d，100 g/亩、150 g/亩爪哇虫草菌 CJ01 可湿性粉剂防效优于两组对照药剂，施药后 14 d 表现 50 g/亩、100 g/亩、150 g/亩爪哇虫草菌 CJ01 可湿性粉剂防效优于两组对照药剂。

田间试验结果显示，爪哇虫草菌 CJ01 可湿性粉剂表现出良好的速效性和持效性。金龟子绿僵菌 CQMa421 油悬浮剂药后 1 d 对蓟马成虫和若虫的防治效果分别为 16.44% 和 48.32%，药后 5 d 对蓟马成虫防效提升至 67.25%，药后 8 d 对若虫防效提升至

69.41%，药后 14 d，对蓟马成虫和若虫防效下降，低于 30%，显著低于爪哇虫草菌 CJ01 可湿性粉剂。乙基多杀菌素作用于烟碱乙酰胆碱受体，释放乙酰胆碱影响正常神经活动，对蓟马具有较好的速效性，在自然环境中可通过光降解和微生物降解等多种途径快速降解（杨小龙等，2024）。田间实验中，乙基多杀菌素悬浮剂在药后 3 d 对蓟马成虫和若虫防效达到 65%以上，且药后 3 d 至药后 8 d 防效稳定，药后 14 d，对蓟马成虫和若虫防效低于 30%，与前人（邱海燕等，2017）研究结果相比防效较低，可能是不同地区普通大蓟马对乙基多杀菌素的敏感性不同。在药后 1~5 d，爪哇虫草菌 CJ01 可湿性粉剂对普通大蓟马成虫防效逐渐升高，150 g/亩爪哇虫草菌可湿性粉剂对蓟马成虫在药后 5 d 防效为 90.70%，对蓟马若虫在药后 8 d 防效为 88.56%；药后 14 d，对蓟马成虫和若虫的防效仍保持在 60%以上，体现了虫生真菌的持效防控作用。

爪哇虫草菌可湿性粉剂作为生物农药，杀虫机制与化学类农药不同，且在田间试验中表现出良好的速效性和持效性，可在生产中与其他药剂交替使用延缓抗药性产生，也可结合多种防治手段减少用药量。例如，施药时结合普通大蓟马的生活习性，在 8：00—10：00 施药，此时豇豆花盛开，普通大蓟马处于活动高峰，会迅速向花中转移，此时施药药剂更容易接触到靶标害虫，提高防治效果（潘雪莲等，2021；闫凯莉等，2017）。或利用普通大蓟马对蓝色表现出强趋性，在田间悬挂诱虫蓝板达到防治效果（邱海燕等，2015；唐良德等，2015）。

参考文献

范咏梅，童晓立，高良举，等，2013. 普通大蓟马在海南豇豆上的空间分布型 [J]. 环境昆虫学报，35（6）：737-743.

罗亚丽，施丹，乔雪莹，等，2020. 杀虫剂亚致死浓度对普通大蓟马繁殖的影响 [J]. 应用昆虫学报，57（2）：427-433.

潘雪莲，杨磊，金海峰，等，2021. 豆大蓟马在海南发生及防治的研究进展 [J]. 热带生物学报，12（4）：508-513.

邱海燕，付步礼，谭魁孙，等，2022. 海南豆大蓟马田间种群对多种杀虫剂的抗性监测 [J]. 中国植保导刊，42（11）：67-71.

邱海燕，付步礼，唐良德，等，2017. 豇豆蓟马发生规律及防治药剂筛选的研究 [J]. 中国农学通报，33（19）：138-142.

邱海燕，刘奎，李鹏，等，2015. 黄、蓝色板对豆大蓟马的诱集效果比较 [J]. 中国园艺文摘，31（1）：50-52.

谭亮萍，刘跃进，黎绣凤，2020. 湖南省豇豆产业现状及发展建议 [J]. 长江蔬菜（14）：4-6.

汤永玉，吴国星，李冉，等，2023. 响应面法优化爪哇虫草菌的培养条件及其对斜纹夜蛾的毒力和保护酶活性影响 [J]. 微生物学报，63（12）：4555-4573.

唐良德，韩云，吴建辉，等，2015. 豆大蓟马室内对不同颜色及光波的趋性反应 [J]. 植物保护，41（6）：169-172.

唐良德，赵海燕，付步礼，等，2016. 海南地区豆大蓟马田间种群的抗药性监测 [J]. 环境昆虫学报，38（5）：1032-1037.

吴圣勇，谢文，刘万才，等，2024. 我国豇豆蓟马研究进展及综合防控措施 [J]. 植物保护，50（2）：10-18.

闫凯莉，唐良德，吴建辉，2017. 普通大蓟马对不同颜色的趋性及日节律调查 [J]. 应用昆虫学报，54（4）：639-645.

杨小龙，杨俊，杨石有，等，2024. 石榴蓟马防治药剂筛选及喷雾助剂对药剂的减量增效作用 [J]. 植物保护，50（4）：356-361.

叶火春，王琴，闫超，等，2020. 甲维盐与啶虫脒对豇豆蓟马的联合毒力及田间防效 [J]. 热带农业科学，40（2）：76-81.

江西油茶织蛾危害调查及绿色防控技术研究*

陈元生**，罗致迪，闫闯，于海萍

（江西环境工程职业学院，赣州 341000）

摘 要：【目的】油茶织蛾是油茶上的重要蛀干害虫，在江西油茶产区时常暴发成灾。为弄清江西主要油茶产区油茶织蛾的危害情况，及时采取高效的绿色防控，压低油茶织蛾造成的危害损失。【方法】通过对管氏肿腿蜂和白蛾周氏啮小蜂寄主适用性的筛选试验，研究了周氏啮小蜂成虫释放技术，并在江西油茶基地开展了室内及林间油茶织蛾生物调控技术试验与示范。【结果】结果表明，江西油茶主产区均有油茶织蛾发生，但危害程度（有虫株率）差异较大，赣南的油茶织蛾危害率最高，最高有虫株率达63.20%，其余地区的大多数油茶基地油茶织蛾危害率较低（有虫株率<10%）。室内寄生试验显示，周氏啮小蜂对油茶织蛾蛹的寄生率较高（平均寄生率达62.00%），而管氏肿腿蜂则寄生率相对较低（平均寄生率为29.33%），周氏啮小蜂的最佳释放量为蜂虫比10∶1，释放次数为2次（始蛹期和盛蛹期）。林间防治试验显示，防治效果最佳的是"人工修剪+释放管氏肿腿蜂+释放周氏啮小蜂"（防效82.67%），其次是"人工修剪+周氏啮小蜂"（防效73.48%）。【结论】可见，周氏啮小蜂是油茶织蛾的优势天敌，管氏肿腿蜂虽不是优势天敌，但可作为辅助措施应用于林间防治，在人工修剪病枯枝的基础上，多种拟寄生性天敌进行联合防治，可对该害虫起到更加高效、持久的防控，最大限度地减轻其危害损失。

关键词：油茶织蛾；周氏啮小蜂；管氏肿腿蜂；生物防治；寄生率；释放技术；江西

Investigation on the Harm and Study on Green Prevention and Control Technology of *Casmara patrona* in Jiangxi*

Chen Yuansheng**, Luo Zhidi, Yan Chuang, Yu Haiping

(*Jiangxi Environmental Engineering Vocational College*, *Ganzhou* 341000, *China*)

Abstract：【Objectives】*Casmara patrona* is an important stem boring pest on *Camellia oleifera*, which often erupts into disasters in *C. oleifera* production areas in Jiangxi. In order to understand the harm caused by *C. patrona* in the main *C. oleifera* producing areas of Jiangxi, timely and efficient green prevention and control measures should be taken to reduce the damage and losses caused by *C. patrona*. 【Methods】Through screening experiments on the host suitability of Scleroderma guani and Chouioia cunea, the release technology of *C. cunea* adults was studied. Indoor and forest *C. patrona* biological regulation technology experiments and demonstrations were carried out in Jiangxi *C. oleifera* base. 【Results】The results showed that *C. patrona* occurred in the main production areas of Jiangxi, but the degree of harm (insect plant rate) varied

---

* 基金项目：江西省重点研发计划项目（20212BBF63045）；江西省教育厅科技计划（GJJ161375）

** 第一作者：陈元生；E-mail：cys0061@163.com

greatly. *C. patrona* had the highest harm rate in southern Jiangxi, with the highest insect plant rate reaching 63.20%. The harm rate of *C. patrona* in most bases of *C. oleifera* in other areas was relatively low (insect plant rate<10%). Indoor parasitic experiments showed that the *C. cunea* had a high parasitic rate on the pupae of *C. patrona* (with an average parasitic rate of 62.00%), while *S. guani* had a relatively low parasitic rate (with an average parasitic rate of 29.33%). The optimal release amount of *C. cunea* is a ratio of 10∶1 between wasps and insects, with a release frequency of 2 times (during the initial pupal stage and the peak pupal stage). The forest control experiment showed that the best control effect was achieved by "artificial pruning + release of *S. guani* + release of *C. cunea*" (82.67% control effect), followed by "artificial pruning + release of *C. cunea*" (73.48% control effect). 【Conclusion】It can be seen that the *C. cunea* is the dominant natural enemy of *C. patrona*, while the *S. guani*, although not the dominant natural enemy, can be used as an auxiliary measure for forest control of *C. patrona*. On the basis of manually pruning diseased branches, combined control with various parasitic natural enemies can achieve more efficient and sustainable prevention and control of the pest, minimizing its damage and losses to the greatest extent possible.

Key words: *Casmara patrona*; *Chouioia cunea* Yang; *Sclerodermus guani* Xiao et Wu; Biological control; Parasitic rate; Release technology; Jiangxi

油茶织蛾（*Casmara patrona*）是油茶、茶树等山茶科植物的重要蛀干害虫，主要危害时期为幼虫期，幼虫从上向下蛀食枝干，导致枝干中空、枝梢萎凋，日久干枯，大枝也常整枝枯死或折断，幼树被害后常全株死亡，进而严重影响油茶等寄主植物的长势，茶籽产量显著下降（萧刚柔，1992；陈元生等，2024）。据报道，近年来，该虫在江西、湖南、广东、浙江等油茶产区常常暴发成灾，严重时危害率可达36%，甚至可达60%以上，经济损失巨大（华正媛等，2012；李密等，2014；谷平等，2017）。由于油茶织蛾是以其漫长的幼虫期隐蔽蛀道危害，防治较为困难，防治技术的研究较少，目前尚无一比较良好的经济有效的方法，巢军等（2007）、周慧平等（2013）、沈忠优等（2018）对油茶织蛾的防治方法进行了研究，提出采用人工修剪、灯光诱杀、化学农药防治等措施，这些措施多以有机磷类药剂防治为主，这给茶油生产的生态、绿色造成了威胁。刘达富等（2018）选用苏云金杆菌和森得保2种生物制剂进行了油茶织蛾防治，取得较好的防治效果，但这种生物菌剂只针对初孵幼虫。而有关利用天敌昆虫开展林间防治油茶织蛾的研究，尚未见报道。林间油茶织蛾的天敌昆虫种类丰富，多为寄生性茧蜂类（萧铁光等，1992；谷平等，2017）。国内外利用茧蜂进行农林害虫生物防治的相关研究报道较多，但尚未见利用茧蜂防治油茶织蛾的报道。

油茶织蛾为鳞翅目织蛾科钻蛀性害虫。目前林间大面积推广应用的鳞翅目害虫寄生性天敌昆虫主要有白蛾周氏啮小蜂（*Chouioia cunea* Yang，以下简称周氏啮小蜂）和赤眼蜂（Trichogrammatid），赤眼蜂对油茶蛀茎类害虫的防治已有报道（金胜利等，2024），而有关周氏啮小蜂在油茶害虫防治上的应用，未见相关报道。周氏啮小蜂是最初发现于美国白蛾蛹内的寄生性天敌昆虫（杨忠岐，1989），其寄主范围比较广，除美国白蛾外还可寄生鳞翅目10多个科的害虫（郑雅楠等，2012），胡雨涛等（2018）报道，周氏啮小蜂对椰子织蛾（*Opisina arenosella* Walker）具有较强的搜索能力和较高的寄生率，生产中释放周氏啮小蜂能控制椰子织蛾。可见，周氏啮小蜂具有寄生织蛾科昆虫的寄生潜能，但是否能高效寄生同为织蛾科的油茶织蛾未见报道。为此，本项目针对江西油茶产区的特点，在全面掌握江西油茶织蛾危害情况的基础上，选用周氏啮小蜂为主要天敌昆虫，通过对周氏啮小蜂和管氏肿腿蜂（*Sclerodermus guani* Xiao et Wu）寄主适用性的筛选试验，开展了以生物防治为主的绿色防控技术研究，以期为江西地区油茶病虫害全面防控提供一些参考依据。

1 材料与方法

1.1 试验用天敌

白蛾周氏啮小蜂采自北京被寄生的美国白蛾蛹，管氏肿腿蜂采自江西赣南被寄生的松褐天牛，经江西永福源农林科技有限公司天敌繁育中心分别进行驯化、用柞蚕蛹人工大量繁育获得。

1.2 江西油茶织蛾危害情况调查

于2021—2022年选择江西油茶主产区（宜春、赣南、上饶、吉安）（油茶基地详细情况见表1），按照地理纬度梯度差异及不同生境设置调查与观测样点，在调查样地的油茶林随机选取10块标准地（30 m×30 m），调查标准地内的全部油茶树，统计油茶织蛾造成的枯枝数及其幼虫数，并计算出危害程度（有虫株率）。

1.3 管氏肿腿蜂对油茶织蛾幼虫室内寄生试验

参照雷艳红等（2023）的方法，将油茶织蛾幼虫危害的油茶枝条（剪成长约25 cm）放入规格为30 cm×30 cm×40 cm的玻璃罐内，每罐50个枝条，共4罐，玻璃罐口用纱布扎紧，防止肿腿蜂逃逸。其中，3个玻璃罐分别按肿腿蜂成虫数：油茶枝条数=2∶1的比例释放，另1个玻璃罐不放蜂作为空白对照（CK），然后置于温度为25℃、湿度为65%的智能人工气候箱RXZ（宁波江南仪器）内。试验设3次重复。30 d后剥开油茶树枝，统计油茶织蛾幼虫的被寄生数量、死亡数量，记录死亡原因。

1.4 周氏啮小蜂对油茶织蛾蛹室内寄生试验

将油茶织蛾幼虫危害且即将化蛹的油茶枝条（剪成长约25 cm）放入规格为30 cm×30 cm×40 cm的玻璃罐内，每罐50个枝条，共4罐，玻璃罐口用纱布扎紧，防止周氏啮小蜂逃逸。其中，3个玻璃罐分别按周氏啮小蜂成虫数：油茶枝条数=5∶1的比例释放，另1个玻璃罐不放蜂作为空白对照（CK），然后置于温度为25℃、湿度为65%的智能人工气候箱RXZ（宁波江南仪器）内。试验设3次重复。25 d后剥开油茶树枝，统计油茶织蛾蛹的被寄生数量、死亡数量，记录死亡原因。

1.5 油茶织蛾的绿色防控试验

1.5.1 周氏啮小蜂释放量和释放次数试验

试验设在信丰县古坡镇友尼宝油茶科技园，基地总面积90 hm²，试验品种为赣无系列油茶，树龄15~20 a。划定6块样地，每样地面积2 hm²左右。各样地中油茶织蛾种群密度（虫株率）相近，以保证试验平行性。各个样地间距大于200 m，以保证试验独立性，试验样地油茶织蛾造成的枯枝不修剪。

释放量试验：选取上述样地4块，对其中3块样地分别按5∶1、10∶1、15∶1蜂虫比（周氏啮小蜂：油茶织蛾枯枝数）比例释放周氏啮小蜂成虫，第4块样地作为空白对照（即不释放周氏啮小蜂）（CK1）。于2022—2023年，每年3月下旬（始蛹期）、4月中旬（盛蛹期）各释放1次周氏啮小蜂成虫，放蜂时间为晴天无风的傍晚日落之前（下同）。

释放次数试验：选取上述样地中的3块进行释放次数试验，设置3个处理，处理1为每年释放1次，即在2022—2023年的每年3月下旬（始蛹期）释放1次，释放量为蜂虫比10：1；处理2为每年释放2次，于每年3月下旬（始蛹期）、4月中旬（盛蛹期）各释放1次，每次放蜂量为10：1（蜂虫比）；处理3为对照（CK2），不释放周氏啮小蜂。

1.5.2 物理防治与生物防治协同作用试验

选择油茶织蛾危害严重的信丰县新田镇金鸡林场油茶基地作为试验基地，基地总面积60 hm²，试验品种为长林系列油茶，树龄15~20 a。划定8块样地，每样地面积2 hm²左右。各样地中油茶织蛾种群密度（虫株率）相近，以保证试验平行性。各个样地间距大于200 m，以保证试验独立性，试验样地油茶织蛾造成的枯枝于茶果采收后的12月进行人工修剪，并将油茶织蛾为害的枯枝剪除并清理出油茶基地烧毁。

人工修剪+释放周氏啮小蜂试验：选取上述样地中的2块，2022—2023年的每年3月下旬（始蛹期）和4月中旬（盛蛹期）各释放1次周氏啮小蜂，每次放蜂量为10：1（蜂虫比）。

人工修剪+释放管氏肿腿蜂试验：选取上述样地中的2块，2022—2023年的每年2月下旬释放管氏肿腿蜂成虫（蜂虫比2：1）。

修剪+肿腿蜂+啮小蜂：选取上述样地中的2块，2022—2023年的每年2月下旬释放管氏肿腿蜂成虫（蜂虫比2：1），然后3月下旬（始蛹期）和4月中旬（盛蛹期）各释放1次周氏啮小蜂，每次放蜂量为10：1（蜂虫比）。

选取上述样地中的2块，1块样地作为对照区1（CK3）（不放蜂，只修剪），另1块样地作对照区2（CK4）（不放蜂，不修剪）。

1.5.3 防治效果调查

放蜂1个月后，在各个样地（包括对照区）内，采用大五点取样法，每次随机选取60条油茶织蛾危害的枯枝，调查油茶织蛾蛹（幼虫）被寄生虫数和活虫数，统计寄生率。于2022年2月中旬（防治前）、2024年3月中旬（防治后）调查、统计试验样地油茶织蛾有虫株率，计算防治效果。

1.6 试验数据分析

所有数据的统计分析均采用SPSS 25.0统计软件进行统计分析（one-way ANOVA）。计算公式如下：

$$寄生率（\%）=（被寄生虫数/调查总虫数）\times 100$$

$$死亡率（\%）=[（调查总虫数-活虫数）/调查总虫数]\times 100$$

$$校正死亡率（\%）=[（放蜂区死亡率-对照区死亡率）/（100-对照区死亡率）]\times 100$$

$$减退率（\%）=[（防治前总虫数-防治后总虫数）/防治前总虫数]\times 100$$

防治效果（%）=［（防治区减退率-对照区减退率）/（100-对照区减退率）］×100

2 结果与分析

2.1 江西油茶织蛾危害情况

通过2年对江西油茶主产区的油茶基地调查，全省各地油茶织蛾发生危害情况差别很大，结果见表1。从表1可见，油茶织蛾危害最严重的是信丰县新田镇和于都县新陂乡的油茶基地，有虫株率分别达63.20%、62.61%，与其他基地的差异均达显著水平（$P<0.05$），其次是于都县仙下油茶基地，有虫株率达42.18%，也显著高于其他基地（$P<0.05$）。

表1 江西油茶织蛾发生危害情况（有虫株率）

调查点	经纬度	海拔（m）	调查株数	有虫株率（%）
崇义杨眉	25°41′51″N, 114°27′27″E	402	146	4.04±0.65 a
万载三兴	28°12′55″N, 114°27′54″E	461	116	4.63±0.14 a
万安百嘉	26°32′56″N, 114°45′22″E	120	119	5.04±2.84 a
袁州西村	27°43′33″N, 114°11′47″E	127	120	5.08±0.72 a
永丰罗铺	27°15′51″N, 115°21′03″E	100	115	6.11±2.87 a
永丰古县	27°05′35″N, 115°37′34″E	130	94	6.15±1.13 a
安义黄洲	28°44′23″N, 115°27′01″E	29	120	7.50±1.08 a
上饶广信	28°28′12″N, 117°58′12″E	113	143	8.31±3.03 a
崇义杰坝	25°50′34″N, 114°17′02″E	261	117	9.20±2.62 a
峡江马埠	27°34′11″N, 115°22′14″E	87	138	18.75±1.72 b
信丰古陂	25°21′10″N, 115°04′56″E	110	159	18.77±9.96 b
信丰龙舌	25°19′46″N, 114°56′31″E	118	165	19.89±7.43 b
于都仙下	26°07′48″N, 115°33′10″E	191	151	42.18±11.93 c
于都新陂	25°50′46″N, 115°21′41″E	163	115	62.61±15.07 d
信丰新田	25°23′22″N, 115°14′22″E	201	135	63.20±10.92 d

注：同列均值后不同小写字母表示差异显著（$P<0.05$）。

2.2 管氏肿腿蜂对油茶织蛾的室内寄生效果

管氏肿腿蜂对油茶织蛾幼虫的室内寄生效果表明（表2），管氏肿腿蜂对油茶织蛾幼虫的寄生率相对较低（26.00%~32.00%），平均寄生率为29.33%，校正死亡率也不高（27.66%~36.17%），平均校正死亡率达31.91%，说明管氏肿腿蜂不是油茶织蛾的优势天敌，但可作为辅助措施应用于林间防治。

表 2　管氏肿腿蜂对油茶织蛾的室内寄生效果

处理	调查虫数	寄生数	活虫数	寄生率（%）	死亡率（%）	校正死亡率（%）
1	50	16	32	32.00	36.00	31.91
2	50	13	34	26.00	32.00	27.66
3	50	15	30	30.00	40.00	36.17
CK	50	0	47	0	6.00	0.00

2.3　周氏啮小蜂对油茶织蛾的室内寄生效果

周氏啮小蜂对油茶织蛾蛹的室内寄生效果见表3。从表3可见，周氏啮小蜂对油茶织蛾蛹的寄生率较高（56.00%~68.00%），平均寄生率达62.00%，显著高于管氏肿腿蜂的寄生率（$P = 0.000 < 0.01$）；其校正死亡率也较高（60.42%~75.00%），说明周氏啮小蜂是油茶织蛾的优势天敌，可应用于林间防治。

表 3　周氏啮小蜂对油茶织蛾的室内寄生效果

处理	调查虫数	寄生数	活虫数	寄生率（%）	死亡率（%）	校正死亡率（%）
1	50	28	19	56.00	62.00	60.42
2	50	34	12	68.00	76.00	75.00
3	50	31	16	62.00	68.00	66.67
CK	50	0	48	0.00	4.00	0.00

2.4　周氏啮小蜂对油茶织蛾的林间寄生及防治效果

周氏啮小蜂对油茶织蛾的林间寄生和防治效果调查结果见表4。从表4可见，不同的释放量（蜂虫比）对油茶织蛾蛹的寄生率不同，释放量越大，寄生率越高，蜂虫比15∶1的寄生率最高，46.67%，其次是10∶1的，寄生率最低的是蜂虫比5∶1的（31.67%），但三者间的差异未达显著水平（$P > 0.05$）；释放2次的寄生率（45.00%）也高于释放1次的寄生率（36.67%），但两者的差异未达显著水平（$P > 0.05$）。

从防治效果来看（表4），释放量越高，防治效果越好，防治效果最高的是蜂虫比15∶1的样地（61.91%），其次是蜂虫比10∶1的（58.07%），最低是蜂虫比5∶1的（25.80%），前两者间的差异未达显著水平（$P > 0.05$），但它们与后者的差异均达显著水平（$P < 0.05$）；每年释放2次的样地的防治效果（66.21%）也显著高于仅释放1次的（29.27%），差异均达显著水平（$P < 0.05$）。可见，在油茶织蛾初蛹期和盛蛹期分别释放1次周氏啮小蜂（蜂虫比分别为10∶1），能取得较好的防治效果。

表 4 周氏啮小蜂对油茶织蛾的林间寄生和防治效果

处理	调查虫数	寄生数	寄生率（%）	有虫株率（%） 防治前	有虫株率（%） 防治后	危害减退率（%）	防治效果（%）
5∶1	60	19	31.67ab	18.95	13.58	28.34	25.80b
10∶1	60	26	43.33a	18.94	7.67	59.50	58.07a
15∶1	60	28	46.67a	19.11	7.03	63.21	61.91a
CK1	60	0	0	18.71	18.07	3.42	
释放1次	60	22	36.67ab	18.36	12.74	30.61	29.27b
释放2次	60	27	45.00a	18.79	6.23	66.84	66.21a
CK2	60	0	0	18.51	18.16	1.89	

注：同列均值后不同小写字母表示差异显著（$P<0.05$）。

2.5 油茶织蛾的综合防治效果

油茶样地年底进行枯枝修剪、次年释放寄生蜂的综合防治调查结果见表5。仅进行人工修剪不释放寄生蜂的样地，防治效果较低，仅33.77%，而防治效果最高的是"人工修剪+释放管氏肿腿蜂+释放周氏啮小蜂"，防效达82.67%，其次是"人工修剪+释放周氏啮小蜂"，防治效果为73.48%，"人工修剪+释放管氏肿腿蜂"防治效果为49.83%，这四个处理之间的差异均达极显著水平（$df = 3, 15, F = 328.423, P = 0.000 < 0.01$）。

综合表4、表5的最终防治效果来看，防治效果由高到低的是："人工修剪+释放管氏肿腿蜂+释放周氏啮小蜂"（82.67%）>"修剪+周氏啮小蜂"（73.48%）>"不修剪，仅释放2次周氏啮小蜂"（平均62.06%）（蜂虫比15∶1 ≈ 10∶1）>"修剪+管氏肿腿蜂"（49.83%）>"仅修剪，不放蜂"（33.77%）。

表 5 油茶织蛾的综合防治效果

处理	防治前 调查株数	防治前 有虫株率（%）	防治后 调查株数	防治后 有虫株率（%）	危害减退率（%）	防治效果（%）
修剪+肿腿蜂+啮小蜂	120	63.21	120	10.85	82.83	82.67A
修剪+周氏啮小蜂	120	62.88	120	16.52	73.73	73.48B
修剪+管氏肿腿蜂	120	63.07	120	31.35	50.29	49.83C
CK3（只修剪不放蜂）	60	63.33	60	41.55	34.39	33.77D
CK4（不修剪不放蜂）	60	64.39	60	63.79	0.93	

注：同列均值后不同大写字母表示差异显著（$P < 0.01$）。

3 结论与讨论

近年来，随着江西油茶种植面积和种植规模的不断扩大，油茶织蛾时常暴发成灾。

本单位谷平等（2017）于2014—2015年调查了江西9个乡镇的油茶织蛾危害率（9.0%~36.0%），本研究在此基础上于2021—2022年调查了江西油茶主产区的15个乡镇油茶基地，结果显示，大多数油茶基地油茶织蛾危害率较低（有虫株率<10%），占总调查基地数的60%，暴发成灾的基地有2个，油茶织蛾危害严重，有虫株率分别为62.61%、63.20%，占总调查基地数的13.33%。整体而言，赣南的油茶织蛾危害率显著高于其他地区，但即使在同一地区，油茶织蛾有虫株率也存在显著差异，如信丰县的古坡镇为18.77%，而新田镇却高达63.20%，造成这种差异的原因，除了与生态因子中的非生物因子有关外（陈元生等，2024），是否还与生物因子（食物、天敌）、人为因子（修剪等营林措施）有关，有待进一步深入研究。

生物防治已成为有效控制林业害虫的一种符合生态、有机、环境友好型的重要防治手段，天敌昆虫作为一类有效的自然调控因子，对林业害虫特别是蛀干害虫的种群抑制发挥了重要作用（党英侨等，2018）。周氏啮小蜂是近年来推广应用较广的有效防治鳞翅目食叶害虫的一种高寄生率的蛹期拟寄生蜂（杨忠岐，1989；郑雅楠等，2012），主要用于森林、园林及棕榈植物害虫的防控（杨忠岐等，2005；王筱宁等，2005；胡雨涛等，2018），但未见用于防治油茶害虫的案例报道。本研究结果显示，虽然油茶织蛾为蛀干害虫，在枝干内化蛹且化蛹前幼虫会吐丝封阻羽化孔，但周氏啮小蜂成虫能咬破其丝而进入蛀道内，所以实践证明，周氏啮小蜂不仅能寄生油茶织蛾蛹，而且寄生率还比较高，室内平均寄生率达62.00%，林间寄生率也可达43%以上，可见，油茶织蛾也是周氏啮小蜂的良好寄主。林间防治试验结果显示，周氏啮小蜂的最佳释放量为10∶1（蜂虫比）、释放次数为2次（初蛹期和盛蛹期各1次），油茶林不修剪的情况下，仅放蜂，防治效果可达58%以上。但在采果后即修剪虫害枯枝，次年释放周氏啮小蜂，两种措施配合的情况下，其防治效果可显著提高，防效可达73.48%。

近年来，管氏肿腿蜂已成为国内防治各种天牛的一条行之有效的途径（陈君等，2000），但也有报道，管氏肿腿蜂还可用于防治透翅蛾、梨小食心虫等鳞翅目害虫（陈君等，2000；张志等，2018）。本试验也证实，管氏肿腿蜂也能寄生油茶织蛾幼虫，虽然室内寄生率不高（平均寄生率为29.33%），但它可以作为辅助措施用于油茶织蛾的绿色防控，在人工修剪的基础上释放管氏肿腿蜂，林间防治效果可达49.65%。

只对害虫的单一虫态起作用的天敌可能并不能完全控制该害虫，综合利用该害虫幼虫期、蛹期的多种拟寄生性天敌进行联合防治，可能将对该害虫起到更加高效、持久的防控（He et al.，2014；党英侨等，2018）。本试验结果也印证了这一点，管氏肿腿蜂是油茶织蛾的幼虫寄生蜂，而周氏啮小蜂则寄生油茶织蛾的蛹，两种天敌配合能显著提高对油茶织蛾的防治效果，起到更高效的防控作用。

对油茶害虫采取绿色防控技术措施，是提高油茶产量和质量、促进油茶产业高质量发展的需要（金胜利等，2024）。近年来，开展以生物防治为核心技术的油茶害虫综合治理，实行生态绿色调控等理念逐渐被油茶产业广泛接受并应用于实践（Liu et al.，2014）。通过调查和筛选本地优势天敌资源、综合利用多种天敌、改善油茶林林地环境，充分发挥各种生物因子的自然控制作用，已成为利用天敌昆虫开展油茶织蛾等油茶害虫的首选策略（杨怀文，2015）。因此，油茶织蛾等害虫的综合管理，应立足于整个油茶林生态系统,实时监测虫情,集成多种技术措施(包括人工修剪、灯光诱杀成虫、多种天敌昆虫协同作用等),实行绿色防控。本试验仅应用了2种天敌昆虫(寄生蜂),至于是否存在有更高效的天敌昆虫、天敌昆虫能否与微生物联合、协同作用,有待深入研究,另外,天敌昆虫的控害机制及其高效开发和利用模式,如何强化生态系统自我调控以充分发挥天敌昆虫等自然控制因子的作用等,这也是今后在油茶害虫绿色防控中需要继续发展的研究方向。

参考文献

巢军, 卢进, 涂业苟, 等, 2007. 油茶茶枝镰蛾的生物学特性及防治 [J]. 江西植保, 30 (2): 89-90.

陈君, 程惠珍, 2000. 肿腿蜂的应用研究进展 [J]. 中国生物防治, 16 (4): 166-170.

陈元生, 黄建林, 罗致迪, 等, 2024. 油茶织蛾幼虫生态学特性及其发生测报研究 [J]. 生物灾害科学, 47 (1): 7-12.

党英侨, 王小艺, 杨忠岐, 2018. 天敌昆虫在我国林业害虫生物防治上的研究进展 [J]. 环境昆虫学报, 40 (2): 242-255.

谷平, 黄敦元, 宋墩福, 等, 2017. 不同生境下油茶蛀茎虫的危害程度及寄生率的比较 [J]. 经济林研究, 35 (1): 124-128.

胡雨涛, 吕宝乾, 王桂花, 等, 2018. 2种啮小蜂对棕榈植物3种主要害虫的寄主适合度 [J]. 广东农业科学, 45 (10): 92-97.

华正媛, 王井田, 刘剑, 等, 2012. 衢州市油茶害虫及天敌种类调查 [J]. 浙江农林大学学报, 29 (2): 232-243.

金胜利, 李源, 马载勤, 等, 2024. 油茶蛀茎类害虫及绿色防控技术 [J]. 安徽林业科技, 50 (3): 40-42.

雷艳红, 蓝应亮, 陈元生, 等, 2023. 油茶蓝翅天牛的生物调控技术研究与示范 [J]. 现代农业科技 (14): 79-82.

李密, 周刚, 彭争光, 等, 2014. 湖南油茶害虫风险性评估及危险性等级划分 [J]. 中国农学通报, 30 (19): 277-283.

刘达富, 王井田, 金有明, 等, 2018. 油茶织蛾林间防治研究 [J]. 安徽农业科学, 46 (35): 143-145.

沈忠优, 欧阳峰林, 孙颖, 2018. 油茶蛀茎虫防治新方法 [J]. 南方林业科学, 46 (2): 32-34.

王筱宁, 于洋, 史玉梅, 等, 2005. 利用白蛾周氏啮小蜂防治杨树食叶害虫试验初报 [J]. 山东林业科技, 161 (6): 19-20.

萧刚柔, 1992. 中国森林昆虫 [M]. 北京: 中国林业出版社.

萧铁光, 宋慧英, 陈常铭, 1992. 茶蛀梗虫幼虫寄生性昆虫的调查 [J]. 湖南农学院学报, 18 (2): 288-291.

杨怀文, 2015. 我国农业害虫天敌昆虫利用三十年回顾(下篇)[J]. 中国生物防治学报, 31 (5): 613-619.

杨忠岐, 王小艺, 王传珍, 等, 2005. 白蛾周氏啮小蜂可持续控制美国白蛾的研究 [J]. 林业科学, 41 (5): 72-80.

杨忠岐, 1989. 中国寄生于美国白蛾的啮小蜂一新属一新种(膜翅目, 姬小蜂科, 啮小蜂亚科)[J]. 昆虫分类学报, 6 (1-2): 117-123.

张志，张玉玲，王志远，等，2018. 管氏肿腿蜂防治白杨透翅蛾试验 [J]. 吉林林业科技，47 （1）：7-10，13.

郑雅楠，祁金玉，孙守慧，等，2012. 白蛾周氏啮小蜂 Chouioia cunea Yang 的研究和生物防治应用进展 [J]. 中国生物防治学报，28 （2）：275-281.

周慧平，陈艺欢，肖铁光，等，2013. 油茶茶枝镰蛾部分生物学特性观察及防治 [J]. 作物研究，27 （4）：365-366.

HE L S, DIN Z M, LAI Y M, 2014. A review of the status of the larval parasitoid, *Asecodes hispinarum* Boucek, and of the pupal parasitoid, *Tetrastichus brontispae* Ferrier (Hymenoptera: Eulophidae), as biological control agents of the coconut leaf beetle, *Brontispa longissima* (Gestro) (Coleoptera: Chrysomelidae: Cassidinae), in the Asia-PacificRegion [J]. The Excitement of Biology, 2 (1): 43-63.

LIU S S, RAO A, VINSON S B, 2014. Biological control in China: Past, present and future-An introduction to this special issue [J]. Biological Control, 68 (1): 1-5.

不同药剂及施药方式对牡丹田蛴螬的药效评价

王利霞,王淑枝,韩瑞华,张自启,段爱菊

(洛阳市农林科学院,洛阳 471023)

摘 要:【目的】测定不同施药方法对牡丹田蛴螬的防治效果,评价不同施药方法对牡丹田蛴螬虫的防治效果。【方法】在4—5月蛴螬发生盛期,用注射灌根、穴施灌根处理方法对牡丹进行精准施药。【结果】对牡丹田蛴螬防效较好的施药方法是注射灌根,药剂较好的为70%吡虫啉和48%噻虫胺,防治效果效达到80%以上,其次为40%毒·辛,防治效果效为75%。【结论】防治牡丹田蛴螬最理想的施药方法为注射灌根,药剂推荐70%吡虫啉或48%噻虫胺,两者也可以交替施药,减少蛴螬抗药性。

关键词:牡丹;杀虫剂;蛴螬;药效

Evaluation of the Efficacy of Different Pesticides and Application Methods on Grubs in Peony Fields

Wang Lixia, Wang Shuzhi, Han Ruihua, Zhang Ziqi, Duan Aiju

(*Luoyang Academy of Agricultural and Forestry Sciences*, *Luoyang* 471023, *China*)

Abstract:【Objectives】To determine the control effects of different application methods on the peach moth larvae in peony fields and to evaluate the efficacy of different application methods against the peach moth larvae. 【Methods】During the peak occurrence of the larvae in April-May, precise application of pesticides was carried out on peonies using injection root drenching and furrow application methods. 【Results】The better application method for controlling peach moth larvae in peony fields is injection root drenching, with the better pesticides being 70% imidacloprid and 48% thiamethoxam, achieving control effects of over 80%. The next best is 40% methamidophos, with a control effect of 75%. 【Conclusion】The most ideal application method for controlling peach moth larvae in peony fields is injection root drenching, and the recommended pesticides are 70% imidacloprid or 48% thiamethoxam. These two can also be applied alternately to reduce the larvae's resistance to pesticides.

Key words: Peony; Insecticide; Peach moth larvae; Efficacy

近年来,随着牡丹生产园、观赏园面积逐年扩大,牡丹广泛应用于城市绿化、庭院绿化、街道绿化、厂区绿化,牡丹跨区调运量和出口量也逐年增加,牡丹种植业发展前景广阔,获得了较快的发展。随着牡丹种植面积的不断扩大,地下害虫的发生危害日趋加重,严重阻碍了牡丹发展前景。因此加强牡丹地下害虫的防治对于推广牡丹种植,提高观赏品质和牡丹商品价值具有十分重要的意义。

蛴螬是牡丹地下害虫中危害最严重的类群。蛴螬是鞘翅目金龟甲总科幼虫的统称,是公认的难以预测和防治的重大害虫，一般生活在土壤下 0~30 cm 土层中隐蔽为害，主要危害牡丹的幼苗、根系等（张美翠等，2014；张帅等，2016）。蛴螬因其特殊的生活习性、分布，给施药防治带来了很大难度。为了提高防治效果，种植户在防治中常会使用毒性高、残留期长的农药，对土壤及地下水造成污染。

为了有效控制蛴螬对牡丹的危害，提高用药的精准度，我们在牡丹大田进行了 5 种药剂对蛴螬的防治试验，以期筛选出对牡丹田蛴螬效果较好的药剂。进行了不同施药方式的试验，筛选出合适施药方法，为精准防治蛴螬提供合理建议。

1 材料与方法

1.1 供试材料

1.1.1 供试药剂

1.8%阿维菌素 ME，河北金德伦生化科技有限公司；48%噻虫胺 SE，广西贝嘉尔生物化学制品有限公司；5%高效氯氟氰菊酯微 ME，东莞市瑞德丰生物科技有限公司；40%毒·辛 EC，上海绿源农药技术有限公司；70%吡虫啉 WP，山东东泰农化有限公司。

1.1.2 供试作物

牡丹。

1.1.3 供试害虫

蛴螬。

1.1.4 试验地概况

试验田平坦，水肥一般。牡丹高 60~70 cm，株行距 50 cm×70 cm，冠幅 70 cm，牡丹种植密度约 1 800 株/667 m^2。蛴螬虫口密度为 20 头/m^2 左右。

1.1.5 施药器械

3WBD-20 型背负式电动喷雾器，台州市路桥雨雾塑料制品厂出品，扇形喷嘴。

1.2 试验设计及调查方法

1.2.1 不同药剂大水漫灌防治效果试验

试验地点位于河南省洛阳市孟津区三十里铺牡丹种植基地，于 2023 年 4 月中旬选取蛴螬危害较重的田块进行试验。设 5 个药剂处理：1.8%阿维菌素 ME 1 500 倍液（666.7 mg/L）、48%噻虫胺 SE 6 250 倍液（160 mg/L）、5%高效氯氟氰菊酯微 ME 2 800 倍液（357.1 mg/L）、40%毒·辛 EC 1 000 倍液（1 000 mg/L）、70%吡虫啉 WP 7 500 倍液（133.3 mg/L），清水为空白对照。采用大水漫灌，每处理药剂按每亩灌水量 60 m^3 漫灌大田 60 m^2（3 m×20 m），即 5.4 m^3 水，约 160 棵牡丹。10 d 后进行第一次调查，挖开牡丹根部周围调查 30 m^2，3 点取样，每点调查 10 株牡丹。统计每点蛴螬活虫数。20 d 进行第二次调查，按相同方法调查剩余的 30 m^2。

按调查数据计算防治效果，防治效果（%）=（空白区虫口基数−处理区虫口基数）/空白区虫口基数×100。

1.2.2 不同施药方法的防效试验

5 月中旬进行，设 3 个药剂处理：48%噻虫胺 SE 6 250 倍液（160 mg/L）、40%

毒·辛EC 1 000倍液（1 000 mg/L）、70%吡虫啉WP 7 500倍液（133.3 mg/L），清水对照，共4个处理。分别采用注射灌根、穴施灌根、大水漫灌3种施药方法。

注射灌根，在围绕牡丹根部周边15 cm处土壤中注射，每株注射800 mL药液，注射深度为15 cm，每处理60株牡丹。分别于10 d和20 d进行调查，调查方法同1.2.1。

穴施灌根：在牡丹根部周围10 cm处开起宽5 cm，深10 cm的垄，每株用水壶灌施药液800 mL，然后覆土，每处理60株牡丹，空白作为对照。调查方法同上。

大水漫灌：试验方法同1.2.1。

防治效果（%）=（空白区虫口基数-处理区虫口基数）/空白区虫口基数×100

1.3 数据统计与分析

调查数据用SPSS17.0进行数据分析。

2 结果与分析

2.1 不同药剂大水漫灌防治效果

通过表1的试验结果可以看出：不同药剂漫灌对牡丹田蛴螬均有一定的防效，防效较好的药剂有48%噻虫胺SE、40%毒·辛EC和70%吡虫啉WP，其中70%吡虫啉WP的20 d防效为57.31%，48%噻虫胺SE、40%毒·辛EC 20 d药效达到50%左右。所以推荐适用48%噻虫胺SE、40%毒·辛EC和70%吡虫啉WP这3种药剂作为防治牡丹地下害虫的首先药剂。

表1 不同药剂大水漫灌对牡丹地下虫的防治效果

药剂名称	浓度（mg/L）	10 d后虫口基数	10 d后防效（%）	20 d后虫口基数	20 d后防效（%）
1.8%阿维菌素ME	666.7	50.67	20.42	50.00	20.01
48%噻虫胺SE	160	50.00	21.47	33.67	49.20
5%高效氯氟氰菊酯ME	357.1	60.33	5.25	44.00	28.65
40%毒·辛EC	1 000	44.00	30.89	34.00	50.27
70%吡虫啉WP	133.3	41.67	34.55	31.33	57.31
空白	—	63.67	—	58.33	—

2.2 同药剂不同施药方法防治效果

通过表2可以看出，其他条件相同时，药后10 d防效相对较差，药后20 d防效均有较大提高。同种药剂不同施药方法效果差异很大，三种药剂中均为注射灌根效果最佳，穴施灌根次之，大水漫灌防效最差。综合看以70%吡虫啉WP注射灌根防效最佳，防效可达87.43%，可有效消灭牡丹田蛴螬。

表2 3种药剂不同施药方法对牡丹地下虫的防效

药剂名称	施药方式	浓度（mg/L）	10 d后虫口基数	防治效果（%）	20 d后虫口基数	防治效果（%）
48%噻虫胺SE	注射灌根	160	23.00	61.88	12.00	79.43
	穴施灌根	160	36.00	40.33	17.00	70.86
	大水漫灌	160	46.00	23.76	30.33	48.00
40%毒·辛EC	注射灌根	1 000	24.00	60.22	9.67	83.43
	穴施灌根	1 000	31.67	47.51	20.67	64.57
	大水漫灌	1 000	47.00	22.10	28.33	51.43
70%吡虫啉WP	注射灌根	133.3	20.67	65.75	7.33	87.43
	穴施灌根	133.3	28.00	53.59	16.00	72.57
	大水漫灌	133.3	42.67	29.28	26.00	55.43
空白		—	60.33	—	58.33	—

3 结论与讨论

在防治地下害虫的工作中，化学药物的使用占有很大成分，对土壤环境及水资源也都有一定的破坏与污染。为了减少化学药物的使用和对环境的危害，就要选择低毒低残留的药剂，改进传统的用药方法。尹怀富等研究发现地下滴灌施药可以有效控制韭蛆的发生和发展（尹怀富等，2006）。马俊义等研究膜下滴灌哈密瓜栽培技术，随水滴施农药可以有效防治疫霉病等各种病害和蚜虫（马俊义等，2007）。因此，利用定向施药技术防治地下病虫害，是一种高效的病虫害防治方法。

本试验通过不同药剂的3种施药方法防治牡丹田蛴螬都有一定的效果，但是注射灌根施药方法更能直接作用于靶标害虫，所以效果更佳。药剂选用48%噻虫胺SE和70%吡虫啉WP防效较好，20 d后效果最好，防效达到80%以上，70%吡虫啉WP达到了87.5%。所以建议牡丹大田防治蛴螬推荐48%噻虫胺和70%吡虫啉注射灌根。

参考文献

马俊义，朱晓华，孔志军，2007. 晚熟哈密瓜膜下滴灌栽培技术及病虫害防治［J］. 新疆农业科学，44（4）：465-469.

尹怀富，王秀峰，2006. 地下滴灌对韭蛆发生和韭菜产量的影响［J］. 山东农业科学，38（1）：54-56.

张美翠，尹姣，李克斌，等，2014. 地下害虫蛴螬的发生与防治研究进展［J］. 中国植保导刊，40（10）：20-28.

张帅，尹娇，曹雅忠，等，2016. 药用植物地下害虫发生现状与无公害综合防治策略［J］. 植物保护，42（3）：22-29.

基于再发酵菌渣的双叉犀金龟幼虫人工饲养效果初探

余光鑫*，朱 芬**

（华中农业大学昆虫资源研究所，武汉 430070）

摘 要：【目的】双叉犀金龟（*Allomyiina dichotoma*）是重要的药用昆虫和观赏昆虫，本试验探究了基于再发酵菌渣的幼虫人工饲养方法。【方法】比较了再发酵菌渣、未发酵菌渣与商品木屑对照中幼虫的生长发育情况。【结果】在处理75 d后，三种饲料处理组中幼虫的平均体重维持在（21.56±2.22）g/头、（20.21±2.04）g/头、（12.63±0.94）g/头。幼虫存活率是再发酵菌渣组高于未发酵菌渣以及商品木屑饲喂组，但商品木屑组高于未发酵菌渣组。蛹的羽化率是再发酵菌渣组高于商品木屑与未发酵菌渣饲喂组。不同饲料处理间成虫体长也存在差异。无论菌渣发酵与否，其中的成虫个体都显著大于比商品木屑对照中的个体，再发酵菌渣饲喂的个体雌虫体长达（46.14±1.06）mm，雄虫体长达（51.96±1.00）mm，雌雄差异在再发酵菌渣组差异最大，达到5.82 mm。【结论】本试验结果表明再发酵菌渣更适于养殖双叉犀金龟幼虫。

关键词：双叉犀金龟；人工饲养；菌渣；发酵

Preliminary Study on Artificial Rearing of *Allomyiina dichotoma* larvae Based on Refermented Mushroom Culture Residue

Yu Guangxin*, Zhu Fen**

(*Institute of Insect Resources, Huazhong Agricultural University, Wuhan 430070, China*)

Abstract: 【Objectives】 *Allomyiina dichotoma* is an important medicinal and ornamental insect. This experiment reports the method of artificial rearing based on mushroom culture residue (MCR). 【Methods】 Refermented MCR, unfermented MCR and commercial sawdust control (CK) was chosen to feed the larvae. Individual growth and development was observed. 【Results】 Body weight of the larvae in refermented MCR and unfermented MCR was higher than that in CK, which were maintained at (21.56±2.22), (20.21±2.04), and (12.63±0.94) g per individual after 75 days of treatment. Larval survival rate was higher in refermented MCR than that in unfermented MCR and CK. However more larvae in CK was survived than that in unfermented MCR. Eclosion rate in refermented MCR was higher than that in CK and unfermented MCR. There were also differences in adult body length among different feed treatments. Adults in MCR were significantly larger than those in CK. Females fed on refermented MCR were (46.14±1.06) mm long, and the males were (51.96±1.00) mm long. Males and females from the refermentation MCR showed the largest difference in body length, which was 5.82 mm. 【Conclu-

---

* 第一作者：余光鑫；E-mail:3117502115@qq.com
** 通信作者：朱芬；E-mail:zhufen@mail.hzau.edu.cn

sion】It can be concluded that refermented MCR is more suitable for larvae of *A. dichotoma*.

Key words：*Allomyiina dichotoma*；Artificial breeding；Mushroom culture residue；Fermentation

双叉犀金龟（*Allomyiina dichotoma*）俗名独角仙，是鞘翅目金龟子科的一种大型甲虫。因雄虫形态奇异而成为重要的观赏昆虫。韩国和日本将双叉犀金龟发展为食用昆虫以及宠物昆虫（Kim *et al.*，2018；Lee *et al.*，2021）。在我国，双叉犀金龟雄虫是一味传统中药材，药材名独角蜣，具有破瘀、攻毒等功效，在实验动物上还证明其预防及治疗糖尿病的潜力（陈建军和刘立春，2001；Kim *et al.*，2018）。双叉犀金龟的幼虫、蛹、成虫在食品、药品、肠道微生物资源、仿生材料开发等方面都存在巨大的开发潜能，因此是一种具有经济和环境效益的重要昆虫资源，极具商业开发前景。

目前，双叉犀金龟的专业化饲养技术缺乏使得人工养殖还没有实现规模化。菌渣即食用菌生产结束后剩余的包含菌丝体的培养料，属于食用菌种植过程中产生的农业废弃物，每生产1 kg 黑木耳干品产生菌渣为4.17～5.0 kg（干重）（吴建华等，2019；宫志远等，2020）。仅2017年全国食用菌生产总量达到3 712万t，产生菌渣约6 000万t，对废菌渣处理不当可能会造成细菌、霉菌以及害虫的大量滋生，而将其直接燃烧又利用率极低，并且将菌料袋与菌渣直接焚烧，还会产生大量黑烟与有害气体。若废弃菌渣直接还田则会滋生大量病原菌与害虫，过度堆积还会导致其发酵产热，影响作物产量（吴建华等，2019；宫志远等，2020）。早期人们发现，菌渣可能能用于双叉犀金龟幼虫的养殖，并且实现菌渣的无害化处理和资源化再利用（陈建军和刘立春，2001；徐成刚等，2011）。本研究初步探讨了基于再发酵菌渣的双叉犀金龟幼虫人工饲养方法，以期为双叉犀金龟的规模化养殖提供科学依据，也为废弃菌渣的资源化利用提供基础资料。

1 材料与方法

1.1 供试昆虫

双叉犀金龟 *Allomyiina dichotoma* 成虫采自湖北省武汉市洪山区狮子山。成虫和幼虫都饲养于湖北省武汉市华中农业大学昆虫资源研究所的实验室内，饲养盒规格为34 cm×23 cm×12.5 cm。

1.2 饲料处理

商品木屑购自福建省漳州。

新鲜黑木耳菌渣，购自广西壮族自治区河池市罗城县黑木耳种植大户，材料组成比例为麦麸4%、木屑（除樟树松树外的杂树）94.5%、石灰0.5%、石膏1.0%。取干燥后的菌渣除去菌料袋后粉碎，过8目筛网后装入密封袋备用。

再发酵菌渣的发酵过程：取干燥后的黑木耳菌渣除去菌料袋后粉碎，过8目筛网，按菌渣：小麦粉：红糖：EM菌（Effective Microorganisms）：酵母浸粉：水 = 1 L : 0.01 L : 2 g : 0.4 g : 0.4 g : 0.26 L 比例混合，置于26℃发酵，每隔三天搅拌一次直至发酵物温度接近室温（即不再产热）后将其干燥装入密封袋备用。

本研究选用商品木屑、新鲜黑木耳菌渣和再发酵黑木耳菌渣三种饲料。所有饲料按照 5∶1 的比例加水混匀放置 24 h 后使用。

1.3 饲养方法

饲养盒中随机取 12 头双叉犀金龟三龄幼虫,黑暗环境下静置饲养,每种饲料进行三组重复。

1.4 统计分析

称取饲喂处理前的幼虫体重作为初始体重,饲喂后每隔 15 d 称取每个饲养盒中幼虫体重,共 7 次,同时记录个体存活和发育情况。计算时所有数据以平均值±标准误表示,组间差异通过单因素方差分析和多重比较,如果仅与对照两两比较,则采用 t 测验。

2 结果与分析

2.1 取食不同饲料对幼虫体重的影响

不同饲料饲喂幼虫其体重变化如图 1 所示。三个处理初始体重相似,幼虫大小相近,在取食不同饲料 15 d 后,再发酵菌渣处理的幼虫平均体重显著高于其他两组,达到 (13.34±2.22) g/头;处理 30 d 以后,再发酵菌渣和未发酵菌渣两种饲料处理的幼虫均显著高于商品木屑组分别达到 (16.43±2.22) g/头与 (14.03±2.04) g/头,只有在处理 45 d 时,两者存在显著差异。在处理 75 d 后,三种饲料处理组中幼虫的平均体重均呈现平缓增长趋势,基本维持在 (12.63±0.94) g/头、(20.21±2.04) g/头与 (21.56±2.22) g/头。

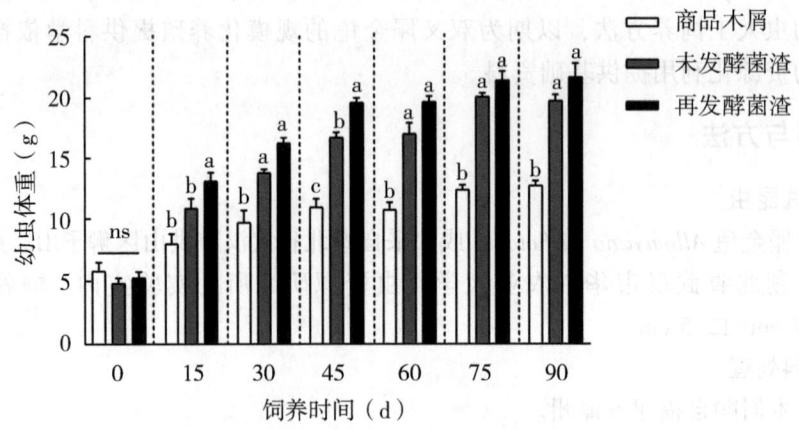

图 1 幼虫取食不同饲料后的体重变化

2.2 取食不同饲料对幼虫存活的影响

不同饲料饲喂三龄幼虫 90 d 后存活率差异如图 2 所示。再发酵菌渣饲喂的幼虫存活率为 100%,高于未发酵菌渣以及商品木屑饲喂组;商品木屑饲喂的幼虫存活率为 83.33%±5.56%,高于未发酵菌渣饲喂的幼虫 66.67%±9.62%。

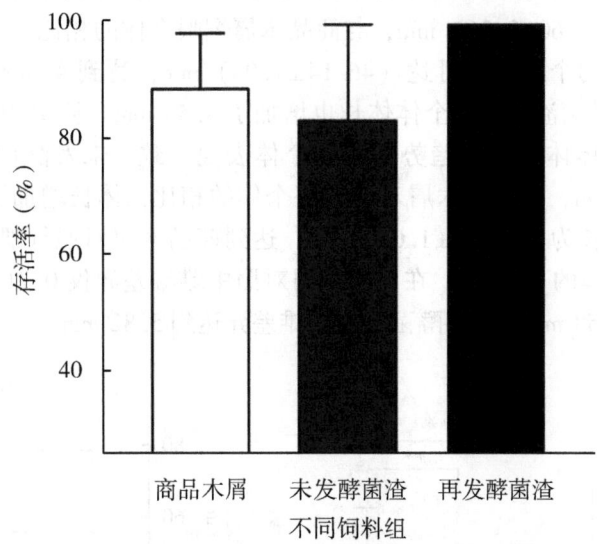

图2 幼虫取食不同饲料后的存活情况

2.3 幼虫取食不同饲料对蛹的羽化的影响

不同饲料饲喂三龄幼虫化蛹后的羽化率差异如图3所示。再发酵菌渣饲喂的幼虫羽化率为75%±4.81%，高于商品木屑与未发酵菌渣饲喂组；商品木屑饲喂的幼虫存活率为70.56%±12.03%，高于未发酵菌渣饲喂的幼虫58.89%±9.64%。

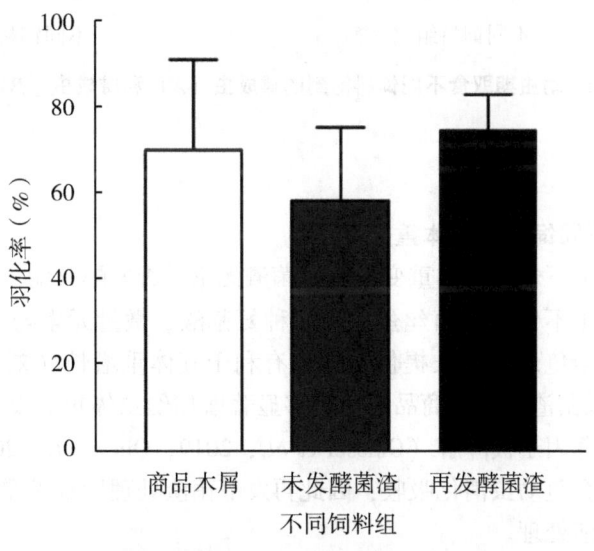

图3 幼虫期取食不同饲料得到的蛹的羽化率

2.4 取食不同饲料对雌雄成虫体长的影响

不同饲料饲喂下雌雄成虫体长差异比较结果如图4所示。从图4A可以看出，无论菌渣发酵与否，雌成虫的个体都显著大于比商品木屑对照中的个体，未发酵菌渣饲喂的个体体长可达（41.60±0.26）mm，与商品木屑饲喂个体的相比，体长增加了3.2 mm。再发酵菌渣饲喂的个体体长可达（46.14±1.06）mm，达到商品木屑饲喂个体体长的1.2倍，比未发酵菌渣饲喂的个体体长也增加了4.54 mm。从图4B可以看出，不同饲料饲喂下雄性个体体长变化趋势与雌性个体表现一致。未发酵菌渣饲喂个体体长为（45.18±0.87）mm，与商品木屑对照饲喂个体的相比，体长增加了9.49 mm。再发酵菌渣饲喂个体体长为（51.96±1.00）mm，达到商品木屑对照饲喂个体的1.38倍，未发酵菌渣饲喂个体的1.15倍。在商品木屑对照中雌雄差异仅0.71 mm，但未发酵菌渣中雌雄差异为3.58 mm，再发酵菌渣中雌雄差异达到5.82 mm。

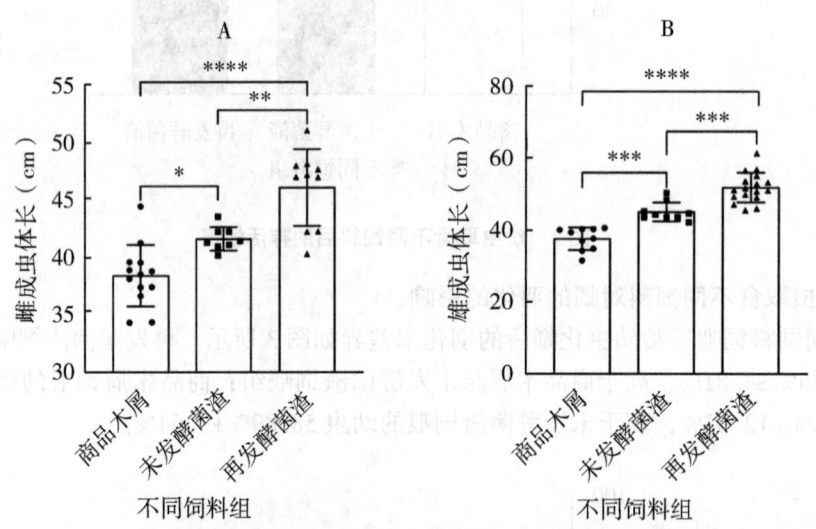

图4　幼虫期取食不同饲料得到的雌成虫（A）和雄成虫（B）的体长

3　结论与讨论

3.1　幼虫取食不同饲料时的体重变化

不同饲料饲喂下幼虫的体重变化表明菌渣无论是否发酵其幼虫体重都高于商品木屑对照。由于菌渣中不仅含有菌丝蛋白、多种氨基酸、微量元素与维生素且粗纤维含量低，能为双叉犀金龟幼虫生长提供营养，有利于其体重增长（刘玮等，2012；董雪梅等，2023），所以菌渣相较于商品木屑能够显著增加幼虫体重。发酵后菌渣中蛋白含量提高，其中抗营养因子被降解（Gmoser et al.，2019；Qin et al.，2023），比未发酵菌渣更容易被双叉犀金龟幼虫消化吸收，因此再发酵菌渣处理后双叉犀金龟幼虫体重增长速率快于未发酵菌渣处理。

3.2　幼虫取食不同饲料时的存活情况

幼虫存活率结果显示再发酵菌渣组高于未发酵菌渣以及商品木屑饲喂组。羽化率呈现的结果显示再发酵菌渣组高于商品木屑与未发酵菌渣组；未发酵菌渣组最低。未发酵菌渣处理的双叉犀金龟幼虫死亡率最高，可能是由于未发酵菌渣中存在的微生物种类较其余两种饲料更复杂（郭佳伟，2016），且因为未发酵菌渣中营养物质丰富，湿度较大，因此在贮藏过程中极易发生霉变并产生毒害作用。在相同的养殖面积下，影响双叉犀金龟幼虫化蛹的主要因素为幼虫的密度（陈杨博，2022）。本研究发现人工养殖时幼虫体重对化蛹也有影响，体重更大的个体更容易破坏其他个体的蛹室并占据更大的场地用以化蛹，因此在饲养过程中适当降低大体重个体的密度可提高双叉犀金龟最终的羽化率。

3.3 不同饲料处理下雌雄成虫体长比较

未发酵菌渣和再发酵菌渣相较于商品木屑都能够显著增加成虫体长，再发酵菌渣增长效果高于未发酵菌渣，对雄性个体的体长增加具有更显著的促进效果。

本研究通过使用商品木屑作为对照，检测了菌渣用于双叉犀金龟幼虫饲养的可行性。实验中以 15 d 为周期对不同饲料饲养的幼虫进行了体重比较，发现菌渣和再发酵菌渣比商品木屑更优。菌渣及其再发酵产物替代目前市面上出售的商品木屑，能降低饲养成本。实验还发现菌渣中残留的菌料袋应该清除掉，未发酵菌渣中幼虫死亡率偏高，推测其原因可能是霉菌导致幼虫死亡。因此，在使用菌渣的过程中需要注意贮藏条件避免霉变。

参考文献

陈建军，刘立春，2001. 两种药用蜣螂虫的人工饲养及诱捕技术 [J]. 南京农专学报，17（4）：44-48.

陈杨博，2022. 利用木耳菌糠繁育双叉犀金龟关键技术研究 [D]. 吉林：吉林农业大学.

董雪梅，王延锋，孙靖轩，等，2013. 食用菌菌渣综合利用研究进展 [J]. 中国食用菌，32（6）：4-6.

宫志远，韩建东，杨鹏，2020. 食用菌菌渣循环再利用途径 [J]. 食药用菌，28（1）：9-16.

郭佳伟，2016. 金针菇菌糠饲用价值评价及在獭兔饲料中应用研究 [D]. 河北：河北农业大学.

刘玮，吴俊清，吴焱枫，等，2012. 食用菌废料在观赏甲虫双叉犀金龟饲养中的再利用 [J]. 安徽农业科学，40（8）：4577-4578.

吴建华，2019. 黑木耳废弃菌渣对环境的影响以及环保处理再利用 [J]. 农村牧区机械化（3）：44-45.

徐成刚，赵光杰，顾晓非，等，2011. 抚顺地区珍稀昆虫资源调查 [J]. 绿色科技（5）：71-72.

GMOSER R, SINTCA C, LENNARTSSON P R, 2019. Combining submerged and solid state fermentation to convert waste bread into protein and pigment using the edible filamentous fungus N. intermedia [J]. Waste Management, 97: 63-70.

KIM S W, SUH H W, YOO B K, et al., 2018. Larval hemolymph of rhinoceros beetle, *Allomyrina dichotoma*, enhances insulin secretion through ATF3 gene expression in INS-1 pancreatic β-cells [J/OL]. Zeitschrift Für Naturforschung C. doi: 10.1515/znc-2018-0019.

LEE H E, KIM J, KIM Y, et al., 2021. Identification and improvement of volatile profiles of *Allomyrina dichotoma* larvae by fermentation with lactic acid bacteria [J/OL]. Food Bioscience, doi: 10.1016/j.fbio.2021.101257.

QIN P F, LI T Y, WU Z B. Extraction and utilization of active substances from edible fungi substrate and residue: A review [J/OL]. Food Chemistry, doi: 10.1016/j.foodchem.2022.133872.

白星花金龟幼虫对 8 种物料转化力初步研究*

王志豪[1]**，李永丽[1,2,3]，周洲[1,2,3]***，贾少康[1]，郭旭阳[1]，林晨[1]

（1. 信阳农林学院农学院，信阳 464000；2. 信阳市农业微生物资源开发与利用重点实验室，信阳 464000；3. 河南省信阳市植保微生物工程技术中心，信阳 464000）

摘　要：本试验依托信阳当地的植物有机废弃物，分析白星花金龟幼虫对酵化 30 d 的 8 种物料转化力，玉米秸秆、大豆秸秆、杂草、悬铃木树叶、香樟树叶、玉米穗轴的虫体转化力高，而水稻秸秆和花生壳的虫体转化力显著低于其他种物料。本研究初步明确了此次试验条件下对白星花金龟幼虫取食效果的差异，为这些有机废弃物的进一步的资源转化奠定了基础。

关键词：白星花金龟；资源昆虫；资源转化；秸秆

A Preliminary Study on the Transformation Ability of the Larvae of *Potosia brevitarsis* to Eight Materials*

Wang Zhihao[1]**, Li Yongli[1,2,3], Zhou Zhou[1,2,3]***, Jia Shaokang[1], Guo Xuyang[1], Lin Chen[1]

(1. *College of Agriculture, Xinyang Agriculture and Forestry University, Xinyang* 464000, *China*; 2. *Xinyang Key Laboratory of Agricultural Microbial Resources Development and Utilization, Xinyang* 464000, *China*; 3. *Xinyang Plant Protection Microorganism Engineering Technology Center, Xinyang* 464000, *China*)

Abstract: Based on the local plant organic waste in Xinyang, this experiment analyzed the transformation ability of the larvae of *Potosia brevitarsis* to 8 kinds of materials fermented for 30 days. The insect body transformation ability of corn straw, soybean straw, weeds, platanus leaves, camphor leaves and corn cob was high, while the insect body transformation ability of rice straw and peanut shell was significantly lower than that of other materials. This study preliminarily clarified the difference in feeding effect on the larvae of *P. brevitarsis* under the experimental conditions, and laid a foundation for further resource conversion of these organic wastes.

Key words: White star beetle; Resource insects; Resource transformation; Straw

白星花金龟 *Potosia brevitarsis* 隶属于鞘翅目 Coleoptera 花金龟科 Cetoniidae（许建军

---

* 基金项目：信阳农林学院农学院 2024 年度本科生科研训练项目；信阳市重点研发与推广专项项目（20220061）

** 第一作者：王志豪，E-mail：2598497074@qq.com

*** 通信作者：周洲，E-mail：zhouzhouhaust@163.com

等，2004；嵇保中等，2011；李涛等，2010），幼虫营腐食性，取食腐烂的秸秆、杂草及畜禽粪便，可以将有机质转化为易被作物吸收利用的小分子（郑洪源等，2005）。白星花金龟幼虫富含丰富的蛋白质和微量元素具有很高的营养价值，同时幼虫还是一种传统中药具有很高的药用价值（张雪，2022；杨诚等，2015），作为一种资源昆虫经济价值很大。

有机废弃物资源得不到充分利用、随意丢弃造成的环境污染问题日趋严重，白星花金龟具有"大自然清道夫"的美誉（赵正萍等，2024），有学者近年来对其有机废弃物的转化能力展开了一些研究（刘玉升等，2015；张广杰等，2019）。各地区有机废弃物种类存在差异，本研究依托信阳当地的有机废弃物，分析白星花金龟幼虫对酵化的玉米秸秆、水稻秸秆、大豆秸秆、悬铃木树叶、香樟树叶、杂草、玉米穗轴、花生壳的转化力，为这些有机废弃物的资源转化奠定前期基础。

1 材料与方法

1.1 试验材料

1.1.1 实验原料

玉米秸秆和水稻秸秆、大豆秸秆、杂草、悬铃木树叶、香樟树叶、花生壳、玉米穗轴，白星花金龟3龄幼虫。

1.1.2 主要实验仪器或器具

秸秆粉碎机（中国恒威农机厂）、电热鼓风干燥箱（上海一恒科学仪器有限公司）、电冰箱［合肥美的电冰箱有限公司 BD/BC-193KM（E）］、电子天平（松峇精密天平 ZG-TP203）、分离筛（8目、10目、14目、30目）、蓝色塑料收纳框（外径 32 cm× 21 cm×10.5 cm）、黑色圆形餐盒（24 cm×19.3 cm×8.5 cm）。

1.2 实验方法

各种材料首先经粉碎机破碎至长度约 2 cm，粉碎过后的玉米秸秆和水稻秸秆、大豆秸秆、杂草、悬铃木树叶、香樟树叶、花生壳、玉米穗轴，在地面上成馒头堆加盖塑料膜酵化，第 30 d 于堆体中心取 0.5 kg 样品装在自封袋中，-20℃冷冻保存备用。饲喂白星花金龟幼虫之前，样品先在烘箱中 (75±5)℃烘干至恒重，然后再加水调节每种物料含水量至50%。选择3龄初状态一致的白星花金龟幼虫作为供试虫体，将物料调节为含水量为50%的物料装入黑色塑料盒，分别放入大小一致记录初始重量的幼虫25头，置于室外常温条件下培养，每天观察幼虫死亡情况，并及时补充条件一致的虫体。连续饲喂 10 d，第 11 d 将虫体拣出称鲜重，将剩余物料、虫粪烘干，称量累计增重量、取食量和排粪量（其中取食量和排粪量干重计，增重量鲜重计），参考文献计算饲料利用率、虫体转化率、虫粪转化率、近似消化率。

计算公式（质量单位 g）：

饲料利用率（ECI,%）=（总饲料量-剩余饲料量）/总饲料量×100

虫体转化率（ECD,%）= 虫体增重量/（取食量-排粪量）×100

虫粪转化率（ECD,%）= 虫粪量/（取食量-虫体增重量）×100

近似消化率（AD,%）=（取食量-排粪量）/取食量×100

1.3 数据处理

运用 IBM SPSS Statistics 25 对试验数据进行统计分析，激素平均值及标准误，对不同处理进行单因素方差分析（One-Way ANOVA），对不同处理间的差异进行 Tukey 多重比较分析（$P<0.05$）。应用 Microsoft Excel 2021 记录、整理数据和绘制表格。

2 结果与分析

白星花金龟幼虫取食不同种类发酵物料的效果差别较大。本次试验过程中，玉米秸秆、大豆秸秆、杂草、悬铃木树叶、香樟树叶、玉米穗轴玉米秸秆的虫体转化力最高，而水稻秸秆和花生壳的虫体转化力为负值。

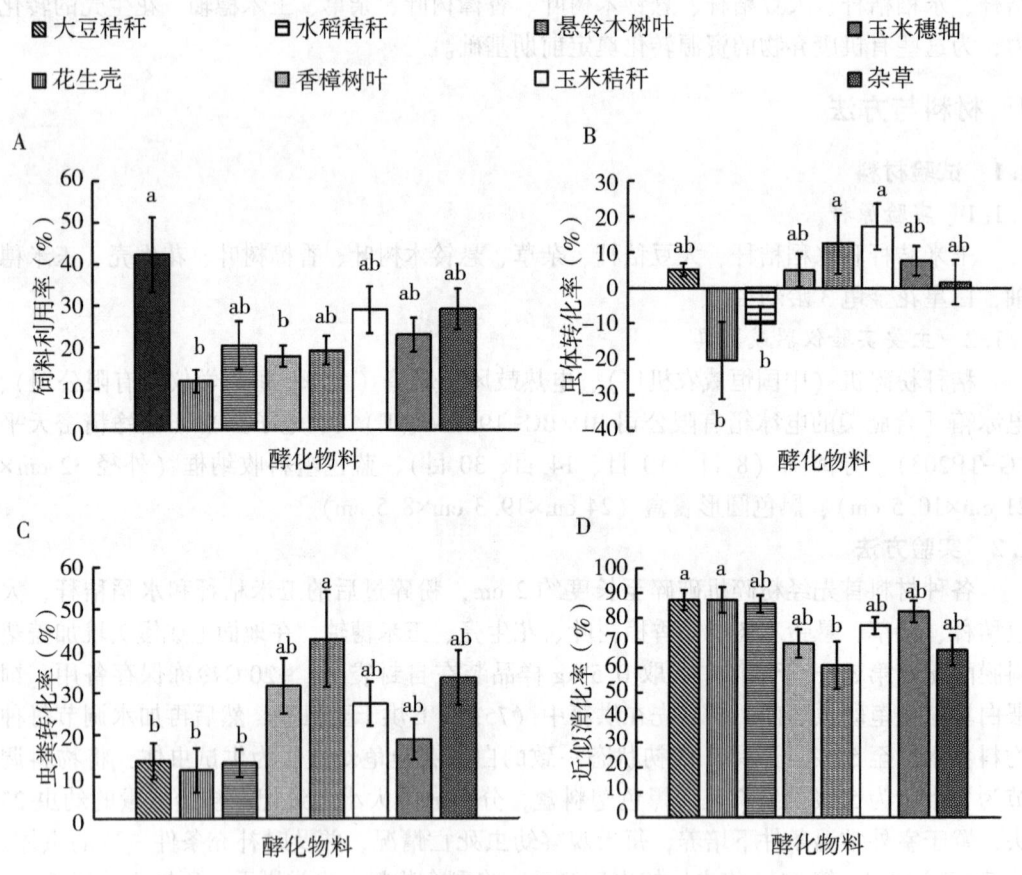

图 1 白星花金龟幼虫对酵化的八种物料转化力比较

这八种酵化物料的饲料利用率从高到低分别为大豆秸秆、杂草、玉米秸秆、玉米穗轴、水稻秸秆、悬铃木树叶、香樟树叶，大豆秸秆的饲料利用率最高，达到了 42.35%±8.99%，与香樟树叶和花生壳相比存在显著性差异，饲料利用率最低的是花生壳，近似利用率只有 11.88%±2.72%，见图 1A。

花生壳和水稻秸秆的虫体转化力分别达到了负值，分别为 −20.39%±10.81%、−9.98%±4.77%；玉米秸秆的虫体转化力最高，为 17.24%±6.45%。虫体转化力由高到低分别是玉米秸秆、悬铃木树叶、玉米穗轴、大豆秸秆、香樟树叶、杂草、水稻秸秆、花生壳，水稻秸秆和花生壳与玉米秸秆存在显著性差异，见图1B。

在这八种酵化物料中，悬铃木树叶的虫粪转化率最高，达到了42.76%±11.28%，与大豆秸秆、花生壳、水稻秸秆存在显著性差异，花生壳虫粪转化率最低，仅为11.53%±5.28%，见图1C。

近似消化率最高的是花生壳，近似消化率达到了87.16%±5.15%，近似消化率最低的是悬铃木树叶，为61.02%±9.54%，见图1D。

3 结论与讨论

在本次试验中，采用了统一的发酵周期30 d，本研究显示花生壳和水稻秸秆的虫体转化力甚至达到了负值，悬铃木树叶和香樟树叶转化力在八种物料虫体转化力排名中靠前。经折合换算，每100 g玉米秸秆可转化虫体12.05 g、虫粪22.99 g，每100 g花生壳可转化虫粪11.36 g，但虫体转化率降低了-12.62 g。然而张广杰的研究显示：每100 g玉米秸秆可转化3龄幼虫虫体质量4.63 g，虫粪质量77.32 g；每100 g花生壳可转化3龄幼虫虫体质量2.39 g，虫粪83.89 g。本试验相较于其每100 g玉米秸秆转化虫体质量较高，虫粪质量较低，而本研究显示花生壳并不会使白星花金龟幼虫增重，这一点与其结论有较大差异。张广杰采用的幼虫数量部分进行了烘干处理，本研究则是全部进行鲜重称重，除此之外的原因还有待进一步分析。白星花金龟幼虫对物料的取食效果的影响因素有发酵周期、湿度因素，对于不同的物料可以进行不同的物料实验，不必等到完全腐熟，可以既缩短发酵周期，还能提高幼虫转化力。在下一步的研究中，有必要对不同发酵周期的物料转化情况开展比较，同时本次试验还发现水稻秸秆烘干称重后，再加水复水非常缓慢，导致秸秆实际含水量状态较低，这可能是虫体取食转化率低的原因。

物料的配比也对该虫转化有一定影响。有研究发现，三龄幼虫转化玉米秸秆，累计取食量约为75.29 g，而当玉米秸秆与牛粪1:3处理后，累计取食量可达105.29 g，累计排粪量也从46.31 g达到88.93 g，使该虫的转化率和累计取食量得到显著提升（杨柳等，2019）。废弃物经昆虫过腹后，在昆虫肠道微生物、消化酶等的作用下，被消化吸收并转化成高附加值产品，实现废弃物资源循环高效利用。利用白星花金龟的这些特性，我们可以去处理那些农业有机废弃物，其虫粪也可以作为有机肥（杨诚等，2014）。我们此次试验是首次对水稻秸秆、悬铃木树叶、香樟树叶、大豆秸秆开展白星花金龟幼虫转化试验，这些不同物料都可以应用于饲喂转化，未来可以尝试将不同物料进行配比，探索更高的转化率，为物料的更高效利用以及实际操作提供理论基础和技术方案。

参考文献

嵇保中，刘曙雯，张凯，2011. 昆虫学基础与常见种类识别［M］. 北京：科学出版社．

李涛，马德英，羌松，等，2010. 乌鲁木齐市西郊白星花金龟的寄主及发生规律研究［J］. 新疆农业科学，47（2）：320-324.

刘玉升, 张大鹏, 2015. 基于白星花金龟幼虫转化玉米秸秆的微循环农牧场模式研究 [J]. 安徽农业科学, 43 (31): 85-87.

许建军, 郭文超, 何江, 等, 2004. 新疆农作物和果树新害虫: 白星花金龟 [J]. 新疆农业科学, 41 (5): 322-323, 397.

杨诚, 刘玉升, 徐晓燕, 等, 2015. 白星花金龟幼虫对酵化玉米秸秆取食效果的研究 [J]. 环境昆虫学报, 37 (1): 122-127.

杨诚, 刘玉升, 徐晓燕, 等, 2014. 白星花金龟幼虫资源成分分析及评价 [J]. 山东农业大学学报 (自然科学版), 45 (2): 166-170.

杨柳, 张广杰, 徐韬, 等, 2019. 白星花金龟幼虫对不同农业有机废弃物的转化力研究 [J]. 新疆农业大学学报, 42 (3): 189-193.

张广杰, 王倩, 刘玉升, 等, 2019. 白星花金龟幼虫对不同酵化周期四种物料的转化力研究 [J]. 山东农业大学学报 (自然科学版), 50 (5): 764-767, 804.

张雪, 2022. 微生物发酵对白星花金龟幼虫转化小麦秸秆的影响 [D]. 合肥: 安徽农业大学.

赵正萍, 颜学武, 于婷, 等, 2024. 白星花金龟对竹笋加工剩余物的转化能力研究 [J]. 湖南林业科技, 51 (1): 97-101, 110.

郑洪源, 刘建平, 南怀林, 等, 2005. 白星花金龟子食性研究 [J]. 陕西农业科学 (3): 23-24, 54.

绿豆象幼虫作为食料繁育异色瓢虫的研究[*]

于静亚[**]，王志华，毛润萍，裴张新，董立坤[***]

（武汉市园林科学研究院，武汉 430081）

摘 要：【目的】异色瓢虫 *Harmonia axyridis* 是一种重要的捕食性天敌，其作为天敌昆虫具有重要的应用价值，本研究以期为异色瓢虫的人工繁育寻找合适的替代寄主而进行。【方法】本研究采用禾谷缢管蚜 *Rhopalosiphum padi* 和绿豆象 *Callosobruchus chinensis* 幼虫混合喂养异色瓢虫幼虫的方法，分析不同混合喂养方法对异色瓢虫生长发育的影响。【结果】异色瓢虫从初孵幼虫开始先饲喂蚜虫后饲喂绿豆象幼虫均可完成羽化，除3龄幼虫外，其余龄期的发育历期、幼虫体长和成虫体重均无显著性差异；先饲喂绿豆象幼虫后饲喂蚜虫的处理组，除1龄饲喂绿豆象幼虫2龄开始饲喂蚜虫的处理组能正常羽化外，其余处理组均无法完成羽化。【结论】异色瓢虫幼虫先饲喂蚜虫后饲喂绿豆象可使其完成羽化，因此，在繁育异色瓢虫时，在蚜虫不足的情况下，可用绿豆象幼虫作为补充食料，但异色瓢虫的低龄幼虫期需饲喂蚜虫才可保证其发育。

关键词：绿豆象；异色瓢虫；人工繁育；混合喂养

Study on Breeding of *Harmonia axyridis* with Supplementation of *Callosobruchus chinensis* larvae[*]

Yu Jingya[**], Wang Zhihua, Mao Runping, Pei Zhangxin, Dong Likun[***]

(*Wuhan Institue of Landscape Architecture*, *Wuhan* 430081, *China*)

Abstract：【Objectives】*Harmonia axyridis*, is an important natural predator of many pests, and a valuable agent in the application of many biological control program. This research is conducted with the expectation of finding appropriate alternative hosts of *H. axyridis* for artificial breeding. 【Methods】This study used a mixture of *Rhopalosiphum padi* and *Callosobruchus chinensis* larvae to feed the larvae of the lady beetle, and analyzed the effects of different mixtures on the growth and development of *H. axyridis*. 【Results】After hatching, all *H. axyridis* larvae started by feeding the aphids before feeding *C. chinensis* larvae could successfully eclose. The development time, larvae body length and adult weight among these feeding treatments had no significant difference in all development period except the third instar. In all treatment groups fed with *C. chinensis* larvae first and then aphids, the eclosion could not be completed except in the treatment group fed with *C. chinensis* larvae at the first instar and aphids at the second instar. 【Conclusion】Feeding aphids to the larvae of harlequin lady beetle first before feeding mung bean weevil

---

[*] 基金项目：武汉市园林和林业局项目（武园林发〔2018〕28号）
[**] 第一作者：于静亚，E-mail：17612748269@163.com
[***] 通信作者：董立坤，E-mail：dlikun@sohu.com

larvae can complete its eclosion. Therefore, when breeding the harlequin lady beetle, mung bean weevil larvae can be used as supplementary food in the case of insufficient aphids, but the development of harlequin lady beetle at younger larval stage should be guaranteed by feeding aphids.

Key words: *Callosobruchus chinensis*; *Harmonia axyridis*; Artificial breeding; Mixture feed

绿豆象 *Callosobruchus chinensis* 属鞘翅目 Coleoptera 豆象科 Bruchidae 瘤背豆象属 *Callosobruchus*，是一种世界性分布的仓储害虫（樊楠楠等，2024）。该害虫在我国大部分省市均有分布，寄主包括兵豆属 *Lens*、豌豆属 *Pisum*、山黧豆属 *Lathyrus*、野豌豆属 *Vicia* 的多种植物，其中以绿豆 *Vigna radiata*、豇豆 *V. unguiculata*、小豆 *V. angularis* 受害最重（曾琛和杨波，2015）。

绿豆象在东北一年可发生 4~6 代，在中部地区一年可发生 6~7 代，在沿海地区，全年温度适宜，可发生 11 代。绿豆象一个世代约为 25 d。绿豆象多以幼虫在豆粒内越冬，第二年温度适宜时在豆内化蛹、羽化、交配、产卵、繁殖后代。刚羽化的绿豆象雌虫 2~8 h 开始交尾，经 2~5 h 开始产第一批卵，一头雌虫产卵在 85~110 粒卵，并且绿豆象早晨的产卵量低于傍晚产卵量的一半。一般绿豆象雌虫寿命为 4~25 d，雄虫比雌虫寿命长 1~7 d（邓芸等，2008）。绿豆象在温度适宜时，行动活跃，喜飞翔，并且具有假死性、趋光性及上爬性。

绿豆象幼虫体小、防抗能力弱，体壁柔软，蛋白质含量丰富，是寄生性天敌和捕食性天敌良好的替代寄主。绿豆象幼虫作为活体饲料在人工繁育大唼蜡甲中进行了应用，实现了捕食性天敌昆虫大唼蜡甲的人工大规模扩繁（庞建伟等，2016）。另外绿豆象幼虫也被用于寄生性天敌昆虫小蠹蒲螨（赵莉等，2014）和管式肿腿蜂的人工大规模繁育中，用于繁育管式肿腿蜂时，每只绿豆象幼虫可平均出蜂 2.0 只，每只绿豆象蛹可平均出蜂 2.7 只（庞建军，2017）。由于绿豆象繁殖力强，取食广泛且廉价（绿豆、小豆及豇豆等），繁殖技术易于操作，因此其在天敌昆虫的繁育中具有较大的应用前景。本项目中发现异色瓢虫的幼虫及成虫也可取食绿豆象幼虫（图1），因此开展相关实验，研究绿豆象幼虫作为异色瓢虫人工繁育活体饲料的可行性。

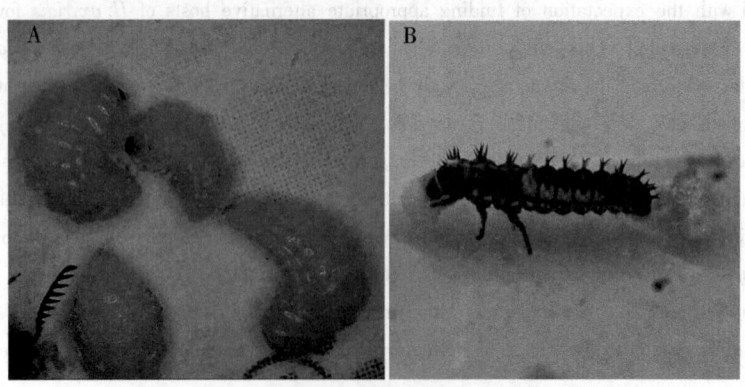

A：绿豆象幼虫；B：异色瓢虫幼虫捕食绿豆象幼虫

图 1　异色瓢虫幼虫捕食绿豆象幼虫

1 材料与方法

1.1 供试虫源

绿豆象为本实验室饲养种群。选取老龄幼虫用于试验。禾谷缢管蚜从室外禾本科植物上采集后，在室内用小麦苗继代饲养。从田间采集异色瓢虫成虫后在室内用禾谷缢管蚜继代饲养。所有试虫饲养条件为 RH=70%，L：D=16 h：8 h，温度为25℃。

1.2 先喂蚜虫后喂绿豆象幼虫对异色瓢虫生长发育的影响

收集同一天产出的异色瓢虫卵块，置于温度为25℃，湿度为70%，光周期 L：D=16 h：8 h 的环境中孵化。挑取异色瓢虫的初孵幼虫用于实验。初孵幼虫饲喂蚜虫，第一组处理为异色瓢虫幼虫从2龄开始饲喂绿豆象幼虫直至化蛹，第二组处理为从3龄开始饲喂绿豆象幼虫直至化蛹，第三组处理为从4龄开始饲喂绿豆象幼虫直至化蛹。对照组为一直饲喂蚜虫直至化蛹。实验条件同卵的孵化条件。每个处理共设置5个重复，幼虫期间每天记录体长，羽化为成虫后记录其体重。

1.3 先喂绿豆象幼虫后喂蚜虫对异色瓢虫生长发育的影响

收集同一天产出的异色瓢虫卵块，置于温度为25℃，湿度为70%，光周期 L：D=16 h：8 h 的环境中孵化。挑取异色瓢虫的初孵幼虫用于实验。初孵幼虫饲喂绿豆象幼虫，第一组处理为异色瓢虫幼虫从2龄开始饲喂蚜虫直至化蛹，第二组处理为从3龄开始饲喂蚜虫直至化蛹，第三组处理为异色瓢虫幼虫从4龄开始饲喂蚜虫直至化蛹。对照组为一直饲喂蚜虫直至化蛹。实验条件同卵的孵化时间。每个处理共设置5个重复，幼虫期间每天记录体长，羽化为成虫后记录其体重。

1.4 数据分析

实验数据用 EXCEL 进行记录整理，并用 IBM SPSS Stastics 20 对实验结果进行显著性差异分析，显著性水平为 $P<0.05$。

2 实验结果

2.1 先喂蚜虫后喂绿豆象幼虫对异色瓢虫发育的影响

异色瓢虫幼虫不同龄期饲喂绿豆象幼虫对其发育历期的影响如表1所示：从表1中可看出3个处理组的异色瓢虫均可完成发育，除3龄幼虫外，不同龄期幼虫、蛹期及总发育历期在3个处理以及对照组之间无显著性差异。从表2可以看出，从2龄开始饲喂绿豆象幼虫的处理组不同龄期幼虫体长及成虫体重与对照组相比均无显著性差异，从3龄开始饲喂绿豆象幼虫的处理组除2龄幼虫外，其余不同龄期幼虫体长及成虫体重与对照组相比均无显著性差异，从3龄开始饲喂绿豆象幼虫的处理组除2龄和3龄幼虫外，其余龄期幼虫与成虫体重与对照组相比均无显著性差异。此外，成虫体重在不同处理组与对照组之间相比均无显著性差异。说明，通过异色瓢虫前期饲喂蚜虫，后期饲喂绿豆象幼虫的方法可实现异色瓢虫的完整发育，在食物蚜虫不足的情况下，可通过饲喂绿豆象幼虫来饲养异色瓢虫。

表1 异色瓢虫初孵幼虫先喂蚜虫后喂绿豆象幼虫的发育历期

异色瓢虫龄期	异色瓢虫开始饲喂绿豆象幼虫时的龄期			对照
	2龄	3龄	4龄	
1龄	2.00±0.000a	2.00±0.000a	2.00±0.000a	2.00±0.000a
2龄	2.50±0.289a	2.00±0.000a	2.00±0.000a	2.00±0.000a
3龄	2.50±0.289b	3.00±0.000ab	3.00±0.000ab	3.25±0.250a
4龄	4.75±0.479a	4.50±0.289a	4.25±0.250a	5.50±0.866a
蛹	9.25±0.479a	8.25±0.629a	7.75±0.750a	7.75±0.629a
总发育历期	21.00±0.000a	19.75±0.854a	19.00±1.000a	20.50±0.289a

注：表格中数据为均值±SE，数据后面的小写字母为同列数据经 Duncan 氏新复极差法检验的显著性差异（$P<0.05$）。数据单位为天（d）；发育历期时间为从初孵幼虫至成虫羽化。

表2 先喂绿豆象幼虫后喂蚜虫后异色瓢虫的幼虫体长及成虫体重

异色瓢虫龄期	异色瓢虫开始饲喂绿豆象幼虫时的龄期			对照
	2龄	3龄	4龄	
1龄	2.13±0.125a	2.00±0.000a	2.00±0.000a	0.65±0.029b
2龄	5.50±0.204a	4.50±0.000b	4.63±0.125b	4.50±0.289b
3龄	7.63±0.315a	7.88±0.239a	6.63±0.239b	6.13±0.125b
4龄	10.38±0.375a	10.75±0.479a	11.00±0.289a	9.00±0.354b
成虫	15.90±1.223a	16.25±1.401a	19.63±1.710a	8.83±2.215b

注：表格中数据为均值±SE，数据后面的小写字母为同列数据经 Duncan 氏新复极差法检验的显著性差异（$P<0.05$）。数据单位为天（d）；发育历期时间为从初孵幼虫至成虫羽化。

2.2 先喂绿豆象幼虫后喂蚜虫对异色瓢虫发育的影响

异色瓢虫从幼虫开始先喂绿豆象幼虫后喂蚜虫结果如表3和表4所示：除了从2龄期开始饲喂蚜虫的处理组能完成发育外，其余处理组均不能完成发育，且所羽化出的成虫体重小于对照组。从3龄开始饲喂蚜虫的处理组能完成化蛹，但不能正常羽化。从4龄开始饲喂蚜虫的处理组在幼虫3龄时已经死亡。因此，先喂绿豆象幼虫对异色瓢虫幼虫的发育影响极大，不可采用此种方法饲养异色瓢虫。

表3 异色瓢虫初孵幼虫先喂绿豆象幼虫后喂蚜虫的发育历期　　单位：d

异色瓢虫龄期	异色瓢虫开始饲喂蚜虫时的龄期			对照
	2龄	3龄	4龄	
1龄	2.50	3.00	3.20	2.00
2龄	1.50	2.00	2.50	2.00
3龄	3.50	4.33	—	3.25

(续表)

异色瓢虫龄期	异色瓢虫开始饲喂蚜虫时的龄期			对照
	2 龄	3 龄	4 龄	
4 龄	6.00	7.67	—	5.50
蛹	7.50	—	—	7.75
总发育历期	21.00	—	—	20.50

注：发育历期时间为从初孵幼虫至成虫羽化。

表 4 先喂绿豆象幼虫后喂蚜虫后异色瓢虫的幼虫体长及成虫体重

异色瓢虫龄期	异色瓢虫开始饲喂蚜虫时的龄期			对照
	2 龄	3 龄	4 龄	
1 龄	1.80	2.40	—	0.65
2 龄	3.63	3.83	—	4.50
3 龄	6.38	5.33	—	6.13
4 龄	8.88	7.33	—	9.00
成虫	5.43	—	—	8.83

注："—"表示该龄期虫体已死亡，无数据记录。

3 结论与讨论

异色瓢虫的人工繁育是开展生物防治工作的前提，早在 20 世纪 70 年代就有专家学者开展异色瓢虫人工饲料的研究。用人工饲料饲养异色瓢虫具有成本低、幼虫生长发育整齐等优势，但也会出现一系列异色瓢虫不能正常发育的问题，这些因素导致了异色瓢虫的规模化生产和应用受限。因此，许多学者开展了关于异色瓢虫昆虫源饲料的研究。在添加糖源的情况下，东方黏虫卵粒、低龄幼虫和高龄幼虫均能满足异色瓢虫生长发育及繁殖的要求（吴钰微，2023）；用地中海粉斑螟卵饲喂异色瓢虫，其体内的蛋白质含量和脂肪含量都要低于用豌豆蚜饲养的异色瓢虫（Specy，2003）；用家蚕幼虫饲养异色瓢虫，异色瓢虫幼虫发育历期、成虫体重与对照组（蚜虫）无差异，但产卵前期延长、产卵量降低，并且幼虫死亡率、蛹重、产卵量等各项生物学特性也相对较弱（卢绍辉等，2009）；用果蝇幼虫为饲料补充糖源物质后饲养异色瓢虫能够满足异色瓢虫生长发育及繁殖的需要（万银平，2021）。绿豆象幼虫本为一种仓储害虫，但因其丰富的蛋白质、柔软的体壁以及容易大规模饲养被部分专家学者用于天敌昆虫的生产。本项研究通过试验发现，先饲喂蚜虫，后补充饲喂绿豆象幼虫可实现异色瓢虫的正常生长发育，且从异色瓢虫 2 龄、3 龄或 4 龄开始饲喂都可实现正常发育。然而先饲喂绿豆象幼虫后饲喂蚜虫时，不能实现异色瓢虫的正常生长发育，从异色瓢虫初孵幼虫开始饲喂绿豆象幼虫，基本在 2 龄或 3 龄时就会死亡，且生长缓慢、畸形。

从本部分试验结果可以看出,给异色瓢虫的初孵幼虫饲喂蚜虫是至关重要的,这可能与蚜虫及绿豆象幼虫的虫体营养成分有关系,蚜虫体内含有关于异色瓢虫发育的非常重要的营养物质。除文中试验以外,本课题组尝试用绿豆象幼虫作为替代寄主饲养异色瓢虫均未成功,给新羽化的异色瓢虫饲喂绿豆象幼虫,其均不会产卵,但可以一直存活,重新饲喂蚜虫 7 d 左右,异色瓢虫成虫会正常产卵,说明异色瓢虫成虫在产卵期取食的食物对其产卵情况有重要影响,蚜虫体内也有影响异色瓢虫产卵的重要物质。

本部分仅对绿豆象幼虫作为替代寄主进行了初步研究,其使用情况还可进行更深入的研究,例如异色瓢虫仅捕食绿豆象幼虫不能正常发育的原因,或者饲喂绿豆象幼虫后可否再补充其他食物,以保证完成异色瓢虫的发育。异色瓢虫成虫在产卵期间是否有其他更好的替代寄主取代蚜虫,以保证异色瓢虫正常产卵。

参考文献

邓芸,王佛生,李元龙,2008. 绿豆象的发生特点及其防治试验研究 [J]. 杂粮作物,28 (6):385-386.

樊楠楠,黄金遇,刘松,等,2024. 绿豆象成虫对红豆与绿豆种子挥发物的电生理和嗅觉行为反应 [J]. 昆虫学报,67 (1):58-67.

卢绍辉,宋宏伟,梅象信,等. 2009. 利用家蚕幼虫饲养异色瓢虫研究初报 [J]. 河南林业科技,29 (3):31-32.

庞建军,高星,李升,等,2017. 一种利用绿豆象繁育管氏肿腿蜂的方法. 中国,发明专利,CN201610861398.7 [P]. 2017-02-01.

庞建伟,张连生,杨磊,2016. 利用绿豆象繁育大唼蜡甲的方法. 中国,发明专利,CN201310324201.2 [P]. 2016-04-13.

万银平,2021. 同糖源对异色瓢虫增殖和控害的影响 [D]. 秦皇岛:河北科技示范学院.

吴钰微,2023. 异色瓢虫规模化饲养及其捕食甜菜夜蛾的潜能研究 [D]. 吉林:吉林农业大学.

曾琛,杨波,2015. 菜豆象和绿豆象形态特征鉴定 [J]. 植物医生,28 (3):53-54.

赵莉,张鲁豫,任金龙,等,2014. 用绿豆象人工扩繁小蠹蒲螨的方法及在小蠹害虫生物防治中的应用. 中国,发明专利,CN201210043792.1 [P]. 2014-03-19.

SPECY O, FEBVAY G, GRRENIER S, 2003. Nutritional plasticity of the predatory ladybeetle *Harmonia axyridis* (Coleoptera:Coccinellidae): comparison between natural and substitution prey [J]. Archives of Insect Biochemistry and Physiology, 52 (2):81-91.

两种航空器喷药防治栗实象效果分析*

查玉平[1,2]**，张子一[1,2]，肖云丽[1,3]，方洪元[4]，洪承昊[1,2]

(1. 经济林木种质改良与资源综合利用湖北省重点实验室，黄冈 438000；2. 湖北省林业科学研究院，武汉 430075；3. 黄冈师范学院，黄冈 438000；4. 罗田县林特产业发展中心，罗田 436600)

摘 要：【目的】研究两种航空器喷药防治板栗栗实象的效果，并进行比较分析，为提高板栗栗实象防治效果提供了科学依据。【方法】通过无人机和直升机喷药防治板栗栗实象，比较分析两种航空器的防治效果以及优劣。【结果】无人机和直升机喷洒噻虫啉对栗实象都具有较好的防治效果。无人机平均防治效果达到63.32%，而直升机平均防治效果达到65.31%，两种之间不存在显著差异。【结论】可根据防治面积大小以及是否连片等实际情况，选用无人机或直升机喷药防治。

关键词：栗实象；无人机；直升机；防治效果

Analysis of the Effect of Two Types of Aircraft Spraying on the Control of *Curculio davidi**

Zha Yuping[1,2]**, Zhang Ziyi[1,2], Xiao Yunli[1,3], Fang Hongyuan[4], Hong Chenghao[1,2]

(1. Hubei Key Laboratory of Economic Forest Germplasm Improvement and Resources Comprehensive Utilization, Huanggang 438000, China; 2. Hubei Academy of Forestry, Wuhan 430075, China; 3. Huanggang Normal University, Huanggang 438000, China; 4. Luotian County Forestry Characteristic Industry Development Center, Luotian 436600, China)

Abstract:【Obejectives】To study the effects of two types of aircraft spraying on the control of *Curculio davidi*, and to compare and analyze them, providing a scientific basis for improving the control effect of *C. davidi*.【Methods】By spraying pesticides with drones and helicopters to control *C. davidi*, the control efficacy of the two aircraft were compared and analyzed.【Results】Both drones and helicopters have good control effects on *C. davidi* when sprayed with thiacloprid. The average control effect of drones reached 63.32%, while the average control effect of helicopters reached 65.31%, with no significant difference between them.【Conclusion】According to the actual situation such as the size of the control area and whether it is contiguous, drones or helicopters can be selected for spraying pesticides for control.

Key words: *Curculio davidi*; Drones; Helicopters; Control effects

---

* 基金项目：经济林木种质改良与资源综合利用湖北省重点实验室、大别山特色资源开发湖北省协同创新中心2023年度开放基金项目（202328104）；湖北省林业科技支撑重点项目（〔2023〕LYKJ02）

** 第一作者：查玉平，E-mail:zhayuping@163.com

板栗栗实象 Curculio davidi Fairmaire 属于鞘翅目 Coleoptera 象甲科 Curculionidae 象甲属 Curculio，是我国板栗主要蛀果害虫之一，危害率一般在 25%～40%，严重的可达 70% 以上（黄莉宁，2014）。栗实象主要在栗仁膨大期至成熟期前后进行为害，其雌成虫通过口器刺破栗苞和种皮后产卵于栗仁中，幼虫孵化后一直取食栗仁（肖云丽等，2017）。由于栗实象幼虫在栗仁中蛀食，使其中充满了虫粪，且在果实表面出现孔洞，极大降低了板栗品质，严重制约了板栗产业的健康发展（郝紫阳等，2024）。但是，栗实象虫体小，大多数时间为隐蔽生活，防治困难。有研究表明，大别山区的栗实象成虫羽化盛期为 8 月上旬，抓住这短暂的出土期集中防治是控制栗实象危害的关键（何秀娟等，2018）。应用航空器喷洒药剂防治是短时间大面积防治的重要手段（张新华等，2024），因此本研究采用两种航空器喷洒药剂防治栗实象，测定其防治效果，并进行比较分析，为大面积防控栗实象提供参考依据。

1 材料与方法

1.1 航空器机型和药剂

无人机为大疆 T40，载药量为 40 kg，喷幅为 6～10 m；直升机为恩斯特龙 480B，载药量为 400 kg，喷幅为 40～50 m。

药剂为 3% 噻虫啉微胶囊悬浮剂（生产厂家为江苏功成生物科技有限公司）。

1.2 防治方法

1.2.1 无人机喷药防治栗实象

根据飞机防治方案，在飞防范围内选择无人机飞防样地 10 个（w-1、w-2、w-3、w-4、w-5、w-6、w-7、w-8、w-9 和 w-10），在飞防范围外选择对照样地 10 个（ck-1、ck-2、ck-3、ck-4、ck-5、ck-6、ck-7、ck-8、ck-9 和 ck-10），样地之间相距至少 1 km。在所选样地的小班内，按照五点取样法设置 5 个小区，每个小区内选择 10 株板栗树，记录各小区板栗林的株、行距。样树用油漆和红色塑料绳标记并记录坐标。检测方法：在飞机防治三周后，在样地内捡拾落果或击打树上板栗收集落果，将落果装入收集袋中，记录样地、小区和样树编号以及地理坐标。在室内检测落果的有虫果数，通过剥出板栗仁检查其中板栗蛀果害虫的侵入情况，并记录有虫果数。防治效果按下列式（1）计算。

$$防治效果（\%）= （对照样地有虫果率 - 防治样地有虫果率）\div 对照样地有虫果率 \times 100 \quad (1)$$

1.2.2 直升机喷药防治栗实象

根据飞机防治方案，在飞防范围内选择直升机飞防样地 13 个（z-1、z-2、z-3、z-4、z-5、z-6、z-7、z-8、z-9、z-10、z-11、z-12 和 z-13），对照样地 10 个（同 1.3.1），样地之间相距至少 1 km。在所选样地的小班内，按照五点取样法设置 5 个小区，每个小区内选择 10 株板栗树，记录各小区板栗林的株、行距。样树用油漆和红色塑料绳标记并记录坐标。检测方法：在飞机防治三周后，在样地内捡拾落果或击打树上板栗收集落果，将落果装入收集袋中，记录样地、小区和样树编号以及地理坐标。在室内检测落果的有虫果数，通过剥出板栗仁检查其中板栗蛀果害虫的侵入情况，并记录有虫果数。防治效果按式（1）计算。

2 结果与分析

2.1 无人机防治效果

由图1和图2可以看出，无人机喷药防治栗实象的整体效果良好，平均防治效果达到了63.32%。防治样地w-3的板栗有虫果率下降最多，降到了5.11%，与对照样地的24.47%，相比下降了79.12%。其次，防治样地w-9的板栗有虫果率下降到5.79%，防治效果达到了76.34%。但是也有些样地效果不够理想，例如防治样地w-8的板栗有虫果率下降最少，仅降到了13.95%，防治效果仅为42.98%。这可能是因为无人机操作者不同造成的。

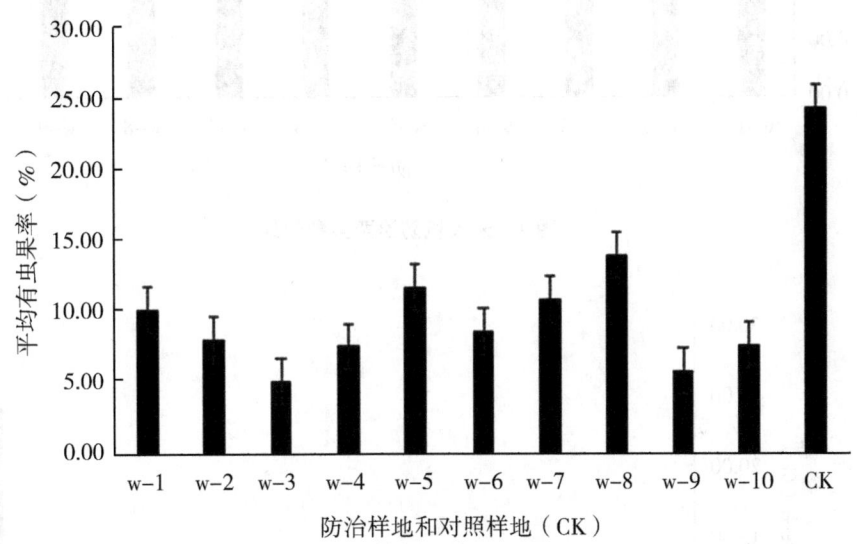

图1 无人机防治样地和对照样地的虫果数

2.2 直升机防治效果

由图3和图4可以看出，直升机喷药防治栗实象的整体效果良好，平均防治效果达到了65.31%。防治样地z-11的板栗有虫果率下降最多，降到了6.12%，与对照样地的24.47%相比下降了74.98%。其次，防治样地z-3、z-4、z-12和z-13，防治效果分别达到了73.63%、72.76%、72.49%和71.82%。但同样也有样地防治效果不够理想，例如防治样地z-5的板栗有虫果率下降最少，仅降到了11.94%，防治效果仅为51.20%。这可能是林地地理差异和当时风力不同造成的。

2.3 无人机和直升机防治效果比较

图5可以看出，无人机和直升机喷洒噻虫啉对栗实象的防治效果不存在显著性差异。因此，这两种航空器都可用于栗实象的大面积飞防。

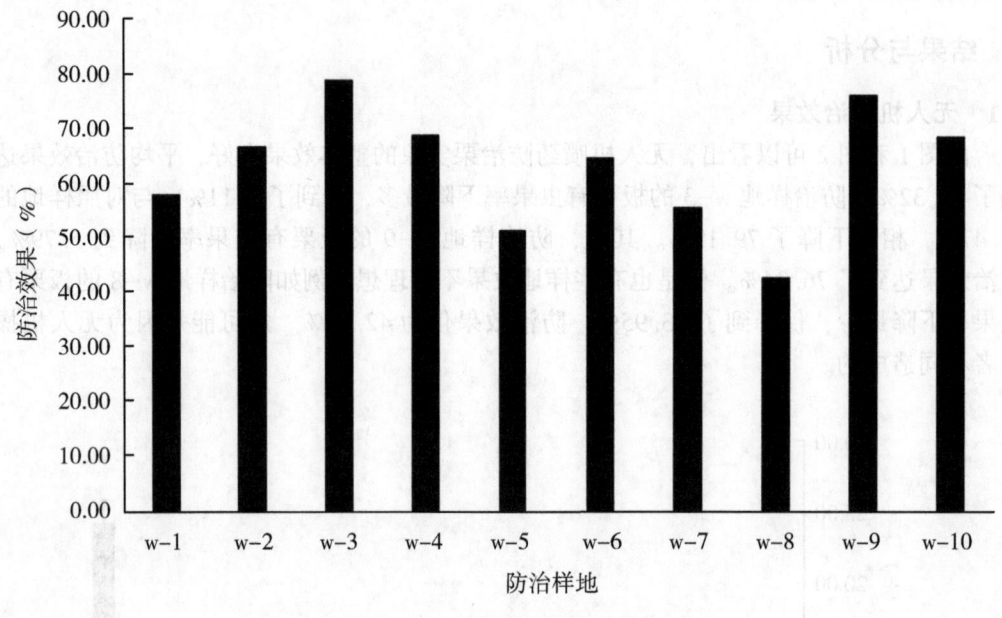

图 2　无人机防治栗实象效果

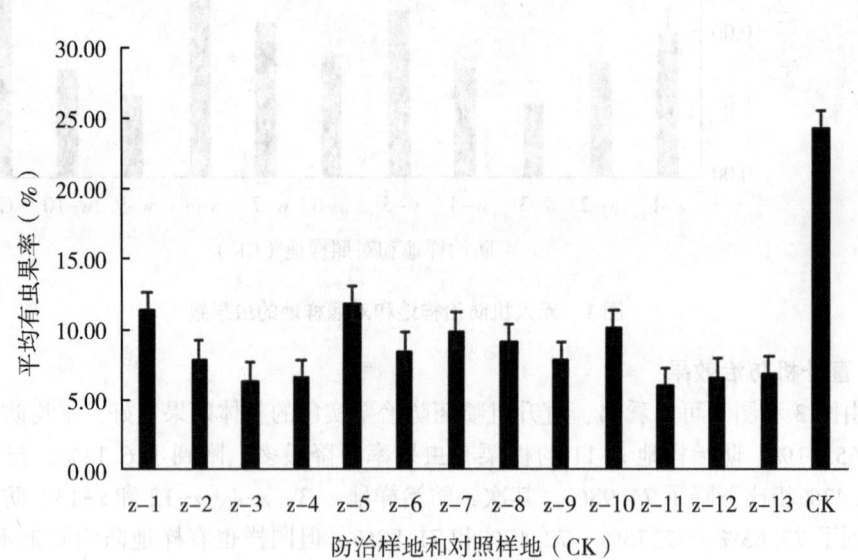

图 3　直升机防治样地和对照样地的虫果数

3　讨论

本研究结果显示，无人机和直升机喷洒药剂对栗实象都具有较好的防治效果，但两者之间存在一些差异。无人机防治效果与操作者关系更为密切，而直升机因为升空更高

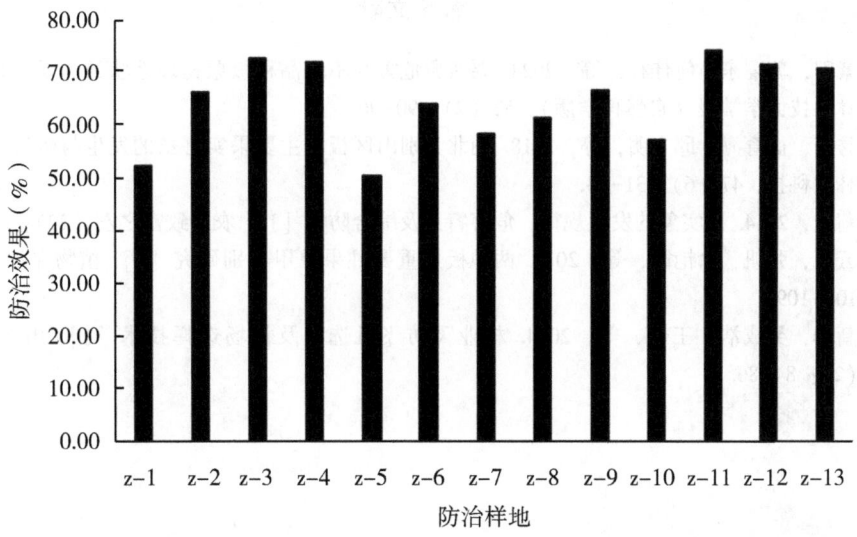

图 4　直升机防治栗实象效果

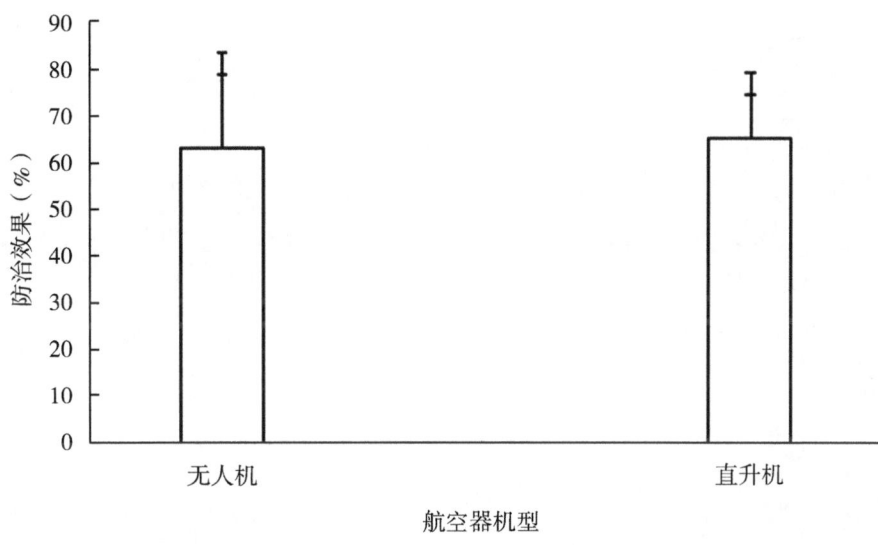

图 5　无人机和直升机喷洒噻虫啉对栗实象的防治效果

受到风力和地势的影响更大。此外，无人机适合小块分散的林地飞防，而直升机更适合大块连片的林地飞防。本研究明确了无人机和直升机喷洒药剂防治栗实象的效果，为进一步大面积防控栗实象提供了参考依据。

参考文献

郝紫阳，郭曜东，何佳林，等，2024. 栗实象危害与不同品种板栗物理性状的关系 [J]. 西北农林科技大学学报（自然科学版），52（2）：90-96.

何秀娟，徐育海，邱文明，等，2018. 湖北大别山区板栗主要果实害虫的发生与防治 [J]. 湖北林业科技，47（6）：31-33.

黄莉宁，2014. 栗实象的发生规律、危害特点及综合防治 [J]. 农民致富之友（22）：81.

肖云丽，张帆，徐艳霞，等，2017. 两种板栗重要蛀果象甲鉴别研究 [J]. 植物保护，43（4）：104-109.

张新华，吴成浩，王翔，等，2024. 林业飞防飞机选型及机场选择技术 [J]. 山东林业科技（2）：84-86.

基于玉米秸秆生物炭和大蒜肉桂精油的
药肥一体化技术研究*

卢伟平**，邵 明，苏亚飞，黄求应***

（华中农业大学植物科学技术学院，武汉 430070）

摘 要：【目的】 作为一种秸秆还田新方案，利用秸秆生物炭和使用植物次生代谢物进行防治病虫害的药肥一体化方案可以达到改良土壤环境、减少化肥农药的使用量进而使温室气体排放减少的目的。**【方法】** 本研究主要探讨精油凝珠对供试昆虫白星花金龟 Potosia brevitasis 蛴螬幼虫的毒力测定和药肥一体化产品对玉米生长发育的影响。通过渗析袋测试法对4种含碳的农药助剂进行药物增透性比较，选取最优增透剂；将上述优化配方对供试白星花金龟蛴螬幼虫进行毒力测定，通过测定 LC_{50} 和 LC_{90} 值来选用最优精油种类和浓度；再将药肥一体化成品对供试植株玉米进行网室栽培试验，测定玉米生长期的性状指标和生理生化指标来对药肥一体化产品进行综合评价。**【结果】** 大蒜精油凝珠在栽培基质中的 LC_{50} 和 LC_{90} 分别为 14.33 mg/mL 和 26.14 mg/mL；栽培试验结果显示在六组试验生物炭+全药（玉米秸秆炭+360 g精油凝珠处理）、生物炭+1/2药（玉米秸秆炭+180 g精油凝珠处理）、生物炭+1/4药（玉米秸秆炭+90 g精油凝珠处理）、生物炭（玉米秸秆炭处理）、CK（正常肥料处理）、秸秆还田（玉米秸秆处理）中，生物炭+1/2药处理的指标优于其他组，表明生物炭+1/2药处理组合为最佳的药肥一体化方案，玉米秸秆炭使用量为 4.9 t/hm^2，大蒜肉桂精油凝珠使用量为 3.67 t/hm^2（分别使用大蒜精油 174.46 kg/hm^2 和肉桂精油 87.23 kg/hm^2）。**【结论】** 基于玉米秸秆生物炭和大蒜肉桂精油的药肥一体化产品（CK+1/2药+秸秆炭组合）对玉米有促进生长的作用，表明产品在供试植株的室外试验表面对植株干物质积累有显著影响。本研究结果提供了一种秸秆还田新方式，并验证了运用植物精油来防治地下害虫的可行性。

关键词：生物质炭；植物次生代谢物；富勒烯；玉米；海藻酸钙

Study on Integrated Technology of Pesticide and Fertilizer Based on Corn Straw Biochar and Garlic Cinnamon Essential Oil*

Lu Weiping**, Shao Ming, Su Yafei, Huang Qiuying***

(College of Plant Science and Technology, Huazhong Agricultural University, Wuhan 430070, China)

Abstract: 【Objectives】As a new straw returning scheme, utilization straw biochar and plant secondary metabolites to control pests and diseases is a new method, could achieve the goal of improving soil environment, reducing the use of chemical fertilizers and pesticides, and thus re-

---

* 基金项目：华中农业大学省级创新训练项目（S202010504004）
** 第一作者：卢伟平，E-mail:1433379493@qq.com
*** 通信作者：黄求应，E-mail:qyhuang2006@mail.hzau.edu.cn

ducing greenhouse gas emissions. 【Methods】 This study aiming to investigate the toxicity of essential oil beads to *Potosia brevitasis* larvae, the effects of the integrated products of pesticides and fertilizer affection on the growth and development of maize. The drug penetration enhancer of four kinds of pesticide additives containing carbon was compared by means of dialysis bag test, and the best anti-reflection agent was selected. The toxicity of pesticide on the *Potosia brevitasis* larvae was determined. LC_{50} and LC_{90} were used to select the best essential oil species and concentration. Finally, the integrated product of pesticide and fertilizer was cultivated in the net room of the testing maize, to evaluate the integrated product, physiological and biochemical indicators of the maize trait were determined during the growth period. 【Results】 LC_{50} and LC_{90} of garlic essential oil beads in cultivation medium were 14.33 mg/mL and 26.14 mg/mL respectively. After the cultivation experiment, it was concluded that the six groups tested biochar + whole pesticide (corn straw charcoal +360 g essential oil coagulation treatment), biochar +1/2 pesticide (corn straw charcoal +180 g essential oil coagulation treatment), biochar +1/4 pesticide (corn straw charcoal + 90) Among g essential oil coagulation treatment), biochar (corn stalk charcoal treatment), CK (normal fertilizer treatment), and straw return to field (corn stalk treatment), the corresponding indexes of biochar + 1/2 drug treatment were superior to those of other groups. Therefore, the final combination of biochar +1/2 drug treatment was the best drug and fertilizer integration formulation, and the amount of carbon used in corn stalk was 4.9t/hm^2. The use of garlic cinnamon essential oil clots was 3.67 t/hm^2 (garlic essential oil 174.46 kg/hm^2 and cinnamon essential oil 87.23 kg/hm^2, respectively). 【Conclusion】 The integrated product of pesticide and fertilizer based on corn straw biochar and garlic cinnamon essential oil (CK+1/2 pesticide + straw carbon combination) can promote the growth of the tested maize, and the final product has a significant effect on the dry matter accumulation of the tested plants on the outdoor test surface. The results will provide a new method to return straw to the field, and verify the feasibility of using plant essential oil to control underground pests.

Key words: Biochar; Plant secondary metabolites; Fullerenes; Maize; Calcium alginate

白星花金龟 *Potosia brevitasis* 是一种分布范围广，寄主种类多的农业害虫，能造成重大经济损失（杨诚，2014），主要分布于我国东北、华北、黄淮海地区以及西北地区。在我国北方地区，白星花金龟1年发生1代，一代幼虫在土壤中越冬，幼虫期（蛴螬）自7月中旬至翌年4月上旬，为常见的地下害虫，常危害植物的根系、块茎等地下部分（杨诚，2014）。

植物精油等植物次生代谢物研究对地上病虫害研究较多（崔明俊等，2014；马迪和王桂清，2016；徐汉虹等，2017），但对地下害虫关注不多，精油类植物次生代谢物具有穿透土层作用害虫的优势（Plata-Rueda *et al.*, 2017），传统上针对地下害虫常采用辛硫磷等有机磷农药防治，对环境造成很大影响（高燕等，2011），植物精油类物质见效快，无残留，在保证防治地下害虫的效果下，对环境影响较小（张洁，2018）。

生物质炭是一种新兴的有机肥料，是通过秸秆或园林绿化垃圾通过高温裂解、无氧碳化等过程制得的（谷思成等，2020）。具有保持土壤水分、为土壤持续提供养分和促进微生物的生长等功能，相较于传统肥料，它直接来源于前茬作物，能保留秸秆或园林绿化垃圾大部分养分，主要为氮、磷、钾元素（周建斌等，2008），能回收大部分元素，对于减少肥料使用和促进有机质还田有积极意义。

1 材料与方法

1.1 供试虫源与供试植株

供试昆虫：实验采用的白星花金龟幼虫蛴螬为网上购买的辽宁省建昌县双流树村（119.749 195 00°E, 40.555 071 00°N，海拔245 m）自行养殖昆虫，收到后用蛴螬培养基质（景县德沃多肥料有限公司生产粗细耶糠砖，在水中按粗椰糠：细椰糠=1：1比例配制泡发）先饲养2~3 d后适应本地环境，再将其放入培养盒中室温饲养1周，使其适应培养盒环境（Plata-Rueda et al., 2017）。

供试植株：玉米品种选用金甜玉808，为主推甜玉米品种，甜玉米的抗病虫害能力弱于糯玉米。在实验室恒温培养箱25℃催芽，后移栽至育苗穴盘，待其到三叶期后移栽至网室进行盆栽试验。

1.2 三种精油凝珠对蛴螬毒力测定

①根据侯聪颖等（2020）和李超敏等（2006）方法配制2%海藻酸钠溶液，取3个烧杯，分别加入539 mL的水和11 g的海藻酸钠 [国药集团化学试剂有限公司（沪试）]，放入90℃的水浴锅中加热至完全溶解（需要另配制3组加无精油凝胶微球对照，所以等比例的配制溶液550 g）。②配制20%的氯化钙，取3个烧杯，分别加入800 mL水和200 g的氯化钙 [国药集团化学试剂有限公司（沪试）]，搅匀。③待1中溶液冷却至30~40℃时分别加入10.58 mL（11 g）肉桂精油、10.58 mL（11 g）丁香精油和10.58 mL（11 g）大蒜精油（精油均来自江西恒诚天然香料油有限公司，出厂批号20191101）并加入2 g的乳化剂单甘脂（河南恩苗食品有限公司）。④将注射器吸入约50 mL原液，将其滴入氯化钙溶液中，反应15~30 min后收集凝珠。⑤每种精油凝珠要制作3个梯度浓度（20 mg/mL、22.5 mg/mL、25 mg/mL），共配置3个重复。共30组，在第1 d、2 d、4 d、6 d、9 d、12 d、17 d、24 d、38 d进行实验观察，对存活数以及重量进行测定，统计成活率。

1.3 农药助剂比较（渗析袋测试法）

①制作标曲，根据冯超群等（2013）方法，取50 mL的2000聚乙二醇、4000聚乙二醇、6000聚乙二醇（PEG），分别稀释配制0 mg/L、2 mg/L、4 mg/L、6 mg/L、8 mg/L、10 mg/L梯度溶液5 mL，分别加入1 mL的0.05 mol/L碘标准溶液，1.2 mL的5%氯化钡溶液，加入蒸馏水补齐至10 mL，反应15 min，放入分光光度计中进行观测。②测定渗析出的聚乙二醇的量，取15 cm的渗析袋，将50 mL的500 mg/L聚乙二醇放入含1 L蒸馏水的烧杯中进行渗析，分别在时间0 min、1 min、2.5 min、5 min、10 min、20 min、30 min、60 min、120 min取样5 mL的渗析溶液。（石墨粉（东莞市甬耀石墨材料有限公司）和京香墨粉（太和县李兴镇枫叶红药材购销站）各加1.5 g，氧化石墨烯溶液（苏州碳丰石墨烯科技有限公司）和富勒烯溶液（苏州碳丰石墨烯科技有限公司）各加1.5 mL，CK组加入聚乙二醇溶液为49 mL）。③共135份1.5 mL样品，3种聚乙二醇溶液分3大组做实验，分别加入1 mL的0.05 mol/L碘标准溶液以及

1.2 mL 的 5%氯化钡溶液，加入蒸馏水至 10 mL，摇匀后静置反应 15 min，在 610 nm 波长下进行分光光度计测定。

1.4 药肥一体化成品网室栽培试验

①制备大蒜肉桂精油凝珠，配制 2%海藻酸钠溶液 7 L，以及 20%氯化钙溶液 2.5 L，再在每升海藻酸钠溶液中各加入 25 g 大蒜精油、12.5 g 肉桂精油、30 g 工业石墨、5 mL 富勒烯溶液和 5 g 单甘酯作乳化剂，进行精油凝珠制备。②准备培养基质，准备 3 t 水泥和 3 t 耕层黏土，在户外放置 2 周，后将黄沙和黏土按 1∶1 比例破碎混匀，进行装袋至栽培袋 4/5 容量。③4 月 11 日进行玉米播种，供试品种为金甜玉 808，在 5 月 4 日供试玉米苗进入三叶期后进行移栽，选取长势一致玉米苗进行移栽。④后期在相应的生长期进行二次补肥，同时在生育期进行相关指标的测定，收获后对其进行考种（胡春花等，2017；吕金岭等，2021）。

1.5 数据统计与分析

致死浓度（LC_{50} 和 LC_{90}），通过 PoloPlus2.0 软件基于不同浓度下死亡率的逻辑回归来确定；其余数据均采用 IBM SPSS statistics 26 软件进行统计分析。图中结果代表平均值±标准差，采用单因素分析方法来比较平均值，用 LSD 法检验来比较平均值，显著水平为 $P<0.05$；最后通过 GraphPad Prism 8 软件对差异可视化展示。

2 结果与分析

2.1 助剂增透效果比较

通过比较渗出液的浓度来对增透剂的增透性能进行评价，渗出后溶液浓度变化大的增透性能好。结合图 1 分析，在 6000 聚乙二醇（PEG）渗出液浓度水平上，富勒烯处理（1.08 mg/L）极显著高于 CK（0.24 mg/L），显著高于石墨烯（0.38 mg/L）和京香墨粉（0.29 mg/L）。综合成本和性能考虑，选用富勒烯和石墨粉复配形成助剂。

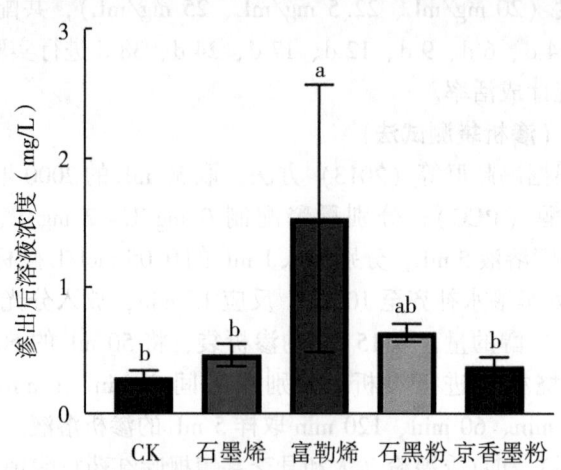

图 1 增透剂增透效果比较（6000PEG）
注：不同小写字母表示差异显著。

2.2 三种精油凝珠对蛴螬毒力测定

PoloPlus2.0 分析发现,第 7 d 时大蒜精油凝珠 LC_{50} = 14.327 mg/mL,LC_{90} = 26.140 mg/mL(图2)。

由于蛴螬相对于其他昆虫幼体来说质量较大,采用医学上针对小白鼠毒性测试,对蛴螬进行平均质量测定评估不同精油的毒性。由图3显示,大蒜精油凝珠(1.37 g)在存活虫体平均质量水平上极显著小于 CK(1.70 g)、肉桂精油凝珠(1.80 g)、丁香精油凝珠(1.67 g)。因此选用大蒜精油作为凝珠主体的效果优于肉桂精油和丁香精油。

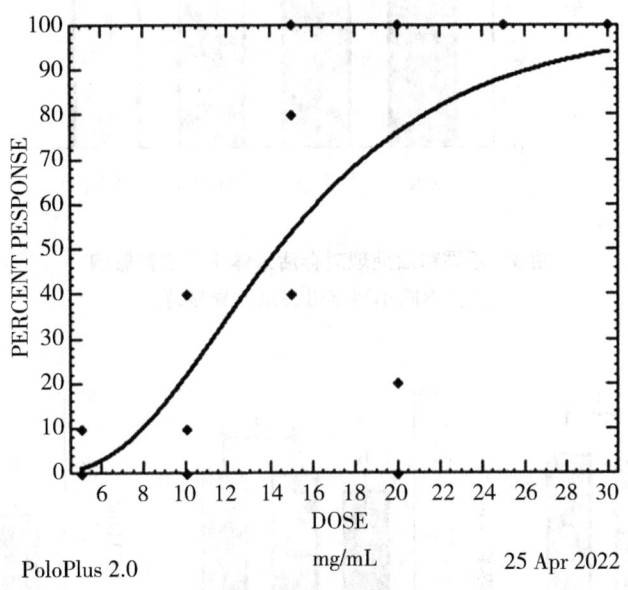

图2 大蒜精油凝珠对蛴螬致死率曲线

根据以上实验故选择 25 mg/mL 大蒜精油和 12.5 mg/mL 肉桂精油做精油凝珠的主要成分。大蒜肉桂精油凝珠为 2% 海藻酸钠 + 20% 氯化钙反应形成的海藻酸钙外壳,5 mL/L 富勒烯(500 mg/kg)和 30 g/L 石墨粉,5 g/L 单甘脂作乳化剂,大蒜肉桂精油凝珠使用量为 3.67 t/hm²,分别使用大蒜精油 174.46 kg/hm² 和肉桂精油 87.23 kg/hm²。

2.3 灌浆期药肥一体化产品对玉米生长影响

如图 4 所示,在株高水平上,生物质炭处理(153.32 cm)和秸秆处理(158.20 cm)都极显著高于 CK 处理(132.90 cm);在根茎粗水平上,生物质炭处理(1.458 cm)和秸秆处理(1.441 cm)都显著高于 CK 处理(1.335 cm);在叶绿素含量(SPAD)水平上,生物质炭处理(49.95)和秸秆处理(50.06)都极显著高于 CK 处理(44.00)。

如图 5 所示,在根茎粗水平上,1/2 药量处理(1.512 cm)显著大于 CK 未加入精油凝珠处理(1.335 cm);在叶绿素含量(SPAD)水平上,1/4 药量处理(51.28)极显著高于 CK 未加入精油凝珠(44.00),1/2 药量处理(51.03)显著高于 CK 未加入精油凝珠（44.00）。

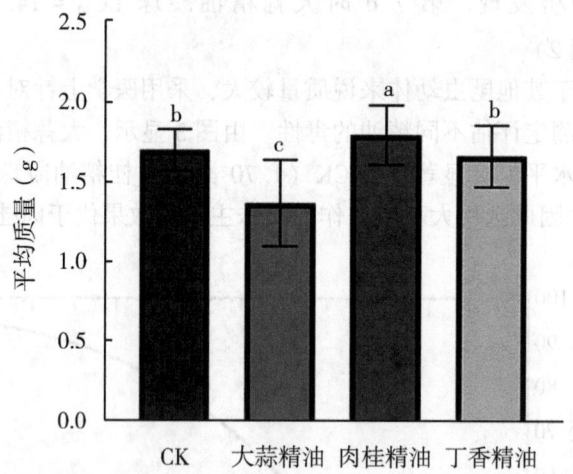

图3 不同精油处理对存活虫体平均质量影响
注：不同小写字母表示差异显著。

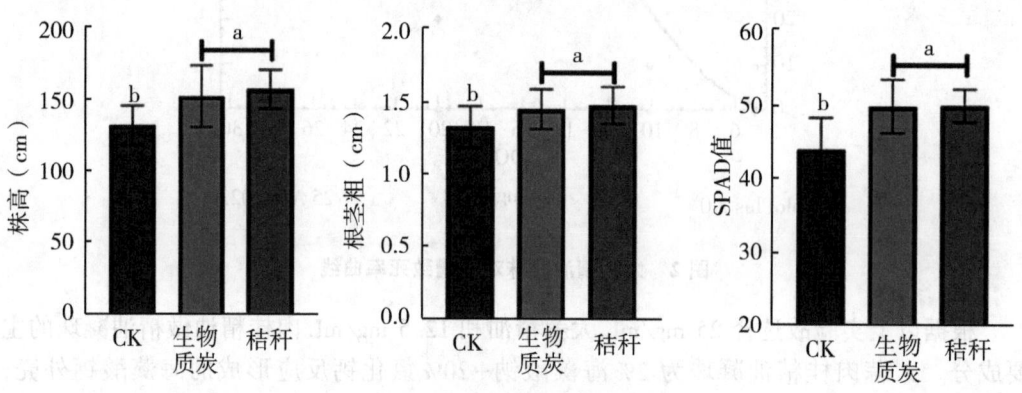

图4 不同秸秆还田方式对玉米生长影响
注：不同小写字母表示差异显著。

2.4 收获后考种药肥一体化产品对玉米植株的影响

如表1所示，在穗长水平上，生物质炭处理（14.67 cm）显著高于CK处理（12.53 cm），秸秆处理（16.14 cm）极显著高于CK处理（12.53 cm）。在叶重水平上，生物质炭处理（46.22 g）和秸秆处理（48.35 g）都显著高于CK处理（36.02 g）；1/2药量精油凝珠处理（51.40 g）显著重于CK未加入精油凝珠处理（42.41 g）。在秆重水平上，生物质炭处理（24.10 g）极显著高于CK处理（17.84 g），秸秆处理（24.56 g）显著高于CK处理（17.84 g）；1/2药量精油凝珠处理（27.65 g）显著重于CK未加入精油凝珠处理（21.58 g）。在根重水平上，生物质炭处理（15.27 g）极显著高于CK处理（10.17 g），秸秆处理（14.51 g）显著高于CK处理（10.17 g）；1/2药量精油凝珠处理（16.88 g）显著重于 CK 未加入精油凝珠处理（12.78 g）。

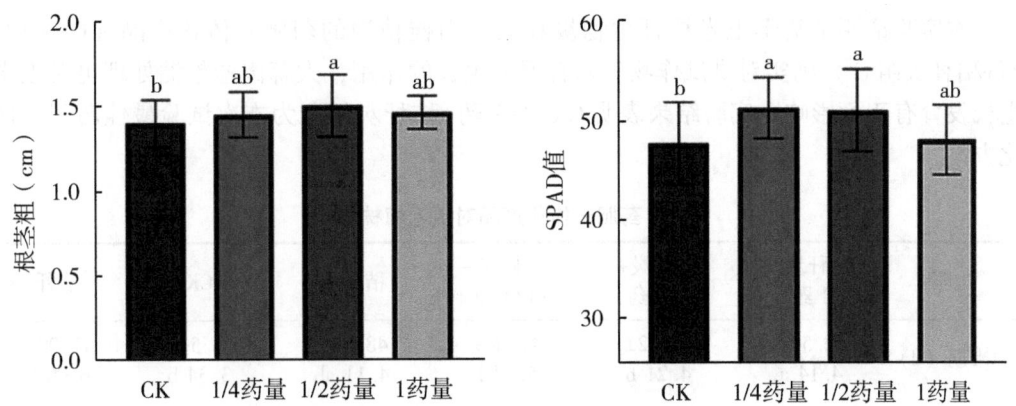

图5　不同精油凝珠量对玉米生长影响

注：不同小写字母表示差异显著。

3　讨论

本研究发现大蒜精油对白星花金龟幼虫具有显著性毒性，大蒜精油中含有多种硫化物，这些硫化物分子量较小易挥发，能对昆虫产生直接毒性和间接毒性（余豪等，2018；于新蕊和丛月珠，1994）。选用精油凝珠形式的目的是，一方面可以形成膜结构微环境，防止与外界环境直接接触影响药物 pH 值和发挥药效的环境，另一方面采用特殊膜结构可以控制精油释放药效的速率，达到药物缓释的目的（周红军等，2015；侯聪颖等，2020）。

玉米秸秆炭富含丰富的 C、P、K 元素，随着微生物作用和雨水淋溶作用，使得养分渗出（何佳闻等，2019；张晗芝等，2010）。与 CK 相比，施用 4.9 t/hm² 玉米秸秆生物炭的株高和根茎粗增加了 20.42 cm 和 1.23 mm，同时叶绿素含量（SPAD）比 CK 高 13.52%，表明玉米秸秆生物炭为作物提供长期肥力或者能提高肥料利用率来促进植株生长（Feng et al., 2020）。施用 4.9 t/hm² 玉米秸秆生物炭能大幅提高供试作物玉米的干重，在叶重、秆重、根重上分别比 CK 处理重 10.20 g、6.26 g、5.10 g，但在穗重和籽粒重上却与 CK 无显著性差异，可能与授粉和灌浆期的管理有关，导致真实产量受到影响。

过量使用大蒜肉桂精油凝珠会对供试植株玉米产生负面影响，在移栽后导致死苗现象发生；在生长中期大喇叭口期，影响根茎粗和株高；推迟抽雄开花期和吐丝期。大蒜肉桂精油凝珠的主要作用是对地下害虫进行防治，压制地下害虫活动范围至根系以外，在保证药效的前提浓度下应当控制在较低浓度下，以防对植株生长产生影响。适量使用大蒜肉桂精油凝珠在实验中不仅能有防治地下害虫的功效，同时对于促进供试作物玉米生长有积极作用（张素素等，2020）。

4 结论

本实验证明了基于玉米秸秆生物炭和大蒜肉桂精油的药肥一体化产品（CK+1/2 药+秸秆炭组合）确实对供试作物玉米有促进生长的作用，大蒜肉桂精油处理也对玉米生长发育有正面影响。实验结果表明 CK+1/2 药+秸秆炭组合为本次试验最佳药肥一体化方案。

表 1 药肥一体化产品对玉米植株影响

处理	秸秆炭+1 药	秸秆炭+1/2 药	秸秆炭+1/4 药	秸秆炭	CK	秸秆
抽雄期（d）	52.50±4.14 a	47.22±4.21 b	47.00±5.14 b	48.30±4.11 ab	46.50±3.34 b	47.00±6.00 b
吐丝期（d）	66.17±5.71 a	58.89±5.23 b	59.00±6.43 b	59.30±4.55 b	58.60±4.38 b	59.20±6.43 b
穗长（cm）	14.98±1.92 ab	14.40±3.87 ab	15.50±3.34 a	13.89±2.22 ab	12.53±2.69 b	16.14±2.47 a
穗粗（cm）	3.18±0.71 a	3.20±0.78 a	3.41±0.64 a	3.07±0.78 a	3.15±0.62 a	3.29±0.49 a
突尖长（cm）	5.35±4.07 a	3.84±2.70 a	3.32±3.91 a	2.45±2.91 a	2.34±2.54 a	1.81±1.18 b
突尖率	0.38±0.33 a	0.35±0.37 a	0.23±0.28 a	0.21±0.29 a	0.21±0.28 a	0.12±0.09 a
穗行数（行）	19.00±10.43 a	20.89±13.91 a	27.20±14.16 a	20.60±8.30 a	21.30±9.63 a	27.70±9.07 a
行粒数（粒）	7.50±3.78 bc	8.89±5.09 bc	10.10±3.70 abc	10.80±1.32 abc	11.10±3.98 ab	12.10±0.99 a
穗重（g）	26.52±11.25 a	28.71±17.94 a	36.20±18.68 a	27.29±15.79 a	28.84±13.17 a	37.57±15.53 a
籽粒重（g）	12.52±8.42 a	15.61±13.49 a	23.84±14.91 a	14.52±11.52 a	17.36±10.54 a	21.63±10.55 a
籽粒数（g）	127.33±90.91 a	159.56±134.57 a	238.90±136.88 a	157.80±117.28 a	191.20±118.80 a	221.40±106.06 a
千粒重（g）	94.78±21.27 a	91.14±19.13 a	92.74±18.59 a	86.94±16.83 a	88.73±13.94 a	98.11±19.21 a
叶重（g）	45.45±12.29 ab	51.40±17.69 a	45.38±9.04 ab	42.88±8.41 ab	36.02±7.23 b	48.35±9.54 a
雄蕊重（g）	3.72±0.18 ab	3.98±1.39 a	3.87±0.94 a	2.81±0.65 b	3.07±0.96 ab	3.96±1.16 a
秆重（g）	25.36±3.06 a	27.65±7.33 a	21.92±9.02 ab	22.33±4.12 a	17.84±3.96 b	24.56±7.46 a

（续表）

处理	秸秆炭+1药	秸秆炭+1/2药	秸秆炭+1/4药	秸秆炭	CK	秸秆
根重（g）	15.69±5.76 a	16.88±4.66 a	15.18±5.03 a	13.67±4.06 ab	10.17±2.94 b	14.51±4.70 a

注：表中数据为平均值±标准差，同行不同字母表示经LSD法检验在$P<0.05$水平差异显著。

参考文献

崔明俊，王桂清，李凡海，等，2014. 辽细辛精油对小菜蛾幼虫生物活性研究 [J]. 北方园艺（24）：112-115.

冯超群，杨峰，陈天缘，等，2013. 分光光度法测定聚乙二醇水溶液浓度 [J]. 科技资讯（5）：126-127.

高燕，雷朝亮，黄求应，2011. 我国地下害虫防治现状 [J]. 湖北植保（6）：1-5.

谷思成，朱坤森，耿默琳，等，2020. 叶面喷施木醋液对油菜苗期生长发育的影响 [J]. 中国油料作物学报，42（3）：453-460.

何佳闻，何春霞，郭航言，等，2019. 5种秸秆生物炭吸附亚甲基蓝及其性能对比研究 [J]. 南京农业大学学报，42（2）：382-388.

侯聪颖，张诗韵，孙建安，等，2020. 肉桂精油/海藻酸钠/膨润土复合凝胶微球的制备及缓释研究 [J]. 食品工业科技，41（22）：157-164.

胡春花，谢良商，曾建华，等，2017. 高秆大穗型鲜食甜玉米栽培密度和优化施肥研究 [J]. 安徽农业科学，45（3）：38-41，74.

李超敏，韩梅，张良，等，2006. 细胞固定化技术：海藻酸钠包埋法的研究进展 [J]. 安徽农业科学（7）：1281-1282，1284.

吕金岭，李太魁，寇长林，2021. 生物质炭和微生物菌肥对酸化黄褐土农田土壤改良及玉米生长的影响 [J]. 河南农业科学，50（6）：61-69.

倪蕴琪，唐静仪，洪惠，2021. 包埋肉桂精油的牦牛骨蛋白肽-钙螯合物的制备及抑菌效果 [J]. 浙江农林大学学报，38（3）：597-604.

邱丽丽，李增强，徐基胜，等，2021. 生物质炭和秸秆施用对黄褐土生化性质及小麦产量的影响 [J]. 土壤，53（3）：475-482.

徐汉虹，赖多，张志祥，2017. 植物源农药印楝素的研究与应用 [J]. 华南农业大学学报，38（4）：1-11，133.

杨诚，2014. 白星花金龟生物学及其对玉米秸秆取食习性的研究 [D]. 泰安：山东农业大学.

于新蕊，丛月珠，1994. 大蒜的化学成分及其药理作用研究进展 [J]. 中草药（3）：158-160，155.

余豪，莫建初，黄求应，等，2018. 四种植物精油对黑翅土白蚁触杀和驱避作用 [J]. 广西植物，38（4）：420-427.

张晗芝，黄云，刘钢，等，2010. 生物炭对玉米苗期生长、养分吸收及土壤化学性状的影响 [J]. 生态环境学报，19（11）：2713-2717.

张洁，2018. 中国植物源杀虫剂发展历程研究 [D]. 杨凌：西北农林科技大学.

张素素，何雅各，吴刚，等，2020. 大蒜精油纳米胶囊对花生产量性状的影响 [J]. 植物保护学报, 47 (5): 1165-1166.

周红军, 周新华, 吴树鸿, 2015. 毒死蜱/改性膨润土/海藻酸钠复合微球的制备及其缓释性能 [J]. 江苏农业科学, 43 (1): 150-152.

周建斌, 邓丛静, 陈金林, 等, 2008. 玉米秸秆炭化产物的性能及应用 [J]. 东北林业大学学报, 36 (12): 59-61.

FENG W Y, YANG F, CEN R, et al., 2020. Effects of straw biochar application on soil temperature, available nitrogen and growth of corn [J]. Journal of Environmental Management, 277: 111331.

PLATA-RUEDA A, MARTÍNEZ L C, SANTOS M H D, et al., 2017. Insecticidal activity of garlic essential oil and their constituents against the mealworm beetle, *Tenebrio molitor* Linnaeus (Coleoptera: Tenebrionidae) [J]. Scientific Reports, 7 (1): 46406.

不同产卵基质对黑水虻产卵生物学的影响

魏钦钦,谢文坤

(江西环境工程职业学院,赣州 341000)

摘 要:黑水虻作为腐食性昆虫能高效处理餐厨垃圾等有机废弃物,是重要的资源昆虫之一。为明确不同产卵基质对黑水虻成虫产卵生物学的影响,本文在室内条件下,研究了木板、泡沫板、瓦楞纸板3种产卵基质对黑水虻成虫产卵前期、产卵率和产卵量等产卵生物学的影响。结果表明,黑水虻在羽化后6~7 d开始产卵,不同产卵基质对产卵前期没有显著影响,但能显著影响其产卵量及子代孵化率。黑水虻在木板、泡沫板、瓦楞纸板上的产卵量分别为425粒、176粒、267粒,木板上的卵量显著高于瓦楞纸板及泡沫板。黑水虻在木板、泡沫板和瓦楞纸板上的产卵率为66.7%、83.3%、83.3%,三者没有显著差异。不同产卵基质对黑水虻雌成虫寿命和死亡率无显著影响。子代孵化率从高到低依次为木板(74.3%)、瓦楞纸板(62.9%)、泡沫板(50.1%),木板显著优于瓦楞纸板和泡沫板。该研究为提高黑水虻人工饲养提供理论依据。

关键词:黑水虻;产卵基质;产卵生物学;人工饲养

Effect of Different Oviposition Substrates on Oviposition Biology of *Hermetia illucens* L.

Wei Qinqin, Xie Wenkun

(*Jiangxi Environmental Engineering Vocational College*, *Ganzhou* 341000, *China*)

Abstract: *Hermetia illucens* L. is one of the most important resource insects because of its high efficiency in the treatment of organic wastes such as kitchen rufuse. To clarify the effects of different oviposition substrates on the oviposition biology of *H. illucens* adults, this study investigated the impact of three oviposition substrates, wooden boards, foam boards, and corrugated board on the pre-oviposition period, oviposition rate, and oviposition quantity of adults under laboratory conditions. The results indicated that *H. illucens* begin ovipositing 6 – 7 days after emergence, and different oviposition substrates had no significant effect on the pre - oviposition period. The oviposition quantities on wooden boards, foam boards and corrugated board were determined to be 425, 176, and 267, respectively, with wooden boards yielding a notably higher count than corrugated board and foam boards. The oviposition rates of *H. illucens* on wooden boards, foam boards, and corrugated board are 66.7%, 83.3%, and 83.3%, respectively, showing no significant difference among the three substrates. Different oviposition substrates had no significant impact on the lifespan and mortality rate of female adults. The hatching rates of progeny were observed to be highest on wooden boards (74.3%), followed by corrugated board (62.9%), and lowest on foam boards (50.1%), with wooden boards exhibiting a markedly superior performance compared to corrugated board and foam boards. This research contributes a theoretical framework to enhance the artificial cultivation of black soldier flies.

Key words: *Hermetia illucens* L.; Oviposition Substrate; Oviposition Biology; Artificial Rearing

1 引言

黑水虻（*Hermetia illucens* L.）作为一种具有显著经济潜力的资源性昆虫，其幼虫具备卓越的摄食能力，能够消耗相当于自身重量100倍以上的食物。自20世纪70年代起，人们便已开始利用黑水虻处理农业有机废弃物。这些废弃物作为食物来源，被黑水虻幼虫食用并转化为具有高经济价值的昆虫蛋白和粪肥，有效减少了有机废弃物的总量，并减轻了它们对环境资源的潜在威胁，同时提升了废弃物的利用效率（郝建伟等，2022；段龙，2023；景辉艳，2022；Liu et al.，2021；邝文校等，2021）。目前，黑水虻相关的研究主要聚焦于生物转化、微生物生态机制（黄宛莹，2022）、虫油制备（徐歆歆，2021）以及生物燃料（Mahdy，2020）等领域。国内研究者已经对黑水虻幼虫蛋白肽的制备工艺（唐杏雨等，2023）、在畜禽生产中的应用（张绍波等，2023）、脱脂虫粉对青蟹营养品质的影响、高效处理猪粪（佚名，2023）以及养殖黑水虻工艺设计（姜琼等，2022）等课题进行了深入探讨。国外研究则着重于黑水虻虫粉作为饲料添加剂对动物健康和生产性能的影响（Szczepanik et al.，2023）等。尽管如此，关于基质条件对黑水虻产卵与孵化影响的研究仍然较为有限。本研究旨在分析不同基质条件对黑水虻产卵与孵化的影响，为黑水虻的高效产卵、稳定虫卵供应以及虫卵收集等人工饲养技术提升方面提供理论基础。

2 材料与方法

2.1 供试虫源

黑水虻采自江西省赣州市江西环境工程职业学院林业有害生物防治研究中心（25°83′N，114°93′E）基地，在实验室可控昆虫培养箱中［光周期为9 L：15 D，温度（28±2）℃］连续饲养多代。选取同批次羽化24h后的健康成虫作为供试虫源。

2.2 试验方法

2.2.1 产卵基质条件设置

设计3个处理组，产卵基质分别为木板、泡沫板、瓦楞纸板，产卵板规格长6 cm、宽3 cm、厚度2 cm，每块产卵板间间隔2 mm，叠放3块用皮筋捆绑。将羽化24 h后的黑水虻成虫一雌一雄配对放入圆柱形透光网纱成虫产卵室（直径15 cm、高20 cm）。

2.2.2 成虫饲养与产卵

将黑水虻虫蛹分装在直径2 cm的离心管中，每管1蛹，置于人工气候箱内等待羽化，光周期（9L-15D）、光照强度1 000 lx、温度（28±2）℃、相对湿度（55±5）%。待蛹羽化24 h后，分辨雌雄并配对接至直径15 cm、高20 cm的圆柱形透光网纱成虫产卵室，分别在卵室内放入产卵板和海绵，海绵吸入2%红糖水作为成虫补充营养，期间若雄虫死亡补充雄虫，每组试验重复10次。统计每个处理黑水虻的产卵前期和雌虫寿命，每天检查和记录产卵基质上的落卵量，基质上有卵块的取走基质，更换新的产卵基质，直至雌成虫死亡，产卵结束。计算成虫产卵率，成虫产卵率（%）=（产卵雌虫数/雌虫总数）×100。卵块收集后，观察统计子代孵化率，子代孵化率（%）=［孵化幼虫总数/（孵化幼虫总数+未孵化卵粒数）］×100。

2.3 数据分析

黑水虻在不同产卵基质上的产卵前期、雌虫寿命、产卵量等用 SPSS 22.0 进行数据分析，并用 Duncan's 新复极差法进行处理间的差异显著性检验，显著水平设为（$P<0.01$），用不同小写字母表示各组间的差异显著性。

3 结果与分析

3.1 不同基质条件对黑水虻产卵前期的影响

黑水虻在羽化后 3~4 d 便会开始交配，其在木板、泡沫板、瓦楞纸板上的产卵前期分别为（6.6±0.8）d、（7.1±0.7）d 和（7.3±0.8）d，三者没有显著差异，其中木板略低于泡沫板和瓦楞纸板（图1）。这一结果表明，黑水虻雌成虫在选择产卵基质材质时，并未表现出明显的偏好性。

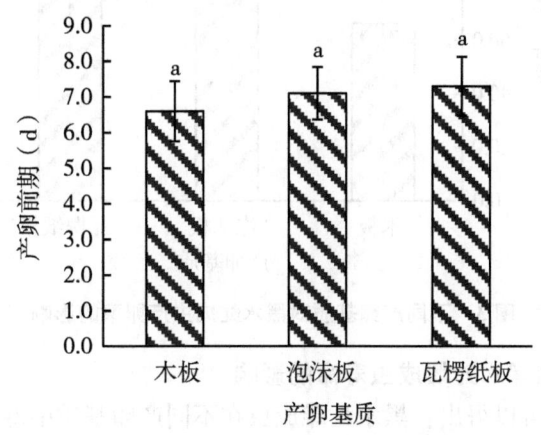

图 1 不同产卵基质对黑水虻成虫产卵前期的影响

3.2 不同基质条件对黑水虻产卵量的影响

本试验中，黑水虻在不同产卵基质上均只产了 1 次卵，其在木板、泡沫板和瓦楞纸板上的产卵量分别为（425±84.7）粒、（176±80.5）粒、（267±92.3）粒，三者差异显著。观察发现，黑水虻雌成虫在木板上的产卵数量最多，相较于瓦楞纸板和泡沫板，其产卵量分别高出 1.6~2.4 倍（图2）。

3.3 不同基质条件对黑水虻产卵率的影响

黑水虻雌成虫在木板、泡沫板和瓦楞纸板上的产卵率分别为（66.7±14.4）%、（83.3±14.4）%、（83.3±28.9）%，瓦楞纸板与泡沫板的产卵率相当，尽管略高于木板（图3），但统计分析显示这三种材质之间不存在显著差异，这表明，产卵基质的材质选择对黑水虻雌成虫的产卵率没有明显影响。

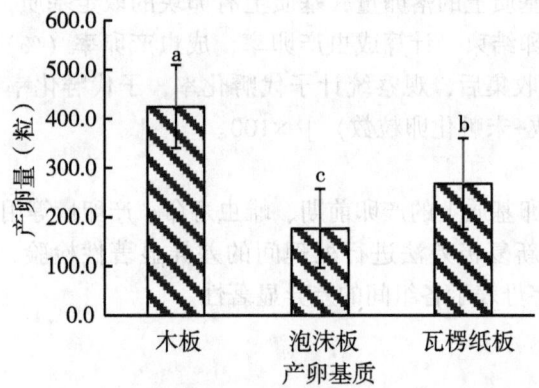

图2 不同产卵基质对黑水虻产卵量的影响

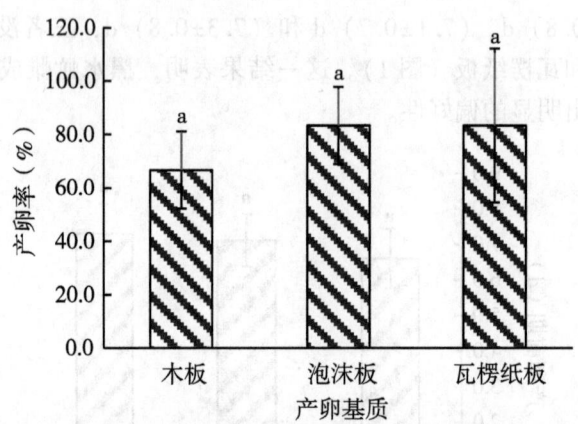

图3 不同产卵基质对黑水虻成虫产卵率的影响

3.4 不同基质条件对黑水虻雌成虫寿命的影响

观察图4数据，可以得出：黑水虻雌成虫在不同产卵基质中寿命没有显著差异。木板、泡沫板、瓦楞纸板中黑水虻雌虫寿命分别为（11.8±2.1）d、（11.5±1.8）d、（11.5±2.8）d。

3.5 不同基质条件对黑水虻雌成虫死亡率的影响

不同的基质条件对黑水虻雌成虫死亡率无显著影响，泡沫板死亡率最高，达到（50.0±28.87）%，木板死亡率最低，为（33.3±16.67）%（图5），说明基质条件对黑水虻雌成虫死亡率无明显影响。

3.6 不同基质条件对黑水虻子代孵化率的影响

根据图6所示，黑水虻子代的孵化率由高至低依次为木板（74.3±8.2）%、瓦楞纸板（62.9±13.4）%和泡沫板（50.1±8.4）%。可以看出，黑水虻在木板、瓦楞纸板和泡沫板上的后代孵化率之间存在显著差异。具体而言，泡沫板的后代孵化率较木板低24%，这表明泡沫板可能不适合黑水虻的子代孵化，其中可能含有影响虫卵孵化的化学物质。而瓦楞纸板的后代孵化率比木板低13%，这一差异同样显著。因此，相较于其他材料，木板更适宜于黑水虻子代的孵化。

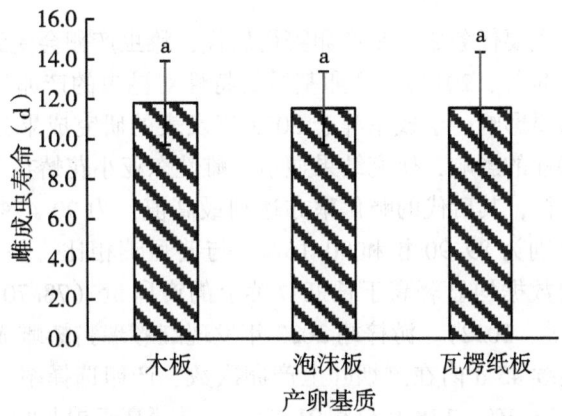

图 4 不同产卵基质对黑水虻雌成虫寿命的影响

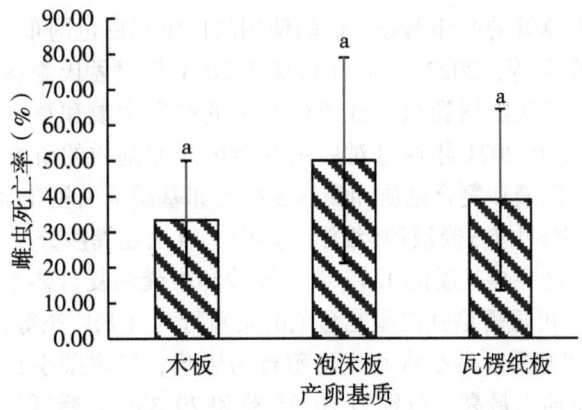

图 5 不同产卵基质对黑水虻雌成虫死亡率的影响

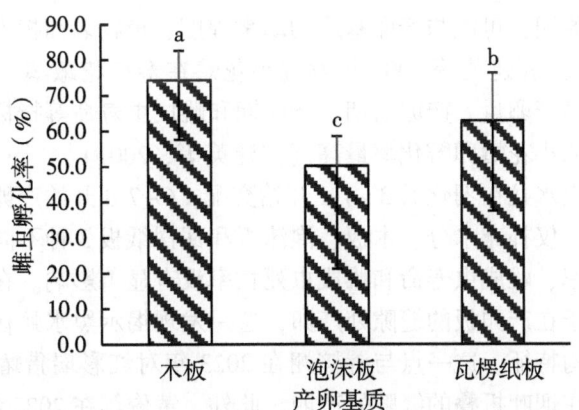

图 6 不同产卵基质对黑水虻子代孵化率的影响

4 讨论

昆虫成虫阶段的主要任务之一是产卵繁衍后代，雌虫产卵会受到种内和种间物理及化学信号影响（张贺贺等，2015）。产卵基质的特性对昆虫的产卵量、成虫的寿命以及后代的孵化率产生重要影响。李成军等于2022年发表的研究成果分析了不同产卵基质对东亚小花蝽产卵特性的影响，研究结果显示，雌性东亚小花蝽在芸豆荚上的平均产卵量最高，达到92.52粒，其后代的孵化率亦达到最高值，为90.47%。在龙豆荚上的产卵量和后代孵化率分别为89.90粒和90.16%，与芸豆荚相比，差异并不显著。然而，这两种产卵基质上的数据均显著高于长豇豆荚上的产卵量（78.70粒）和后代孵化率（80.49%）（李成军等，2022）。游梓翊2023年发现红彩瑞猎蝽雌成虫对产卵基质具有一定的偏好性，其连续45 d内在鲜烟叶上产卵次数、产卵选择率、累积产卵总量和孵化率分别为6.4次、32.7%、138.9粒和91.84%，显著高于棉花叶片和报纸等其他产卵基质（游梓翊等，2023）。产卵地点的选择与多种物理化学因素密切相关，包括基质的颜色、化学成分、柔软度以及硬度等（任荔荔等，2008）。蒋立奔等2022年的研究发现白色基质会影响大草蛉的产卵偏好，试验使用的白纸和白色网布上产卵总量显著高于其他产卵基质（蒋立奔等，2022）。而在蒋瑞鑫2011年对孟氏隐唇瓢虫产卵基质的颜色选择行为研究中，孟氏隐唇瓢虫在红色棉花上的产卵次数和总产卵量最多（蒋瑞鑫等，2011）。张广杰等在2021年通过对白星花金龟产卵基质的研究发现在细沙单一基质、粪沙混、牛粪、粪液沙复合基质和粪沙5种产卵基质下白星花金龟成虫产卵量的趋性为：粪沙分>粪沙混>牛粪>粪液沙>细沙，其中，雌虫在粪沙分复合产卵基质40 d的产卵量为129.0粒，是牛粪基质的1.72倍。细沙和牛粪两复合体系作为产卵基质同时维持雌雄比为1∶1，可显著增强白星花金龟的繁殖行为（张广杰等，2021）。刘中芳等2017年通过研究产卵基质对梨小食心虫生殖行为影响，发现梨小食心虫雌虫落卵量和卵孵化率在硫酸纸基质上最高，分别为70.75粒和79.39%，蜡纸基质上雌虫落卵量和卵孵化率，分别为66.50粒和70.95%，差异不显著，但显著高于玻璃和保鲜膜基质（刘中芳等，2017）。此外，昆虫在选择植物或其他组织作为产卵基质时，对昆虫产卵生物学造成差异的原因，可能与产卵基质的幼嫩程度、植物表面挥发性物质等存在一定关系（郭建，2004）。郭建英等2001年发现小花蝽在寿星花嫩茎、黄豆芽和燕子掌叶片3种植物上的单雌产卵量、产卵前期、产卵期和雌成虫寿命等指标上无明显差异，但产于寿星花嫩茎上的小花蝽卵孵化率最高（郭建英等，2001）。

本研究发现，黑水虻在羽化后3~4 d开始交配，6~7 d开始产卵，11~12 d雌虫死亡，其间并不取食，仅补充水分。木板、泡沫板和瓦楞纸板3种不同的产卵基质对黑水虻产卵前期、产卵率、雌成虫寿命和雌成虫死亡率没有显著影响。在试验过程中，我们注意到黑水虻倾向于在产卵板的缝隙处产卵，这一发现揭示黑水虻在选择产卵地点时会考虑基质表面的结构特征。这一点与游梓翊在2023年对红彩瑞猎蝽产卵行为的观察结果相似，后者偏好在烟叶折叠的缝隙处产卵。此外，黄俊等在2022年的研究中也提到，超过90%的南方小花蝽会选择在芸豆豆荚的荚缝线处产卵（黄俊等，2020）。这些研究结果表明，不同物种在产卵地点的选择上存在一定的共性。在本次试验中，黑水虻在各种不同的产卵基质上仅产卵一次。使用木板作为产卵基质时,黑水虻的产卵量最高,达到 425 粒,同时子代的孵化率也最高,为 74.3%。相较之下,使用泡沫板作为产卵基质时,产卵数量和孵化率均处于最低水平,分别为 176 粒和 50.1%。我们猜测,可能是泡沫板含有某些产卵抑制物,影响了黑水虻的产卵和孵化行为,类似的现象在菜粉蝶的相关研究中亦有所记录。基于此,可以筛选 2 mm 间隔的多层木板作为黑水虻繁育的产卵基质,同时木质产卵板还具有成本低、可重复利用的特点。在黑水虻成虫人工繁育的过程中应充分考虑产卵基质的设置,通过产卵基质的材质筛选以及外形设计提高黑水虻人工繁育效率和虫卵收集效率。黑水虻生物转化技术在有机固体废物处理中占据着不可或缺的地位,而虫卵供应的稳定性对该产业的持续增长及扩大具有决定性意义,对于增强黑水虻的人工繁殖规模和提升餐厨垃圾的处理能力发挥着关键作用。

参考文献

段龙,2023. 人工繁殖黑水虻的产卵习性研究 [J]. 畜牧兽医杂志,42 (2):83-84.

郭建,2004. 信息化学物质与昆虫的产卵行为 [J]. 热带林业,32 (1):16-19,22.

郭建英,万方浩,2001. 一种适于繁殖东亚小花蝽的产卵植物"寿星花 [J]. 中国生物防治,17 (2):53-56.

郝建伟,丁宇,郭湘嵘,等,2022. 黑水虻资源化利用农业有机废弃物研究进展 [J]. 山西农业科学,50 (12):1710-1717.

黄俊,钱诚,吕要斌,2020. 一种南方小花蝽产卵基质的高效利用方法 [J]. 浙江农业学报,32 (3):455-459.

黄宛莹,邓秋燕,赖晓淇,2022. 黑水虻养殖资源化管理的应用 [J]. 养殖与饲料,21 (4):49-51.

姜琼,高睿,2022. 黑水虻养殖场工艺设计 [J]. 农业与技术,42 (24):16-19.

蒋立奔,须秋静,唐冬兰,等,2022. 不同产卵基质对大草蛉产卵生物学的影响 [J]. 安徽农业科学,50 (6):117-119.

蒋瑞鑫,张宇宏,吴红胜,等,2011. 孟氏隐唇瓢虫对产卵基质的颜色选择行为研究 [J]. 环境昆虫学报,33 (2):213-218.

景辉艳,2022. 餐厨垃圾厌氧酸化液合成聚羟基脂肪酸酯的研究 [D]. 北京:北京化工大学.

邝文校,李俊俊,杨草玲,等,2021. 黑水虻成虫繁殖力影响因素概述 [J]. 广东饲料,30 (12):38-41.

李成军,刘畅,孙与伦,等,2022. 东亚小花蝽产卵基质适合性研究 [J]. 中国烟草学报,28 (6):127-132.

刘中芳,高越,史高川,等,2017. 梨小食心虫对不同基质的产卵选择性 [J]. 植物保护,43 (5):124-127.

Mahdy Sayed Mahdy Elsayed,2020. 基于厌氧发酵和黑水虻农业废弃物生产生物燃料的研究 [D]. 武汉:华中农业大学.

任荔荔,祁力言,蒋巧根,等,2008. 植物果实、颜色和形状对橘小实蝇产卵选择的影响 [J]. 昆虫知识 (4):593-597.

唐杏雨,理俊霞,王浩琳,等,2023. 响应面法优化黑水虻幼虫蛋白肽的制备工艺 [J]. 现代畜牧科技 (4):6-11.

徐歆歆, 2021. 黑水虻油的制备及其在框鲤幼鱼日粮中的应用研究 [D]. 杨凌: 西北农林科技大学.

佚名, 2023. 黑水虻高效处理猪粪新技术 [J]. 云南农业 (2): 53-54.

游梓翊, 孙郑, 夏长剑, 等, 2023. 不同产卵基质对红彩瑞猎蝽产卵生物学的影响 [J]. 天津农业科学, 29 (3): 53-56.

张广杰, 徐韬, 杨柳, 等, 2021. 产卵基质模式和性比对白星花金龟生殖力的影响 [J]. 应用昆虫学报, 58 (2): 437-444.

张贺贺, 陈家骅, 季清娥, 等, 2015. 影响昆虫产卵行为的因素及其应用研究概述 [J]. 环境昆虫学报, 37 (2): 432-440.

张绍波, 张李文, 王盛琪, 等, 2023. 黑水虻在畜禽生产中应用的研究进展 [J]. 养殖与饲料, 22 (4): 34-37.

张文锐, 刘洪霞, 王尊, 等, 2023. 脱脂黑水虻虫粉对青蟹营养品质的影响 [J]. 饲料研究 (5): 51-55.

LIU N, JIANG J, 2021. Effects of activated carbon on the insitu control of odorous gases emitted from anaerobic digestion of food waste and the microbial community response [J]. Environmental Technology & Innovation, 21: 101170.

SZCZEPANIK K, FURGAŁ-DIERŻUK I, GALA Ł, et al., 2023. Effects of *Hermetia illucens* Larvae Meal and Astaxanthin as Feed Additives on Health and Production Indices in Weaned Pigs [J]. Animals, 13 (1): 163.

长白山蚂蚁抗菌肽的提取工艺优化及纯化分析[*]

李淑萍[1,2][**]，余 越[1]，王晓雨[1]，陆 苗[1]，李国政[1]

(1. 亳州学院 生物与食品工程系，亳州 236800
2. 商丘师范学院 生物与食品学院，商丘 476000)

摘 要：【目的】本文探索了长白山蚂蚁抗菌肽的提取工艺优化、纯化分析和生物学性质。【方法】本实验以长白山蚂蚁为原料，抑菌圈大小作为判定指标，通过酶解法来提取蚂蚁抗菌肽，分别以加酶量、酶解时间、酶解温度、料液比来进行单因素实验，并以响应面优化蚂蚁抗菌肽的提取工艺，最后采用透析法和加热-层析法对蚂蚁抗菌肽进行纯化。【结果】结果表明，酶解法提取蚂蚁抗菌肽的最佳工艺优化条件为：胰蛋白酶的加酶量 0.6%、酶解时间12 h、酶解温度36℃、料液比1∶30（g/mL），此时抑菌圈直径大小为 16.3 mm。进一步分离纯化蚂蚁抗菌肽后，透析法和加热-层析法纯化得到的蚂蚁抗菌肽蛋白含量和得率分别是 0.245 mg/mL、0.025%、0.140 mg/mL、0.014%，从抗菌肽蛋白含量和得率来看，透析法更适合工业生产来制备抗菌肽。【结论】本实验能为蚂蚁抗菌肽的研究奠定理论基础。

关键词：蚂蚁抗菌肽；提取工艺；优化；纯化

Optimization of Extraction Process and Purification Analysis of Antimicrobial Peptides from Changbai Mountain Ants[*]

Li Shuping[1,2][**], Yu Yue[1], Wang Xiaoyu[1], Lu Miao[1], Li Guozheng[1]

(1. *Department of Biology and Food Engineering*, *Bozhou University*, *Bozhou* 236800, *China*;
2. *College of Biology and Food*, *Shang qiu Normal University*, *Shangqiu* 476000, *China*)

Abstract：【Objectives】In this paper, the extraction process of antimicrobial peptides from Changbai Mountain ants was optimized, as well as purification analysis and biological properties were explored. 【Methods】The experiments used Changbai Mountain ants as raw materials, and the size of the antibacterial circle as a judgment index. The ant antimicrobial peptide was extracted by enzymatic digestion, and the single-factor experiments were performed with the amount of enzyme added, enzyme digestion time, enzyme digestion temperature, and material-liquid ratio, respectively. Then the response surface was used to optimize the extraction process of ant ant antimicrobial peptide. Finally, the ant antimicrobial peptides were purified by dialysis and heating-chromatography. 【Results】The results showed that the optimized process conditions for the enzymatic extraction of ant ant ant peptides were: trypsin dosage of 0.6%, enzymatic time of 12 h, enzymat-

---

[*] 基金项目：安徽省高峰培养学科食品科学与工程基金资助（AHGP0001）；亳州学院高层次人才科研项目资助（BYKQ2021Z10）；亳州学院产学合作专项（BYC2021Z02）
[**] 第一作者：李淑萍；E-mail：sqlsp@163.com

ic temperature of 36℃, material-liquid ratio of 1∶30 (g/mL), and the diameter of the ring of inhibition of the ants at this time was 16.3 mm. The ant antimicrobial peptide was then further purified. The protein content and yield of ant ant antimicrobial peptides obtained by dialysis and heating-chromatography purification were 0.245 mg/mL、0.025%、0.140 mg/mL、0.014%, respectively. Therefore, from the comprehensive consideration of antimicrobial peptide protein content and yield, the dialysis method is more suitable to be applied in industrial production to prepare antimicrobial peptides. 【Conclusion】 This experiment could provide a theoretical basis for the investigation of ant antimicrobial peptides in ants.

Key words: Ants antimicrobial peptides; Extraction process; Optimization; Purification

蚂蚁来源于膜翅目蚁科，无论是种类、数量，还是分布都是最多的一种昆虫（于小磊等，2013）。蚂蚁体内含有大量的蛋白质，各种氨基酸、维生素及微量元素，可食用或药用。《周礼·天宫》言："虫氏醢以供天子馈食"，说明蚂蚁早在西周时期就被发现可以食用。其药用价值于明代《本草纲目》记载："蚁，释名玄驹，亦曰蚂蚁……蚁力最大，能举等身铁，人食之能益气力"，具有扶正固本、祛瘀通络、补肾壮阳的功效。近代，刘秀英等发现蚂蚁粉能提高细胞免疫、体液免疫功能和 NK 细胞活性，具有增强免疫力作用（刘秀英等，2006）。苏启表等发现蚂蚁具有抗氧化作用（苏启表等，2014）。张欣等发现蚂蚁还具有抗抑郁的作用，黑蚂蚁石油醚部位可以显著改善大鼠抑郁样行为，抑制核转录因 κB（NF-κB）通路蛋白表达，下调前额皮层炎症因子 IL-1β 和肿瘤坏死因子，抑制抑郁模型大鼠小胶质细胞及星形胶质细胞的激活以及吲哚胺 2,3-双加氧酶基因的表达水平（张欣等，2018）。何行玲等发现将蚂蚁混入酒中制成复方蚂蚁酒，具有明显抗炎、镇痛作用。复方蚂蚁酒对大鼠佐剂性关节炎的早期炎症和继发病变均有明显抑制作用，并能显著抑制二甲苯所致的小鼠耳廓炎症（何行玲等，2007）。在国外，学者们更多研究蚂蚁在生态领域的应用，Shbbir R. Khan 等发现蚂蚁的生物活动可以加速重金属分解（Khan et al.，2024），Takafumi Mizuno 等发现蚂蚁可以改变叶际真菌的群落数量（Mizuno et al.，2024），Zhou 等发现蚂蚁在群落水平上介导了同种负密度制约对幼苗的存活（Zhou et al.，2024）。总之，蚂蚁作为一种独特的生物资源，其广阔的应用前景正在逐步被揭示。从生态、生物到医学等领域，蚂蚁的研究都提供了新的思路和方法。随着科学技术的不断进步，蚂蚁将在未来的发展中发挥更加重要的作用。

瑞典科学家 Boman 首次提取了抗菌肽，Boman 在 1980 年通过人工诱导的方法，从惜古比天蚕蛹的免疫血淋巴中所提取，是人类首次提取的天然抗菌肽（Boman and Hultmark，1987），这也开启了人们对抗菌肽的探索之旅。迄今，已经发现并成功分离得到的抗菌肽日益增多，抗菌肽数据库（DRAMP，http：//dramp.cpu-bioinfor.org/）已收录 6 107 种常规抗菌肽。按其来源可大致分为五大类：噬菌体抗菌肽、细菌源性抗菌肽、真菌源性抗菌肽、植物源性抗菌肽和动物源性抗菌肽（张再跃和尹树科，2024）。研究发现抗菌肽参与构成了几乎所有类型生物的非特异性免疫，而非特异性免疫又是大多数生物体的主要免疫方式（宣雄智等，2023）。因此，抗菌肽在生物先天免疫系统中扮演着重要的角色。

抗菌肽的生物学功能丰富多样，不仅在微生物防御系统中发挥着关键作用，还在多个生物体内展现出广泛的生物活性。首先，抗菌肽最显著的功能之一是对多种病原体的直接杀灭作用，能够通过破坏微生物的细胞膜来抑制或杀死细菌、真菌、病毒等病原体，为宿主提供强大的天然免疫防御。此外，抗菌肽还显示出抗肿瘤、抗胰腺癌的潜力，例如 Xu 研究发现，蝎毒素抗菌肽 Smp24 对 A549 细胞的抗肿瘤作用与线粒体功能障碍诱导细胞凋亡、减少线粒体自噬、细胞周期阻滞以及活性氧（ROS）积累有关，被证实具有抗肿瘤细胞活性（Xu，2022）；Qiao 等发现抗菌肽 LL-37 通过激活哺乳动物雷帕霉素靶蛋白（mTOR）信号通路，引发线粒体功能障碍，并导致活性氧（ROS）的累积。这种累积的 ROS 进一步诱导 DNA 损伤，并造成细胞周期阻滞，从而有效抑制胰腺癌的生长，为癌症治疗提供了新的思路（Qiao et al.，2022）。同时，抗菌肽还显示出抗氧化、抗炎、免疫调节作用，能够清除体内的自由基，减轻氧化应激反应，并抑制炎症因子的产生，减轻炎症反应，保护细胞和组织免受损伤（张昱婷等，2024）。Svetlana V Guryanova 等发现抗菌肽对参与先天免疫的中性粒细胞、单核细胞、树突状细胞、T 淋巴细胞和肥大细胞有直接作用，并且间接作用于 B 淋巴细胞，增强抗原特异性免疫的诱导，最终导致特异性免疫的激活（Guryanova and Ovchinnikova，2022）。Zhang 等（2021）将一种人工合成的抗菌肽（WK3）加入仔猪饲料中，发现抗菌肽的加入可改善仔猪平均日增重和平均日采食量，并能提高免疫力有效减少腹泻。

目前天然抗菌肽主要的提取分离方法有：溶剂法、沉淀法、酶解法、吸附法、色谱法等。

（1）溶剂法。一般是采用浸提法，用一系列不同极性的溶剂，遵循由低极性至高极性的顺序，进行了系统的分步提取操作。此方法提取杂质较少，通常不会破坏天然产物化合物的结构。Sebastian A Alfonso 等（2023）以及 Khamis Sulaiman Al-Dhafri 等（2022）就选用了甲醇浸提法提取抗菌肽；陶腾州等（2019）采用了乙酸溶液浸提法提取抗菌肽。

（2）沉淀法。沉淀法是利用某些成分与一定的试剂产生沉淀的性质，通过分离去除杂质或者得到所需的成分。该方法操作简单，成本低廉，可以去除大量的杂质和非蛋白质物质，适用于大规模分离蛋白质。但是选择性不够高，可能会将多种蛋白质沉淀至底部或者对蛋白质的结构和功能产生一定的影响，因此沉淀后，需要进行离心、洗涤、干燥等多步处理步骤。苏博等（2022）选择先丙酮沉淀再旋转蒸发浓缩获得枯草芽孢杆菌中的抗菌肽；胡文举等（2024）选择硫酸铵浸提法提取黑水虻抗菌肽；Natchaya Duangjarus 等（2022）选择等电点沉淀法提取浮萍抗菌肽。

（3）酶解法。酶解法提取蛋白质主要依赖于酶的特异性催化作用。在提取蛋白质的过程中，特定的酶能够与目标蛋白质特异性结合，形成酶-底物复合物，并在适宜的条件下催化底物转化反应，使蛋白质从复杂的混合物中分离出来。目前常用的蛋白酶包括胃蛋白酶、胰蛋白酶、中性蛋白酶、木瓜蛋白酶等（王广慧等，2024）。酶解法安全性高、高效性和专一性强、操作条件温和，更利于工业生产，节约能源。但要注意的是酶解温度、pH 值、酶用量和酶解时间等因素都可能影响提取效果，因此根据不同的底物与目标产物，需选择合适的酶，并精心设计最优酶解工艺，才可高效制备出具有不同结构与生物活性的蛋白质。许依能等（2022）采取了酶解法提取南极磷虾中抗菌肽；朱薪等（2024）采用了酶解法去提取并纯化青刺果中的抗菌肽；Mauricio Adaro等（2023）采用酶解法提取麻风茄果实中的抗菌肽。

（4）吸附法。吸附法是利用吸附剂对蛋白质的吸附作用。吸附剂具有较大的比表面积和丰富的孔隙结构，能够通过物理或化学作用将蛋白质分子吸附在其表面或孔隙中。此法提取蛋白质具有较高的提取效率，能够在较短时间内从复杂样品中分离出目标蛋白质。Wang等（2023）采用活菌吸附分离得到辣木种子的抗菌肽；郭刚军等（2024）采用DA201-C型大孔吸附树脂进行逐步分离纯化澳洲坚果中的抗菌肽；张晨玥等（2022）依次用DA201型大孔吸附树脂、Sephadex G-25、Sephadex G-15凝胶树脂对乳铁蛋白抗菌肽进行分离纯化。

（5）色谱法。在色谱分析过程中，分离原理主要依赖于不同物质在由固定相和流动相构成的体系中所展现的特定分配系数差异。常用的方法有：凝胶过滤色谱和离子交换色谱。色谱法操作简便，易于掌握和实施。通过选择合适的色谱柱和洗脱条件，可以实现从复杂生物样品中高效分离和纯化目标蛋白质。Yalpi Karthik等（2023）采用液相色谱-质谱（LC-MS）纯化并分析了红树林谷氨酸杆菌中抗菌肽；Sara Nasr等（2023）采用反相高效液相色谱（RP-HPLC）分离纯化蝎毒中的抗菌肽；冯亚楠等（2023）采取固相萃取-高效液相色谱（SPE-HPLC）纯化并检测鼠饲料中抗菌肽NZ2114。

综上所述，在现有的技术水平下，对抗菌肽的分离纯化过程仍面临较高的成本挑战，这无疑限制了抗菌肽实现大规模生产的可能性，未来需要积极探索出新的分离纯化工艺，从而降低成本以尽早应用于工业生产中。并且，成功从自然界中提取分离纯化到足量抗菌肽也是进行抗菌肽结构与活性分析的前期基础与关键环节，也能进一步为人工合成抗菌肽和深入开展抗菌肽作用机理研究奠定基础。而本研究主要以长白山蚂蚁为原料，通过酶解法提取抗菌肽，并采用透析法和加热-层析法对长白山蚂蚁抗菌肽进行分离纯化，通过测其蛋白质含量和得率，为提取纯化蚂蚁抗菌肽提供一定参考价值，同时对开拓蚂蚁抗菌肽资源具有重要意义。

1 材料与方法

1.1 材料

长白山黑蚂蚁，购于吉林省铭锡堂参茸特产有限公司。

1.2 主要试剂

试剂名称及生产厂家见表1。

表1 试剂名称及生产厂家

试剂名称	生产厂家
石油醚	天津市致远化学试剂有限公司
木瓜蛋白酶	如吉生物科技

(续表)

试剂名称	生产厂家
Sephadex G-25	Merck KgaA（德国默克公司）
氨苄青霉、EDTA	上海阿拉丁生化科技股份有限公司
透析袋（Mw 3500, 4000）	湖南翊博生物科技有限公司
无水乙醇、中性蛋白酶、含糖胃蛋白酶、胰蛋白酶（猪胰脏）、柠檬酸、柠檬酸钠	上海麦克林生化科技有限公司
胰蛋白胨、酵母浸粉、蛋白胨、氯化钠、琼脂粉、考马斯亮蓝 G-250、磷酸、磷酸二氢钠、磷酸氢二钠、牛血清蛋白、碳酸氢钠	国药集团化学试剂有限公司

1.3 主要仪器

仪器名称及生产厂家见表 2。

表 2 仪器名称及生产厂家

仪器及型号	生产厂家
高速粉碎机 QE-300	浙江屹立工贸有限公司
冷冻干燥机 FD5-3	金西盟（北京）仪器有限公司
索氏提取器 SZF-06A	上海新嘉电子有限公司
旋转蒸发器 SY-2000	上海亚荣生化仪器厂
电动匀浆机 FS-1（YQ-3）	常州市金坛友联仪器研究所
恒温培养箱 ZXDP-B2120	上海智城分析仪器制造有限公司
超低温保存箱 DW-86L416G	青岛海尔电冰箱有限公司
高速台式冷冻离心机 H1850R	上海麦克林生化科技有限公司
电热鼓风干燥箱 BGZ140、电热恒温水浴锅 HH.S21-4	上海博讯医疗生物仪器股份有限公司

1.4 实验方法

1.4.1 材料前处理

在预处理蚂蚁样品时，用蒸馏水彻底清洗以去除杂质，接着将清洗后的蚂蚁样品置于 40℃ 的恒温干燥箱中持续烘干 12 h，直至质量达到恒重状态。随后放入粉碎机中进行细致研磨，并通过 60 目的筛网进行筛选，以获得均匀细腻的蚂蚁粉。将蚂蚁粉用滤纸包好，放入索氏提取器中，加入 20 mL 石油醚，于 55℃ 恒温水浴中抽提 4 h，用滤纸点滴检查无油迹为止。之后将滤纸包置于 30℃ 恒温干燥箱中待石油醚完全挥发，得脱脂后的蚂蚁粉。

1.4.2 提取蚂蚁抗菌肽

1.4.2.1 酶种类的确定

称取 10 g 脱脂后的蚂蚁粉，按 1∶30（质量体积比）加入 60%乙醇，用电动匀浆机匀浆后于 4℃下浸提 24 h，滤纸过滤，将滤液于 4℃,7 000 r/min 离心 20 min，取上清液，将上清液旋转蒸发挥去乙醇，收集上清液。将 0.5%的胰蛋白酶、胃蛋白酶、木瓜蛋白酶和中性蛋白酶分别加入同等份的上清液中，并在最适温度中酶解 5 h，分别进行灭酶后，离心，收集上清，即得蚂蚁抗菌肽的粗提液。将粗提液进行抑菌实验，比较不同酶的抑菌圈大小，确定后续所用酶的种类。

1.4.2.2 抑菌活性检测

（1）培养基的配置

如表 3 所示，对营养肉汤培养基、LB 液体培养基、LB 固体培养基进行配置，将称量好的培养基成分分别放于锥形瓶中，每个培养基加入 1 000 mL 蒸馏水，轻轻摇晃实现混合物的均匀溶解，随后精确调整溶液的 pH 值至 7.4。之后，将溶液转移至灭菌器中，并在 121℃的条件下进行高压蒸汽灭菌处理，持续时间为 20 min，以确保溶液的完全无菌。

表 3　培养基的配方

配方	营养肉汤培养基	LB 液体培养基	LB 固体培养基
胰蛋白胨（g）	10	—	—
酵母浸粉（g）	5	5	5
蛋白胨（g）	—	10	10
氯化钠（g）	10	10	10
琼脂粉（g）	—	—	20

（2）抑菌实验

采用纸片扩散法，对大肠杆菌和金黄色葡萄球菌进行了抑菌实验，旨在评估所提取的物质对这两种菌的生长抑制效果。

在菌种活化阶段，配置好 LB 液体培养基和营养肉汤培养基后将大肠杆菌和金黄色葡萄球菌分别接种，并置于摇床中，进行震荡培养。接着将培养基置于 37℃的培养箱中，进行为期 48 h 的培养，并重复活化 2~3 次，以确保菌种活性。

在抑菌活性测定环节，首先将 15 mL 加热融化的 LB 固体培养基注入平皿中，待其凝固后，将浓度为 10^3 CFU/mL 的受试菌液（100 μL）均匀地涂布于平皿之中。接着，使用移液枪吸取 40 μL 的抗菌肽粗提液浸湿直径为 6 mm 的无菌滤纸片，并等待其自然干燥。设置阴性对照组和阳性对照组：阴性对照组的滤纸片，使用 40 μL 无菌蒸馏水浸湿，而阳性对照组则使用 40 μL 浓度为 100 μg/mL 的氨苄青霉素溶液浸湿滤纸片。分别等待干燥后，将滤纸片放入培养皿中，在 37℃下培养 24 h。测量抑菌圈直径，以观察蚂蚁抗菌肽的粗提液，对比两种菌抑菌效果。

1.4.2.3 单因素实验

在分析蚂蚁抗菌肽粗提过程中,分别将加酶量、酶解时间、酶解温度以及料液比设定为因变量,同时保持其他影响因素条件不变,分析蚂蚁抗菌肽提取率受不同变量因素的影响,确定最佳水平值,从而进一步优化提取过程。

(1) 加酶量对蚂蚁抗菌肽提取效果的影响。称取 10 g 脱脂后的蚂蚁粉,按 1:30 加入 60%乙醇,用电动匀浆机匀浆后于 4℃下浸提 24 h,滤纸过滤,将滤液于 4℃, 7 000 r/min 离心 20 min,取上清液,将上清液旋转蒸发挥去乙醇,收集上清。将实验 1.4.2.1 中确定的酶按照 0.2%、0.4%、0.6%、0.8%、1.0%比例分别加入到同等份的上清液中,在最适温度中酶解 5 h,分别进行灭酶后,离心,收集上清,即得蚂蚁抗菌肽提取液。将提取液按照实验 1.4.2.2 进行抑菌实验测定,比较抑菌圈大小,确定最佳的酶添加量。

(2) 酶解时间对蚂蚁抗菌肽提取效果的影响。称取 10 g 脱脂后的蚂蚁粉,按 1:30 加入 60%乙醇,用电动匀浆机匀浆后于 4℃下浸提 24 h,滤纸过滤,将滤液于 4℃, 7 000 r/min 离心 20 min,取上清液,将上清液旋转蒸发挥去乙醇,收集上清。将实验 1.4.2.1 中确定的酶,按最佳的酶添加量加入到同等份的上清液中,并在最适温度中分别酶解 1 h、5 h、10 h、15 h、20 h,分别进行灭酶后,离心,收集上清,即得蚂蚁抗菌肽提取液。将提取液按照实验 1.4.2.2 进行抑菌实验测定,比较抑菌圈大小,确定最佳的酶解时间。

(3) 酶解温度对蚂蚁抗菌肽提取效果的影响。称取 10 g 脱脂后的蚂蚁粉,按 1:30 加入 60%乙醇,用电动匀浆机匀浆后于 4℃下浸提 24 h,滤纸过滤,将滤液于 4℃, 7 000 r/min 离心 20 min,取上清液,将上清液旋转蒸发挥去乙醇,收集上清。将实验 1.4.2.1 中确定的酶,按最佳的酶添加量加入到同等份的上清液中,在 20℃、30℃、40℃、50℃、60℃温度中分别酶解 5 h,分别进行灭酶后,离心,收集上清,即得蚂蚁抗菌肽提取液。将提取液按照实验 1.4.2.2 进行抑菌实验测定,比较抑菌圈大小,确定最佳的酶解温度。

(4) 料液比对蚂蚁抗菌肽提取效果的影响。称取 10 g 脱脂后的蚂蚁粉,按 1:20、1:25、1:30、1:35、1:40 加入 60%乙醇,用电动匀浆机匀浆后于 4℃下浸提 24 h,滤纸过滤,于 4℃,7 000 r/min 离心 20 min,取上清液,将上清液旋转蒸发挥去乙醇,收集上清。将实验 1.4.2.1 中确定的酶,按最佳的酶添加量加入到同等份的上清液中,在最适温度中分别酶解 5 h,分别进行灭酶后,离心,收集上清,即得蚂蚁抗菌肽提取液。将提取液按照实验 1.4.2.2 进行抑菌实验测定,比较抑菌圈大小,确定最佳的料液比。

1.4.2.4 响应面实验

遵循 Design Expert 软件中 Box-Behnken 的中心组合设计原则,选择单因素试验中每个因素水平的三个最优数据,对这些数据进行了系统分析。选择加酶量、酶解时间、酶解温度、料液比 4 个因素作为影响因素,高中低三个水平,分别用 1、0、-1 来表示,设计 4 因素 3 水平优化试验,如表 4 所示,最后根据蚂蚁抗菌肽抑菌效果的结果确定最佳的蚂蚁抗菌肽提取条件。

表4 因素水平设计及编码

水平	因素			
	A 加酶量（%）	B 酶解时间（h）	C 酶解温度（℃）	D 料液比（g/mL）
1	0.4	10	30	1∶25
0	0.6	15	37	1∶30
-1	0.8	20	44	1∶35

1.4.3 纯化蚂蚁抗菌肽

1.4.3.1 透析法

将透析袋剪成20 cm长的小段，放入500 mL 2%的碳酸氢钠溶液和1 mmol/L的EDTA溶液中煮沸10 min。将处理好的Mw 3500的透析袋用蒸馏水冲洗干净，装入适量的蚂蚁粗提液，放入pH值为7的柠檬酸-柠檬酸钠缓冲液中进行透析，每2 h换一次缓冲液，重复透析5次，透析完成后的透析液装入Mw 4000的透析袋中，然后将其外面套上Mw 3500的透析袋，一起透析，重复上述步骤，取Mw 3500和Mw 4000型透析袋之间的截留的蚂蚁提取液，将提取液按照实验2.2.3.2进行抑菌实验测定。合并具有抑菌效果的提取液，冷冻干燥，即得透析法所纯化的蚂蚁抗菌肽。

1.4.3.2 加热-层析法

将蚂蚁抗菌肽粗提液100℃水浴中加热20 min，经葡聚糖凝胶Sephadex G-25脱盐层析分离得到蚂蚁抗菌肽提纯物。

（1）加热蚂蚁抗菌肽粗提液。取10 g蚂蚁抗菌肽粗提物溶于10 mL蒸溜水中，于100℃水浴中加热20 min，然后在4℃、15 000 r/min条件下离心30 min，收集上清液，冷冻干燥，得到冻干粉末。

（2）葡聚糖凝胶Sephadex G-25脱盐层析分离。首先进行凝胶的处理：在烧杯中称取35 g Sephadex G-25，加入适量蒸馏水，让其在常温下静置6 h，然后在沸水浴中加热2 h。接下来进行柱填充：将溶胀后的Sephadex G-25凝胶缓慢倾倒入柱中，直至柱顶位置。待柱面不再下降后，缓慢倒入凝胶，至凝胶柱面高度满足预设的目标高度要求。剪下与柱内径相匹配的圆形滤纸，轻轻放在凝胶表面上。接着进行平衡过程：保持洗脱剂（pH值7.4，0.05 mol/L磷酸盐缓冲液）进口和出口的流速稳定，通过蠕动泵设置转速为0.6 rmp，柱出口处每15 s/滴。过夜平衡，以确保流速达到稳定状态，并且确保出口液的pH值与入口液保持一致。之后进入上样和洗脱的关键步骤：利用胶头滴管，将柱顶部的缓冲溶液小心吸出后，缓慢加入2 mL样品液，并打开出口止流夹。随后添加1~2 mL洗脱剂清洗柱壁上的样品液，然后用足量的洗脱剂冲洗，保持洗脱速度一致。最后进行收集，当样品液快要流出时开始收集，用自动部分收集装置12 min进行一次收集。合并收集的洗脱峰，将其进行2.2.3.2的抑菌实验，检测其有无抑菌活性。合并具有抑菌效果的洗脱液，冷冻干燥即得加热-层析法纯化的蚂蚁抗菌肽。

1.4.4 蚂蚁抗菌肽蛋白浓度及得率的测定

1.4.4.1 测定纯化后蚂蚁抗菌肽蛋白质浓度

采用考马斯亮蓝法测定蚂蚁抗菌肽溶液的蛋白质浓度（姜黎和蔡金燕，2023）。试剂配方如表 5 所示，以吸光度为纵坐标，标准蛋白浓度为横坐标，在 595 nm 条件下测量吸光度，绘制标准曲线。

表 5 试剂配方　　　　　　　　　　　　　　　　　　单位：mL

试剂	试管编号						
	0	1	2	3	4	5	6
1 mg/mL 牛血清蛋白	0	0.1	0.2	0.4	0.6	0.8	1.0
蒸馏水	1.0	0.9	0.8	0.6	0.4	0.2	0
考马斯亮蓝 G-250 染液	4	4	4	4	4	4	4

在样品的测定过程中，先准确量取 1 mL 的样液，并加入考马斯亮蓝 G-250 染液，经过充分混合后，让其静置 20 min 以确保完全反应。为获得准确的吸光度值，采用蒸馏水作为空白对照，并在 595 nm 的波长条件下对样品进行测量。重复了上述试验过程三次，并计算三次测量结果的平均值，代入上述的标准曲线的方程中，以此来计算出样品的蛋白质浓度。最后，通过对比透析法与加热-层析法两种方法纯化得到的蚂蚁抗菌肽的蛋白质浓度，以评估这两种纯化方法在蛋白质浓度方面的差异。

1.4.4.2 测定纯化后蚂蚁抗菌肽得率

蚂蚁抗菌肽得率按下列式（1）计算，根据计算公式可以计算出两种方法分离纯化后的蚂蚁抗菌肽得率。

$$得率（\%）= \frac{蚂蚁抗菌肽提纯后蛋白质浓度（mg/mL）}{提纯前蛋白质浓度（mg/mL）} \times 100 \qquad (1)$$

2 结果与分析

2.1 酶种类对蚂蚁抗菌肽抑菌活性的影响

由图 1 可知，胰蛋白酶、中性蛋白酶、胃蛋白酶和木瓜蛋白酶提取得到的抗菌肽对大肠杆菌的抑菌圈直径大小为：12.63 mm、11.73 mm、11.17 mm、9.27 mm，可以看出胰蛋白酶的抑菌圈直径最大。对金黄色葡萄球菌的抑菌圈直径大小为：11.00 mm、9.50 mm、9.83 mm、10.13 mm，可以看出胰蛋白酶的抑菌圈直径最大。故不论是以大肠杆菌为受抑菌，还是以金黄色葡萄球菌为受抑菌，胰蛋白酶提取抗菌肽的抑菌圈直径最大，所以选择胰蛋白酶来提取抗菌肽。王广慧等（2024）在响应面优化超声波预处理辅助酶解法制备金针菇抗氧肽时也确定胰蛋白酶为最佳蛋白酶。

在其他条件相同的情况下，选择胰蛋白酶来提取抗菌肽，大肠杆菌和金黄色葡萄球菌分别作为受抑菌。以大肠杆菌为受抑菌的抑菌圈直径大小为 12.63 mm，以金黄色葡萄球菌为受抑菌的抑菌圈直径大小为 11.00 mm，故选择大肠杆菌为受抑菌。马慧等（2024）在菌酶协同固态发酵核桃谷蛋白制备抑菌肽时，发现桃谷蛋白抑菌肽对金黄色葡萄球菌和大肠杆菌均有抑制作用，但对大肠杆菌的抑菌效果较好，与本试验结果相同。

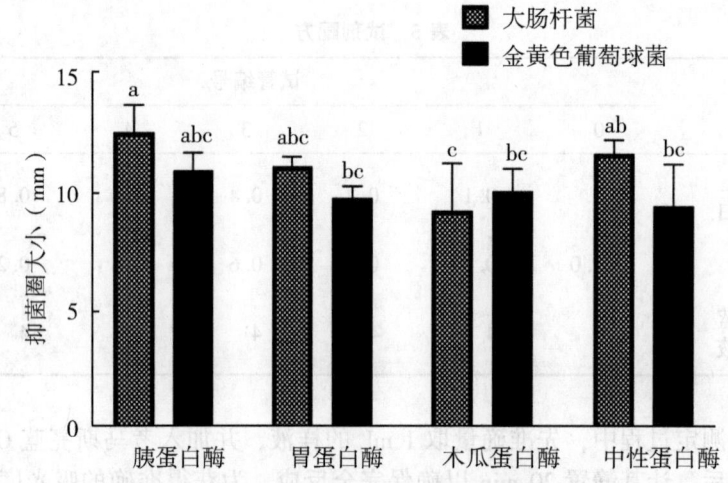

图1 酶种类对蚂蚁抗菌肽抑菌活性的影响

注：图中不同字母表示差异显著（$P<0.05$）。

2.2 单因素实验结果分析

2.2.1 加酶量对提取蚂蚁抗菌肽的影响

由图2可知，当加酶量在 0.2%~1.0% 时，随着胰蛋白酶加酶量的增多，抑菌圈直径先增加后下降（$P<0.05$），当加酶量达到 0.6% 时抑菌圈直径最大达到 13.83 mm，抑菌效果最好。可能是因为适当的加酶量能够增加酶与蛋白质之间的接触面积，促进酶的催化作用，然而过高的加酶量会使得酶与底物结合形成过多的酶底物复合物，这些复合

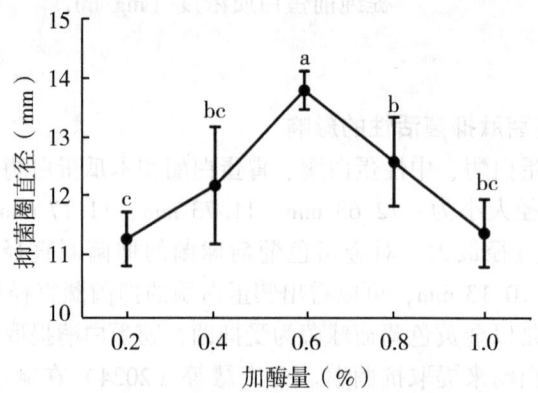

图2 加酶量对提取蚂蚁抗菌肽的影响

注：图中不同字母表示差异显著（$P<0.05$）。

物会阻碍底物的进一步反应，降低酶对底物的催化效率（安琪和李国祥，2024）。因此结合上述结果，将后续响应面优化实验的加酶量三水平设定为 0.4%、0.6%、0.8%。

2.2.2 酶解时间对提取蚂蚁抗菌肽的影响

由图 3 可知，在 1~20 h 时，随着酶解时间的增加，抑菌圈直径呈现先增大后减小（$P<0.05$），当酶解时间达到 15 h 时抑菌圈直径最大达到 13.63 mm，抑菌效果最好。但随着酶解时间的增加，抑菌圈直径反而降低（$P<0.05$），抑菌效果下降。可能是由于酶解底物量的限制以及酶活的自我损失或是多肽过度水解（冯倩等，2024）。因此结合上述结果，将后续响应面优化实验的酶解时间三水平设定为 10 h、15 h、20 h。

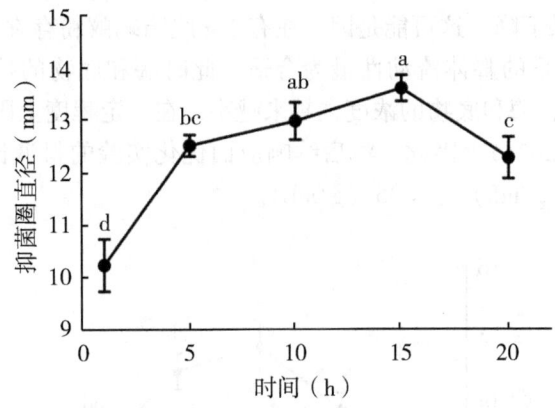

图 3　酶解时间对提取蚂蚁抗菌肽的影响
注：图中不同字母表示差异显著（$P<0.05$）。

2.2.3 酶解温度对提取蚂蚁抗菌肽的影响

由图 4 可知，在 23~37℃ 时，随着酶解温度的增加，抑菌圈直径随之增大（$P<0.05$），抑菌效果逐渐变好，当酶解时间达到 37℃ 时抑菌圈直径最大达到 14.00 mm，

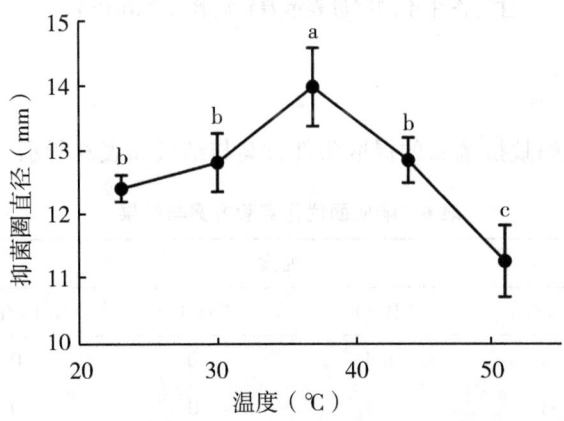

图 4　酶解温度对提取蚂蚁抗菌肽的影响
注：图中不同字母表示差异显著（$P<0.05$）。

抑菌效果最好。但随着酶解温度的增加,抑菌圈直径反而降低($P<0.05$),抑菌效果下降。推测原因是随着酶解温度的继续升高,胰蛋白酶在高温下,酶的分子结构可能发生变化而使酶活性逐渐降低,从而造成抑菌圈直径下降(刘晓伟等,2024)。因此结合上述结果,将后续响应面优化实验的酶解温度三水平设定为30℃、37℃、44℃。

2.2.4 料液比对提取蚂蚁抗菌肽的影响

由图5可知,在料液比低于1∶30(g/mL)时,随着料液比的增加,抑菌圈直径随之增大($P<0.05$),抑菌效果逐渐变好,当料液比达到1∶30(g/mL)时抑菌圈直径最大达到14.86 mm,抑菌效果最好。但随着料液比的升高,抑菌圈直径反而降低($P<0.05$),抑菌效果下降。这可能是因为在有1 g脱脂蚂蚁粉存在情况下,加入30倍的60%乙醇,反应体系的整体流动性最为合适,此时酶和底物的接触较为充分。随着60%乙醇的比例增大,酶和底物的浓度也越来越小,在一定程度上限制了酶和底物的有效反应(刘粤龙等,2024)。因此,将后续响应面优化实验的料液比三水平设定为1∶25(g/mL)、1∶30(g/mL)、1∶35(g/mL)。

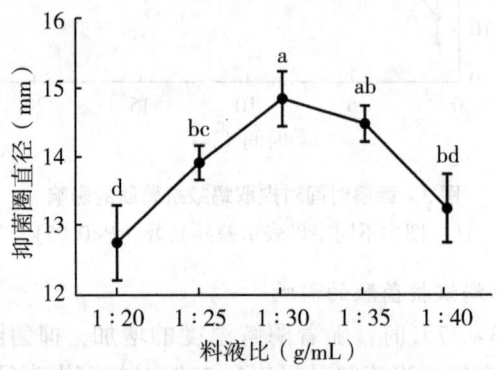

图5 料液比对提取蚂蚁抗菌肽的影响

注:图中不同字母表示差异显著($P<0.05$)。

2.3 响应面优化实验

2.3.1 响应面实验结果

采用响应面优化蚂蚁抗菌肽的提取条件方案与结果如表6所示。

表6 响应面优化实验方案与结果

编号	因素				Y (mm)
	A (%)	B (h)	C (℃)	D (g/mL)	
1	1	1	0	0	14.1
2	-1	1	0	0	15.0
3	1	-1	0	0	10.4
4	-1	-1	0	0	13.0

(续表)

编号	因素 A (%)	因素 B (h)	因素 C (℃)	因素 D (g/mL)	Y (mm)
5	0	0	1	−1	13.2
6	0	0	−1	−1	10.3
7	0	0	1	1	9.4
8	0	0	−1	1	10.2
9	1	0	0	−1	12.9
10	−1	0	0	−1	11.5
11	1	0	0	1	7.4
12	−1	0	0	1	12.0
13	0	1	1	0	13.9
14	0	−1	1	0	14.8
15	0	1	−1	0	15.1
16	0	−1	−1	0	11.5
17	1	0	1	0	11.9
18	−1	0	1	0	15.4
19	1	0	−1	0	11.3
20	−1	0	−1	0	11.9
21	0	1	0	−1	14.6
22	0	−1	0	−1	10.2
23	0	1	0	1	10.2
24	0	−1	0	1	11.0
25	0	0	0	0	17.1
26	0	0	0	0	15.7
27	0	0	0	0	15.8

注：表中 A 为加酶量、B 为酶解时间、C 为酶解温度、D 为料液比、Y 为抑菌圈直径大小。

根据上述因素进行曲面拟合，可获得回归方程如下：

$Y = +16.20 + 0.900\ 0 \times A - 1.000\ 0 \times B - 0.691\ 7 \times C - 1.04 \times D + 0.425\ 0 \times A \times B - 0.725\ 0 \times A \times C + 1.50 \times A \times D - 1.12 \times B \times C + 1.30 \times B \times D + 0.925\ 0 \times C \times D - 1.88 \times A^2 - 1.01 \times B^2 - 1.62 \times C^2 - 3.62 \times D^2$

根据式中各项回归系数可知，各因素对抑菌圈直径大小影响次序为：D>B>A>C，即料液比>酶解时间>加酶量>酶解温度。对回归方程进行方差分析，结果见表7。由于在统计学意义上，表中 P 值与所得结果的可信度呈负相关，即 P 值越小时，显著地增强了拒绝原假设的依据，表明实验结果具有更高的显著性和可靠性。因此，由表7可以得知，B、D、A^2、C^2、D^2 的 P 值均小于0.000 1，对抑菌圈直径的大小有极显著影响。A、C、AD、BC、BD、CD、B^2 的 P 值均小于0.001，说明对抑菌圈直径的大小有十分显著影响。AC 的 P 值小于 0.05，代表有显著影响。而 AB 则对抑菌圈直径大小的影响不显著。

响应面二次方程模型的相关系数为拟合度 $R^2 = 0.9707 > 0.9$，失拟项 $P = 0.8137$，失拟项不显著，说明模型与数据拟合度较好；校正拟合度 $R^2_{Adj} = 0.9366$，预测拟合度 $R^2_{Pred} = 0.8607$。其中 R^2_{Adj} 和 R^2_{Pred} 的差值小于 0.2，在统计学上被认为是合理的，体现了模型在预测方面的稳定性。信噪比为 20.1105，远超过 4 的基准值，所以此响应面实验方法是可靠的。

表 7　回归分析结果

方差来源	平方和	自由度	均方	F 值	P 值	显著性
模型	141.76	14	10.13	28.43	<0.0001	***
A	9.72	1	9.72	27.29	0.0002	**
B	12.00	1	12.00	33.69	<0.0001	***
C	5.74	1	5.74	16.12	0.0017	**
D	13.02	1	13.02	36.56	<0.0001	***
AB	0.7225	1	0.7225	2.03	0.1799	
AC	2.10	1	2.10	5.90	0.0318	*
AD	9.00	1	9.00	25.27	0.0003	**
BC	5.06	1	5.06	14.21	0.0027	**
BD	6.76	1	6.76	18.98	0.0009	**
CD	3.42	1	3.42	9.61	0.0092	**
A^2	18.92	1	18.92	53.11	<0.0001	***
B^2	5.42	1	5.42	15.22	0.0021	**
C^2	14.01	1	14.01	39.34	<0.0001	***
D^2	69.92	1	69.92	196.31	<0.0001	***
残差	4.27	12	0.3562			
失拟项	3.05	10	0.3054	0.5007	0.8137	
纯误差	1.22	2	0.6100			
总变异	146.03	26				

2.3.2　加酶量与酶解时间交互项对提取蚂蚁抗菌肽的影响

响应面图弯曲陡峭程度越大表明两因素间交互作用越强。等高线图稀疏近圆形表明两因素交互作用不显著。等高线分布密集、近椭圆说明两因素间交互作用显著（赵明慧，2023）。

由图 6 可知，当加酶量（A）一定时，随着酶解时间（B）的增加，抑菌圈直径（Y）呈现先略微升高后略微下降的趋势。当 B 一定时，抑菌圈直径随着 A 的增加呈现先升高后下降的趋势，整体变化趋势显现度较弱。当 A 和 B 取适宜值时，抑菌圈直径达到最大。此外，在等高线图中等高线椭圆特征明显，说明 A 和 B 之间存在明显交互作用，且 AB 对抑菌圈直径具有显著影响。

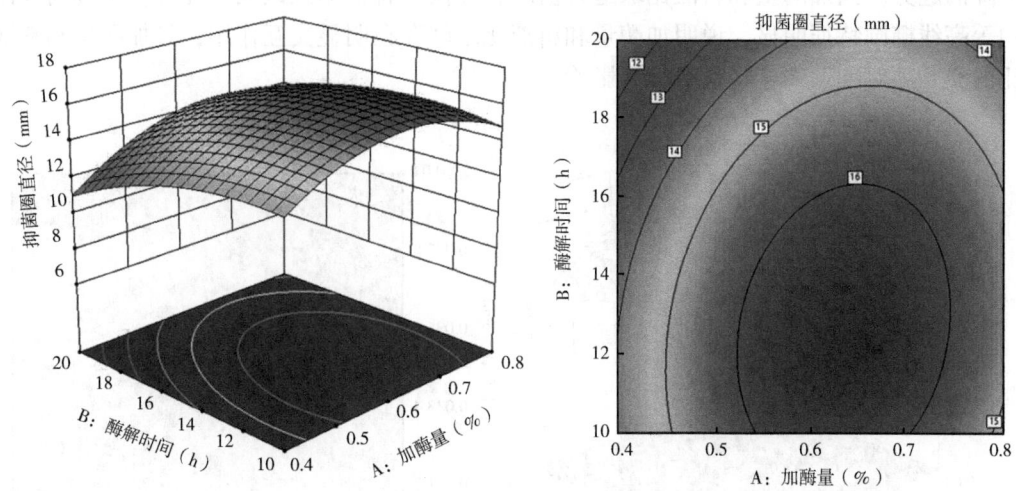

图 6　加酶量和酶解时间交互响应曲面和等高线图

2.3.3　加酶量与酶解温度交互项对提取蚂蚁抗菌肽的影响

由图 7 可知，当加酶量（A）一定时，随着酶解温度（C）的增加，抑菌圈直径（Y）呈现先升高后略微下降的趋势。当 C 一定时，抑菌圈直径随着加酶量的增加呈现先快增后趋于平缓并稍有降低的趋势。当 A 和 C 取适宜值时，抑菌圈直径达到最大。此外，在等高线图中等高线椭圆特征比较明显，说明 A 和 C 之间存在交互作用，且 AC 的交互项对抑菌圈直径具有显著影响。

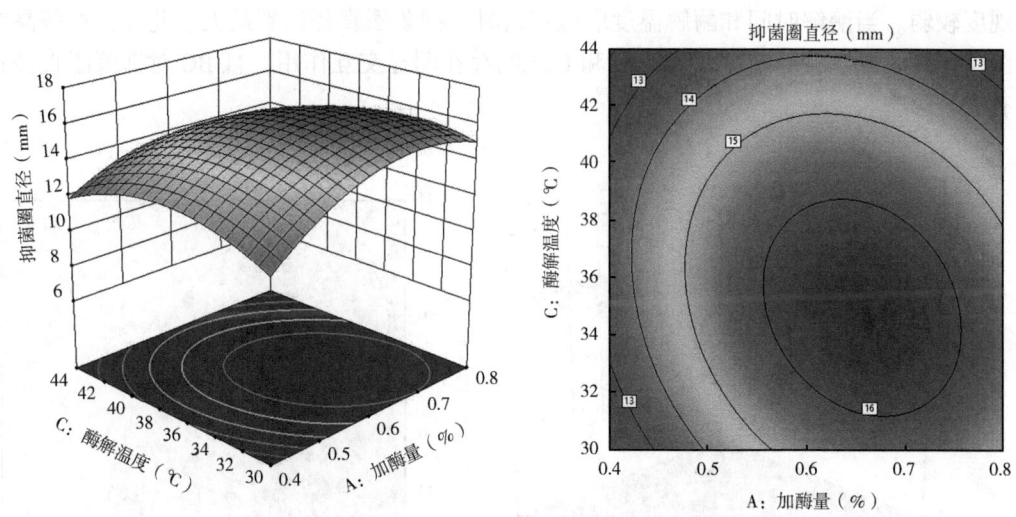

图 7　加酶量和酶解温度交互响应曲面和等高线图

2.3.4　加酶量与料液比交互项对提取蚂蚁抗菌肽的影响

由图 8 可知，当加酶量（A）不变，抑菌圈直径（Y）随着料液比（D）的增加呈现先升高后下降的趋势。当料液比一定时，抑菌圈直径随着加酶量的增加呈现先升高后下降的趋势。当加酶量和料液比取适宜值时，抑菌圈直径达到最大。此外，在等高线图中等高线椭圆特征明显，说明加酶量和料液比之间存在明显交互作用，且加酶量和料液比的交互项对抑菌圈直径具有显著影响。

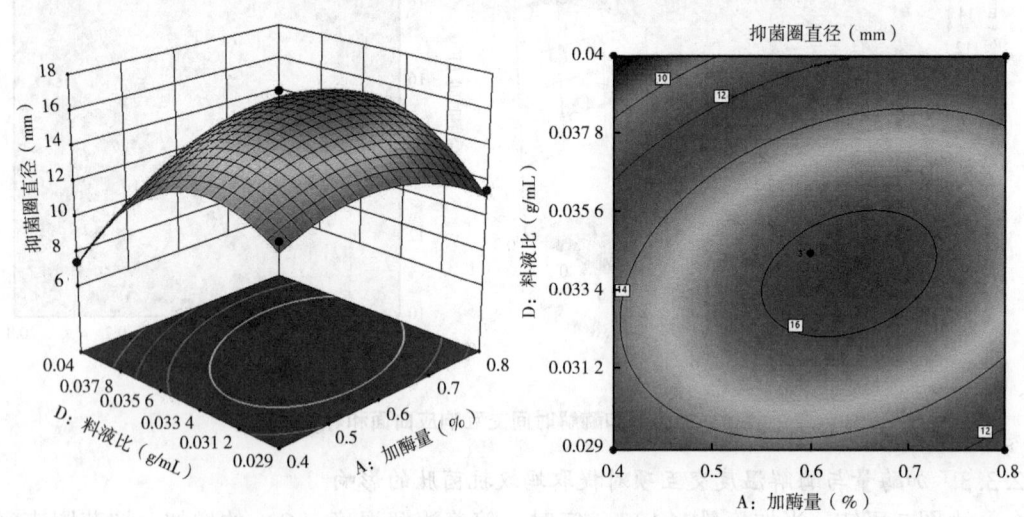

图8　加酶量和料液比交互响应曲面和等高线图

2.3.5　酶解时间与酶解温度交互项对提取蚂蚁抗菌肽的影响

由图9可知，当酶解时间（B）和酶解温度（C）逐渐增加，抑菌圈直径（Y）逐渐增加但继续增加酶解时间与酶解温度，抑菌圈直径呈现下降的趋势，整体变化趋势显现度较弱。当酶解时间和酶解温度取适宜值时，抑菌圈直径达到最大。此外，在等高线图中等高线椭圆特征明显，说明 B 和 C 之间存在明显交互作用，且 BC 对抑菌圈直径具有显著影响。

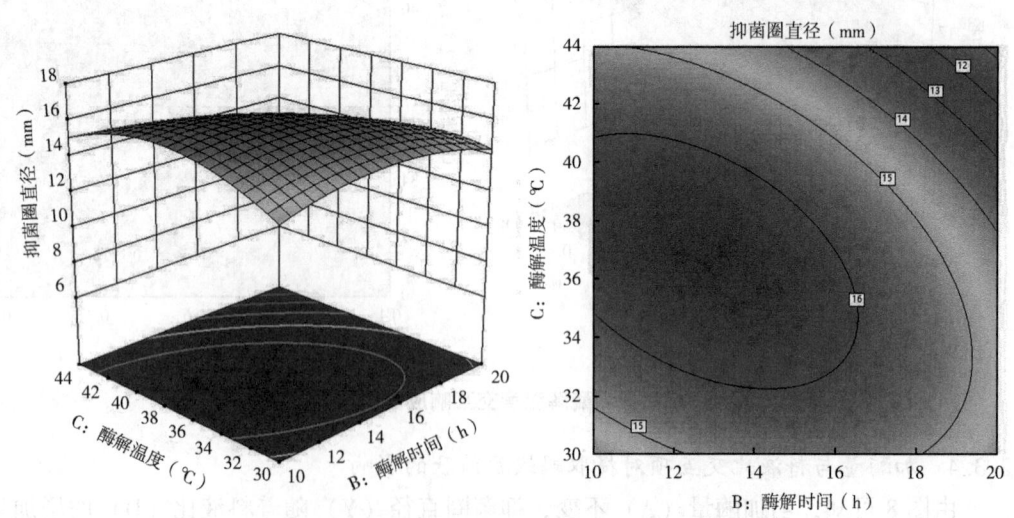

图9　酶解时间和酶解温度交互响应曲面和等高线图

2.3.6 酶解时间与料液比交互项对提取蚂蚁抗菌肽的影响

由图10可知,当酶解时间(B)和料液比(D)逐渐增加,抑菌圈直径(Y)逐渐增加但继续增加酶解时间与料液比,抑菌圈直径呈现下降的趋势。当酶解时间和料液比取适宜值时,抑菌圈直径达到最大。此外,在等高线图中等高线椭圆特征明显,说明酶解时间和料液比之间存在明显交互作用,且酶解时间和料液比的交互项对抑菌圈直径具有显著影响。

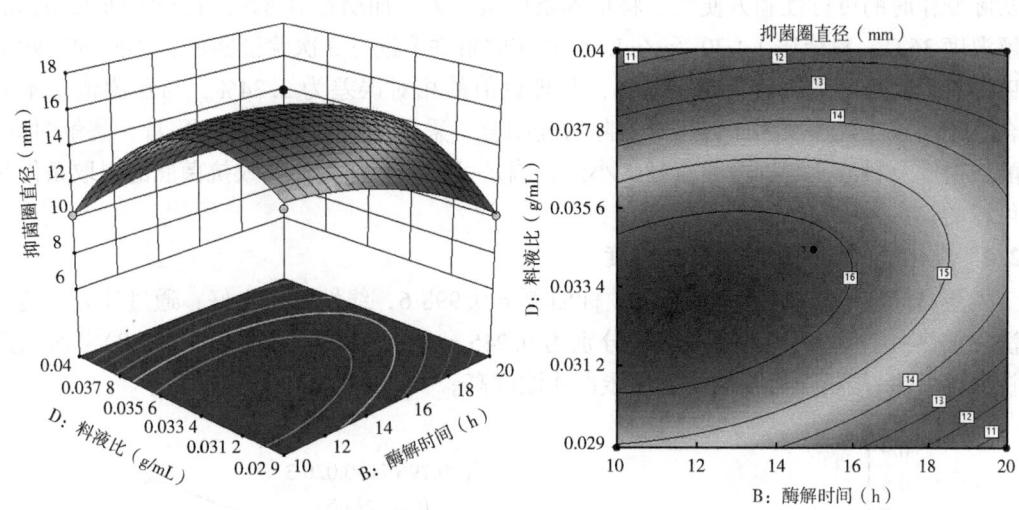

图10 酶解时间和料液比交互响应曲面和等高线图

2.3.7 酶解温度与料液比交互项对提取蚂蚁抗菌肽的影响

由图11可知,抑菌圈直径(Y)随着酶解温度(C)和料液比(D)增加而提高,当酶解温度和料液比取适宜值时,抑菌圈直径达到最大,之后逐渐下降。此外,在等高

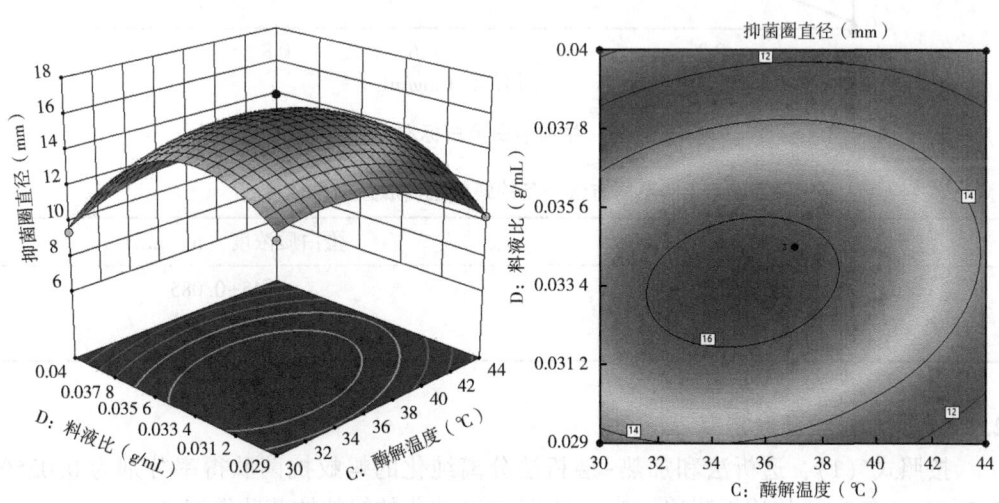

图11 酶解温度和料液比交互响应曲面和等高线图

线图中等高线椭圆特征比较明显,说明酶解时间和料液比之间存在交互作用,且酶解时间和料液比的交互项对抑菌圈直径具有显著影响。

2.3.8 酶解法提取蚂蚁抗菌肽的最佳工艺条件

在 Design Expert 软件的优化模块中,将抑菌圈直径设定为最大值。可以得到模型响应指标预测的最优提取条件组合为:加酶量 0.620%、酶解时间 12.155 h、酶解温度 36.261℃、料液比 1∶30(g/mL),应的抑菌圈直径大小预测值为 16.691 mm。考虑到实际操作时的可行性和方便性,将培养条件微调为:加酶量 0.6%、酶解时间 12 h、酶解温度 36℃、料液比 1∶30(g/mL),并在此条件下进行 3 次验证实验,得到的实际抑菌圈直径大小的平均值为 16.3 mm,与理论值的相对误差为 2.34%,与预测值基本吻合,说明该二次多项回归方程与实际情况吻合,采用响应面法优化加酶量、酶解时间、酶解温度及料液比对抑菌圈直径大小的影响是可行的,即优化蚂蚁抗菌肽的提取条件是可行的。

2.4 纯化蚂蚁抗菌肽的蛋白质浓度

蛋白标准曲线图如图 12 所示,标曲 $R^2 = 0.9986$,线性关系良好,通过计算,透析法和加热-层析法测得的蛋白浓度分别为 0.245 mg/mL、0.140 mg/mL(表 8),所以透析法比加热-层析法所得的抗菌肽蛋白质浓度高。

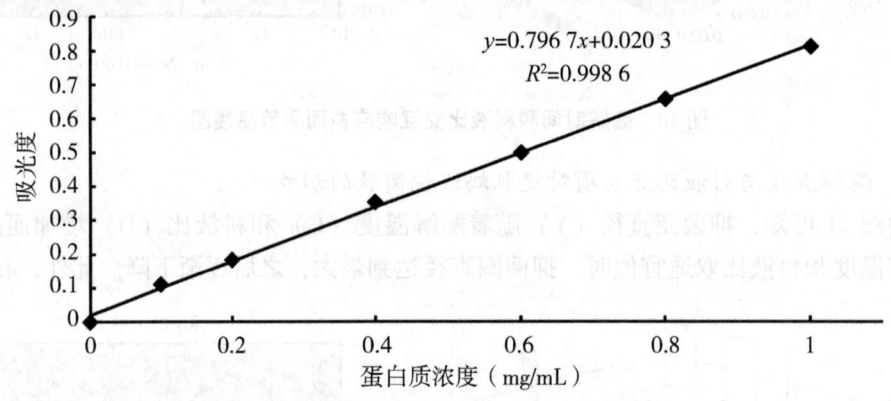

图 12 牛血清白蛋白标准曲线图

表 8 不同方法制备的蚂蚁抗菌肽蛋白质浓度

方法	蛋白质浓度(mg/mL)
透析法	0.245±0.085
加热-层析法	0.140±0.038

2.5 纯化蚂蚁抗菌肽得率

按照式(1),透析法和加热-层析法分离纯化的蚂蚁抗菌肽得率分别为 0.025%、0.014%(表 9),故透析法比加热-层析法分离纯化的蚂蚁抗菌肽得率高。

表9 不同方法制备蚂蚁抗菌肽的得率

方法	得率（%）
透析法	0.025±0.008
加热-层析法	0.014±0.004

3 结论

本试验采用酶解法提取抗菌肽，以抑菌圈的直径大小作为指标，先确定提取所用酶的种类，发现胰蛋白酶提取抗菌肽抑菌圈直径最大，接着通过单因素实验和响应面优化试验，来确定提取蚂蚁抗菌肽的最佳工艺优化条件，即加酶量0.6%、酶解时间12 h、酶解温度36℃、料液比1∶30（g/mL），抑菌圈直径大小的平均值为16.3 mm。最后分别采用透析法和加热-层析法对蚂蚁抗菌肽粗提液进行纯化，透析法提取了蛋白质含量0.245 mg/mL，得率0.025%的抗菌肽纯化液，加热-层析法提取了蛋白质含量0.140 mg/mL，得率0.014%的抗菌肽纯化液，因此从蛋白质含量和得率来看，透析法更适合蚂蚁抗菌肽的纯化。

参考文献

何行玲，李文胜，方跃华，等，2007.复方蚂蚁酒的抗炎镇痛作用研究［J］.时珍国医国药（7）：1656-1657.

刘秀英，胡怡秀，臧雪冰，2006.蚂蚁粉增强免疫功能的研究［J］.湖南中医学院学报（1）：23-24，33.

苏启表，何飞，曾宪彪，等，2014.黑蚂蚁醇提物石油醚部位对亚急性衰老小鼠血清和脑组织抗氧化作用的研究［J］.中华中医药杂志，29（6）：2020-2022.

宣雄智，赵宇凡，朱文婷，等，2023.抗菌肽在水产养殖中的应用研究进展［J］.饲料研究，46（21）：155-159.

于小磊，郭雪松，岳昊博，2013.蚂蚁蛋白提取及氨基酸营养液制备的研究［J］.中国农学通报，29（21）：210-214.

张欣，龙倩，楚世峰，等，2018.拟黑多刺蚁石油醚部位对抑郁大鼠神经炎症反应的抑制作用［J］.药学学报，53（7）：1042-1047.

张再跃，尹树科，2024.抗菌肽在断乳仔猪生产中的应用研究［J］.特种经济动植物，27（5）：58-59，62.

BOMAN H G，HULTMARK D，1987.Cell-free immunity in insects［J］.Annual Review of Microbiology，41：103.

KHAN S R，SINGH P C，SCHMETTOW M，et al.，2024.Exploring the influence of ground-dwelling ant bioturbation activity on physico-chemical，biological properties and heavy metal pollution in coal mine spoil［J］.Pedobiologia Journal of Soil Ecology，104：150960.

MIZUNO T，SATO H，ITIOKA T，2024.Foraging ants affect community composition and diversity of phyllosphere fungi on a myrmecophilous plants，*Mallotus japonicus*［J］.Ecology and Evolution，14（5）：e11423.

QIAO L, GUO Z, LIU H B A, et al., 2022. Protective effect of mitophagy regulated by mtor signaling pathway in liver fibrosis associated with selenium [J]. Nutrients, 14 (12): 2410.

XU X, 2022. The strong anti-tumor effect of smp24 in lung adenocarcinoma A549 cells depends on its induction of mitochondrial dysfunctions and ROS accumulation [J]. Toxins (Basel), 14 (9): 590.

ZHOU G, QIN Y, PETTICORD D, et al., 2024. Plant-ant interactions mediate herbivore-induced conspecific negative density dependence in a subtropical forest [J]. The Science of the Total Environment, 927: 172163.

贝莱斯芽孢杆菌对烟草的促生作用及病虫害防效研究初报

祝庄品[1]*，高晨明[2]，马俊锋[1]，别光军[1]，杨 龙[2]，王小平[2]**

(1. 湖北省烟草公司十堰市公司，十堰 442000；
2. 华中农业大学植物科学技术学院，武汉 430070)

摘 要：【目的】烟草作为一种重要的经济作物，其生长发育过程受多种病虫为害。【方法】为解决烟草种植中因过度使用农药导致的环境和抗性等问题，本研究以一种新型生物制剂贝莱斯芽孢杆菌CanL-30可湿性粉剂为实验药剂，开展了该制剂对田间烟草的促生作用及对烟草花叶病毒、马铃薯Y病毒、蚜虫的防治效果研究。【结果】结果表明，贝莱斯芽孢杆菌CanL-30可湿性粉剂能够促进烟草提前团棵，且在团棵期能够显著促进烟草的株高和叶长。此外，该粉剂对烟草中马铃薯Y病毒的防治效果显著，达到100%防效，而且对烟草花叶病毒和蚜虫的防治效果与化学防治效果相当。【结论】以上结果表明贝莱斯芽孢杆菌CanL-30可湿性粉剂对于烟草生长具有明显促生作用，且对烟草花叶病毒、马铃薯Y病毒和蚜虫均有不同程度的防治效果，该研究为烟草病虫害绿色防控体系提供了理论基础。

关键词：烟草；病虫害防治；贝莱斯芽孢杆菌；促生作用

Preliminary Study on Effects of *Bacillus velezensis* on Tobacco Growth and Pest Management

Zhu Zhuangpin[1]*, Gao Chenming[2], Ma Junfeng[1], Bie Guangjun[1],
Yang Long[2], Wang Xiaoping[2]**

(1. *Shiyan Branch, Hubei Tobacco Company, Shiyan 442000, China;* 2. *College of Plant Science and Technology, Huazhong Agricultural University, Wuhan 430070, China*)

Abstract：【Objectives】As a significant cash crop, tobacco is susceptible to numerous diseases and insect infestations throughout its growth and development stages.【Methods】To address the environmental and resistance issues resulting from excessive pesticide usage in tobacco cultivation, an experimental biological agent called *Bacillus velezensis* CanL-30 wettable powder was employed to investigate its effects on promoting tobacco growth in the field as well as controlling tobacco mosaic virus, potato Y virus, and aphid infestation.【Results】The results showed that *B. velezensis* CanL-30 wettable powder significantly accelerated tobacco rosette stage, enhancing plant height and leaf length during this stage. Additionally, the powder effectively con-

---

* 第一作者：祝庄品，E-mail:zzpbgyzmf@outlook.com
** 通信作者：王小平，E-mail:xpwang@mail.hzau.edu.cn

trolled potato Y virus in tobacco with a 100% success rate. Furthermore, its effectiveness against tobacco mosaic virus and aphids was comparable to chemical control methods. 【Conclusion】 The findings demonstrated that the wettable powder derived from *B. velezensis* CanL-30 exhibited a significant growth-promoting effect on tobacco plants, while exerting varying degrees of control on tobacco mosaic virus, potato Y virus, and aphids. These results provide a solid theoretical foundation for the development of an environmentally friendly system for controlling tobacco diseases and pests.

Key words: Tobacco; Pest management; *Bacillus velezensis*; Effect of growth promotion

烟草作为我国主要的经济作物之一，其年生产量位居世界前列，给我国带来了较好的经济效益。烟草行业的发展在我国经济发展中具有十分重要的作用，然而烟草的种植过程时常面临多种病虫害威胁，包括烟草花叶病毒（TMV）病、马铃薯Y病毒病、赤星病、烟蚜、烟青虫等，严重影响烟草的产量和质量（戴鑫，2022；田明慧等，2024；宋德伟等，2024）。传统的烟草病虫害防治方法多以化学防治为主，但化学药剂的不科学使用，同样给烟草种植带来了挑战。例如，化学农药的滥用破坏生态环境，造成土壤污染和烟叶农药残留；化学药剂的长期使用导致抗药性的产生，化学防治效果降低；化学农药对天敌和植物本身的危害等（黎远珍，2019；钟子正，2019）。为了响应绿色防控理念，实现烟草种植可持续发展，亟须将生物防治技术应用于农业生产中（盛海红，2024）。

贝莱斯芽孢杆菌（*Bacillus velezensis*）是一种新型生物农药，可抑制多种植物病害（皮娜娜等，2024）。例如，10亿CFU/g贝莱斯芽孢杆菌TCS001悬浮剂可有效防治草莓炭疽病、草莓灰霉病、草莓白粉病、草莓枯萎病（袁斌，2024），贝莱斯芽孢杆菌XS142菌悬液对向日葵菌核病等土传病害具有防治效果（王娅婷等，2024），贝莱斯芽孢杆菌SM2能够有效防治番茄灰霉病（张琦等，2024）。除此之外，研究表明贝莱斯芽孢杆菌不仅能抑制植物病害，还能促进多种植物生长。在玉米上，贝莱斯芽孢杆菌能够显著促进玉米种芽萌发，提升幼苗株高、叶面积（萧珣等，2024）；在青菜研究中能显著增加株高、根长和叶片数（周益帆等，2024）；在水稻上能促进其胚根生长和水稻苗的生长（李坤等，2024；代诗佳等，2024）；在黄瓜上能明显促进黄瓜幼苗生长（吴玉洪等，2023）。因此，贝莱斯芽孢杆菌作为生物农药用于农业生产中，具有环境友好、病害防控和植物促生长等优点，有较好的发展和应用前景。

贝莱斯芽孢杆菌CanL-30可湿性粉剂是由华中农业大学研制的一种新型生物制剂，对于油菜菌核病和黑胫病具有明显防治效果，且该制剂能够显著促进油菜胚根生长，增加油菜鲜重和干重，最终提高油菜籽产量（孙力等，2021；翟永升，2021）。因此，本研究以贝莱斯芽孢杆菌CanL-30可湿性粉剂为供试材料进行田间试验，评估该制剂对烟叶生长发育的影响及各类病虫害的防治效果，以期为烟草种植领域的绿色可持续发展提供参考。

1 材料与方法

1.1 试验地概况

试验地点位于湖北省十堰市房县野人谷镇西坪村,海拔1 200 m,地势平坦,肥力较为均匀,土壤类型为黄棕壤,pH值6.2,有机质含量18.9 mg/kg,碱解氮33.8 mg/kg,速效磷14.2 mg/kg,速效钾165.9 mg/kg。

1.2 供试材料

烤烟品种为云烟87。试验药剂为华中农业大学提供的贝莱斯芽孢杆菌CanL-30可湿性粉剂,其他药剂为烟叶生产用10%高效氯氟氰菊酯水乳剂、45%王铜·菌核净可湿性粉剂、80%波尔多液可湿性粉剂、20%吗胍·乙酸铜可湿性粉剂。

1.3 处理设计

本试验设处理3个,每小区50株烟,3次重复,随机排列。处理T1:烟叶移栽缓苗后7 d施用贝莱斯芽孢杆菌CanL-30可湿性粉剂800倍液(30 kg/亩)淋浇根茎,15 d施用贝莱斯芽孢杆菌CanL-30可湿性粉剂300倍液喷雾(15 kg/亩);处理T2:常规管理,按当地烟叶生产技术要求管理,于移栽缓苗后15 d喷500倍液波尔多液和800倍液吗胍乙酸铜;处理T3:空白对照,不做病虫害防治。

1.4 调查与分析

病害调查按照中华人民共和国烟草行业标准(YC/T 142—2010)规定执行,农艺性状调查按照中华人民共和国国家标准(GB/T 23222—2008)执行,应用公式包括不限于

病情指数 = [∑(各级病株数×该病级值)/(调查总株数×最高级值)] ×100

防治效果(病害,%) = (对照病情指数-处理病情指数)/对照病情指数×100

防治效果(虫害,%) = (1-对照基数病情指数×处理病情指数/对照病情指数×处理基数病情指数) ×100

1.5 数据统计与分析

用Microsoft Office 2013和SPSS 21对调查的数据进行统计与分析,数据正态性和方差齐性分析分别采用Shapiro-Wilk检验和Levene检验。符合正态分布和方差分析的数据采用单因素方差分析中Tukey检验,若不符合则采用非参数检验。

2 结果与分析

2.1 不同处理对烟叶生育期的影响

三种处理下烟叶生育期记录如表1所示。在表1中,不同处理移栽时间相同,T1较T2与T3提前6 d团棵,现蕾时间一致,中心花开放和脚叶成熟时间提前1 d,表明灌根和叶面喷施贝莱斯芽孢杆菌CanL-30可湿性粉剂的T1可以显著促进烟叶提前进入团棵期,而对于促进烟叶提前现蕾和脚叶成熟没有明显影响。

表 1　不同处理生育期记载　　　　　　　　　　　　　　　　单位：月/日

处理	移栽期	团棵期	现蕾期	中心花开放期	脚叶成熟期
T1	4/26	5/27	7/4	7/10	7/15
T2	4/26	6/3	7/4	7/11	7/16
T3	4/26	6/3	7/4	7/11	7/16

2.2 不同处理对团棵期农艺性状的影响

由表2可知，T1的株高、最大叶长显著大于T2与T3，最大叶宽较T2与T3也有所增大，这与表1中T1提前6 d团棵的结果趋势相一致，表明贝莱斯芽孢杆菌CanL-30可湿性粉剂可以明显促进烟叶早生快发，在烟叶移栽后明显提高烟叶在团棵期的主要农艺性状。

表 2　团棵期农艺性统计

处理	株高（cm）	叶数（片）	茎围（cm）	最大叶长（cm）	最大叶宽（cm）
T1	41.2a	9.4a	6.5a	46.8a	24.2a
T2	38.2b	9.3a	6.5a	42.5b	23.4a
T3	37.3b	9.2a	5.9b	42.8b	23.1a

注：同列数据后不同小字母表示处理间差异显著（$P < 0.05$）。

2.3 不同处理对旺长期及打顶10 d后农艺性状的影响

由表3中调查不同处理在旺长期和打顶10 d后的农艺性状结果可知，在旺长期和打顶后10 d两个阶段，T1的株高依然高于其他两个处理，叶片数、最大叶长、最大叶宽也有相同的趋势，但是数据之间并没有存在明显的差异，表明在团棵期之后，贝莱斯芽孢杆菌CanL-30可湿性粉剂对于促进烟叶生长发育的效果随着时间推移而逐渐减弱。

表 3　旺长期及打顶10 d后农艺性统计

处理	时期	株高（cm）	叶数（片）	茎围（cm）	最大叶长（cm）	最大叶宽（cm）
T1		142.2a	19.6a	8.6a	72.7a	28.1a
T2	旺长期	141.4a	19.4a	8.6a	71.6a	27.6a
T3		138.2a	19.4a	8.3a	69.6a	27.1a
T1		126.9a	15.5a	10.4a	77.3a	31.1a
T2	打顶10 d后	123.6a	15.2ab	9.8b	76.3a	28.7b
T3		122.7a	14.5b	10.1ab	76.1a	30.3ab

注：同列数据后不同小写字母表示处理间差异显著（$P < 0.05$）。

2.4 不同处理对 TMV 的防治效果

如表 4 所示，在移栽后共计调查 5 次 TMV 的病情指数并计算防治效果，结果呈现三个明显特点，一是所有处理的 TMV 病情指数逐步变大，表明不同处理感染 TMV 程度随时间推移逐渐增加；二是 T1 与 T2 的防效均达到 50% 以上，其中 T1 防效略大于 T2，生物药剂的防治效果可以达到不低于甚至高于化学药剂防治 TMV 的效果；三是烟叶生产防治 TMV 依然离不开各种药物，否则会产生 T3 中 TMV 病情指数较大进而影响后期烟叶质量的后果。

表4 TMV 病情指数及防治效果统计

处理	基数调查（5月4日，移栽后的第7d）		第一次调查（栽后第18 d，喷雾后第3 d）		第二次调查（栽后第32 d，喷雾后第17 d）		第三次调查（栽后第49 d，喷雾后第34 d）		第四次调查（栽后第65 d，喷雾后第50 d）	
	病指	防效（%）	病指	防效（%）	病指	防效（%）	病指	防效（%）	病指	防效（%）
T1	0.00	—	0.91	50.00	1.36	62.64	2.27	58.35	2.27	61.59
T2	0.00	—	0.91	50.00	1.50	58.79	1.82	66.61	2.73	53.81
T3	0.00	—	1.82	0.00	3.64	0.00	5.45	0.00	5.91	0.00

2.5 不同处理对马铃薯 Y 病毒的防治效果

表 5 为 5 次调查马铃薯 Y 病毒的病情指数，结果表明所有处理在栽后 18 d 内均没有表现马铃薯 Y 病毒的症状，T1 自始至终没有发生马铃薯 Y 病毒，T2 与 T3 在栽后 32 d 开始有马铃薯 Y 病毒症状，表明施用贝莱斯芽孢杆菌粉剂的 T1 防治马铃薯 Y 病毒极其显著，而常规化学药剂的 T2 虽然在防治马铃薯 Y 病毒方面有一定效果，但是效果不明显。

表5 马铃薯 Y 病毒病情指数及防治效果

处理	基数调查（5月4日，移栽后的第7d）		第一次调查（栽后第18 d，喷雾后第3 d）		第二次调查（栽后第32 d，喷雾后第17 d）		第三次调查（栽后第49 d，喷雾后第34 d）		第四次调查（栽后第65 d，喷雾后第50 d）	
	病指	防效（%）	病指	防效（%）	病指	防效（%）	病指	防效（%）	病指	防效（%）
T1	0.00	—	0.00	—	0.00	100	0.00	100	0.00	100
T2	0.00	—	0.00	—	1.82	0.00	2.73	0.00	5.00	8.26
T3	0.00	—	0.00	—	1.82	0.00	2.73	0.00	5.45	0.00

2.6 不同处理对蚜虫的防治效果

如表 6 中对于蚜虫的防治效果所示，在 5 月 11 日（喷雾前）调查了各个处理的蚜虫病情指数，喷雾处理之后按照每隔 7 d 调查一次，共调查 3 次蚜虫病情指数，结果表明，在喷雾处理 7 d、14 d 和 21 d 后，相对于 T3 组，T1 和 T2 组的蚜虫病情指数逐渐降低，特别是在喷雾后的 14 d 和 21 d，T1 和 T2 组的蚜虫病情指数均与 T3 组的蚜虫病情指数有显著差异；在喷雾处理 7 d、14 d 和 21 d 后，相对于 T3 组，T1 和 T2 组对蚜虫的防治效果逐渐提升，在三次调查中，T1 组芽孢杆菌与 T2 组化学药剂的防治蚜虫水平相当。

表 6 不同时期蚜虫的病情指数及防治效果

处理	基数调查（5月11日）		7 d 后第一次调查		14 d 后第二次调查		21 d 后第三次调查	
	病指	防效（%）	病指	防效（%）	病指	防效（%）	病指	防效（%）
T1	1.05a	—	0.86a	60.12a	0.63a	76.77a	0.50a	82.11a
T2	0.83a	—	0.86a	64.41a	0.84a	75.31a	0.49a	86.09a
T3	0.86a	—	1.73a	—	2.43b	—	2.51b	—

注：同列数据后不同小写字母表示处理间差异显著（$P < 0.05$）。

3　结论与讨论

本研究初步表明，贝莱斯芽孢杆菌 CanL-30 可湿性粉剂促进烟株早生快发效果明显。表现在既可以显著提高烟株在团棵期的株高、叶片大小等，又可以缩短烟叶进入团棵期达到 6 d 以上，原因可能为贝莱斯芽孢杆菌 CanL-30 本身能够产生具有促生作用的次生代谢产物，例如植物生长激素、铁载体、VOCs 等，直接协助植物对营养元素的吸收，刺激作物的生长。此外，贝莱斯芽孢杆菌 CanL-30 在土壤中分泌抗病原生物活性成分和通过生态位和营养竞争等方式控制病原生物的生长繁殖，或者诱导作物对病原生物的抗性从而间接促进作物生长。虽然促进烟株生长效果随着时间推移逐渐减弱，但是可以与房县烟区推行的小壮苗井窖式早栽技术相结合，促进提前还苗、生根，降低"卡脖子旱"带来的不利影响。

本研究初步显示，贝莱斯芽孢杆菌 CanL-30 可湿性粉剂叶面喷雾处理可有效防治蚜虫。本研究中在对烟草叶片进行 CanL-30 喷雾处理后，通过三次调查发现，CanL-30 可有效地降低蚜虫的虫口数量，并随着喷雾后时间的延长其对蚜虫的防效也逐渐提升，CanL-30 对蚜虫的防治效果与农药处理相当。由此可见，贝莱斯芽孢杆菌 CanL-30 可湿性粉剂在烟草促生长和病虫害防治中具有较高的生防应用潜力和价值。

本研究还发现，贝莱斯芽孢杆菌 CanL-30 可湿性粉剂抗马铃薯 Y 病毒病效果突出。本研究于同一时期调查了马铃薯 Y 病毒、TMV 两种主要病害，结果表明施用该制剂的处理未产生马铃薯 Y 病毒症状，且对 TMV 防效基本达到了化学药剂的防治效果，这对于减少化学药剂施用，提高烟叶安全性具有重大意义。

参考文献

代诗佳，王敬敬，魏莱，等，2024. 贝莱斯芽孢杆菌 FH-1 通过调控特定时空的土壤微生物组促进水稻苗生长［J］. 微生物学通报，51（7）：2381-2410.

戴鑫，2022. 浅议烟草病虫害的绿色防控［J］. 新农业（6）：16.
黎远珍，2019. 烟草病虫害产生原因及预防措施研究［J］. 南方农业，13（17）：8-9.
李坤，洪秀杰，王欣悦，等，2024. 贝莱斯芽孢杆菌TC-52的分离鉴定及其对水稻幼苗生长和立枯病的影响［J］. 江苏农业科学，52（10）：129-137.
皮娜娜，王玺茜，罗建军，等，2024. 贝莱斯芽孢杆菌防控植物病害的研究进展［J］. 广东农业科学，51（6）：48-59.
盛海红，2024. 生物防治在烟草病虫害防治中的运用［J］. 种子科技，42（5）：109-111，148.
宋德伟，刘小明，刘春菊，等，2024. 山东烤烟农药登记现状及主要病虫害防控建议［J］. 智慧农业导刊，4（11）：88-90，95.
孙力，胥剑雯，李庆会，等，2021. 生防菌芽孢杆菌可湿性粉剂的研制及其对油菜菌核病和黑胫病防效评价［J］. 华中农业大学学报，40（2）：45-54.
田明慧，张晨曦，付丽美，2024. 烟草病虫害与寄主互作、致灾机制和发生流行规律研究［J］. 种子科技，42（6）：88-90.
王娅婷，李昊宇，李桂英，等，2024. 贝莱斯芽孢杆菌XS142对向日葵土传病害的防效研究［J/OL］. 青岛农业大学学报（自然科学版），https：//link.cnki.net/urlid/37.1459.N.20240718.1128.002
吴玉洪，冷超凡，陈莹莹，等，2023. 贝莱斯芽孢杆菌BMF03对黄瓜幼苗促生长作用及其生物学功能研究［J］. 东北农业科学，48（3）：106-111.
萧珣，王兴亚，张守梅，等，2024. 外源贝莱斯芽孢杆菌对玉米种芽萌发·幼苗生长与光合系统的影响［J］. 安徽农业科学，52（7）：36-40.
袁斌，2024. 10亿CFU/g贝莱斯芽孢杆菌TCS001悬浮剂对草莓病害的防效［J］. 现代农业科技（15）：67-69，74.
张琦，刘应敏，杨东燕，等，2024. 贝莱斯芽孢杆菌SM2对番茄灰霉病的生防效果［J］. 中国瓜菜，37（2）：66-73.
钟子正，2019. 烟草病虫害种类、产生原因与防治［J］. 农村经济与科技，30（10）：28，90.
周益帆，王金斌，何川，等，2024. 一株产吲哚乙酸的 *Bacillus velezensis* JB0319的筛选、鉴定及其促生作用［J］. 土壤通报，55（1）：173-183.
翟永升，2021. 贝莱斯芽孢杆菌CanL-30可湿性粉剂研制与田间应用效果评估［D］. 武汉：华中农业大学.

烤烟品种（系）CMV抗性鉴定分析报告

李小一[1]，胡日生[2]，罗经仁[1]，李云霞[1]，李宏光[2]，余金龙[2]

(1. 郴州市农业科学研究所，郴州 423000；2. 湖南省烟草公司，郴州 410000)

摘 要：按照湖南省烟草公司项目计划，于2015—2020年的6个年度中，分批次对220个烟草品种（系）进行烟草黄瓜花叶病（CMV）的抗性鉴定与筛选试验，获得各品种（系）的抗性程度，为品种选育与生产提供第一手资料，其中高抗（免疫）品种（系）6个、抗病品种（系）15个、中抗病品种（系）26个、中感品种（系）54个、感病品种（系）55个、高感品种（系）64个，为抗性育种提供了37个中抗及以上的种质资源材料，为烟草产业发展服务。

关键词：烟草品种；CMV；抗性；鉴定

Analysis Report on CMV Resistance Identification of Tobacco Varieties (Lines)

Li Xiaoyi[1], Hu Risheng[2], Luo Jingren[1], Li Yunxia[1], Li Hongguang[2], Yu Jinlong[2]

(1. *Chenzhou Agricultural Science Research Institute*, *Chenzhou* 423000, *China*;
2. *Hunan Province Tobacco Company*, *Chenzhou* 410000, *China*)

Abstract: According to the project plan of Hunan Tobacco Company, resistance identification and screening tests for tobacco cucumber mosaic disease (CMV) were conducted in batches on 220 tobacco varieties (lines) in six years from 2015 to 2020, obtaining the degree of resistance of each variety (line) and providing first-hand information for variety breeding and production. Among them, there were 6 highly resistant (immune) varieties (lines), 15 resistant varieties (lines), 26 moderately resistant varieties (lines), 54 moderately susceptible varieties (lines), 55 susceptiblevarieties (lines), and 64 highly susceptible varieties (lines), providing 37 germplasm resources with medium resistance or above for resistance breeding and serving the development of the tobacco industry.

Key words: Tobacco varieties; CMV; Resistance; Identification

1 目的与意义

湖南是烤烟主产区，选育优质、多抗烤烟新品种是优化烟叶生产品种布局的根本保证（刘名勤等，2022）。针对烟草主要病害发生严重的情况，抗性鉴定与育种作为烤烟抗病育种的关键环节，至关重要，通过建设标准化烟草主要病害鉴定圃，科学规范地对比分析各品种（系）的抗性强弱与内在品质，鉴定筛选出免疫力强、生长势强、香气质好的品种，以实现优质高效的产业目标。

关键技术：烟草黄瓜花叶病的病叶采集、病毒提取、接种、抗性鉴定。

2 设施、材料与方法

2.1 主要设施、设备

建设一个烟草品种抗性鉴定大圃，防雨、温光鉴定大棚 1 个，满足每批次 60 个品种以上的鉴定圃的需要。

设备设施：病毒提取机、无菌操作台、培养箱、显微镜、接种枪各 1~2 个；大棚内通自来水管与水池。

栽培材料：烟草品种（系）资源，直径 15 cm 以上的营养钵 5 千个以上，准备足够的营养土基质，用于栽培。

2.2 烟苗的培育

播种与育苗：于 4—5 月，按常规浅水育苗法育苗。

移栽：7 叶一心时移栽入营养钵，每品种重复 3 次，每个重复 20 株，即每品种（处理）60 株。

防治猝倒病、炭疽病等，移栽前后防治 2~3 次。

2.3 病毒原液的准备

接种前，于田间采集 CMV 病叶 1 kg，研磨成浆状后用纱布过滤获得病毒原液 0.4 kg，放入低温（5℃）环境下遮阳保存备用。

把 CMV 病毒原液稀释 10 倍，加适量金刚砂，用棉签蘸取病毒原液在每株烟的中上部叶片上接种，一手托住叶片，一手用棉签蘸取病毒液，稍用力摩擦烟叶表皮 2~3 遍。

3 病情调查与抗性分析方法

调查时间于移栽后 10 d 开始观察始发病情况，始发病后 7 d、14 d、21 d，分别调查各品种（系）烟株的发病情况，利用最后一次调查的数据，计算病情指数。

3.1 病情指数计算法一

根据最后确定的病指，将品种（系）的抗性划分为 6 级。

高抗或免疫（I）：病情指数为 0；

抗病（R）：病情指数为 0.1~20；

中抗（MR）：病情指数为 20.1~40；

中感（MS）：病情指数为 40.1~60；

感病（S）：病情指数为 60.1~80；

高感（HS）：病情指数为 80.1~100。

因发芽率低的原因，导致样本苗不足的品种（系），不予进行抗性级别鉴定。

3.2 病情指数计算法二

根据最后病情确定的病指，将品种（系）的抗性划分为 5 级。

根据各品种（系）的病情指数，以大毛烟为感病对照，用公式（1），计算相对抗性指数（RI）。

$$RI = Ln\frac{DI}{1-DI} - Ln\frac{DI_0}{1-DI_0} \tag{1}$$

式中：DI——各品种的病情指数；DI_0——感病对照品种的病情指数。

鉴定各品种（系）的抗病级别：根据各品种（系）的相对抗性指数，对各品种（系）的抗性进行分级，抗性级别划分标准划分为5级。

高抗或免疫（I）：全部枯斑或免疫；

抗病（R）：相对病情指数为小于-2.5；

中抗（MR）：相对病情指数为-2.5～-1.5；

中感（MS）：相对病情指数为-1.5～-0.5；

感病（S）：相对病情指数为大于-0.5。

4 调查结果分析与讨论

如表1、表2所示，经过2015—2020年各年度鉴定、检测的品种、系分别为47个、66个、39个、36个、28个、18个，共234个，6年中鉴定获得的高抗或免疫品种6个、抗病品种15个、中抗品种26个、中感品种54个、感病品种55个、高感品种64个，为抗性育种提供了37个中抗及以上的种质资源材料（方中达，1998）。

表1 2015—2020各年度品种（系）的抗性等级与数量

年度	高抗或免疫	抗病	中抗	中感	感病	高感
2015	1	9	12	14	6	5
2016	0	1	3	38	24	×
2017	1	1	0	0	0	30
2018	1	0	1	9	18	5
2019	2	4	2	2	4	14
2020	1	0	1	1	5	10
小计	6	15	26	54	55	64
合计			220（个）			

表2 各级品种（系）的抗性级别与数量

项目	高抗或免疫	抗病	中抗	中感	感病	高感	合计
品种、系（个）	6	15	26	54	55	64	220
百分比（%）	2.7	6.8	11.8	24.5	25.0	29.1	99.9
合计			220（个品种、系）				

4.1 对烟草花叶病接种时期的选择分析

本试验接种CMV病毒的时期选择在7叶一心开始进行，避免因接种过迟出现烟叶老化，导致病毒感染迟缓的现象，为了获取田间的病毒叶，鉴定材料的播种期选择于4月下旬，此时气候条件更有利于种子生根发芽与生长，可避免烟株生长势较弱的情况，经团棵到旺长期，气温逐渐升高，烟株的生长势增强，是接种病毒与鉴定的最佳时期，品种抗性鉴定结果更可靠（林志文等，2010）。

4.2 品种抗性鉴定的讨论

除 CMV 病毒之外，烟草上还有其他几种主要病害，包括黄瓜花叶病、马铃薯 Y 病毒病、烟草野火病、青枯病、赤星病、黑胫病等，都不是常规栽培品种的免疫性病害，需要不断通过抗性品种的杂交获得更高免疫力（李世锋等，2021）。

烟草种植中应用的品种，大都是抗病性较差的品种，通过农作物品种的抗性鉴定，在生产中有利于筛选抗性、产质量优势的品种，尽早引入抗性基因，利用种质资源的遗传多样性进行杂交，反复对比筛选优质多抗品种（潘建箐等，2004），提升生产的产、质量。

参考文献

方中达，1998. 植病研究方法［M］. 北京：中国农业出版社.

林世锋，王仁刚，任学良，等，2021. 烟草种质资源抗马铃薯 Y 病毒病基因型鉴定［J］. 中国烟草学报，27（5）：37-44.

林志文，刘勇，李梅云，等，2010. 烟草种质资源抗马铃薯 Y 病毒病鉴定方法比较［J］. 中国农学通报，26（19）：269-274.

潘建箐，巫升鑫，陈顺辉，等，2004. 几个烤烟种质的抗病性比较鉴定［J］. 中国烟草科学（1）：18-21.

江西玉米田草地贪夜蛾幼虫空间分布型和抽样技术研究[*]

罗俊彦[1][**]，罗习焖[1][**]，张 露[2]，王 希[3]，钟 玲[3]，吴义辉[1]，邹志文[1][***]

(1. 南昌大学生命科学学院，南昌 330011；2. 丰城市农业农村局，丰城 331199；
3. 江西省农业农村产业发展服务中心，南昌 330299)

摘 要：【目的】草地贪夜蛾 *Spodoptera frugiperda* 是外来入侵物种，对玉米有着极强破坏力，调查其田间空间分布型和抽样技术对于有效防控有着重要作用。【方法】本研究在江西省宜春市丰城市玉米种植基地进行，按照平行跳跃法，对2023年6月至11月的草地贪夜蛾空间分布型与种群消长进行了调查。【结果】草地贪夜蛾6月初种群密度为2.3头/百株，9月下旬种群密度最高为56.4头/百株。Iwao 的 m^*-x 回归分析法得到的玉米上草地贪夜蛾自然种群的回归方程为：$m^* = 0.974 + 1.061\ 4\bar{x}$；Taylor 幂法则得到的玉米上草地贪夜蛾自然种群的回归方程为：$\lg S^2 = 0.328\ 4 + 1.160\ 5\lg\bar{x}$；抽样调查公式为：$N = 1.535 + 49.35/\bar{x}$。【结论】草地贪夜蛾在玉米地为聚集分布，在6月初种群缓慢增长，9月下旬种群数量达到峰值，随后种群数量逐渐下降。

关键词：草地贪夜蛾；空间分布型；种群消长

Research on the Spatial Distribution Pattern and Sampling Techniques of *Spodoptera frugiperda* larvae on Corn Plants in Jiangxi Province[*]

Luo Junyan[1][**], Luo Xitao[1][**], Zhang Lu[2], Wang Xi[3],
Zhong Ling[3], Wu Yihui[1], Zou Zhiwen[1][***]

(1. College of Life Science, Nanchang University, Nanchang 330011, China;
2. Fengcheng Agriculture and Rural Bureau, Fengcheng 331199, China;
3. Jiangxi Rural Industry Development Service Center, Nanchang 330299, China)

Abstract:【Objectives】*Spodoptera frugiperda* is an invasive pest with strong destructive power to the corn. It is very important to investigating its field spatial distribution pattern and sampling techniques on effective prevention and control it. 【Methods】This study was conducted at the corn planting base in Fengcheng City, Yichun in Jiangxi Province. Using the parallel jumping method, the spatial distribution pattern and population growth and decline of the fall armyworm in the grassland from June to November 2023 were investigated. 【Results】The population density of *Spodoptera frugiperda* in early June was 2.3/100 plants, and the highest population density was

---

[*] 基金项目：江西省重点研发计划（20212BBF63042，20203BBF63041）；国家自然科学基金（31860601）；南昌大学自然科学跨学科创新基金（9167-28220007-YB2105）
[**] 共同第一作者：罗俊彦，E-mail:648850512@qq.com
罗习焖，E-mail:2992453624@qq.com
[***] 通信作者：邹志文，E-mail:zouzhiwen@ncu.edu.cn

56.4/100 plants in late September. The regression equation of the natural population of *Spodoptera frugiperda* on corn obtained by Iwao's $m^*-\bar{x}$ regression analysis method was: $m^* = 0.974+1.0614\bar{x}$; The regression equation for the natural population of *Spodoptera frugiperda* on corn obtained by Taylor's power law was: $\lg S^2 = 0.3284 + 1.1605\lg\bar{x}$; The sampling survey formula was: $N = 1.535+49.35/\bar{x}$. 【Conclusion】 The population of *Spodoptera frugiperda* was clustered in corn fields, with a slow population growth in early June and a peak population in late September, followed by a gradual decline in population size.

Key words: *Spodoptera frugiperda*; Spatial distribution pattern; Population dynamics

草地贪夜蛾 *Spodoptera frugiperda*，亦被称为秋黏虫，隶属于鳞翅目夜蛾科。这是一种被国际社会高度关注的迁飞性农业害虫，其原产地位于美洲的温带与热带地区（Sparks，1979）。2019年初，该虫群经由缅甸进入我国，迅速在云南省蔓延（秦誉嘉等，2019），并在随后的几个月内迅速扩散至全国26个省份（自治区、直辖市）的1 538个县区（姜玉英等，2019；王磊等，2019）。草地贪夜蛾以其出色的迁飞和繁殖能力而闻名，它的生活周期相对较短，并且是一种杂食性昆虫，对玉米、高粱、甘蔗、大麦、水稻等多达353种作物造成严重威胁，给农业生产带来巨大的经济损失，其中以危害玉米为主（Liu *et al.*，2020）。

2022年江西省宜春市粮食种植面积61.44万 hm^2，占江西省粮食总种植面积的9.04%，位居全省第二。江西省2022年玉米种植面积5.56万 hm^2，其中宜春地区玉米种植面积1.204万 hm^2，占全省总种植面积的21.65%（江西省统计局，2023）。到2023年，草地贪夜蛾在江西地区为害玉米情况仍十分严峻，有的田间已开始采用生物防治，但效果不显著，大多田间防治仍主要采取化学防治，喷洒农药，不少种群已产生高倍抗药性（BJ Van and H Plessis.，2022；曹雯星等，2020；Bantz *et al.*，2018）。为害玉米的草地贪夜蛾种群动态、生命表和生活史研究较多，但有关宜春地区玉米上草地贪夜蛾的种群生态学研究未见报道。

调查草地贪夜蛾在玉米上的空间分布型和种群动态的研究，可为草地贪夜蛾田间的发生提供更好的预报，并为田间防治提供及时有效的理论指导。基于此目的，作者于2023年6月（玉米苗期）至2023年11月（玉米干枯掉落期）玉米生育期内，在江西省宜春市丰城市董家镇种植基地对草地贪夜蛾在玉米上种群消长及空间分布进行了研究。

1 材料与方法

1.1 供试虫源与寄主植物

对江西省宜春市丰城市董家镇玉米种植基地（东经115°31′12″，北纬28°16′12″）进行了调查，调查玉米田种植玉米种为丰城市农科所昌甜9312号，草地贪夜蛾采自玉米田。

1.2 调查方法

2023年6—11月，于玉米生育期内，在江西省宜春市丰城董家镇玉米种植基地内，按照平行跳跃法（抽行式），每隔5行取1行，每行株数为150~180株，从玉米适宜生长期开始（6—10月），每隔一周调查1次，遇雨顺延，共调查14次。每株玉米按上、中、下3层，每层分为东南西北4个方位，调查每个方位以及在株的所有玉米颖果的虫害情况（幼苗主要调查株芯），现场以肉眼观察记录虫害株数、虫数以及龄期。

由于本实验的实地调查表明在8月上旬及以前，田间草地贪夜蛾种群水平极低，因此选取草地贪夜蛾发生盛期的14次调查数据，对田间草地贪夜蛾空间分布型进行分析确定。本试验应用多种聚集度指标法和回归模型分析法测定玉米田间草地贪夜蛾空间分布格局。

1.3 利用聚集度指标法确定草地贪夜蛾自然种群空间分布型

Beall 扩散系数：$C = S^2/\bar{x}$

David and Moore 的丛生指数：$I = S^2/\bar{x} - 1$

Lloyd 聚块性指数 $m^*/\bar{x}$：$m^* = \bar{x} + S^2/\bar{x} - 1$

Morisita 扩散指数：$I_\delta = (n\sum(fx^2-N))/N(N-1) \approx m^*/(x-1/n)$

Waters 负二项分布 k 值：$k = x^2/(S^2-x)$

CassieandKunor 的聚集度指数：$C_a = (S^2-x)/x^2$

当 $C=1$，$I=0$，$m^*/x=1$，$I_\delta=1$，$C_a=0$ 时，为随机分布；

当 $C>1$，$I>0$，$m^*/x>1$，$I_\delta>1$，$C_a>0$ 时，为聚集分布；

当 $C<1$，$I<0$，$m^*/x<1$，$I_\delta<1$，$C_a<0$ 时，为均匀分布。

k 值愈小，聚集度愈大，当 $k>8$ 时，则该分布接近 Poisson 分布。

1.4 利用回归分析法确定草地贪夜蛾种群空间分布型

1.4.1 Iwao 的 $m^*-\bar{x}$ 回归分析法确定空间分布型

Iwao 的 $m^*-\bar{x}$ 回归模型为：$m^* = \alpha + \beta\bar{x}$

其中，α 为分布的基本成分按大小分布的平均拥挤度；β 为基本成分的空间分布图式。

当 $\alpha=0$ 时，分布的基本成分为单个个体；当 $\alpha>0$ 时，个体间相互吸引，分布的基本成分为个体群；当 $\alpha<0$ 时，个体间相互排斥。

当 $\beta=1$ 时，为随机分布；当 $\beta>1$ 时，为聚集分布；当 $\beta<1$ 时，为均匀分布。

1.4.2 Taylor 幂法则确定空间分布型

Taylor 幂法则模型为：$\lg S^2 = \lg a + b\lg \bar{x}$

当：$\lg a = 0$，$b=1$ 时，为随机分布；$\lg a > 0$，$b>1$ 时，为聚集分布；$\lg a < 0$，$b \leq 1$ 时，为均匀分布。

1.5 聚集原因检验

Blackith 提出的聚集均数可用于分析昆虫的聚集原因。聚集均数公式为：$\lambda = x\gamma/2k$

其中，x 为平均密度；k 为负二项分布值；γ 为具有自由度为 $2k$ 概率 P 为 0.5 的 χ^2 分布（卡方分布）函数值。

1.6 空间分布型理论抽样数的计算

理论抽样数是指在保证抽样质量的前提下需要的最小样本数，可在确保抽样过程精确性的前提下，减少人力、物力和财力的消耗。利用 Iwao 的 $m^*-\bar{x}$ 回归方程的分布参

数，根据抽样公式：$N=t^2[(\alpha+1)/\bar{x}+\beta-1]/D^2$

其中，N 为最适抽样数；D 为相对允许误差（置信区间，取 0.2）；$t=1$，（概率保证）；x 为预备调查的田间的预测平均密度。

1.7 数据处理

本文采用 Excel 2010 处理田间调查的数据，以株为单位计算出每次调查样本的平均密度（x）和方差（S^2），使用 SPSS 20.0 数据处理软件计算草地贪夜蛾空间分布参数、Taylor 幂法则回归方程、m^*-x 回归方程及相关数值。

2 结果分析

2.1 草地贪夜蛾在玉米上的消长动态

宜春市丰城董家县玉米种植基地玉米株上草地贪夜蛾种群的消长情况如图 1 所示。从图 1 中可以看出，6 月草地贪夜蛾开始入侵玉米田，随后开始小幅度上升，其种群密度从 7 月上旬开始稍有回落，7 月末后开始大幅度上升至 9 月下旬达到最高峰，随后逐渐降低，至 11 月上旬后，玉米已完成第二波收获。6 月，种群密度一直处于较低水平；草地贪夜蛾种群有一个明显的高峰，出现在 9 月下旬，期间草地贪夜蛾大量暴发，是种群数量高峰期，为害十分严重。

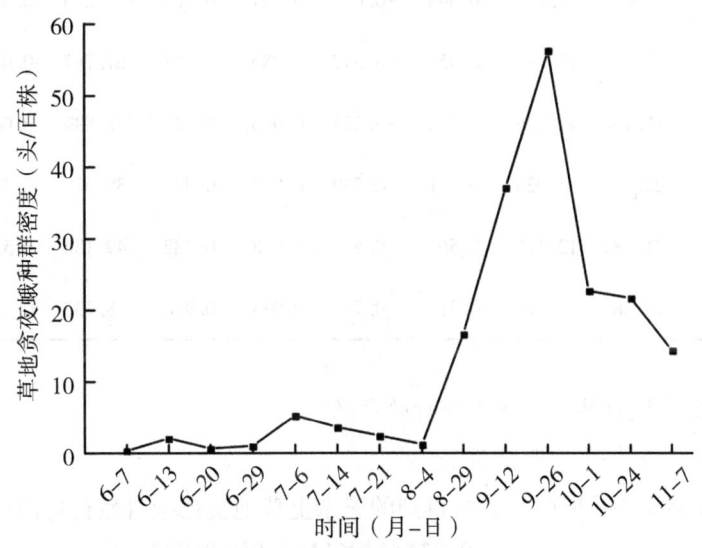

图 1 草地贪夜蛾自然种群消长动态

2.2 玉米上草地贪夜蛾种群的空间分布

2.2.1 草地贪夜蛾自然种群聚集度指标

从表 1 中草地贪夜蛾自然种群在玉米株上的各项聚集度指标可以看出，$C>1$，$I>0$，$m^*/x>1$，$I_\delta>1$，$8>k>0$，$C_a>0$，表明在 7 月上旬至 9 月下旬草地贪夜蛾暴发期内，玉米上草地贪夜蛾自然种群在玉米上呈现聚集分布。

表 1 草地贪夜蛾自然种群空间分布参数

调查日期	样方数 n	平均密度 X	方差 S^2	扩散系数 C	空间分布指数 I	聚块性指数 m^*/x	扩散型指数 I_δ	负二项分布 K 值	C_a 指数	分布类型
6.7	20	0.368	0.357	0.968	-0.032	0.914	2.894	-11.605	-0.086	随机分布
6.13	20	2.1	3.779	1.799	0.799	1.381	0.674	2.627	0.381	聚集分布
6.2	20	0.684	1.45	2.12	1.12	2.636	4.174	0.611	1.636	聚集分布
6.29	20	1.045	2.236	2.139	1.139	2.089	2.089	0.918	1.089	聚集分布
7.6	20	5.3	17.567	3.314	2.314	1.437	0.276	2.29	0.437	聚集分布
7.14	20	3.65	11.292	3.093	2.094	1.574	0.437	1.743	0.574	聚集分布
7.21	20	2.455	7.212	2.938	1.938	1.79	0.743	1.266	0.79	聚集分布
8.4	20	1.25	1.882	1.505	0.505	1.404	1.17	2.474	0.404	随机分布
8.29	20	16.667	5.8	0.348	-0.652	0.981	0.963	-25.263	-0.038	均匀分布
9.12	20	37.058	16.787	0.453	-0.547	0.985	0.987	-67.747	-0.015	随机分布
9.26	20	56.194	42.976	0.765	-0.235	0.996	0.998	-238.899	-0.004	随机分布
10.1	20	22.679	5.924	0.261	0.739	0.967	0.97	30.678	0.433	聚集分布
10.24	20	21.689	12.115	0.56	0.44	0.978	0.982	49.134	0.521	聚集分布
11.7	20	14.381	2.976	0.21	0.79	0.945	0.948	18.133	0.255	聚集分布

2.2.2 草地贪夜蛾自然种群回归分析的参数

2.2.2.1 Iwao 的 $m^*-\bar{x}$ 回归分析法

采用 Iwao 的 $m^*-\bar{x}$ 回归分析法得到的玉米上草地贪夜蛾自然种群的回归方程为：

$$m^* = 0.974 + 1.0614\bar{x}, \quad R^2 = 0.997 \tag{1}$$

由式（1）可以看出，$\alpha = 0.974 > 0$，$\beta = 1.0614 > 1$，$R^2 = 0.997$，图 2 表明从 7 月上旬到 9 月下旬，玉米上草地贪夜蛾自然种群的空间分布型为聚集分布型。

2.2.2.2 Taylor 幂法则确定空间分布型

采用 Taylor 幂法则得到的玉米上草地贪夜蛾自然种群的回归方程为：

$$\lg S^2 = 0.3284 + 1.1605 \lg \bar{x}, \quad R^2 = 0.940 \tag{2}$$

由式（2）可以看出，$\lg a = 0.3284 > 0$，$\lg b = 1.1605 > 1$，$R^2 = 0.940$，图 3 表明从 7 月上旬到 9 月下旬，玉米上草地贪夜蛾自然种群的空间分布型为聚集分布型。

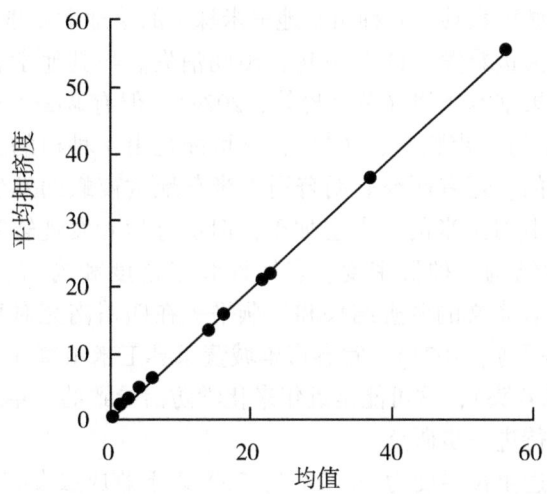

图2 6.7~11.7 平均拥护度（m^*）和均值（x）的回归

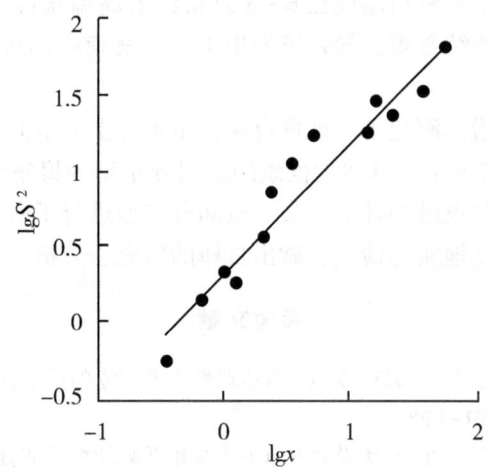

图3 6.7~11.7 平均拥护度 $\lg S^2$ 和均值 $\lg x$ 的回归

2.3 聚集原因分析

根据表1中的数值，用比例内插法算出自由度为$2k$时的卡方值的估计值，求得λ值见表1。不同密度的草地贪夜蛾聚集均数λ均小于2，表明在每百株玉米上草地贪夜蛾的种群密度小于22.68头时，其聚集是由环境条件引起的。

2.4 草地贪夜蛾理论抽样数的确定

从Iwao的m^*-$\bar{x}$回归分析法得到的玉米上草地贪夜蛾自然种群的回归方程可知，平均拥挤度（m^*）和平均密度（$\bar{x}$）的线性回归关系，$\alpha=0.974$，$\beta=1.0614$，代入1.6中的抽样公式，得：

$$N=t^2\times[(0.974+1)/\bar{x}+1.0614-1]/0.2^2=1.535+49.35/\bar{x} \quad (3)$$

3 结论与讨论

江西省宜春市丰城董家县玉米种植基地玉米株上的草地贪夜蛾在9月下旬出现一个高峰期，草地贪夜蛾大量暴发，11月下旬在田间消失。与其他学者在玉米田草地贪夜蛾发生规律的调查结果基本相似（黄美玲等，2024），但有调查发现草地贪夜蛾在田间消失的时间为10月上旬（卢鹏等，2021），这可能是由于种植的玉米品种不同和地理区域气候的差异造成的。还有研究表明普通玉米草地贪夜蛾的发生量较转基因玉米高（张晓雪等，2023），其对玉米的危害也加重，但也有学者发现转基因玉米对其田间非靶标节肢动物群落的结构、种群密度、多样性和丰富度和均匀度等参数无显著影响（贾文珍，2023）。比较本文的调查结果和王燕平等在四川南充对草地贪夜蛾的种群数量的调查结果（王燕平等，2021），宜春市丰城董家县玉米田草地贪夜蛾发生高峰期为每百株夜蛾数量（56.4头），这可能是近年来化学防治导致的，草地贪夜蛾在玉米田上的空间分布型差异有待进一步研究。

草地贪夜蛾的最适生长温度为26~28℃，20℃以下雌成虫没有明显的产卵高峰，而当温度在27℃以上时，雌成虫具有明显的产卵高峰（牛浩等，2022；毕思佳等，2023）；降雨会增加空气湿度，暴雨可直接冲刷夜蛾，明显抑制草地贪夜蛾的种群数量。宜春市丰城董家县玉米种植基地在6—8月持续的高温条件有利于草地贪夜蛾的大量繁殖，但9月下旬的连续暴雨，导致玉米田上草地贪夜蛾的种群数量在10月开始急剧减少。

本文实验采用多种指标测定了草地贪夜蛾在玉米株上的空间分布型。综合各指标来看，6月中旬至7月下旬玉米上草地贪夜蛾的空间分布型为聚集分布型。本文实验对特定地区的玉米田上草地贪夜蛾的种群消长、空间分布型进行了研究。在实际生产、应用中，还应结合当地玉米基地实际情况，做出具体的研究、分析。

参考文献

毕思佳，胡本进，胡飞，等，2023. 草地贪夜蛾雌性先熟现象的稳定性及影响因素分析 [J]. 昆虫学报，66（9）：1201-1209.

曹雯星，张韬，杨欢，等，2020. 大草蛉对草地贪夜蛾低龄幼虫的捕食功能评价 [J]. 植物保护学报，47（4）：839-844.

黄美玲，2024. 长泰区玉米草地贪夜蛾监测与防控 [J]. 福建热作科技，49（2）：17-19.

贾文珍，2023. 转Bt基因水稻和玉米对草地贪夜蛾的抗性研究 [D]. 成都：四川农业大学.

江西省统计局，2023. 江西统计年鉴 [M]. 北京：中国统计出版社.

姜玉英，刘杰，朱晓明，2019. 草地贪夜蛾侵入我国的发生动态和未来趋势分析 [J]. 中国植保导刊，39（2）：33-35.

卢鹏，张海波，张芳，等，2021. 2019年江苏省草地贪夜蛾发生及为害情况调查 [J]. 中国植保导刊，41（1）：43-47.

牛浩，牛通，王新谱，2022. 草地贪夜蛾的形态特征、发育历期和生活习性 [J]. 农业科学研究，43（1）：19-24. DOI：10.13907/j.cnki.nykxyj.2022.01.004.

秦誉嘉，蓝帅，赵紫华，等，2019. 迁飞性害虫草地贪夜蛾在我国的潜在地理分布 [J]. 植物保护，45（4）：43-47，60. DOI：10.16688/j.zwbh.2019269.

王磊, 陈科伟, 钟国华, 等, 2019. 重大入侵害虫草地贪夜蛾发生危害、防控研究进展及防控策略探讨 [J]. 环境昆虫学报, 41 (3): 479-487.

王燕平, 向娟, 袁娇, 等, 2021. 草地贪夜蛾的防治技术综述 [J]. 四川农业科技 (9): 28-29.

张晓雪, 张治民, 林志艺, 2023. 转基因抗虫玉米对草地贪夜蛾的防控 [J]. 四川农业科技 (8): 32-35.

BANTZ A, CAMON J, FROGER J A, et al., 2018. Exposure to sublethal doses of insecticide and their effects on insects at cellular and physiological levels [J]. Current Opinion in Insect Science, 30: 73-78.

LIU T, WANG J, HU X, et al., 2020. Land-use change drives present and *Spodoptera frugiperda* (J. E. future distributions of Fall armyworm, Smith) (Lepidoptera: Noctuidae) [J]. The Science of the Total Environment (706): 135872.

SPARKS A, 1979. A review of the biology of the Fall armyworm [J]. Florida Entomologist, 62: 82-87.

VAN B J, PLESSIS H, 2022. Chemical control and insecticide resistance in *Spodoptera fugiperda* (Lepidoptera: Noctuidae) [J]. Journal of Economic Entomology, 115 (6): 1761-1771.

湖北省蕲春县蕲艾主要虫害及其发生规律研究

夏振洲[1]，王明辉[1]，涂军明[1]，颜鸿远[1]，谈仲川[1]，余仲武[2]，丁凤菊[1]

（1. 黄冈市农业科学院，黄冈 438000；2. 蕲春县农业技术促进中心，蕲春 435300）

摘 要：【目的】蕲艾产自湖北省蕲春县，被誉为"艾草之王"，是闻名全国的中药材。本研究明确现有生产栽培条件下蕲艾主要虫害及其发生规律，为进一步研究防治技术奠定基础。**【方法】**2020—2023年，通过在黄冈市农业科学院蕲艾基地定点监测、并到蕲春县蕲艾产区田间调查采样、观察危害状并将虫体进行室内鉴定。2024年在蕲春县蕲艾产区选择代表性3块蕲艾田块，3月初至6月底每10 d定点调查1次。每块田块采用对角线五点取样，每点调查20株，记录虫害种类、有虫株数及虫数。**【结果】**调查结果显示，危害蕲艾的虫害有11种，隶属4目9科，其中半翅目5科7种，直翅目1科1种、双翅目1科1种、鞘翅目2科2种。主要害虫有伪蒿小长管蚜、艾蚜、隐管蚜、黄色小长蝽、甘薯叶甲。黄色小长蝽危害植株中上部嫩叶，危害初期叶片出现黑色斑点，随后变成黄白色，最后发展成锈色斑块，叶片背面叶绒枯萎，3月底开始暴发为害蕲艾，株危害率达到90%以上；伪蒿小长管蚜聚集植株顶端叶茎刺吸危害，造成植株顶端叶茎萎缩，植株弱小。艾蚜集中在中下部叶片背面聚集危害，造成严重的煤污病。伪蒿小长管蚜、艾蚜3月底出伏，4月底开始暴发为害蕲艾，6月中上旬自然消长，蕲春产区危害率在60%左右；甘薯叶甲取食顶端嫩叶、嫩茎，造成叶片正面窗口状缺刻，严重影响蕲艾产量，5月中上旬由其他作物迁飞至蕲艾，开始暴发为害，危害严重田块株危害率达50%以上。**【结论】**本研究明确了蕲艾虫害种类，主要虫害的危害状及发生规律，为蕲艾重要虫害的防治提供了科学依据。

关键词：艾草；主要虫害；危害状；发生规律

基于四年性诱监测的豫南茶园灰茶尺蠖和茶毛虫发生动态[*]

耿书宝[1,2**]，孙浩瀚[1,2]，宋君川[1,2]，潘鹏亮[1,2]，洪枫[1,2]，
金银利[1,2]，周洲[1,2]，张方梅[1,2]，乔利[1,2***]

（1. 信阳农林学院农学院，信阳 464000；2 信阳生态研究院，信阳 464000）

摘 要：【目的】为明确豫南茶园中灰茶尺蠖 *Ectropis grisescens* 和茶毛虫 *Euproctis pseudoconspersa* 年发生代数和各代成虫发生高峰期。【方法】在2019—2021年和2023年利用性信息素诱芯监测了豫南茶园中茶毛虫与灰茶尺蠖灰色型和黑色型的发生动态。【结果】在豫南茶园，灰茶尺蠖第1~5代的成虫发生高峰期分别在3月下旬、5月下旬、7月上旬、8月上旬、9月上中旬。灰茶尺蠖各代成虫发生量存在显著差异，第5代成虫发生量最高达到（189.3±10.32）头/诱捕器。灰茶尺蠖年均诱捕量在各个茶园中存在显著差异，年发生量最大达到（549.3±34.63）头/诱捕器。灰色型个体比例很高，灰色型和黑色型的比值在19∶1—212∶1。茶毛虫在2019年、2020年发生2代，2021年发生不完全3代，2023年发生3代；第1代、第2代和第3代的成虫发生高峰期分别在6月中下旬、8月中下旬和11月上旬。茶毛虫成虫发生量在不同年份之间存在显著差异，在2023年最大，第1代、第2代和第3代成虫诱捕量分别为（50.8±12.17）头/诱捕器、（61.4±16.22）头/诱捕器和（264.9±34.25）头/诱捕器。2019—2021年和2023年茶毛虫成虫年诱捕量分别为（80.6±5.27）头/诱捕器、（50.2±8.53）头/诱捕器、（36.0±7.55）头/诱捕器和（488.0±49.51）头/诱捕器。成虫年发生量在各个茶园中存在显著差异，在平地茶园的年发生量高于丘陵茶园，信阳群体种的年发生量多高于薮北品种。【结论】在豫南茶园，灰茶尺蠖每年发生5代，灰色型和黑色型的年发生动态曲线相似，两种性信息素诱芯的对灰茶尺蠖的田间诱捕效果没有差异。茶毛虫每年发生2~3代，茶毛虫的发生量在不同类型茶园、不同年份、不同品种之间均有差异。研究结果可为茶园害虫灰茶尺蠖和茶毛虫的准确预测预报及绿色防控研究，以及灰茶尺蠖体色型分化进一步研究提供数据参考。

关键词：灰茶尺蠖；茶毛虫；发生动态；性信息素；体色

---

[*] 基金项目：河南省科技攻关项目（242102110178）；河南省国际科技合作项目（242102520042）；河南省高等学校重点科研项目（24B210012）；信阳生态研究院开放基金（2023XYQN08，2023XYMS11）

[**] 第一作者：耿书宝，E-mail:shubaogeng@163.com

[***] 通信作者：乔利，E-mail:2017180004@xyafu.edu.cn

茶角胸叶甲成虫触角、口器和足上感受器的扫描电镜观察

仇欢[1,2]**，朱芬[1]，焦龙[2]***，毛迎新[2]***

(1. 华中农业大学昆虫资源研究所，武汉 430070；
2. 湖北省农业科学院茶叶研究所，武汉 430064)

摘 要：【目的】昆虫体表的感受器在其识别寄主、取食和生殖等生命活动中发挥重要作用。【方法】本研究使用扫描电镜观察了茶园重要害虫茶角胸叶甲 *Basilepta melanopus* 成虫的感受器，对触角、口器和足上的感受器形态结构进行了超微结构观察并鉴定了感受器类别，以期为茶角胸叶甲感受器的生理功能研究奠定基础。【结果】结果表明，茶角胸叶甲触角上存在5种类型感受器、口器上存在6种类型感受器、足上存在5种类型感受器。【结论】本研究明确了茶角胸叶甲成虫触角、口器、足上感受器的超微结构及类别，为探究感器的生理功能，解析茶角胸叶甲的寄主定位等行为机制奠定了基础。

关键词：茶角胸叶甲；扫描电镜；触角；口器；足；感受器

---

* 基金项目：国家茶叶产业技术体系（CARS-19）；湖北省博士后创新实践岗位项目（002001035）
** 第一作者：仇欢；E-mail: qiuhuan@webmail.hzau.edu.cn
*** 通信作者：毛迎新；E-mail: maoyingxin@126.com
焦龙；E-mail: 1262181642@qq.com

黑水虻用于镉污染修复的潜力评估：
毒代动力学和组织动力学分析[*]

张 杰[**]，唐春艳，冯 锐，朱 芬[***]

（湖北省利用昆虫转化有机废弃物国际科技合作基地，华中农业大学，武汉 430070）

摘 要：【目的】镉（Cd）污染问题日益严重，促使人们探索将生物修复作为一种新兴的前瞻性修复技术。昆虫由于种类繁多、食性多样，在重金属污染修复中的应用前景也受到了人们的关注。黑水虻幼虫（BSFL）因取食多种有机废弃物，成为一种重要的候选昆虫。目前，迫切需要了解黑水虻应用于镉污染修复的潜力。【方法】本研究利用毒代动力学模型和组织动力学方法，研究了不同镉浓度处理下 BSFL 体内镉的流向。【结果】结果表明，在镉浓度为 50 mg/kg、300 mg/kg 和 700 mg/kg 时 BSFL 对镉的吸收系数 K_1 分别为 1.399 8 $g_{底物}/g_{幼虫}/d$、0.979 4 $g_{底物}/g_{幼虫}/d$、0.902 3 $g_{底物}/g_{幼虫}/d$）。BSFL 的中肠肠道较长，且具有明显分段，后段是吸收镉的主要部位，中段为潜在"镉库"。在高浓度下，前段是重要应急储存部位。值得注意的是，在幼虫阶段镉并不主要富集在与外胚层发育相关的组织中。【结论】以上研究结果表明，BSFL 具有迅速减少高浓度镉污染物的潜力。

关键词：黑水虻；镉；毒代动力学；组织动力学；中肠

---

[*] 基金项目：国家自然科学基金（32370546）
[**] 第一作者：张杰；E-mail：peterzhang@webmail.hzau.edu.cn
[***] 通信作者：朱芬；E-mail：zhufen@mail.hzau.edu.cn

钙/Ca-ATP 酶对重金属镉在黑水虻体内转运的影响[*]

万雨佳[**]，朱 芬[***]

（湖北省利用昆虫转化有机废弃物国际科技合作基地，华中农业大学，武汉 430070）

摘 要：【目的】镉污染问题严重威胁生态环境、食品安全及人体健康，迫切需要创新耗时短、成本低且效果好的生物处理方法。被广泛应用于有机废弃物转化的腐生性昆虫黑水虻且能在高浓度镉污染环境中存活引起了人们的关注。但镉转运至虫体的途径并未被清晰阐明。【方法】本研究将不同浓度镉加入饲料中饲喂黑水虻幼虫，使用浓度为 2 mg/kg、50 mg/kg、100 mg/kg。【结果】结果发现，4 龄幼虫马氏管中钙浓度最高，其次是肠道；5 龄幼虫脂肪体和气管中钙浓度超过肠道钙浓度。幼虫肠道镉浓度最高，体壁、脂肪体、气管、马氏管等组织也能检测到镉的存在。不同浓度镉处理下，Ca-ATP 酶活性受到影响。添加不同浓度外源钙，镉积累量增加。【结论】以上研究结果表明镉能够跨越肠道在体内流动，且富集部位和浓度与钙/Ca-ATP 酶途径相关，研究结果为进一步揭示钙/Ca-ATP 酶对镉的转运奠定了基础。

关键词：黑水虻；镉；转运；钙；Ca-ATP 酶

---

[*] 基金项目：国家自然科学基金（32370546）
[**] 第一作者：万雨佳；E-mail：wanyujia@webmail.hzau.edu.cn
[***] 通信作者：朱芬；E-mail：zhufen@mail.hzau.edu.cn

组蛋白去乙酰化酶 Hda1 对球孢白僵菌抗逆和毒力的影响*

蔡青**，谢甲涛，姜道宏

(华中农业大学，农业微生物学国家重点实验室，武汉 430070)

摘　要：【目的】 球孢白僵菌 (*Beauveria bassiana*) 是一类被广泛应用于农林害虫生物防治的昆虫病原真菌，具有寄主范围广、可持续作用、环境友好和易于人工生产等优点，已被开发成为真菌杀虫剂，在生物防治中受到广泛关注。组蛋白乙酰化是一种重要的翻译后修饰 (PTM)，可影响染色质的可塑性并调控基因表达。**【方法】** 本研究通过基因敲除技术结合多重表型分析技术，系统调查了球孢白僵菌 ClassⅡ 组蛋白去乙酰化酶 BbHda1 的生物学功能。**【结果】** 结果表明，球孢白僵菌 BbHda1 的缺失导致其组蛋白 H4 的总体乙酰化水平显著下降，1 040 个基因的转录水平受到显著影响。球孢白僵菌 BbHda1 的缺失导致菌株产孢量显著降低，分生孢子的萌发和疏水性受损。此外，BbHda1 的缺失也导致菌株对多种化学胁迫剂的耐受能力显著下降，如氧化剂、胞壁干扰剂和 DNA 损失诱导剂等。更为重要的是，球孢白僵菌 BbHda1 的缺失也导致菌株对鳞翅目害虫的致病力显著降低。转录组分析显示，球孢白僵菌 BbHda1 的缺失导致 595 个基因的转录水平显著下降，包括细胞膜组分、抗氧化酶、疏水蛋白，以及各种细胞转运蛋白和毒力因子等。**【结论】** 综上，组蛋白去乙酰化酶 BbHda1 在球孢白僵菌抗逆和致病过程中起着至关重要的作用。

关键词：昆虫病原真菌；组蛋白去乙酰化酶；产孢；耐受；致病力

---

* 基金项目：武汉市知识创新专项 (2023020201020347)；科技部资源调查专项 (2019FY100400)

** 第一作者：蔡青；E-mail：caiqing@mail.hzau.edu.cn

景观生态学应用在林业有害生物综合控制方面的研究进展

洪承昊[1]，查玉平[1]，陈 亮[2]，张子一[1]，夏剑萍[1]

(1. 湖北省林业科学研究院，武汉 430079；
2. 湖北省林业有害生物防治检疫总站，武汉 430074)

摘 要：林业有害生物防治领域引入景观生态学的理论和应用有着极其重要的作用意义。典型的景观中，一般物种的多样性随着斑块的面积增加而增加，而一个实际景观中，异质性的斑块很多，异质性的斑块与有害生物之间的关系怎样？是景观生态学和森林保护学的重要研究范畴。为阐明景观结构和森林保护学的交叉联系，本文综述了近年国内外研究学者对景观结构和功能所做的初探，研究表明有害生物灾害发生程度与森林景观结构关系密切，对揭露和控制有害生物暴发成灾和扩散具有重要指导意义。

关键词：景观生态学；林业有害生物；综合控制

The Landscape Ecology Research Advances in Forest Pests Control

Hong Chenghao[1], Zha Yuping[1], Chen Liang[2], Zhang Ziyi[1], Xia Jianping[1]

(1. *Hubei academy of forestry*, *Wuhan* 430079, *China*;
2. *Hubei Forestry Pest Control and Quarantine General Station*, *Wuhan* 430074, *China*)

Abstract: The application of landscape ecology in forest pest control has extremely important practical significance. In typical landscapes, species diversity generally increases with the increasing of patch size. However, in a real landscape, there are many heterogeneous patches, how is the relationship between heterogeneous patches and forest pests? It is an important research field in landscape ecology and forest protection. In order to clarify the cross – linkage between landscape structure and forest protection, some scholars have also made a preliminary exploration of the structure and function of landscapes in recent years. The research shows that the degree of forest pest disaster is closely related to the landscape structure, which has important guiding significance for revealing and controlling the outbreak and spread of forest pests.

Key words: Landscape ecology; Forest pests; Integrate control

森林是全球生态系统中不可或缺的重要组成，起着涵养水源、调节气候与净化空气等关键作用（邬建国，2001）。然而现阶段，随着地球村、生态旅游等项目的开发，生态安全面临着有史以来最严峻的考验。据统计，我国现有林业有害生物 8 000 余种，其中含 34 种境外入侵林业有害生物、365 种省际传播的有害生物、251 种本土严重危害以及 139 种林业有害植物，近年我国林业有害生物发生面积达到 1 000 多万 hm^2，重度发生面积达到 100 万多 hm^2（杨宝君等，2003）。松材线虫（*Bursaphelenchus xylophilus*），松毛虫（*Dendrolimus punctatus* Walker）、杨树食叶害虫和林木蛀干害虫等重大林业病虫害时刻危害着我国的生态安全，威胁着我国现有土地资源，制约着我国土地利用与规划，甚至直接影响着人们的生产生活。面对如此多的森林病虫灾害，我国森防工作任务重且难度大，特别是松材线虫病、马尾松毛虫以及蛀干害虫等，经过几十年的研究治理，虽然取得了一定成效，但仍然无法有效控制（梁军，2004），或是无法达到绿色防控。在提倡绿色防控、综合治理的现代化林业中，维护生态安全，保护生物多样性是森防工作者的重要任务。随着国家倡导生态文明与节能减排的目标，环境友好型综合防控森林重大病虫灾害指导思想随之而生。现阶段如何管理和利用森林，发挥林业在我国经济社会中的作用，是我国林业工作者面临的巨大挑战。

1 我国主要林业有害生物

一段时期以来，以"一虫两病"为主要防治对象的林业重大病虫灾害时刻威胁着我国的森林生态安全，各级各地森保工作者也采取了一系列应对措施，但在面对减少农药使用量，如何保护森林生态资源，维护生态多样性的要求面前，防控措施的进步与改良显得步履维艰。短短的三十几年中，松材线虫病在中国迅速扩展和蔓延，造成我国松林资源的严重破坏，并产生一系列不良的生态后果，经济损失巨大，有报道显示松材线虫病已累计给我国造成直接和间接损失上千亿元（谢丙炎等，2009）。从发现松材线虫至今，几十年内国内外研究人员做了大量工作，针对其生物学规律、入侵机制、预防和控制措施等方面做了许多报道（李兰英等，2006），而随着松材线虫潜在适生环境的确定（潘红伟，2009），其作为毁灭森林的首要病虫害，更指明了它危害的地域性和破坏性，对我们未来如何控制松材线虫提出了巨大挑战，相反也对研究如何治理松材线虫提供了有力基础。

松毛虫作为危害松树重要食叶害虫，也一直受到各地森林保护工作者的重视，从形态学、生理学观察研究，到对松毛虫的监测与预报技术，以及防治技术的研究都取得了不少成果；由于寄主的不同松毛虫又分为马尾松毛虫、思茅松毛虫、赤松毛虫等等，近年各地对不同的松毛虫的防治进行了不少工作，例如利用天敌昆虫赤眼蜂寄生松毛虫，取得了较好的防治效果（邹华娇，2007）；为寻找控制马尾松毛虫灾害的方法，在详细调查研究的基础上，选取10个景观结构指标，分析了马尾松毛虫灾害与森林景观结构的关系，表明马尾松毛虫灾害发生程度与森林景观结构关系密切（刘敏等，2011）。但由于松树占我国森林面积巨大，所以造成的危害也很大，各地不同的松毛虫差异也给防治工作造成了困难。在总结各地防治经验的基础上，国家林草局生物灾害防控中心在2010年制定了《松毛虫防治技术规程》，对治理松毛虫给出了重要指引。

而其他食叶类害虫和蛀干害虫，例如杨小舟蛾与云斑天牛。在暴发时期，杨小舟蛾几天内几乎吃光所有杨树叶片并且转移快、繁殖快，而云斑天牛不仅危害重要经济速生林杨树，还危害绿化行道树等等，严重的可以蛀断几十年生的大树，给人们造成生命安全隐患。针对这些重要害虫，有学者开展利用生物药剂进行防治工作（伍远平，2009；高乾奉，2010），取得了很好的防治效果，也有进行天敌昆虫寄生控制种群数量的（郭同斌，2010），在害虫暴发初期（如越冬代）释放啮小蜂，可以有效降低越冬种群基数，达到控制后续第3、4代危害的目标，这在防治生产上具有重要意义。而利用物理方法—声波干扰进行种群控制，更可以干扰昆虫取食行为、降低昆虫体内酶活性和降低产卵量等（HoyRR，1996；查玉平，2011）。然而，当代伴随着人们对绿色生活和生态安全观念的逐步加强，只追求如何消灭有害生物就显得不适合社会发展的需求，寻求新的解决方案，维护生态食物链平衡，倡导生物防治是我们所面临的首要任务。如何能够在维持生态健康，保护生物多样性的原则下治理有害生物，需要拿出新的手段和措施。

2 景观生态学与森林保护

景观生态学，经过国内外几十年的发展与演变，从理论的创新，再到陆地土地利用与规划、植被变化与恢复、海洋资源环境、湿地景观变化与维持、旅游资源评价与开发、自然保护区设计与生物多样性保护等各方面的应用已越来越明显，将景观生态学观念引入森林生态安全问题上，不仅可以丰富生物防治理念的范畴，还可以促进森林保护学科在理论、方法和应用等方面的发展。

2.1 景观生态学在林业上的应用

森林生态作为一个完整的生物链系统，有着相对并不固定的景观元素组成，要想完全明确景观生态学研究内容并不容易，但纵观其开展的应用研究，还是可以归纳为几个主要方面，包括森林景观结构特征与功能的研究、森林景观各要素的研究及其相互关系的研究、森林景观的动态变化与生态效应、森林景观模型、模拟和可视化研究以及森林景观评价、规划和管理研究等。

2.2 景观生态学在森林保护中的应用

在全球生态系统下，森林作为一个重要的组织层次，有着其重要的生态功能，其异质性和生态位极大影响着生物群落的分布和繁衍，有学者提出森林生物多样性和景观尺度的异质性相结合有可能成为未来森林病虫害生态调控的安全策略（梁军等，2004；孙志强等，2010；Jactel et al.，2002；Diamond，1975；Noss et al.，1986；Holdenrieder et al.，2004）。在某一景观格局中，景观连接度是生物之间繁衍和生存的纽带，连接度的改变，将导致生物之间迁移交流受到影响，特别是在某种生物种群尝试去满足气候变化适应生存时，增加景观的连接度显得非常重要（Zoe et al.，2007；Edward et al.，2006；朱彦鹏等，2009）。

斑块的不断破碎将形成更多的廊道，斑块的耦合导致连接度不断增强，这些都将影响生物的种群数量，所以景观破碎化被认为是引发生物多样性下降的最主要的原因之一。针对近年来生态旅游的火热与野生动物的活动加强，一些自然保护区也正在受到破坏，森林生态安全直接受到威胁。森林生态景观不仅应该受到保护，而且应该逐步淡化旅游开发的项目。

2.3 现代信息技术

地理信息系统作为在景观生态学中一个非常重要的研究技术手段，已经受到研究人员的普遍重视，借助遥感技术（RS）、地理信息系统（GIS）和全球定位系统（Global positioning system，GPS），不仅可以研究森林景观特征及多样性，还可以对某区域景观安全性做出评价及规划（刘西军等，2010；国庆喜等，2010；刘建锋等，2005；丁立仲等，2005；王中强等，2010；杨珍珍等，2010；王正军等，2004；娄国强等，2006；宋豫秦等，2010）。模型化是结合地理信息系统和数学建模，采取人为模拟周围相关因子的变化，达到对研究对象的分析。在现代森林保护学中，模型的构建对森林重大病虫害的预测预报尤为重要，有学者应用空间直观景观模型（LANDIS），模拟不同虫害干扰强度下森林景观的长期变化，统计寄主的分布面积以及物种格局变化；应用景观尺度的动物种群模型（LAPS），研究了环境容纳量对种群动态的影响（陈宏伟等，2011；国庆喜等，2008）；并提出景观尺度和结构与有害生物种群密度和分布动向之间的有作用关系，总结出景观格局和有害生物空间分布之间的关系可能是在一定景观水平模型上的（Bancroft et al.，2005；Francoise，1992），表明未来景观生态学中模型的构建可能是发展的方向之一（Wu，1989；1995；2004）。

3 问题与展望

在面对着如何在"十二五"期末完成在联合国国际气候大会上承诺的"双增"目标，面对如何完成国内节能减排的双重目标任务下，国家林草局颁布了《关于进一步加强林业有害生物防治工作的意见》，明确指出了我国在未来几年林业工作任务和目标。在预防为主、综合治理、尊重自然、保护环境的基本原则下。如何做好有害生物的综合控制显得极为重要和紧迫。而景观生态学与昆虫学的结合必将成为未来研究的新视角。笔者认为目前亟待解决的问题有以下几点。

一是如何确定景观生态学研究的尺度？景观生态学是综合地理学与生态学等学科的一门综合学科，经过几十年的发展沉淀，逐步形成有着自己核心特色的一门学科。"尺度"是研究景观生态学的首要问题，确定研究尺度不仅是要确定空间尺度，还需要确定时空尺度，而景观生态学研究本身就是一个累积并且漫长的过程，如何找准契合研究对象的幅度和粒度，依然是我们需要认真思考和研究的问题。在森林保护应用上还应考虑研究对象的生物学适生性及其与景观元素之间的互作关系。例如寄主斑块的边缘效应，有害生物的时空分布特征等等都会直接影响研究的尺度。

二是资源有限。上述不少研究人员都将自己的研究领域与景观生态学联系起来，也不乏应用景观生态学基本原理开展应用研究的。但以森林生态景观为对象，应用景观生态学原理和方法所做的实际研究工作很有限，特别是在防控森林重大病虫灾害寥寥无几。生态过程是一个长期漫长的演变过程，需要长期累积的资料和相关技术手段的支持，加之过去对森林一、二类普查资料的收集和保存不完善，有部分数据已经丢失，这对研究森林生态问题造成了很大阻碍。其次研究经费和地方政府的支持得不到长期的保证，也导致森林景观生态研究中仍有许多空白。

三是森林景观生态模型构建有待加强。景观模型的构建和模拟是未来景观生态学研究的重要手段，在确定研究对象和研究尺度后，数据资料收集整理工作尤为重要，如何能将这些简单的数据汇聚成解决大问题的指引，需要研究人员建立合适的模型，一个好的生态模型可以基本真实地模拟出过去和未来的生态变化；这方面我国科研工作者还缺乏能力，并且在有限的已经建立的模型中，能完全阐述景观结构与功能的变化、揭示景观演变过程与种群之间的关系方面仍显不足。

四是辅助政府决策。在了解景观元素组成对生态系统的影响，斑块的破碎造成生物多样性的下降、种群数量的改变后，政府职能机构在制定区域规划、评价、建立自然保护区等决策时，不能不考虑这些因素，在施行计划和制定方案时，要满足多样化的区域景观要求（O'Rourke et al., 2011；Kristen et al., 2004），以增强生态控制和抵御害虫侵害能力。

参考文献

陈宏伟，胡远满，常禹，等，2011. 不同虫害干扰强度下大兴安岭呼中林区森林景观变化模拟 [J]. 中国科学院研究生院学报，28（1）：65-71.

邓鉴锋，战国强，姜杰，等，2010. 构建珠江三角洲地区稳定森林生态安全体系的探讨 [J]. 广东林业科技，26（5）：83-86.

丁立仲，徐高福，卢剑波，2005. 景观破碎化及其对生物多样性的影响 [J]. 江苏林业科技，32（4）：45-49.

高乾奉，2010. 植物源杀虫剂喷雾防治杨小舟蛾幼虫试验研究 [J]. 安徽农学通报（上半月刊），16（13）：139-140.

郭晋平，张芸香，2003. 中国森林景观生态研究的进展与展望 [J]. 世界林业研究，16（5）：46-49.

郭泺，刘蔚秋，江学顶，等，2006. 广州市森林景观格局时空变化的研究 [J]. 中山大学学报，45（5）：76-79.

郭同斌，王虎诚，徐克勤，等，2010. 白蛾黑基啮小蜂的人工繁殖及其对杨小舟蛾的防治效果 [J]. 南京农业大学学报，33（5）：81-86.

国庆喜，高梅香，王化儒，2008. 完达山东部地区东北虎主要猎物种群 [J]. 应用生态学报，19（7）：1552-1555.

国庆喜，王化儒，高梅香，2010. 景观破碎化对东北虎主要猎物种群动态影响的模拟 [J]. 生态学报，30（1）：15-23.

李兰英，高岚，温亚利，等，2006. 松材线虫病研究进展 [J]. 浙江林业科技，26（5）：74-80.

梁军，张星耀，2004. 森林有害生物的生态控制技术与措施 [J]. 中国森林病虫，23（6）：1-8.

刘建锋，肖文发，江泽平，等，2005. 景观破碎化对生物多样性的影响 [J]. 林业科学研究，18（2）：222-226.

刘敏，张合平，徐刚标，等，2011. 马尾松毛虫灾害与森林景观结构的关系 [J]. 江苏农业科学（1）：200-202.

刘西军，吴泽民，黄庆丰，2010. 安徽老山自然保护区肖坑小流域森林景观要素斑块特征 [J]. 浙江林学院学报，27（2）：190-197.

娄国强，吕文彦，余昊，等，2006. 基于 GS 和 GIS 的春尺蠖种群分布动态研究 [J]. 昆虫学报，49（4）：613-618.

潘红伟，2009. 松材线虫（*Bursaphelenchus xvlophilus*）在我国的潜在分布区研究 [D]. 北京：中国林业科学研究院.

宋豫秦，曹明兰，2010. 基于 RS 和 GIS 的北京市景观生态安全评价 [J]. 应用生态学报，21（11）：2889-2895.

孙志强，张星耀，肖文发，等，2010. 景观病理学：森林保护学领域的新视角 [J]. 林业科学，46（3）：139-144.

王正军，李典谟，谢宝瑜，2004. 基于 GIS 和 GS 的棉铃虫卵空间分布与动态分析 [J]. 昆虫学报，47（1）：33-40.

王中强，龙翠玲，赵晶，等，2010. 茂兰森林景观多样性分析［J］. 安徽农业科学，38（10）：5452-5454.

邬建国，2001. 景观生态学：格局、过程、尺度与等级［M］. 北京：高等教育出版社.

伍远平，陈京元，查玉平，等，2009. 2%阿维菌素·BT粉剂防治杨小舟蛾试验初报［J］. 湖北林业科技，6：29-30.

谢丙炎，成新跃，石娟，等，2009. 松材线虫入侵种群形成与扩张机制［J］. 中国科学，39（4）：333-341.

杨宝君，潘宏阳，汤坚，等，2003. 松材线虫病［M］. 北京：中国林业出版社.

杨珍珍，白淼源，2010. 基于GIS的大兴安岭呼中森林景观评价及规划研究［J］. 东北林业大学学报，38（9）：40-44.

查玉平，陈京元，雷朝亮，2011. 长时间超声波辐照对棉铃虫的四种酶活影响［C］//首届全国害虫物理监测与控制技术研究防治技术专题学术讨论会论文集：112-116.

朱彦鹏，迟德富，张星耀，2009. 景观连接度在森林病虫害控制中的应用［J］. 世界林业研究，22（3）：52-56.

邹华娇，2007. 松毛虫赤眼蜂不同放蜂密度对松毛虫控制效果［J］. 中国生物防治，S1：5-7.

BANCROFT J S, SMITH M T, 2005. Dispersal and influences on movement for *Anoplophora glabripennis* calculated from individual mark-recapture［J］. Entomological Experimentalis Et Applicata, 116（2）：83-92.

DIAMOND J M, 1975. The island dilemma: lessons of modern biogeographic studies for the design of nature reserves［J］. Biological Conservation, 7（2）：129-146.

FRANCOISE BUREL, 1992. Effect of landscape structure and dynamics on species diversity in hedgerow networks［J］. Landscape Ecology, 6（3）：161-174.

HOLDENRIEDER O, PAUTASSO M, LONSDALE D, 2004. Tree diseases andlandscape processes: the challenge of landscape pathology［J］. Trends in Ecology and Evolution, 19（8）：446-452.

HOYRR, ROBERT D, 1996. Tympanal hearing in insects［J］. Annual Review of Entomology, 41（1）：433-450.

JACTEL H, GOULARD M, MENASSIEU P, et al., 2002. Habitat diversity inforest plantations reduces infestations of the pine stem borer *Dioryctria sylvestrella*［J］. Journal of Applied Ecology, 39（4）：618-628.

KRISTEN A. BAUM, KYLE J. HAYNES, FORREST P. DILLEMUTH AND JAMES T. CRONIN, 2004. The matrix enhances the effectiveness of corridors and steeping stones［J］. Ecology, 85（10）：2671-2676.

MARTINKO E A, HAGEN R H, GRITH J A, 2006. Successional change in the insect community of a fragmented landscape［J］. Landscape Ecology, 21：711-721.

NOSS R F, HARRIS L D, 1986. Nodes, networks and MUMs: preserving biodiversity at all scales［J］. Environment Management, 10：299-309.

O'ROURKE M E, RIENZO-STACK K, POWER A G, 2011. A multi-scale, landscape approach to predicting insect populations in agroecosystems［J］. Ecological Applications, 21（5）：1782-1791.

WU J G, 1989. Island bio-geographical theory: models and application［J］. Chinese Journal of Ecology, 8（6）：34-39.

WU J G, 2004. The key research topics in landscape ecology [J]. Acta Ecologica Sinica, 24 (9): 2074-2076.

WU J G, JLVANKAT, 1995. Island biogeography: theory and applications. In: W A N ierenberg ed [M]. Encyclopedia of Environment Biology, Voll Ⅱ, NewYork: Academic Press.

ZOE G. DAVIES, ANDREW S. PULLIN, 2007. Are hedgerows effective corridors between fragments of woodland habitat? An evidence-based approach [J]. Landscape Ecol, 22: 333-351.

宜昌市"十四五"期间松材线虫病疫情防控现状与对策

谭家林，李金鞠，赵金文，李 强，古 剑

(宜昌市森林病虫防治检疫站，宜昌 443001)

摘 要：松材线虫病是松材线虫引起的一种系统侵染性松树病害，是危害最重的检疫性林业有害生物。本文结合湖北宜昌市多年松材线虫病疫情防控历程，分析防控取得经验和教训，结合国家"十四五"松材线虫病疫情防控形势和宜昌市松材线虫病疫情发生防控现状，分析研判下一步防控对策，以期为松材线虫病的治理提供参考。

关键词：松材线虫病；疫情防控；防控现状；防控对策

Current Situation and Countermeasures of Epidemic Prevention and Control of Pine Wilt Disease in Yichang City

Tan Jialin, Li Jinju, Zhao Jinwen, Li qiang, Gu Jian

(Yichang Forest Disease Control and Quarantine Station Yichang, yichang 443001, China)

Abstract: Pine wood nematode disease is a systemic infectious pine tree disease caused by pine wood nematodes, and is the most harmful quarantine forestry pest. The author combines the years of prevention and control of pine wilt disease in Yichang City, analyzes the experience and lessons learned from prevention and control, and combines the national "14th Five Year Plan" situation of pine wilt disease prevention and control with the current situation of pine wilt disease prevention and control in Yichang City to analyze and judge the next steps of prevention and control measures.

Key words: Pine wilt disease; Epidemic prevention and control; Current situation of prevention and control; Prevention and control measures

松材线虫病（pine wilt disease，PWD）称为松树萎蔫病，是由松材线虫 *Bursaphelenchus xylophilus* (Steiner & Buhrer) Nickle 引起的一种系统侵染性松树病害，主要危害松属 *Pinus* 植物，北美洲被认为是松材线虫的原产地（Mamiya，1988；Kishi，1995；吴坚等，2009），中国是目前松材线虫病流行最严重的国家。1982 年首次在江苏省南京市中山陵发现松材线虫病引起 265 株黑松死亡的现象。40 多年来，松材线虫病在中国不断扩散蔓延，2024 年全国共有 19 个省（自治区、直辖市）742 个县级行政区发生疫情，发生面积 171.65 万 hm^2（李硕等，2009）。在自然情况下，全球可以感染松材线虫病的松属树种至少 51 种，非松属树种至少 16 种。目前在中国自然感病的树种至少 17 种，包括黑松、赤松、马尾松、琉球松、白皮松、黄山松、湿地松等。松树一旦感染了松材线虫，无论它本身生长状况如何，结果大多会发病死亡，在一片松林中往往首先被传染的是生长势最好的松树。松材线虫自然传播主要依靠媒介昆虫松褐天牛携带传播，其生活史主要在松树和松褐天牛体内进行，而松褐天牛幼虫主要在松树体内活动（理永霞等，2018），防控难度大。本文结合宜昌市多年松材线虫病疫情防控历程，分析防控取得经验和教训，结合国家"十四五"松材线虫病疫情防控形势和宜昌市现状，分析研判防控对策。

1 宜昌概况

宜昌地处长江中上游结合部，素有"三峡门户""川鄂咽喉"之称，现辖五区三市五县和1个国家级高新区，常住人口392万人。宜昌是屈原、昭君故里，也是三峡工程所在地、长江流域生态敏感区，肩负着"一江清水东流、一库清水北送"、维护三峡库区生态安全的政治责任和特殊使命。全市林地面积2 121万亩，其中森林面积1 900万亩，活立木蓄积量9 959万m^3，森林覆盖率59.67%，位居中部地区、长江沿岸同等城市前列，是生物多样性富集地区。松科植物是宜昌造林绿化的主要树种之一，松林面积506万亩，主要分布在三峡库区、长江流域、清江流域、沮漳河流域等重点生态地区。

宜昌是湖北省域副中心城市，是中国优秀旅游城市、国家环境保护模范城市，同时享有全国文明城市、国家园林城市、国家卫生城市、国家森林城市、中国钢琴之城、世界水电之都、全国最具生态竞争力城市、中国十大秀美城市、中国"绿都"20强等美誉。新时期，省委赋予宜昌"建设长江大保护典范城市、打造世界级宜昌"的新目标，全市上下始终牢记总书记殷殷嘱托，为筑牢三峡生态屏障，建设"山水辉映、蓝绿交织、人城相融"的宜昌不断夯实生态基底，全力以赴答好生态文明建设"必答题"，打造宜居、绿色、韧性、人文的城市。

2 松材线虫病疫情发展与防控概况

2.1 疫区疫点数量变化情况

2006年，宜昌核定8个疫区9个疫点。2008年新增2个疫区2个疫点。2011年拔除3个疫区3个疫点，峡口风景区和金银岗林场归并至夷陵区。2017年，拔除2个疫区2个疫点，新增2个疫区4个疫点。2018年开展全面普查，核定12个疫区51个疫点。2020年新增3个疫点，2021年新增1个疫点，2024年拔除3个疫区3个疫点。截至2024年，全市9个疫区52个疫点，分别占全省疫区和疫点数量的12.2%和12.3%。

2.2 疫情发生面积和数量变化情况

从疫情发生面积和数量变化来分析先后经历疫情控制（2006—2010年度）、疫情反复（2011—2015年度）、疫情暴发（2016—2019年度）、疫情压缩（2020—2023年度）四个阶段。发生面积由最高的56.92万亩，下降到26.34万亩；株数由最高的55.25万株，下降到14.96万株。

2.3 综合防治情况

2006—2009年，宜昌市松材线虫病疫情综合防治主要通过挂设诱捕器开展。2007年开始释放少量肿腿蜂开展预防。2010年开始少量试验人工喷洒噻虫啉微胶囊粉剂，2012年，在部分区域开展综合防治试验的基础上，市森防站对宜都、长阳、点军、夷陵、秭归、猇亭等松褐天牛密度较大的松林开展松褐天牛防治，防治面积2.5万余亩，主要采用人工喷洒噻虫啉粉剂防治；在夷陵、三峡植物园等地释放120万头管氏肿腿蜂和6.5万头花绒寄甲成虫、卵块，取得了较好的示范成效。自2018年开始，宜昌市各县市区加大综合防治力度，并逐步开展飞防作业和打孔注药，"以药杀虫、以虫治虫"控制了林内虫口密度，取得了一定的防控成效。

3 防控工作措施与经验

历年来，宜昌在松材线虫病防控中，加强探索和实践，不断提高防控成效。2007年提出了除治质量标准，2009年提出了"结合双低项目除治"的要求，2011年明确了政府和林业部门"双线目标责任制"的考核措施，2012年开展了全市范围的分片包点检查督办，2013年明确了山场、运输、加工三个环节的监管措施，2015年全市分级将松材线虫病防治指挥部更名为重大林业有害生物防控指挥部，2016年推行全市督办通报和约谈制度，2017年提出"五不准"（不准私自砍伐马尾松病枯死树；不准私自利用马尾松病枯死树做烧柴、建筑用材；不准私拉偷运、收购、贩卖松材及其半成品；不准干扰、阻拦马尾松病枯死树清理；不准破坏诱捕器、疫木处理堆等防治设施），同年在全国率先制定松材线虫病疫情防控三年攻坚计划和目标。

近年来，宜昌认真贯彻落实《国务院办公厅关于进一步加强林业有害生物防治工作的意见》，将松材线虫病疫情防控作为维护三峡库区生态安全的重要内容和关键措施，按照国家松材线虫病疫情防控五年攻坚计划和目标，坚持科学防控、精准防控、依法防控，在前期经验教训总结的基础上，提出了系列新措施、新要求，系统治理、综合施策，全市松材线虫病疫情防控取得较好成效。

3.1 明确使命，厘清"三大责任"

宜昌是习近平总书记视察湖北并确立长江大保护战略的立规之地，维护三峡生态屏障安全是贯彻总书记指示、落实长江大保护的基础性工作。全市松林面积506万亩，若因松材线虫病损毁并重新造林，直接经济损失和植被恢复投入将达几百亿元，固碳蓄水保土等生态价值损失更是不可估量。算政治账，承担不起；算生态账，损失不起；算经济账，投入不起。全市各级党委政府、林业主管部门、防治成员单位充分认识到松材线虫病疫情防控工作是履行政治责任、生态责任、经济责任的重要体现，将"维护国家生态安全，筑牢三峡生态屏障，坚决打赢松材线虫病疫情防控攻坚战"作为防治工作的出发点和落脚点，严格落实国家、省松材线虫病疫情防控五年攻坚行动各项部署和要求。

3.2 科学管理，建立"六大体系"

在总结经验教训的基础上，科学提出建立和完善"组织、保障、考评、监测、服务、监督"六大体系，明确"组织、保障、考评"三大体系由各级政府负责，"监测、服务、监督"三大体系由业务部门负责，形成了政府主导、上下联动、部门配合、齐抓共管、共同推进松材线虫病防控工作的良好局面。市发改委积极协调，把松材线虫病防治纳入双重项目、退化林修复工程建设内容；市财政局多次对松材线虫病防治资金进行研究和安排，不断加大财政预算，统筹推进山水林田湖草生态保护修复项目实施；市生态环境局多次实地指导、协商松材线虫病疫木焚烧处理工作；国网宜昌供电公司前往现场积极协调配合，确保供电设施保护与除治工作同步落实。

3.3 分类施策，坚持标准引领

除治质量坚持"五个一"（陈邦清等，2022）。按照"五个一标准"即"山上不留一株死树，地上不遗一根枝桠，拔除疫区疫点小班林内不露一个伐桩，路上不丢一根疫木，农户房前屋后不见一段松柴"开展清理。实行"整村推进""三边优先（城镇周边、公路两边、行政边界）"等模式，努力提高现场清理质量。

监测普查做到"两个结合"。无人机监测与人工普查相结合。近3年，全市无人机遥感监测占秋季普查面积的比例分别为10%、30%、50%，市级组织专班对实现基本无疫情的12个乡镇进行了无人机全面监测，委托第三方服务公司对重点区域开展无人机遥感监测，监测面积47.2万亩，不断提升松材线虫病疫情监测精度。固定样点预测与秋季普查相结合。2019—2023年，通过布设固定样点，利用无人机监测技术开展马尾松病枯死树动态监测（古剑等，2020），掌握松材线虫病发生发展趋势。全市累计设置动态监测点732个，每年7—10月利用无人机监测技术和人工智能识别技术开展马尾松病枯死树动态监测，掌握松材线虫病发生发展趋势。连续5年将监测样点数据与秋季普查数据比对，研判各地秋普数据真实性、准确性，研判防治成效与发展趋势。

分区施策推行"六种模式"。对全市开展科学分区，其中轻型疫点22个、中型疫点20个、重型疫点13个、一般预防区16个、重点预防区14个。针对不同区域地形地貌、立地条件、松褐天牛危害状况、松材线虫病发生情况、松树死亡程度等推行"六种模式"（皆伐、择伐、择伐+化学防治、择伐+生物防治、化学防治+生物防治、化学防治或生物防治）。各地积极探索，分区施策，取得较好成效。夷陵区、点军区对重型疫点采取"择伐+化学防治"并开展绩效承包提质扩面，防治成效逐年提升；枝江市连续多年开展"择伐+飞防+打孔注药"，成为可防可控的典型。全市8个县市区在松材线虫病除防一体化项目中，以打造"疫木除治样板和生态修复样板"为目标，探索新的松材线虫病治理模式。

疫木监管落实"三个到位"。按照"宣传到位、监控到位、查处到位"的要求，严格落实"疫木不下山、下山必粉碎"措施，优先启动疫情显著双下降、疫木管控好的区域探索开展疫木利用，探索放开五峰县、当阳市、宜都市、远安县等部分乡镇的疫木利用。全流程闭环疫木管控，长阳县、五峰县、夷陵区等地对涉木企业安装实时监控摄像头，对不按要求开展疫木利用的企业，坚决取缔。强化疫源监管，防止带疫松木及其制品进入流通领域，切断疫情人为传播途径。

综合防治注重"三个推进"。推进综合防控措施。制订综合防治计划，确定防治重点，以化学防治为主，辅以释放花绒寄甲、打孔注药等方式，大力推进综合防治。推进联防联控联动。先后签订宜荆荆恩、湘鄂七县市（湖南省石门县、湖北省巴东县、鹤峰县、松滋市、长阳县、宜都市、五峰县）联防联控协议，先后开展长阳与巴东、宜都与松滋、宜昌与恩施联合边界行及联防协议签订等工作，市域内各县区、各乡镇广泛开展联防联控工作。推进新型药剂探索。近年来，先后与湖北省林业科学研究院、三峡大学、华中农业大学等开展合作，探索松材线虫病综合防控技术研究及应用、人工智能在松材线虫病疫情防控中的应用，取得了2项科技成果登记。先后开展噻虫啉不同剂型、松树免疫剂甲氨基阿维菌素苯甲酸盐微乳剂不同浓度、绿色威雷二代、微生物菌剂等药剂以及APF-1、BF-Ⅱ型等不同诱捕器防治试验，开展无人机防治试验，有人机、无人机、卫星遥感等三种方式监测试验。2023年，市森防站在兴山县榛子乡开展松褐天牛综合防控示范（使用无人机喷洒绿色威雷二代）1 850亩，在长阳渔峡口与巴东交界处、当阳市淯溪镇与荆门交界处开展打孔注药（松树免疫剂3%甲氨基阿维菌素苯甲酸盐微乳剂）1 300亩，在夷陵区分乡开展微生物菌剂防治松材线虫病试验100亩。2024年，市森防站在三峡库区重点生态区（夷陵区、秭归县、兴山县）开展打孔注药、无人机飞防示范，其中：在夷陵区和兴山县打孔注射5%甲氨基阿维菌素苯甲酸盐微乳剂防治面积1 918亩。在秭归县利用植保无人机喷洒8%高效氯氰菊酯，防治面积3 300亩。

3.4　强化考评，健全督导机制

将防控质量纳入市委督查事项。市委主要领导对松材线虫病防控工作多次签批，要求各县市区党政主要负责同志和分管同志牵头打好生态保卫战。市委督查室将松材线虫病除治质量纳入督办内容，直接压实县、乡党委政府责任，并将防控工作纳入全市"四个重大"建设内容和《宜昌市建设长江大保护典范城市三年行动方案（2023—2025年）》任务清单整体推进。

将防控进展纳入市政府重点工作调度。市政府每年召开防治工作会议，专题研究松材线虫病疫情防控工作，系统推进疫情攻坚行动。疫木除治期市级组织4个技术指导组轮流开展督办和指导，集中除治结束后市级组织5个工作组开展质量评估。

将防控成效纳入林长制督查考核内容。市、县、乡镇各级林长多次针对林业有害生物防治工作开展巡林，全面压实各级政府和成员单位的防控责任。今年，对林业有害生物防治考核指标进行了再优化，将防治效果评分、病枯死树下降比例直接纳入考核，强化目标导向、效果导向，倒逼防控各环节严格落实。

4　存在的困难与问题

4.1　防控资金财政保障有难度

多年的松材线虫病疫木除治，财政资金投入大，叠加新冠疫情影响，地方财政资金保障难度大，部分县市区松材线虫病疫情防控资金欠账较多、结算周期长。

4.2　疫源疫木封锁监管有漏洞

国家调整检疫制度以后，调入地意见不再作为松木调运的前置条件，造成调进本地的松木来源不能准确锁定，进入本地后的去向难以准确跟踪，市场上调入与本地松木混杂，监管精准度不高。同时，部分高山区域农民自用烧柴习惯难以杜绝，乡镇村组耗费大量精力和人力开展集中清缴，但房前屋后依然偶见松柴，存在监管漏洞。

4.3　防控队伍组织管理有欠缺

机构改革调整适应期体制不顺、运行不畅等问题，森防专业队伍技术水平整体不高导致防治指导不够等问题，人员数量偏少导致跟班作业不足等问题，部门同频共振不足等问题依然存在。

5 防控对策

5.1 年度目标再分解

按照五年攻坚总体目标和国家林草局关于重点生态区包片蹲点指导方案要求，将防控目标和任务细化到乡镇、村组、小班，修改完善松材线虫病疫情防控五年攻坚"一表一图一册"（工作任务表、时间路线图、技术手册），逐年推进，逐年销号。

5.2 防控责任再压实

进一步提高认识，压实重大林业有害生物防治的政府主体责任，加强相关部门协调配合，充分调动乡镇、村组的积极性，夯实防治体系基础建设，进一步增强防治工作合力，推动防控工作落实。全面收集整理攻坚期防控档案资料，接受国家和省包片蹲点指导和相关检查、核查，落实相关整改要求，圆满完成各年度目标任务。

5.3 技术措施再明确

组建"天空地"一体化、点线面相结合的林业有害生物监测网络，开展精准防控；坚持实施疫木清理为核心的疫情除治措施，突出科学防控；严格落实疫区和疫木管理制度，推动疫木检疫执法行动的常态化、制度化，落实依法防控。

5.4 疫木利用再加强

严格定点企业资格认定，提升加工企业处理能力，优化点对点运输流程，降低收集成本。积极探索加工工艺，提高疫木利用率。

5.5 投入力度再加大

积极争取中央、省级林业有害生物防治补助资金，推进松材线虫病综合防控体系建设等项目落地落实，拓宽疫情防控资金投入渠道。

参考文献

陈邦清，汤丹，古剑，等，2022-08-10. 宜昌松材线虫病疫情防控技术规范. 宜昌市地方标准，DB 4205/T 101—2022［S］. 宜昌：宜昌市森林病虫防治检疫站.

古剑，汤丹，2020. 松材线虫病枯死树发生趋势的动态监测技术研究［J］. 湖北林业科技，10（2）：43-45.

李硕，孙红，周艳涛，等，2022. 2021年全国主要林业有害生物发生情况及2022年发生趋势预测［J］. 中国森林病虫，41（2）：44-47.

理永霞，张星耀，2018. 松材线虫病致病机理研究进展［J］. 环境昆虫学报，40（2）：231-241.

吴坚，刘跃祥，闫峻，等，2009. 日本松材线虫病发生与防治及对我国的启示［J］. 中国森林病虫，28（1）：42-45.

KISHI Y，1995. The pine wood nematode and the Japanese pine sawyer［M］. Tokyo：Thomas Company Limited.

MAMIYA Y，1988. History of pine wilt disease in Japan［J］. Journalof Nematology，20（2）：219-226.

白蚁营养成分与食药用价值研究概况*

章程阳**，黄求应***

(华中农业大学水利部白蚁防治重点实验室，武汉 430070)

摘 要：白蚁是严重危害我国水利工程、房屋建筑和园林树木的重要害虫，但是白蚁也是宝贵的生物资源，具有很高的食用与药用价值。白蚁体内富含蛋白质、氨基酸、脂肪酸、钙、铁和微量元素，能产生较高的热量，可以作为人体与家禽理想的营养补充。白蚁还具有药用价值，在对抗疲劳、延缓衰老、减肥降脂与提高免疫力等方面具有明显功效，还能够抑制炎症、改善性功能。鉴于此，本文对国内外白蚁的营养成分及食药用价值研究进展进行了概述，旨在为未来白蚁资源发掘和利用提供参考。

关键词：白蚁；资源；营养成分；食用价值；药用价值

Researchprogress on Nutritional Components and Edible and Medicinal Values in Termites*

Zhang Chengyang**, Huang Qiuying***

(*Key Laboratory of Termite Control of Ministry of Water Resources,
Huazhong Agricultural University, Wuhan 430070, China*)

Abstract: Termites seriously damage hydraulic engineering, house buildings and landscape trees. However, termite is precious bioresource and has high edible and medicinal values. Termites are rich in protein, amino acids, fatty acids, calcium, iron and trace elements, which can produce high calories and can be used as ideal nutritional supplement for humans and poultry. Termite has medicinal value. It has obvious effects on anti-fatigue, anti-aging, weight loss, lipid reduction and immunity improvement. It can also inhibit inflammation and improve sexual function. Here, we summarized the research progress of nutritional components and edible and medicinal value in termites, aiming to provide reference for exploration and utilization of termite resources in the future.

Key words: Termite; Bioresource; Nutritional components; Edible value; Medicinal value

白蚁是一种古老的社会性昆虫，分布范围广且种类繁多，在热带与亚热带地区分布较多，全世界白蚁种类近3 000多种（胡寅，2012）。我国白蚁资源丰富，有476种（陈亭旭，2016）。白蚁对水利工程、房屋建筑、园林树木等危害严重，但现代研究发

---

* 基金资助：国家自然科学基金面上项目（32170500）
** 第一作者：章程阳；E-mail:2579454226@qq.com
*** 通信作者：黄求应；E-mail:qyhuang2006@mail.hzau.edu.cn

现，白蚁富含蛋白质且具有人体所必需的氨基酸，为世界上一些地区的人群所食用，也被广泛用于传统医学，是尚未被充分利用的重要自然资源，蕴藏着巨大的生物潜能。研究表明共有 4 科 45 种白蚁被人类使用，其中 43 种用于人类饮食或牲畜饲养，9 种用作医疗资源（Reis et al., 2015）。白蚁本体与白蚁共生物鸡枞菌等营养价值丰富，具有较高的食药用价值，白蚁巢、白蚁菌圃还具有一定的药用价值。国内外对白蚁的营养成分及有效活性物质进行研究，研发出了如白蚁巢胶囊、白蚁茶、白蚁酒等保健品，当今国外市场已有商业化的白蚁食品，如白蚁制成的松饼、饼干、肉饼等，白蚁也被用于饲喂家禽等动物，世界各地都有关于白蚁及其衍生物治疗疾病的记载，并对其有效成分进行研究（涂泽琳等，2024）。本文综述了国内外白蚁的营养成分及白蚁在食药用方面的研究与应用概况，以期推动白蚁资源的开发与应用。

1 白蚁的食用价值

1.1 白蚁的营养价值

白蚁是一种重要的自然资源，在许多地区是人类和其他动物饮食的基本组成部分，还可以作为药用资源。白蚁种类繁多且分布广泛，体内含有大量的氨基酸、蛋白质、脂肪且纤维少，产生的热量可以是牛肉的 3 倍，白蚁体内的氨基酸种类多达 28 种（其中 8 种是人体必需而自身无法合成的），其中赖氨酸、苏氨酸和蛋氨酸的含量相对较高，还有 12 种维生素和 19 种微量元素及甲壳素等，具有很高的营养和经济价值。研究表明，台湾乳白蚁蛋白质含量可达 16.86%，脂肪含量为 10.09%，且含有丰富的铁、镁元素，蛋白质含量高于草鱼、鲫鱼等鱼类（张健华等，2012），川南地区的黑翅土白蚁脂肪占其干重的 47.35%，富含人体必需的氨基酸，其中亮氨酸、缬氨酸、甲硫氨酸含量最高（刘军，2017），黑翅土白蚁成虫含有丰富的氨基酸、不饱和脂肪酸和微量元素，不饱和脂肪酸含量高达 77%，作为人体必需脂肪酸的亚油酸含量为 32%，且硒、铬、钒等微量元素具较高含量（薛德钧和李云秋，2002）。研究表明，大白蚁的蛋白质含量为 20.4%~30.7%，每 100 g 可以产生 366.82 kcal 的能量，且体内维生素含量相当可观，维生素 B_6 含量达 30.69 mg/100 g，富含磷、钠、铁等元素（Benno and Sampat, 2021），大白蚁 Macrotermes folciger 含有大量的脂肪和蛋白质，有丰富的氨基酸组成，亚油酸甚至可以高于芝麻油和花生油，但可能缺乏含硫氨基酸胱氨酸和甲硫氨酸，且白蚁蛋白的消化率较酪蛋白低（Phelps et al., 2015），M. subhylanus 的脂肪含量为 10.6%~22.2%，高于同类物种的脂肪含量（Sogbesan and Ugwumba, 2008），且白蚁脂质组分中以油酸为主，棕榈酸、亚油酸次之，可见白蚁丰富的营养成分使其具有极高的食用价值。

1.2 白蚁是理想的食物来源

白蚁是全世界最常见的食用昆虫之一，仅次于蝗虫（Reis et al., 2015）。其丰富的营养成分使其具有成为优秀的食物来源的潜质。中国食用白蚁历史悠久，早在 3000 年前蚁子酱就被列为帝王的御用膳食，在夏、商、周时《周礼·天宫》和《礼记·内则》记载，帝王在祭祀与享宴时都有食蚁酱的传统，古人多以蚁卵为酱，其味似鲜肉，且只有尊贵之人才能享用（吴志成和赵一，1996），如今我国一些民族地区及云南省仍保留着食用白蚁的习惯。据报道，在非洲、亚洲和拉丁美洲等发展中国家的农村地区都有将白蚁作为食物的传统，研究显示，在整个非洲大陆，大白蚁（*Macrotermes* spp.）被食用最多，分布最广，主要在南非、坦桑尼亚和中非共和国食用最多，而后是喀麦隆、刚果民主共和国和肯尼亚，有8种白蚁被认为是可食用的，且非洲主要食用白蚁的有翅蚁（Siddiqui et al., 2024）。在肯尼亚白蚁被开发成产品来治疗儿童的营养不良，人们还将白蚁蛋白制成一种浓缩粥来补充营养，还有一些白蚁被加工成饼干、松饼等烘焙产品，如一种以白蚁为原料的WinFood辅助食品，以对抗儿童营养不良，这种产品营养丰富（符合辅食中能量、常量营养素、铁和锌的推荐限量）、安全、保质期稳定（Fombong and Kinyuru, 2018），将高粱与大白蚁有翅蚁（去翅）混合制成健康饼干，以增加当地营养不良人群的营养摄入（Awobusuyi et al., 2020），在南非林波波省给婴儿喂食混合了白蚁兵蚁和有翅蚁粉末的软粥，用尼日利亚大白蚁代替小麦粉生产小麦蛋糕，5%白蚁粉的营养效果最好，在菲律宾的一部分地区人们用白蚁粉做汤、用白蚁馅做包子、白蚁炒蛋等，可见白蚁在人类饮食中作为替代蛋白质的来源具有巨大潜力，特别是对那些因缺乏蛋白质而营养不良的地区来说，白蚁是具有巨大经济效益和社会重要性的非传统食物。此外，白蚁共生的真菌鸡枞菌味道鲜美，营养丰富，含有丰富的镁、钙、铁、锌和磷元素，富含天门冬氨酸、谷氨酸、亮氨酸等氨基酸（肖洋等，2014），可见不仅白蚁本身具有丰富的营养价值，其共生物与菌圃等也具有一定的食药用作用，在食品、医疗等领域作用巨大，未来可以充分开发利用。

1.3 白蚁是理想的饲料来源

白蚁在传统家禽养殖中也发挥了重要的作用，将白蚁作为家禽饲料已经取得良好的效果，在布基纳法索小农用白蚁作为家禽和珍珠鸡的蛋白质来源（Sankara et al., 2018），特别在雨季将白蚁作为饲料的补充。让家禽采食松木养殖的白蚁，发现采食白蚁的鸡生长速度快，明显提高了产蛋率（韦世华，1959）。高等白蚁可以产生乙酸及许多短链脂肪酸，可以作为反刍动物的能量来源，白蚁体内含有的丰富蛋白质、氨基酸、微量元素等成分，都可以促进反刍动物生长发育，在猪禽饲料中加入白蚁，明显提高了饲料的利用效率，加快了猪、禽的生长发育速度（张宇辰等，2023），在饲料中加入大白蚁 *M. bellicosus* 饲喂大鼠，发现大鼠生长状况良好，体重增加，且对大鼠无毒性（Thomas and Kayode, 2017），可见白蚁可作为反刍动物、猪禽等动物的理想饲料添加剂。

2 白蚁的药用价值

2.1 白蚁的药用价值

我国将白蚁及其副产品治疗人体疾病的历史悠久，《本草纲目》中记载"白蚁泥，主治恶疮肿毒也""白蚁可益气血，泽颜色"。《中国药用动物志》《中华药海》中记载："白蚁有滋补强壮功能，主治老年体虚，久病气血虚弱者"，白蚁体内的多种生理活性物质皆具有特殊的功效。前人研究发现白蚁体内存在甾体，包括胆甾醇及其衍生物、豆甾醇和谷甾醇等，这些物质具有一定的抗癌作用，白蚁体内还存在性诱激素，对乳腺癌、子宫癌和消化道癌等癌症具有一定的治疗效果（黄远达和华湘翰，2001），白蚁科和鼻白蚁科含有干扰素，具有抗肿瘤的功效，几乎所有白蚁油中不饱和脂肪酸（USFA）的含量都高于饱和脂肪酸（SFA），白蚁体内大量的不饱和脂肪酸起到降低胆固醇、减肥降脂的作用，体内高含量的维生素 E 与硒、锗和钒等微量元素具有抗氧化、免疫调节与抑制癌细胞生长的作用（涂泽琳等，2024），白蚁体内主要的矿物质是铁、镁、锌和硒等，具有预防心肌病、肌肉退化、生长衰退、精子发育不良、免疫功能障碍等功能。

2.2 白蚁及其制品的药用相关研究

白蚁已在世界各地被开发成各种医药保健品，一些大白蚁属的物种被广泛利用，它们被用于治疗人类的各种疾病，如流感、哮喘、支气管炎、鼻窦炎、扁桃体炎、百日咳和声音嘶哑等。在贝宁，一些农民还使用白蚁治疗各种疾病，如利用白蚁丘来治疗断肢，治疗脐部皮肤病、松鼠咬伤、腮腺炎症。大白蚁 *M. bellicosus* 巢上生长的菌类在传统医学中用于治疗传染病和炎症性疾病，具有抗炎和解痉的特性（Dima et al.，2020）。在巴西，白蚁被列入半干旱地区的传统药书中，用于治疗哮喘、咳嗽、流感和喉咙痛（Silva et al.，2012），前人研究利用体外模型和体内动物实验分析了白蚁的营养价值，发现大白蚁提取物能够抑制促炎细胞因子的产生，并轻度影响人肠上皮细胞/Caco-2（Mahdi et al.，2020）。

以白蚁为原料的复方制剂，服用可增强机体非特异性免疫功能，促进刀豆蛋白诱导小鼠脾脏淋转反应，淋巴增殖反应明显增强，T 细胞免疫功能提高，还能增强巨噬细胞吞噬能力（吉娜薇等，2002）。白蚁的醇提取物起到镇静、镇痛和抗炎的作用，研究表明白蚁醇提取物在低浓度时对小鼠 NK 细胞有激活作用，对由角叉菜胶诱发大鼠足垫肿胀及二甲苯致小鼠耳壳肿胀具有明显的抑制作用（宋晓钢等，1995），说明白蚁体内存在抗炎作用的有效物质，白蚁匀浆液具有抗疲劳、延缓衰老和降低血清胆固醇的功能，并提高小鼠外周淋巴细胞转化率（吴小南和汪家梨，1999），薛建安等将白蚁制成白蚁口服液，发现白蚁能提高中老年小鼠体内超氧化物歧化酶和谷胱甘肽过氧化物酶活性，起到抗衰老、抗氧化及提高免疫功能的作用（薛建安等，2014）。有研究表明从白蚁中分离出的产物具有抗菌活性，有学者认为象白蚁 *Nasutitermes corniger* 及其巢很有希望用于抗菌治疗（Bulmer and Crozier，2006），有研究将非洲白蚁头部的生物活性成分进行定性筛选，发现了各种植物次生代谢物的存在，包括生物碱和强心苷（Siddiqui et al.，2024），来自非洲的一些白蚁种类的头部代谢物可以有效控制几种人类感染疾病，具有抗沙门氏菌的作用。以白蚁为原料制成的白蚁茶、白蚁酒、白蚁胶囊等具有抗疲劳、补肾益精血、改善肠胃功能、治疗神经衰弱等作用（涂泽琳等，2024）。

研究表明白蚁菌圃也具有一定的药用价值，前人研究白蚁菌圃不同提取物的抗炎效果（曹娟等，2006），发现白蚁菌圃含有丰富的游离脂肪酸，且具有一定的免疫抗炎作用。白蚁菌圃醇提物还能提高小鼠体力与小鼠血清中 SOD、GSH 浓度，降低 MDA 含量，具有延缓衰老与抗氧化作用（王祖彬等，2012）。

3 结论与展望

在粮食和饲料需求日益增长的情况下，联合国粮农组织鼓励人类吃虫养虫作为蛋白质的替代来源之一。白蚁是一类蕴藏巨大开发潜力的动物性蛋白资源,深入开发利用白蚁资源不仅是响应国家的大食物观布局,更是应对全球饥饿的有效手段。白蚁营养物质丰富,可食用种类多,数量大,且其本身及其附属物、共生物都具利用价值,食用白蚁为人类与畜禽提供了一种新的、可持续的蛋白质来源,可以作为健康食品的原料,利用潜力巨大。此外,白蚁还具有抗菌活性、减肥降脂、抗氧化、增强免疫力等功能,可作为一种新的药物来源。目前对白蚁食品的开发和商业化水平仍然很低,消费者对白蚁食品的态度还有待转变。因此,未来可以加大对可食用白蚁的科学研究,进一步探索白蚁及其共生物营养价值,推动白蚁及其共生物在食品、医疗行业的发展。

参考文献

曹娟,孙涛,张敏,等,2006. 白蚁菌圃的抗炎作用研究 [J]. 中药材, 29 (10): 1011-1013.

陈亭旭,2016. 贵州白蚁分类研究(昆虫纲:蜚蠊目:等翅下目)[D]. 贵州:贵州大学.

胡寅,2012. 乳白蚁和散白蚁的种群生态学研究 [D]. 浙江:浙江大学.

黄远达,华湘翰,2001. 白蚁生理活性物质的研究进展 [J]. 中国媒介生物学及控制杂志, 12 (1): 5-8.

吉娜薇,杜少武,彭家训,等,2002. 复方白蚁制剂对小鼠免疫功能的影响 [J]. 中国运动医学杂志, 21 (5): 506-507.

刘军,2017. 川南常见白蚁中氨基酸的分析 [J]. 科教导刊, 34: 154-155, 160.

宋晓钢,林树青,陈长合,等,1995. 白蚁对抑制炎症及其免疫调节作用的研究 [J]. 白蚁科技 (2): 5-8.

涂泽琳,钟伟,朱春红,等,2024. 白蚁及其共生物药用研究进展 [J]. 生物灾害科学, 47 (2): 180-186.

王祖彬,严丽荣,陈燕华,2012. 白蚁菌圃醇提物的抗氧化作用 [J]. 中国老年学杂志, 32 (4): 769-771.

韦世华,1959. 民强畜牧场推广沤白蚁喂鸡 [J]. 广西农业科学 (11): 34.

吴小南,汪家梨,1999. 白蚁机体匀浆液抗疲劳及相关保健作用的实验研究 [J]. 中国运动医学杂志, 18 (3): 273-275.

吴志成,赵一,1996. 化害为利 开发白蚁 [J]. 生物学通报 (11): 46-47.

肖洋,李祝,施渺筱,2014. 粗柄鸡枞菌子实体不同部位营养成分及重金属测定 [J]. 中国酿造, 33 (4): 142-144.

薛德钧,李云秋,2002. 黑翅土白蚁营养成分分析 [J]. 中国现代应用药学, 19 (6): 472-473.

薛建安,王可莉,魏敏吉,2014. 辅酶Q10的抗氧化与抗疲劳作用及临床应用 [J]. 中国医药导刊, 16 (7): 1167-1168.

张健华,李小飞,黄春红,等,2012. 台湾乳白蚁营养成分的初步分析 [J]. 湖南文理学院学报(自然科学版), 24 (3): 29-32.

张宇辰,卢宇豪,周立原,等,2023. 白蚁的生物化学成分及其作用研究进展 [J]. 中南农业科技, 44 (6): 236-239.

AWOBUSUYI T D, SIWELA M, PILLAY K, 2020. Sorghum-insect composites for healthier cookies: nutritional, functional, and technological evaluation [J]. Foods (Basel, Switzerland), 9 (10): 1427.

BENNO V M, GAHUKAR R T, SAMPAT G, et al., 2021. Chemical composition, nutrient quality and acceptability of edible insects are affected by species, developmental stage, gender, diet, and processing method [J]. Foods, 10 (5): 1036.

BULMER M S, CROZIER R H, 2006. Variation in positive selection in termite GNBPs and Relish [J]. Molecular Biology and Evolution, 23 (2): 317-326.

DIMA M H, JANE H, JEANHUGUES R, et al., 2020. Chemical profile and antimicrobial activity of the fungus-growing termite strain macrotermes bellicosus used in traditional medicine in the Republic of Benin [J]. Molecules (Basel, Switzerland), 25 (21): 5015.

FOMBONG F, KINYURU J N, 2018. Termites as Food in Africa [M]. Berlin: Springer.

MAHDI H D, WISSENBACH K D, BERGEN V M, et al., 2020. Ethnomedicinal survey and in vitro confirmation of anti-inflammatory and antispasmodic properties of the termite strain *Macrotermes bellicosus* used in traditional medicine in the Republic of Benin [J]. Journal of Ethnopharmacology, 254 (prepublish): 112705.

PHELPS J R, STRUTHERS K J, MOYO L J S, 2015. Investigations into the nutritive value of Macrotermes Falciger (*Isoptera: Termitidae*) [J]. Zoologica Africana, 10 (2): 123-132.

REIS C E R F D, ALEXANDRE V, SILVA I P, et al., 2015. Edible and medicinal termites: a global overview [J]. Journal of Ethnobiology and Ethnomedicine, 11 (1): 29.

RUMPOLD BIRGIT A, SCHLÜTER OLIVER K, 2013. Nutritional composition and safety aspects of edible insects [J]. Molecular Nutrition & Food Research, 57: 802-823.

SANKARA F, POUSGA S, DAO N, et al., 2018. Indigenous knowledge and potential of termites as poultry feed in Burkina Faso [J]. Journal of Insects as Food and Feed, 4 (4): 211-218.

SIDDIQUI A S, MAHANTA K D, BHOI K T, et al., 2024. Mopane worm (Gonimbrasia belina) —an exclusive African edible insect as human food—a comprehensive review [J]. Future Foods (10): 100438.

SILVA F F, PAULINO U A, MELO D H C, et al., 2012. The trade in medicinal animals in northeastern Brazil [J]. Evidence-Based Complementary and Alternative Medicine (1): 126938.

SOGBESAN A, UGWUMBA A, 2008. Nutritional evaluation of termite (*Macrotermes subhyalinus*) meal as animal protein supplements in the diets of heterobranchus longifilis (Valenciennes, 1840) fingerlings [J]. Turkish Journal of Fisheries and Aquatic Sciences, 8 (1): 149-158.

THOMAS O A, KAYODE A, 2017. Assessment of quality and safety of winged termites (Macrotermes bellicosus) enriched locally formulated complementary foods [J]. Journal of Food Research, 6 (5): 117.

白蚁智能监测技术的应用与发展现状*

刘玉叶**,卢传奇,黄求应***

(华中农业大学水利部白蚁防治重点实验室,武汉 430070)

摘　要:白蚁作为危害水利工程、木质建筑和园林树木的主要害虫,在我国黄河以南地区广泛分布。每年4—6月是我国白蚁分飞扩散的主要时期,该时期往往伴随着白蚁工蚁活动增多和大量有翅繁殖蚁出巢分飞、配对和建立新巢,是人们观察和认识白蚁的最好机会,也是观测白蚁巢群扩散和监测防控白蚁的有利时机。目前,白蚁分飞的智能监测技术研究主要聚焦于确立分飞行为和外界气象因子的关系。本文阐述了白蚁分飞行为及其气候影响因素的国内外研究进展,回顾了白蚁监测预警技术的发展过程,介绍了现阶段白蚁智能监测技术的应用情况,并对白蚁有翅繁殖蚁智能监测与预测预警方向的未来发展趋势进行了展望,以期为研制更加精准、高效的白蚁分飞智能监测技术提供新思路。

关键词:白蚁;分飞行为;智能监测;预警;防治

Application and Development of Intelligent Monitoring Technology of Termites*

Liu Yuye**, Lu Chuanqi, Huang Qiuying***

(*Key Laboratory of Termite Control of Ministry of Water Resources, Huazhong Agricultural University, Wuhan 430070, China*)

Abstract: Termites, as major pests that damage water conservancy projects, wooden structures, and garden trees, are widely distributed in the southern regions of the Yellow River in China. The primary period for termite swarming occurs between April and June each year. During this time, there is often increased activity of worker termites and the emergence of large numbers of alates to mate and establish new nests. It provides the best opportunity for people to observe and understand termites, as well as a favorable time for monitoring and controlling their expansion. Currently, research on intelligent monitoring technology for termite swarming mainly focuses on establishing the relationship between swarming behavior and external meteorological factors. This article discusses the progress of domestic and international research on termite swarming behavior and its climate influencing factors, reviews the development of termite monitoring and forewarning technology, introduces the current applications of intelligent monitoring technology. It forecasts future trends in intelligent monitoring and forewarning technology for alates, aiming to provide new ideas for the development of more precise and efficient intelligent monitoring technologies during the termite swarming period.

---

* 基金项目:国家自然科学基金面上项目(32170500)
** 第一作者:刘玉叶;E-mail:772682462@qq.com
*** 通信作者:黄求应;E-mail:qyhuang2006@mail.hzau.edu.cn

Key words: Termite; Swarming behavior; Intelligent monitoring; Forewarning; Control

1 引言

白蚁主要在地下、墙体或构件内部营巢生活，具有隐蔽筑巢、大量繁殖、持续掘穴的特性，一旦建立巢群则难以根治，破坏性很大。不仅如此，白蚁取食木质纤维素，使其对于大多数含有木质结构的建筑、设施、林木和农作物均能造成危害（Vikram et al., 2021）。白蚁还会分泌酸性物质，在建筑物墙体中穿行进而腐蚀钢筋、电缆等，破坏建筑物的内部结构，大大降低了建筑物的使用寿命和防灾抗灾能力（Novita et al., 2020; 胡寅等, 2023）。此外，白蚁喜在温暖、潮湿、隐蔽的环境下筑巢，我国水利工程及周边气候则为其提供了得天独厚的栖息环境（黄求应等, 2023）。四通八达、错综复杂的蚁道破坏了堤坝结构的完整性，堤坝内部形成许多空腔，在汛期时极易诱发散浸、渗漏、管涌、跌窝甚至溃堤垮坝等险情，给人民群众的生命财产安全造成重大风险隐患（李国英, 2023）。

近年来，随着对于白蚁绿色防治技术的发展，传统的白蚁监测方式已经无法满足当前高效绿色的白蚁防治要求（高长胜等, 2024）。发展白蚁智能监测技术已成为白蚁防治的工作重心和不可或缺的技术手段（杜浩等, 2023）。目前，白蚁分飞的智能监测技术研究主要聚焦于确立其分飞行为与外界气象因子的关系上，利用外界气象因子和白蚁分飞行为拟合，通过分析外界气象数据的变化对白蚁的分飞期进行预测预警（李功春等, 2023）。本研究概述了近年来国内外对于白蚁分飞行为与气候因子相互关系的相关研究，白蚁智能监测技术的发展及其应用情况，讨论了白蚁有翅繁殖蚁智能监测技术的优势特点及其发展趋势，以期为发展绿色、高效和智能的白蚁监测防控技术提供新思路。

2 白蚁分飞行为与气候因子关系研究进展

2.1 白蚁分飞行为

白蚁是一种古老的真社会性昆虫，营巢生活，巢群内品级分化严格，劳动分工明确且密切关联（Chouvenc et al., 2021）。白蚁分飞是白蚁种群扩散和繁衍的重要活动，在每年的春季和夏季，当达到适宜的分飞环境条件时，分飞蚁会从狭小的分飞孔中飞出，落地脱翅，串联追逐，配对建巢（Li et al., 2013; Liu et al, 2024）。不同种属的白蚁，其有翅繁殖蚁的产生、分飞的时间略有不同。散白蚁前年羽化，次年分飞，分飞季节一般发生在 2—4 月（王旋等, 2024），黄翅大白蚁 *Macrotermes barneyi* 和黑翅土白蚁 *Odontotermes formosanus* 则发生在 4—6 月（严军等, 2024）。

白蚁的分飞行为是人们观察和认识白蚁的最好机会，也是观测白蚁巢群扩散和防止白蚁建立过多新巢而产生危害的有利时机。目前关于白蚁分飞的研究主要集中在白蚁的分飞代谢调控（Zhang et al., 2021; 管君霞, 2020）、分飞物候学（Sugio et al., 2020; Lucena et al., 2022; 严军等, 2024; 王旋等, 2024）、分飞蚁营养物质变化（Li et al., 2021）等。研究分析了白蚁分飞行为的内在生理机制，白蚁分飞活动与相关气象因子的关系以及分飞蚁不同阶段能量和养分的动态变化,研究结果不仅可以为弄清白蚁分飞行为的能量供应机制奠定基础工作,而且可以为白蚁分飞的及时预警和精准防控提供理论依据。

2.2 白蚁分飞行为与气候因子的关系

分飞期是白蚁大活动、大暴露的环节,是白蚁防治的关键时期之一。目前,国内外关于白蚁分飞预测的研究主要聚焦于确立分飞行为和外界气象因子的关系,通过分析外界气象数据的变化来预测白蚁的分飞,研究发现气温、湿度、气压、二氧化碳等因素与白蚁分飞行为存在密切关系（Sugio et al.,2020；方艳莹等,2022；李功春等,2023）。

白蚁对环境变化敏感,其中温度是显著影响白蚁分飞的气候因素之一。Sugio（2020）的研究分析了环境因子与有翅蚁分飞行为的关系,其中温度对白蚁有翅蚁的分飞具有明显影响,不同种类的白蚁,分飞的温度要求也不同。一般需要达到一定的环境温度才会满足分飞条件,低温则会抑制白蚁的分飞。丁浩等（2015）研究表明,南通地区黑胸散白蚁分飞高峰期受气候因素影响,其中温度影响最为显著,可以通过多元回归法建立关键气象因子的黑胸散白蚁高峰期间日分飞次数的预测模型,并划分预警等级。

白蚁有翅繁殖蚁对于分飞的湿度要求较高,湿度和降水也是白蚁分飞的关键影响因素（Sugio et al.,2018）。白蚁可以利用触角监测环境湿度的变化,并且更喜欢潮湿的环境而不是干燥的环境（付丙鲜等,2023）。李功春等（2023）通过监测武汉市区黑胸散白蚁分飞,发现空气相对湿度达到80%以上时,有利于黑胸散白蚁有翅成虫的分飞。降雨与相对湿度产生直接关联。严军等（2024）分析表明,对于土栖白蚁,分飞时需温度≥24℃、湿度≥45%,60 min以上的中到大雨是其成熟巢分飞的关键条件。湿度可以影响白蚁的存活（Zukowski and Su,2017）、觅食（Gautam and Henderson,2011）和筑巢（Ocko et al.,2019）等行为,因此了解湿度对白蚁行为的影响,有助于揭示它们在生态系统中的适应机制,这对于理解白蚁如何在不同环境条件下生存、繁殖和演化具有重要意义。

此外,白蚁的分飞活动也会受到其他气象因素的影响。研究显示,气压会影响白蚁工蚁的觅食以及有翅繁殖蚁的分飞行为,气压与分飞蚁的数量显著相关,在分飞日前气压呈下降趋势（林冬春等,2020；方艳莹等,2022）。二氧化碳（CO_2）是一种普遍的化学刺激,在昆虫生命中起着关键作用,会引起不同物种的行为和生理反应。Jamali等（2011）研究发现,蚁巢的CO_2通量在雨季显著高于旱季,白蚁生物量与CO_2通量之间存在正相关线性关系。高CO_2浓度是白蚁巢穴的一大特征,白蚁可以通过空气流动而调节巢穴内部的CO_2浓度,因此CO_2也可以作为白蚁分飞监测预警的候选因子之一（Wu et al.,2016）。

目前许多研究仅关注单一气象因子（如温度或湿度）,未能综合考虑多种气象因子的相互作用和综合影响,如降水量、气压和风速等,这可能导致对白蚁分飞机制的片面理解。其次,目前研究都是外界气象因子和白蚁分飞行为的拟合,缺乏对白蚁巢群内部特征（生物参数和非生物参数）和白蚁分飞行为间关系的研究,难以准确揭示白蚁分飞演化趋势。此外,数据收集往往局限于特定区域或时间段,缺乏广泛的地理和时间代表性,从而影响了结果的普适性。尽管存在这些不足,深入分析白蚁分飞与气象因子之间的关系仍具有重要意义。首先,理解气象因素如何影响白蚁的分飞行为,可以为研究白蚁生态学提供新视角,有助于揭示其生存策略与环境适应机制。其次,随着科学技术的发展,可以利用智能监测手段,实时采集白蚁分飞数据,帮助研究人员识别不同白蚁巢群的分飞模式及其与环境因子之间的关系,从而为其生态学研究提供更为详尽的数据支持。最后,分析白蚁分飞与环境因子之间的关系,有望实现白蚁分飞时间的精准预测,有助于控制白蚁分飞扩散。

3 目前白蚁智能监测技术的应用情况

3.1 白蚁早期监测技术

早期白蚁监测技术的基础是传统诱杀法,它是将白蚁喜食的食料放入诱集箱中,在蚁路和白蚁经常出没处放置引来白蚁后,施放杀蚁剂集中歼之。20世纪60年代,以诱杀坑为雏形的产品化监测装置开始运用,但是这种监测技术用人工开舱的方式,即要经历寻找-开盖-判断这一过程,主要缺点是开盖检查工作劳动强度大,费时费力,并且因无法及时捕捉到白蚁活体,防治效果不佳(沈俊峰等,2023)。

于是随着害虫综合治理(IPM)技术理念的发展,又开发出了有线监测技术:在壳体内饵料条的上下端之间设置通电的金属环、炭环路和红外线环路,当环线被破坏时,即判断有白蚁。所有装置用电线相连,堤坝的潮湿环境会造成电路腐蚀和元件损坏,存在安全隐患,但在无线技术尚未成熟运用的年代已是很好的探索,有线监测技术降低了检查成本,提高了监测效率(Su,2021;黄院生和黄若迪,2023)。

3.2 白蚁智能监测技术

早期的监测技术主要是利用木料对白蚁采集和诱杀,从而达到监测的目的。而进入21世纪以来,人工式防治白蚁的手段已不适用于各大企业,白蚁危害控制的理念已逐渐从化学防治转变到绿色防治,具有环保、高效、可持性特点的白蚁智能监测控制技术已成了国际上白蚁危害控制的主要发展方向(赵盛忠等,2007)。随着芯片技术和线路板技术的发展,电子监测装置将传统的监测装置与传感器以及互联网相结合,利用互联网技术将实时监测信息传送到电脑上,从而实现对白蚁危害的智能监测(黄院生和黄若迪,2023)。如 Nanda 等(2019)利用声音和温度传感器,研制了一种基于声温信号的白蚁检测系统。其研究采用支持向量分类(SVc)和人工神经网络(ANN)算法对白蚁信号进行识别,成功构建了用于检测白蚁存在和估算白蚁种群规模的模型,且白蚁检测系统的准确率达到了 93.83%。沈俊峰(2023)领衔的研究团队基于电磁感应非环路(DEMINL)技术,研发出了新一代白蚁远程实时监控系统,检测体与被检测体之间通过磁感应方式,依据被检测体的磁量变化来判断白蚁有无。除此之外,还可以利用白蚁智能监测平台,结合图像识别、数据分析、云计算等技术实现数据采集、监测活动以及报警定位等功能。目前,基于多传感融合的物联监测逐渐成为白蚁监测和防治的主要手段,对于白蚁分飞行为的认识显得更加重要。虽然这些智能白蚁监测系统能够有效检测白蚁侵入,但其主要是用于感知监测白蚁群体中工蚁的活动行为,而无法实现白蚁社会行为间的信息交流分析和有翅繁殖蚁分飞进程的实时监测,导致白蚁防治工作长期处于被动状态和治标不治本的困境。因此，随着白蚁防治研究进程不断加快，白蚁防治技术也不断创新，以实现监测数据自动采集、实时传输、在线分析、动态监控、数据共享为目标，向多元一体化的水利工程白蚁智能监测平台方向发展，可为提前预警和主动控制白蚁分飞扩散危害奠定工作基础。

4 展望

随着科技的进步，白蚁有翅繁殖蚁智能监测系统正朝着高度自动化、智能化和数据化的方向发展。未来的监测系统将结合物联网（IoT）、人工智能（AI）和大数据分析技术，实现对白蚁分飞行为的实时监测与精准预测。一是传感器技术的进步使得监测设备能够更灵敏地检测到气象变化和白蚁活动，提供更为精确的数据。这些传感器可以安装在不同的生态环境中，实时收集温度、湿度、风速等气象因子，分析其与白蚁分飞之间的关系。二是白蚁智能监测系统不仅要监测外部气象因子（如气温、湿度、气压、降水等），还要利用多种传感器监测蚁群内部生物参数（重量、声音、酸碱度、巢口活动频）和非生物参数（蚁巢温度、湿度、气压、二氧化碳浓度），从而建立真实可靠的白蚁分飞行为多源数据库，通过研究影响白蚁分飞的多种环境因子与生物因子的作用，提取白蚁羽化分飞的演化特征，建立白蚁的预测预警模型，以支撑监测、预警、防治这一完整链条，做到及时发现，合理防治。三是白蚁智能监测系统的发展还将促进跨学科的研究合作，结合生态学、气象学和计算科学等领域的知识，推动白蚁生态管理和防治策略的创新。这不仅有助于提高白蚁监测的效率，降低经济损失，还有助于保护生态环境，维护生物多样性。因此，白蚁有翅繁殖蚁智能监测系统的未来发展应用将为白蚁无害化治理带来新的机遇。

参考文献

丁浩，荣飞，张新平，2015. 南通黑胸散白蚁分飞高峰与气象因子的关系［J］. 中华卫生杀虫药械，21（1）：74-76.

杜浩，芮有春，梁建，2023. 白蚁智能监测在堤坝工程中的应用与展望［J］. 中国水利（15）：65-68.

方艳莹，陈海洪，申华羽，等，2022. 宁波市散白蚁分飞高峰日分析及预测［J］. 中华卫生杀虫药械，28（6）：540-544.

付丙鲜，余雨停，韦益健，等，2023. 白蚁触角感觉结构、电生理及在其社会行为中的作用［J］. 昆虫学报，66（12）：1638-1648.

高长胜，刘成栋，孟颖，等，2024. 水利工程白蚁防治研究进展［J］. 水利水运工程学报（3）：1-13.

管君霞，2020. 乙酰化修饰对黑胸散白蚁分飞蚁能量代谢酶PK活性的影响［D］. 武汉：华中农业大学.

黄求应，李刚华，刘龙，等，2023. 堤坝白蚁习性规律及其生物防治技术研究进展［J］. 中国水利（15）：54-59，53.

黄院生，黄若迪，2023. 水利工程白蚁远程实时监测预警与防治技术［J］. 中国水利（12）：49-52.

李功春, 叶平, 毛学冬, 2023. 武汉市白蚁分飞期蚁害监测分析 [J]. 湖北植保 (5): 43-46.

李国英, 2023. 水利工程白蚁等害堤动物危害及防治调研报告 [J]. 中国水利 (15): 1-5.

林冬春, 夏诚, 冯爱, 等, 2020. 苏州市区黄胸散白蚁分飞高峰与气象因子的关系探讨 [J]. 安徽农学通报, 26 (17): 113-116.

沈俊峰, 吴玲丽, 陈勃生, 等, 2023. 水利工程白蚁危害综合治理中自动监测关键技术研究与应用 [J]. 中国水利 (15): 60-64.

王旋, 卞一飞, 刘艳清, 等, 2024. 长沙市区散白蚁分飞与气象因素相关性研究 [J]. 中华卫生杀虫药械, 30 (3): 286-289.

严军, 宋康杰, 徐海帆, 等, 2024. 小浪底水利枢纽土栖白蚁分飞试验 [J/OL]. 华北水利水电大学学报 (自然科学版), 1-9 [2025-6-9].

赵盛忠, 王志浩, 宋四海, 2007. 网络控制技术在市政白蚁 IPM 动态监控系统中的应用初探 [J]. 智能建筑与城市信息 (6): 78-83.

CHOUVENC T, ŠOBOTNÍK J, ENGEL M S, et al., 2021. Termite evolution: mutualistic associations, key innovations, and the rise of Termitidae [J]. Cellular and Molecular Life Sciences, 78 (6): 2749-2769.

GAUTAM B K, HENDERSON G, 2011. Relative humidity preference and survival of starved Formosan subterranean termites (Isoptera: Rhinotermitidae) at various temperature and relative humidity conditions [J]. Environmental Entomology, 40 (5): 1232-1238.

JAMALI H, LIVESLEY S J, DAWES T Z, et al., 2011. Termite mound emissions of CH_4 and CO_2 are primarily determined by seasonal changes in termite biomass and behaviour [J]. Oecologia, 167 (2): 525-534.

KING H, OCKO S, MAHADEVAN L, 2015. Termite mounds harness diurnal temperature oscillations for ventilation [J]. Proceedings of the National Academy of Sciences, 112 (37): 11589-11593.

LI G H, ZHOU J C, HUANG Y X, et al., 2021. Physiological changes of primaryreproductives after founding incipient colonies in the subterranean termite Reticulitermes chinensis Snyder [J]. Insectes Sociaux, 68: 23-31.

LI G H, ZOU X F, LEI C L, et al., 2013. Antipredator behavior produced by heterosexual and homosexual tandem running in the termiteReticulitermes chinensis (Isoptera: Rhinotermitidae) [J]. Sociobiology, 60 (2): 198-203.

LIU Y T, ZHANG F, HASSAN A, et al., 2024. Accessory gland protein regulates pairing process and oviposition in the subterranean termiteReticulitermes chinensis after swarming [J]. Insect Science, 31 (6): 1889-1907.

LUCENA E F, SILVA I S, MONTEIRO S R, et al., 2022. Accumulated precipitation and air density are linked to termite (Blattodea) flight synchronism in a Seasonally Dry Tropical Forest in north-eastern Brazil [J]. Austral Entomology, 61 (1): 78-85.

NANDA M A, SEMINAR K B, NANDIKA D, et al., 2019. Development of termite detection system based on acoustic and temperature signals [J]. Measurement, 147: 106902.

NOVITA N, AMIRUDDIN H, IBRAHIM H, et al., 2020. Investigation of Termite Attack on Cultural Heritage Buildings: A Case Study in Aceh Province, Indonesia [J]. Insects, 11 (6): 385.

OCKO S A, HEYDE A, MAHADEVAN L, 2019. Morphogenesis of termite mounds [J]. Proceedings of the National Academy of Sciences, 116 (9): 3379-3384.

SUGIO K, MIYAGUNI Y, TAYASU I, 2018. Characteristics of dispersal flight and disperser production in an Asian dry-wood termite, *Neotermes koshunensis* (Isoptera, Kalotermitidae) [J]. Insectes Sociaux, 65: 323-330.

SUGIO K, MIYAGUNI Y, YOSHIMURA T, 2020. Synchronization of alate emergence among colonies and dispersal strategy in the Ryukyu dry-wood termite *Neotermes sugioi* (Isoptera: Kalotermitidae) [J]. Insectes Sociaux, 67: 309-316.

SU N Y, 2001. A computerized system for remote monitoring of subterranean termites near structures [J]. Journal of Economic Entomology, 94 (6): 1518-1525.

VIKRAM S, ARNEODO J D, CALCAGNO J, et al., 2021. Diversity structure of the microbial communities in the guts of four neotropical termite species [J]. PeerJ, 9: e10959.

WU W, LI Z, ZHANG S, et al., 2016. Transcriptome response to elevated atmospheric CO_2 concentration in the Formosan subterranean termite, *Coptotermes formosanus* Shiraki (Isoptera: Rhinotermitidae) [J]. PeerJ, 4: e2527.

ZHANG Z Y, REN J, CHU F, et al., 2021. Biochemical, molecular, and morphological variations of flight muscles before and after dispersal flight in a eusocial termite, *Reticulitermes chinensis* [J]. Insect Science, 28 (1): 77-92.

ZUKOWSKI J, SU N Y, 2017. Survival of termites (Isoptera) exposed to various levels of relative humidity (RH) and water availability, and their RH preferences [J]. Florida Entomologist, 100 (3): 532-538.

杀虫灯智能化技术发展现状及展望

李明珠[1]**,杨 静[1],王 攀[2],刘 文[1],王小平[1]***

(1. 华中农业大学植物科学技术学院,武汉 430070;
2. 武汉市农业科学院蔬菜研究所,武汉 430345)

摘 要:灯光诱控技术已成为病虫害绿色防控的重要手段,而快速发展的现代农业对杀虫灯的智能化程度提出了越来越高的要求。本文概述了杀虫灯智能化技术的研究进展,分析了杀虫灯在自动控制和远程控制方面的应用现状,并探讨了当前杀虫灯智能化技术所面临的问题及其未来发展方向。

关键词:杀虫灯;智能化技术;自动控制;远程控制

Developmental Status and Prospect of Intelligent Technology of Light Traps

Li Mingzhu[1]**, Yang Jing[1], Wang Pan[2], Liu Wen[1], Wang Xiaoping[1]***

(1. *College of Plant Science and Technology*, *Huazhong Agricultural University*, *Wuhan* 430070, *China*;
2. *Institute of Vegetables*, *Wuhan Academy of Agricultural Sciences*, *Wuhan* 430345, *China*)

Abstract: Light trapping and control technology has become an important means of green prevention and control of pests and diseases, and the rapid development of modern agriculture has put forward higher and higher requirements for the intelligence of insecticidal lamps. This paper summarizes the research progress of intelligent technology of insecticidal lamp, analyzes the application status of insecticidal lamp in automatic control and remote control, and discusses the problems faced by intelligent technology of insecticidal lamp and its future development direction.

Key words: Light trap; Intelligent technique; Automatic control; Remote control

1 引言

我国是个农业大国,粮食安全是民生之本。病虫害的绿色防控是保障作物产量和经济收益的重要措施。其中,利用杀虫灯通过灯光诱捕靶标害虫的技术,已成为害虫绿色防控的重要手段,并在作物生产中得到了广泛应用(杨现明等,2020;桑文等,2022)。

传统的杀虫灯虽在害虫控制方面发挥了重要作用,但仍需要人工开关灯、清虫、定时检测并维修设备,耗费大量人力和物力资源(桑文等,2018;雷朝亮,2019)。因

---

* 基金项目:"十四五"国家重点研发计划项目(2023YFD1400700)
** 第一作者:李明珠;E-mail:15623969122@163.com
*** 通信作者:王小平;E-mail:xpwang@mail.hzau.edu.cn

此，提高杀虫灯的智能化水平至关重要。近年来，随着杀虫灯智能化技术研发和应用水平的不断发展，基本实现了杀虫灯的光源智能启停、光波智能调节、自动清虫、自适应检测和远程控制，智能化的杀虫灯已广泛应用于玉米、蔬菜、高粱、烟草等作物的害虫防治，一定程度上降低了农药的施用频率，减少了对环境的污染（官涵杰等，2022；桑文等，2022；王孟泉等，2023；刘利兰等，2023；刘佳等，2023）。然而，杀虫灯智能化水平需进一步提高，在自动倒虫、智能开启等方面仍需突破。

本文总结了杀虫灯自动控制和远程控制方面的研究与应用进展，结合农业生产现状和杀虫灯特点，归纳出杀虫灯智能化发展的四个关键研究问题，并对杀虫灯智能化控制的发展进行了展望。

2 杀虫灯的自动控制

2.1 智能启停

杀虫灯的自动启停主要通过光控、雨控、时控等方式实现。国家标准《植物保护器械杀虫灯》（GB/T 24689.2—2017）中对杀虫灯光控、雨控等功能做了一定要求。

（1）光控功能是指杀虫灯通过接收周围环境光信号实现杀虫灯的自动启停，主要通过电路控制器改变光敏电阻的阻值来实现（梁希文和龚利萍，2007；史江云，2011）。目前不同类型杀虫灯均普遍配有光控组件（温有福等，2020；施龙清等，2022；鲜军庭等，2024）。此外，光控组件还可以应用于其他设施，如光控物联网大棚、光控自动洒水装置等（蔡绍博等，2022；金小汉等，2009）。光控功能的引入减少了人工成本，提高了杀虫灯的智能化程度。

（2）雨控功能指杀虫灯通过感应外界湿度的变化来控制杀虫灯运行，避免雨水进入杀虫灯内部造成破坏（张磊，2016）。目前，实现雨控功能的方法主要有两种，一种是利用湿度感应器检测湿度值，当湿度高于湿度阈值（通常为95%）时，杀虫灯自动关闭。例如，智能太阳能杀虫灯系统采用温湿度传感器来实现该功能（曹家郝，2019）。而另一种是利用水的导电性形成电路通路关闭杀虫灯（张磊，2016）。此外，不同厂家在雨控功能的基础上增加了多种感应组件，如雨滴感应器，以增强雨控功能的精准性，提高杀虫灯环境感应能力（李兆旺等，2024）。雨控功能不仅能有效延长杀虫灯的使用寿命，还显著增强杀虫灯适应不同气候条件的能力，在多雨地区尤为重要。

（3）时控功能是指杀虫灯可以根据人为设定的时间进行工作（郭伟光，2003）。频振式杀虫灯、风吸式杀虫灯以及电网式杀虫灯等已实现了杀虫灯的这一功能（李慎磊等，2020；王忠等，2020；周国涛等，2022）。通过合理控制电流的释放，时控功能能够有效利用蓄电池的能量，从而延长蓄电池的使用寿命，并降低维护成本。此外，时控功能可根据当季害虫的活动规律，人工设定杀虫灯的工作时长，以提高诱虫效率。

2.2 光波智能调节

随着我国对杀虫灯光源的不断研究，白炽灯、黑光灯、高压泵灯和LED杀虫灯相继问世（桑文等，2018）。为满足智能化发展的需求，研究人员对杀虫灯的灯光进行了智能化设计，旨在通过多种光源的合理组合，实现对靶标害虫的精准诱杀。近年来随着LED光源技术的迅速发展，由于其节能环保的特性，目前已成为智能杀虫灯光源的首选（Cohnstaedt et al., 2008；Pawson et al., 2009；Zhang and Xing, 2014）。

我国积极推动 LED 杀虫灯控制系统的智能化改良和开发，旨在更好地应用于害虫绿色防治。在不同害虫发生时期，优化改良后的 LED 杀虫灯智能控制系统能够在害虫不同发生阶段发出特定光波，从而提高不同种类害虫的诱杀效率（张晓冬和邢丽峰，2012；李振东，2015；舒鹏，2018）。例如，相较于传统杀虫灯，LED 多光谱间歇杀虫灯在害虫夜间扑灯高峰期开启不同波段的 LED 灯，能够显著提高水稻田靶标害虫的诱杀率（涂海华等，2016）。此外，太阳能 LED 光谱智能照明驱虫灯和 LED 光源靶向驱虫系统等设计通过调节杀虫灯的光波和光强，进一步提高了对害虫的精准诱捕效果（徐微微等，2023；谢昊轩等，2021）。光波智能调节技术有效地提升了害虫的诱捕率，为农业生产提供更可靠和高效的害虫防治手段。

2.3 害虫自动清理

杀虫灯的主要工作目的是通过趋光性诱集害虫，从而实现害虫的统一灭杀。为了提高杀虫灯的有效工作时长，如何有效地对诱集到的害虫进行自动清理成为关键技术之一。目前，害虫自动清洁根据杀虫灯灭虫方式的不同主要分为两类，一类是主要应用于风吸式杀虫灯的自动倒虫装置，另一类是应用于电击式杀虫灯的自动清虫装置。

风吸式杀虫灯自动倒虫装置的研发可有效降低人工倒虫所需的人力与时间成本。根据动力来源的不同，这类装置主要分为非通电型和通电型两类。非通电型自动倒虫装置主要依赖动力平衡原理来完成倒虫操作，其设计较为简单，适合在缺乏电力供应的环境中使用。代表性的专利设计包括一种捕虫或杀虫装置（蔡夫业和谢伯喜，2018）、一种可自动倾倒虫骸的集虫瓶（林绪火和张朝元，2017）、一种杀虫灯用自动倒虫装置（胡敏锋，2021）、一种捕虫器用自动倒虫清虫装置（李华平，2020）等。通电型自动倒虫装置则利用电机驱动清理推板或转轴，将积累的虫骸自动排出，适用于需要更高效、智能化操作的场景。此类装置的代表包括捕虫灯的自动倒虫装置（饶慈玉，2021）、一种风电一体太阳能杀虫灯（陈耀宇等，2021）、一种太阳能杀虫灯自动倒虫装置（张圣等，2022）等。这些自动倒虫装置的研发提升了杀虫灯智能化程度，极大地提高了其便捷性和操作性。

由于电击式杀虫灯通过高压电网来触杀击毙害虫，长期使用会导致电网上残留大量害虫残骸，导致诱杀效果下降，并可能对设备造成损坏（崔学贵等，2011）。为了应对这一问题，国内已经研发出多种具有自清洁系统的电击式杀虫灯，有效改善了这一情况。例如，具有太阳能自动跟踪功能的自清洁电击杀虫灯及工作方法（李兆旺等，2024）、一种自清洁的杀虫灯（杨春林等，2024）、一种带有自清洁功能的农业杀虫灯（刘利蓉等，2023）、一种带有高压网自动清洁装置的杀虫灯（王永芳等，2023）等。这些自清洁功能不仅提高了电击式杀虫灯的操作便捷性，还显著延长了其使用寿命，确保设备长期高效运行，为农业和公共卫生领域提供了更加可靠的害虫防控手段。

2.4 自适应检测

杀虫灯自适应检测功能包括自动故障检测功能和安全保护功能，不仅可以提高杀虫灯的工作效率和安全性，还降低了管理和维修的成本，使杀虫灯在智能化工作过程中更加安全可靠，为杀虫灯在偏远地区的普及应用带来了便利。

自动故障检测功能是通过在其内部安装传感器来判断杀虫灯的电压和电流的变化情况是否存在异常。当杀虫灯在运行过程中出现功能异常时，故障警报灯会自动警报（杨涛，2021），此外，该功能还可以与远程控制系统相结合，使用户通过手机客户端及时接收到故障信息的提醒，满足用户实时获取设备状态的需求（杨星等，2020；陈世雄，2021）。该功能的实现使杀虫灯的维护更加便捷，尤其利于杀虫灯在偏远地区的应用。

杀虫灯在长期使用中难免会由于各种因素造成电池电路老化、短路等问题，可能会对设备本身造成损害以及对生物构成一定的潜在威胁。而安全保护功能主要通过短路保护、高压电网保护、过充过放保护、欠压保护、低温保护、倾倒保护等保障杀虫灯正常使用（张军宝，2013；张磊，2016）。这些功能不仅可以降低野外复杂环境对杀虫灯的损害风险，还在应用过程中有效保护周围环境中的生物安全。

3　杀虫灯的远程控制

杀虫灯的远程控制主要是通过物联网将杀虫数量、设备运行状态等数据上传到用户移动端，用户通过后台发送调整工作时长等命令来远程管理杀虫灯的运行，提高了杀虫灯的管理效率（杨星等，2020）。如害虫自动计数与远程发布系统，该系统通过电击式杀虫灯击杀害虫时的电压变化进行计数，用户可随时在客户端查看杀虫灯的诱虫数量，并能在害虫大发生时进行早期预警（胡古月，2019）；水稻田自动监测系统能够自动进行害虫计数，为农户制定下一步的害虫防治提供依据（Yao *et al.*，2020）；除此之外，太阳能杀虫灯远程控制系统能够实时采集杀虫灯的工作环境数据信息，并能将数据和图片远程传输到后台监控中心，以供客户随时查看（马仟等，2017；杨涛，2021）。远程控制功能的实现不仅解决了传统管理方式中人力资源不足的问题，还提高了信息获取的及时性与准确性。

尽管当前技术已经取得了一定的进展，但仍需进一步改良这些功能，力争获得更高效、智能的管理解决方案。我国许多企业在杀虫灯的智能化技术方面进行了改良。例如，云智控性诱捕杀虫灯可以查看杀虫灯电击次数和开启状态等信息，还可以自动选择适合虫情的光源波长（王少华等，2023）。这种物联网杀虫灯不仅能够智能开关，还具有红外人体感应开关和网络摄像头，对靠近的人员自动进行警告（查海涅等，2023）。总体而言，杀虫灯的远程控制功能不仅提高了设备的工作效率和安全性，还为农业生产提供了更高效、便捷的害虫防治方法。随着科技的不断进步，杀虫灯的智能化水平将持续提升，为农业的绿色防治带来更多便利和效益。

4　问题与展望

近年来，随着科技的进步，杀虫灯正朝着智能化的方向进一步发展。尽管目前多数企业生产的杀虫灯已初步具备智能化功能，但尚未实现全面智能化管理。

首先是自动倒虫装置。尽管企业已经研发出了不同类型的自动倒虫装置，但市售杀虫灯清理害虫的主要方式仍然为人工倒虫。这主要有以下两个原因：首先，现有的自动倒虫装置中害虫容易逃逸，且未能实现完全灭杀害虫的效果；其次，害虫体内的分泌物会导致虫体粘连结块，难以清理，甚至会造成装置堵塞，进而影响后续集虫效果。以上问题导致自动倒虫装置未能在实际应用中发挥出良好的清虫效果，阻碍了产品的大面积推广。因此，为解决害虫逃逸的问题，未来需加强对自动倒虫装置的研究，并从装置的倒虫方式上进行创新，推动智能倒虫装置升级和改良，以提高清虫效果，降低人工成本。

其次是智能启停功能。现有的杀虫灯只能按照固定的时间工作，无法根据田间虫情以及害虫上灯节律合理调节工作时段（李凯亮等，2019）。目前杀虫灯自天黑开始工作，然而所需诱杀的靶标害虫上灯节律不同。因此，如何实现能量合理分配，以实现对害虫诱杀效率的最大化，是杀虫灯智能化发展的一个重要难题。物联网技术与人工智能进一步结合可以有效改善该问题。根据田间靶标害虫的上灯节律，对杀虫灯具体工作时间段进行智能化控制，为实现能效智能管理以及杀虫灯智能开启提供依据，可以达到更好害虫防治效果。

还有就是智能移动功能。当前的杀虫灯在安装后固定在田间，难以移动，这在作物更换时使得无法有效调整其位置和安装高度，从而可能导致资源浪费和捕虫效率低下。因此，未来的杀虫灯应具备智能移动功能，以便根据实时的害虫密度和分布情况灵活调整位置，从而实现最佳的捕虫效果。为此，提出以下几点建议：首先，未来的杀虫灯应配备自动移动系统，利用物联网和实时数据分析技术，对田间的害虫分布和密度进行监测。当某一地区的害虫密度上升至设定阈值时，杀虫灯能够自动迁移至该区域进行高效诱捕，以提升捕虫效果。此外，设备还可以与田间传感器或无人机相结合，实现更广泛的监测与移动，进一步提高工作效率。

参考文献

蔡夫业，谢伯喜，2018. 一种捕虫或杀虫装置［P］. 中国专利，实用新型，CN201720557650.5，2018-02-06.

蔡绍博，张军，徐欢，等，2022. 基于物联网技术的农业大棚灯光控制与害虫诱杀系统［J］. 种子科技，40（7）：104-107.

曹家郝，2024. 一种智能太阳能杀虫灯系统的设计与研究［D］. 贵阳：贵州大学.

陈世雄，2021. 基于单片机的杀虫灯智能控制器设计［J］. 江苏农业科学，49（13）：186-191.

陈耀宇，郑兆阳，王京京，等，2021. 一种风电一体太阳能杀虫灯［P］. 中国专利，实用新型，CN202120576964.6，2021-12-07.

崔学贵，张立青，王建法，等，2011. 灯光诱虫及专用设备杀虫灯问题研究综述［J］. 现代农业科技（23）：224-226，231.

官涵杰，谢涛，王雄，等，2022. 诱虫灯不同安装间距和高度对烟田主要害虫和天敌的诱杀效果［J］. 广西植保，35（4）：14-20.

郭伟光，2003. 新型环保智能杀虫灯研制成功［J］. 中国生态农业学报（1）：160.

国家农机具质量监督检验中心，2017. GB/T 24689.2-2017 植物保护机械杀虫灯［S］. 北京：中国标准出版社.

胡古月，2024. 基于触压扰动的害虫自动计数与远程发布系统设计［D］. 南京：南京农业大学.

胡敏锋，2021. 一种杀虫灯用自动倒虫装置［P］. 中国专利，实用新型，CN202021758251.3，2021-03-30.

金小汉，熊云威，郭胜均，2009. 定时光控自动洒水装置的研究与应用［J］. 煤矿安全，40（7）：

63-65.

雷朝亮, 2019. 杀虫灯行业应该创新发展 [J]. 湖北植保 (6): 1-3.

李华平, 2020. 一种捕虫器用自动倒虫清虫装置. 中国专利, 发明专利, CN201911282499.9, 2020-04-28.

李凯亮, 舒磊, 黄凯, 等, 2019. 太阳能杀虫灯物联网研究现状与展望 [J]. 智慧农业 (3): 13-28.

李慎磊, 李士军, 李建国, 等, 2020. 一种风吸式杀虫灯 [P]. 中国专利, 实用新型, CN201921280133.3, 2020-07-28.

李兆旺, 张正勇, 金洲, 等, 2024. 具有太阳能自动跟踪功能的自清洁电击杀虫灯及工作方法 [P]. 中国专利, 发明专利, CN202410160968.4, 2024-03-26.

李振东, 2015. 智能LED杀虫灯控制系统的设计 [J]. 机电工程技术, 44 (5): 96-99.

梁希文, 龚利萍, 2007. 电子杀虫灯结构的技术分析 [J]. 现代农业装备 (6): 63-65.

林绪火, 张朝元, 2017. 一种可自动倾倒虫骸的集虫瓶 [P]. 中国专利, 实用新型, CN20162089537.2, 2017-02-08.

刘佳, 马继芳, 李志勇, 等, 2023. 杀虫灯对谷子和高粱上鳞翅目害虫的诱杀效果初报 [J]. 园艺与种苗, 43 (8): 103-104.

刘利兰, 王菲菲, 陈超, 等, 2023. 智能风吸式太阳能杀虫灯在蔬菜上的应用效果研究 [J]. 现代农业科技 (8): 4-6, 15.

刘利蓉, 文洪明, 文钲, 2023. 一种带有自清洁功能的农业杀虫灯 [P]. 中国专利, 实用新型, CN202321544171.1, 2023-12-22.

马仟, 田茂, 唐文龙, 2017. 基于WSN的分布式太阳能杀虫灯远程控制系统研究与设计 [J]. 物联网技术, 7 (2): 77-79, 83.

饶慈玉, 2021. 捕虫灯的自动倒虫装置 [P]. 中国专利, 实用新型, CN202022543886.8, 2021-09-28.

桑文, 蔡夫业, 王小平, 等, 2018. 农用诱虫灯田间应用现状与展望 [J]. 中国植保导刊, 38 (10): 26-30, 68.

桑文, 高俏, 张长禹, 等, 2022. 我国农业害虫物理防治研究与应用进展 [J]. 植物保护学报, 49 (1): 173-183.

施龙清, 占志雄, 姜照伟, 2022. 一种太阳能风吸式杀虫灯 [P]. 中国专利, 实用新型, CN202222046104.9, 2022-10-28.

史江云, 2011. 浅谈光控路灯控制器的设计 [J]. 科技信息 (23): 535.

舒鹏, 2024. 基于单片机控制的太阳能LED多光谱农田害虫诱捕装置设计 [D]. 南昌: 江西农业大学.

田全利, 2022. 基于NB-IoT技术的智能太阳能杀虫灯测控系统设计 [D]. 曲阜: 曲阜师范大学.

涂海华, 唐乃雄, 胡秀霞, 等, 2016. LED多光谱间歇发光太阳能杀虫灯对稻田害虫诱杀效果 [J]. 农业工程学报, 32 (16): 193-197.

王少华, 杨学礼, 张志亮, 等, 2023. 一种云智控性诱捕杀虫灯 [P]. 中国专利, 实用新型, CN202320199648.0, 2023-07-04.

王永芳, 董志平, 刘佳, 等, 2023. 一种带有高压网自动清洁装置的杀虫灯 [P]. 中国专利, 实用新型, CN202222939589.4, 2023-01-17.

王忠, 王世庆, 王娟娟, 等, 2020. 一种太阳能多功能杀虫灯 [P]. 中国专利, 实用新型, CN201822068821.5, 2020-01-14.

鲜军庭, 李志勇, 周飔, 等, 2024. 一种多光谱太阳能杀虫灯 [P]. 中国专利, 实用新型, CN202321833467. 5, 2024-02-20.

谢昊轩, 徐微微, 宋雪月, 等, 2021. 基于 LED 光源靶向驱虫系统设计与开发 [J]. 电子制作 (14): 11-12, 57.

徐微微, 于顺, 秦国强, 等, 2023. 基于太阳能 LED 光谱智能照明驱虫灯设计开发 [J]. 电子制作, 31 (16): 97-99.

杨春林, 席亚东, 李洪浩, 等, 2024. 一种自清洁杀虫灯 [P]. 中国专利, 实用新型, CN202322174252. 3, 2024-03-01.

杨涛, 2022. 基于 NB-IoT 的太阳能杀虫灯远程控制系统 [D]. 北京: 北京林业大学.

杨现明, 陆宴辉, 梁革梅, 2020. 昆虫趋光行为及灯光诱杀技术 [J]. 照明工程学报, 31 (5): 22-31.

杨星, 舒磊, 黄凯, 等, 2020. 太阳能杀虫灯物联网故障诊断特征分析及潜在挑战 [J]. 智慧农业, 2 (2): 11-27.

查海涅, 查沛, 郝娟娟, 2023. 一种物联网杀虫灯 [P]. 中国专利, 实用新型, CN202320740752. 6, 2023-06-30.

张军宝, 2013. 太阳能杀虫灯在西北干旱塬区的应用 [J]. 科学种养 (4): 55.

张磊, 2016. 杀虫灯主要技术的发展分析 [J]. 四川农业与农机 (4): 32-33.

张圣, 范俊珺, 何建群, 等, 2022. 一种太阳能杀虫灯自动倒虫装置 [P]. 中国专利, 发明专利, CN202011103427. 6, 2022-11-11.

张晓冬, 邢丽峰, 2012. 基于单片机控制的 LED 杀虫灯研究 [J]. 信息系统工程 (2): 114-115.

周国涛, 2020. 一种风吸式杀虫灯 [P]. 中国专利, 实用新型, CN202321184646. 0, 2020-07-28.

COHNSTAEDT L W, GILLEN J I, MUNSTERMANN L E, 2008. Light-emitting diode technology improves insect trapping [J]. Journal of the American Mosquito Control Association, 24 (2): 331-334.

PAWSON S M, WATT M S, BROCKERHOFF E G, 2009. Using differential responses to light spectra as a monitoringand control tool for *Arhopalus ferus* (Coleoptera: Cerambycidae) and other exotic wood-boring pests [J]. Journal of Economic Entomology, 102 (1): 79-85.

YAO Q, FENG J, TANG J, et al., 2020. Development of an automatic monitoring system for rice light-trap pests based on machine vision [J]. Journal of Integrative Agriculture, 19 (10): 2500-2513.

ZHANG X D, XING L F, 2014. The study on intelligent insecticidal lamp with LED [J]. Applied Mechanics and Materials, 571-572 (2014): 985-989.

杀虫灯和粘虫板的田间应用及对天敌昆虫的影响*

杨 凯**，陈丽慧***，魏洪义***

(江西农业大学农学院，南昌 330045)

摘 要：粘虫板和杀虫灯作为物理防治害虫的重要手段，在农业生产中得到了广泛应用。这些技术不仅有效减少了化学农药的使用，还对环境保护具有重要意义。然而，粘虫板和杀虫灯在防治害虫的同时，也可能对天敌昆虫产生一定的影响。本文通过对相关文献的系统综述，探讨粘虫板和杀虫灯在农业中的应用现状及其对天敌昆虫的影响，以期为粘虫板和杀虫灯的科学应用提供参考。

关键词：绿色防控技术；粘虫板；杀虫灯；天敌昆虫

Field Application of Insecticide Lamps and Sticky Insect Traps and Theirs Effect on Biological Natural Enemy Insect *

Yang Kai**, Cheng Lihui***, Wei Hongyi***

(*College of Agronomy, Jiangxi Agricultural University, Nanchang 330045, China*)

Abstract: In recent years, people's research on insect behavior and chemical communication is becoming increasingly in-depth, and green prevention and control technologies have been rapidly developed, sticky insect traps and insecticide lamps have been widely used in agricultural production as an important means of physical pest control. These technologies not only effectively reduce the use of chemical pesticides, but also have important significance in environmental protection. However, sticky insect traps and insecticide lamps may also have a certain impact on natural enemy insect while controlling pests. Therefore, it is of great theoretical and practical significance to study the application effects of these techniques and their effects on natural enemy insect. Based on a systematic review of relevant literature, the application status of sticky insect traps and insecticide lamps in agriculture and their effects on natural enemies were discussed.

Key words: Green prevention and control technology; Sticky insect traps; Insecticide lamps; Natural enemy insect

化学农药的过量使用与害虫产生抗性的恶性循环造成了生物多样性减少、水污染、危害人类健康等严重后果，阻碍了农业的可持续发展。中国作为农药生产和使用大国，长期处于化学农药过量使用的状态。相关数据显示，近10年来，中国化学农药年使用

---

* 基金项目：江西省蚕桑产业技术体系项目（JXARS-23）
** 第一作者：杨凯；E-mail：yangkai330321@163.com
*** 通信作者：陈丽慧，E-mail：clhui@jxau.edu.cn
魏洪义，E-mail：hywei@jxau.edu.cn

量最高达到 187.7 万 t，平均利用率仅为 39.8%，远低于世界先进水平 50%~60%（Pan et al.，2020）。为解决作物病虫害防治过度依赖化学农药的问题，中国从 2006 年开始实施绿色防治技术的开发和应用，以"预防为主、综合防治"的植保方针和"绿色植保"的理念为基础采取绿色防治技术。绿色防治技术是指综合生态防治、生物防治、物理防治和其他环境友好型措施，对作物病虫害进行控制的可持续植物保护方法，其中一项技术是中国病虫害综合治理（IPM）的实践（Gao et al.，2019）。截至 2021 年，中国绿色防治技术应用覆盖率估计为 46%。在农产品生产过程中，科学应用绿色防控技术，可以确保农产品生产更加安全，农产品达到更高标准，科学保护种植区生态环境，有效提高农业产量，具有极其重要的价值。然而，绿色防控技术的进一步推广仍面临着重大挑战（Ma et al.，2019；Li et al.，2021；Yu et al.，2021；Qiao, et al.，2022）。

近年来，性诱剂和植物源诱剂作为环保、低毒、安全和高效的防治手段得到越来越多的重视。化学通信在昆虫的搜寻食物、繁殖、寻找同类和合适的产卵地点等行为中起着关键作用（Markus et al.，2022）。在鳞翅目昆虫中，生殖隔离在很大程度上依赖于成熟的雌性产生和释放物种特异性的性信息素成分来吸引同一物种的雄性。另外，雄性的触角从远处特异地感知这些性信息素成分，从而成功地定位雌性，发起并完成交配行为（Wyatt T. D，2009）。利用化学通信中的信息物质合成的昆虫性信息素是一种具有挥发性的小分子有机化合物，其毒性极低，对靶标害虫具有专一性、高效性，对天敌和环境安全，是害虫绿色防控的主要措施之一。

根据昆虫行为学的原理来防治害虫也是近些年研究的焦点，昆虫行为学是研究昆虫的活动方式、功能及其机制的学科，目前的研究主要集中在昆虫取食行为、繁殖行为、行为基础研究、防卫与攻击行为、定向与归巢行为等方面（邵凌云等，2024）。取食行为是昆虫在接收内外信息后由神经系统和肌肉系统综合反应的结果，是生理代谢中的第 1 个环节（裴元慧等，2007）。同哺乳动物一样，昆虫在取食过程中存在营养自主选择现象，即在取食过程中，当被提供一系列不同种类食物时，动物会选择其中的 2 种或 2 种以上的食物搭配取食，以获得更加丰富、全面的营养（Cohen et al.，1987）。繁殖行为是昆虫维系种群繁衍的重要行为之一，利用害虫这两种行为习性设计了性诱剂和食诱剂来进行防治。在害虫防治中，昆虫行为的周期性、定向与运动、繁殖与通信、对它感信息物质的反应、飞行行为等方面的研究较多，已广泛应用于害虫防治领域。比如根据昆虫的日常活动节奏确定调查其种群数量的时间和方法；趋光行为是昆虫固有的特性，其受光源波长、光照强度、气候条件以及昆虫性别和发育等多种因素的影响（徐练等，2015；桑文等，2019）。在国内外关于昆虫趋光行为的研究较多（Paris et al.，2017；Kim et al.，2018；林明江等，2020），根据昆虫的趋性和习性，设计了诱虫黄板和诱虫灯。根据昆虫取食和产卵的选择性行为，筛选抗性品种，合理安排品种布局。根据昆虫的迁徙特点，可以更好地进行预测和预报，建立害虫防治预警系统。

1 虫害绿色防控技术

1.1 农业防控

农业防治是指以栽培和管理技术为基础，改善作物生长的环境条件，使农业生产环境能够保证作物的健康生长，并有效地抑制杂草生长和害虫繁殖，或直接消灭其病虫害。减少病虫基数，从而减轻或避免病虫害。在具体的农业防治中，相关人员需要合理有效地实施肥水管理、犁耕除草、选育抗病品种等措施，还需要合理应用间套作、轮作等生态控制措施，调节作物的生长环境。农业防治通常以预防为主，需要与生产过程有效结合，具有较高的安全性和持久性，但同时具有较强的季节性和地域性，如种植等措施对人力要求较高，且效果较慢，发生病虫害时不能立即取得防治效果。目前，合理应用抗病品种对防治病虫害有较好的效果，但不能同时保障产量和品质。因此，在具体的应用过程中，要因地制宜。

1.2 生物防治

生物防治是利用有益生物及其产物控制有害生物种群数量的一种防治技术，常用于植物虫害的科学治理。近些年利用生物信息素及提取物作为引诱剂诱捕害虫的方法环保且高效，性信息素引诱剂及食物引诱剂在田间广泛应用。性诱剂主要通过模拟昆虫天然产生的信息素，诱导昆虫产生特定的行为反应，如性吸引、交配等。生物源食诱剂是通过提取多种植物中的单糖、多糖和植物酸，合成具有吸引和促进害虫成虫取食的物质。通过诱杀害虫雌、雄成虫，减少害虫卵块数，从而达到防治效果。性诱剂和食诱剂只吸引和杀灭标靶害虫，对天敌益虫无毒副作用，不易产生抗药性、无残留，对绝大部分鳞翅目害虫均有理想的防治效果。

1.3 物理防治

通常情况下，害虫具有一定的生物学习能力，物理防治就是以此为基础，科学地运用水、电、波、光、温度等物理因素进行病虫害防治。如色板诱捕、灯光诱捕。目前应用的粘虫板主要为黄蓝两色，黄色粘虫板防治技术是利用昆虫的趋色性诱杀农业害虫的一种物理防治技术，它绿色环保、成本低，全年应用可大大减少用药次数。采用黄色纸（板）上涂粘虫胶的方法诱杀昆虫，可以有效减少虫口密度，不造成农药残留和害虫抗药性，可兼治多种虫害。可防治粉虱、蚜虫等小型昆虫，蓝色板诱杀叶蝉效果更好，配以性诱剂可扑杀多种害虫的成虫。杀虫灯的杀虫原理，是直接利用电能使特制电灯在夜晚发光，具有宽波段、多波峰特性，近距离用光，长距离用波，利用昆虫趋光、趋波、群飞特点，吸引害虫的接近，诱导害虫飞蛾扑灯，配以高压击杀网来触杀害虫，虫体触电身亡，从而达到杀死成虫、降低害虫基数、降低产卵量、控制害虫的目的。

粘虫板和杀虫灯由于其对害虫良好的防控效果在田间生产中广泛应用，但其在诱杀害虫的同时，是否会对天敌昆虫造成影响也成为关注的热点。

2 粘虫板的应用及研究现状

2.1 粘虫板在农业中的应用

粘虫板作为一种绿色防控技术，具有悬挂方便、安全、无污染的效果，广泛应用于温室、果园和田间作物的害虫防治中。例如，在温室中，用黄、蓝粘虫板 1∶1 布局来防治烟粉虱和蓟马（李永腾等，2023）。这种组合不仅能有效地诱捕害虫，还能减少粘虫板对非目标昆虫的捕获，从而降低对生态系统的负面影响。此外，黄、蓝粘虫板应用于在套种爬地蓝果园中，防治叶蝉、粉虱等吸汁性害虫（姚文等，2021）。通过合理布局和使用不同颜色的粘虫板，可以有效提高对害虫的诱捕效率，并降低对非目标昆虫的捕获率，从而达到更为生态友好的害虫防治效果。此外，也有研究指出，粘虫板能够准确预测害虫的存在（Ioannis et al.，2023）。

2.2 粘虫板的诱杀效果

粘虫板对多种害虫具有显著的诱杀效果，不同实蝇粘虫板在橘园内对实蝇的诱杀效果存在显著差异。具体来说，黄色粘虫板在橘园中对实蝇的诱捕效果优于其他颜色的粘虫板，这可能与实蝇对黄色的强烈视觉反应有关（李月红等，2022）。类似地，黄色粘虫板在茶园中对茶小贯小绿叶蝉的诱集效果也得到了验证（郭灿等，2021）。在实际应用中发现，黄色粘虫板对茶小贯小绿叶蝉的诱捕率最高，这为粘虫板在不同作物中的应用提供了理论支持。此外，粘虫板在辣椒田中的应用也显示出对辣椒主要害虫的显著诱集效果（邱宁宏等，2022）。

研究表明，黄色和蓝色粘虫板在检测和监测入侵性褐边蜻的寄生蜂效果上有显著差异。黄色粘虫板通常表现出较高的诱捕效率，而蓝色粘虫板在某些情况下对特定寄生蜂种类更具吸引力。这一发现说明，不同颜色的粘虫板在害虫和天敌昆虫的监测和防治中都具有重要应用价值（Holthouse et al.，2021）。

2.3 粘虫板对天敌昆虫的影响

粘虫板在应用过程中也引发了人们对其可能吸引并捕获天敌昆虫的担忧，天敌昆虫作为自然生态系统中控制害虫种群的重要力量，其种群数量的变化直接影响着害虫的管理效果及生态系统的稳定性（Rodrigo et al.，2024）。粘虫板在诱捕害虫的同时，对某些天敌昆虫也产生了诱捕作用，这可能会影响天敌的种群动态和平衡。粘虫板在诱捕害虫的同时，许多非目标昆虫也被诱捕是彩色粘虫板的一个明显缺点（Lei et al.，2021）。有研究指出，所有颜色的粘虫板在使用的时候都在一定程度上诱捕了一些非目标生物（Nkafu et al.，2024）。在使用高粘性的粘虫板时，天敌昆虫被捕获的风险更大。粘虫板可能会吸引并黏住在捕食害虫的天敌昆虫，导致这些有益生物被困并最终死亡（Shin et al.，2020）。这种情况下，粘虫板不仅未能达到预期的害虫防治效果，反而可能破坏生态系统的自然平衡。因此，在实际应用中，需要根据具体情况选择合适的粘虫板类型和颜色，以减少对天敌的不利影响。进一步的研究还表明，不同种类的天敌昆虫对粘虫板的敏感性也存在显著差异。据试验显示，天敌昆虫对紫色粘虫板、黑色粘虫板和红色粘虫板的趋性较弱（贾娜等，2021）。而某些捕食性天敌如瓢虫，对黄色粘虫板的反应较为强烈（Mahbubur et al.，2023），寄生性天敌寄生蜂，对黄色粘虫板则更为敏感，在使用黄色粘虫板时，可能会对寄生蜂的种群数量存在潜在影响（Benthall et al.，2022），这些差异可能与不同天敌昆虫的视觉感受机制有关。

有研究结果表明，通过精心设计粘虫板的颜色和网格大小，能够显著降低对非目标天敌昆虫的误捕率。这种策略不仅优化了粘虫板针对特定害虫的控制效率，还体现了对生态平衡的保护意识，避免了对有益昆虫不必要的伤害（Rubio et al.，2022）。

综上所述，在粘虫板的实际应用中，还需认真考虑其对天敌昆虫种群恢复能力的长期影响。长期使用粘虫板可能会导致天敌昆虫种群数量的持续下降，因为高频率的捕获会干扰这些昆虫的繁殖和生存。高黏性的粘虫板在夜间和白天都能有效捕获害虫和天敌，这可能会导致天敌昆虫在一段时间内无法恢复到原有水平。因此，在粘虫板的使用中，需综合考虑其对天敌昆虫的短期和长期影响，通过科学的布置和合理的使用频率，确保天敌昆虫种群能维持在一个稳定的水平，从而实现可持续的害虫防治效果（Melody et al.，2023）。

3 杀虫灯的应用及研究现状

3.1 杀虫灯在农业中的应用

杀虫灯作为一种物理防治手段，主要通过光源诱捕害虫，广泛应用于农田和果园。研究显示，玉米鳞翅目害虫高效杀虫灯防控技术在玉米田中的应用效果显著。这种杀虫灯通过特定波长的光源吸引害虫，结合高压电网或黏性材料进行捕杀，不仅减少了化学农药的使用，还降低了对环境的污染（王孟泉等，2023）。如双光谱 LED 杀虫灯应用于新余蜜橘果园，对金龟子、果吸夜蛾、斜纹夜蛾、柑橘木虱 4 种主要害虫进行诱杀，这种灯光源结合了紫外光和可见光波段，对多种害虫具有良好的诱捕效果。通过合理布局和选择合适的光源类型，杀虫灯可以在不同作物和环境条件下有效控制害虫种群数量，从而提高农作物的产量和质量（涂海华等，2023）。

3.2 杀虫灯的诱杀效果

杀虫灯的诱杀效果因光源类型和设置位置的不同而有所差异。太阳能杀虫灯在夜间对夜行性害虫展现出显著的诱捕能力，相比之下，其对昼行性害虫的效果则较为有限。LED 光源在辣椒和番茄田地中的害虫控制效果尤为显著，但当应用于株高较低的作物时，其效果则有所下降，这可能与作物的生长形态和光源的覆盖范围有关。在实际应用中可以通过精心设计光源类型和优化设置位置来显著提升害虫诱捕的效率和精准度（Huang et al.，2022）。与普通杀虫灯的杀虫效果相比，改进的 LED 杀虫灯特有的四色频闪技术可以更好地诱捕害虫。此外，结合太阳能和 LED 技术的双光谱杀虫灯，可以在不同时间和环境条件下有效吸引和捕杀害虫，从而提高害虫防治的综合效果（Ahirwar et al.，2023）。

3.3 杀虫灯对天敌昆虫的影响

目前使用的杀虫灯缺乏专一性，太阳能杀虫灯在鲜食玉米田中的应用不仅有效控制了害虫，还对节肢动物的生物多样性产生了一定的影响（韩海亮等，2020）。许多天敌昆虫与害虫的光谱敏感性相似，杀虫灯在诱捕害虫的同时，对某些天敌昆虫也有一定的诱捕作用，这可能会影响这些天敌对害虫的自然控制作用（程长松等，2021）。持续使用杀虫灯可能会对天敌昆虫种群的恢复能力产生负面影响，导致天敌昆虫数量逐渐减少。这可能是因为杀虫灯在短期内捕杀大量的天敌昆虫，从而改变生态系统的结构和功能（Griffin et al.，2013），影响天敌昆虫的繁殖和生存。不同光源类型的杀虫灯对天敌的影响也存在显著差异。例如，扇吸式杀虫灯在捕杀害虫的同时，对某些天敌昆虫的捕获率也较高，这可能会干扰天敌的自然控制效果（管涵杰，2022）。在烟田通过设置不同安装间距和高度的杀虫灯，发现杀虫灯的设置位置会对天敌产生不同的诱杀效果（Yao et al.，2023）。不同光源波长的杀虫灯会导致诱虫效果不同，龟纹瓢虫雌成虫更趋向紫外光和绿光，雄成虫更趋向绿光和橙光（黄彤彤，2019）。雌性松毛虫赤眼蜂更趋向绿光及橙光，雄性松毛虫赤眼蜂更趋向紫外光（谷静秀，2021）。因此，在实际应用中，需要综合考虑杀虫灯对天敌的影响，可以通过调整杀虫灯的光源类型和设置位置，减少对天敌昆虫的捕获，从而实现更为生态友好的害虫防治效果。此外，还可以结合其他生物防治方法，如释放天敌昆虫或使用生物农药，以减少杀虫灯对天敌的负面影响，从而实现更为综合和可持续的害虫防治策略。

综上所述，杀虫灯在害虫防治中虽然具有明显的优势，但其对天敌昆虫的影响不容忽视。为了实现更为可持续和生态友好的害虫防治目标，需要在实际应用中结合多种防治方法，综合考虑杀虫灯对天敌昆虫的短期和长期影响，通过调整光源类型、光强度和布局等措施，最大限度地减少对天敌的负面影响。

4 现有研究存在的问题

可以发现粘虫板和杀虫灯在害虫防治中具有显著效果，但其对天敌的影响研究仍需深入。一方面，目前关于粘虫板和杀虫灯对天敌具体影响机制的研究较少，且大多集中在特定环境和作物上，缺乏系统性和广泛性的研究。另一方面，不同颜色和类型的粘虫板和杀虫灯对天敌的影响差异较大，尚未形成统一的研究结论。具体而言，现有研究主要存在以下几个问题：

4.1 研究范围的局限性

大多数研究集中在特定作物和环境中，缺乏对不同生态系统和多种作物的综合性研究。例如，粘虫板在温室和果园中的应用效果较多，而在露天田间作物中的研究相对较少。这种局限性使得研究结果的普适性受到一定限制，难以推广应用于不同类型的农业生产。

4.2 研究方法的单一性

目前的研究方法主要依赖于田间试验和室内试验，缺乏系统的理论模型和综合分析方法。例如，大多数研究仅通过统计害虫和天敌的捕获数量来评估粘虫板和杀虫灯的效果，缺乏对其对生态系统整体影响的深入分析。此外，现有研究多为短期实验，缺乏长期监测数据，难以全面评估粘虫板和杀虫灯对天敌和生态系统的长期影响。

4.3 研究结论的互斥性

不同研究对同一类型粘虫板和杀虫灯的应用效果和天敌影响的结论存在显著差异。例如，某些研究认为黄色粘虫板对天敌昆虫的捕获率较高，而另一些研究则认为其对天敌的影响较小。这种差异可能与研究环境、实验设计和统计方法等因素有关，亟须进一步标准化和规范化研究方法。

5 未来研究方向

未来的研究应重点关注以下几个方面：一是系统研究粘虫板和杀虫灯对不同天敌昆

虫的影响机制，明确其生态影响。应通过大规模田间实验和长期监测，系统评估粘虫板和杀虫灯对天敌种群动态和生态系统平衡的影响。二是探索优化粘虫板和杀虫灯设置的方法，减少对天敌的不利影响。例如，可以通过调整粘虫板的颜色、表面结构等，杀虫灯的颜色、光源类型和设置位置，降低对非目标天敌的捕获率。三是开展不同作物和环境下粘虫板和杀虫灯应用效果的比较研究，形成综合性的防治策略。应结合作物生长特性和害虫发生规律，制定针对性的防治措施，提高粘虫板和杀虫灯的应用效果。四是长期采取农业防治手段结合生物防治和物理防治，构建绿色防控的综合体系，提高农业生产的可持续性。例如，可以将粘虫板和杀虫灯与生物防治手段（如天敌昆虫释放）结合使用，实现害虫防治的协同效应。

参考文献

程长松，马梦君，丁坤明，等，2021. 风吸式太阳能杀虫灯不同时段诱杀茶树害虫研究［J］. 湖北植保（6）：34-37.

谷静秀，2021. 松毛虫赤眼蜂活动节律及其趋光性的关键决定因子研究［D］. 保定：河北农业大学.

官涵杰，谢涛，王雄，等，2022. 诱虫灯不同安装间距和高度对烟田主要害虫和天敌的诱杀效果［J］. 广西植保，35（4）：14-20.

郭灿，皮发娟，王校常，等，2021 黄色粘虫板摆放方式对茶小贯小绿叶蝉诱集效果的影响［J］. 中国植保导刊，41（8）：54-57，80.

韩海亮，章金明，刘敏，等，2020，扇吸式太阳能杀虫灯在鲜食玉米田的应用效果及对节肢动物生物多样性的影响［J］. 植物保护学报，47（6）：1234-1243.

黄彤彤，2019. 龟纹瓢虫趋光行为的结构基础及其成因［D］. 保定：河北农业大学.

贾娜，刘靖，卢威成，等，2021. 不同颜色粘虫板对葡萄园昆虫的诱集效应［J］. 中国果树（2）：31-35.

李永腾，吴汉花，李晓，等，2023. 黄、蓝粘虫板 1∶1 布局对温室黄瓜烟粉虱和蓟马的诱防效果［J］. 中国植保导刊，43（9）：65-68.

李月红，夏声广，王敏，等，2022. 不同实蝇粘虫板对桔园内实蝇的诱杀效果［J］. 中国南方果树，51（5）：35-37.

林明江，许汉亮，管楚雄，等. 甘蔗螟虫趋光性研究［J］. 环境昆虫学报，42（5）：1235-1241.

裴元慧，孔锋，韩国华，等，2007. 昆虫取食行为研究进展［J］. 山东林业科技（6）：97-101.

邱宁宏，陈军，邵昌余，等，2022. 黄、蓝粘虫板对辣椒田主要害虫的诱集效果［J］. 中国植保导刊，42（9）：62-65.

桑文，黄求应，王小平，等，2019. 中国昆虫趋光性及灯光诱虫技术的发展、成就与展望［J］. 应用昆虫学报，56（5）：907-916.

涂海华，杨丽姣，李小毛，等，2023. 双光谱 LED 杀虫灯在新余蜜橘上的诱杀效果［J］. 安徽农业科学，51（9）：123-126.

王孟泉，董志平，刘佳，等，2023，玉米鳞翅目害虫高效杀虫灯防控关键技术研究及防效评价［J］. 中国植保导刊，43（4）：56-61.

徐练，文礼章，2015. 影响杀虫灯诱虫效果的因素及其发展方向［J］. 中国植保导刊，35（5）：19-22.

姚文，林文忠，武竞超，等，2021. 黄蓝粘虫板对套种爬地蓝果园害虫的诱杀效果［J］. 热带农业科学, 41 (1): 92-96.

AHIRWAR K M, VAISHAMPAYAN S, VISHWAKARMA D, et al., 2023. Comparative Analysis of UV and UV-LED Light Traps for Pest Control: A Cost-Efficiency Perspective [J]. International Journal of Plant & Soil Science, 35 (22): 923-934.

ATREYA K, 2007. Pesticide use knowledge and practices: A gender differences in Nepal [J]. Environmental Research, 104 (2): 305-311.

BENTHALL K J, AVILA N, LEAKE L B, et al., 2022. Comparison of parasitoid retention on yellow sticky card traps [J]. Florida Entomologist: 105 (2): 167-169.

COHEN R W, HEYDON S L, WALDBAUER G P, et al., 1987. Nutrient self-selection by the omnivorous cockroach *Supella longipalpa* [J]. Journal of Insect Physiology, 33 (2): 77-82.

GAO Y, NIU Z H, YANG R H, et al., 2019, Impact of green control techniques on family farms'welfare [J]. Ecological Economics, 161: 91-99.

GRIFFIN J N, BYRNES J E, CARDINALE B J, 2013. Effects of predator richness on prey suppression: a meta-analysis [J]. Ecology, 94 (10): 2180-2187.

HOLTHOUSE M C, SPEARS L R, ALSTON D G, 2021. Comparison of Yellow and Blue Sticky Cards for Detection and Monitoring Parasitoid Wasps of the Invasive Halyomorpha halys (Hemiptera: Pentatomidae) [J]. Journal of insect science, 21 (5): 1.

HUANG K, SHU L, LI K, et al., 2022. Insecticidal counting dataset based on one solar insecticidal lamp and two cameras [J]. Frontiers in Plant Science, 13: 995118.

IOANNIS K, BART K D, KLAARTJE B, et al., 2023. Towards automatic insect monitoring on witloof chicory fields using sticky plate image analysis [J]. Ecological Informatics, 75: 102037.

KIM K N, SONG H S, LI C S, et al., 2018. Effect of several factors on the phototactic response of the oriental armyworm, *Mythimna separata* (Lepidoptera: Noctuidae) [J]. Journal of Asia-Pacific Entomology, 21 (3): 952-957.

LEI B, CAI X M, LUO Z X, et al., 2021. Sticky card for Empoasca onukii with bicolor patterns captures less beneficial arthropods in tea gardens [J]. Crop Protection, 149 (prepublish): 105761.

LI H J, LIU Y, ZHAO X M, et al., 2021. Estimating effects of cooperative membership on farmers' safe production behaviors: Evidence from the rice sector in China [J]. Environmental Science and Pollution Research, 28: 25400-25418.

MAHBUBUR M R, TOFAYEL A, RAHMAN A M K, et al., 2023. Combined use of sticky traps and biopesticides as a sustainable tool to manage Aleurocanthus rugosa (Hemiptera: Aleyrodidae) infesting betel vine [J]. Crop Protection, 172: 106299.

MARKUS K, PETER A, MARTIN N A, et al., 2022. Human Impacts on Insect Chemical Communication in the Anthropocene [J]. Frontiers in Ecology and Evolution, 10: 791345.

MA W L, ABDULAI A, 2019. IPM adoption, cooperative membership and farm economic performance [J]. China Agricultural Economic Review, 11 (2): 218-236.

MELODY B, DEFEN M, ERICKAE H, et al., 2023. DNA degradation in Haplaxius crudus (Hemiptera: Cixiidae) and Diaphorina citri (Hemiptera: Liviidae) on yellow sticky traps in Florida [J]. Journal of insect science (Online), 23 (5): 14.

NKAFU T N, FENING O K, AJONGLEFAC F M, et al., 2024. Influence of sticky trap color, host plant species, and weather factors on the population dynamics of thrips species in Southern Ghana [J]. Environmental entomology, 53 (3): 24.

PAN D, HE M, KONG F, 2020. Risk attitude, risk perception, and farmers' pesticide application behavior in China: A moderation and mediation model [J]. Journal of Cleaner Production, 276: 124241.

PARIS T M, ALLAN S A, UDELL B J, et al., 2017. Wavelength and po-larization affect phototaxis of the Asian citrus psyllid [J]. Insects, 8 (3): 88.

QIAO D K, LUO L, ZHOU C Y, et al., 2022. The influence of social learning on Chinese farmers' adoption of green pest control: Mediation by environmental literacy and moderation by market conditions [J]. Environment, Development and Sustainability, 25 (11): 1-26.

RODRIGO L, GUADALUPE C, LAURA N, et al., 2024. Sticky traps and water pan traps to monitor *Delia planipalpis* (Diptera: Anthomyiidae), an emerging pest of broccoli in Mexico [J]. Crop Protection, 176: 106495.

RUBIO A W A, LÓPEZ A G U, FÉLIX A S C, et al., 2022. Capture effect of yellow sticky traps covered with meshes of different colors and sizes on Bemisia tabaci (Hemiptera: Aleyrodidae) and non-target organisms [J]. Applied Entomology and Zoology, 57 (3): 249-255.

SEBASTIAN S, RALF S, 2015, Agricultural insecticides threaten surface waters at the global scale [J]. Proceedings of the National Academy of Sciences of the United States of America, 112 (18): 5750-5755.

SHIN K Y, KIM B S, KIM D, 2020. Attraction characteristics of insect pests and natural enemies according to the vertical position of yellow sticky traps in a strawberry farm with high-raised bed cultivation [J]. Journal of Asia-Pacific Entomology, 23 (4): 1062-1066.

TANG F H M, LENZEN M, MCBRATNEY A, et al., 2021. Risk of pesticide pollution at the global scale [J]. Nature Geoscience, 14 (4): 206-210.

WYATT T D, 2009. Fifty years of pheromones [J]. Nature, 457 (7227): 262-263.

YAO H H, SHU L, YANG F, et al., 2023. The phototactic rhythm of pests for the solar insecticidal lamp: a review [J]. Frontiers in Plant Science, 13: 1018711.

YU L L, CHEN C, NIU Z H, et al., 2021. Risk aversion, cooperative membership and the adoption of green control techniques: evidence from China [J]. Journal of Cleaner Production, 279: 123288.

基于人工智能的实蝇类害虫图像识别技术研究进展

秦嘉炜

(湖南师范大学生命科学学院,长沙 410081)

摘 要:随着人工智能技术的高速发展,利用计算机技术自动处理与分析数据以减轻人工劳动强度,提高效率和准确度已成为必然趋势。实蝇类害虫对果蔬产业的威胁日益严重,每年给我国多个省份带来巨大损失。通过实蝇的田间监测工作找到其发生规律是综合防治实蝇类害虫的基础,而正确识别实蝇种类是精准监测虫害发生的前提。为了加强对实蝇类害虫的防控,国内外学者纷纷对人工智能图像识别实蝇的实现做出了探索。基于传统机器学习的实蝇图像识别技术需人工设计特征提取器,研究者们以翅脉和翅斑、中胸背板条纹、产卵器等作为目标特征,采用了基于支持向量机、决策树、随机森林、BP神经网络等分类器进行分类和识别。基于深度学习的图像识别技术能够自动从数据中提取特征并处理复杂对象和海量数据,具有更明显的优势,研究者们设计了VGG-16、AlexNet、Faster R-CNN等模型,均在实验室背景下取得了不错的识别准确率,但能广泛应用的实蝇类害虫监测产品有待进一步开发。

关键词:实蝇;图像识别;深度学习;害虫监测

1 人工智能图像识别昆虫技术发展概况

人工智能(Artificial Intelligence,AI)是以人类智能相似的方式做出反应的智能机器,包括机器人、语言识别、图像识别、自然语言处理和专家系统等(李明禄,2018),达到延伸和增强人在改造自然、管理社会等各种重要任务中的能力与效率的目的(朱松纯,2017)。人工智能在实际生产生活的应用可以部分或全部替代人工操作,实现在合理节约资源成本的同时,显著提升工作质量和效率(万舜,2024)。

人工智能诞生于1956年美国达特茅斯学院(Dartmouth College)举行的历史上第一次人工智能研讨会,会上首次提出了"Artificial Intelligence"(人工智能)这一术语。随后,人工智能于20世纪60年代达到一次快速发展的顶峰,但受到当时硬件条件的影响,又迅速转为研究低潮。Hiton等(2006)提出深度学习的概念,引领新世纪人工智能科技冲破发展瓶颈。随后各种基于人工智能深度学习的算法持续涌现。近年来,人工智能技术逐渐成为大众关注的热点领域,其中云数据计算、互联网、物联网等现代信息技术的应用,成为许多先进科学技术的集合器。

1.1 人工智能图像识别技术发展概况

发展人工智能的目标是赋予计算机像人一样思考、分析、解决问题的能力。视觉是人了解外部事物的主要途径，而计算机视觉技术则是人工智能科技的眼睛。其中，图像识别技术是计算机视觉研究领域中最基本、最关键的技术，具有速度快、稳定性好、准确性高等特点，拥有代替人眼进行识别的发展潜力（赵春江，2021）。

人工智能图像识别技术的探索起始于20世纪50年代对生物视觉的研究（Hubel and Wiesel，1959）。20世纪60年代，Roberts（1963）阐明了从二维图片中推导出三维信息的过程，这项工作开启了以理解三维机器视觉为目的的研究。在20世纪70年代，麻省理工学院开设计算机视觉课程，David Marr提出了计算机视觉理论。到20世纪80年代，计算机视觉发展迅速，涌现出了许多新的理论框架，并且在各个领域得到了推广，逐步从实验室走向了生活实践（黄凯奇等，2021）。20世纪90年代，特征对象识别逐渐开始成为重点，人工神经网络技术的融合推动了图像识别技术的发展，许多统计学习方法如支持向量机也在计算机视觉中得到广泛的应用（吴基楠等，2018；蔡小娜等，2013）。

1.2 人工智能图像识别技术在昆虫识别上的应用

人工智能图像识别技术可以代替人对昆虫进行识别与计数，大大减少在害虫监测过程中的人工时间、经济成本，因此在21世纪后的农业病虫害研究中都得到了广泛应用。其主要流程包括检测目标、图像获取、图像预处理、图像分析等，而图像分析是识别过程中的关键环节，主要的分析方法可分为传统机器学习和深度学习。

1.2.1 基于机器学习的人工智能图像识别技术在昆虫识别上的应用

机器学习是一类从数据中自动分析获得规律，并利用规律对未知数据进行预测的算法，即具有自我"学习"能力的算法（王晓峰等，2019）。常见的传统机器学习方法有支持向量机（邓继忠等，2012）、决策树（刘平，2017）、朴素贝叶斯方法（赵玉霞，2007）等。

赵汗青等（2002）利用数学形态特征对40种昆虫进行了二叉式分类，结合图像处理技术，使其早期开发的昆虫自动识别软件Bugvisux能够对40种昆虫进行鉴别，并且准确率达到97.5%。于新文等（2003）从棉铃虫、玉米螟和黑艾猎蝽的图像中提取了9个直观易测的形状特征，利用逐步判别分析法筛选出6个特征并构建判别函数对其进行判别分类，识别率达到100%。梁子安等（2007）利用粗糙集神经网络对鳞翅目和鞘翅目昆虫5个总科23种昆虫图像的数学形态特征进行分类识别，并取得了良好的识别效果。赵玉霞等（2007）利用朴素贝叶斯分类器的方法在图像分割和特征提取的基础上实现了对玉米5种病害图像的精准识别。

1.2.2 基于深度学习的人工智能图像识别技术在昆虫识别上的应用

传统的图像识别方法都是以浅层模型为主，并且需要对输入图像进行预处理，导致准确度不高（智绪晔，2020）。科研工作者们面对此问题开始研究更深的网络架构，并使用模型自身进行图像特征提取。

深度学习是一种特殊的机器学习，是指通过模仿人脑运行机制，建立与人脑相似的神经网络，来处理来自外界的各种信息的算法（郭欣羽，2024）。深度学习在处理海量数据上具有一定的优势，能够在大规模数据中自动提取出物体特征并利用分类器进行分类识别，逐渐成为图像识别领域的重点研究课题。深度学习常用的模型主要有Alexnet

(肖小梅等，2021)、VGG（Visual Geometry Group Network）（Konstantinos，2018）等。

郭阳等（2021）利用深度卷积神经网络对 2 500 张水稻害虫图片进行处理，比较 Faster R-CNN、SSD 和 YOLOv3 等 3 种算法在 5 种水稻害虫上的识别效果，结果表明 YOLOv3 算法的识别效果优于其余两种算法，平均准确率为 91.93%。肖小梅等（2021）对传统的卷积神经网络 Alexnet 进行优化改进后，该模型对 4 种常见水稻害虫的平均识别准确率比改进前提升了 1.96 个百分点。Yang 等（2017）利用深度卷积神经网络训练识别 10 种常见的水稻病害，其识别准确率远远高于传统的机器学习模型。万军杰等（2021）利用深度学习技术设计了 1 款可视化的果园病虫害识别和为害程度分级的智能系统，该系统将迁移学习技术和 GoogLeNet 模型相结合，相较于 Alexnet、VGG-16、ResNet-18、SqueezeNet 等模型，其模型验证精度提高了 2.38%～11.40%，能够在 0.43 s 左右的时间准确识别出果树的类型、病害和为害程度等信息，对 6 种果园 25 类的病虫害样本进行研究发现，其虫害和病害的识别精度分别达到 100% 和 98.70%，为害程度分级平均精度可达到 92.78%。

相对于传统机器学习，深度学习对计算资源的要求更高，一般需要较强性能的设备进行大规模运算。在特征提取上，传统机器学习依靠人工提取，而深度学习是依靠机器自动提取，从而满足对海量数据处理和训练的需求。

2 实蝇类害虫概况

实蝇（fruit flies），为双翅目（Diptera）实蝇科（Tephritidae）昆虫的统称，其特征是精致的翅膀图案和雌性拥有伸缩式产卵器（Badii，2020）。实蝇科广泛分布于全球，目前已描述的物种多达 4 000 余个，被认为是双翅目中生态最多样化的科之一（Sarwar，2016）。几乎所有实蝇科昆虫的幼虫均是植食性，不同物种的雌虫通过伸缩式产卵器将卵产于健康植物组织中，使其幼虫在寄主植物的不同器官中发育，如叶、茎、花、种子、果实（Valery，2021），对人类生产活动带来的经济负面影响巨大。

一些本土实蝇科物种会给当地的农业生产造成严重影响。如原产我国台湾地区与日本（汪兴鉴，1995）的具条实蝇（*Zeugodacus scutellatus*），侵害芒果、桃、梨、石榴（梁俊强，2023）、葫芦科、茄科等多种经济作物的果实，是福建、广西、四川、贵州、河南、山西、陕西（晋燕等，2014）等省区的主要果蔬类虫害。原产大洋洲的昆士兰实蝇（*Bactrocera tryoni*）（Yu et al.，2001）成虫在多种未成熟的水果寄主中产卵，导致它们在成熟前腐烂，每年对澳大利亚的水果生产造成超过 2 850 万美元的损失（Clarke et al.，2011）。

一些实蝇科昆虫随世界贸易等逐步扩散到他处后发展为入侵物种，成为食用水果和蔬菜害虫中最具全球经济破坏性的种类。如原产印度的瓜实蝇（*Zeugodacus cucurbitae*）寄生包括如甜瓜、南瓜、黄瓜、苦瓜、西瓜、茄子和番茄等 120 多种蔬菜和水果（马锞等，2010），严重影响我国华东、华南、西南 10 余个省份（李磊等，2019）瓜果的品质和产量。原产非洲的橄榄实蝇（*Bactrocera oleae*）幼虫以橄榄树的果实为食，在西半球从美国加利福尼亚州甚至可能蔓延到近北极地区的整个橄榄种植区，严重影响经济种植的橄榄产量和质量（Rice et al.，2003）。

在中国发生的实蝇有 400 多种（彭洪波等，2018），对经济造成影响的主要有橘小实蝇（*Bactrocera dorsalis*）、瓜实蝇（*Zeugodacus cucurbitae*）和南瓜实蝇（*Zeugodacus tau*）等（梁广勤等，2008），危害柑橘、芒果、香蕉、番石榴等多种水果、蔬菜，在南方省区为害猖獗（任荔荔等，2008）。

3 人工智能图像识别实蝇类害虫技术发展现状

3.1 基于传统机器学习的实蝇识别技术

基于传统机器学习的图像识别技术，被 Adsavakulchai *et al.*（1999）首次应用在橘小实蝇的识别上。它的主要流程包括图像预处理、特征提取和筛选、模型与分类器选择、测试验证等（杨奉水等，2022）。

图像预处理是通过对图像的降噪滤波、锐化增强、分割、旋转等操作，达到提升图像质量，为提取图像中的特征参数做准备的目的。预处理针对图像中的所有信息；清除无效信息，复原有效信息，增强相关检测信息，从而最大程度上简化数据。

特征是针对图像目标的特点经过数学运算产生的参数。通常特征不是只有一个，而是产生一组由特征组成的表达特定目标的特征向量。通过特征向量形成得到的基本特征往往数量很大，特征空间维数过高，需要通过特征选择、提取或转换的方式对特征降维，最终得到有效特征。研究者们主要采用了以实蝇翅的标点间的欧氏距离作为目标特征的识别方法，和以实蝇中胸背板作为目标特征的识别方法。实蝇科昆虫的透明膜质翅上，翅脉在翅面上的分支与排列形式（即脉序）清晰可见，是分类的重要依据之一（谢蕴贞和陈世骧，1954），可以作为实蝇图像的特征进行提取和识别：娄丽霞（2015）通过对南瓜实蝇、橘小实蝇、瓜实蝇、具条实蝇的翅脉交点及特征点的标记，得到特征点的坐标值并对其进行分析；彭莹琼等（2016）采用标记点间的欧氏距离作为分类特征，且取其中的 15 个距离作为特征值，再方差分析确定了用于果蝇鉴定的 11 个主特征；应新新（2018）按照一定顺序对南瓜实蝇、橘小实蝇、瓜实蝇、具条实蝇的 16 个特征点（翅脉边缘上的 9 个点和翅上 7 个标记点）进行标记及特征提取。有些实蝇的膜质翅上还有特殊的斑纹，也可以作为分类的依据（谢蕴贞和陈世骧，1954）：胡学难等（2009）对橘小实蝇、瓜实蝇、南瓜实蝇、地中海实蝇（*Ceratitis capitata*）以及番石榴实蝇（*Bactrocera correcta*）的翅的斑纹特征进行提取与匹配，初步建立了实蝇的识别系统。再者，不同种类实蝇的中胸背板花纹不同，也能将其作为分类依据：张蕾（2011）针对 8 种实蝇属昆虫的图像，对中纵条面积、基色区域面积、斑纹 RGB 值等中胸背板条纹形态采用局部二进制模式（Local Binary Pattern，LBP）进行了特征提取。另外，Faria 等（2014）还通过产卵器的特征来进行 *Anastrepha fraterculus*、*Anastrepha obliqua* 和 *Anastrepha sororcula* 3 种实蝇的自动识别。由于实蝇科昆虫体形较小，并具有雌雄形态差异等特点，给计算机识别昆虫造成了一定的困难，因此有些研究者选取了全局形态特征来更好地表达实蝇图像：李正等（李正，2012；李正等，2010；李正等，2011）选择了橘小实蝇和番石榴实蝇的占空比、偏心率、面积比、形状参数等 13 个特征组成特征子空间；郝中华（2010）提取了云南地区主要的 27 种实蝇类害虫的体长、翅长、躯干宽度、偏心率等特征。

分类器是一种算法或模型，用于将输入的数据分为不同的类别或标签。它依据已知的数据集的特征和标签进行训练，并根据这些学习到的知识对新的未标记数据进行分类。根据数据的属性和学习算法，可以选择不同的分类器，采用不同的方法将从输入数据中提取有用的特征进行分类。李正等（李正，2012；李正等，2010；李正等，2011）和Perre等（2016）采取了基于支持向量机（Support Vector Machines，SVM）分类器对实蝇图像进行分类；汪露等（2013）通过随机森林（Random Forest）模型实现了实蝇属昆虫的识别；李震等（2014）、娄丽霞（2015）、彭莹琼等（2016）、李震等（2017）和邓忠易等（2020）采用了BP（Back Propagation）神经网络分类器搭建分类模型。一些实蝇图像在使用单一的分类器分类后可能仍无法被区分，于是一些研究者将多个分类器组合使用以提高准确率。张蕾等（2011）采用改进型自适应提升（Adaptive Boosting，Adaboost）算法和两类转多类分类器算法，构造多个二分类识别模型并组合成多分类识别模型；郝中华（2010）设计了二叉决策树（Binary Decision Tree）和支持向量机理相结合的分类方法；Faria等（2014）则使用了基于模糊支持向量机（Federated Support Vector Machines，FSVM）的多模态分类器（FSVM-Multimodal）。在完成训练后，分类器需要对一定数量的已知的图像进行分类测试，以验证分类结果。

3.2 基于深度学习的实蝇识别技术

基于深度学习的图像识别技术，拥有能够自动从数据中提取特征，处理复杂对象和海量数据，并利用大数据提升模型性能等等优势，成为近年来图像识别的主流技术。它的主要流程包括图像预处理并划分数据集、设计分类模型与模型训练、模型评估和测试验证等（杨奉水等，2022），其中最关键的步骤则是分类模型的构造。

廖牧鑫（2019）提出了实蝇图像分类VGG-16模型：首先使用高斯模糊算法对清晰的实蝇样本图像进行模糊处理，再利用VGG-16模型对处理后的样本图像进行训练分类，该模型对橘小实蝇、瓜实蝇、南瓜实蝇和具条实蝇的总体识别准确率为88.33%。陈小琳等（2020）公布了图像及分子数据的多模态实蝇图像及分子序列的识别系统：训练AlexNet模型对7属82种实蝇分类，并基于内嵌Blast+程序进行序列比对，依据固定比例权重融合了图像及分子识别结果，正确率在87%以上。Mamdouh and Khattab（2021）设计了基于YOLOv4算法的橄榄实蝇检测和数量计算系统，该系统的平均准确率为96.68%。Christian等（2022）在德国的樱桃园放置黄板并使用捕捉到的昆虫对Faster R-CNN（Faster Region-based Convolutional Neural Network）模型进行训练，使其从中选出实蝇科物种 *Rhagoletis cerasi*，该模型平均准确率达到了82%。彭莹琼等（2023）为了解决实验室背景下自动识别多为单一背景的弊端，能够在更为复杂的开放环境中识别实蝇，设计了基于双线性池化的实蝇分类注意力网络，该模型准确率达87.03%，具有应用于识别自然环境中的实蝇个体的潜力。Victoriano等（2023）从希腊的橄榄园放置的诱捕器获取橄榄实蝇的图像来扩充数据集，运用并微调YOLOv7算法模型，结果表明该模型可以精确识别橄榄实蝇。

3.3 人工智能图像识别实蝇类害虫技术的应用

人工智能的图像识别技术常在田间应用于诱捕器内诱捕到的实蝇的监测与计数方面（Florence et al.，2023）。徐培（2017）根据中胸背板黄色纵带纹区域面积与腰腹部盾片区面积的比值，使用 SIFT 算法对橘小实蝇进行识别，并开发了实蝇害虫跟踪计数算法用来计数评估节点范围内橘小实蝇的暴发情况，将其放入了野外搭建的实蝇害虫监测节点中。Lefteris 等（2017）设计了自动 McPhail 诱捕器针对橄榄实蝇种群进行远程监测，自动昆虫计数技术的准确率几乎达到 75%。黄仁杰等（2021）基于黄色粘虫板设计了自动电机驱动的电子捕捉器原型，并采用多注意力和多部分卷积神经网络（Multi-Attention and Multi-Part convolutional neural Network，MAMPNet）来识别图像中的柑橘类实蝇，最后通过大量的仿真实验验证了电子陷阱原型及柑橘类实蝇检测和识别算法的可靠性和有效性。Yoshua 等（2022）开发了一种 McPhail 型电子诱捕器，以监测 3 种实蝇科物种 *Ceratitis headata*、*Bactrocera dorsalis* 和 *Bactrocera zonata*，具体使用雄性实蝇诱剂的电子诱捕器诱捕实蝇，并自动将图像上传到远程服务器进行识别，该诱捕器在希腊、奥地利、意大利、南非和以色列等国田间测试的识别平均准确率在 93%~95%。

4 总结与展望

农业在全球经济中扮演着关键角色，但至今"智慧农业"的相关先进技术仍未能够得到广泛应用。随着人工智能技术的高速发展，利用计算机技术自动处理与分析数据以减轻人工劳动强度，提高效率和准确度已成为必然趋势。实蝇类害虫对果蔬产业的威胁日益严重，每年给我国西南、华南、东南等地区的省份带来巨大损失。通过实蝇的田间监测工作找到其发生规律是综合防治实蝇类害虫的基础（全金成，2023），而正确识别实蝇种类是精准监测虫害发生的前提。传统的靠人工识别的方法不仅对识别人员有较高的专业知识要求，而且识别效率低。将人工智能的图像识别技术应用在实蝇类害虫的识别上则可以大大提高鉴定速度。

为了加强实蝇类害虫的防控，国内外学者纷纷探索了实蝇图像识别算法。20 世纪末国外学者率先拉开了基于传统机器学习的实蝇图像识别技术的开发序幕。经过十余年的发展，研究者们分别以翅脉和翅斑、中胸背板条纹、产卵器等作为目标特征，采用了基于支持向量机、决策树、随机森林、BP 神经网络等分类器分类。但传统机器学习的缺点使其在野外实际应用中受到诸多限制，如传统机器学习对实蝇图像尤其是翅、中胸背板区域清晰度要求高，人工采样和标记过程烦琐且容错率极低（廖牧鑫，2019）。而在传统机器学习基础上发展出来的深度学习可以无须人工设计特征提取器，自动从数据中提取特征，还能通过多层神经网络学习不同抽象级别的模式和特征，从而拥有更强复杂对象处理能力和计算能力，在实际工作中有更宽广的应用前景。于是在近 5 年时间里，VGG-16 模型、AlexNet 模型、Faster R-CNN 模型相继被应用于实蝇图像分类研究中，但其在实蝇的田间自动识别与计数方面仍需更多实验。实蝇类害虫的图像识别技术可以帮助农民及时发现、了解虫情并采取措施，节省人工监测的开支，减少实蝇类害虫带来的经济损失。因此，能广泛应用的实蝇类害虫监测智慧农业产品有待进一步开发。

参考文献

蔡小娜，黄大庄，沈佐锐，等，2013. 用于昆虫分类鉴定的人工神经网络方法研究：主成分分析与数学建模 [J]. 生物数学学报，28（1）：23-33.

陈小琳, 王江宁, 陈莹莹, 等, 2020. 基于图像及分子数据的多模态实蝇识别系统及方法 [P]. 中国. 一次专利文献, CN202010057695. 2. 2020. 06. 19.

邓继忠, 李敏, 袁之报, 等, 2012. 基于图像识别的小麦腥黑穗病害特征提取与分类 [J]. 农业工程学报, 28 (3)：172-176.

邓忠易, 2020. 基于神经网络的实蝇成虫图像识别算法 [D]. 广州：华南农业大学.

郭欣羽, 2024. 浅谈深度学习发展脉络及其现状 [J]. 湖北经济学院学报（人文社会科学版）, 21 (3)：65-68.

郭阳, 许贝贝, 陈桂鹏, 等, 2021. 基于卷积神经网络的水稻虫害识别方法 [J]. 中国农业科技导报, 23 (11)：99-109.

郝中华, 2010. 基于图像模式识别技术的实蝇昆虫分类识别研究 [D]. 昆明：昆明理工大学.

胡学难, 邓慧, 冯国灿, 等, 2009. 基于图像特征的实蝇自动识别初步研究 [J]. 环境昆虫学报, 31 (4)：384-386.

黄凯奇, 赵鑫, 李乔哲, 等, 2021. 视觉图灵：从人机对抗看计算机视觉下一步发展 [J]. 图学学报, 42 (3)：339-348.

晋燕, 刘晓飞, 叶辉, 2014. 具条实蝇研究综述 [J]. 生物灾害科学, 37 (3)：191-197.

靳刘蕊, 2010. 函数性主成份分析的思想、方法及应用 [J]. 统计与决策 (1)：15-18.

李磊, 韩冬银, 牛黎明, 等, 2019. 瓜实蝇对39种寄主适应度的评估 [J]. 环境昆虫学报, 41 (5)：1057-1064.

李明禄, 2018. 英汉云计算·物联网·大数据辞典 [M]. 上海：上海交通大学出版社.

李震, 邓忠易, 洪添胜, 等, 2017. 基于神经网络的实蝇成虫图像识别算法 [J]. 农业机械学报, 48 (S1)：129-135.

李震, 洪添胜, 文韬, 等, 2014. 基于机器视觉技术识别实蝇成虫 [J]. 果树学报, 31 (4)：679-683, 751.

李正, 2012. 实蝇昆虫图像特征提取与识别技术的研究 [D]. 昆明：昆明理工大学.

李正, 倪远平, 刘迪, 等, 2010. 实蝇图像识别中的形态特征提取研究 [J]. 机械与电子 (S1)：58-62.

李正, 倪远平, 刘迪, 等, 2011. 实蝇图像识别中的形态特征提取研究 [J]. 计算机仿真, 28 (7)：254-257.

梁广勤, 梁帆, 赵菊鹏, 等, 2008. 中国实蝇检疫研究概况 [J]. 环境昆虫学报, 30 (4)：361-369.

梁俊强, 2023. 具条实蝇的发生规律及综合防治 [J]. 河南农业 (22)：45.

梁子安, 刘飞, 赵秋红, 等, 2007. 数学形态学在昆虫总科阶元分类学上的应用研究 [J]. 动物分类学报 (1)：147-152.

廖牧鑫, 2019. 基于卷积神经网络的果实蝇细粒度图像分类研究 [D]. 南昌：江西农业大学.

刘平, 于重重, 苏维均, 等, 2017. 决策树算法在农作物病虫害诊断中的应用 [J]. 计算机工程与设计, 38 (10)：2869-2872, 2891.

娄丽霞, 2015. 基于Android的高风险果实蝇图像识别系统研究与实现 [D]. 南昌：江西农业大学.

马锞, 张瑞萍, 陈耀华, 等, 2010. 瓜实蝇的生物学特性及综合防治研究概况 [J]. 广东农业科学, 37 (8)：131-135.

毛勇, 2006. 基于支持向量机的特征选择方法的研究与应用 [D]. 杭州：浙江大学.

彭洪波, 胡文召, 罗泽青, 2018. 2009—2016年重庆地区实蝇发生动态监测 [J]. 中国南方果树, 47 (1)：41-43, 45.

彭莹琼, 廖牧鑫, 张永红, 等, 2016. 基于BP神经网络模型的果实蝇自动分类系统 [J]. 江西农业大学学报, 38 (6): 1205-1210.

彭莹琼, 俞融融, 尹乘乐, 等, 2023. 基于双线性池化的实蝇分类注意力网络 [J]. 电子技术应用, 49 (5): 8-13.

全金成, 2023. 柿橘小实蝇绿色防控新技术 [J]. 农村新技术 (10): 24-25.

任荔荔, 祁力言, 蒋巧根, 等, 2008. 植物果实、颜色和形状对橘小实蝇产卵选择的影响 [J]. 昆虫知识, 45 (4): 593-597.

万军杰, 祁力钧, 卢中奥, 等, 2021. 基于迁移学习的GoogLeNet果园病虫害识别与分级 [J]. 中国农业大学学报, 26 (11): 209-221.

万舜, 2024. 人工智能技术在新能源汽车行业的应用 [J]. 汽车知识, 24 (9): 34-36.

汪露, 黄丽莉, 杨慧勇, 等, 2013. 果实蝇属昆虫图像识别系统的开发与测试 [J]. 植物检疫, 27 (5): 29-36.

汪兴鉴, 1995. 重要果蔬菜有害虫实蝇概论：双翅目：实蝇科 [J]. 植物检疫, 9 (1): 20-30.

王晓峰, 高俊波, 孔繁荣, 2019. 英汉人工智能辞典 [M]. 上海: 上海交通大学出版社.

吴基楠, 何大东, 龚子慧, 等, 2018. 昆虫自动识别研究进展 [J]. 华中昆虫研究, 14 (0): 140-149.

肖小梅, 杨红云, 易文龙, 等, 2021. 改进的Alexnet模型在水稻害虫图像识别中的应用 [J]. 科学技术与工程, 21 (22): 9447-9454.

谢蕴贞, 陈世骧, 1954. 中国实蝇记述Ⅰ [J]. 昆虫学报 (3): 299-314.

徐培, 2017. 基于计算机视觉技术监测橘小实蝇 [D]. 广州: 华南农业大学.

杨奉水, 王志博, 汪为通, 等, 2022. 人工智能识别茶树病虫害的应用与展望 [J]. 中国茶叶, 44 (6): 1-6.

应新新, 2018. 基于支持向量机的果实蝇图像的自动识别系统研究与实现 [D]. 南昌: 江西农业大学.

于新文, 沈佐锐, 高灵旺, 等, 2003. 昆虫图像几何形状特征的提取技术研究 [J]. 中国农业大学学报 (3): 47-50.

张蕾, 2011. 果实蝇属昆虫自动识别系统的研究与实现 [D]. 北京: 北京邮电大学.

张蕾, 陈小琳, 侯新文, 等, 2011. 实蝇科果实蝇属昆虫数字图像自动识别系统的构建和测试 [J]. 昆虫学报, 54 (2): 184-196.

赵春江, 2021. 智慧农业的发展现状与未来展望 [J]. 华南农业大学学报, 42 (6): 1-7.

赵汗青, 沈佐锐, 于新文, 2002. 数学形态特征应用于昆虫自动鉴别的研究 [J]. 中国农业大学学报 (3): 38-42.

赵玉霞, 王克如, 白中英, 等, 2007. 贝叶斯方法在玉米叶部病害图像识别中的应用 [J]. 计算机工程与应用 (5): 193-195.

智绪晔, 2020. 基于深度学习的鸟类图像识别研究 [D]. 大连: 大连理工大学.

朱松纯, 2017. 浅谈人工智能: 现状、任务、构架与统一 [J]. 视觉求索, 11: 1-55.

ADSAVAKULCHAI S, BAIMAI V, PRACHYABRUED W, et al., 1999. Morphometric study using wing image analysis for identification of the *Bactrocera dorsalis* complex (Diptera: Tephritidae) [J]. Biotropica, 13 (13): 37-48.

BADII B K, 2020. Phylogeny and functional morphology of Diptera (Flies) //Sarwar MH (ed). Life Cycle and Development of Diptera [M]. Rijeka: IntechOpen.

CHRISTIAN S, IRIS K, NIELS L, et al., 2022. Deep learning object detection for image analysis of cherry fruit fly (*Rhagoletis cerasi* L.) on yellow sticky traps [J]. Gesunde Pflanzen, 75 (1):

37-48.

CLARKE A R, POWELL K S, WELDON C W, et al., 2011. The ecology of *Bactrocera tryoni* (Diptera: Tephritidae): what do we know to assist pest management? [J]. Annals of Applied Biology, 158 (1): 26-54.

FARIA F A, PERRE P, ZUCCHI R A, et al., 2014. Automatic identification of fruit flies (Diptera: Tephritidae) [J]. Journal of Visual Communication and Image Representation, 25 (7): 1516-1527.

FLORENCE L, MUSSA D, MBAZINGWA M, et al., 2023. Fruit fly automatic detection and monitoring techniques: a review [J]. Smart Agricultural Technology, 5: 1-17.

HUANG R J, YAO T S, ZHAN C, et al., 2021. A motor-driven and computer vision-based intelligent E-trap for monitoring citrus flies [J]. Agriculture, 11 (5): 460.

HUBEL D H, WIESEL T N, 1959. Receptive fields of single neurones in the cat's striate cortex [J]. The Journal of Physiology, 148 (3): 574-591.

KONSTANTINOS P F, 2018. Deep learning models for plant disease detection and diagnosis [J]. Computers and Electronics in Agriculture, 145: 311-318.

LEFTERIS D, GEORGE N F, KYRIAKI N V, et al., 2017. Remote monitoring of the *Bactrocera oleae* (Gmelin) (Diptera: Tephritidae) population using an automated McPhail trap [J]. Computers and Electronics in Agriculture, 137: 69-78.

MAMDOUH N, KHATTAB A K, 2021. YOLO-based deep learning framework for olive fruit fly detection and counting [J]. IEEE Access, 9: 84252-84262.

PERRE P, FARIA F A, JORGE L R, et al., 2016. Toward an automated identification of anastrepha fruit flies in the fraterculus group (Diptera, Tephritidae) [J]. Neotrop Entomol, 45 (5): 554-558.

RICE R E, PHILLIPS P A, JUDY S L, et al., 2003. Olive fruit fly populations measured in Central and Southern California [J]. California Agriculture, 57 (4): 122-127.

ROBERTS L, 1963. Machine Perception of Three-Dimensional Solids [M]. Cambridge: Massachusetts Institute of Technology.

SARWAR M H, 2016. Area-wide integrated management of fruit flies (Diptera: Tephritidae) pest in vegetables cultivation [J]. Journal of Biological and Environmental Engineering, 1 (2): 10-16.

VALERY A K, 2021. Gall-Inducing Tephritid Flies (Diptera: Tephritidae): evolution and host-plant relations [J]. Frontiers in Ecology and Evolution, 9: 1-16.

VICTORIANO M, OLIVEIRA L, OLIVEIRA H P, 2023. Automated detection and identification of olive fruit fly using YOLOv7 Algorithm [C] //IbPRIA 2023: 11th Iberian Conference on Pattern Recognition and Image Analysis. Alicante: 211-222.

WANG L, GAO L W, SHEN Z R, et al., 2011. Research on landmark extraction technology in identification of fruit flies (Diptera: Tephritidae) [C] //2011 Seventh International Conference on Natural Computation. Shanghai: 26-28.

YANG L, YI S J, ZENG N Y, et al., 2017. Identification of rice diseases using deep convolutional neural networks [J]. Neurocomputing, 267: 378-384.

YOSHUA D, AVIV S, BEN S, et al., 2022. A real-time remote surveillance system for fruit flies of economic importance: sensitivity and image analysis [J]. Journal of Pest Science, 96 (2): 611-622.

YU H, FROMMER M, ROBSON M K, et al., 2001. Microsatellite analysis of the Queensland fruit fly *Bactrocera tryoni* (Diptera: Tephritidae) indicates spatial structuring: implications for population control [J]. Bulletin of entomological research, 91 (2): 139-147.

草地贪夜蛾抗药性研究进展*

付慧男[1]**，王　希[1,2]**，罗习滔[1]，罗俊彦[1]，钟　玲[2]，邹志文[1]***

(1. 南昌大学生命科学学院，南昌　330031；
2. 江西省农业农村产业发展服务中心，南昌　330046)

摘　要：草地贪夜蛾 *Spodoptera frugiperda*（J.E.Smith），是一种世界性入侵性害虫。2018年于我国云南省首次发现后，其在2年时间内迅速入侵我国广东、西藏、江西等十余个省区，并对玉米、水稻、小麦、大豆、甘蔗、高粱等80多种重要粮食、经济作物造成巨大危害。草地贪夜蛾的防治目前主要依赖化学农药，如氨基甲酸酯类、拟除虫菊酯类、大环内酯类和有机磷类等杀虫剂。然而化学农药的大规模滥用及使用浓度的不合理，导致草地贪夜蛾体内相关靶标基因和解毒酶基因的突变及其表达量的变化，使得草地贪夜蛾的抗药性和适应性显著提升。同时草地贪夜蛾对不同农药交叉抗性则进一步增加草地贪夜蛾的抗药性和防治难度。随着化学农药的大规模使用，草地贪夜蛾对农药的敏感性快速下降。同时对新型杀虫剂研发要求提高，且新型杀虫剂的使用寿命在降低。本文综述了目前国内外草地贪夜蛾对几类应用较广泛的杀虫剂抗药性现状，以期为草地贪夜蛾田间防治及抗性研究提供参考。

关键词：草地贪夜蛾；抗药性；氨基甲酸酯类杀虫剂；拟除虫菊酯类杀虫剂；大环内酯类杀虫剂；有机磷类杀虫剂

Research Progress on Drug Resistance of *Spodoptera frugiperda**

Fu Huinan[1]**, Wang Xi[1,2]**, Luo Xitao[1], Luo Junyan[1], Zhong Ling[2], Zou Zhiwen[1]***

(1. *School of Life Sciencesat, Nanchang University, Nanchang* 330031, *China*;
2. *Jiangxi Agricultural and Rural Industry Development Service Center, Nanchang* 330046, *China*)

Abstract: *Spodoptera frugiperda* (J.E.Smith) is a global invasive pest. It quickly invaded more than 10 provinces that including Guangdong, Xizang, Jiangxi, and other provinces within 2 years since its first discovery in Yunnan Province of China in 2018. It has caused significant harm to more than 80 kinds of grain and economic crops such as corn, rice, wheat, soybeans, sugarcane and sorghum. The prevention and control of the *S. frugiperda* mainly relies on chemical pesticides, such as carbamate, pyrethroid, macrolide and organophosphate insecticides. However, the large-scale abuse and unreasonable use of chemical pesticides has

---

* 基金项目：江西省重点研发计划（20212BBF63042，20203BBF63041）；国家自然科学基金（31860601）；南昌大学自然科学跨学科创新基金（9167-28220007-YB2105）
** 第一作者：付慧男，E-mail:2521488413@qq.com
　　　　　　王希，E-mail:151743468@qq.com
*** 通信作者：邹志文，E-mail:zouzhiwen@ncu.edu.cn

led to mutations and changes in the expression levels of target genes and detoxification enzyme genes in the body of the *S. frugiperda*, which significantly improved its resistance and adaptability to pesticides. At the same time, the cross resistance of the *S. frugiperda* to different pesticides further increased its resistance and difficulty in control. With the large-scale use of chemical pesticides, the sensitivity of *S. frugiperda* to pesticides has rapidly decreased. The requirements for the development of new insecticides are increasing, and the service time of new insecticides is decreasing. This review illustrated the current situation of insecticide resistance of *S. frugiperda* to widely used insecticides in the world, in order to provide reference for the field control and resistance research of *S. frugiperda*.

Key words：*Spodoptera frugiperda*；Drug resistance；Carbamate insecticides；Pyrethroid insecticides；Macrolide insecticides；Organophosphorus pesticides

草地贪夜蛾 *Spodoptera frugiperda*（J. E. Smith），又名秋黏虫，属鳞翅目 Lepidoptera 夜蛾科 Noctuidae 灰翅夜蛾属 *Spodoptera* Herrich-Schaeffer（王燕平等，2021）。草地贪夜蛾是我国重要农业害虫之一，对我国粮食生产构成直接威胁（刘元兵等，2020）。以玉米为例，幼虫取食幼茎后，破坏玉米生长点，导致玉米停止长出新叶或穗轴，形成枯心苗；取食叶片导致叶片缺损，影响植株正常生长；取食雄穗和雌穗影响果穗正常发育，造成玉米产量下降。除此之外，其幼虫还存在转株危害、粪便危害等。

草地贪夜蛾具有极强的迁飞性。2018年在我国云南省首次发现后，随后迅速入侵我国广东、西藏、江西等十余个省区。根据联合国粮农组织的统计数据显示，全球每年害虫入侵造成的经济损失达700亿美元，其中仅巴西每年因草地贪夜蛾导致的经济损失多达6亿美元（Westbrook *et al.*，2016）。草地贪夜蛾因其迁飞距离长，繁殖周期短等特点为各国防治增加难点。迄今为止，全球防治手段主要依赖化学农药，但其存在一定的局限性，不能很好对害虫进行防控，且大多数化学杀虫剂会对环境造成一定的影响。本文主要综述目前国内外不同地区的草地贪夜蛾对常用于防治的几类化学杀虫剂的抗药性做回顾和综述，同时简述其抗性机理。以期为我国的草地贪夜蛾防治工作提供参考。

1 草地贪夜蛾对化学农药抗药性现状

根据化学农药的主要成分，可分为多个大类，如氨基甲酸酯类杀虫剂、有机磷类杀虫剂、大环内酯类杀虫剂和拟除虫菊酯类杀虫剂等。氨基甲酸酯类杀虫剂杀虫是一类带有官能团 $CH_3-NH-O-C=O-$ 的氨基甲酸酯类农药（黄会等，2016），包括灭多威、硫双威、西维因、甲萘威、茚虫威等；大环内酯类杀虫剂是一类具有12~16碳内酯环化学结构的杀虫剂，包括多杀菌素、氯丹、多杀霉素等（戴翰洋，2015）；有机磷类杀虫剂，指含有磷元素的有机化合物杀虫剂，包括敌百虫、敌敌畏、马拉硫磷、辛硫磷、毒死蜱等（范小振等，2023）；拟除虫菊酯类杀虫剂根据结构中是否含有氰基，可将其分为Ⅰ型和Ⅱ型两型，Ⅰ型拟除虫菊酯杀虫剂分子构型中不含氰基，Ⅱ型则含有氰基（Power and Sudakin，2007），包括溴氰菊酯、氯氰菊酯、氰戊菊酯等。2020年，国家发布了28种化学农药应急防治推荐名单，甲氨基阿维菌素苯甲酸盐、乙基多杀菌素、阿维菌素均属于大环内酯类杀虫剂，而高效氯氟氰菊酯属于拟除虫菊酯类杀虫剂。

1.1 国内草地贪夜蛾对化学农药抗药性现状

1957年首次合成氨基甲酸酯类杀虫剂西维因后,氨基甲酸酯类杀虫剂如硫双威、甲萘威等陆续面世。然而在大量且不规范地使用后,草地贪夜蛾对氨基甲酸酯类杀虫剂抗药性正在逐步升高。2019年对我国16省的草地贪夜蛾进行茚虫威敏感性测定,结果显示其抗性倍数在0.9~3.4倍,而2020年时其抗性倍数增长至1.5~5.1倍(李妍,2021)。2020年对入侵江西地区的草地贪夜蛾进行多种农药的毒力测定,发现茚虫威的防治效果最差(宁旭,2022),表明江西地区的草地贪夜蛾对氨基甲酸酯类杀虫剂已经产生一定的耐药性。同年,对湖北省地区的草地贪夜蛾检测其对茚虫威的敏感性,发现其LC_{50}的值为9.36~115.85 mg/L。但在2020年、2021年对安徽地区的草地贪夜蛾检测中发现其种群仍对茚虫威处于敏感状态(吴玉杰,2022)。2021年,对浙江省地区野外地区草地贪夜蛾使用15%茚虫威防治,结果表明,相较于甲维盐、乙基多杀菌素等,其防治效果较差,且防治时间较短(曹斌等,2023)。而2022年,对福建省漳州市的田间草地贪夜蛾进行抗药性检测,使用15%茚虫威防治时,其防治效果相较于氯虫苯甲酰胺差,虫口退减率较低(王晓晶,2023)。说明我国各个省份的草地贪夜蛾种群对氨基甲酸酯类杀虫剂的抗药性正在逐年上升。

大环内酯类杀虫剂通过激活氯离子通道,致使昆虫新陈代谢和神经传导紊乱,抑制肌肉收缩,破坏解毒能力,从而使草地贪夜蛾幼虫麻痹瘫痪死亡。大环内酯类杀虫剂主要代表为甲氨基阿维菌素苯甲酸盐,简称甲维盐,其对草地贪夜蛾杀伤性较强且对其他昆虫及环境的影响较小,因而目前在国内大范围使用。2020年,对安徽不同地区草地贪夜蛾种群进行甲维盐毒力测定,结果表明安徽省范围内草地贪夜蛾种群对甲维盐尚处于敏感水平(牛多邦,2022)。且同年牛多邦等的研究结果也证明了这一点(牛多邦等,2022)。2020年,覃燕光对广西地区的草地贪夜蛾进行检测,实验结果表明甲维盐对草地贪夜蛾的防治效果达到90%以上(覃燕光,2020)。同年,在甘肃地区使用60 g/L乙基多杀菌素悬浮剂和2%甲维盐微乳剂检测草地贪夜蛾对大环内酯类杀虫剂敏感性,结果表明,草地贪夜蛾对其较为敏感(张大为等,2023)。2021年,检测湖南省地区野外地区草地贪夜蛾对甲维盐敏感性时,发现其LC_{50}的值为0.23 mg/L,并且防治效果也达到88%~89%(符伟等,2022)。2022年,检测浙江地区乙基多杀菌对草地贪夜蛾的防治效果,发现乙基多杀菌素的防治效果在90%以上,表明该地区的草地贪夜蛾对乙基多杀菌素较为敏感(曹斌等,2023)。2022年,何政协测定重庆市野外草地贪夜蛾对5%甲氨基阿维菌素苯甲酸盐干悬剂敏感性,结果表明,其LC_{50}的值为3.19 mg/L,室内的毒力测定表明其LC_{50}的值为0.20 mg/L(何政协,2023)。2022年,对湖南不同地区的草地贪夜蛾抗药性检测表明,湖南地区的草地贪夜蛾对甲维盐的抗药性达到了3~5倍(黄至畅等,2022)。说明到目前为止,入侵我国的草地贪夜蛾对大环内酯类杀虫剂依然较为敏感。

有机磷类杀虫剂为防治鳞翅目害虫的常用杀虫剂。2019年对入侵我国的草地贪夜蛾进行有机磷靶标位点检测,结果表明80%以上基因发生突变(李妍等,2020)。2020年,对湖北地区草地贪夜蛾种群的检测也说明了这一点(郭志敏等,2020)。2019年对广西地区的草地贪夜蛾种群进行检测,发现其对毒死蜱和吡虫啉敏感性较低(凌炎等,

2019)。同年，对海南地区的草地贪夜蛾种群进行检测，发现辛硫磷相较于甲维盐、多杀菌素，其LC_{50}值为后者的30~40倍（金涛等，2019）。2021年，对浙江田间地区使用10%虫螨腈进行喷洒防治，结果表明其速效性和持续性都较好（曹斌等，2023）。然而2022年，对重庆地区的草地贪夜蛾检测其对虫螨腈的敏感性，发现其4~5龄幼虫对8%虫螨腈的LC_{50}的值为153.56 mg/L，而2~3龄幼虫的LC_{50}的值为27.42 mg/L，说明随着草地贪夜蛾幼虫龄期的增加，对杀虫剂的抗药性也在相应的增加（符伟等，2022）。说明入侵我国的草地贪夜蛾种群对有机磷类杀虫剂均有一定抗性。

2019年，对我国16省地区的草地贪夜蛾种群进行高效氯氟氰菊酯抗药性检测，结果表明其抗性倍数在1.0~4.3倍，而2020年检测结果为1.1~4.2倍（李妍，2021）。其中广西地区的草地贪夜蛾种群对溴氰菊酯、甲氰菊酯、氟氯氰菊酯的LC_{50}的值分别为0.04 mg/L、0.08 mg/L、0.21 mg/L（金涛等，2019）。而广东地区田间调查表明氟氯氰菊酯、高效氯氟氰菊酯、溴氰菊酯的LC_{50}的值分别为29.80 mg/L、42.39 mg/L、49.88 mg/L（Cinthia，2021）。同年，使用4.5%高效氯氟氰菊酯乳油对甘肃地区草地贪夜蛾进行防治，但防治效果较差（张大为等，2023）。而湖北地区的草地贪夜蛾对高效氯氟氰菊酯的LC_{50}的值为34.55~181.28 mg/L。2022年，测定重庆地区草地贪夜蛾3龄幼虫对溴氰菊酯的敏感性，其LC_{50}值为8.50 mg/L，而4~5龄幼虫的LC_{50}值为830.53 mg/L（符伟等，2022）。2022年，对河南省扶沟县地区的草地贪夜蛾使用高效氯氰菊酯防治，说明我国不同地区草地贪夜蛾种群对拟除虫菊酯类杀虫剂耐药性并不相同。

我国不同地区草地贪夜蛾的抗药性调查表明，我国不同地区的草地贪夜蛾对不同类型的杀虫剂均产生不同程度的抗药性。2020年对江西地区的草地贪夜蛾抗药性的调查表明，大环内酯类杀虫剂效果最好、双酰胺类次之，其次为氯氰菊酯类，氨基甲酸酯类杀虫剂的效果最差（陈笑梅等，2007），该结果与海南地区的检测结果相似，氯虫苯甲酰胺与甲维盐防治效果较好，而茚虫威的防治效果较差（刘彦龙等，2022）。而同年对安徽地区的草地贪夜蛾进行抗药性检测表明，安徽地区的草地贪夜蛾对茚虫威和乙基多杀菌素均比较敏感（吴玉杰，2022）。说明目前我国大多数地区的草地贪夜蛾对大环内酯类杀虫剂敏感性较高，对氨基甲酸酯类杀虫剂、有机磷类杀虫剂、拟除虫菊酯类杀虫剂等几类杀虫剂，我国不同地区的草地贪夜蛾的敏感性不同，但随着时间的推移，草地贪夜蛾对这几类杀虫剂敏感性呈现出逐渐降低的趋势。

1.2 国外地区对草地贪夜蛾抗药性现状

草地贪夜蛾种群对杀虫剂的抗药性上升在国外地区较为明显。如1991年，北佛罗里达州的草地贪夜蛾对氨基甲酸酯类杀虫剂的抗性倍数相较于敏感品系提高192倍，其中甲萘威的抗性倍数最高；体内的解毒酶和水解酶的含量相较于敏感品系高1.4~6.6倍（Yu，1991）。2003年该地区草地贪夜蛾对西维因抗药性相较于1991年高562倍，水解酶和还原酶也已高至1.3倍和7.7倍（Yu et al.，2003）；2006年，该地区种群对西维硫磷的抗性倍数则高达1 159倍，对甲基对硫磷的抗性倍数也达到了39倍（Simon and Elzie，2007）。北佛罗里达州的草地贪夜蛾种群对氨基甲酸酯类杀虫剂的抗药性逐年上升表明草地贪夜蛾具有强大的适应能力。2019年，对印度地区的草地贪夜蛾检测其对硫双威的敏感性，发现其相较于 2005 年在巴西所采集的草地贪夜蛾种群，其抗药性可以提升到低至中等抗性水平（Kulye et al., 2021）。2020 年，对澳洲地区的草地贪夜蛾检测其对茚虫威的敏感性，LC_{50} 的值为 3.79 μg/mL，相较于敏感品系，LC_{50} 值明显升高（Lisa et al., 2022）。

在印度尼西亚地区，控制草地贪夜蛾最有效的杀虫剂是多杀菌素，其次是阿维菌素苯甲酸酯和氯虫苯甲酰胺（Nonci, 2021）。波多黎各和墨西哥地区的草地贪夜蛾对甲维菌素苯甲酸酯和阿维菌素抗药性较低。对巴西地区 2003—2004 年和 2019—2021 年草地贪夜蛾分别进行检测，发现 2019—2021 年草地贪夜蛾相较于前者，比率达到 632 倍（Dionei et al., 2022）。表明巴西地区的草地贪夜蛾对甲维盐已产生高抗药性。

1991 年，在北佛罗里达州的玉米中收集的草地贪夜蛾对有机磷类杀虫剂的抗性倍数相较于敏感品系为 12~271 倍（Yu, 1991）。而到了 2003 年，对甲基对硫磷的抗药性倍数达到了 354 倍（Yu et al., 2003）。说明在此 10 年间，草地贪夜蛾对有机磷类杀虫剂的抗性水平快速升高。2019 年，对印度地区的草地贪夜蛾检测其对毒死蜱的敏感性，发现其相较于 2005 年在巴西所采集的草地贪夜蛾种群，其抗药性也已提升到低至中等抗性水平（范小振等，2023）。

Zanuncio（1998）对草地贪夜蛾进行毒力测定发现，氯氰菊酯表现出中等毒性，而溴氰菊酯表现出高毒性。2020 年，在美国路易斯安那州采集的草地贪夜蛾，通过神经生理学测定，观察到 λ-三氯氟氰菊酯的效力降低了 1 750 倍（Ana et al., 2020）。2020 年澳大利亚地区的草地贪夜蛾对氯氟氰菊酯敏感性降低了 56~199 倍，对 α 氯氰菊酯的敏感性降低了 44~132 倍（戴翰洋，2015）。2021 年，巴西地区的草地贪夜蛾对 λ-三氯氟氰菊酯抗性倍数达到了 217 倍（Antonio et al., 2023）。2019 年，对印度地区的草地贪夜蛾检测其对溴氰菊酯的敏感性，发现其相较于 2005 年在巴西所采集的草地贪夜蛾种群，其抗药性已提升至中等抗性水平（范小振等，2023）。

国外地区由于其对草地贪夜蛾防治时间更长，化学农药使用时间更长，导致草地贪夜蛾对不同类型的杀虫剂均已产生了不同程度的抗药性。其中美洲地区由于其防治时间长，化学农药的大范围的使用，该地区的草地贪夜蛾种群对有机磷类杀虫剂，大环内酯类杀虫剂，氨基甲酸酯类杀虫剂，拟除虫菊酯类杀虫剂均已产生高抗性。而亚洲、大洋洲、非洲地区的草地贪夜蛾也对几种类型的杀虫剂产生不同程度的抗药性。

2 草地贪夜蛾对不同类型农药产生抗性的机理机制

对我国 12 个省份的草地贪夜蛾进行采样、检测后，发现野外草地贪夜蛾的乙酰胆碱酯酶基因 ace-1 中的 A201S 和 F290V 位点均发生了突变（Lv et al., 2023），其中江西、四川等地的 A201S 和 F290V 位点突变频率较高（李妍等，2020）。草地贪夜蛾种群对氨基甲酸酯类杀虫剂的抗药性提升的原因可能是因为作为靶标的乙酰胆碱酯酶不敏感。有学者发现在对草地贪夜蛾田间种群的乙酰胆碱酯酶进行纯化后，纯化后的乙酰胆碱酯酶对氨基甲酸酯类农药敏感性较低（Kumar et al., 2023）；并且在全球气候变暖的情况下，草地贪夜蛾体内谷胱甘肽-S-转移酶（GST）、羧酸酯酶（CarE）和乙酰胆碱酯酶（AChE）的活性进一步提高（Yu, 2006），进一步增加了草地贪夜蛾对氨基甲酸酯类农药的抗药性。

大环内酯类杀虫剂受体基因为 GABA 受体，调控氯离子通道。目前有研究表明，利用基因编辑技术，敲除 ABCB1 基因后增加了草地贪夜蛾对甲维盐的敏感性。由此可见，ABC 转运蛋白也是草地贪夜蛾对甲维盐产生抗性的基因之一（Qi et al., 2022）。除 ABC 转运蛋白外，敲除烟碱乙酰胆碱受体 α6 亚基会使得草地贪夜蛾对多杀菌素产生高抗性，但对甲维盐的抗性没有影响（Tailong et al., 2022）。此外，甲维盐处理草地贪夜蛾后，多个草地贪夜蛾的 CYP 基因表达上调，其中运用 CRISPR-Cas9 技术将田间草地贪夜蛾的 CYP9A 基因敲除之后，草地贪夜蛾恢复了对甲维盐的敏感性，故 CYP 基因也是影响草地贪夜蛾对甲维盐的抗性基因之一。且草地贪夜蛾种群的抗药性能通过不完全显性遗传，增加后代对甲维盐的抗药性（Dionei et al., 2021）。

有机磷类杀虫剂与氨基甲酸酯类杀虫剂的靶标基因相同，ace-1 基因突变对两种杀虫剂会产生交叉抗性（Assogba et al., 2015），ace-1 基因的 A201S 和 F290V 位点突变同时增加草地贪夜蛾对有机磷类杀虫剂的抗性。有机磷类杀虫剂，如敌敌畏、毒死蜱在其进入生物体内之后，杀虫剂通过氧化反应，脱硫后形成毒性更高的化合物，进而杀死害虫，但昆虫体内也有与之相反的反应，在磷酸三酯酶的作用下，将毒性比较大的有机磷化合物水解成低毒或无毒的化合物，从而对昆虫失去毒性（王志超等，2015）。除此之外，P450 基因家族和 CYP 基因家族的过表达也会使草地贪夜蛾对有机磷类杀虫剂抗性升高，解毒酶如羧酸酯酶、谷胱甘肽巯基转移酶活性升高也会增加草地贪夜蛾对有机磷类杀虫剂的抗性。

草地贪夜蛾对不同杀虫剂之间产生的交叉抗性也需要关注。如有机磷类杀虫剂与氨基甲酸酯类杀虫剂的靶标均为 ace-1 基因，草地贪夜蛾对氨基甲酸酯类杀虫剂产生抗药性的同时，对有机磷类杀虫剂也会产生交互抗性。研究表明，草地贪夜蛾对毒死蜱产生高抗药性后，对噻虫威、灭多威、氯虫腈、甲氧虫腈、均有较低的交叉抗性（Cinthia et al., 2021）。对甲维盐产生高抗性菌株对灭多威、毒死蜱、高效氯氰菊酯、茚虫威、氯虫腈等杀虫剂均有低水平交叉抗性。

对毒死蜱抗性种群与敏感种群对比发现，抗性种群不同时期的存活率均低于敏感品系，且各时期的发育历期延长，繁殖力降低（Cinthia, 2021）。说明草地贪夜蛾对毒死蜱产生高抗性有适应性代价。从 2003 年到 2016 年在巴西收集到的野外种群，对其进行毒死蜱的抗性及基因表达水平检测，发现田间秋黏虫对毒死蜱产生抗性主要是由于靶标基因的突变以及解毒酶基因的过度表达（Antonio et al., 2023）。通过 DEG 功能分析发现，主要是由于 CYP 基因家族的过度表达使草地贪夜蛾对毒死蜱产生高抗性。

联苯菊酯处理草地贪夜蛾后，发现草地贪夜蛾细胞出现 DNA 损伤和自噬，说明拟除虫菊酯类杀虫剂除阻止神经信号传导外，还对细胞产生毒性，并导致自噬体和线粒体功能障碍（Xu et al., 2021）。使用溴氰菊酯处理草地贪夜蛾后对其卵巢进行显微观察，发现卵黄颗粒广泛分散，没有形成噬菌体，绒毛膜解体，胚盘无序，出现液泡，卵黄区域具有无定形细胞，并形成完全未表征的附属物（Alicely et al., 2013）。说明拟除虫菊酯类杀虫剂对草地贪夜蛾生长、发育和繁殖影响较大。

3 草地贪夜蛾抗性治理方法

3.1 不同杀虫剂混合使用防治草地贪夜蛾

不同类型的杀虫剂联用后能够增加草地贪夜蛾的敏感性。将氰氟虫腙与氯虫苯甲酰胺、氰氟虫腙与茚虫威混合使用时,具有协同作用,能够增加草地贪夜蛾的死亡率(Wu et al., 2022)。甲维盐和氯虫苯甲酰胺单独使用时,都能够增加草地贪夜蛾的敏感性,将甲维盐和氯虫苯甲酰胺的质量比以 9∶1 混合时,二者的共毒系数达到了 239,表明二者混合增加了草地贪夜蛾的敏感性(Zhang et al., 2022)。氯虫苯甲酰胺与甲萘威联合使用也有协同作用,质量比为 2∶1 时对草地贪夜蛾的毒性最高,能够显著降低亲代和子代种群的抗药性(Wang et al., 2022)。

3.2 化学杀虫剂与生物杀虫剂混合使用防治草地贪夜蛾

将植物提取物和化学农药结合使用,能够增加草地贪夜蛾的敏感性。将睡茄 *Withania somnifera*、翅果槐 *Sophora molli*、*Rhazya stricta* 的提取物分别与甲维盐、毒死蜱和氯虫苯甲酰胺混合使用时,均能增加协同毒性,增加草地贪夜蛾幼虫的敏感性(Ahmed et al., 2022)。喜树碱,对鳞翅目昆虫具有防治效果,与氯虫苯甲酰胺混合使用损伤草地贪夜蛾幼虫中肠,幼虫体重下降,死亡率升高(Patrick et al., 2023)。番荔枝碱与柠檬苦素混合使用,能够大幅度增加草地贪夜蛾幼虫的敏感性,并导致幼虫体重降低,化蛹率降低,羽化率降低,以及成虫翅的残缺等(Ansante et al., 2017)。

3.3 筛选更多类型杀虫剂

由于我国草地贪夜蛾属于迁入虫源,本身可能存在对杀虫剂的抗药性问题,限制了常规杀虫剂的选择,对常规杀虫可能已产生一定程度抗性,因此需要选择新型杀虫剂来防治草地贪夜蛾以达到更好的效果。缩氨基脲类杀虫剂氰氟虫腙对草地贪夜蛾幼虫使用后提高了死亡率(殷雪等,2023)。当氰氟虫腙与短稳杆菌的质量比为 1∶4.96 时,相较于单独处理,显著提高了草地贪夜蛾的敏感性(殷雪,2022)。草地贪夜蛾对苯基吡唑类杀虫剂氯虫腈与其他杀虫剂没有交叉抗性(Chatterjee et al., 2022),且对氯虫腈敏感性高,靶标基因位点突变频率低。植物提取物印楝素能有效抑制草地贪夜蛾丝腺的发育和代谢并影响纺丝行为,从而干扰其幼虫正常发育(Zhao et al., 2022)。将井冈霉素通过体外注射进入草地贪夜蛾体内后,可通过降低海藻糖酶活性,减少糖原和葡萄糖的含量,增加幼虫的死亡率(Luo et al., 2022)。

新型异噁唑啉衍生物化合物 F32 对草地贪夜蛾也表现出极高的防控效果,且相较于氟虫腈,草地贪夜蛾对其敏感性提高 20 倍以上,其靶标为 GABA 受体,且其结合位点与传统 GABA 受体靶标杀虫剂不同,因而没有交叉抗性(Jiang et al., 2023)。

4 展望

不同国家地区的草地贪夜蛾对杀虫剂的耐药性不同,目前中国地区的草地贪夜蛾对甲维盐、氟虫腈、多杀菌素等杀虫剂均处于中、低抗性,但国外部分地区已经出现高抗性种群,因此可以借鉴国外杀虫剂使用经验,合理使用,尽量延长杀虫剂的使用寿命。在使用化学杀虫剂的同时,也可以使用生物防治或其他方式来更好地防控草地贪夜蛾。

参考文献

曹斌,盛森杰,陶嘉杰,等,2023. 不同药剂防治玉米草地贪夜蛾效果试验 [J]. 浙江农业科学,64 (11): 27-53.

陈笑梅,胡贝贞,刘海山,等,2007. 高效液相色谱-串联质谱法测定粮谷中 9 种氨基甲酸酯类农药残留 [J]. 分析化学,35 (1): 106-110.

戴瀚洋,2015. 甜菜夜蛾应对亚致死剂量甲维盐胁迫的适应机制研究 [D]. 南京:南京农业大学.

范小振,郭琳琳,刘博静,等,2023. 新国标背景下食品中残留有机磷农药检测方法研究进展 [J]. 沧州师范学院学报,39 (1): 1-8, 141.

符伟,张才建,瞿玉国,等,2022. 氯虫苯甲酰胺与甲维盐复配对玉米田草地贪夜蛾的防效 [J]. 湖南农业科学 (12): 55-58.

郭志敏,邓晓倩,李静,等,2020. 湖北四个地区草地贪夜蛾田间种群的杀虫剂敏感性及靶标突变检测 [J]. 昆虫学报,63 (5): 582-589.

何政协,2023. 草地贪夜蛾减药增效化学防控技术研究 [D]. 重庆:重庆三峡学院.

黄会,刘慧慧,王共明,等,2016. 氨基甲酸酯类杀虫剂的毒性、检测方法及其在水环境中残留研究进展 [J]. 中国渔业质量与标准,6 (4): 23-30.

黄至畅,龙楚云,吴明峰,等,2022. 湖南不同地区草地贪夜蛾种群对四种类型杀虫剂的抗药性监测 [J]. 精细化工中间体,52 (5): 30-34.

金涛,林玉英,马光昌,等,2019. 杀虫剂对新入侵海南草地贪夜蛾种群幼虫的毒力 [J]. 热带作物学报,40 (8): 1571-1576.

李妍,2021. 2019—2020 年我国 16 省份草地贪夜蛾对高效氯氟氰菊酯和茚虫威抗性水平监测 [D]. 北京:中国农业科学院.

李妍,龚丽凤,王欢欢,等,2020. 我国草地贪夜蛾田间种群有机磷和氨基甲酸酯类杀虫剂靶标基因 ace-1 的基因型和突变频率 [J]. 昆虫学报,63 (5): 574-581.

凌炎,黄芊,蒋婷,等,2019. 两个广西草地贪夜蛾种群对常用杀虫剂的敏感性测定 [J]. 环境昆虫学报,41 (5): 954-960.

刘彦龙,2022. 海南省草地贪夜蛾田间发生动态及防治指标研究 [D]. 大庆:黑龙江八一农垦大学.

刘元兵,裴德明,李民,等,2020. 草地贪夜蛾的形态特征与危害特点的识别及防控策略 [J]. 安徽农业科学,48 (24): 140-141, 211.

宁旭,2022. 溴虫氟苯双酰胺对草地贪夜蛾的药效及亚致死效应研究 [D]. 南昌:江西农业大学.

牛多邦,2022. 安徽省草地贪夜蛾对甲维盐抗性监测及作用靶标验证 [D]. 合肥:安徽农业大学.

牛多邦,檀称龙,吴玉杰,等,2022. 安徽省草地贪夜蛾对杀虫剂的敏感性和靶标突变检测 [J]. 植物保护,48 (2): 201-207, 213.

覃燕光,2020. 4 种农药对草地贪夜蛾的田间防治效果 [J]. 广西植保,33 (2): 8-9.

王芹芹,崔丽,王立,等,2020. 草地贪夜蛾防控技术进展及我国对策建议 [J]. 现代农药,19 (3): 1-6.

王晓晶,2023. 漳州长泰蔗田草地贪夜蛾发生监测及药剂防治研究 [J]. 湖北植保,5: 11-14.

王燕平,向娟,袁娇,等,2021. 草地贪夜蛾的防治技术综述 [J]. 四川农业科技 (9): 28-29.

王志超,康志娇,史雪岩,等,2015. 有机磷类杀虫剂代谢机制研究进展 [J]. 农药学学报,17 (1): 1-14.

吴玉杰, 2022. 安徽省草地贪夜蛾抗药性监测及防治药剂筛选 [D]. 合肥：安徽农业大学.

殷雪, 2022. 氰氟虫腙及其复配对草地贪夜蛾的毒力与田间防效 [D]. 合肥：安徽农业大学.

殷雪, 方小涵, 牛多邦, 等, 2023. 氰氟虫腙对草地贪夜蛾的毒力与田间防效 [J]. 昆虫学报, 66（1）：63-70.

张大为, 魏玉红, 袁伟宁, 等, 2023. 杀虫剂对草地贪夜蛾幼虫的室内防效测定 [J]. 寒旱农业科学, 2（9）：854-858.

AHMED K S, IDREES A, MAJEED M Z, et al., 2022. Synergized toxicity of promising plant extracts and synthetic chemicals against fall armyworm Spodoptera frugiperda (J E Smith) (Lepidoptera：Noctuidae) in Pakistan [J]. Agronomy, 12（6）：1289.

ALICELY A, CORREIA, VALÉRIA W T, et al., 2013. Microscopic analysis of Spodoptera frugiperda (Lepidoptera：Noctuidae) embryonic development before and after treatment with azadirachtin, lufenuron, and deltamethrin [J]. Journal of Economic Entomology, 106（2）：747-755.

ANA P S, LIMA, EMILE D R, et al., 2020. Insecticide activity of botanical compounds against Spodoptera frugiperda and selectivity to the predatory bug Podisus nigrispinus [J]. Crop Protection, 136：261-219.

ANSANTE T F, RIBEIRO L P, VENDRAMIM J D, 2017. Acute and chronic toxicities of an annonin-based commercial bioinsecticide and a joint mixture with a limonoid-based formulation to the fall armyworm [J]. LWT-Food Science & Technology, 46：216-222.

ANTONIO R B, RODRIGUES J G, KANNO R H, et al., 2023. Susceptibility monitoring and comparative gene expression of susceptible and resistant strains of Spodoptera frugiperda to lambda-cyhalothrin and chlorpyrifos [J]. Pest Management Science, 79（6）：2206-2219.

ASSOGBA B S, DJOGBÉNOU, LUC S, et al., 2015. An ace-1 gene duplication resorbs the fitness cost associated with resistance in Anopheles gambiae, the main malaria mosquito [J]. Scientific Reports, 5（1）：14529.

CHATTERJEE D, LESKO T, PEIFFER M, et al., 2022. Sorghum and maize flavonoids are detrimental to growth and survival of fall armyworm Spodoptera frugiperda [J]. Journal of Pest Science (96)：1551-1567.

CÍNTHIA G G, 2021. Fitness cost of chlorpyrifos resistance in Spodoptera frugiperda (Lepidoptera：Noctuidae) on different host plants [J]. Environmental Entomology, 50（4）：898-908.

CÍNTHIA G G, PATRICIA DA SG, RAMON BP, et al., 2021. Field-evolved resistance to chlorpyrifos by Spodoptera frugiperda (Lepidoptera：Noctuidae)：Inheritance mode, cross-resistance patterns, and synergism [J]. Pest Management Science, 77（12）：5367-5374.

DIONEI S M, DYRSON D, OLIVEIRA A N, et al., 2021. Inheritance patterns cross-resistance and synergism in Spodoptera frugiperda (Lepidoptera：Noctuidae) resistant to emamectin benzoate [J]. Pest management science, 77（11）：5049-5057.

DIONEI S, MURARO, ELOISA S, et al., 2022. Evidence of field-evolved resistance in Spodoptera frugiperda (Lepidoptera：Noctuidae) to emamectin benzoate in Brazil [J]. Crop Protection, 162：261-219.

JIANG B, FENG D, LI F, et al., 2023. Design, Synthesis, and insecticidal activity of novel isoxazoline compounds that contain meta-diamides against fall armyworm (Spodoptera frugiperda) [J]. Journal of Agricultural and Food Chemistry, 71（2）：1091-1099.

KULYE M, MEHLHORN S, BOAVENTURA D, et al., 2021. Baseline susceptibility of Spodoptera fru-

giperda populations collected in India towards different chemical classes of insecticides [J]. Insects, 12 (8): 758.

KUMAR S, SUBY S B, VASMATKAR P, *et al.*, 2023. Influence of temperature on insecticida-l toxicity and detoxifying enzymes to *Spodoptera frugiperda* [J]. Phytoparasitica, 51 (3): 533-545.

LISA B, MELINA M, ADAM Q, 2022. Insecticide resistance in Australian *Spodoptera frugiperda* (J. E. Smith) and development of testing procedures for resistance surveillance [J]. Plos One, 17 (2): 0263677.

LUO Y J, CHEN Y, WANG X J, *et al.*, 2022. Vali-damycin affects the development and chitin metabolism in *Spodoptera frugiperda* by inhibiting trehalase activity [J]. Entomologia Generalis, 42 (6): 931-939.

LV H X, LING S S, GUO Z M, *et al.*, 2023. Effects of lufenuron treatments on the growth and development of *Spodoptera frugiperda* (Lepidoptera: Noctuidae) [J]. Toxicology & Pharmacology, 263: 109499.

NONCI N, 2021. Field testing of synthetic insecticides on fall armyworm (*Spodoptera frugiferda* J. E. Smith) in corn plant [J]. Earth and Environmental Science, 911 (2): 012059.

PATRICK M N, GAOFENG C, YUN L, *et al.*, 2023. Synergistic effects of chlorantraniliprole and camptothecin on physiological impairments, histopathologi-cal, biochemical changes, and genes responses in the larvae midgut of *Spodoptera frugiperda* [J]. Pesticide Biochemistry and Physiology, 191: 105363.

POWER L E, SUDAKIN D L, 2007. Pyrethrin and pyrethroid exposures in the United States: A longitudinal analysis of incidents reported to poison centers [J]. Journal of Medical Toxicology, 3: 94-99.

QI L, MINGHUI J, SONGMIAO Y, *et al.*, 2022. Knockout of the ABCB1 gene increases susceptibility to emamectin benzoate, beta-cypermethrin and chlorantraniliprole in *Spodoptera frugiperda* [J]. Insects, 13 (2): 137.

SIMON J Y, ELZIE M C, 2007. Lack of cross-resistance to indoxacarb in insecticide resistant *Spodoptera frugiperda* (Lepidoptera: Noctuidae) and *Plutella xylostella* (Lepidoptera: Yponomeutidae) [J]. Pest Management Science, 63 (1): 63-67.

TAILONG S, PING T, XINGLIANG W, *et al.*, 2022. CRISPR-mediated knockout of nicotinic acetylcholine receptor (nAChR) α6 subunit confers high levels of resistance to spinosyns in *Spodoptera frugiperda* [J]. Pesticide Biochemistry and Physiology, 187: 105191.

WANG Q Q, RUI C H, HUANG W L, *et al.*, 2022. Comparative toxicity and joint effects of C-hlorantraniliprole and Carbaryl against the invasive *Spodioptera frugiperda* (Lepidoptera: Noctuidae) [J]. Journal of Economic Entomology, 115 (4): 1257-1267.

WESTBROOK J K, NAGOSHI R N, MEAGHER R L, *et al.*, 2016. Modeling seasonal migration of fall armyworm moths [J]. International Journal of Biometeorol, 60 (2): 255-267.

WU Y J, WANG B J, WANG M R, *et al.*, 2022. Control efficacy and joint toxicity of metaflumizone mixed with chlorantraniliprole or indoxacarb against the fall armyworm, *Spodoptera frugiperda* [J]. Pest Management Science, 79 (3): 1094-1101.

XU Z, ZHU L, YANG Y, *et al.*, 2021. Bifenthrin induces DNA damage and autophagy in *Spodoptera frugiperda* (Sf9) insect cells [J]. In Vitro Cell. Dev. Biol. -Animal, 57: 264-271.

YU S J, 1991. Insecticide resistance in the fall armyworm, *Spodoptera frugiperda* (J. E. Smith) [J]. Pesticide Biochemistry and Physiology, 39 (1): 84-91.

YU S J, 2006. Insensitivity of acetylcholinesterase in a field strain of the fall armywor, *Spodoptera frugiperda* (J. E. Smith) [J]. Pesticide Biochemistry and Physiology, 84 (2): 135-142.

YU S J, NGUYEN S N, ABO-ELGHAR G E, 2003. Biochemical characteristics of insecticide resistance in the fall armyworm, *Spodoptera frugiperda* (J. E. Smith) [J]. Pesticide Biochemistry and Physiology, 77 (1): 1-11.

ZANUNCIO J C, 1998. Insecticide selectivity to *Supputius cincticeps* (Stal) (Het. Pentatomidae) and its prey *Spodoptera frugiperda* (J. E. Smith) (Lep. Noctuidae) [J]. Journal of Applied Entomology, 122 (1-5): 457-460.

ZHANG J, JIANG J, WANG K, et al., 2022. Binary Mixture of Emamectin Benzoate and Chlorantraniliprole Supplemented with an Adjuvant Effectively Controls *Spodoptera frugiperda* [J]. Insects, 13 (12): 1157.

ZHAO W, ZHENG Q, QIN D, et al., 2022. Azadirachtin inhibits the development and metabolism of the silk glands of Spodoptera frugiperda and affects spinning behavior [J]. Pest Management Science, 78 (12): 5293-5301.

小菜蛾的抗药性现状及治理研究

陈思宇[1]，张志林[2]，覃明秋[1]，王乐韵[1]，王小云[1]

(1. 广西大学农学院，南宁 530004；2. 湖北工程学院特色果蔬质量安全控制湖北省重点实验室，生命科学技术学院，孝感 432000)

摘 要：小菜蛾 Plutella xylostella L. 是鳞翅目 Lepidoptera 菜蛾科 Plutellidae 上重大十字花科害虫。广泛分布于世界各地，危害十字花科蔬菜的世界性迁飞害虫，具有年发生代数多、世代重叠现象严重的特点。化学防治一直是防治小菜蛾的重要措施，但小菜蛾已对 90 余种杀虫活性成分产生不同程度的抗药性，某些抗性种群还对多种类型杀虫剂产生交互抗性。小菜蛾是十字花科蔬菜害虫中最难防治的害虫之一，杀虫剂仍是防治小菜蛾最为直接有效的方法，但效果受抗药性制约。小菜蛾的抗药性机制复杂，对不同种类化学药剂抗性机制不一，治理困难。基于此，本文综合介绍了防治小菜蛾的各类化学药剂及小菜蛾对其的抗性发生水平，重点介绍了各类杀虫剂的抗性发展及抗性发生机制，为各种增效剂的使用、延缓小菜蛾抗药性的产生和发展提供理论基础。

关键词：小菜蛾；抗药性；增效剂；农药复配

Research on The Current Situation and Control of Insecticide Resistance in Diamondback Moth (*Plutella xylostella*)

Chen Siyu[1], Zhang Zhilin[2], Qin Mingqiu[1], Wang Leyun[1], Wang Xiaoyun[1]

(1. *College of Agriculture, Guangxi University, Nanning 530004, China*;
2. *Characteristic fruit and vegetable quality and safety control of Hubei University of Engineering Key Laboratory of Hubei Province, College of Life Science and Technology, Xiaogan 432000, China*)

Abstract: The diamondback moth (*Plutella xylostella* L.) is a major pest of the cruciferous family (Brassicaceae) in the order Lepidoptera. Insecticides are still the most direct and effective method for controlling diamondback moth, but their effectiveness is hindered by insecticide resistance. Cyantraniliprole, a diamide insecticide, has shown good efficacy against diamondback moth and other lepidopteran pests. Diamondback moth is a worldwide migratory pest that infests cruciferous vegetables, characterized by multiple annual generations and severe generation overlap. Since its occurrence, chemical control has been an important measure in managing diamondback moth. Currently, diamondback moth has developed varying degrees of resistance to more than 90 insecticidal active ingredients, including organophosphates, carbamates, pyrethroids, insect growth regulators, and botanical insecticides. Some resistant populations have also developed resistance to multiple classes of insecticides. Diamondback moth is one of the most difficult pests to control in cruciferous vegetables. The mechanisms of resistance in diamondback moth are complex, differing for different types of chemical agents, making control challenging. Based on this, this paper comprehensively introduces various chemical agents for controlling diamondback moth and the level of resistance developed by the pest. It focuses on the development and mechanisms of resistance to different classes of insecticides, providing a theoretical basis for the use of enhancers and the delay of resistance development in diamondback moth.

Key words：*Plutella xylostella*；Resistance；Synergist；Pesticide compounding

1 前言

小菜蛾 *Plutella xylostella*（Linnaeus）属鳞翅目 Lepidoptera，菜蛾科 Plutellidae，又称"吊丝虫"，是世界性暴发危害的十字花科蔬菜害虫（Banazeer et al.，2021；Xiong et al.，2021）。全世界每年防治小菜蛾的费用已从1990年的10亿美元上升到40亿～50亿美元（Furlong et al.，2013）。小菜蛾的适应性和繁殖能力强，寄主广泛，发生周期短、迁飞率高、世代重叠严重（Vaschetto et al.，2019），在全世界多个国家和地区均有报道（https：//www.cabi.org/isc/datasheet/42318）。其最早发源于地中海地区，目前已在中美洲、加勒比海、东南亚和美国东南部地区广泛传播（Banazeer et al.，2021），小菜蛾可随盛行的西南风气流于春季由周年繁殖区或越冬区向华北迁移，随偏北风从中国东北部迁至环渤海地区的周年繁殖区为害，其强大的迁飞能力加重了其为害程度，扩大危害范围，我国几乎所有省市均有发生（Wang et al.，2022），南部地区如昆明市，小菜蛾全年均有发生（顾凡等，2024），北部如吉林省，小菜蛾于5月中上旬出现，6月下旬到7月上旬为高峰期（高芃等，2024）。小菜蛾在10～42℃均可产卵，单雌产卵量可达200粒（谭永安等，2011）。小菜蛾的寄主多达40余种，包括大白菜、花椰菜、萝卜、甘蓝、油菜、包心菜等，对甘蓝、花椰菜为害尤其严重（常晓丽等，2017）。十字花科蔬菜的整个生育期，叶片均被小菜蛾幼虫危害。在我国，小菜蛾每年造成的经济损失及防治费用高达7 700万美元（侯雯等，2022）。目前，化学药剂防治仍是防治小菜蛾最直接、有效的手段，但过度使用及滥用会导致小菜蛾对多种杀虫剂产生抗药性，小菜蛾抗药性治理已成为亟待解决的问题。本文概述了小菜蛾对各类杀虫剂抗药性的发展现状，分析了小菜蛾对杀虫剂的抗性机制及抗药性治理方法，并从新药剂的研发和人工合成高分子材料等农药缓控释技术两个方面进行了展望，以期为小菜蛾的抗药性治理策略提供参考依据。

2 小菜蛾抗药性现状及其抗性机制

世界各地均有小菜蛾产生抗性的报道。目前，小菜蛾已对有机磷类（马拉硫磷、敌敌畏、毒死蜱、乙酰甲胺磷、辛硫磷和甲基对硫磷等）（黄雄英等，2008；蒋开杰等，2011；许小龙等，2004）、拟除虫菊酯类（β-氯氰菊酯、高效氯氰菊酯、溴氰菊酯和氰戊菊酯）（董万庆等，2022；王思展等，2021；Venkatasamy et al.，2009）、双酰胺类（氯虫苯甲酰胺、氟虫双酰胺和溴氰虫酰胺）（Dunn et al.，2022；冯夏等，2011；Troczka et al.，2012；尹艳琼等，2018）、抗生素类（阿维菌素、多杀菌素和甲维盐）（Pu et al., 2009; Rahman et al., 2010）、沙蚕毒素类（杀螟丹、杀虫单和杀虫双）（陈之浩等, 1994; 蒋开杰等, 2011; Mohan et al., 2003）、苏云金芽孢杆菌类（Bt、Cry1Ac、Cry1Ab 和 Cry1Ca）（Xiong et al., 2021; Sayyed and Wright., 2006; Zhao et al., 2000）和其他类杀虫剂（茚虫威、氟虫腈和溴虫腈）（申君等, 2016; Xu et al., 2017; Yin et al., 2018; Zhu et al., 2022）等在内的 90 余种杀虫活性成分产生不同程度的抗药性。国内已报道小菜蛾对有机磷类、氨基甲酸酯类和拟除虫菊酯类等杀虫剂产生抗药性，甚至还对一些生物农药也产生不同程度的抗性，如苏云金杆菌、昆虫生长调节剂和植物源杀虫剂等（申君等, 2016; Zhu et al., 2022）。研究表明，小菜蛾对拟除虫菊酯类杀虫剂抗性发展最快，其次为氨基甲酸酯类杀虫剂，但对沙蚕毒素杀虫剂和有机磷类杀虫剂产生抗药性的速度较慢（田晓曦, 2021）。小菜蛾的抗性发展与多种因素有关。首先，小菜蛾具有发生代数多、环境适应性强、世代重叠等特点，长期遭受杀虫剂的选择压力，加速了抗药性的产生（Grzywacz et al., 2010; Pichon et al., 2006）。并且，小菜蛾已产生的广谱抗药性（Shabbir et al., 2021）及交互抗性（Liang et al., 2001），与单一药剂重复使用过度依赖直接相关，也与不同药剂的抗性机制、作用靶标相同和药剂化学结构类似有关（陈琼等, 2017; 廖逊等, 2019）。其中，代谢解毒和降低杀虫剂作用的靶蛋白敏感性是小菜蛾抗性升高的主要原因（葛天成等, 2023; Guo et al., 2014），因此，目前针对小菜蛾抗药性机理的研究主要集中在以上两个方面。

2.1 小菜蛾对苏云金杆菌类杀虫剂的抗性

苏云金芽孢杆菌（*Bacillus thuringiensis*, Bt）属革兰氏阳性细菌，是一种重要的生物农药，被广泛应用于农业害虫防治中（Yang et al., 2021; Zhu et al., 2021），其产孢过程中能产生多种杀虫晶体蛋白（Insecticidal Crystal Proteins, ICPs），又称 δ-内毒素，对鳞翅目昆虫具有毒害作用，是一种具有高度特异性且兼具高效的小菜蛾杀虫剂（Xie et al., 2022; Ye et al., 2022）。Bt 已在农业生产中应用了近 80 年（刘磊磊等, 2022），作为目前应用最为广泛的微生物农药，早在 1989 年小菜蛾就被报道对 Bt 产生抗药性（Tabashnik et al., 1990）。但我国小菜蛾对 Bt 处于低至中抗性水平，而国外小菜蛾为极高抗性（表 1）。Bt 的作用机理主要为 ICPs 通过与小菜蛾中肠细胞表面的特定受体结合，形成孔道，破坏细胞的完整性，导致细胞溶解，从而杀死小菜蛾（Pardo-López et al., 2013）。Bt 产生的 Cry 毒素对小菜蛾具有毒性（Zhu et al., 2022），是成孔毒素（Pore-forming toxin, PFT）的一种（Adang et al., 2014; Bravo et al., 2005），毒素与中肠受体的结合是发挥毒杀作用的关键步骤，Cry 毒素使细胞膜表面形成孔洞，导致中肠上皮柱状细胞离子大量外流，细胞裂解从而发挥毒性致使昆虫死亡（Adang et al., 2014; Pardo-López et al., 2013; Vachon et al., 2012）。

然而，小菜蛾可以通过多种机制对 Bt 产生抗药性。小菜蛾对 Bt 产生抗性的机制主要有毒素活化不完全、结合位点缺失或改变、生理适应、ABC 转运蛋白突变以及毒素被隔离或凝结等（Adang et al., 2014; Gahan et al., 2001; Peterson et al., 2017; Stevens et al., 2017）。中肠受体基因表达的下调是昆虫 Cry 毒素的抗性产生的关键因素（Qin et al., 2021）。研究表明包括 *PxABCB*1 和 *PxABCG*1 在内的多种 BtCry1Ac 毒素中肠受体基因的表达量下调会减少毒素和受体之间的相互作用，导致小菜蛾对 Bt 毒素产生抗性。Xu等（2022）证实在小菜蛾中，POUM1能诱导 *PxABCG*1 的表达，而活化的MARK能抑制 *PxABCG*1 的表达，降低Cry1Ac在小菜蛾中的敏感性。小菜蛾还可以通过调控一些解毒相关基因的表达，如P450、GST和CarE等，增强其对Bt的抗药性（Zhang et al.，2013）。这些基因的产物可以分解或中和Bt的杀虫晶体蛋白，从而降低其毒性，Qin等（2021）证实在小菜蛾上，MAPK信号通路激活的转录因子PxJun能够抑制 *PxABCB*1 的表达。另一种主要的抗药性机制是遗传突变，这种突变可能改变中肠细胞表面受体的结构，使其无法与ICPs有效结合，从而降低Bt的毒性，Gahan等（2001）在研究中发现，一种名为Cadherin的受体在小菜蛾中肠细胞表面上发生突变，使Bt的ICPs无法与其结合，从而导致小菜蛾对Bt产生了抗药性。还有其他研究发现，小菜蛾中肠细胞表面的另一种受体ABCC2也可能发生突变，进一步增强了小菜蛾对Bt的抗药性（Zhang et al.，2012）。此外，小菜蛾还可能通过增强其代谢解毒能力，或改变其行为特性（如食性改变），来对抗Bt的毒性（Raymond et al.，2010）。近年来的研究还发现，小菜蛾的肠道微生物可能也与其对Bt的抗药性有关。一些肠道微生物可能能够分解或中和Bt的杀虫晶体蛋白，从而降低其对小菜蛾的毒性（Broderick et al.，2009）。

表1 小菜蛾对苏云金杆菌类杀虫剂的抗药性

代表性杀虫剂	地区	抗性倍数	参考文献
Bt	深圳、东莞	17.97~30.65	冯夏等，1996
Cs3ab_1991	深圳	8.9	李建洪等，1998
Cs3ab_1991	东莞	6.5	李建洪等，1998
Cs3ab_1991	广州	2.1	李建洪等，1998
Bt	湖南	6.8	周程爱等，2000
Bt	马来西亚	>150	You et al.，2013
Bt	云南	1.7~5.41	尹艳琼等，2018
福建Bt（8010）	福建	3.56~16.87	余德亿等，2000
Cry1C	南卡罗来纳州	63 100	Zhao et al.，2000
Cry1Ac	马来西亚	1 285	Sayyed and Wright，2006
Btk	广东	47	王崇利等，2006

2.2 小菜蛾对拟除虫菊酯类杀虫剂的抗性

拟除虫菊酯是一种神经毒剂，其作为一种高效低毒型仿生杀虫剂主要通过干扰昆虫的神经信号传导机制，阻断钠通道而发挥杀虫效果（Sayyed et al.，2004）。小菜蛾对于拟除虫菊酯类杀虫剂抗性发展极快（表2）。日本从1983年开始使用氰戊菊酯代替有机磷类杀虫剂，很快就出现了抗药性问题（Hama，1987）。拟除虫菊酯与钠离子通道相互作用，通过减缓激活和失活来改变其正常功能，从而导致神经耗竭和死亡，神经细胞中的钠离子通道被认为是拟除虫菊酯类杀虫剂的主要靶标，通道敏感度的下降是对杀虫剂产生抗性的主要机制（Sonoda，2009；Ying et al.，2019）。拟除虫菊酯处理的小菜蛾经过连续几代后，其后代展现出更强的抗药性，其通过集中在钠通道基因上的遗传突变逐渐适应并抵抗这种神经毒剂，如突变的频率增加导致钠通道对拟除虫菊酯的敏感度降低（王建军等，2000）。这与钠通道基因突变的累积有直接关系（陈梦丽，2017）。细胞色素 P450 酶、酯酶和谷胱甘肽转移酶，是小菜蛾体内降解和排除外来毒素的关键因素（陈澄宇等，2016）。Li 等（2021a）证实 PxαE8 的过表达显著降低了 CarE 的活性，并使小菜蛾幼虫对 β-氯氰菊酯的抗性提高。Li 等（2021b）证实小菜蛾羧酸酯酶（PxEst-6）具有参与小菜蛾体内 4 种拟除虫菊酯类杀虫剂（联苯菊酯、氟氯氰菊酯、氯氰菊酯和 λ-氯氟氰菊酯）解毒代谢过程的潜力，随后通过对 PxEst-6 的 RT-qPCR 发现其在小菜蛾 3 龄幼虫的中肠和表皮内高度表达，经拟除虫菊酯类杀虫剂处理后，PxEst-6 的表达量迅速上调，证明了 PxEst-6 参与代谢过程，具有代谢拟除虫菊酯类杀虫剂的能力（Li et al.，2020）。

表 2 小菜蛾对拟除虫菊酯类杀虫剂的抗药性

代表性杀虫剂	地区	抗性倍数	参考文献
氰戊菊酯	上海	189	吴世昌和顾言，1986
	广东	79.88	帅应垣等，1994
	云南	>1 307	张雪燕和何婕，1998
	大理	197.6	张雪燕和何婕，1998
	长沙	723.6	周程爱等，2000
	北京	222.1	吴青君等，2005
	西藏	224.872	王思展等，2021
溴氰菊酯	上海	>10 414	唐振华等，1992
	贵阳	1 124	陈之浩等，1994
	安顺	558	陈之浩等，1994
	通海	>1 603	张雪燕和何婕，1998
	大理	103.3	张雪燕和何婕，1998
	尼加拉瓜	49 800	Pérez et al.，2000
	印度	161	Balasubramani et al.，2008
氯氰菊酯	通海	483.1	张雪燕和何婕，1998
	建水	311.1	张雪燕和何婕，1998
	天津	136.28	李文萍，2010
	滇西	134~1 019	董万庆等，2022
	印度泰米尔	26.97~174.84	Tamilselvan et al.，2021

2.3 小菜蛾对双酰胺类杀虫剂的抗性

双酰胺类杀虫剂是一种具有特定的靶标位点活性和良好的毒理学特征的小菜蛾防治农药，能干扰昆虫神经系统中的谷氨酸门控氯离子通道，是一种广泛用于控制多种农业害虫的化合物，具有高效、广谱、与传统农药无交互抗性等特点（孙学磊等，2022）。但由于长期大量使用，国内外小菜蛾种群对氯虫苯甲酰胺和其他双酰胺类杀虫剂都表现极高的抗性水平（董宇奎，2022；孙学磊等，2022）（表3）。双酰胺类杀虫剂作用于昆虫鱼尼丁受体（RyR受体），主要作用靶标为鱼尼丁受体调节剂，药剂与RyR受体结合时打开昆虫体内钙离子通道，使大量钙离子从细胞内钙库被释放，细胞内外钙离子浓度失衡，使肌肉细胞失去收缩功能。$G4946E$ 突变是导致小菜蛾种群对氯虫苯甲酰胺产生抗性的重要因素（Dunn et al., 2022），是导致小菜蛾对双酰胺类杀虫剂产生抗性的基本机制（Guo et al., 2014；Jouraku et al., 2020）。研究发现，小菜蛾种群中出现了谷氨酸门控氯离子通道基因的多个突变，及鱼尼丁受体中 $E1338D$、$Q4594$ 和 $I4790M$ 三个突变，这些突变减少了双酰胺类杀虫剂与其结合位点的亲和力，从而导致了高度的抗性（Guo et al., 2014；Wang et al., 2020）。在日本，二酰胺类杀虫剂靶标基因鱼尼丁受体基因上的一个点突变（$I4790K$）被鉴定为小菜蛾对溴氰虫酰胺产生抗性的主要因素（Kuwazaki et al., 2023）。同时，长期处于双酰胺类杀虫剂的压力下，其体内解毒酶系统增强，P450活性提高。P450基因（$CYP321E1$）在小菜蛾对氯虫苯甲酰胺的解毒中起着重要的作用，且与抗性相关（Liu et al., 2015）。尹飞等（2022）测定小菜蛾不同种群3龄幼虫对氯虫苯甲酰胺的抗性水平，筛选得到6个与小菜蛾抗氯虫苯甲酰胺密切相关且在不同抗性种群中表达量均上调的细胞色素P450基因，证实了P450s参与了解毒代谢过程。葛天成等（2023）通过比较氯虫苯甲酰胺的抗性品系和敏感品系的小菜蛾种群的谷胱甘肽S转移酶（Glutathione S-transferase，GST）活性，发现3个小菜蛾种群GST活性存在显著差异，GST活性随着种群抗性倍数的增加而增加，转录调控因子MBF2通过调控GST的转录表达，提高了小菜蛾对氯虫苯甲酰胺的代谢能力，证实了GST参与小菜蛾对氯虫苯甲酰胺的解毒作用。

表3 小菜蛾对二酰胺类杀虫剂的抗药性

代表性杀虫剂	地区	抗性倍数	参考文献
氯虫苯甲酰胺	广东	303~658	Guo et al., 2014
	泰国曼谷	35.4	Sukonthabhirom et al., 2011
	泰国暖武里府	152	Sukonthabhirom et al., 2011
	广东	18~1 150	Wang et al., 2013
	菲律宾	>4 100	Troczka et al., 2012
	云南通海	63	尹艳琼等，2018
	广东增城	6 642.12	徐巨龙等，2021
	江苏无锡	1 428.16	徐巨龙等，2021
	云南通海	63	董宇奎，2022
	美国佛罗里达州	109~4 298	Dunn et al., 2022
	泰国	4~7	Tangtrakulwanich et al., 2015
	印度泰米尔	36.67~124.72	Tamilselvan et al., 2021

(续表)

代表性杀虫剂	地区	抗性倍数	参考文献
	泰国曼谷	66.3	Sukonthabhirom et al., 2011
	泰国暖武里府	407	Sukonthabhirom et al., 2011
	菲律宾	>1 300	Troczka et al., 2016
氟虫双酰胺	广东增城	800	Troczka et al., 2016
	印度	3~5	Kranthi et al., 2017
	广东	5~10	Qiao et al., 2016
	江苏	15	Zhang et al., 2017
溴氰虫酰胺	美国佛罗里达州	50~107	Dunn et al., 2022
	孟加拉国	2~5	Karim et al., 2018
氟苯虫酰胺	印度泰米尔	12.66~93.63	Tamilselvan et al., 2021

2.4 小菜蛾对有机磷类杀虫剂的抗性

20世纪50年代有机磷类杀虫剂就已经在世界各地大量用于防治小菜蛾，对于小菜蛾防治效果较好，但由于广泛使用，小菜蛾对辛硫磷等有机磷杀虫剂产生中高抗药性（表4）。乙酰胆碱酯酶（Acetylcholinesterase，AChE）是昆虫中枢神经系统胆碱能突触的关键酶，是最为常见的化学杀虫剂靶标位点，AChE的不敏感及关键氨基酸位点的突变与昆虫对有机磷和氨基甲酸酯抗性相关（Baek et al., 2005; Fournier and Mutero, 1994; Kim et al., 2011; Lee et al., 2007）。有机磷类杀虫剂通过抑制AChE的活性，阻断了神经递质乙酰胆碱的降解，导致神经元持续兴奋，最终导致害虫死亡。有研究发现小菜蛾对丙硫磷抗性的提高可能是由于其体内调控AChE的基因序列发生了突变（Baek et al., 2005），在小菜蛾抗丙硫磷种群中，检测到有关AChE的三个突变，$D229G$、$A298S$和$G324A$（Lee et al., 2007）。AChE基因发生突变改变了酶活性位点，降低其与有机磷杀虫剂的结合能力（吴刚等，2002）。谷胱甘肽S-转移酶（GSTs）在多种昆虫体内存在，并参与对杀虫剂和植物化感物质的解毒代谢，介导昆虫抗药性的形成和发展（Hassan et al., 2019; 吴赵露，2022），已被证实参与到小菜蛾抗性发展过程中（Lin et al., 2013）。$GstE1$表达蛋白与有机磷类杀虫剂的降解与抗性相关（Hu et al., 2014），同时也参与了甲基对氧磷的降解（唐振华和周成理，1993; 吴刚等，2000），这表明GSTs在小菜蛾对有机磷杀虫剂的抗性形成中扮演了重要角色。吴国星等（2008）发现羧酸酯酶（Carboxylesterases，CES）活性的增强可能是导致小菜蛾对辛硫磷抗性产生的重要因素之一。Soleymanzade等（2019）证实毒死蜱抗性对不同类型杀虫剂存在交互抗性，除了对AChE不敏感外，酯酶（Esterase，EST）活性增强也可能是毒死蜱抗性产生的主要原因。

表 4 小菜蛾对有机磷类杀虫剂的抗药性

代表性杀虫剂	地区	抗性倍数	参考文献
马拉硫磷	广州	113.8	唐振华等，1992
敌敌畏	广东	13.95	帅应垣等，1994
	云南建水	13.0	张雪燕和何婕，1998
	江苏	10.10~14.16	许小龙等，2004
乙酰甲胺磷	云南通海	31.4	张雪燕和何婕，1998
	湖南	145.5	黄雄英等，2008
辛硫磷	浙江	80.43~146.23	吴永汉等，2005
	天津	39.31	李文萍，2010
	浙江	245.2	蒋开杰等，2011

2.5 小菜蛾对沙蚕毒素类杀虫剂的抗性

沙蚕毒素类杀虫剂是20世纪60年代研制的新型有机合成仿生杀虫剂（程罗根等，2003），是从沙蚕毒素分子结构中衍生开发的具有杀虫活性的化合物（韩招久等，2004），广泛应用于小菜蛾的防治。小菜蛾对沙蚕毒素类杀虫剂的抗性主要通过两种机制：改变靶向受体的敏感性和增强解毒代谢，通过基因突变减少毒素结合位点或增强解毒酶活性降解毒素。沙蚕毒素类杀虫剂主要有杀虫单、杀虫双、杀螟丹、巴丹等，小菜蛾对此类杀虫剂产生中至高度抗性（表5）。沙蚕毒素通过与AChE直接竞争，影响其与乙酰胆碱受体（nicotinic acetylcholine receptors，nAChRs）的结合，抑制动作电位产生，进而达到杀虫效果（郭林朝等，2023）。李凤良和程罗根（1998）证明P450s活性的提高是造成小菜蛾对杀螟丹的抗药性的重要原因之一，P450介导的多功能氧化酶MFO是昆虫对沙蚕毒素类杀虫剂抗性主要代谢机制。实验室药剂汰选试验证明，抗杀虫双品系和抗杀螟丹品系的小菜蛾对沙蚕毒素类杀虫剂之间具有较高的交互抗性，产生抗药性的原因并不单一，如小菜蛾对杀虫双和杀螟丹产生抗药性就与特异性酯酶同工酶的形成密切相关，小菜蛾体内MFO环氧化活性也是害虫对杀虫双和杀螟丹产生抗性的重要因素（陈之浩等，1993）。

表 5 小菜蛾对沙蚕毒素类杀虫剂的抗药性

代表性杀虫剂	地区	抗性倍数	参考文献
杀螟丹	印度	24.0	Mohan et al.，2003
	云南建水	41.2	张雪燕和何婕，1998
	泰国北部	40	Chaiwong et al.，2019
	澳大利亚昆士兰	45	Harper et al.，2019
	埃及开罗	70	Mahmoud et al.，2018

(续表)

代表性杀虫剂	地区	抗性倍数	参考文献
杀虫单	湖南	89.2	黄雄英等，2008
	浙江	48	蒋开杰等，2011
杀虫双	贵阳	23.5	陈之浩等，1994
	美国加利福尼亚州	35	Johnson et al.，2019
	印度泰米尔	30	Kumar et al.，2020

2.6 小菜蛾对抗生素类杀虫剂的抗性

抗生素类杀虫剂属于生物农药，其利用微生物代谢产物来防治害虫，具有特异性强、高效、安全等优点使其脱颖而出。其代表药剂有梅岭霉素、阿维菌素、浏阳霉素和多杀菌素（左一鸣等，2004）。其中，阿维菌素是在农业生产中最具潜力的抗生素（左一鸣，2003），但小菜蛾也以极快的速度对此类杀虫剂产生抗药性（Furlong et al.，2013；Pu et al.，2009）。国内外多个地区小菜蛾种群对抗生素类杀虫剂产生中高或高度抗性，抗性最高达4 062倍（表6）。阿维菌素属于大环内酯类杀虫剂，已被报道具有多种抗性机制（Villacis-Perez et al.，2022）。吴青君等（2002）通过同位素标记法证明了小菜蛾对阿维菌素抗性的产生也与表皮穿透率下降有关。同时，小菜蛾对多杀菌素及阿维菌素抗性产生与体内烟碱型乙酰胆碱酯酶受体不敏感相关（Baxter et al.，2010；Rinkevich et al.，2010）。谷氨酸门控氯化物通道（GluCls）和γ-氨基丁酸（GABA）门控氯化物通道也被确定为昆虫中阿维菌素的靶标（Bloomquist，2003；Fuse et al.，2016）。Yins等证实了CYP6K1的过量表达是导致阿维菌素抗性的原因（Yin et al.，2019）。Xu等（2020）证实ABCC2蛋白参与小菜蛾对阿维菌素的抗药性。小菜蛾对阿维菌素的抗性与GluCl的突变相关，但PxGluCl对阿维菌素的敏感性取决于剪接变体及其组合（Wang et al.，2019）。Sun等（2023）在对田间小菜蛾种群进行阿维菌素抗性监测中发现，PxGluCl上出现一个新的点突变V263I，通过连续两年的田间监测，确定V263I突变与阿维菌素抗性之间存在显著的正相关性。

表6 小菜蛾对抗生素类杀虫剂的抗药性

代表性杀虫剂	地区	抗性倍数	参考文献
阿维菌素	马来西亚	200	Iqbal et al.，1996
	北京	25	吴青君等，2005
	云南	1 034~4 062	罗雁婕等，2008
	湖南	18.82	黄雄英等，2008
	云南通海	5 000	Pu et al.，2010
	浙江	399.3	蒋开杰等，2011
	广东	41.86	周利娟等，2011

(续表)

代表性杀虫剂	地区	抗性倍数	参考文献
多杀菌素	马来西亚	171	Sayyed et al., 2006
	华中部分地区	5~20	夏耀民等, 2013
	泰国	177	Zhao et al., 2002
	美国夏威夷	316	Zhao et al., 2002
	美国夏威夷	642~1 340	Mau et al., 2004
	印度泰米尔	2.14~21.78	Tamilselvan et al., 2021
乙基多杀菌素	印度泰米尔	1.89~13.85	Tamilselvan et al., 2021
甲氨基阿维菌素	澳大利亚	24.4	Rahman et al., 2010
	印度泰米尔	3.74~41.26	Tamilselvan et al., 2021

2.7 小菜蛾对其他类杀虫剂的抗性

防治小菜蛾的其他类药剂有茚虫威（Indoxacarb）、溴虫腈（Chlorfenapyr）、三氟甲吡醚（Pyridalyl）等。其在不同地区所产生的抗性不一，国外对茚虫威和氟虫腈产生极高抗性，国内由北到南抗性呈增强的趋势，如溴虫腈在北方地区小菜蛾对其表现为低水平抗性或保持敏感性，但南方地区小菜蛾对其产生高水平抗性（表7）。茚虫威是一种蛋白酶抑制剂，其作用机制是通过抑制害虫体内的 $Na^+/K^+-ATPase$ 酶系统，从而干扰神经传导，导致害虫瘫痪和死亡。其抗性主要是由害虫体内特定基因的突变导致，这些基因突变是害虫产生抗药性的原因。研究发现小菜蛾株系中的 P450 酶基因（例如 CYP337B3）突变可以降低对茚虫威的敏感性（Kim et al., 2018）。溴虫腈是一种线粒体靶点抑制剂，作用于线粒体呼吸链复合体 I，干扰害虫体内的能量产生过程，导致害虫死亡。其抗性机制主要是由害虫体内线粒体呼吸链复合体相关基因的突变引起。小菜蛾中某些突变的线粒体基因（例如 ND6 基因的 Y331C 突变）导致了对溴虫腈的高度抗性（Huang et al., 2014）。三氟甲吡醚是一种电子传递酶抑制剂，作用于害虫体内的线粒体复合体 II，从而阻断能量产生的过程，并导致害虫死亡。对三氟甲吡醚的抗性机制主要是由害虫体内相关基因的突变所致。小菜蛾中的突变基因 PsKDH（三氟甲吡醚抗性相关基因）通过编码酮酸脱氢酶，降低了对三氟甲吡醚的敏感性（Hirooka et al., 2013）。

表7 小菜蛾对其他类型杀虫剂的抗药性

代表性杀虫剂	地区	抗性倍数	参考文献
万灵	浙江	7.53~12.62	吴永汉等, 2005
茚虫威	马来西亚	813	Sayyed et al., 2006

(续表)

代表性杀虫剂	地区	抗性倍数	参考文献
灭多威	云南通海	586.1	张雪燕和何婕，1998
	福建	10.7	余德亿等，2000
	湖南	36.8	黄雄英等，2008
	广东	190.32	周利娟等，2011
氟啶脲	杭州	122.1	叶成磊等，2000
氟虫腈	印度	505	Mohan et al.，2003
	马来西亚	79	Sayyed et al.，2006
	湖南	9.3	黄雄英等，2008
啶虫隆	广西	20.39	龙丽萍等，2006
溴虫腈	广东	180.3	陈焕瑜等，2010
	无锡	260.1	蒋田田，2014
	北京	2.9	高雪等，2016
	河北	13.6	高雪等，2016
	山西	10.13	赵志强，2020
虫酰肼	广东	86.38	周利娟等，2011

3 小菜蛾抗药性的治理方法

3.1 新药剂的开发和复合剂的利用

新药剂研发是小菜蛾抗药性治理的重要手段。Pahutski等（2023）发现了一类新型强效的鳞翅目杀虫剂——N-芳基吡唑-4-甲基哌啶（N-aryl-4-methylpiperidinyl）。近年来，我国陆续研制出对小菜蛾具有毒杀效果的新农药，如一系列带有酰胺单元的磺酸盐衍生物（Liu et al.，2024a）、含芳氧基吡啶基乙胺结构单元的新型吡唑酰胺类化合物（Liu et al.，2024b）、N-苯基吡唑（N-Phenylpyrazoles）（Ren et al.，2023）、新型吡唑并[1,5-a]喹唑啉衍生物（Yao et al.，2022）、含乙酸乙酯基团的间二酰胺化合物及其衍生物（Wang et al.，2023）、含磺酸基和羧酸酯基的异噁唑啉衍生物（Zhang et al.，2023）、含有双酰肼结构的异噁唑啉衍生物（Li et al.，2023）以及天然植物挥发物（(E)-3,8-dimethyl-1,4,7-nonatriene，DMNT）的含氧衍生物（Zhao et al.，2023）等，研究成果位于世界先进水平。将不同机制的农药混配使用，可以提高防治效果，延缓害虫抗药性发展速度，常用于小菜蛾防治。例如，Liu等（2022）发明了由氟噁唑酰胺和沙蚕毒素类杀虫剂组成的混配剂，能有效延缓小菜蛾的抗药性。欧阳铭勋等（2022）实验发现，硫虫酰胺分别和甲维盐和茚虫威以14:1和1:1复配时具有增效作用。谷清义等（2023）用除虫菊素和苦参碱混配，配比为4:6时达到最大防效

(93.67%)。王翠翠等（2021）发现混配后的虫螨腈与 Bt 防效均优于两种农药单独施用时的推荐用量。赵志强（2022）将溴虫腈以 10.08∶0.88 和 14.00∶0.78 的配比与多杀菌素、虱螨脲进行复配时毒效比达到最高，毒效比分别为 1.35 和 1.50，增效作用明显。截至 2022 年年底，我国登记的防治小菜蛾复配药剂已达到 470 种（chinapesticide.org.cn）。

3.2 农药增效剂对抗药性的作用

在药剂中添加增效剂来提高对小菜蛾的防治效果，是延缓小菜蛾抗药性的产生和发展的重要手段之一。增效剂本身无活性，但与药剂混合后能增强药剂渗透、黏附及延展性。常用的四种增效剂为马来酸二乙酯（diethyl maleate, DEM）、脱叶磷（tributylphosphorothioate, DEF）、磷酸三苯酯（triphenyl phosphate, TPP）、胡椒基丁醚（piperoayl butoxide, PBO），可表现为增效、加成或者拮抗作用等，部分增效剂增效倍数随小菜蛾对药剂的抗性升高而增加，不同增效剂还有植物精油、有机硅表面活性助剂和矿物源增效剂等（表8）。Wu 等（2024）将鸦胆子精油（*Brucea javanica* oil）加入 4.5% β-氯氰菊酯（EC）中，改善其对叶片的湿润能力，提高杀虫活性。赵建伟等（2023）在对土荆芥精油研究时发现其与敌百虫、氟虫氰、联苯菊酯联用时，均有增效作用，其中对联苯菊酯的增效作用最好。谷清义等（2023）发现半夏提取物与 Bt 混配时，使 Bt 对小菜蛾的活性明显增强。王宏民等（2021）发现向玫烟色棒束孢 PF904 中添加浓度为 250 mg/L 的二异丁基萘磺酸钠时，能够显著提高其对小菜蛾的防效。Chen 等（2007）比较了多种阳离子助剂与阿维菌素混用对小菜蛾 3 龄幼虫的增效作用，结果证实可明显提高阿维菌素对小菜蛾的药效。有机硅表面活性助剂是增效剂的主要成分，基本组成成分为聚醚改性三硅氧烷，具有超强的润湿和渗透性能。有机硅表面活性助剂 Silwet408 可显著提高 2%甲维盐微乳剂对小菜蛾的室内毒力（封云涛等，2017）。相栋等（2021）发现橙皮精油对高效氯氰菊酯的增效比为 4.7，有机硅对乙基多杀菌素的增效比为 4.9。田晓曦等（2021）在比较增效剂对农药的增效作用时发现，强力源对三氟甲吡醚和溴氰虫酰胺的增效比达到 35.87%和 36.08%，激健对三氟甲吡醚和溴氰虫酰胺的增效比分别为 16.53%和 20.40%，均有增效作用，且强力源的增效作用优于激健。赵志强（2022）比较了三种增效剂对溴虫腈的增效作用，发现溴虫腈分别以 1∶2、1∶4 和 1∶1 为质量比与 PBO、DEM 和 TPP 进行配比时，毒力效果最大增强了溴虫腈对小菜蛾的毒杀效果。刘雨阳（2020）以白屈菜碱作为增效剂，探究其对拟除虫菊酯的增效作用，发现在白屈菜碱浓度为 400 mg/L 时，对拟除虫菊酯的增效比为 5.12，增效作用明显。矿物源杀虫剂作为杀虫剂专用的新型增效剂，以精炼矿物油为原料进行研制开发，能够增强药液黏着性，使其更好附着于昆虫体表（封云涛等，2015）。

表8 增效剂对不同杀虫剂的增效作用

增效剂	杀虫剂	增效比（%）	参考文献
SV1	乙酰甲胺磷	26.58	周程爱等，2000

(续表)

增效剂	杀虫剂	增效比（%）	参考文献
PBO	氰戊菊酯	28.82	周程爱等，2000
	氯虫苯甲酰胺	2.2	Wang et al.，2013
	阿维菌素	12.23	Qian et al.，2008
DEM	氯虫苯甲酰胺	2.3	Wang et al.，2013
	阿维菌素	2.98	Qian et al.，2008
DEF	氯虫苯甲酰胺	2.9	Wang et al.，2013
TPP	阿维菌素	2.888	Qian et al.，2008
SC108	三氟甲吡醚	20.97	田晓曦等，2021
强力源	三氟甲吡醚	35.87	田晓曦等，2021
	溴氰虫酰胺	36.08	田晓曦等，2021
	三氟甲吡醚	16.53	田晓曦等，2021
激健	虫螨腈	5.1	相栋等，2021
	溴氰虫酰胺	20.40	田晓曦等，2021
橙皮精油	高效氯氰菊酯	4.7	相栋等，2021
有机硅	乙基多杀菌素	4.9	相栋等，2021

3.3 其他防治方法

目前，使用化学药剂仍是防治小菜蛾最有效的措施之一，除了开发新的杀虫剂或替代防治方法外，还应重视合理用药，如药剂轮换使用或合理混用；以及选用抗虫品种，努力推广降低化学农药依赖的农业措施，包括合理安排混作的时空格局，通过轮作进行间断性耕种，对多年生作物采用地面覆盖植被等（尤民生等，2004）。或用防虫网阻隔，使用杀虫灯、食诱剂等进行诱杀。为了减轻小菜蛾对化学农药抗性产生的速度，还应大力提倡生物农药的使用及天敌的作用，寄生天敌是影响害虫种群发展趋势的重要因子，对害虫种群能起到持续的控制作用，较大程度减轻害虫危害，小菜蛾寄生性天敌的优势种主要有菜蛾绒茧蜂 *Cotesia plutellae*、菜蛾啮小蜂 *Oomyzus sokolowskii*、半闭弯尾姬蜂 *Diadegma semiclausum* 等；捕食性天敌主要有中华草蛉 *Chtysopa sinica*、中华草蛉 *Chtysopa sinica* 等（蔡岳宏等，2018；李振宇等，2020；余德亿和汤葆莎，2002；章金明等，2013）。

4 问题与展望

化学药剂仍是防治小菜蛾的主要手段，小菜蛾抗药性的控制是我们要解决的首要问题。政府应强化推进对创新农药生产的准许，增强我国农药行业自主创新能力，争取尽快研制新药，使得药剂创新必须与植保应用体系协调发展。目前我国在农药缓控释技术方面取得长足进展，已成功研发由人工合成高分子材料制备的微囊悬浮剂，以及将纳米材料和技术应用到农药制剂加工中。小菜蛾抗药性的研究将继续在以下几个方面展开：①持续监测小菜蛾抗药性发展；②加强小菜蛾的化学药剂创制及减施增效技术的开发；③深入探究小菜蛾的抗药机理；④农药纳米制剂开发。

参考文献

蔡岳宏，何珊，张志林，等，2018. 小菜蛾发生因素及绿色防控技术研究 [J]. 湖北工程学院学报，38（6）：35-39.

陈焕瑜，胡珍娣，冯夏，等，2010. 粤中地区小菜蛾对啶虫隆的抗性监测及治理对策 [J]. 广东农业科学，37（9）：30-31.

陈之浩，刘传秀，李凤良，等，1993. 杀虫双和杀螟丹选育对小菜蛾抗药性的形成及其抗性机制 [J]. 昆虫学报（4）：409-418.

陈之浩，刘传秀，李凤良，等，1994. 小菜蛾对杀虫双的抗药性监测、交互抗性测定及药剂防治研究 [J]. 西南农业学报（3）：68-74.

程罗根，陈之浩，李凤良，等，2003. 小菜蛾对沙蚕毒素类杀虫剂抗性的生化遗传分析 [J]. 南京农业大学学报（3）：46-48.

董万庆，尹艳琼，郑丽萍，等，2022. 滇西菜区小菜蛾发生规律及抗药性监测 [J]. 环境昆虫学报，44（3）：722-728.

董宇奎，2022. 氯虫苯甲酰胺 200g/L 悬浮剂防治鲁南地区玉米螟效果分析 [J]. 农业科技通讯（2）：81-83.

封云涛，郭晓君，李光玉，等，2017. 添加表面活性助剂对 2 种药剂防治小菜蛾的增效作用 [J]. 植物保护，43（2）：212-215.

封云涛，李光玉，郭晓君，等，2015. 两种表面活性助剂在农药减量化防治小菜蛾中的应用 [J]. 农药学学报，17（5）：603-609.

冯夏，陈焕瑜，帅应垣，等，1996. 广东小菜蛾对苏芸金杆菌的抗性研究 [J]. 昆虫学报（3）：238-245.

冯夏，李振宇，吴青君，等，2011. 小菜蛾抗性治理及可持续防控技术研究与示范：公益性行业（农业）科研专项"小菜蛾可持续防控技术研究与示范"进展 [J]. 应用昆虫学报，48（2）：247-253.

高雪，杨家强，徐宝云，等，2016. 北京和河北地区小菜蛾的抗药性动态 [J]. 应用昆虫学报，53（2）：279-284.

葛天成，尹飞，胡琼波，等，2023. Mbf2 转录调控小菜蛾谷胱甘肽 s-转移酶代谢氯虫苯甲酰胺的功能 [J]. 中国农业科学，56（4）：665-673.

郭林朝，杨鸿浩，李文烨，等，2023. 作用于烟碱型乙酰胆碱受体的杀虫剂研究进展 [J]. 化学与生物工程，40（4）：7-13.

韩招久，韩召军，姜志宽，等，2004. 沙蚕毒素类杀虫剂的毒理学研究新进展 [J]. 现代农药（6）：5-8.

侯雯，苗春丽，董双林，2022. 前足跗节及触角在小菜蛾雌蛾对芥子油苷刺激产卵反应中的作用 [J]. 南京农业大学学报，45（1）：72-77.

侯艳红，姬琨，2014. 小菜蛾抗药性及抗性机制研究进展 [J]. 园艺与种苗（4）：60-62.

黄雄英，周小毛，柏连阳，2008. 长沙地区小菜蛾对 13 种药剂的抗药性测定 [J]. 植物保护

(5）：146-149.

蒋开杰，吴建能，吴华新，等，2011. 慈溪菜区小菜蛾抗药性研究初报［J］. 上海农业科技（1）：109-110.

蒋田田，2014. 小菜蛾的抗药性监测以及对唑虫酰胺的抗性风险评估［D］. 南京：南京农业大学.

李凤良，程罗根，韩招久，等，1998. 小菜蛾对杀虫双的抗性遗传研究［J］. 植物保护学报（4）：345-350.

李建洪，伍建宏，喻子牛，等，1998. 小菜蛾对苏云金芽胞杆菌的抗药性研究［J］. 华中农业大学学报（3）：14-17.

李文萍，2010. 天津市小菜蛾田间种群抗药性现状及监测［J］. 天津农业科学，16（4）：44-45.

李一帆，2021. 小菜蛾解毒酶对4类化合物的作用机理研究［D］. 杨凌：西北农林科技大学.

李振宇，肖勇，吴青君，等，2020. 小菜蛾种群灾变及抗药性治理研究进展［J］. 应用昆虫学报，57（3）：549-567.

刘磊磊，徐培文，刘凯于，等，2022. 受体介导的鳞翅目昆虫对Bt毒素抗性机制进展［J］. 生物工程学报，38（5）：1809-1823.

龙丽萍，蔡健和，唐文伟，等，2006. 广西小菜蛾对定虫隆的抗药性监测［J］. 华中农业大学学报（3）：241-244.

罗雁婕，吴文伟，杨祚斌，等，2008. 小菜蛾抗药性及治理的研究进展［J］. 云南大学学报（自然科学版）（S1）：178-182.

邱占奎，袁会珠，李永平，等，2006. 添加有机硅表面活性剂对低容量喷雾防治小麦蚜虫的影响［J］. 植物保护（2）：34-37.

申君，鲁艳辉，张淑真，等，2016. 亚致死浓度氰氟虫腙对小菜蛾三种解毒酶及P450 mrna表达量的影响［J］. 应用昆虫学报，53（2）：256-263.

帅应垣，冯夏，陈焕瑜，1994. 广东供港菜区小菜蛾抗药性研究初报［J］. 广东农业科学（4）：31-32.

孙学磊，郭雪洁，马琦，2022. 双酰胺类杀虫剂在农药复配应用中的研究进展［J］. 现代农药，21（4）：18-25.

覃舰莹，2021. 小菜蛾Bt Cry1Ac毒素中肠受体基因转录调控机制的研究［D］. 长沙：湖南大学.

唐振华，周成理，吴世昌，等，1992. 上海地区小菜蛾的抗药性及增效剂的作用［J］. 植物保护学报（2）：179-185.

田晓曦，2021. 小菜蛾防治药剂筛选及农药减施增效作用研究［D］. 银川：宁夏大学.

王崇利，武淑文，杨亦桦，等，2006. 东南沿海地区小菜蛾对Bt δ-内毒素和Bt制剂的抗性检测［J］. 昆虫学报（1）：70-73.

王思展，付彩青，唐晓琴，等，2021. 西藏小菜蛾对5种杀虫剂的抗药性研究［J］. 中国植保导刊，41（9）：81-83.

吴刚，赵士熙，尤民生，2000. 小菜蛾和绒茧蜂乙酰胆碱酯酶对甲胺磷和甲基异柳磷敏感性监测［J］. 农药学学报（4）：49-53.

吴国星，高熹，刘小文，等，2008. 小菜蛾对辛硫磷的抗性选育及其乙酰胆碱酯酶和羧酸酯酶活力变化［J］. 江西农业学报（8）：52-54.

吴青君，徐宝云，朱国仁，等，2005. 京郊延庆县小菜蛾种群抗药性监测［J］. 中国蔬菜（7）：25-26.

吴青君，张文吉，张友军，等，2002. 表皮穿透和GABA_A受体不敏感性在小菜蛾对阿维菌素抗

性中的作用 [J]. 昆虫学报（3）: 336-340.

吴世昌, 顾言真, 1986. 杀灭菊酯对小菜蛾的毒效检测 [J]. 植物保护（3）: 19-20.

吴永汉, 邵建寨, 张纯胄, 等, 2005. 温州市小菜蛾田间抗药性测定 [J]. 上海农业科技（3）: 102-103.

吴赵露, 2022. 二化螟谷胱甘肽 s-转移酶的鉴定分析及其在阿维菌素解毒代谢中的作用研究 [D]. 扬州: 扬州大学.

夏耀民, 鲁艳辉, 朱勋, 等, 2013. 华中地区小菜蛾对 9 种杀虫剂的抗药性测定 [J]. 中国蔬菜（22）: 75-80.

相栋, 旺珍, 陈翰秋, 等, 2021. 4 种增效剂对 3 种小菜蛾防治药剂的增效作用 [J]. 植物保护, 47（4）: 310-316.

徐巨龙, 李静静, 王念猛, 等, 2021. 我国部分地区田间小菜蛾种群对 8 种常用杀虫剂的抗性检测 [J]. 植物保护, 47（2）: 239-242.

许小龙, 顾中言, 韩丽娟, 2004. 南京地区小菜蛾对常用杀虫剂抗药性的动态监测 [J]. 华东昆虫学报（2）: 66-71.

叶成磊, 朱金星, 涂依琴, 等, 2000. 防治小菜蛾药剂筛选试验 [J]. 农药（3）: 32-33.

尹飞, 李振宇, SHABBIR S, 等, 2022. P450 基因在氯虫苯甲酰胺不同抗性品系小菜蛾中的表达及功能分析 [J]. 中国农业科学, 55（13）: 2562-2571.

尹艳琼, 谌爱东, 李向永, 等, 2018. 云南小菜蛾的研究现状与展望 [J]. 云南农业科技（S1）: 17-20.

尤民生, 刘雨芳, 侯有明, 2004. 农田生物多样性与害虫综合治理 [J]. 生态学报（1）: 117-122.

于琦童, 2021. 茚虫威不同异构体对小菜蛾和中华通草蛉的选择毒力及亚致死效应 [D]. 泰安: 山东农业大学.

余德亿, 汤葆莎, 占志雄, 等, 2000. 福建省小菜蛾田间抗药性测定 [J]. 福建农业科技（1）: 14-16.

余德亿, 汤葆莎, 2002. 小菜蛾寄生性天敌及其保护 [J]. 江西农业大学学报（自然科学）（5）: 603-607.

张雪燕, 何婕, 1998. 云南省主要菜区小菜蛾抗药性研究初报 [J]. 云南农业科技（4）: 10-13.

章金明等, 2013. 春季十字花科作物田间蜘蛛种类调查 [J]. 浙江农业科学（6）: 705-706.

赵志强, 2020. 小菜蛾抗药性监测及杀虫剂增效作用研究 [D]. 太原: 山西农业大学.

周程爱, 王小平, 陈章发, 等, 2000. 长沙地区小菜蛾田间种群抗药性及增效剂的作用 [J]. 湖南农业大学学报（自然科学版）（5）: 358-362.

周利娟, 黄继光, 徐汉虹, 2011. 珠三角地区小菜蛾田间种群的抗药性测定 [J]. 华南农业大学学报, 32（1）: 45-48.

朱国仁, 王少丽, 张友军, 2010. 农用有机硅 ag-64 在大葱甜菜夜蛾化学防治中的作用初探 [J]. 中国蔬菜（6）: 50-52.

左一鸣, 王开运, 姜兴印, 2004. 4 种抗生素类杀虫剂对小菜蛾不同龄期幼虫的毒力和杀卵作用 [J]. 农药（1）: 25-27.

左一鸣, 2003. 梅岭霉素生物活性测定及其作用机理研究 [D]. 泰安: 山东农业大学.

ADANG M J, CRICKMORE N, JURAT-FUENTES J L, 2014. Diversity of Bacillus thuringiensis crystal toxins and mechanism of action [J]. Advances in insect physiology（47）: 39-87.

ANKERSMIT G W, 1953. DDT-resistance in *Plutella maculipennis*（curt.）（Lep.）in Java [J]. Bulletin of Entomological Research, 44 (3): 421-425.

BAEK J H, KIM J I, LEE D, et al., 2005. Identification and characterization of ace1-type acetylcholinesterase likely associated with organophosphate resistance in *Plutella xylostella* [J]. Pesticide Biochemistry and Physiology, 81 (3): 164-175.

BALASUBRAMANI V, SAYYED A H, CRICKMORE N, 2008. Genetic characterization of resistance to deltamethrin in *Plutella xylostella* (Lepidoptera: Plutellidae) from India [J]. Journal of Economic Entomology, 101 (6): 1911-1918.

BANAZEER A, AFZAL M B S, HASSAN S, et al., 2021 Status of insecticide resistance in *Plutella xylostella* (linnaeus) (Lepidoptera: plutellidae) from 1997 to 2019: cross-resistance, genetics, biological costs, underlying mechanisms, and implications for management [J]. Phytoparasitica, 50 (2): 465-485.

BAXTER S W, CHEN M, DAWSON A, et al., 2010. Mis-spliced transcripts of nicotinic acetylcholine receptorα6 are associated with field evolved spinosad resistance in *Plutella xylostella* (L.) [J]. Plos Genetics, 6 (1): e1000802.

BLOOMQUIST J, 2003. Chloride channels as tool for developing selective insecticides [J]. Archives of Insect Biochemistry and Physiology, 54 (4): 145-156.

BRAVO A, SOBERÓN M, GILL S S, 2005. *Bacillus thuringiensis* mechanisms and use [J]. Comprehensive Molecular Insect Science, 6: 175-205.

CHEN Z, HAN Z, MA C, et al., 2007. Synergism of six cationic adjuvants to avermectin [J]. Acta Entomologica Sinica, 50 (8): 801-806.

DUNN T P S, CHAMPAGNE D E, RILEY D G, et al., 2022. A target site mutation associated with diamide insecticide resistance in the diamondback moth *Plutella xylostella* (Lepidoptera: plutellidae) is widespread in South Georgia and Florida populations [J]. Journal of Economic Entomology, 115 (1): 289-296.

FOURNIER D, MUTERO A, 1994. Modification of acetylcholinesterase as a mechanism of resistance to insecticides [J]. Comparative Biochemistry and Physiology Part C: Pharmacology, Toxicology and Endocrinology, 108 (1): 19-31.

FURLONG M J, WRIGHT D J, DOSDALL L M, 2013. Diamondback moth ecology and management: problems, progress, and prospects [J]. Annual Review of Entomology, 58 (1): 517-541.

FUSE T, KITA T, NAKATA Y, et al., 2016. Electrophysiological characterization of ivermectin triple actions on musca chloride channels gated by l-glutamic acid andγ-aminobutyric acid [J]. Insect Biochemistry and Molecular Biology, 77: 78-86.

GAHAN L J, GOULD F, HECKEL D G, 2001. Identification of a gene associated with Bt resistance in *Heliothis virescens* [J]. Science (New York, N.Y.), 293 (5531): 857-860.

GRZYWACZ D, ROSSBACH A, RAUF A, et al., 2010. Current control methods for diamondback moth and other brassica insect pests and the prospects for improved management with lepidopteran-resistant Bt vegetable brassicas in Asia and Africa [J]. Crop Protection, 29 (1): 68-79.

GUO L, WANG Y, ZHOU X, et al., 2014. Functional analysis of a point mutation in the ryanodine receptor of *Plutella xylostella* (L.) Associated with resistance to chlorantraniliprole [J]. Pest Management Science, 70 (7): 1083-1089.

HAMA H, 1987. Development of pyrethroid resistance in the diamondback moth, *Plutella xylostella* linne (Lepidoptera: yponomeutidae) [J]. Applied Entomology and Zoology, 22 (2): 166-175.

HASSAN F, SINGH K, ALI V, et al., 2019. Detection and functional characterization of sigma class GST in *Phlebotomus argentipes* and its role in stress tolerance and DDT resistance [J]. Scientific Reports, 9 (1): 19636.

HU Z, FENG X, LIN Q, et al., 2014. Biochemical mechanism of chlorantraniliprole resistance in the diamondback moth, *Plutella xylostella* linnaeus [J]. Journal of Integrative Agriculture, 13 (11): 2452-2459.

JIA T H, PAN N Y, SONG X M, et al., 2023. Preparation and characterization of insecticide/calix [4] arene complexes and their enhanced insecticidal activities against *Plutella xylostella* [J]. Journal of Agricultural and Food Chemistry, 71 (14): 5576-5584.

JOURAKU A, KUWAZAKI S, MIYAMOTO K, et al., 2020. Ryanodine receptor mutations (G4946E and I4790K) differentially responsible for diamide insecticide resistance in diamondback moth, *Plutella xylostella* L [J]. Insect Biochemistry and Molecular Biology, 118: 103308.

KIM Y H, LEE J, LEE S H, 2011. Determination of organophosphate and carbamate resistance allele frequency in diamondback moth populations by quantitative sequencing and inhibition tests [J]. Journal of Asia-Pacific Entomology, 14 (1): 29-33.

KUWAZAKI S, JOURAKU A, KITABAYASHI S, 2023. Multiplex pcr-based molecular diagnostic method to detect cyantraniliprole-resistant I4790K mutation in the diamondback moth, *Plutella xylostella* (Lepidoptera: plutellidae) [J]. Applied Entomology and Zoology, 58 (1): 121-126.

LEE D, CHOI J Y, KIM W T, et al., 2007. Mutations of acetylcholinesterase1 contribute to prothiofos-resistance in *Plutella xylostella* (L.) [J]. Biochemical and Biophysical Research Communications, 353 (3): 591-597.

LI F Y, JIANG B B, LUO Y Q, et al., 2023. Discovery of a novel class of acylthiourea-containing isoxazoline insecticides against *Plutella xylostella* [J]. Molecules, 28 (8): 3300.

LI R, ZHU B, SHAN J Q, et al., 2021. Functional analysis of a carboxylesterase gene involved in beta-cypermethrin and phoxim resistance in *Plutella xylostella* (L.) [J]. Pest Management Science, 77 (4): 2097-2105.

LI Y F, SUN H, SU X X, et al., 2020. The determination of *Plutella xylostella* (L.) Gsts (pxgsts) involved in the detoxification metabolism of tolfenpyrad [J]. Pest Management Science, 76 (12): 4036-4045.

LI Y F, SUN H, TIAN Z, et al., 2021. Identification of key residues of carboxylesterase PxEst-6 involved in pyrethroid metabolism in *Plutella xylostella* (L.) [J]. Journal of Hazardous Materials, 407: 124612.

LI Y H, ZHANG W B, WU Z X, et al., 2023. Design, synthesis, and insecticidal activity of novel isoxazoline diacylhydrazine compounds as GABA receptor inhibitors [J]. Journal of Agricultural and Food Chemistry, 71 (17): 6561-6569.

LI Z, FENG X, LIU S, et al., 2016. Biology, ecology, and management of the diamondback moth in China [J]. Annual Review of Entomology, 61 (1): 277-296.

LIN Q, JIN F, HU Z, et al., 2013. Transcriptome analysis of chlorantraniliprole resistance development in the diamondback moth *Plutella xylostella* [J]. Plos One, 8 (8): e72314.

LIU J, LIU Z, MA H, et al., 2022. C/EBPα regulates PxTreh1 and PxTreh2 trehalase-related Bt resistance in *Plutella xylostella* (L.) [J]. Insects, 13 (4): 340.

LIU X, WANG H, NING Y, et al., 2015. Resistance selection and characterization of chlorantraniliprole resistance in *Plutella xylostella* (Lepidoptera: plutellidae) [J]. Journal of Economic Entomology, 108 (4): 1978-1985.

MAU R F L, GUSUKUMA-MINUTO L R, ENDERSBY N M, et al., 2004. Diamondback moth, *Plutella xylostella* (L.), Resistance management in Hawaii [M]. Wallingford UK: CABI.

MOHAN V, PREMALATHA G, PITCHUMONI C S, 2003. Tropical chronic pancreatitis: an update [J]. Journal of Clinical Gastroenterology, 36 (4): 337-346.

NI H, WANG J, SHEN Y, et al., 2021. Cloning and characterization of the Cry79Aa1 gene from a lepidopteran active strain of bacillus thuringiensis [J]. Journal of Invertebrate Pathology, 185: 107657.

PAHUTSKI T F, AHMAD O K, MARSHALL E A, et al., 2023. Discovery of novel (N-aryl-4-methylpiperidinyl) pyrazoles: a new class of potent lepidopteran insecticides [J]. Pest Management Science, 79 (5): 1743-1749.

PARDO-LÓPEZ L, SOBERÓN M, BRAVO A, 2013. Bacillus thuringiensis insecticidal three-domain cry toxins: mode of action, insect resistance and consequences for crop protection [J]. Fems Microbiology Reviews, 37 (1): 3-22.

PÉREZ C J, ALVARADO P, NARVÁEZ C, et al., 2000. Assessment of insecticide resistance in five insect pests attacking field and vegetable crops in Nicaragua [J]. Journal of Economic Entomology, 93 (6): 1779-1787.

PETERSON B, BEZUIDENHOUT C, VAN DEN BERG J, 2017. An overview of mechanisms of cry toxin resistance in lepidopteran insects [J]. Journal of Economic Entomology, 110 (2): 362-377.

PICHON A, ARVANITAKIS L, ROUX O, et al., 2006. Genetic differentiation among various populations of the diamondback moth, *Plutella xylostella* Lepidoptera yponomeutidae [J]. Bulletin of Entomological Research, 96 (2): 137-144.

PU X, YANG Y, WU S, et al., 2009. Characterisation of abamectin resistance in a field-evolved multi-resistant population of *Plutella xylostella* [J]. Pest Management Science, 66 (4): 371-378.

QIAN L, CAO G, SONG J, et al., 2008. Biochemical mechanisms conferring cross-resistance between tebufenozide and abamectin in *Plutella xylostella* [J]. Pesticide Biochemistry and Physiology, 91 (3): 175-179.

QIN J, YE F, XU L, et al., 2021. A cis-acting mutation in the PxABCG1 promoter is associated with Cry1Ac resistance in *Plutella xylostella* (L.) [J]. International Journal of Molecular Sciences, 22 (11): 6106.

RAHMAN M, BAKER G, POWIS K, et al., 2010. Induction and transmission of tolerance to the synthetic pesticide emamectin benzoate in field and laboratory populations of diamondback moth [J]. Journal of Economic Entomology, 103 (4): 1347-1354.

REN J Z, JI X, GAO W, et al., 2023. 3D-QSAR-based molecular design to discover ultrahigh active n-phenylpyrazoles as insecticide candidates [J]. Journal of Agricultural and Food Chemistry, 71 (10): 4258-4271.

RINKEVICH F D, CHEN M, SHELTON A M, et al., 2010. Transcripts of the nicotinic acetylcholine receptor subunit gene pxlα6 with premature stop codons are associated with spinosad resistance in diamondback moth, *Plutella xylostella* [J]. Invertebrate Neuroscience, 10 (1): 25-33.

SAYYED A H, WRIGHT D J, 2006. Genetics and evidence for an esterase-associated mechanism of resistance to indoxacarb in a field population of diamondback moth (Lepidoptera: plutellidae) [J]. Pest Management Science, 62 (11): 1045-1051.

SAYYED A, RAYMOND B, IBIZA-PALACIOS M S, et al., 2005. Genetic and biochemical characterization of field-evolved resistance to bacillus thuringiensis toxin Cry1Ac in the diamondback moth, *Plutella xylostella* [J]. Applied and Environmental Microbiology, 70 (12): 7010-7017.

SHABBIR M Z, YANG X, BATOOL R, et al., 2021. *Bacillus thuringiensis* and chlorantraniliprole trigger the expression of detoxification-related genes in the larval midgut of *Plutella xylostella* [J]. Frontiers in Physiology, 12: 780255.

SOLEYMANZADE A, VALIZADEGAN O, SARYAZDI G A, 2019. Biochemical mechanisms and cross resistance patterns of chlorpyrifos resistance in a laboratory-selected strain of diamondback moth, *Plutella xylostella* (Lepidoptera: plutellidae) [J]. Journal of Agricultural Science and Technology, 21: 1859-1870.

SONODA S, 2009. Alternative splicing of para – sodium channel alpha – subunit genes from diamondback moth strains with different sensitivity to a pyrethroid [J]. Journal of Pesticide Science, 34 (3): 173-176.

STEVENS T, SONG S, BRUNING J B, et al., 2017. Expressing a moth abcc2 gene in transgenic drosophila causes susceptibility to Bt Cry1Ac without requiring a cadherin-like protein receptor [J]. Insect Biochemistry and Molecular Biology, 80: 61-70.

SUN X, HUA W J, WANG K K, et al., 2023. A novel V263I mutation in the glutamate-gated chloride channel of *Plutella xylostella* (L.) Confers a high level of resistance to abamectin [J]. International Journal of Biological Macromolecules, 230 (4): 123389.

TABASHNIK B, CUSHING N, FINSON N, et al., 1990. Field development of resistance to *Bacillus thuringiensis* in diamondback moth (Lepidoptera: plutellidae) [J]. Journal of Economic Entomology, 83 (5): 1671-1676.

TALEKAR N S, SHELTON A M, 1993. Biology, ecology, and management of the diamondback moth [J]. Annual Review of Entomology, 38 (1): 275-301.

TROCZKA B, ZIMMER C, ELIAS J, et al., 2012. Resistance to diamide insecticides in diamondback moth, *Plutella xylostella* (Lepidoptera: plutellidae) is associated with a mutation in the membrane-spanning domain of the ryanodine receptor [J]. Insect Biochemistry and Molecular Biology, 42 (11): 873-880.

VACHON V, LAPRADE R, SCHWARTZ J, 2012. Current models of the mode of action of bacillus thuringiensis insecticidal crystal proteins: a critical review [J]. Journal of Invertebrate Pathology, 111 (1): 1-12.

VILLACIS-PEREZ E, XUE W, VANDENHOLE M, et al., 2023. Intraspecific diversity in the mechanisms underlying abamectin resistance in a cosmopolitan pest [J]. Evolutionary Applications, 16 (4): 863-879.

WANG J X, XIANG J C, WU M H, et al., 2023. Design, synthesis, and insecticidal activities of novel meta-diamide compounds containing ethyl acetate and their derivatives [J]. Chemistry & Biodiversity, 20 (4): e202300060.

WANG X, CAO X, JIANG D, et al., 2020. Crispr/cas9 mediated ryanodine receptor I4790M knock-in confers unequal resistance to diamides in *Plutella xylostella* [J]. Insect Biochemistry and Molecular Biology, 125: 103453.

WANG X, KHAKAME S K, YE C, et al., 2013. Characterisation of field-evolved resistance to chlorantraniliprole in the diamondback moth, *Plutella xylostella*, from China [J]. Pest Management Science,

69 (5): 661-665.

WANG X, O REILLY A O, WILLIAMSON M S, et al., 2019. Function and pharmacology of glutamate-gated chloride channel exon 9 splice variants from the diamondback moth *Plutella xylostella* [J]. Insect Biochemistry and Molecular Biology, 104: 58-64.

XIE C, XIONG L, YE M, et al., 2022. Genome-wide analysis of v-atpase genes in *Plutella xylostella* (L.) And the potential role of pxvha-g1 in resistance to *Bacillus thuringiensis* Cry1Ac toxin [J]. International Journal of Biological Macromolecules, 194: 74-83.

XIONG L, LIU Z, SHEN L, et al., 2021. A novel reference for Bt-resistance mechanism in *Plutella xylostella* based on analysis of the midgut transcriptomes [J]. Insects, 12 (12): 1091.

XU J, WANG Z, WANG Y, et al., 2020. Abcc2 participates in the resistance of *Plutella xylostella* to chemical insecticides [J]. Pesticide Biochemistry and Physiology, 162: 52-59.

XU L, QIN J, FU W, et al., 2022. MAP4K4 controlled transcription factor POUM1 regulates PxABCG1 expression influencing Cry1Ac resistance in *Plutella xylostella* (L.) [J]. Pesticide Biochemistry and Physiology, 182: 105053.

YANG J, XU X, LIN S, et al., 2021. Profiling of micrornas in midguts of *Plutella xylostella* provides novel insights into the *Bacillus thuringiensis* resistance [J]. Frontiers in Genetics, 12: 739849.

YAO G, WANG M, LI B, et al., 2022. Design, synthesis, and biological activity of novel spiro-pyrazolo [1, 5-a] quinazolines derivatives as potential insecticides [J]. Pest Management Science, 79 (3): 1164-1174.

YE M, XIONG L, DONG Y, et al., 2022. The potential role of the methionine aminopeptidase gene pxmetap1 in a cosmopolitan pest for *Bacillus thuringiensis* toxin tolerance [J]. International Journal of Molecular Sciences, 23 (21): 13005.

YEH S C, LIN C, CHANG C, et al., 2014. Amino acid substitutions and intron polymorphism of acetylcholinesterase1 associated with mevinphos resistance in diamondback moth, *Plutella xylostella* (L.) [J]. Pesticide Biochemistry and Physiology, 112: 7-12.

YIN Q, QIAN L, SONG P, et al., 2019. Molecular mechanisms conferring asymmetrical cross-resistance between tebufenozide and abamectin in *Plutella xylostella* [J]. Journal of Asia-Pacific Entomology, 22 (1): 189-193.

YING X, CHI Q, GE M, et al., 2019. Analysis of UB and L40, related to deltamethrin stress in the diamondback moth, *Plutella xylostella* (L.) [J]. Gene, 684: 149-153.

YOU M, YUE Z, HE W, et al., 2013. A heterozygous moth genome provides insights into herbivory and detoxification [J]. Nature Genetics, 45 (2): 220-225.

ZALUCKI M P, SHABBIR A, SILVA R, et al., 2012. Estimating the economic cost of one of the world's major insect pests, *Plutella xylostella* (Lepidoptera: plutellidae): just how long is a piece of string? [J]. Journal of Economic Entomology, 105 (4): 1115-1129.

ZHANG C X, YUAN H X, HU Y G, et al., 2023. Structural diversity design, synthesis, and insecticidal activity analysis of ester-containing isoxazoline derivatives acting on the GABA receptor [J]. Journal of Agricultural and Food Chemistry, 71 (7): 3184-3191.

ZHANG H, LI F, CHENG C, et al., 2013. The identification and characterisation of a new deltamethrin resistance-associated gene, UBL40, in the diamondback moth, *Plutella xylostella* (L.) [J]. Gene, 530 (1): 51-56.

ZHAO J Z, COLLINS H L, TANG J D, et al., 2000. Development and characterization of diamondback moth resistance to transgenic broccoli expressing high levels of Cry1C [J]. Applied and Environmental Microbiology, 66 (9): 3784-3789.

ZHAO J, LI Y X, COLLINS H, et al., 2002. Monitoring and characterization of diamondback moth (Lepidoptera: plutellidae) resistance to spinosad [J]. Journal of Economic Entomology, 95 (2): 430-436.

ZHAO M J, TAO Z, WANG L, et al., 2023. Structural modification of (3e) -4, 8-dimethyl-1, 3, 7-nontriene enhances its ability to kill *Plutella xylostella* insect pests [J]. Pest Management Science, 79 (9): 3280-3289.

ZHU Q, HU X, LIU Y, XIE Y, et al., 2022. Identification of single domain antibodies with insect cytotoxicity using phage-display antibody library screening and *Plutella xylostella* atp-binding cassette transporter subfamily c member 2 (ABCC2) -based insect cell expression system [J]. International Journal of Biological Macromolecules, 209: 586-596.

ZHU Q, WANG J, GAO M, et al., 2021. Neuropeptide f from endocrine cells in *Plutella xylostella* midgut modulates feeding and synergizes Cry1Ac action [J]. Archives of Insect Biochemistry and Physiology, 108 (3): e21845.

桃蛀螟的生长阶段、危害现象和防治措施

张译元，程川博，吴丽红，林榕梅

(河南省害虫绿色防控国际联合实验室/河南省害虫生物防控工程实验室/河南农业大学植物保护学院，郑州 450002)

摘 要：桃蛀螟属于一种世界性害虫，每年危害诸多农作物和水果，导致广大农户承受大量经济损失。本文总结资料，将从桃蛀螟的介绍，生长阶段，危害作物的种种现象等方面，为桃蛀螟的防治措施提供一定的理论支持和参考依据。

关键词：桃蛀螟；生长阶段；危害；防治措施

桃蛀螟（*Dichocrocis punctiferalis*）是鳞翅目（Lepidoptera）螟蛾科（Pyralidae）蛀野螟属的一种有害昆虫（鹿金秋等，2024），又称为桃斑螟、桃蛀野螟、桃斑蛀螟、豹纹斑螟、幼虫俗称蛀心虫等（王振营等，2006）。并且在世界范围内广泛分布，国外分布的国家有越南、缅甸、泰国、日本、朝鲜、韩国、印度、澳大利亚、大洋洲、马来西亚、菲律宾、印度尼西亚、巴基斯坦等（林志鹏等，1995）。国内分布的地区有河南、河北、山东、辽宁、陕西、山西、安徽、江苏、北京、天津、江西、云南、浙江、福建等（鹿金秋等，2010）。从分布地域的广阔可以推测桃蛀螟具有较强的环境适应能力，能在不同的环境气候中生存和繁殖。

在中国，对桃蛀螟的研究可以追溯到 20 世纪五六十年代（魏鸿钧，1956；赵忠仁等，1962），是一种杂食性害虫，桃蛀螟的寄主植物种类多达 100 多种，能够对诸多种类的农作物、树木和水果造成危害。熟知的农作物有玉米（Ramzan *et al.*，2024）、棉花、向日葵、高粱、大豆、蓖麻（Kirankumar *et al.*，2023）、扁豆等（王振营等，2006）；熟知的树木有松杉、桧柏（王藕芳等，2003）、李树（于贺艳，2012）、丝绵树、橡树等；熟知的水果有桃（刘永琴等，2009）、苹果、梨、杏、石榴（何立新等，2009）、番石榴（Singh *et al.*，2023）、核桃（Chen *et al.*，2022）、龙眼（黄玉清等，2000）、柑橘（聂家云等，2006）、荔枝、甘蔗、菠萝、板栗（肖云丽等，2014；Kim *et al.*，2024）、枇杷等。桃蛀螟由于幼虫初期喜欢隐匿于树木或果实内部，农民和监测人员很难发现，初期防治不佳，会造成后期虫害暴发时，不仅损耗大量的人力物力且效果不佳，而且还造成惨重的经济损失。因此，在日常监测时，根据以往虫害发生的规律并结合实际本地情况，对虫害提前做好预警，抓住适当时机，做好综合防治措施。

1 桃蛀螟的生物学特性

1.1 桃蛀螟的形态特征

桃蛀螟的发育形式是完全变态发育，需要经历卵、幼虫、蛹、成虫四个阶段。卵的形状为椭圆形，初产时颜色为乳白色，几天后变为橘黄色，直至孵化前为红褐色，所以可以

通过卵的颜色，推测出成虫产卵的时间。末龄幼虫体长在18~25 mm，幼虫因寄主的不同使得体色多变，有淡褐、浅灰蓝、浅灰、暗红等色，腹面多为淡绿色。头暗褐，前胸背板褐色，气门椭圆形（宫庆涛等，2018）。蛹的形状为纺锤形，长11~14 mm，刚化蛹时颜色为浅黄绿色，逐渐变为深褐色。成虫体长9~14 mm，翅的颜色为黄色，翅的表面有许多黑色斑点似豹纹，这个特征可以有效区别于其他昆虫，便于识别（徐姗姗等，2016）。

1.2 桃蛀螟的生活史

桃蛀螟在中国不同区域，世代发生的次数不同。熟知的有辽宁年发生1~2代，河北、山东、陕西年发生3代（张希涛等，2023），河南年发生4代，湖北、江西年发生5代，会在玉米和高粱秸秆、杂草堆、板栗壳等地方以末龄幼虫或蛹的状态越冬（鹿金秋等，2010；张大鹏，2023）。在华北地区发生2~3代期间，不仅对水果和农产品造成危害，而且危害的对象在不同世代期间有明显不同。第1代幼虫可以危害桃、杏等水果，第2代幼虫可以危害玉米、向日葵等农作物，第3代幼虫可以危害板栗（冯洪敏，2024）。成虫羽化2~3 d后产卵，卵期大约持续一周，幼虫危害植株与水果大约持续20 d，末龄幼虫化蛹后，蛹期持续9~10 d（文丽华等，2002）。根据桃蛀螟世代发生的时间区间（表1），可以提前监测并做出相应预防措施，防止虫害暴发，造成严重经济损失（徐军等，2001）。

表1　桃蛀螟世代发生的时间区间

物种名称	世代	时间区间	世代天数（大约）	参考文献
桃蛀螟 *Dichocrocis punctiferalis*	第1代	6月下旬至8月上旬	50 d	徐军等，2001
	第2代	7月下旬至8月下旬	40 d	
	第3代	8月下旬至10月	30 d	
	第4代（越冬代）	5月至7月	240 d	

1.3 影响桃蛀螟生存的因素

气候条件。温度、降水量、年日照时数能影响桃蛀螟生存（表2）。根据张大鹏（2023）和尹华阳等（2022）的调查结果显示，在桃蛀螟危害高峰期间，平均温度稍高、平均降水量稍低、年日照时数增加，尤其在8月，会使其对作物危害加剧，因此，在以上天气特征出现时，要及时监测和防控。但是如果出现长期干旱或大暴雨，会影响卵孵化、幼虫发育，从而虫口密度会下降。

表2　不同影响因素下桃蛀螟的危害情况

物种名称	平均温度	平均降水量	年日照时数	危害情况	参考文献
桃蛀螟（*Dichocrocis punctiferalis*）	偏高	偏高		较轻	张大鹏，2023
	偏高	偏低		严重	
	偏低	偏高		最轻	
	偏低	偏低		未知	尹华阳等，2022
	偏高		增多	严重	

2 桃蛀螟对玉米、板栗、水果、青茄、佛手的危害

2.1 桃蛀螟对玉米的危害

桃蛀螟（*D. punctiferalis*）与棉铃虫（*Helicoverpa armigera*）、亚洲玉米螟（*Ostrinia furnacalis*）并称为玉米的三大害虫（吕仲贤等，1995）。随着果树果实套袋技术的推广以及种植结构的改变，桃蛀螟对果园的侵害程度降低，但对玉米的侵害程度明显升高，为了得出进一步科学依据，汤金荣等（2020）选取玉米、大豆、棉花、桃四种寄主植物进行试验，通过比较它们的生命表参数，得出桃蛀螟在玉米上的产卵量和幼虫存活率最高，其次是桃和大豆，在棉花上的产卵量和幼虫存活率最低，因此，可以得出玉米是桃蛀螟比较偏好的寄主植物。桃蛀螟一方面通过蛀食玉米的茎秆，导致茎秆中断，最终造成产量的直接损失；另一方面，会危害玉米雌穗，不仅会增加玉米穗腐病的发生，引起籽粒的腐烂，而且影响玉米的品质，造成经济损失（杨硕等，2015；王振营等，2006；刘玥等，2017；吴立民等，1995；李荣荣，2016）。

2.2 桃蛀螟对板栗的危害

桃蛀螟对板栗的危害主要在 8 月下旬至 9 月中下旬，在板栗收获前，幼虫取食栗包和栗壁，也有一小部分取食栗果，在栗棚开裂期，大量幼虫会进入板栗里面取食栗果，会造成发霉和腐烂，从而影响收获后储藏和商品价值（赵忠仁等，1964；张文升等，2022）。

2.3 桃蛀螟对水果的危害

羽化后的桃蛀螟成虫会将卵产于桃、杏、李果表面上，卵孵化后，幼虫会蛀入果实内部啃食果肉，虫孔周围有大量的幼虫黑褐色粪便和黄褐色胶液，且受害果容易变黄、脱落、腐烂（张文升等，2022；冷德良等，2019）。桃蛀螟对石榴的侵害过程略有不同，初孵幼虫啃食果皮组织到 2 龄后蛀入果内啃食籽粒，幼虫会将身体隐藏在粪便下（禹桂卿等，2017）。我国国内的水果种植区域数量多，种植品种多，种植面积大，如果产区长期受到桃蛀螟的危害，会直接影响产量和果品。

2.4 桃蛀螟对青茄的危害

2017 年 8 月在河南新乡发现了桃蛀螟危害青茄的现象，桃蛀螟第一代成虫会转移到青茄上危害，然后在茄柄处产卵，卵孵化后，会直接蛀进茄子内部，在里面蛀食，产生大量排泄物以及化蛹。调查发现，桃蛀螟危害的区域主要分布在青茄种植区外部，内部较少，极大可能与桃蛀螟不同世代侵害不同作物有关（黄建荣等，2018）。

2.5 桃蛀螟对佛手的危害

桃蛀螟不仅对果树造成严重危害，还对佛手这种药食两用作物造成巨大经济损失，果实被害率超过 45%。被蛀食的佛手会失水萎缩、畸形、果实变色脱落，减产，失去食用和经济价值。严重危害时，可在一个果实上发现 3 只幼虫，并且研究发现，桃蛀螟在佛手果外化蛹。因此，应在幼虫未进入暴食期和蛹期，加大防治措施（许彦等，2021）。

桃蛀螟对各种作物的危害（表3），不仅造成大幅度减产、商品价值降低、储备困难容易发霉腐烂等，还会加重农药的使用量，污染生态环境，以及大量的残药量会影响

天敌、人畜安全。

表 3　桃蛀螟对各种作物的危害

物种名称	危害对象	危害部位	化蛹位置	参考文献
桃蛀螟 *Dichocrocis punctiferalis*	玉米	茎秆、雌穗	茎秆	杨硕等，2015 王振营等，2006 刘玥等，2017
	板栗	栗包、栗壁、栗果	堆果场、树皮间隙	赵忠仁等，1964 张文升等，2022
	水果	果皮、果肉、籽粒	果树粗皮裂缝	冷德良等，2019 张文升等，2022 禹桂卿等，2017
	青茄	茄柄、茄芯	蛀孔附近	黄建荣等，2018
	佛手	果实	树皮褶皱处	许彦等，2021

3　桃蛀螟的防治措施

下面将从农业防治、物理防治、生物防治、化学防治方面阐述桃蛀螟的防治措施。

3.1　农业防治

首先可以消灭处于越冬期的末龄幼虫或蛹。在秋冬季，将玉米、向日葵秸秆、落叶、枯枝堆等末龄幼虫或蛹的越冬场所集中销毁，并深耕土地，从而达到减少次年桃蛀螟羽化基数的目的（冯洪敏，2024）。

科学施用化肥，N、P、K 的施用量与桃蛀螟的虫口数量有密切的关系（王建华，2023）。也可以通过人工拾取落果、及时摘除被害果，然后集中处理的方法，从而达到降低虫口数量的目的（禹桂卿等，2017）。

由于桃蛀螟成虫对向日葵有较强的选择性，幼虫有转果危害的特点，且种植结构的改变，使得桃蛀螟对玉米的危害日渐加重，因此，果园周围应当避免大面积种植玉米、向日葵等作物，避免加重和交叉危害（徐姗姗等，2016；张静等，2013）。

3.2　物理防治

根据成虫趋光性强的特点，可以在晚上利用黑光灯和频振式杀虫灯诱集成虫集中杀灭。同时可以效仿梨小食心虫的防治措施，用一定比例的糖醋液进行诱杀，从而达到防治的目的（刘美钊等，2024；王越辉等，2013）。

果实套袋。在越冬期虫羽化前，将果实用单、双层纸袋或者塑料袋包裹，最好在包裹前喷一次杀虫杀菌剂，防治效果会更好（王藕芳等，2003）。套袋能有效防止害虫病菌接触并侵入果实，并提高果实的品质（宋文等，2010）。

使用性诱剂诱芯。根据大量的田间试验，宋卫等（2008）、杜艳丽等（2014）和陈万斌等（2022）、田洪平等（2022）得出顺、反-10-碳烯醛在 1∶4 配比下 50 μg/诱芯，100 μg/诱芯以及 1∶9 条件下 100 μg/诱芯诱集效果较好，后者的诱集效果甚至超过前者。

3.3 生物防治

利用天敌。赤眼蜂是桃蛀螟的天敌，可以寄生到卵上，有效降低幼虫的虫口数量和经济损失，并且不会像化学试剂般造成对环境的污染，是一种高效、无毒无害、持效期长的防治措施，可以达到"以蜂治虫"的防治目的（陈万斌等，2019；尹华阳等，2022）。

利用苏云金杆菌、Bt 蛋白、昆虫病原线虫、球孢菌等生物制剂防治桃蛀螟（王建华，2023；冯洪敏，2024；Duraimurugan，P et al.，2024；SU MON SHWE，2021）。球孢白僵菌成功附着昆虫表面后，孢子萌发，产生多种酶溶解昆虫的表皮，从而使得孢子能够进入昆虫内部，从昆虫那里获得营养进行繁殖和释放毒素，这一系列原因导致昆虫最终死亡（李少华，2022）。生物制剂不易使昆虫产生抗药性，不会对目标昆虫天敌、人畜等非靶标生物有害、安全、不污染环境等的优点，但也存在专一性强、控制范围有限、易受紫外线、温度、湿度等影响的缺点。因此，应大力推动生物制剂的发展来减少化学试剂的使用，保护环境以及促进可持续发展，符合"绿水青山就是金山银山"的理念。

3.4 化学防治

化学防治适宜于大面积害虫防治，具有高效、快速、持效期长等优点，防治桃蛀螟的重要时期在 1~2 代成虫产卵峰期或孵化初期，幼虫后期会进入暴食期且不好治理。可选用 10%联苯菊酯乳油 6 000~8 000 倍液，20%甲氰菊酯乳油 2 000~3 000 倍液，25%苏脲 1 号 1 000 倍液喷雾（侯建刚，2015），50%仲丁威可溶性粉剂 1 000 倍液、25%甲萘威可湿性粉剂 400 倍液、20%丙硫克百威乳油 3 000~4 000 倍液、25%杀虫双水剂 200~300 倍液、2.5%氯氟氰菊酯水乳剂 4 000~5 000 倍液、2.5%高效氯氟氰菊酯水乳剂 4 000~5 000 倍液、10%氯氰菊酯乳油 1 000~1 500 倍液（禹桂卿等，2017）。用 2.5%溴氰菊酯乳油 3 000 倍液喷雾，或 10%吡虫啉 4 000~6 000 倍液，或 20%除虫脲 4 000~6 000 倍稀释喷雾，1%甲维盐乳油 1 000 倍液、10%阿维除虫脲 800 倍液、50%的杀螟硫磷 1 000 倍液（张希涛等，2023）。

4 小结

桃蛀螟在中国的分布范围广，是一种杂食性害虫，危害多种作物，幼虫喜欢蛀心，发现困难，会导致后期防治困难。了解了桃蛀螟发生规律，可以在越冬代虫羽化前，销毁其寄生场所；在低龄幼虫阶段，可以适当科学喷施低毒农药；在成虫羽化期，可以通过黑光灯、频振式杀虫灯、性诱剂等手段诱捕成虫，降低成虫交尾率，从而减少产卵量；雌虫产卵期间，可以释放天敌赤眼蜂，其在卵上寄生，降低幼虫生存率。这些措施能有效治理桃蛀螟，但也存在了诸多不足，在销毁其寄生场所时，大面积焚烧会污染环境，甚至有引起火灾的风险；农户为获得好的收成，会多次大量喷施农药，不仅会引起农药残留危害人体健康问题、造成环境污染，而且桃蛀螟抗药性的问题会更加严重；天敌会存在储存和运输困难，施用的条件严苛问题，使得防治效果缓慢。因此，应大力推动高效绿色防控技术的发展，根据虫情监测，做出相应措施。

参考文献

陈万斌，何康来，王勤英，等，2019. 不同品系赤眼蜂对桃蛀螟卵的寄生选择性［J］. 中国生物防治学报，35（2）：167-172.

陈万斌，杨宸，黄晓丹，等，2022. 桃蛀螟性诱剂的筛选及其在黄淮海夏玉米区种群动态监测中的应用［J］. 植物保护，48（1）：211-219.

杜艳丽，张民照，马永强，等，2014. 桃蛀螟性诱剂配方筛选与田间引诱试验［J］. 植物保护学报，41（2）：187-191.

冯洪敏，2024. 板栗园桃蛀螟的发生规律及防治措施［J］. 果树实用技术与信息（1）：41-42.

宫庆涛，朱腾飞，武海斌，等，2018. 桃蛀螟的生物学特性及防控方法［J］. 落叶果树，50（4）：41-44.

何立新，王坤宇，吴玉珂，2009. 石榴桃蛀螟发生与防治［J］. 现代农业科技（20）：187.

侯建刚，2015. 桃蛀螟的危害及防治［J］. 河北果树（4）：26-27.

黄建荣，李国平，田彩红，等，2018. 桃蛀螟为害青茄的初报［J］. 植物保护，44（3）：235-236.

黄玉清，张晓俊，魏辉，等，2000. 桃蛀螟及其天敌的初步研究［J］. 江西农业大学学报，22（4）：523-525.

冷德良，肖建强，王迪轩，等，2019. 桃蛀螟危害桃李的症状表现与防治要点［J］. 科学种养（10）：37-39.

李荣荣，2016. 桃蛀螟为害与玉米穗腐病发生关系的研究［D］. 雅安：四川农业大学.

李少华，2022. 桃蛀螟免疫防御球孢白僵菌侵染的组学研究［D］. 泰安：山东农业大学.

林志鹏，余能健，吴志远，等，1995. 福建明溪桃蛀螟的防治［J］. 福建林学院学报（1）：67-71.

刘美钊，马爱红，杨小凡，等，2024. 梨小食心虫生物学特性及综合防控研究进展［J］. 河北农业科学，28（3）：50-56，61.

刘永琴，叶洪太，2009. 桃蛀螟在桃树上的发生及防治［J］. 中国南方果树，38（5）：65-66.

刘玥，李荣荣，何康来，等，2017. 桃蛀螟为害对春玉米镰孢穗腐病发生及产量损失的影响［J］. 昆虫学报，60（5）：576-581.

鹿金秋，王振营，何康来，等，2010. 桃蛀螟研究的历史，现状与展望［J］. 植物保护，36（2）：31-38.

鹿金秋，王振营，何康来，等. 桃蛀螟在玉米、高粱和向日葵上发生为害与播期的关系［J］. 应用昆虫学报，60（6）：1792-1803.

吕仲贤，杨樟法，王桂跃，等，1995. 玉米螟和桃蛀螟在玉米上的生态位及其种间竞争［J］. 浙江农业学报（1）：32-35.

聂家云，周海燕，2006. 桃蛀螟危害柑桔及防治［J］. 湖北植保（2）：21.

SU MON SHWE，2021. Bt蛋白对桃蛀螟的杀虫活性及机理研究［D］. 北京：中国农业科学院.

宋卫，唐光辉，冯俊涛，等，2008. 桃蛀螟性信息素顺、反-10-十六碳烯醛的Wittig反应合成［J］. 西北农林科技大学学报（自然科学版）（1）：179-182，188.

宋文，崔爱军，刘振怀，2010. 桃蛀螟在鲁南地区桃树上的发生规律及防治措施［J］. 植物医生，23（4）：17.

汤金荣，董少奇，李为争，等，2020. 寄主植物对桃蛀螟生长发育及产卵选择行为的影响

[J]. 生态学报, 40 (5): 1759-1765.

田洪平, 卢国彩, 田洪霞, 等, 2022. 山东潍坊玉米田桃蛀螟种群动态监测及性诱效果评价 [J]. 中国植保导刊, 42 (12): 29-31.

王建华, 2023. 板栗红蜘蛛和桃蛀螟防控技术研究及不同板栗品种（系）抗性评价 [D]. 秦皇岛: 河北科技师范学院.

王藕芳, 王加更, 胡洪仁, 2003. 桃蛀螟的发生与综合防治技术 [J]. 中国南方果树, 32 (4): 2.

王越辉, 马之胜, 贾云云, 等, 2013. 梨小食心虫生物学特性的研究进展 [J]. 江西农业学报, 25 (12): 75-77.

王振营, 何康来, 石洁, 等, 2006. 桃蛀螟在玉米上危害加重原因与控制对策 [J]. 植物保护, 32 (2): 67-69.

魏鸿钧, 1956. 向日葵的大害虫: 桃蛀螟 [J]. 昆虫知识 (2): 78.

文丽华, 刘海清, 孙子凤, 2002. 桃蛀螟生活史及防治策略 [J]. 天津农林科技 (2): 20-22.

吴立民, 陆化森, 1995. 玉米田桃蛀螟发生规律的研究 [J]. 昆虫知识 (4): 207-210.

肖云丽, 汪玉平, 程水源, 等, 2014. 我国板栗害虫研究概述 [J]. 环境昆虫学报, 36 (3): 441-450.

徐军, 韩方胜, 刘强, 等, 2001. 桃蛀螟在板栗上的发生危害规律与防治 [J]. 江苏农业科学, 29 (1): 42-43.

徐姗姗, 刘娟娟, 李铁钢, 等, 2016. 桃蛀螟发生规律及防治方法 [J]. 河北果树 (1): 48.

许彦, 刘露, 杨易昆, 等, 2021. 桃蛀螟为害佛手调查初报 [J]. 中国植保导刊, 41 (7): 53-54.

杨硕, 石洁, 张海剑, 等, 2015. 桃蛀螟为害夏玉米果穗对产量的影响 [J]. 植物保护学报, 42 (6): 991-996.

尹华阳, 董广平, 方建民, 等, 2022. 安徽省薄壳山核桃桃蛀螟危害情况调查及防控策略 [J]. 安徽林业科技, 48 (4): 3-5.

于贺艳, 2012. 李树桃蛀螟防治试验 [J]. 河北林业科技 (6): 19-20.

禹桂卿, 杨威, 陶春清, 等, 2017. 石榴桃蛀螟发生规律及防治措施 [J]. 现代园艺 (5): 127-128.

张大鹏, 2023. 夏玉米田桃蛀螟发生为害与气象条件关系调查 [J]. 基层农技推广, 11 (10): 16-19.

张静, 邓胜楠, 段慧, 等, 2013. 桃蛀螟和黑星麦蛾的发生与防治 [J]. 现代农村科技 (20): 33.

张文升, 张甘雨, 陈珍珍, 等, 2022. 桃蛀螟对果树的危害及防治研究进展 [J]. 落叶果树, 54 (5): 68-71.

张希涛, 刘振兴, 李红芳, 等, 2023. 桃蛀螟发生规律及防治措施探讨 [J]. 果农之友 (4): 55-57.

赵忠仁, 尹纯寿, 1962. 板栗上桃蛀螟防治法探讨 [J]. 植物保护学报 (3): 334.

赵忠仁, 尹纯寿, 王元珪, 1964. 板栗桃蛀螟发生规律及防治研究 [J]. 山东农业科学 (1): 29-33.

CHEN Y Z, YU H Z, RU C, et al., 2022. Primary biological characteristics of an emerging major boring pest, *Conogethes punctiferalis* (Guenée) (Lepidoptera: Crambidae), on *Juglans regia* (Juglandales: Juglandaceae) in Taihang Mountains [J]. Entomological News, 130 (3): 296-307.

DURAIMURUGAN P, BHARATHI E, DHARAVATH N R, et al., 2024. Pathogenicity of native strains of Bacillus thuringiensis, Beauveria bassiana and Metarhizium rileyi asentomopathogens against the polyphagous borer, *Conogethes punctiferalis* (Guenée) (Crambidae: Lepidoptera) [J]. Egypt J Biol Pest Control, 34 (1): 50.

KIM J, JUNG S, KIM U Y, 2024. Pheromone-based mating disruption of *Conogethes punctiferalis* (Lepidoptera: Crambidae) in chestnut orchards [J]. Insects, 15 (6): 445.

KIRANKUMAR R, B. SANNAPPA, AND VIJAYACHANDRA REDDY, 2023. Management of capsule borer *conogethes punctiferalis* (Guenee) on *Castor Ricinus Communis* L. using some plants oil [J]. International Journal of Environment and Climate Change, 13 (7): 189-99.

RAMZAN M, PANG T, SHI L, et al., 2024. Bio-ecology and management approaches of yellow peach moth, *Conogethes punctiferalis* (lepidoptera: Crambidae) [J]. European Journal of Entomology, 121 (1): 234-251.

SINGH S, SINGH V, SHERA P S, et al. 2023. Evaluation of augmentative biological controloptions against fruit and shoot borer, *Conogethes punctiferalis* (Guenée) (Lepidoptera: Crambidae) in guava in India [J]. Egypt J Biol Pest Control, 33 (1): 115.

稻飞虱 OBP、CSP 及与水稻挥发性有机化合物的互作研究进展

龙玲玲*, 贺华良**

(湖南农业大学植物保护学院, 长沙 410128)

摘 要: 本文探讨了稻飞虱如何利用气味结合蛋白 (Odorant-binding proteins, OBPs) 和化学感受蛋白 (Chemosensory proteins, CSPs) 嗅觉感知水稻释放的挥发性有机化合物 (Volatile organic compounds, VOCs)。OBPs、CSPs 通过与特定挥发物结合, 影响稻飞虱的行为和生理反应, 在害虫的寄主定位方面起关键作用。通过对这些机制的深入了解, 不仅可增强了对昆虫行为生态的认识, 还可为开发新型、环保的害虫防治技术提供理论基础, 如利用特定的挥发物作为自然驱避剂或诱集剂, 为实现害虫的可持续性治理提供重要的科学依据。

关键词: 稻飞虱; 嗅觉; 气味结合蛋白 (OBPs); 化学感受蛋白 (CSPs); 挥发性有机化合物 (VOCs)

Interaction between OBPs or CSPs and Rice Volatile Organic Compounds

Long Lingling*, He Hualiang**

(*College of Plant Protection, Hunan Agricultural University, Changsha 410128, China*)

Abstract: This review delves into how rice planthoppers utilize olfactory mechanisms to detect volatile organic compounds (VOCs) released by rice and explores the roles of odorant-binding proteins (OBPs) and chemosensory proteins (CSPs) in this process. These proteins, by binding to specific volatiles, significantly influence the behavioral and physiological responses of the rice planthoppers and play a crucial role in pest host localization. A deeper understanding of these mechanisms not only enhances our knowledge of insect behavioral ecology but also provides a theoretical basis for developing innovative, environmentally friendly pest management strategies. These strategies aim to reduce the use of chemical pesticides, thus protecting biodiversity and maintaining ecological balance. Ultimately, these studies offer important scientific support for the sustainable management of pests.

Key words: Rice planthopper; Olfaction; Odorant-binding Proteins (OBPs); Chemosensory Proteins (CSPs); Volatile Organic Compounds (VOCs)

褐飞虱 *Nilaparvata lugen*、白背飞虱 *Sogatella furcifera* 以及灰飞虱 *Laodelphax*

---

* 第一作者: 龙玲玲; E-mail:2177446550@qq.com
** 通信作者: 贺华良; E-mail:hehual@hunau.edu.cn

striatellu，是对水稻生产造成重大影响的三种稻飞虱，隶属于半翅目飞虱科。由于长期不合理地使用化学农药，稻飞虱对药物产生了极强的抗药性，同时化学农药对益虫造成了损害，进而影响了生态多样性与平衡。因此，迫切需要采取更为科学和环保的害虫治理方法，诸如生物防治和绿色防控策略，来降低化学农药的使用，并提升生态系统的自然平衡和恢复力。

有害生物综合治理（Integrated pest management，IPM）策略中，结合驱避剂和引诱剂的推拉技术，显示出了巨大的控虫潜力（Gurr et al.，2011；任小云等，2021；李彩虹等，2022）。研究表明，δ-癸酸内酯、香叶醇、1-辛烯-3-醇、邻茴香醛和4-乙酰吡啶对烟蓟马 Thrips tabaci 雌性成虫具有强烈吸引作用，水杨酸甲酯、茉莉酸甲酯和百里酚则具有明显驱避效应（吕蔷，2008；Deletre et al.，2016；李彩虹等，2022），烟蓟马对吡啶衍生物类化合物也有显著的趋性，如异烟酸甲酯等（Teulon et al.，2017）。以异烟酸甲酯为主要成分的商品化蓟马诱剂 Lurem-TR，已被应用于农业生产中（Teulon et al.，2007；Davidson et al.，2009；Broughton and Harrison，2012；Broughton et al.，2015）。这种将特定植物精油和化合物作为驱避剂（推）和引诱剂（拉）结合使用的策略可应用于害虫防治。反向化学生态学则通过研究昆虫嗅觉基因和感受机制，寻找吸引稻飞虱的小分子化合物，作为田间诱集诱芯，有效控制稻飞虱数量（Zhu et al.，2017；Leal，2017；Li et al.，2018；Caballero-Vidal et al.，2021；Deng et al.，2024），预示着可减少对化学杀虫剂的依赖，实现环境友好治理。因此，深入理解稻飞虱的嗅觉感受作用机制至关重要，而 OBP 和 CSP 是嗅觉感受过程中的关键分子。本文综述性梳理近年来稻飞虱 OBP 和 CSP 蛋白的作用，从分子机制到行为影响，再到实际的应用，提供更全面视角，以促进和发展新型生物防治策略。这些策略旨在有效控制稻飞虱，以期为实现稻飞虱的可持续治理提供科学依据。

1 气味结合蛋白在稻飞虱嗅觉感受行为调控中的作用机制

1.1 气味分子在昆虫体内的传递与识别机制

气味分子首先通过昆虫体表的特化感受器进入体内。随后，这些分子由气味结合蛋白（Odorant-binding proteins，OBP）协助，通过血淋巴系统传递至嗅觉受体。信号分子与嗅觉受体结合后，化学信号被转换为电信号，进而激发树突神经的兴奋。这些电信号最终传达至中枢神经系统，引发相应的反应（Zhou，2010；Ong et al.，2012；Leal，2013）。OBP 分子内部具有疏水性质，而其表面则是亲水性，使得昆虫的触角能够通过 OBP 选择性地识别气味。气味结合蛋白（OBPs）家族，特别是其丰富的 α 螺旋结构和保守的半胱氨酸，是最早被发现的（Zhou，2010）。OBPs 可分为普通气味结合蛋白（General odorant-binding proteins，GOBPs）、性信息素结合蛋白（Pheromone binding proteins，PBPs）和触角特异性蛋白（Antennae specific proteins，ASPs），但研究显示 GOBPs，PBPs 和 ASPs 对气味分子的识别具广谱性，其既可以识别普通气味分子也可以识别昆虫信息素，而且一个配基可以被多种蛋白结合，只是偏向于与特定的分子结合来发挥功能。所以，OBPs 的这种分类方式可能存在一定局限性（吴帆等，2016；Li et al.，2019；Wu et al.，2019）。根据 OBP 的结构，可分为很多亚类。典型 OBP（classical

OBPs）是小水溶性蛋白质家族由 120~150 个氨基酸组成，具有 6 个保守的半胱氨酸和 6 个 α-螺旋结构域（He et al., 2017; Chen et al., 2018）。除了典型 OBP，还有"Plus-C" OBP、"Minus-C" OBP 和非典型 OBP（Lagarde et al., 2011; Spinelli et al., 2012; He et al., 2014）。OBP 不仅参与嗅觉过程，还涉及其他生理功能（Pelosi et al., 2018）。

1.2 OBP 基因表达与稻飞虱行为调控的关联研究

在 1981 年，第一个昆虫嗅觉结合蛋白（OBP）被在蚕蛾 Antheraea polyphemus 的触角中首次鉴定出来（Vogt et al., 1981）。此后，研究者从隶属于多个昆虫目，包括鞘翅目、双翅目、蜚蠊目、半翅目和膜翅目超过 30 种昆虫中克隆并鉴定了 OBPs 基因。这些基因在不同的昆虫类别中显示出显著的差异性（Xu et al., 2009）。在对褐飞虱（BPH）的研究中，Xu 等（2009）识别出 3 个经典 OBP 序列，并探讨了这些基因在不同昆虫目中的差异性及其进化关系。2011 年，He 等进一步在 BPH 中克隆了三个 OBP 基因（NlOBP1、NlOBP2 和 NlOBP3），并发现 NlOBP3 在 BPH 定位和选择水稻中起到了关键作用，同时还确定了酮类和萜烯类化合物是吸引褐飞虱的关键气味组分（He et al., 2011）。He 等（2014）和 Zhou 等（2014）分别在白背飞虱（WBPH）和 BPH 鉴定到 12 个和 10 个 OBP 基因进行分析，并发现 SfOBP2 和 SfOBP11 在 WBPH 的触角中表达最高，NlOBP7/8/9/10 这 4 个基因在 BPH 触角中高表达。进一步的研究表明，SfOBP2 和 SfOBP11 能够结合水稻气味，尤其是萜类气味分子；SfOBP11 可能在 WBPH 识别寄主水稻挥发物的过程中发挥重要作用（蒋艳冬等，2016）。另，在对灰飞虱（SBPH）也报道了 14 个 OBPs。并发现 LstrOBP1、2、5、6、7、10 表现出触角高表达（Li et al., 2020）。He 等（2018）通过对三种稻飞虱——BPH、WBPH、SBPH 的基因组数据中完整注释了 12 个、12 个和 16 个 OBP 基因，且发现这些稻飞虱中 OBP 基因的数量与其他半翅目同属昆虫的数量相似。通过进化分析，发现这些 OBP 基因与蚜虫中的相应基因的同源性较高，特别是一组同源 OBP（SfOBP10/LstrOBP1/NlOBP11）与蚜虫的 OBP7 亚组基因密切相关，并且参与感应蚜虫释放的报警信息素（E）-β-金合欢烯。后续的研究发现该同源 OBP 基因簇在稻飞虱定位水稻的行为中起着关键作用，基因敲低后的稻飞虱对水稻的反应明显减慢（He et al., 2019）。Liu 等（2021）和 Duan 等（2023）发现 NlOBP11 在 BPH 中不仅是摄食所必需的，还能抑制植物防御。在 BPH 中，NlOBP8 对挥发性成分芳樟醇的化学感受中发挥协调作用，同时在触角中高表达的同源蛋白 distal-less（Dll）被证实直接正调控 NlOBP8 的转录，当沉默 NlDll 蛋白表达时，会降低了 NlOBP8 的表达量，下调其他与嗅觉功能相关的基因，进而影响 BPH 对芳樟醇的排斥行为。Zhang 等（2022）的研究揭示 NlOBP3 与 BPH 对烯啶虫胺和氟啶虫胺腈的抗性有关，NlOBP3 的过表达显著增加了 BPH 对这两种化学试剂的死亡率。这些研究共同揭示了 NlOBP11、NlOBP8 和 NlOBP3 在 BPH 的生理过程中发挥重要作用，对于了解 BPH 的生态适应性、抗性机制和可持续控制提供了更深刻的见解。

综合上述研究，稻飞虱中 OBP 在感知水稻气味、搜索定位宿主植物、参与生理过程和抗性机制等方面都起到了关键作用。另 OBP 在虫体不同组织中的差异性表达，可能在外界气味信息的处理中发挥多样功能。同时，通过气味结合特性的研究，一些

OBP 基因显示出对水稻气味的高度结合能力，特别是萜类气味分子。这些研究不仅加深了对稻飞虱嗅觉系统的理解，还为进一步探索害虫的生态适应性和可持续治理提供信息参考。

2 化学感受蛋白在稻飞虱行为调控中的功能

2.1 化学感受蛋白的发现与功能

除气味结合蛋白（OBP）外，稻飞虱的嗅觉感知还涉及另一类关键蛋白——化学感受蛋白（Chemical sensory proteins，CSPs），其在害虫的行为和生理过程中发挥着不同但同样重要的作用。CSPs 最初在黑腹果蝇 *Drosophila melanogaster* 中发现，自 1994 年以来，已在多种昆虫中被识别并研究，其在嗅觉信号转导中的角色同样不可忽视（吴帆等，2021；McKenna *et al.*，1994）。CSPs 的分子量通常小于 OBPs，且结构中含有四个保守的半胱氨酸，这些半胱氨酸通过二硫键维持其三级结构的稳定性。CSPs 的这种结构特征以及在不同昆虫物种间的高度保守性，使其在进化上显得非常独特，这可能是 CSPs 的数量相对于 OBPs 来说较少的原因（Brito *et al.*，2016；He *et al.*，2017）。CSPs 在昆虫中的作用远不限于嗅觉，它们在昆虫体内广泛分布，并参与了多种生理功能。研究表明，CSPs 在触角等主要嗅觉器官以外的昆虫翅、口器、信息素腺体、足部以及其他主要部位都有表达。与通常仅在嗅觉系统中发现的 OBPs 不同，CSPs 在多种组织中的广泛表达模式及其功能的多样性，展现了它们在昆虫生物学中的独特地位（Brito *et al.*，2016；Zhu *et al.*，2019；巩雪燕等，2022）。这些发现提示，CSPs 可能在调控昆虫的生理节律、生长发育、免疫反应以及识别二氧化碳等多项生物学过程中发挥着关键作用。

2.2 CSPs 在稻飞虱识别水稻挥发物中的功能

在稻飞虱这类重要农业害虫中，CSPs 的研究尤为重要。Yang 等（2014）成功克隆了 BPH 成虫的 9 个 CSPs，发现 *NlCSP*5 在长翅型雌虫中高表达，而 *NlCSP*1 则主要在雄性腹部区域表达，*NlCSP*7 在具有化学感觉功能的组织中广泛表达。Zhou 等（2015）的研究进一步扩展了对 CSPs 的了解，他们在 WBPH 和 SBPH 中，共鉴定了 21 个候选 CSP 基因，其中 *LstrCSP*9 和 *SfCSP*5 在飞虱的触角中高度表达，其他一些基因在腿部和无触角的头部区域表达较多，暗示 CSPs 可能在昆虫的嗅觉感觉之外还具有其他重要功能。Riolo 等（2017）研究了多食飞虱 *Hyalesthes obsoletus* Sigignoret 的行为反应，发现雄性和雌性飞虱对不同的合成混合物表现出不同的行为反应。雄虫被含有(E)-β-石竹烯、1,8-桉树脑、α-法呢烯、(E)-β-金合欢烯和水杨酸甲酯的混合物所吸引，在这五种化合物混合物中添加苯甲酸甲酯后对雄虫没有吸引力，但引起雌虫的积极反应。雌虫被含有(E)-石竹烯、(E,E)-α-法呢烯、(Z)-3-己烯醇乙酸酯、(Z)-3-己烯-1-醇和苯并噻唑的混合物吸引，而对含水杨酸甲酯的混合物没有反应。Chen 等（2018）首次发现 *Sf-CSP*5 对水稻挥发物中的 2-三烯酮、2-戊烯酮和 β-离子酮显示出高亲和力。Liu 等（2021）的研究发现，*NlCSP*10 在 BPH 感知芳樟醇的化学反应中起着协调作用。*NlCSP*10 能与多种水稻挥发性化合物结合，其中与顺-3-己烯酸乙酯、二十烷和（+）-β-蒎烯的结合亲和力最高，其中二十烷显著吸引 BPH，而顺-3-己烯酸乙酯和（+）-

β-蒎烯则对其具有驱避作用。在酸性环境下，*NlCSP*10 对壬烷、法尼烯和 2-三醇酮的高度结合能力。研究还发现，在触角中高表达的同源蛋白远端缺失（Dll）直接正调控 *NlCSP*10 的转录。沉默 *NlCSP*10 的表达不仅降低了其他嗅觉功能基因的表达，还改变了 BPH 对芳樟醇的排斥行为（Waris *et al.*，2020a，2022；Duan *et al.*，2023）。Waris 等（2020b）发现在成虫中，特别是在雄虫中，*NlCSP*10 的表达量明显高于幼虫；*NlCSP*3 在长翅雄虫的触角和腹部以及交配后的长翅和短翅雌虫的触角中高度富集，这表明 *NlCSP*3、*NlCSP*10 可能在 BPH 的交配和寻找寄主植物过程中发挥重要作用。对 25 种水稻挥发物的研究中，有 5 种与 *NlCSP*3 有较强的结合亲和力，其中壬烷和 2-十三烷酮对 BPH 具有显著的吸引作用；邬伟等（2022）初步证实了 *NlCSP*4 在宿主生长发育和免疫防御中发挥重要调控作用。上述研究揭示了 CSP 与挥发物之间的复杂相互作用。

综上所述，CSPs 的研究为我们理解稻飞虱嗅觉系统的复杂性和动态性提供了新的视角。它们不仅在嗅觉感知中起着关键作用，还可能在昆虫的其他生理过程中发挥作用。这些发现凸显了 CSPs 作为未来农业害虫治理策略的重要性和潜力。

3 稻飞虱 OBPs、CSPs 与病毒传播及水稻之间的关联性

水稻在其生长过程中释放的挥发性有机化合物（Volatile organic compounds，VOCs）对稻飞虱的宿主选择和定位行为具有关键作用。这些挥发物不仅是植物间通信的关键信号分子，也是昆虫与植物相互作用的重要介质。自 2003 年以来，针对水稻、病毒与稻飞虱之间相互作用的研究取得了显著进展。这些研究揭示了水稻在遭受害虫侵袭和病毒感染时，通过释放特定的 VOCs 来影响飞虱行为和病毒传播的复杂机制，从而深入理解了植物、病毒与昆虫之间的相互关系。

3.1 OBP、CSPs 对稻飞虱病毒传播的影响

Hu 等（2019）研究发现沉默 *SfOBP*2 基因后，未感染病毒的 WBPH 不再青睐病毒感染的水稻，而倾向于选择健康植株，尽管其定位寄主植物的能力未受影响。Yu 等（2022）的研究表明，水稻条纹病毒（Rice stripe virus，RSV）感染显著改变了 SBPH 嗅觉器官中多种 OBPs 与 CSPs 的表达。特别是，感染后的触角中 *LstrOBP*4 表达增强，*LstrOBP*9 表达减弱，*LstrCSP*2/5 表达同样上升。在足部 *LstrOBP*3 和 *LstrCSP*3/5/10 表达显著增强，*LstrCSP*1 则下降。头部的 *LstrOBP*2 表达未改变。

3.2 水稻挥发物在植物-病原体-昆虫媒介中的作用

Lu 等（2016）研究了病毒对水稻与飞虱关系的影响，发现南方水稻黑条矮缩病毒（Southern rice black-streaked dwarf virus，SRBSDV）和水稻齿叶矮缩病毒（Rice ragged stunt virus，RRSV）感染的水稻会分别改变对 WBPH 和 BPH 的吸引力，SRBSDV 或 RRSV 感染的水稻对未感染的 WBPH 或 BPH 的吸引力呈现先降低后上升再下降的趋势，带毒的水稻对飞虱的吸引力与病毒滴度呈正相关，对于具有毒力的 WBPH 和 BPH，SRBSDV 或 RRSV 感染的水稻对非媒介飞虱的吸引力大于对媒介飞虱的吸引力；健康的 WBPH 更倾向于选择感染 SRBSDV 的水稻，而感染病毒的 WBPH 则倾向于选择健康水稻，这种选择行为的差异可能有助于病毒的快速传播（Zhou *et al.*，2013；Wang *et al.*，2014；Lu *et al.*，2016；Wu *et al.*，2020；Wang *et al.*，2022）。后续研究（Wang *et al.*，

2018；Chang et al., 2023a）进一步证实了水稻、病原体和虫媒之间复杂的互作关系。感染了水稻矮缩病毒（Rice dwarf virus，RDV）的水稻对未感染病毒的黑尾叶蝉 *Nephotettix bipunctatu* 更具吸引力，而健康水稻则更吸引感染病毒的黑尾叶蝉（GRLHs）。Chang 等人的（2021）研究揭示了植物病毒如何操纵宿主释放出吸引或排斥其昆虫媒介的气味。RDV 感染的水稻会释放(E)-β-石竹烯（EBC）和 2-庚醇，这两种化合物分别吸引和排斥 GRLHs。对(E)-β-石竹烯合成酶 OsCAS 的表达进行抑制，证实了这一化合物在病毒-载体-宿主植物相互作用中的重要作用（Chang et al., 2023a）。同年，研究者（Chang et al., 2023b）关注 RDV 诱导的挥发物对水稻天敌昆虫行为的影响。发现（E）-β-石竹烯能吸引捕食者黑肩绿盲蝽 *Cyrtorhinus lividipennis*，但 2-庚醇对其没有影响。He 等（2023）报道了一种新的机制，即瓜类褪绿黄化病毒（Cucumber chlorotic yellows virus，CCYV）可以通过上调 *BtabOBP5* 来改变粉虱对寄主植物黄瓜的定位行为，*BtabOBP5* 被抑制表达的粉虱对黄瓜释放的一些典型挥发性有机化合物的定向行为发生了显著变化，表明这些挥发物可能在植物-病毒-媒介-天敌的相互作用中发挥着重要作用。

综上所述，这些年来的研究不断揭示水稻、病毒与稻飞虱之间的复杂互作关系。特定的化合物如(E)-2-己烯醛、水杨酸甲酯、（E）-β-石竹烯等在这一过程中起到了关键作用，既影响稻飞虱的选择行为，也影响病毒的传播。这些发现不仅加深了我们对植物-病原体-昆虫互作机制的理解，也为病害治理和生态控制提供了新的思路。

4 展望

深入研究稻飞虱的嗅觉机制对未来害虫控制策略至关重要。本文详细探讨了稻飞虱如何通过嗅觉系统感知 VOCs，可为开发新型生物防治策略提供更好的参考。未来研究可聚焦于以下两个方向：首先，当前对稻飞虱嗅觉系统的了解尚处初级阶段，可继续深入研究其与特定 VOCs 的相互作用。结合分子生物学、化学生态学和行为学等多学科方法，将有助于全面揭示稻飞虱对水稻 VOCs 的感知和反应机制。其次，加强利用基因编辑技术如 CRISPR/Cas9，针对特定嗅觉基因进行操控，可进一步验证这些基因在稻飞虱行为和生理过程中的作用，为害虫治理提供新的分子靶标。此外，基于对稻飞虱嗅觉机制的了解，可开发更环保、高效的害虫治理策略。例如，合成来源于特定植物 VOCs 并设计新型害虫驱避剂或引诱剂，以诱集和控制稻飞虱的种群密度。这将减少化学农药的使用，降低对环境和人类健康的风险。总体而言，研究稻飞虱的嗅觉机制不仅加深了我们对昆虫行为生态的理解，也为开发新型、高效、环保的害虫治理策略提供更多的科学依据，最终有助于保护农业生产，推动农业的可持续发展。

参考文献

巩雪燕，刘华伟，李培征，2022. 昆虫化学感受蛋白（CSPs）的功能研究概述［J］. 环境昆虫学报，45（1）：42-51.

蒋艳冬，梁庆梅，白月亮，2016. 白背飞虱气味结合蛋白 SfOBP11 与寄主选择行为的相关性研究［J］. 应用昆虫学报，53（3）：463-471.

李彩虹, 张涛, 陆宴辉, 2022. 烟蓟马成虫对不同植物挥发物的行为选择 [J]. 应用昆虫学报, 59 (1): 40-49.

吕蔷, 2008. 推拉策略对昆虫的调控作用研究进展 [J]. 现代农业科技 (11): 177-179.

任小云, 吴圣勇, 邢振龙, 2021. 蓟马行为调控与诱剂应用研究进展 [J]. 应用昆虫学报, 57 (6): 1249-1260.

汪晓龙, 苏双丽, 胡晓云, 2023. 褐飞虱对二化螟为害诱导水稻挥发物的行为反应 [J]. 中国生物防治学报, 39 (4): 970-977.

王晓辉, 金奕轩, 王艳辉, 2022. 褐飞虱对水稻特异性挥发物的行为反应 [J]. 应用昆虫学报, 59 (1): 50-57.

邬伟, 程依情, 王正亮, 2022. 褐飞虱 clip 丝氨酸蛋白酶基因 *NlCSP*4 的克隆及功能分析 [J]. 中国生物防治学报, 38 (5): 1202-1212.

吴帆, 黄君君, 谭静, 2016. 中华蜜蜂信息素结合蛋白 OBP10 的基因克隆、原核表达和配基结合特性分析 [J]. 昆虫学报, 59 (1): 25-32.

吴帆, 张莉, 邱一蕾, 2021. 昆虫嗅觉结合蛋白研究进展 [J]. 昆虫学报, 64 (4): 523-535.

周强, 徐涛, 张古忍, 2003. 虫害诱导的水稻挥发物对褐飞虱的驱避作用 [J]. 昆虫学报 (6): 739-744.

BRITO N F, MOREIRA M F, MELO A C A, 2016. A look inside odorant-binding proteins in insect chemoreception [J]. Journal of Insect Physiology, 95: 51-65.

BROUGHTON S, COUSINS D A, RAHMAN T, 2015. Evaluation of semiochemicals for their potential application in mass trapping of *Frankliniella occidentalis* (Pergande) in roses [J]. Crop Protection, 67: 130-135.

BROUGHTON S, HARRISON J, 2012. Evaluation of monitoring methods for thrips and the effect of trap colour and semiochemicals on sticky trap capture of thrips (Thysanoptera) and beneficial insects (Syrphidae, Hemerobiidae) in deciduous fruit trees in Western Australia [J]. Crop Protection, 42: 156-163.

CABALLERO-VIDAL G, BOUYSSET C, GÉVAR J, et al., 2021. Reverse chemical ecology in a moth: machine learning on odorant receptors identifies new behaviorally active agonists [J]. Cellular and Molecular Life Sciences, 78 (19-20): 6593-6603.

CHANG X, GUO Y, REN Y, et al., 2023a. Virus-induced plant volatiles promote virus acquisition and transmission by insect vectors [J]. International Journal of Molecular Sciences, 24 (2), 1777.

CHANG X, GUO Y, XIE Y, et al., 2023b. Rice volatile compound (E)-β-caryophyllene induced by rice dwarf virus (RDV) attracts the natural enemy *Cyrtorhinus lividipennis* to prey on RDV insect vectors [J]. Pest Management Science, 80 (2): 874-884.

CHEN G L, PAN Y F, MA Y F, et al., 2018. Binding affinity characterization of an antennae-enriched chemosensory protein from the white-backed planthopper, *Sogatella furcifera* (Horváth), with host plant volatiles [J]. Pesticide Biochemistry and Physiology, 152: 1-7.

DAVIDSON M M, BUTLER R C, TEULON D A J, 2009. Pyridine compounds increase thrips (Thysanoptera: Thripidae) trap capture in an onion crop [J]. Journal of Economic Entomology, 102 (4): 1468-1471.

DELETRE E, SCHATZ B, BOURGUET D, et al., 2016. Prospects for repellent in pest control: current developments and future challenges [J]. Chemoecology, 26 (4): 127-142.

DENG Z, LAI C, ZHANG J, et al., 2024. Effects of secondary metabolites of rice on brown planthopper and its symbionts [J]. International Journal of Molecular Sciences, 25 (1): 386.

DUAN S G, LIU A, WANG C, et al., 2023. Homeotic protein distal-less regulates *NlOBP*8 and *NlCSP*10 to impact the recognition of linalool in the brown planthopper *Nilaparvata lugens* [J]. Journal of Agricultural and Food Chemistry, 71 (27): 10291-10303.

DUAN S G, LV C L, LIU J H, et al., 2022. *NlugOBP*8 in *Nilaparvata lugens* involved in the perception of two terpenoid compounds from rice plant [J]. Journal of Agricultural and Food Chemistry, 70 (51): 16323-16334.

GURR G M, LIU J, READ D M Y, et al., 2011. Parasitoids of Asian rice planthopper (Hemiptera: Delphacidae) pests and prospects for enhancing biological control by ecological engineering [J]. Annals of Applied Biology, 158 (2): 149-176.

HE H, LI J, ZHANG Z, et al., 2023. A plant virus enhances odorant-binding protein 5 (*OBP5*) in the vector whitefly for more actively olfactory orientation to the host plant [J]. Pest Management Science, 79 (4): 1410-1419.

HE M, HE P, 2014. Molecular characterization, expression profiling, and binding properties of odorant binding protein genes in the whitebacked planthopper, *Sogatella furcifera* [J]. Comparative Biochemistry and Physiology B-Biochemistry & Molecular Biology, 174: 1-8.

HE P, CHEN G, LI S, et al., 2019. Evolution and functional analysis of odorant-binding proteins in three rice planthoppers: *Nilaparvata lugens*, *Sogatella furcifera*, and *Laodelphax striatellus* [J]. Pest Management Science, 75 (6): 1606-1620.

HE P, ENGSONTIA P, CHEN G, et al., 2018. Molecular characterization and evolution of a chemosensory receptor gene family in three notorious rice planthoppers, *Nilaparvata lugens*, *Sogatella furcifera* and *Laodelphax striatellus*, based on genome and transcriptome analyses [J]. Pest Management Science, 74 (9): 2156-2167.

HE P, LI Z Q, LIU C C, et al., 2014. Two esterases from the genus *Spodoptera* degrade sex pheromones and plant volatiles [J]. Genome, 57 (4): 201-208.

HE P, LI Z Q, ZHANG Y F, et al., 2017. Identification of odorant-binding and chemosensory protein genes and the ligand affinity of two of the encoded proteins suggest a complex olfactory perception system in *Periplaneta americana* [J]. Insect Molecular Biology, 26 (6): 687-701.

HU K, YANG H, LIU S, et al., 2019. Odorant-binding protein 2 is involved in the preference of *Sogatella furcifera* (Hemiptera: Delphacidae) for rice plants infected with the southern rice black-streaked dwarf virus [J]. Florida Entomologist, 102 (2): 353.

LAGARDE A, SPINELLI S, TEGONI M, et al., 2011. The crystal structure of odorant binding protein 7 from anopheles gambiae exhibits an outstanding adaptability of its binding site [J]. Journal of Molecular Biology, 414 (3): 401-412.

LEAL W S, 2013. Odorant reception in insects: roles of receptors, binding proteins, and degrading enzymes [J]. Annual Review of Entomology, 58 (1): 373-391.

LEAL W S, 2017. Reverse chemical ecology at the service of conservation biology [J]. Proceedings of the National Academy of Sciences of the United States of America, 114 (46): 12094-12096.

LI F, LI D, DEWER Y, et al., 2019. Discrimination of oviposition deterrent volatile β-ionone by odorant-binding proteins 1 and 4 in the whitefly *Bemisia tabaci* [J]. Biomolecules, 9 (10): 563.

LI Q L, YI S C, LI D Z, et al., 2018. Optimization of reverse chemical ecology method: false positive binding of *Aenasius bambawalei* odorant binding protein 1 caused by uncertain binding mechanism [J]. Insect Molecular Biology, 27 (3): 305-318.

LIU H, WANG C, QIU C L, et al., 2021. A salivary odorant-binding protein mediates *Nilaparvata lugens* feeding and host plant phytohormone suppression [J]. International Journal of Molecular Sciences, 22 (9): 4988.

LI Y, HU J, XIANG Y, et al., 2020. Identification and comparative expression profiles of chemosensory genes in major chemoreception organs of a notorious pests, *Laodelphax striatellus* [J]. Comparative Biochemistry and Physiology Part D: Genomics and Proteomics, 33: 100646.

LU G, ZHANG T, HE Y, et al., 2016. Virus altered rice attractiveness to planthoppers is mediated by volatiles and related to virus titre and expression of defense and volatile-biosynthesis genes [J]. Scientific Reports, 6 (1): 38581.

MCKENNA M P, HEKMAT-SCAFE D S, GAINES P, et al., 1994. Putative drosophila pheromone-binding proteins expressed in a subregion of the olfactory system [J]. The Journal of Biological Chemistry, 269 (23): 16340-16347.

ONG R C, STOPFER M, 2012. Peripheral and central olfactory tuning in a moth [J]. Chemical Senses, 37 (5): 455-461.

PELOSI P, IOVINELLA I, ZHU J, et al., 2018. Beyond chemoreception: diverse tasks of soluble olfactory proteins in insects [J]. Biological Reviews, 93 (1): 184-200.

RIOLO P, MINUZ R L, PERI E, et al., 2017. Behavioral responses of *Hyalesthes obsoletus* to host-plant volatiles cues [J]. Arthropod-Plant Interactions, 11 (1): 71-78.

SPINELLI S, LAGARDE A, IOVINELLA I, et al., 2012. Crystal structure of *Apis mellifera* OBP14, a c-minus odorant-binding protein, and its complexes with odorant molecules [J]. Insect Biochemistry and Molecular Biology, 42 (1): 41-50.

TEULON D A J, DAVIDSON M M, HEDDERLEY D I, et al., 2007. 4-pyridyl carbonyl and related compounds as thrips lures: effectiveness for onion thrips and New Zealand flower thrips in field experiments [J]. Journal of Agricultural and Food Chemistry, 55 (15): 6198-6205.

TEULON D A J, DAVIDSON M M, PERRY N B, et al., 2017. Methyl isonicotinate - a non-pheromone thrips semiochemical - and its potential for pest management [J]. International Journal of Tropical Insect Science, 37 (2): 50-56.

VOGT R G, RIDDIFORD L M, 1981. Pheromone binding and inactivation by moth antennae [J]. Nature, 293 (5828): 161-163.

WANG H, XU D, PU L, et al., 2014. Southern rice black-streaked dwarf virus alters insect vectors'host orientation preferences to enhance spread and increase rice ragged stunt virus co-infection [J]. Phytopathology, 104 (2): 196-201.

WANG Q, LI J, DANG C, et al., 2018. Rice dwarf virus infection alters green rice leafhopper host preference and feeding behavior [J]. PloS One, 13 (9): e0203364.

WANG Y, HAN L, XIA Y, et al., 2022. The entomopathogenic fungus *Metarhizium anisopliae* affects feeding preference of *Sogatella furcifera* and its potential targets' identification [J]. Journal of Fungi, 8 (5): 506.

WARIS M I, YOUNAS A, ADEEL M M, et al., 2020a. The role of chemosensory protein 10 in the detection of behaviorally active compounds in brown planthopper, *Nilaparvata lugens* [J]. Insect Science, 27 (3): 531-544.

WARIS M I, YOUNAS A, AMEEN A, et al., 2020b. Expression profiles and biochemical analysis of chemosensory protein 3 from *Nilaparvata lugens* (Hemiptera: Delphacidae) [J]. Journal of Chemical Ecology, 46 (4): 363-377.

WARIS M I, YOUNAS A, ULLAH R M K, et al., 2022. Molecular and in vitro biochemical assessment of chemosensory protein 10 from brown planthopper *Nilaparvata lugens* at acidic pH [J]. Journal of Integrative Agriculture, 21 (3): 781-796.

WU F, FENG Y, HAN B, et al., 2019. Mechanistic insight into binding interaction between chemosensory protein 4 and volatile larval pheromones in honeybees (Apis mellifera) [J]. International Journal of Biological Macromolecules, 141: 553-563.

WU N, ZHANG L, REN Y, et al., 2020. Rice black-streaked dwarf virus: From multiparty interactions among plant-virus-vector to intermittent epidemics [J]. Molecular Plant Pathology, 21 (8): 1007-1019.

XU Y L, HE P, ZHANG L, et al., 2009. Large-scale identification of odorant-binding proteins and chemosensory proteins from expressed sequence tags in insects [J]. BMC Genomics, 10 (1): 632.

YANG K, HE P, DONG S L, 2014. Different expression profiles suggest functional differentiation among chemosensory proteins in *Nilaparvata lugens* (Hemiptera: Delphacidae) [J]. Journal of Insect Science, 14 (1), 270.

YU Y, ZHANG Y, QIAN M, et al., 2022. Comparative transcriptomic analysis of head in *Laodelphax striatellus* upon rice stripe virus infection [J]. Agronomy, 12 (12): 3202.

ZHANG J, MAO K, REN Z, et al., 2022. Odorant binding protein 3 is associated with nitenpyram and sulfoxaflor resistance in *Nilaparvata lugens* [J]. International Journal of Biological Macromolecules, 209: 1352-1358.

ZHOU G, LING B, XU D, et al., 2013. Effects of two rice viruses on host preference and development of their vector and non-vector insects [J]. Phytopathology, 104 (11): 137-137.

ZHOU J J, 2010. Odorant-binding proteins in insects [J]. Vitamins and Hormones, 83: 241-272.

ZHOU S S, SUN Z, MA W, et al., 2014. De novo analysis of the *Nilaparvata lugens* (Stål) antenna transcriptome and expression patterns of olfactory genes [J]. Comparative Biochemistry and Physiology Part D: Genomics and Proteomics, 9: 31-39.

ZHOU W, YUAN X, QIAN P, et al., 2015. Identification and expression profiling of putative chemosensory protein genes in two rice planthoppers, *Laodelphax striatellus* (Fallen) and *Sogatella furcifera* (Horvath) [J]. Journal of Asia-Pacific Entomology, 18 (4): 771-778.

ZHU J, ARENA S, SPINELLI S, et al., 2017. Reverse chemical ecology: olfactory proteins from the giant panda and their interactions with putative pheromones and bamboo volatiles [J]. Proceedings of the National Academy of Sciences of the United States of America, 114 (46): e9802-e9810.

ZHU J, IOVINELLA I, DANI F R, et al., 2019. Chemosensory proteins: a versatile binding family//. In: Picimbon, JF. (eds) *Olfactory Concepts of Insect Control-Alternative to insecticides* [M]. Berlin: Springer.

鳞翅目昆虫头部感器种类与功能的研究进展

叶丽文[1]*，魏洪义[1,2]**，陈丽慧[1,2]**

(1. 江西农业大学农学院，南昌 330045；
2. 江西修水蚕桑科技小院，九江 332416)

摘　要：昆虫头部是感觉、联络和取食的中心，具有丰富的感器，并通过头部感器对外界化学信息物质进行识别和鉴定，从而产生相应的行为。了解昆虫感器种类与功能有助于深入理解昆虫行为的产生。因此，本文整理了鳞翅目昆虫头部感器的常见种类，总结各种感器基本形态、分布和功能，并对鳞翅目昆虫不同发育期的头部各部位存在的感器类型进行了归纳与比较，为研究鳞翅目昆虫的感器功能提供理论参考。

关键词：鳞翅目；感器；种类；功能

Research Progress on The Types and Functions of Head Sensilla in Lepidoptera Insects

Ye Liwen[1]*, Wei Hongyi[1,2]**, Chen Lihui[1,2]**

(1. *School of Agronomy Sciences, Jiangxi Agricultural University, Nanchang* 330045, *China*; 2. *Xiushui Sericultural Science and Technology Backyard of Jiangxi Province, Jiujiang* 332416, *China*)

Abstract: The insect head is the center of sensation, communication and feeding, with rich sensilla. And through the head sensilla on the external chemical information material recognition and identification, resulting in the corresponding behavior. Understanding the types and functions of insect sensilla is helpful to further understand the generation of insect behavior. Therefore, the research sorted out the common species of head sensilla in Lepidoptera insects, and summarized the basic morphology, distribution and function of various sensilla. The types of sensilla in different parts of the head of Lepidoptera insects at different developmental stages were summarized and compared, which provided a theoretical reference for studying the function of sensilla in Lepidoptera insects.

Key words: Lepidoptera; Sensilla; Type; Function

鳞翅目 Lepidoptera 是昆虫纲的第 2 大目，种类繁多，分布广泛。目前，全世界鳞翅目已知 46 总科，126 科及近 16 万种（Perveen *et al.*，2017）。鳞翅目昆虫是全变态昆虫，个体发育经历卵、幼虫、蛹和成虫 4 个阶段，其幼虫是最重要的食叶性害虫。另

---

* 第一作者：叶丽文；E-mail：1448631822@qq.com
** 通信作者：魏洪义；E-mail：hywei@jxau.edu.cn
　　　　　　陈丽慧；E-mail：clhui@jxau.edu.cn

外，鳞翅目昆虫还有食性多元化和适应能力强的特点，使探究鳞翅目害虫的适应机制成为防治的关键。

昆虫在长期的进化过程中，形成了高度专一、灵敏的嗅觉感受系统。通过这种复杂而精确的嗅觉感受系统，昆虫能够识别和鉴定来自同种的其他个体、异种以及周围环境中的特异性的化学信息物质，并将这些外界的化学信息转化为体内的电信号，进行特定的信号传导（游灵等，2012），从而产生觅食、寻偶、交配、产卵、迁飞和避敌等行为（莫建初等，2019）。昆虫嗅觉系统包括外周感受系统和中枢神经系统，其中外周感受系统负责识别气味，主要由触角（antenna）、下颚须（maxillary palp）和下唇须（labial palp）组成；中枢神经系统负责处理嗅觉信息，主要包括触角叶、蘑菇体和侧角（程李莉等，2023）。

昆虫头部是感觉、联络和取食的中心，具有丰富的感器。外周感受系统通过头部感器对外界化学信息物质进行识别和鉴定，为此产生相应的行为。研究昆虫头部的感器有利于了解昆虫对特定化学物质的感知和反应机制，进一步掌握其适应性行为。随着电子显微技术的发展，感器的研究已深入到超显微结构（以下简称"超微结构"）（Zacharuk，1980）。目前，鳞翅目几个科的昆虫头部感器超微结构的相关研究已有报道。因此，本文整理了鳞翅目昆虫头部感器的常见种类，总结各种感器基本形态、分布和功能，并对鳞翅目昆虫不同发育期的头部各部位存在的感器类型进行了归纳与比较，为研究鳞翅目昆虫的嗅觉识别机制提供理论依据，以期为化学生态防治鳞翅目害虫提供科学参考。

1 鳞翅目昆虫头部感器的研究概况

电子显微镜有两种：扫描电镜（scanning electron microscope，SEM）和透射电镜（transmission electron microscope，TEM）。扫描电镜主要用于观察头部感器的外部形态，透射电镜主要是用于观察感器的内部结构（蔡普默等，2021）。随着研究技术的提升，昆虫感器超微结构与生理功能的关系的研究结合了昆虫生理学和分子生物学技术手段，并获得了一系列成果。本文整理相关文献发现，目前通过扫描电镜进行感器种类研究的鳞翅目昆虫有27个科68种，其中集中在夜蛾科、螟蛾科、卷蛾科、舟蛾科、草螟科、尺蛾科等（图1）。

2 昆虫常见头部感器的形态及功能

感器是一种特殊的表皮结构，其大小和形状根据其功能而变化（Schneider，1964）。根据感器的亲脂性孔道数、生理功能和形态特征以及Snodgrass的分类法（余海忠，2007），常见的感器可以分为：毛形感器（sensilla trichodea）、刺形感器（sensilla chaetica）、栓锥形感器（sensilla styloconica）、腔锥形感器（sensilla coeloconica）、锥形感器（sensilla basiconica）、鳞形感器（sensilla squamiformia）、耳形感器（sensilla auricillica）、钟形感器（sensilla campaniformia）等、坛形感器（sensilla ampullacea）、板形感器（sensilla placoclea）及Böhm氏鬃毛（Böhm's bristles）等。

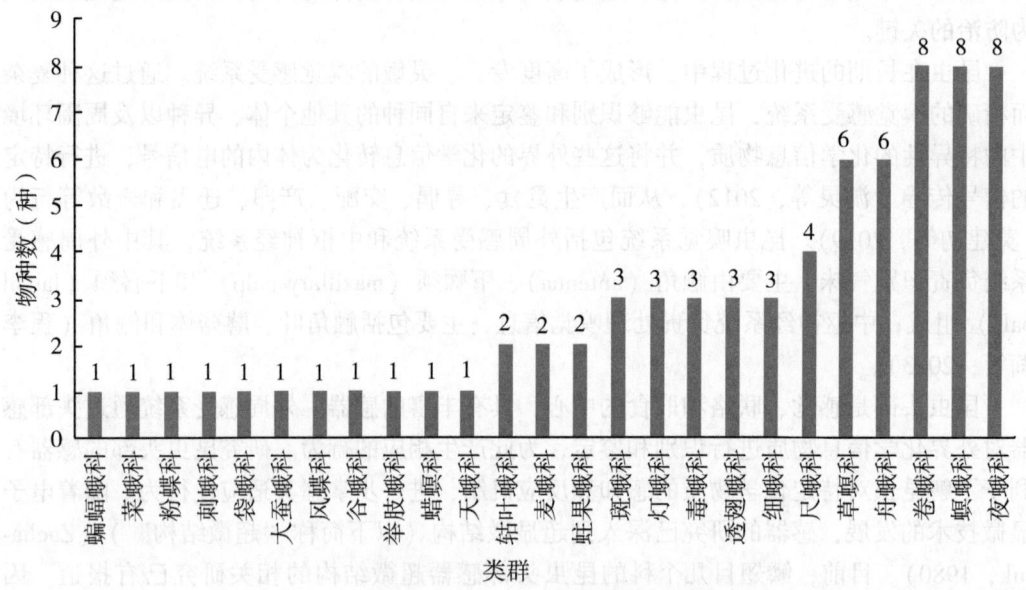

图1 通过扫描电镜观察头部感器的鳞翅目物种类群

2.1 昆虫常见头部感器的基本形态

毛形感器：该类感器基部无凹状窝、较粗，整体细长，端部较尖且略显弧形，有些毛形感器从中部就开始弯曲。而毛形感器种类不同，其长度也有不同，常见的是短毛形感器和长毛形感器（申思凡，2022）。

刺形感器：该类感器从基部向顶端便逐渐变细，形如长刺，顶端较尖，但比毛形感器短。常见的是短刺形感器和长刺形感器。值得注意的是，幼虫口器内唇上的刺形感器是扁平状的刺形（Rebora et al., 2016）。

锥形感器：该类感器直立，形似圆锥，基部无窝，端部钝圆，整体较短（Wang et al., 2018）。

栓锥形感器：该类感器由类似柱状体的底座及顶端着生的短小锥体组成，整体较短（田彩红等，2021）。

腔锥形感器：该类感器由向内凹陷形成的浅圆形腔体和腔体中心一个垂直的感觉锥组成，感觉锥钝圆形尖端从凹陷处伸出（Wang et al., 2016）。

耳形感器：该类感器外观扁平，端部钝圆，具有耳状凹槽，近基部处弯折呈钝角（Setzu et al., 2011）。

鳞形感器：该类感器外形与剑鞘相似，表面具纵脊，端部较尖（王浩等，2023）。

Böhm 氏鬃毛：该类感器呈三角锥状、较短或似刺形、末端尖锐，分布密集成团簇状，几乎与表面垂直（Rebora et al., 2015）。

2.2 昆虫常见头部感器的功能

根据感器的功能，可以把其分为机械感器、湿温度感器和化学感器。化学感器主要分为嗅觉感器和味觉感器。

毛形感器是成虫触角上数量最多、分布最广的感器，有机械功能、热敏感器或嗅觉感受功能，在昆虫取食和寄主选择中具有重要作用，并与感受性信息素密切相关（Wang et al., 2016）。

刺形感器是机械感器，对外界环境的物理刺激敏感，可以感知到温湿度及二氧化碳浓度的变化。在近些年的研究中发现刺形感器还具有识别寄主植物质地和气味的功能（Rebora et al., 2016；Liu et al., 2024）。

锥形感器是昆虫基本的化学感器，具有嗅觉功能，在搜寻和定位寄主方面起着重要作用。Liu 等（2024）发现锥形感器还可以辅助热–湿感受。

栓锥形感器是湿度感器，该类感器通常无孔，能够感受味觉和温湿度。张方梅等（2019）推测其还有味觉功能。

腔锥形感器能感受植物的气味、空气中的水蒸气和二氧化碳以及湿度变化，与昆虫寻找栖境有关（Wang et al., 2016）。

耳形感器在雌虫寻找寄主及合适的产卵场所方面起到重要作用（Setzu et al., 2011）。Böhm 氏鬃毛具有感受外界刺激和缓冲重力的作用（Rebora et al., 2010）。鳞形感器的功能研究较少。

目前，蛀果蛾科、卷蛾科、草螟科、夜蛾科、尺蛾科、螟蛾科、斑蛾科、菜蛾科、透翅蛾科、粉蝶科、灯蛾科、麦蛾科等鳞翅目昆虫头部感器已有研究。

3 鳞翅目昆虫的头部感器

3.1 鳞翅目昆虫触角感器

触角是昆虫最重要的感觉器官和嗅觉器官，由柄节、梗节和鞭节组成。触角表面有各种类型的感器，它们在嗅觉过程中执行感知物理和化学刺激的关键功能，在昆虫的生存和适应中起作用，包括寻找宿主、确定合适的产卵地点、取食和探测性信息素（Faucheux et al., 2013；Knolhoff et al., 2014；Guo et al., 2018）。

3.1.1 幼虫触角感器

鳞翅目幼虫触角上常见的感器种类为：锥形感器、栓锥形感器、刺形感器和毛形感器，其中锥形感器最多，栓锥形感器其次，最少的是毛形感器。同时发现，柄节上无感器（图2）。

虽然每一种鳞翅目幼虫触角感器的种类和数量各有特点，但不同种类的触角感器有很大的相似性。例如，双委夜蛾 *Athetis dissimilis* 幼虫触角上的感器种类、数量和分布（宋月芹等，2018）与梨小食心虫 *Grapholita molesta*（Song et al., 2014；柴晓晗等，2021）完全一致，但形态各有差异。同时发现，梨小食心虫触角感器比同科的苹果蠹蛾 *Cydia pomonella* 数量多，为锥形感器；另外，梨小食心虫小锥形感器被证实有热–湿感器的功能（Schoonhoven et al., 1967），所以推测幼虫触角感器的形态变化与功能密切相关。

通过对比发现，同属蛀蛾科的山茱萸蛀果蛾 *Carposina coreana* 和桃蛀果蛾 *Carposina sasakii* 触角感器相似，但是二者食性不同，前者只取食山茱萸，为单食性（赵敬晔等，1981）；而后者取食苹果、桃、枣、石榴等，为多食性（花保祯等，1998）。

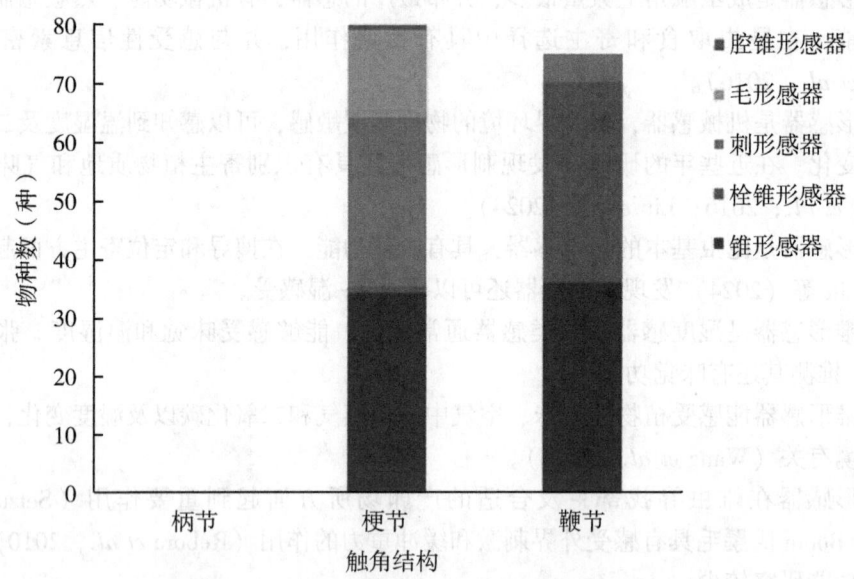

图 2 幼虫触角感器分布及种类

因此，推测幼虫触角感器不同的分布组合有利于其在取食选择过程中准确定位和识别寄主。

3.1.2 成虫触角感器

鳞翅目成虫触角主要分布的感器有：毛形感器、刺形感器、腔锥形感器、栓锥形感器、耳形感器、锥形感器、鳞形感器、Böhm 氏鬃毛（图 3）。感器在成虫中还会出现雌雄二型现象。例如，同属细蛾科的金纹细蛾 Lithocolletis ringoniella 与茶丽细蛾 Caloptilia theivora、黑丽细蛾 Caloptilia kurokoi 触角感器种类存在差异。且后两者的触角感器种类相同，但茶丽细蛾的雌成虫有乳突感器，鞭节有半融合现象（梁景璇等，2022）。此外，桑蚕 Bombyx mori（邢万静等，2014）和琥珀蚕 Antheraea assama（钟健等，2016）的腔锥形感器仅存在于雄成虫触角上。在云南锦斑蛾 Achelura yunnanensis 的触角感器中，Böhm 氏鬃毛Ⅰ型仅分布在雄虫触角上，毛形感器Ⅱ型和Ⅲ型以及腔锥形感器Ⅰ型在长度上具有性二型现象（李根层等，2020）。在近年的研究中，有学者发现新感器-单孔栓感器，顶端钝圆，外部具单孔，并推测其有感受湿度或二氧化碳的功能（刘丹等，2023）。

3.2 鳞翅目昆虫口器感器

鳞翅目成虫口器为虹吸式口器，下颚的 1 对外颚叶特化成一条卷曲能伸展的喙（proboscis），内有食物道，且下唇须发达。而幼虫口器下口式，为咀嚼式口器，由上唇（上唇表面和内唇）、上颚、下颚和下唇组成。其中，内唇位于上唇内侧；下颚由轴节、茎节、颚叶和下颚须组成；下唇由下唇须和吐丝器组成。昆虫口器上覆盖着浓密的感器，它们进化出不同的形态，在促进取食行为的多样化和寄主定位方面发挥着重要作用（Krenn et al.，2010；Lehner et al.，2015；Ma et al.，2019）。

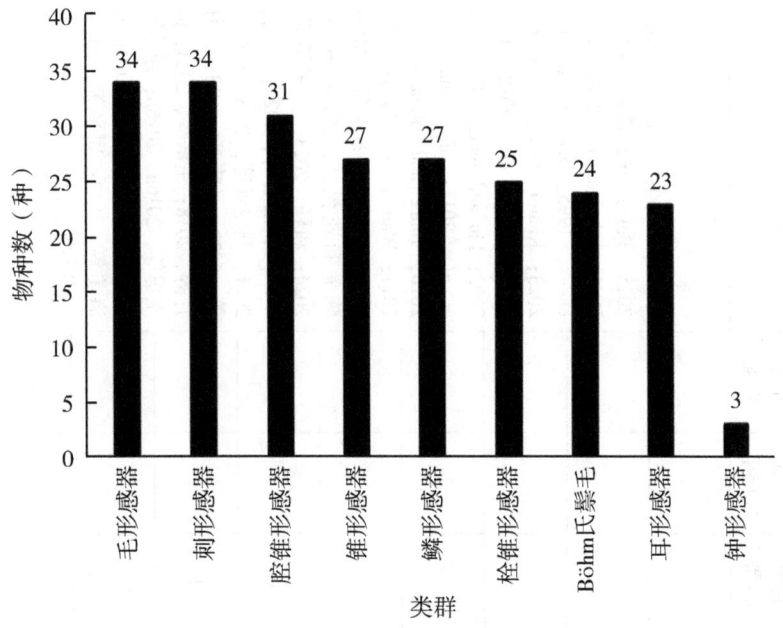

图 3　成虫触角感器种类

3.2.1　幼虫口器感器

鳞翅目幼虫口器上感器丰富，常见种类为：刺形感器、锥形感器、栓锥形感器、内唇感器、毛形感器、指形感器（表1）。

指形感器（sensillum digitiformium）呈倒"U"形，整体宽扁（Kaleka et al., 2023），其主要分布于幼虫口器内唇和下颚须上。内唇感器（epipharyngeal sensillum）基部微凹陷，中央有一乳突状小感觉锥（李根层等，2022），且只分布于幼虫口器内唇上。有研究表明，内唇感器是幼虫区分寄主和非寄主植物的最后检查点（Faucheux, 1995），是味觉感器，对盐、糖和一些特定的摄食抑制剂敏感（Albert, 1980）。此外，指形感器被发现能感知环境中 CO_2 浓度及温度的变化，还能对振动刺激作出反应（Keil, 1996; Albert, 1980; Devitt et al., 1982）。除了以上常见感器外，小感觉锥（sensillum placodeum）常存在于部分幼虫的下颚须和吐丝器上，且以成对的形式出现在吐丝器基部。而据报道，小感觉锥具有嗅觉功能（Baker et al., 1986; Keil, 1996）。目前，关于鳞翅目昆虫板形感器功能的研究较少，而 Pettersson 等（2001）发现长痣罗葩金小蜂 *Rhopalicus tutela* 的板形感器是典型的化学感器。此外，板形感器被认为是一种红外感器（Richerson et al., 1972）。因此，可以推测鳞翅目昆虫板形感器可能具有以上功能，但还需进一步用实验验证。

3.2.2　成虫口器感器

鳞翅目成虫喙的形态和感器的分布与捕食习惯相适应。以分泌物为食的成虫喙管非常灵活；以果实或血液为食的成虫喙管较短，且喙管远端是硬化和尖的，还有些成虫与寄主植物协同进化会形成独特的喙管。其实，许多鳞翅目成虫是不吃东西的，只有一个基本的喙和一些剩余的感器（Faucheux, 1978a）。

表 1 幼虫口器感器分布及物种种数

幼虫口器结构		感器类型及含有此类感器的物种类群（种）									参考文献
		刺形感器	毛形感器	内唇感器	锥形感器	栓锥形感器	指形感器	板形感器	钟形感器	Böhm氏鬃毛	小感觉锥	
上唇	上唇表面	27	12									Albert, 1980; Awad et al., 2015; Baker and Chan, 1987; David and Packiam, 2021; Faucheux, 1995; Kaleka, et al., 2023; Khater 2016; Li et al., 2008; Li et al., 2018; Lin, 2002; Liu and Jiang, 2023; Liu et al., 2011; Men and Wu, 2016; Rana and Mohankumar, 2017; Wan et al., 2023; 柴晓哈等, 2021; 陈冬宇等, 2018; 陈静和花保祯, 2014; 蓝来娇等, 2022; 和畅, 2023; 李根昌等, 2018; 刘丹, 2020; 刘俊延等, 2021; 马驰宇等, 2020; 马涛等, 2013; 宋月芹等, 2018; 王浩等, 2023; 向玉勇等, 2016a, 2016b; 谢建军等, 2006; 张方海等, 2019; 支海美等, 2012; 周平等, 2015; 庄宁彤等, 2022.
	内唇	18		18			16					
上颚		28	15		1							
下颚	轴节	23	14									
	茎节	24	6		1							
	颚叶	26	6		33	38						
	下颚须	9	2		40		22	6	2	1		
下唇	下唇须	34			13	40			2	1		
	吐丝器	3	12								12	

刺形感器、毛形感器、锥形感器、栓锥形感器是鳞翅目成虫口器上最常见的感器（图4）。刺形感器是具有触觉或本体感觉功能的感器，而锥形感器和栓锥形感器具有味觉功能。而且由于鳞翅目成虫受到的味觉刺激以及摄食过程中遇到的机械刺激数量有限，其喙部的化学感器（锥形感器、栓锥形感器）比机械感器（刺形感器）多（Faucheux，2013）。

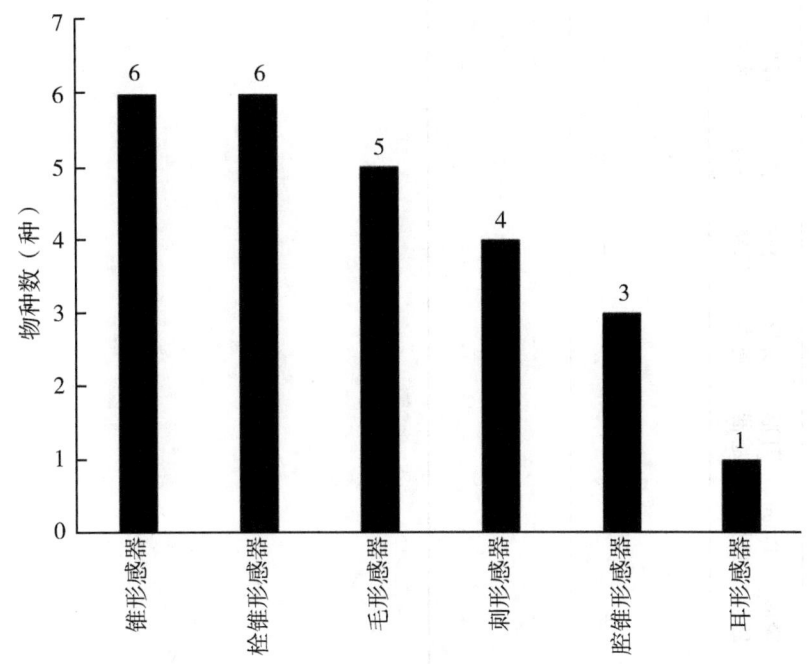

图 4　鳞翅目成虫口器感器种类

4　昆虫不同虫期的头部感器的差异

昆虫头部感器的种类、数量和分布存在种间差异，而种内同一昆虫不同生长发育期的感器也存在明显的差异（和畅，2023）。因此，本文以鳞翅目中各虫期感器研究充分的斑蛾科为对象，比较不同虫期的云南锦斑蛾和重阳木锦斑蛾 *Histia flabellicornis* 头部感受器种类，发现云南锦斑蛾和重阳木锦斑蛾的幼虫期感受器与成虫存在差异。同时发现，鳞形感器、Böhm 氏鬃毛和耳形感器常见于成虫，而内唇感器、指形感器和板形感器在幼虫存在较多（表2）。这一比较与前文成虫与幼虫在触角、口器的感器种类比较结果一致。感器的种类、数量和分布是与其食性、习性、栖境相关，是与外界环境相互作用所造成的结果（那杰等，2008）。因此，昆虫的感器在不同虫态具有阶段性从而发挥不同的功能。

表 2 斑蛾科不同昆虫不同虫期头部感部感器类型比较

斑蛾科		毛形感器	刺形感器	腔锥形感器	锥形感器	栓锥形感器	鳞形感器	Böhm 氏鬃毛	耳形感器	钟形感器	内唇感器	指形感器	板形感器	参考文献
云南锦斑蛾	幼虫	+	+	-	+	+	-	-	-	-	+	+	-	李根层等，2020；2022
	成虫	+	+	+	+	-	+	+	+	-	-	-	-	
重阳木锦斑蛾	幼虫 a	+	+	-	+	+	+	+	+	-	-	+	+	利畅，2023
	成虫	+	+	-	+	+	+	+	+	-	-	-	-	

注："+" 表示具有该类感器，而 "-" 表示未发现该类感器。

5 展望

昆虫通过不同类型的感器感受外界的刺激，从而产生一系列的行为反应。随着科技的发展，精密仪器的使用使昆虫感受器的研究进入了一个新层次，从扫描电镜和透射电镜对其外部形态、分布类型进行描述，到利用分子生物技术探究其功能，揭示昆虫行为的本质。但目前，大部分昆虫感器的研究集中在扫描电镜观察感器形态及分布上，这需要尝试更多透射电镜的观察，明确不同感器类型是如何传导信号。弄清感器外部形态和内部结构后，结合触角电位、单细胞记录等电生理技术及分子机制分析研究，从而确定各个感器的功能。

参考文献

蔡普默，张琪文，宋蕴哲，等，2021. 双翅目昆虫触角感受器种类与功能研究进展 [J]. 江西农业大学学报，43（3）：574-584.

柴晓晗，王怡，郭永福，等，2021. 梨小食心虫幼虫感受器扫描电镜观察 [J]. 环境昆虫学报，43（2）：516-525.

陈冬宇，张玉静，秦小芳，等，2018. 绿翅绢野螟幼虫头部感器超微结构观察 [J]. 植物保护学报，44（3）：98-104.

陈静，2024. 桃蛀果蛾外部形态和超微结构研究（鳞翅目：蛀果蛾科）[D]. 咸阳：西北农林科技大学.

陈静，花保祯，2014. 山茱萸蛀果蛾幼虫触角和口器感器的超微形态 [J]. 昆虫学报，57（1）：133-140.

程李莉，康乐，郭晓娇，2023. 昆虫嗅觉系统编码规律 [J]. 自然杂志，45（1）：239-246.

和畅，2023. 重阳木锦斑蛾成虫及幼虫感器超微结构观察 [D]. 合肥：安徽农业大学.

花保祯，曾晓慧，张皓，1998. 不同寄主上桃蛀果蛾的滞育研究 [J]. 西北农业大学学报，26（5）：28-32.

蓝来娇，黄夏宁，马涛，等，2020. 柚木野螟幼虫头部形态及化学感受器扫描电镜观察 [J]. 植物保护学报，46（1）：175-178.

李根层，糯淑梅，吴春，等，2022. 云南锦斑蛾幼虫触角和口器感器的超微结构 [J]. 植物保护学报，48（1）：121-126.

李根层，赵昱杰，李嘉莉，等，2020. 云南锦斑蛾成虫触角、喙管和跗节感器超微结构 [J]. 昆虫学报，63（11）：1385-1398.

梁景璇，白海艳，2022. 2种丽细蛾触角感受器超微结构特征 [J]. 中国农学通报，38（16）：110-118.

刘丹，2021. 美国白蛾成虫触角及幼虫头部感器超微结构 [D]. 合肥：安徽农业大学.

刘丹，邓竣丹，许维康，等，2023. 美国白蛾触角感器的超微结构 [J]. 植物保护学报，50（2）：507-518.

刘俊延，黄宗优，张玉静，等，2018. 朱红毛斑蛾幼虫头部感受器扫描电镜观察 [J]. 植物保护学报，45（6）：1314-1320.

马驰宇，李丰超，于航，等，2020. 大菜粉蝶幼虫头部化学感器的超微结构及对坡柳皂苷的味觉感受 [J]. 江西农业学报，32（8）：27-33.

马涛，孙朝辉，李奕震，等，2013. 麻楝蛀斑螟幼虫头部及化学感受器结构观察 [J]. 北方园艺，

24：119-122.

莫建初，王成盼，尉吉乾，2019. 昆虫外周嗅觉系统研究进展 [J]. 江西农业大学学报, 41 (1)：50-57.

那杰，于维熙，李玉萍，等，2008. 昆虫触角感器的种类及其生理生态学意义 [J]. 沈阳师范大学学报（自然科学版），26 (2)：213-216.

申思凡，2022. 两种寄生蜂嗅觉感受器超微结构及三种松毛虫性信息素受体功能研究 [J]. 北京：中国林业科学研究院．

宋月芹，董钧锋，孙会忠，2018. 双委夜蛾幼虫触角、口器感器的类型与分布 [J]. 植物保护学报，44 (2)：122-128.

田彩红，张胜男，王亚楠，等，2021. 蠼螋 Labidura riparia Pallas 成虫触角感器的超微结构观察 [J]. 中国生物防治学报，37 (6)：1332-1337.

王浩，张毅波，杨安沛，等，2023. 番茄潜叶蛾成虫触角及幼虫头部感受器的超微结构 [J]. 植物保护学报，50 (3)：684-695.

向玉勇，孔丹丹，刘同先，等，2016a. 小地老虎雌蛾触角及幼虫头部感受器扫描电镜观察 [J]. 昆虫学报，59 (12)：1340-1347.

向玉勇，徐莉，杨茂发，等，2016b. 金银花尺蠖幼虫头部化学感受器扫描电镜观察 [J]. 植物保护学报，43 (2)：288-292.

谢建军，钟国华，陈新芳，等，2006. 亚洲玉米螟 Ostrinia furnacalis (Guenée) 幼虫化学感受器种类与分布的形态学研究 [J]. 电子显微学报，25 (1)：71-75.

邢万静，乔惠丽，刘克成，等，2014. 家蚕成虫触角感器的扫描电镜观察 [J]. 湖北农业科学，53 (21)：5197-5199, 5263.

游灵，王广利，魏洪义，2012. 昆虫嗅觉信号神经传递途径的研究进展 [J]. 生物灾害科学，35 (1)：7-11.

余海忠，2007. 昆虫触角感器研究进展 [J]. 安徽农业科学，35 (14)：4238-4240, 4243.

张方梅，金银利，张丽丽，等，2019. 灰茶尺蠖成虫触角及幼虫头部感器超微结构 [J]. 昆虫学报，62 (6)：743-755.

赵敬晔，段明华，马谷芳，等，1981. 山茱萸蛀果蛾调查研究与防治 [J]. 昆虫知识，18 (2)：172-173.

支海美，刘星月，杨定，2012. 苹果蠹蛾头部感器的电镜扫描结构 [J]. 应用昆虫学报，49 (1)：43-48.

钟健，杨伟克，和锐，等，2016. 琥珀蚕成虫触角的超微结构观察 [J]. 蚕业科学，42 (3)：444-449.

周平，赵盼盼，曹霞，等，2015. 山核桃透翅蛾幼虫头部感器扫描电镜观察 [J]. 植物保护，41 (4)：63-67.

庄宇彤，杨云朝，陈汝婷，等，2022. 两种梢斑螟幼虫口器结构及感器扫描电镜观察 [J]. 北京林业大学学报，44 (8)：77-87.

ALBERT P J, 1980. Morphology and innervation of mouthpart sensilla in larvae of the spruce budworm, *Choristoneura fumiferana* (Clem.) (Lepidoptera：Tortricidae) [J]. Canadian Journal of Zoology, 58 (5)：842-851.

AWAD AA, KORAYEM AM, AMR M A MA, et al., 2015. The effect of different host plants on the antennal and mouthparts sensilla of the larvae of *Spodoptera littoralis* (Lepidoptera：Noctuidae) [J]. Egyptian Academic Journal of Biological Sciences, 8 (1)：61-72.

BAKER G T, CHAN W P, 1987. Sensilla on the antennae and mouthparts of the larval and adult stages of *Olethreutes Cespitana* (Lepidoptera: Tortricidae) [J]. Annales de la Société entomologique de France (N. S.), 23 (4): 387-397.

BAKER G T, PARROTT W L, JENKINS J N, 1986. Sensory receptors on the larval maxillae and labia of *Heliothis zea* (Boddie) and *Heliothis virescens* (F.) (Lepidoptera: Noctuidae) [J]. International Journal of Insect Morphology & Embryology, 15 (3): 227-232.

DEVITT B D, SMITH J J B, 1982. Morphology and fine structure of mouthpart sensilla in the dark-sided cutworm *Euxoa messoria* (Harris) (Lepidoptera: Noctuidae) [J]. International Journal of Insect Morphology & Embryology, 11 (5-6): 225-270.

El-Ghany A N M, Faucheux M J, 2021. Sensory structures on the larval antennae and mouthparts of *Tuta absoluta* (Meyrick) (Lepidoptera: Gelechiidae) [J]. Zoologischer Anzeiger, 294: 28-38.

FAUCHEUX M J, 1978. Les pièces buccales des Lépidoptères: leurs modifications en fonction du régime alimentaire [J]. L'Information Scientifique (Paris), 3: 103-127.

FAUCHEUX M J, 1995. Sensilla on the larval antennae and mouthparts of the European sunflower moth, *Homoeosoma nebulella* Den. and Schiff. (Lepidoptera: Pyralidae) [J]. International Journal of Insect Morphology & Embryology, 24 (4): 391-403.

FAUCHEUX M J, 2013. Sensillum types on the proboscis of the Lepidoptera: a review [J]. Annales de la Société entomologique de France (N. S.): International Journal of Entomology, 49 (1): 73-90.

GUO P, WANG G P, JIN L J, et al., 2018. Identification of summer nectar plants contributing to outbreaks of *Mythimna separata* (Walker) (Lepidoptera: Noctuidae) in North China [J]. Journal of Integrative Agriculture, 17 (7): 1516-1526.

KALEKA A S, DULAI H K, KAPOOR Y, 2023. Ultrastructure on antennae and mouthparts in larvae of soybean hairy caterpillar, *Spilarctia casigneta* Kollar (Lepidoptera: arctiidae) [J]. Journal of Entomology and Zoology Studies, 11 (1): 160-168.

KEIL T A, 1996. Sensilla on the maxillary palps of *Helicoverpa armigera* caterpillars: in search of the CO_2-receptor [J]. Tissue and Cell, 28 (6): 703-717.

KHATER K S, 2016. Morphology and ultrastructure of the sensilla of larval antennae and mouth parts of the mediterranean llour mouth, *Ephestia kuehniellazeller* (Lepidopetra: pyrilidae) [J]. Egyptian Academic Journal of Biological Sciences, 9 (3): 13-19.

KNOLHOFF L M, HECKEL D G, 2014. Behavioral assays for studies of host plant choice and adaptation in herbivorous insects [J]. Annual Review of Entomology, 59 (1): 263-278.

KRENN H W, 2010. Feeding mechanisms of adult Lepidoptera: structure, function, and evolution of the mouthparts [J]. Annual Review of Entomology, 55 (1): 307-327.

LEHNER M S, BEARD C E, GERARD P D, et al., 2015. Structure of the lepidopteran proboscis in relation to feeding guild [J]. Journal of Morphology, 277 (2): 167-182.

LI J X, WANG J J, DENG W, et al., 2008. Description of sensilla on the larval antennae and mouthparts of *Spodoptera exigua* (Hübner) (Lepidoptera: Noctuidae) [J]. Acta Zootaxonomica Sinica, 33 (3): 443-448.

LIN C S, 2002. Sensilla on the larval antennae andmouthparts of *Pentateucha inouei* Owada et Brechlin (Lepidoptera: Sphingidae) [J]. Formosan Entomol, 22 (2): 115-124.

LIU J X, JIANG L, 2023. Comparative morphology of the larval mouthparts among six species of Notodontidae (Insecta, Lepidoptera), with discussions on their feeding habits and pupation sites [J]. Deutsche Entomologische Zeitschrift, 70 (2): 357-368.

LIU L, LIANG C Y, PAN L L, 2024. Ultrastructure of the sensilla on the larval antennae and mouthparts of *Chilo infuscatellus* (Snellen, 1890) (Lepidoptera: Crambidae) [J]. Zoologischer Anzeiger, 310: 10-16.

LIU Z, HUA B Z, LIU L, 2011. Ultrastructure of the sensilla on larval antennae and mouthparts in the peach fruit moth, *Carposina sasakii* Matsumura (Lepidoptera: Carposinidae) [J]. Micron, 42 (5): 478-483.

LI Y P, DU X, LIU F F, et al., 2018. Ultrastructure of the sensilla on antennae and mouthparts of larval and adult *Plutella xylostella* (Lepidoptera: Plutellidae) [J]. Journal of Integrative Agriculture, 17 (6): 1409-1420.

MA L Y, HU K, LI P D, et al., 2019. Ultrastructure of the proboscis sensilla of ten species of butterflies (Insecta: Lepidoptera) [J]. PLoS One, 14 (3): e0214658.

MEN Q L, WU G L, 2016. Ultrastructure of the sensilla on larval antennae and mouthparts of the simao pine moth, *Dendrolimus kikuchii* Matsumura (Lepidoptera: Lasiocampidae) [J]. Entomological Society of Washington, 118 (3): 373-381.

PERVEEN F K, KHAN A, 2017. Introductory Chapter: Lepidoptera. Monograph [M]. London: Intech Open.

PETTERSSON M E, HALLBERG E, BIRGERSSON G, 2001. Evidence for the importance of odour-perception in the parasitoid *Rhopalicus tutela* (Walker) (Hym., Pteromalidae) [J]. Journal of Applied Entomology, 125 (6): 293-301.

RANA S, MOHANKUMAR S, 2017. Comparison of sensory structures present on larval antennae and mouthparts of lepidopteran crop pests [J]. Florida Entomological Society, 100 (2): 230-250.

REBORA M, FIGUEROA D T M J, PIERSANTI S, 2016. Antennal sensilla of the stonefly *Dinocras cephalotes* (Plecoptera: Perlidae) [J]. Arthropod Structure & Development, 45 (6): 552-561.

REBORA M, MURANYI D, PIERSANTI S, et al., 2010. The lateral protrusions of the head of the stonefly larva *Leuctra* cf. *signifera* (Plecoptera: Leuctridae) [J]. Aquatic Insects, 32 (4): 259-264.

REBORA M, PIERSANTI S, SALERNO G, et al., 2015. The antenna of a burrowing dragonfly larva, *Onychogomphus forcipatus* (Anisoptera, Gomphidae) [J]. Arthropod Structure & Development, 44 (6): 595-603.

RICHERSON J A, BORDEN J H, HOLLINGDALE J, 1972. Morphology of a unique sensillum placodeum on the antennae of *Coeloides brunneri* (Hymenoptera: Braconidae) [J]. Canadian Journal of Zoology, 50 (7): 909-913.

SCHNEIDER D, 1964. Insect antennae [J]. Annual Review of Entomology, 9 (1): 103-122.

SCHOONHOVEN L M, 1967. Some cold receptors in larvae of three Lepidoptera species [J]. Journal of Insect Physiology, 13 (6): 821-826.

SETZU M D, PODDIGHE S, ANGIOY A M, 2011. Sensilla on the antennal funiculus of the blow fly, *Protophormia terraenovae* (Diptera: Calliphoridae) [J]. Micron, 42 (5): 471-477.

SONG Y Q, SUN H Z, WU J X, 2014. Morphology of the sensilla of larval antennae and mouthparts of the oriental fruit moth, *Grapholita molesta* [J]. Bulletin of Insectology, 67 (2): 193-198.

WANG X, XIE Y P, ZHANG Y F, et al., 2016. Antennal sensilla and their nerve innervation in firstinstar nymphs of *Porphyrophora sophorae* Arch. (Hemiptera: Coccomorpha: Margarodidae) [J]. Journal of Morphology, 277 (12): 1631-1647.

WANG X, XIE Y P, ZHANG Y F, *et al.*, 2018. Antennal sensilla of *Didesmococcus koreanus* Borchsenius (Hemiptera: Coccoidea: Coccidae) in different instars [J]. Zoologischer Anzeiger, 274: 103-114.

WAN W W, HE P Y, LIU T X, *et al.*, 2023. Morphology and distribution of antennal sensilla on *Spodoptera frugiperda* (Lepidoptera: Noctuidae) larvae and adults [J]. Diversity, 15 (9): 1-16.

ZACHARUK R Y, 1980. Ultrastructure and function of insect chemosensilla [J]. Annual Review of Entomology, 25: 27-47.

昆虫神经肽研究进展*

彭威**，幸诗斯，文雯，鲍秀，易雪莹，王妍***

（湖南师范大学，蛋白质化学与鱼类发育生物学教育部重点实验室，淡水鱼类发育生物学国家重点实验室，动物肠道功能调控湖南省重点实验室，湖南省动物肠道生态与健康国际科技创新合作基地，长沙　410081）

摘　要：昆虫神经肽（Neuropeptides）是一种内源活性物质，具有含量低却作用大的特点，一般以激素或递质的形式释放，与受体分子结合促使下游反应的发生。作为神经递质、神经调节剂、激素或生长因子，神经肽种类繁多，参与调控生长发育、生殖、脂质代谢、取食以及维持稳态等多种生理功能。本文从昆虫神经肽的起源、神经肽的归类及分布、神经肽的加工合成与作用机制以及神经肽的功能等做了全面的总结，为深入研究其复杂的生物学功能及开发靶向昆虫神经肽的害虫绿色防控策略提供理论依据和技术支撑。

关键词：昆虫神经肽；取食；生长发育；生殖；代谢

Research Progress of Insect Neuropeptides*

Peng Wei**, Xing Shisi, Wen Wen, Bao Xiu, Yi Xueying, Wang Yan***

(*Key Laboratory of Protein Chemistry and Developmental Biology of Fish, Ministry of Education, State Key Laboratory of Developmental Biology of Freshwater Fish, Hunan Provincial Key Laboratory of Animal Intestinal Function and Regulation, Hunan International Joint Laboratory of Animal Intestinal Ecology and Health, Hunan Normal University, Changsha 410081, China*)

Abstract: Insect neuropeptide is a kind of endogenous active substance with low content but high effect. It is generally released in the form of hormones or transmitters and binds to receptor molecules to promote downstream reactions. As neurotransmitters, neuromodulators, hormones or growth factors, neuropeptides are a variety of physiological functions involved in the regulation of growth and development, reproduction, lipid metabolism, feeding and maintaining homeostasis. In this paper, the origin, classification and distribution of insect neuropeptides, the processing, synthesis and action mechanism of neuropeptides, and the functions of neuropeptides were comprehensively summarized, which provided theoretical basis and technical support for further study of their complex biological functions and development of green pest control strategies tar-

---

* 基金项目：国家自然科学基金项目（32300394）；湖南省优秀青年基金项目（2024JJ4028）；联合国粮农组织和国际原子能署项目（D44003）；湖南省自然科学基金项目（2022JJ40269）；湖南省大学生创新创业训练计划项目（S202410542207）；湖南师范大学大学生创新创业训练计划项目（2023074）

** 第一作者：彭威；E-mail：weipeng@hunnu.edu.cn

*** 通信作者：王研；E-mail：weipeng@hunnu.edu.cn

geting insect neuropeptides.

Key words: Insect neuropeptides; Feeding; Growth and development; Reproduction; Metabolism

1 神经肽的起源

昆虫具有多种神经肽,其中有许多是与哺乳动物的神经肽相似的,例如神经肽 F (neuropeptide F, NPF)、速激肽 (tachykinins, TKs) 或磺胺肽 (sulfakinins, SKs), 其他昆虫神经肽,如催乳素或羽化激素是节肢动物所特有的 (Nässel and Winther, 2010; Schoofs et al., 2017)。多细胞动物的共同祖先,鞭虫和细丝虫,已经拥有了控制多细胞和发育的多种基因家族。神经肽的古老起源可以追溯到至少 600 亿年前,它不仅在水螅、水母、珊瑚等被认为是最古老的有神经系统的刺胞动物中被发现 (Peterson and Butterfield, 2005; Takahashi and Takeda, 2015), 而且在栉水母和扁盘动物 (Moroz et al., 2014) 中也存在。根据系统发育分析,后两个科可能是刺胞菌的基生科 (Jekely et al., 2015)。扁盘动物是非常简单的软体动物,没有三层胚层、神经元、突触、肌肉和真正的肠道,但它们可以协调细胞运动或收缩 (Jorgensen, 2014), 因此神经肽可能更古老,早于神经元的出现。早期的神经系统可能是神经肽能的,而不是胺能的,因为栉水母不以血清素、乙酰胆碱、多巴胺、去甲肾上腺素、肾上腺素、章鱼胺、组胺或甘氨酸作为神经递质,这表明这些胺是在进化的后期才出现的 (Schoofs et al., 2017)。

2 神经肽的归类及分布

经过各种组学的分析和实验验证,越来越多的昆虫如鞘翅目的赤拟谷盗 *Tribolium castaneum* (Li et al., 2008)、双翅目的黑腹果蝇 *Drosophila melanogaster* (Hauser et al., 2006)、直翅目的飞蝗 *Locusta migratoria* 和沙漠蝗 *Schistocerca gregaria* (Clynen and Schoofs, 2009; Hou et al., 2015); 半翅目的褐飞虱 *Nilaparvata lugens* (Tanaka et al., 2014)、鳞翅目的家蚕 *Bombyx mori* (Fan et al., 2010) 等的神经肽及其受体已被鉴定。这些物种中神经肽及其受体的成功鉴定,使整个神经肽系统更加明了。但神经肽的命名和分类还比较杂乱,缺乏一个全面的、系统的、标准化的平台来管理这些神经肽。昆虫神经肽研究数据库 (The Database for Insect Neuropeptide Research, DINeR, http://www.neurostresspep.eu/diner/) 其中收录了 400 多种神经肽,并记录了 50 多个神经肽家族及其功能。此数据库可以用于检索神经肽信息,对于神经肽的蛋白序列、生理功能及受体结合位点都有详细记录,有 4 700 多个氨基酸序列。并且此数据库用了统一的标准来命名神经肽,很好地整合了大量的神经肽信息 (Yeoh et al., 2017)。

在黑腹果蝇的研究中,大部分的神经肽都分布在脑中间神经元中,例如视叶、副髓质、触角叶、中央体和蘑菇体。每一种神经肽都有其定位点,同一定位点可能表达多种神经肽,并且一个神经肽可能影响多个生理活动,其下游作用位点不是单一的 (Nässel and Homberg, 2006)。到目前为止,神经肽在黑腹果蝇这种模式物种中的研究最为全面。果蝇中绝大部分的神经肽靶点不止一个,因为它们的分泌位点也有很多,在许多不同类型的细胞中表达,如不同类型的中枢神经系统中间神经元、神经分泌细胞、肠上皮细胞、外周感觉神经元,甚至脂肪体细胞(Nässel and Winther,2010)。图 1 显示了神经肽在激素系统、脑中间神经元和肠道中的分布模式。许多神经肽都属于这三部分中的一个,其中有 15 种神经肽既存在于激素系统又存在于脑中间神经元,有 10 种神经肽既存在于肠道又存在于脑中间神经元,有 5 种神经肽同时存在于激素系统、脑中间神经元和肠道中,有些神经肽是专属于激素系统和脑中间神经元,好像并没有神经肽只存在于肠道中。蓝色标识的神经肽也是由支配肠道的传出中枢神经系统神经元产生的。括号中的神经肽表示还没有在成虫中被鉴定。由于缺乏一些数据,图 1 中的神经肽可能不全(Nässel et al., 2019)。

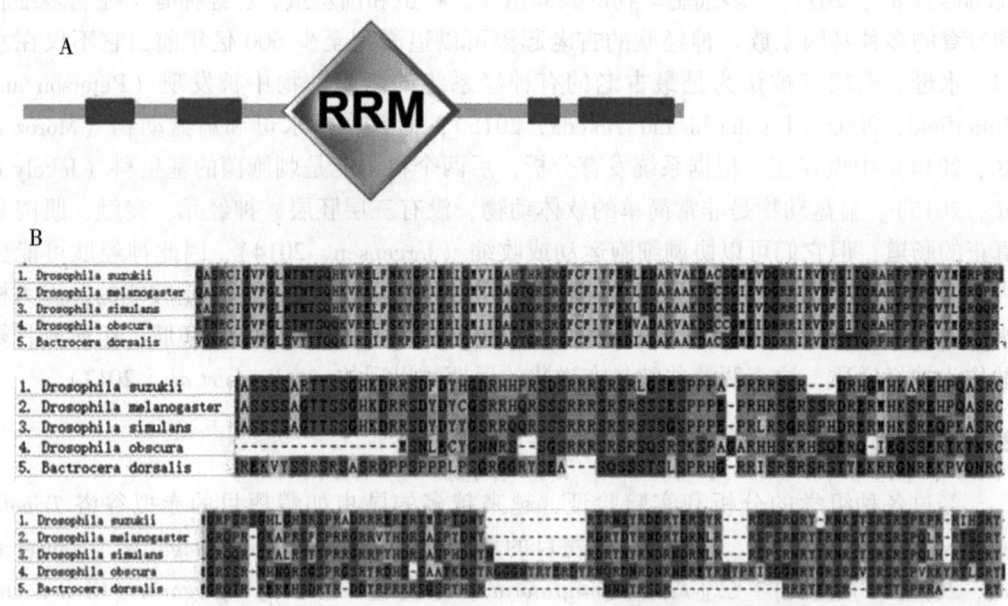

图 1 黑腹果蝇神经肽的分布模式(Nässel et al., 2019)

3 神经肽的加工合成与作用机制

神经肽是一种含量低却作用大的信号分子,与一般神经递质相比,其分子量更大,受体结合位点更多,结构偏简单,一般由 3~20 个氨基酸残基组成。神经肽的功能之所以具有多样性,是因为其初始序列、多肽长度以及神经肽前体经过翻译修饰和水解加工过程不同所导致的。普遍的,不具有特异性的神经肽质谱对于了解成千上万的神经肽结构具有不可替代的功能。将神经肽转为具有活性的功能肽的基础就是了解神经肽前体和它的加工剪接过程,神经肽前体蛋白水解的过程通常伴随着 C 端酰胺化、N 端焦谷氨酸、二硫键、磷酸化、磺化、乙酰化、糖基化等共价修饰(Hook et al., 2018)。

由于神经肽一般都是短肽,使其具有了比较容易发展为其他蛋白分子的特性。神经肽一般以激素或递质的形式释放,作用于对应的受体分子上,两者的结合促使下游反应的发生,从而调控一系列的生命活动。神经肽的受体大多为 G 蛋白偶联受体(G protein-coupled receptor，GPCR），在脊椎动物中，一种神经肽对应一种或几种受体的情况是比较普遍的。昆虫神经肽可能是一种或多种协调作用，其作用结果与大脑中的表达水平也有关系。肽能神经元很少情况能单独起作用，一般都是和其他肽能神经元偶联，合并作用，共同执行某一效用的神经肽会进入同一囊泡中释放，神经肽可能被一种或多种受体分子结合，受体分子也可能与其他的 G 蛋白偶联，一起发挥效用，从而调控某个生理功能。此外，大多数神经肽都不仅仅调控一种生命活动，当昆虫感受到刺激或者胁迫之后，一般由大脑神经元发出信号，连接其他的感觉和运动神经元，从而激活复杂的神经肽网络，最终诱导一系列的运动行为反应（Schoofs et al.，2017）。

4 神经肽的功能

近年来，随着数据分析技术的成熟，越来越多的神经肽被发现。神经肽可以在大脑中发挥作用，也可以作用于大脑外调控代谢等生理活动，神经肽可由不同的组织分泌，一种神经肽也可在不同的组织上影响多种生命活动。在不同的物种或同一物种的不同发育阶段，同一神经肽可能调控不同的生理功能（Chowański et al.，2016）。虽然大多数神经肽已经被研究发现，但大多是以模式物为模型，对于其他昆虫中的神经肽还有待鉴别，同源性很高的神经肽在不同物种中所起的作用可能也会有一定差异。昆虫神经肽在调控生长发育、取食、生殖、应激、免疫以及维持代谢稳态等生理过程中都发挥着重要作用。

4.1 取食

取食行为是昆虫维持生命活动的最基本行为之一，取食行为受到营养胁迫、取食环境以及取食范围等因素的影响，是综合许多情况所做出的最终决定（Chapman et al.，2012）。在黑腹果蝇研究中，NPF（Brown et al.，1999；Shen and Cai，2001）、sNPF（Lee et al.，2004）、Crz（Zhao et al.，2010）、LK（Al-Anzi et al.，2010；Liu et al.，2015）、SK（Söderberg et al.，2012）、Ast-A（Hergarden et al.，2012）都参与了取食及摄食行为的调节。研究表明，sNPF、Crz 的增加会促进食物的摄入，减少会抑制食物的摄入（Lee et al.，2004；Zhao et al.，2010）；关于大脑如何将饥饿感受和代谢变化转变为取食行为，仍旧有许多不清楚的地方，Ast-A 的激活使得果蝇在饥饿情况下的取食行为变少，并且对糖的反应降低，值得注意的是，Ast-A 的激活并没有检测到代谢发生明显变化，猜测有可能是因为 Ast-A 在反应上游直接给了了饱腹信号，使得行为往这个方向转变（Hergarden et al.，2012）；LK 突变体会出现均次进食量增多但进食频率减少的现象，使得总进食量与野生型相差不大，在大脑和腹侧神经节的 Lkr 神经元附近发现含有亮氨酸的突触前终末，表明它们向这些神经元传递亮氨酸肽。研究表明 LK 突变体会出现单次进食量的增加主要是因为进食终止信号受损，可能是肠道扩张信号无法传递给大脑。LK 及其受体与脊椎动物的 TK 及其受体是同源的。TK 在调节进食的机制可能在昆虫与脊椎动物中是保守的（Al-Anzi et al.，2010）。SK 作为一种典型的饱腹感信号，与胰岛素样肽（insulin-like peptides，ILPs）共同在 IPC 中表达，并且 SK 与 ILPs 的表达量互相影响，两者之间可能存在反馈机制（Söderberg et al.，2012）。

随着许多无脊椎动物中 NPF 被陆续鉴定，其在生命体中发挥怎样的功能成为关注点。首先在 2001 年，在黑腹果蝇中 NPF 被证明参与取食过程（Shen and Cai，2001）。在 3 龄幼虫末期，NPF 出现下调，此时幼虫几乎不再取食，开始徘徊期，准备进入蛹期。通过 RNAi 技术干扰 NPF 的表达后，幼虫取食量变少，提前进入徘徊期，过表达 NPF，会使 3 龄幼虫取食量上升，延长幼虫期，推迟进入蛹期（Wu et al.，2003）。并且发现当 NPF 被干扰后，幼虫开始取食一般情况下不会选择的低质量食物（Wu et al.，2005）。除了黑腹果蝇，在沙漠蝗虫中，饥饿会使得大脑中的 NPF 表达量大幅上升，在恢复取食 1.5h 之后，NPF 会下降到正常水平，NPF 被干扰后，沙漠蝗虫的取食量会明显下降，再注入 NPF 肽后，取食量下降的表型又会被挽救，恢复到对照水平。亚洲玉米螟 NPF 被干扰后，取食量也出现了显著下降（Cui et al.，2020）。

4.2 生长发育和生殖

昆虫取食行为的目的主要是为生长发育提供能量，昆虫的生长发育主要受制促胸激素（prothoracicotropic hormone，PTTH）、蜕皮激素 20-羟基蜕皮酮（20-hydroxyecdysone，20E）和 JH 3 种激素的协调调控，然而其他神经肽或肽激素，如 AT（allatotropin）、ASTs（allatostatins）、ETH（ecdysis-triggering hormone）、Bur（bursicon）、ILPs（insulin-like peptide）等在发育过程中都起着重要作用（Okamoto and Yamanaka，2015；Suzawa et al.，2019；Huang et al.，2021）。大猿叶虫 Colaphellus bowringi AST-B 和 AST-C 在滞育准备期会对 JH 的表达产生抑制，从而脂肪体中卵黄原蛋白基因 Vg1（vitellogenin1）和 Vg2（vitellogenin2）的表达也被抑制，最终导致了滞育的发生（田忠等，2021）。褐飞虱若虫在注射了 ASTA 或 ETH 后，蜕皮发生了提前，并且对照组相比死亡率增加，而在注射 AT 后，蜕皮出现滞后（韩晨阳，2020）。位于昆虫前胸的前胸腺（prothoracic glands，PGs）分泌参与幼虫和蛹滞育的关键激素——蜕皮激素，甘蓝夜蛾 Mamestra brassicae 肌抑制素（myosuppressin，MS）能抑制 PTTH 带来的 PGs 激活，从而影响滞育，蛹蜕皮后，滞育蛹血淋巴中的 MS 浓度比非滞育蛹高（Yamada et al.，2017）。

在黑腹果蝇中，有三对"时钟"神经元会表达雄性特异的 NPF（NPF^M），其受到"时钟"基因和雄性 fruitless（fru^M）基因的调控，fru^M 受到性别决定因子 transformer（tra）基因调控，在雄性中过表达雌性特异 tra^F 可使其性别身份发生逆转，由雄性转为雌性，此时三对"时钟"神经元沉默，雄性果蝇的求偶积极性降低（Lee et al.，2006）。更长交配持续时间（longer-mating-duration，LMD）是雄性在面对交配竞争时的一种可塑性反应，以提高交配成功的概率，将雄性大脑中表达 NPF 的神经元去除后，LMD 明显减弱（Kim et al.，2013）。雄性特有的 P1 神经元簇包括求偶决策中心，该中心整合了多模态的感觉输入，当来自潜在配偶的外部感官信号与雄性果蝇的内在驱动状态相匹配时，P1 神经元的适当激活可以让雄性果蝇表现出求偶行为。破坏 NPF 信号，无论是通过敲除 NPF，还是通过抑制 NPF 神经元的活动，都可以减少对性满足雄性求偶行为的抑制，并唤起被剥夺雄性对不适当目标的过度性行为。P1 神经元与 NPF^M 神经元之间具有突触连接，P1 神经元可以直接激活 NPF^M 神经元，然后通过 NPFR 神经元抑制雄性求偶（Liu et al.，2019）。在中肠内分泌细胞（enteroendocrine cells，EECs）中表达的 NPF，在交配响应精液蛋白性肽（sex peptide，SP）信号后释放，这种中肠来源的

NPF 通过卵巢 NPFR 控制交配诱导的 GSC 增殖（Ameku et al., 2018）。在沙漠蝗虫中，在雄性中注射 truncated NPF（trNPF），会使其精巢和精囊重量增加，出现性早熟，与对照相比提早开始交配，与之交配的处女蝇所产卵的孵化率更高。相反，在雄性中注射 trNPF-dsRNA 后，精巢和精囊重量降低，并且交配率只有大概 60%，与之交配的处女蝇所产卵的孵化率也更低（Van et al., 2013）。

4.3 调节应激

昆虫神经肽 Crz 在调节应激反应时发挥着重要作用，但其在鞘翅目中并不存在，是由大脑中的神经内分泌细胞以及腹侧神经索的中间神经元产生的，由于脑内 Crz 神经内分泌细胞表达两种中肠肽受体，它们的活性可能受到中肠内分泌细胞的调节。据研究表明，Crz 可能在面对营养应激时会被激活，激发一系列昆虫面对营养缺乏时会做出的反应，包括海藻糖水平降低、体液稳态、刺激胞内 cAMP 产生（Veenstra, 2009）。昆虫能够在寒冷的环境下生存，主要因为其在面对寒冷时，能有相应的应激反应，调动神经肽等激素去调节生理过程，这些信号调节渗透调节能力肽（capability peptides, CAPA），催产素（inotocin, ITC）样肽，离子转运肽（ion transport peptide, ITP），利尿激素和降钙素（calcitonin, CAL），与各种应激因素一般反应有关的物质——速激肽相关肽（tachykinin-related peptides, TRPs）或负责动员身体储备的肽（Lubawy et al., 2020）。

4.4 免疫响应

昆虫的免疫反应是昆虫维持寿命，身体更少出现病症的非常重要一环。昆虫神经肽可在分子或细胞层面参与免疫调节，特别是最近的研究，例如脂肪动力学激素，滑囊或胰岛素样肽为免疫方面提供了更深入的见解（Urbański and Rosiński, 2018）。在黑腹果蝇中注射 Bur 同源二聚体会诱导 AMP 基因的表达，AMP 基因的表达又是通过激活 Imd 通路中的 NF-κB 转录因子介导的，同时 AMP 基因的转录上调使得果蝇体内细菌数量减少。这些结果表明，大脑中产生的 Bur 同源二聚体介导蜕皮周期中对应激和感染的先天性预防免疫（An et al., 2012）。

4.5 维持代谢稳态

对于生活在周围环境不断变化的昆虫而言，维持自身的代谢稳态显得尤为重要。神经肽在维持代谢稳态方面也发挥着至关重要的作用（Wang and Wang, 2019）。昆虫代谢的一个重要调节因子便是胰岛素信号通路，可以维持代谢中脂质和碳水化合物的平衡（Defferrari et al., 2018）。ILPs 在意大利蜜蜂幼虫中也被发现参与了能量代谢（Wang et al., 2012）。ILP2 和 ILP5 调节糖原储存和糖异生，ILP3 负责合成海藻糖并释放进入血淋巴中。ILP5 和 ILP7 则负责在取食高碳水化合物食物期间调节甘油三酯（Triacylglyceride, TAG）合成，再次证明黑腹果蝇 ILPs 在调节碳水化合物和脂肪代谢方面的作用（Post et al., 2018; Semaniuk et al., 2018）。研究表明，AKH 也参与了能量代谢的过程（Caers et al., 2012; Lu et al., 2018）。在长红猎蝽中敲低 TK 受体（TKR）转录水平之后，脂质水平和碳水化合物循环增加，抑制了 ILP1 的转录水平，表明 SKs 信号通过 IIS 来调节脂质和碳水化合物稳态（Haddad et al., 2022）。

在哺乳动物中，一种刺激胰高血糖素和胰岛素（尤其是后者）分泌的肠内分泌激素被称为"肠促胰岛素"，如葡萄糖依赖性胰岛素性多肽（glucose-dependent insulinotropic polypeptide，GIP）和胰高血糖素样肽-1（glucagonlike pepetide-1，GLP-1）（Baggio and Drucker，2007）。在黑腹果蝇中，中肠来源的 NPF 与哺乳动物中的"肠促胰岛素"发挥着相似的功能，作用于心侧体（corpora cardiaca，CC）和胰岛素生成细胞（insulin-producing cells，IPCs）上的 NPF 受体（NPFR），抑制脂动激素（adipokinetic hormone，AKH）的释放和促进果蝇胰岛素样肽（*Drosophila* insulin-like peptides，DILPs）的释放，共同作用于脂质的合成代谢。中肠来源的 NPF 或 NPFR 信号被干扰后，出现类似饥饿状态，导致 TAG 的异常消耗，从而导致瘦表型（Yoshinari *et al*.，2021）。

4.6 其他功能

除了以上所述功能，神经肽在调控其他生理过程中也发挥着重要作用。例如，雄性果蝇的 NPF 在交配时上调，在性剥夺时降低（Shohat-Ophir *et al*.，2012），雄性特异性 NPF 神经元的去除或 NPF 基因敲低导致雄性求偶行为减少（Lee *et al*.，2006）。AMN 与学习和记忆有关，许多突变体在记忆测试中表现出异常行为，如嗅觉调节和休克反应（Feany and Quinn，1995；Quinn *et al*.，1979）。ITP、sNPF、降钙素基因相关肽、AMN 和 SIFamide，它们都具有促进睡眠的功能（Quinn *et al*.，1979；Hermann-Luibl *et al*.，2014；Shang *et al*.，2013），PDF 促进果蝇的觉醒等（Cavey *et al*.，2016）。

黑腹果蝇 NPF 还影响昆虫的酒精敏感性、时钟节律、学习和攻击行为等方面。例如，黑腹果蝇的 NPF/NPFR 信号被干扰会导致对酒精的敏感性减弱（Wen *et al*.，2005）。使用 npf-GAL4 将果蝇全身 NPF 的表达都沉默后，与对照组相比，果蝇的活动强度升高，并提前进入黄昏活动期（Hermann *et al*.，2012）。NPF 信号被抑制的果蝇，在饱腹情况下会加强对食物的嗅觉学习行为，而激活 NPF 表达，则会使饥饿状态的果蝇在学习行为中呈现较差表现（Krashes *et al*.，2009）。

5 展望

神经肽由神经元产生和释放并作用于神经基质。因此，大多数神经肽具有肽激素的功能，其小蛋白质特性使其能进化并迅速辐射成许多不同的分子。作为神经递质、神经调节剂、激素或生长因子，其种类繁多，参与控制生长、发育、内分泌、消化、利尿和许多其他生理过程。目前，化学防治仍是害虫防治的主要手段，合成多肽是新型农药靶标领域中一个极具前景的发展方向。昆虫神经肽具有多种生理功能且其结构简单，易于合成、改造。靶向神经肽的新型农药通过阻断神经肽及其受体的结合过程，导致昆虫生理机能障碍以至无法完成正常的生命活动，进而达到控制害虫的目的。因此，开发靶向昆虫神经肽是一种理想的新型害虫防控手段。

参考文献

韩晨阳，2020. 褐飞虱神经肽 Ast、AT 和 ETH 的龄期表达模式及对蜕皮的调控作用 [D]. 南京：南京农业大学.

田忠，刘茜，朱莉，等，2021. 抑咽侧体素基因在大猿叶虫生殖滞育准备中的功能分析 [J]. 昆虫学报（1）：30-40.

AL-ANZI B, ARMAND E, NAGAMEI P, et al., 2010. The leucokinin pathway and its neurons regulate meal size in *Drosophila* [J]. Current Biology, 20 (11): 969-978.

AMEKU T, YOSHINARI Y, TEXADA M J, et al., 2018. Midgut-derived neuropeptide F controls germline stem cell proliferation in a mating-dependent manner [J]. Public Library of Science Biology, 16 (9): e2005004.

AN S H, DONG S Z, WANG Q, et al., 2012. Insect neuropeptide bursicon homodimers induce innate immune and stress genes during molting by activating the NF-κB Transcription factor relish [J]. Public Library of Science ONE, 7 (3): e34510.

BAGGIO L L, DRUCKER D J, 2007. Biology of incretins: GLP-1 and GIP [J]. Gastroenterology, 132 (6): 2131-2157.

BROWN M R, CRIM J W, ARATA R C, et al., 1999. Identification of a *Drosophila* brain-gut peptide related to the neuropeptide Y family [J]. Peptides, 20 (9): 1035-1044.

CAVEY M, COLLINS B, BERTET C, et al., 2016. Circadian rhythms in neuronal activity propagate through output circuits [J]. Nature Neuroscience, 19 (4): 587-595.

CHAPMAN R F, DE BOER G. (EDS.), 2012. Regulatory mechanisms in insect feeding [M]. Berlin: Springer Science & Business Media.

CHOWAŃSKI S, LUBAWY J, URBAŃSKI A, et al., 2016. Cardioregulatory functions of neuropeptides and peptide hormones in insects [J]. Protein and Peptide Letters, 23 (10): 913-931.

CLYNEN E, SCHOOFS L, 2009. Peptidomic survey of the locust neuroendocrine system [J]. Insect Biochemistry and Molecular Biology, 39 (8): 491-507.

CUI H Y, WANG Y, PENG X, et al., 2020. Feeding effects of dsNPF interference in *Ostrinia furnacalis* [J]. Journal of Integrative Agriculture, 19 (6): 1475-1481.

DEFFERRARI M S, DA SILVA S R, ORCHARD I, et al., 2018. A *Rhodnius prolixus* insulin receptor and its conserved intracellular signaling pathway and regulation of metabolism [J]. Frontiers in Endocrinology, 9: 745.

DUBOWY C M, CAVANAUGH D J, 2014. Sleep: a neuropeptidergic wake-up call for flies [J]. Current Biology, 24 (22): 1092-1094.

FAN Y, SUN P, WANG Y, et al., 2010. The G proteincoupled receptors in the silkworm, *Bombyx mori* [J]. Insect Biochemistry and Molecular Biology, 40 (8): 581-591.

FEANY M B, QUINN W G, 1995. A neuropeptide gene defined by the *Drosophila* memory mutant amnesiac [J]. Science, 268: 869-873.

HADDAD A N, LEYRIA J, LANGE A B, 2022. Identification of a tachykinin receptor and its implication in carbohydrate and lipid homeostasis in *Rhodnius prolixus*, a chagas disease vector [J]. General and Comparative Endocrinology, 320: 114010.

HAUSER F, CAZZAMALI G, WILLIAMSON M, et al., 2006. A review of neurohormone GPCRs present in the fruitfly *Drosophila melanogaster* and the honey bee *Apis mellifera* [J]. Progress in Neurobiology, 80 (1): 1-19.

HERGARDEN A C, TAYLER T D, ANDERSON D J, 2012. Allatostatin-A neurons inhibit feeding behavior in adult *Drosophila* [J]. Proceedings of the National Academy of Sciences of the United States of America, 109 (10): 3967-3972.

HERMANN C, YOSHII T, DUSIK V, et al., 2012. Neuropeptide F immunoreactive clock neurons modify evening locomotor activity and free-running period in *Drosophila melanogaster*

[J]. Journal of Comparative Neurology, 520 (5): 970-987.

HERMANN-LUIBL C, YOSHII T, SENTHILAN P R, et al., 2014. The ion transport peptide is a new functional clock neuropeptide in the fruit fly *Drosophila melanogaster* [J]. J. Neuroscience, 34 (29): 9522-9536.

HOOK V, LIETZ C B, PODVIN S, et al., 2018. Diversity of neuropeptide cell-cell signaling molecules generated by proteolytic processing revealed by neuropeptidomics mass spectrometry [J]. Journal of the American Society for Mass Spectrometry, 29 (5): 807-816.

HOU L, JIANG F, YANG P C, et al., 2015. Molecular characterization and expression profiles of neuropeptide precursors in the migratory locust [J]. Insect Biochemistry and Molecular Biology, 63: 63-71.

HUANG D Y, XIA X L, HUANG R, et al., 2021. The steroid-induced microRNA let-7 regulates developmental growth by targeting cdc7 in the *Drosophila* fat body [J]. Insect Science, 28 (6): 1621-1632.

JEKELY G, PAPS J, NIELSEN C, 2015. The phylogenetic position of ctenophores and the origin (s) of nervous systems [J]. Evolutionary Developmental Biology, 6: 1-9.

JORGENSEN E M, 2014. Animal evolution: looking for the first nervous system [J]. Current Biology, 24 (14): R655-658.

KIM W J, JAN L Y, JAN Y N, 2013. A PDF/NPF neuropeptide signaling circuitry of male *Drosophila melanogaster* controls rival-induced prolonged mating [J]. Neuron, 80 (5): 1190-1205.

KRASHES M J, DASGUPTA S, VREEDE A, et al., 2009. A neural circuit mechanism integrating motivational state with memory expression in *Drosophila* [J]. Cell, 139 (2): 416-427.

LEE G, BAHN J H, PARK J H, 2006. Sex-and clock-controlled expression of the neuropeptide F gene in *Drosophila* [J]. Proceedings of the National Academy of Sciences of the United States of America, 103 (33): 12580-12585.

LEE K S, YOU K H, CHOO J K, et al., 2004. *Drosophila* short neuropeptide F regulates food intake and body size [J]. The Journal of Biological Chemistry, 279 (49): 50781-50789.

LI B, PREDEL R, NEUPERT S, et al., 2008. Genomics, Transcriptomics, and peptidomics of neuropeptides and protein hormones in the red flour beetle *Tribolium castaneum* [J]. Genome Research, 18 (1): 113-122.

LIU W W, GANGULY A, HUANG J, et al., 2019. Neuropeptide F regulates courtship in *Drosophila* through a male-specific neuronal circuit [J]. eLife, 8: e49574.

LIU Y, LUO J, CARLSSON M A, et al., 2015. Serotonin and insulin-like peptides modulate leucokinin-producing neurons that affect feeding and water homeostasis in *Drosophila* [J]. The Journal of Comparative Neurology, 523 (12): 1840-1863.

LU K, ZHANG X, CHEN X, et al., 2018. Adipokinetic hormone receptor mediates lipid mobilization to regulate starvation resistance in the brown planthopper, *Nilaparvata lugens* [J]. Frontiers in Physiology, 9: 1730.

LUBAWY J, URBAŃSKI A, COLINET H, et al., 2020. Role of the insect neuroendocrine system in the response to cold stress [J]. Frontiers in Physiology, 11: 376.

MOROZ L L, KOCOT K M, CITARELLA M R, et al., 2014. The ctenophore genome and the evolutionary origins of neural systems [J]. Nature, 510 (7503): 109-114.

NÄSSEL D R, HOMBERG U, 2006. Neuropeptides in interneurons of the insect brain [J]. Cell and

Tissue Research, 326 (1): 1-24.

NÄSSEL D R, PAULS D, HUETTEROTH W, 2019. Neuropeptides in modulation of *Drosophila* behavior: How to get a grip on their pleiotropic action [J]. Current Opinion in Insect Science, 36: 1-8.

NÄSSEL D R, WINTHER Å M E, 2010. *Drosophila* neuropeptides in regulation of physiology and behavior [J]. Progress in Neurobiology, 92 (1): 43-34.

OKAMOTO N, YAMANAKA N, 2015. Nutrition-dependent control of insect development by insulin-like peptides [J]. Current Opinion in Insect Scence, 11: 21-30.

PETERSON K J, BUTTERFIELD N J, 2005. Origin of the eumetazoa: testing ecological predictions of molecular clocks against the Proterozoic fossil record [J]. PNAS, 102 (27): 9547-9552.

POST S, KARASHCHUK G, WADE J D, et al., 2018. *Drosophila* insulin-like peptides DILP2 and DILP5 differentially stimulate cell signaling and glycogen phosphorylase to regulate longevity [J]. Frontiers in Endocrinology, 9: 245.

QUINN W G, SZIBER P P, BOOKER R, 1979. The *Drosophila* memory mutant amnesiac [J]. Nature, 277: 212-214.

SCHOOFS L, DE LOOF A, VAN HIEL M B, 2017. Neuropeptides as regulators of behavior in insects [J]. Annual Review of Entomology, 62 (1): 35-52.

SEMANIUK U V, GOSPODARYOV D V, FEDEN'KO K M, et al., 2018. Insulin-like peptides regulate feeding preference and metabolism in *Drosophila* [J]. Frontiers in Physiology, 9: 1083.

SHANG Y, DONELSON N C, VECSEY C G, et al., 2013. Short neuropeptide F is a sleep-promoting inhibitory modulator [J]. Neuron, 80 (1): 171-183.

SHEN P, CAI H N, 2001. *Drosophila* neuropeptide F mediates integration of chemosensory stimulation and conditioning of the nervous system by food [J]. Journal of Neurobiology, 47 (1): 16-25.

SHOHAT-OPHIR G, KAUN K R, AZANCHI R, et al., 2012. Sexual deprivation increases ethanol intake in *Drosophila* [J]. Science, 335 (6074): 1351-1355.

SUZAWA M, MUHAMMAD N M, JOSEPH B S, et al., 2019. The Toll signaling pathway targets the insulinlike peptide Dilp6 to inhibit growth in *Drosophila* [J]. Cell Reports, 28 (6): 1439-1446.

SDERBERG J A, CARLSSON M A, NASSEL D R, 2012. Insulin-producing cells in the *Drosophila* brain also express satiety-inducing cholecystokinin-like peptide, drosulfakinin [J]. Frontiers in Endocrinology, 3: 109.

TAKAHASHI T, TAKEDA N, 2015. Insight into the molecular and functional diversity of cnidarian neuropeptides [J]. International Journal of Molecular Sciences, 16 (2): 2610-2625.

TANAKA Y, SUETSUGU Y, YAMAMOTO K, et al., 2014. Transcriptome analysis of neuropeptides and G-protein coupled receptors (GPCRs) for neuropeptides in the brown planthopper *Nilaparvata lugens* [J]. Peptides, 53: 125-133.

URBAŃSKI A, ROSIŃSKI G, 2018. Role of neuropeptides in the regulation of the insect immune system-current knowledge and perspectives [J]. Current Protein and Peptide Science, 19 (12): 1201-1213.

VAN WIELENDAELE P, WYNANT N, DILLEN S, et al., 2013. Neuropeptide F regulates male reproductive processes in the desert locust, *Schistocerca gregaria* [J]. Insect Biochemistry and Molecular Biology, 43 (3): 252-259.

VEENSTRA J A, 2009. Does corazonin signal nutritional stress in insects? [J]. Insect Biochemistry and Molecular Biology, 39 (11): 755-762.

WANG G H, WANG L M, 2019. Recent advances in the neural regulation of feeding behavior in adult *Drosophila* [J]. Journal of Zhejiang University-SCIENCE B (Biomedicine & Biotechnology), 20 (7): 541-549.

WANG Y, BRENT C S, FENNERN E, et al., 2012. Gustatory perception and fat body energy metabolism are jointly affected by vitellogenin and juvenile hormone in honey bees [J]. Public Library of Science Genetics, 8 (6): e1002779.

WEN T Q, PARRISH C A, XU D, et al., 2005. *Drosophila* neuropeptide F and its receptor, NPFR1, define a signaling pathway that acutely modulates alcohol sensitivity [J]. Proceedings of the National Academy of Sciences of the United States of America., 102 (6): 2141-2146.

WU Q, WEN T Q, LEE G, et al., 2003. Developmental control of foraging and social behavior by the *Drosophila* neuropeptide Y-like system [J]. Neuron, 39 (1): 147-161.

WU Q, ZHAO Z W, SHEN P, 2005. Regulation of aversion to noxious food by *Drosophila* neuropeptide Y-and insulin-like systems [J]. Nature Neuroscience., 8 (10): 1350-1355.

YAMADA N, KATAOKA H, MIZOGUCHI A, 2017. Myosuppressin is involved in the regulation of pupal diapause in the cabbage army moth *Mamestra brassicae* [J]. Scientific Reports, 7 (1): 41651.

YEOH J G C, PANDIT A A, ZANDAWALA M, et al., 2017. DINeR: Database for insect neuropeptide research [J]. Insect Biochemistry and Molecular Biology, 86: 9-19.

YOSHINARI Y, KOSAKAMOTO H, KAMIYAMA T, et al., 2021. The sugar - responsive enteroendocrine neuropeptide F regulates lipid metabolism through glucagon-like and insulin-like hormones in *Drosophila melanogaster* [J]. Nature Communication, 12 (1): 4818.

ZHAO Y, BRETZ C A, HAWKSWORTH S A, et al., 2010. Corazonin neurons function in sexually dimorphic circuitry that shape behavioral responses to stress in *Drosophila* [J]. Public Library of Science ONE, 5 (2): e9141.